AFRICA
AUSTRALIA, THE PACIFIC REALM & ANTARCTICA
East Asia
EUROPE
SOUTH AMERICA
SUB-SAHARAN AFRICA
RUSSIA & THE EURASIAN REPUBLICS

Southeast Asia North America

East Asia

South America

Southwest Asia & North Africa

Europe

Russia & the Eurasian Republics

Southeast Asia

Central America & the Caribbean

Sub-Saharan Africa

Australia, the Pacific Realm & Antarctica

South Asia

Southeast Asia

Central America & the Caribbean

East Asia

North America

Southwest Asia & North Africa

Australia, the Pacific Realm & Antarctica

Sub-Saharan Africa

Europe

South Asia

South America

North America

NATIONAL GEOGRAPHIC

Culturas del mundo y geografía

GEO

Actividades interactivas en myNGconnect.com

NATIONAL GEOGRAPHIC LEARNING | CENGAGE Learning

Acknowledgments
Grateful acknowledgment is given to the authors, artists, photographers, museums, publishers, and agents for permission to reprint copyrighted material. Every effort has been made to secure the appropriate permission. If any omissions have been made or if corrections are required, please contact the Publisher.

Photographic Credits
Front Cover: © Roger Ressmeyer/Corbis
Back Cover: © Neale Clark/Robert Harding World Imagery/Getty Images

Acknowledgments and credits continue on page R124.

Printed in the USA.
Sheridan, KY, A CJK Group Company

Print Number: 02

Print Year: 2021

For product information and technology assistance, contact us at
Customer & Sales Support, 888-915-3276
For permission to use material from this text or product, submit all requests online at
www.cengage.com/permissions
Further permissions questions can be emailed to
permissionrequest@cengage.com

National Geographic Learning | Cengage Learning
1 N. State Street, Suite 900
Chicago, IL 60602

Cengage Learning is a leading provider of customized learning solutions with office locations around the globe, including Singapore, the United Kingdom, Australia, Mexico, Brazil, and Japan. Locate your local office at www.cengage.com/global.

Visit National Geographic Learning online at NGL.Cengage.com
Visit our corporate website at www.cengage.com

ISBN: 9781305967168

Andrew J. Milson

Andrew Milson es profesor de educación en ciencias sociales y geografía en la Universidad de Texas, en Arlington. Enseñó historia y geografía para la escuela intermedia cerca de Dallas, Texas. Andy realiza investigaciones sobre la educación geográfica y el uso de tecnologías geoespaciales en la educación. Ha publicado más de 30 artículos y es miembro electo de la Junta Ejecutiva del Consejo Nacional para la Educación Geográfica. Trabaja como editor asociado de la publicación *Journal of Geography*.

Peggy Altoff

La experiencia de Peggy Altoff abarca el trabajo como docente en las escuelas intermedia y secundaria. También se ha desempeñado como supervisora de maestros y como profesora universitaria adjunta. Peggy ha ejercido como especialista estatal de estudios sociales en Baltimore y como orientadora de primaria y secundaria en Colorado Springs. Fue presidenta del Consejo Nacional para los Estudios Sociales en 2006–2007 y formó parte del equipo de preparación de los nuevos estándares educativos nacionales.

Mark H. Bockenhauer

Mark Bockenhauer es profesor de geografía en St. Norbert College y fue geógrafo residente de National Geographic Society. Mark tiene una amplia experiencia en el desarrollo profesional docente. Es coautor de *Our Fifty States* y de *World Atlas for Young Explorers*, tercera edición, ambos publicados por National Geographic. Mark es coordinador de la Alianza Geográfica de Wisconsin y se desempeñó como presidente del Consejo Nacional para la Educación Geográfica en 2007.

CONSULTORES DEL PROGRAMA

Janet Smith

Jan Smith es profesora asociada de geografía en la Universidad de Shippensburg. Jan comenzó su carrera docente como profesora de escuela secundaria en Virginia, donde se desempeñó como docente consultora para la Alianza Geográfica de Virginia durante muchos años. Sus investigaciones se enfocan, principalmente, en cómo los niños desarrollan sus destrezas de razonamiento espacial. Jan fue presidente del Consejo Nacional para la Educación Geográfica en 2008 y actualmente es la coordinadora de la Alianza Geográfica de Pensilvania.

Michael W. Smith

Michael Smith es profesor en el Departamento de Currículo, Enseñanza y Tecnología en Educación de la Universidad de Temple. Se convirtió en profesor universitario después de 11 años de enseñar inglés en la secundaria. Su investigación se enfoca tanto en cómo los lectores expertos leen y hablan sobre los textos, como en las motivaciones para la lectura y la escritura en los adolescentes. Michael ha escrito muchos libros y monografías, entre ellos el premiado *"Reading Don't Fix No Chevys": Literacy in the Lives of Young Men*.

David W. Moore

David Moore es profesor de educación en la Universidad Estatal de Arizona. Fue profesor de estudios sociales y lectura en la escuela secundaria antes de entrar en la enseñanza universitaria. Actualmente dicta cursos de preparación docente y realiza investigaciones sobre lectura y escritura en adolescentes. David ha publicado numerosos artículos profesionales, capítulos de libros y libros, entre otros *Developing Readers and Writers in the Content Areas* y *Principled Practices for Adolescent Literacy*.

Revisores docentes

Kayce Forbes
Deerpark Middle School
Austin, Texas

Michael Koren
Maple Dale School
Fox Point, Wisconsin

Patricia Lewis
Humble Middle School
Humble, Texas

Julie Mitchell
Lake Forest Middle School
Cleveland, Tennessee

Linda O'Connor
Northeast Independent
School District
San Antonio, Texas

Leah Perry
Exploris Middle School
Raleigh, North Carolina

Robert Poirier
North Andover Middle School
North Andover, Massachusetts

Heather Rountree
Bedford Heights Elementary
Bedford, Texas

Erin Stevens
Quabbin Regional
Middle/High School
Barre, Massachusetts

Beth Tipper
Crofton Middle School
Crofton, Maryland

Mary Trichel
Atascocita Middle School
Humble, Texas

Andrea Wallenbeck
Exploris Middle School
Raleigh, North Carolina

Revisores del contenido religioso

Las siguientes personas han revisado el tratamiento del contenido religioso en algunas páginas específicas de este libro.

Charles Haynes
First Amendment Center
Washington, D.C.

Shabbir Mansuri
Institute on Religion and
Civic Values
Fountain Valley, California

Susan Mogull
Institute for Curriculum Reform
San Francisco, California

Raka Ray
Chair, Center for South Asia Studies
University of California
Berkeley, California

National Geographic Society

National Geographic Society realizó aportes significativos a *Culturas del mundo y geografía*. Nuestro trabajo conjunto con cada una de las siguientes instituciones ha sido un placer y un honor: *National Geographic Maps, National Geographic Education Programs, National Geographic Missions Programs, National Geographic Digital Motion, National Geographic Digital Studio* y *National Geographic Weekend*. Agradecemos a la Sociedad por su guía y apoyo.

Greg Anderson
Lingüista
Miembro de National Geographic

Greg Anderson registra y conserva muchas lenguas diferentes que están en riesgo de desaparición. También es el codirector del proyecto Voces Perdurables.

Katey Walter Anthony
Ecóloga acuática y biogeoquímica
Explorador emergente de National Geographic

Katey Walter Anthony explora maneras de usar un gas invernadero para obtener energía.

Ken Banks
Innovador de tecnología móvil
Explorador emergente de National Geographic

Ken Banks desarrolla tecnología móvil para conectar grupos en áreas remotas.

Katy Croff Bell
Oceanógrafa arqueológica
Exploradora emergente de National Geographic

Katy Croff Bell utiliza tecnología submarina para explorar las profundidades del océano y del mar Negro.

Christina Conlee
Arqueóloga
Becaria de National Geographic

Christina Conlee investiga los geoglifos y las líneas de Nazca grabadas en el suelo de Suramérica.

Alexandra Cousteau
Activista socioambiental
Exploradora emergente de National Geographic

Alexandra Cousteau trabaja con el fin de educar a la gente para proteger los recursos hídricos y los océanos.

Thomas Taha Rassam (TH) Culhane
Urbanista
Explorador emergente de National Geographic

T.H. Culhane trabaja con residentes de El Cairo para instalar calentadores de agua que funcionen con energía solar.

Jenny Daltry
Herpetóloga
Exploradora emergente de National Geographic

Jenny Daltry salva especies de reptiles en peligro de extinción y motiva a los habitantes del lugar a proteger a los reptiles y sus hábitats.

Wade Davis
Antropólogo y etnobotánico
Explorador residente de National Geographic

Wade Davis estudia las plantas y las personas mientras convive con muchas culturas indígenas de todo el mundo.

Sylvia Earle
Oceanógrafa
Exploradora residente de National Geographic

La investigación de Sylvia Earle se enfoca en explorar y preservar los ecosistemas marinos.

Grace Gobbo
Etnobotánica
Exploradora emergente de National Geographic

Grace Gobbo estudia las prácticas medicinales tradicionales de Tanzania y las plantas nativas de la región.

Beverly Goodman
Geoarqueóloga
Explorador emergente de National Geographic

Beverly Goodman utiliza sus destrezas para develar tsunamis del pasado y ayudar a evitar desastres en el futuro.

David Harrison
Lingüista
Miembro de National Geographic

David Harrison estudia y archiva lenguas y culturas en riesgo de desaparición. También es el codirector del proyecto Voces Perdurables.

Kristofer Helgen
Zoólogo
Explorador emergente de National Geographic

Kristofer Helgen descubre nuevas especies de mamíferos e investiga sobre los animales de todo el mundo.

Fredrik Hiebert
Arqueólogo
Miembro de National Geographic

Fredrik Hiebert descubre misterios del pasado y ha rastreado antiguas rutas comerciales, entre ellas, las rutas de la seda.

Zeb Hogan
Ecólogo acuático
Miembro de National Geographic

Zeb Hogan estudia los peces de agua dulce y educa a las personas sobre cómo salvar estas especies de peces de la extinción.

Shafqat Hussain
Conservacionista
Explorador emergente de National Geographic

Shafqat Hussain trabaja con pastores de Pakistán para proteger al leopardo de las nieves que está en peligro de extinción.

Beverly Joubert
Cineasta y conservacionista
Exploradora residente de National Geographic

Beverly Joubert ha pasado años filmando y protegiendo a los grandes felinos y otros animales salvajes de África.

Dereck Joubert
Cineasta y conservacionista
Explorador residente de National Geographic

Dereck Joubert investiga y filma a los grandes felinos y la fauna de África, y luego comparte sus historias con el mundo.

Albert Lin
Científico investigador e ingeniero
Explorador emergente de National Geographic

Albert Lin utiliza tecnología informática para buscar sitios arqueológicos sin alterar el terreno.

Elizabeth Kapu'uwailani Lindsey
Cineasta y antropóloga
Miembro de National Geographic

Elizabeth Lindsey lucha por conservar la cultura polinesia mediante películas documentales y educación.

Sam Meacham
Buceador espeleólogo
Becario de National Geographic

Sam Meacham explora, conserva y cartografía los acuíferos, las cuevas y otras fuentes de agua subterránea en México.

Kakenya Ntaiya
Educadora y activista
Exploradora emergente de National Geographic

Kakenya Ntaiya fundó una escuela para niñas en Kenia y continúa mejorando la educación de las niñas en ese país.

Johan Reinhard
Antropólogo
Explorador residente de National Geographic

Johan Reinhard realiza investigaciones de campo en Suramérica y estudia las prácticas culturales de los pueblos andinos.

NATIONAL GEOGRAPHIC

EXPLORADORES, MIEMBROS Y BECARIOS

Enric Sala
Ecólogo marino
Explorador residente de National Geographic

Enric Sala dedica su vida a buscar la manera de revertir el daño que los seres humanos han causado a los mares.

Kira Salak
Escritora/Exploradora
Exploradora emergente de National Geographic

Kira Salak es una viajera exploradora que escribe acerca de sus viajes a lugares exóticos y a menudo peligrosos.

Katsufumi Sato
Ecólogo conductual
Explorador emergente de National Geographic

Katsufumi Soto utiliza la tecnología para estudiar las conductas de los animales, con el fin de conservar sus hábitats.

Paola Segura
Experta en agricultura sustentable
Exploradora emergente de National Geographic

Paola Segura enseña técnicas de agricultura sustentable a los campesinos del Brasil, para conservar el bosque tropical.

Beth Shapiro
Bióloga molecular
Exploradora emergente de National Geographic

Beth Shapiro estudia muestras de ADN antiguo para averiguar cómo cambian las especies con el transcurso del tiempo.

Cid Simoes
Experto en agricultura sustentable
Explorador emergente de National Geographic

Cid Simoes enseña a los campesinos del Brasil a cultivar la tierra de manera ecológica y económicamente eficiente.

José Urteaga
Biólogo marino y conservacionista
Explorador emergente de National Geographic

José Urteaga utiliza ideas creativas para salvar a las tortugas marinas de la extinción.

Spencer Wells
Genetista de población
Explorador residente de National Geographic

Spencer Wells estudia los patrones de la migración humana. Es el director del Proyecto Genográfico de National Geographic.

LOS FUNDAMENTOS DE LA GEOGRAFÍA

TECHTREK

myNGconnect.com

Digital Library
Unit 1 GeoVideo
Introduce the Essentials of Geography

Explorer Video Clip
Sylvia Earle, Oceanographer
National Geographic Explorer-in-Residence

NATIONAL GEOGRAPHIC **PHOTO GALLERY**

Photos of Earth's physical features
and world cultures

Maps and Graphs
Interactive Map Tool

Interactive Whiteboard GeoActivities
- Draw the Stages of an Earthquake
- Build a Climograph
- Map the Spread of Buddhism

Arqueólogos trabajando

UNIDAD 2

NORTEAMÉRICA

CAPÍTULO 3

Norteamérica: Geografía e historia

CAPÍTULO 4

Norteamérica hoy

TECHTREK

myNGconnect.com

Digital Library
Unit 2 GeoVideo
Introduce North America

Explorer Video Clip
Sam Meacham, Cave Diver
National Geographic Grantee

NATIONAL GEOGRAPHIC **PHOTO GALLERY**
Regional photos, including the Grand Canyon and Great Plains, Mexico City, Vancouver, and New York City

Maps and Graphs
Interactive Map Tool

Interactive Whiteboard GeoActivities
- Compare Climates
- Illustrate the Rain Shadow Effect
- Create a Sketch Map of Tenochtitlán

Turistas en el Gran Cañón, Arizona

UNIDAD 3 Centroamérica y el Caribe

CAPÍTULO 5

CAPÍTULO 6

TECHTREK

myNGconnect.com

Niña maya

Digital Library
Unit 3 GeoVideo
Introduce Central America & the Caribbean

Explorer Video Clip
José Urteaga, Marine Biologist and Conservationist
National Geographic Emerging Explorer

NATIONAL GEOGRAPHIC PHOTO GALLERY
Regional photos, including the rain forest, the Andes Mountains, and Montserrat

Music Clips
Audio clips of music from the region

Maps and Graphs
Outline Maps

Interactive Whiteboard GeoActivities
- Research Rain Forest Species
- Build a Time Line of Colonial Rule
- Analyze Push-Pull Factors

UNIDAD 4

SURAMÉRICA

CAPÍTULO 7

CAPÍTULO 8

TECHTREK

myNGconnect.com

Machu Picchu, Perú

Digital Library
Unit 4 GeoVideo
Introduce South America

Explorer Video Clip
Christina Conlee, Archaeologist
National Geographic Grantee

NATIONAL GEOGRAPHIC PHOTO GALLERY

Regional photos, including the Amazon River, Machu Picchu, Lima, Rio de Janeiro, and Buenos Aires

Maps and Graphs
Interactive Map Tool

Interactive Whiteboard GeoActivities
- Map the Global Impact of El Niño
- Graph Native Population Change in Peru
- Analyze Sustainable Agriculture

UNIDAD 5 EUROPA

CAPÍTULO 9

CAPÍTULO 10

TECHTREK

myNGconnect.com

Digital Library
Unit 5 GeoVideo
Introduce Europe

Explorer Video Clip
Enric Sala, Marine Ecologist
National Geographic Explorer-in-Residence

NATIONAL GEOGRAPHIC PHOTO GALLERY
Regional photos, including Florence, Paris, Amsterdam, and Budapest

Maps and Graphs
Interactive Map Tool

Interactive Whiteboard GeoActivities
- Map Europe's Land Regions
- Compare Greek and Roman Governments
- Analyze Causes and Effects of World War I

Museo del Louvre, París, Francia

UNIDAD 6

Rusia Y LAS REPÚBLICAS EUROASIÁTICAS

CAPÍTULO 11

CAPÍTULO 12

TECHTREK

myNGconnect.com

Digital Library
Unit 6 GeoVideo
Introduce Russia & the Eurasian Republics

Explorer Video Clip
Katey Walter Anthony, Aquatic Ecologist
National Geographic Emerging Explorer

NATIONAL GEOGRAPHIC PHOTO GALLERY
Regional photos, including St. Basil's Cathedral in Moscow, the Ural Mountains, Siberian tundra, and St. Petersburg

Maps and Graphs
Interactive Map Tool

Interactive Whiteboard GeoActivities
- Analyze Central Asian Economies
- Graph Napoleon's March Through Russia
- Explore the Trans-Siberian Railroad

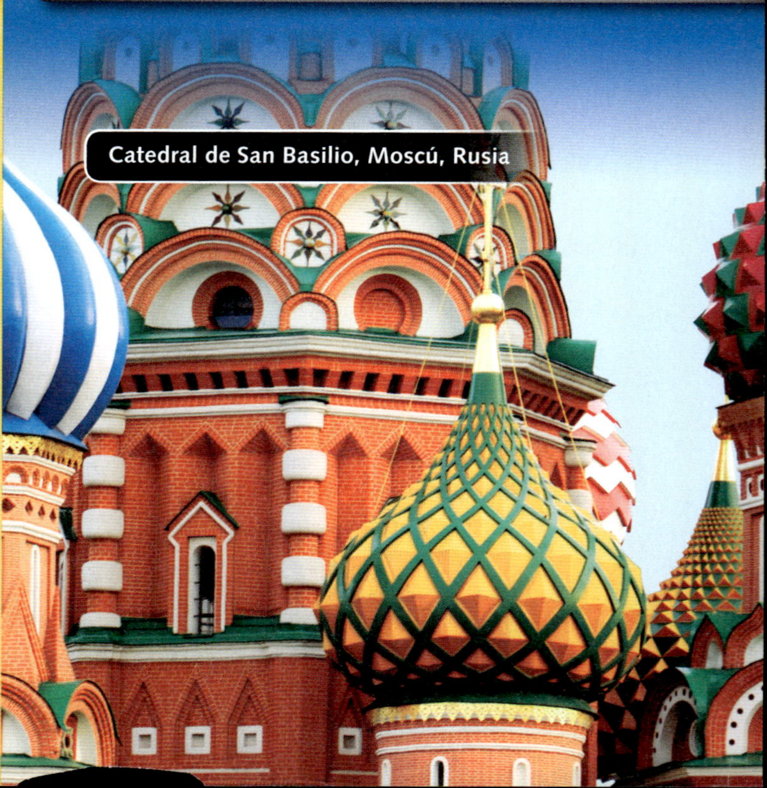

Catedral de San Basilio, Moscú, Rusia

UNIDAD 7

ÁFRICA SUBSAHARIANA

CAPÍTULO 13

CAPÍTULO 14

TECHTREK

myNGconnect.com

Un músico y un griot en Senegal

Digital Library
Unit 7 GeoVideo
Introduce Sub-Saharan Africa

Explorer Video Clip
Dereck and Beverly Joubert, Conservationists
National Geographic Explorers-in-Residence

NATIONAL GEOGRAPHIC PHOTO GALLERY
Regional photos, including Kenya's savanna, Victoria Falls, Johannesburg, and the Great Rift Valley

Music Clips
Audio clips of music from the region

Maps and Graphs
Interactive Map Tool

Interactive Whiteboard GeoActivities
- Compare Precipitation Across Regions
- Locate a Wildlife Reserve
- Research Vanishing Cultures

CAPÍTULO 15

CAPÍTULO 16

TECHTREK

myNGconnect.com

Vista desde el edificio más alto del mundo, en Dubái

Digital Library
Unit 8 GeoVideo
Introduce Southwest Asia & North Africa

Explorer Video Clip
Beverly Goodman, Geoarchaeologist
National Geographic Emerging Explorer

NATIONAL GEOGRAPHIC PHOTO GALLERY
Regional photos, including the Blue Mosque, Hagia Sophia, and Topkapi Palace

Maps and Graphs
Outline Maps

Interactive Whiteboard GeoActivities
- Explore an Ancient Irrigation System
- Compare Major Rivers of the World
- Trace the Benefits of Education

UNIDAD 9

Asia del Sur

CAPÍTULO 17
Asia del Sur: Geografía e historia

CAPÍTULO 18

TECHTREK

myNGconnect.com

Digital Library
Unit 9 GeoVideo
Introduce South Asia

Explorer Video Clip
Kira Salak, Writer/Adventurer
National Geographic Emerging Explorer

NATIONAL GEOGRAPHIC **PHOTO GALLERY**
Regional photos, including the Himalayas, the Ganges River, and the Taj Mahal

Music Clips
Audio clips of music from the region

Maps and Graphs
Interactive Map Tool

Interactive Whiteboard GeoActivities
- Draw a Mental Map of South Asia
- Build a Time Line of Colonialism in India
- Graph and Compare Internet Use

Escaladores en el monte Everest

UNIDAD 10 Asia Oriental

CAPÍTULO 19

CAPÍTULO 20

TECHTREK

myNGconnect.com

Digital Library
Unit 10 GeoVideo
Introduce East Asia

Explorer Video Clip
Albert Lin, Research Scientist and Engineer
National Geographic Emerging Explorer

NATIONAL GEOGRAPHIC **PHOTO GALLERY**

Regional photos, including the Great Wall of China, Mount Fuji, bullet trains, and a Buddhist temple in Korea

Maps and Graphs
Interactive Map Tool

Interactive Whiteboard GeoActivities
- Follow the Chang Jiang
- Barter on the Silk Roads
- Explore the Forbidden City

Monte Fuji, Japón

UNIDAD 11 Sureste Asiático

CAPÍTULO 21

CAPÍTULO 22

TECHTREK

myNGconnect.com

Un mercado flotante de Tailandia

Digital Library
Unit 11 GeoVideo
Introduce Southeast Asia

Explorer Video Clip
Kristofer Helgen, Zoologist
National Geographic Emerging Explorer

NATIONAL GEOGRAPHIC **PHOTO GALLERY**
Regional photos, including the Mekong and Irrawaddy rivers, Angkor Wat, and Hanoi and Jakarta

Maps and Graphs
Interactive Map Tool

Interactive Whiteboard GeoActivities
- Investigate New Species
- Map the Spice Trade
- Analyze Remittances and GDP

UNIDAD 12

AUSTRALIA, LA CUENCA DEL PACÍFICO Y LA ANTÁRTIDA

TECHTREK

myNGconnect.com

La Ópera de Sídney, Australia

Digital Library
Unit 12 GeoVideo
Introduce Australia, the Pacific Realm & Antarctica

Explorer Video Clip
David Harrison and Greg Anderson, Linguists
National Geographic Fellows

NATIONAL GEOGRAPHIC **PHOTO GALLERY**

Regional photos, including the Great Barrier Reef and glaciers in Antarctica

Maps and Graphs
Interactive Map Tool

Interactive Whiteboard GeoActivities

- Research Indigenous Species
- Research and Report on Endangered Languages
- Build a Time Line of Indigenous Rights

SECCIONES ESPECIALES

Exploradores de National Geographic

Asuntos globales

Preguntas basadas en documentos

Comparar regiones

Gráficas

Cuadros y tablas

Infografías y modelos

LA GRAN PIRÁMIDE DE KEOPS, 2550 a. C.

Atlas de NATIONAL GEOGRAPHIC A2–A39

Mapas

UNIDAD 1

UNIDAD 2

UNIDAD 3

UNIDAD 4

UNIDAD 5

UNIDAD 6

UNIDAD 7

UNIDAD 8

UNIDAD 9

UNIDAD 10

UNIDAD 11

UNIDAD 12

NATIONAL GEOGRAPHIC

ATLAS

El mundo: Mapa físico

NATIONAL GEOGRAPHIC
A
B
C
D
E
F
G
H
ANTARCTICA
QUEEN MAUD LAND
WILKES LAND
WEST ANTARCTICA
EAST ANTARCTICA
ATLANTIC OCEAN
INDIAN OCEAN
PACIFIC OCEAN
Weddell Sea
Ross Sea
Ronne Ice Shelf
Ross Ice Shelf
Antarctic Peninsula
Antarctic Circle
Vinson Massif 16,067 ft (4,897 m)
South Pole
South Geomagnetic Pole
South Magnetic Pole
0 400 800 Miles
0 400 800 Kilometers
September extent of sea ice
Polo Sur
OCEAN
30°E
60°E
90°E
120°E
150°E
Svalbard (Norway)
Franz Josef Land
Severnaya Zemlya
New Siberian Islands
East Siberian Sea
Wrangel Is.
Laptev Sea
Kara Sea
Barents Sea
Novaya Zemlya
Norwegian Sea
Kola Pen.
NORWAY
SWEDEN
FINLAND
North Sea
DEN.
NETH.
BELG.
LUX.
GERMANY
POLAND
CZECH REP.
SLOVAKIA
AUS.
HUNG.
FRANCE
SWITZ.
LIECH.
ALPS
SLOV.
CRO.
B.H.
SERB.
ROM.
BULG.
MONACO
SAN MARINO
Sardinia (Italy)
ITALY
Sicily (Italy)
MALTA
MONT.
KOS.
ALB.
MAC.
GREECE
ESTONIA
LATVIA
LITH.
RUS.
BELARUS
UKRAINE
MOLDOVA
Northern European Plain
Volga R.
Black Sea
Mediterranean Sea
El'brus 18,510 ft (5,642 m)
Caucasus Mts.
GEORGIA
ARM.
AZER.
Caspian Depression
Caspian Sea
Aral Sea
KAZAKHSTAN
Kazakh Uplands
Lake Balkhash
UZBEKISTAN
TURKMENISTAN
KYRGYZSTAN
TAJIKISTAN
AFGHANISTAN
PAKISTAN
IRAN
Zagros Mountains
TURKEY
CYPRUS
LEBANON
ISRAEL
SYRIA
IRAQ
JORDAN
KUWAIT
BAHRAIN
QATAR
U.A.E.
SAUDI ARABIA
ARABIAN PENINSULA
OMAN
YEMEN
Persian Gulf
Gulf of Oman
Red Sea
Gulf of Aden
Socotra (Yemen)
Arabian Sea
Ural Mountains
Ob R.
Yenisey R.
Lena R.
West Siberian Plain
Central Siberian Plateau
SIBERIA
RUSSIA
Lake Baikal
Altay Mountains
MONGOLIA
Mongolia Plateau
GOBI
Tian Shan
Taklimakan Desert
Kunlun Mountains
Plateau of Tibet
HIMALAYA
Mt. Everest 29,035 ft (8,850 m)
NEPAL
BHUTAN
CHINA
Yellow R.
Yangtze R.
Xi R.
Bering Sea
Sea of Okhotsk
Kamchatka Peninsula
Sakhalin
Aleutian Islands
Kuril Islands
Sea of Japan (East Sea)
NORTH KOREA
SOUTH KOREA
JAPAN
Yellow Sea
Izu Islands (Japan)
East China Sea
Ryukyu Islands
Bonin Islands (Japan)
Volcano Islands (Japan)
Minami Tori Shima (Marcus) (Japan)
TAIWAN
NORTH PACIFIC OCEAN
Northern Mariana Islands (U.S.)
Guam (U.S.)
MARSHALL ISLANDS
FEDERATED STATES OF MICRONESIA
PALAU
Philippine Sea
PHILIPPINES
South China Sea
Hainan
VIETNAM
LAOS
THAILAND
CAMB.
MYANMAR (BURMA)
BANG.
INDIA
Thar Desert
Indus R.
Ganges R.
Deccan Plateau
Western Ghats
Eastern Ghats
Bay of Bengal
SRI LANKA
Andaman Islands (India)
Andaman Sea
Nicobar Islands (India)
MALDIVES
Malay Pen.
MALAYSIA
SINGAPORE
BRUNEI
Celebes Sea
Borneo
Sumatra
INDONESIA
Celebes
Java Sea
Java
Banda Sea
New Guinea
PAPUA NEW GUINEA
TIMOR-LESTE (EAST TIMOR)
Timor
Timor Sea
Arafura Sea
Christmas Island (Aus.)
Cocos (Keeling) Islands (Aus.)
Chagos Archipelago (U.K.)
Diego Garcia (U.K.)
NAURU
KIRIBATI
SOLOMON ISLANDS
TUVALU
VANUATU
FIJI
Coral Sea
New Caledonia (Fr.)
Great Barrier Reef
GREAT DIVIDING RANGE
AUSTRALIA
Great Sandy Desert
Western Plateau
Great Victoria Desert
Great Artesian Basin
Darling R.
Great Australian Bight
Mt. Kosciuszko 7,310 ft (2,228 m)
Tasmania
Tasman Sea
Norfolk Island (Aus.)
NEW ZEALAND
North Island
South Island
Auckland Islands (N.Z.)
30°N
30°S
60°N
60°S
0°
TUNISIA
ALGERIA
LIBYA
EGYPT
Ahaggar Mts.
SAHARA
SAHEL
NIGER
CHAD
SUDAN
Nile R.
Suez Canal
ERITREA
DJIBOUTI
ETHIOPIA
SOMALIA
Great Rift Valley
NIGERIA
BENIN
TOGO
CAMEROON
CENTRAL AFRICAN REP.
SOUTH SUDAN
EQ. GUINEA
SAO TOME & PRINCIPE
GABON
CONGO
Congo R.
Congo Basin
CABINDA (Angola)
DEM. REP. OF THE CONGO
UGANDA
KENYA
RWANDA
BURUNDI
Lake Victoria
Kilimanjaro 19,340 ft (5,895 m)
Lake Tanganyika
TANZANIA
SEYCHELLES
COMOROS
MALAWI
ANGOLA
ZAMBIA
ZIMBABWE
MOZAMBIQUE
Mozambique Channel
MADAGASCAR
Réunion (Fr.)
MAURITIUS
NAMIBIA
Namib Desert
BOTSWANA
KALAHARI DESERT
SWAZILAND
LESOTHO
SOUTH AFRICA
Cape of Good Hope
INDIAN OCEAN
Île Amsterdam (Fr.)
Crozet Islands (Fr.)
Prince Edward Islands (South Africa)
Kerguelen Islands (Fr.)
Heard Island and McDonald Islands (Aus.)
Bouvet (Norway)
September extent of sea ice
South Magnetic Pole
South Geomagnetic Pole
QUEEN MAUD LAND
WILKES LAND
ANTARCTICA
0 1,000 2,000 Miles
0 1,000 2,000 Kilometers
7
8
9
10
11
12

El mundo: Mapa político

ATLANTIC OCEAN
INDIAN OCEAN
QUEEN MAUD LAND
Weddell Sea
Antarctic Peninsula
Antarctic Circle
Ronne Ice Shelf
Vinson Massif 16,067 ft (4,897 m)
South Pole
ANTARCTICA
PACIFIC OCEAN
Ross Ice Shelf
Ross Sea
WILKES LAND
0 400 800 Miles
0 400 800 Kilometers
Polo Sur
OCEAN
Svalbard (Norway)
Franz Josef Land
Barents Sea
Novaya Zemlya
Kara Sea
Severnaya Zemlya
Laptev Sea
New Siberian Islands
East Siberian Sea
Wrangel Is.
Norwegian Sea
NORWAY
SWEDEN
FINLAND
RUSSIA
Bering Sea
Sea of Okhotsk
Aleutian Islands
Lake Baikal
Kuril Islands
North Sea
Oslo
Stockholm
Helsinki
Tallinn
ESTONIA
Riga
LATVIA
Moscow
Copenhagen
DEN.
NETH.
LITH.
Vilnius
Minsk
BELARUS
Amsterdam
Berlin
Warsaw
POLAND
Brussels
GERMANY
CZECH REP.
Prague
Kiev
UKRAINE
Paris
FRANCE
SLOVAKIA
MOLDOVA
Chisinau
Vienna
AUS.
Budapest
HUNG.
Bern
SWITZ.
LIECH.
SLOV.
CRO.
ROM.
Belgrade
SERB.
SAN MARINO
MONACO
ITALY
Rome
Sofia
BULG.
Skopje
MAC.
ALB.
GREECE
Athens
Istanbul
Ankara
TURKEY
GEORGIA
Tbilisi
ARM.
Yerevan
Baku
AZER.
Black Sea
Caspian Sea
KAZAKHSTAN
Astana
Lake Balkhash
UZBEKISTAN
TURKMENISTAN
Ashgabat
Tashkent
Bishkek
KYRGYZSTAN
TAJIKISTAN
Dushanbe
AFGHANISTAN
Kabul
Islamabad
PAKISTAN
Karachi
MONGOLIA
Ulaanbaatar
CHINA
Beijing
NORTH KOREA
Pyongyang
Seoul
SOUTH KOREA
Sea of Japan (East Sea)
JAPAN
Tokyo
Izu Islands (Japan)
Yellow Sea
Shanghai
East China Sea
Taipei
TAIWAN
Ryukyu Islands
Bonin Islands (Japan)
Volcano Islands (Japan)
Minami Tori Shima (Marcus) (Japan)
NORTH PACIFIC OCEAN
Mediterranean Sea
Tunis
Algiers
TUNISIA
MALTA
Valletta
Tripoli
Nicosia
CYPRUS
LEBANON
Beirut
SYRIA
Damascus
ISRAEL
Jerusalem
Amman
JORDAN
Baghdad
IRAQ
Tehran
IRAN
Kuwait City
KUWAIT
Persian Gulf
BAHRAIN
Manama
Doha
QATAR
U.A.E.
Abu Dhabi
Muscat
OMAN
Riyadh
SAUDI ARABIA
ALGERIA
LIBYA
EGYPT
Cairo
Red Sea
NEPAL
Kathmandu
Delhi
New Delhi
Thimphu
BHUTAN
Dhaka
BANG.
MYANMAR (BURMA)
Nay Pyi Taw
INDIA
Mumbai (Bombay)
Arabian Sea
Bay of Bengal
Yangon (Rangoon)
Hanoi
LAOS
VIETNAM
Hainan
THAILAND
Krung Thep (Bangkok)
CAMBODIA
Phnom Penh
Manila
PHILIPPINES
Philippine Sea
South China Sea
Northern Mariana Islands (U.S.)
Guam (U.S.)
NIGER
CHAD
SUDAN
Khartoum
ERITREA
Asmara
YEMEN
Sanaa
Gulf of Aden
DJIBOUTI
Djibouti
Socotra (Yemen)
Niamey
N'Djamena
NIGERIA
Abuja
Porto-Novo
BENIN
TOGO
GHANA
Lomé
CAMEROON
Yaoundé
Malabo
EQ. GUINEA
CENTRAL AFRICAN REP.
Bangui
SOUTH SUDAN
Juba
ETHIOPIA
Addis Ababa
SOMALIA
Mogadishu
Andaman Islands (India)
SRI LANKA
Colombo
Sri Jayewardenepura Kotte
Nicobar Islands (India)
MALDIVES
Male
Kuala Lumpur
MALAYSIA
SINGAPORE
BRUNEI
Bandar Seri Begawan
Celebes Sea
PALAU
Melekeok
FEDERATED STATES OF MICRONESIA
Palikir
MARSHALL ISLANDS
Majuro
Tarawa (Bairiki)
KIRIBATI
Yaren
NAURU
Libreville
GABON
Sao Tomé
SAO TOME AND PRINCIPE
CONGO
DEM. REP. OF THE CONGO
Brazzaville
Kinshasa
CABINDA (Angola)
UGANDA
Kampala
KENYA
Nairobi
RWANDA
Kigali
BURUNDI
Bujumbura
Dodoma
TANZANIA
Dar es Salaam
SEYCHELLES
Victoria
Chagos Archipelago (U.K.)
Diego Garcia (U.K.)
Sumatra
INDONESIA
Java Sea
Jakarta
Java
Dili
TIMOR-LESTE (EAST TIMOR)
Arafura Sea
Timor Sea
PAPUA NEW GUINEA
Port Moresby
SOLOMON ISLANDS
Honiara
TUVALU
Funafuti
Luanda
ANGOLA
Lilongwe
MALAWI
Moroni
COMOROS
ZAMBIA
Lusaka
Harare
ZIMBABWE
MOZAMBIQUE
Mozambique Channel
MADAGASCAR
Antananarivo
Cocos (Keeling) Islands (Aus.)
Christmas Island (Aus.)
Coral Sea
VANUATU
Port-Vila
FIJI
Suva
NAMIBIA
Windhoek
BOTSWANA
Gaborone
Pretoria (Tshwane)
Maputo
Mbabane
Lobamba
SWAZILAND
Réunion (Fr.)
Port Louis
MAURITIUS
Bloemfontein
Maseru
LESOTHO
SOUTH AFRICA
Cape Town
AUSTRALIA
New Caledonia (Fr.)
Norfolk Island (Aus.)
INDIAN OCEAN
Great Australian Bight
Canberra, A.C.T.
Île Amsterdam (Fr.)
Crozet Islands (Fr.)
Prince Edward Islands (South Africa)
Tasman Sea
North Island
NEW ZEALAND
Wellington
South Island
Tasmania
Kerguelen Islands (Fr.)
Heard Island and McDonald Islands (Aus.)
Bouvet (Norway)
Auckland Islands (N.Z.)
Prime Meridian
0 1,000 2,000 Miles
0 1,000 2,000 Kilometers
RCTICA
30°E
60°E
90°E
120°E
150°E
30°N
60°N
0°
30°S
60°S
A
B
C
D
E
F
G
H
7
8
9
10
11
12

Especies en peligro de extinción

CÓNDOR DE CALIFORNIA

Los cóndores están en peligro de extinción debido a los pesticidas y a la pérdida de hábitat. Un programa de cría en cautiverio ha elevado el número de cóndores que viven en estado salvaje de 22 en 1987 a más de 160 en la actualidad.

Se trata del hábitat

Los animales salvajes necesitan espacio para vivir. Esto significa espacio para trasladarse, espacio para buscar alimentos y espacio para ocultarse. Un hábitat de calidad también debe ofrecer agua potable y aire limpio. Sin embargo, conforme crece la población humana, los lugares donde la gente vive tienden a expandirse y ocupar los hábitats de calidad. Cuando un hábitat se pierde, el número de animales disminuye. Si se pierde una parte demasiado grande del hábitat de una especie, los animales de esa especie están en peligro de extinción. La Unión Internacional para la Conservación de la Naturaleza (UICN) trabaja para salvar los hábitats. Al identificar el nivel de peligro con categorías simples, la UICN ayuda a determinar los hábitats que necesitan conservarse y las especies que deben protegerse.

BALLENA AZUL

La caza comercial de ballenas ya no es un peligro, pero el cambio climático pone en riesgo al alimento principal de la ballena azul, el krill. Existen menos de 5,000 individuos de esta especie en estado salvaje.

TORTUGA CAREY

El hábitat de la tortuga carey se encuentra en serio peligro, pero el próspero comercio de productos derivados de la tortuga plantea un peligro todavía mayor.

OSO POLAR

El cambio climático es la mayor amenaza para los osos polares que cazan en los campos de hielo ártico y subártico. Cuando el hielo se derrite, pierden el acceso a su principal fuente de alimento, las focas.

La extinción de las especies y la población humana

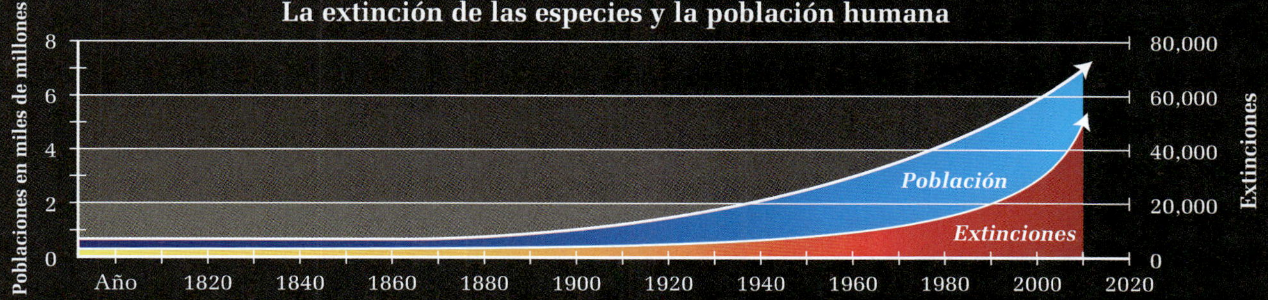

Fuente: www.whole-systems.org/extinctions.html

TIGRE

Aunque antes ocupaban un territorio que se extendía a lo largo y a lo ancho de Asia, ahora los tigres solamente se encuentran en algunos pocos rincones del continente, principalmente en el Sureste Asiático. Puede que apenas haya 3,200 tigres en estado salvaje.

PANDA GIGANTE

El panda gigante se enfrenta a un futuro incierto. Si bien los pandas están estrictamente protegidos, su hábitat se ve amenazado por las carreteras, las vías de ferrocarril y la contaminación propias de la economía en expansión de China.

RINOCERONTE NEGRO

El número de rinocerontes negros sufrió una grave disminución entre 1970 y 1992 debido a los cazadores furtivos. Si bien están en grave peligro, el número de rinocerontes va aumentando lentamente.

LA GRULLA TROMPETERA

Una historia con final feliz

La grulla trompetera estuvo cerca de la extinción, cuando apenas quedaban unas 20 aves en estado salvaje. Gracias a los esfuerzos de recuperación intensiva, esta especie ahora cuenta con una población de más de 600 y se espera un crecimiento mayor. La especie aún está en peligro, pero los científicos creen que la recuperación es sostenible.

Norteamérica: Mapa físico

Norteamérica: Mapa político

NATIONAL GEOGRAPHIC

Estados Unidos: Mapa político

A
D
A
90°W
80°W
70°W
50°N
40°N
30°N
MINNESOTA
Duluth
Minneapolis
St. Paul
Red River of the North
WISCONSIN
Madison
Milwaukee
MICHIGAN
Lansing
Detroit
Grand R.
Lake Superior
Lake Michigan
Lake Huron
Lake Erie
Lake Ontario
St. Lawrence R.
MAINE
Augusta
VERMONT
Montpelier
NEW HAMPSHIRE
Concord
MASSACHUSETTS
Boston
RHODE ISLAND
Providence
CONNECTICUT
Hartford
NEW YORK
Albany
Buffalo
Hudson R.
New York
Long Island
PENNSYLVANIA
Harrisburg
Philadelphia
Trenton
NEW JERSEY
Dover
DELAWARE
Baltimore
Annapolis
MARYLAND
Washington, D.C.
IOWA
Des Moines
Des Moines R.
Missouri R.
Mississippi R.
ILLINOIS
Chicago
Springfield
INDIANA
Indianapolis
Wabash R.
OHIO
Columbus
Cincinnati
Ohio R.
WEST VIRGINIA
Charleston
VIRGINIA
Richmond
Virginia Beach
James R.
Roanoke R.
MISSOURI
Jefferson City
St. Louis
KENTUCKY
Frankfurt
Louisville
Cumberland R.
NORTH CAROLINA
Raleigh
TENNESSEE
Nashville
Memphis
ARKANSAS
Little Rock
Arkansas R.
SOUTH CAROLINA
Columbia
Tennessee R.
Savannah R.
ALABAMA
Montgomery
Alabama R.
GEORGIA
Atlanta
MISSISSIPPI
Jackson
LOUISIANA
Baton Rouge
New Orleans
Tallahassee
FLORIDA
St. Johns R.
Lake Okeechobee
Miami
Florida Keys
Gulf of Mexico
ATLANTIC OCEAN
BAHAMAS
Tropic of Cancer
N
E
S
W
0
150
300 Miles
0
150
300 Kilometers
INSET MAP
Honolulu
HAWAI'I
Hilo
0 100 Miles
0 100 Kilometers
22°N
20°N
160°W
158°W
156°W
A
B
C
D
E
F
G
H
7
8
9
10
11
12

Centroamérica y el Caribe: Mapa físico

A B C D E F G H

1 2 3 4 5 6

ATLANTIC OCEAN
Tropic of Cancer
70°W
65°W
60°W
25°N
20°N
15°N
10°N
San Salvador
Rum Cay
Crooked Island
Mayaguana Island
Acklins Island
Turks & Caicos Islands (U.K.)
Caicos Islands
Turks Islands
Great Inagua Island
Windward Passage
Île de la Tortue
Île de la Gonâve
HISPANIOLA
HAITI
DOMINICAN REPUBLIC
Mona Passage
Isla Mona (Puerto Rico)
(Puerto Rico) Vieques
Puerto Rico (U.S.)
St. Thomas
Tortola
Virgin Islands (U.K.)
Anegada Passage
St. Croix
Virgin Islands (U.S.)
WEST INDIES
GREATER ANTILLES
Anguilla (U.K.)
St. Martin (France)
St. Maarten (Neth.)
St.-Barthélemy (France)
(Neth.) Saba
(Neth.) St. Eustatius
St. Kitts
Nevis
Barbuda
ANTIGUA AND BARBUDA
Antigua
ST. KITTS AND NEVIS
Montserrat (U.K.)
Grande-Terre
GUADELOUPE (France)
Basse-Terre
Marie-Galante
DOMINICA
Aves (Bird Island) (Venezuela)
Martinique (France)
ST. LUCIA
BARBADOS
St. Vincent
Bequia
ST. VINCENT AND THE GRENADINES
Carriacou
GRENADA
LESSER ANTILLES
CARIBBEAN SEA
ARUBA (Neth.)
CURAÇAO (Neth.)
BONAIRE (Neth.)
Tobago
TRINIDAD AND TOBAGO
Trinidad
Orinoco River Delta
Orinoco R.
Magdalena R.
VENEZUELA
COLOMBIA
GUYANA
Elevación
pies
metros
10,000+
3,050+
5,000
1,524
2,000
610
1,000
305
500
152
0
0
Bajo el nivel del mar
A
B
C
D
E
F
G
H

Centroamérica y el Caribe: Mapa político

ATLANTIC OCEAN
WEST INDIES
Tropic of Cancer
Turks & Caicos Islands (U.K.)
Cockburn Town
Windward Passage
HISPANIOLA
DOMINICAN REPUBLIC
HAITI
Port-au-Prince
Santo Domingo
Mona Passage
San Juan
Puerto Rico (U.S.)
Charlotte Amalie
Virgin Islands (U.K.)
Road Town
Virgin Islands (U.S.)
The Valley
Anguilla (U.K.)
St. Martin (France)
St. Maarten (Neth.)
St.-Barthélemy (France)
(Neth.) Saba
(Neth.) St. Eustatius
Basseterre
ST. KITTS AND NEVIS
ANTIGUA AND BARBUDA
St. John's
Brades
Montserrat (U.K.)
GUADELOUPE (France)
Basse-Terre
DOMINICA
Roseau
Martinique (France)
Fort-de-France
Castries
ST. LUCIA
BARBADOS
Bridgetown
Kingstown
ST. VINCENT AND THE GRENADINES
St. George's
GRENADA
TRINIDAD AND TOBAGO
Port of Spain
Orinoco River Delta
GREATER ANTILLES
LESSER ANTILLES
CARIBBEAN SEA
Aves (Bird Island) (Venezuela)
ARUBA (Neth.)
Oranjestad
Willemstad
CURAÇAO (Neth.)
Kralendijk
BONAIRE (Neth.)
Lake Maracaibo
Magdalena R.
VENEZUELA
Orinoco R.
COLOMBIA
GUYANA
70°W
65°W
60°W
25°N
20°N
15°N
10°N

Suramérica: Mapa físico

Suramérica: Mapa político

NATIONAL GEOGRAPHIC

Europa: Mapa físico

Barents Sea
KOLA PENINSULA
White Sea
FINLAND
Gulf of Bothnia
Gulf of Finland
Lake Onega
Lake Ladoga
Pechora R.
Northern Dvina R.
Ob R.
Irtysh R.
RUSSIA
EUROPEAN PLAIN
Volga R.
Kama R.
Ural R.
Don R.
Dnieper R.
Dniester R.
Vistula R.
LITHUANIA
BELARUS
UKRAINE
CARPATHIAN MOUNTAINS
ROMANIA
Danube R.
CRIMEA
Sea of Azov
Black Sea
Bosporus
Sea of Marmara
Dardanelles
GEORGIA
ARMENIA
AZERBAIJAN
AZERB.
KAZAKHSTAN
Aral Sea
UZBEKISTAN
TURKMENISTAN
Caspian Sea
TURKEY
IRAN
IRAQ
SYRIA
LEBANON
CYPRUS
Euphrates R.
Tigris R.
ALBANIA
GREECE
Aegean Sea
Crete (Greece)
Rhodes (Greece)
N
S
E
W
20°E
30°E
40°E
50°E
60°E
70°E
80°E
30°N
40°N
50°N
60°N
70°N
A
B
C
D
E
F
G
H
7
8
9
10
11
12

Europa: Mapa político

Barents Sea
White Sea
Lake Onega
Lake Ladoga
Gulf of Bothnia
Gulf of Finland
FINLAND
Helsinki
Tallinn
ESTONIA
Riga
LATVIA
LITHUANIA
Vilnius
Kaliningrad
Minsk
BELARUS
Warsaw
LAND
Krakow
UKRAINE
Kiev
Kharkiv
Dnieper R.
Dnipropetrovs'k
MOLD.
Chişinău
ROMANIA
Bucharest
Danube R.
Belgrade
SERBIA
Prishtina
KOSOVO
BULGARIA
Sofia
Skopje
MACEDONIA
REECE
Athens
Aegean Sea
Crete (Greece)
Rhodes (Greece)
CYPRUS
LEBANON
SYRIA
IRAQ
Euphrates R.
Tigris R.
TURKEY
Black Sea
Sea of Azov
GEORGIA
ARMENIA
AZERBAIJAN
AZERB.
IRAN
Caspian Sea
TURKMENISTAN
UZBEKISTAN
Aral Sea
KAZAKHSTAN
RUSSIA
Pechora R.
Ob R.
Irtysh R.
Northern Dvina R.
Volga R.
Kama R.
Ural R.
Don R.
N
E
S
W
20°E
30°E
40°E
50°E
60°E
70°E
80°E
70°N
60°N
50°N
40°N
30°N
A
B
C
D
E
F
G
H
7
8
9
10
11
12

Rusia y las repúblicas euroasiáticas: Mapa físico

North Pole
OCEAN
Severnaya Zemlya (North Land)
NEW SIBERIAN ISLANDS
Laptev Sea
East Siberian Sea
Wrangel Island
Chukchi Sea
Chukchi Peninsula
Bering Sea
Koryak Range
Anadyr' R.
Kolyma Range
Kolyma R.
Indigirka R.
Taymyr Peninsula
Lake Taymyr
Kotuy R.
Yana R.
Cherskiy Range
Verkhoyansk Range
Central Range
KAMCHATKA PENINSULA
Sea of Okhotsk
CENTRAL
Putorana Plateau
Olenek R.
Lena R.
Vilyuy R.
Aldan R.
Dzhugdzhur Range
SIBERIAN
PLATEAU
SIBERIA
Sakhalin
Chunya R.
Olekma R.
Stanovoy Range
Zeya R.
Amur R.
Angara R.
Lena R.
Vitim R.
Yablonovyy Range
Sikhote Alin' Range
Eastern Sayan Mountains
Western Sayan Mountains
Yenisey R.
Lake Baikal
Lake Khanka
Sea of Japan (East Sea)
Elevación
pies metros
10,000+ 3,050+
5,000 1,524
2,000 610
1,000 305
500 152
0 0
Bajo el nivel del mar
MONGOLIA
0 200 400 Miles
0 200 400 Kilometers
NORTH KOREA
SOUTH KOREA
JAPAN
Yellow Sea
PACIFIC OCEAN
CHINA
80°N
70°N
60°N
50°N
40°N
30°N
170°W
180°
170°E
160°E
150°E
140°E
130°E
120°E
110°E
100°E
A
B
C
D
E
F
G
H
7
8
9
10
11
12

Rusia y las repúblicas euroasiáticas: Mapa político

Asia del Sur: Mapa físico

Asia del Sur: Mapa político

NATIONAL GEOGRAPHIC

Asia Oriental: Mapa físico

Asia Oriental: Mapa político

NATIONAL GEOGRAPHIC

Sureste Asiático: Mapa físico

North Pole
OCEAN
Severnaya Zemlya (North Land)
NEW SIBERIAN ISLANDS
Laptev Sea
East Siberian Sea
Wrangel Island
Chukchi Sea
Anadyr'
Anadyr' R.
Bering Sea
Lake Taymyr
Kotuy R.
Olenek R.
Lena R.
Yana R.
Indigirka R.
Kolyma R.
Magadan
Sea of Okhotsk
Yakutsk
Vilyuy R.
Mirny
Aldan R.
Chunya R.
S I A
Olekma R.
Sakhalin
Amur R.
Angara R.
Vitim R.
Lake Baikal
Irkutsk
Lake Khanka
Vladivostok
Sea of Japan (East Sea)
MONGOLIA
0 200 400 Miles
0 200 400 Kilometers
NORTH KOREA
SOUTH KOREA
JAPAN
Yellow Sea
PACIFIC OCEAN
C H I N A
80°N
70°N
60°N
50°N
40°N
30°N
170°W
180°
170°E
160°E
150°E
140°E
130°E
120°E
110°E
100°E
A
B
C
D
E
F
G
H
7
8
9
10
11
12

África: Mapa físico

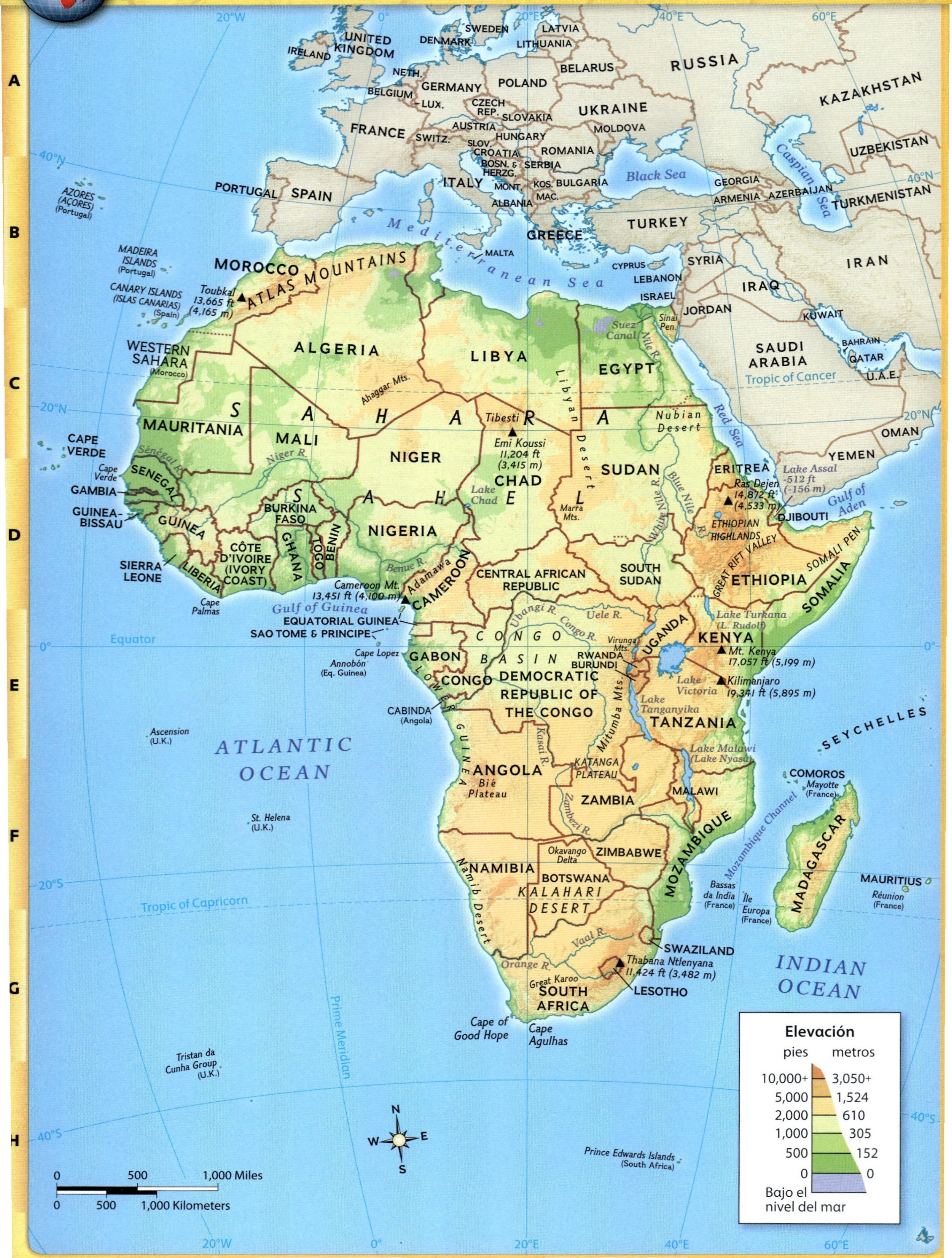

África: Mapa político

NATIONAL GEOGRAPHIC

Asia Suroccidental: Mapa físico

Asia Suroccidental: Mapa político

NATIONAL GEOGRAPHIC

Sureste Asiático: Mapa político

NATIONAL GEOGRAPHIC

Australia, la Cuenca del Pacífico y la Antártida: Mapa físico

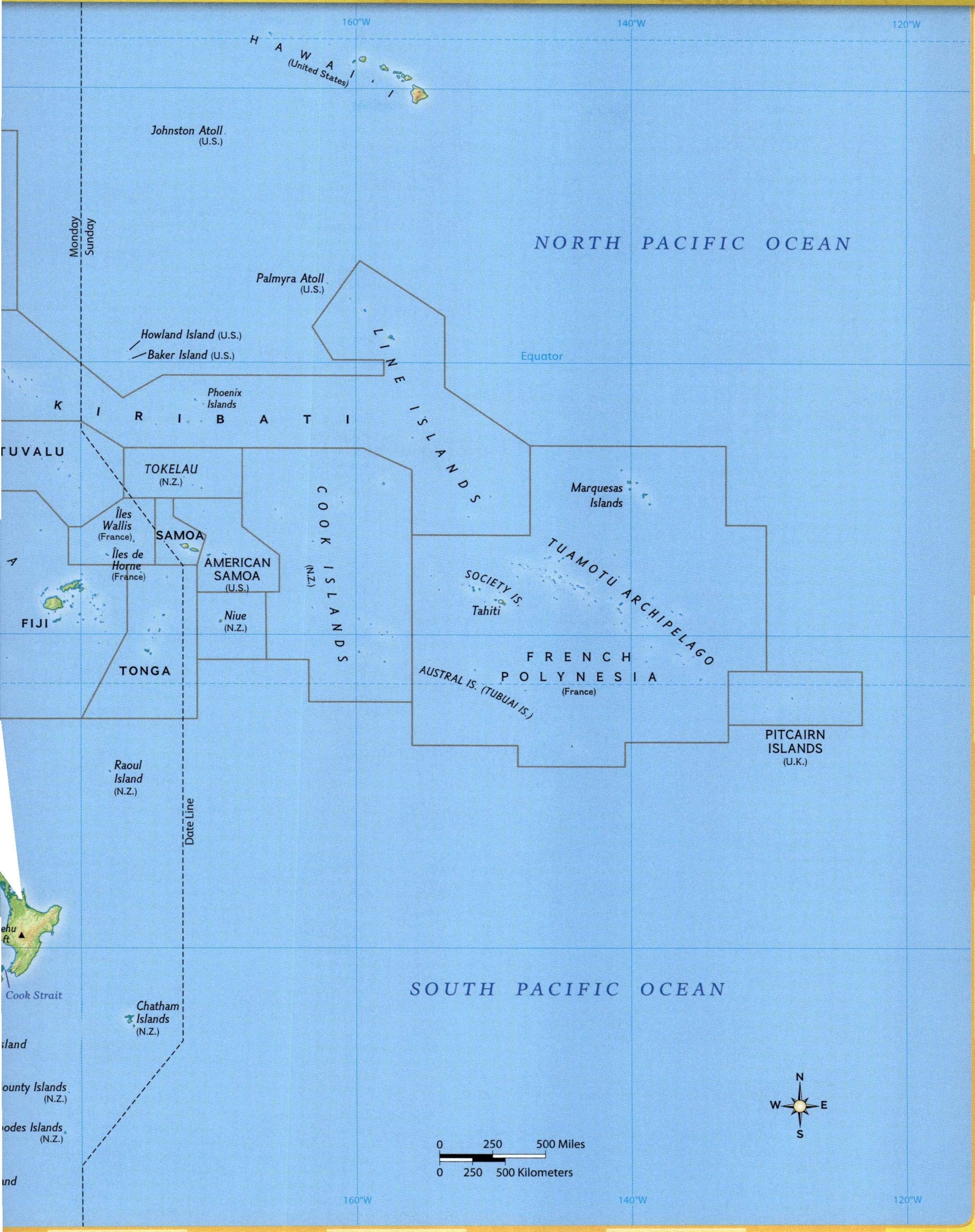
160°W
140°W
120°W
HAWAII (United States)
Johnston Atoll (U.S.)
Monday
Sunday
NORTH PACIFIC OCEAN
Palmyra Atoll (U.S.)
Howland Island (U.S.)
Baker Island (U.S.)
LINE ISLANDS
Equator
Phoenix Islands
KIRIBATI
TUVALU
TOKELAU (N.Z.)
COOK ISLANDS (N.Z.)
Marquesas Islands
Îles Wallis (France)
SAMOA
Îles de Horne (France)
AMERICAN SAMOA (U.S.)
TUAMOTU ARCHIPELAGO
SOCIETY IS.
Tahiti
FIJI
Niue (N.Z.)
FRENCH POLYNESIA (France)
TONGA
AUSTRAL IS. (TUBUAI IS.)
PITCAIRN ISLANDS (U.K.)
Raoul Island (N.Z.)
Date Line
Cook Strait
SOUTH PACIFIC OCEAN
Chatham Islands (N.Z.)
ounty Islands (N.Z.)
odes Islands (N.Z.)
N
W
E
S
0 250 500 Miles
0 250 500 Kilometers
7
8
9
10
11
12

Australia, la Cuenca del Pacífico y la Antártida: Mapa político

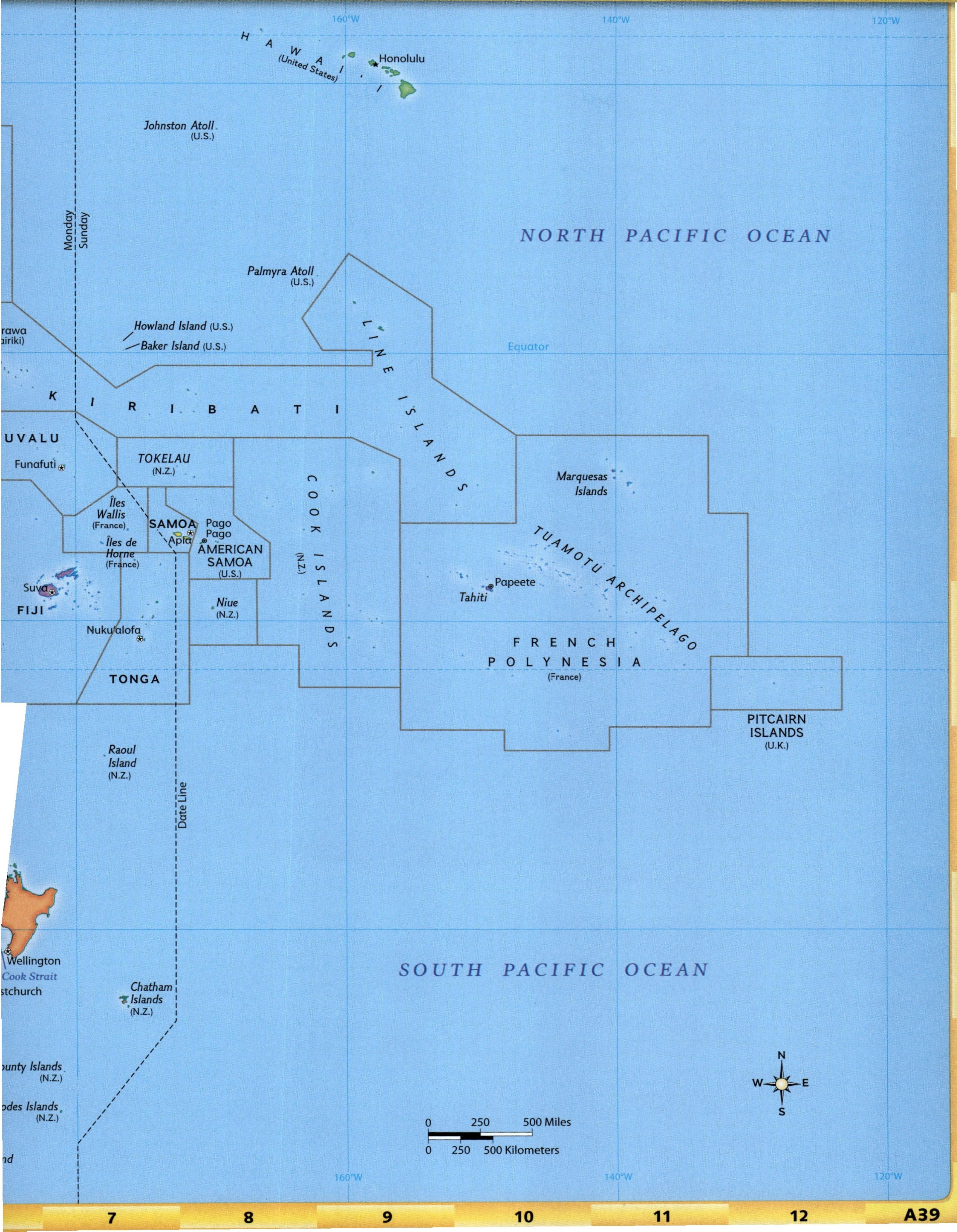
160°W
140°W
120°W
HAWAII
(United States)
Honolulu
Johnston Atoll
(U.S.)
Monday
Sunday
NORTH PACIFIC OCEAN
Palmyra Atoll
(U.S.)
Howland Island (U.S.)
Baker Island (U.S.)
Equator
LINE ISLANDS
KIRIBATI
UVALU
Funafuti
TOKELAU
(N.Z.)
COOK ISLANDS
(N.Z.)
Marquesas
Islands
Îles
Wallis
(France)
SAMOA
Apia
Pago
Pago
AMERICAN
SAMOA
(U.S.)
Îles de
Horne
(France)
TUAMOTU ARCHIPELAGO
Papeete
Tahiti
Suva
FIJI
Niue
(N.Z.)
Nuku'alofa
FRENCH
POLYNESIA
(France)
TONGA
PITCAIRN
ISLANDS
(U.K.)
Raoul
Island
(N.Z.)
Date Line
Wellington
Cook Strait
SOUTH PACIFIC OCEAN
Chatham
Islands
(N.Z.)
N
W
E
S
0 250 500 Miles
0 250 500 Kilometers
7
8
9
10
11
12

NATIONAL GEOGRAPHIC
Explora
el
MU

Motivar a las personas a cuidar el planeta

-Misión de National Geographic Society

Durante más de 100 años, *National Geographic Society* ha despertado nuestra curiosidad por el mundo. *NGS* le presta apoyo a una red de exploradores cuyo trabajo de campo es vital para el planeta. Algunos de ellos aparecen en esta fotografía. Mediante la educación y la exploración, la Sociedad trabaja para proteger el medioambiente físico y preservar las culturas del mundo.

Exploradores en ACCIÓN

Oceanógrafa
Katy Croff Bell, exploradora emergente de NG, explora la arqueología submarina.

Científico investigador
Albert Lin, explorador emergente de NG, utiliza la tecnología para estudiar los artefactos de las civilizaciones asiáticas.

Arqueóloga
Beverly Goodman, exploradora emergente de NG, investiga el impacto de los seres humanos sobre la naturaleza en las zonas costeras.

Conservacionista
Shafqat Hussain, explorador emergente de NG, protege a los leopardos de las nieves que están en peligro de extinción.

Educadora
Kakenya Ntaiya, exploradora emergente de NG, trabaja para mejorar la educación de las niñas de Kenia.

©Sharon Farmer

Cineasta y antropóloga
Elizabeth Kapu'uwailani Lindsey, miembro de NG, lucha por conservar la cultura polinesia a través de películas documentales.

En todo el mundo hay arqueólogos, antropólogos, oceanógrafos y lingüistas que representan a National Geographic Society con su trabajo. No dejes que sus largos títulos académicos te confundan: todos son científicos que realizan un trabajo de campo emocionante. Todos los días se descubre nueva información acerca de las características físicas de la Tierra.

Estos son algunos de los exploradores que trabajan para National Geographic Society.

De la clase al mundo

Instrumentos para el EXPLO

Todos los exploradores de National Geographic dependen de instrumentos para realizar sus exploraciones. También tú puedes usar los instrumentos que te proporciona este programa en **myNGconnect.com**, un recurso en inglés que te permite explorar el mundo y sus culturas.

my eEdition

Interactive Map Tool
Un instrumento completo para dibujar mapas en línea al alcance de la mano

Taj Mahal, la India

Digital Library
GeoVideos, video clips de Explorer y cientos de fotografías de la geografía física y las culturas del mundo

Interactive Whiteboard GeoActivities
Actividades prácticas para aprender más acerca del funcionamiento del mundo

Magazine Maker CD-ROM
Recurso para crear revistas estudiantiles con los recursos del programa o con tus propias fotografías

Del salón de clases al mundo

El conocimiento y las destrezas que los exploradores necesitan se describen en los estándares de National Geography que se muestran aquí. Recuérdalos cuando estudies *Culturas del mundo y geografía*.

RAZON

1. Cómo usar mapas y otras representaciones geográficas, instrumentos y tecnologías para adquirir, procesar y **COMUNICAR** la información desde una perspectiva espacial.
2. Cómo usar mapas mentales para organizar la información sobre las personas, los lugares y los ambientes en un contexto espacial.
3. Cómo **ANALIZAR** la organización espacial de personas, lugares y ambientes sobre la superficie terrestre.
4. Las características físicas y humanas de los lugares
5. Cómo las personas crean regiones para **INTERPRETAR** la complejidad de la Tierra.
6. Cómo la cultura y la **EXPERIENCIA** influyen en la percepción que las personas tienen de los lugares y las regiones.
7. Los procesos físicos que dan forma a los patrones de la superficie terrestre.
8. Las características y la distribución espacial de los ecosistemas sobre la superficie de la Tierra.
9. Las características, la distribución y la migración de la población humana en la superficie de la Tierra.

COMUNICAR

ANALIZAR

EXPERIENCIA

INTERPRETAR

AMIENTO DE ORDEN SUPERIOR

10. Las características, la distribución y la complejidad de los mosaicos culturales de la Tierra.

PATRONES

11. Los **PATRONES** y redes de interdependencia económica en la superficie terrestre.

12. Los procesos, patrones y funciones de los asentamientos humanos.

13. Cómo las fuerzas de cooperación y conflicto entre las personas influyen en la división y el control de la superficie de la Tierra.

14. Cómo las acciones humanas **MODIFICAN** el medioambiente físico.

15. Cómo los sistemas físicos influyen en los sistemas humanos.

MODIFICAR

APLICAR

16. Los cambios que ocurren en el significado, el uso, la distribución y la importancia de los recursos.

17. Cómo **APLICAR** la geografía para interpretar el pasado.

18. Cómo **APLICAR** la geografía para interpretar el presente y planificar el futuro.

NATIONAL GEOGRAPHIC **UNIDAD 1**

LOS FUNDAMENTOS DE LA GEOGRAFÍA

CONOCE AL EXPLORADOR

NATIONAL GEOGRAPHIC

El explorador residente Spencer Wells es el director del Proyecto Genográfico. Analiza muestras de ADN para rastrear los patrones de las migraciones antiguas de la humanidad y así aprender de dónde provenimos realmente.

INVESTIGA LA GEOGRAFÍA

En 2002, la NASA publicó esta espectacular imagen donde la Tierra parece una canica azul. La imagen se realizó con observaciones satelitales reunidas durante varios meses y luego combinadas cuidadosamente.

CONECTA CON LA CULTURA

La cultura es la manera en que los habitantes de una región viven, se comportan y piensan, pero la cultura no está limitada por la geografía. Un área urbana concurrida, como la ciudad de Nueva York que se ve en esta fotografía, atrae a personas de todo el mundo, quienes representan una gran variedad de culturas. Esas culturas pueden convivir en un solo lugar.

PIENSA COMO GEÓGRAFO

Estos científicos trabajan para descubrir el esqueleto de una ballena antigua en Wadi Al Hitan, Egipto. Los fósiles, como los que se muestran aquí, revelan claves acerca del pasado de la Tierra.

NATIONAL GEOGRAPHIC CAPÍTULO 1

LOS INSTRUMENTOS DEL GEÓGRAFO

VISTAZO PREVIO AL CAPÍTULO

Pregunta fundamental ¿Cómo piensan los geógrafos acerca del mundo?

SECCIÓN 1 • RAZONAMIENTO GEOGRÁFICO

VOCABULARIO CLAVE

- razonamiento espacial
- patrón geográfico
- Sistemas de Información Geográfica (SIG)
- ubicación absoluta
- Sistema de Posicionamiento Global (GPS)
- ubicación relativa
- región
- continente
- terraza

VOCABULARIO ACADÉMICO

significativo, categorizar

Pregunta fundamental ¿Cómo usan las personas la geografía?

SECCIÓN 2 • MAPAS

VOCABULARIO CLAVE

- globo terráqueo
- mapa
- latitud
- ecuador
- longitud
- primer meridiano
- hemisferio
- escala
- cartógrafo
- elevación
- relieve
- proyección

VOCABULARIO ACADÉMICO

distorsionar, tema

TÉRMINOS Y NOMBRES

- Polo Norte
- Polo Sur
- Hemisferio Norte
- Hemisferio Sur
- Hemisferio Occidental
- Hemisferio Oriental

TECHTREK PARA ESTE CAPÍTULO

- Student eEdition
- Maps and Graphs
- Interactive Whiteboard GeoActivities
- Digital Library

Visita **myNGconnect.com** para ver más información sobre los instrumentos del geógrafo.

Sistema de Posicionamiento Global (GPS)

Estos científicos utilizan respiradores mientras recogen muestras de gas de un manantial en la cueva de Villa Luz, en México.

1.1 Pensar en el espacio

TECHTREK
Visita myNGconnect.com para ver mapas en inglés y fotografías de ciudades a orillas del mar.
Maps and Graphs
Digital Library

HEMISFERIO OCCIDENTAL

DENVER, COLORADO

CHICAGO, ILLINOIS

Visión crítica Denver, Colorado, se encuentra en el piedemonte de las montañas Rocosas. Chicago, Illinois, se encuentra a orillas del lago Míchigan, uno de los cinco Grandes Lagos. ¿De qué manera estas ubicaciones diferentes pueden influir en las actividades de las personas que viven en estas ciudades?

Idea principal Los geógrafos estudian la ubicación de los lugares y sus habitantes.

La geografía no solo se trata de nombrar lugares en un mapa. También implica un **razonamiento espacial**, es decir, un razonamiento sobre el espacio en la superficie de la Tierra. Esto abarca la ubicación de los distintos lugares y las razones por las que están allí.

Hacer preguntas geográficas

Los geógrafos utilizan el razonamiento espacial para hacer preguntas, como "¿Cuál es la ubicación de un lugar? ¿Por qué es **significativa**, o importante, esta ubicación?"

Observa las fotografías de Denver, Colorado, y de Chicago, Illinois, en la parte superior de esta página. Denver está cerca de las montañas Rocosas, donde en una época se encontró oro. Chicago está a orillas del lago Míchigan, lo que hizo que la ciudad fuera un importante centro de navegación durante muchos años.

Ahora busca la ciudad de Nueva York en el mapa. Está en una bahía protegida. ¿Por qué la ubicación de Nueva York es significativa? Al igual que Chicago, está cerca del agua, lo cual es bueno para el comercio.

Estudiar los patrones geográficos

Al preguntar y responder muchas preguntas, los geógrafos pueden encontrar patrones. Los **patrones geográficos** son semejanzas entre lugares. La ubicación de grandes ciudades cerca del mar es un ejemplo de patrón geográfico.

Muchos geógrafos usan **Sistemas de Información Geográfica (SIG)** computarizados. Crean mapas y analizan los patrones utilizando muchas categorías de datos.

Antes de continuar

Resumir ¿Qué estudian los geógrafos? ¿Cómo lo estudian?

EVALUACIÓN CONTINUA

LABORATORIO DE MAPAS GeoDiario

1. **Ubicación** ¿Dónde esta ubicada de Río de Janeiro en el mapa? En tu respuesta, usa palabras que indiquen posición.
2. **Hacer inferencias** Observa las otras ciudades que aparecen en el mapa. ¿Dónde están ubicadas la mayoría? ¿Qué patrón notas?
3. **Resumir** ¿Qué son los patrones geográficos y cómo hacen los geógrafos para encontrarlos?

1.2 Temas y elementos

TECHTREK

Visita **myNGconnect.com** para ver fotos y una guía para la escritura en inglés.

Digital Library

Student Resources

Idea principal Los geógrafos utilizan temas y elementos para comprender el mundo.

Los geógrafos hacen preguntas acerca de cómo se distribuyen y se conectan en la superficie terrestre las personas, los lugares y los ambientes. Los cinco temas y los seis elementos te ayudarán a **categorizar**, o agrupar, la información.

Los cinco temas de la geografía

Los geógrafos utilizan cinco temas para categorizar información geográfica similar.

1. La **ubicación** proporciona una forma de localizar los lugares. La **ubicación absoluta** es el punto exacto donde está localizado un lugar. Los geógrafos emplean un sistema de satélites llamado **Sistema de Posicionamiento Global (GPS)** para encontrar la ubicación absoluta. La **ubicación relativa** es dónde se encuentra un lugar en relación a otros lugares. La Gran Muralla se encuentra cerca de Pekín, en el norte de China.
2. El **lugar** presenta las características de una ubicación. El Gran Cañón es un lugar famoso situado en el Oeste de los Estados Unidos. Tiene paredes rocosas escarpadas que han sido excavadas durante siglos por el río Colorado.
3. La **interacción entre los humanos y el medio ambiente** explica cómo infuyen las personas en el medio ambiente y cómo el medio ambiente influye en las personas. Por ejemplo, las personas construyen presas para modificar el curso de los ríos.
4. El **movimiento** explica cómo las personas, las ideas y los animales se trasladan de un lugar a otro. La difusión de diferentes religiones por todo el mundo es un ejemplo de movimiento.
5. La **región** abarca un grupo de lugares que tienen características comunes. Norteamérica es una región que incluye a los Estados Unidos, México y Canadá.

Visión crítica Unos turistas suben la Gran Muralla China. ¿Qué accidentes geográficos puedes ver en la foto?

La Gran Muralla China atraviesa las áreas rurales chinas.

Seis elementos fundamentales

Algunos geógrafos identifican elementos fundamentales, o ideas clave, para estudiar los procesos físicos y los sistemas humanos.

1. **El mundo en términos espaciales** Los geógrafos utilizan instrumentos como los mapas para estudiar los lugares de la superficie terrestre.
2. **Lugares y regiones** Los geógrafos estudian las características de los lugares y las regiones.
3. **Sistemas físicos** Los geógrafos examinan los procesos físicos de la Tierra, tales como los terremotos y los volcanes.
4. **Sistemas humanos** Los geógrafos estudian cómo viven los seres humanos y cuáles son los sistemas que crean, como los sistemas económicos.
5. **Medio ambiente y sociedad** Los geógrafos exploran cómo los seres humanos modifican el medio ambiente y usan los recursos.
6. **Los usos de la Geografía** Los geógrafos interpretan el pasado, analizan el presente y hacen planes para el futuro.

Antes de continuar

Hacer inferencias ¿Cómo usan los geógrafos los temas y los elementos para comprender mejor el mundo?

EVALUACIÓN CONTINUA

LABORATORIO DE ESCRITURA

GeoDiario

1. **Escribir acerca de temas geográficos** Escribe un párrafo en el que utilices los cinco temas para describir tu comunidad. Explica qué tema tiene mayor importancia en hacer que tu comunidad sea lo que es hoy día. Visita **Student Resources** para ver una guía en línea de escritura en inglés.
2. **Categorizar** ¿Qué tema y qué elemento utilizarías para categorizar la información acerca de las formas de energía? Explica tu respuesta.
3. **Comparar y contrastar** Haz una tabla como la siguiente. Usa los seis elementos fundamentales para comparar cómo tu ciudad se relaciona con otra que conozcas.

ELEMENTO	MI CIUDAD	OTRA CIUDAD
El mundo en términos espaciales	Al norte de la autopista	Al sur de la autopista
Lugares y regiones		
Sistemas físicos		

SECCIÓN 1 RAZONAMIENTO GEOGRÁFICO

1.3 Regiones del mundo

TECHTREK

Visita **myNGconnect.com** para ver mapas en inglés y fotos de las regiones del mundo.

Maps and Graphs | Digital Library

Idea principal Los geógrafos dividen el mundo en regiones. Cada región está conformada por procesos físicos y humanos compartidos.

En 1413, un almirante chino y explorador llamado Zheng He navegó desde China hasta Arabia. Cuando llegó a Arabia, vio gente vestida de una manera que nunca había visto antes. Sin embargo, al igual que Zheng He, estas personas querían comerciar.

Regiones y continentes

Zheng He notó que las regiones de la Tierra tienen semejanzas y diferencias. Una **región** es un conjunto de lugares con características comunes. Dentro de una región, los lugares están vinculados por el comercio, la cultura y otras actividades humanas. También comparten procesos físicos y características similares, como el clima.

A menudo las regiones abarcan continentes enteros. Un **continente** es una gran masa de tierra en la superficie de la Tierra. Los geógrafos han identificado siete continentes: África, Asia, Australia, Europa, Norteamérica, Suramérica y la Antártida.

Los geógrafos estudian las regiones del mundo, pero también adoptan una perspectiva global cuando investigan la Tierra. Por ejemplo, pueden estudiar las corrientes oceánicas de todo el mundo o cómo una región afecta a otra. Ambos puntos de vista contribuyen a nuestra comprensión del mundo.

Antes de continuar

Hacer inferencias ¿Por qué los geógrafos dividen el mundo en regiones para estudiarlo?

Vocabulario visual Campesinos chinos miran el paisaje abancalado o en **terrazas**, que son superficies llanas en la ladera de un cerro.

REGIONES DEL MUNDO

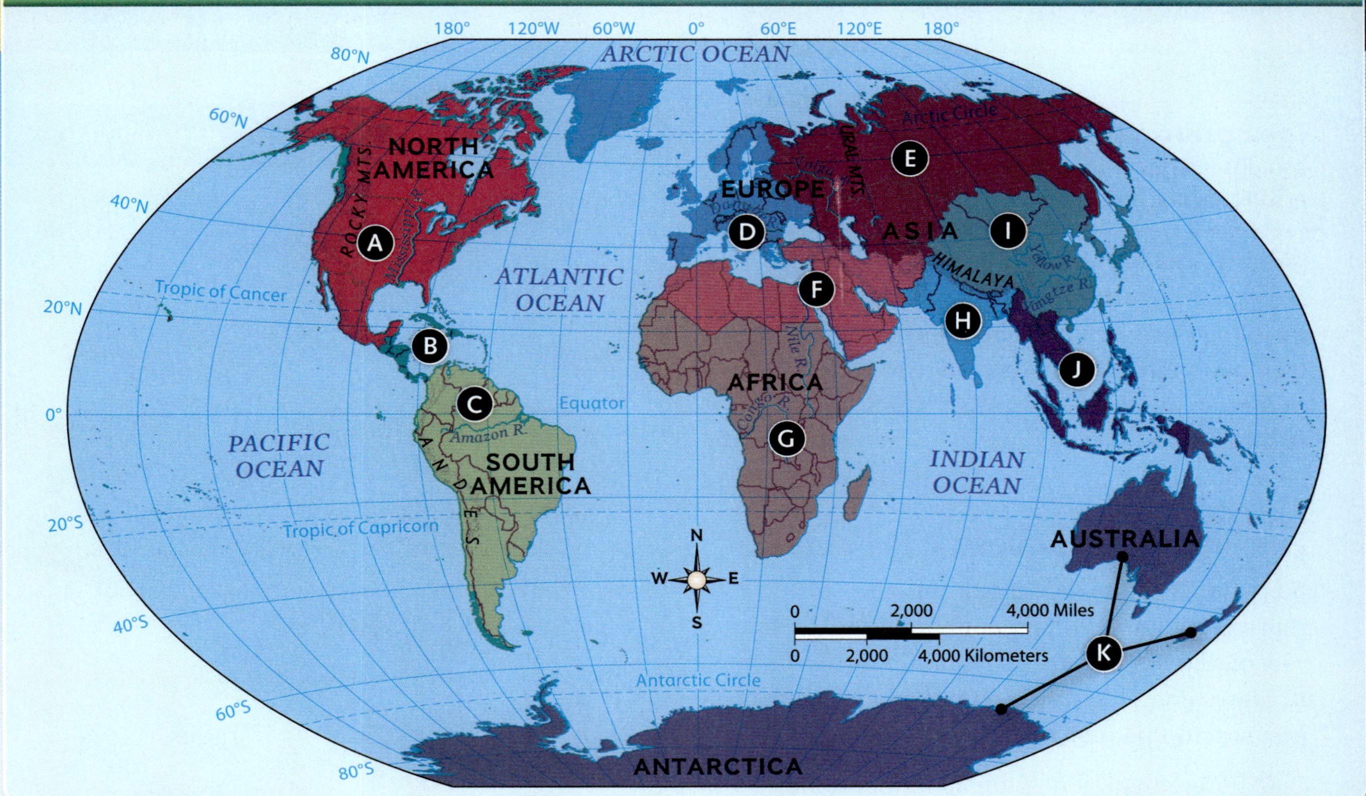

Regiones estudiadas en este libro

A **Norteamérica** abarca los Estados Unidos, Canadá y México, junto con los Grandes Lagos (el grupo más grande de lagos de agua dulce).

B **Centroamérica y el Caribe** comprende las islas del Caribe y los países que conectan Norteamérica y Suramérica.

C **Suramérica** abarca Brasil, una potencia económica en crecimiento, y el bosque tropical del Amazonas, el bosque tropical más grande del mundo.

D **Europa** abarca aproximadamente 50 países y tiene cerca de 24,000 millas de costa.

E **Rusia y las repúblicas euroasiáticas** abarca los países que formaban parte de la antigua Unión de Repúblicas Socialistas Soviéticas (U.R.S.S.).

F **Asia Suroccidental y África del Norte** abarca dos continentes: África y Asia.

G El **África Subsahariana** comprende la parte de África ubicada al sur del Sahara, el desierto más grande del mundo.

H **Asia del Sur** incluye la India, uno de los países de crecimiento más rápido del mundo.

I **Asia Oriental** incluye China, el país más poblado del mundo.

J El **Sureste Asiático** alberga Indonesia, un país compuesto por más de 17,000 islas.

K **Australia, la Cuenca del Pacífico y la Antártida** abarca las naciones isleñas del Pacífico ubicadas al norte y al este de Australia y Nueva Zelanda.

EVALUACIÓN CONTINUA

LABORATORIO DE MAPAS GeoDiario

1. **Interpretar mapas** ¿Qué regiones abarcan más de un continente?
2. **Formular y responder preguntas** Busca tu región en el mapa. Escribe una pregunta geográfica acerca de la región y respóndela.
3. **Región** Identifica una característica física de la región en que vives que la diferencie de otras regiones. ¿Cómo te afecta esta característica, o a los que viven cerca de ella?

2.1 Los elementos de un mapa

TECHTREK
Visita myNGconnect.com para ver mapas en línea de las regiones geográficas y fotos de mapas antiguos.
Maps and Graphs
Digital Library

Idea principal Los globos terráqueos y los mapas son dos instrumentos diferentes que sirven para estudiar los lugares de la Tierra.

¿Alguna vez has tenido que averiguar cómo llegar a la casa de un amigo? Imagina que el único recurso a tu alcance fuera un globo terráqueo. El globo tendría que ser enorme para poder ver suficientes detalles y hallar la casa de tu amigo. ¡Demasiado grande como para llevarlo en el bolsillo!

Los globos terráqueos y los mapas

Se le llama **globo terráqueo** a una representación tridimensional, o esférica, de la Tierra. Si bien es muy útil cuando necesitas ver la Tierra completa, no lo es cuando necesitas ver una sección pequeña.

Ahora, imagina que tomas una porción del globo terráqueo y la extiendes. A esta representación bidimensional, o plana, de la Tierra se le llama **mapa**. Los mapas y los globos terráqueos son representaciones diferentes de la Tierra, pero tienen características similares.

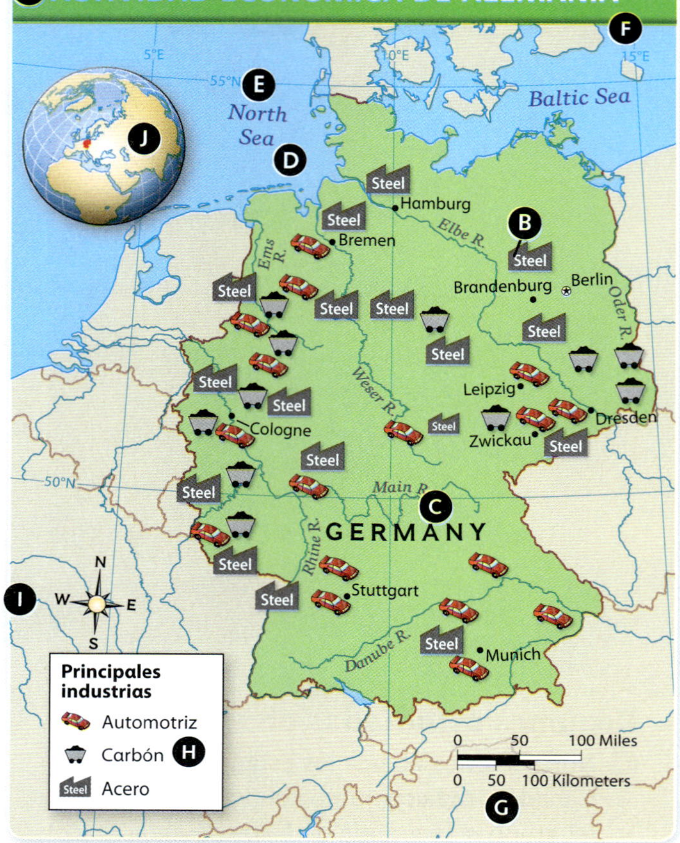

ACTIVIDAD ECONÓMICA DE ALEMANIA

Elementos de los mapas y los globos terráqueos

A El **título** indica el tema del mapa o del globo terráqueo.

B Los **símbolos** representan información, como recursos naturales y actividades económicas.

C Los **rótulos** indican los nombres de lugares, tales como ciudades, países, ríos y montañas.

D Los **colores** representan diferentes clases de información. Por ejemplo, el color azul generalmente representa agua.

E Las **líneas de latitud** son líneas horizontales imaginarias que miden la distancia al norte o al sur del ecuador.

F Las **líneas de longitud** son líneas verticales imaginarias que miden la distancia al este o al oeste del primer meridiano.

G La **escala** indica qué distancia en la Tierra está representada por la distancia en el mapa o globo terráqueo. Por ejemplo, en el mapa anterior, media pulgada representa 100 millas en la Tierra.

H La **leyenda**, o clave, explica qué representan los símbolos y los colores en el mapa o en el globo terráqueo.

I La **rosa de los vientos** indica las direcciones norte (N), sur (S), este (E) y oeste (O).

J El **localizador global** indica el área específica del mundo que se muestra en un mapa. En el mapa anterior, el localizador global indica la ubicación de Alemania.

Latitud

Las líneas de **latitud** son líneas imaginarias que se extienden de este a oeste en forma paralela al ecuador. El **ecuador** es la línea central de latitud. Las distancias al norte y al sur del ecuador se miden en grados (°). Hay 90 grados al norte del ecuador y 90 grados al sur. El ecuador está a 0°. La latitud de Berlín, Alemania, es 52° N, lo cual significa que se encuentra a 52 grados al norte del ecuador.

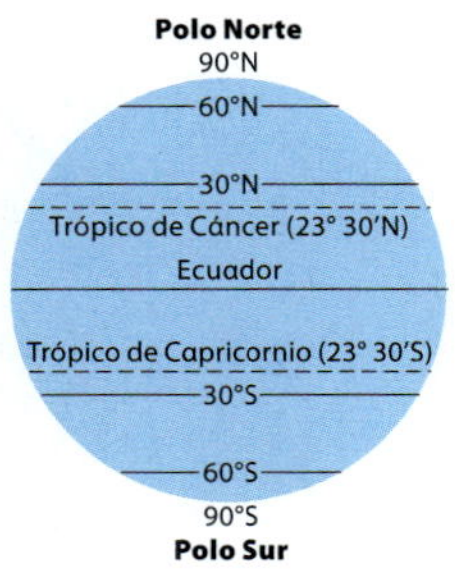

Longitud

Las líneas de **longitud** son líneas imaginarias que se extienden de norte a sur desde el Polo Norte hasta el Polo Sur y miden la distancia al este o al oeste del **primer meridiano**. El primer meridiano atraviesa Greenwich, Inglaterra. Está a 0°. Hay 180 grados al este del primer meridiano y 180 grados al oeste. La longitud de Berlín, Alemania, es 13° E, lo cual significa que se encuentra a 13 grados al este del primer meridiano.

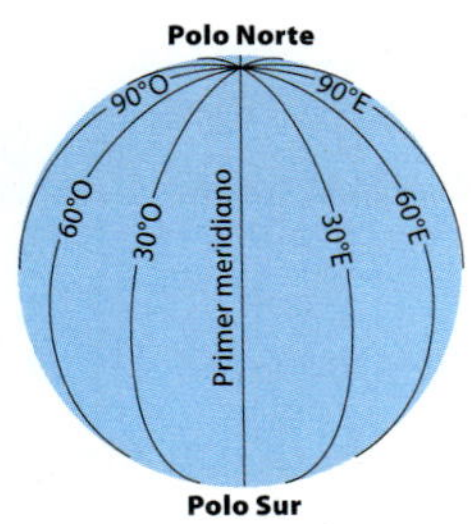

Recuerda que la ubicación absoluta es el punto exacto donde se encuentra un lugar. Este punto incluye su latitud y longitud. Por ejemplo, la ubicación absoluta de Berlín, Alemania, es 52° N, 13° E. Esto se lee en voz alta como "cincuenta y dos grados latitud Norte, trece grados longitud Este".

Los hemisferios

Un **hemisferio** es una mitad de la Tierra. El ecuador divide la Tierra en **Hemisferio Norte** y **Hemisferio Sur**. Norteamérica está ubicada en el Hemisferio Norte en su totalidad. La mayor parte de Suramérica se encuentra en el Hemisferio Sur.

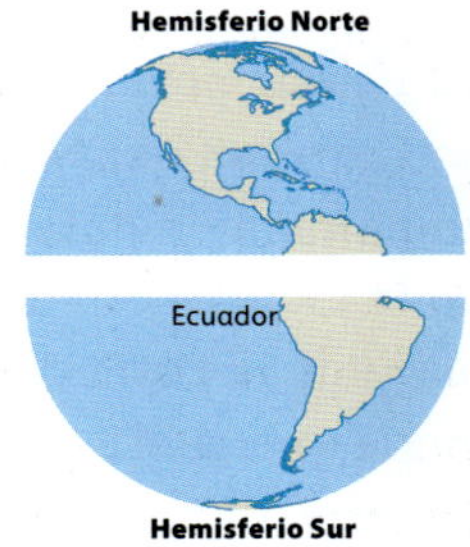

El **Hemisferio Occidental** se ubica al oeste del primer meridiano. El **Hemisferio Oriental** se ubica al este del primer meridiano. Suramérica se encuentra en el Hemisferio Occidental. La mayor parte de África se encuentra en el Hemisferio Oriental.

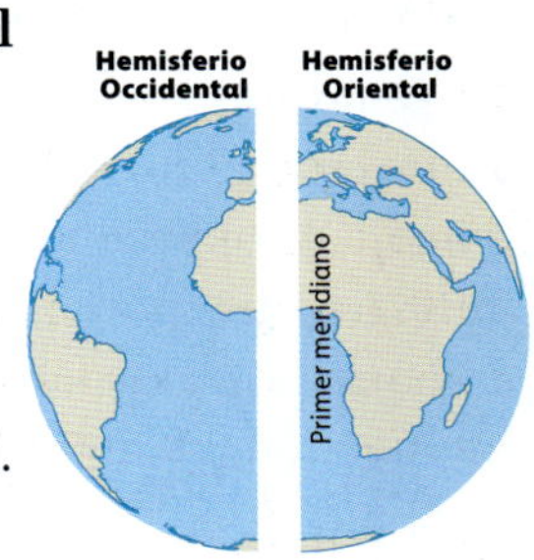

Antes de continuar

Verificar la comprensión ¿En qué se diferencian los mapas de los globos terráqueos? ¿Para qué sirve cada uno?

EVALUACIÓN CONTINUA

LABORATORIO DE MAPAS GeoDiario

1. **Interpretar mapas** ¿Qué tipos de industria hay en Alemania? ¿Qué elementos del mapa empleaste para hallar la respuesta?
2. **Hacer inferencias** ¿Cuál es la industria principal en el sur de Alemania? ¿Por qué crees que esta industria se ubica en ese lugar?
3. **Ubicación** ¿Cuál es la diferencia entre las líneas de latitud y las líneas de longitud?

2.2 La escala de un mapa

TECHTREK
Visita **myNGconnect.com** para ver mapas en inglés y fotos a diferentes escalas.
Maps and Graphs
Digital Library

Idea principal En los mapas se emplean diferentes escalas para diferentes propósitos.

Al pasear por una ciudad, como Charlotte, en Carolina del Norte, podrías usar un mapa sumamente detallado que muestre solo el centro de la ciudad. Sin embargo, para conducir a lo largo de la costa del Atlántico, emplearías un mapa que cubra un área extensa, donde estén incluidos varios estados. Estos mapas tienen escalas diferentes.

Interpretar una escala

La **escala** de un mapa indica cuál es la distancia en la Tierra que se muestra en el mapa. Un mapa a gran escala cubre un área pequeña pero muestra una gran cantidad de detalles. Un mapa a pequeña escala abarca un área mayor, pero incluye menos detalles.

Por lo general, la escala de un mapa se presenta en pulgadas y en centímetros. Una pulgada o un centímetro en el mapa representa una distancia mucho más grande en la Tierra, por ejemplo una cantidad de millas o kilómetros.

Para usar la escala de un mapa, marca varias veces la longitud de la escala sobre el borde de una hoja de papel. Después, sostén el papel entre dos puntos del mapa para ver cuántas veces entra la escala entre ellos. Suma la distancia.

CHARLOTTE, CAROLINA DEL NORTE

MAPA A GRAN ESCALA Este mapa detallado muestra solamente la ciudad de Charlotte. Según la escala del mapa, media pulgada en el mapa representa un cuarto de milla en la Tierra.

Los usos de una escala

La escala de un mapa debe adecuarse al uso al que está destinado el mapa. Por ejemplo, un mapa turístico de Washington, D.C., debe ser a gran escala para que incluya todos los nombres de las calles, los monumentos y los museos.

Visión crítica El océano Atlántico baña las dunas en los Outer Banks de Carolina del Norte (*North Carolina*). ¿Qué mapa indica la ubicación de los Outer Banks?

CAROLINA DEL NORTE

MAPA A MEDIANA ESCALA Este mapa muestra todo el estado de Carolina del Norte. Incluye menos detalles y cubre un área más extensa.

ESTE DE LOS ESTADOS UNIDOS

MAPA A PEQUEÑA ESCALA Este mapa muestra los estados de la costa atlántica, desde la Florida hasta Maine. Cubre un área mayor y muestra aún menos detalles que un mapa a mediana escala.

Los mapas de todas las escalas presentan patrones geográficos. Por ejemplo, el mapa de Washington, D.C., mostrará que muchos edificios gubernamentales se concentran en un área.

Antes de continuar

Resumir ¿Cuáles son los usos de un mapa a pequeña escala y de un mapa a gran escala?

EVALUACIÓN CONTINUA

LABORATORIO DE MAPAS

GeoDiario

1. **Interpretar mapas** En el mapa de Carolina del Norte (*North Carolina*), ¿cuántas pulgadas, aproximadamente, representan 200 millas? En el mapa del Este de los Estados Unidos, ¿cuántas millas representa una pulgada?
2. **Ubicación** ¿A qué distancia se encuentra Washington, D.C., del límite suroeste de Maine? ¿Qué mapa empleaste para hallar la distancia? ¿Por qué?
3. **Sintetizar** ¿Qué patrón geográfico observas en la ubicación de las ciudades de Carolina del Norte? ¿Cómo podrías explicar este patrón?

2.3 Mapas físicos y políticos

TECHTREK
Visita **myNGconnect.com** para ver mapas políticos y físicos en inglés de las regiones del mundo.

Maps and Graphs

MAPA POLÍTICO DE ASIA ORIENTAL

MAPA FÍSICO DE ASIA ORIENTAL

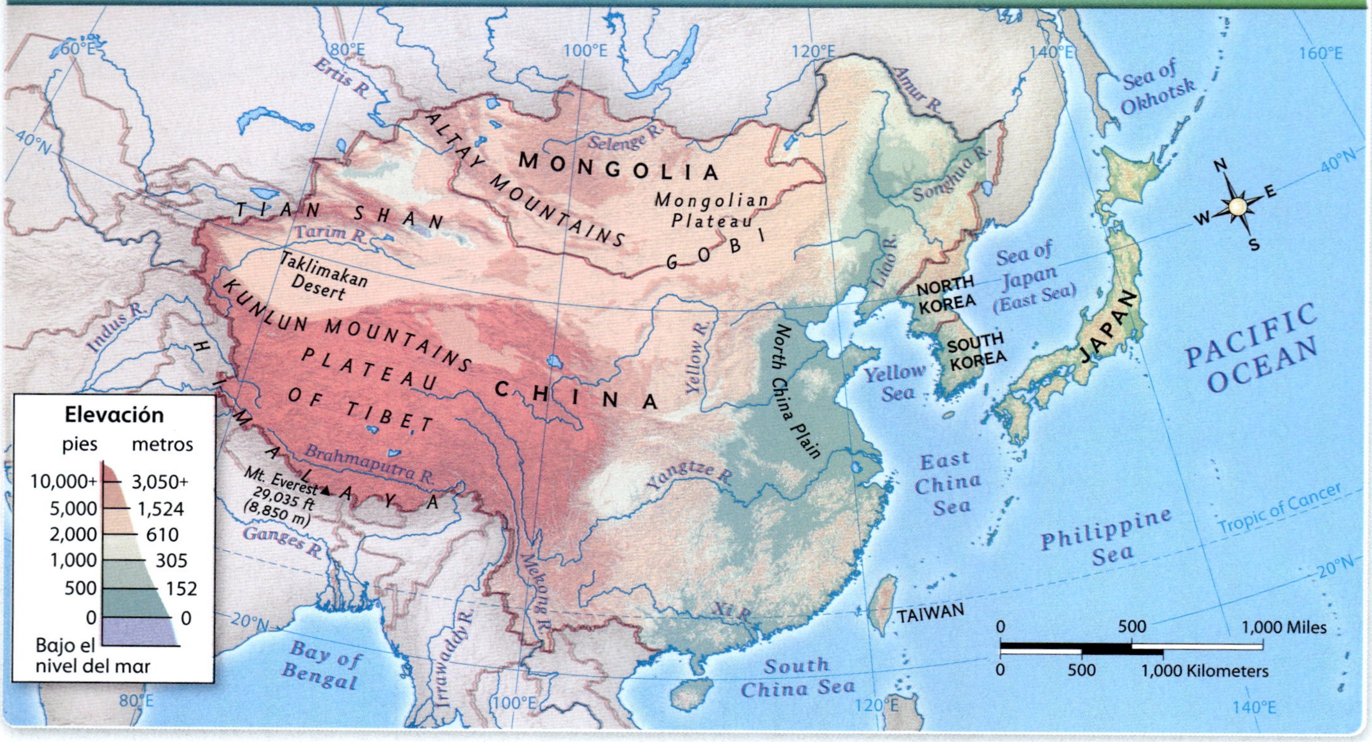

Idea principal Los mapas políticos muestran elementos creados por los seres humanos sobre la superficie terrestre. Los mapas físicos muestran características naturales.

El gobernador de un estado necesita un mapa que muestre los condados y las ciudades. Un montañista necesita un mapa que muestre los despeñaderos, los cañones y los campos de hielo. Los **cartógrafos**, o personas que hacen mapas, crean diferentes tipos de mapas para estos distintos propósitos.

Mapas políticos

Un mapa político muestra elementos creados por los seres humanos, tales como países, estados, provincias y ciudades. Estos elementos se encuentran rotulados y hay líneas que señalan límites, por ejemplo, los límites entre países.

Mapas físicos

Un mapa físico muestra los elementos o características naturales de la geografía física. Muestra accidentes geográficos, como montañas, llanuras, valles y desiertos. También muestra océanos, lagos, ríos y otras masas de agua.

Un mapa físico muestra también la elevación y el relieve. La **elevación** es la altura de un accidente geográfico sobre el nivel del mar. El **relieve** es el cambio en la elevación de un lugar a otro. Los mapas indican la elevación a través de colores. El mapa físico de la izquierda emplea siete colores para indicar siete rangos de elevación.

Antes de continuar

Verificar la comprensión ¿En qué se diferencia un mapa político de un mapa físico?

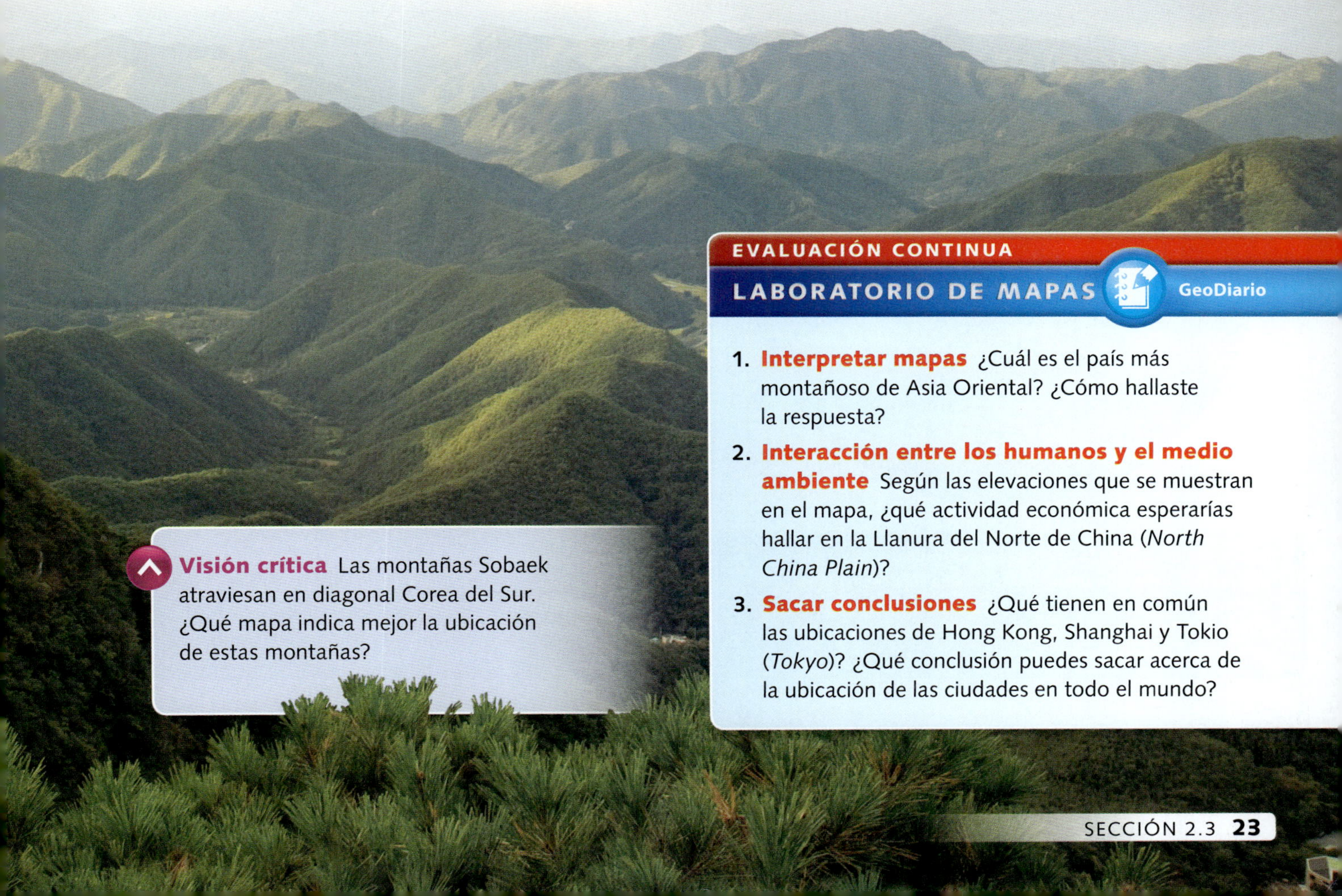

Visión crítica Las montañas Sobaek atraviesan en diagonal Corea del Sur. ¿Qué mapa indica mejor la ubicación de estas montañas?

EVALUACIÓN CONTINUA

LABORATORIO DE MAPAS GeoDiario

1. **Interpretar mapas** ¿Cuál es el país más montañoso de Asia Oriental? ¿Cómo hallaste la respuesta?
2. **Interacción entre los humanos y el medio ambiente** Según las elevaciones que se muestran en el mapa, ¿qué actividad económica esperarías hallar en la Llanura del Norte de China (*North China Plain*)?
3. **Sacar conclusiones** ¿Qué tienen en común las ubicaciones de Hong Kong, Shanghai y Tokio (*Tokyo*)? ¿Qué conclusión puedes sacar acerca de la ubicación de las ciudades en todo el mundo?

2.4 Proyecciones cartográficas

TECHTREK
Visita **myNGconnect.com** para ver más mapas en inglés con varias proyecciones.
Maps and Graphs

Idea principal Los cartógrafos emplean diferentes proyecciones para mostrar la superficie curva de la Tierra en un mapa plano.

El mundo es una esfera, pero los mapas son planos. En consecuencia, los mapas **distorsionan**, o modifican, las formas, las áreas, las distancias y las orientaciones del mundo real. Parar reducir la distorsión, las personas que elaboran mapas emplean **proyecciones**, o modos de mostrar la superficie curva de la Tierra en un mapa plano. Las cinco proyecciones cartográficas más comunes son la proyección azimutal, la proyección de Mercator, la proyección homolosena, la proyección de Robinson y la de Winkel Tripel. Cada una tiene sus debilidades y fortalezas: cada proyección distorciona de una manera diferente.

Cuando los cartógrafos elaboran los mapas, deben elegir una proyección. El tipo de proyección depende del propósito del mapa. ¿Qué elementos podrían aparecer distorsionados? ¿Cuáles no aceptarían distorsión? Por ejemplo, si un cartógrafo está creando un mapa de navegación, es importante que no haya distorsiones en las orientaciones. Sin embargo, quizás no importe que algunas áreas o formas aparezcan distorsionadas.

Antes de continuar

Hacer inferencias ¿Cómo deciden los cartógrafos qué proyección usar?

PROYECCIÓN AZIMUTAL

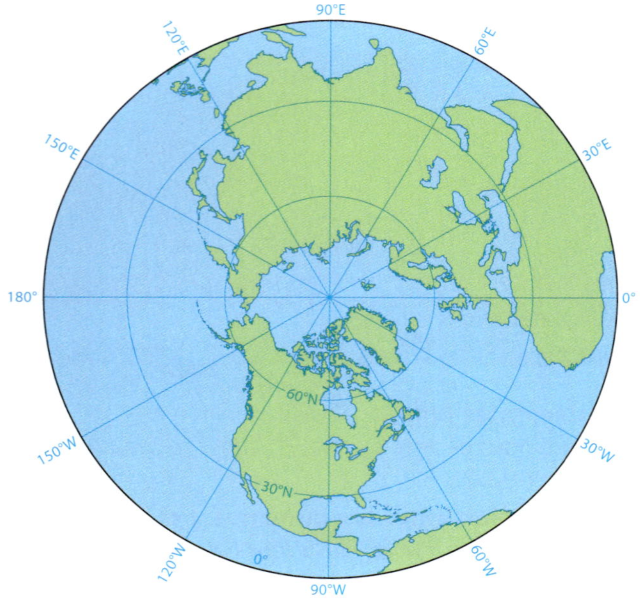

Los cartógrafos crean la **proyección azimutal** proyectando una porción del globo terráqueo sobre una superficie plana. La proyección muestra con exactitud las orientaciones pero distorsiona las formas. Esta proyección se usa con frecuencia para las regiones polares.

PROYECCIÓN DE MERCATOR

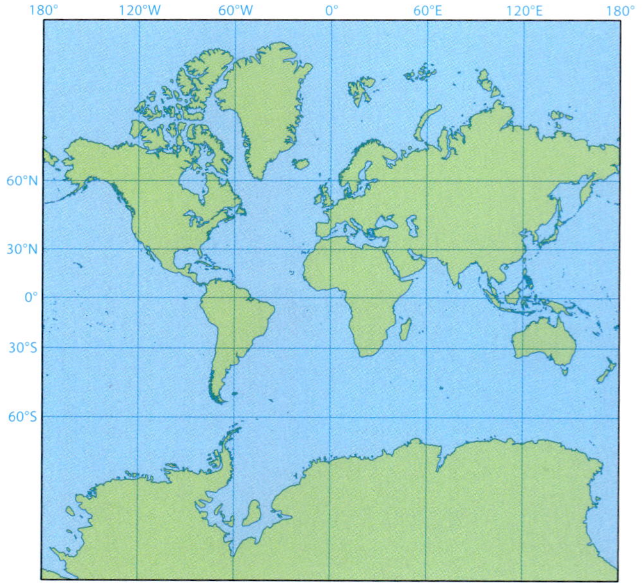

Esta **proyección de Mercator** muestra con exactitud gran parte de la Tierra, pero distorsiona la forma y el área de la tierra cerca de los polos. Esta proyección muestra la orientación con exactitud, por eso es muy útil en los mapas de navegación.

PROYECCIÓN HOMOLOSENA

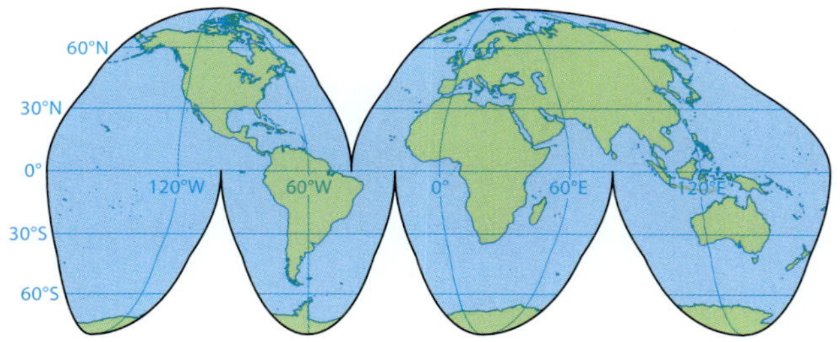

La **proyección homolosena** se parece a la cáscara de una naranja aplanada. Esta proyección muestra con exactitud la forma y el área de las masas de tierra recortando los océanos. Sin embargo, no muestra con exactitud las distancias.

PROYECCIÓN DE ROBINSON

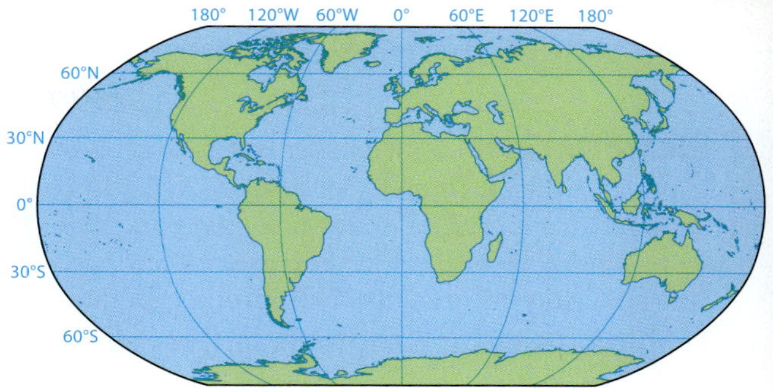

La **proyección de Robinson** combina los beneficios de las otras proyecciones. Esta proyección muestra la forma y el área de los continentes y océanos con una precisión razonable. Sin embargo, los Polos Norte y Sur están distorsionados.

PROYECCIÓN DE WINKEL TRIPEL

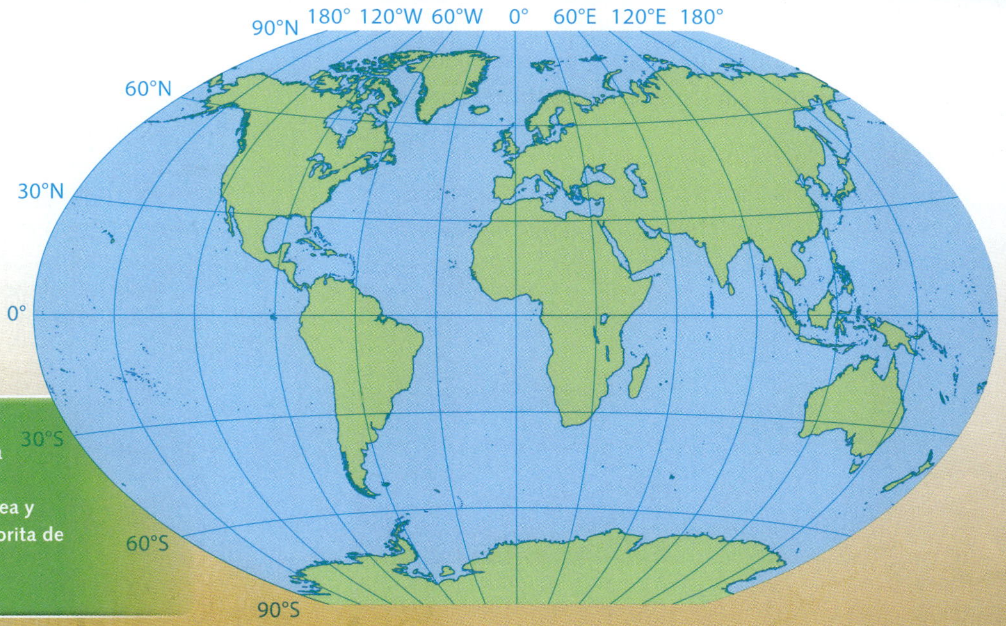

La **proyección de Winkel Tripel** es una versión modificada de la proyección de Robinson. Presenta menos distorsión de área y forma. Ha sido la proyección favorita de *National Geographic Society* desde 1998.

EVALUACIÓN CONTINUA

LABORATORIO DE MAPAS GeoDiario

1. **Comparar y contrastar** Ubica Groenlandia (*Greenland*) en la proyección de Mercator y en la proyección de Robinson. ¿Qué es similar y qué es diferente en los dos mapas? ¿Por qué?
2. **Ubicación** ¿Qué indica la proyección azimutal acerca de la ubicación relativa de Alaska y Rusia (*Russia*)?

2.5 Mapas temáticos

TECHTREK

Visita myNGconnect.com para ver más ejemplos de mapas temáticos en inglés.

Maps and Graphs

Idea principal Los mapas temáticos se centran en temas específicos, como la densidad de población o la actividad económica de una región o un país.

Imagina que quieres crear un mapa que muestre la ubicación de los campos deportivos en tu comunidad. En este caso, harías un mapa temático, que es un mapa acerca de un **tema**, o asunto, específico.

Tipos de mapas temáticos

Los mapas temáticos son útiles para mostrar información geográfica diversa, como la actividad económica, los recursos naturales y la densidad de población. Los tipos de mapas temáticos más comunes son los mapas de símbolos puntuales, los mapas de densidad de puntos y los mapa de símbolos proporcionales.

Antes de continuar

Hacer inferencias Da un vistazo al libro e identifica otro ejemplo de mapa temático. ¿Por qué elegiste ese mapa?

ENERGÍA ALTERNATIVA EN LOS EE. UU.

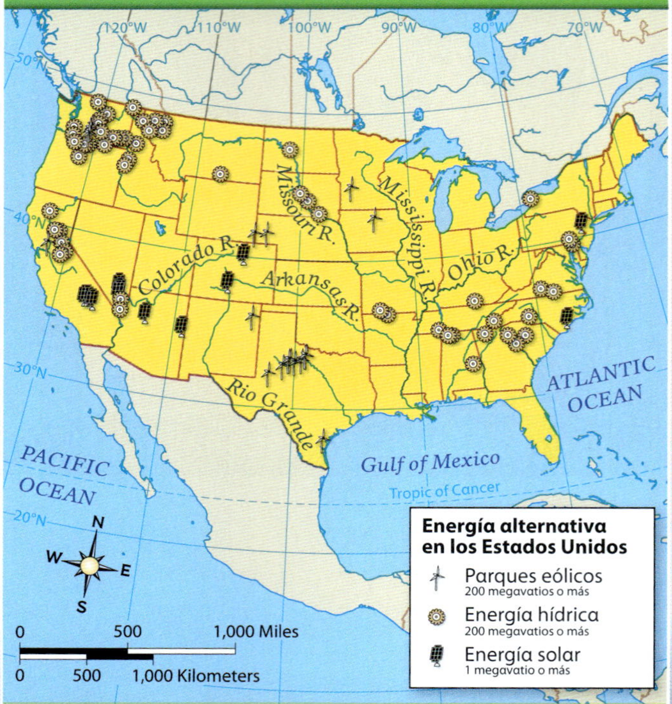

MAPA DE SÍMBOLOS PUNTUALES Este tipo de mapa muestra la ubicación de las actividades en diferentes puntos. Por ejemplo, este mapa incluye símbolos que indican algunas fuentes de energía eólica, hídrica y solar en los Estados Unidos.

Visión crítica Los paneles solares ubicados en el desierto de Nevada absorben la luz del Sol y la convierten en electricidad. ¿Por qué crees que Nevada es una buena ubicación para los paneles solares?

DENSIDAD DE POBLACIÓN EN TAILANDIA

MAPA DE DENSIDAD DE PUNTOS Este tipo de mapa emplea puntos para mostrar de qué modo se distribuye algo en un país o en una región. Cada punto representa una cantidad. Por ejemplo, en este mapa los puntos muestran la densidad de población en Tailandia *(Thailand)*.

TERREMOTOS EN FILIPINAS

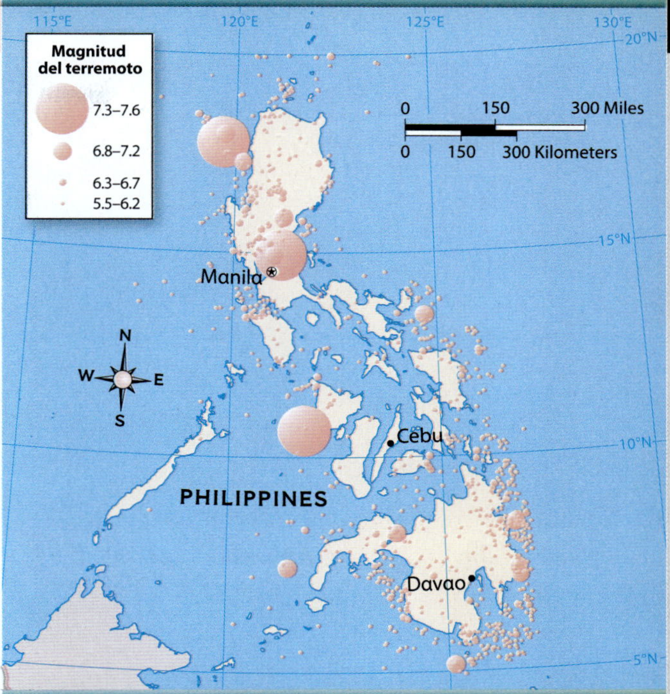

MAPA DE SÍMBOLOS PROPORCIONALES Este tipo de mapa emplea símbolos de diferentes tamaños para indicar el tamaño o la intensidad de un suceso. Por ejemplo, en este mapa, el tamaño de los círculos muestra la gravedad de los terremotos en las Filipinas *(Philippines)*.

EVALUACIÓN CONTINUA

LABORATORIO DE MAPAS

GeoDiario

1. **Lugar** Según el mapa, ¿en qué área de los Estados Unidos hay más parques eólicos?
2. **Hacer inferencias** ¿En qué lugar de las Filipinas (*Philippines*) las personas corren más peligro de sufrir terremotos de gravedad? ¿Qué tienen estos lugares en común?
3. **Crear bosquejos de mapas** Crea un mapa temático de tu vecindario o tu comunidad. Enfócate en la ubicación de las escuelas, estaciones de combustible y supermercados. Asegúrate de incluir un título y una leyenda que explique los símbolos.

NATIONAL GEOGRAPHIC

Galería de fotos • El mundo de noche

Para ver más fotos de la galería de fotos de National Geographic, visita **Digital Library** en myNGconnect.com.

Artefacto maya

Puente Golden Gate

Castillo de Neuschwanstein

Visión crítica Esta vista de la Tierra de noche se obtuvo combinando imágenes de tres satélites durante un periodo de un año. Además de las areas iluminadas, los fuegos y la quema de gas natural aparecen en anaranjado.

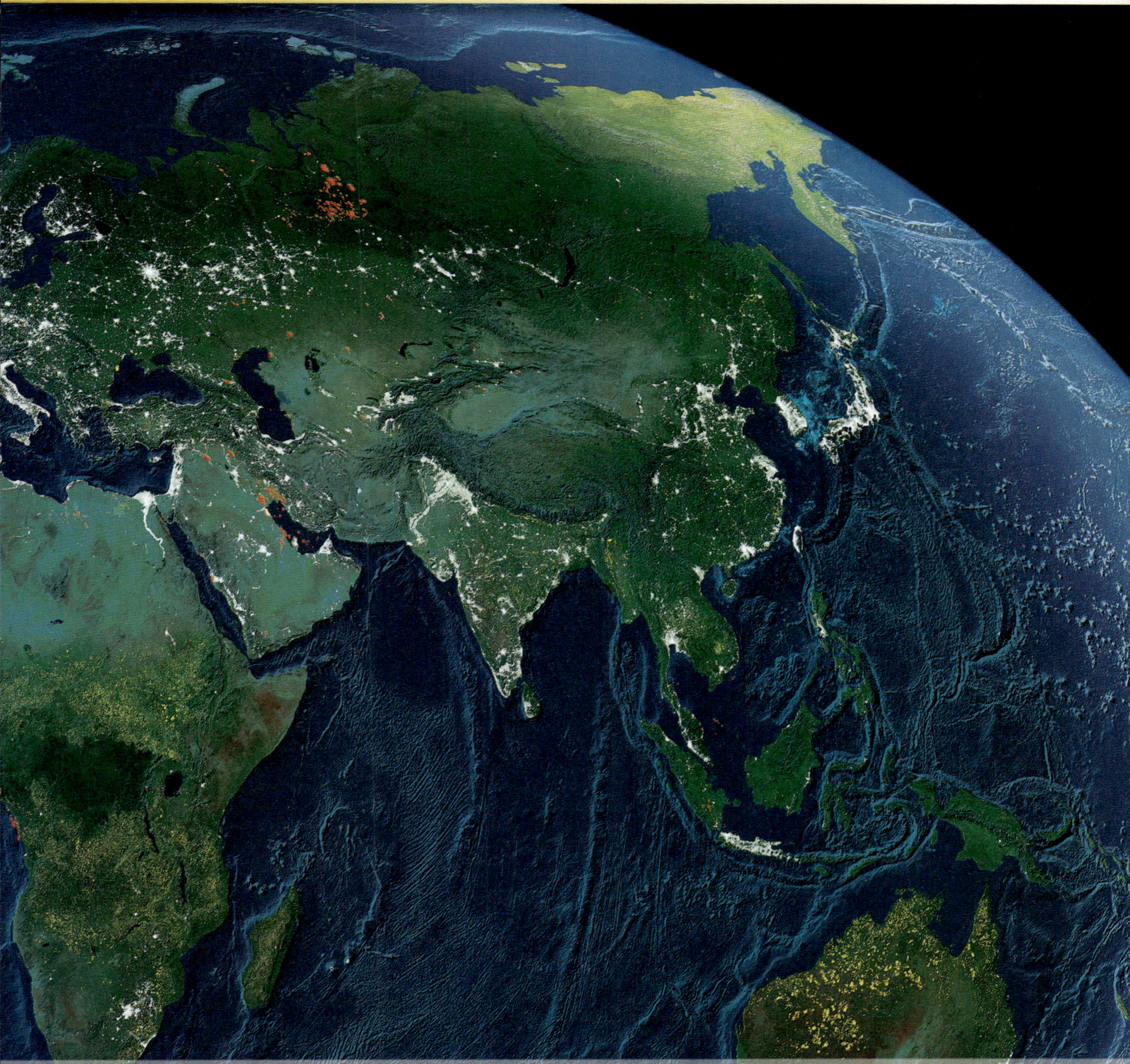

El trabajo arqueológico

Hemisferio Oriental, 1928

Tokio, Japón, de noche

Lima, Perú

CAPÍTULO 1

Repaso

VOCABULARIO

Escribe una oración que explique la conexión entre las dos palabras de cada par de palabras de vocabulario.

1. ubicación absoluta; ubicación relativa

> *La ubicación absoluta de Washington, D.C., es 39° N, 77° O; su ubicación relativa es a orillas del río Potomac.*

2. región; continente
3. latitud; longitud
4. relieve; elevación
5. distorsionar; proyección
6. ¿Qué son los Sistemas de Información Geográfica? ¿Cómo los usan los geógrafos? (Sección 1.1)

IDEAS PRINCIPALES

7. ¿En qué se parecen los cinco temas de la geografía y los seis elementos fundamentales? ¿En qué se diferencian? (Sección 1.2)
8. ¿Por qué la construcción de una autopista es un ejemplo de interacción entre los humanos y el medio ambiente? (Sección 1.2)
9. ¿Cuáles son las características de una región? (Sección 1.3)
10. ¿De qué manera la latitud y la longitud ayudan a determinar la ubicación absoluta de un lugar? (Sección 2.1)
11. Un mapa del mundo, ¿es un mapa a gran escala o a pequeña escala? (Sección 2.2)
12. ¿Cómo muestran los mapas físicos la elevación y el relieve? (Sección 2.3)
13. ¿Cómo distorsionan la Tierra las proyecciones cartográficas? (Sección 2.4)
14. ¿Qué tipo de mapa temático usaría un cartógrafo para mostrar los diferentes tipos de agricultura que hay en el África? (Sección 2.5)

RAZONAMIENTO GEOGRÁFICO

ANALIZA LA PREGUNTA FUNDAMENTAL

¿Cómo piensan los geógrafos acerca del mundo?

Visión crítica: Describir la información geográfica

15. ¿Cómo usan los geógrafos el razonamiento espacial para comprender el espacio en la superficie terrestre?
16. ¿Cómo describirías la ciudad de Nueva York usando los cinco temas de la geografía?
17. ¿Cuál es un ejemplo de proceso físico y cómo puede afectar a una región?

INTERPRETAR MAPAS

MAPA POLÍTICO DE NORTEAMÉRICA

18. **Región** Según el mapa, ¿cuál es la ubicación relativa de las ciudades de Canadá (*Canada*)? ¿Por qué crees que están ubicadas allí?
19. **Comparar y contrastar** ¿Cómo se compara la ubicación relativa de las ciudades de México (*Mexico*) con la ubicación relativa de las ciudades de Canadá?

MAPAS

ANALIZA LA PREGUNTA FUNDAMENTAL

¿Cómo usan las personas la geografía?

Visión crítica: Hacer inferencias

20. En un mapa con proyección de Mercator, Groenlandia se ve más grande que Suramérica. Sin embargo, en realidad es mucho más pequeña. ¿Cómo podría influir esto en la comprensión de las áreas terrestres?

21. Un geógrafo quiere mostrar dónde están ubicadas las actividades económicas. ¿Qué tipo de mapa temático debería usar el geógrafo? Explica tu respuesta.

22. Un explorador es el primero en hacer el mapa de una región que tiene colinas, cañones y áreas llanas. ¿Qué tipo de mapa debería crear el explorador? Explica tu respuesta.

INTERPRETAR FUENTES PRIMARIAS

En 1953, Sir John Hunt llevó a un grupo de escaladores al Monte Everest, la montaña más alta del mundo. Lee la descripción de Hunt acerca de la ascensión al Everest y responde a las preguntas.

> Lo que hace del Everest una montaña asesina es [...] su frío, su viento y sus dificultades de escalada. [...] A 28,000 pies, el volumen dado de aire que se respira contiene sólo un tercio del oxígeno que tiene al nivel del mar. En el suelo, incluso si un hombre realizara un ejercicio físico violento, sus pulmones solo necesitarían 50 litros de aire por minuto. Cerca de la cumbre del Everest, se esfuerza por inhalar hasta 200 litros. Como inhala aire frío y seco y lo exhala cálido y húmedo, la presión sobre sus pulmones y vías respiratorias resecos se vuelve terrible.
>
> –*National Geographic*, Julio de 1954

23. **Buscar detalles** ¿Cuáles son las características del medio ambiente en el monte Everest?

24. **Interacción entre los humanos y el medio ambiente** ¿Por qué esta descripción es un ejemplo de interacción los humanos y el medio ambiente?

OPCIONES ACTIVAS

Sintetiza las preguntas fundamentales completando las siguientes actividades.

25. **Hacer y contestar preguntas geográficas** Elige un lugar del mundo que te gustaría visitar. Anota preguntas como: ¿Por qué siento curiosidad sobre este lugar? ¿Cuáles son sus características? ¿Dónde está? ¿Por qué es importante su ubicación? Investiga y contesta las preguntas. Adivina qué países eligieron tus compañeros. Túrnense para compartir las preguntas y respuestas. **Comparte hechos de tu lugar elegido con la clase.**

Sugerencias para la investigación
- Usa enciclopedias impresas o en línea u otros sitios Web confiables. Repasa la lección en la página R39.
- Determina el tiempo que te tomará hallar las respuestas para que evites distraerte.
- Asegúrate de parafrasear lo escrito por otros.

TECHTREK Visita **myNGconnect.com** para ver mapas y fotografías de los cinco temas de la Geografía.

26. **Crear una presentación digital** Utiliza un programa de presentaciones para crear una presentación digital sobre qué hacen los geógrafos. Muestra cómo organizan y categorizan lo que ocurre en el mundo natural y humano. Elige fotografías de la **Galería de fotos de NG** o de otras fuentes para ilustrar la presentación. Halla mapas en el **Online World Atlas**. Usa buena ortografía y puntuación en tu presentación.

Los geógrafos usan cinco temas para estudiar los lugares y las personas.

- La ubicación es un ejemplo de un tema. Los geógrafos determinan la ubicación de distintas maneras.

NATIONAL GEOGRAPHIC CAPÍTULO 2

GEOGRAFÍA FÍSICA Y HUMANA

VISTAZO PREVIO AL CAPÍTULO

Pregunta fundamental ¿De qué manera la Tierra cambia continuamente?

SECCIÓN 1 • LA TIERRA

VOCABULARIO CLAVE

- solsticio
- equinoccio
- placa tectónica
- deriva continental
- llanura
- meseta
- plataforma continental
- cerro testigo
- erosión
- terremoto
- tsunami
- volcán
- evaporación
- condensación
- precipitación

VOCABULARIO ACADÉMICO

beneficiar, esencial

TÉRMINOS Y NOMBRES

- Anillo de Fuego

Pregunta fundamental ¿Qué le da forma a los distintos medio ambientes de la Tierra?

SECCIÓN 2 • GEOGRAFÍA FÍSICA

VOCABULARIO CLAVE

- clima
- tiempo atmosférico
- vegetación
- huracán
- ciclón
- tornado
- materia prima
- recurso no renovable
- recurso renovable
- hábitat
- ecosistema
- vida marina

VOCABULARIO ACADÉMICO

restaurar, impacto

Pregunta fundamental ¿Cómo ha influido la geografía sobre las distintas culturas del mundo?

SECCIÓN 3 • GEOGRAFÍA HUMANA

VOCABULARIO CLAVE

- cultura
- civilización
- comunal
- gaucho
- región cultural
- kimono
- religión monoteísta
- religión politeísta
- economía
- capital
- espíritu empresarial
- economía de libre empresa
- producto interno bruto (PIB)
- gobierno
- ciudadano
- democracia
- derechos humanos

VOCABULARIO ACADÉMICO

símbolo

TÉRMINOS Y NOMBRES

- Naciones Unidas (ONU)
- Declaración Universal de los Derechos Humanos

TECHTREK PARA ESTE CAPÍTULO

Student eEdition

Maps and Graphs

Interactive Whiteboard GeoActivities

Digital Library

Un traje especial para recolectar muestras de lava

Visita **myNGconnect.com** para obtener más información sobre geografía física y humana.

Científicos observan una nube de cenizas que surge del monte Etna, en Italia.

1.1 Rotación y traslación de la Tierra

TECHTREK
Visita **myNGconnect.com** para ver fotos y un modelo de las cuatro estaciones en inglés.
Digital Library
Student Resources

Idea principal La inclinación, la rotación y el movimiento de traslación de la Tierra producen cambios en el tiempo atmosférico y las cuatro estaciones.

Durante el verano, las personas que viven en las zonas del norte de Islandia, Noruega, Suecia y Finlandia tienen más de 20 horas de luz solar al día. Durante el invierno, estas mismas personas tienen más de 20 horas de oscuridad al día. Estos días y noches de distinta duración son consecuencia de la inclinación de la Tierra y del movimiento de traslación alrededor del Sol.

Rotación y traslación

El sistema solar está formado por el Sol, la Tierra y otros siete planetas. El movimiento de traslación de la Tierra, que es el tercer planeta desde el Sol, le permite girar alrededor del Sol a una velocidad de unas 67,000 millas por hora. La Tierra necesita un año para realizar un giro completo, o revolución, alrededor del Sol.

Al mismo tiempo, la Tierra rota sobre su eje, que es una recta imaginaria que va del Polo Norte al Polo Sur, atravesando el centro de la Tierra. Cada rotación se completa en aproximadamente un día.

El ángulo de inclinación de la Tierra es de aproximadamente 23.5º. Como consecuencia de esta inclinación, el Hemisferio Norte recibe más luz solar directa durante la mitad del año y las temperaturas son más altas. Durante esos meses, el Hemisferio Sur recibe menos luz solar directa y las temperaturas son más bajas.

A medida que la Tierra continúa su traslación alrededor del Sol, el Hemisferio Norte deja de estar orientado hacia el Sol de manera tan directa y las temperaturas son más bajas. Mientras tanto, el Hemisferio Sur se orienta hacia el Sol de manera más directa y las temperaturas son más altas. Este proceso produce las cuatro estaciones en ambos hemisferios.

Solsticios de verano e invierno

Se denomina **solsticio** al momento exacto en que se inician el verano y el invierno. El 20 o 21 de junio es el solsticio de verano en el Hemisferio Norte. Es el día más largo del año. Seis meses más tarde, el 21 o 22 de diciembre, el Hemisferio Norte tiene su solsticio de invierno. Este es el día más corto del año.

En el Hemisferio Sur ocurre exactamente lo opuesto. El 20 o 21 de junio es el solsticio de invierno y el 21 o 22 de diciembre es el solsticio de verano.

Visión crítica Estos bañistas de Islandia celebran el solsticio de verano con un chapuzón a medianoche en un manantial de aguas termales. Según la fotografía, ¿qué puedes decir sobre el solsticio de verano en Islandia?

LAS CUATRO ESTACIONES DE LA TIERRA: HEMISFERIO NORTE

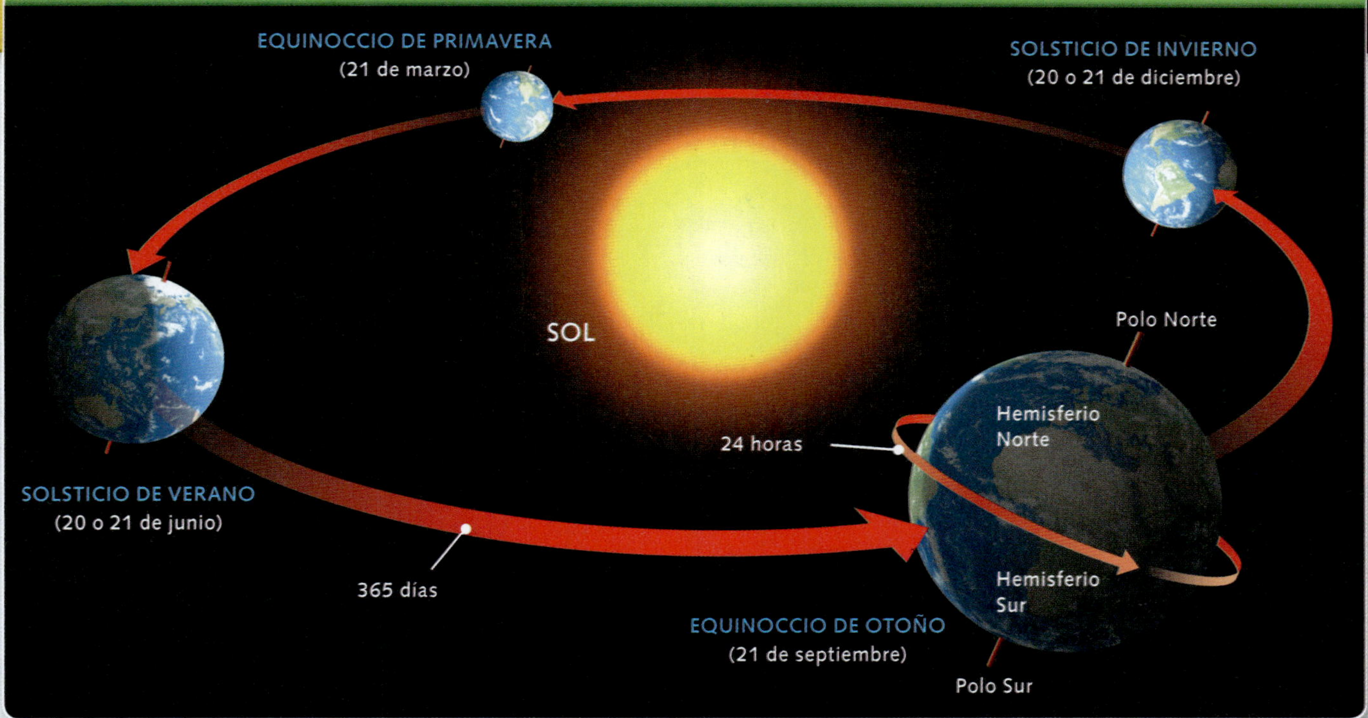

Equinoccios de primavera y otoño

Al comienzo de la primavera y al del otoño se les llama **equinoccio**. Dos veces al año, los rayos del Sol llegan al ecuador de manera directa, y el día y la noche tienen la misma duración. En el Hemisferio Norte, el equinoccio de primavera ocurre alrededor del 21 de marzo, y el equinoccio de otoño ocurre alrededor del 23 de septiembre. En el Hemisferio Sur es exactamente al revés.

Antes de continuar

Verificar la comprensión ¿De qué manera la inclinación, la rotación y el movimiento de traslación de la Tierra producen las estaciones?

EVALUACIÓN CONTINUA

LABORATORIO VISUAL

GeoDiario

1. **Analizar modelos** De acuerdo con el modelo de la parte superior de la página, ¿en qué momento los rayos del Sol llegan al Hemisferio Sur de manera más directa? ¿Esto marca el inicio de qué estación?
2. **Analizar elementos visuales** ¿Qué ocurre con el Sol en Islandia el día del solsticio de verano? ¿Por qué ocurre esto?
3. **Comparar y contrastar** ¿En qué se parecen los equinoccios de primavera y de otoño?
4. **Hacer inferencias** ¿Qué sucede con la duración de los días en el Hemisferio Norte después del equinoccio de primavera?

1.2 La estructura compleja de la Tierra

TECHTREK
Visita myNGconnect.com para ver fotos y diagramas en inglés que ilustran la tectónica de placas.
Digital Library
Student Resources

Idea principal Los procesos físicos del interior de la Tierra producen cambios sobre la superficie.

Si excavaras un túnel hacia el centro de la Tierra, atravesarías varias capas. Cada capa se encontraría bajo una presión enorme e irradiaría un calor muy intenso.

Las capas de la Tierra

En tu viaje, en primer lugar pasarías a través de la corteza. Esta capa incluye las masas de tierra y el lecho oceánico. Tiene un grosor de aproximadamente 30 millas.

Luego te encontrarías con el manto, que está compuesto por roca fundidas, o derretidas, llamadas magma. El manto tiene un grosor de unas 1,800 millas y está divido en dos partes: el manto superior y el manto inferior.

Si descendieras a una profundidad mayor, te encontrarías en el núcleo externo, que tiene un grosor de unas 1,400 millas. Esta capa es mayormente líquida y está compuesta por hierro y níquel fundidos.

En el centro mismo de la Tierra se encuentra el núcleo interno. Tiene un grosor de aproximadamente 700 millas. Alcanza una temperatura de 12,000 ºF, o sea, más caliente que la superficie del Sol. El núcleo interno está compuesto por hierro, que se mantiene en estado sólido como consecuencia de la intensísima presión de todas las capas que tiene encima de él.

ESTRUCTURA DE LA TIERRA

MOVIMIENTOS DE LAS PLACAS TECTÓNICAS

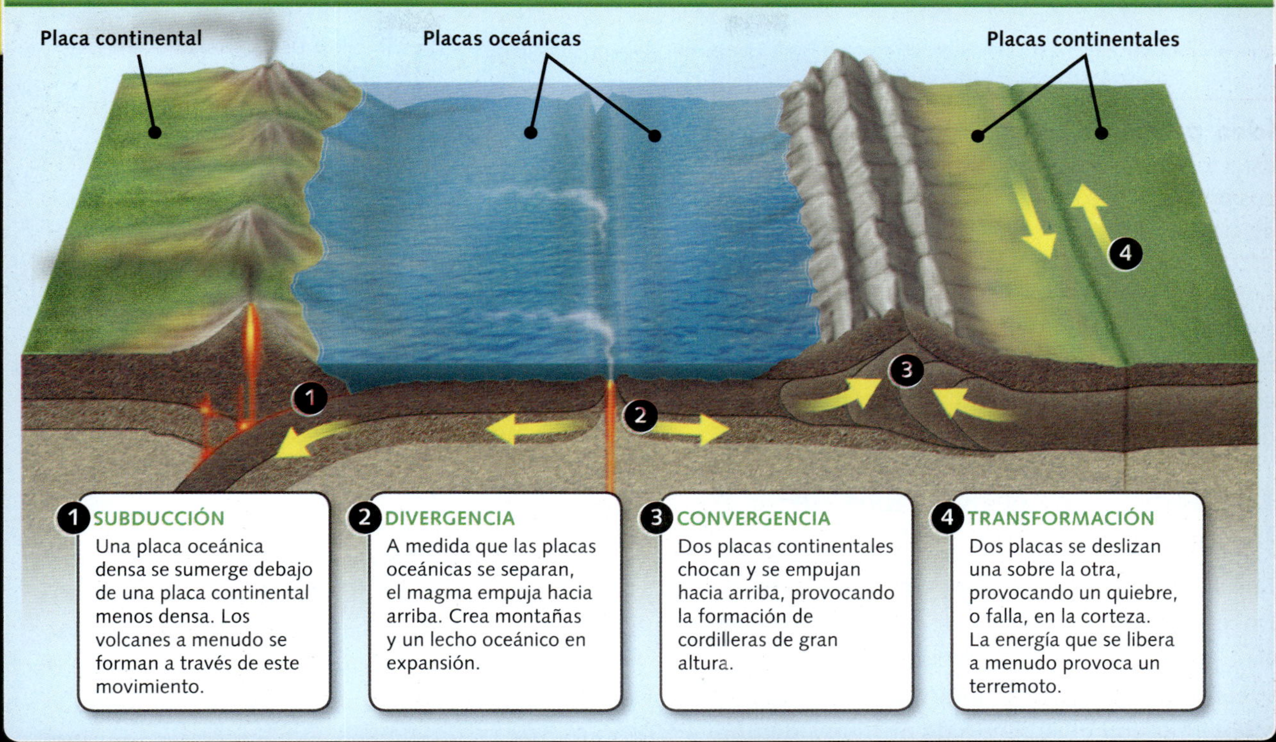

Placas tectónicas

La corteza de la Tierra está dividida en secciones denominadas **placas tectónicas**. Las placas flotan sobre el manto terrestre. Se mueven continuamente y puede desplazarse hasta cuatro pulgadas al año.

Los siete continentes descansan sobre estas placas tectónicas. Debido al movimiento de las placas a lo largo del tiempo, los continentes se han desplazado hasta su posición actual. Este movimiento lento de los continentes se denomina **deriva continental**.

Las placas tectónicas se mueven de cuatro maneras, como muestra el diagrama de arriba. La enorme fuerza de los movimientos y de los choques crea montañas y produce terremotos y actividad volcánica.

Antes de continuar

Hacer inferencias ¿De qué manera el movimiento de las placas tectónicas produce cambios en la superficie de la Tierra?

EVALUACIÓN CONTINUA

LABORATORIO VISUAL GeoDiario

1. **Analizar elementos visuales** De acuerdo con el diagrama anterior, ¿qué tipo de movimiento tectónico a menudo genera volcanes? ¿Qué movimiento puede provocar terremotos?
2. **Lugar** El Himalaya se formó por convergencia cuando la placa india chocó con la placa euroasiática. La placa india continúa moviéndose hacia el norte casi una pulgada por año. ¿Cómo crees que esto afectará al Himalaya?
3. **Resumir** ¿Cuál es la característica principal de cada capa de la Tierra?

1.3 Accidentes geográficos de la Tierra

TECHTREK
Visita **myNGconnect.com** para ver fotos y un diagrama en inglés de accidentes geográficos.

Digital Library

Student Resources

Idea principal Los accidentes geográficos son características físicas de la superficie de la Tierra. Los procesos físicos cambian continuamente la forma de estos accidentes.

Las montañas Rocosas se elevan a más de 14,000 pies sobre el nivel del mar. El Gran Cañón tiene más de 5,000 pies de profundidad. Ambos son accidentes geográficos, o características físicas de la superficie de la Tierra.

Los accidentes geográficos de la superficie

Los accidentes geográficos, como las montañas Rocosas en el oeste norteamericano y el Gran Cañón en Arizona, proporcionan una gran variedad de medio ambientes físicos. Estos ambientes son el sustento de millones de plantas y animales.

En la superficie terrestre hay varios accidentes geográficos comunes. Una montaña es una elevación alta y pronunciada. Una colina también tiene una inclinación ascendente, pero es menos pronunciada y escarpada. Por el contrario, una **llanura** es un área plana. Las Grandes Llanuras, por ejemplo, son accidentes geográficos planos que se extienden desde el río Misisipi hasta las montañas Rocosas. Una **meseta** es una llanura ubicada a gran altura sobre el nivel del mar que por lo general tiene precipicios en todos sus lados. Un valle es un área baja que está rodeada de montañas.

Los accidentes geográficos del océano

Los océanos de la Tierra también tienen accidentes geográficos bajo el agua. Hay valles y montañas que se elevan y descienden sobre el fondo del océano. Cuando entran en erupción, los volcanes despiden magma caliente, que se endurece a medida que se enfría, formando corteza nueva.

El borde de un continente a menudo se extiende bajo el agua. Esta tierra se denomina **plataforma continental**. La mayor parte de las formas de vida marina de la Tierra viven en este nivel del océano. Más allá de la plataforma continental, el terreno desciende de manera pronunciada. Luego de la pendiente y antes del lecho del océano, el terreno adquiere un ligero declive ascendente. Este accidente geográfico se denomina elevación continental.

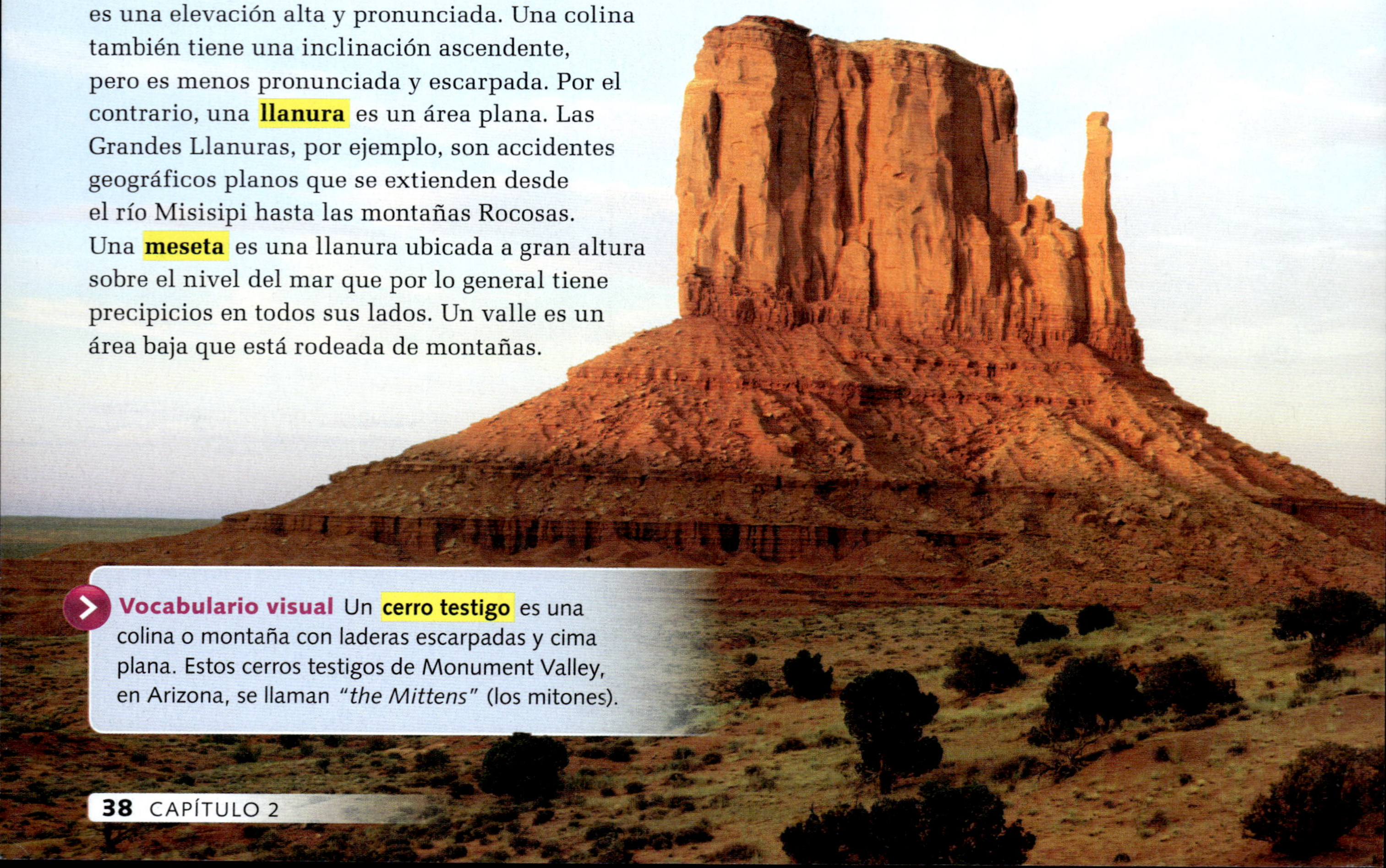

Vocabulario visual Un **cerro testigo** es una colina o montaña con laderas escarpadas y cima plana. Estos cerros testigos de Monument Valley, en Arizona, se llaman *"the Mittens"* (los mitones).

EL MARGEN CONTINENTAL

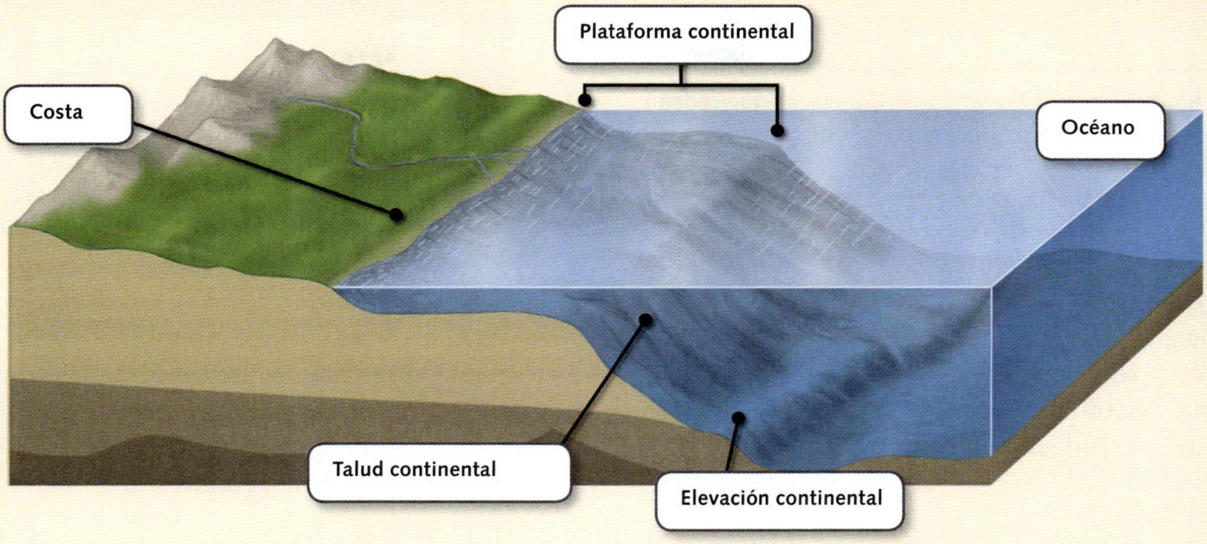

Está formado por rocas y sedimentos transportados por las corrientes marinas. En conjunto, estos accidentes geográficos son conocidos como margen continental.

La Tierra cambiante

La Tierra cambia permanentemente, y estos cambios afectan a las plantas y los animales. Una inundación, por ejemplo, puede producir una gran erosión capaz de arruinar las tierras de un agricultor. La **erosión** es el proceso por el cual las rocas y el suelo se quiebran y deshacen lentamente.

La erosión también es consecuencia de la meteorización, que tiene lugar cuando el aire, el agua, el viento o el hielo desgastan lentamente las rocas y el suelo. Los cerros testigo en Monument Valley, Arizona, se formaron de esta manera durante un período de millones de años.

Antes de continuar

Resumir ¿De qué manera los procesos físicos cambian la forma de los accidentes geográficos de la Tierra?

EVALUACIÓN CONTINUA

LABORATORIO DE LENGUA GeoDiario

Consultar con un compañero ¿Cómo influye un accidente geográfico en tu vida cotidiana? Haz una lista de todos los accidentes geográficos que ves a diario, como colinas o llanuras. Luego habla con tu compañero acerca de cómo estos accidentes geográficos influyen en sus vidas. Desarrolla un esquema para presentar a la clase. Indica el tema en primer lugar. Luego enumera los detalles de apoyo.

1.4 El Anillo de Fuego

TECHTREK

Visita **myNGconnect.com** para ver un mapa en inglés del Anillo de Fuego y fotos de erupciones volcánicas.

Maps and Graphs | Digital Library

Idea principal Los límites entre placas que rodean el océano Pacífico producen terremotos y erupciones volcánicas.

El **Anillo de Fuego** es un círculo de volcanes y terremotos que circundan el borde, o margen externa, del océano Pacífico. Existe porque una gran placa tectónica situada por debajo del océano se mueve y choca contra las placas de Asia, Australia, Suramérica y Norteamérica. Estos movimientos generan una presión inmensa, que produce volcanes y terremotos.

Los terremotos

Un **terremoto** es una sacudida violenta de la corteza terrestre. Muchos terremotos ocurren sobre las fallas, que son grietas de la superficie de la Tierra. Los terremotos son habituales en el Anillo de Fuego, pero también se producen en otras áreas de la Tierra. Una de esas áreas se extiende desde las tierras que se encuentran alrededor del mar Mediterráneo hasta Asia Oriental. Otras zonas de terremotos incluyen la zona media del océano Ártico y del océano Atlántico.

EL ANILLO DE FUEGO

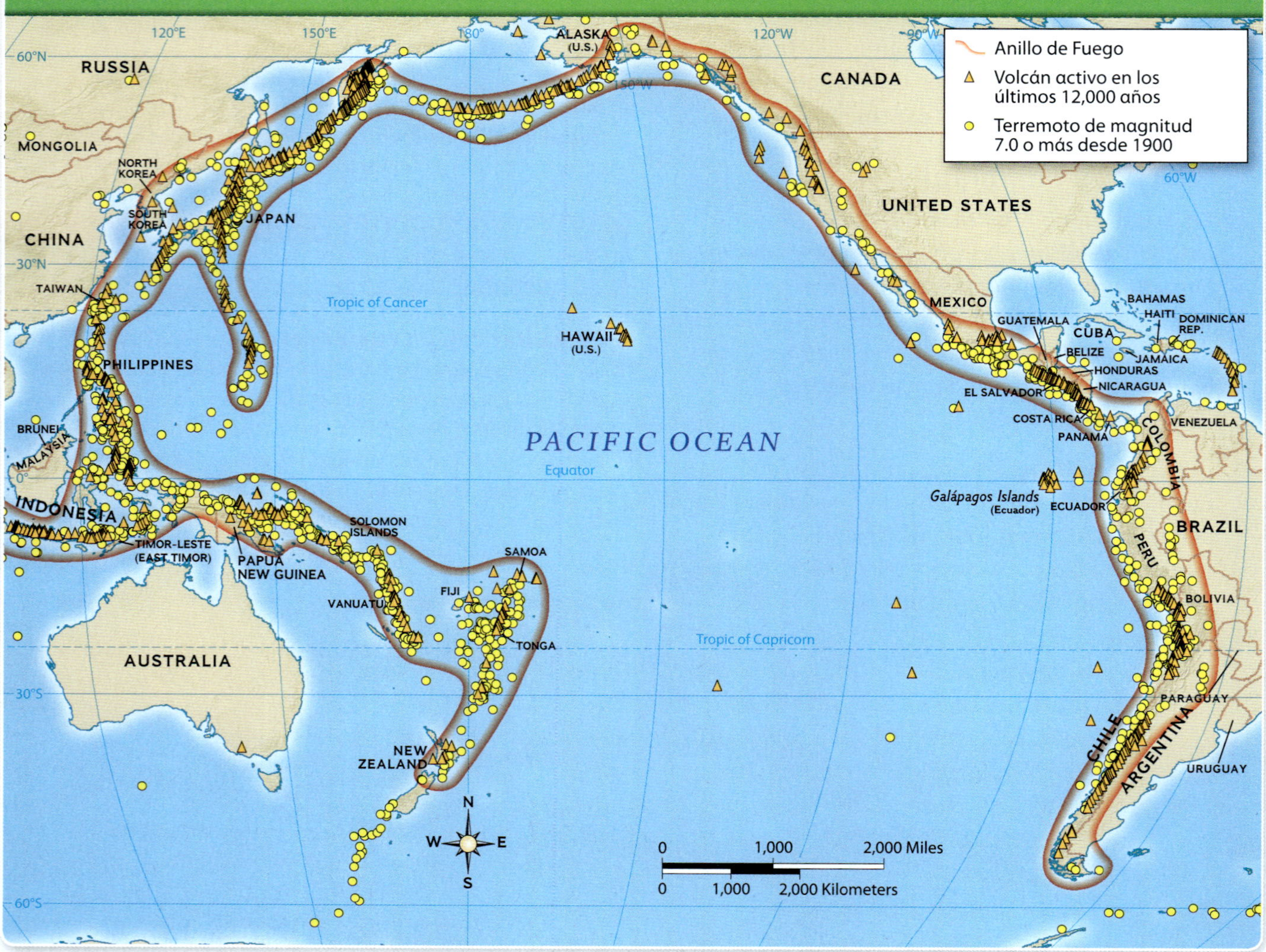

Monte St. Helens, Washington

El 18 de mayo de 1980, el monte St. Helens entró en erupción. La explosión arrasó con una ladera de la montaña.

Los terremotos pueden derribar edificios, puentes y carreteras. En 2010, por ejemplo, un terremoto ocurrido en Haití mató a más de 200,000 personas. Muchas de las personas que murieron quedaron atrapadas bajo los edificios que se derrumbaron.

Los terremotos que ocurren debajo del mar pueden generar **tsunamis**. Los tsunamis son olas enormes y muy potentes que se forman en el océano y pueden producir mucha destrucción a lo largo de la costa.

Los volcanes

En el Anillo de Fuego se concentra más del 75 por ciento de los volcanes del mundo. Un **volcán** es una montaña que, al entrar en erupción, explota y lanza roca derretida, gases y ceniza. La lava, que es roca derretida, fluye cuesta abajo por la ladera de la montaña.

Los volcanes pueden producir grande daños. En 1883, en Indonesia, el volcán Krakatoa lanzó ceniza y fragmentos de roca sobre un área de 300,000 millas cuadradas. También provocó un tsunami que mató a 36,000 personas. Sin embargo, los volcanes también pueden **beneficiar**, o serles útiles, a las plantas y los animales. Por ejemplo, la lava rica en minerales se convierte en un suelo fértil.

Los científicos han aprendido a predecir las erupciones volcánicas, y los ingenieros pueden diseñar edificios resistentes a los terremotos. Como resultado, más personas pueden vivir seguras.

Antes de continuar

Verificar la comprensión ¿Qué es el Anillo de Fuego y por qué importante?

EVALUACIÓN CONTINUA

LABORATORIO DE ESCRITURA

GeoDiario

1. **Hacer inferencias** ¿Por qué se derrumban tantos edificios durante un terremoto?
2. **Interacción entre los humanos y el medio ambiente** ¿Cómo afectan a las personas los terremotos y los volcanes? ¿Cómo han intentado las personas resolver estos problemas? Copia y completa la tabla.

DESASTRE	PROBLEMA	SOLUCIÓN
terremoto		
volcán		

3. **Escribir un plan de acción** Imagina que vives sobre el Anillo de Fuego. Escribe, con un compañero, un esquema de un plan de acción que ayude a las personas a sobrevivir a un terremoto intenso.

1.5 Las aguas de la Tierra

TECHTREK
Visita **myNGconnect.com** para ver fotos del agua y un diagrama en inglés del ciclo hidrológico.

Digital Library Student Resources

Idea principal El agua es esencial para todas las formas de vida sobre la Tierra.

El río Misisipi nace como un arroyo en el norte de Minnesota. Más de 2,000 millas al sur, vierte unos 4.7 millones de galones de agua por segundo en el golfo de México. El agua que fluye en ríos como el Misisipi es **esencial**, o necesaria, para todas las formas de vida.

Agua dulce

El río Misisipi contiene agua dulce. Las personas usan el agua dulce para beber, cocinar, bañarse e irrigar los cultivos. Las primeras civilizaciones se desarrollaron a lo largo de ríos como el río Nilo, en Egipto, debido a la disponibilidad de agua dulce.

Las distintas masas de agua existen por diferentes razones geográficas. Un río es un curso de agua que fluye desde una elevación más alta a una elevación más baja. Los arroyos y los riachuelos son como ríos pero más pequeños. Un lago es una gran masa de agua rodeada de tierra.

Agua salada

El agua salada contiene sal y otros minerales. Es la fuente principal de suministro de alimentos de origen marino del mundo y es un medio de transporte. Los océanos son grandes masas de agua salada. Los cuatro océanos de la Tierra son el Atlántico, el Pacífico, el Índico y el Ártico. Las corrientes marinas, que son flujos de agua en continuo movimiento, circulan a través de los océanos e influyen sobre los climas terrestres.

Los mares son masas más pequeñas de agua salada. El mar Rojo, por ejemplo, se encuentra entre la península Arábiga y África oriental.

EL CICLO HIDROLÓGICO

El ciclo hidrológico es el movimiento continuo de agua desde la superficie de la Tierra al aire y del aire a la superficie de la Tierra.

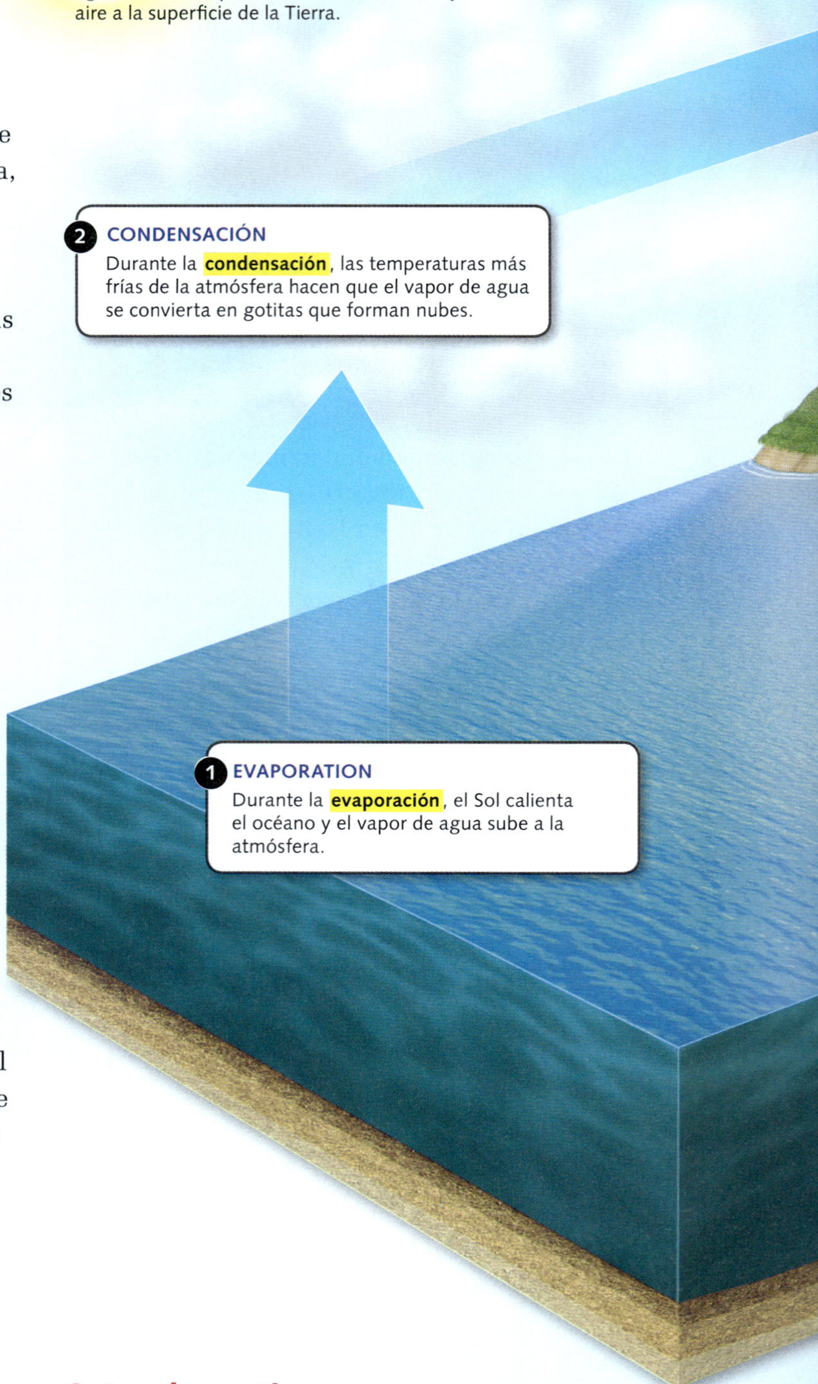

Antes de continuar

Verificar la comprensión ¿De qué manera el agua es esencial para todas las formas de vida en la Tierra?

LOS RÍOS MÁS LARGOS DEL MUNDO

Río	Ubicación	Longitud (millas)
Nilo	África	4,241
Amazonas	Suramérica	4,000
Cháng Jiāng (Yangtsé)	Asia	3,964
Misisipi-Misuri	Norteamérica	3,710
Yeniséi-Angará	Asia	3,440

Fuente: *National Geographic Atlas of the World*, 8° ed.

EVALUACIÓN CONTINUA

LABORATORIO DE DATOS

GeoDiario

1. **Interpretar tablas** De acuerdo con la tabla, ¿qué continente tiene dos de los ríos más largos, y cuáles son estos ríos? ¿Qué influencia crees que estos dos ríos han tenido en ese continente?
2. **Interpretar modelos** ¿De qué manera el ciclo hidrológico explica por qué los ríos y los lagos no se quedan sin agua?
3. **Ubicación** St. Louis, Misuri, está ubicada justo al sur del lugar donde el río Misuri desemboca en el río Misisipi. ¿Por qué este sitio es una buena ubicación para una ciudad grande?

2.1 El clima y el tiempo atmosférico

TECHTREK
Visita myNGconnect.com para ver mapas en inglés y fotos del clima y del tiempo atmosférico.

Maps and Graphs

Digital Library

Idea principal El clima y el tiempo atmosférico son diferentes, pero ambos influyen sobre la vida en la Tierra.

Las personas que viven en Sacramento, California, tienen inviernos leves. Cuando van a esquiar a las montañas de la Sierra Nevada, usan abrigos para protegerse de las temperaturas bajas. Se han adaptado a un clima diferente.

Elementos del clima

El **clima** es el promedio de las condiciones de la atmósfera durante un período largo de tiempo. El clima incluye la temperatura media, la precipitación media y los cambios estacionales. Por ejemplo, Fairbanks, Alaska, tiene un clima frío. En invierno, la temperatura puede bajar hasta -8°F. Sin embargo, en verano la temperatura puede llegar hasta 90°F. La ciudad tiene cambios estacionales.

Cuatro factores influyen sobre el clima de una región: la latitud, la elevación, los vientos predominantes y las corrientes marinas. Los lugares que se encuentran a grandes latitudes, como Fairbanks, experimentan un cambio mayor entre el verano y el invierno. Los lugares más cercanos al ecuador tienen casi la misma temperatura durante todo el año. Los lugares situados sobre grandes elevaciones tienen habitualmente temperaturas más bajas que los lugares situados más cerca del nivel del mar.

Los vientos predominantes son los vientos que soplan desde una misma dirección durante la mayor parte del tiempo. En la Florida, durante el verano, los vientos predominantes soplan desde el sur, haciendo aún más caluroso el clima cálido.

Las corrientes marinas también influyen sobre el clima. La corriente del Golfo es una corriente que transporta aguas cálidas desde el mar Caribe hacia Europa. El aire que circula por encima del agua se calienta y genera un clima invernal leve sobre Inglaterra e Irlanda.

Visión crítica Los esquiadores se dirigen a la cima del monte Clouds Rest, en el parque nacional Yosemite, California. ¿Qué sugiere la foto acerca del tiempo atmosférico de este lugar?

OESTE DE LOS ESTADOS UNIDOS: CLIMA

OESTE DE LOS ESTADOS UNIDOS: TIEMPO ATMOSFÉRICO

Condiciones de tiempo atmosférico

El tiempo atmosférico son las condiciones de la atmósfera en un momento determinado. El tiempo atmosférico incluye la temperatura, la precipitación y la humedad de un día o una semana determinada. La humedad es la cantidad de vapor de agua en el aire. Si el pronóstico del tiempo dice que la humedad es del 95 por ciento, quiere decir que el aire tiene una gran cantidad de vapor de agua.

El tiempo atmosférico cambia debido a las masas de aire. Una masa de aire es un área grande de aire que tiene la misma temperatura y humedad. El límite entre dos masas de aire se denomina frente. Cuando el pronóstico del tiempo habla de un frente cálido y húmedo, quiere decir que se aproximan tormentas eléctricas.

Antes de continuar

Verificar la comprensión ¿Cuál es la diferencia entre clima y tiempo atmosférico?

EVALUACIÓN CONTINUA

LABORATORIO DE MAPAS

GeoDiario

1. **Interpretar mapas** Compara los mapas del tiempo atmosférico y del clima del oeste de los Estados Unidos. ¿Cómo crees que las corrientes marinas y las montañas influyen sobre el clima y el tiempo atmosférico?
2. **Hacer inferencias** ¿De qué manera el clima y el tiempo atmosférico del oeste de los Estados Unidos podrían influir sobre la vida cotidiana en esa zona?
3. **Lugar** La tabla muestra las temperaturas y precipitaciones medias de Los Ángeles, California. Haz preguntas sobre los datos y respóndelas.

Los Ángeles, CA	Enero	Julio	Noviembre
Temperatura (°F)	57.1	69.3	61.6
Precipitación (pulgadas)	2.98	0.03	1.13

Fuente: National Drought Mitigation Center

2.2 Regiones climáticas del mundo

TECHTREK
Visita myNGconnect.com para ver mapas y fotos de las regiones climáticas del mundo.
Maps and Graphs
Digital Library

Idea principal Los geógrafos identifican las regiones climáticas para comprender y categorizar la vida sobre la Tierra.

Una región climática es un conjunto de lugares que comparten temperaturas, niveles de precipitación y cambios en el tiempo atmosférico similares. Los geógrafos han identificado 5 regiones climáticas, que están divididas en 12 categorías menores. Los lugares que están ubicados en una misma categoría menor a menudo tienen una vegetación, o formas de vida vegetal, similar.

Antes de continuar

Hacer inferencias ¿De qué manera las regiones climáticas podrían ayudar a los geógrafos a analizar la vida en un lugar en particular?

REGIONES CLIMÁTICAS DEL MUNDO

Cactus saguaro, desierto de Sonora, Arizona

A Los **climas secos** tienen poco o nada de lluvia o nieve, y tienen tanto temperaturas altas como bajas. Entre las formas de vida vegetal se encuentran los arbustos y los cactus.

Bosque templado, montes Great Smoky, Carolina del Norte

B Los **climas templados húmedos** tienen inviernos frescos, veranos cálidos y lluvias abundantes. Entre las formas de vida vegetal se encuentran los bosques mixtos con árboles frondosos de hoja perenne.

Bromeliáceas, bosque tropical amazónico, Perú

C Los **climas tropicales húmedos** se encuentran cerca del ecuador. Tienen temperaturas altas y lluvias todo el año o casi todo el año. Entre las formas de vida vegetal se encuentran los bosques tropicales o las praderas arboladas.

D Los **climas de tundra** o **polares** se encuentran al norte del círculo polar ártico y al sur del círculo polar antártico. Tienen inviernos largos y fríos y veranos cortos. Entre las formas de vida vegetal se encuentran los musgos, aunque puede no haber vegetación alguna.

Musgos, bahía de Disko, Groenlandia

E Los **climas fríos húmedos** tienen inviernos fríos, veranos cálidos, lluvias y nieve. Entre las formas de vida vegetal se encuentran los bosques frondosos de hoja perenne o caduca.

Parque natural, Siberia Oriental, Rusia

TECHTREK

Visita **myNGconnect.com** para explorar este mapa con el recurso en inglés Interactive Map Tool.

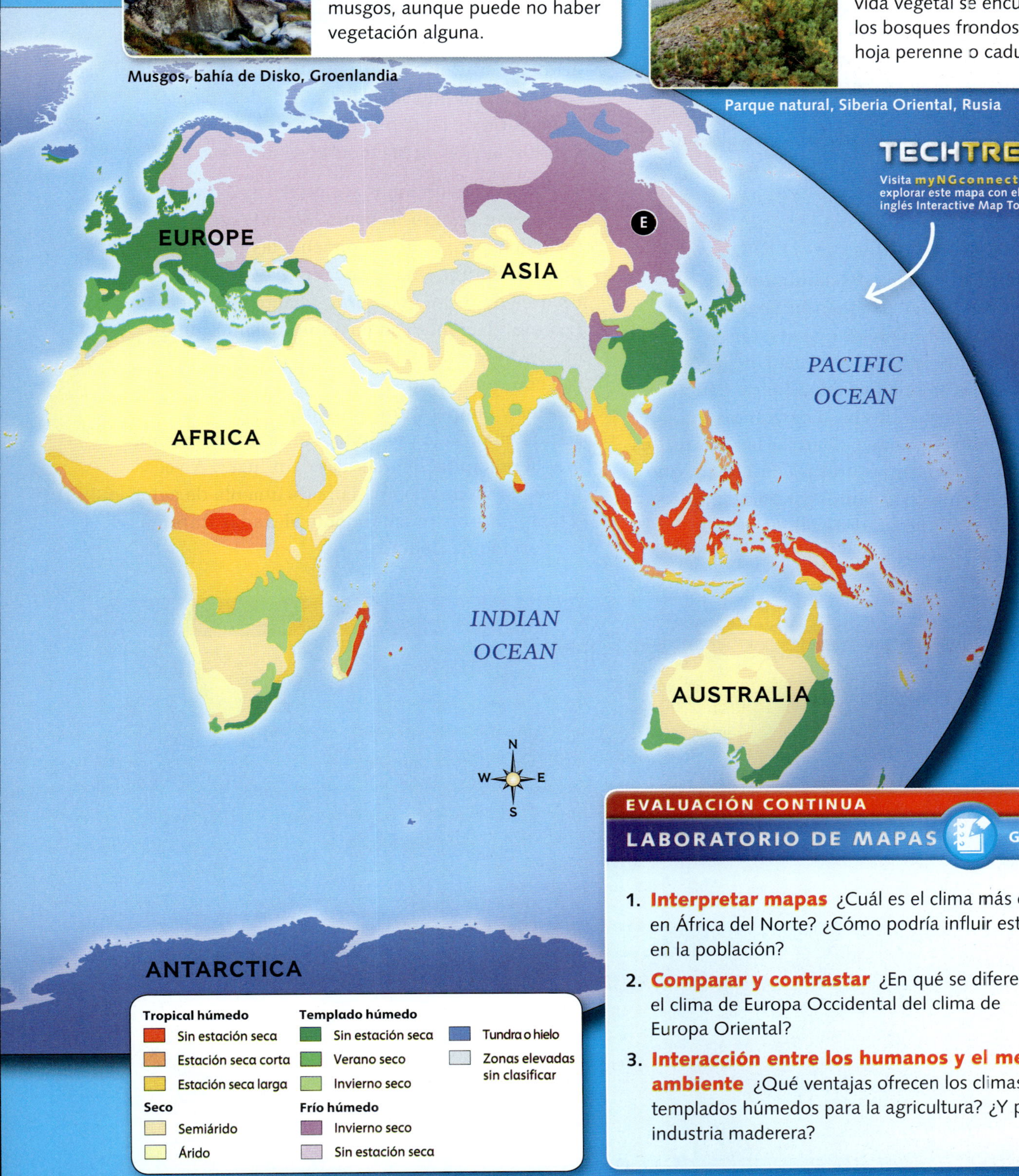

EVALUACIÓN CONTINUA

LABORATORIO DE MAPAS

GeoDiario

1. **Interpretar mapas** ¿Cuál es el clima más común en África del Norte? ¿Cómo podría influir este clima en la población?
2. **Comparar y contrastar** ¿En qué se diferencia el clima de Europa Occidental del clima de Europa Oriental?
3. **Interacción entre los humanos y el medio ambiente** ¿Qué ventajas ofrecen los climas templados húmedos para la agricultura? ¿Y para la industria maderera?

2.3 Condiciones atmosféricas extremas

TECHTREK

Visita **myNGconnect.com** para ver un mapa y fotos de condiciones atmosféricas extremas y un diagrama en inglés de la formación de un tornado

Maps and Graphs | Digital Library | Student Resources

Idea principal Las condiciones atmosféricas extremas pueden ocasionar gran destrucción, pero los científicos están moderando sus efectos.

El 29 de agosto de 2005, el huracán Katrina azotó Nueva Orleans, Luisiana. El nivel del agua del golfo de México subió 34 pies e inundó el 80 por ciento de la ciudad. Miles de personas perdieron sus hogares y muchos negocios fueron destruidos.

Tiempo atmosférico salvaje

Katrina es un ejemplo de condiciones atmosféricas extremas, que son fenómenos atmosféricos tan intensos que afectan profundamente la vida humana. Un **huracán** como Katrina es una tormenta fuerte con vientos giratorios y fuertes lluvias. Los vientos rotan violentamente y pueden alcanzar las 200 millas por hora. El huracán es un tipo de **ciclón**, que es una tormenta con vientos giratorios. En el Hemisferio Oriental, los ciclones se denominan tifones.

Un **tornado** es una tormenta mas pequeña que un ciclón, pero con vientos todavía más poderosos, capaces de alcanzar las 300 millas por hora. Su trayectoria es impredecible y puede arrancar edificios desde sus cimientos. En todas partes del mundo se forman tornados, pero la mayoría de ellos tiene lugar en los Estados Unidos, al este de las montañas Rocosas.

Ciertas condiciones atmosféricas extremas no son tan peligrosas como los ciclones o los tornados, pero también ponen a las personas en peligro. En una una inundación, el agua cubre un área de tierra que normalmente está seca. Las inundaciones son comunes después de un ciclón. Durante una tormenta de nieve, la nieve cae con intensidad, acompañada de vientos fuertes y temperaturas muy bajas. Hay una sequía cuando la precipitación es mucho menor que la precipitación media de un lugar. A veces la sequía viene acompañada de una ola de calor, o temperaturas inusualmente elevadas durante un período de tiempo.

CÓMO SE FORMA UN TORNADO

El aire se eleva desde el suelo hacia el extremo inferior de una nube de tormenta eléctrica.

El aire comienza a rotar y se extiende hacia el suelo en forma de embudo.

CONDICIONES ATMOSFÉRICAS EXTREMAS EN LOS ESTADOS UNIDOS

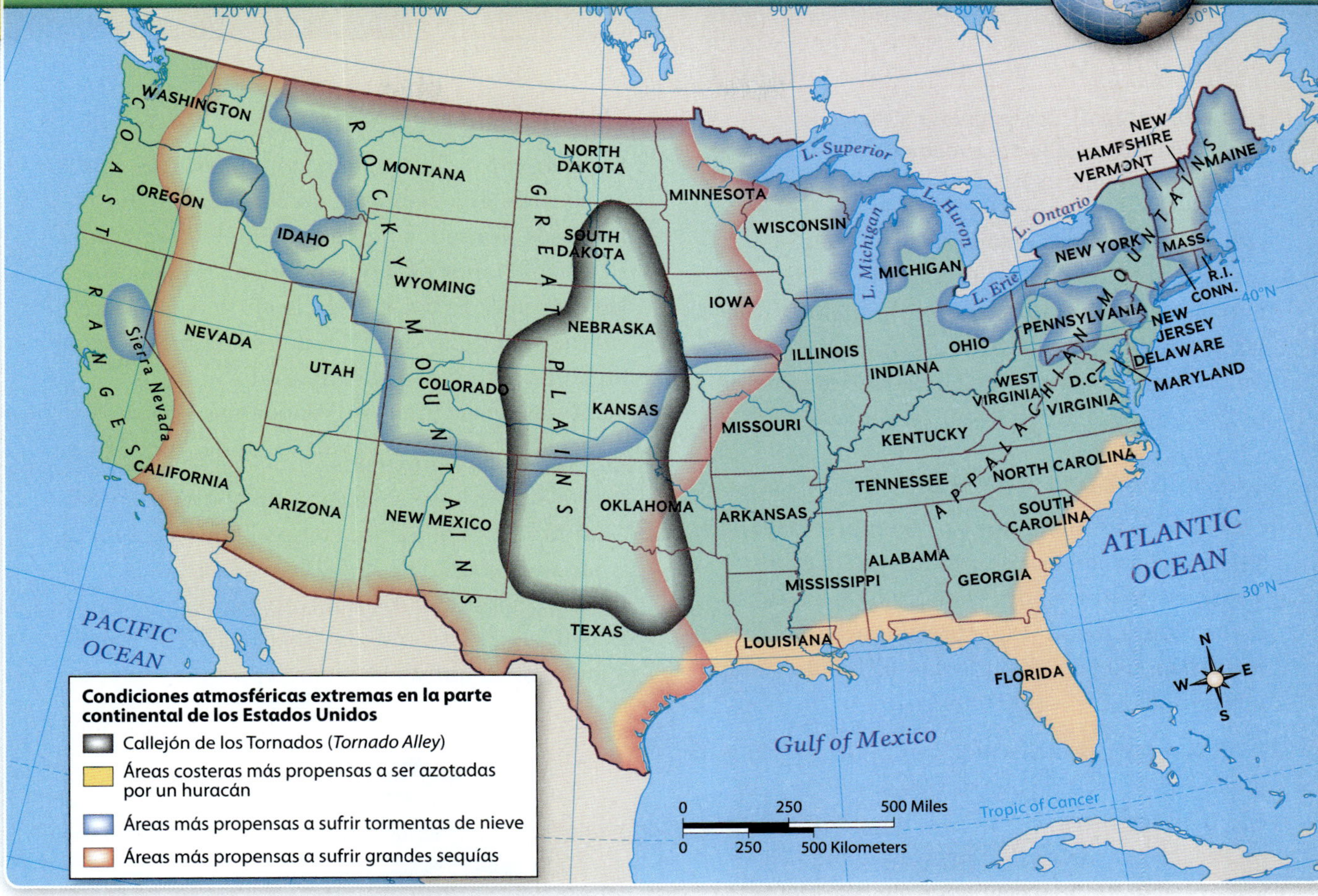

Soluciones científicas

Los científicos trabajan para mitigar los efectos de las condiciones atmosféricas extremas sobre los humanos. Por ejemplo, a menudo pueden predecir la trayectoria de un huracán. También trabajan con los ingenieros para diseñar diques de contención que impidan el paso de las aguas desbordadas. Muchos residentes de Nueva Orleans creen que unos mejores diques de contención hubieran limitado los daños que causó la inundación producida por el huracán Katrina.

La capacidad de predecir tornados también ha mejorado. En la actualidad, el Servicio Meteorológico Nacional usa imágenes de radares y satélites, además de una red de observadores, para rastrear las tormentas importantes. Las tecnologías modernas de comunicación hacen posible transmitir alertas antes de que se desate una tormenta.

Antes de continuar

Resumir ¿Cómo contribuyen los científicos a mitigar el impacto de las condiciones atmosféricas extremas?

EVALUACIÓN CONTINUA

LABORATORIO VISUAL GeoDiario

1. **Analizar elementos visuales** ¿Qué sucede en cada una de las etapas de la formación de un tornado?
2. **Interpretar mapas** Según el mapa, ¿qué estado corre el riesgo de sufrir los cuatro tipos de condiciones atmosféricas extremas?
3. **Sacar conclusiones** Pese a que los científicos pueden predecir cuándo y dónde puede formarse un tornado, ¿por qué estas tormentas aún toman a las personas por sorpresa?
4. **Interacción entre los humanos y el medio ambiente** ¿De qué manera una gran sequía podría afectar a las personas que viven en la zona de las Grandes Llanuras de los Estados Unidos?

SECCIÓN 2 GEOGRAFÍA FÍSICA

2.4 Recursos naturales

TECHTREK

Visita **myNGconnect.com** para ver un mapa de recursos en inglés y fotos de recursos energéticos.

Maps and Graphs | Digital Library

Idea principal Los recursos naturales son fundamentales para el desarrollo económico y las necesidades humanas básicas.

¿De qué materiales está hecho un lápiz? La madera proviene de los árboles. El material con el que escribes es un mineral llamado grafito. El lápiz se fabrica a partir de recursos naturales, que son materiales de la Tierra que las personas usan para vivir y satisfacer sus necesidades.

Los recursos de la Tierra

Hay dos clases de recursos naturales. Los recursos biológicos comprenden a los seres vivos, como el ganado, las plantas y los árboles. Estos recursos son importantes para los humanos, porque nos brindan alimento, refugio y vestido.

Los recursos minerales son recursos sin vida que están enterrados en el interior de la Tierra, como el petróleo y el carbón. Algunos recursos minerales son **materias primas**, o materiales que se usan en la elaboración de productos. El hierro, por ejemplo, es una materia prima que se usa para fabricar el acero. El acero, a su vez, se usa para construir edificios y fabricar carros.

Categorías de recursos

Los geógrafos clasifican a los recursos en dos categorías. Los **recursos no renovables** son recursos limitados que no se pueden reemplazar. El petróleo, por ejemplo, proviene de pozos a los que se llega excavando la corteza terrestre. Cuando un pozo se agota, no queda más petróleo en él. El carbón y el gas natural son otros ejemplos de recursos no renovables.

Los **recursos renovables** nunca se agotan, o un nuevo suministro se desarrolla con el paso del tiempo. Tanto el viento como el agua y la energía solar son recursos renovables. Los árboles también son recursos renovables, porque un nuevo suministro puede crecer para reemplazar a los árboles que se han talado.

Visión crítica Bombas extractoras bombean petróleo en un campo de California. Según esta foto, ¿cómo afecta esta actividad al terreno?

RECURSOS NATURALES SELECCIONADOS DEL MUNDO

Los recursos naturales son una parte importante de la vida cotidiana, pero un país abundante en recursos no siempre es un país rico. Nigeria, por ejemplo, es un productor de petróleo importante, pero siete de cada diez nigerianos viven en la pobreza. Japón es uno de los países más ricos del mundo y, sin embargo, debe importar petróleo de otros países.

Antes de continuar

Verificar la comprensión ¿Por qué los recursos naturales son importantes?

EVALUACIÓN CONTINUA

LABORATORIO DE MAPAS GeoDiario

1. **Interpretar mapas** El cobre se utiliza para fabricar cables eléctricos y para otros usos. ¿Qué parte del mundo crees que se beneficia con la demanda de cobre? ¿Por qué?
2. **Ubicación** ¿Dónde se encuentran los suministros mundiales de petróleo? ¿Cómo impactan estos suministros a las personas que viven en esas regiones?
3. **Describir información geográfica** ¿Qué ejemplos puedes dar de recursos biológicos y recursos minerales? ¿En qué se diferencian esos ejemplos?

2.5 Preservación del hábitat

TECHTREK
Visita myNGconnect.com para ver fotos de hábitats animales.
Digital Library

Idea principal Las plantas y los animales dependen de sus hábitats naturales para sobrevivir.

A comienzos del siglo XX, había millones de elefantes en África. En la actualidad, la población de elefantes africanos es menor de medio millón. Estos elefantes son una especie en peligro de extinción. Una especie en peligro de extinción es una planta o un animal que corre el peligro de extinguirse.

Hábitats naturales

El elefante africano es una especie en peligro de extinción por varios motivos. Uno de esos motivos es la demanda de los colmillos de marfil. Los cazadores furtivos, es decir, quienes cazan animales de manera ilegal, mataron elefantes a una tasa muy alta a principios de los años setenta.

Otro motivo que pone a los elefantes en peligro es la pérdida de su **hábitat**. El hábitat es el medio ambiente natural de una planta o de un animal. Los hábitats del elefante africano son las praderas y los bosques. Desafortunadamente, gran parte de estas áreas está siendo convertida en granjas y aldeas, para dar vivienda y alimentos a la creciente población humana de África. Miles de otras plantas y animales han perdido sus hábitats naturales de esta manera.

Otra amenaza para los hábitats es la contaminación, o la actividad humana que daña el medio ambiente. Durante los años sesenta, por ejemplo, el lago Erie en los Estados Unidos era un hábitat contaminado; los peces estuvieron a punto de desaparecer de las aguas del lago.

Visión crítica Los elefantes deambulan libremente por la Reserva Natural Samburu, en Kenia. ¿Qué puedes decir acerca de su hábitat natural?

Pérdida y restauración del hábitat

La pérdida de los hábitats puede destruir un ecosistema completo. Un **ecosistema** es una comunidad de plantas y animales junto con su hábitat. La Tierra tiene numerosos y diversos ecosistemas que interactúan uno con el otro. La destrucción de un ecosistema afecta a todos los demás. Por ejemplo, muchos científicos creen que la destrucción de los hábitats del bosque tropical es una de las causas que han llevado al cambio climático global.

Personas de todas partes del mundo han tomado medidas para salvar los ecosistemas y preservar los hábitats naturales. En 1973, por ejemplo, los Estados Unidos aprobaron la Ley de Especies en Peligro de Extinción, que protege los hábitats de las especies en peligro de extinción. Las personas también han **restaurado**, o recuperado, hábitats; en el caso de los bosques, los han restaurado plantando árboles.

Antes de continuar

Verificar la comprensión ¿Cómo pierden sus hábitats naturales las plantas y los animales?

Píceas diminutas crecen en un bosque talado cerca del parque nacional Olympic, en el estado de Washington.

EVALUACIÓN CONTINUA

LABORATORIO FOTOGRÁFICO

GeoDiario

1. **Analizar elementos visuales** Según la fotografía de la reserva de Kenia, ¿por qué podrían querer las personas desarrollar la agricultura en el hábitat del elefante?
2. **Describir** Según la fotografía de la parte superior de esta página, ¿qué medidas se toman para restaurar los hábitats de los bosques?
3. **Hacer inferencias** En un ecosistema de bosque, los lobos se comen a los venados y los venados portan el parásito que causa la borreliosis en los humanos. Si disminuyera la población de lobos, ¿qué pasaría con la cantidad de casos de borreliosis?
4. **Interacción los humanos y el medio ambiente** ¿Cuál es tu hábitat natural? Con un compañero, piensa en los recursos y las interacciones que forman parte de tu vida cotidiana. Escribe un párrafo breve que describa tu hábitat.

TECHTREK
Visita myNGconnect.com para ver fotos de océanos y un video clip en inglés de Explorer.
Maps and Graphs
Digital Library

Explorando los océanos del mundo con Sylvia Earle

Idea principal Los océanos, un hábitat natural para miles de especies vegetales y animales, enfrentan muchos desafíos.

La vida en el océano

Ya de niña, a Sylvia Earle le apasionaban los océanos. Esta pasión continuó en su vida de adulto. En más de 50 años, la exploradora residente Sylvia Earle ha conducido unas 70 expediciones de buceo para explorar la **vida marina**, o las plantas y animales que viven en el océano. Durante estas expediciones de buceo, ha visto la increíble variedad de especies que habitan en el océano: más de 30 categorías principales de animales.

Sin embargo, Earle también ha visto las distintas maneras en que las personas han dañado los océanos. "Sacar del mar demasiadas especies es una manera" dice. "Botar basura, sustancias químicas tóxicas y otros desechos es otra manera". Earle ha sido testigo de una disminución enorme en la cantidad de peces del océano. También ha observado el **impacto**, o efecto, de los agentes contaminantes sobre los arrecifes de coral del océano. Estos "bosques tropicales marinos" albergan un cuarto de todas las especies de vida marina.

myNGconnect.com
Para saber más sobre las actividades actuales de Sylvia Earle.

LOS "PUNTOS DE ESPERANZA" DE LA TIERRA

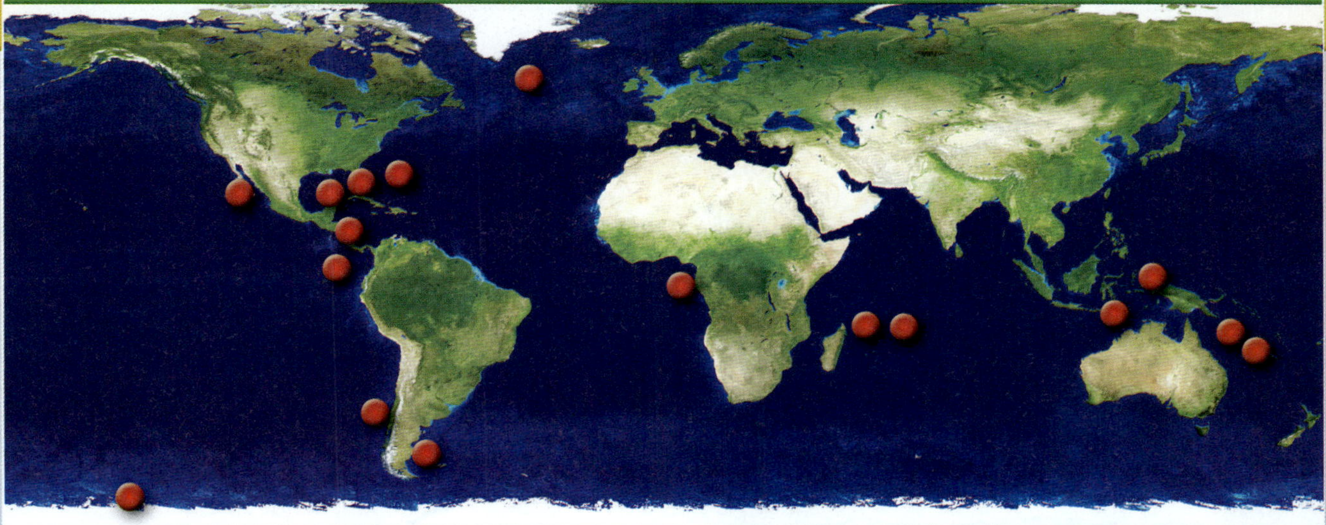

Visión crítica Este mapa satelital del mundo muestra la ubicación de 17 "puntos de esperanza", sitios que son importantes para la salud global de los océanos de la Tierra. ¿Notas algún patrón en la ubicación de estos puntos?

Mission Blue

Muchas personas creen que la actividad humana no tiene ningún efecto sobre los vastos océanos. Tampoco comprenden el impacto que tienen los océanos sobre todas las formas de vida. "El océano es la piedra angular del sistema que da sustento a la vida", dice Earle. "Si destruimos la vida del océano, el planeta dejará de funcionar".

Earle intenta educar al público. En 2009, lanzó *Mission Blue*, un programa que busca sanar y proteger a los océanos de la Tierra. Uno de los objetivos del programa es establecer áreas marinas protegidas (AMP) en los puntos críticos, o "puntos de esperanza", como ella los llama. Estos puntos son hábitats oceánicos que pueden recuperarse y crecer si se limita el impacto humano.

Una voz en el océano

Los esfuerzos de Earle por salvar los océanos de la Tierra le han valido muchos galardones y honores, incluyendo el título de "Heroína del Planeta". Earle continúa trabajando incansablemente para proteger a los océanos del mundo.

En 2010, se produjo en el golfo de México el mayor derrame de petróleo en la historia de los EE. UU. Earle se presentó en el Congreso para realizar una declaración acerca del impacto del derrame sobre los recursos naturales del golfo. "En realidad vengo a hablar en nombre del océano", comenzó diciendo en su declaración.

Antes de continuar

Resumir Según Sylvia Earle, ¿qué desafíos enfrentan nuestros océanos?

EVALUACIÓN CONTINUA

LABORATORIO DE LECTURA GeoDiario

1. **Verificar la comprensión** ¿Qué espera lograr Sylvia Earle a través del programa *Mission Blue*?
2. **Analizar causa y efecto** ¿Cómo se han visto afectados los océanos del mundo por la actividad humana? Usa un diagrama como el siguiente para enumerar algunas de las causas y efectos de estas actividades.

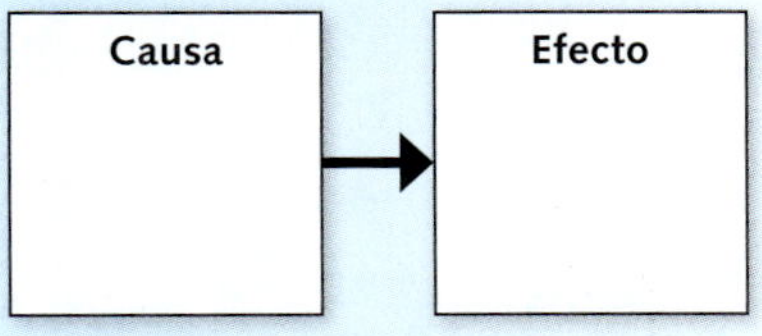

NATIONAL GEOGRAPHIC

Galería de fotos • Marisma de Slip Point

Para ver más fotos de la galería de fotos de National Geographic, visita **Digital Library** en myNGconnect.com.

Gran Cañón

Katmandú, Nepal

Japonés con computadora

Visión crítica Un cangrejo camina sobre erizos de mar en una marisma de Slip Point, en Clallam Bay, Washington. Las desembocaduras de los ríos y las mareas crean un hábitat de agua fría rico y y diverso.

Talla maorí

Osos polares

Una mujer y su bebé, Perú

Tornado

3.1 Culturas del mundo

TECHTREK
Visita **myNGconnect.com** para ver fotos de culturas de todas partes del mundo.
Digital Library

Idea principal La manera en que las personas hablan, comen, trabajan, juegan y practican su fe forma parte de la cultura.

La ceremonia japonesa del té es una tradición antigua. La dueña de casa da la bienvenida a los invitados y prepara el té. Los invitados permanecen en silencio. Sin embargo, una vez que el té está servido, se entabla una conversación animada.

Expresiones culturales

La ceremonia del té es una parte importante de la cultura de Japón. La **cultura** es cómo viven, se comportan y piensan las personas de una región. Las expresiones culturales abarcan el idioma, la religión, las creencias y las costumbres. La cultura también incluye a las artes, como la música, la danza, la literatura, el teatro y el cine.

La cultura se refleja en símbolos que las personas reconocen y respetan. Un **símbolo** es un objeto que representa otra cosa. Por ejemplo, las estrellas de la bandera estadounidense son símbolos que representan a los 50 estados.

Civilización y cultura

La cultura es uno de los rasgos principales de las civilizaciones. Una **civilización** es una sociedad con una cultura y tecnología altamente desarrolladas. Las personas de una civilización nacen sin conocer su cultura. La aprenden observando e imitando a los demás.

La cultura de una civilización afecta la vida de las personas. Dicta la manera en que se satisfacen las necesidades básicas de alimentación, vestimenta y vivienda. e influye en los valores y creencias de las personas.

Vocabulario visual Los niños senegaleses se reúnen alrededor de un plato de comida **comunal**, o compartido. Los platos comunales son comunes en la cocina africana.

Vocabulario visual Un **gaucho**, o vaquero, arrea unas ovejas en Suramérica.

Regiones culturales

Los geógrafos estudian las **regiones culturales**, las áreas que están unificadas por rasgos o características culturales comunes. Por ejemplo, algunos geógrafos agrupan a México, Centroamérica, las islas del Caribe y Suramérica en una región cultural denominada Latinoamérica. Muchas de las personas de esta región hablan español o portugués y profesan el catolicismo. Muchos de ellos también tienen en común la historia de la colonización española.

Antes de continuar

Verificar la comprensión ¿Cuáles son algunas de las expresiones culturales?

Vocabulario visual Mujeres vestidas con **kimonos**, una vestimenta femenina tradicional del Japón, hacen una reverencia con la cabeza durante un desfile de moda. En Japón, se acostumbra a hacer una reverencia con la cabeza al saludar a una persona.

EVALUACIÓN CONTINUA

LABORATORIO FOTOGRÁFICO GeoDiario

1. **Ubicación** Cada una de las fotos y leyendas muestra una expresión cultural de un país distinto. ¿En qué se parecen y en qué se diferencian estas expresiones a las distintas expresiones culturales estadounidenses?
2. **Consultar con un compañero** ¿Qué actividad, como la música o la danza, es importante en tu cultura? Coméntalo con un compañero y preparen una respuesta para compartir con la clase.

3.2 Religiones y sistemas de creencias

TECHTREK
Visita myNGconnect.com para ver un mapa en inglés y fotos de las religiones del mundo.
Maps and Graphs
Digital Library

Idea principal Las religiones y los sistemas de creencias son una parte importante de las culturas de todo el mundo.

Las instituciones religiosas existen en todas las sociedades. Una religión es un sistema organizado de creencias y prácticas. En el mundo hay miles de religiones. La mayoría enseña que existen una o más deidades, o poderes supremos. La mayoría de las religiones enseñan un conjunto de creencias y un código moral o ético. Entre las principales religiones del mundo se encuentran el cristianismo, el hinduismo, el islamismo, el budismo, el judaísmo y el sijismo.

Los elementos de la religión

La religión ejerce una influencia poderosa que permite a las personas hallar respuesta a preguntas como "¿cuál es el sentido de la vida?" Varias religiones se centran en la creencia en una deidad. Las **religiones monoteístas** son aquellas que sostienen una creencia en una sola deidad. El cristianismo, el islamismo y el judaísmo son religiones monoteístas. Las **religiones politeístas**, como el hinduismo, tienen muchas deidades.

En el judaísmo y en el cristianismo, los Diez Mandamientos son un código de conducta que dicta qué hacer o no en la vida.

Las escrituras son textos sagrados, o sumamente respetados, que transmiten las creencias de una religión. La Biblia es el texto sagrado del cristianismo, el Corán es el texto sagrado del islamismo y la Tora es el texto sagrado del judaísmo.

Las personas celebran días festivos y respetan días especiales para practicar y honrar sus creencias religiosas. Entre las celebraciones religiosas de las sociedades actuales se encuentran Navidad, Pascua, Yom Kippur, Ramadán y Diwali.

Origen y expansión de las religiones

Varias de las principales religiones del mundo están basadas en las enseñanzas de un individuo. Por ejemplo, el cristianismo surgió hace casi 2,000 años a partir de las enseñanzas de Jesucristo. Otras religiones, como el hinduismo, surgieron a partir de las creencias de pueblos antiguos.

BUDISMO

Fundador Siddhartha Gautamá, el Buda
Adeptos 400 millones
Creencias básicas Las personas pueden alcanzar la iluminación, o sabiduría, siguiendo el Camino Óctuple y comprendiendo las Cuatro Nobles Verdades.

CRISTIANISMO

Fundador Jesús de Nazaret **Adeptos** 2,300 millones
Creencias básicas Hay un solo Dios y Jesús es el único hijo de Dios. Jesús fue crucificado pero resucitó. Los adeptos alcanzan la salvación cumpliendo con las enseñanzas de Jesús

SIJISMO

Fundador Gurú Nanak **Adeptos** 27 millones
Creencias básicas Hay un solo Dios. Las personas pueden alcanzar la unión con Dios al actuar desinteresadamente, al meditar y al ayudar al prójimo. Vaisakhi es un día festivo importante en que celebran su historia, comunidad y valores. Se celebra en abril.

ISLAMISMO

Fundador El profeta Mahoma **Adeptos** 1,600 millones
Creencias básicas Hay un solo Dios. Los adeptos deben cumplir con los cinco pilares del islamismo para alcanzar la salvación. La hajj es la peregrinación anual a la Meca. Uno de los cinco pilares declara que los musulmanes deben hacer esta peregrinación al menos una vez en sus vidas.

RELIGIONES DEL MUNDO

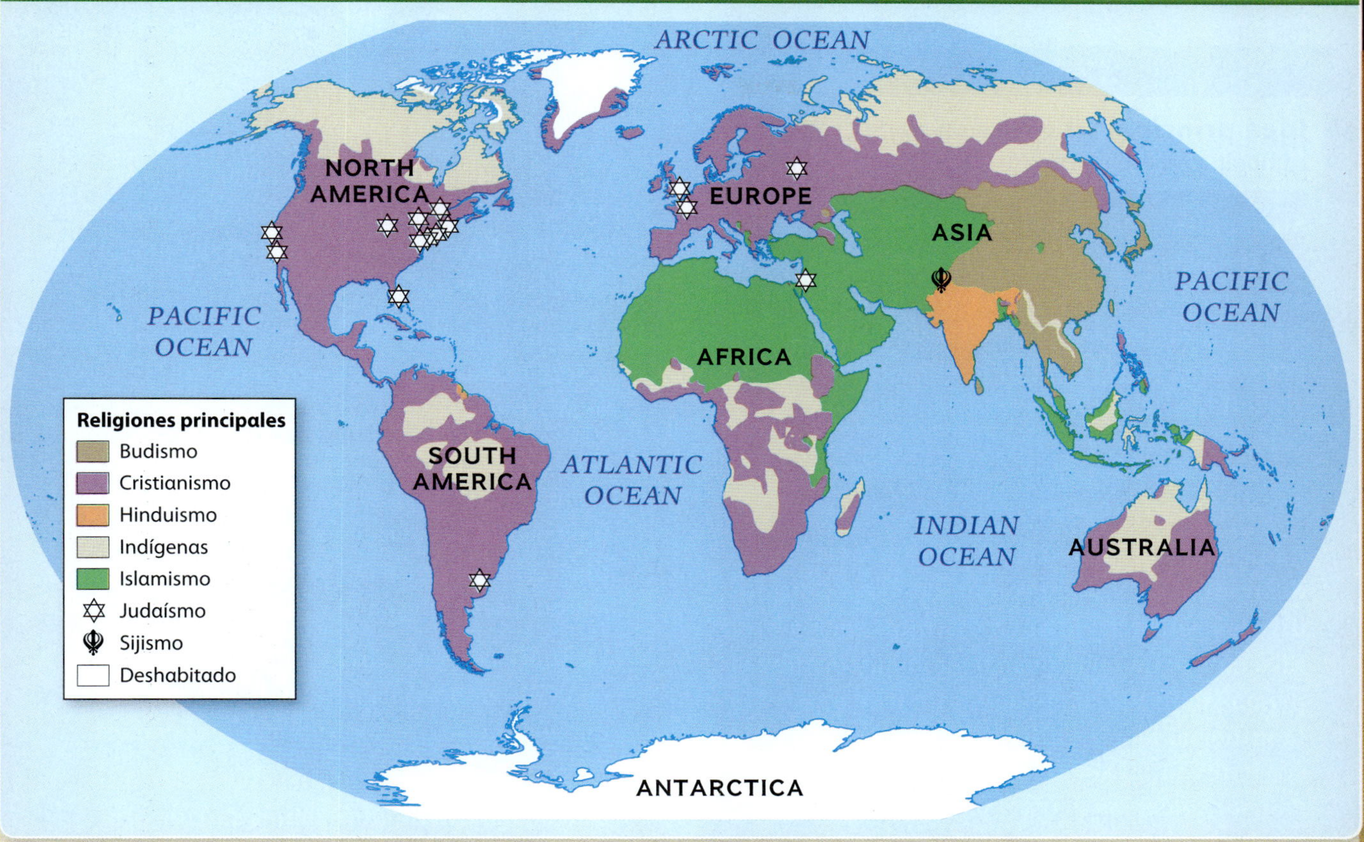

Las religiones han crecido y se han expandido por todo el mundo. Por ejemplo, el budismo nació en la India, pero se expandió a Japón, China, Corea y el Sureste Asiático a través de las migraciones y del comercio. Las religiones también se han expandido como consecuencia del trabajo de los misioneros, personas que convierten a otros para que se unan a su religión.

JUDAÍSMO

Fundador Abraham
Adeptos 15 millones
Creencias básicas Hay un solo Dios. Las personas sirven a Dios viviendo de acuerdo con sus enseñanzas. Dios entregó los diez mandamientos para que sirvan como guía de conducta para los humanos.

HINDUISMO

Fundador Desconocido
Adeptos 860 millones
Creencias básicas Las almas reencarnan una y otra vez. El ciclo de reencarnación solo llega a su fin cuando el alma logra la iluminación, o la libertad de los deseos terrenales.

Antes de continuar

Hacer inferencias ¿De qué manera la religión es una parte importante de la cultura?

EVALUACIÓN CONTINUA
LABORATORIO DE LECTURA

GeoDiario

1. **Verificar la comprensión** ¿Cuál es la diferencia entre una religión monoteísta y una religión politeísta?
2. **Comparar y contrastar** ¿En que se asemejan el hinduismo y el budismo?
3. **Región** ¿Cuáles de las religiones principales se practican en el área alrededor del extremo oriental del mar Mediterráneo? ¿Por qué crees que se practican en esta región?

3.3 Geografía económica

TECHTREK
Visita myNGconnect.com para ver un diagrama en inglés de indicadores económicos.
Student Resources

Idea principal Las personas producen, compran y venden bienes de distintas maneras.

Singapur se convirtió en una colonia comercial del Imperio británico en 1824. En la actualidad es un país independiente, pero el comercio continúa siendo una parte importante de su economía. Una **economía** es un sistema en el cual las personas producen, venden y compran cosas.

La actividad económica

La producción de bienes y servicios se denomina actividad económica. Los geógrafos dividen esta actividad en distintos sectores. El sector primario consiste en tomar materias primas del suelo o del agua. Incluye a la minería, la agricultura, la pesca y la silvicultura. El sector secundario consiste en usar materias primas para manufacturar productos, por ejemplo, carros. El tercer sector o sector terciario incluye a los servicios, como la banca y la atención médica.

Los factores de producción

Los geógrafos estudian dónde tiene lugar la actividad económica y de qué manera esta actividad se conecta con el resto del mundo. Un país con una economía fuerte probablemente cuente con los cuatro factores de producción: tierra, trabajo, capital y espíritu empresarial. La tierra incluye todos los recursos naturales que se usan para producir bienes y servicios. El trabajo incluye el tamaño y el nivel educativo de la fuerza laboral. El **capital** es la riqueza e infraestructura de un país. El cuarto factor, el **espíritu empresarial**, consiste en la creatividad y el riesgo que se necesitan para desarrollar bienes y servicios nuevos.

Los sistemas económicos

Los sistemas económicos son las formas en que los países organizan la producción de los bienes y servicios. En el mundo podemos encontrar cuatro sistemas principales:

- En una economía tradicional, las personas intercambian bienes y servicios sin usar dinero.
- En una **economía de libre empresa**, las empresas de propiedad privada producen bienes que las personas compran en los mercados. Esta forma también se denomina economía de mercado o capitalismo.
- En una economía dirigida, el gobierno controla la mayor parte de la economía y decide qué se producirá y qué se venderá.
- Una economía mixta tiene elementos de una economía de libre empresa y de una economía dirigida.

Indicadores económicos

La fortaleza de la economía de un país se puede medir a través de varios indicadores o índices. Uno de ellos es el **producto interno bruto (PIB)**. Es el valor total de todos los bienes y servicios producidos en un país.

El PIB per cápita es el valor de los productos producidos en un país por persona. Otros indicadores son el ingreso, la tasa de alfabetismo y la esperanza de vida.

Las economías se clasifican en dos categorías. Los países que tienen un PIB alto son los países más desarrollados. La mayor parte de su actividad económica se encuentra en el sector terciario. Los países que tienen un PIB bajo son países en vías de desarrollo. La mayor parte de su actividad se encuentra en los sectores primario o secundario.

Antes de continuar

Resumir ¿Cuáles son las cuatro formas en que los países organizan la producción de los bienes y servicios?

INDICADORES ECONÓMICOS DE PAÍSES SELECCIONADOS*

País	Población	PIB (en dólares estadounidenses)	PIB per cápita (en dólares estadounidenses)	Esperanza de vida	Tasa de alfabetismo (porcentaje)
Afganistán	31 millones	33.5 billones	1,000	50	28.0
Brasil	201.0 millones	2.3 trillones	12,000	73	88.6
China	1,300 millones	12.3 trillones	9,100	75	92.2
Etiopía	90.8 millones	103.1 billones	1,200	60	42.7
Alemania	81 millones	1 trillón	39,100	80	99.0
Haití	9 millones	12.9 billones	1,300	63	52.9
México	116.2 millones	7 trillones	15,300	77	86.1
Singapur	5.4 millones	325.1 billones	60,900	85	92.5
Estados Unidos	316.6 millones	15.6 trillones	49,800	79	99.0

Fuentes: Banco Mundial; Naciones Unidas
*Todas las cifras corresponden al año 2008 excepto la tasa de alfabetismo, que corresponden al año 2007.

Visión crítica Esta terminal de carga de Singapur opera todo el día y toda la noche. Según la foto y la tabla, ¿qué tipo de país es Singapur, un país desarrollado o un país en vías de desarrollo?

EVALUACIÓN CONTINUA
LABORATORIO DE DATOS
GeoDiario

1. **Interpretar tablas** ¿Qué país tiene la mayor población? ¿Y el mayor PIB per cápita? ¿Qué puedes concluir acerca de la relación entre ambos?
2. **Sintetizar** ¿Qué sector probablemente sea la fuente principal de actividad económica de Haití? Explica tu respuesta.
3. **Región** ¿Qué ejemplos puedes dar de actividades económicas de cada uno de los tres sectores que se realicen en la región donde vives?

3.4 Geografía política

TECHTREK
Visita **myNGconnect.com** para ver fotos de gobiernos en acción.

Digital Library

Idea principal Los distintos países del mundo tienen diferentes formas de gobierno.

¿Qué relación existe entre la recolección de basura y la protección de la libertad de expresión? Que ambas son responsabilidad del gobierno. Un **gobierno** es una organización que mantiene el orden, establece reglas y proporciona servicios para una sociedad. Los geógrafos políticos estudian los límites entre distintos lugares, en dónde existen los distintos tipos de gobiernos y cómo la geografía influye en el gobierno.

El gobierno y los ciudadanos

Los gobiernos gobiernan a los **ciudadanos**. Un ciudadano es una persona que vive dentro del territorio de un gobierno y tiene derechos y responsabilidades garantizadas por ese gobierno.

Los gobiernos pueden ser limitados o ilimitados. Un gobierno limitado no ejerce un control absoluto sobre sus ciudadanos. Los ciudadanos gozan de ciertos derechos y responsabilidades individuales. Un gobierno ilimitado ejerce un control absoluto sobre todos los aspectos de la vida de sus ciudadanos.

Visión crítica Votantes sudafricanos hacen filas de millas de largo para votar. ¿Qué importancia le dan al derecho al voto? ¿Cómo los sabes?

Tipos de gobierno

En el mundo moderno son habituales cinco tipos de gobierno. Las diferencias principales entre ellos están en el poder y los derechos que tienen los ciudadanos.

- En una **democracia**, los ciudadanos eligen representantes para que los gobiernen. Una legislatura establece leyes, un poder ejecutivo pone en práctica las leyes y un poder judicial interpreta las leyes. Los ciudadanos gozan de muchos derechos, como los enunciados en la Declaración de Derechos de la constitución de los Estados Unidos. Los Estados Unidos fueron el primer país moderno en establecer una democracia representativa.
- En una monarquía, un rey, una reina o un emperador gobierna la sociedad. El gobernante a menudo hereda el cargo. Los ciudadanos de una monarquía absoluta, como la de Arabia Saudita, gozan de pocos o de ningún derecho. En una monarquía constitucional, como en el Reino Unido, la reina o el rey comparten el poder con un gobierno regido por una constitución.
- En una dictadura, una persona, el dictador, llega al poder y gobierna sobre toda la sociedad. El dictador controla todos los aspectos de la vida, incluyendo la educación y las artes. Los ciudadanos tienen pocos o ningún derecho. Corea del Norte ha sido gobernada por un dictador durante más de medio siglo.
- En una oligarquía, un grupo reducido de personas gobierna sobre la sociedad. El grupo gobernante a menudo está formado por personas adineradas o con poder militar, y los ciudadanos gozan de pocos o de ningún derecho. El gobierno de Myanmar (Birmania) ha sido una oligarquía desde 1988.

Visión crítica Mujeres soldados marchan durante un desfile militar en Corea del Norte para celebrar el 60° aniversario del país. De acuerdo con la foto, ¿qué cualidades son valoradas por el gobierno norcoreano?

- El comunismo es un tipo de economía dirigida en la que el gobierno, controlado por el Partido Comunista, es dueño de todas las propiedades. Los ciudadanos gozan de pocos o de ningún derecho. Cuba ha sido un país comunista desde 1959.

Antes de continuar

Verificar la comprensión ¿Cuáles son los tipos de gobierno más comunes del mundo moderno?

EVALUACIÓN CONTINUA

LABORATORIO DE LECTURA GeoDiario

1. **Verificar la comprensión** ¿Cuáles de los cinco tipos de gobierno son gobiernos limitados? ¿Cuáles son gobiernos ilimitados?
2. **Crear tablas** Crea una tabla para comparar los cinco tipos de gobierno. Usa el siguiente formato:

Tipo de gobierno	Origen del poder	Líder o gobernante	Derechos de los ciudadanos
democracia			

3. **Hacer inferencias** Observa el mapa de Rusia *(Russia)* en el Atlas de National Geographic al principio de tu libro de texto. ¿De qué manera la geografía de Rusia podría afectar la capacidad del gobierno para gobernar?

3.5 Proteger los derechos humanos

TECHTREK

Visita **myNGconnect.com** para ver más información sobre la Declaración Universal de los Derechos Humanos.

Digital Library

Global Issues

Idea principal La Declaración Universal de los Derechos Humanos establece cómo debe ser tratada toda persona.

VOCABULARIO CLAVE

derechos humanos, *s.*, derechos políticos, económicos y culturales que todas las personas deben tener

Nesse Godin tenía 13 años durante la Segunda Guerra Mundial, cuando los nazis ocuparon su pueblo en Lituania. Como Nesse y su familia eran judíos, fueron transferidos a un campo de concentración. Posteriormente, Nesse fue llevada a otro campo de concentración, donde trabajó excavando zanjas. En enero de 1945, Nesse y otros prisioneros fueron obligados a marchar, con muy pocos alimentos, bajo el frío del invierno. Muchos prisioneros murieron.

La necesidad de una declaración

Nessie Godin sobrevivió a lo ocurrido durante el Holocausto, pero otras 6 millones de personas no lograron sobrevivir. Cuando terminó la Segunda Guerra Mundial, las personas juraron no permitir que esto volviera a ocurrir.

En 1945, 51 países de todo el mundo formaron la Organización de las Naciones Unidas (ONU). Los objetivos principales de esta organización eran mantener la paz, desarrollar relaciones amistosas entre los países y proteger los **derechos humanos** de las personas.

La ONU estableció la Comisión de Derechos Humanos para crear un "ideal común por el que todos los pueblos y naciones deben esforzarse". El 10 de diciembre de 1948, la Asamblea General de la ONU aprobó el trabajo de la comisión titulado **Declaración Universal de los Derechos Humanos.**

La necesidad para una declaración como esta no ha disminuido desde la década de 1940. En todo el mundo, los gobiernos han sido y siguen siendo culpables de atacar a determinados grupos de personas y negarles sus derechos humanos.

La declaración consta de 30 artículos, o secciones. El artículo 1 enuncia que todas las personas deben ser tratadas con respeto:

> Todos los seres humanos nacen libres e iguales en dignidad y derechos y, dotados como están de razón y conciencia, deben comportarse fraternalmente los unos con los otros.

Veintiún artículos explican los derechos políticos, como el derecho de igualdad ante la ley, el derecho a no ser sometido a torturas y el derecho a formar parte del gobierno. Seis artículos tratan sobre los derechos económicos y culturales de las personas, como el derecho a trabajar, a recibir una educación y el derecho a participar de la vida cultural de la comunidad.

El impacto de los derechos humanos

La declaración ejerció un impacto, o efecto, sobre las personas y los gobiernos. Durante las décadas de 1960, 1970 y 1980, países de todo el mundo colaboraron para presionar a Sudáfrica para que garantizara los derechos de su población no blanca. Muchos países se negaron a comerciar con Sudáfrica y, desde 1964 hasta 1990, el país fue excluido de los Juegos Olímpicos.

DECLARACIÓN UNIVERSAL DE LOS DERECHOS HUMANOS

- Artículo 1
- Artículo 4
- Artículo 5
- Artículo 18
- Artículo 24
- Artículo 25.2
- Artículo 26.1

La maternidad y la infancia tienen derecho a cuidados y asistencia especiales

Nadie estará sometido a esclavitud ni a servidumbre...

Todos los seres humanos nacen libres...

Toda persona tiene derecho a la libertad de pensamiento, de conciencia y de religión...

Nadie será sometido a torturas ni a penas o tratos crueles, inhumanos o degradantes.

Toda persona tiene derecho a la educación.

Toda persona tiene derecho al descanso, al disfrute del tiempo libre...

En 1994, Sudáfrica finalmente cedió a la presión y llamó a elecciones en las que todas las personas podían votar. Las personas eligieron como presidente a Nelson Mandela, un líder de la población africana. Esta acción demostró el poder de los derechos humanos.

Antes de continuar

Verificar la comprensión Según la Declaración Universal de los Derechos Humanos, ¿cómo debe ser tratada toda persona?

EVALUACIÓN CONTINUA

LABORATORIO DE ESCRITURA GeoDiario

1. **Formar opiniones y respaldarlas** Escoge uno de los derechos de la Declaración Universal de los Derechos Humanos enunciadas en la parte superior de la página. En un párrafo, explica qué significa este derecho y por qué es importante.
2. **Escribir informes** Escoge una noticia del periódico o de la televisión. En un breve informe, explica por qué la noticia muestra la importancia de proteger los derechos humanos.

CAPÍTULO 2
Repaso

VOCABULARIO

Escribe una oración que explique la conexión entre las dos palabras de cada par de palabras de vocabulario.

1. solsticio; equinoccio

   El verano comienza con el solsticio mientras que la primavera comienza con el equinoccio.

2. meseta; plataforma continental
3. recurso renovable; recurso no renovable
4. hábitat; restaurar
5. economía de libre empresa; democracia

IDEAS PRINCIPALES

6. ¿Cómo influye la inclinación de la Tierra en las estaciones? (Sección 1.1)
7. ¿Qué capas atravesarías durante un viaje al centro de la Tierra? (Sección 1.2)
8. ¿De qué manera la erosión modifica la superficie terrestre? (Sección 1.3)
9. ¿Cómo han intentado los científicos mitigar el impacto de los terremotos y volcanes? (Sección 1.4)
10. ¿Cuáles son las diferencias entre el clima y el tiempo atmosférico? (Sección 2.1)
11. ¿En qué se diferencia un clima tropical húmedo de un clima templado húmedo? (Sección 2.2)
12. Da un ejemplo de un recurso renovable y un ejemplo de un recurso no renovable. (Sección 2.4)
13. ¿Qué son las especies en peligro de extinción y qué factores las amenazan? (Sección 2.5)
14. ¿De qué cuatro maneras influye la cultura en la vida de las personas? (Sección 3.1)
15. ¿En qué se diferencia una economía de libre empresa de una economía dirigida? (Sección 3.3)
16. ¿Cuáles son los tipos de gobierno habituales en el mundo moderno? (Sección 3.4)

LA TIERRA

ANALIZA LA PREGUNTA FUNDAMENTAL

¿De qué manera la Tierra cambia continuamente?

Visión crítica: Hacer inferencias

17. ¿Qué impacto tiene el cambio estacional sobre la manera en que los agricultores cultivan alimentos?
18. ¿Por qué las primeras civilizaciones se desarrollaron a lo largo de los ríos?
19. ¿De qué manera el ciclo hidrológico hace que el agua regrese a la Tierra?

GEOGRAFÍA FÍSICA

ANALIZA LA PREGUNTA FUNDAMENTAL

¿Qué le da forma a los distintos medio ambientes de la Tierra?

Visión crítica: Sacar conclusiones

20. ¿En qué se diferenciarían las plantas de los climas fríos húmedos de las plantas de los climas tropicales húmedos?
21. ¿Qué factores podrían impedir que un país rico en recursos naturales los use de manera eficiente?

INTERPRETAR TABLAS

ESPECIES EN PELIGRO DE EXTINCIÓN EN EE. UU Y EL MUNDO

Grupo	Estados Unidos	Otros países	Cantidad total
Mamíferos	71 especies	255 especies	326 especies
Reptiles	13 especies	66 especies	79 especies
Peces	74 especies	11 especies	85 especies
Aves	76 especies	184 especies	260 especies

Fuente: U.S. Fish and WIldlife Service

22. **Analizar datos** ¿Qué porcentaje de los animales en peligro de extinción de los Estados Unidos son mamíferos? ¿Qué porcentaje de los animales de los otros países son mamíferos?
23. **Interacción los humanos y el medio ambiente** ¿Qué pasos podrían tomar los ecologistas de la vida silvestre para reducir la cantidad de especies en peligro de extinción?

GEOGRAFÍA HUMANA

ANALIZA LA PREGUNTA FUNDAMENTAL

¿Cómo ha influido la geografía sobre las distintas culturas del mundo?

Visión crítica: Hallar ideas principales y detalles

24. ¿Cuáles son algunas de las características de la cultura estadounidense?
25. ¿De qué manera se expanden las religiones?
26. ¿Qué ejemplo puedes dar de cada uno de los sectores de la actividad económica?
27. ¿Qué dos ejemplos puedes dar de las distintas formas en que los gobiernos gobiernan?

INTERPRETAR MAPAS

28. **Lugar** ¿Los recursos de Canadá (*Canada*) se encuentran mayormente en el norte o en el sur del país? ¿Por qué crees que esto es así?

OPCIONES ACTIVAS

Sintetiza las preguntas fundamentales completando las siguientes actividades.

29. **Escribir un anuncio de servicio al público** Escribe un anuncio de servicio al público acerca de qué hacer durante una emergencia provocada por condiciones meteorológicas extremas en tu comunidad. Concéntrate en un tipo de fenómeno climático que sea habitual en tu área. Explica qué provisiones debe haber en cada casa. Señala una ruta de escape o un sitio para resguardarse. Además, explica cómo deben comportarse las personas durante la emergencia. **Muestra el anuncio a la clase.**

Sugerencias para la escritura
- Haz una investigación para buscar consejos de expertos en meteorología.
- Toma notas y organiza la información para que les resulte clara a los lectores.
- Usa un tono calmado que demuestre que estás informado.

Visita **Student Resources** para ver una guía en línea de escritura en inglés.

TECHTREK myNGconnect.com For photographs of elements of culture

30. **Crear un panorama visual** Escoge una parte de la cultura que te interese, como la música, la danza, el idioma o los deportes. Usa fotos del recurso en inglés **Digital Library** o de otras fuentes en línea o impresas para crear una introducción visual al aspecto que elegiste de la cultura en todo el mundo. Muestra semejanzas y diferencias entre los distintos países del mundo. Copia y completa el siguiente organizador gráfico para organizar tus ideas.

Elemento cultural: ____________________

Ejemplos: ____________________

Semejanzas: ____________________

Diferencias: ____________________

El clima

TECHTREK

Visita **myNGconnect.com** para ver climogramas sobre los climas de EE. UU.

Maps and Graphs

En esta unidad, aprendiste que el clima es el promedio de las condiciones de la atmósfera de un área durante un largo período de tiempo. El clima está determinado por la latitud del área, así como también por las corrientes marinas, las corrientes de aire y la elevación.

La temperatura y la precipitación son dos factores importantes relacionados con el clima de un área. Estos factores determinan la duración y el manejo de los tiempos durante la estación de crecimiento de cultivos y, además, ejercen una influencia sobre los tipos de actividades económicas que se pueden desarrollar en una región. Por ejemplo, un país que tiene temperaturas cálidas y recibe precipitaciones durante todo el año probablemente tenga una mejor industria agrícola que un país que tiene temperaturas bajas y una temporada corta de lluvias.

Comparar

- Brasil (*Brazil*)
- Rusia (*Russia*)
- Estados Unidos (*United States*)

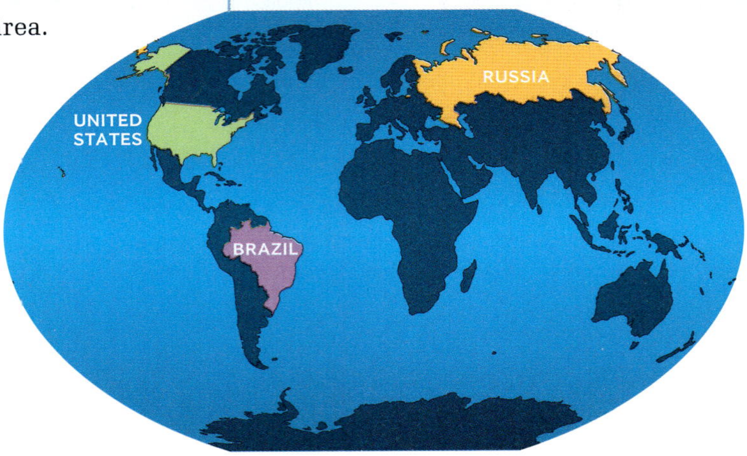

MAPAS CLIMÁTICOS Y CLIMOGRAMAS

Un mapa climático proporciona una visión general sobre el clima de una región. Sin embargo, en ocasiones se necesita información más específica sobre una ciudad o un país. Los geógrafos usan una herramienta especial llamada climograma para mostrar de manera gráfica los rangos de temperatura y precipitación de un lugar durante un período de tiempo. Un climograma tiene una gráfica de barras que muestra la cantidad de precipitación en una ubicación. El promedio mensual de las temperaturas se indica a través de una línea que conecta 12 puntos, uno por cada mes del año.

Los climogramas son útiles para comparar los climas de dos sitios distintos y permiten a los geógrafos y a otras personas comprender mejor los efectos del clima sobre las actividades humanas que se realizan en dichos sitios.

INTERPRETAR CLIMOGRAMAS

Observa los climogramas de las ciudades de Belém, Brasil, y Omsk, Rusia, en la página siguiente. Los meses del año están enumerados en la parte inferior de cada climograma. Una escala sobre el eje vertical izquierdo mide la precipitación, o pluviosidad, en pulgadas. Una escala sobre el eje vertical derecho mide la temperatura en grados Fahrenheit (°F).

Las barras del climograma muestran la precipitación de Belém (Brasil) y Omsk (Rusia). Las líneas que conectan los puntos muestran el rango de temperaturas de cada ciudad.

Observa los datos de los climogramas para analizar el clima de Belém y de Omsk. Luego responde a las preguntas que se encuentra a la derecha.

PROMEDIO MENSUAL DE TEMPERATURA Y PRECIPITACIÓN

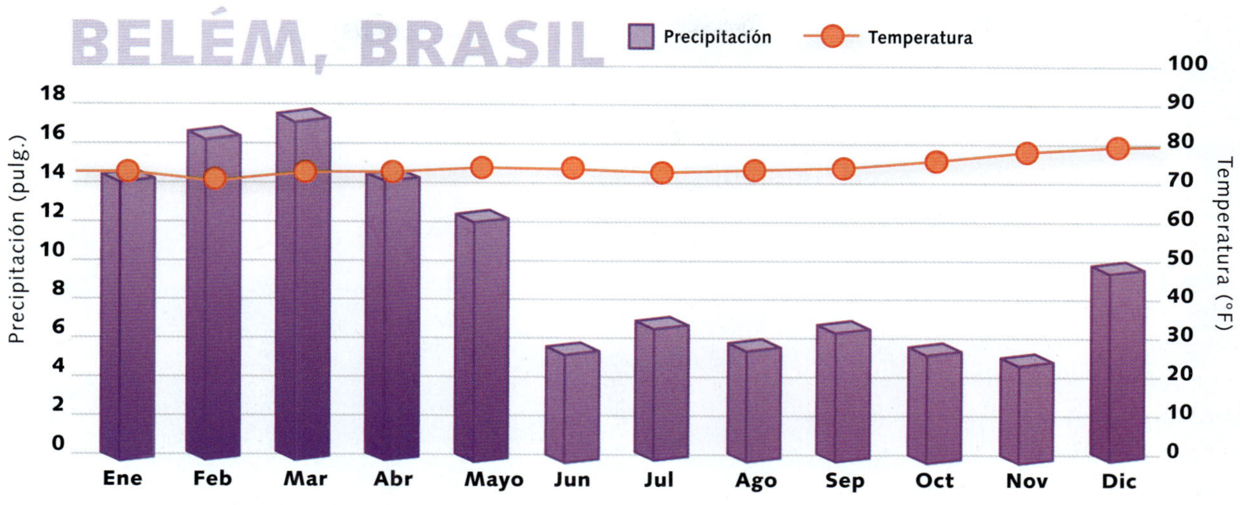

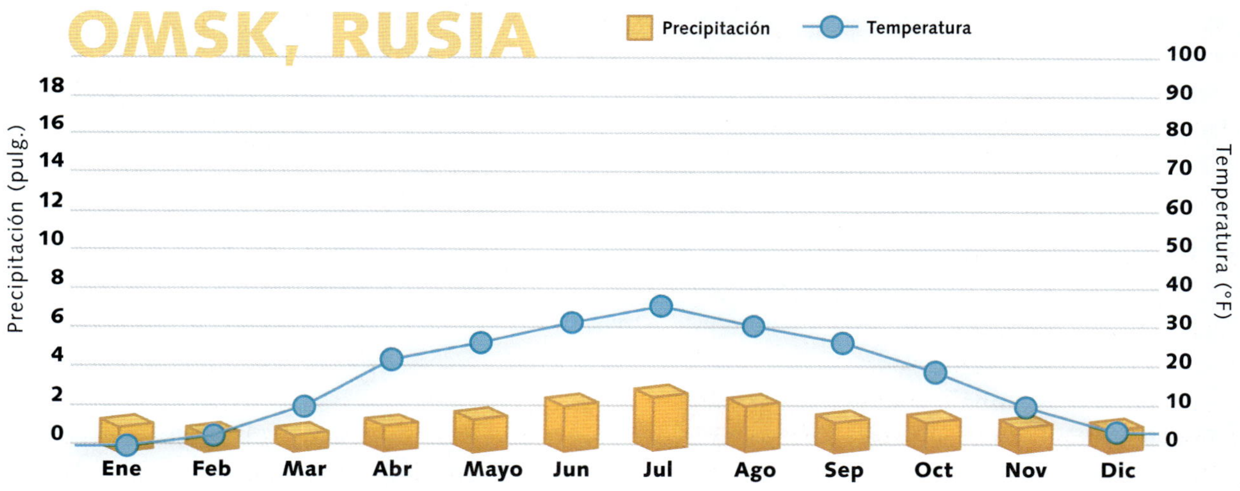

Fuentes: National Drought Mitigation Center, Universidad de Nebraska–Lincoln

EVALUACIÓN CONTINUA

LABORATORIO DE INVESTIGACIÓN

GeoDiario

1. **Interpretar gráficas** ¿Cómo describirías el rango de temperaturas de Belém? ¿Cuál es la temperatura media de Omsk en enero? ¿Y en julio?
2. **Hacer inferencias** La mayoría de los cultivos necesita agua y temperaturas cálidas para crecer. Según esta información, ¿qué puedes decir acerca de la temporada de crecimiento de cada ciudad?

Investigar y crear un climograma Escoge una ciudad de los Estados Unidos, investiga y averigua el promedio de temperatura y precipitación de cada mes del año. Anota los datos en una tabla. Usa los datos para crear un climograma de la ciudad que elegiste. Luego, con un compañero, escriban tres preguntas para ayudar a alguien a analizar y comparar los datos de tu climograma y el de tu compañero.

Opciones activas

TECHTREK
Visita **myNGconnect.com** para ver plantillas de escritura en inglés.

Student Resources

ACTIVIDAD 1

Propósito: Ampliar tu conocimiento sobre el medio ambiente.

Elaborar una lista de las 10 acciones más importantes

Desde hace más de 40 años, los países de todo el mundo han celebrado el Día de la Tierra. El propósito del día es valorar nuestro planeta y tomar conciencia sobre la necesidad de proteger el medio ambiente. Junto con tus compañeros, haz una lista con las diez acciones más importantes que los estudiantes de tu escuela pueden llevar a cabo el próximo Día de la Tierra, como muestra de agradecimiento al planeta. Trata de obtener permiso para colocar copias de la lista por toda la escuela, para compartir las acciones con los demás estudiantes.

Actividad de reforestación en las Filipinas

ACTIVIDAD 2

Propósito: Aprender sobre la cultura a través de la arquitectura religiosa.

Crear una guía sobre la arquitectura religiosa

Las instituciones religiosas han inspirado algunas de las obras arquitectónicas más majestuosas del mundo. Usa el recurso en inglés **Magazine Maker CD-ROM** para mostrar ejemplos de edificios históricos construidos por las distintas religiones. Incluye el nombre de cada estructura, cuándo fue construida, su ubicación y detalles interesantes sobre ella. Luego, analiza por qué estos edificios fueron diseñados para permanecer en el tiempo.

ACTIVIDAD 3

Propósito: Aprender sobre los usos positivos de la tecnología.

Escribir sobre la tecnología

El explorador Spencer Wells usa la tecnología para analizar el ADN. Revisa la unidad y busca ejemplos de la tecnología usada por los científicos, especialmente en las páginas 28–29 y 49. Realiza una búsqueda sobre la NASA en la Internet para descubrir cómo los satélites reúnen información sobre la Tierra. Luego, escribe un párrafo que explique cómo crees que las imágenes satelitales podrían ayudar a las sociedades del mundo.

NATIONAL GEOGRAPHIC
Culturas del mundo y geografía

EXPLORA NORTEAMÉRICA CON NATIONAL GEOGRAPHIC

CONOCE A LA EXPLORADORA

NATIONAL GEOGRAPHIC

A través del análisis de ADN antiguo, la exploradora emergente Beth Shapiro rastrea la disminución de bisontes en Norteamérica. Beth Shapiro ha demostrado que tal disminución no fue causada por cazadores sino por una era glacial ocurrida hace 20,000 años.

INVESTIGA LA GEOGRAFÍA

Cada año, las cataratas del Niágara atraen a millones de visitantes. El agua también permite generar una gran cantidad de electricidad a bajo costo. Durante casi 50 años, los Estados Unidos y Canadá han compartido la producción de energía del Niágara, junto con un intenso deseo de preservar este medioambiente único.

ENTRA A LA HISTORIA

El Capitolio de los Estados Unidos, situado en Washington, D.C., es la sede del poder legislativo, compuesto por las dos cámaras del Congreso. Simboliza una república federal, una federación de estados con representantes electos. México también ha practicado esta forma de gobierno desde 1824.

ONLINE WORLD ATLAS

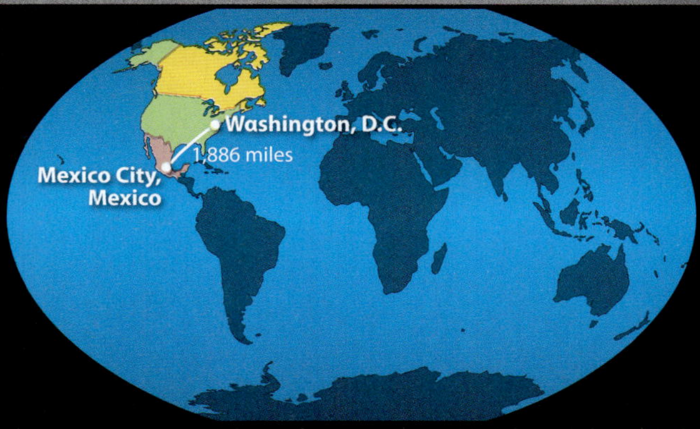

Visita **myNGconnect.com** para ver mapas de Norteamérica.

CONECTA CON LA CULTURA

Los turistas se asoman sobre el borde occidental del Gran Cañón, en el noroeste de Arizona. La pasarela de vidrio Skywalk, terminada en 2007, pertenece a y es operada por la tribu hualapai.

CAPÍTULO 3

NORTEAMÉRICA

GEOGRAFÍA E HISTORIA

VISTAZO PREVIO AL CAPÍTULO

Pregunta fundamental ¿Cuáles son las características físicas más notables de Norteamérica?

SECCIÓN 1 • GEOGRAFÍA

VOCABULARIO CLAVE

- contiguo
- templado
- glaciar
- exportar
- sequía
- agricultura comercial
- cordillera
- sombra orográfica
- presa
- península
- agricultura de subsistencia
- acuífero
- cenote
- sustentable

VOCABULARIO ACADÉMICO

modificar

TÉRMINOS Y NOMBRES

- Grandes Llanuras
- Grandes Lagos
- Gran Cañón
- Meseta Mexicana

Pregunta fundamental ¿De qué manera los Estados Unidos y Canadá se desarrollaron como naciones?

SECCIÓN 2 • HISTORIA DE LOS EE. UU. Y CANADÁ

VOCABULARIO CLAVE

- colonizar
- plantación
- fortificar
- misionero
- impuesto
- revolución
- constitución
- enmienda
- pionero
- industrialización
- transcontinental
- abolicionismo
- separarse
- guerra civil
- alianza
- neutralidad
- dictador
- terrorismo

VOCABULARIO ACADÉMICO

adaptar, protestar

TÉRMINOS Y NOMBRES

- Declaración de Independencia
- Declaración de Derechos
- Compra de la Luisiana
- Destino Manifiesto
- Sendero de Lágrimas
- Proclama de Emancipación
- Discurso de Gettysburg
- Reconstrucción
- Pearl Harbor
- Holocausto
- Guerra Fría

Pregunta fundamental ¿De qué manera diversas culturas han influido sobre la historia de México?

SECCIÓN 3 • HISTORIA DE MÉXICO

VOCABULARIO CLAVE

- civilización
- jeroglíficos
- imperio
- tributo
- conquistador
- epidemia
- república
- exilio
- anexión
- reforma
- reforma agraria
- tiranía

VOCABULARIO ACADÉMICO

oponerse

TÉRMINOS Y NOMBRES

- olmecas
- mayas
- aztecas
- Hernán Cortés
- Moctezuma
- Miguel Hidalgo
- Santa Anna
- El Álamo
- Cesión Mexicana
- Compra de Gadsden

TECHTREK PARA ESTE CAPÍTULO

- Student eEdition
- Maps and Graphs
- Interactive Whiteboard GeoActivities
- Digital Library

Bisonte americano

Visita **myNGconnect.com** para obtener más información sobre Norteamérica.

SECCIÓN 1 GEOGRAFÍA

1.1 Geografía física

TECHTREK
Visita myNGconnect.com para ver mapas de Norteamérica y el Vocabulario visual en inglés

Maps and Graphs
Digital Library

NORTEAMÉRICA: MAPA FÍSICO

> **Idea principal** Norteamérica tiene una amplia variedad de accidentes geográficos, masas de agua y climas.

Norteamérica se extiende desde el frío ártico del norte de Canadá hasta los cálidos trópicos de México. En el centro se encuentran los 48 estados **contiguos** de los Estados Unidos, lo que significa que están todos conectados en un bloque. El estado de Alaska está en el noroeste del continente. Las islas que forman el estado de Hawái están en el océano Pacífico.

Tierras altas, llanuras y mesetas

La elevación del terreno en Norteamérica aumenta generalmente de este a oeste, pese a que existen algunas tierras altas, o áreas de colinas y montañas, en el Este. Al este de las montañas Rocosas se encuentran las **Grandes Llanuras**. Las llanuras son áreas de terrenos planos que conforman la mayor parte del centro de Norteamérica. También hay llanuras cerca de las costas. Las mesetas (llanuras ubicadas a gran altura) se encuentran entre las montañas del oeste de los EE. UU. y el centro de México.

Ríos y lagos

Las ciudades más importantes se desarrollaron a lo largo de los numerosos ríos de la región, como Cincinnati en el río Ohio, Nueva Orleans en el río Misisipi y Juárez en el río Grande. El río San Lorenzo proporciona una vía fluvial desde el océano Atlántico hasta los **Grandes Lagos**. Estos cincos lagos, combinados, forman la masa de agua dulce más grande del mundo. Cuatro de los lagos sirven de frontera física entre los Estados Unidos y Canadá, al igual que el río Grande, que sirve como límite natural entre los Estados Unidos y México.

CLIMA

Una variedad de climas

En la región hay climas **templados**, o moderados, aunque también se dan el frío y el calor extremos. Partes del extremo norte están cubiertas de **glaciares**, que son grandes masas de hielo y nieve acumulada. Gran parte del norte de México es cálido y seco, y el sur de México es tropical, con climas cálidos y lluvias todo el año.

Antes de continuar

Verificar la comprensión Describe los principales accidentes geográficos, las masas de agua y los climas de la región.

EVALUACIÓN CONTINUA

LABORATORIO DE MAPAS GeoDiario

1. **Interpretar mapas** Según el mapa físico, ¿cómo podrían transportarse bienes desde el lago Michigan hasta el océano Atlántico (*Atlantic Ocean*)?
2. **Región** Según el mapa climático, ¿qué tipos de clima se dan tanto en México (*Mexico*) como en Alaska?

SECCIÓN 1 GEOGRAFÍA

1.2 Las Grandes Llanuras

TECHTREK

Visita **myNGconnect.com** para ver fotos y un mapa de las Grandes Llanuras de Norteamérica.

Maps and Graphs | Digital Library

Idea principal Las Grandes Llanuras de los Estados Unidos y Canadá son una rica región agrícola, con valiosos recursos energéticos.

Las Grandes Llanuras se extienden a través del centro del continente. Los cultivos que crecen allí sirven para alimentar a la población de Norteamérica, y los excedentes se pueden **exportar**, o enviar a otros países como ayuda o para obtener ganancias.

La agricultura de las Grandes Llanuras

Las Grandes Llanuras son aptas para la agricultura por dos motivos. En primer lugar, el suelo es rico en nutrientes, por lo tanto produce cosechas abundantes. En segundo lugar, el clima de las Grandes Llanuras es templado, y el área normalmente recibe abundantes lluvias.

En ciertos años, las precipitaciones son menores a las normales durante un período prolongado, y se producen **sequías** que pueden matar los cultivos. En la década de 1930, por ejemplo, la región padeció una sequía que se prolongó durante varios años. El arado de praderas de pastos nativos que servían para mantener el suelo en su sitio contribuyó a la erosión de ese mismo suelo. Las llanuras pasaron a ser conocidas como el "Cuenco de Polvo". Los vientos persistentes de la zona levantaron nubes enormes de suelo seco, o polvo. En la actualidad, esos vientos se pueden usar como fuente para generar energía.

Gran parte de las tierras que formaban las praderas originales han sido reemplazadas por campos de trigo, maíz y otros cultivos. Estos granos se cultivan en granjas enormes en las que los procesos de siembra y cosecha se hacen con máquinas. Estas granjas inmensas y altamente productivas son típicas de la **agricultura comercial**, es decir, el negocio de producir cultivos para vender.

A través de Ríos como el Misuri y el Misisipi se transportan los bienes desde las Grandes Llanuras hasta las áreas de tierras bajas. Los cultivos que provienen de las llanuras canadienses se transportan en ferrocarril hasta el océano Atlántico y por barco a través de los Grandes Lagos y el río San Lorenzo.

Recursos energéticos

Las Grandes Llanuras de los Estados Unidos y Canadá albergan grandes depósitos de petróleo y gas natural. Los principales campos petroleros de los Estados Unidos están en la parte sur de las Grandes Llanuras, desde Kansas hasta Texas. Texas también cuenta con muchos campos petroleros en las aguas del golfo de México.

Visión crítica Una cosechadora trabaja en un campo de trigo de Manitoba, Canadá. ¿Qué fuentes de energía se usan en esta granja?

LAS REGIONES AGRÍCOLAS Y LAS GRANDES LLANURAS
Estados Unidos y Canadá

Las perforaciones comerciales en el golfo de México son riesgosas. Los depósitos de petróleo yacen debajo de capas de sal que pueden desplazarse y producir un terremoto submarino. En 2010, un error humano provocó una explosión en una perforadora de aguas profundas. La explosión causó un enorme derrame de petróleo que perjudicó la vida silvestre y amenazó la economía de la región.

Los recursos energéticos de las Grandes Llanuras son importantes para los Estados Unidos, donde se consume más energía de la que se genera. Los vientos fuertes de las llanuras se pueden aprovechar como fuente alternativa de energía.

Antes de continuar

Resumir ¿Por qué las Grandes Llanuras son un área importante para la agricultura y la energía?

EVALUACIÓN CONTINUA

LABORATORIO DE MAPAS GeoDiario

1. **Interpretar mapas** De los tres países de la región, ¿cuáles son los dos que comparten las Grandes Llanuras?
2. **Hacer inferencias** Observa el mapa del clima de la Sección 1.1 y el mapa de esta página. ¿Qué razón crees que explica las diferencias en el clima a lo largo de las Grandes Llanuras (*Great Plains*)?
3. **Movimiento** ¿Qué métodos se podrían usar para transportar bienes producidos en las Grandes Llanuras (*Great Plains*)? Usa pruebas del mapa para respaldar tu respuesta.

1.3 Montañas y desiertos del Oeste

TECHTREK

Visita **myNGconnect.com** para ver un mapa y fotos del Oeste de los Estados Unidos y Canadá

Maps and Graphs | Digital Library

Idea principal Los recursos del Oeste de los Estados Unidos y Canadá son ricos en algunas áreas y escasos en otras.

Montañas y mesetas elevadas cubren gran parte del Oeste de los Estados Unidos y Canadá. Estos accidentes geográficos crean barreras naturales para las regiones costeras del Oeste y proporcionan recursos abundantes en algunas áreas.

Accidentes geográficos y clima

El accidente geográfico más importante de la parte oeste de la región es la cordillera. Una **cordillera** es un sistema de varias cadenas de montañas que, a menudo, corren paralelas entre sí. En Norteamérica, la cordillera abarca las montañas Rocosas y las montañas de la Sierra Nevada.

En los Estados Unidos, el área entre las montañas Rocosas y las montañas de la Sierra Nevada se conoce como la Gran Cuenca *(Great Basin)*. Una cuenca es una depresión superficial del terreno. La Gran Cuenca es un desierto, un área seca y a menudo arenosa, que recibe escasa precipitación y tiene poca vegetación.

La Gran Cuenca se caracteriza por tener cadenas montañosas más pequeñas y cañones, que son valles profundos y escarpados formados por ríos que excavaron la roca blanda. El cañón más famoso es el Gran Cañón, ubicado al suroeste de los Estados Unidos. El cañón, que se formó durante cientos de millones de años, tiene 277 millas de largo y hasta 18 millas de ancho.

La Gran Cuenca es mayormente seca. El aire cálido y húmedo sopla desde el océano Pacífico hacia las montañas de la cordillera. Cuando este aire se eleva por encima de las montañas, se enfría y libera humedad sobre la ladera oeste de las montañas. El aire que finalmente alcanza la ladera este de las montañas es aire seco. A este proceso se le llama **sombra orográfica**.

Recursos y conservación

La variación climática contribuye a que el suministro de recursos también sea variado. La Gran Cuenca y las cadenas montañosas que la rodean contienen depósitos importantes de minerales.

Visión crítica Una tropilla de caballos sigue a unos senderistas en la Gran Cuenca. ¿Qué accidentes geográficos puedes identificar en la foto?

Áreas del suroeste de Canadá contienen reservas de gas natural. Las abundantes lluvias y los numerosos lagos del área permiten aprovechar la fuerza del agua para generar electricidad.

El agua para consumo humano es escasa en el suroeste de los Estados Unidos. La población que vive allí ha crecido rápidamente en los últimos años, y la demanda de agua ha aumentado en esta zona que ya de por sí es árida y seca. Una **presa**, que es una barrera que controla el flujo de agua, puede ayudar a resolver el problema de la escasez de agua. Las presas, sin embargo, también pueden causar ciertos problemas, como la erosión excesiva del suelo. La presa Hoover, en el río Colorado, aprovecha la fuerza del agua para generar electricidad y abastecer de agua potable e irrigación a partes de Arizona, Nevada y el sur de California.

Antes de continuar

Hacer inferencias ¿Qué significa la escasez de algunos recursos para las personas que viven en el Oeste?

DENSIDAD DE POBLACIÓN
Oeste de los Estados Unidos

EVALUACIÓN CONTINUA

LABORATORIO FOTOGRÁFICO

GeoDiario

1. **Describir información geográfica** Con un compañero, haz una lluvia de ideas para buscar palabras que describan la fotografía.
2. **Interpretar mapas** ¿En qué partes de la región se encuentra la mayor densidad de población y en cuáles la mínima?
3. **Analizar elementos visuales** ¿Qué características físicas que se muestran en la fotografía podrían explicar la distribución de la población en esta región?

1.4 Montañas y mesetas de México

TECHTREK
Visita **myNGconnect.com** para ver un mapa en inglés y fotos de los recursos de México.

Maps and Graphs   Digital Library

Idea principal Las montañas y las mesetas de México son importantes para la economía del país.

El centro de México está formando mayormente por montañas y mesetas. Estos accidentes geográficos son ricos en recursos que contribuyen a la economía mexicana.

Accidentes geográficos y clima

México tiene dos **penínsulas**, que son franjas estrechas de tierra que se adentran en una masa de agua. Una de ellas es la península de Baja California, al oeste de México, y la otra es la península de Yucatán, situada en el suroeste del país. México tiene la forma de un triángulo invertido, con las montañas de la Sierra Madre que se extienden a cada lado. La **meseta Mexicana** se encuentra entre las dos cadenas montañosas de la Sierra Madre. Los mexicanos llaman Mesa Central a la parte sur de esta meseta, y Mesa del Norte al área norte. Una mesa es una meseta elevada y lisa. La montaña más alta de México, el volcán Pico de Orizaba, se yergue sobre el extremo sur de la meseta.

La Ciudad de México, la capital del país, se encuentra sobre la Mesa Central. La ciudad alberga a más de 20 millones de personas, casi el 20 por ciento de la población de México. Algunas zonas de la Mesa Central han sufrido actividad volcánica, lo que ha dejado un rico suelo volcánico. Este suelo ayuda a producir cultivos que son importantes para la economía mexicana, como caña de azúcar, maíz y trigo.

El norte de México está situado en una zona templada, mientras que la mitad sur se encuentra en el trópico. Sobre la elevada Mesa Central, el clima se **modifica**, o se hace menos extremo, debido a la mayor altura. Allí, las temperaturas son más frescas que en las zonas bajas y costeras.

Recursos y agricultura

Las montañas de México contienen recursos como cobre, plata y zinc. Sin embargo, el recurso más valioso es el petróleo que se encuentra en el golfo de México y a su alrededor. Se producen más de tres millones de barriles por día.

La agricultura también es importante para el país. Los agricultores del norte cultivan algodón, trigo y frutas, y también crían ganado. En el Sur, los agricultores producen caña de azúcar, café y frutas tropicales. Muchos mexicanos que habitan las zonas rurales practican la **agricultura de subsistencia**, que consiste en producir cultivos para que sus familias se alimenten. Este tipo de agricultura tiene lugar principalmente en las tierras altas sureñas.

Antes de continuar

Verificar la comprensión ¿Por qué la meseta mexicana es importante para la economía del país?

Visión crítica Con una altura superior a los 18,000 pies, el Pico de Orizaba es la montaña más alta de México. ¿Qué palabras usarías para describir esta montaña?

Volcán Pico de Orizaba, México

EVALUACIÓN CONTINUA

LABORATORIO DE MAPAS GeoDiario

1. **Ubicación** Según el mapa, ¿dónde están la mayoría de las reservas petroleras de México?
2. **Interpretar mapas** Empleando palabras que indiquen posición, señala en qué zona de México se cría la mayor cantidad de ganado.
3. **Hacer inferencias** Mueve tu dedo sobre el mapa, siguiendo las zonas donde se cultiva caña de azúcar. ¿Qué tipo de tierras son las más aptas para cultivar caña de azúcar?

CIUDADES Y RECURSOS DE MÉXICO

TECHTREK
Visita myNGconnect.com para ver fotos de Yucatán y un video clip en inglés de Explorer.

Digital Library

Explorando Yucatán con Sam Meacham

Idea principal Explorar los recursos sin explotar puede ayudar a solucionar el problema de escasez de agua en las zonas secas de México.

myNGconnect.com
Para saber más sobre las actividades actuales de Sam Meacham.

Pozos sagrados

La península de Yucatán tiene una temporada seca y una de lluvias. Debido a la geografía física de la península, hay muy poca agua disponible. Sam Meacham, gracias a una subvención de la National Geographic, busca una manera de acceder a este valioso recurso.

La península está mayormente compuesta por piedra caliza. El agua de lluvia se filtra por los poros, o aberturas, de la piedra caliza y fluye hacia abajo. El peso de esta agua bajo tierra crea grietas subterráneas. Con el paso del tiempo, las grietas se agrandan y forman cuevas. Estas cuevas subterráneas funcionan como **acuíferos**, o capas de roca subterránea que contienen agua. La superficie de la península de Yucatán es seca, por lo tanto el agua contenida en estos acuíferos es fundamental para el abastecimiento de agua.

En ocasiones, la roca superficial colapsa y permite acceder a las piscinas subterráneas. Estas piscinas expuestas se denominan **cenotes**, una palabra maya que significa "pozo sagrado". El equipo de Sam Meacham explora los cenotes, que permiten acceder a los ríos y cuevas subterráneas que contienen reservas importantes de agua. Una de las cuevas que exploró el equipo de Sam Meacham tiene 112 millas de pasajes acuáticos subterráneos.

Cuidar un recurso importante

El equipo de Sam Meacham no solo a revelar la importancia de esta agua subterránea. También revela una amenaza potencial a su seguridad. La península de Yucatán es un destino turístico muy popular. Los turistas vienen a disfrutar de las playas de arena blanca de la costa caribeña en la orilla este de la península. Si bien los ingresos que genera el turismo son muy necesarios para la economía de México, Sam Meacham teme que una cantidad excesiva de turistas pueda convertirse en una amenaza para el acuífero. La actividad turística genera desechos y aguas residuales. Si no se los trata de la manera adecuada, el agua que se deposita en los cenotes podría contaminarse, y por lo tanto, volverse inutilizable.

Meacham lidera una organización sin fines de lucro cuyo propósito es proteger el acuífero de Yucatán. El trabajo de exploración y trazado de mapas de las cuevas subterráneas permitirá a los científicos estudiar estas reservas de agua. El acceso al agua de estas reservas subterráneas puede fortalecer el crecimiento económico de México de manera **sustentable**, es decir, de una manera que preserve los recursos en lugar de agotarlos.

Antes de continuar

Resumir ¿De qué manera el trabajo de Sam Meacham ayuda a preservar el abastecimiento de agua?

Visión crítica Este cenote se encuentra en Yucatán. ¿Te resultaría interesante explorar los cenotes? ¿Por qué sí o por qué no?

EVALUACIÓN CONTINUA

LABORATORIO VISUAL GeoDiario

1. **Analizar elementos visuales** Visita el recurso en inglés **Digital Library** y mira el video clip de Explorer. ¿Qué imágenes del video muestran el valor del trabajo que realiza Meacham?
2. **Hacer inferencias** ¿Por qué el trabajo de Meacham es importante para la península de Yucatán?
3. **Interacción entre los humanos y el medio ambiente** ¿Qué impacto tiene el comportamiento humano sobre el medio ambiente de Yucatán?

2.1 Exploración y colonización

TECHTREK
Visita **myNGconnect.com** para ver un mapa en inglés e imágenes de las colonias europeas.
Maps and Graphs
Digital Library

Idea principal La colonización europea de Norteamérica trajo colonos de varios países y modificó de manera permanente la vida en el continente.

A fines del siglo XV, numerosos grupos indígenas norteamericanos vivían en el continente. Cada grupo se **adaptaba**, o ajustaba, al medio ambiente que habitaba. Por ejemplo, los indígenas norteamericanos de los bosques del Este cazaban venados y cultivaban el suelo. En el Oeste, los indígenas lakota cazaban las enormes manadas de bisontes americanos, un tipo de búfalo que pastaba en las Grandes Llanuras.

El encuentro entre Europa y la América indígena

En 1492, Cristóbal Colón navegó en dirección oeste desde España y llegó a las islas del mar Caribe. Este viaje formó parte de un período de exploración europea de las Américas. Los exploradores buscaban descubrir riquezas y reclamar tierras nuevas para sus gobernantes.

La vida de los pueblos indígenas norteamericanos cambió de manera permanente como consecuencia de la llegada de los europeos. Los colonos trajeron enfermedades como la viruela, contra la que los indígenas no tenían defensas. Las enfermedades mataron a un gran porcentaje de ciertas poblaciones de indígenas norteamericanos. La expansión de los colonos también expulsó a muchos pueblos indígenas norteamericanos de sus tierras originarias.

A fines del siglo XVI, los países europeos habían comenzado a **colonizar** el área, o construir asentamientos y desarrollar el comercio en las tierras que controlaban. España fundó la colonia de San Agustín en lo que actualmente es la Florida. En el siglo XVII, los británicos establecieron colonias en Jamestown, Virginia, y Plymouth, Massachusetts. Se estableció Nueva Suecia en lo que actualmente es Delaware y se estableció Nueva Francia a lo largo del río San Lorenzo, en lo que actualmente es Quebec, Canadá. Estas colonias eran mayormente asentamientos pequeños. La mayoría de las personas se dedicaba a la agricultura, al comercio de pieles o al oficio de artesano.

Las potencias europeas comenzaron a competir por tierras. Los británicos y los franceses se enfrentaron más de una vez por sus colonias. En 1763, los británicos finalmente obtuvieron el control de Nueva Francia, convirtiéndose así en la potencia colonial más importante al norte de México.

La esclavitud en las colonias

Con el paso del tiempo, las colonias británicas comenzaron a prosperar. En el Sur, las enormes **plantaciones**, o granjas de gran tamaño que producían cultivos para obtener ganancias, necesitaban más mano de obra que la que podrían proporcionar las familias de los agricultores. Miles de africanos fueron esclavizados y traídos contra su voluntad a través del Atlántico a las colonias.

La basílica de San Agustín, Florida

1550

1565 España establece una colonia en San Agustín, Florida.

1600

1607 Los ingleses establecen una colonia en Jamestown, Virginia

1608 Los franceses establecen una colonia en Quebec, Canadá

COLONIAS EUROPEAS Y PUEBLOS INDÍGENAS AMERICANOS, CIRCA 1650

Conforme aumentaba la producción de algodón en las plantaciones del Sur, la población de personas esclavizadas en esos estados también crecía rápidamente. La economía de las colonias del Sur dependía cada vez más de la manos de obra esclava.

Antes de continuar

Verificar la comprensión ¿De qué manera la colonización europea cambió la vida de Norteamérica?

EVALUACIÓN CONTINUA

LABORATORIO DE MAPAS GeoDiario

1. **Identificar** Según el mapa, ¿dónde estaban ubicadas la mayor parte de las colonias europeas hacia 1650?
2. **Interpretar mapas** En 1650, ¿qué grupos indígenas norteamericanos podrían haber sido los más afectados por los europeos? ¿Por qué?
3. **Ubicación** ¿Por qué las colonias británicas del Sur tenían la mayor cantidad de esclavos?

1620 Colonos ingleses fundan una colonia en Plymouth, Massachusetts.

1650

1664 La colonia holandesa Beverwyck pasa a llamarse Albany, Nueva York.

Llegan colonos británicos a Plymouth, Massachusetts.

década de 1730 La colonia sueca, actualmente Wilmington, Delaware, se convierte en una próspera aldea comercial.

1700

2.2 La colonización de Quebec

TECHTREK
Visita myNGconnect.com para ver un mapa e imágenes de Nueva Francia.
Maps and Graphs
Digital Library

Idea principal Los conflictos entre británicos y franceses marcaron el desarrollo de Canadá.

A medida que las colonias europeas iban creciendo, los británicos y los franceses se disputaban las tierras en Norteamérica. El conflicto entre ambos ejerció una influencia decisiva en el desarrollo de Canadá como nación.

La fundación de Nueva Francia

En 1534, el explorador francés Jacques Cartier navegó hasta adentrarse en el golfo de San Lorenzo y dio a las tierras el nombre de Nueva Francia. Posteriormente, navegó por el río San Lorenzo hasta la actual ubicación de Montreal. Esta exploración abrió las puertas a un lucrativo comercio de pieles con los indígenas americanos. Los comerciantes franceses intercambiaban productos europeos por pieles de castor, que se usaban para confeccionar sombreros que eran muy populares en Europa.

A comienzos del siglo XVII, Samuel de Champlain erigió Quebec, el primer asentamiento importante de Nueva Francia. En 1672, Louis Jolliet y Jacques Marquette partieron desde Nueva Francia para explorar el río Misisipi. Descubrieron que el río fluía a través de territorio español, hasta desembocar en el golfo de México.

La vida en Nueva Francia

Casi todas las personas que vivían en Nueva Francia eran agricultores. Sin embargo, resultaba más difícil desarrollar la agricultura allí que en las colonias británicas situadas más al Sur. El suelo del norte no era tan productivo, y el clima frío hacía muy breve la estación de cultivo. Como consecuencia, nunca se desarrolló una gran población en Nueva Francia. A inicios del siglo XVIII, Nueva Francia tenía menos habitantes que las colonias británicas en Norteamérica.

En términos generales, los franceses tenían una mejor relación que los británicos con los indígenas norteamericanos. Ciertos grupos franceses, como los *voyageurs* y los misioneros, establecieron vínculos cordiales con algunos de los indígenas norteamericanos de Nueva Francia.

Visión crítica Se levantaron muros alrededor de Quebec para fortificar, o **fortalecer**, la ciudad. ¿Por qué crees que eran necesarios?

Los *voyageurs* eran hombres aventureros que viajaban por toda la zona para comerciar pieles con los indígenas norteamericanos. Los **misioneros** eran enviados por la Iglesia católica para convencer a los indígenas norteamericanos de que se convirtieran al cristianismo. Este contacto a menudo era cooperativo y habitualmente pacífico.

Los británicos toman el control

Los británicos y los franceses eran rivales que se disputaban el control de la región. En 1754 estalló una guerra entre británicos y franceses como consecuencia de la disputa por una área específica situada en la parte alta del río Ohio. El problema de fondo era qué cultura, si la británica o la francesa, terminaría imponiendo su dominio en Norteamérica. Los británicos, que contaban con mayores recursos financieros y militares, conquistaron Quebec y, en 1760, tomaron el control del resto de Nueva Francia.

Dada la creciente tensión que existía en las colonias americanas, Gran Bretaña necesitaba la lealtad de sus súbditos franceses en Quebec. En 1774, los británicos aprobaron el Acta de Quebec, que fortalecía los elementos de la cultura francesa.

El explorador francés Samuel de Champlain

El Acta de Quebec estableció un sistema legal francés y permitió practicar libremente la religión a la mayoría católica de la población. Después de la Revolución Norteamericana, algunas personas leales a Gran Bretaña emigraron desde los Estados Unidos a Quebec. Como resultado, hoy en día Quebec tiene influencias tanto francesas como inglesas.

Antes de continuar

Hacer inferencias ¿Por qué había elementos de la cultura francesa en Quebec después de la conquista británica?

EVALUACIÓN CONTINUA

LABORATORIO DE MAPAS GeoDiario

1. **Interpretar mapas** Mira el mapa de la sección 2.1. ¿Dónde estaba ubicada Nueva Francia respecto a las colonias británicas?
2. **Comparar** Según los mapas de las secciones 2.1 y 2.2, ¿cuál era la diferencia de tamaño entre las colonias de ambos países?
3. **Sacar conclusiones** ¿Por qué los británicos lograron derrotar a los franceses?

2.3 Revolución e independencia

TECHTREK
Visita myNGconnect.com para ver un mapa e imágenes de los acontecimientos de la Revolución
Maps and Graphs
Digital Library

Idea principal Los colonos norteamericanos lucharon por la independencia de Gran Bretaña y la consiguieron.

A medida que las colonias británicas en Norteamérica fueron creciendo, surgieron conflictos entre los colonos y el gobierno británico acerca de cómo gobernar los nuevos territorios.

Problemas en las colonias

En la década de 1760, el gobierno británico aprobó varias leyes que imponían tributos o impuestos sobre los colonos. Un **impuesto** es una suma que al gobierno obliga a pagar para mantener los servicios públicos. Estos impuestos enojaron a los colonos, que no tenían representación alguna en el gobierno británico. Los colonos **protestaron**, u objetaron, el control británico. En 1773, en un hecho que pasó a ser conocido como el Motín del Té (*Boston Tea Party*, en inglés), los colonos disgustados tiraron al mar un cargamento de té proveniente de Inglaterra en el puerto de Boston, porque consideraban que el impuesto que gravaba al té era injusto.

Los británicos, en respuesta, aprobaron medidas para castigar a los colonos. Estas acciones llevaron a algunos colonos a profundizar su determinación a gobernarse por sí mismos. Muchos estaban dispuestos a derrocar al gobierno para reemplazarlo con un gobierno elegido por los mismos colonos. En otras palabras, algunos colonos estaban listos para una **revolución**.

La Revolución Norteamericana

El 19 de abril de 1775, estalló la violencia en Lexington y Concord, Massachusetts, cuando soldados británicos fueron enviados a destruir provisiones militares de los grupos coloniales rebeldes. Uno de estos rebeldes era Paul Revere, quien alertó a los *Minutemen* (colonos que tan solo un minuto después de ser alertados ya estaban listos para entrar en combate) de que los británicos se acercaban. El problema entre los patriotas (los colonos que buscaban la independencia norteamericana) y los británicos era ahora un conflicto armado.

Las luchas continuaron al año siguiente. En 1776, los líderes coloniales firmaron la **Declaración de Independencia**, que fue redactada por Thomas Jefferson y que reclama los derechos de los Estados Unidos de ser un país independiente.

Benjamin Franklin, un líder político colonial, viajó a Francia para convencer al gobierno francés de que apoyara la causa de los patriotas contra los británicos. Francia resolvió prestar dinero a los patriotas y enviar tropas y una flota. El marqués de Lafayette, un noble francés, se convirtió en oficial del ejército patriota y colaboró con el general George Washington.

Timbre fiscal emitido por el gobierno británico para ser usado en las colonias

La Campana de la Libertad sonó por primera vez el 8 de julio de 1776

1760

1765 El Parlamento británico aprueba la Ley del Timbre, que crea un nuevo impuesto; los colonos protestan

1767 El Parlamento aprueba nuevos impuestos, que generan más protestas.

1770

1773 Los colonos protestan contra el impuesto al té en el "Motín del té".

El general Washington lideró a los patriotas hasta la victoria final en Yorktown, Virginia, donde las tropas británicas se rindieron en 1781. Ambos bandos firmaron el Tratado de París en 1783, un acuerdo formal que resolvió los problemas entre Gran Bretaña y los Estados Unidos. El Tratado de París reconoció la independencia estadounidense. También fijó las fronteras de los Estados Unidos: desde el océano Atlántico hasta el río Misisipi, y desde Canadá hasta el límite norte de la Florida. La Revolución norteamericana había dado origen a los Estados Unidos de América.

Efectos duraderos

La Revolución tuvo un impacto mundial. La colaboración de los franceses había ayudado a los estadounidenses a ganar la guerra. Sin embargo, Francia padeció problemas económicos por la ayuda que había brindado, y esto contribuyó a que estallara su propia revolución. El ejemplo estadounidense también sirvió como inspiración para otras revoluciones en Haití y Centroamérica. Por último, la revolución también influyó sobre Canadá. Muchas personas que continuaban siendo leales a Gran Bretaña se marcharon a Canadá, lo cual aumentó la presencia británica en ese país.

Antes de continuar

Resumir ¿Qué factores contribuyeron a la victoria estadounidense sobre los británicos?

LOS ESTADOS UNIDOS EN 1783

EVALUACIÓN CONTINUA

LABORATORIO DE LECTURA GeoDiario

1. **Hacer inferencias** ¿Por qué una acción como la del Motín del Té podría ser una manera efectiva para mostrarse en desacuerdo?
2. **Resumir** ¿De qué manera los colonos estaban listos para una revolución?
3. **Analizar causa y efecto** ¿De qué manera la Revolución ejerció una influencia sobre otras naciones?

Réplica del uniforme del ejército patriota del general Washington

1775 Se inician los combates en Lexington y Concord, Massachusetts.

1776 Jefferson redacta la Declaración de Independencia.

1780

1781 Los norteamericanos derrotan a los británicos en Yorktown.

1783 Mediante el Tratado de París, Gran Bretaña reconoce la independencia estadounidense.

1790

2.4 La constitución de los EE. UU.

TECHTREK
Visita **myNGconnect.com** para ver imágenes y un diagrama en inglés del gobierno de los EE. UU.
Digital Library | Student Resources

Idea principal Después de la revolución, los estadounidenses crearon un gobierno basado en el equilibrio del poder y en los derechos de las personas.

Desde 1781 hasta 1789, los Estados Unidos fueron gobernados por los Artículos de la Confederación. Este plan, sin embargo, no logró un equilibrio efectivo entre el estado y los poderes federales. El nuevo país todavía no gozaba de la unión que necesitaba.

Un plan nuevo

En 1789, los gobernantes estadounidenses se reunieron para comenzar a redactar una constitución, un documento que organizara el gobierno y enuncara sus poderes. Habiendo luchado y conseguido la independencia de Gran Bretaña tan recientemente, los estadounidenses buscaban que su constitución reflejara ese espíritu de independencia. El documento debía garantizar ciertos derechos de los individuos y limitar el control del gobierno. También debían tratarse las discrepancias entre los estados del norte y del sur.

La constitución de los Estados Unidos, promulgada en 1789, se convirtió en un modelo para otros países. Establece un gobierno basado en cinco principios, como se muestra en la gráfica (a la derecha). El gobierno federal está formado por tres poderes, como se muestra en el diagrama a continuación.

La Declaración de Derechos

Una de las razones por la que la constitución de los EE. UU. ha perdurado tantos años es que admite cambios, lo que la convierte en un documento vivo. La constitución permite que se le realicen **enmiendas**, que son cambios formales que se hacen a una ley.

Las primeras diez enmiendas de la constitución de los EE. UU. conforman la **Declaración de Derechos**. A continuación se resumen los derechos y libertades que garantiza.

1. **Libertad religiosa, de expresión, de prensa, de asamblea y de petición**
2. **Derecho al porte de armas**
3. **Protección contra el alojamiento de militares**
4. **Protección contra registros e incautaciones irrazonables**
5. **Protección contra la auto-incriminación (atestiguar en contra de uno mismo) y derecho al debido proceso**
6. **Derecho a ser juzgado rápidamente y a enfrentar la parte acusadora**
7. **Derecho a un juicio civil por jurado**
8. **Prohibición de castigos crueles e inusuales**
9. **Protección de derechos no específicamente enumerados en la constitución**
10. **Los poderes no delegados al gobierno federal quedan reservados a los estados o al pueblo.**

Antes de continuar

Hacer inferencias ¿Por qué los estadounidenses querían asegurarse de que la constitución de los EE. UU. limitara los poderes conferidos a su propio gobierno?

LOS TRES PODERES DEL GOBIERNO DE LOS EE. UU.

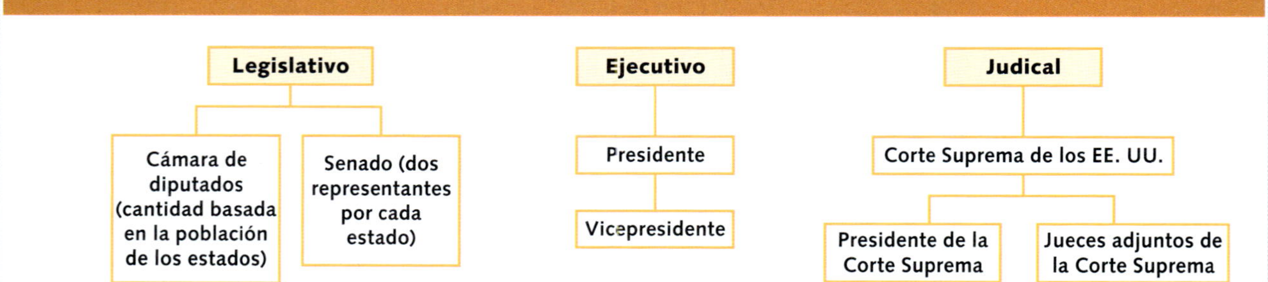

EL GOBIERNO DE LOS EE. UU.
La constitución está basada en cinco principios o deas básicas.

DIVISIÓN DE PODERES
El poder del gobierno está dividido en tres ramas o poderes distintos.

CONTROLES Y CONTRAPESOS
Cada poder necesita de otro de los poderes parcialmente para poder cumplir su tarea.

FEDERALISMO
Se otorgan poderes específicos al gobierno central y a los gobiernos de los estados.

LIMITACIONES AL GOBIERNO
Los derechos individuales y los gobiernos estatales limitan el gobierno de los EE. UU.

DEMOCRACIA
El gobierno está basado en los derechos y en la igualdad de todos los ciudadanos.

La constitución de los EE. UU. fue redactada en el *Independence Hall*, en Pensilvania.Hall in Pennsylvania.

EVALUACIÓN CONTINUA

LABORATORIO DE LENGUA GeoDiario

Formular y responder preguntas Con un compañero, formula algunas preguntas para los autores de la Constitución. Usa información de la lección para hallar las respuestas. Si no puedes responder una pregunta, busca otras fuentes de información.

2.5 Expansión e industrialización

TECHTREK
Visita myNGconnect.com para ver un mapa e imágenes de la expansión y la industrialización
Maps and Graphs
Digital Library

Idea principal Durante el siglo XIX, los Estados Unidos expandieron su territorio y sus industrias.

El tratado que puso fin a la Revolución expandió el territorio de los EE. UU., incluyendo tierras al este del río Misisipi. En 1803, el presidente Thomas Jefferson duplicó el tamaño del país al concretar la **Compra de la Luisiana.**

Establecerse en el Oeste

Algunos estadounidenses esperaban que los Estados Unidos expandieran su territorio hasta alcanzar el océano Pacífico. Muchas personas creían que el país tenía el derecho de hacerlo. Esta idea pasó a ser conocida como **Destino Manifiesto**.

En 1804, se encomendó a los oficiales del ejército Meriwether Lewis y William Clark que exploraran las tierras recientemente adquiridas. La expedición partió desde St. Louis, viajó hasta el océano Pacífico y regresó. La llegada al río Columbia (*Columbus R.*) en Oregón fue importante porque ayudó a que los EE. UU. a reclamar como propias las tierras del Oeste hasta el océano Pacífico.

A partir de 1840, miles de estadounidenses se convirtieron en **pioneros**, o colonos de tierras nuevas. El viaje hacia el Oeste se caracterizaba por los terrenos agrestes, los ríos profundos, la amenaza de enfermedades e incluso por posibles ataques de indígenas norteamericanos. Los senderos que se usaban, como los senderos de Santa Fe (*Santa Fe Trail*) y de Oregón (*Oregon Trail*), aún hoy conservan los profundos surcos de las ruedas de las carretas.

La ambición de los colonos por obtener tierras también condujo al desplazamiento forzado de indígenas norteamericanos. El Acta de Remoción de Indios de 1830 relocalizó a las tribus más hacia el Oeste. Algunas tribus del sureste contaban con un gran desarrollo en la agricultura y el gobierno, y no tenían ningún interés en mudarse a las tierras del Oeste. Si las tribus se negaban a marcharse, el ejército de EE. UU. las forzaba a abandonar sus tierras. Los Cheroqui (*Cherokee*), que intentaron negociar para conservar sus tierras, fueron finalmente obligados a realizar un extenuante viaje de 116 días hasta Oklahoma. Esta ruta pasó a ser conocida como el **Sendero de Lágrimas**.

Visión crítica Durante la construcción del ferrocarril transcontinental se levantaron campamentos como el de esta foto para los trabajadores. ¿Cuáles serían las ventajas y desventajas de ser un trabajador de este proyecto?

FERROCARRILES Y SENDEROS DE LOS PIONEROS

La industrialización

Después de la independencia, la industria creció rápidamente en el Este, especialmente la industria textil. Hacia 1813, por ejemplo, la producción de telas estaba completamente mecanizada, es decir, se realizaba con máquinas y no a mano. La ciudad de Lowell, Massachusetts, donde se instalaron las primeras fábricas textiles, fue la primera ciudad de los EE. UU. en planificarse en torno a una industria.

La **industrialización**, es decir, el paso a una producción a gran escala, se expandió durante todo el siglo XIX. La construcción del canal Erie en 1825 proporcionó una vía navegable desde el océano Atlántico a los Grandes Lagos. Como consecuencia, la ciudad de Nueva York se convirtió en uno de los puertos más importantes de Norteamérica. Los ferrocarriles permitían trasladar bienes y pasajeros a distancias cada vez mayores, especialmente el ferrocarril **transcontinental**.

Este ferrocarril, terminado en 1869, atravesaba todo el continente. Para los estadounidenses, el traslado hacia el Oeste nunca había sido tan rápido y sencillo.

Antes de continuar

Verificar la comprensión ¿De qué maneras los Estados Unidos expandieron sus territorios e industrias durante la década de 1880?

EVALUACIÓN CONTINUA

LABORATORIO DE LECTURA GeoDiario

1. **Resumir** ¿Qué es el Destino Manifiesto? ¿Qué efecto tuvo sobre los Estados Unidos?
2. **Ubicación** ¿De qué manera el Acta de remoción de Indios de 1830 afectó a las tribus de los estados del sureste?
3. **Hacer inferencias** ¿Cómo benefició a los fabricantes la construcción de canales y ferrocarriles?

2.6 La Guerra Civil y la Reconstrucción

TECHTREK
Visita **myNGconnect.com** para ver un mapa e imágenes de la Guerra Civil.
Maps and Graphs
Digital Library

Idea principal Las diferencias entre los estados del norte y del sur llevaron a la Guerra Civil.

Mientras los Estados Unidos crecían durante los inicios del siglo XIX, surgió en el país una profunda división. Los habitantes del sur querían que se permitiera la esclavitud en los nuevos territorios del oeste. Sin embargo, el **abolicionismo**, el movimiento para terminar con la esclavitud, crecía en el norte.

Las causas de la Guerra Civil

Abraham Lincoln fue elegido presidente en 1860. Los habitantes del sur, que dependían de la mano de obra esclava para trabajar sus plantaciones, temían que el nuevo presidente intentara poner fin a la esclavitud en el sur. Como consecuencia, 11 estados del sur se **separaron**, o pidieron la secesión de la Unión en 1860 y 1861. Estos estados formaron los Estados Confederados de América. La ciudad de Richmond, Virginia, se convirtió en la capital y Jefferson Davis fue nombrado presidente.

Lincoln declaró a los estados en rebelión y juró reunificar la Unión. Poco después, tropas de la Confederación abrieron fuego sobre Fort Sumter, un fuerte federal situado en Carolina del Sur. Este hecho marcó el comienzo de la Guerra Civil de los Estados Unidos. Una **guerra civil** es una guerra entre grupos opuestos de ciudadanos de un mismo país.

El desarrollo de la guerra

La guerra duró cuatro años, desde 1861 hasta 1865. Los confederados, liderados por el general Robert E. Lee, ganaron muchas de las batallas iniciales. Sin embargo, la Unión contaba con una fuerza militar más poderosa, una economía más sólida y más recursos.

En el medio de la guerra, el 1 de enero de 1863, entró en vigencia la **Proclama de Emancipación**, que liberó a todos los esclavos del territorio de la Confederación. Ese mismo año, Lincoln pronunció el **Discurso de Gettysburg** en honor a quienes murieron en la batalla clave de Gettysburg. Estos dos acontecimientos ayudaron a poner de relieve el propósito moral de la guerra: la lucha por la libertad y la igualdad. Finalmente, los recursos y la economía del Norte fueron demasiado para el Sur, y la Confederación se rindió en 1865.

La Reconstrucción después de la guerra

Las tensiones raciales, la pobreza alarmante y la hostilidad hacia el gobierno de los EE. UU. perduraron en el Sur después de la guerra. Estos problemas presentaron dificultades para la **Reconstrucción**, el esfuerzo para reconstruir y unificar a los estados en una nación.

Aunque se habían otorgado nuevos derechos a las personas que habían sido esclavos, muchos de los sureños blancos no les permitían gozar

El presidente Abraham Lincoln

1860 Lincoln es elegido presidente; los estados del Sur comienzan a separarse de la Unión.

1861 Se inicia la Guerra Civil en Fort Sumter.

1862 El presidente Lincoln dicta la Proclama de Emancipación.

1863 La victoria de la Unión en Gettysburg detiene el avance hacia el norte de los Confederados.

1860

La Proclama de Emancipación

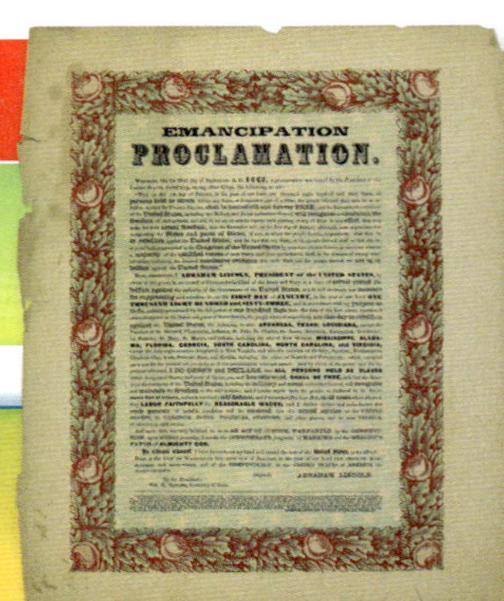
EMANCIPATION PROCLAMATION.

LA GUERRA CIVIL DE LOS ESTADOS UNIDOS

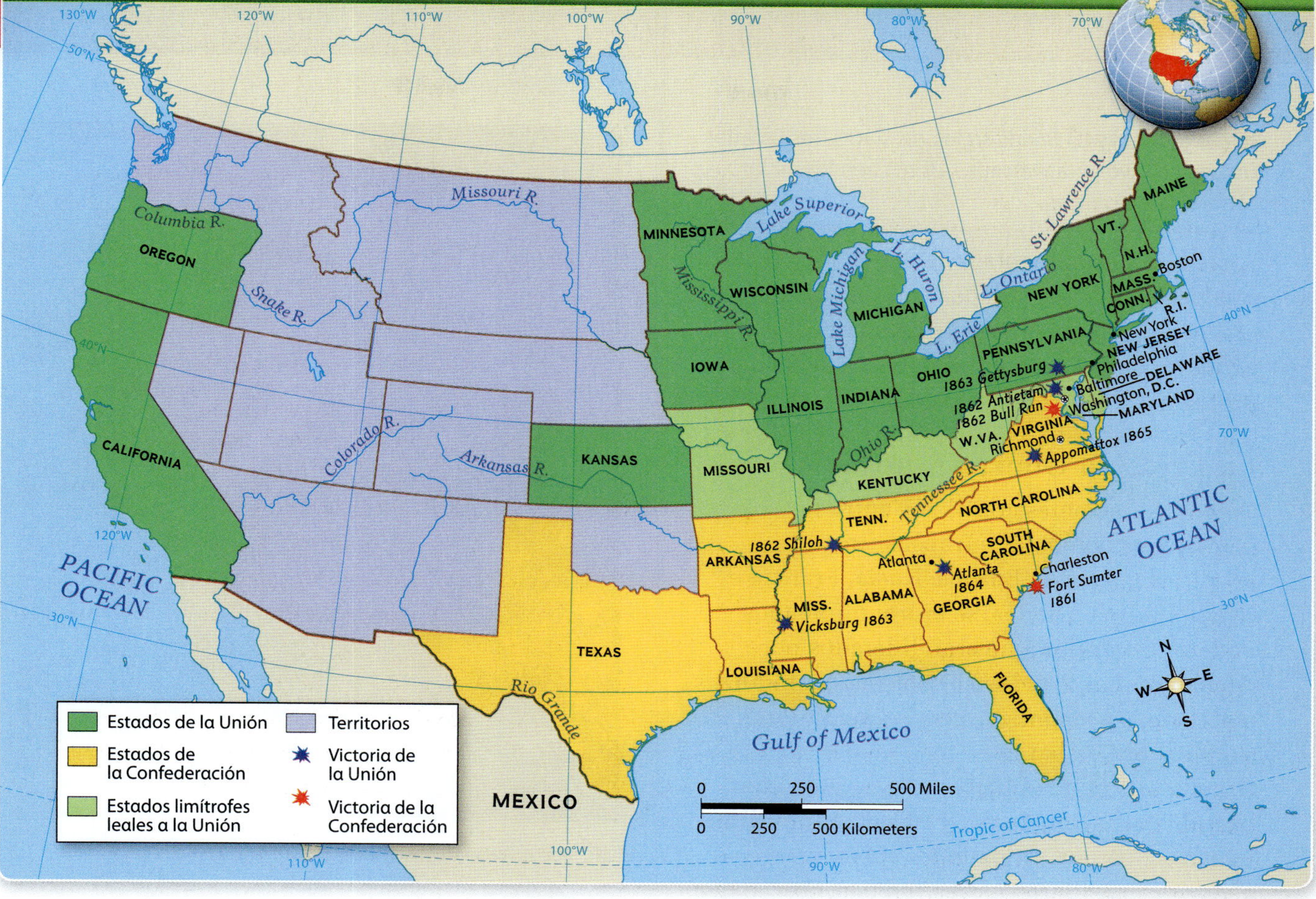

de sus nuevas libertades. El gobierno tuvo que enviar tropas federales a proteger a los esclavos liberados. Hacia 1877, la Reconstrucción había terminado de forma abrupta. Pasó casi un siglo hasta que el gobierno federal volvió a proteger los derechos civiles de los afroamericanos.

Antes de continuar

Resumir ¿Qué diferencias entre los estados del Norte y del Sur llevaron a la Guerra Civil?

EVALUACIÓN CONTINUA

LABORATORIO DE MAPAS

GeoDiario

1. **Interpretar mapas** ¿Cuál era la diferencia entre el número de estados de la Unión y el de la Confederación?
2. **Ubicación** Según el mapa, ¿en qué lugar se combatieron la mayoría de las batallas?
3. **Hacer inferencias** ¿Cuál de los bandos tenía más posibilidades de sufrir daños a causa de la guerra? ¿Por qué?

1864 La Unión toma Atlanta; Lincoln es reelegido presidente.

1865

11 de abril de 1865 La Confederación se rinde.
14 de abril de 1865
Le disparan al presidente Lincoln.

1877 La Reconstrucción finaliza.

1870

Un salón de clases donde esclavos negros libertos aprendían a leer.

2.7 Conflicto mundial

TECHTREK Visita myNGconnect.com para ver fotos y una guía para la escritura en inglés.

Digital Library

Student Resources

Idea principal En los siglos XX y XXI, los Estados Unidos se involucraron cada vez más en los asuntos y conflictos mundiales.

A medida que aumentaba la población y la prosperidad de los Estados Unidos, también crecía su poder económico. Este nuevo poderío dificultó que el país se mantuviera ajeno a los problemas y conflictos mundiales.

La Primera Guerra Mundial

Debido a crecientes conflictos entre las principales potencias europeas, en 1914 estalló la guerra en Europa. Rusia, Francia e Inglaterra, los Aliados, se enfrentaron a los Poderes Centrales, que eran liderados por Alemania. Los Estados Unidos tenían **alianzas**, o acuerdos, económicos con Francia y Gran Bretaña. Sin embargo, el país se mantuvo firme en su **neutralidad**, o negativa a tomar partido o a involucrarse, y trabajó para lograr la paz en Europa. Cuando los submarinos alemanes hundieron el *Lusitania*, un barco que transportaba pasajeros estadounidenses, los Estados Unidos se vieron obligados a abandonar su neutralidad. En 1917, Estados Unidos se sumó a los Aliados y los ayudó a ganar la guerra. Para muchos alemanes, los términos en que se firmó el tratado de paz después de la guerra resultaron muy injustos.

La Segunda Guerra Mundial y la Guerra Fría

Después del período de prosperidad que siguió a la Primera Guerra Mundial, se produjo en 1929 la crisis de la Bolsa de valores de los Estados Unidos. Esta crisis puso en marcha una serie de hechos que condujeron a una recesión económica mundial conocida como la Gran Depresión. En 1933, Adolf Hitler llegó al poder con la promesa de restaurar la fortaleza política y económica de Alemania. Se convirtió en un **dictador**, un gobernante que tiene el control total, e ideó un plan para conquistar toda Europa.

Visión crítica Una mujer trabaja en una fábrica de motores en 1942. ¿Por qué las mujeres estarían haciendo esta clase de trabajo en ese momento?

La invasión de Hitler a Polonia desató la Segunda Guerra Mundial. Una vez más, los Estados Unidos se mantuvieron neutrales, hasta que el 7 de diciembre de 1942 los japoneses bombardearon Pearl Harbor, una base naval estadounidense en Hawái. Al día siguiente, los Estados Unidos se sumaron a Gran Bretaña, Francia y la Unión Soviética contra las potencias del Eje, lideradas por Alemania, Italia y Japón.

Tras años de combatir, Alemania se rindió en mayo de 1945, pero Japón continuó luchando. En agosto de ese mismo año, aviones de los EE. UU. lanzaron bombas atómicas sobre Japón. Las bombas estallaron sobre Hiroshima el 6 de agosto y sobre Nagasaki el 9 de agosto. Ambas ciudades quedaron completamente destruidas y murieron no menos de 140,000 civiles. Japón se rindió el 2 de septiembre de 1945.

La guerra tuvo un costo humano altísimo. El **Holocausto**, el asesinato sistematizado de judíos y otros grupos organizado por Hitler, terminó con la vida de unos seis millones de personas. Se estima que, en total, unos 50 millones de personas fueron asesinadas, principalmente en Europa y en la Unión Soviética.

A pesar de que los Estados Unidos y la Unión Soviética habían sido aliados, ambos países mantenían diferencias políticas. Entre ambas potencias se entabló una **Guerra Fría**, un largo período de tensión política sin lucha armada. Los Estados Unidos fomentaban la democracia y la libertad global, mientras que la Unión Soviética fomentaba el comunismo, un sistema en el cual el estado controla la totalidad de la economía. La Guerra Fría llegó a su fin en 1991, cuando cayó el gobierno de la Unión Soviética.

Terrorismo y conflicto moderno

A medida que se acercaba el siglo XXI, un nuevo tipo de guerra se hacía más común: el terrorismo. Los **terroristas** se valen de la violencia para obtener resultados políticos.

EVALUACIÓN CONTINUA

LABORATORIO DE ESCRITURA GeoDiario

1. **Hallar la idea principal y los detalles** ¿Qué papel cumplió Estados Unidos en la Primera y la Segunda Guerra Mundial?
2. **Resumir** ¿Qué ideas fomentaron los Estados Unidos durante la Guerra Fría?
3. **Escribir un párrafo** Escribe un párrafo breve que describa la participación de EE. UU. en los asuntos mundiales a partir del siglo XX. Visita **Student Resources** para ver una guía en línea de escritura en inglés.

El 11 de septiembre de 2001, los terroristas atacaron los Estados Unidos. Secuestraron cuatro aviones de pasajeros y los estrellaron sobre blancos civiles y militares, matando a más de 3,000 personas. Los Estados Unidos invadieron Afganistán, que era de donde provenía el grupo terrorista. La campaña para derrotar al terrorismo condujo, en 2011, a un operativo estadounidense cuyo resultado fue el asesinato de Osama bin Laden, quien se supone que fue la persona que planeó los ataques del 11 de septiembre.

Antes de continuar

Resumir ¿De qué manera los Estados Unidos pasó a involucrarse cada vez más en los conflictos mundiales durante los siglos XX y XXI?

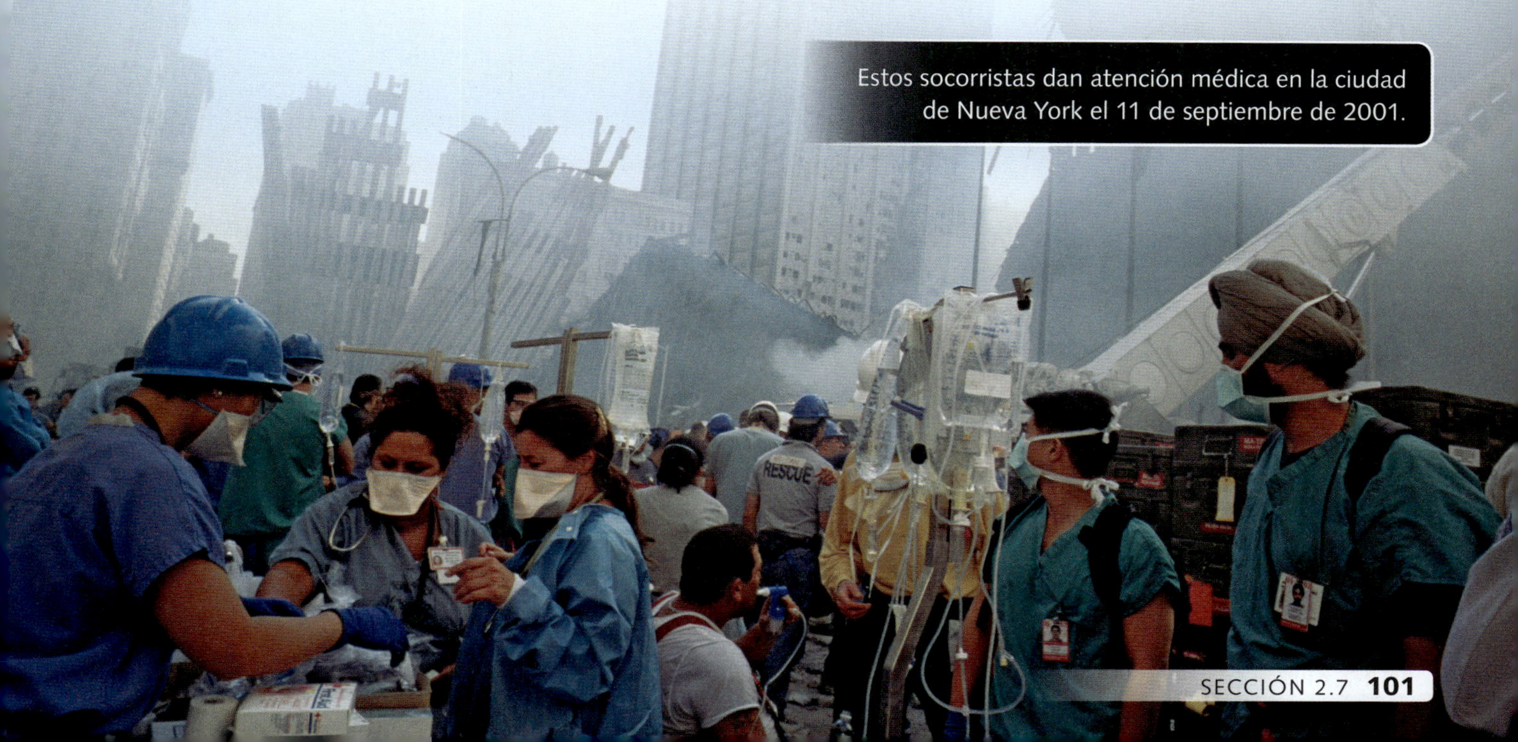

Estos socorristas dan atención médica en la ciudad de Nueva York el 11 de septiembre de 2001.

SECCIÓN 3 HISTORIA DE MÉXICO

3.1 Los mayas y los aztecas

TECHTREK

Visita myNGconnect.com para ver mapas en inglés de los mayas y los aztecas y fotos de reliquias.

Maps and Graphs

Digital Library

Idea principal Las civilizaciones maya y azteca realizaron importantes contribuciones culturales para México.

El territorio que actualmente ocupa México fue poblado varios miles de años antes que el territorio de los Estados Unidos. Hace aproximadamente 11,000 años, grupos indígenas americanos se asentaron en el valle de México, el área que rodea a la actual Ciudad de México. Subsitían de la caza y la recolección de plantas para alimentarse. Hace unos 7,000 años, los pobladores comenzaron a cultivar maíz, que era una planta nativa. Los altos rendimientos de este cultivo permitieron el crecimiento de la población.

Los mayas

Hacia el año 1000 a. C., una sociedad organizada conocida como los **olmecas** se estableció en la costa sur del golfo de México. La cultura de esta sociedad ejerció una gran influencia sobre las culturas posteriores de México, como por ejemplo la cultura maya. Los **mayas** habitaron lo que actualmente es la península de Yucatán, en México, y el norte de Centroamérica.

Hacia el año 100 a. C., los mayas comenzaron a desarrollar una **civilización**, es decir, una sociedad con cultura, política y tecnología altamente desarrolladas. Las pruebas que dejaron los mayas nos proporcionan información acerca de elementos de su cultura, por ejemplo, su sistema de escritura.

Los mayas usaban **jeroglíficos**, un sistema de escritura que empleaba mayormente imágenes y símbolos (o jeroglíficos) como caracteres. La historia que los mayas dejaron registrada a través de los jeroglíficos revela un lenguaje escrito con un alto grado de desarrollo. Los mayas también estudiaron el Sol, la Luna, las estrellas y los planetas, lo que les permitió desarrollar un calendario muy preciso. Usaban el calendario para marcar las fechas que eran importantes para su religión.

Aproximadamente después del año 900 d. C., la civilización maya aparentemente entró en decadencia. Los historiadores no han logrado comprender del todo por qué ocurrió esto. Las posibles teorías incluyen conflictos violentos entre ciudades, superpoblación o el uso excesivo de las tierras aptas para el cultivo.

Visión crítica Tenochtitlán se construyó sobre las islas de un lago. ¿Cuál podría ser una de las ventajas de construir la capital azteca sobre islas en lugar de hacerlo sobre tierra firme?

CIVILIZACIÓN MAYA,
circa 900

MAYA Este tazón maya tiene la forma de un venado. En Guatemala, los pueblos tradicionales aún realizan la "danza del venado", que tiene sus orígenes en la antigua cultura maya.

IMPERIO AZTECA,
1520

AZTECA Esta piedra es un calendario azteca de 12 pies de diámetro y 3 pies de ancho. Los símbolos representan los nombres de los meses y los números de los días.

Los aztecas

Luego de la decadencia maya, otros grupos indígenas comenzaron a ganar poder en México. El grupo dominante fueron los **aztecas**, que alrededor del año 1325 d. C. se establecieron en el área donde actualmente se encuentra la Ciudad de México. El pueblo azteca erigió una ciudad llamada Tenochtitlán sobre las islas del lago Texcoco. Para tener más tierras donde cultivar alimentos, construyeron sobre el lago unas islas artificiales denominadas *chinampas*, o "jardines flotantes".

Los aztecas construyeron un vasto **imperio** (un extenso grupo de pueblos gobernados por un único gobernante) a través de la conquista militar de las tierras vecinas. Acrecentaron aún más su poder esclavizando a los pueblos conquistados y usándolos como mano de obra para construir más ciudades. Los gobernantes también recolectaban un **tributo**, o pago, en forma de dinero, cultivos u otros bienes.

Antes de continuar

Verificar la comprensión ¿Cuáles fueron las contribuciones culturales de los mayas y los aztecas?

EVALUACIÓN CONTINUA

LABORATORIO DE MAPAS GeoDiario

1. **Interpretar mapas** Usa palabras que indiquen posición para describir la ubicación de los mayas y los aztecas.
2. **Hacer inferencias** ¿Qué podría explicar la poca superposición de tierras entre las áreas que cada grupo controlaba?
3. **Analizar elementos visuales** ¿Qué sugiere la forma circular del calendario azteca sobre el concepto azteca de lo que es un año?
4. **Resumir** ¿Cómo logró el Imperio azteca acumular tanto poder?

3.2 Los conquistadores

TECHTREK
Visita myNGconnect.com para ver imágenes de guerreros y conquistadores.

Digital Library

Idea principal La conquista española del Imperio azteca tuvo un efecto duradero sobre las poblaciones indígenas de México.

Después de los viajes de Colón, a comienzos del siglo XVI, España se apoderó de varias islas del Caribe. De allí en adelante, los exploradores españoles continuaron buscando tierras nuevas. En sus viajes, oyeron relatos sobre las riquezas de los aztecas y se dispusieron a obtenerlas.

La conquista de México

A fines de 1518, Hernán Cortés desembarcó en México con una fuerza compuesta por unos 500 soldados. Cortés era un **conquistador**, un soldado explorador español. Cortés estaba resuelto a continuar con la conquista del continente americano. Pronto se dio cuenta de que los aztecas eran odiados por otros grupos indígenas, y de que los rumores de las riquezas de los aztecas eran ciertos.

Moctezuma, el líder azteca, dio la bienvenida a Cortés y a sus hombres a Tenochtitlán, la capital de México. Sin embargo, tres semanas más tarde, Cortés había asesinado a Moctezuma y se había apoderado de la ciudad. Ordenó incendiar la ciudad y construir una nueva capital, la Ciudad de México, sobre las cenizas de Tenochtitlán. Hacia 1525, el control de los españoles hacia el sur se extendía hasta Centroamérica.

La ventaja de los españoles

Cortés era un líder audaz y habilidoso. Los españoles tenían armas de fuego, espadas y armaduras, que eran armas superiores a las armas de los aztecas. Los españoles también usaban caballos y perros en las batallas. En un principio, los aztecas reaccionaron tardíamente porque creían que Cortés era un dios. En 1520, cuando Cortés asesinó al líder azteca Moctezuma, los ejércitos aztecas quedaron desbaratados debido a la confusión reinante.

Los pueblos indígenas de México dieron incluso más ventajas a los españoles. Muchas tribus nativas odiaban a los aztecas, pues habían sido conquistados por ellos. Cortés logró convencer a miles de guerreros de las tribus indígenas para que combatieran junto a las tropas españolas. Una indígena llamada Malinche sirvió de intérprete y guía a los españoles. Su conocimiento de los idiomas indígenas fue importante para que las interacciones entre los españoles y las demás tribus indígenas resultaran exitosas.

Una de las razones principales por las que los aztecas fueron derrotados resultó ser inesperada. Los españoles, sin saberlo, portaban enfermedades a las que los indígenas nunca se habían enfrentado y contra las que no tenían ninguna resistencia.

Un grabado en cobre del conquistador Hernán Cortés

Enfermedades como el sarampión o la viruela se convirtieron en **epidemias**. Una epidemia es el brote de una enfermedad que se propaga rápidamente. Estas enfermedades infectaron y mataron a una cantidad enorme de indígenas. Las muertes debilitaron la capacidad de los aztecas de oponer resistencia a la conquista española.

Consecuencias de la conquista

Desde su base en México, los ejércitos españoles conquistaron la totalidad de Centroamérica. Emprendieron la conquista de la mayor parte de Suramérica, construyendo su propio vasto imperio. Las enfermedades europeas continuaron arrasando con las poblaciones indígenas durante muchos años.

Los indígenas que sobrevivieron fueron esclavizados por los españoles y obligados a trabajar en los campos y en las minas de plata. Mediante el uso de mano de obra esclava, los españoles obtuvieron grandes riquezas extrayendo enormes cantidades de plata de las montañas del norte de México.

El éxito y la repentina riqueza de los españoles tuvieron un efecto adicional: impulsó a sus rivales europeos de España a enviar sus propios exploradores en busca de riquezas al continente americano. Estas potencias europeas también crearon nuevos imperios.

Antes de continuar

Verificar la comprensión What did the Spanish conquest mean for the Aztecs and other native populations of Mexico?

Un grabado del líder azteca Moctezuma

EVALUACIÓN CONTINUA

LABORATORIO VISUAL GeoDiario

1. **Comparar y contrastar** Observa los grabados de Hernán Cortés y de Moctezuma. ¿Qué semejanzas y diferencias observas? Copia el diagrama de Venn y complétalo con detalles de las imágenes para comparar y contrastar a ambos líderes.

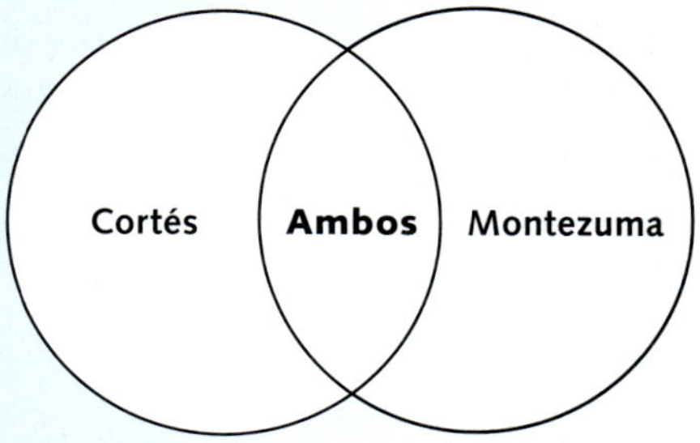

2. **Analizar elementos visuales** Según lo que ves en los grabados, ¿qué características de Cortés y de Moctezuma sugieren su condición de líderes?
3. **Resumir** ¿Qué factores contribuyeron a que el ejército español fuese capaz de conquistar a los aztecas?
4. **Analizar elementos visuales** Según lo que ves en las ilustraciones, ¿qué esperarías que hubiera ocurrido si estos dos guerreros se hubieran enfrentado en combate? ¿Por qué?

3.3 La independencia mexicana

TECHTREK
Visita **myNGconnect.com** para ver imágenes de la independencia mexicana.
Digital Library

Idea principal El conflicto entre las clases sociales del México colonial llevó a un movimiento a favor de la independencia mexicana de España.

Debido a la labor de los conquistadores, México se convirtió en una parte central del imperio colonial español. El imperio abarcaba Centroamérica y las zonas controladas por los españoles en el Caribe y en el actual territorio de los Estados Unidos.

México colonial

En los inicios del siglo XIX, la sociedad colonial mexicana estaba dividida en clases sociales. En la cima se encontraban las personas nacidas en España, denominados peninsulares. Ocupaban los cargos más importantes en el gobierno y en la iglesia. A continuación se ubicaban los criollos, personas descendientes de españoles nacidas en México. Luego estaban los mestizos, personas con herencia mixta, española e indígena. Los indígenas americanos y los esclavos se encontraban en la clase más baja de la sociedad.

La independencia

En 1810, **Miguel Hidalgo**, un sacerdote católico, dirigió una revuelta contra los peninsulares. Lideró un ejército de casi 100,000 hombres, que incluía numerosos mestizos. El ejército asesinó a muchos peninsulares y criollos, y se apoderó de varias ciudades mexicanas.

Las tropas del gobierno resistieron el ataque del ejército del padre Hidalgo y, en 1811, derrotaron al ejército rebelde y tomaron prisionero al sacerdote. El 30 de julio de 1811, el padre Hidalgo fue ejecutado, pero su rebelión inspiró a otros mexicanos a continuar la lucha.

José Morelos, sacerdote y revolucionario, tomó el mando del movimiento por la independencia de México. En noviembre de 1813, Morelos y sus seguidores declararon la independencia de España. Redactaron una constitución que convertía a México en una **república**, es decir, un gobierno con funcionarios elegidos por las personas. La constitución también garantizaba la libertad, la igualdad y la seguridad de los ciudadanos mexicanos. Sin embargo, España se negó a aceptar esta constitución y las tropas españolas se negaron a rendirse. Durante casi dos años, los españoles persiguieron al ejército del padre Morelos a través del sur de México. Morelos fue capturado y ejecutado por las tropas españolas en 1815.

La lucha continúa

Grupos pequeños de rebeldes continuaron luchando. En 1820, un líder los unificó: el coronel Agustín de Iturbide. A comienzos de 1821, Iturbide ideó un plan que incluía las Tres Garantías. En primer lugar, México sería

El padre Miguel Hidalgo

Inicio del siglo XIX
Se consolida el sistema de clases del México colonial.

1810
Miguel Hidalgo lidera una revuelta contra los peninsulares.

1800 — 1810

1811
Hidalgo es ejecutado.

independiente del control español. En segundo lugar, los peninsulares y los criollos serían iguales ante la ley. En tercer lugar, el catolicismo sería la única religión del país.

El ejército de Iturbide derrotó rápidamente a las tropas españolas en México. En 1821, España firmó un tratado que concedía a México su independencia. Iturbide, terriblemente sediento de poder, se autoproclamó emperador de México en 1822. Su gobierno fue un desastre. A pesar de haber tenido éxito liderando a los rebeldes que derrotaron a los españoles, como emperador no logró unificar el país. Uno de sus generales, Antonio López de **Santa Anna**, se rebeló contra el emperador. En 1823, Iturbide dejó su cargo y fue **exiliado**, u obligado a dejar el país.

El nuevo gobierno de Santa Anna redactó la Constitución de 1824. Ese año, los Estados Unidos, Gran Bretaña y otros países reconocieron la independencia de México. Sin embargo, España continuaba luchando por mantener el control sobre México. Las tropas de Santa Anna finalmente derrotaron a las fuerzas españolas en 1830. Ese mismo año, los ciudadanos mexicanos eligieron a Santa Anna como presidente.

Antes de continuar

Resumir ¿De qué manera la estructura colonial de México contribuyó a las exigencias de independencia?

Visión crítica Una muchedumbre rodea al coronel Iturbide antes de coronarse emperador. ¿Qué detalles de la ilustración muestran que las personas de México apoyaban a Iturbide?

EVALUACIÓN CONTINUA

LABORATORIO DE LECTURA GeoDiario

1. **Hacer inferencias** ¿Crees que la Iglesia católica apoyaba a los españoles o a los mexicanos? Explica tu respuesta.
2. **Categorizar** Identifica las clases sociales mexicanas, desde la más alta a la más baja.
3. **Sacar conclusiones** ¿De qué manera el general Iturbide logró tanto unir como dividir al país?

1820

1821 España concede a México la independencia.

1822 Iturbide se proclama emperador de México.

1823 Santa Anna y otras personas fuerzan la salida de Iturbide del poder.

1824 México, como república, adopta una nueva constitución.

1830

El general y líder político mexicano Antonio López de Santa Anna

3.4 La guerra entre México y los EE. UU.

TECHTREK
Visita **myNGconnect.com** para ver mapas en inglés e imágenes de la guerra entre México y EE. UU.
Maps and Graphs
Digital Library

Idea principal Como consecuencia de la guerra entre México y los EE. UU., México perdió territorios que pasaron a formar parte de los EE. UU.

Cuando Santa Anna se convirtió en presidente, el territorio de México incluía las tierras desde Texas a California y Utah hacia el norte. Este territorio pronto enfrentó una crisis.

La revolución de Texas

Para fomentar la llegada de nuevos colonos a la zona de Texas, México ofreció tierras subsidiadas a los estadounidenses que establecieran colonias en el área. En 1821, comenzaron a llegar colonos. La población estadounidense creció tan rápido que, en 1830, México aprobó una ley que impedía nuevos asentamientos. Esta medida desencadenó una creciente hostilidad entre el gobierno mexicano y los colonos de Texas.

En 1835, los texanos comenzaron a rebelarse contra las fuerzas mexicanas. El presidente Santa Anna envió, como respuesta, un gran ejército a Texas para sofocar la rebelión. En 1836, en una batalla que duró 13 días, las fuerzas mexicanas asesinaron a unos 200 rebeldes texanos que defendían un fuerte llamado **El Álamo**. A pesar de la derrota, los texanos continuaron luchando por su independencia. Al mes siguiente, bajo el liderazgo del general Sam Houston, el ejército texano derrotó a las tropas de Santa Anna en la batalla de San Jacinto.

La guerra con los Estados Unidos

Después de obtener la independencia de México, los texanos crearon la República de Texas. Durante nueve años, el país luchó contra las deudas, las disputas con México y la violencia entre los colonos y los indígenas americanos. En 1845, Texas se sumó a los Estados Unidos a través de la **anexión**, es decir, la acción de añadir territorio.

Texas y los Estados Unidos sostenían que el límite sur del territorio era el río Grande, pero México decía que el límite era el río Nueces (*Nueces R.*), situado más hacia el norte. A principios de 1846, tropas estadounidenses fueron enviadas a ocupar al área en disputa entre ambos ríos. Cuando las tropas mexicanas y estadounidenses se enfrentaron cerca del río Grande en mayo de 1846, los Estados Unidos le declararon la guerra a México.

Las tropas de Santa Anna lucharon contra el ejército de los EE. UU., pero fueron derrotadas luego de dos años de combate. Como consecuencia, México tuvo que entregar en 1848 el área que abarca desde Texas hasta California. Estas tierras pasaron a ser conocidas como la **Cesión Mexicana**. En 1853, Santa Anna vendió otras tierras a los Estados Unidos en lo que pasó a denominarse la *Compra de Gadsden* (*Gadsden Purchase*). Muchas personas en México se opusieron, u **objetaron**, esta decisión.

El general Sam Houston

El Álamo

1820 — **1840**

1830 México impide la llegada de nuevos colonos estadounidenses a Texas, limitando los derechos de los texanos.

1836 Los texanos se rebelan y obtienen la independencia, pero México se niega a reconocerla.

1845 Los EE. UU. anexionan Texas.

1846 Se inicia la guerra entre México y los EE. UU.

MÉXICO EN 1840

MÉXICO EN 1853

La Reforma

Debido a una creciente oposición a su persona y a sus políticas, Santa Anna fue obligado a abandonar el poder en 1854. Los nuevos líderes buscaban cambiar la sociedad mexicana. En 1857, el presidente Benito Juárez propuso importantes **reformas**, o cambios, que apuntaban a fomentar la igualdad social. Los líderes religiosos y militares se negaron a aceptar estas reformas, y el país entró en un largo período de violencia y tensiones sociales. Los conflictos entre los que apoyaban las reformas y los que las rechazaban se extendieron a lo largo de la década de 1860.

Antes de continuar

Hacer inferencias ¿Por qué la República de Texas, después de obtener su independencia, habría aceptado formar parte de los Estados Unidos?

EVALUACIÓN CONTINUA

LABORATORIO DE LECTURA GeoDiario

1. **Ubicación** Busca el río Nueces (*Nueces R.*) y el río Grande en el mapa. Describe la distancia entre ambos ríos.
2. **Comparar y contrastar** Según los dos mapas, ¿qué territorios obtuvo Estados Unidos (*United States*) después de la guerra con México (*Mexico*)?
3. **Analizar causa y efecto** ¿De qué manera la disputa sobre el límite entre Texas y México llevó a la guerra?

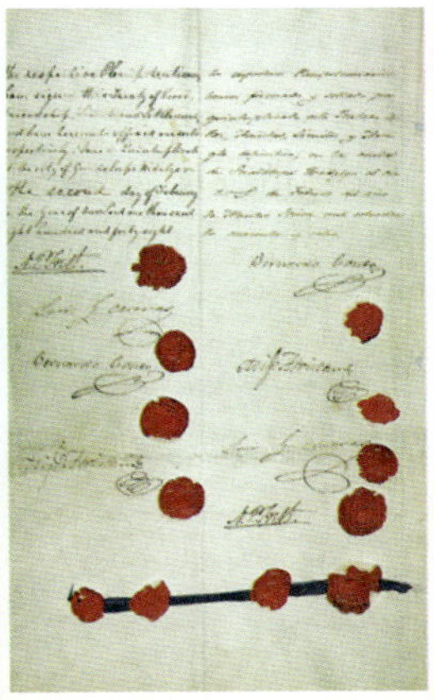

Tratado de Guadalupe Hidalgo, con sellos lacrados

1848 Fin de la guerra entre México y los EE. UU.; los EE. UU. obtienen la Cesión Mexicana.

1853 Mediante la Compra de Gasdsen, México vende a los EE. UU. parte de lo que actualmente es Arizona y Nuevo México.

1858 El reformador Benito Juárez se convierte en presidente de México.

1860

La imagen del presidente Benito Juárez en un billete mexicano

SECCIÓN 3 PREGUNTA BASADA EN DOCUMENTOS

3.5 La Revolución Mexicana

TECHTREK
Visita myNGconnect.com para consultar guías para la escritura en inglés.
Student Resources

La Guerra entre México y EE. UU. y el consiguiente conflicto civil debilitaron tanto la economía como el gobierno mexicano. Después de la muerte de Juárez, el general Porfirio Díaz se convirtió en dictador. Las políticas de Díaz beneficiaron principalmente a los ricos y poderosos.

La Revolución Mexicana fue en parte una lucha por una **reforma agraria**, en la que las haciendas de gran extensión o latifundios serían divididos para entregar tierras a los pobres. Emiliano Zapata y Pancho Villa lideraron la lucha, que se extendió desde 1910 hasta 1920, y donde murieron más de un millón de mexicanos.

General Porfirio Diaz

DOCUMENTO 1

El Plan de Ayala

Zapata redactó el Plan de Ayala en 1911 para enunciar los propósitos de la revolución.

Los que subscribimos [. . .]declaramos solemnemente acabar con la ***tiranía*** *[gobierno injusto] que nos oprime. . .*

[. . .] Los pueblos o ciudadanos que tengan sus Títulos correspondientes de esas propiedades [usurpadas por el gobierno] [. . .] lo deduciran ante tibunales especiales [o entrarán en posesión de esas propiedades] . . .

[L]a inmensa mayoría de los pueblos y ciudadanos mexicanos no son más dueños que del terreno que pisan [. . .] sufriendo los horrores de la miseria sin poder mejorar su condición social.

RESPUESTA DESARROLLADA

1. ¿Qué dice el plan sobre las condiciones de México?

DOCUMENTO 2

La Constitución de 1917

Un propósito importante de la constitución era producir cambios en la posesión de la tierra.

Artículo 27. La propiedad de las tierras y aguas comprendidas dentro de los límites del territorio nacional, corresponde originariamente a la Nación, la cual [. . .] tiene el derecho de transmitir [dar] el dominio de ellas a los particulares [. . .]

[. . .] se dictarán las medidas necesarias [. . .] para el fraccionamiento de los latifundios [. . .], para el desarrollo de la pequeña propiedad rural [o granjas más pequeñas] [. . .]

[. . .] para el fomento de la agricultura y para evitar las destrucción de los elementos naturales [. . .] [Se respetaran siempre los derechos] de la pequeña propiedad agrícola en explotación.

RESPUESTA DESARROLLADA

2. ¿Cómo podría cambiar México con el fraccionamiento de los latifundios en pequeñas propiedades rurales?

[L]A INMENSA MAYORÍA DE LOS CIUDADANOS [. . .] MEXICANOS NO SON MÁS DUEÑOS QUE DEL TERRENO QUE PISAN.

— PLAN DE AYALA, 1911

Pancho Villa

DOCUMENTO 3

Fotografía de Pancho Villa

Pancho Villa, el hijo un trabajador agrícola pobre, se convirtió en un héroe folclórico en México. Se hizo popular al robar dinero a los ricos para dárselo a los pobres. Villa aprovechó sus conocimientos de la geografía física del norte de México para evitar ser capturado.

RESPUESTA DESARROLLADA

3. ¿Qué sugiere esta foto de Pancho Villa sobre su condición de líder?

EVALUACIÓN CONTINUA

LABORATORIO DE ESCRITURA GeoDiario

Práctica de las preguntas basadas en documentos Piensa en el Plan de Ayala, la constitución de 1917 y la fotografía de Pancho Villa. ¿Qué indican sobre las condiciones que llevaron a la Revolución Mexicana?

Paso 1. Repasa la descripción de la Revolución y las declaraciones del Plan de Ayala y de la Constitución. Vuelve a leer la información biográfica sobre Villa y observa la fotografía.

Paso 2. En tu propia hoja, apunta notas sobre las ideas principales expresadas en cada documento.

Documento 1: Plan of Ayala

Idea(s) principal(es) ______________

Documento 2: Constitución de 1917

Idea(s) principal(es) ______________

Documento 3: Fotografía de Pancho Villa

Idea(s) principal(es) ______________

Paso 3. Escribe una oración temática que responda esta pregunta: ¿Qué indican las declaraciones del Plan de Ayala y de la Constitución y la fotografía de Pancho Villa sobre las condiciones que llevaron a la Revolución Mexicana?

Paso 4. Escribe un párrafo que explique en detalle qué te indican los documentos acerca de las condiciones que llevaron a la Revolución Mexicana.

CAPÍTULO 3

Repaso

VOCABULARIO

Escribe una oración que explique la conexión entre las dos palabras de cada par de palabras de vocabulario.

1. templado; glaciar

Muchas áreas de Norteamérica tienen un clima templado, pero otras son tan frías que están cubiertas por glaciares.

2. exportar; agricultura comercial
3. colonizar; plantación
4. abolicionismo; separarse
5. civilización; jeroglíficos
6. imperio; tributo

IDEAS PRINCIPALES

7. ¿En qué se diferencian las geografías del este y del oeste de Norteamérica? (Sección 1.1)
8. ¿Cuáles son los recursos más importantes de las Grandes Llanuras? (Sección 1.2)
9. ¿Qué recursos hay disponibles en las montañas y mesetas mexicanas? (Sección 1.4)
10. ¿Por qué los países europeos estaban interesados en colonizar Norteamérica? (Sección 2.1)
11. ¿Por qué la constitución de EE. UU. ha logrado perdurar tanto tiempo? (Sección 2.4)
12. ¿Cuáles fueron las causas y las consecuencias de la Guerra Civil? (Sección 2.5)
13. ¿Cómo cambió EE. UU. a fines del siglo XIX? (Sección 2.6)
14. ¿Qué sucesos llevaron a los EE. UU. a involucrarse en los conflictos mundiales? (Sección 2.7)
15. ¿Cuáles fueron los logros culturales de los mayas? (Sección 3.1)
16. ¿Por qué los españoles lograron conquistar el Imperio azteca? (Sección 3.2)

GEOGRAFÍA

ANALIZA LA PREGUNTA FUNDAMENTAL

¿Cuáles son las características físicas más notables de Norteamérica?

Visión crítica: Comparar y contrastar

17. ¿En qué se diferencia la geografía física de México de la de Canadá y los Estados Unidos? ¿En qué se parece?
18. ¿Qué recursos energéticos se encuentran en los tres países de Norteamérica?
19. ¿En qué se parecen el oeste de los Estados Unidos y Yucatán en términos de recursos?

HISTORIA DE LOS EE. UU. Y CANADÁ

ANALIZA LA PREGUNTA FUNDAMENTAL

¿De qué manera los Estados Unidos y Canadá se desarrollaron como naciones?

Visión crítica: Hacer inferencias

20. ¿De qué manera la Reconstrucción intentó resolver problemas que surgieron como consecuencia de la Guerra Civil?
21. ¿Qué grupos sufrieron como consecuencia de la expansión estadounidense hacia el Oeste? ¿Qué grupos se vieron favorecidos?
22. ¿Por qué la población de los Estados Unidos creció más rápido que la de Canadá?

INTERPRETAR TABLAS

LA COLONIZACIÓN DE QUEBEC	
1534	Jacques Cartier reclama para Francia el valle del río San Lorenzo.
1608	Samuel de Champlain funda para Francia la colonia de Quebec.
1671	Francia reclama los Grandes Lagos y el río Misisipi.
1759	Los británicos toman Quebec durante la Guerra de los Siete Años.

23. **Interpretar tablas** ¿Qué tierras y aguas reclamó Francia durante los siglos XVI y XVII?
24. **Hacer inferencias** ¿Qué puedes inferir acerca de las exploraciones francesas en el continente americano?

HISTORIA DE MÉXICO

ANALIZA LA PREGUNTA FUNDAMENTAL

¿De qué manera diversas culturas han influido sobre la historia de México?

Visión crítica: Resumir

25. ¿Por qué los españoles situaron la capital del México colonial en el lugar donde lo hicieron?
26. ¿Qué divisiones sociales llevaron a la Revolución Mexicana?
27. ¿De qué manera esta estructura de clases sociales condujo a la independencia mexicana de España?

INTERPRETAR MAPAS

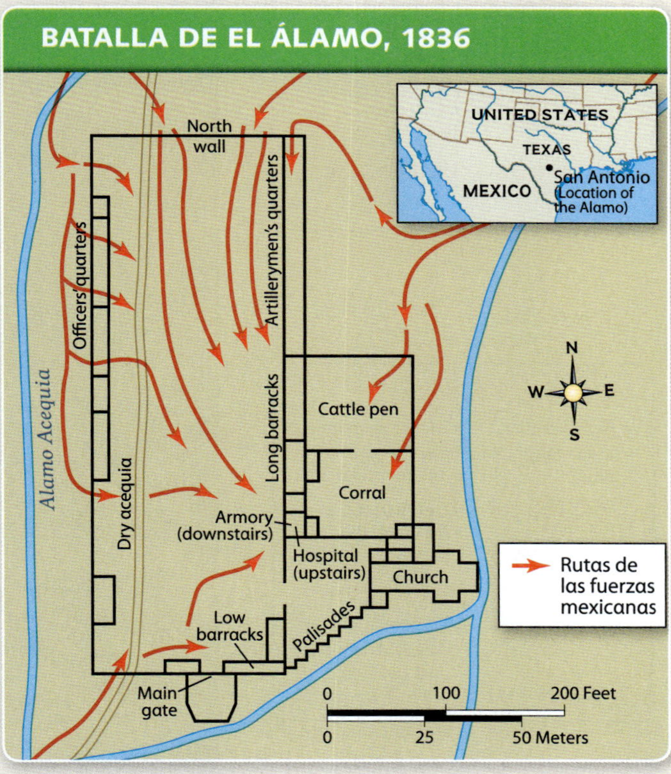

28. **Interpretar mapas** ¿Qué áreas de El Álamo parecen haber sido evitadas por las fuerzas mexicanas?
29. **Hacer inferencias** ¿Qué parte de El Álamo no fue usada por las fuerzas mexicanas para ingresar? ¿Por qué puede haber ocurrido esto?

OPCIONES ACTIVAS

Sintetiza las preguntas fundamentales completando las siguientes actividades.

30. **Escribir un discurso comparativo** Escribe un discurso que compare los grupos que fueron parte de la colonización de los Estados Unidos, Canadá y México. Tu discurso debería resaltar semejanzas y diferencias entre los grupos que colonizaron esos tres países. Usa los siguientes consejos para ayudarte a preparar el discurso. **Ofrece pronunciar tu discurso a otras clases que se estén estudiando la historia de Norteamérica.**

Sugerencias para la escritura
- Identifica los grupos que colonizaron cada país y piensa en sus semejanzas y diferencias.
- Decide si crees que los grupos tenían más semejanzas que diferencias.
- Escribe una conclusión que te sirva como idea principal.
- Respalda tu idea principal con detalles de apoyo.

31. **Haz una investigación en Internet** Escoge una ciudad de uno de los tres países. Investiga en la Internet para reunir información sobre la historia de la ciudad escogida.

    Averigua cuándo y cómo fue colonizada la ciudad, cómo creció con el paso del tiempo y qué grupos contribuyeron a su historia. Luego escoge una de las siguientes opciones para mostrar lo que averiguaste:

    - Haz una línea cronológica que muestre la secuencia de sucesos que conforman la historia de la ciudad. Ilustra la línea cronológica.
    - Haz un diagrama de la ciudad, incluyendo sus edificios históricos, como estatuas y otros monumentos históricos. Rotula también las ubicaciones de los sucesos históricos. Los rótulos deben explicar por qué el edificio o ubicación es importante. Muestra la línea cronológica o el diagrama en una exposición de la clase sobre Norteamérica.

CAPÍTULO 4

NORTEAMÉRICA HOY

VISTAZO PREVIO AL CAPÍTULO

Pregunta fundamental ¿A qué problemas se enfrentan los Estados Unidos y Canadá hoy día?

SECCIÓN 1 • ENFOQUE EN LOS ESTADOS UNIDOS Y CANADÁ

VOCABULARIO CLAVE

- diversidad
- indígena
- inmigrante
- tolerancia
- medios masivos de comunicación
- teléfono inteligente
- global
- móvil
- manufactura
- fibra óptica
- recesión
- petróleo
- etanol
- híbrido
- aerogenerador
- naturalización
- debido proceso

VOCABULARIO ACADÉMICO

dinámico

TÉRMINOS Y NOMBRES

- Internet

Pregunta fundamental ¿Cómo ha afectado la globalización a México?

SECCIÓN 2 • ENFOQUE EN MÉXICO

VOCABULARIO CLAVE

- descendiente
- ascendencia
- mural
- artefacto
- globalización
- nacionalizar
- sector económico
- democracia multipartidaria

VOCABULARIO ACADÉMICO

reforma

TÉRMINOS Y NOMBRES

- Tratado de Libre Comercio de América del Norte (NAFTA)
- Partido Revolucionario Institucional (PRI)

TECHTREK PARA ESTE CAPÍTULO

Student eEdition

Maps and Graphs

Interactive Whiteboard GeoActivities

Digital Library

Visita **myNGconnect.com** para obtener más información sobre Norteamérica.

El edificio Empire State, en la Ciudad de Nueva York, se destaca contra el río Hudson al fondo. Manhattan, un área densamente poblada de la ciudad, es un centro económico importante en la economía global.

1.1 La diversidad cultural de Norteamérica

TECHTREK
Visita **myNGconnect.com** para ver una tabla de los idiomas hablados en Norteamérica.

Student Resources

Idea principal Las oportunidades y libertades que ofrecen los Estados Unidos y Canadá han atraído a una población diversa.

La **diversidad**, o variedad, es una característica importante de las culturas estadounidense y canadiense. Ambos países tienen una mezcla diversas de razas, idiomas, religiones y nacionalidades.

La diversidad en los Estados Unidos

Entre las primeras culturas se encontraban las tribus **indígenas**, o nativas, los colonos europeos y los africanos que fueron traídos al continente por la fuerza como esclavos. Después de la independencia, llegaron inmigrantes de muchas otras partes de Europa en busca de libertad y oportunidades. Un **inmigrante** es una persona que establece su residencia de modo permanente en otro país.

Muchos historiadores describen la inmigración como una serie de olas que comenzaron con los colonos europeos en el siglo XVII. A partir del año 1820 y hasta 1870, una segunda ola trajo más de siete millones de personas, muchas de ellas procedentes de Irlanda y Alemania, que huían de la pobreza. Desde China también llegaron inmigrantes en busca de oportunidades en el oeste estadounidense.

A partir de 1880, una tercera ola trajo 23.5 millones de personas más, en su mayoría de lugares del sur y del este de Europa. En la década de 1960, las modificaciones en las leyes de inmigración de Estados Unidos trajeron una cuarta ola, con muchos inmigrantes de Asia y del Caribe. En la actualidad, la mayoría de los inmigrantes vienen de México, China, las Filipinas y la India.

Los inmigrantes traen consigo no solo su cultura sino también sus destrezas y ambiciones y cumplen un papel importante en el crecimiento económico. De hecho, muchos inmigrantes vienen aquí por esa razón. En los Estados

Visión crítica En el barrio chino, *Chinatown*, de Chicago, los letreros que indican las calles están en dos idiomas. ¿Por qué letreros como estos resultarían útiles para los inmigrantes?

Unidos tienen la libertad de emprender un negocio. La cultura estadounidense ha llegado a definirse por su diversidad. La **tolerancia** (la aceptación de diferentes creencias) es un valor estadounidense importante.

La diversidad en Canadá

Grupos indígenas como los *inuit* han vivido en Canadá desde hace miles de años y siguen allí hoy día. Históricamente, Canadá ha fomentado la inmigración para atraer trabajadores que ayuden a construir su economía.

En los siglos XVII y XVIII, las colonias británicas y francesas en Canadá atrajeron a una gran cantidad de inmigrantes de Francia, Irlanda e Inglaterra. Después de la Segunda Guerra Mundial, muchos europeos que habían sus hogares también se mudaron a Canadá. A fines del siglo XX, comenzaron a llegar inmigrantes de Asia y América Latina. Hoy día, sin embargo, la mayoría de los habitantes de Canadá aún tienen raíces europeas.

Antes de continuar

Resumir ¿Por qué las culturas de los Estados Unidos y Canadá presentan tanta diversidad?

HABLANTES DE LOS IDIOMAS MAYORITARIOS, ESTADOS UNIDOS Y CANADÁ		
Idioma	**Estados Unidos**	**Canadá**
árabe	845,396	261,640
chino	2,600,150	1,102,065
inglés	228,699,523	17,882,775
francés	1,305,503	6,817,655
alemán	1,109,216	450,570
italiano	753,992	455,040
polaco	593,598	211,175
portugués	731,282	219,275
español	35,468,501	345,345
tagalo (filipino)	1,513,734	235,615

Fuentes: 2009 *American Community Survey*; Estadísticas de Canadá, Censo de la población, 2006

Las personas se reúnen en Times Square, en Nueva York, para la celebración de Año Nuevo.

EVALUACIÓN CONTINUA

LABORATORIO DE IDIOMAS GeoDiario

1. **Comparar y contrastar** Después del inglés, ¿cuál es el siguiente idioma principal hablado en los Estados Unidos y en Canadá?
2. **Lugar** ¿Qué sugieren los dos idiomas más hablados en Canadá acerca de su historia?
3. **Hacer predicciones** ¿Qué idiomas predices que tendrán un número mayor de hablantes en los Estados Unidos en los años futuros? ¿Por qué?

1.2 La cultura de los medios masivos de comunicación

TECHTREK
Visita myNGconnect.com para ver fotos y un mapa sobre la cultura de los medios masivos de comunicación.
Maps and Graphs
Digital Library

Idea principal El movimiento de ideas a través de diferentes medios de comunicación ha dado forma a la comunicación y a las culturas de los EE. UU. y Canadá.

Los **medios masivos de comunicación** son aquellos que llegan a grandes audiencias. Tradicionalmente, abarcaban la prensa, la radio y la televisión. Hoy día, también abarcan el flujo veloz y casi continuo de información a través de dispositivos electrónicos personales.

De los medios impresos a los medios electrónicos

Durante el siglo XIX, la información de los periódicos a menudo influía en la opinión pública. En la década de 1920, la radio proporcionaba noticias y entretenimiento. Fue la fuente principal de noticias durante la Segunda Guerra Mundial. El presidente Franklin Roosevelt la usó para transmitir sus "charlas junto al fuego", en las que compartía información sobre la guerra con el público estadounidense. Ya en esta época era evidente el poder de los medios masivos de comunicación.

En la década de 1950, muchas familias estadounidenses adquirieron su primer televisor. El medio superó en popularidad a la radio como fuente de noticias y entretenimiento. En 1963, toda la nación vio la filmación del asesinato del presidente Kennedy. Esa misma década, la televisión se convirtió en un medio importante para observar la guerra de Vietnam y las protestas en su contra.

En la década de 1990, estalló la popularidad de las nuevas tecnologías mediáticas. Los teléfonos celulares conectaron a personas en todo el mundo, incluso mientras estaban en movimiento. La **Internet**, una red de comunicación, abrió el acceso a cantidades enormes de información de muchas fuentes diferentes. Además, permitió a individuos distribuir sus propias comunicaciones, como blogs y videos, a una audiencia masiva. Con toda esta información disponible en forma electrónica, las personas dependen cada vez menos de las publicaciones impresas.

Visión crítica Hoy en día, los medios móviles de comunicación combinan la comunicación con la tecnología visual. ¿Qué detalles de la foto ilustran mejor la cultura estadounidense?

American Gothic
Grant Wood
Instituto de Arte de Chicago

ACCESO A INTERNET DE BANDA ANCHA POR CONDADO ESTADOUNIDENSE
Porcentaje de familias con un mínimo de 4 Mb/s disponibles

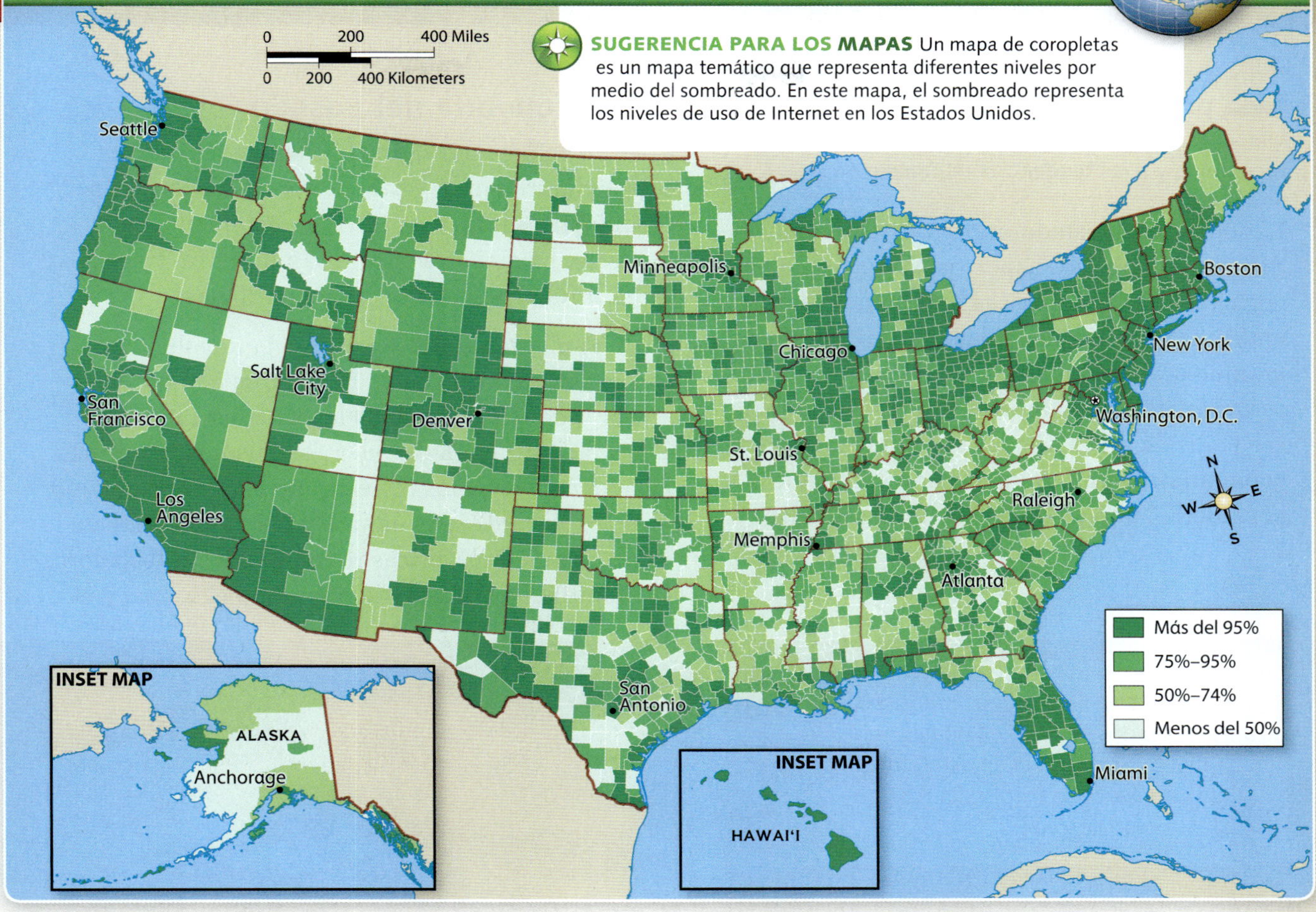

Medios móviles y globales hoy día

Hoy día, los mensajes de texto, la mensajería instantánea y las redes sociales permiten una comunicación fácil y rápida entre las personas de todo el mundo. Esta comunicación se realiza en gran parte mediante **teléfonos inteligentes**, que combinan la comunicación y las aplicaciones de software en un dispositivo portátil. La tecnología mediática promueve una cultura **global**, o mundial. Se puede acceder a la información desde cualquier parte del mundo. La cultura de los medios de comunicación se forma en torno a ideas e intereses compartidos, más que en una ubicación física. En la actualidad, la mayor parte de la tecnología es **móvil**, lo cual significa que se puede mover junto con el usuario. Para muchos, los medios de comunicación modernos han reemplazado por completo a los métodos tradicionales.

Antes de continuar

Hacer inferencias ¿Por qué crees que los medios masivos de comunicación tienen una gran influencia en la cultura de los Estados Unidos y Canadá?

EVALUACIÓN CONTINUA

LABORATORIO DE MAPAS GeoDiario

1. **Región** Según lo que sabes sobre la densidad de población en los Estados Unidos, ¿cómo describirías el patrón de acceso a Internet en todo el país?
2. **Comparar y contrastar** Busca en el mapa el lugar donde vives. ¿Cómo se compara el nivel de acceso a Internet de alta velocidad en tu condado con el resto del país? ¿Por qué crees que es así?
3. **Sacar conclusiones** ¿Qué efecto crees que ha tenido la disponibilidad generalizada de Internet sobre las publicaciones impresas? ¿Por qué?

1.3 Una economía cambiante

TECHTREK
Visita **myNGconnect.com** para ver fotos de manufactura y acontecimientos actuales.
Digital Library

Idea principal Las economías de los Estados Unidos y Canadá están cambiando debido a la nueva tecnología y a las tendencias mundiales.

Las economías estadounidense y canadiense difieren en algunos aspectos. Por ejemplo, la actividad de las empresas está menos regulada en los Estados Unidos. El gobierno de Canadá cumple un papel más amplio en su economía al ser propietario de algunas empresas y al brindar servicios de salud a todos sus ciudadanos. Las economías de ambos países han cambiado considerablemente en los últimos 150 años.

La economía del pasado

A principios del siglo XIX, la mayoría de los estadounidenses y canadienses trabajaban en industrias que dependían directamente de la tierra. La mayoría cultivaban la tierra, trabajaban en minas, pescaban o talaban árboles.

A mediados del siglo XIX, la Revolución Industrial, iniciada en Europa, se extendió por todo el territorio de los Estados Unidos y Canadá. La **manufactura**, o el uso de máquinas para convertir las materias primas en productos útiles, se convirtió en una parte importante de la economía. En fábricas inmensas, los trabajadores manufacturaban productos como el hierro y el

Visión crítica Los brazos robóticos automatizados sueldan camiones en una planta de ensamblaje de Míchigan. ¿Qué detalles de la fotografía ilustran esta automatización?

acero. La industria manufacturera encabezó la economía del país desde la década de 1870 hasta la década de 1950.

Durante la década de 1950 se expandió la industria de servicios. Los trabajadores de esta industria brindan un servicio en lugar de fabricar un producto. Los empleos en áreas tales como el cuidado de la salud, la educación, el entretenimiento, la banca y el comercio al por menor son parte de la industria de servicios.

La economía de la información

Una semejanza importante entre las economías estadounidense y canadiense es que ambas son **dinámicas**, es decir, cambian rápidamente. En parte, la razón de este cambio rápido es la disponibilidad de nuevas tecnologías en el ámbito de la computación y la información.

En 1974, una pequeña compañía llamada MITS construyó la primera computadora personal, la Altair. Aunque tenía una memoria limitada, funcionaba bien. El único problema era que tenías que armarla tú mismo, con componentes que venían en un kit. Hoy día, más de 8 de cada 10 familias estadounidenses y canadienses tienen computadoras, y la **fibra óptica** utiliza tecnología digital para transmitir mensajes de voz, de texto e imágenes. Este tipo de progresos ha llevado a la economía hacia una nueva dirección.

Las tecnologías actuales permiten almacenar, organizar y recuperar cantidades enormes de información financiera con unos pocos clics del ratón. Además, las nuevas tecnologías generan más puestos de trabajo en la industria de la comunicación y la información. La comunicación más rápida a través de grandes distancias permite respaldar una economía global sin límites de distancia física.

La recesión global

En 2007, la economía sufrió una **recesión**, o sea, una desaceleración del crecimiento económico.

Vocabulario visual La **fibra óptica** es un método que sirve para enviar luz a través de fibras de vidrio. Los cables de fibra óptica pueden transmitir rápidamente un código digital a través de grandes distancias.

La política prestataria de principios de la década llevó a los bancos a conceder grandes préstamos a clientes y empresas, préstamos que luego no pudieron devolver. Estas deudas impagas condujeron a una crisis financiera global, que incluyó la caída de algunos de los principales bancos del mundo. Una recesión está oficialmente superada después de seis meses consecutivos de crecimiento económico. La economía estadounidense alcanzó esta marca a principios de 2009.

Antes de continuar

Hacer inferencias ¿De qué manera las nuevas tecnologías podrían generar más puestos de trabajo?

EVALUACIÓN CONTINUA

LABORATORIO FOTOGRÁFICO GeoDiario

1. **Analizar elementos visuales** ¿Qué elemento que esperarías ver en una línea de montaje no aparece en la foto? ¿Cómo podría esta tecnología afectar los puestos de trabajo?
2. **Sintetizar** ¿Qué semejanzas y qué diferencias observas en las fotos?
3. **Hacer inferencias** ¿De qué manera las nuevas tecnologías pueden afectar a la economía de un país?

1.4 La búsqueda de nuevas fuentes de energía

TECHTREK
Visita myNGconnect.com para ver fotos y una ilustración de un aerogenerador.
Digital Library
Global Issues

Idea principal La demanda en aumento de combustibles fósiles no renovables para obtener energía ha llevado a la exploración de fuentes alternativas y renovables de energía.

VOCABULARIO CLAVE

petróleo, s., materia prima que se usa para producir combustibles

aerogenerador, s., motor propulsado por el viento para generar electricidad

etanol, s., combustible que se obtiene de las plantas y que puede usarse solo o mezclado con gasolina

híbrido, s., vehículo que puede funcionar usando un motor eléctrico o un motor a gas

En abril de 2010 explotó la plataforma petrolífera *Deepwater Horizon* ubicada en el golfo de México. La explosión abrió un agujero en un pozo perforado en el fondo del mar. El petróleo manó a borbotones de ese agujero todos los días durante casi tres meses, derramando unos 5 millones de barriles de petróleo. Antes de este accidente, el peor desastre petrolero marino en la historia de los Estados Unidos ocurrió cuando el buque petrolero *Exxon Valdez* encalló en 1989. Ese desastre produjo una pérdida de aproximadamente 260,000 barriles de petróleo, una gran cantidad, pero mucho menor que el derrame de petróleo tras la explosión del *Deepwater Horizon*.

La oferta y la demanda de petróleo

Estados Unidos funciona con energía y el petróleo provee alrededor de un tercio de esa energía. El **petróleo** es un recurso no renovable: con el tiempo se agotará. Sin embargo, nadie sabe con exactitud qué cantidad de petróleo hay en los yacimientos profundos bajo la superficie terrestre.

Los expertos intentan predecir cuándo los Estados Unidos agotarán toda su provisión de petróleo, pero no todos están de acuerdo. Sin embargo, concuerdan en que la demanda de petróleo está aumentando, lo cual reduce velozmente la oferta de este recurso no renovable. Algunos expertos afirman que ya en 2020 no habrá suficiente petróleo en los Estados Unidos para todo aquél que quiera.

En la actualidad, los Estados Unidos dependen de otros países para obtener más de dos tercios de su petróleo. Si la demanda aumenta y la oferta se reduce, el precio del petróleo aumentará. El aumento en el precio del petróleo puede hacer más lento el crecimiento económico e impulsar a los países a una competencia por el petróleo.

Antes de continuar

Resumir ¿Cúales son los efectos del aumento en la demanda del petróleo en los Estados Unidos?

AEROGENERADOR

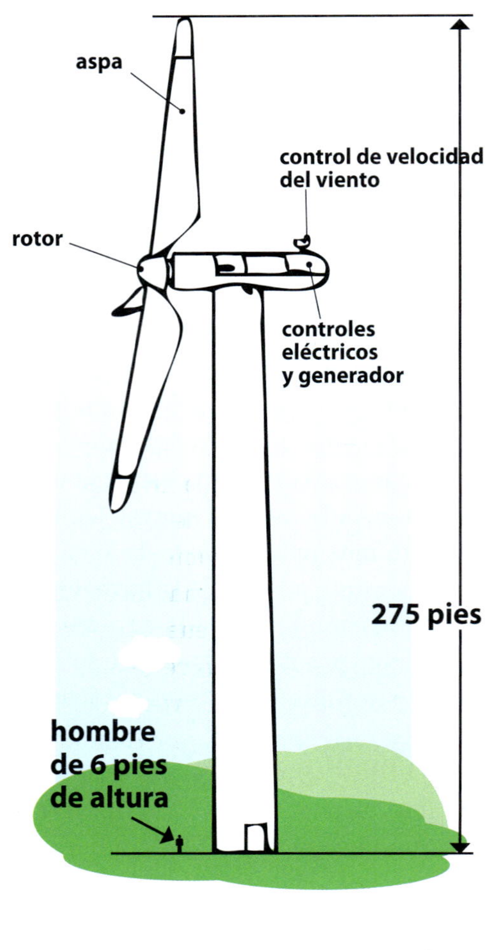

Soluciones alternativas

Otras fuentes de energía, además del petróleo, son: la energía nuclear, el **etanol**, la energía solar y la energía eólica. Sin embargo, cada una de ellas presenta problemas que hacen que esté lejos de ser la solución ideal. Las centrales de energía nuclear requieren de mucho tiempo para su construcción y son muy costosas. Además, crean desechos radiactivos. La fabricación de etanol a partir de cereales implica que una parte de la producción agrícola se usa para combustible en lugar de alimento. Los paneles solares y los aerogeneradores no siempre pueden producir electricidad a demanda.

Hoy en día, los fabricantes de automóviles producen más vehículos eléctricos e **híbridos**. Los híbridos usan celdas de combustible para generar energía. Los científicos esperan poder usar gases comunes, como el hidrógeno y el oxígeno, en esas celdas. En ese caso, la provisión de energía será económica y casi ilimitada.

COMPARAR REGIONES

La innovación en otros países

Los países de todo el mundo están usando una variedad de innovaciones energéticas. Por ejemplo, Brasil ha estado produciendo etanol desde la década de 1970 y es un productor líder de este combustible. Gran Bretaña ha prohibido las bombillas de luz convencionales a favor de bombillas de menor voltaje, que consumen menos energía. La energía nuclear provee más del 76 por ciento de la electricidad de Francia. Las centrales de carbón de Dinamarca producen electricidad y agua caliente, lo cual las hace más eficientes. Algunas naciones, como Islandia y Nueva Zelanda, usan energía geotermal, o sea, el calor que se produce dentro de la tierra. Estas alternativas son algunas soluciones energéticamente eficientes e ilustran maneras novedosas de considerar la producción energética.

Vocabulario visual Un **aerogenerador** es un motor propulsado por el viento para generar electricidad. Un grupo de aerogeneradores ubicados en un mismo terreno es un parque eólico.

Antes de continuar

Hacer inferencias ¿De qué manera el uso de energías alternativas en otros países podría afectar al uso de la energía en los Estados Unidos?

EVALUACIÓN CONTINUA

LABORATORIO DE LECTURA GeoDiario

1. **Hacer inferencias** ¿Qué fuentes de energía alternativa dependen de la geografía física y de qué manera?
2. **Resumir** ¿Qué cuestiones impiden el uso de algunas fuentes de energía alternativa?
3. **Formar y respaldar opiniones** ¿Qué fuente de energía alternativa crees que es más prometedora? Escribe un párrafo en el que enuncies tu elección. Respalda tu opinión con pruebas de la lección.

1.5 Derechos y deberes de los ciudadanos

TECHTREK
Visita **myNGconnect.com** para ver fotos y una tabla en inglés sobre los derechos de los ciudadanos.
Digital Library
Student Resources

Idea principal En los Estados Unidos y Canadá, los ciudadanos gozan de una gran cantidad de derechos y también tienen ciertas responsabilidades.

Los gobiernos de los Estados Unidos y de Canadá comparten muchas semejanzas. Los líderes son elegidos por votantes. El poder del gobierno está repartido entre el gobierno nacional y unidades más pequeñas (los estados en los Estados Unidos y las provincias en Canadá). Un cuerpo legislativo elabora las leyes. Pero sobre todo, en estos países los ciudadanos tienen derechos y deberes.

Estructuras de gobierno

Ambos gobiernos tiene tres ramas o poderes: ejecutivo, legislativo y judicial, y cada uno tiene poderes específicos. Las ramas legislativas, o sea las que hacen las leyes, son el Congreso de los Estados Unidos y el Parlamento canadiense. En los Estados Unidos, la cabeza de la rama ejecutiva es el presidente, elegido por el pueblo. En cambio, en Canadá, el cargo ejecutivo más alto es el primer ministro, que es elegido por el partido que tenga más bancas en el Parlamento.

Visión crítica Un joven se inscribe para votar en la Universidad de Texas. ¿Qué detalles de la foto expresan la importancia de votar?

Derechos y responsabilidades

En ambos países, todos los ciudadanos gozan de derechos fundamentales, como el derecho a la ciudadanía, a la igualdad y a un tratamiento justo. Las personas se convierten en ciudadanos por haber nacido en el país o por **naturalización**, que es el proceso que permite que una persona nacida en otro país se convierta en ciudadano.

La Declaración de Derechos, que consiste en las primeras diez enmiendas a la Constitución estadounidense, y la Carta Canadiense de los Derechos garantizan las libertades fundamentales. Entre estas libertades se encuentran la libertad de expresión y de religión y ciertos derechos legales. Por ejemplo, los ciudadanos tienen derecho a un **debido proceso**, o a reglas específicas que deben seguir las autoridades. La Carta canadiense además reconoce dos idiomas oficiales: inglés y francés. Los ciudadanos de Canadá tienen el derecho a recibir educación en cualquiera de estos dos idiomas.

Los ciudadanos de los Estados Unidos y de Canadá gozan de una gran libertad. Pueden vivir en el lugar que deseen y hablar en su propio idioma. Pueden expresar sus opiniones libremente y practicar cualquier religión que elijan. Los ciudadanos pueden reunirse y hablar en contra de su gobierno. Muchas de las personas que viven en estos dos países emigraron de países en los que estas libertades fundamentales no estaban permitidas.

En ambos países, los ciudadanos que gozan de derechos también tienen responsabilidades. El derecho a votar conlleva a la responsabilidad de emitir el voto en forma justa, mediante elecciones formales. Los derechos legales implican la responsabilidad de obedecer las leyes y de ser miembro de un jurado, que es un grupo de conciudadanos que escuchan a las dos partes de un conflicto legal y deciden si se han quebrantado las leyes.

DERECHOS DE LOS CIUDADANOS

ESTADOS UNIDOS

Protección de los derechos no garantizados por la Constitución

Derecho a portar armas

ESTADOS UNIDOS Y CANADÁ

Derecho a un juicio con jurado

Derecho a un juicio justo y rápido

Derecho al voto

Libertad de expresión, religión, prensa, asamblea

Protección contra el registro irrazonable

Derecho a tener un abogado

CANADÁ

Derecho a recibir educación en un idioma minoritario (francés)

Derecho a ser protegido contra la discriminación basada en la raza o el género

Algunas responsabilidades no están incluidas en ningún documento, pero son tan importantes como aquéllas que son obligatorias por ley. Por ejemplo, los ciudadanos deben tratarse en forma justa entre ellos. Los Estados Unidos y Canadá albergan una amplia variedad de razas, religiones y costumbres. Los ciudadanos de sociedades con tanta diversidad como estas tienen la responsabilidad de aceptar sus diferencias.

Antes de continuar

Hacer inferencias ¿Por qué razón la responsabilidad es una parte importante de tener derechos y libertades?

EVALUACIÓN CONTINUA

LABORATORIO ORAL GeoDiario

1. **Hacer generalizaciones** Según la gráfica de arriba, ¿qué documento brinda una mayor protección de los derechos, la Declaración de Derechos o la Carta de Derechos de Canadá? ¿De qué manera?
2. **Expresar ideas oralmente** Escribe y pronuncia un discurso que explique tus ideas acerca del derecho y la responsabilidad de los ciudadanos que consideres más importante en una sociedad y por qué.

SECCIÓN 2 ENFOQUE EN MÉXICO

2.1 La vida cotidiana en México

TECHTREK
Visita myNGconnect.com para ver fotografías de la vida cotidiana en México.
Digital Library

Idea principal En la actualidad, la vida en México refleja una mezcla de elementos tradicionales y modernos y de las culturas indígena americana y española.

Gran parte de la vida mexicana es moderna, pero muchos mexicanos tienen un profundo respeto por el pasado. La cultura mexicana combina los aportes de las culturas americanas nativas y de la cultura española que dieron forma a su historia.

Una mezcla de culturas

Los pueblos indígenas de México habían creado prósperos imperios antes de la conquista española en 1521. Los **descendientes**, o las generaciones futuras, de estos pueblos indígenas siguen constituyendo una parte importante de la población de México. El grupo más grande de población es el de los mestizos, que son los mexicanos de **ascendencia**, o herencia, mixta. Esta ascendencia puede abarcar raíces familiares indígenas, europeas (en particular españolas) y africanas. La ascendencia mixta es una fuente de orgullo para los mestizos de México.

La Plaza de las Tres Culturas, en la ciudad de México, representa tres elementos de la cultura mexicana: azteca, español y mestizo.

La mezcla de culturas se nota en los muchos idiomas y religiones de México. Mientras que nueve de cada diez mexicanos hablan solamente español, el idioma oficial del país, el resto habla uno de los más de 50 idiomas indígenas. Del mismo modo, más del 80 por ciento de la población de México profesa la religión católica romana tradicional. Sin embargo, muchos indígenas practican religiones tradicionales y muchas de las costumbres mexicanas muestran la mezcla de culturas. Por ejemplo, una celebración llamada Día de los Muertos, que honra a los ancestros, mezcla tradiciones indígenas y católicas.

Muchos artistas mexicanos han combinado la cultura indígena y la europea. Diego Rivera y David Alfaro Siqueiros utilizaron un estilo europeo para pintar **murales**, o pinturas de gran tamaño realizadas sobre paredes, que resaltan la cultura indígena de México.

Vida moderna y tradicional

Hoy día, la vida en México es un equilibrio entre lo tradicional y lo moderno. Después de ser en el pasado un país principalmente rural, México es ahora una nación urbana. Más de tres cuartas partes de su población viven en ciudades. La capital, la ciudad de México, es una de las ciudades más grandes del mundo donde vive una quinta parte de la población de México.

México abarca el pasado y el presente. El país ha conservado los sitios con presencia de arte azteca y maya y con **artefactos**, o herramientas y otros objetos de adorno que muestran algo acerca del modo de vida de una cultura. El Palacio Nacional de la ciudad de México, construido para ser la residencia de los virreyes coloniales, todavía se utiliza como edificio de gobierno. México también presenta una arquitectura audaz, moderna, como el Faro del Comercio, en Monterrey.

La cocina mexicana aún incluye los alimentos básicos de sus pueblos indígenas: maíz, frijoles y calabaza. El maíz se muele para hacer tortillas, un pan aplanado que se sirve con muchas comidas. La cocina tradicional ahora debe encajar en un estilo de vida moderno. Las familias solían compartir un gran almuerzo, pero menos tiempo para almorzar y los largos viajes día hasta el lugar de trabajo de los trabajadores modernos hacen que sea difícil mantener esta tradición.

Algunos mexicanos siguen las prácticas tradicionales como una forma de vida. Esto es especialmente cierto entre la población rural. Por ejemplo, en algunos ranchos del norte de México, los vaqueros todavía trabajan utilizando sus destrezas tradicionales.

Antes de continuar

Resumir ¿En qué aspectos la cultura mexicana es una mezcla de influencias?

EVALUACIÓN CONTINUA

LABORATORIO FOTOGRÁFICO GeoDiario

1. **Sintetizar** ¿Qué detalles de las fotografías revelan la importancia de la tradición en México?
2. **Lugar** ¿De qué manera la Plaza de las Tres Culturas representa la cultura mexicana?
3. **Hacer inferencias** ¿Por qué la herencia cultural mixta de los mestizos podría ser una fuente de orgullo en México?

Visión crítica Una quinceañera en la celebración tradicional de sus quince años. Esta celebración es un acontecimiento tanto religioso como social. ¿Qué detalles de la foto te recuerdan a otras ceremonias?

SECCIÓN 2 ENFOQUE EN MÉXICO

2.2 El impacto de la globalización

TECHTREK
Visita **myNGconnect.com** para ver fotos y una gráfica del Producto Interno Bruto de México.
Maps and Graphs
Digital Library

Idea principal México tiene una economía en desarrollo que se enfrenta a varios retos como resultado de las tendencias mundiales.

A medida que algunas partes de México se modernizan, la economía del país crece. Sin embargo, la **globalización**, el desarrollo de una economía mundial basada en el libre comercio y el uso de mano de obra extranjera, ha implicado retos económicos.

Un impulso para crecer

Durante gran parte del siglo XX, algunas de las industrias principales de México se **nacionalizaron**, o se pusieron bajo el control del gobierno. Todos los ingresos de una industria nacionalizada van al gobierno. Por ejemplo, la rentable industria petrolera fue nacionalizada en 1932. Durante algunos períodos del siglo XX, el gobierno también controló la banca, el transporte y los sistemas de telecomunicaciones de México.

En la década de 1980, en un esfuerzo por mejorar la economía del país, México pasó parte del control de estas industrias en manos de inversionistas privados y extranjeros. Otro factor del crecimiento económico de México fue la adopción del **Tratado de Libre Comercio de América del Norte (NAFTA)** en 1994, que eliminó muchas barreras al comercio. Desde entonces, el comercio de México con el resto de Norteamérica, sobre todo con los Estados Unidos, ha aumentado casi un 300 por ciento. Sin embargo, los críticos del NAFTA dicen que el acuerdo favorece injustamente a la agricultura comercial por sobre las granjas a pequeña escala.

Tres sectores económicos

En México, la actividad económica se lleva a cabo en tres **sectores económicos**, o subdivisiones de una economía: agricultura, manufactura y servicios. El sector agrícola abarca la producción a gran escala para exportar. Entre las principales exportaciones están las

Visión crítica Este trabajador limpia los moldes que se utilizaron para fabricar suelas de zapatos en una fábrica de León, en México. ¿Qué destrezas necesitan tener los trabajadores fabriles?

frutas tropicales, el café, la caña de azúcar y el algodón. La plata es también un recurso mineral importante para los ingresos por exportaciones de México en este sector. Los ingresos por exportaciones también provienen del petróleo vendido en los mercados mundiales.

La industria manufacturera de México abarca automóviles, procesamiento de alimentos y productos de metal. La fuerte inversión extranjera que siguió a la adopción del NAFTA aumentó la actividad manufacturera. Esta inversión produjo más maquiladoras, fábricas de propiedad extranjera donde las piezas fabricadas en otros lugares se ensamblan para armar productos terminados que luego se exportan a todo el mundo.

La cantidad de dólares que las industrias de servicios proporcionan al PIB (Producto Interno Bruto) aumentó en un factor de más de 25 entre 1970 y 2009. Este sector comprende servicios como la banca y el transporte. El clima cálido de México y sus tesoros culturales atraen a turistas de todo el mundo, lo cual hace que el turismo sea otra gran parte de la economía de servicios.

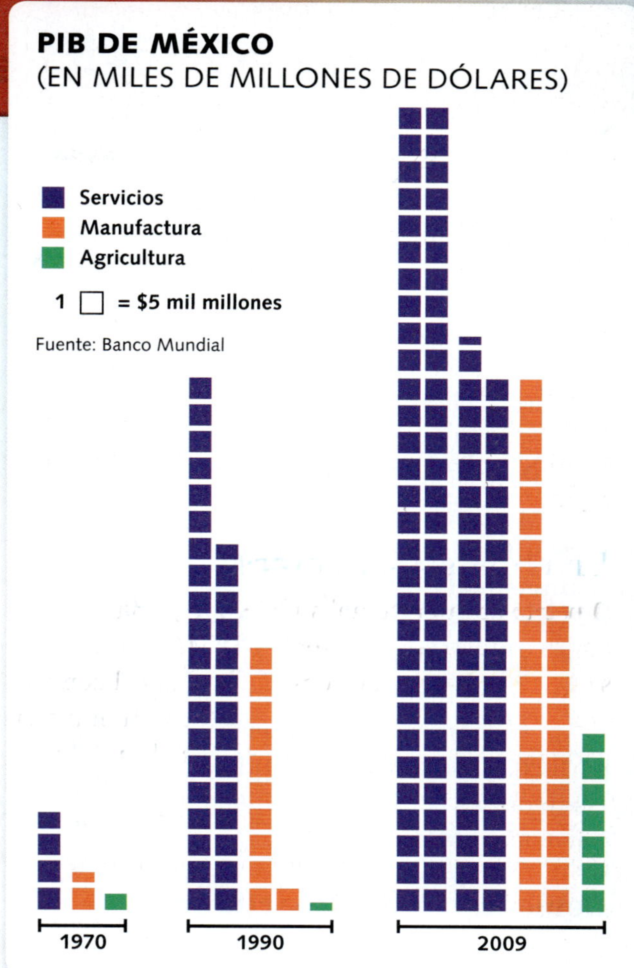

Retos económicos

México sigue enfrentando diversos retos. El crecimiento económico no ha beneficiado a la mayoría de los pobres. Muchos mexicanos tienen dificultades para encontrar trabajo y emigran a los Estados Unidos. Algunas empresas de propiedad mexicana han transferido puestos de trabajo a países donde los trabajadores cobran menos.

Antes de continuar

Hacer inferencias ¿Cómo ha afectado la globalización a la economía de México?

EVALUACIÓN CONTINUA

LABORATORIO DE DATOS GeoDiario

1. **Analizar datos** Según la gráfica, ¿qué sector económico ha crecido más?
2. **Sintetizar** ¿De qué manera el NAFTA habría contribuido al crecimiento de la agricultura entre 1990 y 2009?
3. **Región** Por qué el turismo es importante para México?

SECCIÓN 3 ENFOQUE EN MÉXICO

2.3 En camino hacia la democracia

TECHTREK

Visita **myNGconnect.com** para ver una gráfica en inglés y fotos sobre la democracia en México.

Maps and Graphs | Digital Library

Idea principal México ha avanzado hacia la democracia, pero todavía enfrenta serios obstáculos.

México enfrenta no sólo problemas económicos sino también políticos. La historia política del país es un factor en las luchas de hoy hacia la democracia.

Estabilidad sin democracia

El mayor límite a la democracia se debió al dominio del **Partido Revolucionario Institucional (PRI)**, que controló el gobierno de México desde 1929 hasta 2000. El PRI se formó como resultado de la gran inestabilidad política que incluso ocasionó el asesinato del presidente que México acababa de elegir en 1928. El objetivo del partido era ejecutar las reformas por las que se luchó durante la Revolución Mexicana.

Democracia multipartidaria

Durante la década de 1990, los problemas económicos y políticos debilitaron el control del poder que tenía el PRI en los estados mexicanos. En 1994, el Ejército Zapatista de Liberación puso en marcha una rebelión violenta en respuesta a las nuevas políticas económicas que eran perjudiciales para los pueblos indígenas pobres. Este grupo rebelde tomó el control de varios estados mexicanos.

En 1996, el gobierno promulgó las **reformas** electorales, o sea los cambios que apuntaban a corregir los problemas. Estas reformas hicieron que el voto fuera más justo y facilitó que otros partidos, además del PRI, presentaran candidatos. La ventaja que los candidatos del PRI tenían sobre los candidatos de otros partidos se fue achicando año tras año. En 2000, la elección de Vicente Fox, del Partido Acción Nacional (PAN), puso fin a 71 años de gobierno del PRI.

Fox contó con el apoyo de muchos mexicanos. Se comprometió a mejorar la economía, acabar con la corrupción del gobierno y resolver los conflictos con los grupos políticos rebeldes, en particular los zapatistas. Los resultados de la presidencia de Fox fueron complejos. Había despertado las expectativas de muchos mexicanos que tenían problemas económicos. Sin embargo, el PRI aún controlaba el Congreso. Por lo tanto, los intentos reformistas de Fox progresaron lentamente y muchos mexicanos que en un principio apoyaron a Fox se sintieron decepcionados.

Visión crítica Felipe Calderón saluda a sus partidarios después de haber sido declarado ganador de las elecciones presidenciales de 2006. ¿Cómo describirías las emociones de la multitud?

Quizás el resultado más importante de la presidencia de Fox fue que se produjo la **democracia multipartidaria**, un sistema político en el cual las elecciones incluyen a candidatos de más de un partido. El mandato de los presidentes de México dura sólo un término de seis años, por lo que las elecciones de 2006 incluyeron dos candidatos nuevos: Felipe Calderón del PAN y López Obrador del partido de la Revolución Democrática, de izquierda, que se había convertido en otra voz política importante en la política mexicana. Calderón fue declarado ganador, pero con menos de un uno por ciento de ventaja sobre Obrador. Esta elección demostró una vez más que en México había una democracia multipartidaria.

Retos futuros

Uno de los obstáculos que enfrenta la democracia en México proviene del comercio ilegal de drogas, que está controlado por varios cárteles de la droga. Las actividades de los cárteles provocaron violencia a principios de la década de 2000, especialmente a lo largo de la frontera entre México y los Estados Unidos. En 2009, el presidente Calderón envió tropas a la zona para controlar la violencia, pero los cárteles siguen desafiando la autoridad del gobierno de México. La democracia también también enfrenta desafíos por el control que los zapatistas todavía ejercen en varios estados de México.

Una tendencia positiva de México es su tasa de alfabetización en aumento. A comienzos del siglo XXI, casi el 90 por ciento de la población de México estaba alfabetizada, o sea que era capaz de leer y escribir. Una alta tasa de alfabetización es un factor que ayuda a una sociedad a ser más productiva y contribuye positivamente a la economía del país. Es también un elemento importante para una democracia, porque la gente necesita estar informada para participar en la toma de decisiones.

TASAS DE ALFABETIZACIÓN EN MÉXICO
(1950–2008)

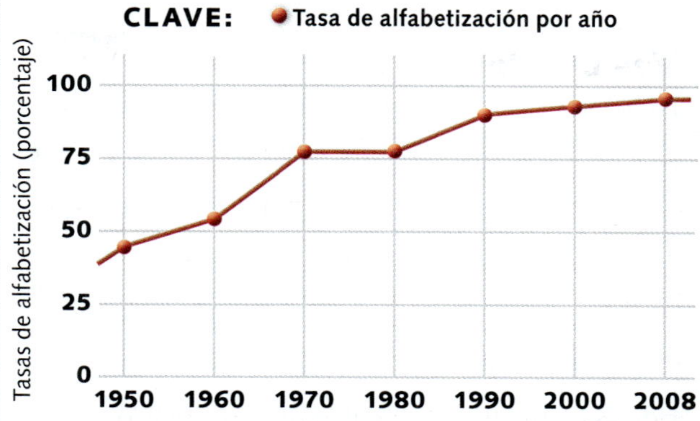

Fuente: Editor and Publisher International Yearbook

En las zonas rurales de México, muchos niños hablan un dialecto regional y deben aprender español en la escuela.

Antes de continuar

Verificar la comprensión ¿En qué aspectos el gobierno mexicano se ha vuelto más democrático?

EVALUACIÓN CONTINUA

LABORATORIO DE LECTURA GeoDiario

1. **Identificar problemas y soluciones** ¿Qué problemas enfrenta ahora el gobierno de México? ¿Cómo podría resolverlos? Explica tu respuesta.
2. **Interpretar gráficas** ¿Durante qué período de 10 años aumentó más la tasa de alfabetización de México? ¿Cuándo aumentó menos?
3. **Sacar conclusiones** ¿De qué manera la tasa de alfabetización en aumento de México podría ayudar a alcanzar la democracia?

CHAPTER 4

Repaso

VOCABULARIO

En tu cuaderno, escribe las palabras de vocabulario que completan las siguientes oraciones.

1. La mezcla de razas, lenguajes y religiones son una muestra de ________.
2. Gracias a los nuevos medios de comunicación que son capaces de llegar a todo el mundo, la cultura se ha vuelto ________.
3. A la disminución pronunciada de la actividad empresarial en la economía se la llama ________.
4. Un vehículo que funciona gracias a una combinación de energía eléctrica y gasolina se denomina ________.
5. Algunos artistas mexicanos crean ________ que muestran las culturas indígenas del país.
6. Cuando una industria se ________, se coloca bajo el control del gobierno.

IDEAS PRINCIPALES

7. ¿Cómo los Estados Unidos y Canadá se convirtieron en países con tanta diversidad? (Sección 1.1)
8. ¿Cómo afectó la tecnología móvil a las culturas de los Estados Unidos y Canadá? (Sección 1.2)
9. ¿Cómo transformó la era de la información a las economías estadounidense y canadiense? (Sección 1.3)
10. ¿Por qué los investigadores buscan fuentes alternativas de energía? (Sección 1.4)
11. ¿De qué manera los inmigrantes de otros países obtienen los derechos y deberes de la ciudadanía estadounidense y canadiense? (Sección 1.5)
12. ¿Cuáles son dos ejemplos de la influencia continua de la cultura española sobre México? (Sección 2.1)
13. ¿Qué logros económicos ha visto México en décadas recientes? (Sección 2.2)
14. ¿Por qué es importante para un país que lucha por ser democrático tener más de un partido político? (Sección 2.3)

ENFOQUE EN LOS ESTADOS UNIDOS Y CANADÁ

ANALIZA LA PREGUNTA FUNDAMENTAL

¿A qué problemas se enfrentan los Estados Unidos y Canadá hoy día?

Enfoque en la destreza: Identificar problemas y soluciones

15. ¿Cuál crees que es el reto mayor que enfrentan los Estados Unidos? ¿Por qué crees que es así?
16. ¿Cuál crees que es el mayor reto que enfrenta Canadá? ¿Por qué crees que es así?
17. Elige uno de los retos que identificaste en las dos preguntas anteriores. ¿Qué crees que debería hacer el país respecto de ese reto? ¿Por qué tomar esas medidas ayudaría?

INTERPRETAR TABLAS

BALANZA COMERCIAL DE LOS EE. UU.
MILES DE MILLONES DE DÓLARES

	2006	2007	2008
Total	-760.4	-701.4	-696.0
Con los principales socios comerciales			
Canadá	−71.8	−68.2	−78.3
China	−234.1	−258.5	−268.0
Alemania	−89.1	−94.2	−43.0
Japón	−89.7	−84.3	−74.1
México	−64.5	−74.8	−64.7

Fuente: 2010 *Statistical Abstract of the United States*, Tabla 1264 y Tabla 1271

18. **Analizar datos** Una balanza comercial con saldo negativo significa que un país importa más de lo que exporta. ¿Qué tendencia general notas en la balanza comercial entre 2006 y 2008?
19. **Sintetizar** Si los Estados Unidos eliminaran su déficit comercial con Canadá y México, ¿tendría esto un efecto importante en la balanza comercial general? ¿Por qué sí o por qué no?

ENFOQUE EN MÉXICO

ANALIZA LA PREGUNTA FUNDAMENTAL

¿Cómo ha afectado la globalización a México?

Enfoque en la destreza: Resumir

20. ¿Cómo ha cambiado en México la proporción entre la población rural y la población urbana?
21. ¿Qué factores han contribuido al crecimiento económico de México?
22. ¿Qué retos acompañan al crecimiento económico de México?
23. ¿Qué cualidades ayudarán a México a convertirse en una democracia exitosa y participar en la economía global?

INTERPRETAR MAPAS

24. **Interpretar mapas** ¿Qué recurso natural se encuentra solamente en las montañas? ¿Qué recurso además del pescado y del petróleo se encuentra en las llanuras costeras?
25. **Sintetizar** ¿Qué recursos presentados en el mapa son importantes para el éxito de México en la economía global? Explica por qué.

OPCIONES ACTIVAS

Sintetiza las preguntas fundamentales completando las siguientes actividades.

26. **Escribir un discurso** Imagina que eres el presidente de los Estados Unidos y te estás preparando para visitar México o Canadá. Quieres pronunciar un discurso ante el pueblo de ese país donde hagas hincapié en la cooperación y las buenas relaciones entre los dos países. Elige uno de estos países y luego escribe y pronuncia un discurso de dos minutos como el que haría un presidente. Usa las siguientes sugerencias como ayuda para escribir. **Después de que se hayan pronunciado todos los discursos, comenta las ideas que se presentaron y evalúa cuáles son las mejores.**

Sugerencias para la escritura
- Identifica claramente el tema.
- Usa detalles históricos y la situación actual para respaldar la idea de que los dos países cooperan bien.
- Enuncia tus propósitos en relación con el futuro.

27. **Crear una presentación multimedia** Haz una tabla como la siguiente. Úsala para planificar una presentación multimedia sobre uno de los tres países presentados en este capítulo. Usa fuentes en línea para reunir datos y fotografías

País	
Población	
Cultura	
Economía	
Gobierno	
Retos	

Convertirse en ciudadano

TECHTREK
myNGconnect.com For graphs of U.S. naturalizations
Maps and Graphs

La naturalización es el proceso por el cual alguien que no nació en un país puede convertirse en un ciudadano de ese país. Cada país explica en detalle quién puede o no puede convertirse en ciudadano y qué pasos deben darse como parte del proceso de naturalización.

En la mayoría de los países, los requisitos para la naturalización incluyen pautas específicas en varias áreas: la residencia (la cantidad de tiempo que se ha vivido en el país), la competencia lingüística (la capacidad de hablar el idioma oficial del país), el conocimiento cultural e histórico acerca del país (por lo general se realiza un examen escrito) y el carácter, o el tipo de persona que uno es (por lo general se determina mediante una verificación de antecedentes).

Compara

- China (*China*)
- Cuba (*Cuba*)
- Etiopía (*Ethiopia*)
- India (*India*)
- Irán (*Iran*)
- México (*México*)
- Ucrania (*Ukraine*)
- Estados Unidos (*United States*)

NATURALIZACIÓN Y CIUDADANÍA

La mayoría de los países requieren de las personas que deseen convertirse en ciudadanos obtengan primero la residencia permanente, incluso antes de solicitar la naturalización. A un residente permanente se le permite vivir y trabajar en un país, pero legalmente sigue siendo ciudadano de su país de origen.

El permiso para que alguien que no sea ciudadano inmigre y viva como residente permanente en un país puede ser muy difícil de obtener. La elegibilidad puede depender de la necesidad que tenga un país de llenar ciertas categorías de puestos de trabajo o de la situación política del país. El permiso de residencia permanente también puede estar limitado por una serie de requisitos. La verificación de antecedentes respecto de cualquier actividad ilegal o condena penal es habitual y puede descalificar a un candidato, tanto para otorgarle el derecho a inmigrar como el derecho a solicitar la naturalización.

Los requisitos para poder naturalizarse pueden variar en función de otros factores. Por ejemplo, la cantidad de años de residencia permanente que requiere un país puede ser menor para alguien que haya servido o esté dispuesto a servir en el ejército de ese país. Los requisitos para obtener la residencia permanente son generalmente menores para el cónyuge (esposo o esposa) de un ciudadano.

La mayoría de los países exigen a la persona que solicita la naturalización que sea un hablante competente del idioma oficial del país. Muchos países ofrecen a los solicitantes, e incluso se lo exigen, que tomen una serie de clases de ciudadanía. Las personas que solicitan la naturalización generalmente deben aprobar un examen acerca de la historia del país o del gobierno, además de demostrar su dominio del idioma. El paso final para obtener la ciudadanía es a menudo una ceremonia de naturalización, en la cual los nuevos ciudadanos juran, o prometen formalmente, vivir de acuerdo con las leyes y costumbres de su nuevo país.

U.S. NATURALIZATION*

EN NÚMEROS

899,162

Número de solicitudes presentadas para obtener la naturalización estadounidense, 2012

65,874

Número de solicitudes de naturalización estadounidense que fueron rechazadas, 2012

$680

Costo de tramitar la naturalización estadounidense

40

Edad media en el momento de la naturalización, 2010–2012

7

Promedio de los años de residencia permanente, 2012

22%

Porcentaje de ciudadanos naturalizados que tienen una Licenciatura, 2010

$51,926

Ingreso familiar medio de los ciudadanos naturalizados, 2011

NATURALIZACIONES EN EL EJÉRCITO ESTADOUNIDENSE

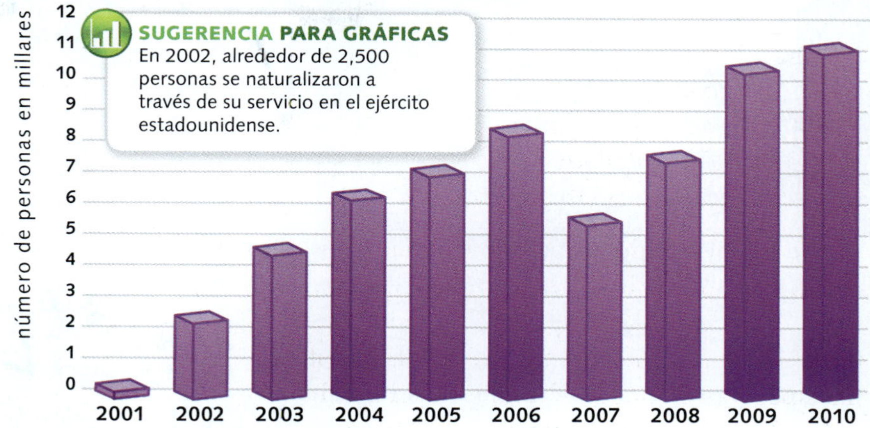

NATURALIZACIONES EN LOS ESTADOS UNIDOS

***Fuentes:** U.S. Department of Homeland Security: Congressional Research Service

EVALUACIÓN CONTINUA

LABORATORIO DE INVESTIGACIÓN GeoDiario

1. **Sacar conclusiones** ¿Por qué exigirá un país conocimiento de su historia, gobierno y cultura para otorgar la ciudadanía?
2. **Hacer predicciones** ¿Qué puedes predecir acerca del número de naturalizaciones que se producirán en el ejército estadounidense en 2011? Usa evidencia de la gráfica "Naturalizaciones en el ejército estadounidense" para explicar tu respuesta.
3. **Interpretar gráficas** ¿En qué se asemeja el número de naturalizaciones en los Estados Unidos de personas provenientes de los cuatros países entre 2000 y 2001? ¿Y qué sucedió entre 2007 y 2008?

Investigar y crear gráficas Investiga para averiguar cuántas personas procedentes de Etiopía, Irán y Ucrania se convirtieron en ciudadanos estadounidenses naturalizados cada año entre 2000 y 2009. Crea una gráfica lineal como la anterior para presentar los datos. Luego escribe un párrafo breve que explique los cambios en las cifras a lo largo de ese período de tiempo. Por ejemplo, ¿en qué año(s) el número bajó para los tres países? ¿En qué año(s) aumentó? ¿Qué conclusiones puedes sacar de los datos?

Opciones activas

ACTIVIDAD 1

Propósito: Evaluar estructuras físicas importantes.

Escribir una lista de siete maravillas

Desde la Antigüedad se han hecho listas de "Siete Maravillas" en las que se incluyen estructuras magníficas de todo el mundo, como las grandes pirámides de Egipto o la estatua de Zeus en Grecia.

Crea una lista de este tipo para el continente norteamericano. Observa fotos en **Digital Library** y usa los enlaces de investigación como ayuda para decidir qué estructuras incluirás en tu lista. Puedes incluir estructuras naturales y estructuras construidas por los seres humanos. Para cada estructura de tu lista, escribe las razones por las que merece ser considerada una de las Siete Maravillas de Norteamérica

El monte Rushmore, en Dakota del Sur

ACTIVIDAD 2

Propósito: Investigar un parque nacional.

Dar un paseo por el parque

El Servicio de Parques Nacionales de los Estados Unidos protege unos 400 parques y el Sistema de Parques Nacionales de Canadá protege más de 40 parques nacionales. Elige un parque nacional de Norteamérica de la lista siguiente o de otra fuente. Investiga y usa el recurso en inglés **Magazine Maker CD-ROM** para crear una ruta visual a través del parque que muestre por qué es tan importante y vale la pena preservarlo.

Parques nacionales

- Denali, AK
- Everglades, FL
- Glacier, MT
- Yosemite, CA
- Zion, UT
- Yellowstone, WY, MN, ID
- Glacier, Columbia Británica, Canadá
- Isla Príncipe Eduardo, Canadá

ACTIVIDAD 3

Propósito: Aprender sobre los exploradores de National Geographic.

Explorar sobre los exploradores

En grupo, investiga sobre uno de estos dos exploradores de National Geographic, Beth Shapiro o Sam Meacham. Investiga la formación del explorador y cómo se despertó su interés por la tarea que realiza actualmente. Averigua más detalles sobre el proyecto actual del explorador y sus posibles planes para el futuro. Luego crea un cartel que destaque al explorador y su trabajo.

NATIONAL GEOGRAPHIC
Culturas del mundo y geografía
GEO

Explora Centroamérica y el Caribe con NATIONAL GEOGRAPHIC

CONOCE AL EXPLORADOR

NATIONAL GEOGRAPHIC

El explorador emergente Ken Banks creó un instrumento de comunicación para los agricultores de El Salvador. Utilizando un teléfono celular de bajo costo, pueden comentar los precios de los cultivos y mantenerse competitivos.

INVESTIGA LA GEOGRAFÍA

En el pasado, Centroamérica estuvo totalmente cubierta de bosques tropicales. Los agricultores han despejado muchas de estas zonas cálidas y húmedas para instalar ranchos ganaderos y plantaciones de azúcar. Los bosques tropicales que quedan todavía contienen muchas plantas y animales tropicales, como este tucán.

ENTRA A LA HISTORIA

Toussaint L'Ouverture lideró una revuelta de esclavos en Santo Domingo, más tarde llamado Haití, y sentó las bases para su independencia, obtenida en 1804. Este ex esclavo fue un general brillante que derrotó al poderoso ejército francés.

ONLINE WORLD ATLAS

Visita **myNGconnect.com** para ver mapas de Centroamérica y el Caribe.

CONECTA CON LA CULTURA

Los tejidos guatemaltecos de brillantes colores y hechos a mano, como el que lleva puesto la niña de esta fotografía, reflejan la tradición maya del país.

CAPÍTULO 5

Centroamérica y el Caribe GEOGRAFÍA E HISTORIA

VISTAZO PREVIO AL CAPÍTULO

Pregunta fundamental ¿De qué modo la geografía física ha influido de manera positiva o negativa sobre la economía de la región?

SECCIÓN 1 • GEOGRAFÍA

VOCABULARIO CLAVE
- istmo
- llanura costera
- bosque tropical
- archipiélago
- placa tectónica
- sísmico
- ecosistema
- deforestación
- fértil
- turismo
- enramada
- extinción
- cazador o pescador furtivo

VOCABULARIO ACADÉMICO
crítico

TÉRMINOS Y NOMBRES
- mar Caribe

TECHTREK PARA ESTE CAPÍTULO

- Student eEdition
- Maps and Graphs
- Interactive Whiteboard GeoActivities
- Digital Library

rana arborícola, Costa Rica

Visita **myNGconnect.com** para obtener más información sobre Centroamérica y el Caribe.

Pregunta fundamental ¿Qué influencia han ejercido los recursos económicos sobre la historia de la región?

SECCIÓN 2 • HISTORIA

VOCABULARIO CLAVE

- cultivo comercial
- escasez
- comercio triangular
- multitud
- alimento básico
- virrey
- provincia
- embarcadero
- dictador
- mancomunidad

VOCABULARIO ACADÉMICO

explotar

TÉRMINOS Y NOMBRES

- Columbian Exchange
- Toussaint L'Ouverture

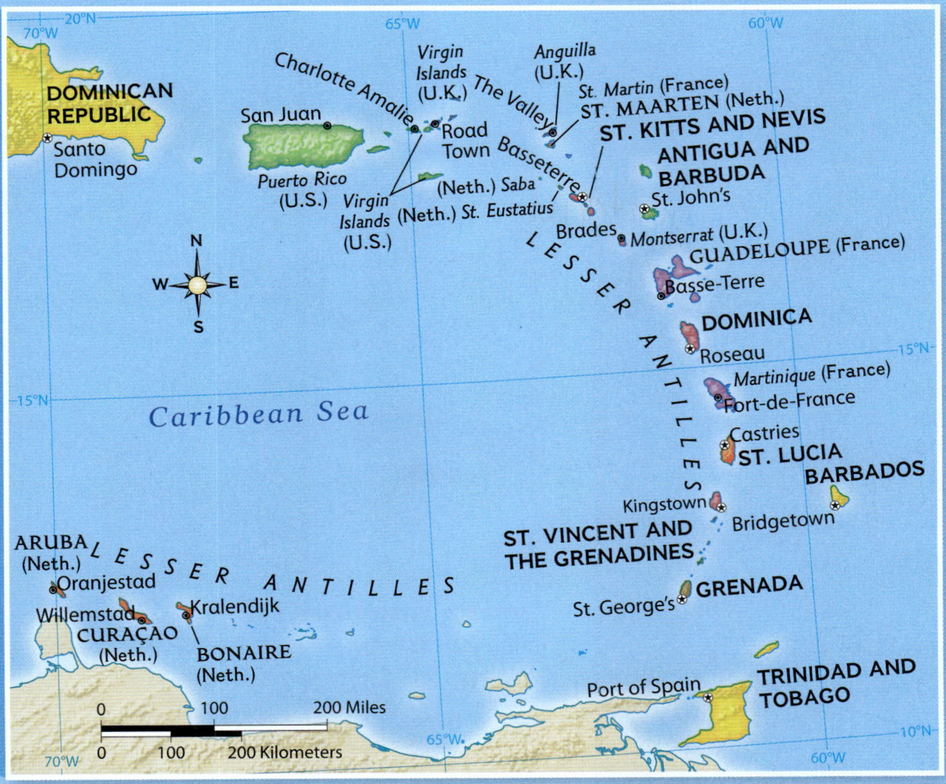

A B C D E

1.1 Geografía física

TECHTREK
Visita **myNGconnect.com** para ver mapas de la región y el Vocabulario Visual en inglés.

Maps and Graphs
Digital Library

CENTROAMÉRICA Y EL CARIBE: MAPA FÍSICO

CLIMA

Idea principal Las montañas, las llanuras costeras y los bosques tropicales son los accidentes geográficos que dan sustento a la economía de la región.

Centroamérica y las islas caribeñas están situadas entre los continentes de Norteamérica y Suramérica. La geografía física de la región es la base de la agricultura y el turismo, dos recursos muy valiosos para la economía de la región.

Centroamérica

Centroamérica es un **istmo**, una franja estrecha de tierra que une dos áreas grandes de tierra. Una cadena de montañas volcánicas se extiende a lo largo de los siete países de la región. El clima en las montañas es fresco y el rico suelo volcánico resulta ideal para cultivar granos de café, un importante producto de exportación. Las **llanuras costeras**, que son las tierras bajas ubicadas a orillas del mar, y los **bosques tropicales**, los bosques de vegetación espesa que pueden recibir más de 100 pulgadas de lluvia al año, aportan los recursos que impulsan la economía.

Las islas del Caribe

Las islas del Caribe describen una curva que forma un **archipiélago**, o cadena de islas, entre el océano Atlántico y el **mar Caribe**. La caña de azúcar, que se cultiva en las llanuras costeras, es el cultivo más importante. El clima es benigno en invierno y caluroso en verano, y atrae a turistas todo el año.

Antes de continuar

Resumir ¿De qué manera los principales accidentes geográficos de la región son el sustento de la economía?

EVALUACIÓN CONTINUA

LABORATORIO DE MAPAS

GeoDiario

1. **Ubicación** Según el mapa físico, ¿dónde están ubicadas las regiones montañosas de Centroamérica?
2. **Interpretar mapas** ¿Cómo es el clima en las costas de Centroamérica y el Caribe?
3. **Consultar con un compañero** Consulta con un compañero las diferencias entre el clima de las montañas y el de las llanuras costeras. ¿Dónde te gustaría vivir?

1.2 Terremotos y volcanes

TECHTREK
Visita **myNGconnect.com** para ver un mapa de las placas y fotos de volcanes y terremotos.
Maps and Graphs
Digital Library

Idea principal Los terremotos y los volcanes afectan la vida cotidiana y las actividades económicas de la región.

Hace millones de años, Centroamérica y varias islas caribeñas estaban bajo el agua. La formación de las montañas y de las islas de esta región muestra cómo puede cambiar la geografía física con el paso del tiempo.

Los movimientos de las placas tectónicas

Esta región se encuentra sobre la Placa del Caribe. Durante decenas de millones de años, esta **placa tectónica**, que forma parte de la corteza terrestre, se desplazó y chocó con otras placas, provocando la elevación de la tierra y la formación de montañas y volcanes. Algunas de las islas del Caribe son las cimas de antiguos volcanes creados por el movimiento de las placas tectónicas.

La ubicación de las islas sobre estas placas es importante. En la actualidad, las placas continúan moviéndose lentamente, chocando o deslizándose unas por encima o por debajo de otras. Este movimiento produce terremotos, o actividad **sísmic** a y erupciones volcánicas. En 1996, dos tercios de la población de Montserrat tuvo que abandonar sus hogares como consecuencia de una erupción volcánica.

El impacto de los terremotos

En 2010, Haití sufrió el terremoto más devastador de sus últimos 200 años, que alcanzó el grado 7.0 en la escala sismológica de magnitud de momento. El terremoto produjo daños enormes en varias ciudades de Haití, incluyendo Puerto Príncipe, la capital del país. Murieron más de 200,000 personas y casi un millón de personas perdieron sus hogares.

El terremoto también destruyó sistemas **críticos**, es decir, servicios y suministros de extrema importancia que toda comunidad necesita. Muchos haitianos se quedaron sin agua, gas, electricidad, transporte o atención médica. Desde todas partes del mundo se realizaron donaciones en un esfuerzo internacional para contribuir con la recuperación y reconstrucción de Haití.

Antes de continuar

Resumir ¿Qué causa los terremotos y las erupciones volcánicas de esta región, y cuáles son algunos de los efectos?

Visión crítica Este tribunal quedó enterrado tras un desprendimiento de tierras producido por una erupción volcánica en Montserrat. ¿Qué sugiere la foto sobre la actividad volcánica?

PLACAS Y VOLCANES

LOS 10 TERREMOTOS PRINCIPALES EN LA REGIÓN DESDE 2000*

1 El Salvador	Enero de 2001	7.7
2 Honduras	Mayo de 2009	7.3
3 Nicaragua	October 2004	7.0
4 Haití	Enero de 2010	7.0
5 Guatemala	Junio de 2007	6.7
6 Nicaragua	Julio de 2005	6.6
7 El Salvador	Febrero de 2001	6.6
8 República Dominicana	Septiembre de 2003	6.4
9 Costa Rica	Noviembre de 2004	6.4
10 Costa Rica	Enero de 2009	6.1

Fuente: U.S. Geological Survey http://www.usgs.gov/

***basado en la escala sismológica de magnitud de momento**

EVALUACIÓN CONTINUA

LABORATORIO DE MAPAS GeoDiario

1. **Interpretar mapas** ¿Qué importancia tiene que Centroamérica esté situada cerca del lugar donde la placa del Caribe (*Caribbean Plate*) choca contra la placa de Cocos (*Cocos Plate*)?
2. **Ubicación** Según el mapa, ¿en qué lugares de Centroamérica se producen la mayor y la menor cantidad de erupciones volcánicas? Explica tu respuesta.
3. **Hacer inferencias** Sigue el límite de la placa del Caribe (*Caribbean Plate*). ¿Por qué las masas de tierra se acumulan en los bordes de la placa?

SECCIÓN 1 GEOGRAFÍA

1.3 Los bosques tropicales de Centroamérica

TECHTREK
Visita myNGconnect.com para ver un mapa en inglés y fotos en línea del bosque tropical.

Maps and Graphs | Digital Library

Idea principal Los bosques tropicales de Centroamérica son un recurso económico muy importante para la región.

Los bosques tropicales de Centroamérica cubren gran parte de la región. Los países centroamericanos están trabajando para proteger los bosques tropicales y, al mismo tiempo, crecer económicamente.

La importancia de los bosques tropicales

Los bosques tropicales de Centroamérica tienen árboles altos con grandes hojas, que crecen en las áreas tropicales que reciben lluvias abundantes. Un bosque tropical es un **ecosistema** individual, es decir, un sitio donde las plantas y los animales dependen del medio ambiente para sobrevivir. Muchas especies poco comunes habitan en los bosques tropicales. El quetzal, por ejemplo, es el símbolo nacional de Guatemala. Construye su nido en los árboles del bosque tropical.

BOSQUES TROPICALES DE CENTROAMÉRICA

La destrucción del bosque tropical

En el siglo XVI, los bosques tropicales cubrían casi la totalidad de Centroamérica. Prosperaron durante cientos de años hasta el siglo XX. Entre 1990 y 2005, Nicaragua, Honduras, Guatemala y El Salvador perdieron del 14 al 30 por ciento de sus bosques tropicales.

Numerosas razones explican la pérdida, o **deforestación**, de los boques. Muchos bosques se talan para cultivar comercialmente la tierra o para alimentar el ganado que abastece la industria de la carne. La madera que se usa en la industria de la construcción proviene de los árboles. Los bosques tropicales habitualmente se encuentran en zonas rurales, donde las personas trabajan la tierra para sobrevivir. Los árboles se talan para usarlos como leña y para establecer granjas pequeñas. Sin embargo, el suelo de los bosques tropicales no es muy fértil, o capaz de producir una gran abundancia de cultivos. Los agricultores rurales deben talar tierras nuevas una vez que los nutrientes del suelo se agotan. Los bosques se talan tan rápido que no se les permite volver a crecer.

El futuro

Muchos países fomentan el turismo en los bosques tropicales. El **turismo**, la industria o negocio de los viajes, genera ingresos y crea empleos en la región, de modo que las personas que viven en las zonas rurales no dependan del cultivo de las tierras de los bosques tropicales. Algunos métodos agrícolas también pueden evitar que se sigan dañando los bosques tropicales. El "café de sombra", por ejemplo, se cultiva bajo la protección que brinda la sombra de los árboles. Este café puede plantarse en el mismo suelo que otros cultivos, como por ejemplo, los frijoles. Estas técnicas preservan la calidad del suelo.

Antes de continuar

Hacer inferencias ¿Cómo contribuyen los bosques tropicales de Centroamérica a la economía de la región?

Vocabulario visual La **enramada** se refiere al techo creado sobre un bosque tropical por las copas de los árboles. Muchos visitantes se deslizan en tirolesa por la enramada del bosque.

Visión crítica Un turista se desliza a través del bosque tropical de Honduras en tirolesa. La tirolesa consiste en deslizarse por un cable amarrado entre dos puntos de distinta altura. El turista se desliza por el cable mediante una polea, que lo lleva del extremo más alto al más bajo. ¿Qué podrías ver al explorar la enramada del bosque tropical que no podrías ver si lo exploraras desde el suelo?

EVALUACIÓN CONTINUA

LABORATORIO DE DATOS

GeoDiario

1. **Analizar datos** Según los porcentajes de tierras cubiertas por bosques tropicales, ¿en qué país esperarías que fuera más importante el turismo de bosques tropicales? Explica tu respuesta.
2. **Crear gráficas** Usando los datos que se muestran en el mapa de esta lección, haz una gráfica de barras que muestre los porcentajes de tierras forestales de los países centroamericanos. ¿Qué método para mostrar los datos te resulta más claro? ¿Por qué?

TECHTREK
Visita **myNGconnect.com** para ver fotos y un video clip en inglés de Explorer.

Digital Library

Salvando a las tortugas marinas

con José Urteaga

Idea principal Las personas pueden proteger los recursos valiosos de una región volviendo a considerar las ideas tradicionales y buscando soluciones económicas nuevas.

myNGconnect.com

Para saber más sobre el trabajo de José Urteaga hoy día.

Identificar el problema

A comienzos de la década de 1980, las tortugas marinas de Nicaragua comenzaron a desaparecer. La disminución de su población no era normal, considerando que habían sobrevivido a los dinosaurios. Desde hace más de 100 millones de años, las tortugas marinas han migrado a las playas de Nicaragua para poner sus huevos, desovando a veces más de 600,000 huevos a la vez. El explorador emergente José Urteaga es un biólogo marino que se decidió a descubrir por qué las tortugas estaban desapareciendo a una rapidez que las pondía en peligro de **extinción**, o de desaparecer por completo.

Urteaga descubrió que los cazadores o pescadores furtivos, personas que cazan o pescan de manera ilegal, robaban huevos de tortuga de nidos en la playa. Los pobres en Nicaragua subsisten con menos de $1 al día. Sin embargo, debido a la demanda en ascenso de huevos de tortuga, un cazador furtivo puede ganar hasta $5 vendiendo apenas 12 huevos al día. Los huevos de tortuga son muy apreciados en la cultura nicaragüense. Tanto la carne como los huevos de tortuga son alimentos tradicionales del país. Las personas también aprovechan los caparazones de tortugas para hacer bisutería.

Hallar una solución

Urteaga sabía que, para proteger los huevos de tortuga, tenía que ayudar a las personas pobres a ganar dinero de otra forma. También tenía que impulsar un cambio en la visión que tienen las personas de su propia cultura. En 2002, formó un equipo para trabajar con cazadores furtivos, celebridades, jóvenes y organizaciones ecologistas.

En primer lugar, Urteaga convenció a todos los cazadores furtivos de que le vendieran a él todos los huevos, para así poder regresarlos a sus nidos. Luego, les enseñó a los cazadores a ganarse la vida a través de otras actividades, como la agricultura y la apicultura, o a través de oficios como guiar turistas y hacer artesanías. Urteaga incluso contrató a personas que habían sido cazadores furtivos para patrullar las playas y proteger los nidos. Para asegurar la supervivencia de las nuevas generaciones de tortugas, creó incubadoras, o sitios diseñados para la eclosión de los huevos.

Para motivar el cambio cultural, Urteaga orientó su mensaje hacia los jóvenes. Lanzó una enorme campaña en los medios para captar a esta audiencia.

La campaña abarcó desde conciertos de rock a sala llena para concientizar sobre el problema, hasta celebridades que afirmaban: "Yo no como huevos de tortuga". Los programas escolares de Urteaga enseñan a los niños la importancia de proteger las especies. Los niños también tienen la oportunidad de trabajar en las incubadoras de tortugas. En 2008, para celebrar el nacimiento de las primeras crías de tortugas nacidas en su propia incubadora, los jóvenes lucieron camisetas estampadas con la imagen de una tortuguita que rompe el cascarón de un huevo. El propósito de Urteaga es poner fin a la demanda de huevos de tortuga y salvar a las tortugas de la extinción educando a las nuevas generaciones.

Hacia 2010, gracias a Urteaga y su equipo, casi el 90 por ciento de los nidos de tortuga estaban protegidos. Urteaga se ha comprometido a continuar el rescate de las tortugas marinas "motivando a las personas a través de la mente y el corazón".

Antes de continuar

Verificar la comprensión ¿Qué acciones contribuyen a cambiar la postura de las personas sobre las tortugas de Nicaragua?

Visión crítica Las crías de tortuga se dirigen al mar. ¿Con qué dificultades se pueden encontrar en el camino?

EVALUACIÓN CONTINUA

LABORATORIO VISUAL GeoDiario

1. **Formular y responder preguntas** Escribe tres preguntas sobre los esfuerzos que se realizan para proteger a las tortugas marinas. Visita el recurso en inglés **Digital Library** y mira el video clip de Explorer. Luego intercambia tus preguntas con las de un compañero para que cada uno responda las preguntas del otro.
2. **Analizar elementos visuales** ¿Qué imagen del video te pareció la más impactante?
3. **Interacción entre los humanos y el medio ambiente** ¿Por qué sería importante para Urteaga lograr que los jóvenes se comprometieran con su causa?

Galería de todos • Coral anaranjado

Para ver más fotos de la galería de fotos de National Geographic, visita **Digital Library** en myNGconnect.com.

Cascada en Costa Rica

Culebra lora falsa

Mercado de verduras, Guatemala

Visión crítica Una concentración de coral anaranjado se aferra a un pilar de la isla de Bonaire, en las antillas. Este tipo de coral atrapa su alimento (principalmente camarones y peces pequeños) con sus tentículos pegajosos.

Orquídeas

Músico con steel band

Panamá, isla de Coiba

Mielero patirrojo

SECCIÓN 2 HISTORIA

2.1 El comercio entre los continentes

TECHTREK
Visita myNGconnect.com para ver un mapa sobre el comercio global.

Maps and Graphs

Idea principal La exploración europea del continente americano abrió nuevas rutas comerciales entre los continentes del mundo.

Poco después de la llegada de Colón al Caribe, en 1492, los españoles comenzaron a aprovechar la riqueza de los recursos de la región. Estas actividades fueron los primeros pasos hacia el comercio global.

Ganar dinero con la agricultura

Los españoles que colonizaron el Caribe se dedicaron a los **cultivos comerciales**, es decir, los cultivos que ganancias. Las tierras de las islas eran aptas para producir ciertas materias primas que eran escasas en Europa. La caña de azúcar, por ejemplo, se daba bien en las islas, y se podía vender en Europa, donde había **escasez**, o carencia, de este cultivo. Los colonos españoles **explotaron**, o se aprovecharon, de los pueblos indígenas, obligándolos a realizar las tareas agrícolas pesadas.

Los indígenas también se vieron debilitados por la enfermedad. No podían enfrentar las enfermedades que los colonos habían traído de Europa, como la viruela y la malaria. medida que un gran número de indígenas moría como consecuencia de las enfermedades, los colonos españoles tuvieron que buscar trabajadores en otras partes para que se ocuparan de sus cultivos comerciales. Así que una vez que los minerales y las materias primas americanas llegaban a España, las manufacturas eran enviadas a África para pagar la compra de esclavos. Así se dio inicio a un período de 300 años de esclavitud en el continente americano.

El nuevo comercio cambia el mundo

A partir del siglo XVI, se intercambiaron bienes en lo que se conoció como el **comercio triangular**: el comercio entre tres continentes: América, Europa y África. Este nuevo comercio fijó pautas y patrones que se mantienen en la actualidad.

Vocabulario visual Un **cultivo comercial** es un cultivo que se produce para obtener una ganancia. Los tomates, originarios de América, fueron un cultivo comercial importante que los agricultores del Caribe vendieron a Europa.

EL COMERCIO TRIANGULAR

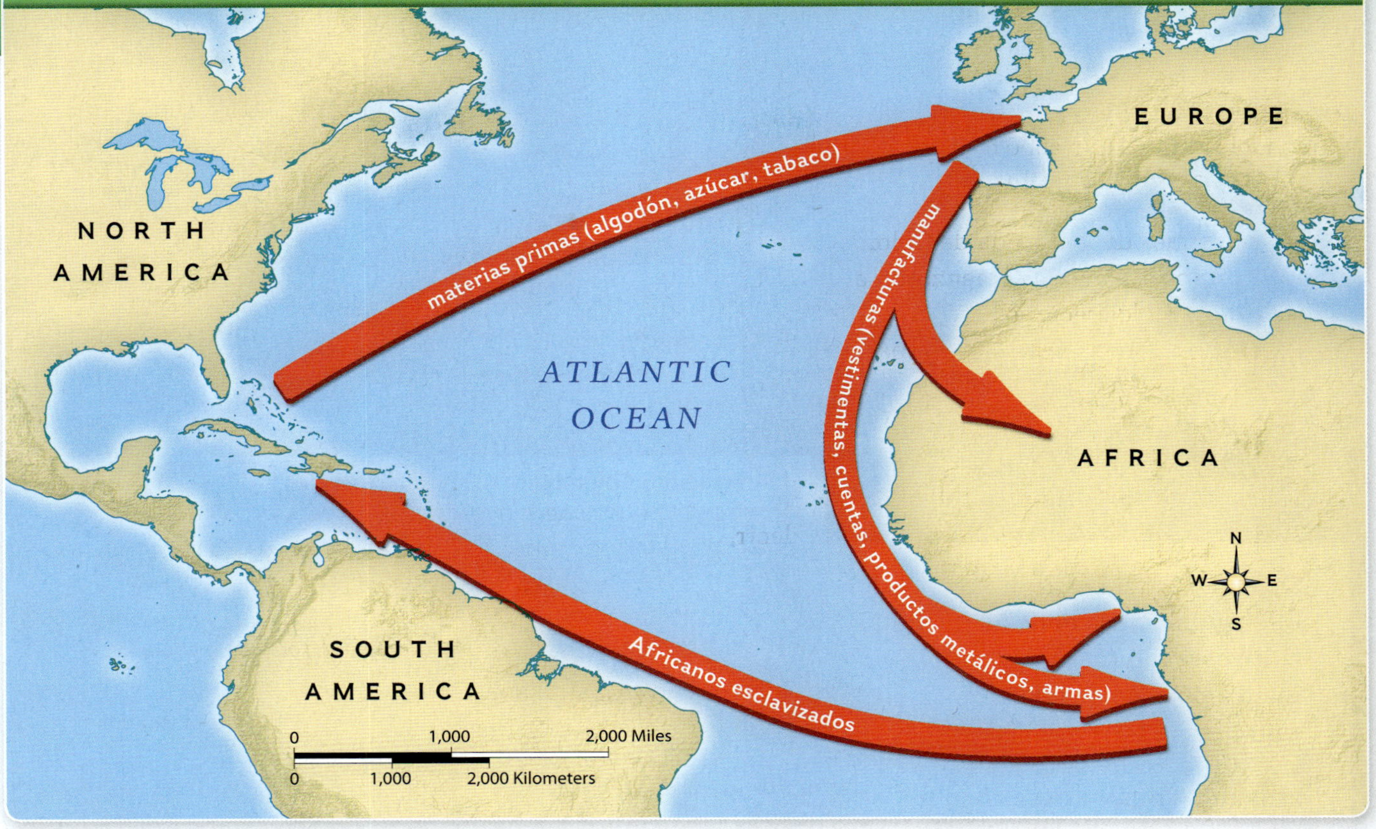

En poco tiempo, el comercio triangular generó una competencia entre países europeos por los recursos de la región. España se estaba enriqueciendo enormemente gracias sus colonias americanas, lo que llevó a otros países europeos a sumarse a la carrera por obtener ganancias. Portugal, Francia y Gran Bretaña comenzaron a competir con España por el control del comercio y la colonización del continente americano.

Antes de continuar

Verificar la comprensión ¿De qué manera la exploración europea abrió nuevas rutas comerciales?

EVALUACIÓN CONTINUA

LABORATORIO DE LECTURA GeoDiario

1. **Resumir** ¿Qué efectos tuvo el comercio triangular sobre los europeos, los grupos indígenas americanos y los africanos?
2. **Hacer inferencias** ¿Qué papel desempeñaron los pueblos indígena en la economía del Caribe?
3. **Movimiento** Sigue el flujo del comercio triangular desde el Caribe hacia Europa y África. Describe el patrón que sigue el comercio usando palabras que sirvan para orientarse. Usa la escala del mapa para estimar la distancia entre África y el Caribe.

2.2 El Intercambio Colombino

TECHTREK
Visita **myNGconnect.com** para ver fotos y una guía en línea para la escritura en inglés
Student Resources
Digital Library

El comercio triangular entre Europa, América y África causó un intercambio de plantas, animales e incluso enfermedades. Este intercambio mundial pasó a llamarse "Intercambio Colombino", por el apellido de Cristóbal Colón. Los elementos básicos de la vida cotidiana—desde lo que comían las personas hasta si vivirían o morirían—cambiaron para siempre en varios continentes.

DOCUMENTO 1

El diagrama de la derecha ilustra los cultivos y enfermedades que se intercambiaron de un continente a otro.

RESPUESTA DESARROLLADA

1. De acuerdo con el diagrama, ¿qué cultivos de Europa pasaron a ser importantes para la economía del Caribe? ¿En qué dirección viajaron las enfermedades durante el **Intercambio Colombino**?

El Intercambio Colombino

DOCUMENTO 2

El diario de Colón

Colón llevaba un diario de a bordo, donde detalló su llegada al Caribe en 1492. Este pasaje describe los primeros intercambios realizados con los indígenas americanos.

RESPUESTA DESARROLLADA

2. Explica qué se puede inferir a partir del enunciado de Colón que dice: "Y yo estaba atento y trabajaba de saber si había oro".

Sábado 13 de octubre de 1492

Luego que amaneció vinieron a la playa muchos de estos hombres [...] Traían ovillos de algodón hilado y papagayos y azagayas y otras cositas [...] y todo daban por cualquier cosa que se les diese. Y yo estaba atento y trabajaba de saber si había oro [...] [Intercambian lo que pueden] hasta los pedazos de las escudillas y las tazas rotas.

TRAÍAN OVILLOS DE ALGODÓN HILADO Y PAPAGAYOS Y AZAGAYAS Y OTRAS COSITAS [...] Y TODO DABAN POR CUALQUIER COSA QUE SE LES DIESE.

— CRISTÓBAL COLÓN

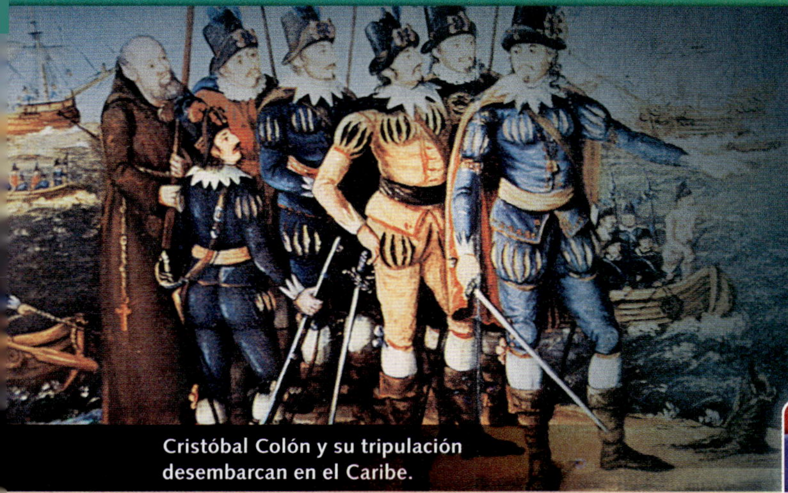

Cristóbal Colón y su tripulación desembarcan en el Caribe.

DOCUMENTO 3

El punto de vista de un historiador

Alfred Crosby es el historiador que acuñó el término "Intercambio Colombino". A continuación se muestra un fragmento de un ensayo que escribió sobre el impacto global del Intercambio Colombino.

> ¿Cuál es el alimento básico de los pueblos bantúes que habitan en África del Sur? El maíz, un alimento americano. ¿Cuál es el alimento básico de Kansas y de la Argentina? El trigo, un alimento del Viejo Mundo [europeo]...
>
> ¿Cuántos de nosotros, los seis mil millones de habitantes del mundo, dependen para alimentarse de cultivos y carnes de animales que jamás habían cruzado los océanos hasta 1492?

RESPUESTA DESARROLLADA

3. ¿Qué intenta señalar Alfred Crosby sobre los alimentos básicos de África del Sur, Kansas y la Argentina?

EVALUACIÓN CONTINUA

LABORATORIO DE ESCRITURA — GeoDiario

Práctica de preguntas basadas en documentos Observa la ilustración y vuelve a leer la entrada del diario y el fragmento del ensayo de Crosby. ¿Qué te dicen estos documentos sobre el Intercambio Colombino?

Paso 1. Repasa lo que sabes sobre cómo se desarrolló el comercio entre los continentes.

Paso 2. Toma apuntes sobre las ideas principales expresadas en los documentos 1, 2 y 3.

Document 1: Diagrama del Intercambio Colombino

Idea(s) principal(es) ______________

Document 2: Cita de Colón

Idea(s) principal(es) ______________

Document 3: Fragmento del ensayo de Alfred Crosby

Idea(s) principal(es) ______________

Paso 3. Escribe una oración temática que responda esta pregunta: ¿De qué manera el Intercambio Colombino cambió el abastecimiento de alimentos del mundo?

Paso 4. Escribe un párrafo que explique el efecto del Intercambio Colombino sobre el abastecimiento de alimentos en Europa y América. Visita el recurso en inglés **Student Resources** para ver una guía en línea de escritura en inglés.

2.3 El camino hacia la independencia

TECHTREK
Visita **myNGconnect.com** para ver un mapa en línea de las colonias europeas en la región.
Maps and Graphs

Idea principal Idea s sobre la libertad condujeron a las luchas por la independencia de Centroamérica y el Caribe durante el siglo XIX.

El Intercambio Colombino condujo a una competencia creciente entre los países europeos por el dominio del comercio mundial. Hacia mediados de la década de 1870, Europa había colonizado casi la totalidad de Centroamérica y el Caribe. Los trabajos forzados y otras prácticas crueles de los colonizadores generaron sentimientos a favor de la independencia entre los grupos indígenas, que anhelaban recuperar el control de sus tierras.

Haití marca el camino

En 1791, Haití (en ese entonces llamado Saint-Domingue) se había convertido en el principal productor de caña de azúcar del Caribe. Un puñado de franceses acaudalados residentes en Haití controlaba a medio millón de esclavos. El trabajo de estos esclavos era la columna vertebral de la economía. A medida que crecía la demanda de caña de azúcar, más esclavos eran llevados a Haití desde África. Hacia 1791, los esclavos superaban ampliamente en número a los hacendados blancos.

Dos años antes había triunfado en Francia una revolución, en la que el gobierno había sido derrocado. Hacia agosto de 1791, el conflicto se había extendido a Haití. Mientras los hacendados europeos, los negros libertos, los ingleses y los franceses luchaban, los esclavos haitianos iniciaron una rebelión.

En 1794, el gobierno francés abolió la esclavitud, pero mantuvo el control de la isla. **Toussaint L'Ouverture**, que había sido esclavo, inició un movimiento a favor de la independencia. El ejército de L'Ouverture combatió a los franceses hasta 1803, cuando L'Ouverture murió en prisión. Poco después de su muerte, el ejército de L'Ouverture derrotó militarmente a los franceses. Haití se declaró independiente el 1 de enero de 1804.

Se esparce el llamado a la libertad

Las colonias españolas en América eran gobernadas por virreyes españoles, gobernadores que representaban al rey y a la reina de España. Los **virreyes** controlaban los recursos de la tierra (como el oro, la plata y los cultivos) y también el trabajo de los indígenas. La mayor parte de la región estaba bajo el control oficial del virrey español de la Ciudad de México.

En 1821, México asumió el control de gran parte de lo que actualmente es Centroamérica. La región se liberó del control mexicano en 1823, convirtiéndose en las Provincias Unidas de Centroamérica. Las **provincias** son las partes más pequeñas que forman una nación. Sin embargo, los conflictos internos renovaron los llamados por la independencia. En el transcurso de los siguientes 20 años, cada una de las provincias (Guatemala, Honduras, El Salvador, Nicaragua y Costa Rica) declararía su independencia.

INDEPENDENCIA DE CENTROAMÉRICA Y EL CARIBE

Toussaint L'Ouverture, líder de la rebelión de esclavos de Haití

Décadas de 1820 a 1840 Guatemala, Honduras, El Salvador, Nicaragua, Costa Rica y República Dominicana

1800

1850

1804 Haití

1823 Centroamérica se convierte en las Provincias Unidas de Centroamérica.

Juan Pablo Duarte, padre de la independencia de la República Dominicana

POSESIONES COLONIALES EUROPEAS

La independencia del Caribe

Como has aprendido, Haití fue la primera isla del Caribe en obtener la independencia. Tanto los Estados Unidos como Europa buscaban mantener el control de los numerosos recursos de las islas. Como consecuencia, casi ninguna de las islas obtendría la independencia hasta los inicios del siglo XX.

De hecho, varias islas obtuvieron la independencia recientemente, durante la segunda mitad del siglo XX, como muestra la línea cronológica. En la actualidad, algunas de las islas mantienen los lazos con los países europeos que las colonizaron. Por ejemplo, Bermudas continúa siendo territorio británico y Aruba sigue formando parte de los Países Bajos.

Antes de continuar

Hacer inferencias ¿De qué manera puede haber contribuido la intención española de controlar los recursos a que surgieran las luchas por la independencia?

EVALUACIÓN CONTINUA

LABORATORIO DE MAPAS

GeoDiario

1. **Ubicación** Recorre con el dedo los límites del Virreinato de Nueva España que se muestran en el mapa. ¿Qué países actuales se encuentran dentro del área del virreinato?
2. **Interpretar mapas** Busca Panamá *(Panama)* en el mapa. ¿A qué virreinato pertenecía? ¿Por qué crees que Panamá puede considerarse como parte de Suramérica en lugar de como parte de Centroamérica?
3. **Hacer inferencias** ¿Qué hecho sobre Toussaint L'Ouverture podría explicar su compromiso para obtener la independencia de los esclavos de Haití?
4. **Interpretar líneas cronológicas** ¿Entre qué años se produjo el período más prolongado sin declaraciones de independencia de los países de Centroamérica y el Caribe?

1902 Cuba

1903 Panamá

La bandera de Panamá

1900 — **1950** — **PRESENTE**

Década de 1960 Trinidad y Tobago, Jamaica, Barbados

Décadas de 1970 a 1980 Granada, Dominica, Bahamas, Santa Lucía, San Vicente y las Granadinas, Antigua y Barbuda, Belice, San Cristóbal y Nieves

2.4 Comparar Cuba y Puerto Rico

TECHTREK
Visita myNGconnect.com para ver mapas y fotografías de Cuba y Puerto.
Maps and Graphs
Digital Library

Idea principal Cuba y Puerto Rico siguieron rumbos económicos muy diferentes en el siglo XX.

España colonizó las islas de Cuba y Puerto Rico en su búsqueda de oro, plata y otras riquezas. Las condiciones de las islas resultaban ideales para cultivar caña de azúcar, y ambas islas contaban con puertos o **embarcaderos** naturales, es decir, lugares donde los barcos pueden atracar protegidos del mar abierto.

Cuba hacia el siglo XXI

Cuba fue colonia de España desde 1511 hasta 1898. Los españoles construyeron la ciudad de La Habana, donde los barcos europeos cargados de, por ejemplo, plata y maíz se detenían antes de cruzar el Atlántico. Los colonizadores españoles también sembraron plantaciones de caña de azúcar.

Sin embargo, los cubanos nacidos allí querían controlar los recursos y el destino político de su país. Durante la década de 1880, estallaron varias rebeliones sin éxito. Cuba finalmente se independizó de España en 1898, después de que los EE. UU. derrotaran a España en la guerra Hispano-Estadounidense. Las tropas estadounidenses continuaron la ocupación de Cuba, controlando gran parte de la economía del país. Durante los siguientes 50 años, una serie de líderes controlaron el gobierno de Cuba. Muchos eran corruptos, o deshonestos, y gobernaron como **dictadores**, ejerciendo un control total sobre el país.

En 1959, un líder revolucionario llamado Fidel Castro derrocó al dictador de Cuba. Las tropas de Castro tomaron el gobierno, se apropiaron de todas las tierras y las propiedades de las personas e instauraron el comunismo en Cuba. Castró se apoderó de negocios pertenecientes a los EE. UU. y estableció vínculos con la Unión Soviética, un enemigo de los Estados Unidos. Los Estados Unidos finalmente cortaron todos los lazos políticos y económicos con Cuba.

Al inicio de la década de 1990, el gobierno cubano controlaba todas las actividades económicas. En 1993, para mejorar la economía, el gobierno comenzó a permitir que los ciudadanos abieran sus propios negocios.

Estado Libre Asociado

Al igual que Cuba, Puerto Rico fue colonia española desde comienzos del siglo XVI hasta 1898. Durante este período, los españoles explotaron las minas de oro y las plantaciones de caña de azúcar. El control español empobrecía a la mayoría de los puertorriqueños, así que estos intentaron rebelarse contra España.

Durante la guerra Hispano-Estadounidense, los Estados Unidos enviaron tropas a Puerto Rico. La ubicación de la isla era importante para los intereses militares y económicos de los EE. UU. Después de la rendición española en 1898, el Tratado de París convirtió a la isla en territorio estadounidense. En 1917, se concedió la ciudadanía estadounidense

CUBA

1850

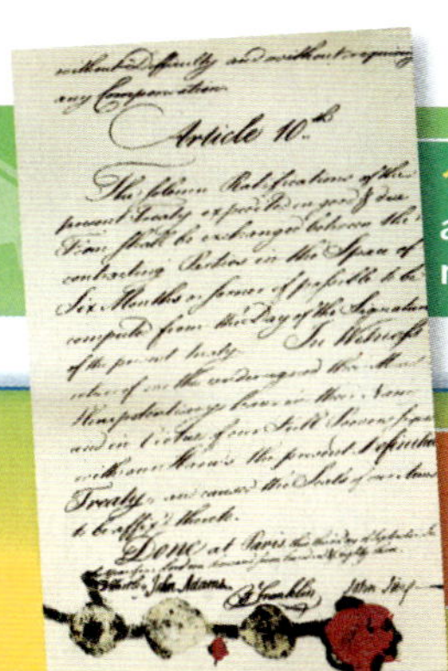

1898 El Tratado de París concede a Cuba la independencia; EE. UU. mantiene la ocupación del país.

1901 Los Estados Unidos instalan una base naval en la bahía de Guantánamo, Cuba.

1900

PUERTO RICO

1898 El Tratado de París le quita a España el control de Puerto Rico y se lo cede a los Estados Unidos

1917 Se concede la ciudadanía estadounidense a los puertorriqueños.

RECURSOS ECONÓMICOS DE CUBA

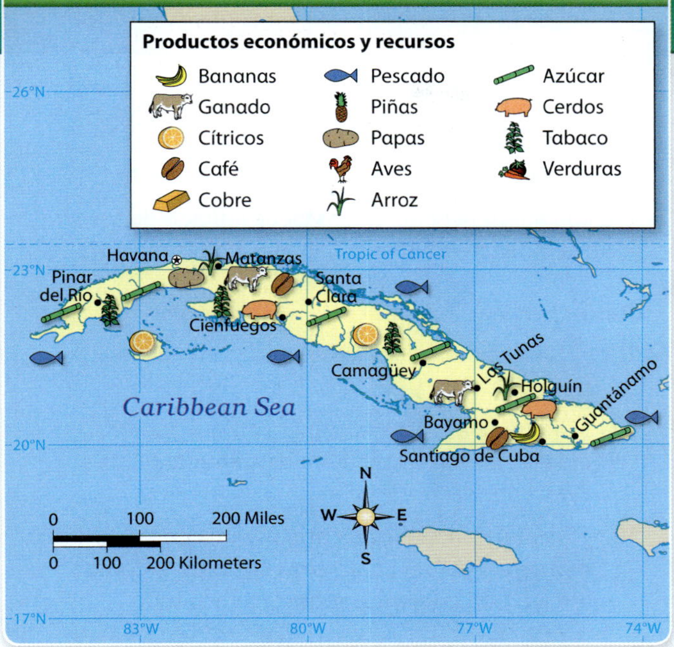

RECURSOS ECONÓMICOS DE PUERTO RICO

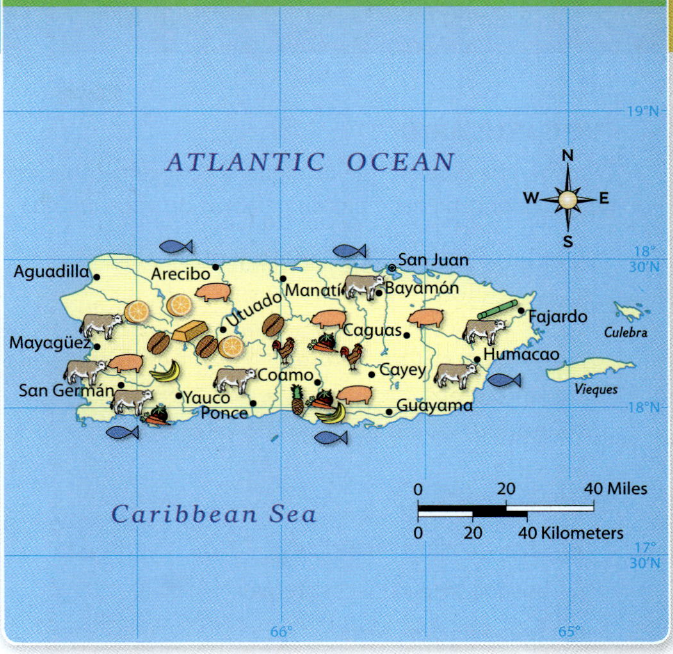

a los puertorriqueños. Por muchos años, los puertorriqueños se esforzaron en conseguir una mayor libertad de los Estados Unidos. En 1952, Puerto Rico se convirtió en un Estado Libre Asociado, o una **mancomunidad** de los EE. UU: una nación que se gobierna a sí misma pero es parte de un país mayor.

Los puertorriqueños, a diferencia de los cubanos, tienen libertad política. Al igual que los Estados Unidos, Puerto Rico tiene una economía de libre empresa. El gobierno ha hecho lo posible para que los puertorriqueños emprendan nuevos negocios y la economía dependa menos de la agricultura y se base en las manufacturas. Miles de puertorriqueños trabajan en fábricas de productos de alta tecnología. Muchos también trabajan el turismo.

Antes de continuar

Resumir ¿De qué manera las diferencias entre los gobiernos de Cuba y Puerto Rico influyeron sobre las oportunidades económicas de ambos países?

EVALUACIÓN CONTINUA

LABORATORIO DE MAPAS GeoDiario

1. **Interpretar mapas** ¿A qué recurso se destina la mayor porción de tierras en Cuba? ¿Y en Puerto Rico?
2. **Región** Observa el mapa del clima de la Sección 1.1 y los mapas de la parte superior de esta página. ¿Por qué los recursos económicos son semejantes en ambos países?
3. **Hacer inferencias** ¿Por qué los Estados Unidos quisieron controlar Cuba y Puerto Rico después de la guerra Hispano-Estadounidense?
4. **Interpretar líneas cronológicas** ¿Qué acontecimientos muestran la relación de cada país con los Estados Unidos?

Fidel Castro

1925 Se forma el Partido Comunista de Cuba.

1959 Castro toma el poder; Cuba se convierte en un país comunista.

Sila Calderón

1950

PRESENTE

Década de 1920 El Partido Nacionalista de Puerto Rico aboga por independizarse de los Estados Unidos.

1952 Puerto Rico se convierte en una mancomunidad de los EE. UU.

2000 Sila Calderón es la primera mujer en ser elegida gobernadora de Puerto Rico.

Repaso

VOCABULARIO

Escribe una oración que explique la conexión entre las dos palabras de cada par de palabras de vocabulario.

1. istmo; archipiélago

Un istmo es una franja estrecha de tierra que une dos áreas grandes de tierra, mientras que un archipiélago es un grupo de islas.

2. sísmico; placa tectónica
3. bosque tropical; ecosistema
4. deforestación; fértil
5. cultivos comerciales; escasez
6. provincia; virrey
7. embarcadero; mancomunidad

IDEAS PRINCIPALES

8. ¿Qué característica de Centroamérica hace que el suelo sea fértil? (Sección 1.1)
9. ¿Cómo afectan los terremotos y los volcanes a Centroamérica y al Caribe? (Sección 1.2)
10. ¿Cuáles son algunas de las causas de la deforestación del bosque tropical? (Sección 1.3)
11. ¿De qué manera crear nuevos empleos ayudará a salvar a las tortugas marinas de Nicaragua? (Sección 1.4)
12. ¿De qué manera la llegada de Colón al Caribe desencadenó el desarrollo del comercio internacional? (Sección 2.1)
13. ¿Cómo influyó el Intercambio Colombino en los europeos y en los pueblos indígenas del Caribe? (Sección 2.2)
14. ¿Qué acciones de los españoles impulsaron a los países de Centroamérica y del Caribe a buscar su independencia? (Sección 2.3)
15. ¿Cómo se desarrollaron las economías de Cuba y Puerto Rico después de independizarse de España? (Sección 2.4)

GEOGRAFÍA

ANALIZA LA PREGUNTA FUNDAMENTAL

¿De qué modo la geografía física ha influido de manera positiva o negativa sobre la economía de la región?

Visión crítica: Comparar y contrastar

16. ¿Qué características físicas tienen en común Centroamérica y el Caribe?
17. ¿En qué se asemeja la manera en que fueron creadas las masas de tierra de Centroamérica y del Caribe?
18. ¿Qué diferencia existe entre el clima de las montañas y el de las llanuras costeras? ¿Cómo influye esta diferencia sobre la agricultura?

INTERPRETAR MAPAS

19. **Interpretar mapas** ¿Cuál es el principal uso de la tierra en Centroamérica?
20. **Sacar conclusiones** Busca en el mapa las zonas de pantanos. ¿Qué conclusión puedes sacar sobre la ubicación de los pantanos en Centroamérica?

HISTORIA

ANALIZA LA PREGUNTA FUNDAMENTAL

¿Qué influencia han ejercido los recursos económicos sobre la historia de la región?

Visión crítica: Analizar causa y efecto

21. ¿Cómo contribuyeron los volcanes al éxito de la agricultura en la región?
22. ¿Qué esperaban obtener los españoles a través del control de la región?
23. ¿Qué efecto tuvo el control externo sobre la independencia de las islas caribeñas?
24. ¿Qué efecto político tuvieron Fidel Castro y su ejercito sobre Cuba?
25. ¿Por qué las manufacturas han desplazado a la agricultura como principal actividad económica de Puerto Rico?

INTERPRETAR TABLAS

POBLACIÓN DE HAITÍ EN 1789

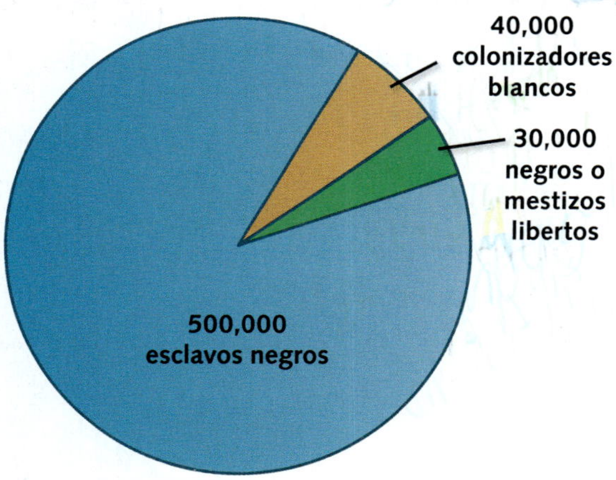

Fuente: Syracuse University Library http://researchguides.library.syr.edu

26. **Analizar datos** ¿En qué cantidad superaban los esclavos negros a los colonizadores blancos de Haití en 1789?
27. **Hacer inferencias** ¿De qué manera la distribución racial de la población haitiana de 1789 ayuda a explicar el estallido de la rebelión?

OPCIONES ACTIVAS

Sintetiza las preguntas fundamentales completando las siguientes actividades.

28. **Hacer un cartel** Persuade a las personas para que te ayuden a recolectar fondos para una causa centroamericana. Escoge entre la preservación del bosque tropical y la protección de las tortugas marinas. Define a qué grupo buscas persuadir, por ejemplo, tu escuela, tus amigos o el gobierno. **Muestra tu cartel a la clase. Comenta qué características del cartel son persuasivas.**

Sugerencias para el cartel
- Piensa en los grupos a los que deseas convencer. Pregúntate: ¿Quién podría ayudar más? ¿De qué manera podría contribuir con la causa este grupo?
- Toma notas sobre el tipo de información que pudiese convencer al grupo de sumarse a tu campaña.
- Crea un eslogan original para tu campaña, que sirva para llamar la atención.

29. **Hacer una tabla** Haz una tabla que muestre comparaciones entre tres países de la región. Asegúrate de que uno de los países pertenezca a Centroamérica y otro al Caribe. Usa recursos en línea para reunir datos sobre recursos económicos y líderes actuales. En la tabla, muestra lo siguiente:

	(País centroamericano)	(País caribeño)	(Tu elección)
Población			
Millas cuadradas de territorio			
Tipos de tierra			
Principales recursos económicos			

CAPÍTULO 6

Centroamérica y el Caribe HOY

VISTAZO PREVIO AL CAPÍTULO

Pregunta fundamental ¿De qué manera el comercio y la globalización influyen actualmente sobre las culturas de la región?

SECCIÓN 1 • CULTURA

VOCABULARIO CLAVE

- turismo
- encrucijada
- fusionar
- canal
- terreno
- esclusa

VOCABULARIO ACADÉMICO

definido, eliminar

TÉRMINOS Y NOMBRES

- taínos
- calipso
- Zona del Canal de Panamá

Pregunta fundamental ¿De qué manera la región está intentando mejorar el nivel de vida?

SECCIÓN 2 • GOBIERNO Y ECONOMÍA

VOCABULARIO CLAVE

- infraestructura
- reserva
- política
- *marketing*
- nivel de vida
- seguridad alimentaria
- calentamiento global
- desnutrición
- excedente
- emigrar
- remesa
- hábitat
- ecoturismo

VOCABULARIO ACADÉMICO

desplazar

TÉRMINOS Y NOMBRES

- Índice de Desarrollo Humano
- Puerto Príncipe

TECHTREK PARA ESTE CAPÍTULO

Student eEdition

Maps and Graphs

Interactive Whiteboard GeoActivities

Digital Library

Visita **myNGconnect.com** para obtener más información sobre Centroamérica y el Caribe.

La agricultura y el turismo son los motores de la economía de Souffriere, una pequeña ciudad de la isla de Santa Lucía, en el mar Caribe.

SECCIÓN 1 CULTURA

1.1 El impacto del turismo

TECHTREK

Visita myNGconnect.com para ver una tabla en inglés y fotos sobre el turismo en la región.

Student Resources | Digital Library

Idea principal Las visitas que los turistas realizan a Centroamérica y el Caribe tienen un impacto importante sobre los ingresos y los recursos de la región.

El **turismo**, o el negocio de los viajes, es una fuente importante de ingresos para Centroamérica y el Caribe. Sin embargo, al recibir más de 20 millones de turistas al año, el medio ambiente puede resultar perjudicado.

La diversidad atrae a las personas

Durante siglos, esta región ha sido una **encrucijada** de culturas, un lugar de encuentro para comerciantes y colonizadores de diversos países. La riqueza de los recursos atrajo a los europeos, incluyendo a ingleses, franceses y holandeses. El tráfico de esclavos trajo la cultura africana a la región. La mezcla de culturas es parte del atractivo de la región.

Desde la década de 1980, gracias a los viajes aéreos globales y a la publicidad, el turismo se ha convertido en una industria importante. Los turistas habitualmente se hospedan en alguno de los numerosos centros turísticos de las islas, o en cruceros que van navegando de una isla a otra. Estas "estadías turísticas", sin embargo, pueden tener efectos negativos a largo plazo.

Esfuerzos para mejorar

Durante sus estadías, los turistas gastan muchísima electricidad y consumen grandes cantidades de agua y alimentos. Esto genera una escasez para los lugareños. Los grandes complejos turísticos y los cruceros contaminan el aire y el agua, lo cual es una amenaza para la vida marina.

Ciertas organizaciones, como la Naciones Unidas, buscan mejorar la protección del medio ambiente. Sin embargo, como el turismo es una parte tan importante de la economía de la región, en ocasiones los gobiernos locales se resisten a implementar nuevas limitaciones. Muchos viajeros y negocios realizan esfuerzos para contrarrestar los daños.

Los cruceros están comenzando a usar materiales reciclables y a ahorrar combustible para continuar ofreciendo sus servicios sin aumentar el daño al medio ambiente. Algunos turistas incluso colaboran con los programas destinados a plantar árboles en la región.

Antes de continuar

Verificar la comprensión ¿De que manera afecta el turismo a los ingresos y los recursos de la región?

Visión crítica Estas pirámides en Guatemala son templos donde los antiguos mayas practicaban su religión. ¿Qué aspectos de estas ruinas podrían hacerlas interesantes para los turistas?

TURISMO EN CENTROAMÉRICA Y EL CARIBE

País	Llegadas de turistas internacionales * (cantidad de personas)	Ingresos por el turismo ** (miles de millones de $ EE. UU.)	Porcentaje de ingresos por el turismo sobre el total ** (por ciento)
Bahamas	5,003,967	$2.2	64.6
Barbados	1,272,772	$1.2	56.6
Belice	1,082,268	$0.3	35.0
República Dominicana	4,239,686	$4.0	34.0
El Salvador	966,416	$0.8	20.9
Guatemala	1,181,526	$1.1	12.1
Honduras	1,056,642	$0.6	8.5
Nicaragua	734,971	$0.3	9.4
Panamá	1,004,207	$1.2	12.6
Santa Lucía	802,240	$0.3	66.0

*** Fuente:** Asociación de Estados del Caribe
**** Fuente:** Banco Mundial en Línea

Esta excursión de turismo de aventura en Martinica cuenta con guías locales.

EVALUACIÓN CONTINUA

LABORATORIO DE DATOS

GeoDiario

1. **Interpretar tablas** ¿Qué país de la región obtuvo los mayores ingresos generados por el turismo? ¿Qué país obtuvo los menores ingresos?
2. **Analizar datos** ¿Cuál es el país que más depende de los ingresos generados por el turismo?
3. **Identificar soluciones** ¿Qué pueden hacer los viajeros y la industria turística para causar menos daño al medio ambiente de la región?

1.2 La música y la comida del Caribe

TECHTREK
Visita myNGconnect.com para ver un clip musical, fotos y una guía para la escritura en inglés.
Digital Library
Student Resources

Idea principal La música y la comida del Caribe combinan influencias de culturas indígenas y de otras culturas del mundo.

El comercio mundial y las comunicaciones globales han difundido por todo el mundo aspectos de la cultura del Caribe. Al mismo tiempo, otras culturas continúan ejerciendo una influencia sobre la música y la comida de la región.

La comida del Caribe

Desde del Intercambio Colombino, la dieta de la región se ha enriquecido gracias a las influencias nuevas. Las comidas de los indígenas **taínos** se han **fusionado**, o combinado, con las comidas de Europa, África y Asia, creando así una rica tradición gastronómica.

Los alimentos básicos de las Antillas Mayores abarcan el arroz, los frijoles, los ñames, los pimientos, los plátanos (parecidos a las bananas) y los aguacates. El pollo y el pescado también forman parte de la dieta de la región. Los cocineros caribeños emplean mezclas de especias para sazonar los platos. El condimento jamaiquino conocido en inglés como *Jamaican jerk*, por ejemplo, es una mezcla **definida**, o fácilmente reconocible, de especias picantes que se usan para asar carnes a la parrilla. Los esclavos africanos libertos que vivían en las montañas de Jamaica desarrollaron esta mezcla de especias para conservar la carne. En la actualidad, muchas familias jamaiquinas mantienen la tradición de realizar grandes almuerzos familiares los domingos. Entre las comidas que se sirven puede haber pollo preparado de esta manera, pescado, plátanos fritos y un plato popular de arroz y frijoles de ojo negro.

En el pasado, los isleños se alimentaban con dietas saludables a base de frutas y verduras, acompañadas de carne o pescado. Con la apertura comercial que se estableció durante la década de 1990, se instalaron en la región

Los camarones con chile son un plato picante muy popular en Jamaica.

restaurantes de comidas rápidas que añadieron comidas modernas a la dieta de los isleños.

La música del Caribe

Las culturas indígenas usaban instrumentos de viento y tambores para hacer música. Los colonos europeos trajeron a las islas los instrumentos de cuerdas. Las culturas de las islas fusionaron los instrumentos y ritmos europeos y africanos para crear sus propios estilos musicales.

El **calipso** se originó en la isla de Trinidad como un tipo de música folclórica. Cuenta historias en el idioma local usando ritmos simples. Durante la década de 1970 se desarrolló la *soca*, que es una combinación de calipso con música de la zona este de la India. Los estilos musicales afrocubanos llegaron a Nueva York en la década de 1940, donde se combinaron con el jazz para crear la *salsa*. Otros estilos caribeños famosos son el *merengue*, originario de República Dominicana, y el *ska* y el *reggae*, nacidos en Jamaica.

Antes de continuar

Verificar la comprensión ¿Qué comidas y estilos musicales se han fusionado y han pasado a formar parte de la cultura de las islas caribeñas?

Estos bailarines realizan una danza tradicional durante la celebración del Día Nacional del Folclore, en la República Dominicana.

Visión crítica Basándote en la foto, ¿cómo describirías las características de esta danza folclórica?

EVALUACIÓN CONTINUA

LABORATORIO DE ESCRITURA GeoDiario

1. **Resumir** ¿Cuáles son algunas de las influencias que recibieron los estilos musicales del Caribe?
2. **Escribir informes** Escribe un párrafo que identifique los efectos de las influencias globales sobre la cultura tradicional de esta región. ¿Son efectos positivos o negativos? Asegúrate de considerar todos los efectos positivos y negativos y de explicar por qué consideras que predominan los positivos o los negativos. Usa evidencia del texto para apoyar tu respuesta. Visita el recurso **Student Resources** para ver una guía en línea de escritura en inglés.

SECCIÓN 1 CULTURA

1.3 El canal de Panamá

TECHTREK

Visita myNGconnect.com para ver fotos y una ilustración en inglés del canal de Panamá.

Digital Library | Student Resources

Idea principal El canal de Panamá es una vía fluvial que conecta los océanos Atlántico y Pacífico.

Ya en el siglo XVI, los españoles querían crear una vía fluvial artificial, o **canal**, a través del istmo de Centroamérica. Un canal reduciría considerablemente el viaje de los barcos que navegaban de Europa al Pacífico.

Conectar dos océanos

Las rutas comerciales que unían el Atlántico con el Pacífico requerían hacer un difícil viaje por tierra o una larga navegación alrededor del extremo sur de Suramérica. En 1855, losEstados Unidos construyeron el primer ferrocarril entre las costas de Panamá. Los bienes y las personas ahora podían atravesar el istmo en tren. Sin embargo, la idea de construir un canal permanecía latente.

La construcción del canal

Panamá declaró su independencia de Colombia en 1903. El nuevo gobierno firmó luego un tratado que entregaba a los Estados Unidos el control de la **Zona del Canal de Panamá**, el área en la que se construiría el canal de Panamá.

Para construir el canal se debían superar muchos obstáculos. Con el objetivo de cuidar la salud de los trabajadores, los médicos trabajaron para **eliminar**, o deshacerse, de los mosquitos que contagiaban enfermedades graves. El **terreno** de Panamá, es decir, las características físicas de la tierra, también presentaban grandes desafíos. Casi 40,000 personas trabajaron simultáneamente haciendo planos, desmalezando el terreno, secando pantanos y perforando rocas. Se precisaron 100 máquinas de vapor y 10 años para completar el canal (desde 1904 hasta 1914); más de 20,000 trabajadores murieron durante la construcción.

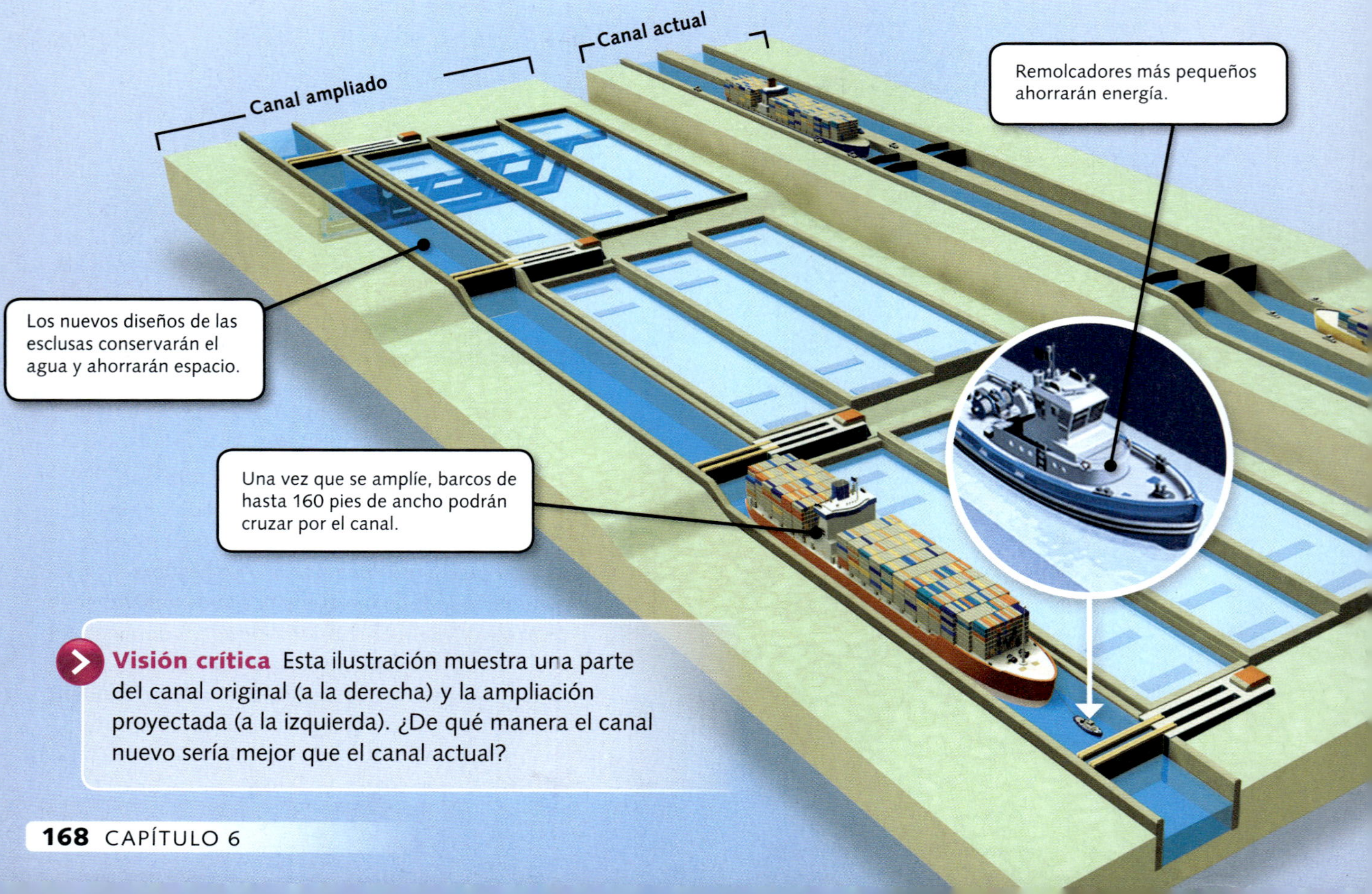

Visión crítica Esta ilustración muestra una parte del canal original (a la derecha) y la ampliación proyectada (a la izquierda). ¿De qué manera el canal nuevo sería mejor que el canal actual?

HITOS DE LA HISTORIA DEL CANAL DE PANAMÁ

1855	Los Estados Unidos construyen un ferrocarril entre ambas costas de Panamá.
1881	Una compañía francesa intenta construir un canal a través de Panamá.
1889	Fracasa el plan de la compañía francesa para construir un canal.
1903	Panamá declara su independencia de Colombia; se conceden los derechos del canal a los Estados Unidos.
1914	Se habilita el canal de Panamá al tráfico marítimo.
1977	Un tratado con los Estados Unidos concede a Panamá la propiedad de la Zona del Canal.
1999	Se otorga a Panamá el control total del canal.
2016	Está programada la terminación de la ampliación del canal.

Vocabulario visual Las **esclusas** son compartimientos que sirven para equilibrar los niveles del agua entre las vías fluviales conectadas. Estas esclusas del canal de Panamá son las primeras en la ruta hacia el océano Pacífico.

El canal conecta al mundo

El eslogan del canal de Panamá “La tierra separada, el mundo unido” refleja la importancia de esta vía fluvial. Antes de la construcción del canal, un barco que viajaba de Nueva York a San Francisco debía navegar 14,000 millas. Las 51 millas del canal acortaron el viaje casi a la mitad, a unas 6,000 millas.

Gracias a los avances tecnológicos, se construyen barcos cada vez más grandes. En 2006, Panamá votó a favor de realizar una ampliación del canal, para poder recibir a estos barcos grandes y para solucionar los atascos que se generan como consecuencia del aumento del comercio. Se espera que el proyecto esté terminado en 2016.

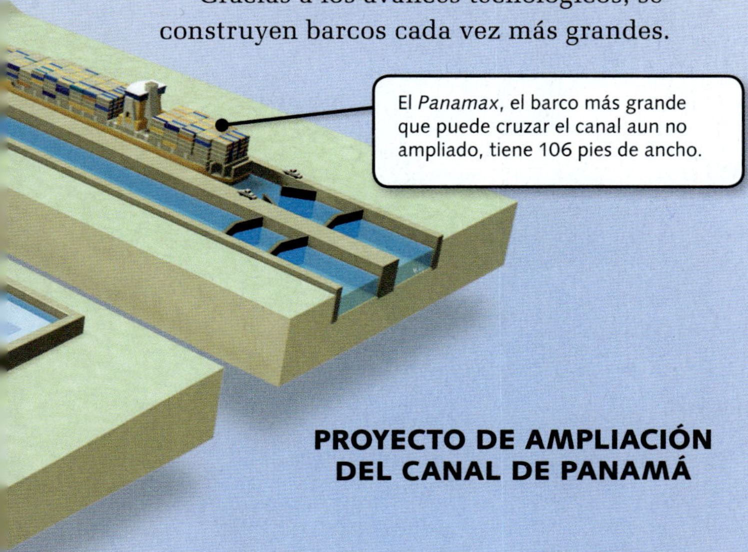

PROYECTO DE AMPLIACIÓN DEL CANAL DE PANAMÁ

Antes de continuar

Hacer inferencias ¿Qué hizo que fuera importante construir una vía fluvial para conectar el Atlántico y el Pacífico?

EVALUACIÓN CONTINUA

LABORATORIO VISUAL GeoDiario

1. **Ubicación** Observa el mapa de localización que muestra la ubicación del canal de Panamá (Panama Canal). ¿Por qué crees que los constructores escogieron ese sitio y no otro?
2. **Analizar elementos visuales** De acuerdo con la ilustración, ¿de qué manera la ampliación del canal de Panamá permitirá ahorrar dinero?
3. **Resumir** De acuerdo con los hitos, ¿cuánto tiempo estuvo el canal bajo el control de los Estados Unidos?

2.1 Comparar Costa Rica y Nicaragua

TECHTREK Visita **myNGconnect.com** para ver fotos de Costa Rica y Nicaragua.

Digital Library

Idea principal Tanto Costa Rica como Nicaragua trabajan para lograr una economía más estable, pese a sus diferentes condiciones políticas.

La historia de Costa Rica y la historia de Nicaragua durante el siglo XX han sido muy diferentes: Costa Rica se convirtió en una democracia sólida y estable, mientras que Nicaragua se convirtió en el país más pobre de Centroamérica.

Diferentes rumbos políticos

La paz reina en Costa Rica desde hace más de 60 años. De hecho, el país no tiene ejército desde 1949. San José, la capital de Costa Rica, alberga numerosas organizaciones internacionales de derechos humanos. Sin conflictos políticos que interfirieran, Costa Rica tuvo la posibilidad de lograr una economía estable. El turismo es la principal fuente de ingresos del país. Esta industria emplea a más del 50 por ciento de la población económicamente activa.

A diferencia de Costa Rica, Nicaragua ha tenido gobiernos inestables desde su independencia de España en 1821. Esta inestabilidad incluyó dictadores y guerras civiles que se extendieron hasta la década de 1990. Además, el país fue azotado por un huracán muy fuerte en 1998. El huracán destruyó la **infraestructura** de Nicaragua, es decir, los sistemas básicos de una sociedad, tales como las carreteras, los puentes y el tendido eléctrico. Miles de personas perdieron su hogar, su empleo y dejaron de recibir atención médica.

Las condiciones de inestabilidad dificultan aún más la lucha contra la pobreza. Nicaragua entró al siglo XXI enfrentando desafíos: necesita reconstruir su economía y desarrollar programas sociales para asistir a los pobres, quienes constituyen aproximadamente un cuarto de la población del país.

Vocabulario visual Una **reserva** son tierras destinadas a la agricultura. Los miembros de la Reserva Natural Miraflor, en Nicaragua, pueden establecer granjas agrícolas en esas tierras.

Desafíos económicos

La economía de Costa Rica ha crecido durante los últimos 20 años. Sin embargo, la tasa de pobreza se ha mantenido entre el 15 y 20 por ciento. Los cambios en la **política** del gobierno, esto es, las pautas y procedimientos oficiales, podrían explicar la ausencia de mejoras.

En la década de 1980, después de años de endeudarse y gastar de manera excesiva, el país se estaba quedando sin dinero. Durante las décadas siguientes, se pusieron en práctica varias políticas para enfrentar esta crisis económica. El gobierno restringió el gasto público y aumentó los impuestos. Se redujeron los recursos destinados a programas sociales, muchos de los cuales habían sido creados para ayudar a los más pobres. En 2007, en un esfuerzo por alcanzar un crecimiento económico, Costa Rica se sumó a otros países centroamericanos en un acuerdo de libre comercio con los Estados Unidos. El acuerdo entró en vigencia en 2009.

COMPARACIÓN DE INDICADORES DE DESARROLLO

	Costa Rica	Nicaragua
Esperanza de vida al nacer	79 años	74 años
Tasa de alfabetización de persona mayores de 15	94.9%	67.5%
Ingreso per cápita (dólares estadounidenses)	$7,640	$1,510
Población por debajo de la línea de pobreza	24.8%	42%

Fuente: Almanaque mundial de la CIA; Banco Mundial, 2011, 2012 (est.)

Nicaragua se sumó al mismo acuerdo de libre comercio. El 2012, la economía nicaragüense creció un 4%, siguiendo de cerca a la de Costa Rica. Sin embargo, la pobreza rural en Nicaragua todavía es un problema. Los negocios en el campo han usado el ***marketing*** (publicidad y promoción) para promocionar sus productos y se han creado nuevos caminos para transportar dichos productos. Sin embargo, muchos nicaragüenses siguen migrando a Costa Rica para trabajos temporarios, como los de la cosecha del café y la banana.

Antes de continuar

Resumir ¿Cómo han logrado ambos países tener una economía más estable?

EVALUACIÓN CONTINUA

LABORATORIO DE DATOS GeoDiario

1. **Analizar datos** ¿Cuál es la relación entre la tasa de alfabetización y el porcentaje de personas que viven por debajo de la línea de pobreza? Responde completando esta oración: A medida que la tasa de alfabetización disminuye, la pobreza ______.
2. **Lugar** Según la tabla, ¿qué país tiene un mejor nivel de vida, o calidad de vida? ¿Cómo lo sabes?
3. **Hacer inferencias** ¿Por qué los pequeños productores en Nicaragua querrán establecer su propia reserva y no depender de fondos del gobierno?

2.2 Desafíos en Haití

TECHTREK
Visita **myNGconnect.com** para ver fotos de la ayuda internacional en Haití.

Digital Library

Idea principal Haití enfrenta numerosos desafíos en su esfuerzo de construir una economía sólida y disminuir la pobreza.

En el siglo XVIII, la colonia francesa de Saint-Domingue, actualmente Haití, era la más rica del Caribe. En la actualidad, Haití es el país más pobre del Hemisferio Occidental: el 80 por ciento de sus habitantes viven en la pobreza.

Las raíces históricas de la pobreza

Haití obtuvo la independencia de Francia en 1804. Como la mayoría de los habitantes de Haití habían sido esclavos, no tenían dinero ni ingreso alguno. Las naciones europeas temían que se produjeran revueltas de esclavos en sus propias colonias del Caribe, por lo tanto no apoyaron financieramente a Haití cuando el país se independizó. En el siglo XX, los conflictos políticos y los brotes de enfermedades ahuyentaron el desarrollo del turismo, dificultando el crecimiento económico de Haití.

Visión crítica Los miembros de un grupo chino de rescate de emergencia trabajan en Puerto Príncipe, dos días después del terremoto de 2010. Según la foto, ¿de qué manera las técnicas de construcción del pasado contribuyeron a ampliar el alcance de la devastación producida por el terremoto?

Haití en el siglo XXI

Los geógrafos usan el **Índice de Desarrollo Humano** (IDH) para comparar la calidad de vida en distintos países. El IDH combina mediciones de salud, educación y **nivel de vida**, que es el nivel de acceso de los habitantes de un país a bienes, servicios y comodidades materiales. Las personas que viven en países cuyo IDH es bajo, como Haití, a menudo viven en condiciones menos saludables, reciben menos educación y son más pobres que las personas que viven en países cuyo IDH es alto, como los Estados Unidos.

La política del siglo XXI en Haití ha estado marcada por la inestabilidad y la corrupción. Debido a la violencia entre distintos grupos políticos, en 2004 los EE. UU. enviaron tropas a **Puerto Príncipe**, la capital de Haití, para garantizar la seguridad. Durante los años siguientes, otros esfuerzos que se realizaron para alcanzar la paz en Haití también fracasaron.

Como si Haití no tuviera ya suficientes problemas, un terremoto muy intenso sacudió el país en enero de 2010. La ciudad y los suburbios de Puerto Príncipe fueron destruidos casi por completo. Más de 1.5 millones de personas fueron **desplazadas**, u obligadas a dejar sus hogares. Los daños sufridos por el aeropuerto y los puertos marítimos dificultaron el arribo inmediato de ayuda de otros países.

Mientras Haití intentaba recuperarse, organizaciones de todo el mundo comenzaron a donar dinero y suministros de alimentos y medicinas. Algunos países incluso enviaron trabajadores entrenados en rescates de emergencia. Muchas naciones y organizaciones mundiales exoneraron a Haití del pago de préstamos por miles de millones de dólares, de manera que el país pudiera emplear ese dinero en la reconstrucción.

Antes de continuar

Resumir ¿Qué factores agravan las dificultades que Haití debe superar para combatir la pobreza?

RESPONDER AL TERREMOTO

1.5 millones

La cantidad de haitianos que fueron desplazados de sus hogares y que debieron instalarse en albergues temporales.

28,000

La cantidad de haitianos que fueron desplazados y que se mudaron a viviendas nuevas seis meses después del terremoto.

1,340

La cantidad de refugios y "ciudades campamento" que se continúan usando seis meses después del terremoto.

Fuente: 2010 United Press International

El día después del terremoto, los haitianos levantaron esta "ciudad campamento" entre los escombros. En esta foto aérea, los cuadrados de colores que se ven en el centro son los techos de las carpas usadas como refugios temporales

EVALUACIÓN CONTINUA
LABORATORIO DE DATOS

GeoDiario

1. **Analizar datos** ¿Cuántos de los haitianos que fueron desplazados se encontraban en viviendas nuevas seis meses después del terremoto? ¿Cuántos seguían sin tener un techo?
2. **Hacer inferencias** ¿Qué factores podrían explicar semejante diferencia en las cifras?
3. **Sacar conclusiones** ¿Qué muestran las fotos sobre la manera en que los haitianos y la comunidad internacional respondieron luego del terremoto?

2.3 Alimentar a Centroamérica

TECHTREK
Visita myNGconnect.com para ver fotos de la seguridad alimentaria en Centroamérica.
Digital Library
Global Issues

Idea principal El abastecimiento de alimentos en Centroamérica se ve afectado por los desastres naturales y las actividades humanas.

La **seguridad alimentaria**, o el acceso fácil a suficientes alimentos, es un problema importante en todo el mundo. Comprender las causas de la escasez puede ayudar a los gobiernos locales y a las organizaciones internacionales a tomar las decisiones correctas con el fin de mejorar la seguridad alimentaria en Centroamérica.

VOCABULARIO CLAVE

seguridad alimentaria, f. acceso fácil a suficientes alimentos

calentamiento global, m. aumento de la temperatura mundial

desnutrición, f. carencia de alimentos sanos en la dieta que perjudica fisicamente

excedente, m. cantidad mayor que la necesaria

El impacto sobre el abastecimiento de alimentos

Los desastres naturales tienen un gran impacto en el abastecimiento de alimentos. Muchos de los países que fueron azotados por el huracán Mitch en 1988 (El Salvador, Guatemala, Honduras y Nicaragua) apenas tuvieron tiempo de recuperarse antes de la gran inundación que castigó a Centroamérica en 2008. Los desastres pueden destruir los principales cultivos de un país, tales como las bananas en Honduras. El terremoto que se produjo en Haití en 2010 dificultó a los haitianos el acceso a alimentos nutritivos y agua potable.

En algunos países, como Guatemala y Nicaragua, la temporada de lluvias no siempre proporciona suficiente agua para los cultivos que propocionan alimentos. Incluso una única temporada seca puede reducir la producción de alimentos.

La actividad humana también amenaza el abastecimiento de alimentos. Muchos países no han administrado bien sus recursos naturales. La falta de agua para irrigación, la deforestación y la pérdida de la calidad del suelo como consecuencia de la falta de rotación de cultivos han producido escasez de alimentos.

Hoy día, el cambio climático presenta una nueva amenaza para el abastecimiento de alimentos. Los científicos que estudian el clima predicen que el **calentamiento global** generará condiciones atmosféricas aún más extremas, produciendo inundaciones en ciertas áreas y sequías en otras. Muchos centroamericanos se alimentan básicamente de maíz y frijoles, pero las sequías han destruido estos cultivos en muchas zonas.

Antes de continuar

Resumir ¿De qué manera la naturaleza y las actividades humanas afectan el abastecimiento de alimentos en Centroamérica?

ALGUNOS DE LOS CULTIVOS MÁS IMPORTANTES EN PAÍSES SELECCIONADOS DE CENTROAMÉRICA

Mangos frescos de Haití

Hambre infantil

La **desnutrición** infantil, o la carencia de alimentos sanos en la dieta, es una de las consecuencias más graves de la escasez de alimentos en Centroamérica. En algunos países, muchas mujeres embarazadas no reciben la nutrición que necesitan. Como consecuencia, algunos bebés son muy pequeños al nacer. La mala nutrición continúa durante la niñez y pueden retardar el desarrollo saludable del niño.

En Guatemala, el 23 por ciento de los niños menores de cinco años tiene un peso inferior al normal y casi la mitad tiene una estatura menor a la normal. Esto se debe a que la dieta de estos niños carece de los nutrientes apropiados. Muchas familias pobres pasan el día intentando cultivar o comprar alimentos para sobrevivir hasta el día siguiente. No hay tiempo para preocuparse por asuntos relacionados con la salud o para que los niños vayan a la escuela. Bajo estas condiciones, se hace muy difícil detener estos ciclos de desnutrición.

Soluciones para el futuro

La mayoría de los expertos cree que la mejor manera de mejorar la seguridad alimentaria de Centroamérica es aumentar la producción agrícola de cada uno de los países de la región. Un aumento en la producción agrícola significa un mayor abastecimiento de alimentos a precios más bajos. También puede significar mayores ingresos, tanto para los pequeños como para los grandes productores agrícolas.

La calidad del suelo es un factor determinante en la capacidad de un país para aumentar la producción agrícola. Honduras y Guatemala cuentan con grandes áreas aptas para la producción agrícola, con tierras de buena calidad. Gran parte de Guatemala y las zonas costeras de Nicaragua y Honduras reciben casi todos los años suficiente lluvia para permitir el desarrollo abundante de cultivos.

Las áreas que no reciben lluvias abundantes o cuyos suelos no son de buena calidad, como El Salvador y el sur de Honduras, sacan provecho de los programas que facilitan el acceso a fertilizantes y a métodos de irrigación, que ayudan a los productores rurales.

La educación es otra manera de mejorar la seguridad alimentaria en Centroamérica. Las Naciones Unidas recomiendan que los productores rurales reciban capacitación acerca de métodos agrícolas productivos. Se han desarrollado programas que enseñan a los productores rurales de Centroamérica a mantener la salud del suelo, a sembrar y mantener los cultivos y a vender el **excedente**, o extra.

Ante una situación de emergencia, como el terremoto de Haití, un país puede aprovechar la ayuda de los países extranjeros. Sin embargo, si un país pobre logra mejorar el abastecimiento de alimentos gracias a un aumento en su propia producción agrícola, puede alcanzar una seguridad alimentaria a largo plazo sin depender de la ayuda extranjera.

Antes de continuar

Hacer inferencias ¿De qué manera la educación proporciona una solución a largo plazo al problema de la seguridad alimentaria en Centroamérica?

EVALUACIÓN CONTINUA

LABORATORIO DE LECTURA GeoDiario

1. **Ubicación** ¿Qué características y condiciones geográficas de Centroamérica contribuyen a la escasez de alimentos en la región?
2. **Resumir** ¿Por qué le resulta difícil a una familia pobre dejar el ciclo de desnutrición?
3. **Consultar con un compañero** ¿Qué tipo de programas ayudarían a mejorar la seguridad alimentaria de un país de la región? Consulta con un compañero y usa información de la lección para desarrollar algunas ideas específicas.

2.4 Las migraciones y el Caribe

TECHTREK
Visita myNGconnect.com para ver fotos y una gráfica de las migraciones y el Caribe.

Digital Library

Idea principal Muchos caribeños emigran buscando mejores oportunidades económicas en otros países, desde donde envían dinero para ayudar a sus familias.

Las personas **emigran**, o se trasladan de un lugar a otro, debido a los factores de atracción y repulsión. Los factores de repulsión hacen que las personas abandonen un lugar como consecuencia de situaciones difíciles, tales como una guerra o una sequía. Los factores de atracción atraen a las personas a un lugar debido a que ofrece más seguridad y mejores oportunidades laborales.

Las migraciones dentro del Caribe

En la actualidad, es difícil ganarse la vida en varias de las islas del Caribe. La caída de varios negocios importantes, como la industria azucarera, ha obligado a los trabajadores a abandonar las zonas rurales para buscar empleo en las ciudades. Como consecuencia de esta migración interna, o migración dentro de un país o región, dos tercios de la población de la región viven en ciudades como Santo Domingo, en la República Dominicana, o en San Juan, en Puerto Rico.

Muchas de estas ciudades ahora están superpobladas. El desempleo en las áreas urbanas es alto en el Caribe. Los emigrantes que buscan empleos mejores y un nivel de vida más alto se han visto obligados a viajar a otras islas dentro de la región caribeña.

Durante la década de 1990, la industria del turismo se expandió notablemente en toda la región. La demanda de trabajadores atrajo a muchas personas a las islas donde el turismo estaba altamente desarrollado o se estaba desarrollando, como Aruba, las Bahamas o las Islas Vírgenes.

Las migraciones hacia el exterior del Caribe

Al mismo tiempo, los factores de atracción y repulsión fueron importantes para que muchos trabajadores abandonaran el Caribe y se fueran a los Estados Unidos, Canadá, Europa y otros lugares. Los conflictos políticos en Cuba y Haití, por ejemplo, obligaron a muchas personas a emigrar hacia los Estados Unidos.

Visión crítica Santo Domingo, en la República Dominicana, la más antigua de las ciudades fundadas por los europeos en el Hemisferio Occidental, tiene una población en aumento. Según la foto, ¿qué oportunidades económicas podrían existir en Santo Domingo?

Las remesas

Casi todos los inmigrantes que hallan empleo en otro país envían dinero a sus familias a través de **remesas**, que es dinero que se envía a una persona que se encuentra en otro lugar. Las remesas se han convertido en una parte importante de la economía de algunos países del Caribe. Jamaica, por ejemplo, recibe cada año más de $79 millones en ayuda oficial, o dinero enviado por organizaciones u otros países. Sin embargo, la isla recibe 27 veces esa cantidad (ver la tabla a la derecha) en concepto de remesas. Estas remesas son enviadas por familiares que se encuentran en países extranjeros, como los Estados Unidos, Canadá y Francia.

Antes de continuar

Resumir ¿De qué manera las personas que emigran al extranjero pueden ayudar económicamente a sus familiares que permanecen en el Caribe?

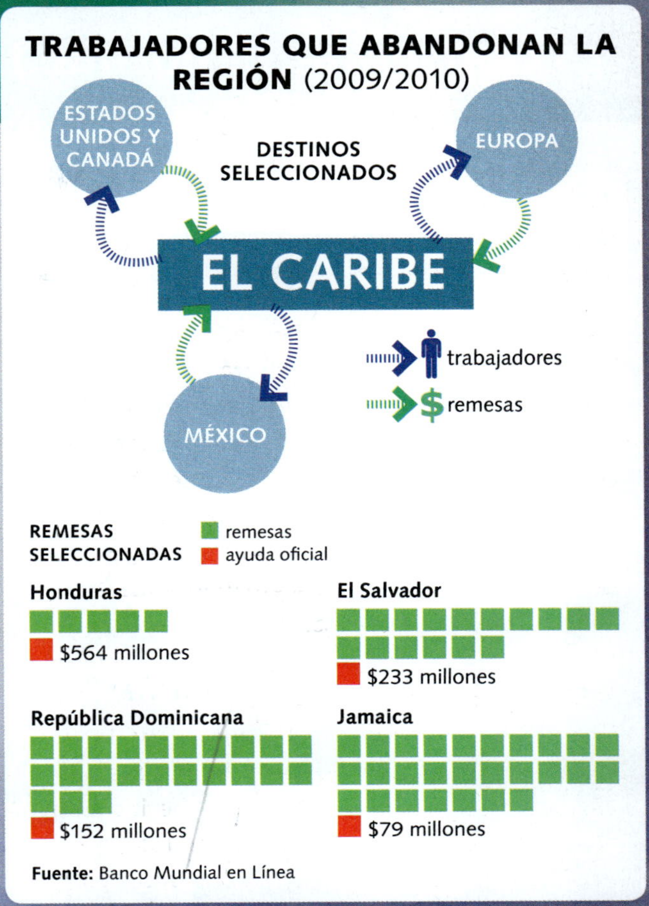

EVALUACIÓN CONTINUA
LABORATORIO DE DATOS — GeoDiario

1. **Analizar elementos visuales** De acuerdo con la gráfica, ¿qué sale del Caribe y qué regresa a él?
2. **Analizar datos** ¿Qué les deja más dinero a los países de la región, la ayuda oficial o las remesas? ¿De qué manera muestra esto la gráfica?
3. **Sacar conclusiones** ¿Cómo ayudan las remesas a paliar la pobreza de la región?

2.5 Conservar el bosque tropical

TECHTREK
Visita **myNGconnect.com** para ver fotos de ecoturismo en Centroamérica y el Caribe.

Digital Library

Idea principal El ecoturismo le da una nueva oportunidad a la región para combatir la pobreza y proteger los hábitats del bosque tropical.

Los bosques tropicales y otros recursos naturales de Centroamérica y del Caribe atraen a muchísimos visitantes cada año. Sin embargo, el turismo puede dañar o incluso destruir para siempre estos valiosos recursos.

Los hábitats de los bosques tropicales

Un bosque tropical es un importante **hábitat** animal, es decir, el hogar o medio ambiente natural de una especie determinada. Las plantas del bosque tropical proporcionan alimento a la población animal y reponen el oxígeno del aire. Algunas especies vegetales y animales viven únicamente en el bosque tropical, y no existen en ninguna otra parte del planeta.

Las características del bosque tropical que atraen a los visitantes son las mismas características que son amenazadas por el exceso de actividad turística. Si una especie pierde su hábitat, o si se produce cualquier tipo de alteración en su hábitat, la especie puede extinguirse. Conservar los recursos del bosque tropical es un paso importante para proteger las especies que viven allí.

quetzal

perezoso de tres dedos

Vocabulario visual Un **hábitat** es un lugar donde ciertas especies tienen lo que necesitan para vivir. La enramada del bosque tropical es un hábitat animal importante.

Ecoturismo en el bosque tropical

El **ecoturismo** es una manera de visitar las áreas naturales que conserva los recursos naturales de la región. El propósito del ecoturismo es permitirle al visitante experimentar el medio ambiente en su forma más natural. Un ecoturista del bosque tropical puede explorar desde el suelo haciendo senderismo guiado o en una excursión de observación de aves. Otro ecoturista puede explorar desde arriba observando las copas de los árboles y la enramada del bosque, donde habitan una gran cantidad de especies animales.

Este método de hacer turismo no solo protege a las plantas y los animales del bosque tropical, sino que también mejora la vida de los lugareños. El ecoturismo ayuda a detener la deforestación y la destrucción del suelo al brindar empleos alternativos a los campesinos empobrecidos que viven de las tierras del bosque tropical. Los lugareños pueden trabajar en los hoteles, como guías de turismo o guardabosques.

El ecoturismo ayuda a preservar el medio ambiente, pues permite que un país obtenga beneficios de sus recursos y mantenga estos recursos en su forma natural. Los alojamientos para la práctica del ecoturismo están diseñados para no ejercer un impacto significativo sobre el medio ambiente. Por ejemplo, en la construcción del complejo turístico Lapa Ríos, en Costa Rica, solamente se derribó un árbol.

El ecoturismo, sin embargo, puede tener un impacto negativo. Si demasiadas personas visitan un mismo sitio, pueden llegar a interferir con el hábitat del lugar. Las organizaciones ecológicas internacionales han comenzado a vincularse con el ecoturismo: animan a los viajeros a visitar lugares donde se está trabajando para preservar los recursos naturales de la región.

Antes de continuar

Resumir ¿De qué manera el ecoturismo ayuda a combatir la deforestación?

rana flecha roja y azul

EVALUACIÓN CONTINUA

LABORATORIO ORAL GeoDiario

1. **Consultar con un compañero** Eres el propietario de un complejo turístico en un país de Centroamérica. Con un compañero, comenta qué incluirías en tu página web para convencer a las personas de que tu complejo turístico preserva el medio ambiente y ayuda a los lugareños. Comparte tus ideas con la clase.
2. **Comparar y contrastar** ¿En qué difiere el objetivo central del ecoturismo del objetivo central del turismo tradicional? Da un ejemplo.
3. **Analizar elementos visuales** A partir de lo que observas en las fotos de la enramada y de algunos de los animales que la habitan, ¿qué crees que atrae a las personas hacen ecoturismo en el bosque tropical?

CAPÍTULO 6
Repaso

VOCABULARIO

Escribe una oración que explique la conexión entre las dos palabras de cada par de palabras de vocabulario.

1. turismo; encrucijada

En una época el Caribe fue una encrucijada de culturas, lo cual lo convierte en un lugar atractivo para el turismo hoy en día.

2. canal; terreno
3. esclusa; canal
4. infraestructura; política
5. seguridad alimentaria; calentamiento global
6. desnutrición; seguridad alimentaria
7. emigrar; remesa
8. ecoturismo, hábitat

IDEAS PRINCIPALES

9. ¿Qué avances tecnológicos sirvieron para atraer el turismo a Centroamérica y el Caribe? (Sección 1.1)
10. ¿Qué alimentos indígenas forman parte de la dieta de las personas del Caribe? (Sección 1.2)
11. ¿Por qué Panamá está ampliando su canal? (Sección 1.3)
12. ¿Qué permitió a Costa Rica tener un gobierno más estable que Nicaragua? (Sección 2.1)
13. ¿Cuáles eran las necesidades más urgentes de los haitianos luego del terremoto de 2010? (Sección 2.2)
14. ¿De qué manera se puede mejorar la seguridad alimentaria en Centroamérica? (Sección 2.3)
15. ¿Por qué las remesas son tan importantes para varios países de la región? (Sección 2.4)
16. ¿Cómo protege el ecoturismo los recursos del bosque tropical? (Sección 2.5)

CULTURA

ANALIZA LA PREGUNTA FUNDAMENTAL

¿De qué manera el comercio y la globalización influyen actualmente sobre las culturas de la región?

Visión crítica: Analizar causa y efecto

17. ¿Qué aspectos de la cultura del Caribe atraen a los turistas en la actualidad?
18. ¿De qué manera las comunicaciones globales continuarán influyendo sobre las culturas de la región?
19. ¿De qué manera la música del Caribe se convirtió en una fusión de varios estilos diferentes?
20. ¿Cómo ayudará a la región un aumento en la cantidad de barcos que atraviesa el canal de Panamá?

INTERPRETAR MAPAS

EL CANAL DE PANAMÁ

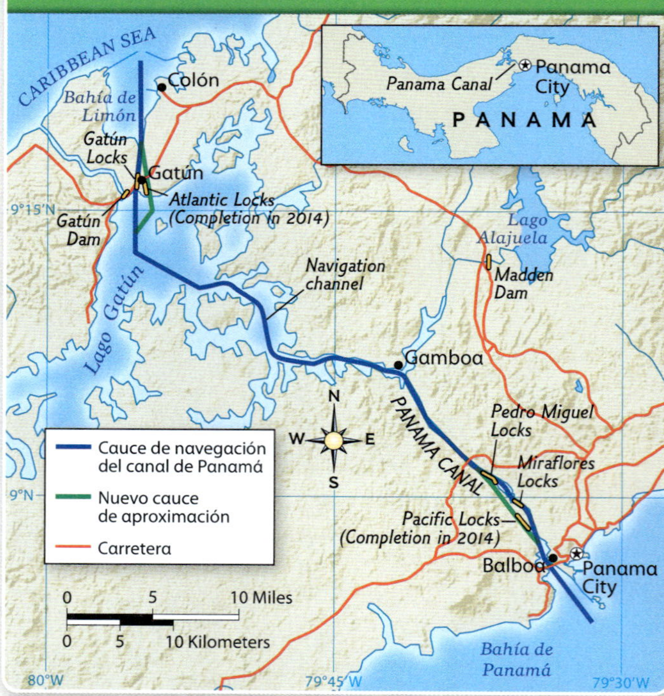

21. **Interpretar mapas** ¿Cuál es la longitud del canal de Panamá en millas y en kilómetros?
22. **Analizar elementos visuales** ¿Las nuevas esclusas (*locks*) reemplazarán a las antiguas o se sumarán a ellas? ¿Cómo lo sabes?

GOBIERNO Y ECONOMÍA

ANALIZA LA PREGUNTA FUNDAMENTAL

¿De qué manera la región está intentando mejorar el nivel de vida?

Visión crítica: Comparar y contrastar

23. ¿Qué desafíos para combatir la pobreza sí debe afrontar Nicaragua pero no Costa Rica?
24. ¿Por qué le resultó útil a Haití la condonación de parte de su deuda externa?
25. ¿Por qué mejorar la calidad del suelo y la educación son métodos más efectivos de asegurar la seguridad alimentaria que recibir ayuda externa?

Visión crítica: Hacer inferencias

26. Supón que bajan los precios del azúcar y de las bananas, y que los costos de producción suben como consecuencia de la competencia global. ¿Cómo podría afectar esto las migraciones en la región?
27. ¿Qué oportunidades económicas brinda el ecoturismo a las personas empobrecidas?

INTERPRETAR TABLAS

POBLACIÓN Y POBREZA EN CENTROAMÉRICA

País	Población en millones	Porcentaje que vive debajo de la línea de pobreza
Punto de referencia: Estados Unidos	316.6	15.1
Guatemala	14.3	54.0
Costa Rica	4.6	24.8
Honduras	8.4	60.0
República Dominicana	10.2	34.4

Fuente: CIA World Factbook

28. **Analizar datos** ¿Qué país de Centroamérica tiene el porcentaje más bajo de población que vive en la pobreza?
29. **Hacer inferencias** ¿De qué país o países crees que las personas emigrarían? ¿Por qué lo crees?

OPCIONES ACTIVAS

Sintetiza las preguntas fundamentales completando las siguientes actividades.

30. **Crear y diseñar una página web** Escoge un destino de Centroamérica o del Caribe, como un bosque tropical o un monumento histórico. Diseña una página web que anime a las personas a hacer ecoturismo en el destino que escogiste. Asegúrate de indicar de qué manera las excursiones preservan el medio ambiente y cómo ayudan a combatir la pobreza. **Muestra tu página web a la clase.**

Sugerencias para la escritura y el diseño

- Describe el destino e incluye elementos visuales para captar la atención del lector.
- Explica cómo el alojamiento, las comidas y el transporte colaboran con el medio ambiente.
- Muestra de qué manera las excursiones ayudan a dar empleo a los lugareños.

TECHTREK Visita **myNGconnect.com** para ver fotos del turismo hoy en día en la región

31. **Hacer una tabla** Comenta con un compañero la diferencia entre el turismo tradicional y el ecoturismo. Haz una tabla que muestre comparaciones y contrastes; usa fotos de **Digital Library** u otros recursos en línea para ilustrar cada tipo de actividad. Explica por qué cada foto representa un tipo de turismo y no el otro. Usa el siguiente ejemplo como modelo para tu tabla.

FOTO	TURISMO TRADICIONAL	ECO-TURISMO	¿POR QUÉ?
Muchísimas personas tomando sol en la playa	X		A las personas no les preocupa cómo se ve afectada la playa por la presencia de tantas personas.

Las canales como medio de transporte

TECHTREK

Visita myNGconnect.com para ver una gráfica comparativa sobre algunos canales.

Student Resources

Las vías acuáticas a menudo pueden ser rutas efectivas para transportar bienes y personas de un sitio a otro. Sin embargo, las vías acuáticas naturales o vías fluviales, como los ríos y lagos, no siempre están conectadas unas con otras, por lo que el tráfico marítimo no puede seguir avanzando. Desde la antigüedad hasta el presente, las personas han construido canales para conectar vías fluviales y así poder usarlas como transporte y tener acceso al agua.

Las masas de agua que se conectan mediante un canal tienen, en ocasiones, diferentes niveles. En ese caso, será necesario que el canal cuente con esclusas, que son compartimentos que sirven para igualar el nivel de agua entre las vías fluviales conectadas. Se cree que los holandeses, ya en el siglo XIV, fueron los primeros en usar esclusas en los Países Bajos.

Comparar

- China
- Egipto (*Egypt*)
- Francia (*France*)
- Países Bajos (*Netherlands*)
- Panamá (*Panama*)
- Escocia (*Scotland*)
- Suecia (*Sweden*)
- Estados Unidos (*United States*)

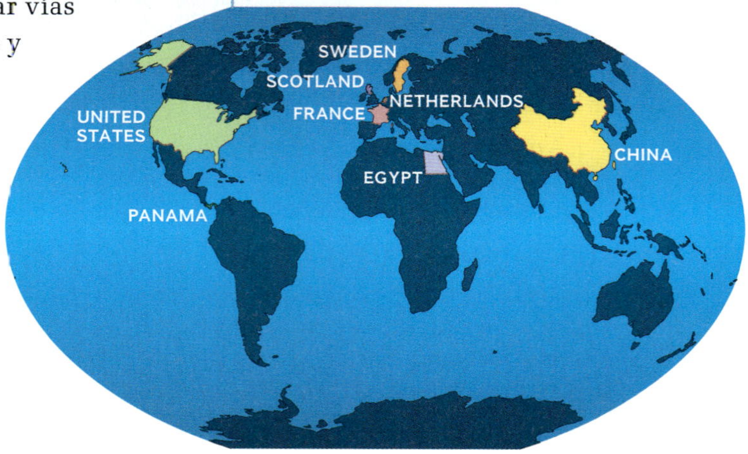

IMPACTO ECONÓMICO DE LOS CANALES

Se cree que las civilizaciones antiguas del Medio Oriente construyeron canales para la irrigación y para tener agua para beber. Los romanos también construyeron canales, pero con el propósito de transportar tropas a través de Europa. Posteriormente, los canales desempeñaron un papel importante en Europa y en los Estados Unidos durante la Revolución Industrial. Estas vías acuáticas resultaron una manera rápida y económica de transportar bienes a nuevos mercados y de llevar materias primas a las fábricas, lo que favoreció el desarrollo de la economía.

El ferrocarril terminó reemplazando en gran medida al trabajo que realizaban los canales. De hecho, se pueden encontrar frecuentemente vías de ferrocarril junto a determinados canales. Algunas ciudades, sin embargo, continúan usando canales como medio de transporte, y esos canales se han convertido en atracciones turísticas muy populares.

CANALES IMPORTANTES

En los Estados Unidos, el canal Erie proporciona una vía navegable de 363 millas desde el océano Atlántico hasta los Grandes Lagos.

Al igual que el canal Erie, el canal de Panamá (Centroamérica) y el canal de Suez (Egipto) son rutas marítimas importantes. Usa los elementos visuales de la página siguiente para comparar estos dos grandes canales.

Existen otros canales en el mundo que también sirven para esta importante función:

- Canal de Caledonia (Escocia)
- Canal del Mediodía (Francia)
- Canal Göta (Suecia)
- Gran Canal (China)
- Canal Ámsterdam-Rin (Países Bajos)

COMPARAR DOS CANALES IMPORTANTES

CANAL DE PANAMÁ

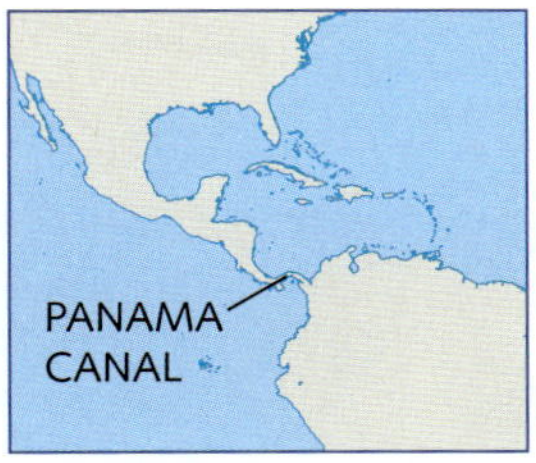

1904
año de inicio de construcción

1914
año de inauguración del canal

PACÍFICO — conecta → ATLÁNTICO

distancia aproximada que **AHORRA**
7,900 millas

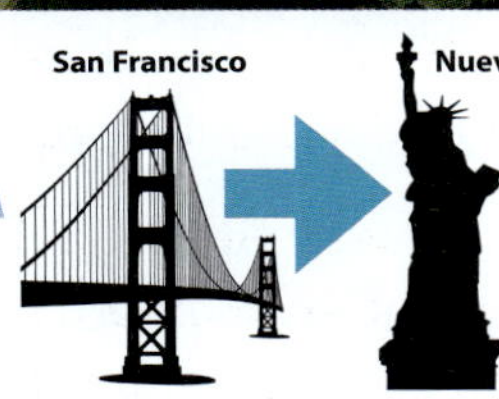

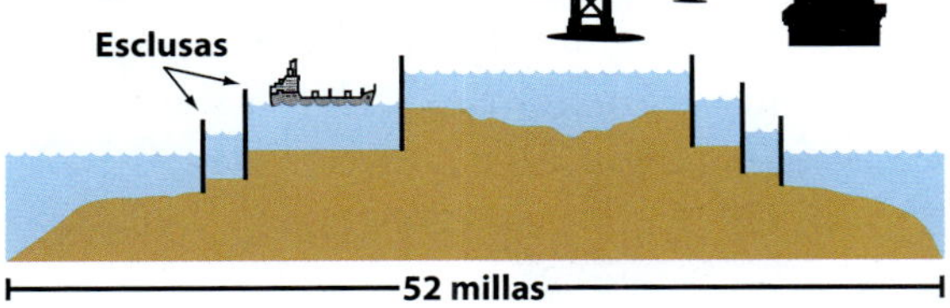

CANAL DE SUEZ

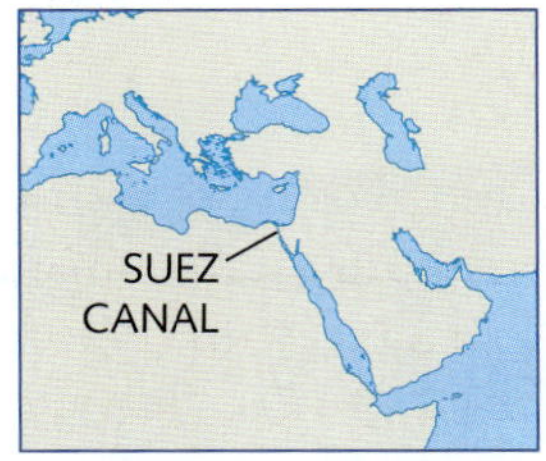

1859
año de inicio de construcción

1869
año de inauguración del canal

MAR MEDITERRÁNEO — conecta → MAR ROJO

distancia aproximada que **AHORRA**
5,530 millas

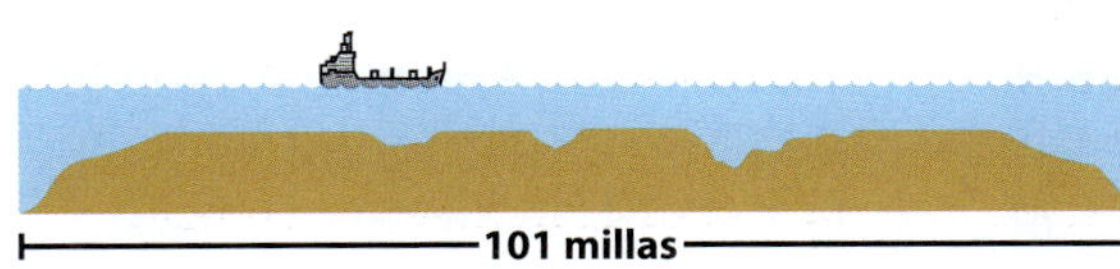

Fuente: www.britannica.com

EVALUACIÓN CONTINUA

LABORATORIO DE INVESTIGACIÓN

GeoDiario

1. **Resumir** ¿Cómo se han usado los canales desde la antigüedad hasta el presente?
2. **Comparar** Según la ayuda visual, ¿qué canal ahorra más millas entre dos ciudades importantes?

Investigar y hacer tablas Escoge dos canales de la lista de la página anterior. Investiga y haz una tabla que compare datos acerca de los dos canales. Basándote en la información que encuentres, quizás quieras modificar las categorías de tu tabla respecto de las categorías que se muestran en el elemento visual de esta página.

Opciones activas

murciélago orejón

ACTIVIDAD 1

Propósito: Investigar y preparar un discurso.

HABLAR SOBRE LOS MURCIÉLAGOS

Los países de Centroamérica y del Caribe albergan numerosas especies de murciélagos. Más de 70 especies de murciélagos viven en la pequeña isla panameña de Barro Colorado. Investiga los murciélagos de la región. A medida que creas el discurso, incorpora la idea principal y las ideas que la apoyan para explicar las características únicas de los murciélagos que les ayudan a prosperar en sus hábitats. (Ve las lecciones en las páginas R3 y R10).

ACTIVIDAD 2

Propósito: Aprender acerca de una tecnología nueva

ESCRIBIR UN ARTÍCULO DE UNA REVISTA

Ken Banks, el Explorador Emergente de la National Geographic, creó un software que permite la comunicación entre grupos rurales aunque no tengan acceso a Internet. Los productores rurales pueden obtener información actualizada sobre los precios de los cultivos (sin tener acceso a un teléfono o a conexiones inalámbricas) para mantener su competitividad. Usa la Internet para descubrir más sobre esta tecnología móvil. Luego usa el recurso en inglés **Magazine Maker CD-ROM** para escribir un artículo de revista que explique la forma en que se puede emplear esta tecnología para ayudar a las sociedades.

ACTIVIDAD 3

Propósito: Ampliar tus conocimientos sobre la geografía del Caribe.

HACER UN BOSQUEJO DE UN MAPA

Con el paso del tiempo, el Caribe se hizo famoso como el lugar donde los piratas llevaban a cabo sus actividades. Haz un bosquejo de un mapa de la región que muestre los sitios donde los piratas realizaban sus actividades. Escribe leyendas que describan algunos piratas famosos y expliquen las rutas que seguían alrededor de las islas.

NATIONAL GEOGRAPHIC
Culturas del mundo y geografía

GEO

EXPLORA SURAMÉRICA CON NATIONAL GEOGRAPHIC

CONOCE A LOS EXPLORADORES

NATIONAL GEOGRAPHIC

La pareja de exploradores emergentes Cid Simoes y Paola Segura, marido y mujer, enseñan a los campesinos de Brasil a conservar sus tierras mediante cultivos sustentables y rentables.

CONECTA CON LA CULTURA

Desde 1940, el estadio Pacaembú, ubicado en São Paulo, Brasil, ha sido la sede de importantes partidos de fútbol, incluidos varios partidos de la Copa Mundial de la FIFA de 1950. El fútbol ayuda a unificar a Brasil, que ha ganado cinco campeonatos mundiales, más que cualquier otro país.

INVESTIGA LA GEOGRAFÍA

El río Amazonas y sus tributarios bordean ocho países y constituyen un quinto del caudal fluvial del mundo. Los bosques que se hallan a orillas de su curso serpenteante son los más grandes de la Tierra y albergan a millones de plantas y animales, muchos de los cuales no existen en ningún otro lugar del mundo.

ONLINE WORLD ATLAS

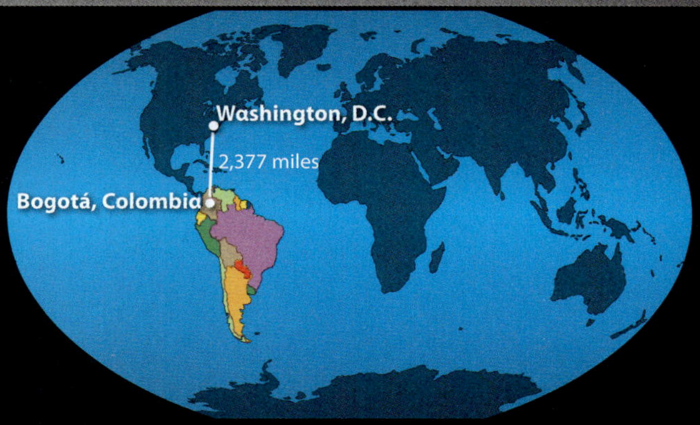

Visita myNGconnect.com para ver mapas de Suramérica.

ENTRA A LA HISTORIA

Los edificios, templos y plazas de Machu Picchu, que se construyó durante el auge del Imperio inca, en el siglo XV, se alzan en la cima de un bosque tropical montañoso de Perú.

CAPÍTULO 7

SURAMÉRICA
GEOGRAFÍA E HISTORIA

VISTAZO PREVIO AL CAPÍTULO

Pregunta fundamental ¿Cómo influye la elevación en el clima de Suramérica?

SECCIÓN 1 • GEOGRAFÍA

VOCABULARIO CLAVE
- vegetación
- praderas
- adaptar
- agricultura de subsistencia
- tributario
- biodiversidad
- corriente
- sombra orográfica
- transpiración
- gas invernadero

VOCABULARIO ACADÉMICO
saturar, reconocer

TÉRMINOS Y NOMBRES
- cordillera de los Andes
- río Amazonas
- llanos
- Salto Ángel
- Pampa
- desierto de Atacama
- El Niño

Pregunta fundamental ¿De qué manera las montañas, las mesetas y los ríos configuraron la historia de la región?

SECCIÓN 2 • HISTORIA

VOCABULARIO CLAVE
- descendiente
- parentesco
- abancalado
- puente colgante
- artefacto
- geoglifo
- excavar
- tierras bajas
- nómada
- cazador-recolector
- tala y quema
- tratado
- convertir
- monopolio
- rebelión
- exilio
- liberar

VOCABULARIO ACADÉMICO
utilizar, transformar, transición

TÉRMINOS Y NOMBRES
- Machu Picchu
- guaraníes
- tupinambás
- yanomamis
- Tratado de Tordesillas
- Francisco Pizarro
- Atahualpa

TECHTREK PARA ESTE CAPÍTULO

- Student eEdition
- Maps and Graphs
- Interactive Whiteboard GeoActivities
- Digital Library

Visita **myNGconnect.com** para obtener más información sobre Suramérica.

jaguar

SECCIÓN 1 GEOGRAFÍA

1.1 Geografía física

TECHTREK
Visita **myNGconnect.com** para ver mapas de Suramérica y el Vocabulario visual en inglés.
Maps and Graphs | Digital Library

MAPA FÍSICO DE SURAMÉRICA

Vocabulario visual
cordillera de los Andes

Vocabulario visual
Pampa

Idea principal Suramérica presenta una variedad de características físicas.

Las características físicas de Suramérica varían ampliamente. El continente posee la impresionante cordillera de los Andes, la inmensa cuenca del río Amazonas y praderas y llanuras abiertas y amplias.

Montañas altas, cuenca grande

La **cordillera de los Andes** es una cadena de montañas que se extiende unas 5,500 millas a lo largo del costado occidental del continente. Muchas de las montañas de la cordillera de los Andes se elevan por encima de los 20,000 pies sobre el nivel del mar. En la cordillera de los Andes, el clima es generalmente fresco y seco. Debido a las bajas temperaturas y la gran altura, aquí crecen pocos tipos de **vegetación**, o plantas.

La **cuenca del río Amazonas** es la cuenca fluvial más grande de la Tierra. Cubre casi 2,700,000 millas cuadradas en el centro-norte de Suramérica, casi todo el ancho del continente. El río, que fluye desde los Andes hasta el océano Atlántico, baña esta cuenca. El clima es cálido y húmedo. Muchas especies diferentes de plantas y animales prosperan en la cuenca del Amazonas.

Praderas al norte, llanuras al sur

La parte norte de Suramérica tiene un clima cálido y presenta elevaciones altas y bajas. La ganadería predomina en los **Llanos**, o **praderas** (áreas abiertas y amplias apropiadas para el pastoreo y los cultivos). En el norte, en las mesetas de la Guayana, hay plantas y animales inusuales. El salto de agua más alto del mundo, el **Salto Ángel**, está ubicado en Venezuela.

CLIMA

En gran parte del sur del continente, el clima es templado y la elevación es baja. En Argentina, el suelo fértil de las llanuras cubiertas de pasto conocidas como la **Pampa** es ideal para cultivar alfalfa, maíz y trigo.

Antes de continuar

Verificar la comprensión ¿Cuáles son las características físicas principales de Suramérica?

EVALUACIÓN CONTINUA

LABORATORIO DE MAPAS GeoDiario

1. **Ubicación** Según el mapa físico, ¿cuál es la elevación del cerro (o monte) Aconcagua y dónde está ubicado?
2. **Interpretar mapas** Observa los dos mapas. ¿Cuál es la diferencia climática entre la cordillera de los Andes y la cuenca del Amazonas? ¿Qué clima sustenta una vegetación más variada?
3. **Sacar conclusiones** Según el clima y la elevación, ¿qué área de Suramérica es mejor para plantar cultivos y por qué?

1.2 La vida a diferentes elevaciones

TECHTREK
Visita **myNGconnect.com** para ver mapas en inglés y fotos de las diferentes zonas de altitud.

Maps and Graphs

Digital Library

Idea principal La elevación y el clima influyen en el lugar que eligen las personas para vivir y en cómo usan la tierra.

Los habitantes de Suramérica deben **adaptar**, o modificar, sus actividades económicas para que sean apropiadas a las diferentes elevaciones y climas de la región. Las formas de vida pueden variar mucho de una parte de Suramérica a otra.

Elevación y clima

Las personas, los animales y las plantas se adaptan a una variedad de climas en todo el continente. Hay más habitantes en los climas templados de las llanuras y praderas que en los climas extremos de las altas montañas y los bosques tropicales. Las llanuras de poca elevación, como los Llanos, la Pampa y las llanuras costeras, tienen clima templado y precipitación moderada. Están ubicadas

ZONAS DE ALTITUD DE SURAMÉRICA

Zona de altitud	Clima	Rango de elevación	Cultivos
Tierra caliente	caluroso; con lluvia suficiente a lluvia extremas	0 a 2,500 pies	bananas, pimientos, caña de azúcar, cacao
Tierra templada	cálido; lluvia suficiente	2,500 a 6,000 pies	maíz, frijoles, trigo, café, hortalizas
Tierra fría	fresco; lluvia moderada	6,000 a 12,000 pies	trigo, cebada, papas
Tierra helada	fresco; lluvia moderada	12,000 a 15,000 pies	sin cultivos importantes

Fuente: H.J. deBlij, *The World Today: Concepts and Regions in Geography*. Hoboken, NJ: John Wiley & Sons, 2009.

Visión crítica A una elevación de 11,800 pies, La Paz, Bolivia, es la ciudad capital más alta del mundo. ¿Qué detalles de esta foto muestran cómo las personas se han adaptado a la vida en un medio ambiente urbano que se encuentra a gran elevación?

DENSIDAD DE POBLACIÓN

RECURSOS

en la zona de elevación llamada *tierra templada*. A las elevaciones frescas y secas de la cordillera de los Andes se les llama *tierra fría*.

Más arriba, en los Andes, a las elevaciones muy altas y frías se les llama *tierra helada*. En el otro extremo, la cuenca del río Amazonas calurosa y húmeda es *tierra caliente*.

El uso de la tierra

La elevación y el clima determinan cómo la gente usa la tierra. La lluvia es escasa en las grandes elevaciones de las montañas y tierras altas del continente. Algunos campesinos pastorean rebaños en la cordillera de los Andes y solamente producen cultivos suficientes para alimentar a sus familias, no para venderlos. Esto se conoce como **agricultura de subsistencia**. Sin embargo, otros se han convertido en parte de la economía mundial, al vender lana a los fabricantes europeos, entre otros.

En las llanuras, las precipitaciones más altas ofrecen oportunidades para la ganadería y la agricultura rentable, de gran escala. Los cultivos producidos en estas elevaciones más bajas de la región son las frutas tropicales, la caña de azúcar, el café, el maíz, el trigo y la soja.

Antes de continuar

Hacer inferencias ¿Por qué las personas se establecen en áreas con clima templado y poca elevación?

EVALUACIÓN CONTINUA

LABORATORIO DE MAPAS GeoDiario

1. **Interpretar tablas** Según la tabla, ¿en qué zona de altitud se cultivan papas? ¿Qué zona de altitud recibe más lluvia?
2. **Sacar conclusiones** Según la tabla, ¿por qué no hay ningún cultivo importante en la zona de *tierra helada*?
3. **Interacción entre los humanos y el medio ambiente** De acuerdo con el mapa de densidad de población, ¿dónde viven la mayoría de los habitantes de Suramérica? Usa el mapa de recursos como ayuda para explicar por qué esas áreas tienen más población.

SECCIÓN 1 GEOGRAFÍA

1.3 El río Amazonas

TECHTREK
Visita myNGconnect.com para ver mapas y fotos de las diferentes zonas de altitud.
Maps and Graphs | Digital Library

Idea principal El río Amazonas sustenta la vida en su vasto bosque tropical.

El río Amazonas nace en las alturas de la cordillera de los Andes peruanos. Fluye 4,000 millas hacia el este, a través del continente, y desemboca en el Atlántico. Este enorme sistema fluvial tiene más de 1,000 **tributarios**, o ríos más pequeños que desembocan en un río más grande. Siete de estos tributarios tienen más de 1,000 millas de largo.

La vida junto al río

Aunque el río Amazonas es el segundo río más largo del mundo, es el río más grande del mundo en cuanto al volumen. El Amazonas genera la mayor cuenca fluvial del mundo (2,700,000 millas cuadradas) y comprende el bosque tropical más grande del mundo. La selva amazónica alberga miles de especies vegetales y animales y millones de especies de insectos. A la variedad de especies que viven en un ecosistema se le llama **biodiversidad**.

Las inundaciones anuales del río, debidas al deshielo y a la lluvia en la cordillera de los Andes, suelen ocurrir entre junio y octubre. Las aguas del río desbordado depositan nutrientes ricos, o sustancias que sustentan la vida, en los suelos del bosque de las tierras bajas. Estos nutrientes permiten la biodiversidad del bosque tropical.

Actualmente, una población en aumento ejerce presión sobre las tierras del bosque tropical a través de la minería, la tala de árboles, la agricultura y el desarrollo urbano. Los conservacionistas sostienen que el establecer límites al desarrollo contribuye a la protección de la selva amazónica.

Antes de continuar

Resumir ¿De qué manera el río Amazonas sustenta la vida en su bosque tropical?

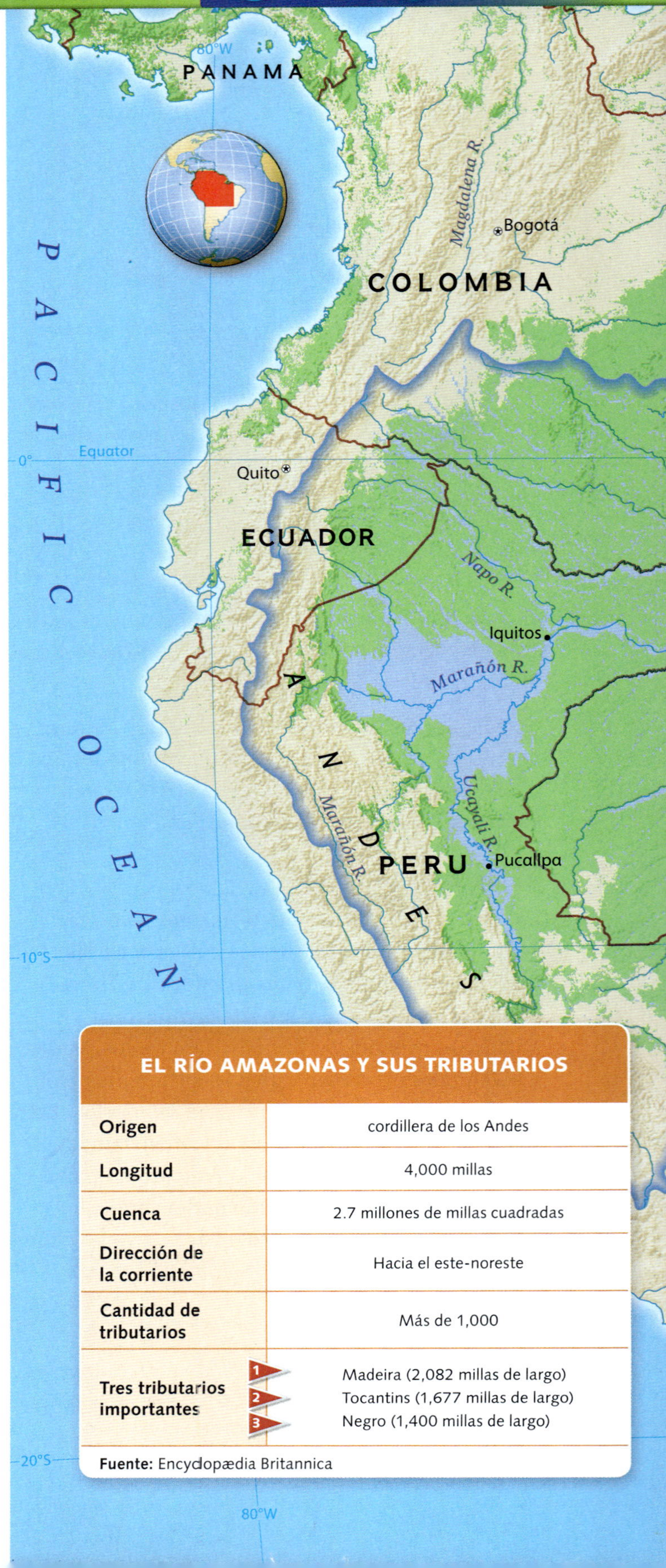

EL RÍO AMAZONAS Y SUS TRIBUTARIOS

Origen	cordillera de los Andes
Longitud	4,000 millas
Cuenca	2.7 millones de millas cuadradas
Dirección de la corriente	Hacia el este-noreste
Cantidad de tributarios	Más de 1,000
Tres tributarios importantes	1 Madeira (2,082 millas de largo) 2 Tocantins (1,677 millas de largo) 3 Negro (1,400 millas de largo)

Fuente: Encyclopædia Britannica

Vocabulario visual Un **tributario** es un río pequeño que fluye hacia un río más grande. El río Purus es un tributario que atraviesa un bosque continuo en su camino hacia el Amazonas.

EVALUACIÓN CONTINUA
LABORATORIO DE MAPAS
GeoDiario

1. **Ubicación** Localiza los ríos Purus y Marañón en el mapa. Usa la leyenda del mapa para describir la tierra que rodea cada río.
2. **Interpretar mapas** Nombra tres ciudades ubicadas junto al río Amazonas. ¿Qué tributario entra en Manaos (*Manaus*)?
3. **Verificar la comprensión** ¿De qué manera la biodiversidad del río Amazonas y del bosque tropical se ve amenazada por la población en aumento?

1.4 Corrientes cálidas y frías

TECHTREK
Visita **myNGconnect.com** para ver mapas y fotos de las corrientes del Perú, Chile y Brasil.

Maps and Graphs | Digital Library

Idea principal Las corrientes de aire y las corrientes oceánicas influyen en el clima de Suramérica de manera poderosa e impredecible.

Al igual que la elevación, las corrientes de aire y las corrientes oceánicas también influyen en el clima. Las **corrientes** son movimientos continuos de aire o agua que fluyen en la misma dirección. Mientras lees acerca de estas corrientes, sigue sus patrones en los mapas que están a la derecha.

Corrientes y clima

El aire frío y las corrientes oceánicas frías fluyen desde las latitudes altas cerca del Polo Sur hacia el ecuador, lo cual hace que la costa oeste de Suramérica esté generalmente fresca y seca. El aire cálido y las corrientes oceánicas calientes fluyen en la dirección contraria, desde el ecuador hacia el Polo Sur, y crean un clima cálido y húmedo en la costa este.

La corriente del Perú lleva aguas frías a la costa del Pacífico en el oeste. Fluye a lo largo de la costa sur de Chile y hacia el norte a lo largo de la costa del Perú. La corriente del Perú transporta aguas ricas en nutrientes desde las profundidades del océano Pacífico, por lo que los peces abundan en las costas de Chile, el Perú y Ecuador.

En el lado oriental del continente, la corriente de Brasil lleva aguas cálidas desde el Atlántico. Las áreas costeras y del interior de Brasil y la Argentina reciben corrientes de aire cálido y húmedo y, en algunas áreas, mucha lluvia. Esta lluvia nutre los cultivos y la vegetación. Las llanuras de la Pampa se benefician con la corriente de Brasil.

Estas corrientes de aire húmedo no llegan al **desierto de Atacama**, ubicado en el lado occidental de la cordillera de los Andes. Este desierto se encuentra en una **sombra orográfica**, una región seca ubicada sobre uno de los lados de una cordillera. En Suramérica, la cordillera de los Andes impide que los vientos húmedos del Atlántico lleguen al oeste de las montañas. En cambio, la humedad se condensa y se convierte en lluvia en el lado oriental de la cordillera de los Andes. Por lo tanto, a pesar de que se encuentra junto a una de las mayores masas de agua del mundo, el desierto de Atacama es uno de los lugares más secos del mundo. En promedio, cae solamente media pulgada de lluvia al año.

Visión crítica Las vicuñas viven en el desierto de Atacama, en Chile. A partir de lo que puedes ver en la fotografía, ¿cómo describirías su hábitat?

Visión crítica Esta exuberante plantación de caña de azúcar en la Argentina contrasta con el seco desierto de Atacama. ¿Qué detalles de la foto te indican que esta plantación no se encuentra en una sombra orográfica?

El Niño en la costa del Pacífico

El Niño influye en el clima de la costa occidental de Suramérica. **El Niño** ocurre cuando se invierten las corrientes de aire y oceánicas habituales. Esta inversión genera corrientes cálidas, tanto de aire como de agua, que producen lluvia abundante en las zonas costeras. El Niño ocurre en el Perú por su ubicación en el sistema de corrientes y en la costa del Pacífico.

El Niño no ocurre todos los años, pero llega a suceder con cierta regularidad, al menos una vez cada 12 años. Es difícil de predecir y sus resultados pueden ser devastadores. Las fuertes lluvias **saturan**, o remojan completamente, las zonas costeras. Estas lluvias causan graves inundaciones y acaban con hábitats. También pueden causar daños a los cultivos, canales, puentes y carreteras. Los científicos tratan de predecir cuándo es probable que llegue el fenómeno de El Niño. Esto permite que las poblaciones locales se preparen para hacer frente a los impactos de las fuertes lluvias.

Antes de continuar

Verificar la comprensión ¿Cómo influyen las corrientes de aire y oceánicas en el clima de Suramérica?

EVALUACIÓN CONTINUA

LABORATORIO DE MAPAS GeoDiario

1. **Interpretar mapas** Localiza el desierto de Atacama (*Atacama Desert*) en el mapa de las corrientes de aire. ¿Soplan sobre el desierto las corrientes de aire provenientes del Pacífico? ¿Cómo puede esto contribuir a su falta de lluvia?
2. **Describir la información geográfica** Los científicos utilizan mapas complejos como éstos para predecir los patrones meteorológicos y los cambios climáticos. ¿En qué se parece y en qué se diferencia la información de estos mapas?

1.5 Los bosques tropicales y el cambio climático

TECHTREK

Visita **myNGconnect.com** para ver una gráfica en inglés sobre la deforestación y fotos del bosque tropical.

Maps and Graphs | Digital Library

Idea principal La salud de la selva amazónica puede influir en el cambio climático de todo el planeta.

El cambio climático y el calentamiento global son temas que aparecen a menudo en las noticias. Para comprender cómo estos temas están relacionados con los bosques tropicales es importante entender los procesos científicos que mantienen saludables a los bosques tropicales.

Los bosques tropicales son ecosistemas complejos. Tal como has leído, miles de animales, aves e insectos diferentes viven en la selva amazónica. Muchas plantas poco comunes también crecen allí. Algunas de estas plantas se utilizan para combatir enfermedades mortales, como la malaria y el cáncer.

Cómo funcionan los bosques tropicales

Mediante un proceso llamado **transpiración**, las plantas y los árboles liberan vapor de agua en el aire. A medida que el vapor de agua sube, se enfría y forma nubes densas que luego producen lluvia. El aire cálido y el suelo húmedo sustentan el crecimiento de la vegetación. De hecho, los árboles crecen tan altos y frondosos que a veces la luz del sol no llega al suelo del bosque.

Las plantas de la selva amazónica desempeñan una función importante: absorben los gases de invernadero de la atmósfera terrestre. Un **gas invernadero** es un gas que atrapa el calor del Sol sobre la Tierra y la calienta. La quema de combustibles fósiles como el carbón y el petróleo produce gases invernadero como el dióxido de carbono.

Demasiado dióxido de carbono en el aire hace que la atmósfera se caliente, ya que refleja la energía calórica y la envía nuevamente a la Tierra. Las plantas y los árboles del bosque tropical absorben de forma natural el dióxido de carbono del aire. De esta manera, los bosques tropicales ayudan a limpiar el aire de la Tierra.

Antes de continuar

Resumir ¿Por qué los bosques tropicales son importantes?

VOCABULARIO CLAVE

transpiración, *s.*, proceso mediante el cual las plantas y los árboles liberan vapor de agua en el aire

gas invernadero, *s.*, gas que absorbe energía calórica y la refleja sobre la tierra

VOCABULARIO ACADÉMICO

reconocer, *v.*, admitir

DEFORESTACIÓN EN BRASIL,
2000–2009

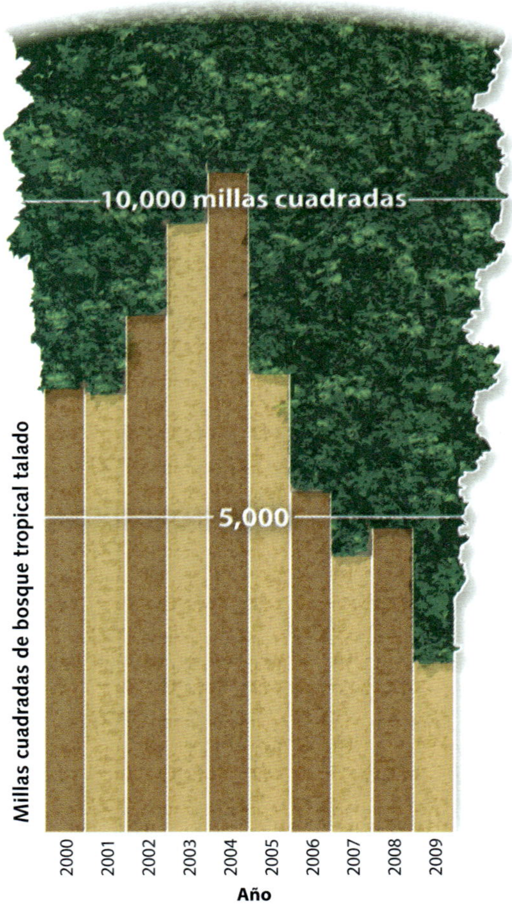

Fuente: Instituto Nacional de Investigación del Espacio, Brasil, 2010

Cambios en el bosque tropical

Desde mediados del siglo XX, una gran parte de la selva amazónica ha sido talada. En *National Geographic*, el periodista Scott Wallace informó que el 20 por ciento de la selva se ha perdido en los últimos 40 años (enero de 2007).

La deforestación generalizada amenaza a la biodiversidad de la Amazonia. A medida que se pierde más selva, hay menos árboles y plantas que produzcan humedad y nubosidad para eliminar los gases invernadero del aire. Estos cambios tienen un impacto global.

COMPARAR REGIONES

Un reto climático global

Los cambios en la selva amazónica son una de las causas de los cambios climáticos identificados por los científicos. El cambio climático es un cambio gradual en el clima de la Tierra debido a causas naturales. En su historia, la Tierra ha experimentado muchos cambios climáticos.

El calentamiento global, por el contrario, es un término utilizado por algunos científicos para describir el calentamiento rápido de la superficie de la Tierra observado durante el siglo pasado. Estos científicos argumentan que el uso intensivo de combustibles que liberan dióxido de carbono contribuye al aumento de las temperaturas. Desde comienzos del siglo XX, la temperatura media del planeta ha aumentado 1.4°F. Aunque ese número pueda parecer pequeño, los científicos **reconocen**, o admiten, que un cambio de incluso uno o dos grados es motivo de preocupación. Los cambios rápidos en la temperatura media pueden destruir hábitats y modificar ecosistemas.

La deforestación de la selva amazónica cerca del estado de Rondonia, Brasil.

Proteger la Amazonia y otros bosques tropicales en todo el mundo es fundamental para la salud del planeta. Muchos países de Suramérica trabajan para proteger la selva amazónica. Al otro lado del Atlántico, los países ubicados en el bosque tropical africano de la cuenca del río Congo enfrentan retos similares. Los gobernantes de Camerún, la República Democrática del Congo, Guinea y Ghana están cooperando para gestionar operaciones madereras sostenibles y para proteger los hábitats de vida silvestre que se puedan perjudicar fácilmente.

Antes de continuar

Verificar la comprensión ¿Qué problemas amenazan la salud de la selva amazónica?

EVALUACIÓN CONTINUA

LABORATORIO DE LECTURA GeoDiario

1. **Resumir** ¿Cuál es la diferencia entre el cambio climático y el calentamiento global?
2. **Describir** ¿De qué manera los bosques tropicales limpian el aire de la Tierra?
3. **Interpretar gráficas** Según la gráfica, ¿cuál ha sido la tendencia general en la deforestación desde 2004? ¿Qué crees que causó esta tendencia?

2.1 Los incas

TECHTREK
Visita myNGconnect.com para ver un mapa del imperio y fotos de la civilización inca.
Maps and Graphs
Digital Library

Idea principal Los incas gobernaron un imperio extenso en un medio ambiente montañoso que presentaba dificultades.

El Imperio incaico se extendía en Suramérica a lo largo de la costa del Pacífico. El imperio comprendía parte de los actuales territorios de Colombia, Ecuador, Perú, Bolivia, Chile y Argentina. Desde 1438 hasta la conquista española ocurrida en la década de 1530, el Imperio incaico fue una de las civilizaciones más grandes y adelantadas de Suramérica.

Los trabajos del Imperio

Los incas construyeron la capital de su imperio en el Cuzco, en lo que actualmente es el Perú. El gobierno y la sociedad inca estaban notablemente organizados. El emperador, llamado Sapa Inca, era considerado un **descendiente**, o pariente, de Inti, el dios del sol. En su apogeo, el imperio llegó a contar con 80 provincias y unos 12 millones de habitantes.

Dentro de la sociedad inca, las familias estaban organizadas en grupos según el **parentesco**, o vínculo por consanguinidad, y la propiedad de la tierra en común. Los incas contraían matrimonio dentro de sus grupos de parentesco. Estos grupos también trabajaban juntos y compartían la tierra y los recursos. Los jefes de las familias trabajaban para el imperio como albañiles, agricultores, artesanos o soldados algunos meses al año.

Visión crítica Las antiguas ruinas de Machu Picchu se encuentran en Perú, a una elevación de 7,710 pies. Según lo que muestra la foto, ¿cuáles crees que podrían haber sido los retos de construir una ciudad a gran altura?

Los logros de los incas

Los incas **utilizaban**, o usaban de manera práctica, sus avanzadas destrezas en ingeniería para adaptarse al medio ambiente montañoso. Por ejemplo, los incas cultivaban la tierra en campos **abancalados** o terrazas, que son campos llanos excavados en la pendiente o ladera de una montaña. También construían canales de irrigación para regar sus cultivos pues el clima era árido.

Los incas se adaptaron al entorno montañoso de otras maneras. Construyeron puentes colgantes usando lianas y madera. Un **puente colgante** es un puente que se usa para cruzar los cañones o el agua. Los incas también construyeron un sistema de caminos que permitió mantener la unión del imperio.

Otro ejemplo de las destrezas de ingeniería de los incas es **Machu Picchu**, construida en el siglo XV. Los incas edificaron esta ciudad compleja sobre una montaña, levantando paredes gigantescas, terrazas, rampas en pendiente y escalinatas empinadas. Algunos arqueólogos creen que servía de residencia para la realeza. En la actualidad, el lugar es considerado Patrimonio de la Humanidad por la UNESCO debido a su importancia histórica y arqueológica.

Vocabulario visual Los **puentes colgantes** sirven para cruzar cañones o agua. Este puente colgante reconstruido en Perú se hizo usando como modelo los puentes que construían los incas.

En la década de 1530, el imperio enfrentó diversos problemas internos que incluyeron una economía débil y una guerra civil. Un ejército español mucho más pequeño, pero mejor equipado, conquistó a los incas en 1532. Hoy en día, los descendientes de los incas, los quechuas, viven en la cordillera de los Andes en Perú, Ecuador y Bolivia.

Antes de continuar

Hacer inferencias ¿De qué manera los incas mantenían el control de su imperio?

EVALUACIÓN CONTINUA

LABORATORIO FOTOGRÁFICO GeoDiario

1. **Analizar elementos visuales** Según las fotografías y el texto, ¿de qué manera utilizaban los incas sus avanzadas destrezas de ingeniería en su imperio?
2. **Describir** ¿Cómo describirías el Imperio incaico según la fotografía de Machu Picchu?
3. **Verificar la comprensión** ¿Qué factores hicieron posible que un pequeño ejército de conquistadores españoles vencieran al gran Imperio incaico?

NATIONAL GEOGRAPHIC

TECHTREK
Visita **myNGconnect.com** para ver fotos de una exploradora en acción y un video clip de Explorer.

Digital Library

Explorando la cultura nazca con Christina Conlee

Idea principal Los artefactos y otros descubrimientos arqueológicos permiten un mayor entendimiento de la cultura nazca.

myNGconnect.com

Para saber más sobre el trabajo de campo de Christina Conlee hoy día.

Los arqueólogos estudian cómo vivían las personas en el pasado. Examinan **artefactos**, u objetos dejados por culturas del pasado. Christina Conlee, becaria del Consejo de Expediciones de NG, es una arqueóloga que estudia los nazcas del Perú. Los nazcas vivieron en una meseta desértica situada al sur del Perú, hace casi 2,000 años. Este pueblo dejó hermosos artefactos de cerámica y las líneas de Nazca, que son una serie de **geoglifos**, o figuras geométricas y diseños de animales grandes dibujados en el suelo. Los nazcas constituyeron una de las primeras sociedades complejas de Suramérica.

Un hallazgo sorprendente

En 2004, Conlee y su equipo trabajaban **excavando**, o desenterrando cuidadosamente, lo que creían que era una casa en La Tiza, Perú. En su lugar y para su sorpresa, descubrieron un antiguo cementerio. Entre 2004 y 2006, Conlee y su equipo excavaron nueve enterramientos. Entre los artefactos recolectados en el sitio había cerámicas elaboradas y objetos de cobre. Conlee cree que los tipos de artefactos hallados pertenecían a individuos de una jerarquía social alta en la comunidad.

Algunos de los artefactos descubiertos no eran típicos de la cerámica nazca tradicional. La presencia de objetos de cobre, adornos de conchas marinas y pinturas funerarias más elaboradas sugerían un grupo de población diferente. ¿Se trataba de nazcas locales o de personas de otra cultura?

Las antiguas migraciones

Conlee estaba decidida a hallar la respuesta. Con la ayuda de los análisis químicos que realizó en los huesos, Conlee logró determinar que los restos efectivamente pertenecían a los nazcas. Sin embargo, su análisis también demostró que algunos de esos restos pertenecían a un grupo rival de los nazca, llamado los wari o huari.

Los wari eran más poderosos que los nazcas. Conlee cree que su llegada al territorio nazca puede haber causado que algunos nazcas abandonaran el lugar. En última instancia, la migración de los wari pudo incluso haber conducido al fin de la cultura nazca. Los estudios y descubrimientos de Conlee continúan revelando nuevas facetas de la cultura nazca y una mayor comprensión de sus patrones migratorios.

Antes de continuar

Hacer inferencias ¿Qué revelaron los descubrimientos arqueológicos acerca de la antigua cultura nazca?

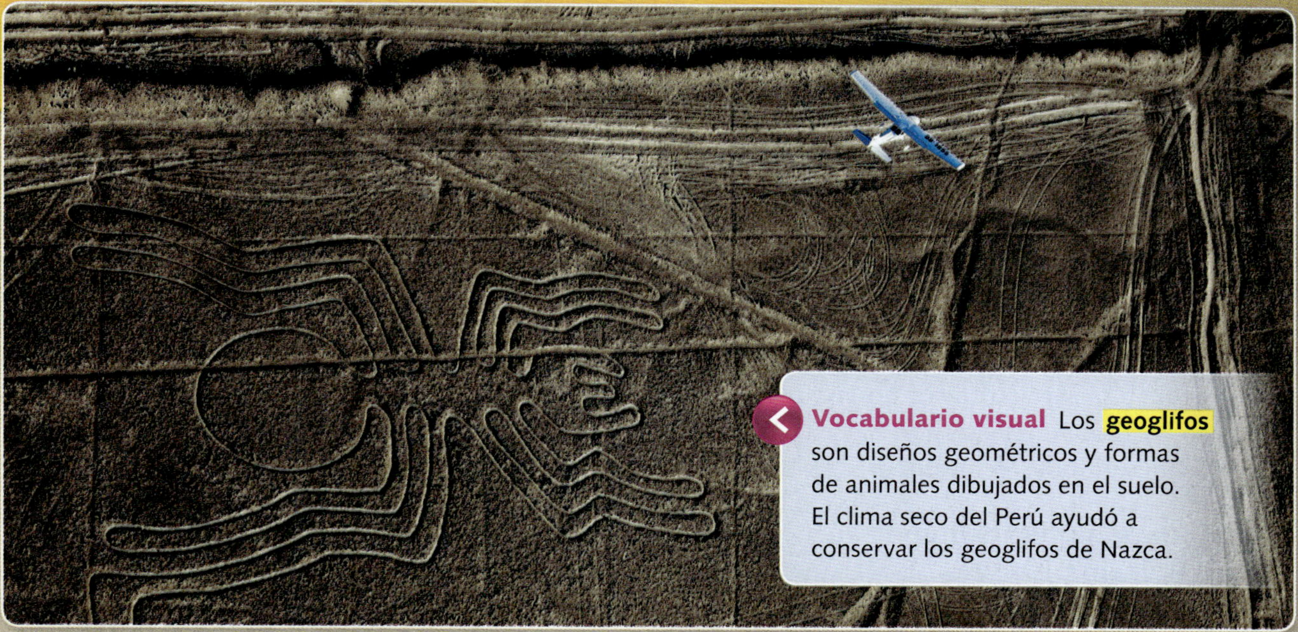

Vocabulario visual Los **geoglifos** son diseños geométricos y formas de animales dibujados en el suelo. El clima seco del Perú ayudó a conservar los geoglifos de Nazca.

Christina Conlee junto a su colega, el arqueólogo Aldo Noriega, excavan un yacimiento en La Tiza, Perú.

EVALUACIÓN CONTINUA

LABORATORIO VISUAL

GeoDiario

1. **Analizar elementos visuales** Ve a **Digital Library** y mira el video en inglés sobre el arqueólogo de grandes alturas Johan Reinhard. ¿Qué tipo de descubrimientos ha realizado?
2. **Describir** ¿De qué manera los arqueólogos como Christina Conlee y Johan Reinhard aprenden acerca de las antiguas culturas?

Johan Reinhard, explorador residente de National Geographic

2.3 Los pueblos de las tierras bajas

TECHTREK
Visita myNGconnect.com para ver un mapa y fotos de los yanomamis.
Maps and Graphs
Digital Library

Idea principal Las personas han vivido en las tierras bajas de Suramérica durante miles de años.

Los habitantes de Suramérica comenzaron a establecerse en las áreas de poca altura del continente hace más de cinco mil años. El desarrollo de la agricultura y un suministro estable de alimentos permitieron vivir juntos a grupos más grandes de personas.

Las cuencas fluviales de las tierras bajas

Las **tierras bajas**, o áreas de poca altura de Suramérica, abarcan varias cuencas fluviales fértiles. Las tierras bajas comprenden el río Orinoco y las praderas circundantes, la cuenca del río Amazonas y la cuenca del río Paraguay.

Estos ríos y cuencas albergaban abundante vida animal y vegetal para abastecer a los pueblos antiguos que habitaron el lugar. Por ejemplo, la cuenca del río Amazonas era una fuente abundante de peces. La cuenca del Paraguay, que incluye el Gran Chaco, una llanura de inundación, proporcionaba suelos fértiles para cultivar alimentos.

El desarrollo de la agricultura

Al principio, los habitantes de las tierras bajas vivían como **nómadas**, o personas que se desplazan de un lugar a otro. Como **cazadores-recolectores**, o personas que cazaban animales y recolectaban plantas y frutos para alimentarse, se desplazaban a diferentes lugares cuando el alimento escaseaba.

Ya en el año 3000 a. C., comenzaron a cultivar la tierra y a construir aldeas en las tierras bajas. El establecimiento de una provisión estable de alimentos animó a otros grupos a establecerse en aldeas, en lugar de continuar desplazándose de un lugar a otro.

El pueblo **guaraní** habitaba en las tierras bajas del este y del centro, junto a los ríos Paraguay y Paraná. Antes de sembrar sus cultivos, los guaraníes despejaban el terreno talando y quemando el bosque y la vegetación existentes. Esta técnica agrícola se llama método de **tala y quema**. Normalmente, las mujeres guaraníes cultivaban maíz y tubérculos, como la batata y la yuca. Además de cultivar la tierra, los hombres guaraníes cazaban y pescaban.

AGRICULTURA DE TALA Y QUEMA

1 Tala Las áreas boscosas y las selvas son demasiado densas para sembrar cultivos. Los agricultores talan, o cortan, los árboles.

2 Quema Los árboles caídos y el follaje se queman para despejar el terreno. La ceniza producida por las hogueras se usa como fertilizante.

3 Fertilizar y sembrar Se fertiliza el terreno despejado con ceniza. Se plantan cultivos tales como maíz y batata.

Otro grupo, los **tupinambás**, se estableció cerca de la desembocadura del Amazonas y hacia el sur, a lo largo de la costa del Atlántico. También empleaban la agricultura de tala y quema para plantar sus cultivos. Como vivían en la cuenca del río Amazonas y cerca del océano, los tupinambás además pescaban y cazaban mamíferos y tortugas de río.

Los yanomamis

En la actualidad, algunos grupos de indígenas continúan viviendo en los bosques tropicales de la cuenca del río Amazonas. Los **yanomamis** aún hoy son cazadores-recolectores que usan la técnica de tala y quema para despejar el terreno de cultivo. Viven en aldeas pero migran a diferentes áreas para satisfacer sus necesidades agrícolas. Muchos se han trasladado a las tierras bajas del centro-norte, donde han hallado terrenos más fértiles.

Antes de continuar

Hacer inferencias ¿De qué manera las características físicas de las tierras bajas definieron la vida de los pueblos que vivían allí?

4 Migrar Los grupos se trasladan a otro sitio cuando el suelo de los terrenos despejados se vuelve menos productivo.

LAS TIERRAS BAJAS DE SURAMÉRICA

EVALUACIÓN CONTINUA
LABORATORIO DE LENGUA — GeoDiario

1. **Consultar con un compañero** Describe a un compañero el proceso de la agricultura de tala y quema en las tierras bajas. ¿Por qué los grupos que habitaban las tierras bajas se dedicaban a la agricultura de tala y quema?
2. **Crear tablas** Con un compañero, haz una tabla donde compares varios aspectos de los estilos de vida nómada y sedentaria. Comenta las características de cada estilo de vida y cuáles podrían ser las ventajas de cada uno.

	NÓMADA	SEDENTARIO
Movimiento	1. Se traslada frecuentemente	
Fuentes de alimento	2.	

3. **Ubicación** ¿En qué parte del continente vivían los guaraníes y los tupinambás? ¿Dónde viven los yanomamis? Usa el texto como ayuda para ubicar estas áreas en el mapa.

SECCIÓN 2 HISTORIA

2.4 Los españoles en Suramérica

TECHTREK
Visita **myNGconnect.com** para ver un mapa en inglés de la colonización española y fotos de los artefactos.
Maps and Graphs
Digital Library

Idea principal La llegada de los españoles en el siglo XVI determinó la historia y la cultura del continente suramericano.

En 1494, con el objetivo de evitar conflictos por la exploración y colonización, España y Portugal firmaron un **tratado**, o sea un acuerdo entre dos o más países. El **Tratado de Tordesillas** trazó en el mapa una línea que repartía entre los dos países los territorios recientemente descubiertos. El tratado dividió Suramérica en dos partes. Los españoles reclamaron los territorios al oeste de la línea y Portugal reclamó los territorios ubicados al este de la línea.

El Tratado de Tordesillas creó el marco para la conquista española de la mayor parte de Suramérica. Cuatro años después, Cristóbal Colón, que navegaba en representación de España, desembarcó en la costa norte de Suramérica.

Visión crítica *Los españoles y el cacique inca* por James McConnell. ¿Qué historias cuenta este cuadro acerca de los españoles y los incas?

La conquista española

Tal como lo hicieron antes en México, los conquistadores españoles llegaron a Suramérica resueltos a expandir el imperio de España y a buscar recursos, como oro y plata. En 1533, **Francisco Pizarro**, al mando de un pequeño ejército, derrocó al emperador inca **Atahualpa**. Pizarro fundó la ciudad de Lima, Perú, la cual se convirtió en el centro del gobierno y del Imperio español en Suramérica. Otros conquistadores exploraron y conquistaron Colombia, en la costa norte, y la mayor parte de Chile, en la costa oeste. (Ver el mapa de la próxima página.) La conquista española de Suramérica **transformó**, o cambió, gran parte del continente y sus pueblos para siempre.

Esta máscara de oro es un ejemplo de las riquezas que los españoles buscaban en Suramérica.

1498–1500 El tercer viaje de Colón llega a la costa norte de Suramérica.

1400

1450

Las estatuas de oro descubiertas en las montañas de Argentina ilustran la extensión del Imperio incaico.

1438–1533 El Imperio incaico domina una extensa área de Suramérica.

1494 España y Portugal firman el Tratado de Tordesillas.

El impacto en las poblaciones indígenas

Las enfermedades mortales que llegaron a Suramérica con los españoles aniquilaron aldeas enteras y poblaciones indígenas completas. Como estos grupos no tenían defensas contra enfermedades tales como la viruela, el sarampión y la gripe, muchos murieron rápidamente.

Los españoles esclavizaron a los indígenas y los forzaron a trabajar en plantaciones, ranchos y minas. Un gran número de indígenas esclavizados murieron por efecto de las duras condiciones de trabajo.

Los misioneros que llegaron después de la década de 1550 vieron en Suramérica una oportunidad para difundir el cristianismo. El objetivo era **convertir**, o persuadir a las poblaciones indígenas de que cambiaran sus creencias religiosas. Algunas conversiones fueron forzadas. Muchos indígenas comenzaron a practicar la fe católica y otros mezclaron aspectos del cristianismo con sus propias prácticas religiosas.

Antes de continuar

Resumir ¿Qué impacto tuvieron los españoles sobre la historia y la cultura de Suramérica?

EXPLORADORES EN SURAMÉRICA

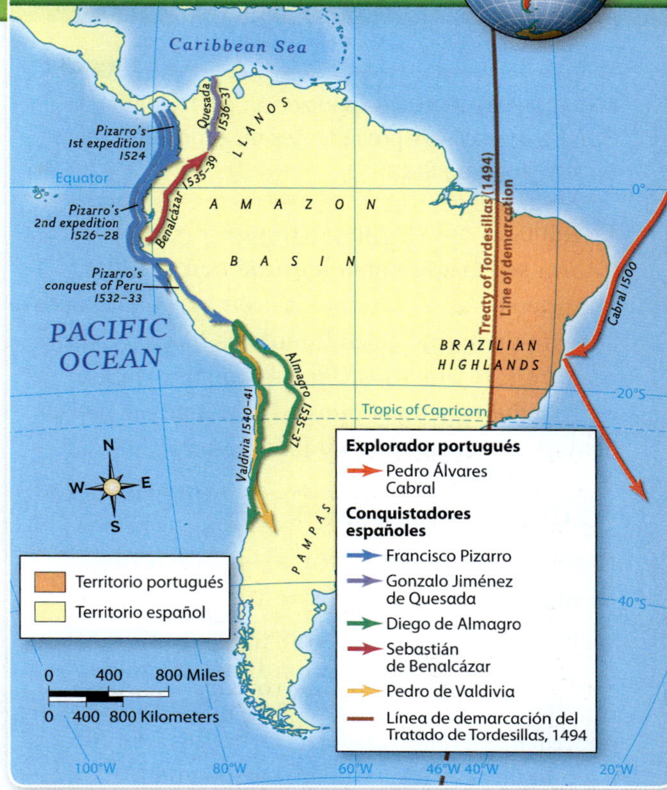

EVALUACIÓN CONTINUA
LABORATORIO DE MAPAS
GeoDiario

1. **Movimiento** Según el mapa, ¿en qué lugares fueron más activos los conquistadores españoles en las décadas de 1520 y 1530? ¿Quién realizó varias expediciones?
2. **Evaluar** Ubica la línea de demarcación en el mapa. ¿Cómo describirías el impacto de esa línea sobre Suramérica?
3. **Interpretar líneas cronológicas** ¿Cuántos años, aproximadamente, transcurrieron entre la firma del Tratado de Tordesillas y el derrocamiento de los incas?

El navegante portugués Pedro Álvares Cabral desembarca en la costa este de Suramérica en 1500

1500

1524 Pizarro llega a la costa noroeste de Suramérica.

1532 Los españoles conquistan el Imperio incaico.

1535 Los españoles fundan Lima, Perú, como centro del imperio en Suramérica.

1541 Los españoles fundan Santiago de Chile.

1550

SECCIÓN 2 HISTORIA

2.5 Brasil y el comercio de esclavos

TECHTREK
Visita **myNGconnect.com** para ver un mapa en inglés de la colonización portuguesa en Suramérica.

Maps and Graphs

Idea principal La colonización portuguesa y la llegada de esclavos procedentes de África influyeron en la historia de Brasil.

En 1500, el navegante portugués Pedro Álvares Cabral se dirigía hacia la India con su flota cuando se salió de curso. Desembarcó en la costa sureste de lo que actualmente es Brasil. Cabral comprendió que esas tierras se encontraban dentro del territorio otorgado a Portugal por el Tratado de Tordesillas y las reclamó.

Azúcar y esclavos

El interés que tenía Portugal en Brasil fue limitado hasta la década de 1530. A diferencia de los españoles en Perú, los portugueses no conquistaron a la población indígena ni se apoderaron rápidamente de sus tierras. Por el contrario, la colonización portuguesa de Brasil tuvo lugar a lo largo de varias décadas.

Los colonizadores portugueses descubrieron que estas nuevas tierras contenían recursos naturales valiosos para los mercados europeos. En primer lugar, los portugueses exportaron madera de pernambuco, o palo-Brasil, que era muy requerida por su color rojo usado para teñir telas. Después, los colonizadores se dieron cuenta de que la caña de azúcar, que crecía en abundancia en Brasil, era un cultivo más valioso. Instalaron plantaciones y comenzaron a exportar caña de azúcar y productos derivados del azúcar a Europa. Los portugueses intentaron esclavizar a los indígenas para que trabajaran en las plantaciones de azúcar, pero el exceso de trabajo y las enfermedades acabaron con muchos de ellos. Los portugueses entonces recurrieron a otra fuente de mano de obra: África.

Visión crítica Esta pintura de 1819 muestra a los esclavos trabajando en una plantación de Brasil. ¿Qué detalles observas?

Gracias a sus exploraciones anteriores, los portugueses conocían la existencia de los mercados de esclavos en África. A mediados del siglo XVI, los portugueses y otros países europeos exportaban esclavos africanos a través del Atlántico hacia Suramérica y el Caribe. Los portugueses llegaron a crear un **monopolio**, o control total, del tráfico de esclavos. El comercio constante de esclavos comenzó en Brasil en 1560 y se mantuvo hasta bien entrado el siglo XIX.

1532 Los portugueses comienzan a cultivar caña de azúcar en Brasil.

1550

1560 Los portugueses importan esclavos africanos para que trabajen en las plantaciones de azúcar.

1650

1695 Se descubre oro en el territorio del estado actual de Minas Gerais.

Este faro aún se alza en el sitio de un puerto de comercio colonial en Salvador, Brasil.

La riqueza de Portugal

Los abundantes recursos naturales de Brasil y los trabajadores africanos esclavizados que los extraían enriquecieron a los portugueses. A medida que se descubrían recursos naturales valiosos como oro y diamantes, la demanda portuguesa de mano de obra esclava aumentaba. Se llevaba a los esclavos a trabajar en las plantaciones de azúcar y de café y en las minas de oro y de diamantes. Los comerciantes de esclavos portugueses importaron más de cinco millones de esclavos de África a Brasil.

Los portugueses sofocaron exitosamente las **rebeliones**, o revueltas, en contra de su gobierno hasta principios del siglo XIX. Finalmente, Brasil declaró su independencia de Portugal en 1822, aunque no todos fueron libres. Pese a que el comercio de esclavos había terminado en 1850, la esclavitud continuó existiendo en Brasil durante varias décadas más, hasta que fue abolida en 1888.

Antes de continuar

Verificar la comprensión ¿Qué influencia tuvo el comercio de esclavos en la historia de Brasil?

RECLAMOS PORTUGUESES EN BRASIL

EVALUACIÓN CONTINUA

LABORATORIO DE LECTURA

GeoDiario

1. **Movimiento** ¿Por qué los portugueses importaban esclavos de África?
2. **Resumir** ¿De qué manera contribuyeron los esclavos a la riqueza de Portugal?
3. **Interpretar mapas** Según el mapa, ¿qué lugares de Suramérica colonizaron los portugueses? ¿Cuál es el patrón de su colonización?
4. **Interpretar líneas cronológicas** ¿Durante cuánto tiempo existió la esclavitud en Brasil? ¿En qué año se abolió la esclavitud? Usa la línea cronológica para responder a la pregunta.

1826 Jean Baptiste-Debret representa a los esclavos cargando bolsas de café en Brasil.

1840s El café se convierte en la principal exportación de Brasil.

1750

1850

1725 Se descubren diamantes en Minas Gerais.

1822 Brasil declara su independencia de Portugal.

1888 Se promulga la Ley Áurea que pone fin a la esclavitud en Brasil.

SECCIÓN 2 PREGUNTA BASADA EN DOCUMENTOS

2.6 Simón Bolívar habla de la independencia

TECHTREK

Visita myNGconnect.com para ver retratos de los líderes revolucionarios y una guía en línea para la escritura en inglés.

Digital Library | Student eEdition | Student Resources

La mayor parte de Suramérica estuvo bajo el dominio español durante más de 300 años. La **transición**, o el cambio, del gobierno colonial a la independencia fue difícil. Simón Bolívar lideró la revolución contra los españoles. Bolívar nació en 1783 en el seno de una familia adinerada de Caracas, Venezuela. Sus padres murieron cuando él aún era un niño. Luego de la muerte de sus padres, su tío se aseguró de que recibiera educación y envió a Bolívar a Europa. Allí, Bolívar aprendió nuevas ideas acerca de la libertad y del gobierno. En 1810, se unió al movimiento independentista de Venezuela. Bolivia fue nombrada así en su honor.

DOCUMENTO 1

La carta de Jamaica (1815)

Bolívar escribió esta carta en Jamaica mientras se hallaba en el **exilio**, una situación en la que se está ausente del propio país natal, durante la lucha por la independencia de Venezuela. La carta describe la necesidad de la revolución y la independencia de España.

> Más grande es el odio que nos ha inspirado la Península [España], que el mar que nos separa de ella; menos difícil es unir los dos continentes que reconciliar [unir] los espíritus de ambos países.

RESPUESTA DESARROLLADA

1. ¿A qué mar se refiere Simón Bolívar en este pasaje?
2. ¿A qué dos países en particular se refiere Bolívar?
3. ¿Cómo describirías el tono general de las palabras de Bolívar en este pasaje?

DOCUMENTO 2

El discurso de Angostura (1819)

A su regreso del exilio en Jamaica, Bolívar pronunció este discurso en Venezuela, en 1819.

> La continuación de la autoridad en un mismo individuo frecuentemente ha sido el término [el fin] de los gobiernos democráticos [...] Un justo celo [entusiasmo] es la garantía de la libertad republicana, y nuestros ciudadanos deben temer con sobrada justicia que el mismo magistrado, que los ha mandado mucho tiempo, los mande perpetuamente [por siempre].

RESPUESTA DESARROLLADA

4. Según Bolívar, ¿qué deberían los ciudadanos temer más en un gobernante?
5. ¿Qué situación, según Bolívar, conduce al "término de los gobiernos democráticos"?
6. Según Bolívar, ¿de qué manera un "justo celo" garantiza la libertad?

"UN JUSTO CELO ES LA GARANTÍA DE LA LIBERTAD REPUBLICANA"

— SIMÓN BOLÍVAR

Fuente: Tito Salas, *Retrato Ecuestre del Libertador,* 1936.

DOCUMENTO 3

Simón Bolívar, "El Libertador"

Liberar significa conceder la libertad a alguien o a algo. Simón Bolívar fue nombrado "El Libertador" en reconocimiento a sus valientes esfuerzos contra los españoles durante la lucha por la independencia. Bolívar también es llamado con frecuencia "El George Washington de Suramérica".

RESPUESTA DESARROLLADA

7. En 1936, el gobierno venezolano encargó al artista Tito Salas que pintara esta obra para el Panteón Nacional, un monumento construido en honor a los héroes nacionales. ¿Qué detalles incluyó Salas en su obra para representar a Bolívar como un libertador?

EVALUACIÓN CONTINUA

LABORATORIO DE ESCRITURA

GeoDiario

Práctica de preguntas basadas en documentos A principios del siglo XIX, muchos países de Suramérica comenzaron a exigir su independencia de España. ¿De qué manera Bolívar lideró la lucha de Venezuela por su independencia?

Paso 1. Repasa el período colonial de Suramérica en las Secciones 2.4 y 2.5.

Paso 2. En tu cuaderno, apunta las ideas principales expresadas en cada documento de esta lección.

Documento 1: La carta de Jamaica
Idea(s) principal(es): ____________

Documento 2: El discurso de Angostura
Idea(s) principal(es): ____________

Documento 3: Retrato de Bolívar
Idea(s) principal(es): ____________

Paso 3. Escribe un enunciado que responda a esta pregunta: ¿Por qué Bolívar quería liberar a Suramérica del dominio español?

Paso 4. Escribe un párrafo que explique en detalle por qué Bolívar quería un gobierno autónomo y libertad para Suramérica. Visita **Student Resources** para ver una guía en línea de escritura en inglés.

CAPÍTULO 7
Repaso

VOCABULARIO

En tu cuaderno, escribe las palabras de vocabulario que completan las siguientes oraciones.

1. Los habitantes de las tierras bajas de Suramérica practicaban la agricultura de __________.
2. Los portugueses tenían un(a) __________ en el comercio de esclavos.
3. Una de las tareas de los arqueólogos es __________ artefactos para aprender acerca de las culturas pasadas.
4. Más de 1,000 __________ alimentan el río Amazonas.
5. Un(a) __________ es un acuerdo entre dos o más países.

IDEAS PRINCIPALES

6. ¿Cuáles son dos características físicas extremas del continente suramericano? (Sección 1.1)
7. ¿Qué dos factores ayudan a determinar dónde se establecen las personas en Suramérica? (Sección 1.2)
8. ¿De qué manera el río Amazonas nutre al bosque tropical? (Sección 1.3)
9. ¿Qué fenómeno climático impredecible afecta a Perú y cuáles son sus efectos? (Sección 1.4)
10. ¿De qué manera los bosques tropicales protegen la salud del planeta? (Sección 1.5)
11. ¿Cómo se adaptaron los incas a su medio ambiente montañoso? (Sección 2.1)
12. ¿Cómo han contribuido los arqueólogos a la comprensión de la cultura nazca? (Sección 2.2)
13. ¿Qué recursos naturales permitieron que los pueblos de las tierras bajas prosperaran? (Sección 2.3)
14. ¿Qué impacto tuvo la llegada de los españoles sobre las poblaciones indígenas? (Sección 2.4)
15. ¿Cómo benefició la mano de obra esclava a la economía colonial portuguesa? (Sección 2.5)
16. ¿Por qué Simón Bolívar es llamado "El Liberador"? (Sección 2.6)

GEOGRAFÍA

ANALIZA LA PREGUNTA FUNDAMENTAL

¿Cómo influye la elevación en el clima de Suramérica?

Razonamiento crítico: Comparar y contrastar

17. Compara y contrasta el clima y la elevación en la cordillera de los Andes y en la cuenca del río Amazonas.
18. Compara y contrasta estas dos zonas de altitud: *tierra templada* y *tierra fría*.
19. Compara cómo las corrientes y los accidentes geográficos influyen en el clima de Chile.

INTERPRETAR MAPAS

MAPA FÍSICO DEL PERÚ

20. **Identificar** ¿Qué cordillera importante se encuentra en Perú y qué elemento del mapa puede ayudarte a determinar su ubicación?
21. **Describir información geográfica** ¿Dónde está ubicada el área más extensa de tierras bajas del Perú en relación con el ecuador? Usa la palabra "latitud" en tu respuesta.

HISTORIA

ANALIZA LA PREGUNTA FUNDAMENTAL

¿De qué manera las montañas, las mesetas y los ríos configuraron la historia de la región?

Razonamiento crítico: Sacar conclusiones

22. ¿De qué manera Machu Picchu demuestra las destrezas de ingeniería de los incas?
23. Describe qué revelan las pruebas arqueológicas halladas en la meseta desértica acerca de los patrones migratorios de la cultura nazca.
24. ¿Cómo cambiaron los habitantes de las tierras bajas su estilo de vida nómada por uno sedentario y qué papel desempeñaron los caudalosos ríos de la región en dicho cambio?
25. ¿Qué recursos de las montañas de Suramérica incentivaron la exploración, conquista y colonización españolas?

INTERPRETAR FUENTES PRIMARIAS

El historiador portugués Pero de Magalhães Gândavo escribió *Las historias de Brasil* en 1576. Lee esta descripción de los valiosos recursos hallados en Brasil y luego responde las preguntas que siguen.

> Algunos indígenas llegaron a la Capitanía de Puerto Seguro [...] con noticias acerca de la existencia de piedras verdes en una cadena de montañas situada muchas leguas tierra adentro; y eran esmeraldas [...] y había muchas otras montañas de tierra azul en las cuales ellos [los indígenas] aseguraban que había mucho oro.

26. **Identificar** De acuerdo con este pasaje, ¿qué minerales valiosos se hallaban tierra adentro?
27. **Hacer inferencias** Según lo que has leído, ¿de qué manera el descubrimiento de recursos valiosos en Brasil influyó en la decisión de importar esclavos de África?

OPCIONES ACTIVAS

Sintetiza las preguntas fundamentales completando las siguientes actividades.

28. **Escribir anotaciones en un diario** Describe Suramérica desde la perspectiva de un viajero que recorre la región. Elige dos países. En tu diario, escribe dos anotaciones sobre cada país: una sobre el clima y la elevación y la otra sobre las características físicas, como montañas y ríos. Usa las siguientes sugerencias para ayudarte a escribir tus anotaciones en el diario. **Comparte tus anotaciones en el diario con un compañero o amigo.**

Sugerencias para la escritura
- Toma notas antes de comenzar a escribir.
- Escribe un esquema para organizar los detalles de los dos países que elegiste.
- Incluye tantos detalles como sea posible.
- Escribe una narración en primera persona.

29. **Hacer tablas** Trabaja en grupo para hacer un cuadro comparativo de cuatro columnas que compare Brasil, Argentina, Venezuela y Ecuador. Usa fuentes en línea para reunir los datos. Compara los datos de tu grupo con los datos hallados por otros grupos. ¿Qué fuentes te resultaron más útiles en tu investigación?

	Brasil	Argentina	Venezuela	Ecuador
Clima				
Elevación				
Población				
Cultivos principales				
Año de independencia				

CAPÍTULO 8

SURAMÉRICA HOY

VISTAZO PREVIO AL CAPÍTULO

Pregunta fundamental ¿En qué aspectos presenta Suramérica una diversidad cultural?

SECCIÓN 1 • CULTURA

VOCABULARIO CLAVE

- mestizo
- raíces
- familia de lenguas
- topografía
- inmigrar
- cocina

VOCABULARIO ACADÉMICO

predominante

TÉRMINOS Y NOMBRES

- aimara
- quechuas
- guaraníes
- mundurukú
- criollo
- candomblé

Pregunta fundamental ¿Cómo están fortaleciendo sus economías los países suramericanos?

SECCIÓN 2 • GOBIERNO Y ECONOMÍA

VOCABULARIO CLAVE

- próspero
- golpe de estado
- soja
- fertilizante
- templado
- clima mediterráneo
- ingresos por exportaciones
- rentable

VOCABULARIO ACADÉMICO

despiadado, diversificar, errático

TÉRMINOS Y NOMBRES

- Pampa seca
- Pampa húmeda

Pregunta fundamental ¿Cómo se ha convertido Brasil en una potencia económica?

SECCIÓN 3 • ENFOQUE EN BRASIL

VOCABULARIO CLAVE

- acero
- etanol
- biocombustible
- megalópolis
- barriada
- infraestructura
- sede

VOCABULARIO ACADÉMICO

principal, impacto

TÉRMINOS Y NOMBRES

- São Paulo
- Río de Janeiro

TECHTREK PARA ESTE CAPÍTULO

- Student eEdition
- Maps and Graphs
- Interactive Whiteboard GeoActivities
- Digital Library

Visita **myNGconnect.com** para obtener más información sobre Suramérica.

Esta catedral en la capital de Brasil refleja los esfuerzos del país por modernizarse

SECCIÓN 1 CULTURA

1.1 Las culturas indígenas

TECHTREK
Visita myNGconnect.com para ver fotos de las culturas indígenas de Suramérica.

Digital Library

Idea principal Las culturas indígenas de Suramérica mantienen sus tradiciones en un mundo moderno.

Distintos grupos indígenas han vivido en Suramérica durante miles de años. Sus descendientes continúan viviendo y trabajando actualmente en la región.

El contacto europeo

Como has aprendido, la llegada de los españoles, portugueses y otros europeos durante el período colonial modificó la vida de los grupos indígenas de Suramérica. Las enfermedades desconocidas y las armas de los europeos mataron a muchos indígenas y redujeron su población de manera sustancial.

El contacto europeo también creó un nuevo grupo en la población: el **mestizo**. Muchas personas de Suramérica son mestizos, es decir, mezcla de ancestros europeos e indígenas. Algunos mestizos también tienen orígenes culturales o **raíces** africanas, como consecuencia del gran número de esclavos que fueron traídos por la fuerza durante el período colonial.

Visión crítica Agricultoras cultivan papas cerca de la comunidad aimara de San José, en el Perú. Según lo que ves en la fotografía, ¿cómo es la agricultura para los aimaras?

Mantener las tradiciones

Los aimaras, los quechuas y los guaraníes son actualmente los tres grupos indígenas más grandes de Suramérica. Los **aimaras** viven en los Andes peruanos y bolivianos. En la actualidad, los aimaras conservan algunas de las tradiciones de sus antepasados, como el uso del idioma originario, también llamado aimara. El pueblo aimara también continúa arreando llamas y alpacas y cultivando alimentos como papas y quinua, que se dan bien en las montañas.

El pueblo **quechua** vive en los Andes del Perú, Ecuador y Bolivia. Al igual que los aimaras, muchos campesinos quechuas viven entre las montañas, en pueblos remotos alejados del estilo de vida moderno de las ciudades. Su religión consiste en una fusión del catolicismo y de creencias indígenas. Los quechuas han conservado tradiciones como los tejidos y el idioma originario, el quechua.

Los **guaraníes** viven en Paraguay y son el principal grupo indígena de ese país. Casi todos los paraguayos tienen antepasados con raíces tanto guaraníes como españolas. La cultura guaraní está representada en el arte folclórico de Paraguay y en el idioma guaraní.

El pueblo **mundurukú**, otro importante pueblo indígena, vive en Brasil. Los antepasados de este grupo indígena vivían del cultivo, la caza y la pesca en el bosque tropical. A pesar de vivir relativamente aislados, una de las formas en que este pueblo indígena se adapta al mundo moderno es a través de la venta de productos como el látex, una sustancia líquida que se obtiene a partir del árbol del caucho, que es autóctono del bosque tropical.

POBLACIONES INDÍGENAS DE SURAMÉRICA (2007)

País	Población del país	Población indígena	Porcentaje de población indígena
Argentina	33,900,000	372,996	1.10
Bolivia	8,200,000	4,142,187	50.51
Brasil	155,300,000	254,453	0.16
Chile	14,000,000	989,745	7.07
Colombia	35,600,000	620,052	1.74
Ecuador	10,600,000	2,634,494	24.85
Guayana Francesa	104,000	4,100	3.94
Guyana	806,000	45,500	5.65
Paraguay	4,800,000	94,456	1.97
Perú	22,900,000	8,793,295	38.40
Surinam	437,000	14,600	3.34
Venezuela	21,300,000	315,815	1.48

Fuente: Unión Internacional para la Conservación de la Naturaleza (2007)

Antes de continuar

Verificar la comprensión ¿Qué tradiciones conservan los grupos indígenas en la actualidad?

EVALUACIÓN CONTINUA

LABORATORIO DE DATOS GeoDiario

1. **Analizar datos** Según la tabla, ¿en qué países viven la mayor cantidad y la menor cantidad de indígenas? ¿De qué manera un porcentaje bajo puede tener un impacto sobre la población indígena?
2. **Hacer inferencias** Según la tabla y el texto, ¿qué porcentaje de los habitantes de Paraguay son indígenas? ¿De qué otra forma estas personas podrían identificarse a sí mismas?
3. **Explicar** ¿Qué significa "mestizo"? ¿De qué manera este grupo cultural refleja el pasado colonial de Suramérica?

SECCIÓN 1 CULTURA

1.2 Diversidad idiomática

TECHTREK
Visita myNGconnect.com para ver un mapa de los idiomas de los pueblos indígenas.
Maps and Graphs

Idea principal Suramérica cuenta con una gran diversidad de idiomas.

Como ya sabes, Suramérica es una tierra de varias culturas. También es una tierra con una gran diversidad idiomática. Las distintas lenguas que hablan los suramericanos provienen de por lo menos 50 **familias de lenguas**, o grupos de lenguas relacionadas.

Influencias europeas

Los idiomas **predominantes**, o principales, de Suramérica son el español y el portugués. Se hablan además otros idiomas europeos, tales como el italiano y el francés. El español, el portugués, el francés y el italiano son lenguas romances, es decir, lenguas que se derivan del latín. Durante el siglo XIX, las tierras que se extienden a través de Suramérica hasta México pasaron a ser conocidas como Latinoamérica. La presencia generalizada de las lenguas romances contribuyó a definir a Latinoamérica como una región cultural.

La presencia europea en Suramérica también trajo como consecuencia el desarrollo del criollo. El **criollo** es una lengua que resulta de combinar dos idiomas distintos. Durante el período colonial, los trabajadores de las plantaciones crearon un idioma común que era una combinación de lenguas europeas y no europeas. De esta manera, los grupos que tenían distintos idiomas maternos hallaron un modo de comunicarse. Algunas personas que viven en las costas atlánticas y caribeñas de Suramérica continúan hablando criollo en la actualidad.

La gran cantidad de pueblos indígenas suramericanos es uno de los motivos que explica por qué se hablan actualmente más de 500 idiomas en el continente. Una segunda razón son las características físicas, o **topografía**, de la tierra y la densidad de las junglas suramericanas. Las cordilleras y los bosques tropicales aislaron a los pueblos indígenas, que conservaron sus idiomas apartados de las lenguas europeas.

LENGUAS DE LOS PUEBLOS INDÍGENAS

Lenguas de los pueblos indígenas

Las lenguas indígenas tiene el rango de idioma oficial en ciertos países, como consecuencia de la extensión de su uso. Por ejemplo, el quechua es, junto con el español, uno de los idiomas oficiales del Perú. En Paraguay, si bien tanto el español como el guaraní son idiomas oficiales, las personas hablan y entienden más el guaraní que el español.

Visión crítica El español es el idioma oficial de Colombia, pero en ese país también se hablan más de 80 lenguas indígenas. ¿De qué manera el idioma podría ser una parte importante de esta festividad?

Sin embargo, a diferencia del quechua y del guaraní, algunas lenguas originarias de Suramérica solo son habladas por un grupo reducido de personas que vive en sitios remotos del continente. Varios de estos idiomas, como el puquina en Bolivia, las lenguas sáliba en Colombia o el maká en Paraguay, corren el peligro de desaparecer por completo.

El proyecto Voces Perdurables (conocido en inglés como *Enduring Voices*) de National Geographic trabaja para preservar estos y otros idiomas que corren el peligro de desaparecer. Voces Perdurables trabaja en lugares con diversidad idiomática, como Suramérica, para documentar y registrar lenguas indígenas. Al capturar los sonidos y las palabras de estas lenguas, el proyecto también contribuye con la preservación de la historia, las canciones y los relatos de las culturas que se expresan a través de estos idiomas.

Antes de continuar

Resumir ¿Qué factores han contribuido a la diversidad idiomática de Suramérica?

EVALUACIÓN CONTINUA

LABORATORIO DEL IDIOMA

GeoDiario

1. **Ubicación** ¿Cómo ayudó la topografía del continente a preservar las lenguas indígenas?
2. **Sacar conclusiones** ¿Por qué crees que las personas que hablan idiomas en peligro de desaparecer, como el callahuaya o el maká, estarían dispuestas a colaborar con el proyecto Voces Perdurables?
3. **Interpretar mapas** Según el mapa, ¿qué familias de lenguas indígenas están representadas a lo largo del río Tocantins (*Tocantins River*)?
4. **Verificar la comprensión** ¿Qué crees que les sucederá a algunas de las lenguas indígenas que son habladas por un número reducido de suramericanos? ¿Por qué?

SECCIÓN 1 CULTURA

1.3 Vida cotidiana

TECHTREK
Visita **myNGconnect.com** para ver fotos de la vida cotidiana.
Digital Library

Idea principal Las actividades cotidianas de los suramericanos reflejan aspectos de su variedad cultural.

Al igual que con la mayoría de las personas del mundo, la vida cotidiana de los suramericanos gira en torno a cómo practican su religión, cómo festejan, cómo aprenden y se divierten, y qué comen.

Prácticas religiosas

Como has leído, el catolicismo se convirtió en la religión más importante de Suramérica durante el período colonial. Tanto los colonizadores españoles como los portugueses eran católicos, y convirtieron a varios pueblos indígenas al catolicismo. Alrededor del 80 por ciento de los suramericanos son católicos, y Brasil cuenta con la mayor población católica del mundo.

Después de los españoles y portugueses, otros europeos **inmigraron**, o se mudaron de manera permanente, a Suramérica. Algunos de ellos eran protestantes, es decir, cristianos que se habían separado de la Iglesia católica. En la actualidad, la mayoría de los protestantes de la región vive en Chile, en las Guayanas y en partes de Brasil, Bolivia y Ecuador.

En Suramérica existen, junto al cristianismo, otras prácticas religiosas. En Brasil, una religión local llamada **candomblé** combina el catolicismo con prácticas de espiritualismo africano. La fiesta de carnaval que se realiza anualmente en Brasil fusiona prácticas católicas con celebraciones tradicionales africanas.

Escuela y deportes

Todos los países de Suramérica cuentan con una educación pública. Sin embargo, algunos niños tienen dificultades para recibir una educación adecuada. Estos niños pueden vivir en zonas rurales, donde hay pocas escuelas, y quizás no asistan regularmente a clases. Otros niños pueden abandonar la escuela antes de completar sus estudios, para ayudar a sus familias a ganar dinero. Aunque existen algunas barreras educativas, la mayor parte de la población del continente sabe leer y escribir.

Visión crítica Un maestro da clases en el Perú. ¿Cómo describirías a los estudiantes, al salón de clases y la actividad que están haciendo?

Jugar al fútbol (lo que en los Estados Unidos se conoce como *soccer*) o mirar los partidos de uno de los equipos favoritos es un pasatiempo popular de los suramericanos. El equipo brasileño de fútbol a menudo participa —y gana— la Copa del Mundo, un torneo mundial de fútbol que se realiza cada cuatro años.

Comidas regionales

La **cocina**, o los alimentos que son característicos de un sitio determinado, varía de una parte de Suramérica a otra. En países costeros como Chile, los mariscos suelen ser el ingredientes principal de la comida, como en el guiso conocido como "paila marina". En Argentina y Uruguay, donde hay una enorme cantidad de tierras para pastoreo, habitualmente se sirve carne de res. En las montañas del Perú, las llamas brindan una buena fuente de carne. Los guisos con frijoles negros, o *feijoadas*, arroz y verduras son comunes en toda Suramérica.

Antes de continuar

Verificar la comprensión ¿Qué actividades cotidianas reflejan los variados elementos culturales de Suramérica?

Visión crítica Este mercado está ubicado en Santiago de Chile. Según lo que ves en la foto, ¿qué tipo de comidas puedes inferir que son importantes en la cocina chilena?

EVALUACIÓN CONTINUA

LABORATORIO DE ESCRITURA GeoDiario

Describir la cultura Imagina que tu familia y tú viven en un país de Suramérica durante un período breve. Escribe una entrada de *blog* que describa la vida cotidiana durante tu estadía en ese país.

Paso 1 Haz un bosquejo de tu entrada de *blog*. Escribe una oración temática para cada párrafo que pienses escribir.

Paso 2 Usa los enlaces de investigación del recurso en inglés **Connect to NG** para investigar el país que escogiste. Incluye aspectos de la cultura mencionados en el texto.

Paso 3 Busca fotografías que ilustren los distintos aspectos de la vida cotidiana de ese país.

Paso 4 Comparte tu entrada de *blog* con tus compañeros.

2.1 Comparar gobiernos

TECHTREK
Visita myNGconnect.com para ver fotos de los palacios de gobierno de Suramérica.
Digital Library

Idea principal Los gobiernos de Suramérica se encaminan hacia la democracia y el fortalecimiento de sus economías

A comienzos del siglo XIX, los movimientos independentistas de Suramérica pusieron fin a los gobiernos coloniales. Sin embargo, en varios países, el poder real permaneció en manos de unas pocas familias poderosas. Los gobiernos suramericanos han atravesado muchos cambios desde la independencia. Argentina, Chile y el Perú dan tres ejemplos de los desafíos que los gobiernos suramericanos han luchado por superar.

Argentina

Argentina ha enfrentado dificultades políticas y económicas. Después de obtener la independencia en 1816, el poder permaneció en manos de dictadores durante varias décadas. En la década de 1850, el país adoptó una constitución nueva e inició una etapa **próspera**, o económicamente fuerte, que se extendió hasta fines de la década de 1920. En 1930, los militares dieron un **golpe de estado**, es decir, derrocaron al gobierno. Después de otro golpe de estado ocurrido en 1943, el general Juan Domingo Perón se ganó el apoyo de los trabajadores.

Perón fue elegido presidente en 1946. Subió los sueldos de los trabajadores y puso en marcha programas sociales y económicos. Muchas de las reformas de Perón resultaron muy costosas, y su gestión se vio debilitada por la corrupción. A mediados de la década de 1950, Perón fue derrocado por oficiales militares que estaban descontentos con su liderazgo.

La Argentina se esforzó por salir adelante durante décadas. Desde la década de 1980, presidentes elegidos democráticamente han tenido que enfrentar crisis económicas severas. Sin embargo, en la actualidad, el gobierno constitucional argentino goza de estabilidad. Además, a partir de la recuperación tras una grave crisis financiera ocurrida a comienzos de la década de 2000, la economía de la Argentina es una de las más fuertes de Suramérica.

Perú

El Perú obtuvo su independencia en 1821. Durante la mayor parte de su historia, el control del Perú ha estado alternativamente en manos de presidentes elegidos democráticamente o de gobiernos militares. Muchos líderes, inclusive los elegidos democráticamente, han favorecido a los terratenientes poderosos, dejando de lado a los ciudadanos comunes. Tanto la inestabilidad política como la económica han dificultado el avance social y económico del Perú.

En 2001, los peruanos escogieron a su primer presidente quechua, Alejandro Toledo. Toledo contaba con el apoyo de la población quechua y de una gran mayoría de la población empobrecida del Perú. La elección de Toledo demostró que el gobierno del Perú era capaz de representar a todos sus ciudadanos.

Visión crítica El expresidente Alejandro Toledo saluda a unos niños en el Perú. ¿Qué te hace pensar esta foto sobre la manera en que Toledo planteó la conducción de su país?

Chile

Chile se declaró independiente en 1818. Desde entonces, Chile ha sido mayormente una democracia representativa. Sin embargo, al igual que otros países suramericanos, Chile padeció el gobierno de un dictador. El gobierno de Salvador Allende fue derrocado en 1973 por los militares. El general Augusto Pinochet se desempeñó como dictador de Chile durante casi dos décadas, desde 1973 hasta 1990. Pinochet fue **despiadado**, o cruel; a nadie le estaba permitido estar en desacuerdo con sus políticas.

Chile recuperó la democracia en 1990. En 2006, los chilenos escogieron a su primera presidenta, Michelle Bachelet Jeria. La elección de Bachelet fue particularmente significativa. Su padre fue asesinado durante el régimen de Pinochet, y tanto ella como su madre fueron encarceladas y obligadas a exiliarse por oponerse a Pinochet. Como presidenta, Bachelet mejoró la situación de pobreza, fomentó las reformas sociales y empleó los ingresos generados por las exportaciones de cobre para crear nuevas oportunidades de trabajo.

Antes de continuar

Resumir ¿De qué manera Argentina, el Perú y Chile se asemejan en su acercamiento hacia la democracia y fortalecimiento de sus economías? ¿En qué se diferencian?

EVALUACIÓN CONTINUA

LABORATORIO DE LENGUA GeoDiario

1. **Consultar con un compañero** Consulta con dos compañeros para comparar los desafíos comunes que comparten los gobiernos de Argentina, el Perú y Chile desde su independencia. Tomen notas mientras comparan. Añadan fechas y personajes importantes. Haz una pregunta a cada uno de tus compañeros basada en las comparaciones hechas.
2. **Identificar** ¿Por qué la elección de Michelle Bachelet resultó significativa? Comenta con un compañero cómo la elección de Bachelet estuvo determinada por su historia familiar.

Michelle Bachelet llega al palacio gubernamental de Chile después de su investidura presidencial en 2006.

2.2 La economía de la Pampa

TECHTREK

Visita **myNGconnect.com** para ver un mapa sobre el uso de la tierra y fotos de la agricultura en la Argentina

Maps and Graphs

Digital Library

Idea principal La Pampa es una región fértil que contribuye al éxito económico de Argentina.

La verde y extensa Pampa es la principal región agrícola de Suramérica. La Pampa también es la tierra donde se alimenta otro valioso producto de exportación: el ganado vacuno.

El corazón agrícola

La Pampa es una vasta llanura que se extiende por el centro de la Argentina, desde el océano Atlántico hasta el pie de la cordillera de los Andes. La Pampa cubre alrededor de 295,000 millas cuadradas de la mitad norte del país, casi un cuarto de la superficie de la Argentina.

Durante el período colonial del siglo XIX, los españoles llevaron caballos y ganado a la región. Vaqueros españoles y mestizos, llamados gauchos, arreaban por la Pampa el ganado vacuno y ovino, una práctica que mantienen los gauchos modernos.

El ganado pasta en la zona seca de la región, llamada **Pampa seca**, que está situada al oeste. La región húmeda, o **Pampa húmeda**, se encuentra al este. La agricultura abunda en la Pampa húmeda, donde cae un promedio de alrededor de 40 pulgadas de lluvia al año. La industria ganadera, en conjunto con la industria agrícola, contribuyen en gran medida a la prosperidad económica de la región.

En la década de 1980, un nuevo cultivo comenzó a ser rentable en la Argentina: la **soja**, un tipo de frijol que se cultiva como alimento y para elaborar productos industriales tales como plásticos, tintas y adhesivos. La soja crece rápido y, a diferencia de cultivos como el trigo y el maíz, no necesita tanto **fertilizante**, que es una sustancia que se añade al suelo para enriquecerlo. En respuesta a la demanda, los argentinos aumentaron la producción de soja. Los bajos costos de producción y los precios altos de los mercados mundiales hacen de la soja un cultivo valioso en la Argentina.

Visión crítica Esta gaucho se ocupa de las ovejas en la Pampa argentina. Según la foto, ¿cómo describirías el trabajo de un gaucho?

1 LA PAMPA SECA Los argentinos están entre los mayores consumidores de carne de res del mundo. El consumo anual per cápita en la Argentina es de 119 libras al año, un valor alto comparado con las 82 libras anuales que se consumen en los Estados Unidos.

2 LA SOJA Estos brotes de soja crecen en la Pampa húmeda. La soja se usa para elaborar aceite vegetal y alimento para el ganado. La soja también se puede cocinar y comer, y es una buena fuente de proteínas.

3 LA PAMPA HÚMEDA Este mosaico de cultivos se encuentra en la Pampa húmeda, la principal zona agrícola de la Argentina. Soja, trigo, maíz, lino y alfalfa son algunos de los cultivos que crecen en esa región.

USO DE LA TIERRA EN ARGENTINA

Antes de continuar

Resumir ¿Cómo contribuye a la economía argentina el rico suelo de la Pampa?

EVALUACIÓN CONTINUA

LABORATORIO DE LECTURA GeoDiario

1. **Verificar la comprensión** ¿Qué cultivo se ha convertido en un importante producto de exportación de la Argentina, y por qué es rentable?
2. **Interpretar mapas** ¿De qué manera la ubicación de la Argentina en la costa puede resultar beneficiosa para la industria agrícola?

2.3 La producción alimentaria de Chile

TECHTREK

Visita **myNGconnect.com** para ver un mapa en inglés de los climas mediterráneos y fotos de la agricultura.

Maps and Graphs | Digital Library

Idea principal El clima benigno del centro de Chile sustenta el cultivo y la exportación de abundantes productos agrícolas.

Chile es un país largo y angosto. Bordea el océano Pacífico y se extiende por más de 2,600 millas de norte a sur. El centro del Chile goza de un clima **templado**, o benigno, que sustenta una industria agrícola extensa.

Climas mediterráneos

Al clima templado de las costas del mar Mediterráneo del sur de Europa y del norte de África se le llama **clima mediterráneo**. Este clima se caracteriza por tener veranos calurosos y secos e inviernos templados y lluviosos. Los climas mediterráneos se encuentran en el sur de Australia, en el sur y el centro de California, en los Estados Unidos, en Sudáfrica y en el centro de Chile.

La latitud es uno de los motivos que explica por qué estos rincones tan distantes del planeta gozan del mismo clima. Recuerda que la latitud mide la distancia en grados desde la línea ecuatorial. Los lugares que tienen climas mediterráneos se encuentran a la misma latitud, ya sea al norte o al sur del ecuador. En general, esta latitud está entre 30° y 40° de latitud sur o 30° y 40° de latitud norte. Además de estar situados a la misma latitud, los lugares que gozan de climas mediterráneos se encuentran en costas que miran al oeste y que tienen patrones similares de precipitación como consecuencia de su situación costera.

La riqueza agrícola de Chile

Gracias a su ubicación en la costa oeste de Suramérica, a casi 30° de latitud sur, los agricultores del centro de Chile pueden producir una rica variedad de cultivos. En los fértiles valles chilenos se cultivan frutas para la exportación, tales como uvas, duraznos y manzanas.

Dos cultivos en particular son un claro ejemplos de cómo Chile aprovecha al máximo su clima mediterráneo: las uvas y las aceitunas. Una próspera industria del vino depende de la gran variedad de uvas que crecen en los viñedos chilenos. Chile también se ha convertido en un gran exportador de aceitunas y de aceites de oliva finos. Las exportaciones chilenas de vinos y de aceite de oliva aumentaron muchísimo durante la década de

Visión crítica Chile exporta a los EE. UU. el 40 por ciento de su producción de frutas. ¿Qué detalle de esta foto te indica que estos duraznos son importados de Chile?

CLIMAS MEDITERRÁNEOS DEL MUNDO

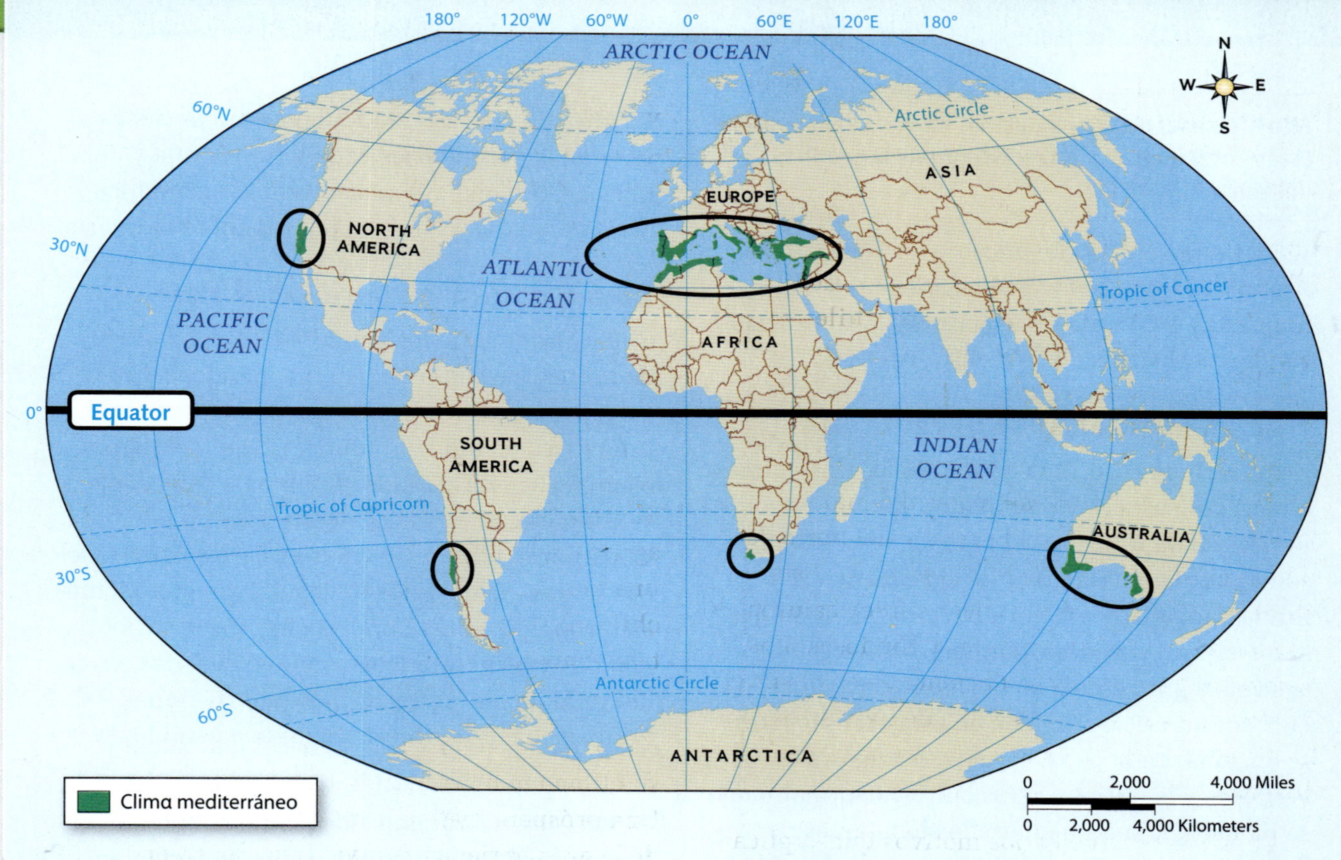

1990 y comienzos de la década de 2000. Tanto el vino como los productos olivícolas son productos de exportación cuyos mercados han sido dominados tradicionalmente por países mediterráneos como Italia, Francia y Grecia.

Aunque la producción agrícola es una fuente de crecimiento para la economía chilena, el cobre continúa siendo la principal exportación del país. El crecimiento de las exportaciones agrícolas ocurrido a fines de la década de 1980 ayudó a Chile a **diversificar**, es decir, a dar variedad a su economía. Las economías diversificadas dependen de una multiplicidad de industrias, como la agricultura y la minería, y suelen ser más fuertes y más competitivas.

Antes de continuar

Resumir ¿Cuáles son las principales exportaciones agrícolas que se sustentan en el clima mediterráneo de Chile?

EVALUACIÓN CONTINUA

LABORATORIO DE MAPAS

GeoDiario

1. **Interpretar mapas** Observa la cuadrícula del mapa de los climas mediterráneos. ¿Qué climas mediterráneos están situados al sur del ecuador? ¿A qué latitud se encuentran?
2. **Ubicación** Según el mapa, ¿dónde se encuentra la región de clima mediterráneo más extensa del mundo? Según lo que leíste, ¿cómo será el tiempo atmosférico en esa región durante los meses de invierno?
3. **Resumir** Resume las características de un clima mediterráneo. Usa la siguiente tabla para organizar tu resumen.

CLIMAS MEDITERRÁNEOS	
1.	
2.	

2.4 Los productos del Perú

TECHTREK
Visita **myNGconnect.com** para ver fotos de los productos agrícolas del Perú.

Digital Library

Idea principal Las industrias agrícola y minera están contribuyendo al crecimiento de la economía del Perú.

¿Qué tienen en común el oro y los espárragos? Ambos son productos que provienen de las montañas del Perú. La agricultura y la minería son las industrias clave de este país.

Agricultura en la alta montaña

En el Perú, la cordillera de los Andes tiene cimas altas y valles bajos y empinados. Los valles son fértiles en algunas zonas, pero a menudo no son aptos para desarrollar la agricultura. Las lluvias **erráticas**, es decir, irregulares, sumadas al terreno escarpado dificultan el desarrollo agrícola a gran escala en las montañas. Entre los cultivos que sí se dan bien en estas condiciones se encuentran la papa, el maíz, el trigo, las verduras y la quinua. Estos cultivos normalmente se plantan para alimentar a los habitantes de la zona, no con el propósito de exportarlos. Los escasos cultivos comerciales que se plantan para exportar incluyen la caña de azúcar, el trigo, el café y el espárrago, una verdura de buen valor en los mercados internacionales.

Otra de las actividades económicas de las montañas peruanas es ganadería vacuna y de alpacas. Sin embargo, la actividad económica más rentable del Perú es, por mucho, la minería.

La actividad minera en el Perú

El Perú es uno de los principales exportadores de minerales como plata, zinc, plomo, cobre, estaño y oro. Estos productos se usan en muchas industrias de todo el mundo. Con el cobre, por ejemplo, se fabrican los alambres y cables que se usan en los sistemas eléctricos y de telefonía. El plomo se usa en las baterías de los carros y el oro se usa en artículos de joyería y componentes electrónicos. Solamente las exportaciones de metales y minerales comprenden casi dos tercios del total de los **ingresos por exportaciones** del Perú, es decir, el dinero recibido a cambio de las exportaciones.

Dos acontecimientos contribuyeron a que el Perú aumentara sus ingresos por exportaciones mineras, de modo que esta actividad pasara a ser más rentable que la agricultura. El primer acontecimiento fue una nueva política en materia de la propiedad de las minas, que se inició en la década de 1990. Esta nueva política permitió la propiedad privada de las minas.

Visión crítica Este campesino peruano usa métodos tradicionales para arar un campo. ¿Qué puedes inferir sobre las dificultades de este tipo de agricultura?

Visión crítica A partir del cobre se fabrican los cables, los alambres y los caños y los tubos que se usan en los sistemas de plomería. Según la foto, ¿qué puedes inferir sobre la importancia de este producto de exportación?

EXPORTACIONES MINERAS DEL PERÚ (2000–2007)

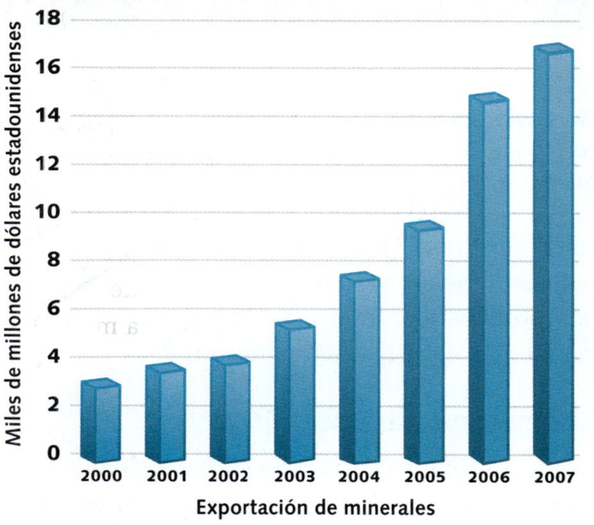

Fuente: Ministerio de Energía y Minas del Perú, 2007

Este cambio abrió las puertas a las inversiones que se necesitaban para mejorar y modernizar las minas, que llevaron a un crecimiento rápido de la industria minera del Perú. Las minas existentes se hicieron más **rentables**, o financieramente exitosas, y se abrieron minas nuevas. La mina de oro Yanacocha, que comenzó a funcionar en el Perú en 1993, es actualmente la mina de oro más grande de Suramérica.

Los ingresos mineros del Perú también aumentaron debido a la tendencia alcista iniciada a fines de la década de 1990 en los precios internacionales de la plata, el oro y otros metales y minerales. En 2012, las ganancias del país por la minería alcanzaron los $25 billones y se estima que seguirán aumentando hasta alcanzar los $30 billones para el final del 2013.

Antes de continuar

Verificar la comprensión ¿Qué productos de exportación han contribuido al crecimiento de la economía peruana?

EVALUACIÓN CONTINUA

LABORATORIO DE DATOS GeoDiario

1. **Identificar** Mira la gráfica de barras. ¿Qué sucedió con las exportaciones mineras entre los años 2000 y 2007?
2. **Interpretar gráficas** ¿Cuál es la diferencia en dólares entre los ingresos mineros de 2000 y de 2007? ¿Cómo se explica esta diferencia?
3. **Resumir** ¿Qué cambio en la política oficial que tuvo lugar en la década de 1990 llevó a un crecimiento de la industria minera entre 2000 y 2007?

SECCIÓN 3 ENFOQUE EN BRASIL

3.1 La economía en crecimiento de Brasil

TECHTREK

Visita myNGconnect.com para ver un mapa en inglés de los recursos de Brasil y fotos de la actividad económica del país

Maps and Graphs

Digital Library

Idea principal Brasil es uno de los principales países industrializados y cuenta con una economía sólida y diversificada.

Brasil es el país más extenso y más populoso de Suramérica, y exporta una gran variedad de productos. Brasil es una de las potencias emergentes de la economía mundial.

Diversidad de productos

Tanto la agricultura como la industria maderera, la ganadería y la pesca contribuyen a la economía del país. Brasil exporta bananas, naranjas, mangos, granos de cacao, soja, arroz, almendras de marañón y piñas. Es el productor **principal**, o líder, de café en el globo. En Brasil se cultiva un tercio de todos los granos de café del mundo. Brasil también es uno de los máximos exportadores de caña de azúcar y de azúcar sin refinar.

Los bosques de Brasil proporcionan diversas materias primas, como la madera que se usa en la industria de la construcción. La madera de los bosques brasileños se usa como pulpa para elaborar productos de papel. La caoba, una madera noble del bosque tropical, es un valioso producto de exportación que se usa en la elaboración de muebles.

La ganadería es un negocio muy importante en Brasil. Los productos que exporta la ganadería incluyen la carne de res y el cuero. En la actualidad, Brasil exporta casi tanta carne de vacuno como Australia y los Estados Unidos.

Visión crítica La caña de azúcar tiene hojas filosas que pueden arañar y cortar. Según lo que ves en la fotografía, ¿qué equipo de protección usa este cañero?

La costa brasileña se extiende por más de 4,600 millas a lo largo del océano Atlántico. Nuevas tecnologías, plantas y procesos le permitirán a Brasil desarrollar comercialmente su industria pesquera.

La minería y las manufacturas

La minería contribuye al crecimiento de la economía de Brasil. El país es uno de los principales productores y exportadores de mineral de hierro, bauxita (mineral de aluminio), oro, cobre y diamantes. Hay pozos petroleros diseminados por toda la costa de Brasil.

Además de la extracción de minerales, la industria manufacturera de Brasil es uno de los pilares de la solidez económica del país. Brasil produce **acero**, un metal de gran dureza elaborado a partir de hierro y otros metales. El acero brasileño se usa para fabricar carros, equipos de transporte y aviones. Brasil también fabrica computadoras y equipos electrónicos.

El combustible del futuro

Brasil ha producido y exportado caña de azúcar y azúcar desde el siglo XVI. El país ha desarrollado durante varias décadas su propia industria del etanol elaborado a partir del azúcar. El **etanol** es un líquido que se extrae de la caña de azúcar o del maíz. Se mezcla con gasolina para elaborar un combustible alternativo denominado **biocombustible**. Los carros que funcionan con biocombustibles usan menos gasolina. Como los biocombustibles están elaborados a partir de productos agrícolas, son una fuente renovable de energía. En la actualidad, Brasil está preparado para convertirse en una potencia internacional en la producción de biocombustibles.

Antes de continuar

Resumir ¿Qué factores le permiten a Brasil desarrollar una economía diversificada?

RECURSOS E INDUSTRIA

EVALUACIÓN CONTINUA

LABORATORIO DE MAPAS GeoDiario

1. **Interpretar mapas** Estudia el mapa. ¿Qué dos recursos le proporcionan combustible a Brasil? ¿Dónde se encuentran estos recursos?
2. **Sacar conclusiones** ¿Dónde están ubicados la mayoría de los recursos ganaderos de Brasil? ¿Por qué la ganadería no se concentra en la zona de la cuenca del Amazonas (*Amazon Basin*)?
3. **Interacción entre los humanos y el medio ambiente** ¿De qué manera los brasileños han aprovechado los recursos naturales para construir una economía sólida?
4. **Formar opiniones y respaldarlas** ¿Qué sector de la economía brasileña crees que será el más importante en el futuro? ¿Por qué?

3.2 São Paulo

TECHTREK
Visita **myNGconnect.com** para ver una gráfica y fotos de la ciudad de São Paulo, Brasil

Maps and Graphs
Digital Library

Idea principal São Paulo es la ciudad más grande del Hemisferio Sur y su contribución es vital para la economía de Brasil.

São Paulo, Brasil, ha dejado de ser una tranquila aldea misionera para convertirse en una de las **megalópolis** del mundo, es decir, en una ciudad donde viven más de 10 millones de habitantes. Es uno de los centros culturales e industriales de Suramérica.

El crecimiento inicial

São Paulo fue fundada en 1554 por sacerdotes misioneros portugueses. Construyeron una misión y una escuela, que fueron el centro de la ciudad durante muchos años. São Paulo también era el punto de partida de las expediciones militares. Al estar emplazada en la cima de una colina, su ubicación elevada le proporcionaba una defensa natural y una vista panorámica del área a su alrededor.

A fines del siglo XVII se descubrió oro en unas montañas cercanas del estado de Minas Gerais. Este recurso demostró ser extremadamente valioso y, a mediados del siglo XVIII, Brasil producía casi la mitad del suministro mundial de oro. Unos 50 años más tarde, casi todos los yacimientos de oro se habían agotado. Sin embargo, el cultivo de café poco después reemplazaría a la minería de oro como la principal actividad económica. Hacia mediados del siglo XIX, el café había pasado a ser un importante cultivo de exportación. Las riquezas obtenidas a partir del cultivo del café transformaron a la ciudad de São Paulo y contribuyeron a su rápido crecimiento, tanto en su población como en su actividad industrial.

En apenas 20 años, desde 1880 hasta 1900, la población de San Pabló dio un salto de 35,000 a 240,000 habitantes. Parte del crecimiento de la población se debió a la migración de las zonas rurales al área urbana. Sin embargo, gran parte del crecimiento de la ciudad fue consecuencia de la inmigración desde Asia y Europa.

La ciudad moderna

A mediados del siglo XX, São Paulo se convirtió en el centro industrial de Brasil. Hacia 1950, la industria automotriz había alcanzado un gran desarrollo. Los empleos que esta industria brindaba atrajeron a trabajadores de otras

partes de Brasil e incluso de otros países suramericanos. En São Paulo se continúan fabricando y exportando un millón de carros al año.

Además de las industrias manufactureras, el turismo ha contribuido al crecimiento económico de la ciudad. En la actualidad, São Paulo atrae a visitantes de todos los países del mundo. Los turistas van a São Paulo a disfrutar de los museos, de las zonas comerciales, de la diversidad de ofertas gastronómicas y de la animada vida nocturna de la ciudad.

Una consecuencia de la rápida expansión de la economía paulista es el crecimiento explosivo de su población desde 1950. Muchas personas que emigraron a la ciudad levantaron sus hogares en **barriadas**, o áreas urbanas sobrepobladas y asoladas por la pobreza. Las barriadas o *favelas*, como se les llama en Brasil, se desarrollaron en las afueras de la ciudad. Las barriadas no son un fenómeno exclusivo de São Paulo; son características de las ciudades grandes que experimentan un rápido crecimiento poblacional.

CRECIMIENTO POBLACIONAL DE SÃO PAULO (1950–2010)

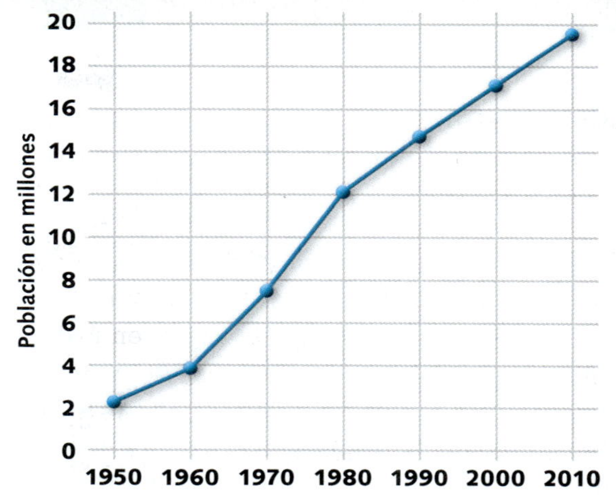

Fuente: División de Población del Departamento de Asuntos Económicos y Sociales de las Naciones Unidas, 2010

Estos jóvenes son parte de un evento de modas realizado en una plataforma de trenes en la ciudad de São Paulo.

Antes de continuar

Resumir ¿Qué industrias son actualmente las más importantes de São Paulo?

EVALUACIÓN CONTINUA

LABORATORIO DE DATOS

GeoDiario

1. **Interpretar gráficas** De acuerdo con la gráfica, ¿durante qué dos décadas la ciudad de São Paulo experimentó la tasa de crecimiento más alta? ¿Qué explica ese aumento?
2. **Analizar datos** Según los datos de la gráfica, ¿cuál es la diferencia en millones entre la población de São Paulo en 2010 y la población en 1950? ¿Cómo describirías el crecimiento poblacional de São Paulo a partir de la década de 1990?
3. **Hacer inferencias** ¿De qué manera el crecimiento poblacional explosivo podría estar relacionado con el desarrollo de barriadas?

3.3 El impacto de las olimpíadas

TECHTREK
Visita **myNGconnect.com** para ver fotos de los preparativos para las olimpíadas y una guía en línea para la escritura en inglés.
Digital Library
Student Resources

Idea principal Brasil se está esforzando para maximizar el impacto económico y social de las Olimpíadas de 2016.

Atenas, Grecia, albergó en 1896 las primeras olimpíadas modernas. Desde entonces, el Comité Olímpico Internacional (COI) ha decidido qué país será sede de los juegos. El comité no había escogido nunca una ciudad de Suramérica. Esto cambió en 2009, cuando escogió a **Río de Janeiro**, Brasil, como sede de las Olimpíadas de 2016.

Preparación de la ciudad

Río tiene experiencia en ser sede de acontecimientos deportivos internacionales. En 2007, Brasil fue sede de los Juegos Panamericanos, que son como las olimpíadas pero donde participan únicamente atletas de países del Hemisferio Occidental. En ese entonces, el gobierno de Brasil realizó mejoras en la **infraestructura**, es decir, en los sistemas básicos que una sociedad necesita, tales como carreteras, puentes y cloacas. Sin embargo, se necesitan mejoras mayores para albergar las olimpíadas. Se deben construir o remodelar treinta y cuatro **sedes** deportivas, o sitios en los que tendrán lugar los sucesos programados. También es importante que el sistema de transporte hacia y desde las sedes funcione de manera eficiente.

Las olimpíadas duran apenas unas semanas. Sin embargo, muchas personas de Río de Janeiro esperan que uno de los **impactos**, o efectos, de los juegos sean mejoras a largo plazo en la salud de la ciudad. La ciudad está rodeada de favelas sobrepobladas y, a menudo, peligrosas. Como parte de los preparativos olímpicos, la ciudad planea derrumbar las construcciones y volver a edificar en estos lugares. Las zonas que alguna vez fueron barriadas se convertirán en vecindarios con agua corriente, electricidad y gas, servicios que no están disponibles actualmente en las *favelas*.

Visión crítica Pelé (a la derecha de la foto), estrella del fútbol brasileño, celebra con el comité olímpico la designación olímpica de Río de Janeiro. Según esta foto, ¿qué puedes decir de la reacción del comité?

Ser anfitrión de los juegos

Los países que albergan las olimpíadas obtienen beneficios. En primer lugar, la construcción de estadios y de la villa olímpica (donde se hospedan los atletas) genera puestos de trabajo. Estas construcciones, idealmente, se seguirán usando durante mucho tiempo una vez concluidos los juegos. También se benefician negocios tales como los hoteles y los restaurantes. Atletas y turistas de todo el mundo inundan la ciudad sede de los juegos y gastan dinero en alojamiento, comida y otros servicios. Otros miles de millones de personas miran los juegos por televisión. Con semejante exposición, Río de Janeiro espera ganarse una reputación de ciudad pujante y de primer nivel mundial.

Antes de continuar

Hacer inferencias ¿De qué manera las Olimpíadas de 2016 podrían cambiar la ciudad de Río de Janeiro?

EVALUACIÓN CONTINUA

LABORATORIO FOTOGRÁFICO GeoDiario

1. **Analizar elementos visuales** Observa la foto de Río de Janeiro. Si fueras un turista que está de visita, ¿qué impresión te daría la ciudad?
2. **Describir** ¿De qué manera los cerros y la costa que se muestran en la foto ayudan a hacer de Río un lugar atractivo para realizar los juegos de 2016?
3. **Región** ¿Por qué la elección de Río de Janeiro como sede olímpica marca una ruptura con respecto a las elecciones previas del COI?
4. **Formar opiniones y respaldarlas** Piensa en lo que has aprendido a partir del texto y de las fotos. Escribe dos o tres oraciones que expliquen por qué consideras que Río de Janeiro es una buena o una mala elección como sede de las Olimpíadas de 2016. Respalda tu opinión con datos y detalles. Visita **Student Resources** para ver una guía en línea de escritura en inglés.

La estatua del Cristo Redentor sobre el cerro del Corcovado mira a la ciudad de Río de Janeiro.

CAPÍTULO 8
Repaso

VOCABULARIO

Escribe una oración que explique la conexión entre las dos palabras de cada par de palabras de vocabulario.

1. sede; infraestructura

Los países que organizan las olimpíadas a menudo construyen obras de infraestructura, como carreteras y nuevas sedes para realizar competencias.

2. ingresos por exportaciones; rentable
3. clima mediterráneo; templado
4. soja; fertilizante
5. megalópolis; barriada
6. acero; etanol

IDEAS PRINCIPALES

7. ¿Cuáles son los tres grupos indígenas más importantes de Suramérica? (Sección 1.1)
8. ¿Por qué se hablan tantos idiomas diferentes en Suramérica? (Sección 1.2)
9. ¿De qué manera la religión ha moldeado la vida cotidiana de los suramericanos? (Sección 1.3)
10. ¿Qué cambios en el gobierno han tenido lugar en la Argentina, el Perú y Chile desde su independencia? (Sección 2.1)
11. ¿Cómo contribuye la región de la Pampa a la economía argentina? (Sección 2.2)
12. ¿Cuáles son las características principales del clima mediterráneo de Chile? (Sección 2.3)
13. ¿Cuáles son las exportaciones más rentables del Perú? (Sección 2.4)
14. ¿Qué industrias y exportaciones conforman la economía brasileña? (Sección 3.1)
15. ¿De qué manera el crecimiento poblacional ha generado una situación apremiante en la ciudad de São Paulo? (Sección 3.2)
16. ¿Cómo se prepara Río de Janeiro para ser sede de las Olimpíadas de 2016? (Sección 3.3)

CULTURA

ANALIZA LA PREGUNTA FUNDAMENTAL

¿En qué aspectos presenta Suramérica diversidad cultural?

Visión crítica: Resumir

17. ¿De qué manera los gobiernos suramericanos reconocen las lenguas de los pueblos indígenas?
18. ¿Cómo se hizo católica la mayor parte de Suramérica?

GOBIERNO Y ECONOMÍA

ANALIZA LA PREGUNTA FUNDAMENTAL

¿Cómo están fortaleciendo sus economías los países suramericanos?

Visión crítica: Hallar las ideas principales

19. ¿Qué industria ha contribuido con el crecimiento económico del Perú?
20. ¿Cómo influye el clima mediterráneo sobre la economía chilena?

INTERPRETAR GRÁFICAS

EXPORTACIONES DE SOJA
ARGENTINA Y BRASIL, ESTADOS UNIDOS

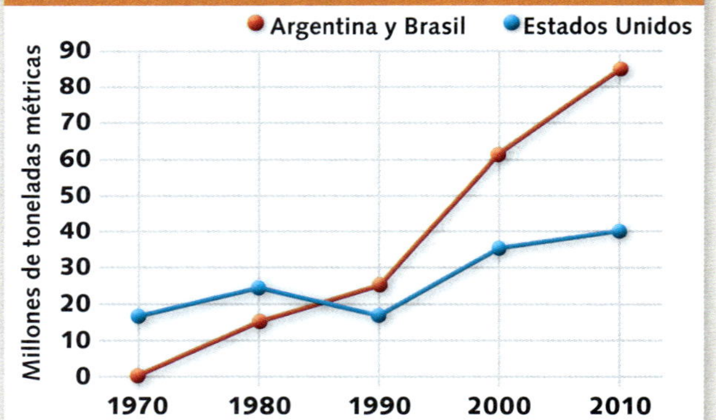

Fuente: USDA, 2010

21. **Analizar datos** De acuerdo con la gráfica, ¿alrededor de qué año Argentina y Brasil superaron a los Estados Unidos como exportadores de soja?
22. **Hacer generalizaciones** Observa la gráfica. ¿Qué década representa el período de crecimiento más rápido en el total de exportaciones de soja?

ENFOQUE EN BRASIL

ANALIZA LA PREGUNTA FUNDAMENTAL

¿Cómo se ha convertido Brasil en una potencia económica?

Visión crítica: Sintetizar

23. ¿Qué factores son indicadores de la fortaleza económica presente y futura de Brasil?
24. ¿De qué manera São Paulo refleja el potencial económico brasileño?

INTERPRETAR MAPAS

25. **Ubicación** Según el mapa, ¿en qué parte de Brasil (*Brazil*) se encuentra la mayoría de las ciudades del país? ¿Cómo explicarías esto?
26. **Hacer inferencias** Busca Brasilia, la actual capital de Brasil, y Río de Janeiro, la antigua capital del país. ¿Qué podría predecir el traslado de la capital de Río de Janeiro a Brasilia, ocurrido en 1960, sobre el desarrollo futuro de Brasil?

OPCIONES ACTIVAS

Sintetiza las preguntas fundamentales completando las siguientes actividades.

27. **Crear un cartel** Crea un cartel para presentar en clase a uno de los países de Suramérica. Usa el recurso en inglés **Digital Library** para escoger fotos, o crea tus propias imágenes que representen los distintos aspectos del país que escogiste, incluyendo su economía y diversidad cultural. Añade fotografías de las distintas etnias e idiomas, las principales exportaciones, alimentos, deportes y festividades nacionales. **Muestra tu cartel a la clase.**

Sugerencias para el cartel
- Inventa un título para tu cartel que llame la atención.
- Organiza las imágenes en categorías.
- Escribe rótulos que expliquen cada una de las imágenes de tu cartel.

28. **Haz una investigación en Internet** Trabaja en grupo para reunir dos datos nuevos sobre las economías de Brasil, la Argentina, Colombia y el Perú. Usen fuentes en línea para buscar estos datos. Luego hagan una tabla para registrar los datos. Comparen los datos que hallaron con los de los demás grupos.

Brasil	Dato 1: ______ Dato 2: ______
Argentina	Dato 1: ______ Dato 2: ______
Colombia	Dato 1: ______ Dato 2: ______
Perú	Dato 1: ______ Dato 2: ______

Los deportes y las olimpíadas

Como has aprendido, las Olimpíadas de 2016 se realizarán en Río de Janeiro, Brasil, que será sede de los juegos por primera vez en su historia. China albergó sus primeras olimpíadas en 2008. Casi 11,000 atletas de 204 países compitieron en Pekín. Espectadores de todas partes del mundo quedaron asombrados ante atletas que rompieron 40 récords mundiales y 130 récords olímpicos.

En toda olimpíada, muchas personas se interesan por el medallero. Los máximos ganadores de medallas en las Olimpíadas de 2008 fueron los Estados Unidos (110), China (100) y Rusia (72). Al explorar los distintos factores que ayudan a explicar por qué un país obtiene muchas medallas, aparecen no solo patrones sino también datos sorprendentes.

Comparar

- Australia
- Brasil (*Brazil*)
- China
- Jamaica
- Estados Unidos (*United States*)

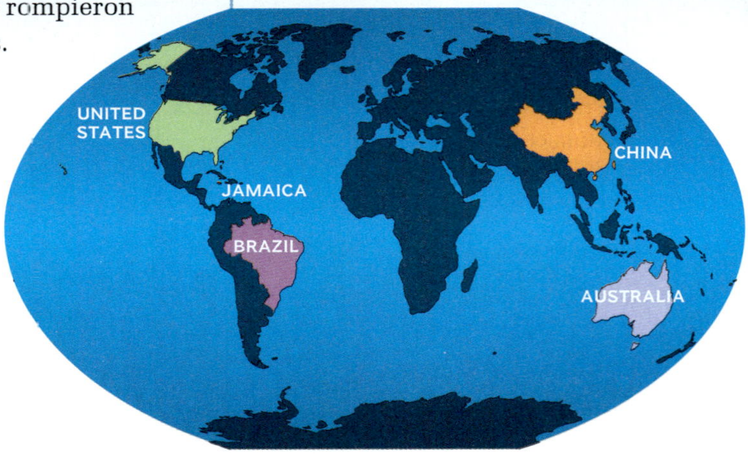

POBLACIÓN Y ECONOMÍA

Los países que ganan medallas olímpicas generalmente cuentan con una población superior al millón de habitantes. De acuerdo con las estadísticas poblacionales de 2008, el país más populoso presente en los juegos fue China, seguido de la India y los Estados Unidos. Sin embargo, una gran población no garantiza la obtención de muchas medallas. China y los Estados Unidos ganaron muchas medallas en las Olimpíadas de 2008, pero la India apenas ganó tres. Otros países de menor población obtuvieron una mayor cantidad de medallas, incluyendo dos de los países de menor población presentes en los juegos, como Eslovenia y Jamaica.

La población no es el único factor que determina la obtención de muchas medallas. También es importante la fortaleza económica del país. El producto interno bruto (PIB), o la medición del valor total de todos los bienes y servicios producidos en un país, es un indicador de la salud económica de un país. Los países que tienen PIB más altos cuentan con mayores recursos para entrenar y apoyar a los atletas que compiten internacionalmente. En las Olimpíadas de Pekín, los PIB más altos (medidos en miles de millones de dólares estadounidenses) pertenecían a los Estados Unidos, Japón y China. Sin embargo, países con PIB bajos lograron ser competitivos frente a países con PIB altos. Zimbabue, por ejemplo, que tiene uno de los PIB más bajos, ganó cuatro medallas.

LA VENTAJA DE JUGAR COMO LOCAL

Una de las ventajas que brinda ser el país anfitrión de las olimpíadas ha sido, históricamente, obtener un gran número de medallas. Los países anfitriones tienden a obtener de un 30 a un 40 por ciento más de medallas en relación con el ciclo olímpico anterior. En las Olimpíadas de Pekín, China ganó 100 medallas. Cuatro años antes, en las Olimpíadas de Atenas, China solo había obtenido 63 medallas.

MEDALLERO OLÍMPICO

(Olimpíadas de Pekín, 2008)

Fuente: The Wall Street Journal, © 2011

EVALUACIÓN CONTINUA

LABORATORIO DE INVESTIGACIÓN GeoDiario

1. **Explicar** ¿Qué tres países tienen la mayor población y el PIB más alto? ¿Cómo se compara Australia con estos países?
2. **Identificar** De los países enumerados en la gráfica, ¿cuál tiene el PIB más bajo? ¿Cómo se compara su conteo de medallas con el de Brasil?
3. **Hacer predicciones** ¿Cuántas medallas ganó Brasil en 2008? Según los patrones históricos o "la ventaja de jugar como local", ¿cuántas crees que pueda obtener en los juegos de 2016?

Investigar y sacar conclusiones Escoge dos países de distintas zonas del mundo. Investiga el desempeño de sus atletas en una de las siguientes olimpíadas: Atenas (2004), Sidney (2000) o Atlanta (1996). Compara los datos que descubras con el medallero olímpico de las Olimpíadas de 2008 de esta página. ¿De qué manera se comparan los países que escogiste con los máximos ganadores de medallas? ¿Qué elementos sorprendentes descubriste?

Opciones activas

TECHTREK

Visita **myNGconnect.com** para ver fotos de la flora y fauna de la selva tropical amazónica.

Digital Library

ACTIVIDAD 1

Propósito: Ampliar tus conocimientos sobre la flora y fauna del bosque tropical amazónico.

Crear una galería de fotos

El bosque tropical del Amazonas es el hogar de miles de especies de aves, animales terrestres y peces. Miles de especies de árboles, plantas e insectos también viven allí. Investiga y escoge varios ejemplos de distintas plantas, insectos y animales amazónicos que te resulten interesantes. Usa el recurso en inglés **Magazine Maker CD-ROM** para crear una galería de fotos de las plantas, los insectos y los animales que hayas escogido. Escribe una descripción de cada una de las fotos. Invita a tus amigos a visitar tu galería virtual.

Mono araña, bosque tropical del Amazonas, Perú

ACTIVIDAD 2

Propósito: Aprender más sobre la historia y la cultura de Suramérica.

Preparar una presentación multimedia

Los arqueólogos han aprendido mucho sobre las distintas culturas de Suramérica. Christina Conlee, becaria de National Geographic, explora los artefactos dejados por la cultura nazca. Haz una investigación en línea para aprender más sobre ellos. Luego escoge tu artefacto favorito y crea una presentación multimedia sobre el artefacto. Incluye por lo menos una foto del artefacto en tu presentación. Escribe un rótulo que lo describa. Titula tu presentación.

ACTIVIDAD 3

Propósito: Investigar la vida cotidiana en Latinoamérica.

Escribir un artículo destacado

La región cultural denominada Latinoamérica abarca México, Centroamérica, las islas del Caribe y Suramérica. Debido a los años de influencia colonial española, Latinoamérica está unida por actividades culturales que son comunes a toda la región. Usando investigaciones en línea, escribe un artículo destacado sobre los aspectos de la vida cotidiana que unifican a Latinoamérica como región cultural. Haz hincapié en la comida, los deportes, las festividades, la religión y las vestimentas tradicionales.

NATIONAL GEOGRAPHIC
Culturas del mundo y geografía

GEO

Explora Europa con National Geographic

Conoce a la exploradora

National Geographic

Algunos yacimientos arqueológicos están bajo el agua. La exploradora emergente Katy Croff Bell trabaja con algunos arqueólogos en los mares Mediterráneo y Negro para determinar dónde encontrar secretos sumergidos.

Investiga la geografía

Los Alpes constituyen la cordillera más alta y extensa de Europa. Se extienden a través del centro de Europa y se concentran en Francia, Alemania, Italia, Suiza y Austria. Esta fotografía muestra el valle de Lauterbrunnen, en Oberland, Suiza.

Entra a la historia

El Coliseo de Roma es uno de los logros más importantes del Imperio romano en el ámbito de la arquitectura y la ingeniería. Este anfiteatro, terminado en el año 80 d. C., tenía una capacidad para casi 50,000 espectadores que miraban luchas de gladiadores, representaciones teatrales y hasta simulacros de batallas navales.

ONLINE WORLD ATLAS

Visita **myNGconnect.com** para ver mapas de Europa.

CONECTA CON LA CULTURA

La moderna pirámide del arquitecto I.M. Pei sirve de entrada al Louvre, en París, Francia. El museo alberga algunos de los tesoros artísticos más valiosos del mundo.

CAPÍTULO 9

EUROPA
GEOGRAFÍA E HISTORIA

VISTAZO PREVIO AL CAPÍTULO

Pregunta fundamental ¿De qué manera la geografía física de Europa fomentó la interacción con otras regiones?

SECCIÓN 1 • GEOGRAFÍA

VOCABULARIO CLAVE

- península
- tierras altas
- pólder
- bahía
- fiordo
- canal
- vía fluvial
- ecosistema
- reserva marina

VOCABULARIO ACADÉMICO
navegable, erosión

TÉRMINOS Y NOMBRES

- Llanura del Norte de Europa
- Alpes
- río Danubio
- río Rin

Pregunta fundamental ¿De qué manera el pensamiento europeo dio forma a la civilización occidental?

SECCIÓN 2 • HISTORIA ANTIGUA

VOCABULARIO CLAVE

- democracia
- ciudad-estado
- edad dorada
- filósofo
- república
- patricio
- plebeyo
- bárbaro
- acueducto
- sistema feudal
- siervo
- perspectiva
- indulgencia

VOCABULARIO ACADÉMICO
aristócrata, veto

TÉRMINOS Y NOMBRES

- Acrópolis
- Alejandro Magno
- Julio César
- Augusto
- cristianismo
- Edad Media
- Cruzadas
- Renacimiento
- Johannes Gutenberg
- Martín Lutero
- Reforma
- Contrarreforma

Pregunta fundamental ¿De qué manera Europa desarrolló y extendió su influencia por todo el mundo?

SECCIÓN 3 • LA EUROPA EMERGENTE

VOCABULARIO CLAVE

- navegación
- colonia
- textil
- sistema fabril
- radical
- guillotina
- derechos naturales
- apartheid
- nacionalismo
- trinchera
- reparación
- campo de concentración

VOCABULARIO ACADÉMICO
convertir, alianza

TÉRMINOS Y NOMBRES

- Revolución Industrial
- Ilustración
- John Locke
- El Terror
- Napoleón Bonaparte
- Tratado de Versalles
- Gran Depresión
- Adolf Hitler
- Holocausto
- Cortina de Hierro
- Guerra Fría
- Muro de Berlín

TECHTREK PARA ESTE CAPÍTULO

- Student eEdition
- Maps and Graphs
- Interactive Whiteboard GeoActivities
- Digital Library

Caballos alazanes

Visita **myNGconnect.com** para obtener más información sobre Europa.

SECCIÓN 1 GEOGRAFÍA

1.1 Geografía física

TECHTREK

Visita **myNGconnect.com** para ver mapas de Europa y el Vocabulario visual en inglés.

Maps and Graphs | Digital Library

EUROPA: MAPA FÍSICO

Idea principal Europa está formada por varias penínsulas que tienen una variedad de regiones topográficas y climas.

Europa es una "península de penínsulas". Una **península** es una masa de tierra rodeada de agua por tres de sus lados.

Una península de penínsulas

Europa forma la península occidental de Eurasia, la masa de tierra que comprende a Europa y Asia. Además, Europa tiene varias penínsulas más pequeñas: las penínsulas italiana, escandinava e ibérica. Varias islas importantes, como Gran Bretaña, Irlanda, Groenlandia, Islandia, Sicilia y Córcega, también son parte de Europa.

Cuatro regiones topográficas conforman el territorio de Europa. Las Tierras Altas Occidentales están formadas por **tierras altas**, o colinas, montañas y mesetas, que se extienden desde la península escandinava hasta España y Portugal. La **Llanura del Norte de Europa** es una región de tierras bajas que se extienden a lo largo del norte de Europa. Las Tierras Altas Centrales son las colinas, montañas y mesetas situadas en el centro de Europa. La región alpina comprende los **Alpes** y varias otras cadenas montañosas.

Una variedad de climas

La mayor parte de Europa se encuentra dentro de la región de clima templado húmedo. La corriente del Atlántico Norte, una corriente marina de aguas cálidas, mantiene las temperaturas relativamente moderadas. El viento también influye sobre el clima. A veces sopla el siroco en el Mediterráneo y genera condiciones meteorológicas húmedas sobre el sur de Europa, en cualquier estación del año. El mistral es un viento frío que sopla en ocasiones sobre Francia y produce tiempo frío y seco en ese país.

CLIMA

En general, un clima mediterráneo produce inviernos leves y lluviosos y veranos secos y calurosos, y da sustento a una larga temporada de cultivo. Las plantas resistentes crecen mejor en este clima. Por el contrario, Europa Oriental tiene un clima continental húmedo, con inviernos largos y fríos. Islandia, Groenlandia y el norte de Escandinavia tienen un clima polar y una temporada de cultivo limitada.

Antes de continuar

Verificar la comprensión ¿Cuáles son las principales regiones topográficas y climas de Europa?

EVALUACIÓN CONTINUA

LABORATORIO DE MAPAS GeoDiario

1. **Interpretar mapas** Estudia los dos mapas de esta lección. ¿Qué regiones climáticas se encuentran en la península escandinava? En base al clima, ¿dónde crees que se concentra la mayor parte de la población de la península?
2. **Comparar y contrastar** Usa ambos mapas para determinar qué lugares de Europa tienen los climas más fríos. ¿Qué características geográficas tienen estos lugares en común?

1.2 Una costa extensa

TECHTREK
Visita myNGconnect.com para ver un mapa y fotos de costas y puertos de Europa.
Maps and Graphs
Digital Library

Idea principal La extensa costa de Europa permitió el fomento del comercio, la industria, las exploraciones y la colonización del continente.

Europa cuenta con más de 24,000 millas de costas. Si caminaras 25 millas por día a lo largo de las costas del continente, necesitarías más de cuatro años para recorrer la totalidad de las costas. Este extenso litoral les proporcionó a los primeros europeos un amplio acceso a los mares y océanos.

El comercio y la industria

El acceso de Europa a los mares y los océanos ha beneficiado al continente de diversas maneras. Estos beneficios incluyen el crecimiento del comercio y el desarrollo de la industria.

El comercio ha sido fundamental para el crecimiento de Europa. Las civilizaciones antiguas de Grecia y Roma florecieron en gran medida a consecuencia del comercio. Los primeros navegantes viajaban a casi todos los puertos ubicados a lo largo de las casi 2,500 millas del mar Mediterráneo. Regresaban de estos viajes con bienes e ideas originarios de otras tierras, como granos, aceite de oliva y religiones nuevas, que ejercieron una gran influencia sobre la cultura europea.

Europa también desarrolló varias industrias que dependían de los mares y los océanos, entre ellas la industria pesquera. De hecho, los europeos han pescado a lo largo de sus costas durante miles de años.

En las tierras bajas como las que ocupan los Países Bajos, las personas idearon una nueva forma de drenar el agua del mar para ampliar la industria agrícola. Construyeron presas, o muros gigantes, para ganar tierra al mar y crear **pólderes**. La mayor parte de las tierras bajas de los pólderes, que antes formaba parte del lecho marino, se destinó a la agricultura. En la actualidad hay unos 3,000 pólderes en los Países Bajos.

Visión crítica Un barco atraca en un puerto de Gdansk, Polonia, en el mar Báltico. ¿Qué notas acerca del puerto?

PRINCIPALES RÍOS Y ACCIDENTES GEOGRÁFICOS DE EUROPA

SUGERENCIA PARA MAPAS
El mapa muestra los ríos y los accidentes geográficos de Europa, pero también señala las fronteras de los países del continente. Puedes usar el mapa de la Sección 1.1 para identificar los países.

Exploración y asentamientos

La cercanía de Europa a grandes masas de agua también fomentó la exploración. En el siglo XV, los exploradores ayudaron a los gobernantes europeos a obtener materias primas, a difundir las creencias religiosas y a construir imperios.

Con el paso del tiempo, las personas se establecieron alrededor de los lugares donde atracaban los barcos. A menudo surgieron poblados cerca de las **bahías**, que son masas de agua rodeadas de tierra por tres de sus lados. Algunos poblados, como Hamburgo, en Alemania, se convirtieron en grandes ciudades gracias al desarrollo del comercio y de la industria. Por el contrario, las bahías profundas y angostas de Noruega, denominadas **fiordos**, no fomentaron el surgimiento de poblados.

Antes de continuar

Resumir ¿De qué manera Europa se ha beneficiado debido a la gran extensión de sus costas?

EVALUACIÓN CONTINUA

LABORATORIO DE MAPAS GeoDiario

1. **Comparar y contrastar** Usa el mapa de esta página y los de la Sección 1.1 para comparar y contrastar la península itálica con la península escandinava. ¿Qué tienen ambas penínsulas en común? ¿Qué diferencias notas?
2. **Analizar causa y efecto** Completa la tabla escribiendo un efecto para cada causa.

CAUSA	EFECTO
Se comercia en los mares y océanos de Europa.	Se propagan tanto las ideas como los bienes materiales.
Se desarrolla la industria en las costas.	
Los exploradores viajan a tierras nuevas.	
Surgen ciudades junto a las costas.	

1.3 Montañas, ríos y llanuras

TECHTREK
Visita **myNGconnect.com** para ver un mapa y fotos de los accidentes geográficos y los recursos naturales de Europa

Maps and Graphs | Digital Library

Idea principal Los accidentes geográficos y los recursos de Europa son la base de muchas actividades económicas.

Como has aprendido, Europa está conformada por cuatro regiones topográficas principales. Cada una de estas regiones presenta una enorme variedad de accidentes geográficos que abarca montañas y una gran llanura. Además, varios ríos importantes atraviesan el continente.

Cadenas montañosas

La región alpina de Europa contiene varias cadenas montañosas. Los Alpes se extienden desde Austria e Italia hasta Suiza, Alemania y Francia. Los Pirineos, que sirven de límite entre Francia y España, se encuentran al oeste de los Alpes. Los Apeninos, situados al sur de los Alpes, se extienden a lo largo de la península italiana. Los Cárpatos atraviesan Polonia, Rumania y Ucrania.

Todas estas cadenas montañosas proporcionan recursos naturales para las industrias, entre los que se cuentan los bosques, que proveen la madera, y los recursos minerales, como el mineral de hierro. Los valles emplazados entre montañas ofrecen tierras fértiles, aptas para el cultivo.

Ríos y llanuras

En Europa hay una gran cantidad de ríos. Muchos de ellos son **navegables**, es decir, que los barcos y botes pueden navegar en ellos sin inconvenientes. El **río Danubio** es una ruta importante de transporte. El Danubio nace en Alemania y atraviesa o bordea diez países antes de desembocar en el mar Negro. El **río Rin** es otra de las masas de agua fundamentales para el transporte de bienes al interior del continente. El Rin nace en Suiza, serpentea a través de Alemania y desemboca en el mar del Norte.

Visión crítica un **canal** es una vía fluvial construida por el hombre que se usa para transportar pasajeros y mercancías o para irrigación. Los botes que navegan por este canal de Venecia, Italia, se usan para distribuir mercancías por la ciudad.

USO DE LA TIERRA Y RECURSOS NATURALES

Los europeos han construido canales desde hace siglos. Cuando se unen o conectan, los canales y ríos forman **vías fluviales**, que son rutas navegables que se usan para los viajes y el transporte. Los Países Bajos, que son un país pequeño, cuentan con más de 3,000 millas de ríos y canales.

Varios ríos europeos atraviesan la Llanura del Norte de Europa. Esta vasta región de tierras bajas se extiende a través de Francia, Bélgica, Alemania y Polonia, hasta llegar a Rusia. El suelo fértil de la llanura es ideal para el cultivo, lo que explica las miles de granjas que se encuentran diseminadas por toda la región. En esta llanura también están situadas algunas de las ciudades, o centros urbanos, más grandes y populosas de Europa, como París, en Francia.

Antes de continuar

Resumir ¿Qué actividades económicas se sustentan en los accidentes geográficos y recursos de Europa?

EVALUACIÓN CONTINUA

LABORATORIO DE MAPAS

GeoDiario

1. **Interpretar mapas** ¿Qué recursos naturales se encuentran en los montes Cárpatos (*Carpathian Mountains*)? ¿A qué desafíos geográficos deberán enfrentarse los trabajadores cuando extraigan estos recursos?
2. **Sacar conclusiones** Busca el río Danubio (*Danube R.*) en el mapa. ¿Qué recursos naturales se encuentran a lo largo del río? ¿Qué papel podría desempañar el Danubio en el manejo de estos recursos?
3. **Hacer inferencias** ¿Qué recursos naturales se encuentran en el mar del Norte (*North Sea*)? ¿Qué impacto podrían tener sobre los países que limitan con el mar?

TECHTREK
Visita myNGconnect.com para ver un mapa, fotos y un video clip de Explorer en inglés.
Maps and Graphs
Digital Library

Protegiendo el Mediterráneo

con Enric Sala

Idea principal Las actividades humanas han dañado el medio ambiente natural del mar Mediterráneo.

Bajo el mar

El 4 de junio de 2010, Enric Sala, explorador residente de National Geographic, dio inicio a una expedición: explorar el mundo submarino del mar Mediterráneo. Buscaba averiguar de qué manera las actividades humanas habían afectado el ecosistema del mar.

Un **ecosistema** es una comunidad de organismos vivos y su medio ambiente natural. Tres actividades humanas han tenido un impacto negativo sobre el ecosistema del Mediterráneo. Una de ellas es el exceso de pesca, que ocurre cuando las personas pescan a una tasa mayor que la tasa a la que se reproducen los peces. Otra de las actividades es la contaminación. La tercera actividad es el exceso de urbanización, que ha tenido lugar a medida que las poblaciones costeras han ido crecido (mira la tabla de la página siguiente). El crecimiento de la población ha profundizado la contaminación del Mediterráneo y la **erosión**, o desgaste, de sus costas.

myNGconnect.com
Para ver más sobre las actividades actuales de Enric Sala.

Visión crítica Enric Sala nada junto a una tortuga marina. ¿Qué equipo usa en su exploración submarina?

EUROPA MEDITERRÁNEA

El trabajo de Sala se inspiró en la labor de Jacques Costeau, el explorador francés de las profundidades submarinas. Cuando se convirtió en explorador, Sala navegó con el hijo de Costeau, Pierre-Yves Costeau. Al comparar las condiciones actuales del mar Mediterráneo con las condiciones de 65 años atrás, los exploradores hallaron que el mar se había deteriorado. Sala concluyó que "Hemos perdido la mayor parte de los peces grandes y del coral rojo como consecuencia de siglos de sobreexplotación [uso abusivo]".

Reservas marinas

A pesar del daño que se ha hecho, Sala ve señales esperanzadoras. Durante la expedición mediterránea, Sala y Costeau visitaron la reserva natural Scandola, cerca de Italia. Scandola es una **reserva marítima**, es decir, un área protegida donde las personas no pueden pescar, nadar ni anclar sus embarcaciones. Como resultado, la vida marina del lugar se está desarrollando con fuerza. Sala dijo que "esta reserva marina ha recuperado la riqueza que Jacques Costeau nos mostró hace 65 años".

Antes de continuar

Verificar la comprensión ¿Qué se puede hacer para proteger el mar Mediterráneo de las actividades humanas que han dañado su medio ambiente?

POBLACIÓN DE CIUDADES MEDITERRÁNEAS
(EN MILLONES DE HABITANTES)

Ciudad	1960	2015
Atenas, Grecia	2.2	3.1
Barcelona, España	1.9	5.3
Estambul, Turquía	1.74	14.1
Marsella, Francia	0.8	1.6
Roma, Italia	2.33	3.7

Fuente: ONU, 2013; CIA World Factbook, 2016

EVALUACIÓN CONTINUA

LABORATORIO DE DATOS GeoDiario

1. **Interpretar tablas** De acuerdo con la tabla, ¿qué ciudad mediterránea experimentó el mayor crecimiento hacia 2015? ¿Qué impacto probablemente tuvo este crecimiento en la costa de la ciudad?
2. **Hacer inferencias** De acuerdo con la tabla, ¿qué ciudad experimentó el mayor crecimiento hacia 2015? ¿Qué significó este número para las costas de la ciudad?
3. **Consultar con un compañero** ¿Qué se puede hacer hoy para preservar la población de peces del futuro? Trabaja con un compañero para pensar una o dos sugerencias concretas. Compartan sus ideas con el resto de la clase.

NATIONAL GEOGRAPHIC

Galería de fotos • La costa escarpada de Escocia

Para ver más fotos de la galería de fotos de National Geographic, visita **Digital Library** en myNGconnect.com.

El carnaval de Venecia

Antiguo acueducto romano

Músicos en Cracovia, Polonia

Visión crítica Estos pináculos, o formaciones puntiagudas, se formaron hace miles de años en una montaña de Escocia conocida como el Storr. A estos grandes que aparecen en la foto se les conoce como El Viejo de Storr.

Costa amalfitana, Italia

Repostería francesa

El Partenón de Atenas

Armadura del siglo XVII

2.1 Las raíces de la democracia

TECHTREK
Visita **myNGconnect.com** para ver un mapa en inglés de las antiguas ciudades-estado griegas.
Maps and Graphs

Idea principal Las ideas que llevaron al surgimiento de la democracia se originaron en la antigua Atenas.

Los líderes de Atenas sentaron las bases de la **democracia**, una forma de gobierno en la cual las personas pueden ejercer influencia sobre la ley y votar por sus representantes. La democracia fue uno de los grandes logros de la civilización griega.

Las ciudades-estado griegas

Grecia está situada tanto en la península de los Balcanes como en la del Peloponeso. Ambas penínsulas están conectadas a través de un istmo, es decir, una franja estrecha de tierra. La llegada de los primeros pobladores a Grecia se remonta al año 50,000 a. C. Las primeras civilizaciones se desarrollaron entre los años 1900 a. C y 1400 a C.

Hacia el año 800 a. C., varias ciudades-estado griegas comenzaron a prosperar. Una **ciudad-estado** es una comunidad independiente que incluye una ciudad y el territorio a su alrededor. Las montañas de las penínsulas dificultaban el transporte y las comunicaciones. Como consecuencia, cada ciudad-estado se desarrolló de manera independiente. Las dos ciudades-estado más grandes y más importantes eran Atenas y Esparta.

Cada ciudad-estado establecía su propio gobierno y la organización de la comunidad. La forma más antigua de gobierno de las ciudades-estado era la monarquía, en la que gobierna un rey o una reina. Con el paso del tiempo, un grupo de nobles de clase alta denominados **aristócratas** comenzaron a desempeñarse como consejeros del rey. En algunas ciudades-estado, los aristócratas establecieron un consejo de gobierno que se encargaba de ejercer el poder. Este consejo era una forma de oligarquía, en la que gobierna un grupo pequeño de personas.

Alrededor del año 650 a. C., los tiranos de varias ciudades-estado les arrebataron el poder a los consejos y restablecieron el gobierno unipersonal. Hoy día, se denomina tirano a todo gobernante que abusa del poder. Sin embargo, no todos los tiranos de la antigua Grecia eran malos gobernantes. Algunos de ellos eran justos y contaban con el apoyo del pueblo griego.

La democracia en Atenas

Hacia el año 600 a. C., un estadista llamado Solón controlaba el gobierno de la ciudad-estado de Atenas. Solón formó asambleas que incluían a todas las personas adineradas de Atenas, no solo a los aristócratas, para que redactaran leyes.

En el año 508 a. C., un gobernante llamado Clístenes incrementó aún más el poder de las personas al establecer una democracia directa. Bajo su gobierno, todos los ciudadanos votaban de manera directa por las leyes. Sin embargo, solo los atenienses varones y mayores de edad eran ciudadanos y tenían derecho a votar.

Atenas y Esparta

La democracia se desarrolló en Atenas, pero no lo hizo en todas las ciudades-estado de Grecia. En Esparta, la ciudad-estado rival de Atenas, el gobierno estaba en manos de una oligarquía formada por un grupo reducido de guerreros. Esta oligarquía supervisaba el entrenamiento militar que recibían los niños espartanos.

En el año 490 a. C., Atenas y Esparta se unieron para combatir y derrotar al ejército invasor del Imperio persa, que estaba bajo el mando del rey Darío I. Sin embargo, después de esta unión, ambas ciudades-estado se convirtieron en enemigos feroces.

Antes de continuar

Resumir ¿Qué ideas de la antigua Grecia sentaron las bases de la democracia moderna?

Vocabulario visual La **Acrópolis** de Atenas es una colina rocosa que se usó como fortificación de la ciudad. Allí estaban los templos más importantes.

ANTIGUAS CIUDADES-ESTADO GRIEGAS

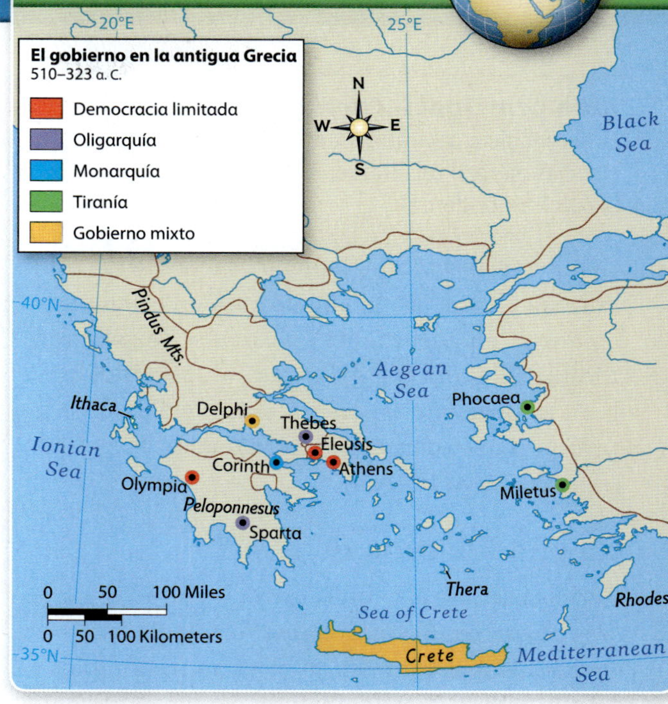

EVALUACIÓN CONTINUA

LABORATORIO DE LECTURA

GeoDiario

Sintetizar Usa las raíces griegas de la tabla para formar una palabra en español que complete cada una de las oraciones:

a. La forma de gobierno que representa a las personas se denomina ________ (usa tu propia hoja).

b. Las personas que tienen el poder para hacer cumplir las leyes de una ciudad son los ________ (usa tu propia hoja).

c. El gobernante de un reino también se denomina ________ (usa tu propia hoja).

SELECCIÓN DE PALABRAS EN ESPAÑOL FORMADAS A PARTIR DE RAÍCES GRIEGAS

Raíz griega	Significado	Palabra en español
demos	pueblo	democracia
polis	ciudad-estado	política
aristo	mejor	aristocracia
monos	uno	monarquía
oligo	pocos	oligarquía

2.2 La Grecia clásica

TECHTREK
Visita myNGconnect.com para ver un mapa y fotos de la Grecia clásica.
Maps and Graphs | Digital Library

Idea principal Las ideas griegas acerca de la democracia, la arquitectura, la filosofía y las ciencias ejercen una influencia perdurable sobre la cultura occidental.

Como has aprendido, la democracia nació en la antigua Grecia. En el año 461 a. C., Pericles se convirtió en gobernante de Atenas. Su gobierno dio inicio a una **edad dorada**, un período de gran riqueza y prosperidad durante el cual se profundizó el desarrollo de la democracia y la cultura griega floreció.

La edad dorada de Grecia

Pericles se propuso que Grecia lograra tres objetivos. El primero era fortalecer la democracia. Alcanzó este objetivo pagándoles a los ciudadanos que ocupaban cargos públicos. Esto significaba que incluso aquellas personas que no eran ricas podían permitirse trabajar en el gobierno.

El segundo objetivo de Pericles era expandir el imperio. Pericles creó una armada poderosa y la usó para aumentar el poder de Atenas sobre otras ciudades-estado griegas.

El tercer objetivo de Pericles era embellecer la ciudad de Atenas. Comenzó a reconstruir la ciudad, incluyendo la Acrópolis. Muchos de los templos atenienses habían sido destruidos durante la guerra contra los persas. Pericles construyó un templo nuevo llamado Partenón, dedicado a la diosa Atenea, a quien Atenas debe su nombre.

Los logros griegos

La edad dorada de Grecia fue un período de logros extraordinarios. Los arquitectos griegos diseñaron templos y teatros con columnas elegantes. Los **filósofos**, personas que examinan las preguntas sobre el universo, buscaban la verdad. Sócrates y su discípulo Platón fueron los filósofos más destacados.

En el área de las ciencias, el matemático Euclides desarrolló los principios de la geometría. El médico Hipócrates revolucionó el ejercicio de la medicina al afirmar que las enfermedades se originaban en el cuerpo humano y no eran causadas por espíritus malignos.

La expansión de la cultura griega

La edad dorada griega llegó a su fin hacia 431 a. C., cuando estalló la guerra entre Atenas y Esparta. El conflicto, conocido como la Guerra del Peloponeso, duró 27 años y debilitó tanto a Atenas como a Esparta.

Alrededor del año 340 a. C., el rey Filipo II de Macedonia aprovechó el debilitamiento de las ciudades-estado griegas y conquistó Grecia. En

1900–1400 a. C. Se desarrollan las civilizaciones griegas antiguas.

800 a. C. Comienzan a prosperar las ciudades-estado griegas.

1900 a. C. — 1000 a. C. — 750 a. C.

Cabeza dorada de león, antigua Grecia

Estatua de la diosa Atenea

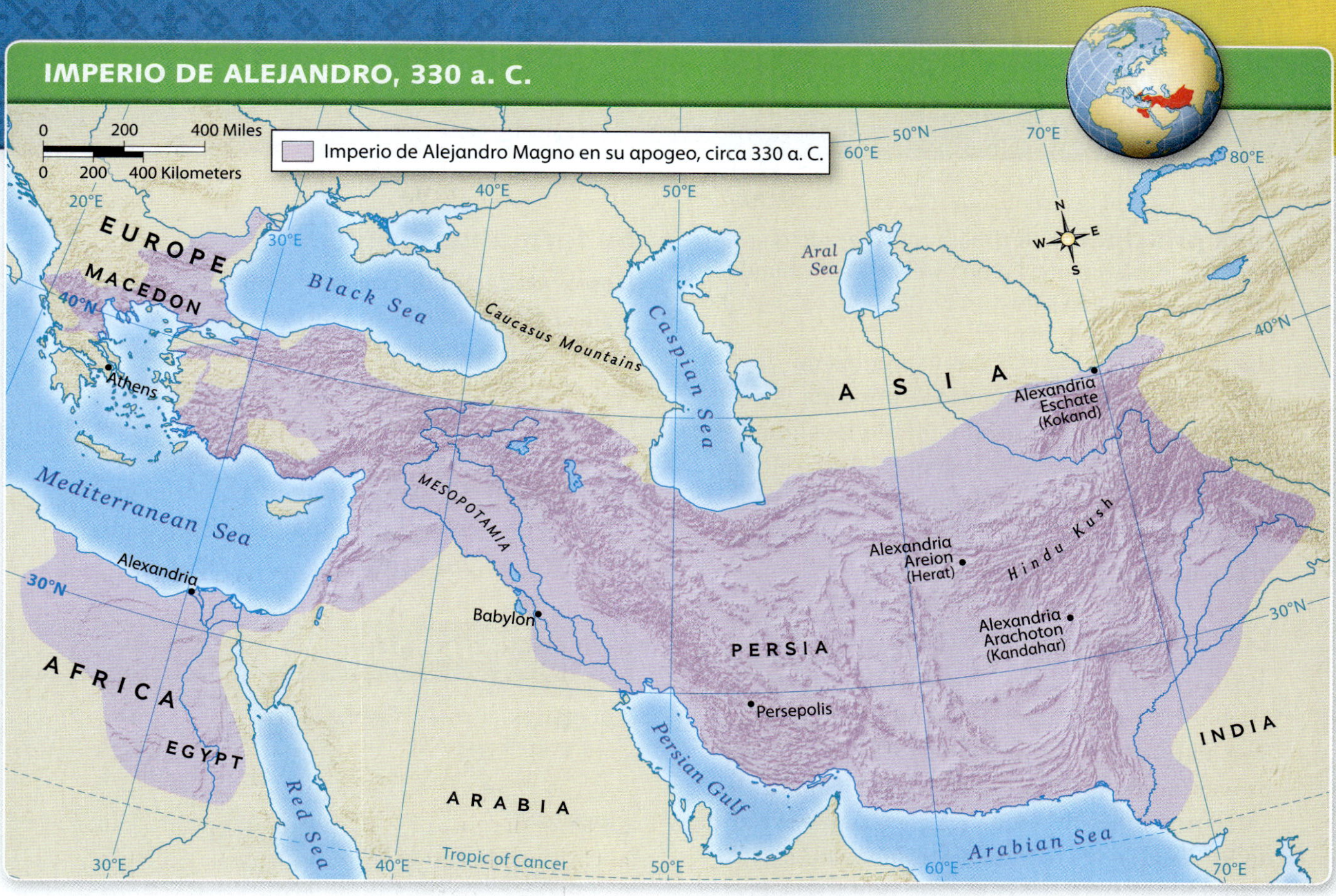

334 a. C., **Alejandro Magno**, hijo de Filipo, fue coronado rey y comenzó a expandir el imperio de su padre. Como Alejandro amaba la cultura griega, difundió las ideas griegas por todas las tierras que conquistó. Alejandro murió en 323 a. C., a la edad de 33 años. Las ideas griegas que Alejandro ayudó a difundir acerca de la democracia, las ciencias y la filosofía dieron forma al mundo moderno.

Antes de continuar

Verificar la comprensión ¿Qué ideas griegas han tenido una influencia perdurable en la cultura occidental?

EVALUACIÓN CONTINUA

LABORATORIO DE MAPAS GeoDiario

1. **Sacar conclusiones** Observa el mapa. ¿Qué continentes abarcaba el imperio de Alejandro Magno? ¿Qué le ayudó a unificar su vasto imperio?
2. **Hacer inferencias** Según el mapa, ¿qué grandes imperios fueron conquistados por Alejandro Magno? ¿Qué sugieren estas conquistas sobre Alejandro Magno?

508 a. C. Atenas se convierte en una democracia directa.

490 a. C. Los griegos derrotan al Imperio persa.

500 a. C.

461 a. C. Pericles se convierte en gobernante de Atenas; comienza la edad dorada de Grecia.

431 a. C. Estalla la Guerra del Peloponeso entre Atenas y Esparta.

Pericles

340 a. C. Filipo II de Macedonia conquista Grecia.

334 a. C. Alejandro Magno comienza a expandir el imperio de su padre.

250 a. C.

2.3 La República romana

TECHTREK
Visita myNGconnect.com para ver un mapa de la antigua Roma y fotos de las ruinas romanas.
Maps and Graphs
Digital Library

Idea principal La República romana creó una forma de gobierno que Europa y el resto del mundo adoptarían más adelante.

Hacia el año 1000 a. C., había cientos de poblados pequeños esparcidos por toda la península itálica. Según cuenta la leyenda, los hermanos Rómulo y Remo fundaron Roma en el año 753 a. C. Se dice que los hermanos eran hijos de un dios y que fueron criados por una loba.

Los comienzos de Roma

Actualmente, los arqueólogos creen que el pueblo conocido como los latinos fundó Roma alrededor del año 800 a. C. Los latinos provenían de una región de Italia llamada Latium y vivieron en las siete escarpadas colinas de Roma, que les brindaban protección de los ataques enemigos. El río Tíber, que fluye a través de Roma, proporcionaba agua para la agricultura y una ruta fluvial para el comercio. Con el paso del tiempo, Roma se desarrolló y se convirtió en una próspera ciudad-estado.

Se forma una república

Aproximadamente en el año 600 a. C., los etruscos, un pueblo del norte de Italia, conquistaron Roma. Tarquinio, uno de los reyes etruscos, fue un tirano atroz. En 509 a. C., los romanos se rebelaron en su contra y los líderes romanos comenzaron a crear una república. Una **república** es una forma de gobierno en la cual las personas eligen funcionarios para que gobiernen según la ley.

LAS COLINAS DE ROMA

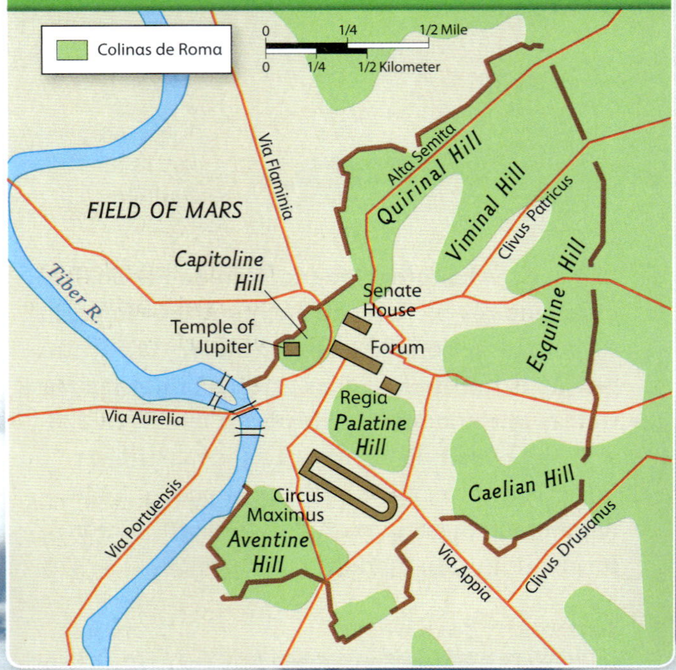

Visión crítica El foro romano contiene los edificios más importantes de la ciudad antigua, incluido el Senado. ¿De qué manera refleja esta fotografía la gloria del pasado de Roma?

GOBIERNO DE LA REPÚBLICA DE ROMA

EJECUTIVO

- Dos cónsules
- Elegidos por un período de un año
- Dirigían el gobierno y controlaban el ejército

LEGISLATIVO

Senado

- 300 miembros, compuestos por patricios
- No eran elegidos: eran nombrados por los cónsules para servir de por vida
- Redactaban las leyes y eran consejeros de los cónsules

Asamblea

- Compuesta por plebeyos
- Elegían tribunos como representantes
- Redactaban las leyes y elegían a los cónsules

JUDICIAL

- Ocho jueces
- Gobernaban las provincias
- Servían durante un año

Código Legal

- Doce tablas
- Establecía los derechos y responsabilidades de los ciudadanos romanos

Las personas que vivían en Roma durante esta época se dividían en dos clases sociales. Los **patricios** eran mayormente terratenientes ricos. Los **plebeyos** eran agricultores en su mayoría. En un principio, solo los patricios podían formar parte del gobierno; controlaban el Senado y redactaban las leyes.

En 490 a. C., los plebeyos obtuvieron el derecho a formar una asamblea y elegir representantes legislativos denominados tribunos. La asamblea redactaba leyes y elegía a los cónsules, los dos funcionarios ejecutivos que dirigían el gobierno durante un período de un año cada uno. Un cónsul podía ejercer el poder de **veto**, es decir, de rechazar una decisión tomada por el otro cónsul.

El poder, o rama, judicial estaba formado por ocho jueces que servían durante un período de un año. Estos jueces controlaban los tribunales inferiores y gobernaban las provincias.

Hacia el año 450 a. C., el gobierno publicó las Doce Tablas. Estas tablas de bronce establecían los derechos y responsabilidades de todos los ciudadanos romanos. En ese momento, solo se consideraba como ciudadanos a los varones adultos propietarios de tierras y nacidos en Roma. Las mujeres romanas eran ciudadanas pero no podían votar ni ocupar cargos públicos

El Espíritu Romano

Los ciudadanos romanos creían en los valores que constituían el llamado "Espíritu Romano". Entre estos valores se incluía el autocontrol, el trabajo duro, el cumplimiento del deber y el juramento de lealtad a Roma. El Espíritu Romano unificó a todos los ciudadanos romanos.

Los romanos aplicaron estos valores conforme la República comenzaba a expandirse a través de la conquista de tierras nuevas. En el siglo II a. C, Roma derrotó al Imperio de Cartago, situado en el norte de África. Hacia el año 100 a. C., Roma controlaba la mayor parte de las tierras situadas en torno al Mediterráneo. Por esta época, comenzaron a crecer las tensiones entre los patricios y los plebeyos. Estas tensiones desencadenaron una guerra entre ambos grupos que preparó el terreno para el fin de la República de Roma y el nacimiento del Imperio romano.

Antes de continuar

Resumir ¿Qué estructuras, leyes y valores conformaban el gobierno de la República de Roma?

EVALUACIÓN CONTINUA

LABORATORIO DE DATOS GeoDiario

1. **Interpretar tablas** Según la tabla, los miembros del Senado eran nombrados por los cónsules. Sin embargo, la Asamblea elegía a los cónsules. ¿De qué manera esta reglamentación servía para controlar el poder del Senado?
2. **Consultar con un compañero** Observa la tabla y piensa en lo que sabes sobre el gobierno de los EE. UU. Luego, con un compañero, comparen y contrasten ambos sistemas de gobierno.

2.4 El Imperio romano

TECHTREK

Visita **myNGconnect.com** para ver un mapa en inglés del Imperio romano y fotos de la arquitectura romana

Maps and Graphs

Digital Library

Idea principal El Imperio romano fue uno los mayores imperios de la historia y dejó un legado en materia de lenguaje y tecnología.

Como has leído, las tensiones entre patricios y plebeyos aumentaron poco después de la victoria de Roma sobre Cartago. Los soldados romanos regresaron de la guerra con grandes riquezas obtenidas en los territorios conquistados. Usaron estas riquezas para comprar grandes parcelas de tierras agrícolas. Los pequeños agricultores no pudieron competir con ellos y se amplió la brecha entre ricos y pobres. En el año 88 a. C., estalló la guerra entre patricios y plebeyos.

La creación del Imperio

Después de años de guerra, un general llamado Julio César llegó al poder y en el año 46 a. C. se convirtió en el único soberano de Roma. César puso en marcha proyectos de ayuda a los pobres e intentó restablecer el orden en Roma, pero se ganó muchos enemigos poderosos. En 44 a. C., César murió apuñalado por un grupo reducido de senadores.

Octavio, el sobrino de César, luchó en la extensa guerra civil que siguió a la muerte de César. Octavio resultó vencedor, pero la guerra puso fin a la República de Roma. Octavio se hizo llamar **Augusto**, que significa “el venerado” y se convirtió en emperador romano en 27 a. C. Su gobierno dio inicio al período denominado *Pax Romana*, que en latín significa “paz romana”.

La decadencia de Roma

Durante unos 500 años, el Imperio romano, que abarcaba tres continentes, fue el imperio más poderoso del mundo. Sin embargo, alrededor del año 235 d. C., Roma tuvo una serie de gobernantes deficientes. Además, las tribus germánicas, a quienes los romanos llamaban **bárbaros**, comenzaron a invadir el imperio desde el norte.

En el año 330, el emperador Constantino mudó la capital del debilitado imperio de Roma a Bizancio, en la actual Turquía, y cambió el nombre de la ciudad, que pasó a llamarse Constantinopla. Constantino también legalizó la práctica del cristianismo en todo el imperio. El cristianismo, que es la religión basada en la vida y las enseñanzas de Jesús según se describen en la Biblia, se inició en el Imperio romano.

En el año 395, el imperio se dividió en el Imperio romano de Oriente y el Imperio romano de Occidente, con dos emperadores distintos. En 476, los invasores derrocaron al último emperador romano y pusieron fin al Imperio romano de Occidente.

El legado de Roma

El Imperio occidental cayó, pero Roma dejó al mundo un gran legado, o herencia. Por ejemplo, los ingenieros romanos construyeron una red de caminos que conectaban el imperio. Varios de esos caminos se siguen usando en la actualidad.

88 a. C. Estalla la guerra civil.

44 a. C. César es asesinado.

2 a. C. Augusto se convierte en emperador.

100 a. C. — **d. C. 100**

46 a. C. Julio César se convierte en emperador.

Moneda romana que muestra a Julio César

Estatua de Augusto

EL IMPERIO ROMANO EN SU APOGEO, 200 d. C.

Los ingenieros también desarrollaron el arco y lo usaron para construir edificios y **acueductos**, que llevaban agua todas partes del imperio. El latín, el idioma de Roma, se convirtió en la base de las lenguas romances, como el español y el italiano. Muchas palabras del inglés tienen raíces latinas.

Antes de continuar

Resumir Describe el surgimiento del Imperio romano, su caída y su legado.

EVALUACIÓN CONTINUA

LABORATORIO DE MAPAS GeoDiario

1. **Interpretar mapas** Según el mapa, ¿qué continentes abarcó el Imperio romano? ¿Qué retos puede haber presentado el tamaño del imperio para sus gobernantes?
2. **Ubicación** Busca Bizancio en el mapa. ¿Por qué crees que Constantino escogió esta ubicación como capital del Imperio romano de Oriente?

300 d. C. — **500 d. C.**

330 d. C. Constantino traslada la capital de Roma a Bizancio.

395 d. C. Se divide el imperio en el Imperio romano de Oriente y el Imperio romano de Occidente.

476 d. C. Roma es conquistada por los invasores.

Pintura de un invasor germánico.

2.5 La Edad Media y el cristianismo

TECHTREK Visita myNGconnect.com para ver retratos artísticos de los cruzados.

Digital Library

Idea principal La Iglesia Católica Romana y el sistema feudal ejercieron influencia sobre Europa Occidental durante la Edad Media.

Después de la caída del Imperio romano, Europa Occidental entró en un período conocido como la **Edad Media**, que se extendió aproximadamente entre los años 500 y 1500. Durante este período, Europa Occidental estuvo conformada por diversos reinos. Los castillos, como los del valle del Rin, en Alemania, servían como fortalezas defensivas. La Iglesia Católica Romana sirvió para unificar a los pueblos durante la Edad Media y el sistema feudal aportó una estructura social.

La Iglesia católica

En 1054, el cristianismo se dividió oficialmente en dos partes: la Iglesia Católica Romana en Europa Occidental y la Iglesia Ortodoxa Oriental en Europa Oriental. La Iglesia Católica Romana era el centro de la vida para la mayor parte de las personas de Europa Occidental. La Iglesia se ocupaba de los enfermos, de la educación y ayudaba a preservar los libros y las enseñanzas.

La Iglesia Católica también desempeñaba un papel importante en el gobierno: cobraba impuestos, redactaba sus propias leyes y financiaba guerras. En 1096, la Iglesia dio inicio a una serie de **Cruzadas**. Las Cruzadas fueron expediciones militares cuyo propósito era recuperar las tierras santas del Asia Suroccidental, que estaban bajo el dominio de los musulmanes. Las Cruzadas se cobraron muchas vidas y terminaron en 1291.

El sistema feudal

Los numerosos reinos de Europa Occidental estaban a menudo en guerra. Desde el año 400 hasta el año 800, aproximadamente, un pueblo germánico llamado los francos detuvo los enfrentamientos y unificó a gran parte de Europa Occidental. Su líder más importante fue Carlomagno.

Con la muerte de Carlomagno, en 814, regresaron las guerras entre los distintos reinos y Europa Occidental volvió a estar dividida. Se desarrolló el **sistema feudal**, con el propósito de brindar seguridad a cada uno de los reinos. El sistema feudal fue una estructura social organizada en forma piramidal. En la cima de la pirámide se encontraba el rey, que era dueño de un vasto territorio. Debajo del rey se encontraban los señores, que eran nobles poderosos que poseían tierras. Los señores concedían parcelas de sus tierras a los vasallos, que prometían lealtad y servicio a los señores. Algunos vasallos también servían como caballeros, es decir, guerreros que iban a caballo.

Cada señor vivía en una propiedad llamada feudo, que funcionaba como un poblado pequeño. Los **siervos**, que trabajaban las tierras del señor a cambio de vivienda y protección, se encontraban en la base de la pirámide. Las familias de los siervos vivían en pequeñas cabañas del feudo y entregaban a su señor la mayor parte de los cultivos que producían.

El crecimiento de las ciudades

Con el paso del tiempo, el crecimiento de las ciudades sirvió para poner fin al sistema feudal. Con el desarrollo del comercio y de los negocios, las personas comenzaron a abandonar los feudos. Una enfermedad mortal llamada peste negra o bubónica, que se propagó por toda Europa en 1347, también debilitó al sistema feudal. La peste mató a millones de personas y redujo notablemente la cantidad de mano de obra disponible en las ciudades. La desesperación por conseguir trabajadores llevó a los empleadores a ofrecer sueldos más altos. Como consecuencia, los campesinos dejaron los campos para ir en busca de empleos con una mejor paga en las ciudades.

Antes de continuar

Resumir ¿De qué manera la Iglesia Católica Romana y el sistema feudal ejercieron influencia sobre Europa durante la Edad Media?

UN FEUDO EN LA EDAD MEDIA

Este modelo muestra una visión simplificada de un feudo. Los campos y las tierras agrícolas se encuentran fuera de los muros.

EVALUACIÓN CONTINUA

LABORATORIO VISUAL GeoDiario

1. **Interpretar elementos visuales** ¿Qué detalles del modelo sugieren las medidas que se tomaban para proteger a las personas que vivían en el feudo?
2. **Hacer inferencias** Observa la ubicación de la iglesia en el feudo. ¿Por qué se ubicaría cerca del castillo del señor?
3. **Comparar y contrastar** De acuerdo con el modelo y lo que has leído, ¿en qué serían diferentes la vida de los señores y la de los siervos?

SECCIÓN 2 HISTORIA ANTIGUA

2.6 El Renacimiento y la Reforma

TECHTREK
Visita myNGconnect.com para ver ejemplos de obras de arte del Renacimiento.
Digital Library

Idea principal Tanto el Renacimiento como la Reforma produjeron grandes cambios en Europa.

Has aprendido que el crecimiento de las ciudades de Europa Occidental contribuyó a que acabara el sistema feudal. La Iglesia Católica Romana también comenzó a perder algo de poder durante esta época. A medida que estas estructuras medievales se iban debilitando, comenzó a surgir el **Renacimiento**. El Renacimiento fue un resurgimiento de las artes y la cultura; se inició en Italia en el siglo XIV y hacia el siglo XVI se había extendido por toda Europa.

El Renacimiento

Hay otros factores que también condujeron al Renacimiento. El aumento del comercio en las ciudades en crecimiento enriqueció enormemente a algunos comerciantes italianos. Estas riquezas les permitieron comprar las obras de los artistas.

Como has aprendido, la parte occidental del Imperio romano cayó en 476. El Imperio romano Oriental, por el contrario, siguió existiendo y pasó a denominarse Imperio bizantino. La caída del Imperio bizantino, que se produjo en el año 1453, también favoreció el desarrollo del Renacimiento. Los eruditos del imperio se trasladaron a Italia, llevando consigo antiguos manuscritos griegos y romanos. El estudio de estas obras fomentó el humanismo que, en lugar de centrarse en los valores religiosos, hace hincapié en los valores humanos.

Además, un inventor alemán llamado **Johannes Gutenberg** desarrolló en 1450 una imprenta que permitía imprimir muchos libros en poco tiempo. Muy pronto, los europeos tuvieron acceso al conocimiento, que también abarcaba las nuevas ideas humanistas.

El resultado fue una revolución de ideas expresadas en las artes, la arquitectura y la literatura. Los artistas, como Leonardo da Vinci, Miguel Ángel y Rafael, usaron la **perspectiva** para que las pinturas parecieran tener tres dimensiones. Los arquitectos aprovecharon elementos del diseño de los antiguos griegos y romanos para construir iglesias y edificios. Los escritores comenzaron a escribir tal como se hablaba en sus regiones. Dante Alighieri, por ejemplo, escribió su obra *La Divina Comedia* en italiano, no en latín.

La Reforma

Entre tanto, algunas personas comenzaron a ser más críticas con la Iglesia. **Martín Lutero**, un monje alemán, estaba horrorizado por los actos de corrupción que cometían algunos sacerdotes. Con el propósito de obtener dinero, algunos sacerdotes a menudo vendían **indulgencias**, que disminuían el castigo por los pecados cometidos.

En 1517, Lutero redactó sus 95 Tesis, en las que objetaba este tipo de prácticas, y las clavó en la puerta de

La imprenta de Gutenberg

Siglo XIV
Se inicia el Renacimiento en Italia.

1300

1308
Dante comienza a escribir *La Divina Comedia* en italiano.

Retrato de Dante

1400

Década de 1450
Gutenberg inventa la imprenta.

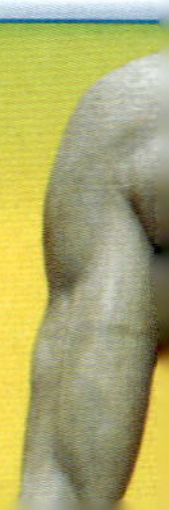

Visión crítica *La Escuela de Atenas*, del artista italiano Rafael, retrata a los filósofos y científicos más importantes de la antigua Grecia. ¿Por qué crees que el artista escogió homenajear a la antigua Grecia?

una iglesia. La acción de Lutero dio inicio a la **Reforma**, el movimiento para reformar el cristianismo. Con el paso del tiempo, las personas fundaron iglesias protestantes. El término proviene del verbo *protestar*.

La Iglesia Católica, como respuesta, inició un movimiento reformista denominado **Contrarreforma**, haciendo hincapié en la fe y la conducta religiosa. El conflicto entre católicos y protestantes, no obstante, continuaría durante los siguientes 300 años.

Antes de continuar

Verificar la comprensión ¿Qué cambios culturales y sociales fueron consecuencia del Renacimiento y la Reforma?

EVALUACIÓN CONTINUA

LABORATORIO DE LECTURA

GeoDiario

1. **Resumir** ¿Qué fue el Renacimiento?
2. **Analizar causas y efectos** ¿Cómo ayudó a difundir las ideas humanistas la invención de la imprenta de Gutenberg?
3. **Sacar conclusiones** ¿Qué ideas humanistas pueden haber ayudado a que las personas tuvieran una mirada más crítica sobre la Iglesia Católica?

El *David* de *Miguel Ángel*

1497 Leonardo da Vinci termina de pintar *La Última Cena.*

1500

1504 Miguel Ángel termina de esculpir el *David.*

1517 Martín Lutero clava las 95 Tesis en la puerta de una iglesia de Wittenberg, Alemania.

1600

En esta ilustración, Martín Lutero clava las 95 Tesis.

3.1 Exploración y colonización

TECHTREK

Visita **myNGconnect.com** para ver un mapa en inglés de la colonización europea de África, Asia y el continente americano.

Maps and Graphs

Idea principal Con el propósito de expandir el comercio, los europeos exploraron África, Asia y el continente americano, y establecieron colonias en estos tres continentes.

Hacia el año 1415, el príncipe Enrique de Portugal decidió enviar exploradores a África con el propósito de establecer nuevas rutas comerciales. Enrique pasó a ser conocido como Enrique el Navegante y fundó una escuela de **navegación**. La escuela, que impartía a los marineros conocimientos sobre cartografía y construcción naval, marcó el inicio de la era de la exploración.

La exploración europea

Portugal fue el primero de los numerosos países europeos que financiaron viajes de exploración. Los europeos querían encontrar oro y establecer una ruta comercial con Asia que les diera acceso a las especias, la seda y las piedras preciosas. También buscaban que las personas de otras tierras se **convirtieran**, o cambiaran su religión, al cristianismo.

Los viajes estaban llenos de peligros. Los exploradores a menudo viajaban durante meses en buques pequeños que no siempre eran capaces de resistir las fuertes tormentas del mar abierto. Los exploradores también debían enfrentarse a las enfermedades y a los ataques de los pueblos indígenas. Además, estos hombres viajaban a tierras desconocidas. Los cartógrafos habitualmente marcaban los sitios inexplorados con frases como “Aquí hay dragones”.

Sin embargo, algunos exploradores portugueses, como Bartolomé Díaz y Vasco da Gama, navegaron por la costa de África a fines del siglo XV para establecer una ruta comercial con Asia. El explorador italiano Cristóbal Colón descubrió un “mundo nuevo” (las Américas) en 1492. En 1530, Jacques Cartier exploró para Francia partes de Norteamérica. Un inglés, Sir Francis Drake, navegó alrededor del mundo en 1577.

Visión crítica En esta pintura, Colón y su tripulación atracan en Norteamérica, y los indígenas se acercan en sus canoas para conocer a los exploradores. ¿Qué cualidades debían tener los exploradores para emprender estos viajes?

PRIMERAS COLONIZACIONES DE ÁFRICA, ASIA Y AMÉRICA

El establecimiento de colonias

Los europeos aprovecharon los viajes de exploración no solo para comerciar, sino también para reclamar tierras para sus países. Cuando los exploradores llegaban a un lugar nuevo, lo declaraban como colonia. Una **colonia** es un área controlada por un país lejano. Como has aprendido, los exploradores españoles reclamaron colonias en México y Suramérica. Los franceses y los ingleses también establecieron colonias en Norteamérica. Hacia 1650, los países europeos incluso controlaban partes de África y Asia.

La consecuencia de la exploración y colonización europea fue el intercambio de bienes e ideas conocido como Intercambio Colombino. Los europeos descubrieron nuevos alimentos en América, como la papa, el maíz y el tomate. Los europeos llevaron a América el trigo y la cebada. También llevaron enfermedades como la viruela. Estas enfermedades mataron a millones de indígenas americanos.

Antes de continuar

Verificar la comprensión ¿Qué llevó a los europeos a embarcarse en los viajes de exploración y qué obtuvieron como resultado?

EVALUACIÓN CONTINUA

LABORATORIO DE MAPAS

GeoDiario

1. **Interpretar mapas** Según el mapa, ¿en qué lugar de Asia estableció Francia (*France*) una colonia de gran tamaño? ¿Por qué esta ubicación era geográficamente beneficiosa?
2. **Identificar problemas y soluciones** Observa el mapa. ¿Quién era el principal rival de España (*Spain*) en la colonización de Suramérica (*South America*)? ¿Qué problemas pueden haber surgido como consecuencia de esta rivalidad?

3.2 La Revolución Industrial

TECHTREK
Visita myNGconnect.com para ver un mapa en inglés e imágenes de la Revolución Industrial.
Maps and Graphs
Digital Library

Idea principal La Revolución Industrial fue una época de grandes desarrollos tecnológicos que cambiaron la manera de trabajar y vivir de las personas.

La Era de las Exploraciones activó el comercio en todo el mundo, lo cual enriqueció enormemente a varios países de Europa Occidental. Las empresas buscaron nuevas maneras de expandir su producción con el propósito de aumentar estas riquezas. El resultado fue la **Revolución Industrial**, un período durante el cual la industria creció muy rápido y aumentó notablemente la producción de los bienes fabricados a máquina.

Comienza la Revolución

La Revolución Industrial se inició en Gran Bretaña en el siglo XVIII como consecuencia del desarrollo de nuevos inventos y tecnologías. La industria **textil**, que se ocupa de la confección de la ropa, fue la primera industria en ser transformada por la revolución. En 1769, los fabricantes de textiles comenzaron a usar máquinas impulsadas por la corriente de los ríos. Luego, alrededor de 1770, James Hargreaves inventó la hiladora con husos múltiples. Esta máquina permitió que los trabajadores hilaran algodón y lana a una velocidad mucho más rápida.

Antes de estos inventos, casi todas las personas confeccionaban la ropa a mano en sus hogares. Sin embargo, estas máquinas nuevas eran demasiado grandes y caras para ser usadas en casas pequeñas. Por este motivo, las máquinas se instalaron en fábricas, y los trabajadores comenzaron a elaborar allí los productos. En estas primeras fábricas, cada persona trabajaba en una parte pequeña del producto. Esta manera de producir bienes se denomina **sistema fabril**.

Al principio, las fábricas funcionaban con la fuerza del agua. Luego, alrededor del año 1776, James Watt desarrolló la máquina de vapor, que funcionaba con carbón. Como consecuencia, el carbón se convirtió en una materia prima importante, y Gran Bretaña sacó provecho de sus ricos yacimientos de este combustible.

A fines del siglo XVIII, la Revolución Industrial se expandió al resto de Europa. Francia y Bélgica pasaron a ser líderes en la confección de productos textiles. Alemania construyó fábricas para procesar el hierro. Los ferrocarriles se desarrollaron en el siglo XIX. En 1825, George Stephenson construyó el primer ferrocarril de Inglaterra. Hacia 1850, miles de millas de vías de ferrocarril atravesaban Europa.

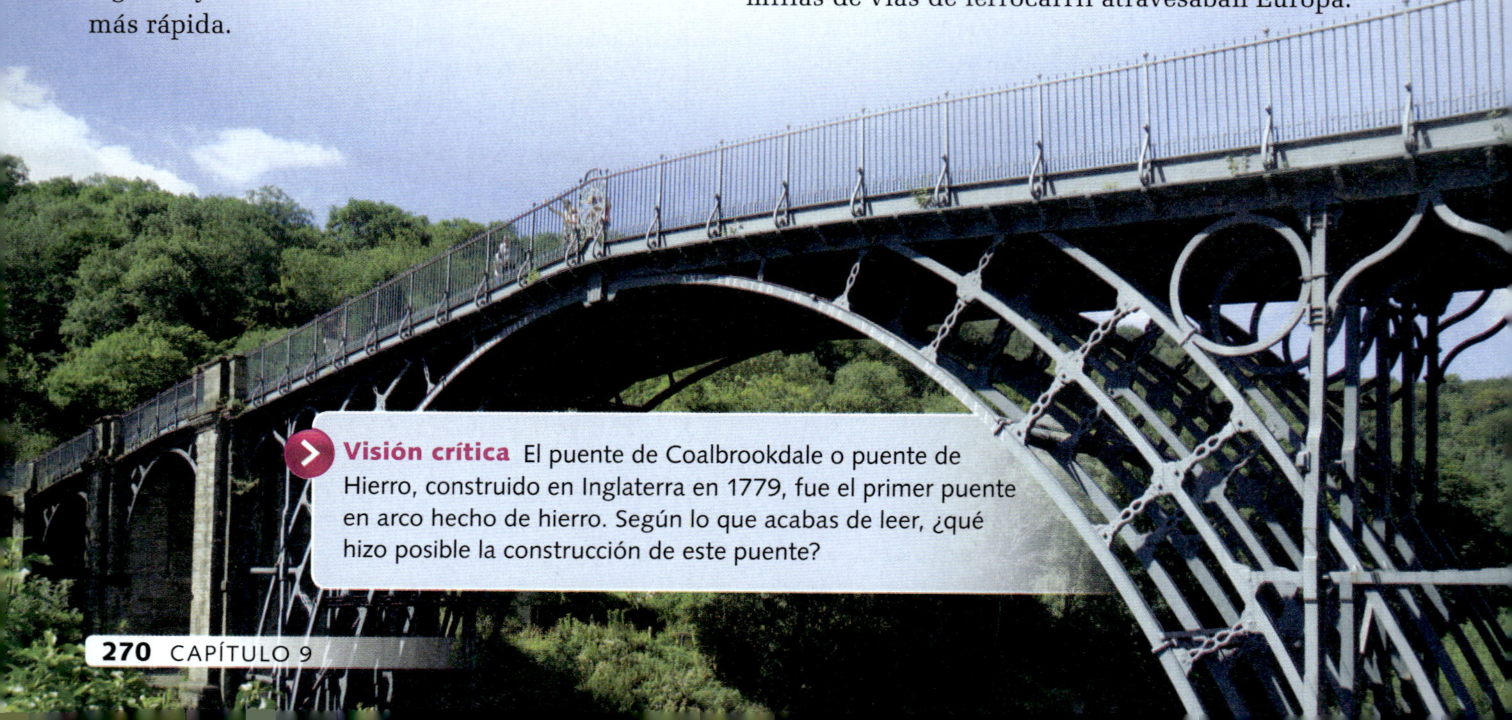

Visión crítica El puente de Coalbrookdale o puente de Hierro, construido en Inglaterra en 1779, fue el primer puente en arco hecho de hierro. Según lo que acabas de leer, ¿qué hizo posible la construcción de este puente?

INDUSTRIAS DE EUROPA, 1840-1890

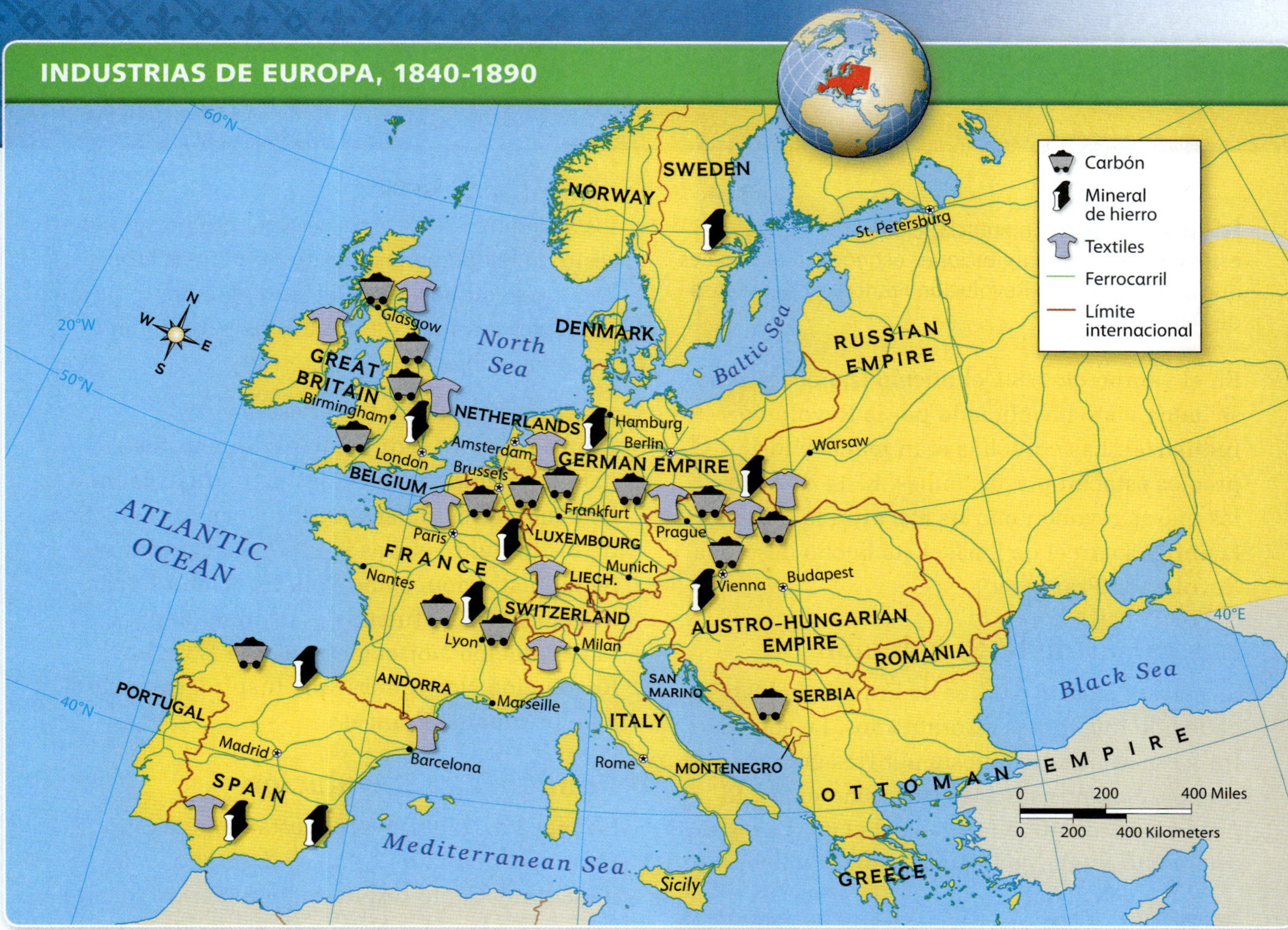

El impacto de la Revolución

La Revolución Industrial ejerció un impacto enorme en la manera de vivir y trabajar de las personas. Las ciudades crecieron muy rápido porque las personas emigraron allí en busca de los empleos que ofrecían las fábricas. Mejoraron los niveles de vida y surgió una clase media próspera.

Sin embargo, los trabajadores de las fábricas enfrentaban a menudo condiciones muy duras. Los obreros trabajaban hasta 16 horas al día. El trabajo infantil era corriente. A partir de los cinco años de edad, los niños y las niñas trabajaban en las minas y las fábricas. Algunos incluso eran encadenados a las máquinas.

Muchos trabajadores vivían en casas pequeñas repletas de personas, en barrios con cloacas a cielo abierto. Las enfermedades se propagaban rápidamente en estos edificios hacinados.

Con el paso del tiempo, a medida que se creaban sistemas cloacales y se promulgaban leyes de salud pública, el nivel de vida mejoró.

Antes de continuar

Resumir ¿Cómo cambió la Revolución Industrial la manera en que las personas trabajaban y vivían?

EVALUACIÓN CONTINUA

LABORATORIO DE MAPAS GeoDiario

1. **Interpretar mapas** ¿En qué parte de Europa se concentraban la mayoría de las industrias? ¿Qué sugiere esto acerca de la economía de los países de otras partes de Europa?
2. **Interacción entre los humanos y el medio ambiente** ¿Cuál fue la industria más extendida en Europa? ¿Por qué esta industria era tan importante?
3. **Evaluar** Según el mapa, ¿qué países probablemente hayan importado la menor cantidad de materias primas?

SECCIÓN 3 LA EUROPA EMERGENTE

3.3 La Revolución Francesa

TECHTREK

Visita **myNGconnect.com** para ver imágenes de la Revolución Francesa.

Digital Library

Idea principal En Francia, el final del siglo XVIII estuvo marcado por agitaciones económicas y sociales que condujeron a la Revolución Francesa y al ascenso de Napoleón.

En el verano de 1789, el pueblo francés aún no se había visto beneficiado por la Revolución Industrial. Las cosechas eran malas y los precios estaban por las nubes. El 14 de julio, las masas revolucionarias atacaron la Bastilla, la antigua cárcel de París. Este hecho desató la Revolución Francesa.

Las raíces de la Revolución

Las clases bajas y medias de Francia habían padecido injusticias durante años. La sociedad francesa estaba compuesta por tres grandes grupos, denominados los tres estamentos. El primer estamento lo formaba el clero. El segundo estamento estaba conformado por la nobleza, o los aristócratas. El tercer estamento incluía al resto de las personas, desde los comerciantes hasta los campesinos. El tercer estamento pagaba la mayor cantidad de impuestos pero no tenía voz en el gobierno.

Las personas del tercer estamento comenzaron a exigir cambios. Muchos de ellos habían recibido influencias de la **Ilustración**. Este movimiento hacía hincapié en los derechos de los individuos. Las ideas de los pensadores de la Ilustración, como Voltaire y **John Locke**, habían sido una fuente de inspiración para la Revolución Norteamericana de 1776. La Revolución Norteamericana inspiró, en parte, a la Revolución Francesa.

Comienza la Revolución

En mayo de 1789, el tercer estamento exigió reformas, pero Luis XVI, rey de Francia, las desestimó. Como respuesta, el tercer estamento formó la Asamblea Nacional. El 26 de agosto de 1789, la asamblea aprobó la *Declaración de los Derechos del Hombre y del Ciudadano*. Este documento garantizaba la libertad, la igualdad y la propiedad para todos los ciudadanos. La asamblea intentó formar un gobierno nuevo en el cual el rey Luis XVI compartiera el poder con una legislatura elegida por el voto. El rey, sin embargo, se negó nuevamente a cooperar.

Los ciudadanos franceses toman la Bastilla porque creían que allí había armas y pólvora.

La guillotina se consideraba un método de ejecución eficiente e indoloro.

1785 — 1790 — 1795

1789 Las masas atacan la Bastilla.

1792 Los jacobinos toman el poder.

1793 El rey Luis XVI y María Antonieta son ejecutados; comienza El Terror.

1794 Robespierre es ejecutado y termina El Terror.

Los radicales toman el poder

Los jacobinos, un grupo de **radicales**, es decir, de extremistas, finalmente tomaron el poder en 1792 y formaron la Convención Nacional. Al año siguiente, el grupo ejecutó a Luis XVI y a María Antonieta, la reina.

Poco después, la violencia se exacerbó. El líder jacobino Maximilien Robespierre lideró **El Terror**. Los jacobinos usaron una máquina llamada **guillotina** para decapitar a unas 40,000 personas. En julio de 1794, los franceses finalmente se pusieron en contra de Robespierre y lo ejecutaron.

El ascenso de Napoleón

Después de cinco años de violencia, los franceses estaban agotados. Francia estaba en guerra con Prusia, Austria y Gran Bretaña, y el gobierno no manejaba bien la situación.

Napoleón Bonaparte, un general joven, aprovechó la oportunidad y derrocó al gobierno. En el transcurso de los siguientes cinco años, Napoleón acumuló más poder. Luego se nombró a sí mismo emperador Napoleón I y se lanzó a la conquista de las demás potencias europeas, con el fin de crear un imperio. Gran Bretaña y Prusia finalmente lo derrotaron en 1815.

Antes de continuar

Resumir ¿Qué condujo a la Revolución Francesa y al ascenso de Napoleón?

Visión crítica María Antonieta, que se ve en esta imagen, a menudo fue acusada de despilfarrar en sus gastos. ¿Qué detalle de esta pintura respalda esta acusación?

EVALUACIÓN CONTINUA

LABORATORIO ORAL GeoDiario

Expresar ideas oralmente Investiga en grupo para preparar un panel de debate en el cual se presenten los puntos de vista de varios personajes de esta sección.

Paso 1 Decide qué personaje serás en el grupo. Puedes escoger al rey Luis XVI, a María Antonieta, a Maximilien Robespierre, a Napoleón o a un miembro del tercer estamento.

Paso 2 Prepara algunas preguntas que se debatirán en el panel. Las preguntas deben enfocarse en la Revolución Francesa, El Terror y el ascenso de Napoleón.

Paso 3 Presenta el panel de debate a la clase. Al terminar, pide que te hagan preguntas y respóndelas representando el personaje que escogiste.

1799 Napoleón derroca al gobierno francés.

1800

1804 Napoleón se declara emperador.

1805

1810

1815 Napoleón es derrotado.

Estatua de Napoleón a caballo

SECCIÓN 3 PREGUNTA BASADA EN DOCUMENTOS

3.4 Las declaraciones de derechos

TECHTREK

Visita myNGconnect.com para ver fotos de los documentos en inglés y una guía en línea para la escritura en inglés.

Digital Library

Student Resources

Como has aprendido, John Locke y Voltaire fueron algunos de los pensadores que impulsaron la Ilustración. Afirmaron que las personas tenían **derechos naturales**, es decir, derechos que las personas poseen desde que nacen, como la vida, la libertad y la propiedad. Dos documentos clave describen estos derechos: la Declaración de Independencia de los Estados Unidos y la Declaración de los Derechos del Hombre y del Ciudadano, de origen francés. En 1993, el sudafricano Nelson Mandela recibió el premio Nobel de la Paz. Durante la ceremonia de entrega del premio, pronunció un discurso en el que explicó que los derechos que se detallan en las declaraciones siguen siendo importantes.

DOCUMENTO 1

extracto de la **Declaración de Independencia** (4 de julio de 1776)

Sostenemos como evidentes por sí mismas dichas verdades: que todos los hombres son creados iguales; que son dotados por su creador de ciertos derechos inalienables [que se deben garantizar]; que entre estos están la vida, la libertad y la búsqueda de la felicidad; que para garantizar estos derechos se instituyen entre los hombres los gobiernos, que derivan sus poderes legítimos del consentimiento de los gobernados.

Esta pintura ilustra la firma de la Declaración de Independencia.

RESPUESTA DESARROLLADA

1. ¿Qué derechos se deben garantizar a los ciudadanos?

DOCUMENTO 2

extracto de **la Declaración de los Derechos del Hombre y del Ciudadano** (26 de agosto de 1789)

Los representantes del pueblo francés, constituidos en Asamblea Nacional [...] han resuelto exponer en una declaración solemne los derechos naturales, inalienables y sagrados del hombre. Artículos:

1. Los hombres nacen y permanecen libres e iguales en derechos. Las distinciones [clases] sociales sólo podrán fundarse en la utilidad pública.
2. La finalidad de toda asociación política es la conservación de los derechos naturales [...] del hombre. Esos derechos son la libertad, la propiedad, la seguridad y la resistencia a la opresión.

RESPUESTA DESARROLLADA

2. Piensa en lo que has aprendido en la Sección 3.3 sobre las raíces de la Revolución Francesa. ¿De qué manera las ideas de este documento sirvieron como inspiración para que los franceses decidieran rebelarse?

LOS HOMBRES NACEN Y PERMANECEN LIBRES E IGUALES EN DERECHOS.

— DECLARACIÓN DE LOS DERECHOS DEL HOMBRE Y DEL CIUDADANO

Mandela y F. W. de Klerk, galardonados con el premio Nobel de la Paz, fueron elegidos presidentes en conjunto de Sudáfrica en 1994.

DOCUMENTO 3

extracto del Discurso en la entrega del premio Nobel (10 de diciembre de 1993)

Nelson Mandela ayudó a dirigir la lucha para poner fin al ***apartheid*** en Sudáfrica. Este sistema había privado de sus derechos a los sudafricanos negros. Como reconocimiento a sus esfuerzos, Mandela fue galardonado con el premio Nobel de la Paz. El siguiente fragmento está extraído del discurso que pronunció al aceptar el premio.

> El valor de este premio compartido será y deberá ser medido por la jubilosa paz que prevalecerá, debido a la humanidad que hermana a blancos y negros en una misma raza humana [...]. Entonces viviremos, pues habremos creado una sociedad que reconoce que todas las personas nacen iguales, cada una con el mismo derecho a la vida, a la libertad, a la prosperidad, a los derechos humanos y a un buen gobierno.

RESPUESTA DESARROLLADA

3. ¿De qué manera los derechos que Mandela enumera son un reflejo de los derechos descritos en los Documentos 1 y 2?

EVALUACIÓN CONTINUA

LABORATORIO DE ESCRITURA GeoDiario

Práctica de preguntas basadas en documentos Piensa en las ideas de la Declaración de Independencia y la *Declaración de los Derechos del Hombre y del Ciudadano*. ¿Cómo influyeron estas ideas en Nelson Mandela?

Paso 1. Repasa lo que escribiste en las respuestas desarrolladas 1, 2 y 3.

Paso 2. En tu propia hoja, apunta notas sobre las ideas principales expresadas en cada documento.

Documento 1: Declaración de Independencia

Idea(s) principal(es) ____________

Documento 2: Declaración de los Derechos del Hombre y del Ciudadano

Idea(s) principal(es) ____________

Documento 3: Nobel Lecture

Idea(s) principal(es) ____________

Paso 3. Escribe una oración temática que responda a esta pregunta: ¿De qué manera la Declaración de Independencia y la *Declaración de los Derechos del Hombre y del Ciudadano* influyeron a Nelson Mandela?

Paso 4. Escribe un párrafo que explique frases e ideas concretas de la Declaración de Independencia y de la *Declaración de los Derechos del Hombre y del Ciudadano*. Visita **Student Resources** para ver una guía en línea de escritura en inglés.

SECCIÓN 3 LA EUROPA EMERGENTE

3.5 El nacionalismo y la Primera Guerra Mundial

TECHTREK

Visita **myNGconnect.com** para ver un mapa en inglés de Europa antes de la Primera Guerra Mundial.

Maps and Graphs

Idea principal El nacionalismo, las nuevas alianzas y las crecientes tensiones en Europa condujeron a la Primera Guerra Mundial.

Después de la Revolución Francesa, los franceses desarrollaron un marcado sentimiento de nacionalismo. El **nacionalismo** es un profundo sentimiento de lealtad al propio país. El nacionalismo se extendió por toda Europa durante el siglo XIX.

Tanto Italia como Alemania se unifican

El nacionalismo llevó a que se realizaran esfuerzos para lograr la unificación tanto de Italia como de Alemania. En el año 1800, la península itálica estaba conformada por ciudades-estado separadas unas de otras. En 1870, los estados se unieron y formaron una Italia unificada. A comienzos del siglo XIX, Alemania también estaba conformada por varios estados diferentes. A partir de 1865, Prusia, que era el estado germánico más poderoso, lideró la unificación del país. Motivados por un espíritu nacionalista, los prusianos debieron luchar para hacerse del control de los estados alemanes que eran gobernados por líderes no alemanes. En 1871, los estados alemanes se unificaron y formaron el Imperio alemán.

Crecientes tensiones en Europa

Hacia el año 1900, las tensiones habían comenzado a intensificarse entre las potencias europeas. El nacionalismo había conseguido unificar algunos países. Sin embargo, el nacionalismo también había generado una competencia feroz entre los países rivales Básicamente, los distintos países europeos competían por las materias primas y las colonias en Asia y África. Con el propósito de fortalecer su posición, Gran Bretaña, Francia y Rusia formaron una **alianza**, es decir, un acuerdo para trabajar en conjunto hacia un objetivo común. Esta alianza se denominó Triple Entente. El Imperio alemán y el Imperio austrohúngaro formaron una alianza conocida como Potencias Centrales.

Estas alianzas fueron puestas a prueba en junio de 1914, cuando el archiduque austrohúngaro Francisco Fernando fue asesinado en Serbia por un nacionalista originario de Bosnia-Herzegovina. El asesino pertenecía a un grupo que se oponía al dominio austríaco de Bosnia-Herzegovina y buscaba la unión de esta nación con Serbia. Apenas se produjo el asesinato, el Imperio austrohúngaro le declaró la guerra a Serbia. Luego, como Serbia era un aliado ruso, Rusia le declaró la guerra el Imperio austrohúngaro. Pocas semanas después, gran parte de Europa había sido arrastrada a la guerra.

Una guerra atroz

La Gran Guerra, como se le llamó, se extendió durante cuatro años atroces. Ambos bandos luchaban desde trincheras, o largas zanjas que protegían a los soldados del fuego enemigo.

1870 Italia se unifica.

1870

1871 Los estados alemanes se unen y forman el Imperio alemán.

Otto von Bismarck, el primer ministro prusiano, supervisó la unificación alemana.

1885

Ilustración del asesinato del archiduque Fernando

1900

1914 El archiduque Fernando es asesinado. Se inicia la Primera Guerra Mundial.

Ambos bandos también emplearon armas mortíferas, como ametralladoras, tanques y gases venenosos. Los submarinos alemanes hundieron muchos buques británicos.

Alemania pareció ganar ventaja en 1917, cuando el Partido Comunista tomó el control del gobierno y la economía rusa y firmó la paz con Alemania. Ese mismo año, los Estados Unidos se sumaron a la guerra como aliados de Francia y Gran Bretaña. Las tropas estadounidenses frescas contribuyeron la derrota de Alemania. En 1918, Alemania se rindió ante Francia, Gran Bretaña y los Estados Unidos. Al final de la guerra habían muesto diez millones de soldados y alrededor de siete millones de civiles.

El impacto de la guerra

En 1919, Alemania firmó el **Tratado de Versalles**, que obligó a Alemania a pagar varios miles de millones de dólares en daños y a aceptar toda la responsabilidad por la guerra. Alemania fue despojada de varios de sus territorios y se crearon nuevos países, como Austria, Hungría, Checoslovaquia, Yugoslavia y Turquía. El tratado humilló y enfado al pueblo alemán, e hizo poco por aliviar las tensiones en Europa. Estas mismas tensiones llevarían a una nueva guerra mundial en poco más de 20 años.

EUROPA ANTES DE LA PRIMERA GUERRA MUNDIAL, 1914

Antes de continuar

Verificar la comprensión ¿De qué manera el nacionalismo, las nuevas alianzas y las tensiones en aumento de Europa condujeron a la Primera Guerra Mundial?

EVALUACIÓN CONTINUA

LABORATORIO DE MAPAS GeoDiario

1. **Región** De acuerdo con el mapa, ¿qué imperios dominaban gran parte de Europa en 1914?
2. **Hacer inferencias** Observa los países que se mantuvieron neutrales durante la guerra. ¿Qué factores geográficos podrían haber fomentado su neutralidad?

Cartel que ilustra la alianza entre Gran Bretaña, Francia y Rusia en 1915

1917 Los Estados Unidos se suman a la guerra.

1919 Se firma el Tratado de Versalles.

1915

1918 Termina la Primera Guerra Mundial.

1930

Jefes de estado que firmaron el tratado

Georges Clemenceau, primer ministro de Francia

Woodrow Wilson, presidente de los EE. UU.

David Lloyd George, primer ministro de Gran Bretaña

3.6 La Segunda Guerra Mundial y la Guerra Fría

TECHTREK
Visita myNGconnect.com para ver un mapa en inglés de Europa en la posguerra.
Maps and Graphs

Idea principal Después de la Segunda Guerra Mundial, que se libró para combatir a las Potencias del Eje, se desarrolló una Guerra Fría entre la democracia de los Estados Unidos y el comunismo de la Unión Soviética.

Al finalizar la Primera Guerra Mundial, Alemania había perdido su poderío militar. Como has leído, el Tratado de Versalles cargó a Alemania con toda la responsabilidad por la guerra y también la obligó a pagar **reparaciones**, esto es, dinero para cubrir las pérdidas sufridas por los vencedores. La **Gran Depresión**, que comenzó en 1929, dañó aún más la economía alemana. La Gran Depresión fue un descenso abrupto de la economía mundial. En el medio de esta crisis, **Adolf Hitler** llegó al poder en Alemania.

La Segunda Guerra Mundial

Hitler se convirtió en el líder del Partido Nacionalsocialista Obrero Alemán, o los Nazis. En 1936, Hitler hizo una alianza con Italia. Alemania también formó una alianza con Japón, donde los militares habían tomado el poder. Alemania, Italia y Japón conformaban las Potencias del Eje.

La Segunda Guerra Mundial se inició en 1939, cuando Alemania invadió Polonia. Gran Bretaña y Francia, dos aliados de Polonia, le declararon la guerra a Alemania poco después de la invasión. Alemania respondió con la conquista de Polonia y luego se apoderó rápidamente de casi toda Europa, inclusive de Francia.

En 1941, Japón atacó a los Estados Unidos en Pearl Harbor, Hawái. Como consecuencia, los Estados Unidos abandonaron su neutralidad y se sumaron al bando de Gran Bretaña y la Unión Soviética en la guerra. En conjunto, estos países eran conocidos como los Aliados. Con el paso del tiempo, muchos otros países se sumaron a la guerra, tanto del lado de los Aliados como de las Potencias del Eje.

Luego de más de cinco años de guerra, Alemania se rindió el 8 de mayo de 1945. Las tropas aliadas quedaron pasmadas cuando descubrieron los **campos de concentración** donde fueron asesinados millones de judíos y otras personas. Este asesinato masivo se denominó Holocausto. Japón continuó combatiendo hasta que los Estados Unidos lanzaron bombas atómicas sobre Hiroshima y Nagasaki. Japón se rindió el 2 de septiembre de 1945.

La Guerra Fría

Después de la Segunda Guerra Mundial, la Unión Soviética impuso gobiernos comunistas en Europa Oriental. Alemania fue dividida en Alemania Oriental, comunista, y Alemania Occidental, democrática. La frontera imaginaria que separaba Europa Oriental de Europa Occidental era conocida como la **Cortina de Hierro**. La división marcó el comienzo de la **Guerra Fría**, un período de gran tensión entre los Estados Unidos y la Unión Soviética.

Para defenderse de posibles ataques, ambos bandos conformaron alianzas militares. Europa Occidental y los Estados Unidos formaron la OTAN (Organización del Tratado Atlántico Norte), mientras que los países comunistas de Europa Oriental formaron el Pacto de Varsovia. Los bandos nunca se enfrentaron militarmente de manera directa durante el transcurso de la Guerra Fría.

En la década de 1980, muchos países de Europa Oriental derrocaron a sus gobiernos comunistas. En 1991, la propia Unión Soviética colapsó. La Guerra Fría había llegado a su fin y la democracia reemplazó al comunismo en toda Europa Oriental.

Antes de continuar

Hacer inferencias ¿De qué manera la Segunda Guerra Mundial condujo a la Guerra Fría?

EUROPA DESPUÉS DE LA SEGUNDA GUERRA MUNDIAL, 1950

Vocabulario visual

El **muro de Berlín** dividía la ciudad en Berlín Oriental, comunista, y Berlín Occidental, democrática. Fue derribado en 1989.

EVALUACIÓN CONTINUA

LABORATORIO FOTOGRÁFICO GeoDiario

1. **Analizar elementos visuales** Observa la fotografía. ¿De qué manera el muro de Berlín era un símbolo de la Cortina de Hierro?
2. **Evaluar** Soldados patrullaban el muro del lado este de Berlín. ¿Cómo puedes darte cuenta de que esta foto fue tomada en el lado oeste de Berlín?

Repaso

VOCABULARIO

Une cada palabra de la primera columna con su definición en la segunda columna.

PALABRA	DEFINICIÓN
1. ecosistema	a. se vendía para disminuir el castigo por pecar
2. democracia	b. profundo sentimiento de lealtad al propio país
3. plebeyos	c. comunidad de organismos vivos y su medio ambiente
4. indulgencia	d. área controlada por un país lejano
5. colonia	e. personas comunes
6. nacionalismo	f. gobierno del pueblo

IDEAS PRINCIPALES

7. ¿Cuáles son algunas de las islas más importantes de Europa? (Sección 1.2)
8. ¿Dónde está situada gran parte de la industria agrícola de Europa? (Sección 1.3)
9. ¿Qué hechos condujeron al desarrollo de la democracia en la antigua Grecia? (Sección 2.1)
10. ¿Cómo estaban representados los plebeyos en la República de Roma? (Sección 2.3)
11. ¿Cómo influyó el Imperio romano sobre el idioma? ¿Por qué? (Sección 2.4)
12. ¿De qué manera la Iglesia Católica Romana sirvió como fuerza unificadora en Europa Occidental? (Sección 2.5)
13. ¿Qué logros en la literatura y en las artes fueron inspirados por el Renacimiento? (Sección 2.6)
14. ¿De qué manera la Revolución Industrial cambió a Europa? (Sección 3.2)
15. ¿Por qué el pueblo francés se mostró a favor del ascenso de Napoleón? (Sección 3.3)
16. ¿Por qué Rusia le declaró la guerra al Imperio austrohúngaro en 1914? (Sección 3.5)
17. ¿Qué fue la Guerra Fría? (Sección 3.6)

GEOGRAFÍA

ANALIZA LA PREGUNTA FUNDAMENTAL

¿De qué manera la geografía física de Europa fomentó la interacción con otras regiones?

Visión crítica: Evaluar

18. ¿De qué manera los ríos como el Danubio facilitan el comercio dentro de Europa?
19. ¿Por qué el comercio ha sido fundamental para el crecimiento europeo a lo largo de su historia?

HISTORIA ANTIGUA

ANALIZA LA PREGUNTA FUNDAMENTAL

¿De qué manera el pensamiento europeo dio forma a la civilización occidental?

Visión crítica: Sacar conclusiones

20. ¿Qué elementos de la democracia que se practicaba en Grecia fueron adoptados por los Estados Unidos?

INTERPRETAR MAPAS

EL COMERCIO EN EL IMPERIO ROMANO

21. **Movimiento** ¿De qué parte del imperio obtenía Roma sus granos? ¿Y sus productos textiles?

LA EUROPA EMERGENTE

ANALIZA LA PREGUNTA FUNDAMENTAL

¿De qué manera Europa desarrolló y extendió su influencia por todo el mundo?

Visión crítica: Hacer inferencias

22. ¿De qué manera las mejoras en la navegación y en la construcción de los barcos contribuyeron a que Europa estableciera colonias en todo el mundo?
23. ¿Por qué la Revolución Industrial profundizó el interés de los gobernantes europeos en establecer colonias en América y Asia?
24. ¿Cuáles son algunos de los efectos positivos del nacionalismo? ¿Cuáles son algunos de sus efectos negativos?

INTERPRETAR TABLAS

MILLAS DE VÍAS DE FERROCARRIL EN PAÍSES EUROPEOS SELECCIONADOS (1840–1880)

	1840	1860	1880
Austria-Hungría	144	4,543	18,507
Bélgica	334	1,730	4,112
Francia	496	9,167	23,089
Alemania	469	11,089	33,838
Gran Bretaña	2,390	14,603	25,060
Italia	20	2,404	9,290
Países Bajos	17	335	1,846
España	0	1,917	7,490

Fuente: Modern History Sourcebook

25. **Analizar datos** ¿Qué cantidad de vías de ferrocarril construyeron los alemanes entre 1840 y 1880? ¿Qué podría explicar este incremento?
26. **Sacar conclusiones** Francia y España tienen casi el mismo tamaño. Observa la diferencia en la extensión de la red ferroviaria de cada país en 1880. ¿Qué sugiere esto sobre el nivel de industrialización de cada país?

OPCIONES ACTIVAS

Sintetiza las preguntas fundamentales completando las siguientes actividades.

27. **Escribir notas para una excursión** Imagina que serás el guía de un grupo de turistas que toma una excursión por uno de los ríos de Europa. Escoge un río e investígalo. Puedes escoger el Danubio, el Rin, el Tíber, el Ródano, el Támesis o el Sena. Luego escribe notas para hacer la excursión guiada del río. Comienza describiendo la ubicación, el tamaño y el aspecto del río. Luego, señala los sitios importantes que se encuentran a las márgenes del río y explica su importancia histórica. Por último, comenta los usos actuales del río. **Reúne fotos del río y guía la excursión con tu grupo de "turistas".**

Sugerencias para la escritura
- Emplea un lenguaje que recurra a los sentidos para ayudar a los turistas a ver y vivir el río.
- Incluye relatos o anécdotas sobre los sitios y los acontecimientos históricos para captar el interés de la audiencia.
- Compara el río con un río que le resulte familiar a tu público para que se sientan identificados.

28. **Crear una presentación de diapositivas** Usando el recurso en inglés **Connect to NG** u otras fuentes en línea, prepara una presentación de diapositivas sobre edificios europeos famosos. Investiga e identifica cinco edificios, como el Panteón de Roma, Italia. Escribe dos oraciones que expliquen la importancia de cada edificio para la historia europea. Copia la siguiente tabla para ayudarte a organizar la información.

EDIFICIO	IMPORTANCIA PARA EUROPA
1.	
2.	
3.	
4.	

CAPÍTULO 10

EUROPA HOY

VISTAZO PREVIO AL CAPÍTULO

Pregunta fundamental ¿Cómo se refleja la diversidad de Europa en los logros que ha alcanzado la cultura europea?

SECCIÓN 1 • CULTURA

VOCABULARIO CLAVE

- dialecto
- herencia
- perspectiva
- abstracto
- trovador
- ópera
- género
- poema épico
- novela
- alimento básico
- cocina

VOCABULARIO ACADÉMICO

cosmopolita

TÉRMINOS Y NOMBRES

- Romanticismo
- Impresionismo
- Barroco
- Clasicismo

Pregunta fundamental ¿Cuáles son los costos y los beneficios de la unificación europea?

SECCIÓN 2 • GOBIERNO Y ECONOMÍA

VOCABULARIO CLAVE

- arancel
- moneda
- euro
- soberanía
- eurozona
- consumidor
- democratización
- privatización
- demografía
- envejecimiento de la población

VOCABULARIO ACADÉMICO

cambiar, asimilarse

TÉRMINOS Y NOMBRES

- Mercado Común
- Unión Europea (UE)
- Revolución Naranja

TECHTREK PARA ESTE CAPÍTULO

- Student eEdition
- Maps and Graphs
- Interactive Whiteboard GeoActivities
- Digital Library

Visita **myNGconnect.com** para obtener más información sobre Europa.

Edificios con techos tradicionales de tejas rojas bordean esta plaza de Praga, en la República Checa.

SECCIÓN 1 CULTURA

1.1 Idiomas y culturas

TECHTREK
Visita **myNGconnect.com** para ver fotos que reflejan la cultura europea.

Digital Library

Idea principal Europa cuenta con una gran variedad de idiomas, culturas y ciudades.

A pesar de tener más de quinientos millones de habitantes, la población de Europa vive en un área que es la mitad del área de los Estados Unidos. Además, el continente europeo está conformado por más de 40 países. El resultado es una gran diversidad, o variedad, de lenguas y culturas.

Los idiomas europeos

Varios de los idiomas que se hablan actualmente en Europa pertenecen a tres familias lingüísticas: las lenguas romances, las germánicas y las eslavas. Entre las lenguas romances se encuentran el francés, el español y el italiano. Las lenguas germánicas, que se hablan mayormente en el norte de Europa, incluyen el alemán, el neerlandés y el inglés. Casi todos los habitantes de Europa Oriental hablan lenguas eslavas, como el ruso, el polaco y el búlgaro.

Algunos países europeos tienen más de un idioma oficial. Bélgica, por ejemplo, tiene tres: el neerlandés, el francés y el alemán. Incluso en algunos países que tienen un único idioma oficial, las personas pueden hablar distintos dialectos. Un **dialecto** es una variante regional de un idioma. En Italia, por ejemplo, los habitantes de Roma hablan un dialecto del italiano que es diferente al italiano que se habla en otras ciudades del país.

Tradiciones culturales

Al estar formada por tantos países y grupos étnicos diferentes, Europa tiene una rica **herencia** o tradición cultural. La diversidad cultural europea se refleja en sus religiones y festividades.

El cristianismo es la religión predominante de Europa. En la actualidad, alrededor del 45 por ciento de la población total del continente es católica. El protestantismo es más común en el norte de Europa.

Visión crítica En la imagen se muestra a jinetes que corren el Palio, honrando así una tradición cultural italiana de siglos. ¿Qué detalles de la foto transmiten la emoción de la carrera?

En los últimos años, el islamismo ha pasado a ser la religión de crecimiento más rápido de la región. Los inmigrantes de Turquía, África del Norte y Asia Suroccidental que emigran a Europa llevan con ellos su fe musulmana.

Muchos de los días festivos que se celebran en Europa tienen su origen en la religión. Sin embargo, los europeos también tienen otras clases de festividades. Una de las festividades más pintorescas es la carrera del Palio, una carrera de caballos que se realiza todos los veranos en Siena, Italia. En esta carrera, cuyo origen se remonta a la Edad Media, participan diez jinetes que representan a los barrios de la ciudad.

La vida urbana

Más del 70 por ciento de los europeos vive en zonas urbanas. En Bélgica, más del 95 por ciento de la población vive en ciudades o cerca de ellas. Casi todas las ciudades europeas son **cosmopolitas**, es decir, que reúnen muchas culturas e influencias diferentes. Londres es un ejemplo de ciudad cosmopolita. Sus tiendas y restaurantes reflejan los orígenes de algunos de sus habitantes más recientes, que pueden venir de Asia del Sur, del Caribe o de Asia Oriental.

Muchas de las ciudades europeas tienen cientos de años de antigüedad. Por ello, se han desarrollado de manera muy diferente a las ciudades estadounidenses. Estas ciudades europeas a menudo cubren un área menor que las ciudades estadounidenses, y tienen calles angostas y sinuosas. La mayoría de las personas vive en departamentos en lugar de vivir en casas. A la hora del esparcimiento, los habitantes de la ciudad aprovechan alguno de los parques públicos. También tienden a usar el transporte público más que la mayoría de los estadounidenses.

Antes de continuar

Hacer inferencias ¿Cuáles podrían ser algunas de las ventajas y desventajas de la gran diversidad idiomática y cultural de Europa?

EVALUACIÓN CONTINUA

LABORATORIO FOTOGRÁFICO GeoDiario

1. **Analizar elementos visuales** Observa el modo en que los jinetes están vestidos. ¿Qué crees que representan las vestimentas?
2. **Sacar conclusiones** Observa la foto y piensa en lo que has leído sobre la carrera del Palio. ¿De qué manera esta carrera es un ejemplo de una tradición cultural?
3. **Consultar con un compañero** Comenta con un compañero los días festivos y las festividades que sus familias celebran. Apunten notas sobre lo que comenten y prepárense para compartir estas notas con el resto de la clase.

SECCIÓN 1 CULTURA

1.2 El arte y la música

TECHTREK
Visita **myNGconnect.com** para ver fotos del arte europeo y escuchar muestras de la música europea.

Digital Library

Idea principal A través de los siglos, el arte y la música han ido cambiando para reflejar los distintos estilos y creencias.

A lo largo de los siglos, la música y el arte europeos han cambiado para reflejar estilos y creencias diferentes.

El arte europeo

El arte europeo se desarrolló a partir de los logros artísticos de la antigua Grecia y la antigua Roma. Los dioses de las mitologías griega y romana eran a menudo los temas escogidos por los artistas de estas culturas, aunque en sus retratos los representaban con formas humanas realistas.

Gran parte del arte de la Edad Media reflejó la influencia del cristianismo. Los personajes religiosos a menudo eran representados mediante figuras bidimensionales. Durante el Renacimiento, los artistas comenzaron a usar la **perspectiva** para otorgar mayor profundidad a sus obras. Aunque los motivos religiosos eran comunes, los artistas también pintaban retratos de personas.

A comienzos del siglo XIX, durante el **Romanticismo**, los artistas se alejaron de los temas religiosos y comenzaron a pintar paisajes y otras escenas de la naturaleza que transmitieran emociones. El **Impresionismo** surgió a fines del siglo XIX. Los pintores impresionistas, como Claude Monet, usaban la luz y el color para capturar un instante. Hacia el año 1900, los artistas buscaron crear una nueva forma de arte. Estos artistas modernos trabajaron a menudo el estilo **abstracto**, que daba prioridad a la forma y el color sobre el realismo.

Visión crítica la *Mona Lisa*, del artista renacentista italiano Leonardo da Vinci, es probablemente el retrato más famoso de todos los tiempos. ¿Qué aspecto de esta pintura podría explicar su popularidad?

Visión crítica Esta pintura, llamada *Impresión, sol naciente*, del artista francés Claude Monet, dio su nombre al movimiento impresionista. ¿Qué clase de estado de ánimo transmite esta pintura?

La mayoría de las óperas cuenta con un escenario, un foso para la orquesta y varios niveles de balcones. El techo de la Ópera de París, que se muestra en la imagen, fue pintado por el artista Marc Chagall, nacido en Rusia.

La música europea

Al igual que el arte, la música europea nació en la antigua Grecia y la antigua Roma. Los músicos tocaban unos pocos instrumentos simples y a menudo eran acompañados por cantantes.

Durante la Edad Media, la música se usó en las ceremonias religiosas. Cantantes llamados **trovadores** interpretaban canciones sobre caballeros y el amor. Estas canciones ejercieron influencia sobre la música del Renacimiento, que introdujo instrumentos como el violín.

Los nuevos instrumentos sirvieron como inspiración para los ritmos complejos de la música del **Barroco**, un período que se extendió aproximadamente desde 1600 hasta 1750. La **ópera**, que cuenta una historia a través de música y palabras, nació en este período.

El Clasicismo y el Romanticismo siguieron al Barroco y se extendieron hasta alrededor de 1910. Compositores de estos dos períodos, por ejemplo el alemán Ludwig Van Beethoven, compusieron obras con técnicas e instrumentos que se continúan usando en la actualidad.

Antes de continuar

Verificar la comprensión ¿Qué estilos y creencias influyeron sobre la música y el arte europeos?

EVALUACIÓN CONTINUA

LABORATORIO DE AUDIO GeoDiario

1. **Analizar audios** Escucha el clip musical de la quinta sinfonía de Beethoven en el recurso en inglés **Digital Library**. Describe el ambiente o clima que genera la música. ¿Qué instrumentos ayudan a crear este ambiente?
2. **Formar opiniones y respaldarlas** ¿Qué te parece el inicio? Respalda tu opinión refiriéndote a detalles específicos de la música.

1.3 La herencia literaria europea

TECHTREK
Visita myNGconnect.com para ver fotos de escritores europeos y una guía en línea para la escritura en inglés
Digital Library
Student Resources

Idea principal La literatura europea ha reflejado las nuevas líneas de pensamiento surgidas a través de los siglos.

Las obras del dramaturgo inglés William Shakespeare (1564–1616) se interpretan casi a diario. Los escritores europeos como Shakespeare han ejercido influencia sobre la literatura durante siglos. Escribieron en distintos **géneros**, o formas literarias, tales como la poesía, el teatro y la novela.

Los orígenes literarios

La literatura europea nace con los antiguos griegos y romanos. Hacia el año 800 a. C., el poeta griego Homero escribió los poemas épicos *La Ilíada* y *La Odisea*. Un **poema épico** es un poema extenso donde se relatan las aventuras de un héroe que es importante para una nación o cultura determinada. Alrededor del año 20 a. C., el poeta romano Virgilio escribió *La Eneida*, un poema épico sobre la fundación de Roma.

Uno de los escritores más brillantes de fines de la Edad Media y comienzos del Renacimiento fue el poeta italiano Dante (1265–1321). Dante escribió *La Divina Comedia*, un poema épico de más de 14,000 versos de largo, que trata sobre la política y las creencias religiosas de la época en que fue escrito.

Muchas de las obras posteriores del Renacimiento hicieron hincapié en el comportamiento humano. Shakespeare exploró este tema en obras tales como *Hamlet*. El escritor español Miguel de Cervantes (1547–1616) escribió *Don Quijote*, que es considerada la primera novela moderna. Una **novela** es una obra de ficción extensa, con trama y personajes complejos. La imprenta, desarrollada por Johaness Gutenberg en la década de 1450, ayudó a extender la popularidad de estos libros.

Los siglos XVIII y XIX

A mediados del siglo XVIII, las ideas de la Ilustración acerca de la razón y el gobierno sirvieron como inspiración a los movimientos a favor de la democracia. Estas ideas, a su vez, impulsaron a los escritores franceses e ingleses de la época, como Voltaire y John Locke, a explorar los derechos del individuo.

En el siglo XIX, los escritores del Romanticismo profundizaron esta exploración, haciendo hincapié en las emociones y la naturaleza. El autor alemán Johann Wolfgang Goethe, por ejemplo, escribió *Las desventuras del joven Werther*, una novela acerca de un artista joven y sensible.

Otros escritores del siglo XIX tuvieron un punto de vista más realista sobre la vida. En la novela *Sentido* y *sensibilidad*, la escritora británica Jane Austen (1775–1817) usó el humor para analizar el papel de la mujer en la sociedad. Otro escritor inglés, Charles Dickens (1812–1870),

Visión crítica Inspirado por relatos de caballeros, Don Quijote (a la derecha) sale a combatir el mal junto con Sancho Panza, su sirviente (a la izquierda). ¿Qué detalles de esta pintura sugieren que la novela de Cervantes es una comedia?

Visión crítica Las novelas de Austen normalmente finalizan con una boda, como la que se muestra en la escena de esta película, una adaptación de *Sentido y sensibilidad*. Según la foto, ¿cómo describirías una boda inglesa del siglo XIX?

reflexionó sobre cuestiones sociales, como la pobreza, en novelas como *Oliver Twist*. El dramaturgo noruego Henrik Ibsen (1828–1906) escribió obras de teatro, como *Casa de muñecas*, que critica los roles tradicionales de los maridos y las esposas de la época.

La literatura moderna

Las dos guerras mundiales tuvieron un impacto profundo sobre la literatura moderna del siglo XX. Los escritores de la época reflejaron la sensación de que la vida era incierta e impredecible. Algunos rechazaron los géneros tradicionales y experimentaron con nuevas formas de escritura en sus obras teatrales, poemas y novelas.

Muchos escritores modernos examinaron los mecanismos internos de la mente. En la novela *Ulises*, el escritor irlandés James Joyce (1881–1941) se centró en los procesos mentales del personaje principal durante el transcurso de un único día. El dramaturgo rumano Eugene Ionesco (1909–1994) aprovechó el ridículo para reflexionar sobre lo que él consideraba como el vacío de la vida. Escritores de todo el mundo han sido influenciados por estos autores.

Antes de continuar

Resumir ¿Qué nuevas líneas de pensamiento ha reflejado la literatura europea con el paso de los siglos?

EVALUACIÓN CONTINUA

LABORATORIO DE ESCRITURA GeoDiario

Escribir informes Piensa en lo que has aprendido sobre la herencia literaria europea. Luego reflexiona sobre la siguiente pregunta: ¿Cómo influyen en la literatura los sucesos y las creencias? Escoge uno de los escritores mencionados en esta lección y escribe un informe que responda a esta pregunta.

Paso 1 Investiga para aprender más sobre el escritor o la escritora y la época en la que vivió.

Paso 2 Averigua de qué manera los sucesos y las creencias de la época influyeron sobre el escritor o la escritora.

Paso 3 Escribe un informe breve que explique estas influencias. Respalda tus ideas con referencias específicas a una o dos obras del escritor o escritora que hayas escogido. Visita **Student Resources** para ver una guía en línea de escritura en inglés.

1.4 La cocina europea

TECHTREK Visita myNGconnect.com para ver fotos de platos típicos europeos.

Digital Library

Idea principal Los accidentes geográficos y el clima han ejercido influencia sobre las tradiciones culinarias europeas.

Las carnes, el pan y el queso son los **alimentos básicos** o principales de casi toda Europa. Sin embargo, la **cocina**, o las tradiciones culinarias, de la mayoría de los países europeos, está mayormente determinada por los accidentes geográficos y el clima de cada región en particular.

La comida de Europa Occidental

El clima caluroso y seco de los países mediterráneos como España, Francia, Italia y Grecia resulta ideal para el cultivo de aceitunas, tomates y ajos. Como consecuencia, estos productos son los ingredientes clave la cocina de estos países. El pescado proveniente de las masas de agua que rodean a estos países también son una parte importante del menú.

Tanto la cocina francesa como la italiana han tenido cierta influencia sobre las tradiciones culinarias de todo el mundo. Ambas cocinas son especialmente famosas por sus salsas. Las salsas francesas normalmente se preparan con leche o queso, mientras que las italianas a menudo tienen como base el tomate.

En los países de climas más fríos de Europa Occidental habitualmente se comen platos más fuertes. En Alemania, Gran Bretaña e Irlanda se dan bien las papas, que se sirven a menudo como guarnición. A diferencia de las salsas livianas de Francia e Italia, los cocineros alemanes generalmente sirven salsas más pesadas.

En los países escandinavos como Suecia y Noruega, las personas a menudo comen arenque y otros pescados. Gracias a su cultura de pastoreo, en los países escandinavos también se aprecia mucho la carne de venado.

Visión crítica Entre los franceses es costumbre juntarse con la familia y los amigos para disfrutar de un almuerzo largo y relajado. ¿Qué actitud hacia la vida y la comida sugiere esta manera tradicional de comer?

La comida de Europa Oriental

El clima frío limita la temporada de crecimiento de los cultivos de Europa Oriental, haciéndola más corta que la de Europa Occidental. En Rusia, los tubérculos como los nabos y las remolachas se adaptan bien al clima del país. En las frías noches de invierno, es tradición tomar una sopa llamada *borscht*, que se prepara a partir de remolacha.

El suelo fértil de Hungría permite a los agricultores húngaros sembrar granos y papas. Estos cultivos se usan para preparar una variedad de panes y bolas de masa. Un guiso de carne llamado *goulash* es el plato nacional de Hungría. Se prepara con carne vacuna, papas y verduras, y se sazona con *páprika*. La *páprika*, o pimentón dulce, es una especia de color rojo que los turcos llevaron a Hungría en el siglo XVI.

En las bodas ucranianas es tradición colocar un pan, como esta hogaza redonda, como centro de mesa.

Al igual que Hungría, Ucrania tiene un suelo fértil, con campos sembrados de trigo y de otros granos. El país es famoso por sus panes. En ocasiones especiales, los panaderos preparan panes decorados con adornos hechos de masa.

Antes de continuar

Resumir ¿Qué influencia han tenido los accidentes geográficos y el clima en las tradiciones culinarias europeas?

EVALUACIÓN CONTINUA

LABORATORIO ORAL GeoDiario

Consultar con un compañero ¿Cómo es la cocina tradicional de los Estados Unidos? ¿Qué impacto han tenido los platos introducidos por los inmigrantes extranjeros sobre las comidas y la forma de comer de los estadounidenses? Forma un grupo pequeño para comentar estas preguntas. Prepárense para compartir sus ideas con los otros grupos.

2.1 La Unión Europea

TECHTREK
Visita myNGconnect.com para ver un mapa de la Unión Europea.
Maps and Graphs

Idea principal La Unión Europea se formó para unir a Europa y beneficiarla económicamente.

En 1948, Estados Unidos puso en marcha un programa llamado el Plan Marshall, cuyo objetivo era ayudar a reconstruir Europa después de la Segunda Guerra Mundial. Para administrar la ayuda económica estadounidense, los países europeos formaron en 1948 la Organización para la Cooperación Económica Europea. Gracias a esta organización, los estados europeos descubrieron que podían reconstruir sus países más rápidamente si trabajaban en conjunto.

El Mercado Común

En 1957, algunos países europeos buscaron establecer lazos económicos aún más profundos: formaron la Comunidad Económica Europea (CEE), que pasó a ser conocida como **Mercado Común**. Los primeros países en unirse fueron Bélgica, Francia, Italia, Luxemburgo, los Países Bajos y Alemania Occidental. Varios otros países se sumaron durante la década de 1980.

El Mercado Común se comprometió a crear "una unión cada vez más estrecha entre los pueblos europeos". Sin embargo, se formó principalmente con el propósito de crear un mercado único entre los estados miembros. Un mercado único es aquel en el cual un grupo de países comercia a través de sus fronteras sin restricciones ni aranceles. Un **arancel** es un impuesto que se paga sobre las importaciones y exportaciones.

Una Europa unida

En 1992, los países del Mercado Común buscaron extender su organización económica por toda Europa. Se reunieron en Maastricht, en los Países Bajos, donde firmaron el Tratado de Maastricht que creó oficialmente la **Unión Europea (UE)**. En 2016, la UE contaba con 28 estados miembros, con una población superior a los 500 millones de habitantes. Si se le considera como una sola economía, la UE es la economía más grande del mundo.

Bandera de la Unión Europea

Visión crítica La bandera de la UE, que en la imagen se muestra frente al edificio del Parlamento Europeo, en Estrasburgo, Francia, es también la bandera de Europa. El círculo de estrellas de la bandera representa la unidad europea. ¿Por qué es un símbolo apropiado para la UE?

UNIÓN EUROPEA

SUGERENCIA PARA MAPAS En el mapa, el año que está debajo del nombre del país indica en qué año el país se sumó a la CEE (entre 1957 y 1991) o a la UE (a partir de 1992).

El gobierno de la UE está divido en un poder ejecutivo, un poder legislativo y un poder judicial. Estas ramas proponen, sancionan y aplican las políticas y legislaciones de la organización. La UE también posee organismos que dirigen las políticas económicas. A través de estos organismos, la UE ha fundado el Banco Europeo y ha eliminado los aranceles entre la mayoría de los estados miembros. En 1999, la UE creó una **moneda**, o forma de dinero, común denominada **euro**. Hacia el año 2011, 17 estados miembros habían adoptado esta moneda.

Uno de los requisitos para ingresar a la UE es tener una democracia estable que respete los derechos humanos. Algunos de los países que han solicitado ser miembros de la UE, como Turquía, continúan siendo evaluados. Sin embargo, otros países europeos, como Noruega, han decidido no unirse a la UE. Noruega no quiere ceder su **soberanía**, es decir, el control sobre sus propios asuntos.

Antes de continuar

Verificar la comprensión ¿De qué manera la Unión Europea ha servido para unir a Europa?

EVALUACIÓN CONTINUA

LABORATORIO DE MAPAS GeoDiario

1. **Interpretar mapas** Observa el mapa y repasa lo que aprendiste sobre la geografía de Europa. ¿De qué manera la geografía europea fomenta la unidad?
2. **Sacar conclusiones** Según el mapa, ¿en dónde están ubicados casi todos los países que ingresaron en los últimos años a la UE? ¿Qué situación política podría haber impedido que ingresaran antes?

SECCIÓN 2 GOBIERNO Y ECONOMÍA

2.2 El impacto del Euro

TECHTREK
Visita **myNGconnect.com** para ver fotos del euro.

Digital Library

Idea principal El euro ha ayudado a unificar a Europa tanto económica como políticamente.

Como has aprendido, la Unión Europea (UE) creó el euro en 1999. Desde entonces, muchos de los estados miembros han adoptado el euro como moneda, lo cual ha tenido un impacto muy importante en Europa.

La llegada del euro

El euro se lanzó en 1999, pero los billetes y las monedas recién comenzaron a circular en 2002. Los 19 países que han adoptado el euro como moneda forman la **eurozona**. Algunos de los países que pertenecen a la UE, como Rumania, esperan poder ingresar pronto a la eurozona. Otros países, como Gran Bretaña y Dinamarca, no han adoptado el euro como moneda. Estos países sostienen que si abandonaran su moneda nacional podrían perder el control de sus economías.

El símbolo del euro es €. Los billetes de euros son iguales en toda la eurozona. Las monedas de euros, por el contrario, son diferentes de un país a otro. El frente, o cara común, de cada moneda tiene la misma imagen y un número que indica su valor. El reverso, o cara nacional, de la moneda muestra una imagen escogida por cada estado miembro.

Beneficios económicos del euro

El euro permite que las personas, el dinero y los bienes se muevan libremente dentro de la eurozona. Antes de la creación del euro, cuando un ciudadano francés viajaba por ejemplo a Alemania, tenía que pagar una comisión para **cambiar**, o convertir, francos (la moneda de Francia) a marcos (la moneda de Alemania). Como la moneda común ha simplificado y abaratado los viajes, el turismo ha crecido dentro de Europa.

Los precios de las frutas en este mercado italiano están en euros.

Una moneda única implica menos gastos para hacer negocios. Como consecuencia, el comercio entre las naciones europeas ha aumentado alrededor de un 10 por ciento desde 2002. La moneda única también ha simplificado la comparación de los costos a las compañías que operan en la eurozona. Esta simplificación ha permitido que las compañías importen los productos más económicos y luego transfieran este ahorro a los **consumidores**, es decir, a las personas que compran los bienes.

La crisis de la deuda europea

La unidad de la eurozona fue puesta a prueba en 2010. Irlanda y Grecia, dos países de la eurozona, estaban muy endeudados. Para ayudarlos a administrar su deuda, el resto de las naciones de la eurozona les prestó dinero a estos dos países. A cambio de este préstamo, Grecia e Irlanda tuvieron que subir los impuestos y reducir el gasto público. Los economistas continúan debatiendo las consecuencias de estas medidas.

MONEDA DE 1 EURO DE TRES PAÍSES DE LA EUROZONA

Frente | Reverso

AUSTRIA Mozart, compositor austríaco

ALEMANIA El águila, símbolo alemán

IRLANDA El arpa, símbolo irlandés

Antes de continuar

Resumir ¿Cómo ha ayudado el euro a unir a Europa?

EVALUACIÓN CONTINUA

LABORATORIO VISUAL GeoDiario

1. **Comparar y contrastar** Estudia los euros del diagrama. Observa que el frente de las monedas es igual en todos los países. ¿Qué elementos aparecen en el frente de cada moneda? ¿Qué representa cada uno de esos elementos?
2. **Hacer inferencias** ¿Por qué los países habrán querido tener un diseño propio de las monedas de euros?
3. **Hacer una investigación en Internet** Busca en Internet el impacto que tuvo sobre el euro y la eurozona la ayuda a Grecia e Irlanda. Comparte con la clase lo que descubras.

2.3 La democracia en Europa Oriental

TECHTREK Visita **myNGconnect.com** para ver fotos que reflejan el progreso democrático de Europa Oriental.

Digital Library

Idea principal Los países de Europa Oriental han enfrentado muchos desafíos en su transición hacia la democracia.

Después de la Segunda Guerra Mundial, muchos países de Europa Oriental quedaron bajo el control de la Unión Soviética. Los ciudadanos de estos países carecían de libertades democráticas y tenían un bajo nivel de vida. En 1981, Polonia se rebeló pacíficamente contra su gobierno comunista. Hacia fines de la década de 1980, otras rebeliones similares se habían producido en el resto de Europa Oriental. En 1991, finalmente Rusia y varias otras repúblicas declararon su independencia, y la Unión Soviética se derrumbó.

El camino hacia la democracia

Luego de obtener la independencia, Polonia, Hungría y la República Checa establecieron gobiernos democráticos estables. En otros países, la **democratización**, o el proceso de convertirse en una democracia, ha resultado más difícil. En 1991 estalló una guerra civil entre los distintos grupos étnicos de Yugoslavia. Con el paso del tiempo, el país se dividió y se crearon varios países nuevos y democráticos, entre los que se encuentran Serbia y Croacia.

Ucrania también tuvo que superar ciertas adversidades. En 2004, el pueblo ucraniano protagonizó la **Revolución Naranja**, que logró destituir de manera pacífica al primer ministro Viktor Yanukovych. Sin embargo, Yanukovych regresó a la política. Volvió a ser primer ministro

Visión crítica Ciudadanos polacos hacen compras y se distraen en un amplio centro comercial de Varsovia. ¿Qué sugiere el centro comercial de la foto sobre la economía de Polonia?

y el año 2010 se convirtió en presidente. No obstante, tuvo que dejar su cargo el año 2014 después de ser acusado de corrupción. Petro Poroshenko fue elegido presidente e inició su cargo en junio de 2014.

Reconstruir las economías

Los países de Europa Oriental que anteriormente habían sido comunistas también comenzaron a reconstruir sus economías. Cambiaron las economías controladas por el gobierno por economías de mercado. Lograron este objetivo mediante la **privatización**. Esto significa que las empresas que eran propiedad del gobierno pasaron a manos privadas.

El paso a la economía de mercado de los países de Europa Oriental ha tenido diversos resultados. Polonia ha tenido el mayor éxito. La economía polaca crece rápidamente y el país exporta bienes a toda Europa. Otros países han sido más lentos en establecer negocios nuevos. También han sufrido aumentos de precios y de la tasa de desempleo.

Los líderes de varios países de Europa Oriental quieren integrarse al resto de Europa. Buscan ingresar a la Unión Europea y a la OTAN, una alianza militar de estados democráticos de Europa y Norteamérica. Si bien algunas personas que viven en los países de Europa Oriental creen que estaban más seguros con los gobiernos comunistas, otras personas—particularmente los jóvenes—están en desacuerdo. Los jóvenes están a favor de la democracia y sienten que esta forma de gobierno es la más adecuada para resolver los problemas de sus países.

Antes de continuar

Resumir ¿Qué desafíos han tenido que enfrentar los países de Europa Oriental en su transición hacia la democracia y la economía de mercado?

EVALUACIÓN CONTINUA

LABORATORIO DE LECTURA GeoDiario

1. **Identificar problemas y soluciones** ¿Qué problema debió enfrentar Ucrania en su transición hacia la democracia? ¿De qué manera la solución al problema es un reflejo de la democratización?
2. **Hacer inferencias** ¿Por qué crees que los jóvenes de Europa Oriental están más dispuestos que los adultos a apoyar los movimientos democráticos de sus países?

2.4 Los cambios demográficos

TECHTREK
Visita myNGconnect.com para una gráfica en inglés sobre los cambios demográficos ocurridos en Europa.
Maps and Graphs
Global Issues

Idea principal Los nuevos inmigrantes están cambiando Europa.

Todos los años, durante el mes de mayo, los ciudadanos alemanes, daneses, húngaros, búlgaros y de otros países europeos se reúnen en el Día de Europa para celebrar la diversidad europea. Las celebraciones reflejan los cambios que se están produciendo en la **demografía** europea, es decir, las características o el perfil de una población humana. La población se ha hecho más diversa con la llegada de inmigrantes de África y Asia a Europa.

Migración dentro de Europa

Durante años, Europa ha experimentado un **envejecimiento de la población**. En otras palabras, el promedio de edad de la población ha venido aumentando. Esta tendencia tiene diversas causas. Por un lado, los europeos viven cada vez más gracias a una mejor en atención médica. Por otro lado, casi todas las familias tienen menos hijos. El resultado es que, hoy día, los ciudadanos mayores componen el porcentaje más alto de la población total de Europa.

La tendencia hizo que fuesen necesarios más trabajadores para reemplazar a las personas que se jubilaban. Hacían falta trabajadores para mantener la solidez económica y para pagar los impuestos que cubren los servicios públicos como la educación y la salud. El resultado fue la llegada a Europa de inmigrantes que ocuparon los nuevos empleos disponibles. Gran Bretaña recibió inmigrantes de sus antiguas colonias, como la India, Pakistán y Bangladés. Lo mismo ocurrió con Francia, que atrajo inmigrantes especialmente de Argelia y Marruecos. En la década de 1970, muchos turcos en busca de emples comenzaron a emigrar a Alemania. Hoy día viven unos 2 millones de personas de origen turco en Alemania. La caída del comunismo en Europa Oriental entre las décadas de 1980 y 1990 también produjo un aumento de las migraciones dentro de Europa.

Antes de continuar

Resumir ¿De qué manera el envejecimiento de la población europea generó la necesidad de atraer inmigrantes?

POBLACIÓN DE INMIGRANTES DE EUROPA

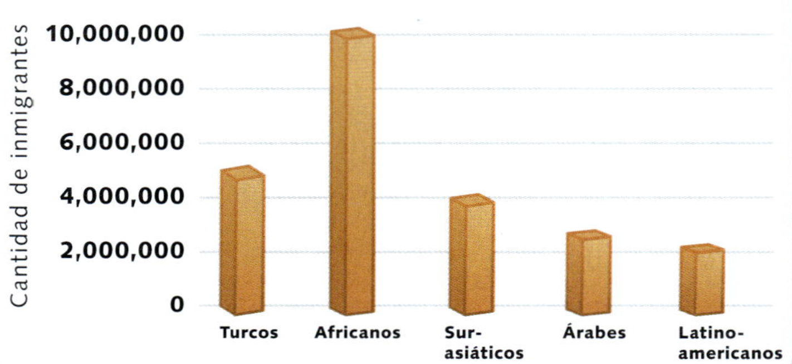

Fuente: Consejo de Europa

VOCABULARIO CLAVE

demografía, f. características de una población humana, tales como la edad, el ingreso y la educación

envejecimiento de la población, m. tendencia que ocurre cuando aumenta la edad media de una población

VOCABULARIO ACADÉMICO

asimilarse, v. incorporarse a la cultura de una sociedad

Las razones de la inmigración

La mayoría de los inmigrantes ha llegado a Europa en busca de una vida mejor. Algunos han dejado su país de origen por motivos económicos, usualmente para buscar trabajo. Otros se han ido por motivos políticos, por ejemplo, para escapar de un conflicto en su país o de un gobierno injusto. Una vez que consiguen un empleo en Europa, muchos inmigrantes envían dinero a los parientes que se han quedado en su país. Muchos habitantes de Europa Oriental han emigrado a Europa Occidental por los mismos motivos. El ingreso de los países de Europa Oriental a la Unión Europea (UE) ha facilitado esta migración.

Los desafíos de la inmigración

La crisis económica mundial y el desempleo resultante en Europa causaron que un número de personas jóvenes de España y Portugal, por ejemplo, emigraran a Brasil en busca de trabajos. Brasil necesitaba trabajadores en las áreas de construcción, ingeniería y arquitectura para prepararse para la Copa Mundial de fútbol de 2014 y para los Juegos Olímpicos del 2016. Esto logró revertir las tendencias migratorias.

El mezcla de culturas diferentes también puede generar problemas. Muchos inmigrantes son musulmanes y sus prácticas culturales y religiosas difieren de las prácticas de sus vecinos cristianos. Algunos europeos prefieren que los inmigrantes musulmanes se **asimilen**, es decir, que se incorporen a la cultura de la sociedad en la que viven. Creen que los inmigrantes deben adoptar las tradiciones y los valores europeos. Otros europeos sostienen que es preferible un enfoque más multicultural. Este enfoque fomenta la tolerancia y abarca a todas las culturas.

COMPARAR REGIONES

Los inmigrantes calificados de Australia

Al igual que Europa, la población de Australia también envejece. Muchos funcionarios del gobierno australiano creen que la inmigración puede ayudar a revertir esta tendencia. Como consecuencia, el gobierno identifica anualmente las carencias en la fuerza laboral del país y luego determina la cantidad de inmigrantes calificados que pueden emigrar a Australia. Entre 2010 y 2011, ingresaron a Australia más de 127,000 personas a través del programa de inmigración calificada. Muchos provenían de Gran Bretaña, la India o China.

Desde luego que Europa recibe anualmente una cantidad de inmigrantes muy superior a la de Australia. Solamente Italia recibió a más de 558,000 inmigrantes en 2010. Muchos europeos aprecian el enriquecimiento cultural que supone la llegada de inmigrantes a su país. Otros, sin embargo, creen que Europa debe imitar a Australia e imponer límites a la inmigración.

Antes de continuar

Verificar la comprensión ¿De qué manera los nuevos inmigrantes están cambiando Europa?

EVALUACIÓN CONTINUA

LABORATORIO DE LECTURA GeoDiario

1. **Interpretar gráficas** Segú la gráfica de barras, ¿de qué dos contenientes proviene la mayoría de la población inmigrante de Europa?
2. **Hacer inferencias** ¿Por qué algunos inmigrantes no querrían asimilarse?
3. **Identificar problemas y soluciones** ¿Qué ha hecho Australia para resolver algunos de los problemas planteados por la inmigración?

CAPÍTULO 10
Repaso

VOCABULARIO

Une cada palabra de la primera columna con su significado en la segunda columna.

PALABRA	DEFINICIÓN
1. abstracto	a. impuesto sobre las importaciones y exportaciones
2. dialecto	b. control sobre los asuntos propios
3. soberanía	c. estilo artístico que enfatiza la forma y el color
4. arancel	d. incorporarse a otra cultura
5. privatización	e. empresas en manos privadas
6. asimilarse	f. idioma regional

IDEAS PRINCIPALES

7. ¿Por qué hay tanto dialectos distintos en Europa? (Sección 1.1)
8. ¿Cuál es la religión de mayor crecimiento de Europa? ¿Por qué es posible que esto suceda? (Sección 1.1)
9. ¿Qué temas elegían los artistas del Romanticismo para sus pinturas? (Sección 1.2)
10. ¿Por qué crees que los antiguos griegos y romanos celebraban los sucesos históricos mediante poemas épicos? (Sección 1.3)
11. ¿De qué manera la sopa llamada *borscht* es un reflejo de la geografía rusa? (Sección 1.4)
12. ¿Cuál es uno de los requisitos para ingresar a la Unión Europea? (Sección 2.1)
13. ¿Cómo ha ayudado el euro a incrementar el comercio entre las naciones europeas? (Sección 2.2)
14. ¿Por qué el pueblo ucraniano protagonizó la Revolución Naranja? (Sección 2.3)
15. ¿Qué factores han llevado a las personas de otras partes del mundo a emigrar a Europa? (Sección 2.4)

CULTURA

ANALIZA LA PREGUNTA FUNDAMENTAL

¿Cómo se refleja la diversidad de Europa en los logros que ha alcanzado la cultura europea?

Razonamiento crítico: Sacar conclusiones

16. ¿De qué manera los numerosos dialectos de Europa son una muestra de la amplia diversidad europea?
17. ¿Qué aspectos del arte de la antigua Grecia y la antigua Roma sirvieron de inspiración a los artistas del Renacimiento?
18. ¿Por qué la pasta con salsa de tomate se originó en Italia y no en Rusia?

INTERPRETAR MAPAS

EL CRISTIANISMO EN EUROPA

19. **Región** ¿En qué parte de Europa vive la mayoría de la población protestante? ¿Y la mayoría de la población católica?
20. **Hacer inferencias** Busca los países del mapa donde una parte relativamente pequeña de la población pertenezca a una confesión cristiana diferente a la de la mayoría. ¿A qué desafíos es probable que esta minoría religiosa se deba enfrentar?

GOBIERNO Y ECONOMÍA

ANALIZA LA PREGUNTA FUNDAMENTA

¿Cuáles son los costos y los beneficios de la unificación europea?

Razonamiento crítico: Analizar causas y efectos

21. ¿De qué manera el Plan Marshall contribuyó a la formación de la Unión Europea?
22. ¿Cuál fue la respuesta de los países de la eurozona cuando Grecia e Irlanda se endeudaron demasiado en 2010?
23. ¿Cuál fue el impacto en Europa Oriental de la caída del comunismo? ¿Cuál fue el impacto en Europa Occidental?
24. ¿Qué problemas provoca la inmigración ilegal en Europa?

INTERPRETAR TABLAS

COSTO EN EUROS DE UNA LLAMADA TELEFÓNICA DE 10 MINUTOS A LOS EE. UU. (€)*

País	1997	2012
Bélgica	7.50	2.17
República Checa	3.09	2.34
Dinamarca	7.41	2.72
Irlanda	4.61	1.96
España	6.17	1.66
Francia	6.78	1.96
Reino Unido	3.50	2.19

* Los precios de 1997 fueron convertidos a euros
Fuente: Eurostat

25. **Analizar datos** Según la tabla, ¿cómo cambió el costo de una llamada telefónica entre 1997 y 2012?
26. **Analizar causas y efectos** ¿Qué medida tomada por la Unión Europea podría haber ocasionado el cambio en el costo de una llamada telefónica?

OPCIONES ACTIVAS

Sintetiza las preguntas fundamentales completando las siguientes actividades.

27. **Escribir un discurso** Imagina que eres el jefe de estado de un país europeo que ha sido invitado a ingresar a la Unión Europea. Redacta un discurso para convencer a los ciudadanos de tu país de que voten a favor del ingreso a la UE. **Pronuncia tu discurso ante la clase y pide a tus compañeros que voten para decidir si están a favor del ingreso a la Unión Europea.**

Sugerencias para la escritura
- Apunta tres beneficios que resultarían del ingreso a la Unión Europea.
- Respalda cada uno de estos beneficios con datos y estadísticas.
- Aclara cualquier inquietud que tenga tu audiencia acerca del ingreso a la UE y explica por qué las ventajas superan a cualquier desventaja.

TECHTREK Visita **myNGconnect.com** para ver fotos de arte europeo.

28. **Hacer un cartel con obras de arte** Escoge tres obras de arte europeas. En el recurso en inglés **Digital Library** puedes escoger *La Escuela de Atenas* (The School of Athens) de Rafael o la *Mona Lisa* de Leonardo da Vinci, o puedes buscar otras obras en la red. Luego investiga cada obra para averiguar a qué período pertenece y qué tema, o temática, representa. Copia la siguiente tabla para ayudarte a organizar la información. Exhibe en un cartel las obras de arte y la información que averiguaste. Prepárate para explicar la relación entre el período y el tema de cada obra.

OBRA DE ARTE	PERÍODO	TEMA

Los idiomas del mundo

TECHTREK
Visita **myNGconnect.com** para ver una gráfica en inglés sobre los idiomas del mundo.

Maps and Graphs

En esta unidad aprendiste acerca de la diversidad de los idiomas de Europa. Todas las culturas del mundo se comunican a través de una lengua. Los especialistas estiman que actualmente se hablan unos 7,000 idiomas en el mundo.

La mayoría de los países adopta una o dos lenguas como idiomas oficiales. Un idioma oficial es el idioma que se usa en el gobierno de un país. Por ejemplo, el francés es el idioma oficial de Francia, y el inglés y el francés son los idiomas oficiales de Canadá. Casi todos los países tienen grupos de personas cuya lengua materna no es el idioma oficial del país. Se estima que por lo menos la mitad de los habitantes del planeta habla, además de su lengua materna, uno o más idiomas adicionales.

Comparar

- África (*Africa*)
- Américas (*Americas*)
- Asia
- Europa (*Europe*)
- Oceanía (*Oceania*)

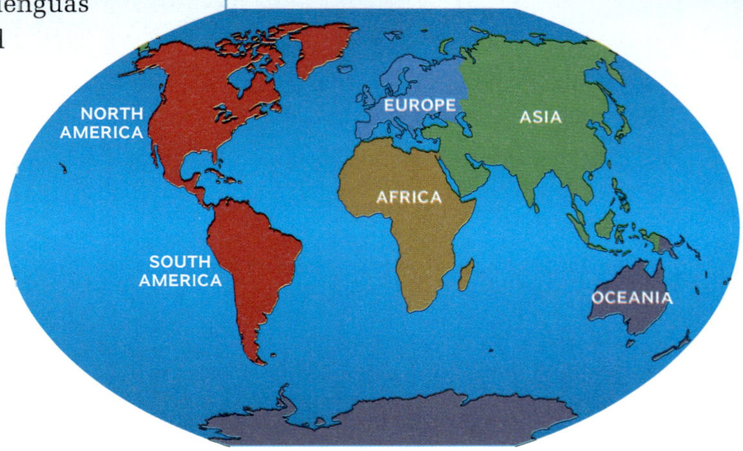

LENGUAS VIVAS

Pese a haber miles de lenguas en el mundo, muchas de ellas no son habladas por un gran número de personas. Además, en ocasiones la distinción, o diferencia, entre una lengua y un dialecto es difusa.

Estos son los diez idiomas más hablados del mundo, ordenados según la cantidad de hablantes. Cada uno de ellos es hablado como lengua materna por al menos 100 millones de personas. Algunos son idiomas oficiales en regiones muy distintas del mundo. Algunos solo se hablan en una región determinada del mundo.

1. Chino mandarín (*Mandarin Chinese*)
2. Español (*Spanish*)
3. Inglés (*English*)
4. Hindi/Urdu
5. Árabe (*Arabic*)
6. Bengalí (*Bengali*)
7. Portugués (*Portuguese*)
8. Ruso (*Russian*)
9. Japonés (*Japanese*)
10. Alemán (*German*)

LENGUAS EN DESAPARICIÓN

Algunos idiomas son hablados por tan pocas personas que corren el peligro de desaparecer. De hecho, los lingüistas, es decir, las personas que estudian las lenguas, estiman que cada dos semanas desaparece un idioma del mundo.

Los idiomas desaparecen por diversos motivos. Algunos desaparecen simplemente con la muerte del último hablante del idioma. Otros desaparecen más lentamente, a medida que van siendo reemplazados por otro idioma dominante. Algunos lingüistas están intentando documentar algunas de estas lenguas para preservar la historia y la cultura de las personas que lo hablaban.

La gráfica de la derecha muestra la cantidad de lenguas que se hablan en los continentes del planeta, como así también los nombres de algunas de las lenguas que se hablan. Observa que "Américas" abarca la cantidad de idiomas que se hablan en los continentes de Suramérica y Norteamérica. Compara los datos de la gráfica y úsalos para responder preguntas.

CANTIDAD DE IDIOMAS HABLADOS POR CONTINENTE

Fuente: *Ethnologue*, edición 16, 2009

EVALUACIÓN CONTINUA

LABORATORIO DE INVESTIGACIÓN GeoDiario

1. **Comparar y contrastar** ¿En qué continente se habla la mayor cantidad de idiomas? ¿Y la menor cantidad? ¿Qué sugieren estas cifras sobre la unidad cultural de cada continente?
2. **Analizar datos** Observa la gráfica y la lista de idiomas que tienen la mayor cantidad de hablantes nativos. Del total de idiomas que se hablan en Europa, ¿cuántos se encuentran entre los más hablados del mundo?

Investigar y hacer gráficas Investiga acerca de los hablantes de hindi y portugués. Haz una gráfica para cada idioma que muestre aproximadamente cuántas personas lo hablan y dónde lo hablan. ¿Qué lengua tiene más hablantes nativos? ¿Qué lengua es idioma oficial en más lugares? ¿Cómo se podría explicar esto?

Opciones activas

TECHTREK

Visita **myNGconnect.com** para ver fotos del arte renacentista, de centrales nucleares europeas y de la cocina de Europa.

Digital Library

ACTIVIDAD 1

Propósito: Ampliar tu conocimiento sobre el arte renacentista.

Escribir una revista sobre arte renacentista

El Renacimiento fue un período de intensa actividad artística en Europa. Escoge una ciudad europea que haya tenido influencias renacentistas entre los siglos XV y XVII. En grupo, planea y publica una revista que muestre los logros artísticos de la ciudad. Usa el recurso en inglés **Magazine Maker CD-ROM** para buscar fotos e información sobre los siguientes puntos:

- arte
- arquitectura
- literatura
- moda

La cúpula de Brunelleschi sobre la catedral de Florencia, Italia

ACTIVIDAD 2

Propósito: Investigar el uso de la energía nuclear en Europa.

Hacer una tabla de ventajas y desventajas

Algunos países europeos planean construir centrales nucleares, mientras que otros han decidido cerrar las centrales existentes. Usa enlaces de investigación en línea para hacer una tabla que explique algunas de las ventajas y desventajas de la energía nuclear. Prepárate para presentar tu tabla en clase y explicar los problemas.

ACTIVIDAD 3

Propósito: Aprender acerca de la cultura europea a través de su música.

Organizar una lista de canciones

Reúnanse en grupo y creen una lista de canciones europeas. Usen canciones tradicionales, clásicas y de música moderna. Elijan canciones que expresen temas universales, o ideas y situaciones que la mayoría podría comprender. Compartan su lista de canciones y expliquen los temas que incluyen. Comenten de dónde es la música y si muestra influencias de otras culturas.

NATIONAL GEOGRAPHIC

Culturas del mundo y geografía

GEO

EXPLORA Rusia Y LAS REPÚBLICAS EUROASIÁTICAS CON NATIONAL GEOGRAPHIC

CONOCE AL EXPLORADOR

NATIONAL GEOGRAPHIC

Durante sus excavaciones en las antiguas rutas comerciales, Fredrik Hiebert, miembro de NG, excavó en Turkmenistán una ciudad de 4,000 años de antigüedad en la Ruta de la Seda. Fredrik Hiebert también busca asentamientos submarinos en el mar Negro.

INVESTIGA LA GEOGRAFÍA

Al norte del círculo ártico, en Rusia, estos renos arreados por un clan nómada cargan a través de la tundra. Muchos grupos humanos del Ártico dependen en gran medida de los renos. Estos animales, también llamados caribús, les proporcionan alimento, vestimenta y refugio, y también sirven de medio de transporte.

CONECTA CON LA CULTURA

Una joven familia de cosacos mongoles está frente a una yurta, una tienda que usan los nómadas como vivienda. Los cosacos son un pueblo nómada que pastorea animales. En sus comunidades tribales tradicionales, las yurtas les permiten vivir en climas inhóspitos y les dan la libertad de trasladarse y llevar a pastorear a sus animales.

ONLINE WORLD ATLAS

Visita **myNGconnect.com** para ver mapas de Rusia y las repúblicas euroasiáticas.

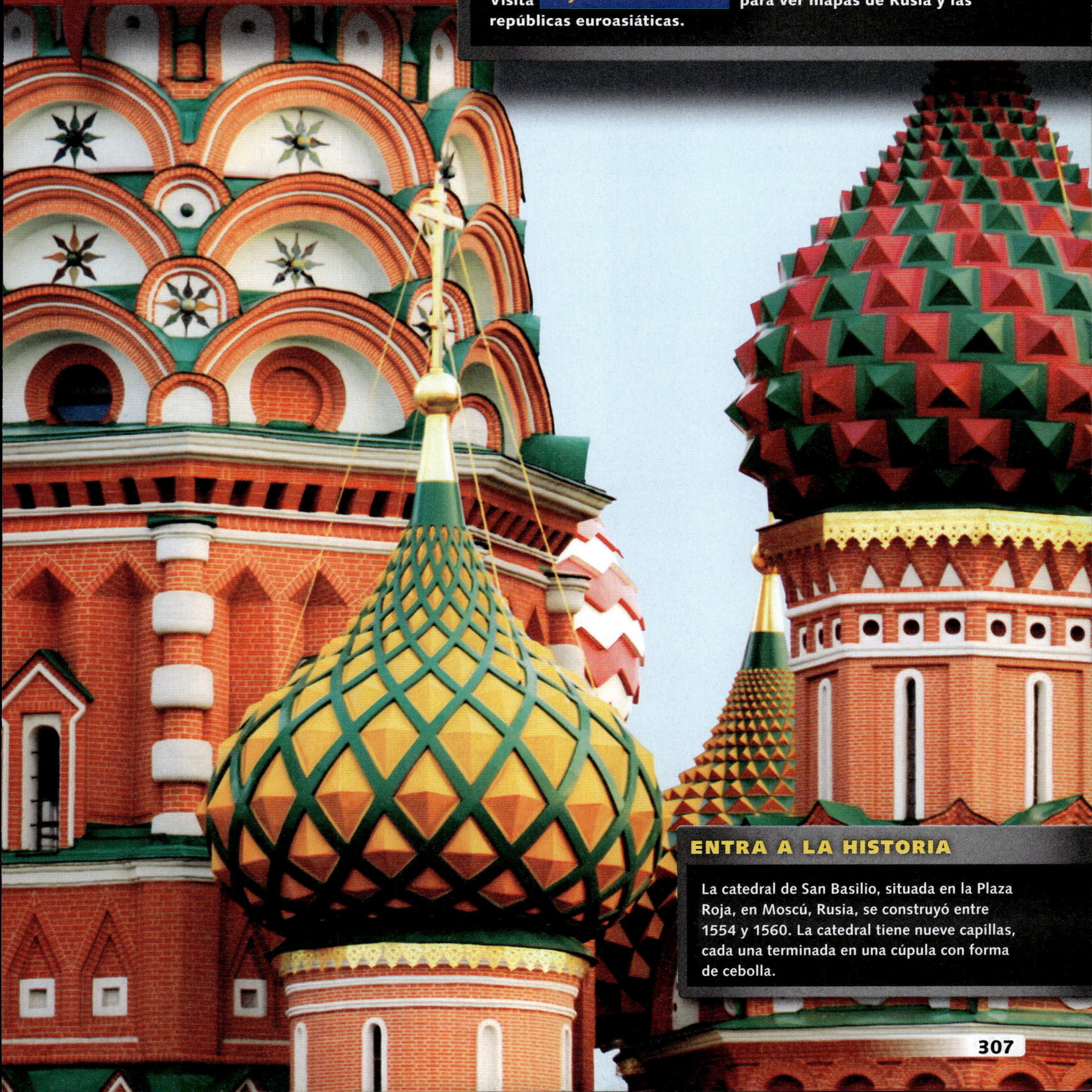

ENTRA A LA HISTORIA

La catedral de San Basilio, situada en la Plaza Roja, en Moscú, Rusia, se construyó entre 1554 y 1560. La catedral tiene nueve capillas, cada una terminada en una cúpula con forma de cebolla.

CAPÍTULO 11

Rusia Y LAS REPÚBLICAS EUROASIÁTICAS

GEOGRAFÍA E HISTORIA

VISTAZO PREVIO AL CAPÍTULO

Pregunta fundamental ¿De qué manera el tamaño y el clima extremo han configurado a Rusia y las repúblicas euroasiáticas?

SECCIÓN 1 • GEOGRAFÍA

VOCABULARIO CLAVE

- masa de tierra
- estepa
- permafrost
- tundra
- taiga
- combustible fósil no renovable
- turba
- energía hidroeléctrica
- metano
- gas invernadero
- semiárido
- árido
- pesticida

VOCABULARIO ACADÉMICO

aislado, remoto

TÉRMINOS Y NOMBRES

- montes Urales
- corriente del Atlántico Norte
- Siberia
- mar Negro
- mar Caspio
- mar Aral

Pregunta fundamental ¿Cómo ha influido el aislamiento geográfico en la historia de la región?

SECCIÓN 2 • HISTORIA

VOCABULARIO CLAVE

- estado
- tributo
- zar
- reinado
- secular
- invasor
- táctica de tierra quemada
- siervo
- huelga
- comunismo
- socialismo
- granja colectiva
- propaganda

VOCABULARIO ACADÉMICO

ampliar, fomentar

TÉRMINOS Y NOMBRES

- eslavo
- Rus de Kiev
- Gengis Kan
- Imperio Mongol
- rutas de la seda
- Pedro el Grande
- Catalina la Grande
- Alemania nazi
- Revolución Industrial
- V. I. Lenin
- bolchevique
- Revolución Rusa
- Unión Soviética
- Guerra Fría
- Mijaíl Gorbachov

TECHTREK PARA ESTE CAPÍTULO

- Student eEdition
- Maps and Graphs
- Interactive Whiteboard GeoActivities
- Digital Library

Oseznos pardos de Rusia

Visita **myNGconnect.com** para obtener más información sobre Rusia y las repúblicas euroasiáticas.

SECCIÓN 1 GEOGRAFÍA

1.1 Geografía física

TECHTREK
Visita myNGconnect.com para ver mapas de Rusia y las repúblicas euroasiáticas y el Vocabulario visual en inglés.

Maps and Graphs
Digital Library

RUSIA Y LAS REPÚBLICAS EUROASIÁTICAS: MAPA FÍSICO

Idea principal Rusia y las repúblicas euroasiáticas cubren un área inmensa y presentan una variedad de características geográficas.

Rusia y las repúblicas euroasiáticas ocupan casi un sexto de la superficie de toda la Tierra. Las características geográficas de la región han limitado su población.

Una masa de tierra inmensa

Rusia es el país más grande del mundo en superficie. Su **masa de tierra**, o su extensión de tierra continua, abarca casi 6,000 millas de este a oeste. Las repúblicas euroasiáticas se encuentran al sur de Rusia. Las repúblicas situadas en las montañas del Cáucaso son Armenia, Azerbaiyán y Georgia. Las repúblicas de Asia Central comprenden Kazajistán, Kirguistán, Tayikistán, Turkmenistán y Uzbekistán.

Llanuras, o grandes áreas de suelo plano, cubren gran parte de la región. Los **montes Urales**, cuya elevación es relativamente baja, separan la Llanura del Norte de Europa de la Llanura de Siberia Occidental. En gran parte del suroeste de Rusia y del norte de Kazajistán, estas llanuras extensas se llaman **estepas**. La mayor parte de estos suelos son aptos para la agricultura y el pastoreo.

Las barreras naturales

Rusia limita con océanos al norte y al este, y tiene áreas montañosas a lo largo de la mayor parte de su frontera sur. Estas barreras naturales separan a Rusia de sus vecinos. Los desiertos y las montañas de Asia Central mantienen a repúblicas como Kirguistán y Tayikistán aisladas, o separadas de otros países.

Debido a que gran parte de la línea costera de Rusia se extiende al norte del Círculo Polar Ártico, pocos son los puertos que permanecen abiertos para las embarcaciones y el comercio durante todo el año. Múrmansk, en el extremo norte de la península de Kola, es uno de esos puertos. La corriente oceánica denominada **corriente del Atlántico Norte** calienta las aguas que rodean Múrmansk y las mantiene casi siempre libres de hielo.

DENSIDAD DE POBLACIÓN

Antes de continuar

Verificar la comprensión ¿Cuáles son algunas de las características geográficas clave de esta región?

EVALUACIÓN CONTINUA

LABORATORIO DE MAPAS GeoDiario

1. **Lugar** Busca los montes Urales (*Ural Mountains*) en el mapa físico. ¿Cuál es la elevación de los montes? Ubica las estepas (*steppes*). ¿En qué aspectos se asemeja o se diferencia su elevación a la elevación de los montes Urales?
2. **Interpretar mapas** Usa el mapa de densidad de población para determinar cómo difiere la densidad al oeste de los Urales de la densidad en su extremo oriental. Luego observa el mapa físico. ¿Qué características físicas podrían contribuir a la distribución de la población?

1.2 Tierra de climas extremos

TECHTREK

Visita myNGconnect.com para ver un mapa en inglés del clima y fotos de climas extremos.

Maps and Graphs
Digital Library

Idea principal Los climas extremos de esta región tiene un impacto sobre el lugar donde viven las personas y sobre su modo de vida.

La mitad del territorio de Rusia es tan frío que su suelo yace sobre **permafrost**, es decir, sobre un suelo que está permanentemente congelado. Aún así, en algunas partes de Rusia, la temperatura puede llegar a los 100°F durante el verano y extensas áreas de Asia Central son desiertos. Debido a estos extremos, la mayoría de la población vive en la parte occidental de la región, donde el clima no es an riguroso.

Inviernos fríos y oscuro

La latitud es un factor importante en el clima de una región. El límite norte de Rusia es una llanura costera que bordea el océano Ártico, sin que impidan el paso de los vientos árticos. Las latitudes altas del norte de Moscú y de las áreas situadas al norte de esta ciudad contribuyen a que los inviernos sean largos, oscuros y nevosos en esta región. Por ejemplo, la latitud de San Petersburgo es casi 60º N. Cada invierno, durante aproximadamente un mes hay apenas un poco de luz diurna en la ciudad.

El clima y la vegetación

El clima influye en los tipos de vegetación que hay en las diferentes áreas. La **tundra**, o tierras llanas de las regiones árticas y subárticas, está situada en **Siberia**, una región del centro-este de Rusia. Allí solo pueden crecen plantas pequeñas. El permafrost impide el crecimiento de la mayoría de los árboles al no permitir que sus raíces se extiendan profundamente dentro de la tierra.

Visión crítica La nieve y el hielo cubren el suelo de la ciudad ártica de Norilsk durante gran parte del largo invierno. Según la fotografía, ¿a qué dificultades podrían enfrentarse las personas durante el invierno en la ciudad?

CLIMA

Justo al sur de la tundra se halla la **taiga**, o área de bosques. La mayoría de las plantas que crecen aquí son pequeñas y de hoja perenne como los pinos. Esta zona provee recursos madereros valiosos.

Los extremos en temperatura y humedad dificultan el uso de algunas áreas para la agricultura. Gran parte del territorio del norte tiene veranos cortos y, como resultado, sus épocas de cultivo son breves. Las áreas semiáridas y desérticas están limitadas al ganado y al pastoreo. El cultivo de la tierra se concentra en los suelos fértiles de las planicies y las estepas occidentales, a orillas del **mar Negro**, del **mar Caspio** y en algunos valles.

Antes de continuar

Resumir ¿De qué manera los climas extremos de esta región afectan a las personas que viven allí?

EVALUACIÓN CONTINUA

LABORATORIO DE MAPAS GeoDiario

1. **Ubicación** ¿Cómo es el clima en la parte noreste de Rusia? ¿Cómo afecta la latitud al clima de esta región?
2. **Interpretar mapas** ¿Qué áreas de la región tienen clima árido o semiárido? ¿Qué áreas tienen clima frío húmedo con inviernos secos?
3. **Formular y responder preguntas** Observa el mapa y después crea otra pregunta sobre el clima para formularla a un compañero.
4. **Interacción entre los humanos y el medio ambiente** Mira el mapa de la población presentado en la Sección 1.1 y después compáralo con el mapa del clima de esta página. ¿De qué manera el clima podría determinar dónde viven los habitantes de la región?

SECCIÓN 1 GEOGRAFÍA

1.3 Recursos naturales

TECHTREK
Visita myNGconnect.com para ver un mapa en inglés y fotografías de los recursos.
Maps and Graphs
Digital Library

Idea principal Rusia y las repúblicas euroasiáticas poseen recursos naturales abundantes, pero muchos de ellos se hallan en lugares remotos.

Esta región se encuentra entre las más ricas del mundo en recursos naturales. Estos recursos son importantes para la economía de los países.

Recursos energéticos

Rusia y las repúblicas euroasiáticas poseen recursos energéticos abundantes, especialmente petróleo y gas natural. Rusia es también un importante productor de carbón. Estos recursos son **combustibles fósiles no renovables**. No pueden reproducirse con la rapidez suficiente para ir a la par con su uso. Rusia también tiene grandes cantidades de **turba**, que es un material que se forma por la descomposición de plantas muy antiguas. La turba arde como el carbón. Además, algunos ríos proporcionan **energía hidroeléctrica**. Las centrales productoras de electricidad usan la fuerza del agua de los ríos para generar electricidad.

Recursos minerales

La región contiene grandes cantidades de recursos minerales que proveen de materias primas a las fábricas e impulsan el desarrollo industrial. Estos recursos incluyen minerales metálicos, como hierro y aluminio, además de oro, cobre, platino, uranio, cobalto, manganeso y cromo.

Casi el 20 por ciento de las reservas mundiales del mineral de hierro están ubicadas en esta región, con Rusia y Kazajistán entre las fuentes principales de este mineral. El mineral de hierro se usa para producir hierro y acero, que se utilizan en la construcción de caminos, carreteras y edificios.

En 2010, se hallaron reservas enormes de minerales cerca de Afganistán. En poco tiempo más, este país podría competir con Rusia y las repúblicas euroasiáticas como uno de los principales productores de hierro, cobre y otros metales.

Visión crítica Las minas a cielo abierto, como esta mina de Siberia, se excavan cuando los diamantes se hallan cerca de la superficie. ¿Qué beneficios podría traer esta mina a la ciudad?

RECURSOS NATURALES

Dificultades de la ubicación

Muchos de los recursos de la región se encuentran en lugares **remotos**, o difíciles de llegar. Por ejemplo, Siberia tiene yacimientos petrolíferos, fuentes de energía hidroeléctrica y minerales, como níquel y oro. Muchos de estos recursos están ubicados en el extremo oriental, y más frío, de Siberia. El permafrost dificulta allí la perforación o la excavación del suelo para extraer los recursos naturales y transportarlos al mercado. En consecuencia, los recursos se mantienen en gran parte intactos en estas zonas de Siberia.

Antes de continuar

Resumir ¿Cuáles son algunos de los recursos naturales importantes de Rusia y las repúblicas euroasiáticas y por qué algunos de esos recursos son difíciles de alcanzar?

EVALUACIÓN CONTINUA

LABORATORIO DE DATOS GeoDiario

Hacer tablas Has aprendido que Rusia y las repúblicas euroasiáticas tienen recursos minerales abundantes que proveen de materias primas a las fábricas. Identifica los recursos minerales de la región en el mapa de arriba. Después investiga qué bienes de consumo se producen con esos minerales. Crea una tabla como la siguiente para anotar tus hallazgos.

MINERALES	BIENES
Hierro	acero, medicamentos, imanes, repuestos para automóviles, clips
Aluminio	utensilios de cocina, latas para bebidas, papel de aluminio, partes de automóviles y piezas para aviones

TECHTREK

Visita **myNGconnect.com** para ver fotos del trabajo de la exploradora y un video clip de Explorer en inglés.

Digital Library

Explorando los lagos siberianos con Katey Walter Anthony

Idea principal En Siberia, cuando el permafrost se derrite libera gas metano en la atmósfera.

La expedición a Siberia

La exploradora emergente Katey Walter Anthony viajó a Siberia por primera vez como estudiante de intercambio de la escuela secundaria. Actualmente trabaja junto con otros científicos de Alaska y Rusia en la Estación Científica del Noreste, en Cherskiy, Siberia, 1 para estudiar el modo en que el cambio climático está afectando la zona (y, posiblemente, al mundo entero). El clima glacial de Siberia dificulta el trabajo.

Anthony y otros científicos están preocupados por el permafrost de Siberia. Los científicos piensan que, a causa del calentamiento global, el permafrost que se encuentra debajo de sus lagos se está derritiendo, liberando el carbono atrapado dentro del suelo congelado. El carbono se forma a partir de los restos de animales prehistóricos y de las plantas de las que se alimentaban. El carbono después se convierte en **metano**, un gas natural incoloro e inodoro que puede tener un impacto negativo en el medio ambiente.

myNGconnect.com

Para obtener más información sobre las actividades actuales de Katey Walter Anthony.

Anthony verifica la presencia de metano en un lago congelado.

EXPEDICIONES DE ANTHONY

EL PROCESO DE LIBERACIÓN DE METANO

LIBERACIÓN DEL METANO Temperaturas más cálidas derriten el permafrost y se libera el gas metano. El metano calienta el aire al liberarse en la atmósfera en forma de gas invernadero.

El metano y el cambio climático

El metano es un **gas invernadero**, es decir, un gas que atrapa el calor del Sol sobre la Tierra. Anthony explica que "es 25 veces más potente que el dióxido de carbono en una escala de tiempo de 100 años" y que este gas podría tener el efecto más fuerte de todos sobre el calentamiento global. Los lagos siberianos podrían liberar alrededor de diez veces más metano que el que se halla presente en la atmósfera hoy en día. Algunos expertos creen que esto causaría un aumento mayor y más rápido de las temperaturas en todo el mundo.

Con el fin de verificar la presencia de metano, Anthony abre agujeros en el hielo de los lagos para reunir muestras de gas que luego lleva al laboratorio. A veces, cuando quiere saber de inmediato qué gases podrían estar presentes en el hielo, enciende un fósforo. Si se enciende una llama gigantesca, entonces sabe que ha hallado metano.

Antes de continuar

Verificar la comprensión ¿Qué impacto tiene el metano en la atmósfera?

EVALUACIÓN CONTINUA

LABORATORIO VISUAL GeoDiario

1. **Analizar elementos visuales** En el recurso en inglés **Digital Library**, mira el video clip sobre la exploradora emergente Katey Walter Anthony. ¿Cómo se podría aplicar su trabajo en Siberia a otros lugares del mundo?
2. **Interpretar modelos** Observa el modelo. ¿Qué debe atravesar el metano para entrar en la atmósfera? ¿Por qué el gas penetra este material tan fácilmente?
3. **Analizar causa y efecto** Haz una lista de las causas y los efectos de la liberación del metano usando una tabla como la siguiente. ¿Por qué algunos científicos creen que el aumento del metano en los lagos siberianos es tanto una causa como un efecto del calentamiento global?

CAUSAS	EFECTOS

SECCIÓN 1 GEOGRAFÍA

1.5 Paisajes de Asia Central

TECHTREK
Visita **myNGconnect.com** para ver mapas en inglés y fotos de Asia Central.
Maps and Graphs
Digital Library

Idea principal Las actividades humanas han provocado la reducción del mar Aral, lo cual ha dañado el paisaje circundante.

Como has aprendido, el gas metano es una amenaza para el medio ambiente de Siberia. El paisaje de Asia Central también ha resultado perjudicado. Las actividades humanas han destruido casi por completo una de sus masas de agua más importantes.

Adaptación a las condiciones secas

En Asia Central hay accidentes geográficos como desiertos, montañas, bosques y estepas. Si bien el área no experimenta el frío extremo del norte de Rusia, hay sitios al norte de Kazajistán donde la temperatura puede alcanzar 0 ºF durante el invierno. Por lo general, los veranos son calurosos y más largos que en las zonas ubicadas al norte de la región. En Asia Central, las temperaturas varían tanto debido, en parte, a que la región no se encuentra protegida por una gran masa de agua, lo cual ayudaría a mantener las temperaturas moderadas.

Hay extensos territorios en Asia Central que son **semiáridos** o **áridos**, lo cual significa que reciben muy poca o nada de lluvia. Estas tierras secas son más adecuadas para el pastoreo del ganado. Sin embargo, gracias a la irrigación, en algunos valles fluviales los agricultores también han podido sembrar cultivos como el algodón.

La reducción del mar Aral

Los grandes esfuerzos realizados para cultivar algodón provocaron la reducción de la superficie del **mar Aral** en Kazajistán y Uzbekistán. Esta masa de agua es en realidad un lago de agua salada. Los ríos que desembocaban en el lago fueron desviados hacia canales de irrigación. Antes, el mar Aral era el cuarto lago más grande del mundo, pero actualmente tiene apenas una fracción del tamaño que tenía en 1960.

La contaminación contribuyó a los problemas en el mar Aral. Se vertieron en él fertilizantes y **pesticidas**, que son sustancias químicas que matan insectos y hierbas nocivas. Cuando el lago se redujo, la sal y los pesticidas destruyeron el hábitat de una gran cantidad de plantas y animales y amenazaron la salud humana. La industria pesquera, floreciente en el pasado, también se vio perjudicada. Un residente de la zona dijo: "Mi padre y mi abuelo fueron pescadores en esta ciudad, pero, como se puede ver, ahora los botes yacen en el medio de un desierto".

En 2005, Kazajistán, con la ayuda del Banco Mundial, construyó una presa para salvar el mar Aral Norte. Esa parte ha aumentado de tamaño y la pesca ha regresado a la región. Sin embargo, la parte sur del lago, en Uzbekistán, se ha perdido casi por completo.

Antes de continuar

Verificar la comprensión ¿Qué actividades humanas provocaron la reducción del mar Aral y qué daño se ha producido en el paisaje como resultado?

Visión crítica Estos camellos pasan caminando frente a un barco varado en el terreno donde solía estar el mar Aral. ¿Qué te sugiere esta foto acerca del mar Aral?

Esta imagen satelital muestra cómo se veía el mar Aral en 1973. En esa época, el mar Aral Sur y el mar Aral Norte estaban repletos de agua.

Esta imagen satelital muestra cómo se veía el mar Aral en 2009. La foto revela que los esfuerzos por salvar el mar Aral del Norte han funcionado.

EVALUACIÓN CONTINUA

LABORATORIO FOTOGRÁFICO

GeoDiario

1. **Analizar elementos visuales** Observa las fotos del mar Aral que aparecen arriba. ¿Cuánto tiempo transcurrió entre la foto de la izquierda y la foto de la derecha? ¿Qué ocurrió durante ese período de tiempo?
2. **Identificar** ¿Qué detalles de la foto de abajo te indican que esta parte del mar Aral ha estado devastada durante mucho tiempo?
3. **Interacción entre los humanos y el medio ambiente** ¿Por qué las personas desviaron el mar Aral? ¿Qué medidas se han tomado para reparar las consecuencias?

SECCIÓN 2 HISTORIA

2.1 Historia antigua

TECHTREK

Visita **myNGconnect.com** para ver un mapa de las rutas de la seda y fotos de artefactos.

Maps and Graphs

Digital Library

Idea principal Los colonos y conquistadores de Europa y Asia configuraron la historia antigua de Rusia y las repúblicas euroasiáticas.

La colonización de Rusia por parte de diferentes grupos se remonta a alrededor de 1200 a. C. En esa época, el pueblo de los cimerios vivía al norte del mar Negro, en el territorio que actualmente es el sur de Ucrania. Durante cientos de años, muchos otros grupos dominaron esta región.

Rus de Kiev

El pueblo cuya cultura tuvo la influencia más duradera en la antigua Rusia fueron los **eslavos**. Algunos historiadores creen que eran agricultores que vivían cerca del mar Negro alrededor de 700 a. C. o antes. Otros piensan que llegaron de Polonia alrededor del siglo V d. C. Hacia el siglo IX d. C., los eslavos habían construido ciudades cerca de los ríos, en Ucrania y Rusia occidental.

En 862, unos vikingos de Escandinavia llamados rusos varegos tomaron el control de la ciudad eslava de Novgorod. El nombre de Rusia puede haber venido de esta tribu. Unos 20 años más tarde, un príncipe varego capturó Kiev y estableció un **estado**, o sea un territorio determinado que posee un gobierno propio, que llegó a conocerse como Rus de Kiev.

El régimen mongol y el comercio

Hacia fines del siglo XII, el poder de Kiev había disminuido. Las luchas por el control dentro de la familia gobernante debilitaron al estado.

A principios del siglo XIII, Gengis Kan estableció el **Imperio mongol** en el centro de Asia. En 1240, su nieto, Batu Kan, extendió el imperio apoderándose de Rus de Kiev y gran parte de Rusia.

Los príncipes rusos tenían que declarar su lealtad y pagar **tributo**, o impuestos, al gobernante mongol, el kan. Los mongoles elegían a uno de los príncipes para que se desempeñara como gran príncipe y representara los intereses de Rusia.

El imperio mantuvo a Rusia aislada de la influencia europea durante más de 200 años. Sin embargo, el régimen mongol mantuvo a Rusia y el centro de Asia abierto al Oriente. Por las rutas de la seda, antiguas rutas comerciales, se transportaban los bienes y las nuevas ideas a través de todo el Imperio mongol. Como puedes ver en el mapa de la página siguiente, las rutas de la seda conectaban el sudoeste y el centro de Asia con China. Los bienes comercializados eran el oro, el jade y la seda, entre otros. Merv, en Turkmenistán, y Samarcanda, en Uzbekistán, eran paradas importantes en las rutas de la seda.

Caballo con jinete hecho de oro por los primeros habitantes de Ucrania.

1000 a. C. — **800 d. C.** — **1000**

1200 a. C. Los cimerios se establecen en el sur de Ucrania.

siglo IX d. C. Los eslavos construyen ciudades a orillas del río Dnieper.

882 d. C. Los rusos varegos fundan Rus de Kiev.

Techo de Santa Sofía, la catedral de Rus de Kiev

LAS RUTAS DE LA SEDA

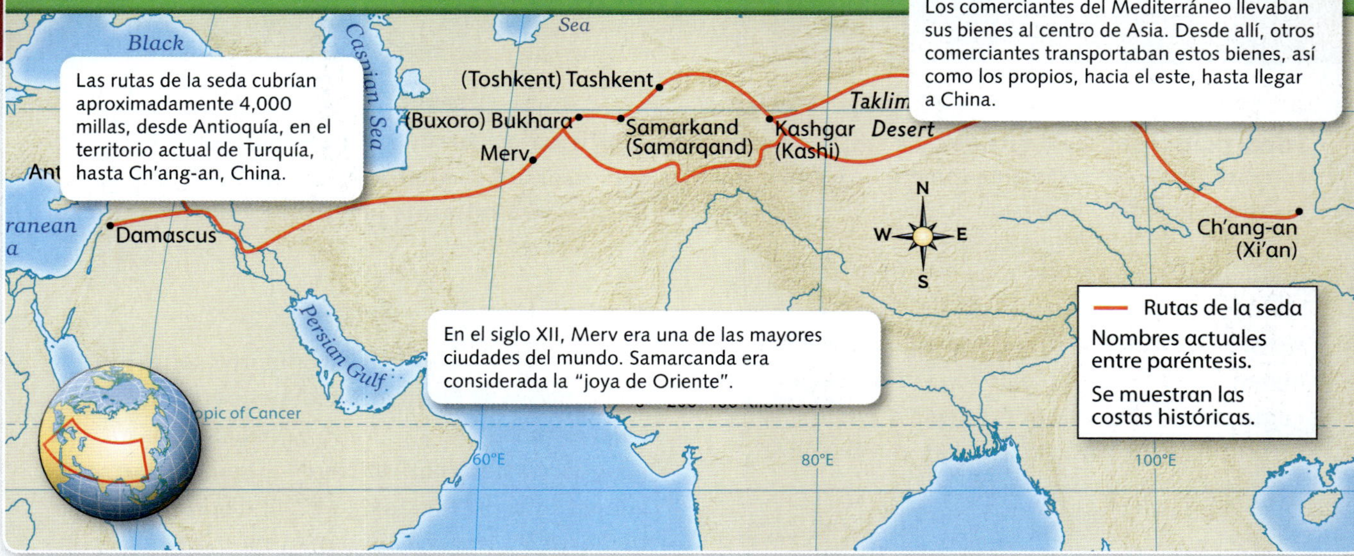

El auge de Moscú

Alrededor de 1330, los mongoles le permitieron al gran príncipe Iván I de Moscú que recaudase el tributo para ellos. Iván se quedó con una parte del dinero y lo usó para comprar tierras y **ampliar** su territorio. Moscú se hizo más fuerte mientras el régimen mongol se debilitaba.

En 1380, el Gran Príncipe Dmitry derrotó a los mongoles en el campo de batalla. En 1480, Iván III, también llamado Iván el Grande, se negó a pagar el tributo a los mongoles y ellos no lo volvieron a reclamar. Esta acción puso fin a la dominación mongola en Rusia. El nieto de Iván el Grande, Iván IV, expandió Rusia y la convirtió en un imperio. Se convirtió en el primer **zar**, o emperador, de Rusia.

Antes de continuar

Resumir ¿De qué manera los colonizadores y conquistadores dieron forma a los primeros años de la historia de Rusia?

EVALUACIÓN CONTINUA

LABORATORIO DE MAPAS GeoDiario

1. **Lugar** ¿Por qué crees que la ruta principal de las rutas de la seda se dividía en dos entre las ciudades de Kashgar y Dunhuang?
2. **Interpretar mapas** Estudia el mapa. ¿Por qué Samarcanda (*Samarkand*) era una parada importante en las rutas?
3. **Analizar causa y efecto** ¿Qué acciones fortalecieron a Moscú y cuál fue la consecuencia de su auge? Usa una tabla como la siguiente para enumerar las causas y los efectos.

CAUSAS	EFECTOS

1237–1240 Los mongoles conquistan Rusia.

1380 El príncipe Dmitry derrota a los mongoles.

1480 Iván III pone fin al régimen mongol.

1200 — 1400

Emperador mongol Gengis Kan

Campanario de Iván el Grande

2.2 ¿Europea o asiática?

TECHTREK
Visita myNGconnect.com para ver en línea un mapa en inglés y fotos de edificios históricos.
Maps and Graphs
Digital Library

Idea principal Rusia está ubicada tanto en Europa como en Asia, pero solamente comenzó a adoptar las ideas europeas bajo el reinado de Pedro el Grande.

Tal como has aprendido, bajo el dominio mongol Rusia estuvo aislada de Europa occidental durante un par de siglos. Este aislamiento continuó bajo los zares rusos, comenzando por Iván IV. Luego, a partir del siglo XVII, dos zares comenzaron a llevar la influencia europea a Rusia.

Extenderse sobre Europa y Asia

Geográficamente, Rusia se extiende a través de la masa continental de Europa y Asia, a la que se le suele llamar Eurasia. Los montes Urales separan a los dos continentes. Muchos rusos viven en el área europea al oeste de las montañas.

A pesar de hallarse parcialmente en Europa, Rusia no desarrolló una cultura europea. A fines del siglo X, el cristianismo se convirtió en la principal religión de Rusia. Sin embargo, mientras que Europa Occidental adoptó el catolicismo romano, Rusia adoptó la rama ortodoxa del cristianismo. El pueblo ruso llegó a desconfiar de la cultura y las ideas de Europa Occidental.

La influencia europea

Finalmente, el zar Pedro Romanov, conocido como **Pedro el Grande**, reconoció que Europa Occidental había superado a Rusia, tanto económica como militarmente. Pedro, que gobernó desde 1682 hasta 1725, decidió modernizar Rusia. Como resultado, se convirtió en el primer zar ruso que viajó a Europa occidental. De sus viajes, trajo consigo ideas europeas sobre el manejo del gobierno y de los negocios. También introdujo un estilo occidental en la arquitectura. Muchos edificios de San Petersburgo, entre estos el palacio de Peterhof que se muestra en la parte inferior de la página, reflejan este estilo.

Visión crítica El palacio de Peterhof suele llamarse "el Versalles ruso", en referencia al palacio francés del rey Luis XIV. ¿Qué palabras usarías para describir este palacio?

Catalina la Grande, emperatriz de 1762 a 1796, también introdujo ideas europeas en Rusia, con un enfoque en las artes y la educación. Las formas occidentales de entretenimiento, como la ópera, se volvieron populares durante su **reinado**, o gobierno. Además, Catalina fundó muchas escuelas nuevas y apoyó la idea de educar a las mujeres. También construyó hospitales y **fomentó**, o estimuló, la vacunación contra la viruela. Los urbanistas rediseñaron las ciudades y la arquitectura europea reemplazó los estilos rusos anteriores.

La emperatriz intentó crear un país más **secular**, en el que la Iglesia fuera menos poderosa. De hecho, Catalina quería promulgar leyes que permitieran a los ciudadanos practicar la religión de su elección. Sin embargo, su intento de reforma no tuvo éxito.

Antes de continuar

Resumir ¿Qué ideas europeas adoptó Rusia bajo Pedro el Grande?

RUSIA EUROPEA Y ASIÁTICA

SUGERENCIA PARA MAPAS Las proyecciones cartográficas a veces distorsionan, o alteran, el área que muestran. Aquí, la proyección de Mollweide hace que Europa se vea un tanto aplastada, pero es útil para mostrar las vastas extensiones de las regiones polares en espacios pequeños.

EVALUACIÓN CONTINUA

LABORATORIO DE LECTURA

GeoDiario

1. **Hacer inferencias** Según el mapa, ¿de qué manera crees que la ubicación de Rusia (*Russia*) fomentó su aislamiento?
2. **Sintetizar** ¿En qué aspectos era diferente la Rusia de Pedro y Catalina de la Rusia del régimen mongol?
3. **Interpretar mapas** ¿En qué continente se encuentra la mayor parte de Rusia (*Russia*)?
4. **Analizar elementos visuales** ¿Qué impresión de Pedro el Grande quiere transmitir esta estatua? Explica tu respuesta con referencias específicas a la estatua.

2.3 Defensas contra los invasores

TECHTREK
Visita **myNGconnect.com** para ver un mapa en inglés y fotos de personajes históricos.
Maps and Graphs
Digital Library

Idea principal Durante siglos, Rusia utilizó sus ventajas geográficas (ubicación, tamaño, aislamiento y clima) para defenderse de los invasores.

A lo largo de la historia, los rusos se adaptaron a las dificultades que planteaban las distancias y el clima de su país. Sin embargo, a los **invasores**, o es decir, a los enemigos que entran a un país por la fuerza, generalmente les costó mucho superar estas dificultades.

Rusia construye un imperio

Has aprendido que Iván IV se convirtió en el primer zar de Rusia en 1547. Iván empezó la construcción del Imperio ruso conquistando el territorio de los mongoles. Con el tiempo, Rusia se expandió a través de Siberia hasta el océano Pacífico.

Mientras Rusia seguía creciendo bajo Pedro el Grande y Catalina la Grande, el país se vio obligado a menudo a defender su imperio contra los invasores. Los enemigos provenientes de Europa tenían que hacer frente a la vasta extensión de Rusia y a la severidad de su clima. Rara vez lograron invadir el país. Dos ejemplos famosos son las invasiones fallidas de Napoleón y de Hitler.

Napoleón invade Rusia

Napoleón I se convirtió en emperador de Francia en 1804 y su imperio abarcó gran parte de Europa. Enfadado porque Gran Bretaña lo había derrotado en el campo de batalla, se le ocurrió un plan para limitar el comercio de Gran Bretaña con los países europeos. El zar Alejandro I se negó a aceptar el plan. Alejandro creía que reducir el comercio con Gran Bretaña sería malo para la economía rusa.

En venganza, Napoleón invadió Rusia en el verano de 1812. Los rusos siguieron una **táctica de tierra quemada**, en la que las tropas, a medida que retroceden ante el avance de un ejército, queman los cultivos y todos los recursos que pudiesen servir al enemigo para abastecerse. Cuando Napoleón llegó a Moscú, la ciudad estaba casi desierta. Los rusos la habían quemado para destruir todas las provisiones que podrían haber ayudado a las tropas francesas.

A mediados de octubre, Napoleón comenzó su retirada. Sabía que se avecinaba el duro invierno ruso. Pronto, la nieve y el frío extremo comenzaron a debilitar al ejército francés. Las tropas rusas atacaron al ejército que huía. De los aproximadamente 420,000 soldados que marcharon a Moscú, solamente unos 10,000 sobrevivieron.

Iván IV de pie frente a la catedral que hizo construir, San Basilio

1500 — 1600 — 1700

1547 Se corona al primer zar, Iván IV.

1604–1613 Guerra civil e invasiones

1613 Comienza el reinado de los Romanov. Esta familia, a la que pertenecieron Pedro el Grande y Catalina la Grande, reinó hasta 1917.

1703 Se funda San Petersburgo.

Retrato de Nicolás II, el último de los Romanov

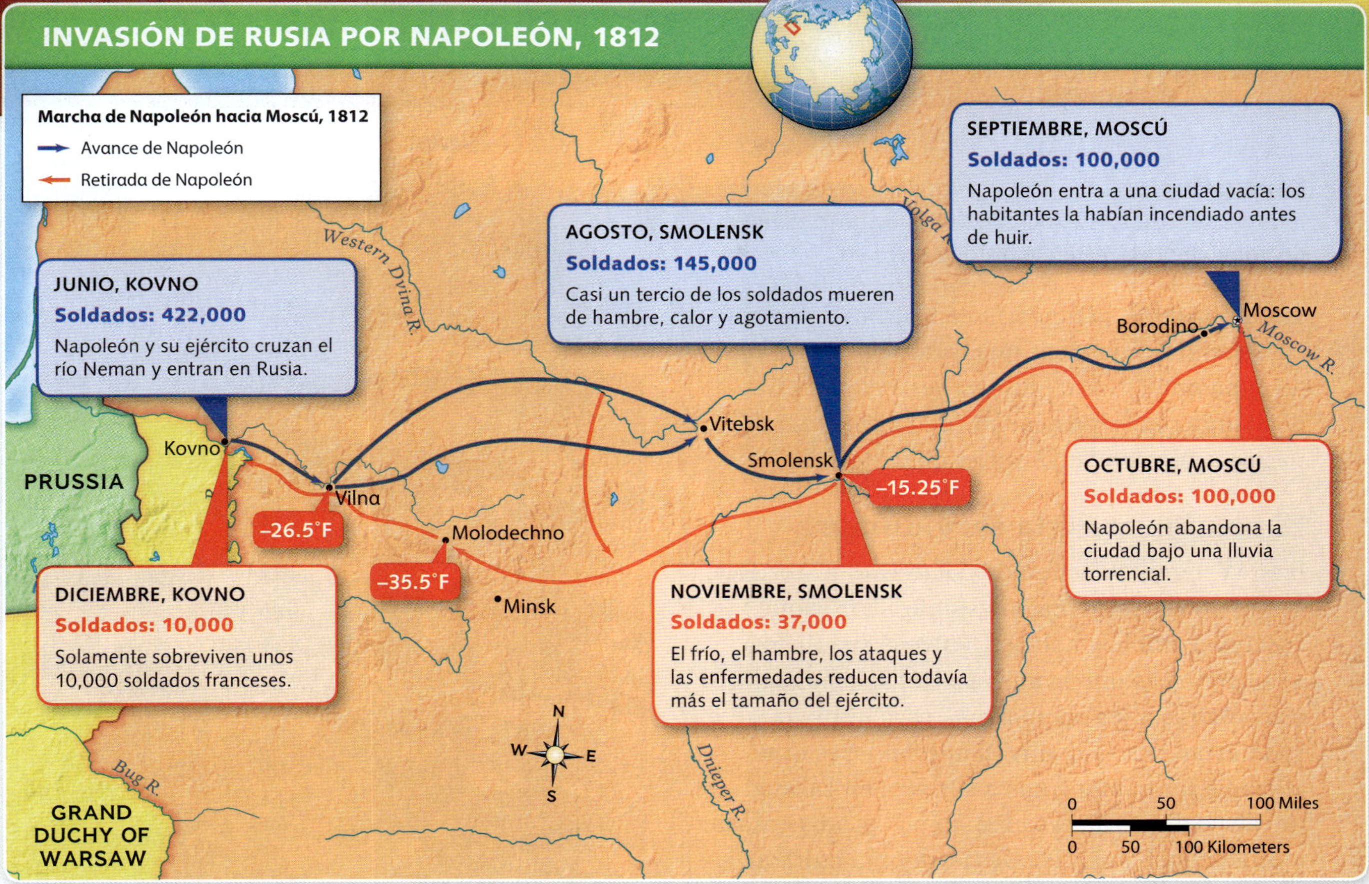

Hitler invade Rusia

La historia se repitió cuando Adolf Hitler envió soldados de la Alemania nazi para invadir a Rusia durante la Segunda Guerra Mundial. El frío extremo del invierno provocó la muerte de muchos soldados nazis. Hitler no pudo tomar Moscú en 1941, ni Stalingrado en 1943. De los 300,000 soldados nazis que lucharon en Stalingrado, solo unos 5,000 regresaron a casa.

Antes de continuar

Verificar la comprensión ¿Qué función desempeñó la geografía de Rusia en la derrota de Napoleón y Hitler?

EVALUACIÓN CONTINUA

LABORATORIO DE MAPAS GeoDiario

1. **Movimiento** Usa el mapa para calcular la distancia que tuvo que recorrer el ejército de Napoleón para llegar a Moscú (*Moscow*) desde Kovno.
2. **Interpretar mapas** ¿Qué te indica el mapa acerca del tiempo a medida que los soldados franceses se retiraban de Moscú?
3. **Comparar y contrastar** ¿En qué aspectos las experiencias de la Alemania nazi en Rusia fueron similares a las de Napoleón?

1812 Napoleón es derrotado en Rusia.

1943 Las fuerzas nazis son derrotadas en Stalingrado durante la Segunda Guerra Mundial.

1800 — 1900 — PRESENTE

En este cuadro, Moscú arde mientras el ejército francés lucha contra los soldados rusos.

SECCIÓN 2 HISTORIA

2.4 De la servidumbre a la industrialización

TECHTREK Visita myNGconnect.com para ver un mapa en inglés de los recursos e industrias de Rusia.

Maps and Graphs

Idea principal Los campesinos y los trabajadores industriales rusos llevaron vidas difíciles, pero tuvieron un papel importante en la historia de Rusia.

Durante siglos, la mayoría de los trabajadores rusos eran campesinos que trabajaban la tierra de terratenientes ricos. Los campesinos eran libres de abandonar la propiedad, siempre y cuando pagaran sus deudas después de la cosecha.

El comienzo de la servidumbre

Iván IV, también conocido como Iván el Terrible, modificó este sistema en el siglo XVI. Iván asesinó a muchos nobles y entregó sus tierras a las personas que lo apoyaban. Estas personas necesitaban a los campesinos para cultivar sus tierras, por lo que Iván aprobó leyes que ataban a los campesinos a la tierra en calidad de **siervos**. Los siervos tenían sus propias casas y una pequeña parcela de tierra para cultivar, pero debían pagar una renta al terrateniente. Los siervos no podían abandonar la propiedad sin permiso y tenían muy pocos derechos.

En 1861, el zar Alejandro II liberó a los siervos. Quería que estos trabajadores fueran libres para que trabajaran en las industrias y contribuyeran a la modernización de Rusia. Así que puso fin a sus vínculos legales con los terratenientes. Los siervos ahora podían convertirse en trabajadores industriales asalariados.

La Revolución Industrial en Rusia

Durante el reinado de Pedro el Grande habían surgido las primeras industrias, como la construcción naval y la metalurgia. Sin embargo, la **Revolución Industrial** no comenzó realmente en Rusia sino hasta la década de 1890. Hacia 1913, Rusia se había convertido en la quinta nación industrializada más grande del mundo. Sin embargo, tal como sucedió en otros países, el cambio de trabajo rural al trabajo en las fábricas fue difícil. La mayoría de los trabajadores industriales y los campesinos eran muy pobres.

Visión crítica En esta ilustración, unos siervos despejan la tierra de rocas grandes. Según la ilustración, ¿qué conclusión puedes sacar acerca del trabajo de los siervos?

Muchos campesinos se morían de hambre a causa de las malas cosechas y los trabajadores de las fábricas de la ciudad estaban descontentos con sus condiciones laborales. Las **huelgas**, o suspensión del trabajo, y las protestas frecuentes de los trabajadores ocasionaron inestabilidad política. **V. I. Lenin**, político y activista revolucionario, fue el líder de un grupo político llamado los **bolcheviques**. Los bolcheviques querían que los trabajadores se apoderaran de la industria y el gobierno. En febrero de 1917, los bolcheviques comenzaron la Revolución Rusa y derrocaron al zar. Lenin se convirtió en el líder del nuevo gobierno.

Antes de continuar

Resumir ¿Qué papel desempeñaron los siervos y los trabajadores industriales en la historia de Rusia?

RECURSOS E INDUSTRIAS DE RUSIA OCCIDENTAL, 1900

CRECIMIENTO DE LAS INDUSTRIAS CLAVE DE RUSIA, 1890-1900

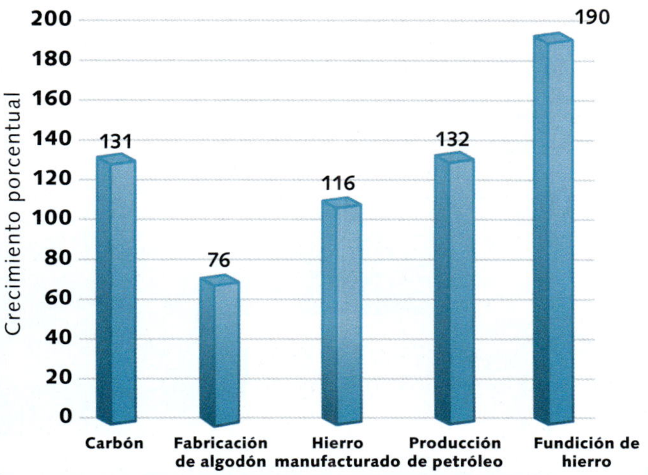

Fuente: Peter Stearns, *The Industrial Revolution in World History*, 1998

EVALUACIÓN CONTINUA

LABORATORIO DE DATOS

GeoDiario

1. **Interpretar gráficas** Según la gráfica, ¿qué industria creció menos entre 1890 y 1900? ¿Cuál creció más? ¿Por qué crees que estas industrias crecieron a esas tasas?
2. **Sintetizar** En base a la gráfica, al mapa y al texto, ¿qué conclusiones puedes sacar acerca de la Revolución Industrial en Rusia?
3. **Movimiento** Examina el mapa que se muestra al inicio de la página. ¿Por qué crees que varios ramales de ferrocarril atraviesan Moscú (*Moscow*)?

2.5 La Unión Soviética

TECHTREK

Visita myNGconnect.com para ver fotos de la propaganda soviética.

Digital Library

Idea principal La Unión Soviética comunista tenía un gobierno central poderoso que controló la región entre 1922 y 1991.

Los bolcheviques, quienes dirigieron la revolución rusa, creían que una forma comunista de gobierno y un sistema económico socialista eran las respuestas a los problemas de la Revolución Industrial. Bajo el **comunismo**, un único partido político controla el gobierno y la economía. El **socialismo** es un sistema de gobierno en el que el gobierno controla los recursos económicos. Los bolcheviques querían poner fin a la propiedad privada de la tierra y los recursos y establecer una sociedad sin clases.

Un estado comunista

En 1922, Rusia, Ucrania, Bielorrusia y las repúblicas transcaucásicas de Armenia, Azerbaiyán y Georgia formaron la Unión de Repúblicas Socialistas Soviéticas (URSS), también conocida como **Unión Soviética**. Más adelante, otras repúblicas quedaron bajo el control de la Unión Soviética y el gobierno comunista central con sede en Moscú.

De 1927 a 1953, el pueblo soviético vivió bajo el mando total de Josef Stalin. El gobierno de Stalin aisló a sus ciudadanos de todo contacto con Occidente.

La Guerra Fría

Después de la Segunda Guerra Mundial, la Unión Soviética y los Estados Unidos eran los dos países más poderosos del mundo. La tensión y el conflicto surgieron entre las dos potencias a causa de sus sistemas políticos y económicos tan diferentes. El conflicto llegó a conocerse como la **Guerra Fría**, porque los países no lucharon entre sí directamente.

La Guerra Fría llevó a los Estados Unidos y a la Unión Soviética a desarrollar armas nucleares. Los Estados Unidos entraron en guerra en Corea y Vietnam durante las décadas de 1950 y 1960 para tratar de evitar la propagación del comunismo en esos países. La Guerra Fría también dio lugar a una "carrera espacial". La Unión Soviética ganó la carrera en 1957, cuando lanzó su satélite Sputnik al espacio.

Una economía controlada

La Unión Soviética también se convirtió en un líder industrial y en una potencia mundial, solo superada por los Estados Unidos. La mayoría de las empresas y de las tierras agrícolas eran propiedad del gobierno. En las **granjas colectivas**, los trabajadores producían una cierta cantidad de alimentos determinada por el gobierno y recibían una parte de los excedentes. Sin embargo, a la Unión Soviética le resultaba difícil alimentar a toda su gente.

Una pancarta de Lenin cuelga sobre la Plaza Roja mientras la Rusia soviética celebra el aniversario de la Revolución Rusa de 1917.

1922 Se forma la Unión Soviética.

1924 Stalin se convierte en líder de la Unión Soviética.

1925

1941–1945 La Unión Soviética lucha contra Alemania en la Segunda Guerra Mundial.

1945 Comienza la Guerra Fría.

1950

Vocabulario visual La Unión Soviética utilizó la propaganda, como este cartel, para promover las ideas comunistas. La **propaganda** es información que se difunde para influir sobre la opinión de las personas.

Además, el nivel de vida era bajo. La gente tenía garantizado el empleo, pero su nivel de vida era mucho más bajo que en los países occidentales. Por ejemplo, tenían poco acceso a los bienes de consumo. El presidente **Mijaíl Gorbachov** intentó reformar y mejorar la economía. Sin embargo, ya se estaba extendiendo por Europa del Este un movimiento hacia la adopción de formas democráticas de gobierno. En 1991, cayó la Unión Soviética y las repúblicas que la formaban se independizaron.

Antes de continuar

Verificar la comprensión ¿De qué manera el gobierno comunista controlaba las repúblicas de la Unión Soviética?

EVALUACIÓN CONTINUA
LABORATORIO VISUAL

GeoDiario

1. **Analizar elementos visuales** En el cartel de la propaganda, el personaje que está en el fondo sostiene una bandera con la imagen de Stalin. ¿Qué sostienen los otros personajes? ¿Qué podría representar cada personaje?
2. **Hacer inferencias** Observa la actitud y los gestos de los personajes que aparecen en el cartel. ¿Cuál crees que era el sentimiento que debía generar este cartel en el pueblo ruso?
3. **Sacar conclusiones** ¿Cómo crees que se sintió el pueblo estadounidense cuando la Unión Soviética envió el primer satélite al espacio? ¿De qué manera la Guerra Fría podría haber intensificado la carrera espacial?

1957 Los soviéticos lanzan el satélite Sputnik.

1961 Los soviéticos envían a la primera persona al espacio.

1975

El presidente estadounidense Ronald Reagan y Gorbachov

1985 Gorbachov comienza programas de reformas y trabaja con el presidente Reagan para poner fin a la Guerra Fría.

1991 Cae la Unión Soviética.

PRESENTE

Repaso

VOCABULARIO

En tu cuaderno, escribe las palabras de vocabulario que completan las siguientes oraciones.

1. El/La _______ bajo la tundra impide que los árboles crezcan allí.
2. Algunos ríos proporcionan _______, usando la energía del agua para generar electricidad.
3. El/La _______ es información que se difunde para influir sobre la opinión de las personas.
4. El zar Alejandro I liberó a los _______ en 1861.
5. El/La _______ es una forma de socialismo en la cual un único partido político controla el gobierno y la economía.

IDEAS PRINCIPALES

6. ¿Qué barreras naturales separan a Rusia y las repúblicas euroasiáticas de sus vecinos? ¿Qué impacto tienen estas barreras en esos países? (Sección 1.1)
7. ¿Por qué los inviernos rusos son fríos y oscuros en algunos lugares? (Sección 1.2)
8. ¿Cuáles son los dos tipos principales de recursos naturales en esta región? (Sección 1.3)
9. ¿Qué espera aprender Katey Walter Anthony al estudiar la presencia de metano en los lagos siberianos? (Sección 1.4)
10. ¿Qué tipo de agricultura es apropiada para el clima árido del centro de Asia? (Sección 1.5)
11. ¿Cómo se fundó el Rus de Kiev? (Sección 2.1)
12. ¿Qué influencias de Europa Occidental introdujeron en Rusia Pedro el Grande y Catalina la Grande? (Sección 2.2)
13. ¿Qué factores ayudaron a derrotar a los nazis en Rusia? (Sección 2.3)
14. En Rusia, ¿en qué se diferenciaban los siervos de los campesinos? (Sección 2.4)
15. ¿Qué métodos empleó el gobierno de la Unión Soviética para controlar la economía del país? (Sección 2.5)

GEOGRAFÍA

ANALIZA LA PREGUNTA FUNDAMENTAL

¿De qué manera el tamaño y el clima extremo han configurado Rusia y las repúblicas euroasiáticas?

Razonamiento crítico: Analizar causa y efecto

16. ¿Por qué Rusia tiene pocos puertos libres de hielo?
17. ¿Qué impacto tienen el tamaño y el clima extremo de Rusia en el uso que hace de sus recursos naturales?
18. ¿Cómo contribuyó el clima de Asia Central a la reducción del mar Aral?

INTERPRETAR MAPAS

MAPA POLÍTICO DE KAZAJISTÁN

19. **Ubicación** ¿Qué dos ciudades están mejor ubicadas para aprovechar los recursos energéticos del mar Caspio (*Caspian Sea*)?
20. **Hacer inferencias** ¿Por qué crees que Kazajistán (*Kazakhstan*) mudó su capital de Almaty a Astana en 1997?

HISTORIA

ANALIZA LA PREGUNTA FUNDAMENTAL

¿Cómo ha influido el aislamiento geográfico en la historia de la región?

Razonamiento crítico: Hacer inferencias

21. ¿Qué efecto tuvieron los mongoles en la relación de Rusia con Europa?
22. Durante la invasión de Rusia por parte de Napoleón, ¿qué impacto sobre los caballos y las provisiones del ejército habrá tenido la distancia?
23. ¿De qué manera la geografía física rusa puede haber impedido que la Revolución Industrial comenzara en Rusia al mismo tiempo que comenzó en los países de Europa Occidental?

INTERPRETAR TABLAS

TIEMPO QUE LOS OBREROS INDUSTRIALES NECESITABAN TRABAJAR PARA COMPRAR ALGUNOS BIENES SELECCIONADOS, 1986

	Moscú	Estados Unidos
Hogaza de pan	11 min*	18 min
Litro de leche	20 min	4 min
Toronja	112 min	6 min
Pollo	189 min	18 min
Boleto de autobús (2 millas)	3 min*	7 min
Estampilla	3 min	2 min
Par de jeans	56 hrs	4 hrs
Lavadora	177 hrs	48 hrs

* precio subsidiado por el gobierno

Fuente: Radio Free Europe, publicado en el *New York Times*, junio 28, 1987

24. **Comparar y contrastar** ¿Qué tipo de alimento debió haber tenido la mayor diferencia de precios? ¿Qué alimento era probablemente más caro en los Estados Unidos que en Moscú?
25. **Hacer generalizaciones** Según la tabla, ¿cómo crees que era la vida de los obreros industriales en la Unión Soviética en 1986?

OPCIONES ACTIVAS

Sintetiza las preguntas fundamentales completando las siguientes actividades.

26. **Escribir un correo electrónico** A veces las escuelas realizan programas de intercambio con escuelas de otros países. Dados tus conocimientos de la geografía, la historia y la cultura de Rusia, decide qué área de Rusia te gustaría visitar. Escribe un correo electrónico a un compañero recomendándole un lugar en particular de Rusia. Usa las sugerencias presentadas a continuación para escribir tu correo. **Envía el correo a un compañero y pídele que te diga que le pareció la información que le proporcionaste.**

Sugerencias para la escritura
- Organiza tus ideas bajo dos o tres encabezados principales antes de comenzar a escribir.
- Usa un estilo claro y directo para presentar detalles específicos, útiles e interesantes en tu correo.
- Asegúrate de explicar por qué recomiendas ese lugar.

Visita **Student Resources** para ver una guía de escritura en inglés.

27. **Reunir y compartir información** Trabaja en grupo para reunir dos hechos nuevos acerca de Rusia y cada una de las repúblicas euroasiáticas. Usa recursos en línea para buscar los hechos. Luego crea una tabla para anotar los hechos que hallaste y compartirlos en una presentación oral. Compara tus hallazgos con los de otros grupos.

Rusia	Hecho 1: ______ Hecho 2: ______
Armenia	Hecho 1: ______ Hecho 2: ______
Azerbaiyán	Hecho 1: ______ Hecho 2: ______

CAPÍTULO 12

Rusia y las repúblicas euroasiáticas hoy

VISTAZO PREVIO AL CAPÍTULO

Pregunta fundamental ¿Qué factores, tales como el tamaño y el clima, han influido en la cultura rusa?

SECCIÓN 1 • CULTURA

VOCABULARIO CLAVE

- cultura
- nómada
- yurta
- terreno
- trocha
- puerto
- diplomacia

VOCABULARIO ACADÉMICO

alistarse

TÉRMINOS Y NOMBRES

- ferrocarril transiberiano
- museo Hermitage

Pregunta fundamental ¿Cómo se han enfrentado Rusia y las repúblicas euroasiáticas a los retos políticos, económicos y medioambientales recientes?

SECCIÓN 2 • GOBIERNO Y ECONOMÍA

VOCABULARIO CLAVE

- perestroika
- glásnost
- golpe de estado
- sistema federal
- representación proporcional
- rentas
- tubería
- radiactivo
- lluvia radiactiva
- vida media
- contaminar

VOCABULARIO ACADÉMICO

autonomía, vulnerable

TÉRMINOS Y NOMBRES

- rusificación
- Kremlin
- Chernóbil

TECHTREK PARA ESTE CAPÍTULO

- Student eEdition
- Maps and Graphs
- Interactive Whiteboard GeoActivities
- Digital Library

Visita **myNGconnect.com** para obtener más información sobre Rusia y las repúblicas euroasiáticas.

Estas mujeres y niñas uzbekas de una aldea de montaña llevan puesto un *rumol*, un pañuelo para la cabeza que es parte de su atuendo tradicional

SECCIÓN 1 CULTURA

1.1 El clima y la cultura

TECHTREK
Visita **myNGconnect.com** para ver fotografías que reflejan el clima y la cultura de Rusia y las repúblicas euroasiáticas.

Digital Library

Idea principal La variedad de climas de Rusia y las repúblicas euroasiáticas tiene un gran impacto sobre las culturas de la región.

La palabra **cultura** hace referencia al modo de vida único de un grupo. Las características culturales comprenden el tipo de alimentación (lo que la gente come y la manera en que lo obtiene), la vivienda, el vestido, la religión y el idioma. El clima influye sobre las primeras tres características.

Resistir el frío de Siberia

Unos 30 pueblos indígenas viven en la tundra y la taiga de Siberia, en Rusia. Estos pueblos abarcan los yacutos, los nenets, los evenkis, los chukchis y los inuits. Todos estos pueblos tienen culturas similares, pero hablan lenguas diferentes.

Los pueblos que viven en estos climas fríos, con inviernos largos y veranos cortos y calurosos, tradicionalmente visten ropas hechas con pieles de reno. Algunos pueblos, como los nenets, aún viven como **nómadas**, desplazándose de un lugar a otro según las estaciones, en busca de alimento. Sin embargo, este modo de vida está cambiando y hoy en día muchos pueblos indígenas habitan en pueblos o ciudades.

El pastoreo en Asia Central

Al igual que los nenets de Siberia, también algunos pastores de Kazajistán y otras partes de Asia Central aún llevan una vida nómada. En el clima seco de la región, esta cultura tradicional se centra en la cría de ovejas, camellos, ganado bovino y caballos. Los animales les proporcionan alimento y leche, así como también cuero y lana para los vestidos y las carpas. Si bien el pastoreo continúa siendo una actividad importante en esta región, actualmente muchos pastores viven en aldeas rurales, en casas hechas de ladrillos de barro cocidos al sol.

La agricultura en las estepas

En las estepas de Rusia y partes de Asia Central, el suelo fértil y el clima moderado (inviernos fríos y veranos cálidos) son aptos para la agricultura. En este clima se desarrolló una cultura agrícola campesina. En esta cultura, las personas cultivaban cereales, especialmente trigo, y criaban ganado. Vivían en aldeas permanentes. Tiempo después, trabajaron para terratenientes en propiedades grandes y se convirtieron en siervos.

Visión crítica Un niño nenet estudia para la escuela en la tundra helada del noroeste siberiano. ¿Qué impacto sobre las actividades cotidianas puede tener el frío intenso que se refleja en esta foto?

LA ADAPTACIÓN AL CLIMA

SIBERIA Gran parte de los pueblos indígenas de Siberia centran su cultura en torno a los renos. Las vestimentas abrigadas y durables que usa esta familia están hechas con pieles de reno. La carne y la grasa de reno también les proporcionan un alimento nutritivo.

ASIA CENTRAL Los kazakos de Asia Central crían animales que les proveen casi todo lo que estos pastores necesitan para vivir. El fieltro, o fibras de lana prensada, se usa para hacer sombreros y carpas tradicionales llamadas **yurtas**.

ESTEPAS En las estepas, la vida de los agricultores gira en torno al ciclo de crecimiento estacional. Los agricultores suelen usar herramientas simples para sembrar sus cultivos. Los animales ayudan en el trabajo y proveen carne y leche.

En la actualidad, las granjas pertenecen a grandes corporaciones o a particulares. Los granjeros aún cultivan trigo como solían hacerlo en el pasado y también otros cereales, como maíz y cebada. Muchos de los productos derivados de estos cereales se exportan a otros países. Otros cultivos comunes son las remolachas y las patatas, junto con los girasoles, que se cultivan para producir el aceite que se usa para cocinar.

Antes de continuar

Resumir ¿Qué impacto ha tenido la variedad de climas de Rusia y las repúblicas euroasiáticas sobre las culturas de la región?

EVALUACIÓN CONTINUA

LABORATORIO DE FOTOS GeoDiario

1. **Analizar elementos visuales** La yurta de Asia Central, que se muestra arriba, es transportable. ¿Por qué esta característica podría ser importante para los pastores nómadas?
2. **Comparar y contrastar** Observa las tres fotos anteriores. ¿De qué manera las vestimentas de las mujeres reflejan el clima de cada región?
3. **Interacción entre los humanos y el medio ambiente** ¿Cómo ha influido el clima en la cultura tradicional de Siberia, Asia Central y las estepas?

SECCIÓN 1 CULTURA

1.2 El ferrocarril transiberiano

TECHTREK Visita **myNGconnect.com** para ver un mapa en inglés del ferrocarril transiberiano y fotos de algunos lugares por los que pasa.

Maps and Graphs · Digital Library

Idea principal El ferrocarril transiberiano une la parte occidental y la parte oriental de Rusia.

El **ferrocarril transiberiano** es el ferrocarril de servicio continuo más largo del mundo: Cubre unas 6,000 millas y atraviesa ocho husos horarios. Transiberiano significa "a través de Siberia". El ferrocarril une Moscú con el este de Rusia. También transporta personas y productos al este de Asia y Europa.

La construcción del ferrocarril

Rusia comenzó a construir el ferrocarril en 1891. Fue diseñado para conectar Moscú con Vladivostok, un puerto muy activo a orillas del océano Pacífico. En esa época, no existía un medio de transporte confiable que uniera este puerto del extremo oriental con la parte europea de Rusia.

Los obreros comenzaron su tarea a ambos extremos de la vía férrea y trabajaron hacia el centro, pero el clima y el **terreno**, o las características físicas del suelo, dificultaban el progreso de la obra. Los trabajadores debían hacer el tendido de la vía férrea a través de franjas extensas de permafrost y la vía atravesaba montañas, bosques, ríos y lagos. Los materiales (incluidos los explosivos usados para abrirse paso a través de rocas y acantilados) debían transportarse miles de millas hasta los lugares de trabajo.

Este proyecto de construcción requirió de muchos trabajadores. Como resultado, miles de campesinos, convictos y soldados rusos fueron **alistados**, o seleccionados, para trabajar en el ferrocarril. Solamente contaban con picos y palas para llevar a cabo su difícil tarea. Los obreros y los caballos acarreaban los materiales pesados. Los obreros trabajaban durante muchas horas en el calor extremo del verano y en el frío extremo del invierno. Además, tenían que hacer frente a los ataques de los ladrones y, en ocasiones, de los tigres. La vía principal, que se extendía desde Moscú hasta Vladivostok, finalmente se completó en 1916.

Visión crítica El ferrocarril transiberiano bordea el lago Baikal, en Siberia. En esta foto, el conductor se asoma fuera del tren cuando gira en la curva que rodea al lago. ¿A qué retos es probable que se hayan enfrentado los trabajadores cuando construyeron esta parte del ferrocarril?

RUTAS DEL FERROCARRIL TRANSIBERIANO

Efectos del ferrocarril

El ferrocarril transformó a Siberia y su cultura tradicional. Entre 1891 y 1914, más de cinco millones de habitantes inmigraron a Siberia. Junto a las vías del tren surgieron nuevos pueblos y ciudades. Los líderes soviéticos comenzaron a industrializar Siberia y a explotar su abundante materia prima. Durante la Segunda Guerra Mundial, el ferrocarril transportó tropas y materiales a través de Rusia.

El ferrocarril en la actualidad

Hoy en día, el ferrocarril recorre varias rutas más y ha reemplazado todas las antiguas locomotoras a vapor por trenes eléctricos que transportan pasajeros y carga. El ferrocarril también desempeña una función importante en la economía mundial. Los contenedores de carga, o de productos embalados en grandes cajas de acero, viajan desde China y otras partes del este de Asia hacia Europa. Una dificultad es que la **trocha**, o el ancho de las vías, es mayor en Rusia que en Europa y China. Por esta razón, en las fronteras los contenedores deben transferirse a otros trenes. Aun así, el envío de contenedores por vía terrestre a través de Rusia es mucho más rápido, y más económico, que por vía marítima.

Antes de continuar

Verificar la comprensión ¿De qué manera el ferrocarril transiberiano ha ayudado a conectar Rusia?

EVALUACIÓN CONTINUA

LABORATORIO DE MAPAS

GeoDiario

1. **Interpretar mapas** Usa la escala del mapa para determinar la distancia en tren desde Novosibirsk a Irkutsk en el ferrocarril transiberiano.
2. **Movimiento** Busca la ruta del ferrocarril transiberiano a China. ¿Qué beneficio ofrece a los fabricantes de bienes de consumo de China?
3. **Hacer inferencias** ¿Por qué hay tantos túneles y puentes a lo largo de la ruta del ferrocarril transiberiano?

SECCIÓN 1 CULTURA

1.3 San Petersburgo hoy

TECHTREK
Visita myNGconnect.com parar ver fotografías de San Petesburgo.
Digital Library

Idea principal San Petersburgo es la segunda ciudad más grande de Rusia y un centro de cultura, industria y comercio.

San Petersburgo se encuentra en el noroeste de Rusia, a orillas del río Neva. El río desemboca en el golfo de Finlandia, que se encuentra en el extremo este del mar Báltico. Debido a su ubicación más al norte, a 60° de latitud N, San Petersburgo tiene largas noches de invierno. De hecho, alrededor de un mes al año apenas si hay luz diurna. En verano, durante unas tres semanas el cielo nunca se oscurece completamente. Durante estas "Noches Blancas" se llevan a cabo eventos especiales de música y danza para aprovechar los días largos.

Una ventana a Occidente

Originalmente, San Petersburgo se fundó en una zona pantanosa aislada, lo cual hacía del lugar un terreno poco apto para contruir. Sin embargo, Pedro el Grande eligió el sitio en 1703 para tener un **puerto**, o embarcadero, para el comercio en el mar Báltico. También quería crear una ciudad moderna, para la época, que se pareciera a las de Europa Occidental y se convirtiese en la "ventana a Occidente" de Rusia. Pedro cumplió su deseo. Llenó San Petersburgo de islas, canales y puentes como los de las ciudades de Ámsterdam y Venecia en Europa Occidental. También construyó amplios bulevares, como los de París y Londres.

DATOS SOBRE SAN PETERSBURGO	
Población	5 millones de habitantes
Superficie	550 millas cuadradas
Ubicación	Temperatura media en enero: 21°F Temperatura media en julio: 65°F Latitud: 59° 57'N; longitud: 30° 19'E
Fecha de fundación	1703

La arquitectura histórica de San Petersburgo también refleja la influencia de Europa occidental. Muchos de los edificios del siglo XVIII todavía se conservan en pie, incluidos el Palacio de Invierno, el museo Hermitage y los palacios de verano de varios zares. En San Petersburgo también hay muchos templos históricos hermosos: iglesias rusas ortodoxas y catedrales de estilo occidental y oriental.

Esta ciudad es el centro cultural de Rusia. San Petersburgo cuenta con museos y compañías de ballet de fama mundial, como el Kirov. También tiene muchas universidades y teatros y la academia de música más antigua del país. Además, San Petersburgo ofrece una variedad de música contemporánea, incluyendo jazz y rock.

Una economía vibrante

La manufactura y la construcción son industrias importantes en San Petersburgo. La ciudad es también un centro para el comercio y la distribución de mercancías hacia y desde Europa.

Por encima de todo, la economía local depende del turismo. En 2003, año de su tricentenario, más de tres millones de visitantes llegaron a la ciudad para ver las atracciones turísticas. Muchos edificios históricos que habían sido dañados durante la Segunda Guerra Mundial fueron restaurados a tiempo para la celebración. Vladimir Putin, el presidente de Rusia en 2003, es de San Petersburgo. Putin quería que la ciudad se convirtiera en un centro de la **diplomacia**, un lugar donde pudiesen dirigirse los asuntos internacionales. Al igual que Pedro el Grande, Putin quería que Rusia estuviera más vinculada a Occidente.

Antes de continuar

Resumir ¿En qué aspectos es San Petersburgo un centro de cultura, industria y comercio?

Visión crítica La cúpula de la catedral de San Isaac se puede ver desde todas partes en la ciudad de San Petersburgo. ¿Qué edificios de los Estados Unidos y de otros países occidentales utilizan cúpulas similares?

EVALUACIÓN CONTINUA

LABORATORIO DE ESCRITURA GeoDiario

Crear folletos Crea un folleto destinado a atraer turistas a San Petersburgo.

Paso 1 Revisa la Sección 1.3 y toma notas acerca de algunas de las atracciones turísticas de San Petersburgo.

Paso 2 Elige tres atracciones que podrían ser particularmente interesantes para los turistas. Busca fotos de estas atracciones e imprímelas o dibújalas.

Paso 3 Escribe un párrafo para presentar la ciudad. A continuación, escribe una leyenda para cada foto que describa lo que revela la atracción sobre la historia o la cultura de la ciudad. Arma un folleto breve con el texto y las fotos.

2.1 El derrumbe soviético

TECHTREK
Visita **myNGconnect.com** para ver fotografías de la Unión Soviética.
Digital Library

Idea principal Los problemas económicos y el deseo de independencia del pueblo provocaron la caída de la Unión Soviética en 1991.

Tal como has aprendido, la Unión Soviética se formó en 1922. Durante las décadas de 1970 y 1980, la economía de esta enorme región se estancó. La moneda soviética no tenía casi ningún valor fuera del país. Las tiendas de comestibles exhibían pocos alimentos en sus estanterías y había pocos productos para comprar. Sumado a esto, hacía ya mucho tiempo que los habitantes de las repúblicas euroasiáticas rechazaban la política soviética de **rusificación**. Según esta política, la Unión Soviética trasladaba ciudadanos rusos a las repúblicas y los designaba en puestos de gobierno. Además, los habitantes locales estaban obligados a aprender el idioma ruso.

Gorbachov reformista

En 1985, Mijaíl Gorbachov se convirtió en el jefe del Partido Comunista soviético y comenzó a introducir reformas. Gorbachov impulsó un movimiento denominado **perestroika**, que significa "reestructuración". Gorbachov quería reestructurar la economía. Sostenía que un menor control por parte del gobierno haría una economía más efectiva.

En 1990, al ver que la economía no había logrado mejorar, el gobierno presentó un nuevo plan para modificar la economía en 500 días. Según este plan, las repúblicas tendrían mayor control sobre sus economías y disminuiría la propiedad estatal de las empresas.

Gorbachov también introdujo la política de **glásnost**, o apertura, que alentaba a las personas a hablar abiertamente sobre el gobierno. Sin embargo, esta libertad de expresión fue más allá de lo que Gorbachov había pensado. Las personas lanzaron sus críticas y protestas contra el gobierno central y comenzaron a exigir aún más libertad.

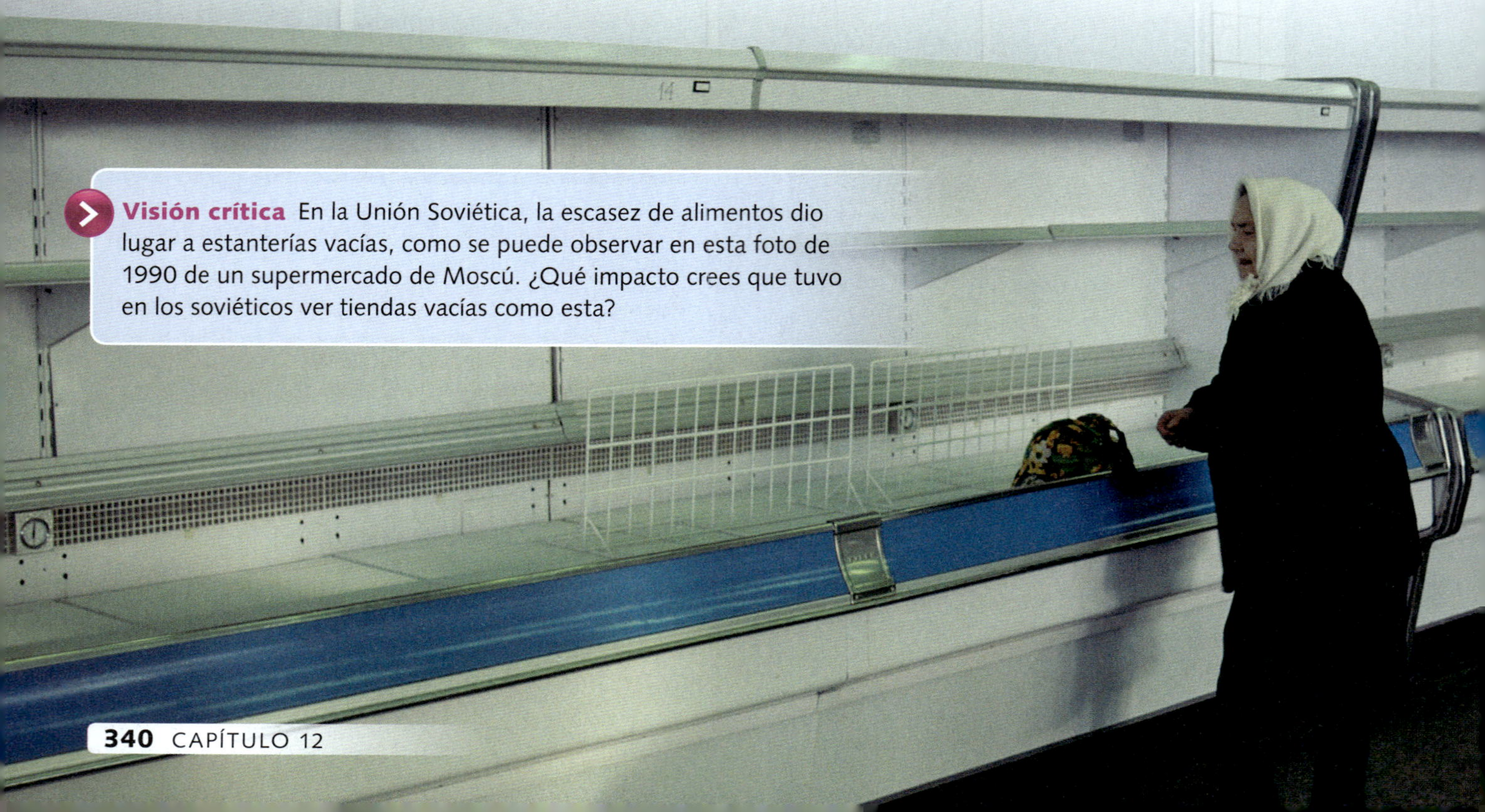

Visión crítica En la Unión Soviética, la escasez de alimentos dio lugar a estanterías vacías, como se puede observar en esta foto de 1990 de un supermercado de Moscú. ¿Qué impacto crees que tuvo en los soviéticos ver tiendas vacías como esta?

Cae la Unión Soviética

Después de la caída del Muro de Berlín, en Alemania, en noviembre de 1989, los comunistas perdieron el control de Europa Oriental. Los habitantes de muchas de las repúblicas soviéticas también querían liberarse del gobierno comunista central. Debilitado por la economía, el gobierno ya no podía manejar su enorme imperio. Ya en el otoño de 1990, todas las repúblicas habían declarado su **autonomía**, o la determinación de ejercer su propio gobierno.

En agosto de 1991, los comunistas conservadores que se oponían a las reformas políticas y económicas de Gorbachov intentaron un golpe de estado en su contra. Un **golpe de estado** es la toma repentina e ilegal del gobierno por medio de la fuerza. El golpe de estado fracasó, pero Gorbachov sabía que había perdido poder. El 25 de diciembre de 1991, presentó su renuncia a la presidencia y la Unión Soviética se disolvió. Todas las repúblicas se convirtieron en países independientes.

La vida después de la independencia

Algunos grupos dentro de las nuevas repúblicas independientes y de las propias fronteras de Rusia intentaron conseguir su independencia. En Azerbaiyán, los pueblos armenios continúan luchando por una porción del país donde la mayoría de los habitantes son de etnia armenia. Dentro de Rusia, la república musulmana de Chechenia ha luchado por lograr la independencia total.

La transición económica también ha resultado difícil. La disminución del control gubernamental en Rusia ha generado una gran desigualdad entre ricos y pobres, precios más altos, desempleo y un aumento de la corrupción y el crimen organizado. Algunas de las repúblicas euroasiáticas aún tienen economías y gobiernos controlados centralmente.

Antes de continuar

Hacer inferencias ¿De qué manera los intentos de reformar la economía y el sistema político soviético contribuyeron al derrumbe de la Unión Soviética?

EVALUACIÓN CONTINUA

LABORATORIO ORAL GeoDiario

1. **Consultar con un compañero** Comenta las causas y los efectos de la caída de la Unión Soviética con un compañero. Usa una tabla de causa y efecto como la siguiente para enumerar y organizar tus ideas.

CAUSAS	EFECTOS
1.	
2.	

2.2 El gobierno de Rusia

TECHTREK Visita **myNGconnect.com** para ver fotos de los líderes rusos.

Digital Library

Idea principal El gobierno central de Rusia consiste en tres ramas y, en conjunto con el presidente, ejerce la mayor parte del poder.

Luego de la caída de la Unión Soviética, Rusia adoptó una nueva constitución que estableció un **sistema federal**, con un gobierno central fuerte y unidades gubernamentales locales. Los Estados Unidos también tienen un sistema federal de gobierno. El gobierno de Rusia es más democrático que el régimen anterior de la Unión Soviética. Todas las personas con 18 años cumplidos pueden votar y existen varios partidos políticos. Sin embargo, el gobierno central y el presidente ejercen la mayor parte del poder.

El poder presidencial

En Rusia, el presidente es el jefe de la rama ejecutiva y el líder más importante del gobierno. Vladimir Putin fue presidente desde 2000 a 2008. En 2008, Dmitry Medvedev fue elegido presidente. Solo tuvo un término en este cargo.

Medvedev designó a Putin como primer ministro, por lo que Putin no estaba lejos del poder. En marzo de 2012, Putin volvió a ser elegido presidente. Los candidatos de la oposición y sus partidos en Rusia no son fuertes, sin embargo, hubieron protestas ante la elección de Putin.

Los legisladores y los jueces

La rama legislativa está compuesta por dos cámaras. La cámara baja es la Duma Estatal. Los miembros se eligen por representación proporcional. Según este sistema, un partido político consigue un porcentaje de escaños igual al porcentaje de votos que obtuvo. Un partido debe recibir como mínimo el siete por ciento de los votos para obtener escaños. El partido de Putin, Rusia Unida, tiene alrededor del 64 por ciento de los escaños.

La cámara alta de la rama legislativa es el Concejo de la Federación. Los jefes de los poderes ejecutivo y legislativo de cada unidad local de gobierno designan a los miembros de esta cámara. La Duma Estatal es la cámara legislativa con mayor poder. Todos los proyectos de ley deben considerarse primero en la Duma Estatal, incluso aquellos propuestos por la cámara alta.

Visión crítica El **Kremlin** es un complejo histórico de palacios e iglesias ubicado en el corazón de Moscú. ¿Qué característica de la foto sugiere que el Kremlin sirvió en el pasado como fortaleza de la ciudad?

COMPARAR LOS GOBIERNOS RUSO Y ESTADOUNIDENSE		
Rusia	**Ramas del gobierno**	**Estados Unidos**
• Presidente, electo para un período de seis años Primer Ministro, designado • Ministros de gobierno, designados	**Ejecutiva**	• Presidente y Vicepresidente, ambos electos para un período de cuatro años • Gabinete, designado
• Asamblea Federal: – Concejo de la Federación (166 miembros), designados para un período de cuatro años – Duma Estatal (450 miembros), electos para un período de cinco años	**Legislativa**	• Congreso: – Senado (100 miembros), electos para un período de seis años – Cámara de Representantes (435 miembros), electos para un período de dos años
• Jueces de la Corte Constitucional, designados de por vida (cargos vitalicios)	**Judicial**	• Jueces de la Corte Suprema, designados de por vida (cargos vitalicios)

El tribunal supremo de Rusia es la Corte Constitucional. El Concejo de la Federación designa estos jueces en base a las recomendaciones del presidente. El cargo de los jueces es vitalicio. En general, en Rusia la rama judicial es más **vulnerable**, o está más abierta, a la presión política que en la mayoría de las democracias occidentales. Esto significa que, en ocasiones, los funcionarios de las ramas ejecutiva y legislativa pueden influir en los jueces.

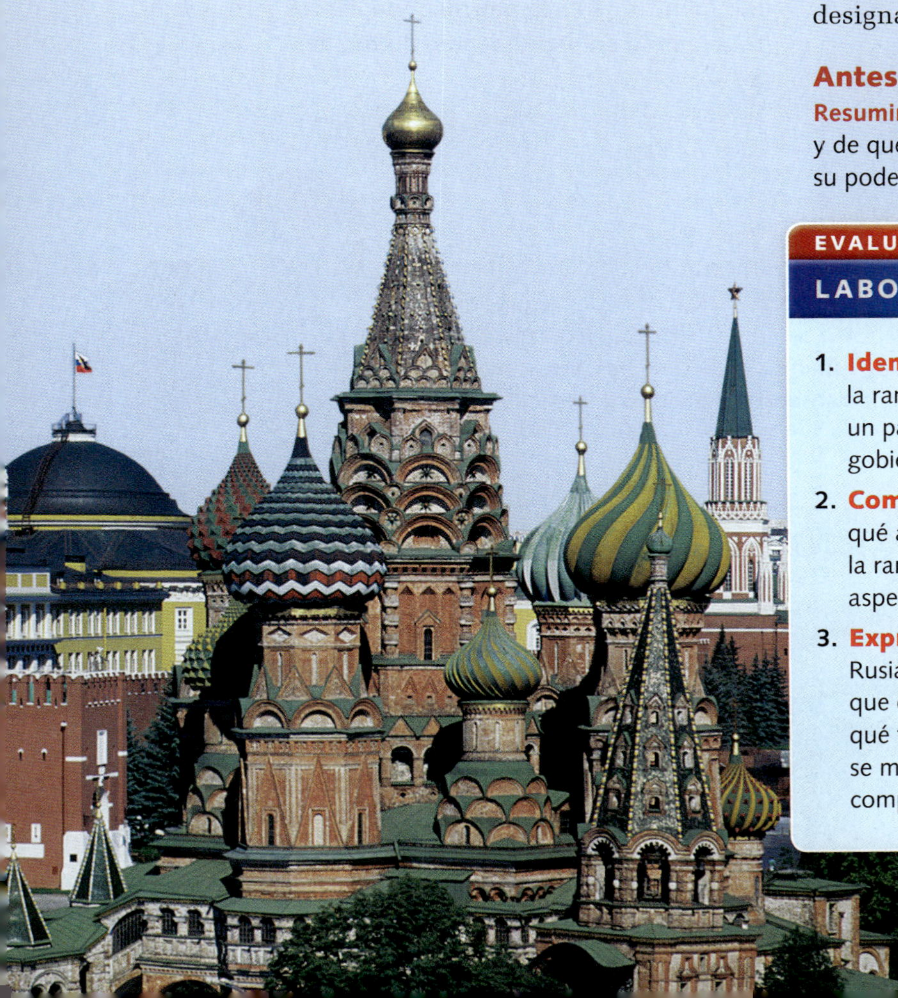

El control centralizado

El gobierno central de Moscú aún intenta controlar la mayoría de los niveles gubernamentales. Quienes están en el poder suelen elegir a las personas que ellos mismo quieren que sean electas.

En 2000, el entonces presidente Putin redujo el número de unidades de gobierno locales en Rusia de 89 a 7 para aumentar el control centralizado sobre ellas. El presidente ya ejercía cierto poder sobre esas unidades, ya que designaba a sus gobernadores.

Antes de continuar

Resumir ¿Qué ramas componen el gobierno central y de qué manera el gobierno y el presidente ejercen su poder?

EVALUACIÓN CONTINUA

LABORATORIO DE DATOS GeoDiario

1. **Identificar** Según la tabla, ¿qué funcionarios de la rama ejecutiva rusa probablemente desempeñen un papel similar al de los miembros del Gabinete del gobierno de los EE. UU.?
2. **Comparar y contrastar** Observa la tabla. ¿En qué aspectos la rama legislativa rusa se parece a la rama legislativa de los Estados Unidos? ¿En qué aspectos es diferente?
3. **Expresar ideas oralmente** El gobierno de Rusia, ¿es más democrático o menos democrático que el gobierno de los Estados Unidos? Piensa en qué funcionarios son electos o designados y cómo se maneja el poder. Comenta tus ideas con un compañero.

SECCIÓN 2 GOBIERNO Y ECONOMÍA

2.3 Liberar las riquezas energéticas

TECHTREK

Visita **myNGconnect.com** para ver un mapa en inglés y fotos de las tuberías de energía de la región.

Maps and Graphs | Digital Library

Idea principal El petróleo y el gas natural enriquecen las economías de Rusia y de varios países que rodean al mar Caspio.

Además de reformar su gobierno, Rusia se ha ocupado del desarrollo de su economía. El petróleo y el gas natural son sus mayores fuentes de riqueza. De hecho, el país es el principal exportador de petróleo y de gas natural del mundo. Estos recursos representan aproximadamente dos tercios del valor de todas las exportaciones de Rusia y un tercio de sus **rentas**, o ingresos.

El auge de las ciudades siberianas

Casi el 70 por ciento del petróleo ruso proviene de Siberia occidental. Desde el fin de la Unión Soviética, la región ha florecido, es decir, ha crecido rápidamente. Los trabajadores del oeste de Rusia y de Asia Central se trasladan a Siberia en busca de empleos bien remunerados. Los trabajadores ganan lo suficiente como para comprar apartamentos en ciudades como Surgut. Han surgido suburbios nuevos y muchas personas disfrutan de un estándar de vida más alto. La riqueza proveniente del petróleo también ha permitido fundar nuevos aeropuertos, museos y escuelas.

Las riquezas del mar Caspio

Algunos expertos creen que el mar Caspio puede tener más reservas de energía que el golfo Pérsico. A Rusia le gustaría controlar la energía del Caspio. Rusia, Turkmenistán y Kazajistán firmaron un acuerdo para construir una tubería que transportara gas natural desde el Caspio, a través de Kazajistán, hasta Rusia. Desde allí, Rusia exportaría el gas a Europa, sin embargo, la red gubernamental de tuberías de Rusia no controla todas las exportaciones de la región.

Las nuevas tuberías transportan gas desde Turkmenistán hasta China e Irán. Kazajistán también transporta petróleo vía barcos y trenes, reduciendo su dependencia de Rusia.

Vocabulario visual Los trabajadores del petróleo sellan una tubería en Kazajistán. Una **tubería** es una serie de caños conectados para transportar líquidos o gases.

TUBERÍAS DE PETRÓLEO Y DE GAS NATURAL

Azerbaiyán tiene reservas importantes de petróleo y de gas natural. El país solía enviar el combustible a Rusia a través de tuberías. Ahora obtiene más dinero comerciando principalmente con los Estados Unidos y enviando el combustible por las tuberías directamente a través de Georgia y Turquía. Al hacer esto, Azerbaiyán no tiene que compartir las ganancias de las exportaciones con Rusia.

Por ahora, Rusia obtiene muchas riquezas de sus exportaciones de gas natural y petróleo. Sin embargo, al depender demasiado de las exportaciones de energía, el país corre el riesgo de agotar estos recursos naturales.

Antes de continuar

Verificar la comprensión ¿De qué manera el petróleo y el gas natural han enriquecido a Rusia y a los países que rodean al mar Caspio?

EVALUACIÓN CONTINUA

LABORATORIO DE MAPAS GeoDiario

1. **Movimiento** ¿Qué distancia aproximada recorre el gas natural por las tuberías desde Surgut, en Siberia occidental, hasta San Petersburgo (*St. Petersburg*), en Rusia? ¿Por qué crees que las tuberías podrían ser un buen medio para transportar el gas a través de distancias largas?
2. **Formular y responder preguntas** Formula tu propia pregunta sobre la información que se muestra en el mapa. Después pídele a un compañero que responda tu pregunta.
3. **Sacar conclusiones** ¿Qué ganaría Rusia al controlar la energía del mar Caspio (*Caspian Sea*)?
4. **Hacer inferencias** ¿Por qué los países de Asia Central están instalando tuberías para transportar petróleo y gas natural directamente a China e Irán?

2.4 Después de Chernóbil

TECHTREK
Visita **myNGconnect.com** para ver fotos del desastre de Chernóbil y una guía de escritura en inglés.

Digital Library
Student Resources

Idea principal El desastre nuclear de Chernóbil perjudicó gravemente el medio ambiente en algunas zonas de Bielorrusia, Ucrania y Rusia occidental.

El 26 de abril de 1986, un reactor nuclear de una central eléctrica de Chernóbil explotó y se incendió, provocando el peor desastre nuclear de la historia. **Chernóbil** se encuentra en el país de Ucrania. En el momento del desastre, Ucrania formaba parte de la Unión Soviética. Una nube **radiactiva** de unos 3,280 pies de altura se extendió sobre partes de Ucrania, Bielorrusia y Rusia. Los vientos llevaron la **lluvia radiactiva** hacia zonas del norte y del centro de Europa. Estos materiales radiactivos han causado daños a los humanos, a los animales y a las plantas.

Los efectos sobre la salud

Los científicos saben que los materiales radiactivos toman muchísimo tiempo en descomponerse y desaparecer. Cada material tiene una **vida media** particular, es decir, el tiempo necesario para que la mitad de sus átomos se desintegren y disminuyan. Por ejemplo, el cesio, un elemento altamente radiactivo, tiene una vida media de 30 años. Esto significa que después de 30 años, la mitad de sus átomos seguirán siendo radiactivos.

Treinta personas murieron en el transcurso de los tres meses posteriores al accidente, la mayoría debido a la exposición a cantidades enormes de material radiactivo. Con el tiempo, miles de las personas que ayudaron a limpiar el desastre han desarrollado problemas de salud. Algunos niños nacidos de padres expuestos a la radiación llevan los efectos en sus genes. Además, el yodo radiactivo llegó a la leche de las vacas que pastaban en áreas **contaminadas**, o infectadas, después del accidente. Esto provocó un aumento en el cáncer de tiroides, especialmente en los niños. Hay millones de personas que todavía viven en tierras contaminadas. Los funcionarios aún no pueden predecir los efectos a largo plazo sobre la salud de las personas.

Antes de continuar

Resumir ¿Cuáles son algunos de los problemas de salud que se produjeron como resultado del desastre nuclear de Chernóbil?

VOCABULARIO CLAVE

radiactivo, adj., que emite energía producida por la ruptura de los átomos

lluvia radiactiva, s., partículas radiactivas provenientes de una explosión nuclear que caen a través de la atmósfera

vida media, s., tiempo necesario para que la mitad de los átomos de una sustancia radiactiva se desintegren y disminuyan

contaminado, adj., inapropiado para el uso debido a la presencia de elementos peligrosos

EL DESASTRE DE CHERNÓBIL EN NÚMEROS

400
Número estimado de bombas atómicas que se necesitarían para igualar el accidente

4,000
Número estimado de personas que podrían morir debido a cánceres provocados por la exposición a la radiación del accidente

600,000
Número estimado de personas que recibieron una exposición significativa a la radiación, incluyendo evacuados, residentes y todos los que ayudaron a limpiar después del accidente

5 million
Número estimado de personas que todavía viven en las áreas contaminadas de Ucrania, Bielorrusia y Rusia

Fuente: Foro de las Naciones Unidas sobre Chernóbil, 2006

Daño medioambiental

El efecto causado sobre Bielorrusia fue mayor debido a que el viento soplaba en esa dirección justo después del accidente. La contaminación alcanzó a casi el 23 por ciento del país, incluyendo terrenos agrícolas y bosques. En Ucrania, el 7 por ciento de la tierra y el 40 por ciento de sus bosques resultaron contaminados. En Rusia, el área más afectada fue la zona que limita con Bielorrusia.

Se prevé que la radiación permanecerá en el suelo durante muchos años. Las plantas que crecen en los bosques de la región están contaminadas, al igual que los animales que se alimentan de ellas. Muchas manadas de renos debieron ser exterminadas poco tiempo después del accidente, pues estaban demasiado infectados por la radiación.

La lluvia ácida ha contaminado particularmente los peces de los ríos y los lagos de Ucrania, porque estas aguas fluyen desde el sitio del desastre. La radiación que ha llegado a las fuentes de agua subterránea permanecerá durante cientos de años.

COMPARAR REGIONES

El programa nuclear de Francia

Pese a lo ocurrido en Chernóbil, muchos países han continuado desarrollando la energía nuclear. Francia, por ejemplo, tiene más de 55 centrales nucleares que generan más del 75 por ciento de su electricidad. Muchos franceses reciben con agrado una nueva central nuclear en su ciudad porque trae consigo puestos de trabajo y prosperidad a la región.

Los franceses están al tanto de los peligros que representan las centrales de energía nuclear, pero no les temen. Muchas de las centrales ofrecen visitas guiadas y la publicidad ayuda a reforzar la idea de que la energía nuclear es parte de la vida diaria en Francia.

En la actualidad, son pocos los seres humanos que viven dentro de las 18 millas del área cercada alrededor del reactor nuclear de Chernóbil.

Como resultado, las personas saben que las centrales son tecnológicamente más avanzadas y más seguras que la central de Ucrania. Los científicos y los ingenieros franceses que las construyeron aprendieron la lección de Chernóbil.

Antes de continuar

Verificar la comprensión ¿Qué lección se ha aprendido del desastre de Chernóbil?

EVALUACIÓN CONTINUA

LABORATORIO DE LECTURA GeoDiario

1. **Resumir** ¿Qué daño provocó el desastre de Chernóbil al medio ambiente?
2. **Hacer predicciones** ¿De qué manera crees que este desastre continuará afectando a los habitantes de Ucrania, Bielorrusia y Rusia?
3. **Escribir comparaciones** Imagina que se han propuesto dos centrales nucleares nuevas: una en Rusia y otra en Francia. ¿Cuál crees que sería la reacción de los ciudadanos de cada país? Escribe dos oraciones que comparen sus reacciones. Asegúrate de explicar qué te hizo pensar que las personas reaccionarían así en cada país. Visita **Student Resources** para ver una guía en línea de escritura en inglés.

CAPÍTULO 12
Repaso

VOCABULARIO

Escribe una oración que explique la conexión entre las dos palabras de cada par de palabras de vocabulario.

1. nómada; yurta

> *Durante siglos, los nómadas de Asia Central han vivido en carpas tradicionales de fieltro llamadas yurtas.*

2. perestroika; glásnost
3. sistema federal; representación proporcional
4. radiactivo; contaminado
5. lluvia radiactiva; vida media

IDEAS PRINCIPALES

6. Describe algunos de los diferentes tipos de clima presentes en Rusia y las repúblicas euroasiáticas. (Sección 1.1)
7. ¿De qué manera se ha beneficiado Rusia con el ferrocarril transiberiano? (Sección 1.2)
8. ¿Por qué San Petersburgo se considera la "ventana a Occidente" de Rusia? (Sección 1.3)
9. ¿Por qué designar funcionarios rusos en las repúblicas contribuyó a producir el derrumbe de la Unión Soviética? (Sección 2.1)
10. ¿De qué manera los cambios que Gorbachov hizo en el gobierno contribuyeron a la caída de la Unión Soviética? (Sección 2.1)
11. ¿Qué rama del gobierno central de Rusia tiene más poder? ¿Qué rama tiene menos poder? (Sección 2.2)
12. ¿Por qué se dice que Siberia occidental ha "florecido"? (Sección 2.3)
13. ¿Cuál fue el impacto del desastre nuclear de Chernóbil sobre Ucrania, Bielorrusia y Rusia? (Sección 2.4)

CULTURA

ANALIZA LA PREGUNTA FUNDAMENTAL

¿Qué factores, tales como el tamaño y el clima, han influido en la cultura rusa?

Razonamiento crítico: Hacer inferencias

14. ¿Qué impacto tiene el clima sobre los pastores nómadas de Siberia y Asia Central?
15. ¿Por qué fue difícil construir el ferrocarril transiberiano a través de Rusia?
16. ¿En qué época del año preferirán los turistas visitar San Petersburgo? ¿Por qué?

INTERPRETAR MAPAS

LENGUAS DE RUSIA

17. **Región** ¿Cuáles son las dos familias de lenguas más importantes de Rusia?
18. **Comparar y contrastar** ¿Qué tienen en común las lenguas habladas al oeste y al este de los montes Urales (*Ural Mountains*)? ¿En qué aspectos se diferencian?

GOBIERNO Y ECONOMÍA

ANALIZA LA PREGUNTA FUNDAMENTAL

¿Cómo se han enfrentado Rusia y las repúblicas euroasiáticas a los retos políticos, económicos y medioambientales recientes?

Razonamiento crítico: Hacer generalizaciones

19. ¿Qué impacto tuvo el derrumbe de la Unión Soviética sobre el papel que desempeñaba Rusia en la región?
20. ¿Por qué el gobierno central de Rusia redujo la cantidad de unidades gubernamentales locales?
21. ¿De qué manera la ubicación y el poder de Rusia ayudan a este país a controlar los recursos energéticos de la región?
22. ¿Por qué Rusia se vio menos afectada por el desastre nuclear de Chernóbil que Ucrania y Bielorrusia?

INTERPRETAR TABLAS

RESERVAS DE GAS NATURAL

País	Cantidad (m3)*	Rango mundial
Rusia	47.6 trillones	1
Irán	33 trillones	2
Qatar	25.2 trillones	3
Turkmenistán	24.3 trillones	4
Arabia Saudí	8.0 trillones	5
Estados Unidos	7.7 trillones	6
Emiratos Árabes Unidos	6.0 trillones	7

Fuente: CIA World Factbook, 2012 (est.) / *(m3) = metros cúbicos

23. **Analizar datos** De acuerdo con la tabla, ¿aproximadamente cuántas reservas más de gas natural tiene Rusia que los Estados Unidos?
24. **Evaluar** ¿Qué sugiere esta tabla acerca del lugar donde se encuentran la mayoría de las reservas de gas natural?
25. **Sacar conclusiones** ¿Por qué crees que Ucrania importa gas natural de Rusia?

OPCIONES ACTIVAS

Sintetiza las preguntas fundamentales completando las siguientes actividades.

26. **Escribir anotaciones en un diario** Escribe varias anotaciones de diario desde el punto de vista de un obrero que construye el ferrocarril transiberiano. Describe las dificultades de la obra y los obstáculos que encuentras. Usa las sugerencias para la escritura que se presentan a continuación como ayuda para escribir tus anotaciones. **Cuando hayas terminado, intercambia tus anotaciones con un compañero y compáralas.**

Sugerencias para la escritura
- Incluye detalles sobre el lugar donde trabajaste, las herramientas que utilizaste y las condiciones que debiste soportar.
- Describe todas las experiencias inesperadas, como un encuentro con ladrones o animales salvajes a lo largo de las vías.
- Expresa como te sentiste por haber sido alistado para realizar este trabajo.

27. **Crear tablas** Haz una tabla en la cual compares el tamaño, la población y las religiones principales de Rusia y las repúblicas euroasiáticas. En tu tabla incluye Kazajistán, Kirguistán, Tayikistán, Turkmenistán y Uzbekistán. Usa recursos en línea como ayuda para reunir los datos. Comenta con un compañero cuáles son las mayores semejanzas y diferencias entre estos países.

COMPARAR PAÍSES

País	Tamaño	Población	Religiones principales
Rusia			
Armenia			
Azerbaiyán			
Georgia			

Recursos naturales y energía

TECHTREK
Visita **myNGconnect.com** para ver una gráfica en inglés sobre los recursos energéticos.

Maps and Graphs

En esta unidad, aprendiste que Rusia y muchas de las repúblicas euroasiáticas tienen abundantes reservas de gas natural y petróleo. De hecho, Rusia tiene la reserva de gas natural más grande del mundo. El vecino asiático de Rusia, China, es el mayor productor de carbón del mundo. Hay una gran demanda de estas fuentes de energía en países de todo el mundo.

Comparar

- Brasil (*Brazil*)
- China
- México (*Mexico*)
- Rusia (*Rusia*)
- Estados Unidos (*United States*)

Las decisiones que toman las personas acerca de la energía son fundamentales para tener un planeta sano. Tal como has aprendido, algunas fuentes de energía contaminan el medio ambiente al quemarse. Muchos científicos creen que el dióxido de carbono que emiten estas fuentes contribuye a un aumento general de la temperatura del planeta. Para aliviar estos problemas, proponen reducir el uso de combustibles fósiles y desarrollar fuentes no fósiles de energía.

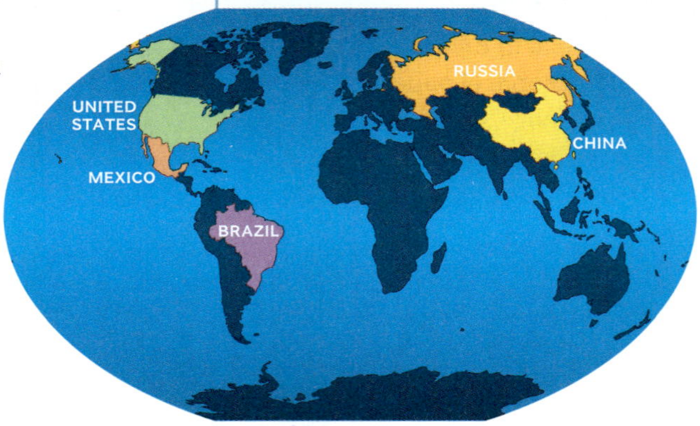

COMBUSTIBLES FÓSILES

Los combustibles fósiles se forman a partir de plantas y animales enterrados que murieron hace millones de años. Este tipo de combustibles se encuentran en depósitos situados bajo la superficie de la Tierra, y es necesario quemarlos para liberar su energía. Estos combustibles proporcionan alrededor del 85 por ciento de la energía mundial. Los combustibles fósiles son el carbón, el petróleo y el gas natural.

Estas fuentes de energía se clasifican como no renovables, ya que tardan millones de años en formarse y los suministros existentes no se pueden reproducir con la misma rapidez con que usan. Aunque el gas natural es relativamente limpio (lo cual significa que no genera demasiada contaminación), los combustibles fósiles, especialmente el carbón, tienden a ser sucios y a liberar en el aire una gran cantidad de dióxido de carbono nocivo.

COMBUSTIBLES NO FÓSILES

Los combustibles no fósiles son fuentes alternativas de energía y son los siguientes: la energía hidroeléctrica que proviene del agua, la energía nuclear, la energía eólica o del viento, la energía solar proveniente del Sol y los biocombustibles hechos de aceite vegetal.

Muchas de estas fuentes de energía son renovables, ya que se pueden reemplazar rápidamente. Algunos países utilizan cantidades significativas de energía nuclear y energía hidroeléctrica. Sin embargo, los demás combustibles no fósiles representan solamente el dos por ciento de la energía mundial.

Rusia y China utilizan combustibles fósiles y no fósiles. Las gráficas de la página siguiente muestran el consumo de energía en ambos países. Compara los datos presentados en las gráficas y utilízalos para responder las preguntas.

CONSUMO DE ENERGÍA POR PAÍS

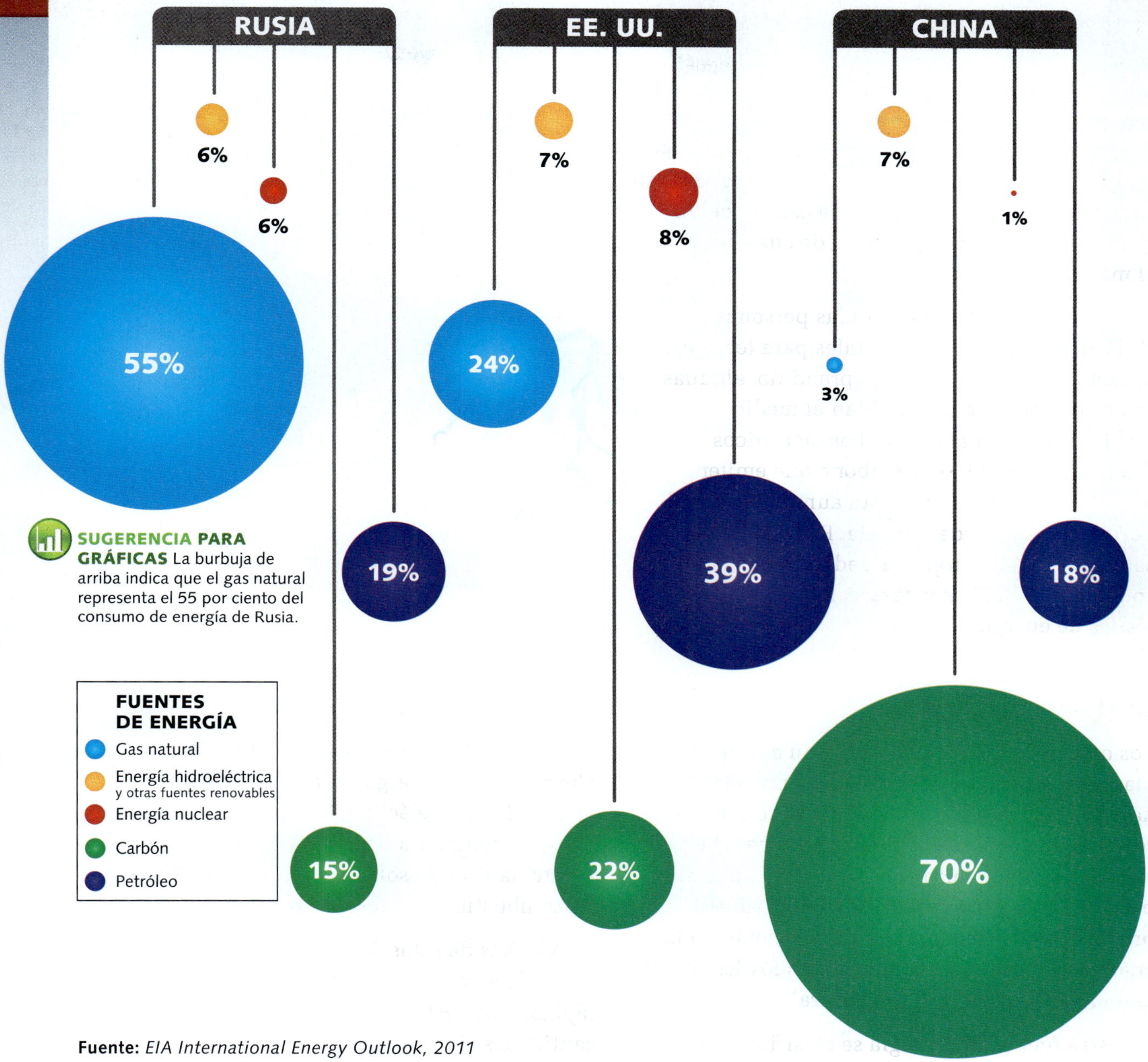

SUGERENCIA PARA GRÁFICAS La burbuja de arriba indica que el gas natural representa el 55 por ciento del consumo de energía de Rusia.

Fuente: *EIA International Energy Outlook, 2011*

EVALUACIÓN CONTINUA

LABORATORIO DE INVESTIGACIÓN GeoDiario

1. **Explicar** ¿Cuál es la principal fuente de energía de cada país? ¿Cuál podría ser la razón para cada caso?
2. **Analizar datos** ¿Cuánta energía proveniente de combustibles no fósiles se consume en cada país? ¿Qué sugiere esto acerca del desarrollo de energía alternativa en Rusia y en China?

Investigar y hacer comparaciones Investiga sobre el consumo de energía en Brasil y en México y luego compáralo con el consumo de Rusia y China. ¿Qué país parece estar invirtiendo más en fuentes de energía renovable y no fósil? ¿Qué podría sugerir esta estadística acerca de sus niveles de contaminación?

Opciones activas

TECHTREK

Visita **myNGconnect.com** para ver fotos de sitios culturales de Rusia y las repúblicas euroasiáticas y otros sitios considerados Patrimonio de la Humanidad por la UNESCO.

Digital Library

ACTIVITY 1

Propósito: Ampliar tu conocimiento sobre los animales originarios de Rusia y las repúblicas euroasiáticas.

Diseñar un cartel para animales autóctonos

Rusia es el hogar de animales terrestres y marinos. Algunos de estos animales, incluidos los que están enumerados a la derecha, se han cazado en exceso o se consideran vecinos indeseables. Investiga sobre uno de estos animales y utiliza la información para diseñar un cartel que contribuya a la apreciación a este animal. Toma en cuenta el hábitat de los animales, la población sobreviviente y los esfuerzos realizados para protegerlo.

- Ballena azul
- Oso pardo
- Lobo gris
- Oso polar
- Tigre siberiano

Osos polares

ACTIVIDAD 2

Propósito: Investigar la herencia natural y cultural de Rusia y las repúblicas euroasiáticas.

Crear una guía de Patrimonios de la Humanidad

La Organización de las Naciones Unidas para la Educación, la Ciencia y la Cultura (UNESCO) ha identificado cientos de lugares que forman parte del patrimonio natural y cultural del mundo. Varios de estos sitios considerados Patrimonio de la Humanidad se encuentran en la Federación Rusa y en las repúblicas euroasiáticas. Prepara una guía para estudiantes que visiten esta región. Elige entre cinco y diez sitios de la región considerados Patrimonio de la Humanidad por la Unesco. Proporciona información sobre cada sitio. Si lo deseas, puedes usar el recurso en inglés **Magazine Maker CD-ROM** como modelo.

ACTIVIDAD 3

Propósito: Conocer la cultura rusa a través de los cuentos folclóricos del país.

Realizar un festival de cuentos folclóricos rusos

Los cuentos folclóricos, como "El anciano y el oso" y "Baba Yaga", son una parte muy antigua de la cultura rusa. En grupo, busca y lee algunos cuentos folclóricos rusos en línea. Decide cuáles presentarás en el festival. Luego decide cómo presentarás los cuentos. Puedes elegir volver a narrar un cuento o puedes decidir llevarlo a escena con tu grupo. Puedes representar uno o más cuentos.

NATIONAL GEOGRAPHIC
Culturas del mundo y geografía

GEO

EXPLORA ÁFRICA SUBSAHARIANA CON NATIONAL GEOGRAPHIC

CONOCE A LA EXPLORADORA

NATIONAL GEOGRAPHIC

La exploradora emergente Kakenya Ntaiya, educadora y activista (en el centro de la fotografía), fundó en su aldea la primera escuela primaria para niñas. Su trabajo proporciona educación a las niñas africanas y les ofrece la oportunidad de desarrollar destrezas de liderazgo.

INVESTIGA LA GEOGRAFÍA

Estas jirafas corren con sus crías por el Parque Nacional Serengueti, en Tanzania. El Serengueti, conectado con el Parque Nacional Masai Mara, ubicado en la vecina Kenia, es el único lugar de África donde grandes manadas de animales, como los ñús, las cebras y las gacelas, siguen realizando vastas migraciones terrestres.

CONECTA CON LA CULTURA

Esta antigua aldea del pueblo dogón fue construida en los desfiladeros de arenisca de Malí, en África Occidental. Actualmente, la mayor parte del pueblo dogón se dedica a la agricultura y practica la religión tradicional de sus antepasados. Gran parte de su organización social y de sus prácticas culturales están relacionadas con este sistema de creencias.

ONLINE WORLD ATLAS

Visita **myNGconnect.com** para ver mapas del África Subsahariana.

CONECTA CON LA CULTURA

Algunos músicos y *griots* (narradores de cuentos) actúan en una playa de las afueras de Dakar, Senegal. Este instrumento es un *kora*. Tiene 21 cuerdas y es parecido a un laúd.

CAPÍTULO 13

ÁFRICA SUBSAHARIANA
GEOGRAFÍA E HISTORIA

VISTAZO PREVIO AL CAPÍTULO

Pregunta fundamental ¿Qué influencia ha tenido la variada geografía del África Subsahariana en la vida de sus habitantes?

SECCIÓN 1 • GEOGRAFÍA

VOCABULARIO CLAVE

- cuenca
- sabana
- desertificación
- valle de fisura
- manada
- interior
- deforestación
- zona de transición
- tierras altas
- bosque tropical
- energía hidroeléctrica
- sin litoral
- escarpe
- hábitat
- caza o pesca furtiva
- nocturno
- ecoturismo

VOCABULARIO ACADÉMICO

inactivo

TÉRMINOS Y NOMBRES

- Sahel
- Kalahari
- Gran Valle del Rift
- Kilimanyaro
- río Congo
- Gran Escarpe
- río Zambeze
- delta del Okavango

Pregunta fundamental ¿Cómo influyeron las redes comerciales y las migraciones en el desarrollo de la civilización africana?

SECCIÓN 2 • HISTORIA

VOCABULARIO CLAVE

- revolución agrícola
- lengua materna
- caravana
- lengua franca
- transahariano
- aluvial
- ciudad-estado
- tráfico transatlántico de esclavos
- desnutrición
- imperialismo
- colonialismo
- misionero

VOCABULARIO ACADÉMICO

incentivo

TÉRMINOS Y NOMBRES

- bantúes
- suajili
- Tombuctú
- Congo
- Gran Zimbabue
- Pasaje del Medio
- Conferencia de Berlín
- Panafricanismo
- Jomo Kenyatta
- Kwame Nkrumah

TECHTREK PARA ESTE CAPÍTULO

Student eEdition

Maps and Graphs

Interactive Whiteboard GeoActivities

Digital Library

Elefantes africanos

Visita **myNGconnect.com** para obtener más información sobre el África Subsahariana.

SECCIÓN 1 GEOGRAFÍA

1.1 Geografía física

TECHTREK

Visita **myNGconnect.com** para ver un mapa del África Subsahariana y el Vocabulario visual en inglés.

Maps and Graphs | Digital Library

ÁFRICA SUBSAHARIANA: MAPA FÍSICO

Idea principal El África Subsahariana está dividida en cuatro regiones que poseen distintas características geográficas.

El África Subsahariana se encuentra al sur del desierto del Sahara. La región se extiende desde Senegal, en África Occidental, hasta Etiopía y Somalia, en África Oriental, y hasta el extremo sur del continente africano. El África Subsahariana incluye la nación insular de Madagascar.

La deriva continental de África

Como has aprendido, en un principio todos los continentes formaban un único gran continente llamado Pangea. El movimiento de las placas tectónicas de la Tierra produjo la separación y el alejamiento de los continentes, con lo cual África pasó a formar un continente separado de los demás. La tectónica de placas también produjo la formación de ciertas características físicas del continente africano. Tanto los lagos como las cuencas y los valles se formaron a través del movimiento de las placas. Una **cuenca** es una región bañada por un sistema fluvial.

Los accidentes geográficos y el agua

El África Subsahariana está dividida en cuatro regiones: occidental, central, oriental y sur. En África Occidental se encuentran las sabanas y gran parte del Sahel. El **Sahel** es una pradera semiárida limitada al norte por el Sahara y al sur por las praderas tropicales, o **sabanas**. En el Sahel se produce una transición gradual entre el clima del desierto y el de la sabana. Ciertas partes del Sahel, por ejemplo, se están convirtiendo en desierto. Este proceso, denominado **desertificación**, implica que hay menos tierras fértiles para destinar a la agricultura. Varios factores, entre ellos el cambio climático y la superpoblación, causan la desertificación.

El accidente geográfico más importante de África Central es el bosque tropical, especialmente en la cuenca del Congo. En África Oriental, los **valles de fisura** (valles profundos que se formaron al separarse la corteza terrestre) se extienden desde el mar Rojo en dirección sur hasta Mozambique. En África del Sur encontramos grandes mesetas y otro desierto importante, el **Kalahari**. El Kalahari tiene pocas aguas superficiales, pero sustenta el desarrollo de una amplia variedad de plantas y animales silvestres.

El acceso al agua potable es un problema para los habitantes del África Subsahariana, debido a las limitaciones en los recursos hídricos y en los servicios sanitarios. La situación, no obstante, está mejorando. Por ejemplo, entre 1990 y 2010, el porcentaje de habitantes de Namibia con acceso a agua potable aumentó del 57 al 93 por ciento, a medida que el gobierno y las distintas comunidades comenzaron a trabajar en conjunto para resolver el problema.

Antes de continuar

Verificar la comprensión ¿Cuáles son las principales características geográficas de las cuatro regiones del África Subsahariana?

EVALUACIÓN CONTINUA

LABORATORIO DE MAPAS GeoDiario

1. **Interacción entre los humanos y el medio ambiente** Según el mapa, el ancho del Sahara de este a oeste es de aproximadamente 3,000 millas. ¿Por qué se considera al Sahara como un límite natural?
2. **Ubicación** Usa el mapa para señalar dos fuentes de agua dulce del África Subsahariana.
3. **Describir información geográfica** Describe las causas de la desertificación y el problema que presenta para la agricultura subsahariana.

SECCIÓN 1 GEOGRAFÍA

1.2 África Oriental y el valle de fisura

TECHTREK
Visita **myNGconnect.com** para ver mapas en inglés de África Oriental y fotos del Gran Valle del Rift.
Maps and Graphs · Digital Library

Idea principal África Oriental es famosa por el Gran Valle del Rift y los lagos profundos que hay allí.

Es fácil hallar África Oriental en un mapa: tiene la forma del cuerno de un rinoceronte. De hecho, la región es conocida como “el Cuerno de África”. El “cuerno” está formado por los países de Somalia, Yibuti, Eritrea y Etiopía. Otros países de África Oriental son Sudán, Kenia, Uganda, Ruanda, Burundi y Tanzania.

El Gran Valle del Rift

La característica física más importante de África Oriental es el **Gran Valle del Rift**. Este valle forma parte de una cadena de valles que se extiende desde Asia Suroccidental hasta África del Sur. En algunos lugares el valle alcanza las 60 millas de ancho. Las laderas del valle a menudo superan los 6,000 pies de altura.

Esta cadena de valles se formó cuando las placas tectónicas se separaron y crearon grietas profundas, o fisuras, en la corteza terrestre. Los valles de fisura han estado formándose durante unos 20 millones de años y continúan desarrollándose en la actualidad.

Los movimientos de las placas también crearon los lagos de agua dulce del Gran Valle del Rift. A medida que se iban formando, los sitios bajos y las fisuras comenzaron a llenarse lentamente de agua de lluvia, hasta convertirse en lagos. Al oeste de Tanzania se encuentra el lago Tanganica. Con sus 4,700 pies de profundidad, este lago es el segundo lago de agua dulce más profundo del mundo.

Mesetas y sabanas

La mayor parte del África Oriental descansa sobre mesetas. Como muestra el mapa climático, las dos áreas más elevadas se encuentran en Etiopía y Kenia. La altura de estas zonas permite que las temperaturas sean más frescas, pese a que las zonas se encuentren en o cerca del ecuador.

Además de los valles de fisura y de los lagos, el movimiento de las placas creó volcanes. Tanto el **Kilimanyaro** (19,340 pies) en Tanzania como el monte Kenia (17,058 pies) en Kenia son volcanes **inactivos**. El suelo volcánico que rodea a estas montañas es fértil, lo cual permite un buen crecimiento de los cultivos.

Vocabulario visual Una **manada**, o grupo, de leones se desplaza a través de los pastos altos de la sabana de Kenia. En promedio, una manada están formada por unos 15 leones.

ÁFRICA ORIENTAL: DIVISIÓN POLÍTICA

ÁFRICA ORIENTAL: CLIMAS

Tanto en Tanzania como en Kenia hay enormes sabanas en las que la fauna silvestre, como los leones, las jirafas y los elefantes, se mueve libremente o dentro de reservas protegidas.

Antes de continuar

Resumir Describe las características físicas del Gran Valle del Rift.

EVALUACIÓN CONTINUA

LABORATORIO DE MAPAS GeoDiario

1. **Ubicación** Usando los mapas, ubica tres fuentes de agua dulce de África Oriental.
2. **Interpretar mapas** Según el mapa climático, ¿qué país tiene la mayor variedad de regiones climáticas en África Oriental? ¿Cómo te ayuda esta información a ampliar el conocimiento que tienes de la región?
3. **Hacer inferencias** ¿De qué manera el clima, la elevación y el acceso al agua determinan en qué lugares de África Oriental viven las personas?

1.3 Las estepas de África Occidental

TECHTREK Visita **myNGconnect.com** para ver un mapa en inglés y fotos de la desertificación

Maps and Graphs

Digital Library

Idea principal La geografía física de África Occidental incluye tanto estepas y tierras altas como costas tropicales y un desierto seco.

Desde la costa atlántica, ubicada al sur del Sahara, África Occidental se extiende en dirección este hacia el **interior** del continente, es decir, hacia las tierras que están lejos de la costa. Esta parte de África sustenta numerosas y variadas formas de vida, dependiendo de los accidentes geográficos y del clima de cada área.

Estepas y tierras altas

Las estepas semiáridas, o praderas, definen una parte de África Occidental. Como sabes, el Sahel está formado por las praderas situadas entre el desierto del Sahara y las sabanas tropicales. El Sahel se extiende a través de la parte media de África Occidental. Esta región tiene una temporada corta de lluvias y, por lo tanto, es muy seca.

La población en aumento de África Occidental ha incrementado la demanda de cultivos alimenticios. Para destinar más tierras al cultivo, los habitantes de África Occidental han tenido que talar bosques, una práctica denominada **deforestación**. La deforestación practicada en África Occidental ha dejado sin protección al suelo árido. El suelo se ha erosionado, o desgastado, como consecuencia del uso excesivo. Estas condiciones, junto con el cambio climático, fomentan la desertificación, un problema que actualmente afecta al África Subsahariana.

En África Occidental también podemos encontrar **tierras altas**, que son áreas de terreno montañoso más elevado. Las tierras altas de Adamawa se encuentran en la frontera oriental de Nigeria. Las tierras altas de Futa Yallon se yerguen en Senegal, en su límite con Guinea. Esta serie de mesetas de arenisca se caracteriza por sus cañones escarpados.

Costa tropical, desierto seco

En África Occidental, los países costeros difieren de los países del interior. Los países que están en la costa tienen una mayor población y más ciudades que los países del interior. Los países costeros a menudo tienen climas tropicales. Algunas ciudades situadas en el golfo de Guinea reciben más de 80 pulgadas de lluvia al año, y las costas de Costa de Marfil pueden recibir más de 10 pies anuales de lluvia. Por el contrario, las zonas desérticas del norte de Níger, un país del interior, reciben menos de 10 pulgadas de lluvia al año.

Vocabulario visual Una **zona de transición** es un área situada entre dos regiones geográficas y que posee características de ambas. El Sahel (que se muestra aquí en Malí) es una zona de transición entre el Sahara, ubicado al norte, y las sabanas, situadas al sur.

Las ciudades más grandes de África Occidental están ubicadas en la costa atlántica o cerca de ella. La ciudad costera de Lagos, en Nigeria, es la ciudad más grande de África Occidental y una de las más grandes del mundo. Esta clase de ciudades costeras cuentan con varias ventajas; las lluvias abundantes, la pesca y el comercio permiten a las ciudades costeras de África Occidental dar sustento a su creciente población.

Los países del interior de África Occidental están cubiertos en su mayoría por el desierto. La deforestación y la desertificación, junto con la falta de agua, dificultan el cultivo de los suelos ya de por sí pobres. Alrededor del 80 por ciento de la población de Chad se gana la vida a través de la agricultura de subsistencia y la cría de ganado. En 2003, Chad comenzó a exportar petróleo. Este nuevo recurso económico podría fortalecer la economía del país y permitir que haya dinero disponible para invertir en mejoras en la tecnología agrícola.

Antes de continuar

Verificar la comprensión ¿En qué se diferencian las estepas de África Occidental de las costas de la región?

ÁFRICA OCCIDENTAL: DIVISIÓN POLÍTICA

LAS CIUDADES Y EL AGUA Casi todas las capitales de África Occidental se encuentran en la costa o cerca de un río. El agua es esencial para el crecimiento de las ciudades. Las zonas que cuentan con un buen acceso al agua gozan de una mejor actividad agrícola, de más industrias y tienen la capacidad de dar sustento a poblaciones más numerosas. Las grandes ciudades del mundo tienden a desarrollarse alrededor de fuentes abundantes de agua.

EVALUACIÓN CONTINUA

LABORATORIO FOTOGRÁFICO GeoDiario

1. **Analizar elementos visuales** Según la foto, ¿qué características del Sahel de Malí lo convierte en una zona de transición?
2. **Ubicación** ¿Qué sugiere la foto sobre las dificultades de vivir en esta zona de transición?
3. **Interpretar mapas** ¿En qué se diferencia la capital de Nigeria del resto de las capitales de África Occidental?

1.4 Los bosques tropicales y los recursos

TECHTREK
Visita **myNGconnect.com** para ver un mapa en inglés sobre el uso de la tierra y fotos de la fauna silvestre.

Maps and Graphs | Digital Library

Idea principal África Central se caracteriza por los bosques tropicales de la cuenca del río Congo y por una variedad de recursos naturales.

África Central limita con las tierras altas de Adamawa, en África Occidental, y el Gran Valle del Rift, en África Oriental. África Central se encuentra entre las mesetas del Sahel y África del Sur.

El bosque tropical de la cuenca del Congo

La cuenca del Congo es la característica geográfica más importante de África Central. La cuenca se encuentra en el ecuador y está rodeada por tierras de mayor elevación. Dentro de la cuenca hay un **bosque tropical**, que es un bosque de temperaturas cálidas, lluvias abundantes, humedad elevada y vegetación espesa.

El bosque tropical de África Central es el segundo más grande del mundo, después del bosque tropical de Suramérica. La vegetación es tan espesa que en ocasiones la luz solar no logra llegar al suelo. Las plantas también dificultan el desplazamiento sobre tierra, por lo tanto la mayoría de las personas vive en el linde o límite del bosque tropical.

El bosque tropical permite el desarrollo abundante de una vida silvestre sorprendente. El okapi, pariente de la jirafa, habita en la cuenca del Congo. Otros de los animales del bosque tropical son los gorilas, como el que se muestra en esta página, los leopardos y los rinocerontes.

El **río Congo** es una importante vía fluvial de África Central. Al igual que el río Amazonas en Suramérica, el río Congo está situado en una zona ecuatorial y fluye hacia el océano Atlántico. Varios ríos importantes de África Central, como los ríos Ubangui, Aruwimi y Lomami, son afluentes del río Congo.

Los recursos de África Central

África Central comprende la República Centroafricana, el Congo, Camerún, Santo Tomé y Príncipe, Guinea Ecuatorial y el Gabón. Sin embargo, el país más grande y más populoso de África Central es la República Democrática del Congo (R.D.C.). La capital de la R.D.C. es Kinshasa.

Visión crítica Un gorila de la llanura occidental camina por el bosque de la República Democrática del Congo. ¿Por qué el bosque tropical puede dar sustento a tantas plantas y animales?

USO DE LA TIERRA

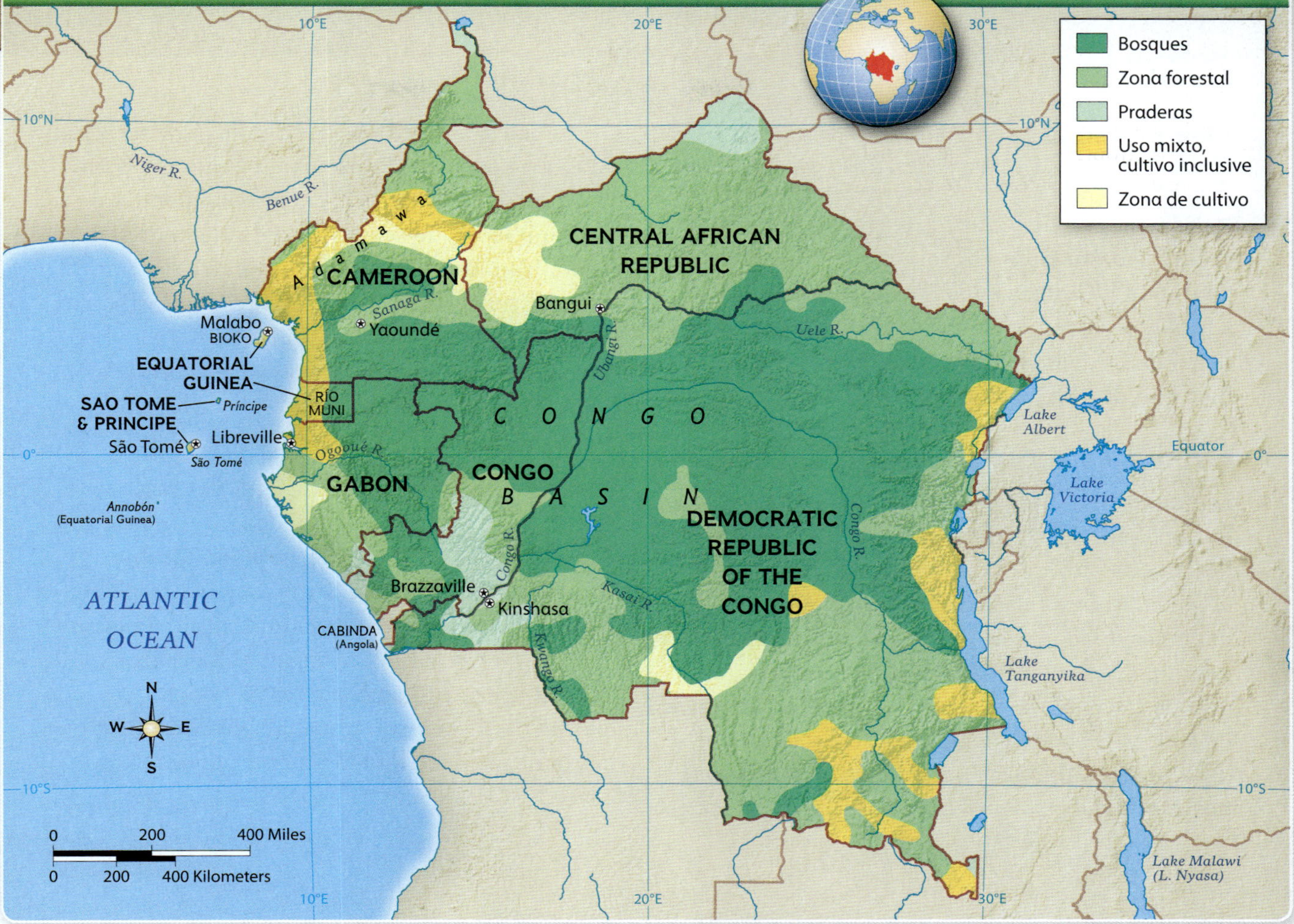

La R.D.C. tiene una gran riqueza de recursos naturales, como el cobre, los bosques, los diamantes y el mismo río Congo. El río proporciona **energía hidroeléctrica**, o electricidad producida por fuentes de agua tales como los ríos. Al forzarlo a fluir a través de unas turbinas, o máquinas, el río genera electricidad para la R.D.C. y otros países.

Antes de continuar

Verificar la comprensión Describe el bosque tropical y los recursos naturales que se encuentran en África Central.

EVALUACIÓN CONTINUA

LABORATORIO DE MAPAS GeoDiario

1. **Interpretar mapas** ¿De qué manera la latitud de la cuenca del Congo explica su clima y su vegetación?
2. **Hacer una investigación en Internet** Usa Internet para investigar la cuenca del río Amazonas en Suramérica. En una tabla como la que se muestra a continuación, compara y contrasta la cuenca del río Congo con la cuenca del río Amazonas.

	UBICACIÓN	TAMAÑO	PRECIPITACIÓN
Cuenca del río Congo			
Cuenca del río Amazonas			

1.5 Las mesetas y las cuencas del sur

TECHTREK
Visita **myNGconnect.com** para ver mapas en inglés y fotos de África del Sur.
Maps and Graphs
Digital Library

Idea principal La geografía física de África del Sur ofrece oportunidades para el desarrollo económico.

África del Sur tiene tierras agrícolas fértiles, recursos naturales valiosos y una vida silvestre abundante. Gracias a los ingresos generados a través de la exportación de los recursos naturales, África del Sur goza del nivel de vida más alto del África Subsahariana.

Cuencas y mesetas

La cuenca del Congo se extiende hasta Angola y Zambia, dos países de África del Sur. Desde allí, la tierra se eleva y forma una vasta meseta que abarca casi la totalidad de África del Sur. Seis naciones de la región son países **sin litoral**, es decir, no tienen acceso directo a una costa. En otra de las mayores cuencas africanas, la cuenca de Kalahari en África del Sur, se encuentra el desierto de Kalahari. Esta cuenca, sin embargo, posee también áreas de abundante vida silvestre.

La meseta de África del Sur se caracteriza por el **Gran Escarpe**. Un **escarpe** es una pendiente pronunciada. El Gran Escarpe es la pendiente pronunciada que se extiende desde la meseta hasta las llanuras costeras de África del Sur. El Gran Escarpe es más pronunciado en los países de Sudáfrica y Lesoto. También se extiende en dirección noreste, adentrándose en Zimbabue, y en dirección noroeste, entrando a Namibia y Angola.

El **río Zambeze** de África del Sur recibe aguas de la parte sur del centro de África. El Zambeze fluye a través de Angola, Zambia, a lo largo del límite de Zimbabue y atraviesa Mozambique antes de desembocar en el océano Índico. La presa de Kariba, en el Zambeze, genera energía hidroeléctrica. De hecho, los países de Zambia y Zimbabue obtienen la mayor parte de su electricidad de esta presa.

Visión crítica Unos mineros trabajan cerca de Johannesburgo, Sudáfrica, extrayendo recursos de las profundidades. Según la fotografía, ¿cuáles son algunos de los peligros que podrían enfrentar los mineros?

ÁFRICA DEL SUR
Producto Interno Bruto per cápita, 2012

ÁFRICA DEL SUR
Recursos naturales

Minería y agricultura

Una franja de yacimientos minerales serpentea a través de Zambia, Zimbabue y Sudáfrica. En esa región se extrae cobre, oro y diamantes, que se destinan a usos industriales y para la confección de joyas. De hecho, Sudáfrica es uno de los mayores productores de oro del mundo. Muchas personas emigran a Sudáfrica para conseguir empleo en las minas, a pesar de que el trabajo puede ser peligroso.

El clima templado de África del Sur es apto para una variedad de cultivos. En las mesetas de Sudáfrica, por ejemplo, prosperan muchos viñedos, y en el escarpe oriental de Zimbabue hay plantaciones de té. Hasta 1975, cuando estalló una guerra civil, Angola producía casi el 20 por ciento del café del planeta. Cuando la guerra terminó, en 2002, se retomó la producción de café. En toda África del Sur se producen bananas, piñas y manzanas. También se cultivan el maíz, el trigo y otros granos.

Sudáfrica, Botsuana y Namibia tienen el producto interno bruto más alto de África del Sur. Otros países trabajan para superar lo factores que han debilitado su economía, como la guerra civil y las enfermedades. Para ellos, una economía exitosa es un objetivo del futuro.

Antes de continuar

Verificar la comprensión ¿De qué manera los recursos y los cultivos de la región son el sustento de la economía?

EVALUACIÓN CONTINUA

LABORATORIO VISUAL GeoDiario

1. **Comparar y contrastar** De acuerdo con el mapa del Producto Interno Bruto, ¿qué países tienen el PIB más alto? ¿Y qué países el más bajo?
2. **Interpretar mapas** ¿De qué manera los recursos naturales de África del Sur pueden ser uno de los motivos de las diferencias en el mapa del PIB?
3. **Movimiento** ¿Qué circunstancias han llevado a numerosos trabajadores a migrar a África del Sur?

TECHTREK
Visita **myNGconnect.com** para ver un mapa, fotos y un video clip de Explorer en inglés.
Maps and Graphs
Digital Library

Explorando la fauna silvestre de África

con Dereck y Beverly Joubert

Idea principal Los seres humanos trabajan para proteger las especies amenazadas de grandes felinos y sus hábitats.

Los grandes felinos africanos

Los grandes felinos, como los leones, los guepardos y los leopardos, son una parte esencial de la fauna silvestre africana. A partir de la década de 1940, la cantidad de leones africanos se redujo de unos 450,000 a unos 20,000 ejemplares, y los humanos provocaron la mayor parte de esta disminución. La caza, la invasión de los **hábitats** (medio ambiente natural) de los grandes felinos y la **caza furtiva** (caza ilegal) han contribuido a reducir el número de grandes felinos salvajes.

Trabajar en la protección de los hábitats

"Es como si fuésemos exploradores de nacimiento, al recorrer apasionadamente los lugares silvestres de la Tierra", decía Dereck Joubert. Los Joubert, exploradores residentes de National Geographic, aprendieron acerca de la flora y la fauna en las reservas de caza de África del Sur. Actualmente viven en Botsuana. "En 1981, cuando viajamos por primera vez a Botsuana, al **delta del Okavango**, sentimos que habíamos encontrado nuestro hogar", comentaron los Joubert.

Ese mismo año, los Joubert se sumaron al Instituto Chobe para la Investigación de los Leones e iniciaron un estudio intensivo de los leones, para el que tuvieron que adoptar un estilo de vida **nocturno**, o activo durante la noche.

myNGconnect.com
Para obtener más información en inglés sobre las actividades actuales de Dereck y Beverly Joubert.

RESERVAS NATURALES AFRICANAS

LOS GRANDES FELINOS EN NÚMEROS

5
Distancia en millas a la que se puede oír el rugido de un león

12
Promedio de vida de un león macho en la naturaleza

23
Distancia en pies que un guepardo puede cubrir de una zancada

70
Velocidad máxima de un guepardo en millas por hora

550
Peso en libras de un león macho adulto

Fuente: Smithsonian National Zoo, National Geographic Society

Trabajaron de noche en las zonas silvestres de África, en ocasiones durante meses. Desde que dejaron el Instituto Chobe, los Joubert han trabajado por su cuenta en distintos proyectos de filmación, fotografía y conservación.

Los Joubert tienen una misión: preservar el hábitat de los grandes felinos. Al proteger los hábitats también se protege la biodiversidad, o variedad de especies, del hábitat. Los proyectos de los Joubert lograron llamar la atención sobre la difícil situación de los grandes felinos de África. El conocimiento de los Joubert sobre la vida de los grandes felinos sirve de ayuda a otros ecologistas que buscan desarrollar diversos programas de protección de hábitats.

Los Joubert también fomentan el **ecoturismo**, el turismo que se centra en la protección de la vida silvestre y el uso responsable de la tierra y los recursos. El ecoturismo educa a los visitantes sobre temas relacionados con la conservación del ambiente. Según los Joubert, la educación es una parte esencial de su trabajo. Sostiene que, a fin de cuentas, "todos formamos parte de una comunidad global de leones y leopardos, búfalos, escarabajos peloteros, serpientes, árboles y casquetes glaciares, y de ninguna manera somos ajenos a todo esto".

Antes de continuar

Resumir ¿Cuáles son algunas de las maneras de proteger a los grandes felinos africanos?

EVALUACIÓN CONTINUA
LABORATORIO DE LECTURA

GeoDiario

1. **Hacer inferencias** Según lo que sabes sobre la geografía subsahariana, ¿qué podría explicar la falta de reservas naturales en el norte de la región?
2. **Interpretar datos** ¿Qué sugiere la velocidad del guepardo y la distancia de sus zancadas acerca de sus virtudes como cazador?

2.1 Las migraciones bantúes

TECHTREK
Visita **myNGconnect.com** para ver un mapa en inglés de las migraciones bantúes y fotos de la cultura bantú.

Maps and Graphs | Digital Library

Idea principal Los pueblos de habla bantú migraron desde África Occidental e influyeron sobre la lengua y la cultura del continente africano.

Como has leído, la variedad en las características físicas del África Subsahariana permite la variedad en los cultivos de la actualidad. Hace unos 10,000 años se inició una revolución agrícola en África Central. Durante la **revolución agrícola**, los humanos comenzaron a cultivar en lugar de recolectar plantas. En algún momento posterior a la revolución agrícola, alrededor del año 2000 a. C., se inició una de las mayores migraciones de la historia de la humanidad: la migración **bantú**. Hacia el año 1000 d. C., los pueblos bantúes se habían extendido desde su tierra natal en África Central hacia el sur y el este a través del África Subsahariana.

El pueblo bantú

Las personas emigran por motivos económicos, políticos, religiosos, sociales y medioambientales. Cuando se desplazan grupos de personas, las culturas se fusionan, se forman idiomas nuevos, se expande la tecnología y, en ocasiones, surgen conflictos.

Los historiadores y los antropólogos no saben con certeza qué motivó a los bantúes a emigrar en el momento en que lo hicieron, ni por qué escogieron el lugar al que emigraron. Por cualquiera que haya sido la razón, los bantúes comenzaron a desplazarse, llevando consigo sus rasgos culturales y sus destrezas.

Los bantúes sabían trabajar el hierro, y el manejo que tenían de las armas de hierro les dio una ventaja sobre otros grupos tribales. A medida que los bantúes iban avanzando, obligaban a los demás pueblos a desplazarse o a ser absorbidos por la cultura bantú.

Los numerosos y diversos pueblos que pasaron a formar parte de la cultura bantú conservaron gran parte de su propia cultura. Como consecuencia, las casi 85 millones de personas cuyo pasado se remonta a las migraciones bantúes comparten actualmente una gran diversidad cultural.

Visión crítica Descendientes de los bantúes cosechan té en Sudáfrica. La búsqueda de mejores tierras agrícolas es una de las razones que puede haber motivado la migración de los bantúes. ¿Qué sugiere esta foto sobre los métodos agrícolas actuales de Sudáfrica?

Las lenguas bantúes

En la actualidad, las personas con antepasados bantúes forman parte de más de 400 grupos étnicos, entre ellos los zulúes, los suajilis y los kikuyos. Las lenguas bantúes originales han evolucionado y creado más de 450 idiomas.

De las lenguas bantúes que han sobrevivido, el **suajili** (también llamada kiswahili) es una de las más conocidas. Para más de 5 millones de personas, el suajili es el idioma que aprenden de niños, es decir, su **lengua materna**. El suajili es la segunda lengua de más de 30 millones de personas. Este idioma se habla principalmente en África Oriental y existen varios dialectos, o formas diferentes de hablarlo. El suajili tiene una marcada influencia del árabe. Durante muchos siglos, los mercaderes árabes de África del Norte se reunieron con los pueblos de habla bantú de África Oriental para intercambiar bienes. Con el paso del tiempo, el suajili se convirtió en el idioma usado para el comercio.

A partir de los inicios del siglo XIX, las **caravanas** (grupos de mercaderes, en este caso mercaderes árabes, que viajan juntos por razones de seguridad) se adentraron aún más en el continente africano, difundiendo el suajili a más pueblos. El suajili finalmente sería usado por algunos europeos que colonizaron partes de África donde se hablaba esta lengua.

En la actualidad, en varias zonas de África habitan dos grupos de personas con distintas lenguas maternas. En estas zonas, el suajili es normalmente el idioma para comunicarse entre los distintos grupos. Como consecuencia, el suajili es la **lengua franca**, es decir, la lengua común a varios grupos de personas.

MIGRACIONES BANTÚES

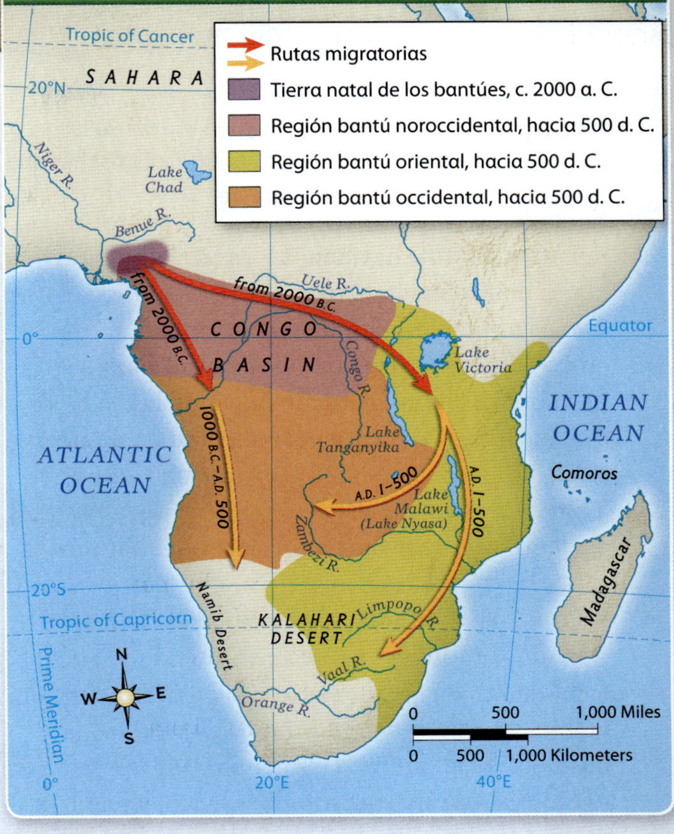

Antes de continuar

Resumir ¿De qué manera los bantúes influyeron sobre la cultura y la lengua del continente africano?

EVALUACIÓN CONTINUA

LABORATORIO DE MAPAS

GeoDiario

1. **Interpretar mapas** ¿Qué accidente geográfico de África podría haber influido sobre la decisión de los bantúes de migrar hacia el sur en lugar de hacerlo hacia el norte?
2. **Movimiento** Según el mapa, ¿durante cuánto tiempo se desarrolló la migración bantú?
3. **Sacar conclusiones** ¿De qué manera el uso de la tecnología metalúrgica respaldó la migración de los pueblos bantúes?
4. **Hacer inferencias** ¿Por qué podría ser importante contar con una lengua franca, o idioma común?

2.2 Los primeros estados y el comercio

TECHTREK
Visita **myNGconnect.com** para ver un mapa en inglés sobre los imperios africanos y fotos del Gran Zimbabue.
Maps and Graphs
Digital Library

Idea principal El comercio ayudó a desarrollar estados e imperios poderosos en el África Subsahariana.

El comercio fue importante en el desarrollo del África Subsahariana. La perspectiva de comerciar bienes valiosos llevó a los mercaderes árabes a establecer un corredor de transporte entre África del Norte y África Occidental. La religión islámica, que había empezado a expandirse desde la península arábiga en el siglo VIII a. C., comenzó a difundirse entre los africanos gracias a este comercio **transahariano**, es decir, que atraviesa el desierto del Sahara.

Los imperios de África Occidental

Con el paso de los siglos, surgieron en África Occidental varios imperios que se desarrollaron gracias al comercio del oro y la sal. En los bosques se encontraba el oro **aluvial**, es decir, o el oro depositado por un río, y en el desierto se encontraba la sal. Estos productos se comerciaban en la zona de sabana situada entre el bosque y el desierto, donde nació el Imperio de Ghana.

Ghana obtuvo poder y riquezas al aplicar un impuesto al comercio del oro y de la sal, lo que le permitió controlar África Occidental desde 700 d. C. hasta el siglo XIII. Ghana luego entró en decadencia y el reino de Malí, liderado por el rey Sundiata, ocupó su lugar. Mansa Musa, el sobrino nieto del rey, mantuvo el control del comercio, expandió el islamismo y convirtió a la ciudad de **Tombuctú** en un centro educativo.

Otro imperio que comerciaba oro y sal fue el Imperio songhai. Si bien este imperio prosperó del siglo X al siglo XV, llegó a su apogeo bajo el gobierno Askia Mohamed. El Imperio de Benín se desarrolló al sur del Imperio songhai, entre los siglos XII y XIX. Benín comerció activamente con países europeos como Portugal y los Países Bajos.

Los imperios y estados de África Oriental

El poderoso Imperio de Aksum de África Oriental estaba situado en lo que actualmente es Etiopía. Entre los años 300 y 600 d. C., el imperio de Aksum prosperó. Adulis, su puerto más importante, estaba ubicado en el mar Rojo y era el centro de la actividad comercial. Numerosas **ciudades-estado** (estados independientes compuestos por una ciudad y los territorios que dependen de ella), como, por ejemplo, Mogadiscio, se desarrollaron en la costa de África Oriental debido al crecimiento del comercio.

Otros estados africanos

También surgieron estados poderosos en África Central y en África del Sur. En África Central, se fundó en 1390 el Reino del **Congo** (distinto al actual país del Congo). Congo ganó notoriedad gracias a la gran organización de su gobierno. Poco después de su fundación, se produjo la llegada de los portugueses, que tuvieron participación en muchos aspectos del estado, como la política, el comercio y la religión.

Monedas del Imperio de Aksum

300 — 600 — 900

300 d. C. El Imperio de Aksum de África Oriental comienza a alcanzar su apogeo en lo que actualmente es Etiopía.

700 d. C. Ghana se convierte en el centro del comercio del oro y la sal de África Occidental.

Un vendedor actual corta una roca de sal para venderla en el mercado de Malí.

IMPERIOS DEL ÁFRICA SUBSAHARIANA

Entre 1200 y 1450, el pueblo shona de África del Sur construyó una ciudad con murallas de piedra llamada **Gran Zimbabue**. *Zimbabue* es una palabra shona que significa "casas de piedra". Los shona comerciaban oro, hierro y cobre con lugares muy lejanos tales como China y la India.

Antes de continuar

Resumir ¿Cómo contribuyó el comercio al desarrollo de los primeros estados y reinos de África?

EVALUACIÓN CONTINUA

LABORATORIO DE MAPAS GeoDiario

1. **Lugar** Busca en el mapa la ciudad-estado de Mogadiscio (*Mogadishu*). ¿Por qué esta ubicación sería beneficiosa para realizar actividades comerciales?
2. **Interpretar mapas** Según el mapa y la línea cronológica, ¿cuál fue el imperio más antiguo?
3. **Hacer inferencias** ¿Qué podría explicar que los imperios de Ghana, Malí y Songhai se hayan desarrollado en las mismas tierras de África Occidental?

1200 — **1500** — **1800**

Siglo XIV El Imperio de Malí de África Occidental alcanza su apogeo.

Mansa Musa gobernó Malí durante unos 25 años.

1591 El Imperio songhai llega a su fin.

2.3 El impacto del tráfico de esclavos

TECHTREK
Visita **myNGconnect.com** para ver una guía de escritura en inglés.

Student Resources

Idea principal El tráfico europeo de esclavos involucró a millones de personas y tuvo efectos perdurables en África y América.

La esclavitud existía en África con anterioridad a la llegada de los europeos. Los grupos tribales africanos, por ejemplo, convertían en esclavos a los hombres tomados como prisioneros de guerra. A menudo la mujer y los hijos se incorporaban a las familias y los hijos de algunos esclavos podían nacer libres. A comienzos del siglo VIII, con la llegada del islamismo a África, algunos musulmanes comenzaron a capturar africanos para venderlos en África del Norte y Asia Suroccidental.

Inicio del tráfico europeo de esclavos

Los portugueses fueron los primeros europeos que exploraron la costa africana en el siglo XV. El **tráfico transatlántico de esclavos**, es decir, el comercio de esclavos de un lado a otro del océano Atlántico, se inició hacia el año 1500. Las personas esclavizadas eran llevadas a las ciudades costeras de África, donde se los mantenía cautivos hasta que eran vendidos. Tanto los portugueses como los españoles, los holandeses, los franceses y los ingleses compraban esclavos en los puertos africanos.

Después de la compra, los africanos esclavizados eran hacinados en grandes barcos que los transportaban a las colonias europeas en el continente americano. Este viaje por el Atlántico, conocido como **Pasaje del Medio**, podía tomar varios meses. Unos dos millones de personas murieron durante el Pasaje del Medio, muchos debido a la **desnutrición** (insuficiencia de alimentos o nutrientes) o a las enfermedades.

Una vez que llegaban a América, los esclavos eran vendidos en subastas, generalmente para ir a trabajar en granjas de gran tamaño llamadas plantaciones. Los principales cultivos de estas plantaciones eran el azúcar, el tabaco y el algodón. Debido al crecimiento de la demanda europea por estos cultivos, las plantaciones extendieron su tamaño. A medida que las plantaciones crecían, también crecía la demanda de mano de obra esclava.

El **incentivo**, o motivo, de la esclavitud era ganar dinero. Los europeos compraban personas esclavizadas para disponer de una mano de obra barata y cautiva. Los propietarios de las plantaciones ganaban aún más dinero porque no tenían que pagarles a los esclavos por el trabajo que realizaban.

Visión crítica Este es un barco europeo usado para transportar africanos esclavizados. ¿Qué sugiere la ilustración sobre las condiciones que el barco ofrecía a los africanos esclavizados?

Efectos del tráfico de esclavos

El tráfico transatlántico de esclavos se extendió desde el siglo XVI hasta mediados del siglo XIX. Los historiadores calculan que más de 12 millones de africanos fueron esclavizados y transportados al Hemisferio Occidental; en su mayoría fueron enviados a Brasil y al Caribe.

Las personas sometidas a la esclavitud eran habitualmente jóvenes, pues contaban con más probabilidades de sobrevivir al Pasaje del Medio. Además, una vez que llegaban a destino, se esperaba que los jóvenes trabajaran más duro y durante más tiempo en los campos.

Muchos de los africanos esclavizados eran hombres y muchos de ellos eran potenciales líderes de sus comunidades. Esto a menudo destruía los grupos familiares. Estas pérdidas debilitaron a varias comunidades africanas y destruyeron a otras por completo.

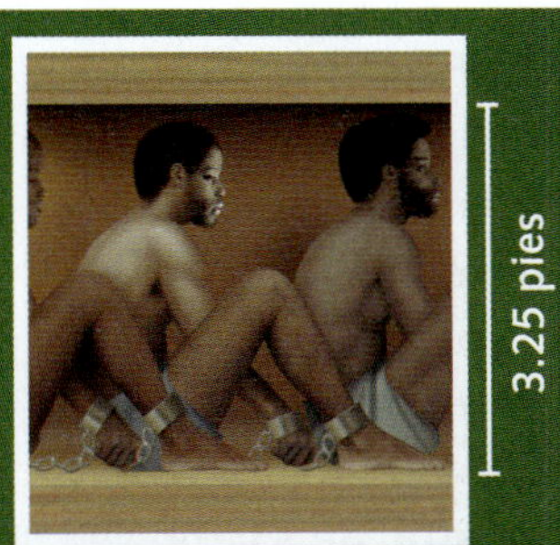

El viaje a través del Atlántico podía tomar hasta 90 días, dependiendo de las condiciones del tiempo. Los africanos esclavizados eran apiñados en los barcos y encadenados bajo cubierta. Solo salían a cubierta durante períodos breves. Al no poder moverse ni ponerse de pie, muchos africanos morían sentados en el sitio al que estaban encadenados.

EL PASAJE DEL MEDIO

	PARTIERON DE ÁFRICA	LLEGARON A AMÉRICA
1500–1600	277,506	199,285
1601–1700	1,875,631	1,522,677
1701–1800	6,494,619	5,609,869
1801–1867	3,873,580	3,370,825
TOTAL	12,521,336	10,702,656

Source: http://slavevoyages.org/tast/assessment/estimates.faces

Millones de personas de Norteamérica, Suramérica y el Caribe son descendientes de africanos esclavizados. A través del idioma, las costumbres y las tradiciones, estas personas han ayudado a dar forma a la cultura de esas regiones. El impacto del tráfico de esclavos ha perdurado durante siglos.

Antes de continuar

Resumir ¿Cómo se desarrolló el tráfico europeo de esclavos y qué cambios produjo en las culturas?

EVALUACIÓN CONTINUA

LABORATORIO DE DATOS GeoDiario

1. **Interpretar tablas** Según la tabla, ¿cuántas personas murieron durante el Pasaje del Medio?
2. **Analizar datos** ¿En qué período murieron la mayor cantidad de africanos esclavizados?
3. **Movimiento** ¿De qué manera el traslado forzado de africanos afectó a las comunidades de todo el mundo?
4. **Escribir informes** Investiga uno de los siguientes temas y luego escribe un breve informe sobre el impacto que cada uno de ellos tuvo sobre el África Subsahariana: las plantaciones de azúcar, el comercio triangular o los puertos de esclavos. Visita **Student Resources** para ver una guía en línea de escritura en inglés.

2.4 De la colonización a la independencia

TECHTREK

Visita **myNGconnect.com** para ver mapas en inglés del colonialismo y fotos de líderes africanos.

Maps and Graphs | Digital Library

Idea principal Las potencias europeas colonizaron y gobernaron grandes sectores de África hasta que los africanos iniciaron movimientos independentistas a mediados del siglo XX.

Como has aprendido, los portugueses inciaron la exploración de las costas africanas en el siglo XV. Hacia el siglo XVI, muchas naciones europeas buscaban controlar grandes extensiones de África.

Imperialismo y colonialismo

El **imperialismo** es la práctica de extender la influencia de una nación controlando otros territorios. El imperialismo europeo en África se inició con el comercio entre los europeos y los traficantes de esclavos de la costa. Poco a poco, los europeos se adentraron en las tierras africanas en busca de recursos rentables. Varias potencias europeas terminaron conquistando y estableciendo colonias en las tierras africanas. Se denomina **colonialismo** a la práctica de controlar y colonizar territorios extranjeros.

A mediados del siglo XIX, las potencias europeas comenzaron a disputarse las colonias africanas. Querían más recursos naturales para alimentar la industrialización, o la transición hacia la producción a gran escala, de Europa. Como los europeos disponían de armas mucho más modernas, poco pudieron hacer los africanos para detenerlos.

La rebatiña por África

En 1884, los europeos se reunieron en la **Conferencia de Berlín** para poner fin a las disputas coloniales sobre África. Ningún africano fue invitado a asistir. Los europeos se dividieron África entre los países asistentes a la conferencia. Hacia 1910, Francia, Alemania, Bélgica, Portugal, Italia, España y Gran Bretaña se habían erigido como las potencias coloniales sobre todo el continente africano.

Muchos europeos creían que la cultura y la religión de África eran inferiores a las europeas. Querían modificar las costumbres africanas. Los europeos enviaron **misioneros** (personas enviadas por una iglesia a difundir su religión entre los pueblos indígenas) para convertir a los africanos al cristianismo.

La independencia africana

En los inicios del siglo XX, el **Panafricanismo**, un movimiento para unir a los pueblos africanos, cobró fuerzas entre los líderes africanos de Londres y de otras ciudades del mundo. Durante las décadas de 1950 y 1960, este movimiento nacionalista logró acercar a varios líderes africanos. **Jomo Kenyatta**, de Kenia, y **Kwame Nkrumah**, de Ghana, ayudaron a sus pueblos a obtener la independencia.

Una carabela usada en los viajes comerciales

1500 — 1600 — 1700

Siglo XVI
Se inicia el colonialismo europeo en África

1642
Los holandeses toman posesión de los fuertes portugueses de África Occidental.

COLONIAS EUROPEAS, 1938

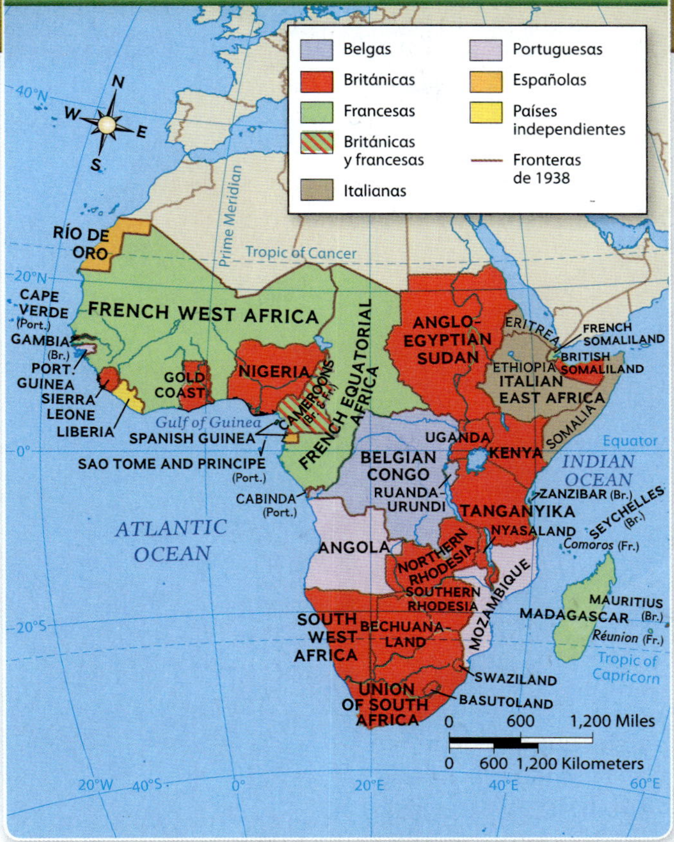

ESTADOS AFRICANOS, 2013

En 1963 se fundó la Organización para la Unidad Africana (OUA), con el propósito de fomentar el Panafricanismo. La OUA se denomina actualmente Unión Africana (UA). Continúa fomentando la unidad y la cooperación en África, pero también funciona como un bloque económico similar a la Unión Europea.

Antes de continuar

Hacer inferencias ¿Qué acción realizada por los africanos ayudó a poner fin al colonialismo?

EVALUACIÓN CONTINUA

LABORATORIO DE MAPAS GeoDiario

1. **Ubicación** Según los mapas, ¿qué países actuales conformaban la colonia de África Ecuatorial Francesa (*French Equatorial Africa*)?
2. **Interpretar mapas** ¿Cómo describirías, al observar el mapa, los cambios en las fronteras internas africanas de 1938 a la actualidad?
3. **Analizar causa y efecto** ¿Por qué los países europeos colonizaron África? ¿Cómo se vieron afectados los africanos por la colonización?

Esta caricatura política (1892) sugiere que Europa ahora controla el continente africano.

1800

1900

2000

1884 La Conferencia de Berlín divide África.

1963 Se funda la Organización para la Unidad Africana (OUA).

2002 La Unión Africana reemplaza a la OUA.

Jomo Kenyatta

NATIONAL GEOGRAPHIC

Galería de fotos • Salinas de Nigeria

Para ver más fotos de la galería de fotos de National Geographic, visita **Digital Library** en myNGconnect.com.

Gorila de montaña, África

Caravana nigeriana

Mujeres sudafricanas

Visión crítica Estos estanques circulares contienen una mezcla de agua y tierra salitrosa. El barro se mueve a las áreas de evaporación, donde luego se asienta la sal. El color de la sal varía según el barro.

Estudiantes de Botsuana

Leones africanos

Cataratas Victoria, Zimbabue

Aldea zulú, Sudáfrica

CAPÍTULO 13
Repaso

VOCABULARIO

Escribe una oración que explique la conexión entre las dos palabras de cada par de palabras de vocabulario.

1. sabana; Sahel

El Sahel se extiende al sur del Sahara y al norte de las sabanas, formando un límite entre ambas.

2. ecoturismo; hábitats
3. suajili; lengua franca
4. Pasaje del Medio; tráfico transatlántico de esclavos
5. imperialismo; Panafricanismo

IDEAS PRINCIPALES

6. ¿Cuáles son las cuatro regiones del África Subsahariana? (Sección 1.1)
7. ¿Qué accidente geográfico de gran tamaño en África Oriental fue creado por la separación de dos placas tectónicas? (Sección 1.2)
8. ¿Qué región de África Occidental da sustento a más población? ¿Por qué? (Sección 1.3)
9. ¿Cuál es el río más importante de África Central y cuál es su influencia sobre la región? (Sección 1.4)
10. ¿Cuáles son los dos tipos de accidentes geográficos principales que conforman África del Sur? (Sección 1.5)
11. ¿Qué factores amenazan a los grandes felinos de África? (Sección 1.6)
12. ¿Desde qué región africana iniciaron los pueblos bantúes su migración? (Sección 2.1)
13. ¿De qué manera la sal y el oro ayudaron a Ghana a convertirse en un reino? (Sección 2.2)
14. ¿Cuáles fueron algunos de los efectos de la esclavitud sobre las comunidades africanas? (Sección 2.3)
15. ¿Qué razones tenían los europeos para querer colonizar África? (Sección 2.4)

GEOGRAFÍA

ANALIZA LA PREGUNTA FUNDAMENTAL

¿Qué influencia ha tenido la variada geografía del África Subsahariana en la vida de sus habitantes?

Razonamiento crítico: Sacar conclusiones

16. ¿Cuáles son algunas de las maneras en que los africanos podrían enfrentar los desafíos que presenta la desertificación?
17. ¿Cómo impacta a un país el no tener acceso a un puerto costero?
18. ¿Qué ventajas o qué dificultades plantea la geografía física para el desarrollo económico de África Central?

INTERPRETAR TABLAS

IMPACTO DE LOS CAMBIOS EN EL TERRENO

Cambio	Medio ambiente	Salud humana	Problemas de seguridad	Política y economía
Desertificación	Pérdida del hábitat; disminución en la variedad de flora y fauna; aumento de la erosión del suelo	Desnutrición, hambruna	Guerras por las tierras agrícolas y recursos hídricos limitados	Pobreza; pérdida de influencia política y económica; desplazamiento poblacional
Deforestación	Disminución en la variedad de flora y fauna; pérdida del hábitat; deterioro de los recursos	Pérdida de posibles productos medicinales nuevos	Aumento en los desprendimientos de tierras e inundaciones	Pérdida de productos forestales; pérdida de comunidades indígenas; pérdida de oportunidades turísticas
Erosión del suelo	Pérdida de suelo y de hábitat; pérdida de tierras agrícolas	Pérdida de agua y alimentos; desnutrición, hambruna	Riesgo de inundaciones y de desprendimientos de tierras	Pérdida de propiedades; reducción del desarrollo agrícola

Fuente: http://www.eoearth.org/article/Global_Environment_Outlook_(GEO-4):_Chapter_3#Introduction

19. **Resumir** ¿De qué manera la desertificación conduce a una pérdida del hábitat?
20. **Formar opiniones y respaldarlas** Piensa en las causas de la desertificación, la deforestación y la erosión del suelo. ¿Cuál crees que sería más fácil de solucionar? Explica tu respuesta.

HISTORIA

ANALIZA LA PREGUNTA FUNDAMENTAL

¿Cómo influyeron las redes comerciales y las migraciones en el desarrollo de la civilización africana?

Razonamiento crítico: Analizar causa y efecto

21. ¿Cómo pueden verse en la actualidad los efectos de la migración bantú?

22. ¿De qué manera las redes comerciales ayudaron a construir los imperios africanos?

INTERPRETAR MAPAS

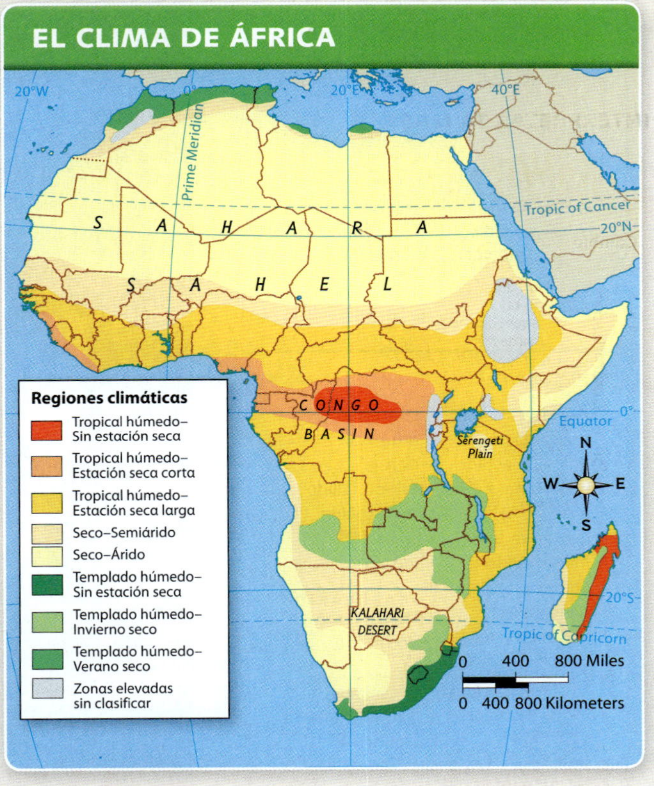

23. Ubicación ¿Qué zona climática cubre la mayor parte del Sahara?

24. Región Piensa en las cuatro áreas del África Subsahariana: occidental, oriental, central y sur. ¿Qué área tienen la mayor cantidad de zonas climáticas diferentes?

25. Hacer inferencias ¿Qué relación existe entre las zonas climáticas y los bosques tropicales de la cuenca del Congo?

OPCIONES ACTIVAS

Sintetiza las preguntas fundamentales completando las siguientes actividades.

26. Hacer líneas cronológicas Repasa el capítulo para buscar información sobre la historia de los países del África Subsahariana. Luego usa una computadora o lápiz y papel para hacer una línea cronológica similar a las de este libro. **Muestra tu línea cronológica en el salón de clases para que los demás puedan añadir entradas.**

Sugerencias para la línea cronológica
- Toma notas antes de empezar.
- Incluye las fechas importantes de la línea cronológica.
- Incluye los líderes y los sucesos importantes.
- Busca al menos una foto que represente a tu país.

27. Crear bosquejos de mapas Haz un bosquejo de un mapa de los recursos naturales del África Subsahariana. Usa los mapas de este capítulo y otras fuentes en línea para reunir información sobre los recursos naturales del África Subsahariana. Añádelos a un mapa de contorno como el que se muestra a continuación. Usa una leyenda o clave para indicar los recursos.

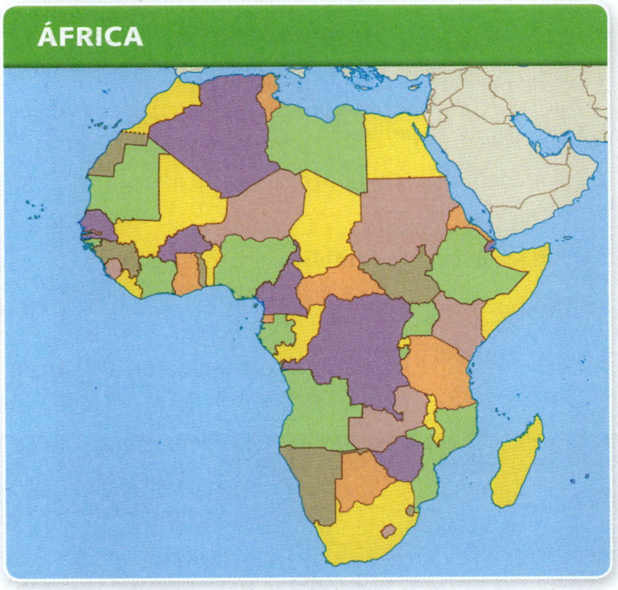

CAPÍTULO 14

ÁFRICA SUBSAHARIANA HOY

VISTAZO PREVIO AL CAPÍTULO

Pregunta fundamental ¿Qué factores geográficos e históricos han influido sobre las culturas del África Subsahariana?

SECCIÓN 1 • CULTURA

VOCABULARIO CLAVE

- grupo étnico
- corredor de transporte
- griot
- tradición oral
- reserva
- política interna
- modernización
- alfabetismo
- etnobotánico
- planta medicinal

VOCABULARIO ACADÉMICO

evidente

TÉRMINOS Y NOMBRES

- Unión Africana
- Youssou N'Dour
- Nairobi
- Jomo Kenyatta

Pregunta fundamental ¿De qué manera los conflictos y la inestabilidad de los gobiernos desaceleraron el desarrollo económico del África Subsahariana?

SECCIÓN 2 • GOVERNMENT & ECONOMICS

VOCABULARIO CLAVE

- mineral
- mercancía
- golpe de estado
- hambruna
- erosión
- legumbre
- microcrédito
- epidemia
- pandemia
- vacuna
- infeccioso
- refugiado
- clan
- estado fallido
- segregación
- apartheid
- terruño

VOCABULARIO ACADÉMICO

concentrado

TÉRMINOS Y NOMBRES

- Niños Perdidos de Sudán
- Congreso Nacional Africano (CNA)
- Nelson Mandela
- Stephen Biko

TECHTREK PARA ESTE CAPÍTULO

- Student eEdition
- Maps and Graphs
- Interactive Whiteboard GeoActivities
- Digital Library

Visita **myNGconnect.com** para obtener más información en inglés sobre el África Subsahariana.

Niños masái de Tanzania arrean a un grupo de cabras hacia un corral.

1.1 Los límites y las culturas de África

TECHTREK
Visita **myNGconnect.com** para ver un mapa en inglés de las lenguas que se hablan en África y fotos de la cultura africana.

Maps and Graphs | Digital Library

Idea principal Las potencias europeas crearon nuevas fronteras coloniales que ignoraron los límites existentes entre las culturas tradicionales africanas.

África es un continente de culturas y países diversos. Hoy día, alrededor de dos tercios de los africanos vive en aldeas rurales que presentan una variedad de costumbres y lenguas. Hay unos 1,000 idiomas en África que son hablados por diferentes **grupos étnicos**, que son grupos de personas que comparten la misma cultura, la misma lengua y, a veces, la misma herencia racial. Muchos africanos se identifican a sí mismos en primer lugar como miembros de una tribu en lugar de como habitantes de un país.

El impacto del colonialismo

Antes de la llegada de los europeos, las fronteras entre los grupos culturales africanos se decidían a través de acuerdos o conflictos. Los accidentes naturales, tales como océanos, lagos, cordilleras y ríos, a menudo definían los límites. Los límites naturales eran más fáciles de controlar que las fronteras artificiales definidas por un grupo de personas. Los límites a lo largo de las masas de agua también proporcionaban **corredores de transporte**, o rutas para trasladar personas o mercancías de un lugar a otro con facilidad.

Al colonizar el continente, los europeos ignoraron sistemáticamente los límites establecidos por los grupos culturales africanos. En su lugar, definieron las fronteras coloniales según sus necesidades de recursos. Para lograr este objetivo, algunos grupos culturales del África Subsahariana fueron separados, obligados a compartir el territorio con grupos rivales, o ambas cosas a la vez.

Cuando los países africanos comenzaron a independizarse en el siglo XX, no modificaron las fronteras coloniales. Como consecuencia, pocos países del África Subsahariana comparten una misma cultura.

Conflicto y cooperación

Las diferencias culturales a lo largo de África han sido con frecuencia la causa de guerras civiles por el control político, del territorio y de los recursos. Los grupos étnicos de Somalia, por ejemplo, nunca se han unido para formar una nación. Las dictaduras militares a menudo han sido necesarias para imponer el orden.

Visión crítica Estos pescadores de Malaui secan al sol los pescados que atraparon en un lago cercano a su aldea. ¿Qué puedes inferir sobre esta cultura pesquera a partir de la fotografía?

ORGANIZACIONES INTERNACIONALES DE COOPERACIÓN DE ÁFRICA	
Organización	**Propósito**
Unión Africana	Mantener la paz; oponerse a la colonización; fomentar la unidad; cooperar para lograr el desarrollo económico
Comunidad Económica de Estados de África Occidental (CEDEAO)	Promover la economía, la industria, el transporte, los recursos energéticos, la agricultura y los recursos naturales
Comunidad de Desarrollo de África Austral	Fomentar las economías locales, las redes de transporte y la interacción política
Comunidad Económica de los Estados de África Central (CEEAC)	Promover la industria, el transporte, las comunicaciones, la energía, los recursos naturales, la economía, el turismo y la educación
Comunidad Africana Oriental (CAO)	Mejorar la cooperación en el transporte y las comunicaciones, la industria, la seguridad, la inmigración y los asuntos económicos

FAMILIAS DE LENGUAS DEL ÁFRICA SUBSAHARIANA

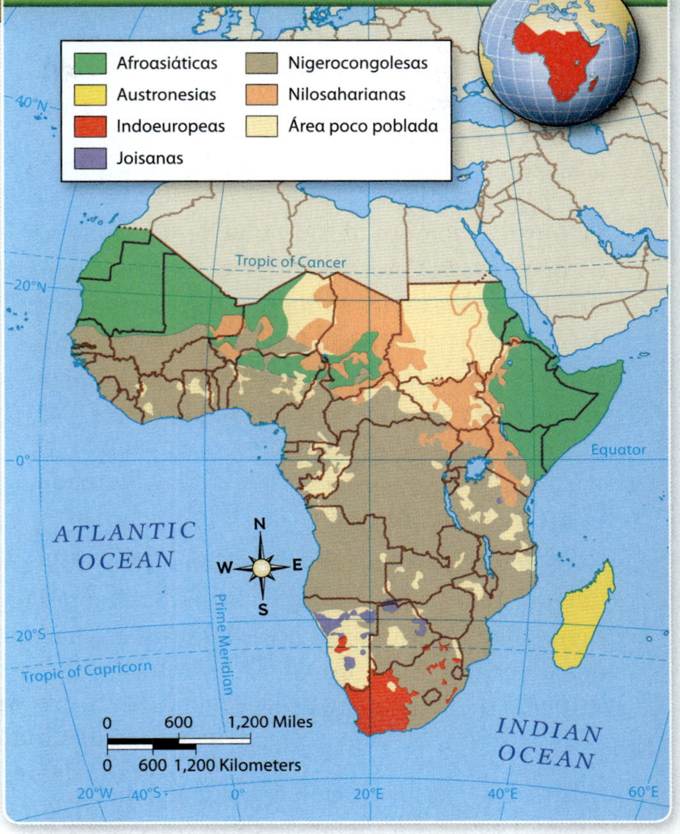

Para enfrentar estas dificultades, los países africanos han creado organizaciones (ver la tabla en la parte superior de la página) como la **Unión Africana** y la Comunidad Africana Oriental (CAO). Estas organizaciones impulsan la cooperación y el progreso económico tanto dentro de los países miembros como entre ellos.

Antes de continuar

Resumir ¿En qué se diferenciaron las fronteras coloniales de los límites tradicionales del África Subsahariana?

EVALUACIÓN CONTINUA

LABORATORIO DE MAPAS GeoDiario

1. **Interpretar mapas** Busca los límites de los países que se encuentren cerca del área del grupo de lenguas nilo-saharianas. ¿Qué puedes inferir acerca de la ubicación de los grupos de lenguas y las fronteras que se crearon durante la colonización?
2. **Interacción entre los humanos y el medio ambiente** Identifica en el mapa los océanos que rodean África. ¿De qué manera los accidentes naturales, tales como ríos, lagos y océanos, ayudan a los países a controlar su territorio y los medios de transporte?
3. **Hacer generalizaciones** ¿De qué manera la colonización llevó al surgimiento de conflictos entre algunas de las culturas actuales de África?
4. **Sintetizar** ¿Cuál es uno de los objetivos que comparten las organizaciones mencionadas en la tabla?

1.2 La música africana se globaliza

TECHTREK
Visita **myNGconnect.com** para escuchar fragmentos de música africana y ver fotos de músicos.

Digital Library

Idea principal La música africana conecta a los pueblos con su pasado y trasmite sus culturas al mundo.

La música siempre ha sido una de las maneras en que los africanos celebran su cultura. Hoy en día, la música africana ha pasado a formar parte de numerosas culturas. Los expertos relacionan a la música africana con el desarrollo del *jazz*, el *blues*, el *rock and roll* y el góspel de los Estados Unidos.

Riqueza musical

Cada zona del África Subsahariana tiene una música distintiva que llega a un público de una diversidad muy amplia. Los adelantos en materia de comunicación y transporte han permitido la difusión de la música africana.

La música de África Occidental tiene influencias de los relatos y la música de los griots. Los **griots** son narradores tradicionales que, durante siglos, han transmitido oralmente las historias de las culturas de África Occidental. Como no estaban escritas, estas historias son parte de la **tradición oral**, que es la práctica de transmitir verbalmente las historias o relatos de una generación a la siguiente.

Los griots acompañan sus canciones con harpas, laúdes y tambores. Su influencia resulta **evidente**, o claramente observable, en la música moderna de África Occidental.

Gran parte de la música de África Occidental es una fusión, o mezcla, entre la música de los griots y otras músicas africanas con la música global. El mbalax, por ejemplo, es una fusión entre la percusión de los griots y canciones con influencias afrocubanas. **Youssou N'Dour** es un griot contemporáneo que interpreta música mbalax. La popularidad de este artista ha servido para difundir la música de África Occidental alrededor del mundo.

En Sudáfrica, la música a veces ha tenido fines políticos. Un ejemplo de esto es la música de protesta. Miriam Makeba y un grupo de otros músicos sudafricanos abandonaron Sudáfrica durante las décadas de 1970 y 1980 para protestar contra la política del gobierno sudafricano. Así lograron que su música alcanzara a un público global.

Antes de continuar

Resumir ¿Cuáles son algunos de los ejemplos de cómo la música africana conecta a los pueblos con su pasado y trasmite sus culturas al mundo?

La cantante sudafricana Lira en un concierto en Soweto, Sudáfrica.

Visión crítica Un griot toca el tambor y sopla un silbato para dar la bienvenida a un recién nacido en esta ceremonia en Senegal. ¿Cuál sería la contribución de la música en este tipo de ceremonia?

EVALUACIÓN CONTINUA

LABORATORIO FOTOGRÁFICO

GeoDiario

1. **Sacar conclusiones** Ambas imágenes muestran la ejecución e interpretación de música africana. ¿Qué sugieren las fotos sobre la importancia de la música en las culturas africanas?
2. **Escribir un ensayo fotográfico** Has visto dos fotografías de tradiciones musicales de África. Ahora ve a **NG Photo Gallery** para buscar más fotos de tradiciones musicales. Escoge varias imágenes y pégalas en una hoja o usa el recurso en inglés **Magazine Maker CD-ROM** para escribir un ensayo fotográfico sobre las tradiciones musicales de África. Para cada foto, escribe un leyenda que explique la tradición y describa los detalles de la imagen.

SECCIÓN 1 CULTURA

1.3 Kenia se moderniza

TECHTREK
Visita myNGconnect.com para ver un mapa en inglés y fotos de Kenia.
Maps and Graphs
Digital Library

Idea principal Kenia está modernizando su economía y mejorando su nivel de vida.

Las características topográficas de Kenia abarcan desde playas, sabanas, desiertos y tierras agrícolas hasta montañas cubiertas de nieve, como el monte Kenia, al cual el país debe su nombre. Los grandes mamíferos, tales como el elefante africano, las jirafas y los leones, viven libremente en las **reservas**, o tierras destinadas a la preservación de los animales. La diversidad geográfica y la flora y fauna silvestres son vitales para el futuro económico de Kenia.

La diversidad cultural

En cualquier calle transitada de **Nairobi**, la capital de Kenia, se pueden oír varios idiomas y ver un gran despliegue de vestimentas tradicionales. En Kenia viven más de 40 grupos étnicos distintos. Los más grandes son los kikuyos, los luhya, los luo, los kalenjin y los kamba. Esta diversidad hace de Kenia una sociedad multicultural.

Como has aprendido, en ocasiones la diversidad cultural ha generado rivalidades y conflictos en África. Pese a ello, los diversos grupos han logrado trabajar en conjunto sobre objetivos comunes.

Por ejemplo, los pueblos de Kenia se unieron en la lucha para independizarse del control británico. Después independizarse, en 1963, **Jomo Kenyatta**, un kikuyo, fue elegido como primer jefe de estado del país. Con el propósito de unir a todos los kenianos, designó como consejeros a miembros de distintos grupos étnicos.

La modernización

Tanto Kenyatta como otros líderes impulsaron **políticas internas**, o planes del gobierno para los asuntos internos del país, que generaran crecimiento económico y modernización. La **modernización** es el desarrollo de políticas y acciones diseñadas para que un país se actualice tanto tecnológicamente como en otras áreas.

La educación es un factor importante en la modernización de Kenia. La mayoría de los niños kenianos asiste a escuelas primarias gratuitas. Entre los adultos, el **alfabetismo** o porcentaje de personas que saben leer y escribir, registró un avance notable: de 32 por ciento en 1970 a 85 por ciento en 2003.

Visión crítica Estos estudiantes trabajan en la escuela de Kibagare Good News Centre en Nairobi, Kenia. ¿Qué detalles de la foto te recuerdan a un día en tu salón de clases?

Nairobi, Kenya

PARQUES Y RESERVAS DE KENIA

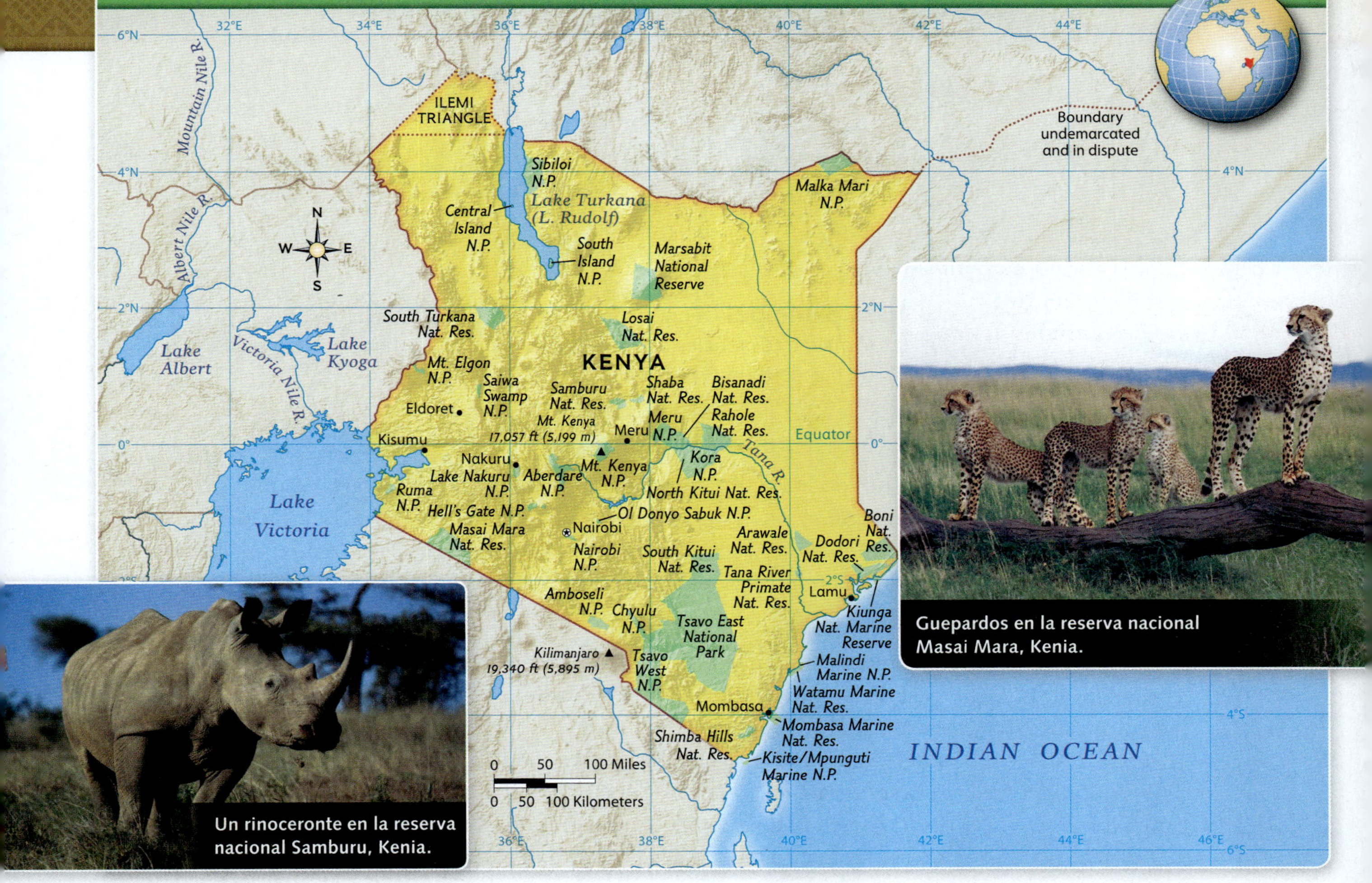

Un rinoceronte en la reserva nacional Samburu, Kenia.

Guepardos en la reserva nacional Masai Mara, Kenia.

La modernización de Kenia también se hace evidente en la pujante industria turística del país. Los turistas se ven atraídos por la belleza de los paisajes naturales y la fauna sin igual que puede apreciarse en los parques nacionales y reservas de Kenia. El gobierno está decidido a proteger los parques y las reservas debido a los empleos y al dinero que generan en el país.

En el año 2000, Kenia, Uganda y Tanzania formaron la Comunidad Africana. Hoy en día, Ruanda y Burundi también son parte de ella. Estos cinco países trabajan en conjunto para promover a los empresarios y el comercio en la región.

Antes de continuar

Resumir ¿Qué pasos ha dado Kenia para modernizarse?

EVALUACIÓN CONTINUA

LABORATORIO DE MAPAS

GeoDiario

1. **Interpretar mapas** ¿Qué indica la cantidad de parques nacionales y reservas del mapa sobre la importancia que tienen para Kenia?
2. **Lugar** ¿De qué manera los parques nacionales y las reservas que se muestran en el mapa forman parte de la modernización económica de Kenia?
3. **Formar y respaldar opiniones** ¿Qué hace de Kenia un país diverso? Explica una ventaja o una desventaja de la diversidad de Kenia. Respalda tu opinión con detalles del mapa y de lo que has leído sobre Kenia.
4. **Consultar con un compañero** Piensa en la decisión de Jomo Kenyatta de nombrar a personas de distintos grupos étnicos como consejeros. Comenta con un compañero las formas efectivas de acercar y unir a las personas.

TECHTREK
Visita myNGconnect.com para ver fotos de los exploradores en acción y un video clip de Explorer.
Digital Library

Explorando las tradiciones culturales

con Grace Gobbo y Wade Davis

Idea principal La preservación de las culturas indígenas y de las formas tradicionales de vida resulta beneficiosa para las sociedades modernas de todo el mundo.

Medicinas en el bosque

Cuando la exploradora emergente Grace Gobbo camina por el bosque tropical de Tanzania, ve mucho más que árboles, flores y enredaderas: ve medicinas que pueden curar enfermedades. Gobbo es **etnobotánica**, es decir, estudia la relación entre las culturas y las plantas.

myNGconnect.com
Para saber más sobre las actividades actuales de Grace Gobbo y Wade Davis.

Los tanzanos han confiado en los curanderos durante siglos. Jobo entrevistó a más de 80 curanderos que basan sus tratamientos en **plantas medicinales**, es decir, plantas que se usan para tratar enfermedades. La investigación científica ha confirmado que muchas de las plantas que usan estos curanderos realmente sirven para tratar enfermedades. De hecho, las grandes empresas farmacéuticas usan estas mismas plantas en muchas de sus medicinas.

Sin embargo, muchos de los bosques donde crecen estas plantas corren el riesgo de ser talados indiscriminadamente. Al explicar y enseñar el valor de las plantas medicinales, Jobo espera inspirar a las personas a que preserven los bosques y mantengan los tratamientos medicinales tradicionales. "No han dejado nada escrito", explica Jobo. "El conocimiento se pierde a medida que van falleciendo los ancianos".

LAS PLANTAS AFRICANAS Y SUS USOS

Nombre científico de la planta	Ubicación	Uso medicinal
Tulbaghia violacea	África del Sur	disminuye la presión arterial
Catharanthus roseus	Madagascar	sirve para tratar el reumatismo (enfermedad de los músculos o articulaciones)
Peltophorum africanum	África del Sur	calma los dolores de estómago
Strychnos madagascariensis	África del Sur	calma los dolores de estómago
Harpagophytum procumbens	África del Sur y Madagascar	desinflama
Sutherlandia frutescens	África del Sur	sirve para tratar el cáncer
Agapanthus praecox	África del Sur	sirve para tratar las enfermedades cardíacas y los dolores de pecho

Preservar la cultura

Al igual que Jobo, el explorador residente de National Geographic Wade Davis es un etnobotánico que ha estudiado el uso de las plantas nativas en todo el mundo. Su enfoque actual, sin embargo, es el estudio de las culturas indígenas mundiales: las costumbres y prácticas de las personas en su vida cotidiana. Davis ha convivido con 15 grupos culturales en las Américas, África, Asia y el Ártico.

Davis sostiene que existe una red cultural en la vida humana, similar a la relación biológica que existe entre todas las formas de vida. Davis cree que todas las culturas están relacionadas unas con otras y que todas las culturas indígenas han contribuido a fortalecer esta red cultural. Davis espera poder preservar esta diversidad cultural, de la misma manera en que Jobo trabaja para proteger las plantas medicinales y los conocimientos sobre las medicinas tradicionales en Tanzania.

Davis cree que el desarrollo de la tecnología y de la industria moderna ha provocado una disminución en la cantidad de culturas indígenas. Como consecuencia, la totalidad de la red cultural se ve afectada ante la pérdida de cada cultura. Davis está convencido de que, al igual que la fauna y la flora del planeta, se deben proteger las culturas humanas de manera que puedan continuar realizando su contribución a la humanidad.

Antes de continuar

Verificar la comprensión ¿Por qué Jobo y Davis trabajan para preservar las culturas tradicionales?

EVALUACIÓN CONTINUA

LABORATORIO VISUAL

GeoDiario

1. **Analizar elementos visuales** En **Digital Library**, mira el video clip en inglés sobre el explorador Wade Davis. ¿En qué se parecen y en qué se diferencian las contribuciones de Davis y las de Grace Jobo?
2. **Resumir** De acuerdo con Wade Davis, ¿por qué preservar las culturas indígenas es importante para la humanidad?
3. **Hacer predicciones** ¿Qué imagen o idea del video clip te resultó más sorprendente? Anota dos preguntas que te hayan quedado sin responder.

Wade Davis, explorador residente de National Geographic.

2.1 Los preciados recursos minerales

TECHTREK

Visita **myNGconnect.com** para ver un mapa en inglés y fotos de la minería en el África Subsahariana.

Maps and Graphs · Digital Library

Idea principal El África Subsahariana cuenta con recursos minerales que podrían mejorar la vida de sus habitantes.

Los recursos minerales del África Subsahariana tienen la capacidad de reactivar las economías de los países subsaharianos. Sin embargo, se necesita una gestión muy cuidadosa que maximice los beneficios de los africanos.

Riquezas minerales

El África Subsahariana tiene grandes yacimientos de oro, diamantes y otros **minerales**, que son sustancias sólidas e inorgánicas formadas a través de procesos geológicos. Muchos de estos minerales se exportan a Europa, Norteamérica y Asia, donde se usan para fabricar productos electrónicos y automotrices.

Varios países subsaharianos usan los recursos minerales como **mercancías**, que son materiales o bienes que se pueden comprar, vender o comerciar. Estas mercancías pueden generar enormes riquezas, pero el progreso económico ha sido lento. La corrupción gubernamental históricamente se ha quedado con gran parte de las ganancias generadas por la explotación minera.

EXPORTACIONES DE PETRÓLEO Y DIAMANTES DE PAÍSES SELECCIONADOS DEL ÁFRICA SUBSAHARIANA, 2005–2006

Petróleo		
País	**Puesto en el mundo**	**Porcentaje sobre el total de las exportaciones del país**
Nigeria	6	91.9
Angola	12	96.6
Guinea Ecuatorial	21	92.7
República Democrática del Congo	22	89.6
Sudán	29	88.0
Chad	37	94.6
Diamantes		
País	**Puesto en el mundo**	**Porcentaje sobre el total de las exportaciones del país**
Sudáfrica	5	6.9
Botsuana	9	83.5
Namibia	14	43.5
Angola	16	2.4
República Democrática del Congo	17	41.5
República Centroafricana	32	36.8

Fuente: Banco Mundial

Visión crítica Algunos mineros excavan en busca de oro en la mina Chudja, cerca de la aldea de Kobu, al noreste del Congo. ¿Qué sugiere la foto sobre las condiciones laborales en las minas?

RECURSOS DEL ÁFRICA SUBSAHARIANA

Mejoras económicas

La inestabilidad gubernamental continúa siendo actualmente un desafío para varios países subsaharianos. La República Centroafricana, por ejemplo, cuenta con importantes recursos en diamantes, como se muestra en la tabla. Sin embargo, la falta de infraestructura, el contrabando y los conflictos políticos han restringido el desarrollo de la minería de diamantes. Como consecuencia, el país sigue siendo uno de los más pobres del mundo.

Ciertos países, como Sudáfrica, Namibia y Tanzania, han aprovechado con éxito sus riquezas minerales para alcanzar una solidez económica. El gobierno de Botsuana es socio en la compañía minera de diamantes más grande del país. Ha invertido las ganancias en educación, infraestructura y salud. Aquellos países que cuenten con recursos y que sigan el ejemplo de Botsuana pueden estabilizar su economía y mejorar el nivel de vida de sus habitantes.

Antes de continuar

Verificar la comprensión ¿De qué manera los recursos minerales de los países subsaharianos mejoran la vida de sus habitantes?

EVALUACIÓN CONTINUA

LABORATORIO DE MAPAS GeoDiario

1. **Lugar** Según el mapa, ¿qué recursos minerales se pueden encontrar en Tanzania?
2. **Comparar y contrastar** Escoge dos países del mapa y compara sus recursos. ¿Qué puedes inferir sobre sus economías en base a sus recursos?
3. **Interpretar tablas** Según la tabla, ¿qué ocurriría con la economía de Angola si se interrumpiesen sus exportaciones de petróleo?

2.2 Nigeria y el petróleo

TECHTREK
Visita **myNGconnect.com** para ver un mapa en inglés sobre la producción de petróleo y fotos de la industria petrolera.

Maps and Graphs | Digital Library

Idea principal El pueblo nigeriano ha obtenido muy pocos beneficios de la riqueza petrolera del país.

Nigeria tiene una población de más de 150 millones de habitantes, la mayor población de África. En sus costas hay grandes puertos y su sistema fluvial, sumado a su delta, es uno de los más extensos del mundo. Además, Nigeria produce más petróleo que cualquier otro país africano.

Conflictos étnicos

A partir de su descubrimiento en la década de 1950, el petróleo se convirtió en el elemento central de la economía de Nigeria. Sin embargo, Nigeria ha tenido que enfrentar muchos obstáculos para intentar aprovechar su riqueza petrolera. El desafío más complicado ha sido el conflicto étnico.

El colonialismo británico dejó a Nigeria dividida en tres grupos étnicos principales: los hausa-fulani, los igbos y los yorubas. Había además 250 grupos menos numerosos y por lo menos dos religiones predominantes. Cuando Nigeria obtuvo su independencia, en 1960, estos grupos se enfrentaron para obtener el control del país.

Poco después de la independencia, el nuevo gobierno fue derrocado mediante un **golpe de estado**, es decir, un derrocamiento ilegal por medio de la fuerza. A través de una serie de golpes de estado, los distintos grupos étnicos rivales se fueron sucediendo en el poder, a menudo con líderes militares a cargo del gobierno. Luego de que los musulmanes del norte adoptaran la *sharia*, o ley islámica, los cristianos comenzaron a abandonar el área para desplazarse hacia el sur. Este desplazamiento dividió aún más al país, esta vez debido a motivos religiosos.

Los desafíos de la riqueza petrolea

A comienzos de la década de 1970, subieron los precios internacionales del petróleo y la economía nigeriana creció. Las ciudades se ampliaron y los campesinos abandonaron las zonas rurales para conseguir empleos mejor remunerados en las ciudades. Como consecuencia, bajó la producción agrícola y Nigeria se vio forzada a importar alimentos para alimentar a sus habitantes.

La industria petrolera ha profundizado las tensiones entre los grupos étnicos. Los distintos

Visión crítica Pescadores lanzan la red cerca de una refinería de petróleo en el delta del río Níger. Piensa en la industria petrolera y la sencilla actividad de pesca que se muestra en la imagen. ¿De qué manera están relacionadas?

grupos se disputan el control del petróleo y las ganancias que genera. Los conflictos y la corrupción no han permitido que la riqueza del petróleo se distribuya entre los nigerianos. La mayoría de las personas que vive en el delta del río Níger, donde está **concentrada**, o reunida, la producción petrolera, vive en la pobreza.

La región del delta, además, está muy contaminada debido a los derrames de petróleo. Los habitantes del delta se han manifestado en contra de la contaminación y han exigido que se usen las ganancias de la industria petrolera para mejorar el área.

Los progresos de Nigeria

Entre 2007 y 2011, Nigeria obtuvo beneficios económicos. Sus líderes recibieron créditos blandos para cancelar la deuda que el país mantenía con otros países. El gobierno puso en marcha reformas económicas con el propósito de mejorar la infraestructura del país. El desafío para el futuro de Nigeria será mantener estas mejoras y, al mismo tiempo, resolver los conflictos étnicos.

Antes de continuar

Resumir ¿Por qué los nigerianos se han beneficiado tan poco de las riquezas petroleras del país?

LOS GRUPOS ÉTNICOS Y EL PETRÓLEO

EVALUACIÓN CONTINUA

LABORATORIO DE MAPAS GeoDiario

1. **Ubicación** ¿Qué grupo étnico parece tener el mayor acceso a la industria petrolera del país?
2. **Interpretar mapas** Identifica en el mapa la región del delta. ¿Cuáles son algunas de las posibles consecuencias de contaminar esta región?
3. **Analizar causas y efectos** Usa una tabla como la siguiente para enumerar efectos relacionados con la industria petrolera de Nigeria.

CAUSA	EFECTOS
Industria petrolera nigeriana	1.
	2.
	3.

2.3 La agricultura y la provisión de alimentos

TECHTREK
Visita myNGconnect.com para ver fotos de la agricultura y una guía en línea para la escritura en inglés.
Student Resources
Digital Library

Idea principal África está mejorando su capacidad de alimentar a su población en crecimiento.

Las imágenes de niños africanos que padecen necesidades son demasiado habituales. Realmente pasan hambre, con frecuencia como consecuencia de las hambrunas. Una **hambruna** es un período extenso y continuado de escasez de alimentos. Tanto los desastres naturales, como las sequías e inundaciones, como los conflictos armados pueden interrumpir el abastecimiento de alimentos y generar hambrunas. Se han reportado hambrunas ocurridas en Sudán en 1998, en Etiopía en 2000, 2002 y 2003, Níger en 2005 y Somalia en el 2011. Las hambrunas son un peligro latente en África y amenazan la salud de millones de personas.

Visión crítica Estas mujeres cosechan algodón en Malí. Según la foto, ¿cómo describirías esta granja productora de algodón de Malí?

La provisión de alimentos amenazada

En ciertas partes de África, el crecimiento de la población ha sido rápido, pero la producción de alimentos no ha aumentado a la misma velocidad. Un africano medio consume actualmente un 10 por ciento menos de calorías de las que consumía hace 20 años. La cantidad de personas desnutridas del África Subsahariana ha aumentado de aproximadamente 90 millones en 1970 a 214 millones en 2012. Muchos niños africanos padecen de desnutrición, que es la insuficiencia de alimentos o nutrientes esenciales para la salud. Debido al hambre y a la desnutrición, la esperanza de vida de los niños africanos habitualmente es menor que la de los niños de otras partes del mundo.

Vocabulario visual La **erosión** es el proceso por el cual las fuerzas naturales desgastan la superficie terrestre. Las estructuras rectangulares de la imagen son cercas hechas con ramas. Las cercas evitan que la arena erosione la tierra que se destina a cultivos y al pastoreo.

Entre los cultivos alimentarios que se producen en África están el maíz, el ñame y el sorgo, que es un tipo de grano. Antes de la colonización, los africanos plantaban estos cultivos para alimentar a la población. Después de la colonización, los europeos se apoderaron de la mayor parte de las tierras fértiles y los cultivos alimentarios se reemplazaron por cultivos comerciales destinados a la exportación. Los cultivos comerciales, tales como el café y el algodón, se pueden vender por más dinero que los cultivos alimentarios. El ingreso de los cultivos comerciales permite a los agricultores comprar más, pero implica una reducción en la producción de alimentos para los africanos.

Desde la independencia, se han devuelto algunas tierras a los africanos. Sin embargo, el suelo africano se agota fácilmente por el cultivo y al pastoreo excesivos. Los agricultores también enfrentan las sequías, la erosión del suelo y la desertificación.

Una agricultura nueva y mejor

Los africanos están trabajando para mejorar las prácticas agrícolas. Por ejemplo, los pastores trasladan a los animales de un lugar a otro para evitar el pastoreo excesivo. También varían los cultivos que plantan en una misma parcela para evitar que el suelo se agote. Se plantan más **legumbres**, como arvejas y frijoles, que amplían el suministro de alimentos y liberan nutrientes que mejoran el suelo. Los agricultores también enriquecen el suelo con fertilizantes a base de desechos animales y vegetales en lugar de fertilizantes químicos.

Los **microcréditos**, o préstamos pequeños de dinero, han ayudado a los agricultores pobres a invertir en tierras, herramientas y semillas. Organismos de asistencia han comenzado a entregar semillas y herramientas gratis a los agricultores. Los científicos esperan desarrollar semillas más productivas y resistentes a las sequías. Esto permitiría a los agricultores producir una mayor cantidad de cultivos alimentarios para consumo propio, así como cultivos comerciales para exportar. De tener éxito, estos esfuerzos proporcionarán más alimentos a los africanos, la esperanza de vida aumentará y las economías mejorarán.

Antes de continuar

Resumir ¿Qué está haciendo África para mejorar su agricultura?

EVALUACIÓN CONTINUA

LABORATORIO DE ESCRITURA GeoDiario

1. **Resumir** ¿Cuál es la diferencia entre los cultivos alimentarios y los cultivos comerciales?
2. **Analizar causa y efecto** ¿Cuál es la relación entre una producción reducida de alimentos y la esperanza de vida?
3. **Escribir comparaciones** Escribe un párrafo que compare los cultivos alimentarios y los cultivos comerciales de África. Describe por qué es importante que los agricultores africanos encuentren un equilibrio entre la producción de cultivos alimentarios y comerciales. Luego formen grupos y comparen sus párrafos. Visita **Student Resources** para ver una guía de escritura en inglés.

2.4 Mejorar la salud pública

TECHTREK
Visita myNGconnect.com para ver datos en inglés sobre la salud pública en África.
Global Issues

Idea principal Los gobiernos nacionales y los organismos internacionales se han comprometido a mejorar el cuidado de la salud en África reduciendo el impacto de las enfermedades.

Casi medio millón de personas al año mueren de malaria y 9 de cada 10 casos ocurren en África. Ochenta y cinco por ciento de las víctimas son niños menores de cinco años. La malaria es una de las muchas enfermedades crónicas que azotan al continente.

El clima, la pobreza y las enfermedades

En 2012, la esperanza de vida de una mujer del África Subsahariana era de 52 años. Eso son 30 años menos que el promedio de Norteamérica. Una causa de esto es la mortalidad producida por enfermedades como la malaria, la enfermedad del sueño y la fiebre amarilla.

Apenas el 15 por ciento de la población del mundo vive en África, pero allí ocurren el 90 por ciento de los casos de enfermedades tropicales. Los organismos que provocan las enfermedades proliferan en el clima tropical africano, al igual que los insectos que las transmiten.

La malaria, por ejemplo, es transmitida por los mosquitos y los síntomas son parecidos a los de la gripe. Los casos graves de malaria pueden producir daños cerebrales, nerviosos y la muerte. Es probable que en la antigüedad la malaria se haya desarrollado como una **epidemia**: un brote limitado a una comunidad determinada. Posteriormente, se convirtió en una **pandemia**, es decir, se propagó por una vasta área, en este caso, por gran parte del mundo. La malaria se puede prevenir drenando o tratando el agua donde se reproducen los mosquitos o durmiendo bajo o tras un mosquitero tratado con algún insecticida.

Además del clima tropical, la pobreza favorece la propagación de las enfermedades. Los africanos pobres no tienen mosquiteros para cubrirse al dormir ni para cubrir las ventanas, ni cuentan con la tecnología para drenar las zonas donde los mosquitos se reproducen. La pobreza también aumenta la tasa de contagio de otras infecciones debido al hacinamiento, los malos servicios sanitarios y el agua contaminada.

Antes de continuar

Resumir ¿Cuáles son algunos de los factores que favorecen la propagación de enfermedades en África?

Estudiantes etíopes leen antes de ir a la escuela bajo la protección de un mosquitero.

VOCABULARIO CLAVE

epidemia, f. brote de una enfermedad que afecta simultáneamente a una gran parte de la población de una comunidad en particular

pandemia, f. brote de una enfermedad que se propaga por un área geográfica vasta

vacuna, f. tratamiento para aumentar la inmunidad a una enfermedad determinada

infeccioso, adj. capaz de propagarse rápidamente a otros

COMPARAR REGIONES

La lucha contra las enfermedades

La lucha contra enfermedades como la malaria, el virus del sida y la fiebre amarilla se ha convertido en un compromiso global. Muchas organizaciones ofrecen medicinas para tratar las enfermedades y vacunas para prevenirlas. Las **vacunas** son tratamientos diseñados para aumentar la inmunidad, o resistencia, a una enfermedad determinada. Los científicos intentan descubrir nuevas curas y vacunas para las enfermedades **infecciosas**, es decir, las enfermedades que se pueden propagar rápido.

Erradicar la malaria es un objetivo internacional para el siglo XXI. Hay unos 250 millones de casos de malaria al año en todo el mundo. Una organización no gubernamental (ONG) llamada *Malaria No More* ("No más malaria", en inglés) trabaja para combatir la malaria en África. Una ONG es un grupo voluntario sin fines de lucro fundado por ciudadanos. *Malaria No More* reparte mosquiteros para que las personas se protejan.

La Organización Mundial de la Salud (OMS) combate la malaria en todo el mundo. En su Programa contra la Malaria del Mekong, en el Sureste Asiático, la OMS trabaja con los gobiernos y distintas ONG para llevar un control de los brotes de la enfermedad y de los programas de tratamiento en la región.

Una de las principales fuentes de financiamiento de los programas para tratar la malaria es la Fundación de Bill y Melinda Gates. La fundación financia la investigación para hallar una vacuna y el desarrollo de drogas más efectivas para tratar a las personas que ya están infectadas con malaria.

Todos estos programas reflejan el compromiso renovado asumido por los gobiernos, las fundaciones privadas y las ONG para combatir la malaria y otras enfermedades en el mundo.

LA MALARIA SEGÚN LOS NÚMEROS

37
Porcentaje en que se redujo la incidencia de la malaria a nivel mundial entre 2000 y 2015.

60
Segundos transcurridos entre cada niño africano que muere de malaria

97
Países de todo el mundo que reportaron casos de malaria en 2015

2,414
Cantidad estimada de personas que mueren diariamente de malaria en todo el mundo

801,000
Cantidad estimada de africanos que mueren anualmente de malaria

Fuente: Organización Mundial de la Salud, Fondo de las Naciones Unidas para la Infancia

Antes de continuar

Verificar la comprensión ¿Cuáles son los principales instrumentos de la lucha internacional contra la enfermedad?

EVALUACIÓN CONTINUA

LABORATORIO DE LECTURA

GeoDiario

1. **Analizar causa y efecto** ¿Cuál es una de las causas de la baja esperanza de vida de los subsaharianos?
2. **Hacer predicciones** ¿Cuál sería el impacto del desarrollo de una vacuna contra la malaria en la esperanza de vida en África?
3. **Hacer inferencias** ¿Cómo crees que la malaria afecta la economía de los países donde se produce un gran número de casos?

2.5 Sudán y Somalia

TECHTREK
Visita myNGconnect.com para ver mapas.
Maps and Graphs

Idea principal Las guerras civiles entre grupos étnicos y religiosos en Sudán y en Somalia han limitado el progreso de ambos países.

Durante años, Sudán y Somalia han sido castigados por la guerra, la hambruna y las enfermedades. Muchas personas sobrevivieron a los conflictos para luego morir de hambre. En ambos países, la combinación del clima, la historia y la cultura ha ayudado a crear esta difícil situación.

Como has aprendido, los gobiernos coloniales de África dejaron a los países divididos en grupos de distinta etnia y religión. Sudán y Somalia también enfrentan una división geográfica: el Sahel se extiende a través de ambos países, dividiendo su territorio entre África del Norte y el África Subsahariana.

El conflicto en Sudán

La zona norte de Sudán es mayormente un desierto. Allí viven pastores nómadas musulmanes de ascendencia árabe. El sur es una zona de pantanos y sabanas que fue poblada por campesinos de ascendencia africana. Los habitantes del norte son en su mayoría musulmanes, mientras que los habitantes del sur practican mayormente el cristianismo o ciertas religiones indígenas. Tanto en el norte como en el sur existe una fusión de grupos étnicos.

Estas diferencias han causado abusos a los derechos humanos. Desde la independencia de Sudán, en 1956, el gobierno ha oprimido a los habitantes cristianos del país. En Darfur, el gobierno creó en 2003 una milicia compuesta mayormente por árabes. Esta milicia atacó a quienes protestaban contra el gobierno, pero también atacó a los enemigos personales de los miembros de la milicia. Fueron asesinadas casi 400,000 personas y otras 2.5 millones se convirtieron en **refugiados**, o personas que huyen de un lugar para estar a salvo.

Los países vecinos, como Chad, levantaron campamentos de refugiados para las personas que huían de Sudán. Uno de los campamentos albergó a más de 250,000 personas en 2010. Los campamentos no ofrecen techo permanente, ni disponen de sistemas cloacales; a menudo escasean los alimentos y dependen de la ayuda que envíen las organizaciones de asistencia o los países que dan acogida a los refugiados.

Entre los refugiados se encuentra un grupo conocido como los **Niños Perdidos de Sudán**. Estos jóvenes quedaron huérfanos a consecuencia de la guerra civil y se mantuvieron unidos para escapar de la violencia. Viajaron a Etiopía, luego regresaron a Sudán y luego se marcharon a un campamento de refugiados en Kenia. En 2001, los Estados Unidos acogieron a más de 3,500 de estos muchachos. Muchos asistieron a la escuela y la universidad allí.

Visión crítica La imagen fue tomada en Eyl, un poblado en el estado somalí de Puntlandia. ¿Qué podrías inferir a partir de la foto sobre las condiciones económicas en Eyl?

SUDÁN: DIVISIÓN POLÍTICA

SOMALIA: DIVISIÓN POLÍTICA

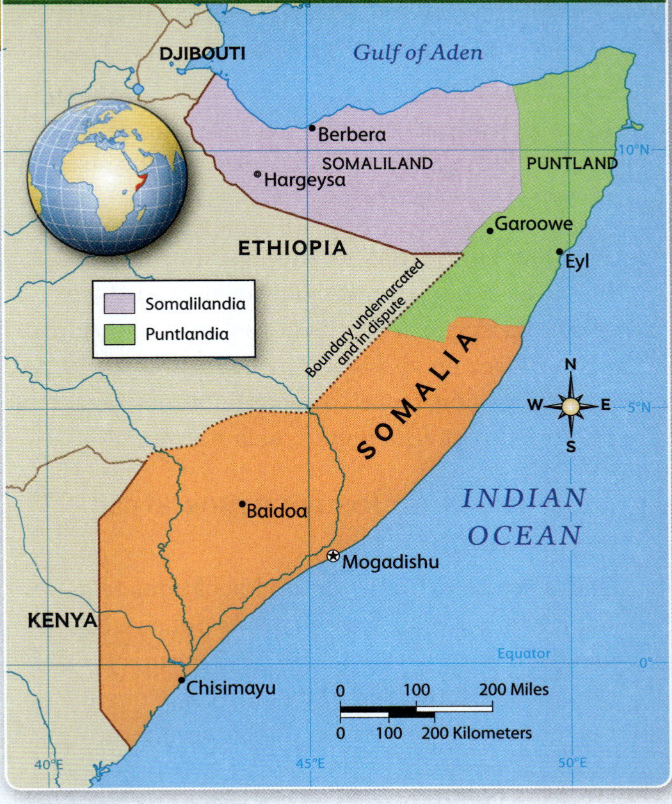

Somalia

Los somalíes han sufrido los conflictos entre cinco **clanes** importantes. Un clan es una unidad grande basada en los lazos familiares y en la lealtad hacia el grupo. Incluso dentro de un mismo clan puede haber subdivisiones que choquen entre sí. Por este motivo, los somalíes nunca se han unido para forman una nación.

En 1991, grupos pertenecientes a distintos clanes derrocaron un gobierno militar derruido, y se desencadenaron batallas encarnizadas entre los clanes rivales. Este conflicto interrumpió la producción agrícola, que ya estaba amenazada por las inundaciones y la sequía. Ante la ausencia de control por parte de un gobierno central, algunos clanes se dedicaron a la piratería, actividad que continúan ejerciendo en el presente. Atacan y saquean barcos extranjeros o los secuestran y exigen un rescate para liberar a la tripulación.

Muchos consideran que Somalia es un **estado fallido**, es decir, un país en el cual el gobierno, las instituciones económicas y el orden han colapsado. Las regiones de Somalilandia y Puntlandia han declarado su independencia, pero esta no ha sido reconocida internacionalmente. En el siglo XXI, las fuerzas de las Naciones Unidas y de la Unión Africana han intentado mantener la paz en la región.

Antes de continuar

Resumir ¿De qué manera los conflictos han limitado el progreso en Sudán y en Somalia?

EVALUACIÓN CONTINUA

LABORATORIO DE MAPAS

GeoDiario

1. **Interpretar mapas** Usando el mapa de Sudán, describe la distribución geográfica de las principales religiones.
2. **Región** Usando el mapa de Somalia, describe cómo está dividido el país. ´Según tu descripción, ¿a qué dificultades podría enfrentarse Somalia?
3. **Sacar conclusiones** ¿Qué es un estado fallido y por qué tanto Sudán como Somalia podrían considerarse estados fallidos?

2.6 El final del apartheid

TECHTREK
Visita **myNGconnect.com** para ver tofos de Sudáfrica.

Digital Library

Idea principal En 1994, Sudáfrica pasó de tener un gobierno racista y de minorías a tener un gobierno elegido democráticamente.

En 1994, largas filas de sudafricanos de todas las razas soportaron de pie varias horas bajo el sol. La mayoría de ellos esperaba votar por primera vez en su vida. Este día marcó el fin de la **segregación** racial, o separación por raza, y el nacimiento de una democracia nueva.

La riqueza de los recursos atrae a colonos

Sudáfrica se extiende desde los cálidos trópicos del norte hasta las frescas aguas del sur. Su geografía y su clima permiten el desarrollo de una amplia variedad de cultivos y cuenta con grandes yacimientos de diamantes, oro y otros minerales.

En el siglo XIX, tanto colonos británicos como holandeses reclamaron estas tierras como propias. Los colonos holandeses, conocidos como bóeres o afrikáneres, formaron sus propias repúblicas. Los bóeres habían esclavizado a los africanos y habían traído de Asia a miembros de otros pueblos como trabajadores. Tanto los británicos como los bóeres despojaron de sus tierras a los miembros de las etnias zulú, xhosa y a otros indígenas africanos. Una cantidad aún mayor de indígenas africanos fue obligada a trabajar para los colonos bóeres y británicos después del descubrimiento de grandes yacimientos de oro y diamantes, ocurrido hacia 1870.

El comienzo del apartheid

En 1902, luego de una serie de guerras, los territorios de los bóeres pasaron a formar parte de las colonias británicas conocidas como la Unión Sudafricana. El gobierno colonial británico dividió Sudáfrica en áreas para blancos y negros. Solo los africanos blancos tenían derecho a votar. La mayor parte de las tierras, y la totalidad de las mejores tierras, fueron reservadas para ser usadas por la minoría blanca. Las tierras menos fértiles y productivas quedaron en manos de los africanos negros. Se declaró que las ciudades eran exclusivamente para los blancos y los africanos negros solo podían entrar a ellas para trabajar.

Visión crítica Una multitud de sudafricanos festeja durante un partido de fútbol. ¿Qué puedes inferir a partir de la foto acerca de cómo un acontecimiento deportivo puede servir para unir a las personas?

En 1948, unas nuevas leyes establecieron el **apartheid**, esto es, la separación legal de las razas. Además de estar divididos según la raza, los sudafricanos solo podían poseer tierras en las áreas que les eran asignadas. Los sudafricanos negros tenían la obligación de portar documentos de identificación en todo momento.

En 1970, el gobierno estableció que todos los sudafricanos negros dejaban de ser ciudadanos de Sudáfrica y se convertían en ciudadanos de un terruño. Se suponía que los **terruños** eran áreas que tenían un gobierno propio, pero el verdadero control era ejercido por el gobierno nacional. Estos terruños profundizaron aún más la separación de razas.

El final del apartheid

En los inicios del siglo XX, los africanos negros formaron el **Congreso Nacional Africano** (CNA) para protestar por el trato que recibían. Luego, Sudáfrica declaró ilegal al CNA y encarceló a sus líderes, entre ellos a **Nelson Mandela**. En 1977, **Stephen Biko**, presidente de una organización estudiantil de protesta, fue arrestado y asesinado a golpes. Tanto Biko como Mandela se convirtieron en símbolos del movimiento de protesta sudafricano.

En 1989, el nuevo presidente blanco F.W. de Klerk comenzó a modificar las leyes del Apartheid. Legalizó el CNA y liberó a sus líderes, entre ellos a Nelson Mandela. En 1994, se concedió el derecho al voto a todos los sudafricanos y el pueblo eligió a Mandela como presidente.

Tras décadas de apartheid, la igualdad racial aún está lejos de ser una realidad en Sudáfrica. El gobierno ha trabajado para que los sudafricanos negros puedan acceder a mejores empleos y a tierras agrícolas, pero sigue existiendo una gran brecha económica entre la mayor parte de los negros y los blancos del país. En 2002, el gobierno tomó el control de los recursos minerales del país, en parte para asegurarse de que la población negra de Sudáfrica reciba una parte equitativa de las ganancias. El progreso es lento, pero la capacidad de Sudáfrica de aprovechar sus recursos le ha permitido desarrollar la economía más próspera de África.

Nelson Mandela saluda a la multitud durante un acto poco después de dejar la prisión.

Antes de continuar

Resumir ¿De qué manera Sudáfrica pasó de tener un gobierno de minorías a un gobierno elegido democráticamente?

EVALUACIÓN CONTINUA

LABORATORIO DE LECTURA GeoDiario

1. **Verificar la comprensión** ¿Qué fue el apartheid y cómo se inició?
2. **Movimiento** ¿De qué manera la colonización y el apartheid desplazaron a los africanos de sus hogares?
3. **Comparar y contrastar** Da un ejemplo de cómo el gobierno limitó los derechos de las personas durante el apartheid y un ejemplo de cómo el gobierno los amplió después del apartheid.

CAPÍTULO 14

Repaso

VOCABULARIO

Escribe una oración que explique la conexión entre las dos palabras de cada par de palabras de vocabulario.

1. grupo étnico; corredor de transporte

> *Las masas de agua pueden funcionar como corredores de transporte entre distintos grupos étnicos africanos.*

2. griot; tradición oral
3. etnobotánico; planta medicinal
4. mercancía; mineral
5. hambruna; erosión
6. epidemia; pandemia

IDEAS PRINCIPALES

7. ¿Qué factores fueron ignorados cuando se trazaron las fronteras coloniales de los países africanos? (Sección 1.1)
8. ¿Qué influencia ha ejercido la música africana sobre la música de los Estados Unidos? (Sección 1.2)
9. ¿A qué desafíos se ha enfrentado Kenia en la modernización de su economía? (Sección 1.3)
10. ¿De qué manera Grace Jobo y Wade Davis están ayudando a preservar las culturas tradicionales? (Sección 1.4)
11. ¿Qué circunstancias han impedido que los africanos obtengan ganancias a partir de los recursos minerales? (Sección 2.1)
12. ¿De qué manera el crecimiento poblacional de África ha complicado la provisión de alimentos a sus habitantes? (Sección 2.3)
13. ¿Qué se está haciendo para reducir la propagación de la malaria en África? (Sección 2.4)
14. ¿Cuáles son algunas de las causas de los conflictos de Sudán y Somalia? (Sección 2.5)
15. ¿Cómo ha mejorado la vida en Sudáfrica desde el fin del apartheid? (Sección 2.6)

CULTURA

ANALIZA LA PREGUNTA FUNDAMENTAL

¿Qué factores geográficos e históricos han influido sobre las culturas del África Subsahariana?

Razonamiento crítico: Sacar conclusiones

16. Sin la influencia del colonialismo, ¿Serían los países africanos tan étnicamente diversos como lo son en la actualidad? ¿Por qué?
17. ¿De qué manera la geografía, el clima y los recursos del África Subsahariana contribuyeron dar forma al estilo de vida de sus habitantes?

INTERPRETAR MAPAS

BOTSUANA: DIVISIÓN POLÍTICA

18. **Ubicación** ¿Qué ciudad se encuentra cerca de los 22° de latitud sur y 28° de longitud este?
19. **Interacción entre los humanos y el medio ambiente** ¿Qué tipo de característica topográfica define la forma irregular del límite sur de Botsuana (*Botswana*)?

GOBIERNO Y ECONOMÍA

ANALIZA LA PREGUNTA FUNDAMENTAL

¿De qué manera los conflictos y la inestabilidad de los gobiernos desaceleraron el desarrollo económico del África Subsahariana?

Razonamiento crítico: Analizar causas y efectos

20. Describe algunos recursos naturales específicos que hayan ayudado a los países del África Subsahariana a desarrollarse económicamente.
21. ¿De qué manera el colonialismo frenó el desarrollo económico de África?
22. ¿Qué efectos tuvo el apartheid sobre la igualdad racial en Sudáfrica?

INTERPRETAR GRÁFICAS

PRODUCCIÓN DE TRIGO EN EL ÁFRICA SUBSAHARIANA

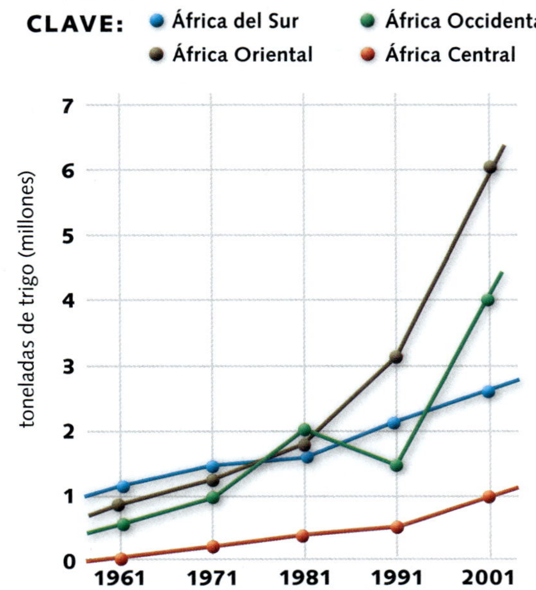

Fuente: Organización para la Alimentación y la Agricultura de las Naciones Unidas

23. **Analizar datos** ¿En qué región de África aumentó más la producción de alimentos?
24. **Evaluar** ¿Qué información adicional se necesita para determinar el crecimiento en la producción de alimentos per cápita?

OPCIONES ACTIVAS

Sintetiza las preguntas fundamentales completando las siguientes actividades.

25. **Reunir información** Imagina que es el año 2001 y que un grupo de los Niños Perdidos de Sudán llega a tu escuela. Con un grupo, comenten cómo les darían la bienvenida. Anoten las palabras y las rutinas diarias que deberían aprender. Hagan una investigación sobre su idioma. **Compartan sus ideas oralmente con la clase.**

Sugerencias para la colaboración
- Escucha, toma notas y pregunta para clarificar lo que dicen tus compañeros; también contesta sus preguntas.
- Vuelve a contar lo que escuchaste para confirmar que has comprendido.
- Pónganse de acuerdo con anterioridad sobre cómo explicarán sus ideas a la clase.

26. **Crear una tabla** Haz una tabla de tres columnas que compare tres países del África Subsahariana. Asegúrate de que cada país pertenezca a un área diferente (occidental, oriental, central o del sur). Usa fuentes en línea para reunir información sobre las categorías que se muestran a continuación. Según los datos, ¿qué país tiene la mayor población? ¿Y la menor?

	Ghana (África Occidental)	Uganda (África Oriental)	Lesoto (África del Sur)
Año en que el país obtuvo la independencia			
Población			
Millas cuadradas de territorio			
Principales recursos económicos			

Los desiertos del mundo

TECHTREK
Visita myNGconnect.com para ver una tabla
Student Resources

Los desiertos ocupan alrededor de la quinta parte de la superficie continental de la Tierra. Los desiertos tal como los conocemos son relativamente jóvenes en términos geológicos, pues se han formado dentro de los últimos 65 millones de años. Los desiertos son tierras secas que pueden perder más agua por evaporación de la que reciben a través de la precipitación. Las lluvias que caen sobre los desiertos no suelen superar las 10 pulgadas anuales. Tanto la escasez de precipitaciones como la baja humedad, las temperaturas diurnas normalmente altas y los vientos contribuyen a la aridez de los desiertos.

En ocasiones los desiertos cubren vastas áreas y se extienden más allá de las fronteras de los países. El desierto de Sonora, por ejemplo, atraviesa la frontera entre México y los Estados Unidos. El desierto del Kalahari cubre tierras de tres países: Botsuana, Namibia y Sudáfrica.

Comparar

- Botsuana (*Botswana*)
- China
- México (*Mexico*)
- Mongolia
- Namibia
- Sudáfrica (*South Africa*)
- Estados Unidos (*United States*)

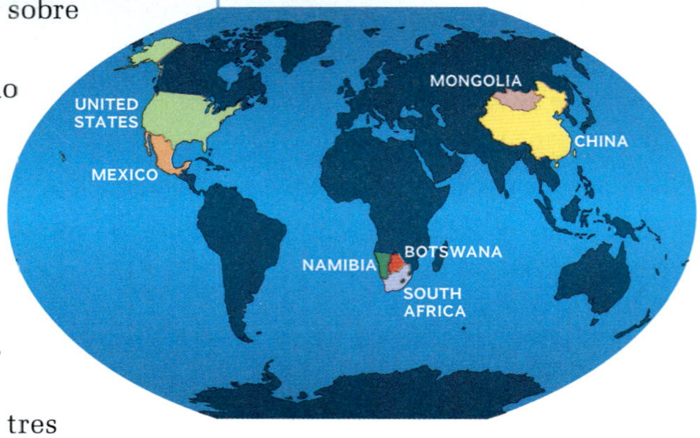

CARACTERÍSTICAS FÍSICAS

Muchas personas piensan que los desiertos son tierras baldías calientes y arenosas, sin agua ni vida. En verdad, existe una diversidad sorprendente entre los distintos desiertos. Algunos son calurosos y arenosos, pero otros tienen temporadas de lluvias abundantes y pueden llegar a ser sumamente fríos. Si bien un cuarto de los desiertos están cubiertos de arena, el resto están formados por polvo, arcilla, rocas, hielo y otros materiales. La Antártida, por ejemplo, es un desierto. Los desiertos pueden ser llanos o montañosos; pueden estar por debajo del nivel del mar o sobre montañas.

Desierto del Namib, Namibia

FLORA Y FAUNA DE LOS DESIERTOS

Los desiertos albergan una gran variedad de plantas y animales que se han adaptado a los rigurosos climas desérticos. Las plantas desérticas como el saguaro (abajo) pueden resistir largos períodos sin agua. Algunas plantas cuentan con sistemas de raíces poco profundas que cubren una gran superficie para obtener la mayor cantidad de agua posible. Muchos animales desérticos, como el búho enano (abajo), son nocturnos y salen de caza después de la puesta del sol, cuando baja la temperatura.

Un búho enano en un saguaro, en el desierto de Sonora, Estados Unidos

DESIERTOS SELECCIONADOS DEL MUNDO

	Sonora	Kalahari	Gobi
Ubicación:	Estados Unidos, México	Botsuana, Sudáfrica, Namibia	China, Mongolia
Tamaño aproximado:	**100,000** millas cuadradas	**220,000** millas cuadradas	**500,000** millas cuadradas
Precipitación media anual:	**4–12** pulgadas	**3–7.5** pulgadas	**2–8** pulgadas
Especies animales interesantes:	Monstruo de Gila	Suricata	Camellos bactrianos
Ejemplos de rangos de temperatura:	**120°F** (verano) **32°F** (invierno)	**113°F** (verano) **7°F** (invierno)	**113°F** (verano) **-40°F** (invierno)

Fuente: World Wildlife Fund; worldatlas.com; gobidesert.org; Museo del desierto de Sonora de Arizona

EVALUACIÓN CONTINUA

LABORATORIO DE INVESTIGACIÓN GeoDiario

1. **Analizar datos** ¿Qué desierto tiene el rango de temperaturas más amplio?
2. **Comparar y contrastar** ¿Cómo se comparan los desiertos en tamaño?

Investigar y crear tablas Busca en un mapa los desiertos de la Patagonia y del Sahara. Investiga y compara los desiertos. Usa una tabla como la de esta página para presentar lo que averiguaste. Ajusta las categorías de acuerdo con la información que quieras comparar.

Opciones activas

TECHTREK

Visita **myNGconnect.com** para ver fotos de especies en peligro de extinción y una plantilla para la escritura en inglés.

Digital Library | Student eEdition

ACTIVIDAD 1

Propósito: Ampliar tu conocimiento sobre los animales en peligro de extinción.

Escribir un informe

Investiga y prepara un informe escrito sobre uno de los animales sub-saharianos en peligro de extinción que se listan abajo. Un informe es un resumen breve que contiene información importante sobre un tema. Usa la Internet para hallar reportajes o artículos. Organiza la información a partir de uno o dos de ellos. ¿Cuáles son los últimos y más importantes hallazgos? Proporciona al público datos sobre el animal y sobre los esfuerzos que se realizan para protegerlo.

- elefante africano
- addax
- rinoceronte negro
- mandril (como el que muestra a la derecha)
- hipopótamo pigmeo
- gorila de las tierras bajas

mandril

ACTIVIDAD 2

Propósito: Investigar una cultura subsahariana.

Llevar un diario cultural

¡Felicitaciones! Has ganado un viaje de siete días con todos los gastos pagos a uno de los siguientes países: Kenia, Tanzania, Sudáfrica, Botsuana, Zimbabue o Zambia. La única condición es que lleves un diario de viaje en el que describas lo que ves y lo que haces. Escoge un país y empieza a viajar. Usa el recurso en inglés **Magazine Maker CD-ROM** para compartir tus anotaciones en el diario con los amigos que se quedaron en casa.

ACTIVIDAD 3

Propósito: Hacer un repaso del África Subsahariana a través de un juego.

Jugar a las capitales

En grupo, miren un mapa y escojan 25 países del África Subsahariana. Escriban el nombre de cada país en una tarjeta pequeña. En otra tarjeta pequeña, escriban la capital de cada país. Ahora están listos para jugar. Cada jugador toma una tarjeta de un país e intenta adivinar la capital. Si el jugador falla, se coloca la tarjeta al fondo de la pila y el turno pasa al jugador siguiente. Si el jugador adivina la capital, conserva la tarjeta y el turno pasa al jugador siguiente. Gana el jugador que logre acumular más tarjetas. Varíen el juego escogiendo una tarjeta de capital y adivinando el nombre del país.

NATIONAL GEOGRAPHIC
Culturas del mundo y geografía

GEO

Explora Asia Suroccidental y África del Norte con NATIONAL GEOGRAPHIC

CONOCE AL EXPLORADOR

NATIONAL GEOGRAPHIC

El explorador emergente y urbanista Thomas Taha Rassam (TH) Culhane trabaja en los vecindarios más pobres de El Cairo. Instala paneles solares sobre los techos para calentar agua y sistemas domésticos de biogás usando tecnología que respeta el medio ambiente.

INVESTIGA LA GEOGRAFÍA

El templo de Ramsés, a orillas del río Nilo, fue tallado en la roca hace miles de años, en Egipto. El antiguo Egipto era un oasis en el desierto de África Nororiental. Egipto dependía de la inundación anual del río para mantener a su sociedad.

ENTRA A LA HISTORIA

En Jerusalén se encuentra la Cúpula de la Roca (que se ve en esta fotografía), un lugar sagrado para el judaísmo y el islam. En Jerusalén también se encuentran muchos sitios importantes para el cristianismo, como la Iglesia del Santo Sepulcro.

ONLINE WORLD ATLAS

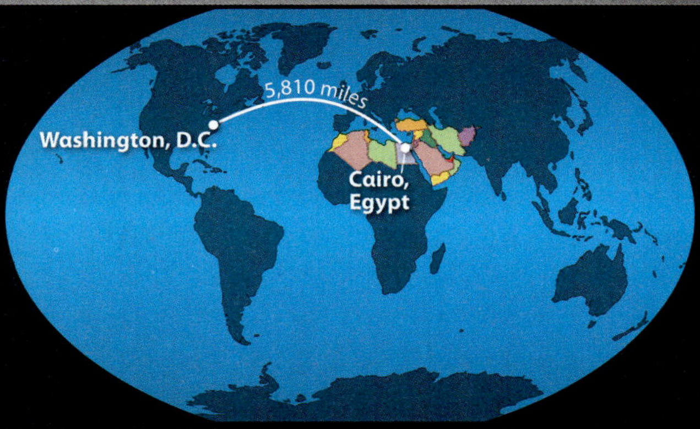

Visita **myNGconnect.com** para ver mapas de Asia Suroccidental y África del Norte.

CONECTA CON LA CULTURA

Desde la cima del edificio más alto del mundo, el Burj Khalifa, en Dubái, se ve un desarrollo denso que refleja el reciente auge de la construcción en los Emiratos Árabes Unidos.

CAPÍTULO 15

Asia Suroccidental y África del Norte
GEOGRAFÍA E HISTORIA

VISTAZO PREVIO AL CAPÍTULO

Pregunta fundamental ¿Cómo han influido el clima y la ubicación en esta región tanto en el pasado como hoy día?

SECCIÓN 1 • GEOGRAFÍA

VOCABULARIO CLAVE
- árido
- desertificación
- llanura aluvial
- limo
- irrigación
- petróleo
- no renovable
- falla
- oasis
- qanat

VOCABULARIO ACADÉMICO
confiable

TÉRMINOS Y NOMBRES
- desierto del Sahara
- río Nilo
- Creciente Fértil
- Rub al-Jali
- falla del Norte de Anatolia

Pregunta fundamental ¿Cómo se desarrollaron las civilizaciones en Asia Suroccidental y África del Norte?

SECCIÓN 2 • HISTORIA

VOCABULARIO CLAVE
- centro cultural
- revolución agrícola
- domesticar
- ciudad-estado
- cuneiforme
- monoteísta
- mesías
- peregrinaje
- difusión
- partidario
- sultán
- tolerancia religiosa

VOCABULARIO ACADÉMICO
extensión

TÉRMINOS Y NOMBRES
- Ur
- Hammurabi
- Nabucodonosor
- judaísmo
- cristianismo
- islamismo
- Biblia hebrea
- Biblia cristiana
- Corán
- Diáspora
- Constantino
- Imperio otomano
- Imperio bizantino
- Osmán
- Solimán I

1 2

Camello arábigo

TECHTREK PARA ESTE CAPÍTULO

- Student eEdition
- Maps and Graphs
- Interactive Whiteboard GeoActivities
- Digital Library

Visita **myNGconnect.com** para obtener más información sobre Asia Suroccidental y África del Norte.

Pregunta fundamental ¿Cómo se desarrolló una civilización avanzada en Egipto?

SECCIÓN 3 • ENFOQUE EN EGIPTO

VOCABULARIO CLAVE

- planicie aluvial
- energía hidroeléctrica
- jeroglíficos
- dinastía
- pirámide
- faraón
- deidad
- papiro
- tumba
- sarcófago

VOCABULARIO ACADÉMICO

regular

TÉRMINOS Y NOMBRES

- presa alta de Asuán
- Hatshepsut
- Ramsés II
- Ra
- Isis
- Giza
- Gran Pirámide de Keops

SECCIÓN 1 GEOGRAFÍA

1.1 Geografía física

TECHTREK
Visita **myNGconnect.com** para ver mapas de Asia Suroccidental y África del Norte y el Vocabulario visual en inglés.

Maps and Graphs

Digital Library

ASIA SUROCCIDENTAL Y ÁFRICA DEL NORTE: FÍSICO

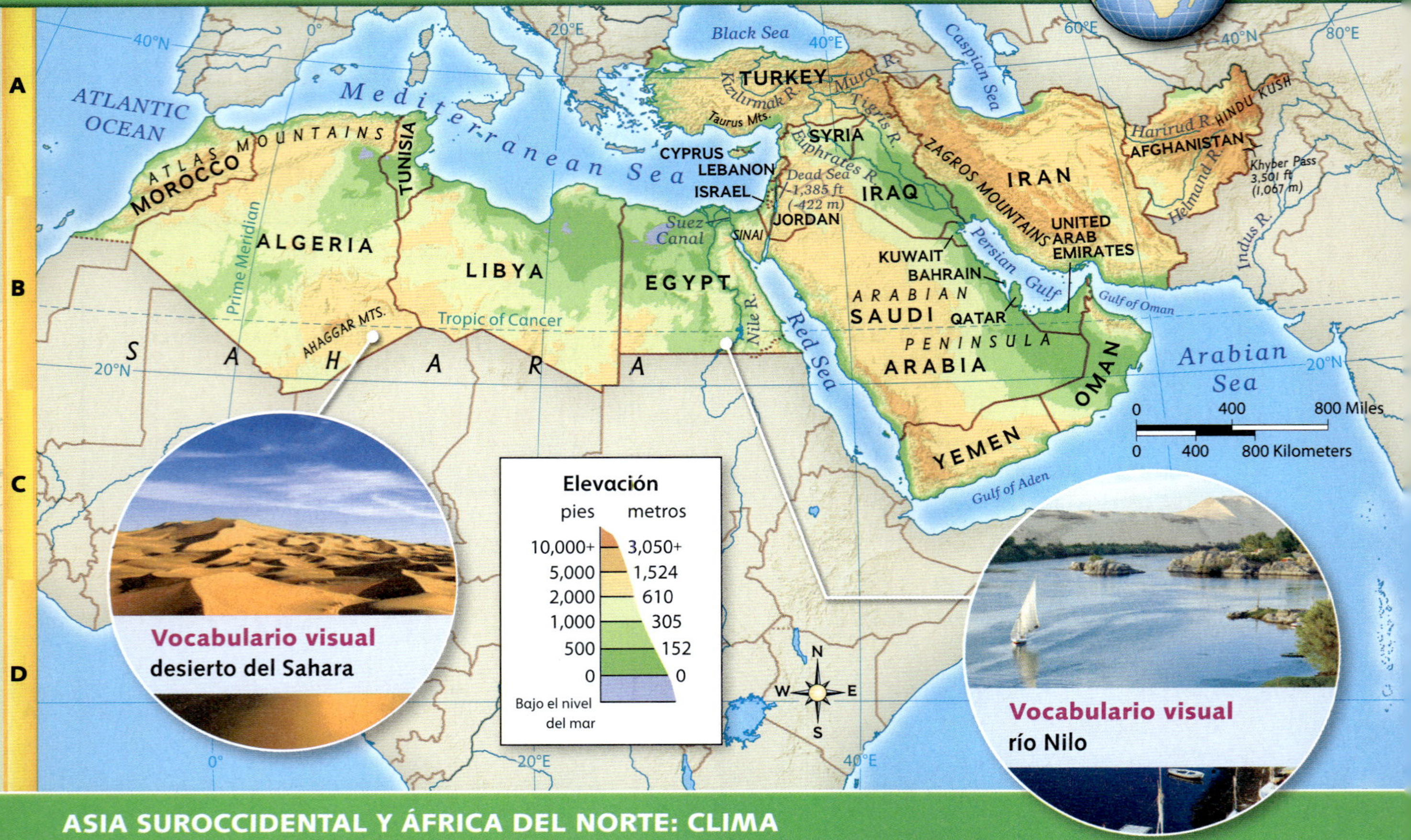

ASIA SUROCCIDENTAL Y ÁFRICA DEL NORTE: CLIMA

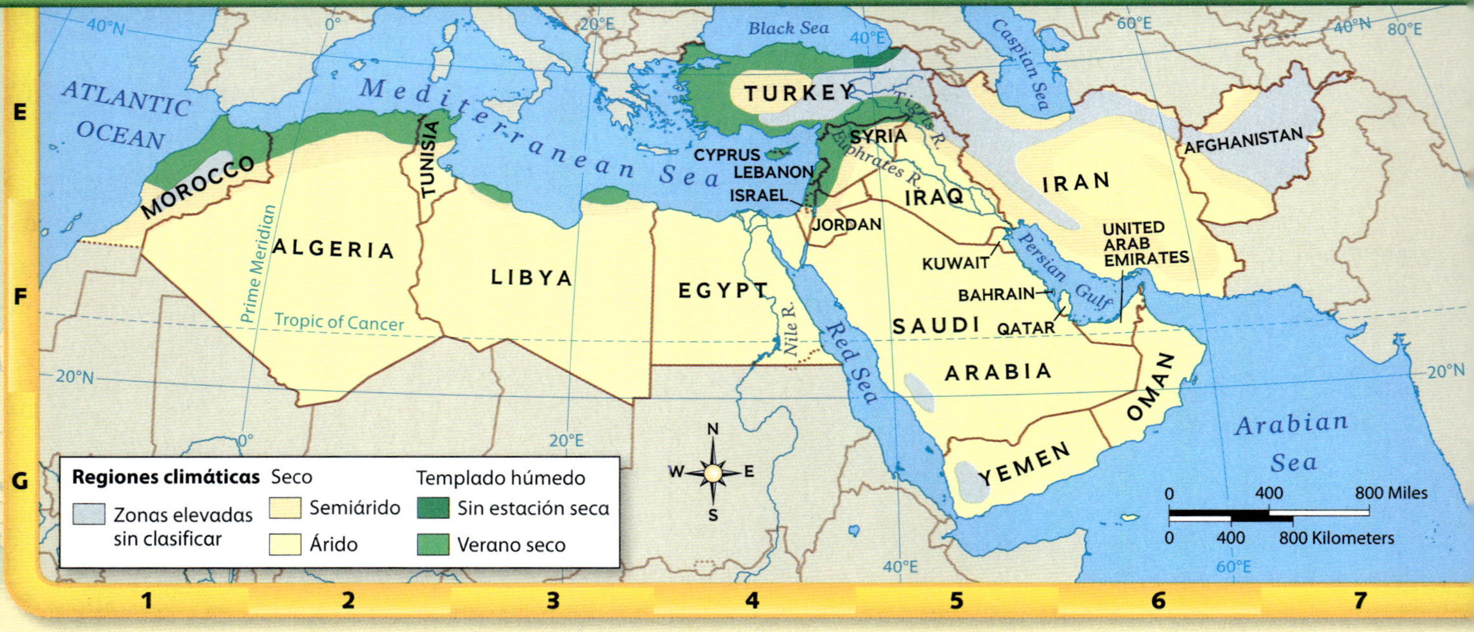

Idea principal La extensa región de Asia Suroccidental y África del Norte es calurosa y, en ocasiones, el agua es escasa en la región.

La región de Asia Suroccidental y África del Norte abarca partes de los continentes asiático y africano. Dos características físicas notables que se encuentran en esta región son el río más largo del mundo y su desierto más extenso. Los cambios climáticos en algunos sitios dieron lugar a nuevos patrones de migración y asentamiento.

Características físicas y clima

Una gran parte de Asia Suroccidental y África del Norte la conforman desiertos vastos e inhóspitos. Esta región desértica es **árida**, o muy seca, con temperaturas extremadamente altas durante el día. Por ejemplo, gran parte del desierto del Sahara y de la península arábiga reciben menos de cuatro pulgadas de lluvia al año. Las temperaturas pueden alcanzar 130°F durante el día.

En la región hay varias cadenas montañosas diferentes. La cordillera del Atlas está ubicada en el extremo noroeste de África. Los montes Zagros, en Irán, se extienden a lo largo del golfo Pérsico, y los montes Tauro, en Turquía, bordean el mar Mediterráneo. El clima en estas montañas es semi-árido y la temperatura puede descender bajo 0°F.

Tres ríos importantes han sustentado históricamente la vida de esta región, y continúan haciéndolo en la actualidad. El río Nilo fluye a través de Egipto y los ríos Tigris y Éufrates fluyen a través de Siria e Iraq. El agua es escasa en la mayor parte de esta región, excepto en las áreas cercanas a los ríos y las costas. Las culturas se han desarrollado y han crecido junto a estas vías fluviales. Allí se encuentran muchas de las ciudades más antiguas del mundo.

La transformación del desierto

Hoy en día, el Sahara se extiende 3,500 millas a través de África del Norte, desde el mar Rojo hasta el océano Atlántico. Sin embargo, esta amplia región del continente no siempre ha sido un desierto. El clima del Sahara ha cambiado drásticamente con el paso del tiempo. Hace casi 10,000 años, el desierto más grande del mundo era una pradera tropical.

Alrededor de 5300 a. C., las lluvias estacionales que regaban el Sahara comenzaron a desplazarse hacia el sur. Con el tiempo, el Sahara se convirtió en un desierto. La transición gradual de tierra fértil a tierra menos productiva se llama **desertificación**. El clima más seco incentivó a los habitantes del Sahara a migrar fuera del desierto. Se asentaron en el valle del río Nilo, donde hallaron una fuente de agua **confiable**, o con la que se podía contar.

Antes de continuar

Verificar la comprensión ¿De qué manera el calor y los recursos hídricos han definido a esta región?

EVALUACIÓN CONTINUA

LABORATORIO DE MAPAS GeoDiario

1. **Ubicación** En el mapa físico, ubica los ríos Nilo (*Nile*), Tigris y Éufrates (*Euphrates*). ¿En qué masas de agua desembocan estos ríos? ¿Qué otras masas de agua crees que podrían ser importantes para la región?
2. **Hacer inferencias** Si bien la mayor parte de la región es calurosa y seca, también existe diversidad. Basándote en el mapa del clima, compara el clima de Líbano (*Lebanon*) con el de Yemen. ¿Cuál de los dos países crees que recibe más lluvia?
3. **Describir información geográfica** ¿Cómo cambió el clima del Sahara con el transcurso del tiempo y qué provocó ese cambio?

1.2 Los ríos Tigris y Éufrates

TECHTREK
Visita **myNGconnect.com** para ver un mapa en inglés y fotos de los ríos Tigris y Éufrates.
Maps and Graphs | Digital Library

Idea principal Los ríos Tigris y Éufrates han sustentado la vida durante miles de años.

Una de las primeras civilizaciones del mundo comenzó entre dos ríos de un desierto. El nombre antiguo de esta región es Mesopotamia, que significa "tierra entre los ríos".

Dos ríos

Tal como has leído, el clima de esta región es caluroso y seco. Sin embargo, el área que la rodea a y se extiende desde los ríos Tigris y Éufrates, se conoce como **Creciente Fértil**. Esta zona fértil forma un arco desde el mar Mediterráneo hasta el golfo Pérsico. Sus ríos y planicies aluviales fueron una ubicación ideal para los inicios de la agricultura.

El nacimiento de los ríos Tigris y Éufrates se halla en las montañas de Turquía. Los ríos fluyen atravesando parte de Turquía, Siria e Iraq. Se unen en Al Qurnah, Iraq, antes de desembocar en el golfo Pérsico..

Si bien el Tigris y el Éufrates fluyen en direcciones similares, cada río tiene características distintivas. El río Éufrates, el río más largo de Asia Suroccidental, tiene una longitud aproximada de 1,740 millas (unas 600 millas menos que el río Misisipi, en los Estados Unidos). Después de salir del este de Turquía, el Éufrates fluye hacia el sureste, a través de Siria y cruzando Iraq, y dos tributarios importantes alimentan su caudal. En su recorrido, el flujo del río se hace más lento. Cuando el Éufrates atraviesa serpenteando la tierra caliente del desierto, pierde mucha agua por evaporación.

El Tigris también es un río extenso, de unas 1,180 millas de longitud. Después de salir de Turquía, el río fluye hacia el sureste a través de Iraq. El Tigris lleva más agua que el Éufrates, pues lo alimentan varios tributarios rápidos. La velocidad y el caudal impredecible del Tigris suelen producir grandes inundaciones. Aunque las inundaciones pueden ser destructivas, también han permitido el desarrollo de la agricultura a orillas de los ríos.

Visión crítica Este hombre cuida ovejas a orillas del río Éufrates, en Siria. Basándote en la foto, ¿cómo describirías el clima y el paisaje de este valle fluvial?

Tierra fértil

La tierra entre los ríos es una **llanura aluvial**, que es un área de tierra plana ubicada junto a un arroyo o río que se desborda. Los desbordes, o inundaciones, periódicos depositan **limo**, partículas finas de suelo, a lo largo de las márgenes de los ríos. El limo hace que el suelo sea fértil.

Históricamente, los agricultores han dependido de las inundaciones que producen naturalmente los ríos para regar sus cultivos. Sin embargo, también han usado la **irrigación**. La irrigación es el proceso de redirigir el agua hacia los cultivos a través de canales y zanjas. Gracias a la irrigación, los cultivos de las regiones secas pueden crecer en un área más extensa.

Los ríos Tigris y Éufrates continúan sustentando la vida. Por ejemplo, la mayoría de la población de Iraq vive entre los dos ríos, y la capital de Iraq, Bagdad, está ubicada junto al río Tigris. Los desbordes frecuentes del río solían inundar la ciudad, pero actualmente en Bagdad hay diques y muros de contención para controlar los desbordes y regular la irrigación.

Antes de continuar

Resumir ¿De qué manera los ríos Tigris y Éufrates son importantes para esta región?

LOS RÍOS TIGRIS Y ÉUFRATES

EVALUACIÓN CONTINUA

LABORATORIO DE MAPAS GeoDiario

1. **Interpretar mapas** Según el mapa, ¿en qué lugar se unen los ríos Tigris y Éufrates (*Euphrates*)? ¿Dónde se encuentra la desembocadura de estos ríos?
2. **Ubicación** Observa el mapa e identifica dónde se encuentra la mayoría de las ciudades de Iraq. ¿Qué patrón notas?
3. **Sacar conclusiones** ¿De qué manera la inundación de los ríos Tigris y Éufrates ha sido al mismo tiempo productiva y destructiva? Haz una tabla como la siguiente para responder la pregunta.

INUNDACIÓN DE LOS RÍOS TIGRIS Y ÉUFRATES

Productiva	Destructiva

SECCIÓN 1 GEOGRAFÍA

1.3 La península arábiga

TECHTREK
Visita myNGconnect.com para ver un mapa en inglés y fotos de los desiertos de Arabia.
Maps and Graphs
Digital Library

Idea principal La península arábiga es principalmente un desierto y provee un gran porcentaje del petróleo del mundo.

Si bien la península arábiga está casi totalmente rodeada de agua, en su mayor parte es un desierto. La historia geológica de esta península, o la manera en que la Tierra se desarrolló a lo largo de millones de años, define la base de su actividad económica actual.

Arena y calor

La península arábiga cubre más de un millón de millas cuadradas. La península limita al oeste con el mar Rojo, al sur con el mar de Arabia y al noreste limita con el golfo Pérsico. Arabia Saudita es el país más grande de la península. Kuwait, Omán, Qatar, los Emiratos Árabes Unidos, Yemen, Baréin y parte de Jordania e Iraq también están en la península. La temperatura en esta región suele subir a 130°F y la lluvia es escasa.

En la península arábiga hay varios desiertos. El desierto de Siria se halla en la parte norte y central de la península. Otro desierto, el **Rub al-Jali**, cubre 250,000 millas cuadradas del sur de Arabia Saudita, casi el tamaño del estado de Texas. Su nombre, Rub al-Jali, significa "cuarto vacío". Casi nadie vive en el Rub al-Jali, excepto algunos pequeños grupos de nómadas.

Las costas de la península contrastan con su desierto interior. En la parte occidental de la península, junto al mar Rojo, se alzan cumbres montañosas que alcanzan los 9,000 pies de altura. El suelo fértil que bordea las costas es apto para algunos cultivos. Por ejemplo, las palmeras de dátiles, que toleran los suelos salitrosos, crecen en abundancia junto a las salinas costeras del golfo Pérsico. Las salinas son suelos con una concentración alta de sal. La arena y la gravilla cubren la mayor parte del terreno, pero debajo del suelo yace un recurso valioso.

Visión crítica El distrito de Matrah, en el Sultanato de Omán, está situado en el golfo de Omán. Según la foto, ¿cómo describirías el distrito?

El petróleo

Bajo el suelo de la península arábiga hay grandes reservas de **petróleo**, la materia prima que sirve para producir combustibles. El petróleo se forma a partir de plantas y animales muy pequeños que murieron hace millones de años. Con el tiempo, el calor y la presión transforman estos materiales orgánicos en una nueva sustancia que se desplaza a través de las capas rocosas y se acumula en grandes depósitos. Una vez extraído del suelo, el petróleo se refina para producir gasolina, diésel y otros productos.

Debido a que tarda tanto tiempo en formarse, el petróleo es un recurso natural **no renovable**. Tal como has leído, un recurso no renovable es un recurso que no se puede reproducir con la misma rapidez con que se usa.

El veinticinco por ciento de las reservas de petróleo mundiales conocidas se encuentran en la península arábiga. De hecho, la producción de petróleo es la industria más importante de la península. La mayoría de los países del mundo dependen del petróleo de alguna manera para satisfacer sus necesidades de energía. Esta dependencia establece un vínculo crítico entre los países de la península arábiga y el resto del mundo.

LA PENÍNSULA ARÁBIGA

Antes de continuar

Resumir ¿Qué papel desempeña la península arábiga en la producción del petróleo del mundo?

EVALUACIÓN CONTINUA

LABORATORIO DE MAPAS GeoDiario

1. **Analizar elementos visuales** Observa la foto y lee la leyenda. Después ubica el lugar aproximado donde se halla este distrito en el mapa. Según la foto y el mapa, ¿cómo describirías las características físicas de esta región? Toma en cuenta la elevación en tu respuesta.
2. **Hacer inferencias** Según la foto y el texto, ¿qué puedes inferir acerca de los patrones de asentamiento en la península arábiga?
3. **Interacción entre los humanos y el medio ambiente** ¿De qué manera el clima afecta a la agricultura en la península arábiga?

1.4 Las mesetas de Anatolia e Irán

TECHTREK

Visita **myNGconnect.com** para ver un mapa en inglés y fotos de Turquía e Irán.

Maps and Graphs | Digital Library

Idea principal Las mesetas de Anatolia e Irán poseen una larga historia como cruce de rutas de comercio.

Los seres humanos han vivido en las mesetas de Anatolia y de Irán durante miles de años. Aunque están ubicadas en partes diferentes de la región, estas mesetas comparten características y patrones de asentamiento.

Mesetas y montañas

Gran parte de Turquía está situada en una península llamada Anatolia. La meseta de Anatolia 1 se encuentra en la parte central de esta península. La meseta de Irán 2 se encuentra en el centro del territorio actual de Irán.

La actividad sísmica formó ambas mesetas. La **falla del Norte de Anatolia** se extiende de este a oeste, justo al sur del mar Negro. A lo largo de esta **falla**, o fractura en la corteza terrestre, la actividad sísmica ha provocado un gran número de terremotos. Los científicos creen que la falla del Norte de Anatolia puede haber desencadenado una inundación inmensa y de larga duración hace unos 7,500 años, por la cual se formó el mar Negro. Los movimientos tectónicos también formaron la meseta de Irán. Cuando las placas arábiga y euroasiática chocaron, se formaron los montes Zagros.

En cada meseta, la altas montañas crean una sombra orográfica. La sombra orográfica es una región seca ubicada a uno de los lados de una cordillera. La humedad de los mares vecinos sube y se condensa, pero la lluvia y la nieve caen únicamente del lado que recibe los vientos húmedos. La tierra que se encuentra del lado opuesto, protegida de los vientos por las montañas, recibe muy poca precipitación.

El comercio y el asentamiento

La aridez de las mesetas ha significado pocos asentamientos. Sin embargo, el clima no desalentó a los viajeros ni a los comerciantes. Los **oasis**, o sitios fértiles con agua ubicados en áreas secas, salpican las mesetas. A través de los siglos, estos oasis sirvieron de paradas a las caravanas de comercio.

A lo largo de la historia, los comerciantes han cruzado la península de Anatolia en su ruta entre Europa y Asia Oriental. Los comerciantes que iban a la antigua Grecia, o que de allí venían, viajaban por la costa del Mediterráneo. Algunas personas se trasladaron tierra adentro,

Visión crítica Los montes Zagros bordean la meseta de Irán. Según lo que ves en la foto, ¿cuáles podrían ser algunas de las dificultades de vivir en esta meseta?

LAS MESETAS DE ANATOLIA E IRÁN

cruzando los montes Tauro, y se asentaron en la meseta de Anatolia. Estos asentamientos se convirtieron en paradas a lo largo de rutas importantes de comercio.

Los primeros asentamientos humanos también tuvieron lugar en la meseta de Irán. Hace unos 2,500 años, las personas inventaron un sistema para llevar agua a sus tierras áridas. Construyeron **qanats**, o túneles subterráneos, para transportar agua desde las montañas a las planicies secas. Esta tecnología aún se usa actualmente en Teherán, la capital de Irán.

Antes de continuar

Verificar la comprensión ¿De qué manera la ubicación de las mesetas de Anatolia e Irán las convierte en un cruce de rutas importante?

EVALUACIÓN CONTINUA

LABORATORIO DE MAPAS

GeoDiario

1. **Interpretar mapas** Ubica los límites de las placas tectónicas en el mapa. ¿Qué placas limitan con la falla del Norte de Anatolia (*North Anatolian Fault*)? ¿Sobre qué placas se encuentran Turquía (*Turkey*) e Irán (*Iran*)?
2. **Sacar conclusiones** Ubica los montes Zagros en el mapa. ¿Qué conclusiones puedes sacar sobre la formación de estas montañas?
3. **Lugar** ¿Qué efecto climático tienen las cordilleras circundantes sobre las mesetas de Anatolia e Irán?
4. **Explicar** Con el paso del tiempo, ¿cómo influyó el comercio sobre el asentamiento en las mesetas?

SECCIÓN **2** HISTORIA

2.1 Mesopotamia

TECHTREK

Visita **myNGconnect.com** para ver un mapa y fotos de artefactos de Mesopotamia

Maps and Graphs

Digital Library

Idea principal La primitiva civilización de Mesopotamia contribuyó en gran medida con otras culturas.

Mesopotamia es conocida como un antiguo **centro cultural**, o centro de civilización desde el cual se difunden ideas y tecnología a otras culturas. Allí, el surgimiento de la agricultura, hace más de 10,000, años posibilitó el crecimiento de sociedades avanzadas.

Se desarrolla la agricultura

Tal como has aprendido, el Creciente Fértil se extiende desde el golfo Pérsico hasta la costa oriental del mar Mediterráneo. Alrededor de 9500 a. C., los habitantes de esta tierra fértil comenzaron a cultivar en lugar de recolectar plantas para comer. A este cambio se le llama **revolución agrícola**. Esta revolución posibilitó que grupos de personas se establecieran en un solo lugar y que, con el tiempo, desarrollaran civilizaciones avanzadas.

Además de la agricultura, los habitantes de Mesopotamia comenzaron a **domesticar** animales, o criarlos como fuente de trabajo animal y alimento. Las aldeas agrícolas crecieron y se convirtieron en asentamientos más grandes y después en ciudades. Finalmente, estas ciudades se unieron y formaron las primeras ciudades-estado del mundo. Las **ciudades-estado** son unidades políticas independientes.

MESOPOTAMIA

Sumeria

Las primeras ciudades-estado sumerias se formaron alrededor de 3500 a. C. Sumeria fue una antigua región de Mesopotamia situada en el territorio actual del sureste de Iraq. Ubicada en el valle inferior de los ríos Tigris y Éufrates, Ur fue una de las ciudades-estado sumerias más importantes. Entre 2800 y 1850 a. C., Ur fue un centro de comercio.

9500 a. C. Comienza la revolución agrícola en el Creciente Fértil.

Mapa antiguo de Mesopotamia con texto cuneiforme

1900 a. C. Los amoritas conquistan Mesopotamia.

9500 a. C. **3500 a. C.** **2500 a. C.**

3500 a. C. Comienzan a desarrollarse ciudades-estado en Sumeria.

Un casco de oro de Ur, una ciudad-estado de Mesopotamia.

Su ubicación a orillas del río Éufrates ayudó a que se convirtiera en un puerto importante. Los mercaderes de Ur comunicaban por mar a Mesopotamia con pueblos tan alejados como los del valle del Indo, en Asia del Sur.

Los sumerios realizaron muchas contribuciones culturales significativas: usaron matemáticas avanzadas e inventaron los primeros vehículos con ruedas y el primer código de leyes. Además, los sumerios empleaban la lengua escrita para registrar su conocimiento. La escritura sumeria, llamada **cuneiforme**, es la primera forma de escritura conocida. Las tablillas de arcilla grabadas con signos cuneiformes proporcionan a los científicos una gran cantidad de detalles sobre la vida cotidiana y la cultura de Sumeria.

Babilonia

Hacia 1900 a. C., los amoritas, un grupo nómada de Arabia, conquistó Mesopotamia. Los amoritas adoptaron gran parte de la cultura sumeria y continuaron usando la escritura cuneiforme. Con el paso del tiempo, las tierras conquistadas llegaron a conocerse como Babilonia. El Imperio babilónico abarcó todo el sur de Mesopotamia. Durante el siglo XVIII a. C., el rey **Hammurabi** desarrolló un código de leyes conocido como el Código de Hammurabi.

Luego de la muerte de Hammurabi, invasores externos debilitaron el imperio babilónico. Casi 1,000 años después del reinado de Hammurabi, surgió otro monarca fuerte. Nabucodonosor fue rey de Babilonia desde 605 a 562 a. C. Sus ambiciosos proyectos incluyeron la reconstrucción del puerto de Ur, en el golfo Pérsico, y la creación de la Puerta de Ishtar, en Babilona, la capital del imperio. Los persas capturaron Babilonia en 539 a. C. Después, en 331 a. C., Alejandro Magno de Macedonia conquistó a los persas y Babilonia nunca más recuperó su independencia.

Antes de continuar

Resumir ¿Qué aportes hicieron las primeras civilizaciones de Mesopotamia a otras culturas?

EVALUACIÓN CONTINUA

LABORATORIO ORAL GeoDiario

1. **Expresar ideas oralmente** ¿Cuál fue el impacto de la revolución agrícola? Trabaja con un compañero para elaborar una presentación oral que describa la revolución agrícola y su impacto en el desarrollo humano.
2. **Hacer una investigación en Internet** Conéctate a la Internet para investigar sobre las contribuciones culturales de las civilizaciones de Mesopotamia. Comparte tus hallazgos con un compañero.

Detalle de la Puerta de Ishtar en la antigua Babilonia

1750 a. C. Comienza la decadencia del Imperio babilónico.

1792 a. C. Hammurabi se convierte en rey de Babilonia.

Escultura de Hammurabi

1500 a. C.

539 a. C. Los persas conquistan Babilonia.

500 a. C.

331 a. C. Alejandro Magno se apodera de Babilonia.

2.2 La cuna de tres religiones

TECHTREK
Visita myNGconnect.com para ver un mapa en inglés de la cuna de tres religiones.
Maps and Graphs

Idea principal Tres de las religiones más influyentes del mundo comenzaron en Asia Suroccidental.

El judaísmo, el cristianismo y el islamismo comenzaron en Asia Suroccidental. Las tres religiones son monoteístas, lo cual significa que creen en un solo dios.

El judaísmo

La ascendencia del pueblo judío se remonta a Abraham, quien vivió al sur de Mesopotamia alrededor del año 1800 a. C. Según la Biblia hebrea, Dios le ordenó a Abraham que llevara a su pueblo a Canaán, donde hoy se hallan el Líbano e Israel. Durante cientos de años, los descendientes de Abraham desarrollaron una religión propia, el judaísmo. En 1000 a. C, el rey David estableció como su capital a Jerusalén, 1 la capital del Reino de Israel. Los judíos construyeron y reconstruyeron el Primer y el Segundo templo sagrado en esa ciudad.

La creencia judía en un solo dios era una novedad. En aquella época, la mayoría de las personas creían en muchos dioses. El establecimiento del monoteísmo marcó un cambio enlas prácticas religiosas. La Biblia hebrea es el libro sagrado del judaísmo. Contiene la historia judía y enseña cómo llevar una vida moral.

El cristianismo

También el cristianismo se desarrolló como una religión monoteísta. Entre las enseñanzas judías estaba la esperanza en la llegada del mesías, un líder o salvador. Los judíos creen que el mesías aún debe llegar. Sin embargo, los cristianos creen que el mesías fue un judío llamado Jesús. Nacido en Nazaret 2, Jesús comenzó a predicar en Galilea alrededor del año 30 d. C. Jesús atrajo a muchos seguidores con su prédica. Los líderes romanos, a quienes les molestaba su popularidad, lo sentenciaron a muerte. Jesús murió en Jerusalén.

De acuerdo con la literatura cristiana, Jesús resucitó y ordenó a sus seguidores que difundieran su mensaje. El libro sagrado del cristianismo es la Biblia cristiana, compuesta por el Antiguo Testamento, que contiene a la Biblia hebrea, y el Nuevo Testamento. El Nuevo Testamento narra la vida y las enseñanzas de Jesús.

La Cúpula de la Roca (extremo izquierdo), en Jerusalén, fue construida en el sitio donde los musulmanes creen que Mahoma subió al cielo. También fue construida sobre el sitio del Primer y Segundo Templos, y en el sitio más sagrado para el judaísmo, el Monte del Templo. Justo debajo de la Cúpula, donde las personas están de pie y orando, se encuentra el Muro Occidental, el lugar sagrado más accesible del judaísmo.

El islamismo

Otra religión monoteísta que se desarrolló en esta región fue el islamismo. Según sus seguidores, llamados musulmanes, a principios del siglo VII, Mahoma, un hombre originario de la Meca 3, recibió revelaciones de Alá, que significa Dios en árabe. Los musulmanes reconocen a Abraham, a Jesús y a otros como mensajeros de Dios, o profetas. Para los musulmanes, Mahoma es el último profeta.

El libro sagrado del islamismo es el Corán, que contiene las revelaciones recibidas por Mahoma hasta su muerte. Los musulmanes cumplen deberes religiosos conocidos como los Cinco Pilares del Islam. Uno de estos deberes es realizar un **peregrinaje**, o viaje religioso, a la Meca, en Arabia Saudita, al menos una vez en la vida.

Antes de continuar

Verificar la comprensión **¿Qué características comparten estas tres religiones?**

LA CUNA DE TRES RELIGIONES
El judaísmo, el cristianismo y el islamismo

Visión crítica La Iglesia del Santo Sepulcro, en Jerusalén, fue construida en el sitio donde los cristianos creen que estuvo enterrado Jesús. ¿Qué detalles de la foto transmiten la naturaleza religiosa de este escenario?

EVALUACIÓN CONTINUA
LABORATORIO DE LECTURA

GeoDiario

1. **Verificar la comprensión** Según lo que has leído, ¿qué creencia tienen en común el judaísmo, el cristianismo y el islamismo? ¿En qué se diferencia esta creencia de las creencias anteriores?
2. **Identificar** ¿Qué es un profeta? ¿Cuáles son algunos de los profetas importantes del judaísmo, el cristianismo y el islamismo?
3. **Lugar** Busca Jerusalén (*Jerusalem*), Nazaret (*Nazareth*) y la Meca en el mapa anterior. ¿Qué tienen en común estas ciudades antiguas en términos de su ubicación e importancia religiosa?

2.3 La difusión de las religiones

TECHTREK
Visita myNGconnect.com para ver un mapa en inglés de la difusión de las religiones y fotos de arquitectura religiosa.

Maps and Graphs | Digital Library

Idea principal Las religiones se difundieron por todo el mundo a través de la migración, los misioneros y el comercio.

En los años siguientes a su establecimiento como religiones principales, el judaísmo, el cristianismo y el islamismo se propagaron por miles de millas desde su lugar de origen en Asia Suroccidental. La **difusión**, o propagación, de cada religión ocurrió de diferentes maneras.

La migración, los misioneros y el comercio

El judaísmo se difundió mediante la migración del pueblo judío. En 135 d. C., los romanos asesinaron, esclavizaron o exiliaron a la mayoría de la población judía. Mientras que muchos judíos comenzaron a salir de su patria por la persecución, o discriminación por sus creencias, un pequeño grupo de judíos mantuvo una presencia constante. Hacia el siglo XIII, habían migrado a lugares tan lejanos como Europa Oriental. A la dispersión de los judíos por todo el mundo se le conoce como **Diáspora**. Al enfrentarse a un persecución cada vez mayor en Europa, a finales del siglo XIX, los judíos comenzaron a regresar a su tierra ancestral en grandes números. En 1948, el pueblo judío fundó el actual Israel. Hoy en día, alrededor de 15 millones de judíos viven en todo el mundo.

Después de que el emperador romano **Constantino** lo legalizara en 313, el cristianismo se convirtió en la religión oficial del Imperio romano. A medida que el imperio se expandía, también lo hacía el cristianismo. Durante la Edad Media, los reyes europeos fomentaron el cristianismo en las tierras conquistadas. A partir del siglo XVI, algunos países predominantemente cristianos y europeos comenzaron a colonizar el continente americano, África y otras regiones. Los misioneros cristianos difundieron su fe. En la actualidad, el cristianismo tiene unos 2.3 mil millones de **partidarios**, o seguidores.

El islamismo se difundió mediante la expansión del gobierno musulmán y por medio del comercio. Hacia el siglo XVI, el islamismo se había propagado desde la península arábiga a través de África del Norte, Asia Suroccidental, el sureste de Europa y parte de la India. Los comerciantes musulmanes difundieron el islamismo mientras viajaban e intercambiaban productos. Hoy en día, el islamismo tiene cerca de 1.6 mil millones de seguidores, más que cualquier otra religión, a excepción del cristianismo.

Antes de continuar

Resumir Compara y contrasta los modos en que se difundieron el judaísmo, el cristianismo y el islamismo.

1 **El comercio** La Gran Mezquita (arriba) de Kairuán, Túnez, fue fundada en 670. Kairuán era una parada importante para las caravanas de comercio que atravesaban el desierto. Hoy día, la Gran Mezquita sigue siendo un sitio sagrado importante para los musulmanes.

2 La migración En 1845, 37 inmigrantes judíos de Alemania fundaron la sinagoga Templo Emanu-El en la ciudad de Nueva York. A medida que la congregación crecía, se construyeron nuevos edificios, incluido este, construido en 1928. El Templo Emanu-El es la sinagoga más grande del mundo.

EJEMPLOS SELECCIONADOS DE DIFUSIÓN RELIGIOSA

3 Los misioneros Los misioneros católicos llegaron al territorio actual de Bolivia en la década de 1540 para convertir a los incas al cristianismo. Esta catedral ubicada en Sucre, Bolivia, fue construida en 1559. Hoy en día, el cristianismo es la religión principal de Bolivia y de la mayor parte de Suramérica.

EVALUACIÓN CONTINUA

LABORATORIO VISUAL GeoDiario

1. **Movimiento** Identifica cada ubicación indicada en el mapa. ¿Qué puedes inferir acerca de cómo y dónde se difundió cada religión?
2. **Evaluar** ¿De qué manera la comunidad religiosa del Templo Emanu-El refleja la Diáspora?
3. **Explicar** ¿Cómo llegó el cristianismo al continente americano? ¿Cómo podría la colonización explicar el número de partidarios del cristianismo hoy día?

SECCIÓN 2 HISTORIA

2.4 El Imperio otomano

TECHTREK
Visita **myNGconnect.com** para ver un mapa en inglés del Imperio otomano y fotos de la arquitectura otomana.

Maps and Graphs | Digital Library

Idea principal El Imperio otomano fue un poderoso imperio de Asia Suroccidental y África del Norte que perduró más de cinco siglos.

El centro del **Imperio otomano** estaba ubicado en el territorio actual de Turquía. Tal como has aprendido, Turquía se halla en la meseta de Anatolia, por donde pasaban varias rutas de comercio. Muchos pueblos habían intentado apoderarse de esta región, incluidos los hititas, los griegos, los persas y los romanos, quienes tomaron el control en el año 30 d. C.

El surgimiento del Imperio otomano

Cuando el Imperio romano se dividió en 395, esta región pasó a ser parte del Imperio bizantino, la parte oriental del Imperio romano. Los bizantinos gobernaron parte de Anatolia y del sureste de Europa durante 1,000 años. Los turcos de Asia Central comenzaron a invadir y conquistar territorios del Imperio bizantino en el siglo XIV. A estos turcos se les llegó a conocer como los otomanos a partir de **Osmán**, el nombre de su primer líder.

En 1453, los otomanos derrotaron al Imperio bizantino. Capturaron la ciudad de Constantinopla, la rebautizaron Estambul y la nombraron capital del imperio. Durante el régimen otomano, Estambul se convirtió en un centro importante de comercio y prosperidad.

El imperio en su apogeo

A mediados del siglo XVI, el Imperio otomano expandió el alcance de su poder. Bajo el gobierno de Solimán I, el Imperio otomano se extendía desde el territorio actual de Hungría, en Europa, hasta el golfo Pérsico y el mar Rojo, en Asia. Después del reinado de Solimán, el imperio continuó creciendo. A fines del siglo XVII, alcanzó su máxima **extensión**, o grado de difusión.

Visión crítica El Palacio de Topkapi, en Estambul, sirvió de residencia a los sultanes otomanos desde mediados del siglo XV hasta principios del siglo XX. Basándote en la foto, ¿cómo describirías este palacio?

EL IMPERIO OTOMANO, 1683

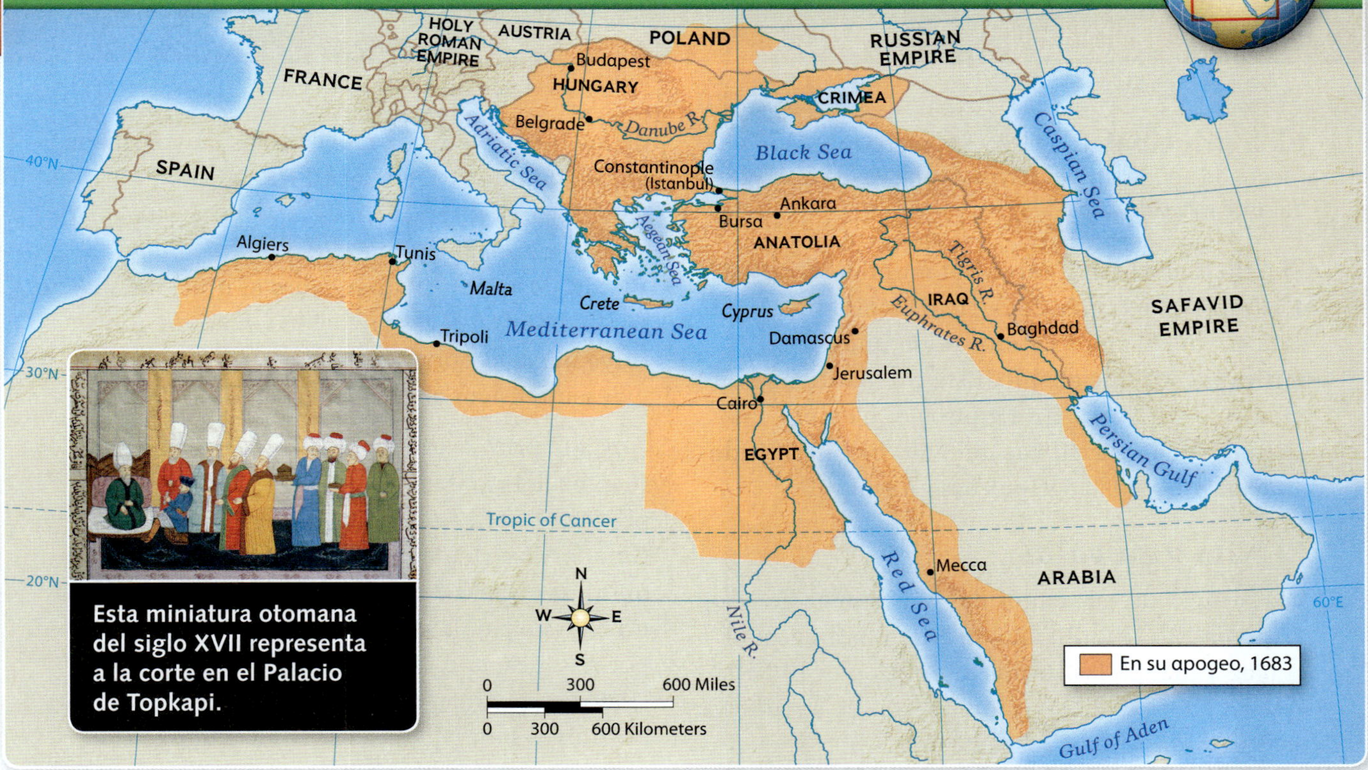

Esta miniatura otomana del siglo XVII representa a la corte en el Palacio de Topkapi.

La mayor parte de la riqueza otomana provenía del comercio y los impuestos. Las rutas de comercio más transitadas de la región atravesaban el imperio. Los otomanos controlaban el comercio fluvial, al igual que los puertos de los mares importantes, como el mar Negro y el mar Mediterráneo. Cuando el imperio conquistaba otros territorios, los **sultanes**, o líderes, otomanos designaban funcionarios para recolectar los impuestos de sus nuevos súbditos. Los impuestos eran una de las principales fuentes de riqueza del Imperio otomano.

Como abarcaba un área tan vasta, el Imperio otomano estaba integrado por muchos grupos étnicos diferentes, incluidos turcos, griegos, eslavos, árabes y armenios. Los otomanos eran musulmanes y difundieron el islamismo por todo el imperio. Se hicieron conocidos por su **tolerancia religiosa**. Los grupos religiosos existentes podían mantener sus propias prácticas y comunidades dentro del imperio.

Los conflictos internos y las guerras con los países europeos comenzaron a debilitar el imperio hacia fines del siglo XVII. El imperio duró hasta bien entrado el siglo XX, pero después de la Primera Guerra Mundial perdió la mayor parte del territorio restante. En 1923, Turquía, el último remanente del Imperio otomano, se convirtió en una república.

Antes de continuar

Hacer inferencias ¿Cómo llegó el Imperio otomano a ser tan poderoso y a perdurar tanto tiempo?

EVALUACIÓN CONTINUA

LABORATORIO DE MAPAS GeoDiario

1. **Región** Según el mapa, ¿qué masas de agua controlaba el Imperio otomano en su apogeo?
2. **Describir información geográfica** Observa el mapa. ¿Dónde se encuentra la capital del Imperio otomano? ¿Por qué crees que este lugar podría ser una buena ubicación para la capital?

3.1 El valle del río Nilo

TECHTREK
Vsita myNGconnect.com para ver un mapa en inglés y fotos del valle del río Nilo.
Maps and Graphs
Digital Library

Idea principal El río Nilo ha proporcionado una fuente de agua, llanuras fértiles y una vía de transporte durante miles de años.

El Nilo es el río más largo del mundo: recorre 4,132 millas a través de África. En su punto más ancho, Estados Unidos mide unas 1,500 millas menos que el Nilo. Este río mantiene la vida en sus riberas. En Egipto, por ejemplo, las inundaciones periódicas del Nilo han permitido el desarrollo de la agricultura en su valle.

El Nilo y su valle

Los principales afluentes del Nilo son el río Nilo Azul y el río Nilo Blanco. El Nilo Azul nace en el lago Tana, en las tierras altas etíopes. El Nilo Blanco nace en el lago Victoria, que se encuentra en Tanzania, Uganda y parte de Kenia.

A diferencia de la mayoría de los ríos, que fluyen hacia el este, oeste o sur, el Nilo fluye hacia el norte. Esto sucede porque la elevación de las fuentes del río, en el sur, es mayor que la elevación de la desembocadura del río, en el Mar Mediterráneo. El lago Tana está a 6,000 pies sobre el nivel del mar y el lago Victoria está a 3,720 pies sobre el nivel del mar. El río disminuye su elevación a medida que fluye hacia el norte a través de Sudán y Egipto y desemboca en el Mediterráneo.

Cada primavera, la nieve se funde en las fuentes del río, lo cual provoca inundaciones predecibles. El agua de la inundación deposita limo fértil y rico en nutrientes a lo largo de la planicie aluvial del río. Una **planicie aluvial** es un terreno bajo a la orilla de los ríos, formado por el sedimento dejado por las inundaciones. Históricamente, estas condiciones de cultivo favorables han posibilitado los asentamientos permanentes y el desarrollo de una civilización avanzada. El flujo y reflujo del río permitió que los agricultores planificaran en torno a sus ciclos de inundación.

Visión crítica En Amarna, las palmeras crecen junto al Nilo. ¿Se corresponde esta foto con la descripción escrita del valle del río Nilo?

VALLE DEL RÍO NILO

Esta imagen satelital muestra el río Nilo, en Egipto, de noche. La mayor parte de la población de Egipto vive a orillas del Nilo.

El valle del río Nilo en la actualidad

El uso del río Nilo ha cambiado desde la década de 1960, cuando comenzó la construcción de una presa. En 1970, se completó la presa alta de Asuán. Una de las razones para su creación fue la generación de **energía hidroeléctrica**, una fuente de energía que emplea agua en movimiento para producir electricidad. La presa alta de Asuán proporciona un 15 por ciento de la energía eléctrica de Egipto. Otra razón para construir la presa fue **regular**, o controlar, las inundaciones del Nilo. La irrigación artificial permite cultivar todo el año, ya que los agricultores no dependen del ciclo natural de las inundaciones.

Hoy en día, el valle del río Nilo es una zona densamente poblada. De hecho, aproximadamente el 95 por ciento de los egipcios viven junto al Nilo. Rodeado por el desierto, el río continúa sustentando la vida y la agricultura a lo largo de sus orillas.

Antes de continuar

Resumir ¿Por qué el río Nilo es importante para la vida de la región?

EVALUACIÓN CONTINUA
LABORATORIO DE FOTOS

GeoDiario

1. **Analizar elementos visuales** ¿Qué detalles en la foto del río Nilo muestran las características de una planicie aluvial?
2. **Hacer generalizaciones** Observa la fotografía satelital de arriba. ¿Qué generalización puedes hacer acerca de los asentamientos en el río Nilo?
3. **Interpretar mapas** ¿Qué ventaja podrían tener las ciudades situadas a orillas del río Nilo?
4. **Interacción entre los humanos y el medio ambiente** ¿Cómo cambió en 1970 el uso que hacen los seres humanos del río Nilo?

3.2 La civilización antigua de Egipto

TECHTREK
Visita myNGconnect.com para ver fotos de artefactos del antiguo Egipto.

Digital Library

Idea principal La civilización del antiguo Egipto se desarrolló de manera significativa durante cuatro períodos principales.

Tal como has leído, cuando el Sahara se convirtió en un desierto, los pueblos que vivían allí comenzaron a emigrar hacia el valle del río Nilo en busca de una fuente confiable de agua. Llevaron consigo destrezas en alfarería, metalurgia y agricultura. Hacia el año 3000 a. C., se había desarrollado un sistema de escritura que emplea imágenes y símbolos llamados **jeroglíficos**. Durante los próximos miles de años, la civilización del antiguo Egipto prosperó a orillas del río Nilo.

Los reinos Antiguo y Medio

La civilización del antiguo Egipto se divide en cuatro períodos principales, que se muestran en la línea cronológica de esta página. Alrededor del año 3000 a. C., los reinos de Egipto se unificaron bajo el rey Menes. Su gobierno dio comienzo a la primera **dinastía**, o serie de gobernantes de la misma familia. Muchas dinastías le siguieron. En el primer período dinástico, la agricultura y el comercio se desarrollaron a lo largo del Nilo. Los egipcios comenzaron a construir monumentos de piedra llamados **pirámides**.

El Reino Antiguo continuó con el crecimiento de las dinastías. Egipto se expandió desde el delta del Nilo hacia el sur, a lo largo de las orillas del Nilo. El Reino Antiguo se enriqueció gracias a una agricultura más avanzada y a las prácticas comerciales. Sin embargo, entre los años 2150 y 2040 a. C., las inundaciones anuales del Nilo no fueron tan grandes, lo que llevó a una disminución en los cultivos. Esta disminución generó en Egipto una crisis económica y política a largo plazo.

En el siglo XX a. C, el reinado de Mentuhotep II devolvió a Egipto estabilidad y poder, y se le considera el comienzo del Reino Medio. Durante este período, las artes, la arquitectura y la literatura clásicas florecieron en Egipto. Sin embargo, en el siglo XVII a. C., los invasores hicsos provenientes del este debilitaron y capturaron el Reino Medio.

El Reino Nuevo

Los egipcios se rebelaron contra los hicsos y la derrota de los hicsos marcó el comienzo del Reino Nuevo, el período de mayor poder y riqueza del antiguo Egipto. Sus fronteras se extendieron dentro del desierto, hasta el Mar Rojo y la costa oriental del mar Mediterráneo.

Durante este período, los egipcios comenzaron a llamar **faraones**. a sus reyes. Un faraón del Reino Nuevo fue **Hatshepsut**, una mujer.

La Gran Esfinge de Giza se encuentra cerca de la pirámide del faraón Kefrén.

3200 a. C. Migración al valle del río Nilo

2950–2575 a.C. Primer período dinástico

2575–2150 a. C. Reino Antiguo

1975–1640 a. C. Reino Medio

3000 a. C. — 2500 a. C. — 2000 a. C.

Jeroglíficos egipcios

Durante su reinado, la economía de Egipto se fortaleció a través del comercio. Otro faraón del Reino Nuevo, **Ramsés II**, expandió el imperio de Egipto a través de las conquistas.

El Reino Nuevo comenzó a declinar alrededor de 1075 a. C. En el año 525 a. C., el Imperio persa conquistó Egipto. En el año 332 a. C., Alejandro Magno liberó a Egipto del régimen persa. Alejandro fue un rey macedonio que derrocó a muchos imperios, entre ellos a los persas. Con el tiempo, Egipto se convirtió en una provincia del Imperio romano.

Legados egipcios

El antiguo Egipto hizo importantes contribuciones a la cultura, el conocimiento y la tecnología. La religión del antiguo Egipto hacía hincapié en la creencia en una vida después de la muerte y giraba alrededor de la adoración de **deidades**, o dioses. Dos deidades importantes eran el dios solar, **Ra**, y la diosa **Isis**.

Los antiguos egipcios inventaron un material similar al papel llamado **papyrus**. Utilizaron técnicas de ingeniería para construir ciudades y pirámides y sus observaciones matemáticas y científicas perduran hasta el día de hoy.

Antes de continuar

Resumir ¿Cómo se desarrolló la civilización del antiguo Egipto en el transcurso de sus cuatro períodos principales?

Visión crítica Algunos artefactos, como esta estatua de la tumba de Tutankamón, muestran cómo los antiguos egipcios enterraban a sus reyes. ¿Qué detalles de la foto indican que el rey Tut es de la realeza?

EVALUACIÓN CONTINUA

LABORATORIO DE LECTURA GeoDiario

1. **Resumir** Se suele describir al antiguo Egipto como "el regalo del Nilo". Basándote en la lectura, resume los detalles que podrían explicar esta descripción.
2. **Movimiento** ¿Cuándo y por qué se produjo la migración hacia el valle del río Nilo?
3. **Interpretar líneas cronológicas** Según el texto y la línea cronológica, ¿qué explica los años de intervalo entre los Reinos Antiguo, Medio y Nuevo?

1539–1075 a. C. Reino Nuevo

1500 a. C.

Pintura de la diosa egipcia Isis

1000 a. C.

500 a. C.

332 a. C. Alejandro Magno conquista Egipto.

30 a. C. Egipto se convierte en una provincia del Imperio romano.

3.3 Las grandes pirámides

TECHTREK
Visita **myNGconnect.com** para ver fotos de las pirámides egipcias.

Digital Library

Idea principal Los antiguos egipcios construyeron tumbas grandiosas para sus faraones.

Las pirámides son algunos de los legados perdurables del antiguo Egipto. Los arqueólogos e ingenieros todavía se maravillan al ver cómo los egipcios construyeron las pirámides sin máquinas ni tecnología modernas.

Tumbas para los reyes

Las pirámides de Egipto fueron construidas por dos razones. Uno de los propósitos de las pirámides era proporcionar **tumbas**, individuales, o lugares de entierro para la realeza. En segundo lugar, los reyes y faraones demostraban su poder con esas enormes pirámides construidas para ellos. Solo en Giza se construyeron diez pirámides.

Las pirámides eran lugares sagrados, destinados al paso de los faraones a la otra vida. Los antiguos egipcios creían que los muertos podían disfrutar de las posesiones terrenales, por lo que llenaban las cámaras funerarias con ropas, alimentos y muebles para tal fin.

La Gran Pirámide de Keops

Construida alrededor de 2550 a. C., la pirámide más grande es la Gran Pirámide de Keops, que tardó 20 años en construirse. Inicialmente, la pirámide medía 481 pies de altura. Con el tiempo, la erosión ha desgastado la superficie de piedra caliza y granito que cubría la parte exterior de la pirámide. Como resultado, hoy en día la Gran Pirámide mide solo 449 pies de altura.

Visión crítica La Gran Pirámide de Keops (extremo derecho) es la más antigua y la más alta. Se alza junto a las pirámides de Kefrén (centro) y Micerinos (extremo izquierdo). ¿Qué detalles de la foto transmiten el tamaño de las pirámides?

El interior de la Gran Pirámide tiene tres cámaras funerarias independientes y varios corredores. Debido a que ladrones de artefactos de valor saquearon, o robaron, la Gran Pirámide, solo ha quedado el **sarcófago**, o ataúd, de Keops, en su cámara funeraria.

Antes de continuar

Resumir ¿Con qué fines construyeron los antiguos egipcios las pirámides?

EVALUACIÓN CONTINUA

LABORATORIO VISUAL GeoDiario

1. **Analizar elementos visuales** Según la ilustración, ¿qué revela la construcción de la Gran Pirámide acerca de las destrezas de ingeniería de los antiguos egipcios?
2. **Explicar** ¿Por qué la Cámara del Rey se encontraría en el centro de la pirámide?
3. **Sacar conclusiones** ¿De qué manera los constructores de pirámides trataron de evitar los robos? ¿Qué conclusiones puede sacar acerca de por qué era importante protegerse contra los robos?

LA GRAN PIRÁMIDE DE KEOPS, 2550 A. C.

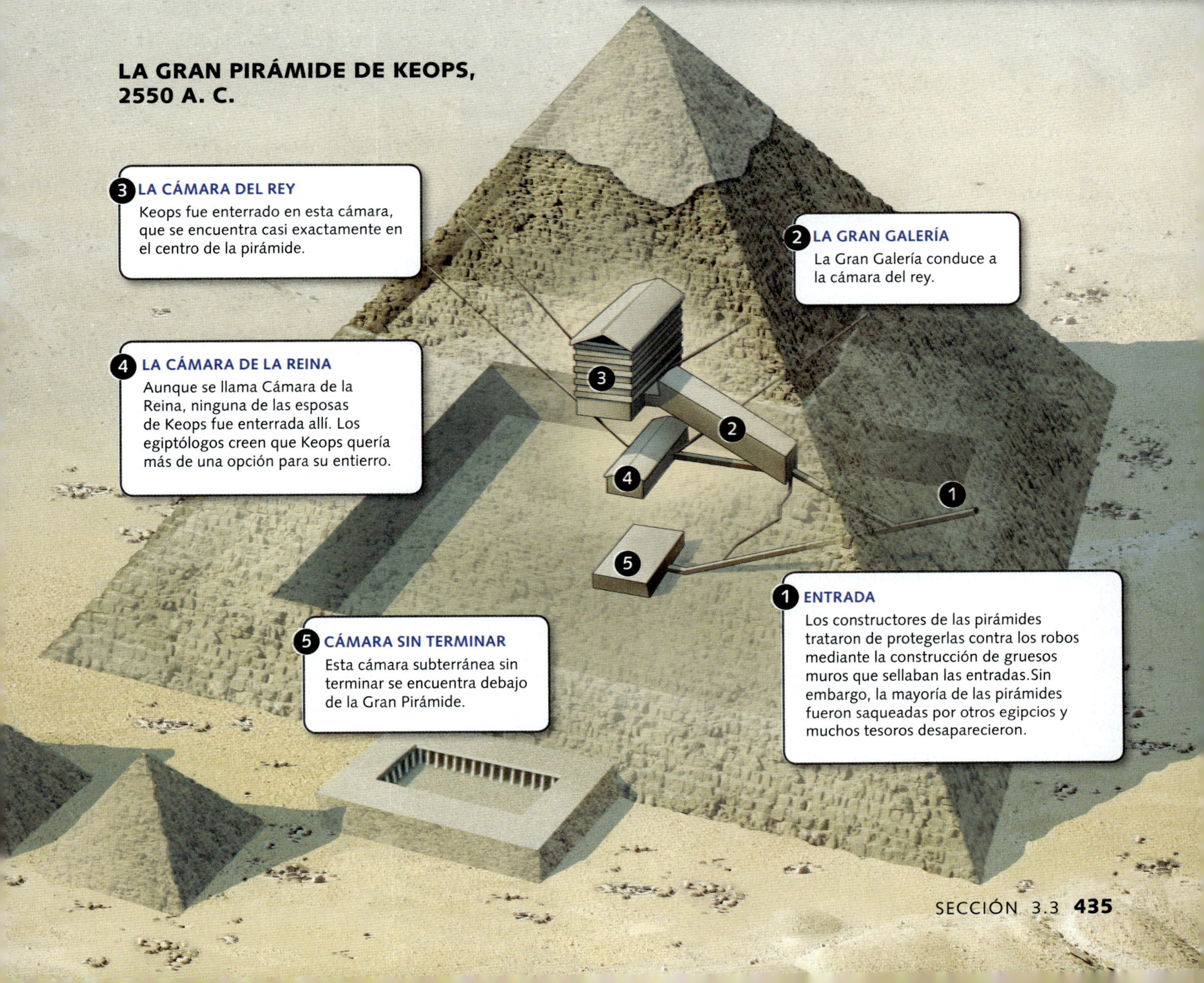

CAPÍTULO 15

Repaso

VOCABULARIO

Escribe una oración que explique la conexión entre las dos palabras de cada par de palabras de vocabulario.

1. faraón; tumba

Las pirámides se construyeron para que sirvieran de tumbas para los faraones.

2. jeroglíficos; papiro
3. petróleo; no renovable
4. revolución agrícola; domesticar
5. desertificación; árido

IDEAS PRINCIPALES

6. Describe el clima de Asia Suroccidental y África del Norte. (Sección 1.1)
7. ¿De qué manera lo ríos Tigris y Éufrates son importantes para la región? (Sección 1.2)
8. ¿Qué recurso natural de la península arábiga aporta más a la economía? (Sección 1.3)
9. ¿Qué características tienen en común las mesetas de Anatolia y de Irán? (Sección 1.4)
10. ¿Por qué Mesopotamia se convirtió en un centro cultural? (Sección 2.1)
11. ¿Qué creencia central comparten el judaísmo, el cristianismo y el islamismo? (Sección 2.2)
12. ¿Cómo se difundieron el judaísmo, el cristianismo y el islamismo? (Sección 2.3)
13. ¿De qué manera el Imperio otomano obtuvo riquezas y poder? (Sección 2.4)
14. ¿Cómo contribuyó el río Nilo al surgimiento de las primeras civilizaciones? (Sección 3.1)
15. ¿Qué aportes hicieron los antiguos egipcios al conocimiento humano? (Sección 3.2)
16. ¿Con qué propósito construyeron las pirámides los antiguos egipcios? (Sección 3.3)

GEOGRAFÍA

ANALIZA LA PREGUNTA FUNDAMENTAL

¿Cómo han influido el clima y la ubicació en esta región tanto en el pasado como hoy día?

Razonamiento crítico: Analizar causa y efecto

17. ¿Cuándo cambió la región del Sahara de pradera a desierto y cuál fue la reacción de las personas que vivían allí?
18. ¿Cómo influyeron las inundaciones de los ríos en el desarrollo de la región?

HISTORÍA

ANALIZA LA PREGUNTA FUNDAMENTAL

¿Cómo se desarrollaron las civilizaciones en Asia Suroccidental y África del Norte?

Razonamiento crítico: Resumir

19. Resume el modo en que los países europeos difundieron el cristianismo.
20. ¿Qué circunstancias y acontecimientos produjeron el fin del Imperio otomano?

INTERPRETAR TABLAS

RELIGIONES DE ASIA SUROCCIDENTAL Y ÁFRICA DEL NORTE

	Cristianismo	Islamismo	Judaísmo	Otras
Egipto	10.0%	90.0%	—	—
Israel	2.1%	16.8%	75.5%	5.6%
Jordania	6.0%	92.0%	—	2.0%
Líbano	39.0%	59.7%	—	1.3%
Marruecos	1.1%	98.7%	2.0%	—
Arabia Saudita	—	100.0%	—	—
Turquía	—	99.8%	—	0.2%

Fuente: CIA World Factbook, 2010

21. **Comparar y contrastar** ¿Qué país tiene el mayor porcentaje de cristianos?
22. **Hacer inferencias** ¿Por qué Israel tiene la mayor población de judíos?

ENFOQUE EN EGIPTO

ANALIZA LA PREGUNTA FUNDAMENTAL

¿Cómo se desarrolló una civilización avanzada en Egipto?

Razonamiento crítico: Sacar conclusiones

23. ¿De qué manera el río Nilo sustenta actualmente la vida en sus orillas?
24. ¿Por qué el antiguo Egipto se conoce como "el regalo del Nilo"?
25. ¿De qué manera las pirámides demuestran las avanzadas destrezas de arquitectura e ingeniería de los antiguos egipcios?

INTERPRETAR MAPAS

ANTIGUO EGIPTO

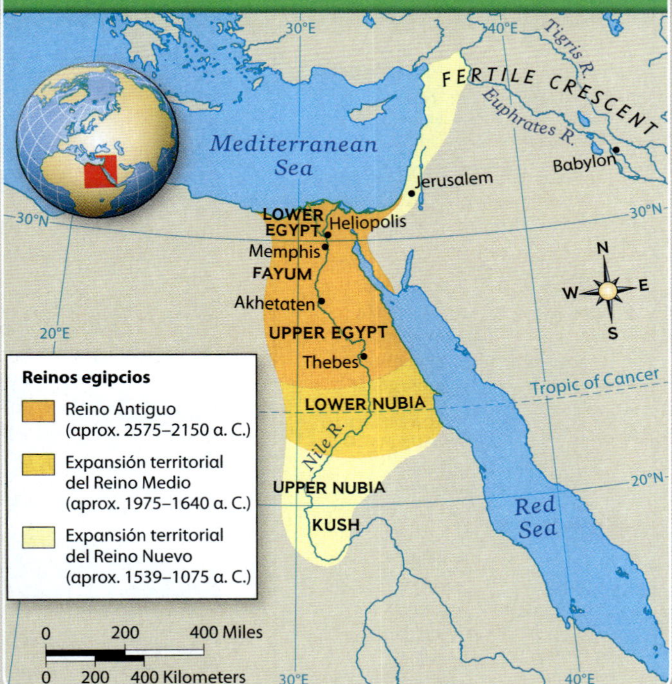

26. **Ubicación** En su apogeo, ¿hasta dónde se extendían los reinos del antiguo Egipto? Usa la escala del mapa para determinar la extensión de norte a sur de los reinos.
27. **Explicar** ¿Cuál de los reinos del antiguo Egipto llegó más al sur? Según lo que sabes, ¿qué explica esta expansión?

OPCIONES ACTIVAS

Sintetiza las preguntas fundamentales completando las siguientes actividades.

28. **Escribir un artículo de viaje** Imagina que eres un cronista de viajes que acaba de regresar de un viaje a esta región. Escribe un artículo sobre tu viaje en el que describas la historia, las características físicas y las ciudades importantes. Indica qué ciudad tiene la historia más interesante. Usa estas sugerencias como ayuda para escribir tu artículo. **Presenta tu artículo a un pequeño grupo de compañeros de clase.**

Sugerencias para la escritura
- Antes de escribir, haz un esquema para organizar los puntos principales.
- Incluye la ubicación y las fechas importantes de sucesos específicos y puntos de interés.

Visita **Student Resources** para ver una guía de escritura en inglés.

29. **Investigar yacimientos arqueológicos** Muchos artefactos importantes de las civilizaciones antiguas se han encontrado en Asia Suroccidental y África del Norte. Investiga y prepara una tabla que destaque dos sitios arqueológicos importantes de la región. Usa fuentes en línea para reunir los datos. Organiza tu investigación con una tabla como esta.

	YACIMIENTO #1	YACIMIENTO #2
nombre y ubicación del yacimiento		
fecha de descubrimiento		
civilización antigua		
artefactos importantes encontrados allí		
qué revelan los artefactos acerca de su civilización		

CAPÍTULO 16

ASIA SUROCCIDENTAL Y ÁFRICA DEL NORTE HOY

VISTAZO PREVIO AL CAPÍTULO

Pregunta fundamental **¿De qué manera los recursos y las migraciones han configurado la cultura de Asia Suroccidental y África del Norte?**

SECCIÓN 1 • CULTURA

VOCABULARIO CLAVE

- migración
- trabajador huésped
- estrecho
- mezquita
- rompeolas
- tsunami
- jeque
- emirato

VOCABULARIO ACADÉMICO

expandirse, interactuar

TÉRMINOS Y NOMBRES

- beduinos
- tuaregs
- estrecho de Bósforo
- Gran Bazar
- Santa Sofía
- Mezquita Azul
- Dubái
- Emiratos Árabes Unidos

Pregunta fundamental **¿Qué fuerzas han influido en el desarrollo de los países modernos de la región?**

SECCIÓN 2 • GOBIERNO Y ECONOMÍA

VOCABULARIO CLAVE

- hereditario
- sufragio
- reserva
- petroquímico
- autonomía
- intifada
- coalición
- totalitario
- extremista
- extremista
- alfabetizado
- profesional

VOCABULARIO ACADÉMICO

distribuir, desconocer

TÉRMINOS Y NOMBRES

- Knéset
- Jerusalén
- Organización para la Liberación de Palestina (OLP)
- chiita
- sunita
- kurdo
- Saddam Hussein
- talibán
- Al-Qaeda

TECHTREK PARA ESTE CAPÍTULO

- Student eEdition
- Maps and Graphs
- Interactive Whiteboard GeoActivities
- Digital Library

Visita **myNGconnect.com** para obtener más información sobre Asia Suroccidental y África del Norte.

Estas mujeres visitan un zoco, o mercado, en Marruecos.

SECCIÓN 1 CULTURA

1.1 Migración y comercio

TECHTREK Visita myNGconnect.com para ver fotografías de tuaregs y beduinos.

Digital Library

Idea principal El comercio y la migración continúan definiendo a Asia Suroccidental y África del Norte.

La **migración**, o el desplazamiento de un lugar a otro, es un proceso común en Asia Suroccidental y África del Norte. Tres tipos de migración marcan a esta región: el desplazamiento por pastoreo, el desplazamiento por comercio y el desplazamiento en busca de oportunidades laborales.

Pastores nómadas

Los **beduinos** son un pueblo nómada de habla árabe que vive en los desiertos de Arabia Saudita, Iraq, Siria, Israel y Jordania. La mayoría de los beduinos descienden de habitantes de la península arábiga. Los beduinos son muy independientes y suelen identificarse primero como beduinos que como ciudadanos de un país.

Los beduinos se desplazan de un lugar a otro mientras pastorean camellos, ovejas, cabras o vacas. Sus patrones de migración dependen de la temporada y de las necesidades de sus rebaños.

Comerciantes de sal

Tal como has aprendido, el Sahara es un desierto enorme y caluroso que constituye una barrera física difícil de cruzar. Sin embargo, para aquellos que superaran las dificultades, el comercio a través del Sahara podía ser muy rentable. Un grupo de comerciantes, los tuaregs, históricamente dominaron el comercio transahariano en caravanas, especialmente el comercio de la sal. Los tuaregs son un pueblo semi-nómada que vive en varios países de África del Norte, entre ellos Argelia y Libia. Cada invierno, los comerciantes tuaregs

Visión crítica Un nómada tuareg conduce una caravana de camellos a través del Sahara. ¿Qué detalles de esta foto ilustran cómo es el clima?

viajan por el Sahara en caravanas pequeñas a través de una extensión vasta e inhóspita de dunas de arena. Las caravanas se detienen en los oasis que encuentran a lo largo del camino para descansar y tomar agua. En estos oasis, los tuaregs intercambian sus cabras por sal y un cereal llamado mijo por dátiles, que son los frutos secos de la palmera datilera. De regreso en casa, los tuaregs venden la sal y los dátiles en los mercados para obtener ganancias.

Esta autopista que atraviesa el desierto está ubicada en el Sahara occidental.

Trabajadores huésped

Actualmente, varios factores diferentes impulsan las migraciones. Los países ricos en recursos, tales como Arabia Saudita, atraen a millones de **trabajadores huésped**, o trabajadores temporales que migran para trabajar en otro país. Las empresas emplean a para satisfacer la necesidad y la escasez de mano de obra. Los trabajadores huésped, en busca de salarios mejores que los que podrían ganar en sus países de origen, trabajan en industrias como el petróleo, la minería y la construcción. En algunas ciudades, como Dubái, en los Emiratos Árabes Unidos, los trabajadores huésped representan un gran porcentaje de la población total.

Antes de continuar

Resumir ¿Cómo describirías los diferentes tipos de migración en la región?

EVALUACIÓN CONTINUA

LABORATORIO FOTOGRÁFICO GeoDiario

1. **Analizar elementos visuales** Según la foto, ¿cómo describirías una caravana? ¿Qué usan las personas para protegerse en este medio ambiente?
2. **Comparar y contrastar** Basándote en las fotos de la caravana y de la autopista, compara y contrasta los medios de transporte tradicionales y modernos en esta región. ¿Cuáles podrían ser los beneficios y las desventajas de cada medio de transporte?
3. **Movimiento** Hoy en día, ¿qué factores atraen a los trabajadores huésped a esta región?

SECCIÓN 1 CULTURA

1.2 Estambul: un puente entre el Este y el Oeste

TECHTREK

Visita **myNGconnect.com** para ver un mapa en inglés del estrecho de Bósforo y fotos de Estambul.

Maps and Graphs

Digital Library

Idea principal Durante siglos, Estambul ha sido una próspera ciudad ubicada en la encrucijada de Europa y Asia.

Al ser la única ciudad del mundo situada en dos continentes, Estambul es un puente cultural entre Europa y Asia. Estambul ha tenido varios nombres. Comenzó como la antigua ciudad de Bizancio y se convirtió en Constantinopla en 330. Cuando los otomanos reclamaron la ciudad como su nueva capital, en 1453, Constantinopla comenzó a llamarse Estambul. A pesar de que ya no es una capital, Estambul es el centro cultural e industrial de Turquía.

Centro de comercio y cultura

Estambul se encuentra a ambos lados del estrecho de Bósforo. Un **estrecho** es una vía marítima angosta que conecta dos masas de agua. El estrecho de Bósforo conecta el mar Negro con el mar de Mármara, el mar Egeo y, en última instancia, el mar Mediterráneo. El estrecho de Bósforo es una vía maritima importante que conecta Asia con Europa y África del Norte.

La ubicación de Estambul hizo de esta ciudad un importante centro de comercio durante miles de años. El **Gran Bazar** es un recuerdo de la trayectoria histórica de Estambul como centro comercial. Cuenta con 5,000 tiendas y ha sido importante para el comercio desde mediados del siglo XV.

Estambul alberga una arquitectura mundialmente famosa. En el siglo VI, los bizantinos construyeron **Santa Sofía** como una catedral cristiana. En 1453, el edificio fue convertido en **mezquita**, o templo musulmán. Otro edificio histórico es la **Mezquita Azul**. Construida a principios del siglo XVII, presenta seis minaretes, o torres altas y delgadas. Los altos techos de la Mezquita Azul están decorados con más de 20,000 azulejos azules que le dan su nombre de la mezquita.

Pueblos y culturas de todas partes de la región convergen en Estambul. La mayoría de los residentes son turcos musulmanes, pero Estambul es también el hogar de muchos otros grupos étnicos y religiosos. Históricamente, diversos grupos han practicado su propia religión en esta ciudad musulmana. .

Crecimiento rápido

Actualmente, más de 12 millones de personas viven en Estambul, una ciudad montañosa que se **expande**, o se extiende, por más de 90 millas cuadradas. Desde la década de 1950, el crecimiento acelerado de la población ha generado una escasez de viviendas. Muchas casas se construyeron rápidamente y no resisten los terremotos, lo cual es un verdadero peligro para una ciudad situada en la falla del Norte de Anatolia, que es muy activa.

Visión crítica Esta cafetería se encuentra cerca del Gran Bazar. ¿Qué detalles notas acerca de cómo se prepara y se sirve el té?

ESTRECHO DE BÓSFORO

Decididos a seguirle el ritmo al crecimiento, los gobernantes de la ciudad están modernizando su infraestructura y servicios. Por ejemplo, un proyecto de edificación importante es la construcción de un túnel bajo el estrecho de Bósforo para trenes de alta velocidad. Desde que se inauguró, en octubre de 2013, este túnel moderno (y antisísmico) ha transportado a 1,5 millones de personas de ida y vuelta a través del Bósforo todos los días.

Antes de continuar

Hacer inferencias ¿De qué manera Estambul ha conectado Europa y Asia?

EVALUACIÓN CONTINUA

LABORATORIO DE ESCRITURA

GeoDiario

Escribir informes Trabaja con un compañero para investigar y escribir un breve informe sobre Estambul.

Paso 1 Haz una tabla de tres columnas con los rótulos Ubicación, Comercio y Cultura.

Paso 2 Juntos, completen las columnas con detalles de la lectura. Visita el recurso en inglés **myNGconnect.com** para añadir detalles e información a la tabla.

Paso 3 Utiliza la tabla como ayuda para escribir un informe de dos párrafos que describa la ciudad como centro de comercio y cultura, tanto históricamente como en la actualidad.

Visión crítica La Santa Sofía (izquierda) y la Mezquita Azul (derecha) se encuentran en Estambul. ¿Cómo describirías la arquitectura de esta ciudad?

TECHTREK
Visita myNGconnect.com para ver fotos de Goodman trabajando y un video clip en inglés de Explorer.
Digital Library

Explorando el Antiguo Israel con Beverly Goodman

Idea principal La exploración submarina revela pistas sobre acontecimientos históricos ocurridos en el antiguo Israel.

"Las costas son los entornos naturales más dinámicos del mundo", dice la exploradora emergente de National Geographic Beverly Goodman. Goodman utiliza la arqueología, la geología y la antropología para estudiar cómo la naturaleza y las personas **interactúan**, o se afectan entre sí, en costas que están en permanente cambio.

El puerto de Herodes

En 2003, Beverly Goodman y un equipo de arqueólogos fueron a Cesarea, Israel, para explorar las ruinas del puerto construido por Herodes el Grande, rey de Judea, a fines del siglo I a. C. Cesarea fue un importante puerto de comercio entre el Imperio romano y Asia, ubicado en la costa del mar Mediterráneo, en el territorio actual de Israel.

El puerto de Cesarea era uno de los primeros embarcaderos construidos en el mar abierto y no tenía una península ni otra protección natural. En su lugar, los constructores de Herodes utilizaron bloques de hormigón para construir dos **rompeolas**, o barreras, enormes para proteger el puerto. Se trataba de una estructura gigantesca, pero por alguna razón resultó muy dañada y hoy está en ruinas en el fondo del mar.

myNGconnect.com
Para saber más sobre las actividades de Beverly Goodman en la actualidad.

Visión crítica Cesarea era una importante ciudad portuaria ubicada en la costa mediterránea. ¿De que manera las características físicas circundantes pueden dificultar la conservación de sus ruinas?

Un tsunami antiguo

Inicialmente, Goodman centró su trabajo en comprender la construcción del puerto antiguo. Sin embargo, durante el buceo, el equipo de Goodman encontró capas de cerámica, piedra y conchas marinas. Este descubrimiento no habría sido inusual, si no fuese porque la capa de conchas marinas tenía más de tres pies de espesor. Goodman y su equipo determinaron que todos las conchas fueron depositadas por un único suceso rápido y violento. El descubrimiento demostró que un tsunami asoló y destruyó el puerto en algún momento del siglo I o II. Un **tsunami** es una ola enorme y muy potente formada a partir de un terremoto, un volcán o un deslizamiento de tierra.

Goodman está haciendo excavaciones similares en todo el Mediterráneo con el fin de determinar un patrón de actividad para los tsunamis de toda la región. En el futuro, sus hallazgos podrían ayudar al creciente número de personas que viven en las costas a anticipar los tsunamis.

Antes de continuar

Verificar la comprensión ¿De qué manera la exploración submarina llevó a una mayor comprensión de los acontecimientos ocurridos en el antiguo Israel?

EVALUACIÓN CONTINUA

LABORATORIO VISUAL GeoDiario

1. **Analizar elementos visuales** Mira el video clip en inglés de Explorer y piensa en esta pregunta: ¿Qué te pareció interesante del trabajo de Beverly Goodman?
2. **Formular y responder preguntas** Después de ver el video clip, escribe dos preguntas acerca de lo que viste. Pídele a un compañero que responda tus preguntas, y responde las preguntas de tu compañero.
3. **Interacción entre los humanos y el medio ambiente** ¿De qué manera la construcción del puerto de Herodes demuestra cómo las personas interactúan con el medio ambiente para satisfacer sus necesidades?

Cesarea, actualmente un parque arqueológico abierto al público, se encuentra a unas 60 millas al noroeste de Jerusalén.

1.4 Dubái: la ciudad del desierto

TECHTREK Vista **myNGconnect.com** para ver fotografías de las islas de arena de Dubái.

Digital Library

Idea principal Dubái es una ciudad multicultural y de rápido desarrollo, situada en el golfo Pérsico.

En 1959, el **jeque**, o líder árabe, de **Dubái** decidió convertir una pequeña aldea de pescadores en una ciudad moderna en el desierto. En la actualidad, Dubái es una de las ciudades de más rápido crecimiento del mundo.

Construida sobre la arena

Dubái es el nombre de una ciudad y de un país, uno de los siete **emiratos**, o estados, que conforman los **Emiratos Árabes Unidos** (EAU). Los Emiratos están situados en el golfo Pérsico, entre Qatar, Arabia Saudita y Omán. La ubicación de los EAU en el golfo Pérsico los convierte en un centro comercial de primera en esta parte del mundo rica en petróleo.

En comparación con otras ciudades de la región, Dubái es una ciudad nueva. Las islas creadas con la arena del golfo Pérsico proporcionan viviendas para los residentes más ricos y hoteles para los turistas. La Palm Jumeirah, la isla que aparece en la foto, tiene la forma de una palmera. Así como extendió su costa, Dubái también ha ampliado su perfil. En 2009, se inauguró el edificio más alto del mundo (a la derecha) para los turistas y las empresas.

Visión crítica La Palm Jumeirah es una isla construida con la arena del golfo Pérsico. ¿De qué manera las islas de arena de Dubái podrían extender sus costas?

Ciudad multicultural

La ciudad de Dubái atrae a turistas, inversionistas y trabajadores de más de 150 países. Las empresas internacionales y el turismo impulsan su crecimiento económico. Las empresas se han mudado a esta ciudad porque no tienen que pagar impuestos sobre las utilidades ni la renta. Dubái también tiene un sistema bancario internacional bien desarrollado. La crisis económica global impactó a Dubái y desaceleró su alta tasa de crecimiento. Ya para el 2013, el turismo ayudaba a su recuperación.

Solamente uno de cada ocho residentes de Dubái son ciudadanos de los Emiratos Árabes Unidos. Los trabajadores huésped procedentes de países de Asia del Sur, como la India, representan más del 60 por ciento de la población. El idioma oficial del emirato es el árabe, pero también se habla hindi, urdu, inglés y bengalí.

Debido a su población multicultural, Dubái también presenta un grado de tolerancia religiosa. En la península arábiga, donde la mayoría de la población es musulmana, las mezquitas islámicas, las iglesias cristianas y los templos hindúes de esta ciudad albergan a personas de diferentes religiones. Los conflictos religiosos y étnicos entre sus habitantes son poco frecuentes.

Antes de continuar

Hacer inferencias ¿Qué factores contribuyen al rápido crecimiento de Dubái?

POBLACIÓN DE DUBÁI*	Hombres	Mujeres	Total
Ciudadanos empleados	30,725	11,053	41,778
No ciudadanos empleados	1,183,914	126,556	1,310,470
Total de personas empleadas	1,214,639	137,609	1,352,248

*Mayores de 15 años

Fuente: Centro de estadísticas de Dubái—Encuesta sobre la fuerza laboral, 2009

Visión crítica El Burj Khalifa mide 2,716.5 pies de altura y es el edificio más alto del mundo. Según lo que puedes ver en esta foto, ¿en qué aspectos la ciudad contrasta con su entorno desértico?

EVALUACIÓN CONTINUA

LABORATORIO DE DATOS GeoDiario

1. **Analizar datos** Observa la tabla. Compara el número total de empleados que no son ciudadanos con el número de ciudadanos empleados en Dubái. ¿Cuál crees que es la explicación de esta diferencia numérica?
2. **Sacar conclusiones** La población total de Dubái, con empleo y sin empleo, es de 1,570,923 habitantes. ¿Qué conclusiones puedes sacar si comparas esta cifra con el número total de ciudadanos empleados?

2.1 Comparar gobiernos

TECHTREK
Visita myNGconnect.com para ver fotos de los gobiernos de la región.
Digital Library

Idea principal Los países de Asia Suroccidental y África del Norte tienen diversas formas de gobierno.

Muchos gobiernos de Asia Suroccidental y África del Norte son monarquías. Otros países han establecido democracias representativas. Esta variedad de formas de gobierno deben coexistir como vecinos en la misma región.

Las monarquías

Arabia Saudita es una monarquía gobernada por un rey. El cargo de rey es **hereditario**, es decir, que se transmite de padres a hijos. El Concejo de Ministros ayuda al rey a gobernar, pero el poder descansa en el monarca. Los ministros, muchos de los cuales pertenecen a la familia real, son designados por el rey y pueden ser destituidos en cualquier momento. Los reyes sauditas gobiernan de acuerdo con la ley islámica y el país no posee una constitución formal. No se tolera la oposición contra los que ejercen el poder y los partidos políticos están prohibidos. Únicamente los varones mayores de 21 años tienen derecho al **sufragio**, o derecho a votar. Las mujeres no tienen derecho a votar. Sin embargo, todavía no se han llevado a cabo elecciones nacionales.

En Jordania, al igual que en Arabia Saudita, gobierna una monarquía hereditaria. Sin embargo, a diferencia de Arabia Saudita, Jordania es una monarquía constitucional. En esta forma de gobierno, los monarcas deben respetar la constitución del país y su poder no es absoluto. La rama legislativa de Jordania incluye dos partes: la Asamblea Nacional y la Cámara de Diputados. Los monarcas designan a los miembros de la Asamblea Nacional, pero los ciudadanos eligen a los miembros de la Cámara de Diputados. Todos los jordanos mayores de 18 años pueden votar.

Las democracias

Mientras que los países como Arabia Saudita y Jordania son monarquías, otros países de la región son democracias, como, por ejemplo, Israel y Turquía.

Israel es una democracia parlamentaria. En esta forma de democracia, en lugar de votar por individuos, los ciudadanos votan por un partido en particular. Según los resultados de las elecciones, a cada partido se le asigna un número de bancas en la **Knéset**, o parlamento israelí. Posteriormente, la Knéset elige un presidente y un primer ministro. Israel no posee una constitución formal, sino que su fundamento legal es un conjunto de leyes básicas promulgadas por la Knéset.

Al finalizar el régimen otomano en 1923, Turquía se convirtió en república. Una república es una forma de gobierno democrático en la cual los representantes electos por el pueblo ejercen el poder. Aunque Turquía se estableció como república, durante unos 25 años existió un solo partido político. A partir de la década de 1950, Turquía ha sido una república multipartidaria. En 2007, los votantes turcos aprobaron una enmienda constitucional para establecer elecciones presidenciales directas.

Descontento en África del Norte

Algunos gobiernos de la región son técnicamente democracias, pero presentan una historia de supresión de elecciones libres y de limitación a los derechos de los ciudadanos. A partir de 2010, las crisis económicas sucedidas en estos países encendieron la rebelión política.

En enero de 2011, varias revueltas provocaron cambios de liderazgo. En Túnez, el presidente Ben Alí cedió su cargo después de muchos días de protesta de los tunecinos. Alentados por el éxito en Túnez, los egipcios protestaron en El Cairo exigiendo la renuncia del presidente Hosni Mubarak. El 11 de febrero cedió el cargo que había ocupado durante 30 años. Después de ver lo sucedido en Egipto, también los libios comenzaron a exigir que su líder, el coronel Muamar el Gadafi, entregara el poder. Desde estos levantamientos, conocidos como la Primavera Árabe, las protestas en Siria se convirtieron en el 2013 en una guerra civil entre el gobierno (un régimen sin restricciones) y los opositores. El mismo año, el ejército de Egipto derrocó al nuevo gobierno y surgió la violencia.

Antes de continuar

Resumir Describe al menos dos formas de gobierno presentes en la regió

EVALUACIÓN CONTINUA

LABORATORIO ORAL GeoDiario

1. **Consultar con un compañero** Trabaja con un grupo pequeño para comparar y contrastar las maneras en que gobiernan las monarquías y las democracias de la región. Mientras trabajas, toma notas de las comparaciones y los contrastes que haga tu grupo
2. **Hacer una investigación en Internet** Conéctate a la Internet e investiga la forma de gobierno de otro país situado en esa región. Compara el gobierno de ese país con los gobiernos presentados en la lección. Prepárate para presentar tu investigación y comparación a la clase.

Visión crítica El 11 de febrero de 2011, una multitud de egipcios celebraron la renuncia de Hosni Mubarak en la plaza Tahir (abajo), en El Cairo. ¿Qué detalles de la foto expresan la importancia del momento?

2.2 Petróleo y riqueza

TECHTREK
Visita **myNGconnect.com** para ver un mapa en inglés y fotos de los países ricos en petróleo de la región.

Maps and Graphs

Idea principal Los países productores de petróleo de Asia Suroccidental y África del Norte poseen fuentes importantes de energía y riqueza.

El petróleo, o crudo sin refinar, fue descubierto en la región en el siglo XX. De hecho, la mayoría de los depósitos de petróleo conocidos del mundo se concentran en Asia Suroccidental y África del Norte. Una gran parte del mundo, incluidos los Estados Unidos, depende de la región para acceder a esta importante fuente de energía.

Una región rica en petróleo

Varios países se han enriquecido gracias a la extracción y exportación del petróleo. Entre esos países, Arabia Saudita, Irán, Iraq, Kuwait y los Emiratos Árabes Unidos poseen más de la mitad de las **reservas**, o futuros suministros, de petróleo que se conocen en el mundo. Solo en Arabia Saudita se concentra aproximadamente el 20 por ciento de las reservas de petróleo conocidas.

Incluso cuando el precio del petróleo baja, los principales exportadores de petróleo se cuentan entre los países más ricos del mundo. Algunos de ellos, como Arabia Saudita, han usado esta riqueza para construir puertos, aeropuertos, autopistas y plantas industriales modernas. Unos pocos países, entre ellos Kuwait y los Emiratos Árabes Unidos, han instalado industrias que manufacturan plásticos modernos y **petroquímicos**, o productos elaborados a partir del petróleo.

Los empleos en los países ricos en petróleo han atraído a trabajadores huésped. Algunos trabajadores huésped ocupan puestos de trabajo en la producción de petróleo y en la construcción. Otros trabajan en las industrias de servicios o como empleados domésticos. Los empleos de los trabajadores huésped suelen ser temporales y su salario es bajo. En Arabia Saudita, los trabajadores huésped comprenden alrededor del 80 por ciento de la fuerza laboral; en Kuwait, representan el 60 por ciento aproximadamente.

Visión crítica Este barco petrolero está anclado en el golfo pérsico. Según la foto, ¿qué puedes inferir acerca del tamaño de los barcos que se emplean en la exportación de petróleo?

EL PETRÓLEO EN ASIA SUROCCIDENTAL Y ÁFRICA DEL NORTE

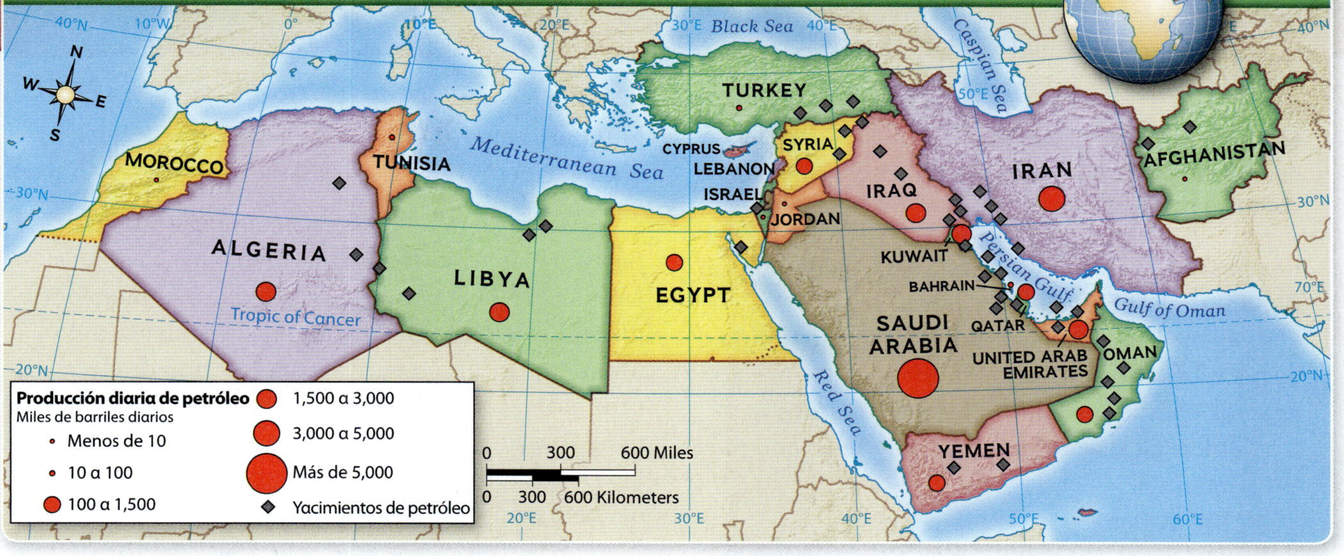

La riqueza petrolera y la brecha en los ingresos

Al igual que el petróleo mismo, la riqueza proveniente del petróleo no se encuentra **distribuida**, o repartida, en la región, ni siquiera en cada país. Los países ricos en petróleo incluyen vastas áreas de desierto y aldeas remotas. Las personas que viven en estas zonas rurales subdesarrolladas no suelen obtener ningún beneficio de la riqueza petrolera. Muchos habitantes rurales han migrado a las ciudades de la región en busca de mejores oportunidades económicas.

Sin embargo, la brecha en los ingresos se está ampliando, incluso en las grandes ciudades modernas. Por ejemplo, Riad, en Arabia Saudita, es una ciudad de más de cuatro millones de habitantes que se expande rápidamente. Si bien Riad es la capital de uno de los países más ricos del mundo, las viviendas son caras. Muchos jóvenes sauditas están desempleados y la pobreza es un problema creciente.

Antes de continuar

Verificar la comprensión ¿De qué manera la riqueza proveniente del petróleo ha beneficiado y modificado los países de la región?

RESERVAS/PRODUCCIÓN DE PETRÓLEO DE LOS CINCO PRINCIPALES PAÍSES PRODUCTORES DE PETRÓLEO

	Arabia Saudita	Irán	Iraq	Kuwait	EAU
Barriles de reservas	266.7 mil millones	137.6 mil millones	115 mil millones	104 mil millones	97.8 mil millones
Barriles producidos por día	9.764 millones	4.172 millones	2.399 millones	2.494 millones	2.798 millones

Fuente: CIA World Factbook, estimaciones 2009

EVALUACIÓN CONTINUA

LABORATORIO DE MAPAS GeoDiario

1. **Ubicación** Observa el mapa. ¿Cerca de qué accidente geográfico se encuentran la mayoría de los yacimientos de petróleo? ¿Cómo podría este accidente geográfico beneficiar a los países exportadores?
2. **Interpretar mapas** De los cinco principales países productores de petróleo, ¿cuáles están ubicados en la península arábiga? ¿Qué otros países productores de petróleo están ubicados allí?
3. **Analizar datos** ¿Qué país de esta región está en segundo lugar, después de Arabia Saudita, en términos de producción y reservas de petróleo? Según el mapa, ¿qué países producen menos de 100,000 barriles diarios?

2.3 Tensiones en Asia Suroccidental

TECHTREK
Visita myNGconnect.com para ver un mapa en inglés de Israel.
Maps and Graphs

Idea principal Los israelíes y los palestinos se han enfrentado por el territorio, la autonomía y la seguridad durante muchos años.

Las tensiones actuales en Asia Suroccidental tienen una larga historia. Ciertas cuestiones complejas de territorio, seguridad y **autonomía**, es decir, de un gobierno ejercido por los propios habitantes de un país, son asuntos fundamentales tanto para los israelíes como para los palestinos.

La fundación del moderno estado de Israel

Al finalizar la Primera Guerra Mundial, muchos territorios gobernados en el pasado por los otomanos se convirtieron en ámbitos del dominio europeo. La región donde hoy se encuentran Jordania, Israel, Cisjordania y la Franja de Gaza se hallaba bajo el control británico y se denominaba Mandato Británico. Muchos judíos inmigraron a esta región y se unieron a las comunidades judías ya establecidas allí. El aumento de la presencia judía produjo resentimientos entre los árabes palestinos.

La experiencia del Holocausto durante la Segunda Guerra Mundial motivó a las Naciones Unidas (ONU) a crear un estado para el pueblo judío. En 1947, la ONU votó por la división del Mandato Británico en dos estados: uno árabe y otro judío. Los países árabes vecinos y los árabes palestinos rechazaron el estado propuesto por la ONU. Los judíos aceptaron el plan de la ONU y en 1948 se declaró estado independiente a Israel.

Inmediatamente, seis países árabes (Egipto, Iraq, Jordania, Siria, Arabia Saudita y el Líbano, le declararon la guerra a Israel. Antes de la guerra, muchos árabes palestinos huyeron a los países vecinos o a las ciudades árabes de Cisjordania. Israel ganó la guerra y Egipto y Jordania tomaron control de gran parte de lo que la ONU había propuesto que fuera el Estado Árabe.

Los líderes israelíes y palestinos se reúnen para negociar la paz en 1993.

Una serie de guerras árabe-israelíes tuvieron lugar en el transcurso de las décadas siguientes. Durante estas guerras, los estados árabes amenazaron o atacaron a Israel, e Israel se defendió. Durante la década de 1960, los líderes palestinos crearon la **Organización para la Liberación de Palestina (OLP)**. En esa época, la OLP quería crear un estado palestino en lugar de Israel.

Israelíes y palestinos hoy día

En 1987, los palestinos lanzaron una **intifada**, o levantamiento masivo. Los palestinos protestaron, a veces con violencia, en contra del control israelí sobre la Franja de Gaza y Cisjordania. En la década de 1990, los líderes de Israel, los países árabes y los palestinos comenzaron a mantener conversaciones de paz. Israel acordó dar a los palestinos la autonomía en la Franja de Gaza y Cisjordania. Los palestinos acordaron reconocer el derecho de existir al estado de Israel y renunciar al terrorismo y la violencia. Sin embargo, el terrorismo de los palestinos contra los israelíes aumentó. Israel se retiró completamente de la Franja de Gaza y cedió el control de gran parte de Cisjordania a los palestinos.

Sin embargo, los esfuerzos para lograr la paz se estancaron. Los israelíes y los palestinos no pudieron ponerse de acuerdo en varios asuntos, especialmente en lo referido a Jerusalén. La capital de Israel es Jerusalén, pero los palestinos también quieren establecer su capital en Jerusalén Oriental. Las tensiones generadas por el fracaso del proceso de paz provocaron una segunda Intifada en 2000. En respuesta a la violencia, en 2002, Israel comenzó a construir una valla de seguridad a lo largo de la frontera entre Israel y Cisjordania. Se requieren permisos para atravesar los puestos de control ubicados a lo largo de la barrera, la cual separa a muchos trabajadores de sus lugares de trabajo y a las personas de los servicios básicos. Sin embargo, la violencia contra los civiles israelíes ha disminuido en un 90 por ciento.

ISRAEL: MAPA POLÍTICO

SUGERENCIA PARA MAPAS
Los palestinos tienen autonomía en la Franja de Gaza y un control limitado en Cisjordania. Aún no se ha decidido sobre la condición permanente de estas zonas.

Antes de continuar

Hacer inferencias ¿Qué asuntos separan a los israelíes y los palestinos?

EVALUACIÓN CONTINUA

LABORATORIO DE MAPAS GeoDiario

1. **Interpretar mapas** Ubica Israel en el mapa. Explica la importancia de su ubicación.
2. **Hacer inferencias** Busca la Franja de Gaza (*Gaza Strip*) y Cisjordania (*West Bank*) en el mapa. ¿De qué manera la ubicación de estos territorios podría implicar dificultades para la autonomía palestina?
3. **Movimento** ¿De qué manera está restringido el movimiento entre las personas que viven en Israel y Cisjordania?

SECCIÓN 2 GOBIERNO Y ECONOMÍA

2.4 Los problemas y la esperanza de Iraq

TECHTREK
Visita **myNGconnect.com** para ver un mapa de Iraq

Maps and Graphs

Idea principal Las divisiones internas y las guerras han causado grandes problemas a Iraq, pero el avance hacia la democracia promete un futuro mejor.

Durante gran parte de su historia moderna, Iraq ha sido desgarrada por la guerra y regida por gobernantes extranjeros o dictadores. En años recientes, sin embargo, la democracia (y con ella, la esperanza de un futuro mejor) ha comenzado a arraigarse.

Divisiones religiosas y étnicas

Las divisiones internas tienen una larga historia en Iraq. Cuando terminó el Imperio otomano, después de la Primera Guerra Mundial, Gran Bretaña estableció una monarquía en Iraq y definió los límites del país. El nuevo territorio reunió a dos grupos árabes diferentes, musulmanes chiítas y musulmanes sunitas.

Estos dos grupos musulmanes han estado divididos desde la muerte de Mahoma, el fundador del islamismo, en 632. Los chiítas creen que los líderes del islamismo deben ser descendientes de Mahoma. Los sunitas creen que los líderes del islamismo deben ser escogidos entre los candidatos más capacitados. Alrededor del 75 por ciento de los musulmanes del mundo son sunitas. Sin embargo, los chiítas representan aproximadamente el 60 por ciento de la población de Iraq.

Las fronteras de Iraq recientemente establecidas también abarcaron a un grupo étnico llamado los kurdos. Los **kurdos** son musulmanes sunitas, pero tienen una historia, un idioma y una cultura diferente a la de sus vecinos árabes. Los kurdos representan entre el 15 y el 20 por ciento de la población de Iraq. Como son un grupo étnico minoritario, los kurdos han sufrido graves discriminaciones en diferentes momentos de su historia.

Una nación devastada por la guerra

En la década de 1980, Iraq libró una guerra con su país vecino, Irán, en parte como resultado de la división sunita-chiíta. Irán, en su mayoría chiíta, había derrocado a su monarca en 1979 para establecer un gobierno islámico. El presidente iraquí **Saddam Hussein** fue un musulmán sunita que asumió el poder ese mismo año. Temía que los chiítas iraníes convencieran a los chiítas de Iraq para que derrocaran su gobierno. Los dos países lucharon durante ocho años y la guerra finalizó sin que hubiera un vencedor claramente definido.

En 1990, Iraq invadió Kuwait. Hussein sostenía que Kuwait había estado robando el petróleo iraquí. A fines de 1990 y principios de 1991, los Estados Unidos formaron una **coalición**, o alianza, con otros países. La coalición de países expulsó a las fuerzas iraquíes de Kuwait.

El avance hacia la democracia

En 2003, otra coalición de países invadió Iraq. La coalición creía que Iraq estaba ocultando armamento de destrucción masiva. Aunque no se halló nada, la coalición derrocó a Hussein. Este fue enjuiciado y ejecutado el 2006 en Iraq. Esto fue un alivio para muchos iraquíes. Como dictador **totalitario**, Hussein había gobernado mediante el terror.

En 2005, se llevaron a cabo elecciones libres en Iraq y los legisladores redactaron una constitución democrática. La violencia aún persiste, pero los iraquíes están trabajando para estabilizar y reconstruir su país.

Antes de continuar

Resumir ¿Qué factores crees que hacen que el futuro de Iraq se vea promisorio?

DIVISIONES ÉTNICAS Y RELIGIOSAS DE IRAQ

EVALUACIÓN CONTINUA

LABORATORIO DE MAPAS GeoDiario

1. **Interpretar mapas** Ubica el río Tigris. ¿Qué grupos viven junto al río al norte de Bagdad (*Baghdad*)? ¿Qué grupos viven a orillas del río al sur de Bagdad? ¿Qué ciudades se encuentran junto al río Tigris?
2. **Ubicación** En Iraq viven varios grupos diferentes. Según el mapa, ¿en qué lugar vive la mayoría de los sunitas? ¿En qué lugar vive la mayoría de los kurdos?
3. **Analizar causa y efecto** Ubica la población chiíta de Iraq y el país vecino de Iraq, Irán. ¿De qué manera el establecimiento de un gobierno chiíta en Irán desató la guerra entre Irán e Iraq?

Visión crítica Estas mujeres iraquíes muestran los dedos manchados con tinta para indicar su participación en las elecciones provinciales. ¿Qué detalles de la foto sugieren su sentimiento de orgullo?

2.5 Afganistán: hacia adelante

TECHTREK
Visita myNGconnect.com para ver un mapa en inglés de Afganistán.
Maps and Graphs

Idea principal Afganistán se esfuerza por definirse y progresar en el mundo político moderno.

Afganistán es uno de los países más pobres del mundo. Luego de décadas de guerras y rebeliones, el país está intentando construir un gobierno central estable.

Afganistán dividido

Las características físicas y la diversidad étnica de Afganistán complican los esfuerzos por unificar al país. Primero, Afganistán no tiene salida al mar y sus montañas y desiertos dificultan los viajes dentro del territorio. Segundo, aproximadamente el 80 por ciento de la población de Afganistán es rural. Al estar aisladas y muy desperdigadas por el territorio, las aldeas se enfocan en sus asuntos locales, más que en las cuestiones nacionales. Tercero, la población de Afganistán incluye varios grupos étnicos. Los afganos que viven en áreas rurales se identifican más con sus grupos étnicos que como ciudadanos de Afganistán. De los grupos étnicos de Afganistán, el más numeroso es el de los pashtunes, seguidos por los tayikos, los hazaras y los uzbekos.

AFGANISTAN

En 1978, asumió el poder un partido político comunista. Este nuevo gobierno **desconoció**, o ignoró, las costumbres étnicas y religiosas locales e impuso políticas de modernización. La velocidad y el alcance del cambio desencadenaron rebeliones en todo el país. Los líderes afganos pidieron ayuda a otro gobierno comunista, la Unión Soviética. En 1979, los soviéticos invadieron Afganistán. Los soldados islámicos, llamados muyahidines, combatieron contra los soviéticos durante diez años.

Después de que la Unión Soviética se retirara de Afganistán en 1989, el gobierno afgano cayó, la guerra civil devastó el país y los líderes locales armados tomaron el control de gran parte del país. Un grupo de pashtunes conocidos como los talibanes logró dominar a los líderes locales y se apoderó de la capital, Kabul, en 1996.

El impacto del extremismo

Los talibanes son **extremistas**, o personas con opiniones religiosas y políticas rígidas. Los talibanes impusieron de inmediato su propia rama de ley islámica. Destruyeron las obras de arte no islámicas y exigieron respetar estrictos códigos de vestido y de comportamiento. Los talibanes prohibieron a las mujeres trabajar, ir a la escuela o salir de su casa sin la compañía de un pariente varón.

Debido al gobierno talibán, Afganistán se convirtió en un lugar atractivo para otros grupos extremistas, incluido un grupo llamado **Al Qaeda**. El 11 de septiembre de 2001, 19 **terroristas** (personas que emplean la violencia para obtener resultados políticos) de Al Qaeda secuestraron cuatro aviones estadounidenses. Los terroristas estrellaron los aviones contra las torres del World Trade Center, en la ciudad de Nueva York, y contra el Pentágono, en Washington D.C. El avión que iba dirigido a la Casa Blanca se estrelló en un campo de Pensilvania. En respuesta, los Estados Unidos y sus aliados bombardearon los campos de terroristas situados en Afganistán. Los talibanes fueron derrocados y se estableció un nuevo gobierno, pero los conflictos violentos continuaron.

Hoy en día, Afganistán permanece dividido, pero continúan los esfuerzos por unificar al país por medio de las elecciones. La mayoría de los líderes afganos creen que la estabilidad política abrirá el camino al desarrollo económico.

Antes de continuar

Hacer inferencias ¿Qué dificultades enfrenta Afganistán al intentar progresar?

EVALUACIÓN CONTINUA

LABORATORIO DE LECTURA GeoDiario

1. **Resumir** ¿Qué factores han complicado los esfuerzos para unificar Afganistán?
2. **Analizar causa y efecto** ¿Por qué la Unión Soviética invadió Afganistán? ¿Qué efectos provocó el retiro de la Unión Soviética de Afganistán diez años después?
3. **Movimiento** En el mapa, observa la extensión del territorio de Afganistán que está cubierto de montañas. ¿Cómo podrían las características físicas de Afganistán influir en los patrones de asentamiento?

Visión crítica Estas niñas afganas recogen agua en las afueras de Kabul, la capital de Afganistán. Según lo que puedes inferir de la foto, ¿en qué aspectos Kabul es una ciudad moderna y en cuáles todavía está en vías de desarrollo?

2.6 Construcción de escuelas

TECHTREK
Visita myNGconnect.com para ver fotosy enlaces de investigación en inglés sobre la construcción de escuelas.
Digital Library
Global Issues

Idea principal La construcción de escuelas en Afganistán y en otros países en vías de desarrollo es fundamental para el futuro.

VOCABULARIO CLAVE

alfabetizado, adj., que puede leer y escribir

profesional, adj., relacionado con un trabajo o profesión

Durante más de 30 años, Afganistán ha soportado conflictos armados, invasiones e inestabilidad. Como resultado, más de la mitad de los niños afganos no asisten a la escuela. La construcción de escuelas en este país y en otras partes del mundo en vías de desarrollo es un aspecto clave para mejorar la vida y el futuro de los niños.

La construcción de escuelas

De acuerdo con el Fondo de las Naciones Unidas para la Infancia (UNICEF), solo el 28 por ciento de todos los afganos están **alfabetizados**, es decir, pueden leer y escribir. La falta de escuelas es una razón para esta tasa de alfabetización baja en un país devastado por la guerra.

Tal como has leído, cuando los gobernantes talibanes asumieron el poder en Afganistán, en la década de 1990, impusieron su propia forma de ley islámica. Bajo el régimen talibán, los niños afganos, especialmente las niñas, tenían muy poco o ningún acceso a la educación. A principios de 2002, poco tiempo después de que los talibanes fueran derrocados, menos de un millón de niños asistían a la escuela en Afganistán. No había ninguna niña entre estos estudiantes.

Varias organizaciones, al reconocer aquí una necesidad humanitaria inmediata, trabajaron con los líderes tribales, los funcionarios militares y los maestros de Afganistán para construir y reabrir escuelas para los niños afganos. Hacia 2010, siete millones de estudiantes afganos asistían a la escuela. De estos estudiantes, 37 por ciento eran niñas. Se han establecido escuelas nuevas o reconstruidas en las áreas rurales de Afganistán y del vecino Pakistán, y las tasas de alfabetización están subiendo. Además de enseñar a los niños a leer y escribir, estas escuelas ofrecen educación para la salud y proporcionan entrenamiento **profesional**, relacionado con las destrezas laborales.

Antes de continuar

Resumir ¿Qué factores motivaron a las organizaciones a construir o reabrir escuelas en Afganistán?

ASISTENCIA A LA ESCUELA* EN AFGANISTÁN

*Equivalente a los grados 1 a 6

Fuente: Ministerio de Educación, Afganistán, 2010; Instituto de Estadísticas de la Unesco, 2010

La educación de las niñas

Uno de los retos que enfrentan los países en vías de desarrollo como Afganistán es que muchas niñas no asisten a la escuela o abandonan sus estudios a una edad temprana. Por ejemplo, en promedio, las niñas afganas asisten a la escuela cuatro años menos que los niños. Esta asistencia limitada a la escuela da como resultado tasas de alfabetización más bajas.

Las investigaciones demuestran que las niñas y las mujeres educadas pueden contribuir a un cambio positivo en sus familias y comunidades. Mundialmente, un nivel de educación más alto en las madres se vincula a una mejor salud de bebés y niños. Sumado a esto, el número de años que una niña asiste a la escuela está relacionado con su nivel de ingresos en la adultez. En el mundo en vías de desarrollo, cuando las mujeres y las niñas obtienen un ingreso, generalmente invierten el 90 por ciento de ese ingreso en sus familias.

COMPARAR REGIONES

Escuelas para África

UNICEF, una de las organizaciones que trabajan en Afganistán, reconoce la importancia de construir escuelas en los países devastados por la guerra y en vías de desarrollo. Mediante su programa Escuelas para África, UNICEF también se asocia con comunidades y gobiernos locales para construir escuelas, mejorar los salones de clases y aumentar el acceso a la educación y las oportunidades de más de ocho millones de niños en al menos 11 países africanos.

Uno de estos países es Nigeria. Al igual que Afganistán, Nigeria es un país extremadamente pobre. Solo 38 por ciento de los niños en edad escolar asisten a la escuela. Al igual que en Afganistán, la tasa de asistencia escolar de las niñas es más baja que la de los niños. Debido a la falta de educación, muchas niñas se casan y tienen hijos cuando son muy jóvenes y suelen permanecer en la pobreza.

Visión crítica Con base en tus experiencias en la escuela y los conflictos pasados sobre los que has leído, explica por qué este ambiente de aprendizaje en una escuela afgana es importante.

El programa Escuelas para África está activo en otros países subsaharianos, incluidos Malaui, Angola y Ruanda. A través de la colaboración con los residentes locales, el programa Escuelas para África se propone mejorar la vida de los niños.

Antes de continuar

Verificar la comprensión ¿De qué manera la educación de las niñas ayuda a fortalecer a las familias y las comunidades?

EVALUACIÓN CONTINUA

LABORATORIO DE LECTURA GeoDiario

1. **Resumir** ¿Qué factores podrían explicar la falta de oportunidades educativas en Afganistán? ¿Cómo afecta esta falta de oportunidades específicamente a las niñas?
2. **Interpretar gráficas** Basándote en la gráfica y el texto, ¿qué predicción se podría hacer acerca de los niveles de alfabetización de Afganistán en el futuro?
3. **Hacer generalizaciones** ¿De qué manera la guerra y la pobreza están conectadas a las tasas bajas de alfabetización?

CAPÍTULO 16
Repaso

VOCABULARIO

Escribe una oración que explique la conexión entre las dos palabras de cada par de palabras de vocabulario.

1. trabajador huésped; migración

> *La migración actual en la región incluye trabajadores huésped de muchos países.*

2. rompeolas; tsunami
3. petroquímico; reserva
4. jeque; emirato
5. terrorista; extremista
6. alfabetizado; profesional

IDEAS PRINCIPALES

7. ¿De qué manera la migración y el comercio dieron forma a esta región? (Sección 1.1)
8. ¿Qué factores hacen de Estambul un centro de comercio? (Sección 1.2)
9. ¿Cómo podría la exploración submarina de los sitios antiguos ayudar a las personas que viven actualmente en las costas? (Sección 1.3)
10. ¿Qué factores han favorecido el rápido crecimiento económico de Dubái? (Sección 1.4)
11. ¿Cuáles son las características de dos sistemas de gobierno presentes en la región? (Sección 2.1)
12. ¿Qué recursos importantes poseen los países de esta región? (Sección 2.2)
13. ¿Qué problemas han llevado a la violencia entre israelíes y palestinos? (Sección 2.3)
14. ¿A qué retos se enfrenta Iraq internamente y en el ámbito internacional? (Sección 2.4)
15. ¿De qué manera los factores étnicos y geográficos dividen a Afganistán? (Sección 2.5)
16. ¿Por qué la construcción de escuelas en Afganistán es un objetivo importante? (Sección 2.6)

CULTURA

ANALIZA LA PREGUNTA FUNDAMENTAL

¿De qué manera los recursos y las migraciones han configurado la cultura de Asia Suroccidental y África del Norte?

Razonamiento crítico: Hacer generalizaciones

17. ¿De qué manera la migración ha definido la población y la cultura de Dubái?
18. ¿Qué factores han hecho de Estambul el centro cultural de Turquía?
19. ¿Qué características tienen en común los diferentes patrones migratorios de la región?

INTERPRETAR GRÁFICAS

MIGRANTES INTERNACIONALES EN PAÍSES ELEGIDOS, 2010

Porcentaje de la población total, países con un millón de habitantes o más

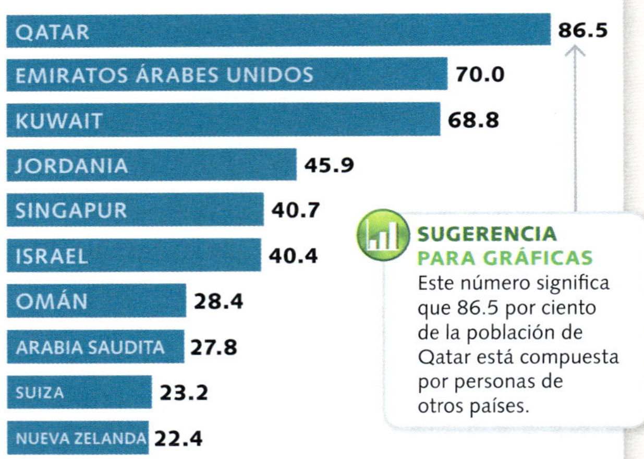

Fuente: Naciones Unidas, Instituto de Política Migratoria, 2010

20. **Explicar** De los países seleccionados para esta gráfica, ¿cuál de ellos se encuentra ubicado en la península arábiga? ¿Qué factores atraen a los migrantes internacionales a los países situados en la península arábiga?
21. **Hacer inferencias** Según lo que sabes, ¿por qué los Emiratos Árabes Unidos podrían tener más migrantes internacionales que Israel?

GOBIERNO Y ECONOMÍA

ANALIZA LA PREGUNTA FUNDAMENTAL

¿Qué fuerzas han influido en el desarrollo de los países modernos de la región?

Razonamiento crítico: Evaluar

22. ¿De qué manera los conflictos por el territorio han causado problemas en Israel?
23. ¿Cuáles son algunas maneras en que Afganistán está avanzando hacia la modernización?
24. ¿Qué impacto tuvo el descubrimiento de petróleo en la cultura de los países ricos en petróleo?

INTERPRETAR MAPAS

PIB PER CAPITA, PENÍNSULA ARÁBIGA

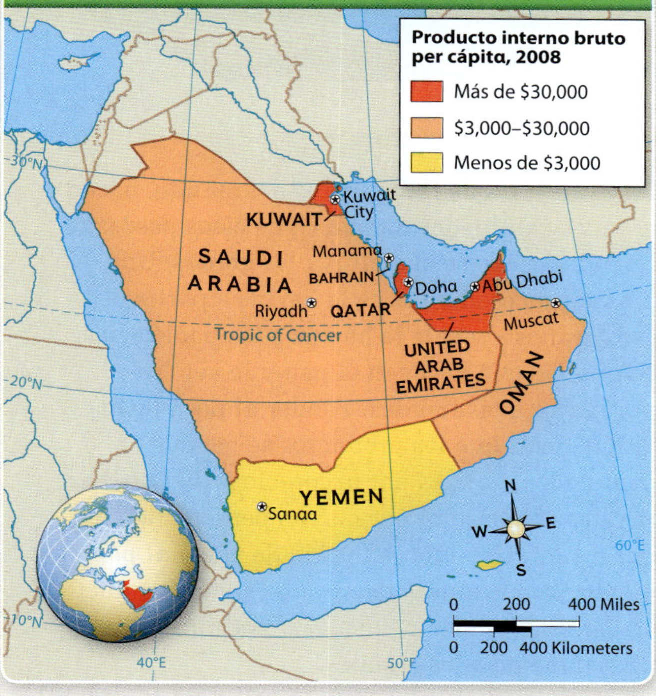

25. **Hacer inferencias** ¿Qué puedes inferir del mapa acerca de la importancia económica de la industria del petróleo?
26. **Comparar** Compara el PIB per cápita de Kuwait y Yemen. En base a lo que sabes, ¿que podría explicar la diferencia?

OPCIONES ACTIVAS

Sintetiza las preguntas fundamentales completando las siguientes actividades.

27. **Escribir preguntas de debate** Explora los factores geográficos, culturales e históricos que han dado forma a la región escribiendo preguntas para debatir en una mesa redonda. Trabaja en grupo: elijan tres países de la región y escriban preguntas para el debate acerca de cada país. Elijan un moderador para la mesa redonda y decidan qué preguntas hará el moderador. **Presenten la mesa redonda en clase. Prepárate para responder a las preguntas del público.**

   Sugerencias para la escritura
   - Investiga en detalle los países seleccionados.
   - Escribe preguntas que requieran una respuesta más larga que "sí" o "no" o una sola palabra.

   Visita **Student Resources** para ver una guía en línea de escritura en inglés.

28. **Crear diagramas** Los países de esta región tienen culturas ricas. Con un compañero, elige dos países e investiga para responder a esta pregunta: ¿Qué rasgos culturales comparten estos países y qué es único de cada país? Usa fuentes en línea para reunir tu información. Usa un diagrama de Venn para organizar la información que halles. Comparte tus diagramas con otros grupos.

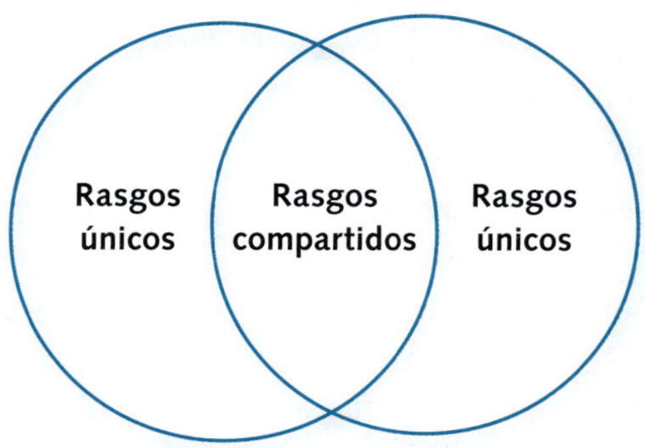

El pan del mundo

TECHTREK
Visita myNGconnect.com para ver fotos de pan.

Digital Library

En Egipto, *baladí ypita* son tipos de pan que se comen casi todos los días. En todo el mundo, el pan es un alimento básico, o principal. La mayoría de las culturas tienen una o más formas tradicionales de pan. El pan viene en una variedad de formas y tamaños. Se puede hacer con harina molida de cereales como el trigo, la cebada, el centeno, la avena o con semillas de lino.

Dos categorías principales de pan son los panes leudados y los panes sin leudar. Los panes leudados se hacen con levadura, un microorganismo utilizado para hacer crecer la masa del pan. El pan de molde es un ejemplo de pan leudado. Los panes sin leudar, como muchos panes planos que se comen en todo el mundo, se elaboran sin levadura.

Comparar

- Egipto (*Egypt*)
- Francia (*France*)
- India
- México (*Mexico*)
- Perú (*Peru*)
- Rusia (*Russia*)
- Estados Unidos (*United States*)

GRANOS REGIONALES, PANES LOCALES

Los tipos de pan varían en todo el mundo. El pan puede elaborarse a partir de cereales cultivados localmente o incluso con verduras. La harina de cebada se utiliza para hacer los panes planos egipcios. En el Perú, las papas proporcionan la base para los panecillos de papa. Tanto la harina de maíz como la harina de trigo se utilizan para hacer dos tipos diferentes de tortillas en México y otros países de América Latina.

Cuánto se procesan las harinas para elaborar pan varía según la región. En los países altamente industrializados como los Estados Unidos, el trigo se procesa para eliminar la capa áspera exterior del grano de trigo con el fin de producir harina blanca y liviana. Debido a que el salvado se ha eliminado, las harinas procesadas contienen menos fibra y se consideran menos nutritivas.

PROCESO Y DISTRIBUCIÓN

En la mayoría de las regiones del mundo, hacer grandes cantidades de pan sigue estos pasos: La industria agrícola cultiva los granos. Una planta procesadora hace la harina a partir de esos granos y vende la harina a las panaderías. Los panaderos hornean el pan y lo venden al por mayor a las tiendas. Vender **al por mayor** quiere decir que los productos se venden en cantidades grandes por un precio reducido. Las tiendas compran al por mayor, pero venden al por menor. Hay una industria de venta **al por menor,** lo que quiere decir que venden productos en cantidades más pequeñas o por unidad directamente a los clientes.

Los panes leudados, como los *baguettes* de Francia o los panes planos, como el pan *naan* de la India, han alimentado a familias por generaciones. Compara los panes regionales en la próxima página.

EL PAN EN EL MUNDO

El precio del pan para los consumidores varía en todo el mundo. Algunos gobiernos subsidian el precio, o pagan para reducir su costo, con el fin de poner el pan al alcance de sus ciudadanos más pobres. En otros lugares, los precios de los cereales influyen directamente en el mercado. Los precios por hogaza de pan que se muestran aquí son estimaciones

$1.37

Pan blanco (Estados Unidos)

Muchos estadounidenses ahora prefieren los panes de trigo integral por razones de salud, pero el pan blanco muy procesado sigue siendo popular entre los consumidores.

35¢

Panecillos de papa (Perú)

Cuando los precios del trigo se dispararon en 2008, el gobierno peruano promovió el pan hecho de papas cultivadas localmente.

89¢

Pan marrón (Rusia)

El gobierno ruso espera que el aumento de las plantaciones de trigo hará que siga bajando el costo de este alimento básico.

1¢

Pita (Egipto)

El pan pita, un pan plano y ahuecado, es la base de muchas comidas. El gobierno egipcio subsidia el precio.

$1.50

Baguette (Francia)

Íconos de la cocina francesa, el precio de las *baguettes* ha aumentado constantemente. En 2002, un pan costaba alrededor de 70 centavos.

Fuente: National Geographic, octubre de **2008**

EVALUACIÓN CONTINUA

LABORATORIO DE INVESTIGACIÓN

GeoDiario

1. **Describir** ¿Cuál es la diferencia entre el pan leudado y el pan sin leudar?
2. **Hacer generalizaciones** ¿Cuál de los panes que aparecen en la ilustración anterior es más caro? ¿Cuál es menos costoso y por qué?
3. **Hacer inferencias** ¿Por qué los tipos menos procesados de pan tienen más valor nutricional?

Investigar y crear tablas Investiga los panes de México y de la India. Aprende acerca de las diferentes harinas utilizadas para elaborar el pan en esos países y determina si sus gobiernos subsidian el precio. Identifica los panes elaborados tanto para el uso diario como para ocasiones especiales o fiestas. Crea una gráfica para organizar tu información.

Opciones activas

TECHTREK

Visita **myNGconnect.com** para ver fotos de objetos de las rutas de la seda.

Digital Library

ACTIVIDAD 1

Propósito: Ampliar tu comprensión del comercio en la región.

Trazar un mapa

Durante 2,000 años, las rutas de la seda que conectaban Asia, Europa y África fueron una importante ruta para el comercio y el intercambio cultural. Investiga y traza un mapa que muestre el camino de las rutas de la seda que cruzaban Asia Suroccidental y África del Norte. Incluye las ciudades principales y cualquier otro detalle pertinente.

Una caravana que cruza las rutas de la seda, tal como se detalla en un mapa español del siglo XIV.

ACTIVIDAD 2

Propósito: Investigar sobre la cultura egipcia antigua.

Escribir notas de campo

Haz una investigación en línea para realizar un recorrido virtual por el Valle de los Reyes. Toma notas de lo que observas y lleva un registro escrito de todas las paradas que hagas. Usa el recurso en inglés **Magazine Maker CD-ROM** para anotar en cada entrada del diario lo que ves allí. Incluye todo el material visual que pueda ayudar a que los demás vean lo que estás experimentando.

ACTIVIDAD 3

Propósito: Aprender más acerca del reciclaje.

Tomar una decisión

El explorador emergente de National Geographic Thomas Taha Rassam-Culhane ayuda a los habitantes de Egipto y del mundo a pensar creativamente acerca de cómo reciclar los materiales usados. Con un grupo pequeño, investiguen en línea para aprender sobre nuevos modos de reutilizar los materiales. Luego, sigan el procedimiento en la página R19 para decidir sobre un proyecto de reciclaje que puedan proponer a su escuela.

NATIONAL GEOGRAPHIC
Culturas del mundo y geografía

GEO

Explora Asia del Sur con NATIONAL GEOGRAPHIC

CONOCE AL EXPLORADOR

NATIONAL GEOGRAPHIC

El explorador emergente Shafqat Hussain creó el proyecto Leopardo de las Nieves para salvar a los leopardos de las nieves, una especie en peligro de extinción, y para fomentar la economía local en las regiones montañosas de Pakistán.

INVESTIGA LA GEOGRAFÍA

El monte Everest, situado en la frontera entre China y Nepal, es el desafío máximo para los escaladores. En 2006, Takao Arayama, de 70 años de edad, se convirtió en la persona más vieja en escalarlo. En 2010, Jordan Romero, de apenas 13 años, se convirtió en la persona más joven en escalarlo. El Everest tiene una altura de 29,035 pies y es la montaña más alta del mundo.

ENTRA A LA HISTORIA

El Taj Mahal, declarado Patrimonio de la Humanidad por la UNESCO, atrae a quienes visitan la India desde que fue construido en el siglo XVII. La obra maestra de mármol blanco fue construida por el emperador Shah Jahan como homenaje póstumo a su esposa. Se necesitaron 20,000 trabajadores y 22 años para finalizar el proyecto.

ONLINE WORLD ATLAS

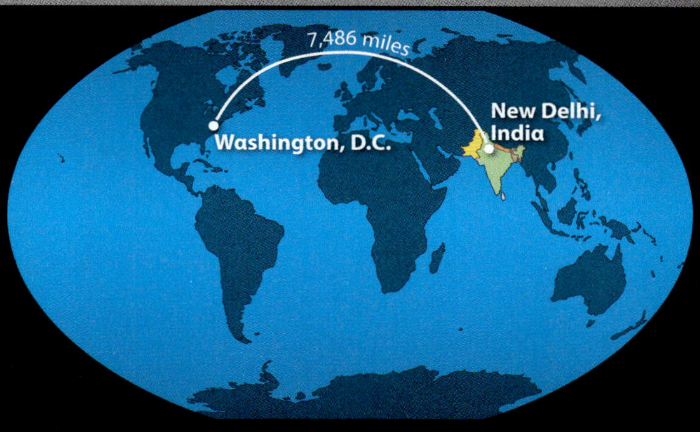

Visita **myNGconnect.com** para ver mapas de Asia del Sur.

CONECTA CON LA CULTURA

Estas mujeres participan en una boda en Rayastán, India. En Asia del Sur, las bodas son celebraciones muy elaboradas que pueden durar varios días y tener cientos de invitados.

CAPÍTULO 17

Asia del Sur GEOGRAFÍA E HISTORIA

VISTAZO PREVIO AL CAPÍTULO

Pregunta fundamental **¿De qué manera influyen los sistemas hídricos de Asia del Sur en el estilo de vida de los habitantes de la región?**

SECCIÓN 1 • GEOGRAFÍA

VOCABULARIO CLAVE

- subcontinente
- placa
- delta
- elevación
- agricultor de subsistencia
- monzón
- evaporación
- sequía
- cultivable
- hambruna
- sustentable
- conservación
- ecosistema
- contaminación
- sanidad
- acuífero

VOCABULARIO ACADÉMICO

colisionar, retroceder

TÉRMINOS Y NOMBRES

- cordillera del Himalaya
- meseta del Decán
- río Indo
- delta de Ganges

Pregunta fundamental **¿De qué manera las características físicas, la religión y los imperios han definido las fronteras de Asia del Sur?**

SECCIÓN 2 • HISTORIA

VOCABULARIO CLAVE

- aislamiento
- centro cultural
- sistema de castas
- imperio
- tolerancia
- deidad
- reencarnación
- colonialismo
- desobediencia civil
- símbolo

VOCABULARIO ACADÉMICO

aislamiento, desplazar

TÉRMINOS Y NOMBRES

- harappa
- arios
- sánscrito
- Asoka
- Taj Mahal
- hinduismo
- budismo
- jainismo
- sijismo
- islamismo
- Vedas
- Mahatma Gandhi
- Partición
- Bhágavad-guitá

TECHTREK PARA ESTE CAPÍTULO

- Student eEdition
- Maps and Graphs
- Interactive Whiteboard GeoActivities
- Digital Library

Visita **myNGconnect.com** para obtener más información sobre Asia del Sur.

leopardo de las nieves

SECCIÓN 1 GEOGRAFÍA

1.1 Geografía física

TECHTREK
Visita **myNGconnect.com** para ver mapas de Asia del Sur y el Vocabulario visual en inglés.

Maps and Graphs | Digital Library

ASIA DEL SUR: FÍSICO

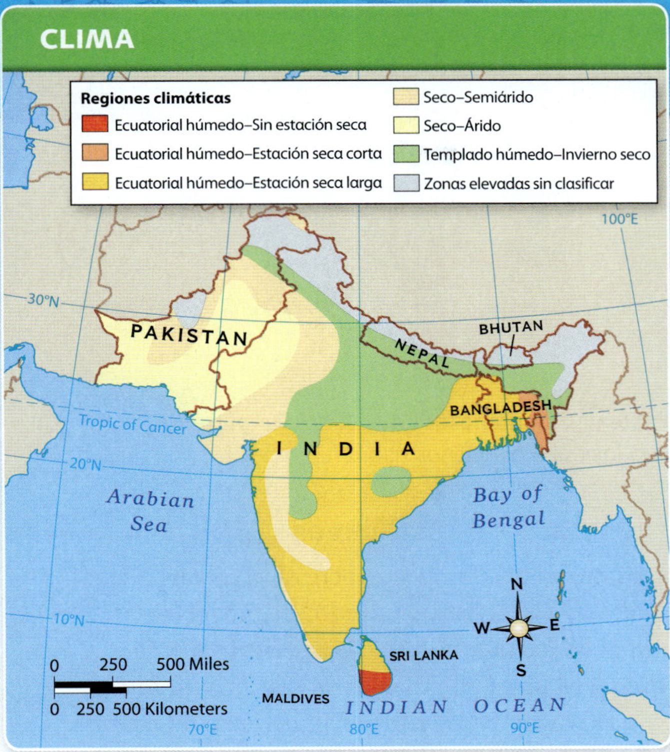

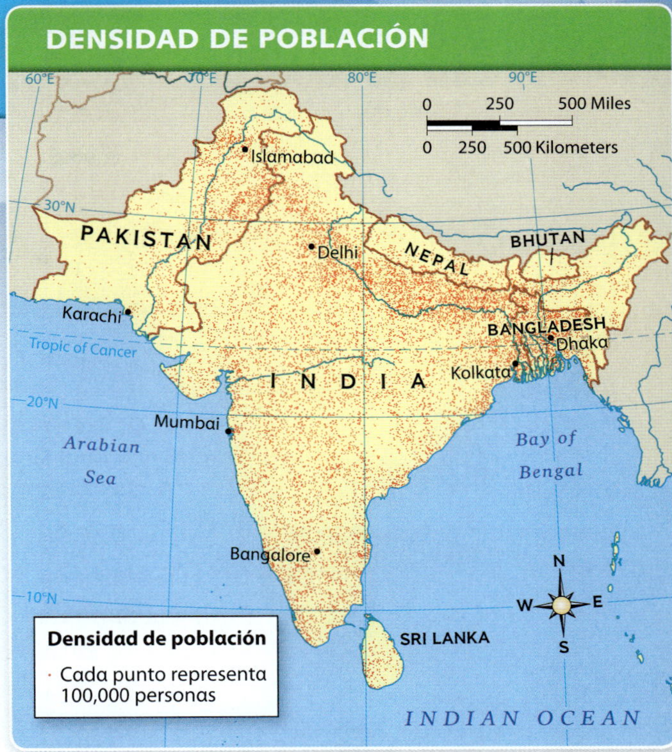

Idea principal Entre las principales características físicas de Asia del Sur se encuentan montañas, ríos y un delta.

En el mapa, Asia del Sur parece un pedazo de tierra con forma de diamante que fue unido a Asia de un empujón. En el centro de este diamante se encuentra el **subcontinente** indio, una región separada del continente asiático.

Colisión continental

Asia del Sur es una **placa** separada, una sección rígida de la corteza terrestre que se puede mover de manera independiente. La placa continúa moviéndose. Como consecuencia, la cordillera del Himalaya sigue recibiendo un empuje y elevándose. Es la cordillera más alta del mundo. El Himalaya se formó hace aproximadamente 50 millones de años, cuando la placa India **colisionó** con la placa Euroasiática. Este movimiento produjo la montaña más alta del mundo, el monte Everest, en Nepal. El Himalaya separa Asia del Sur del resto de Asia. El agua de lluvia y la nieve que se derrite desde estas montañas forman los ríos de Asia del Sur.

Principales sistemas fluviales

Gran parte del agua de Asia del Sur fluye hacia el río Ganges y el río Indo. Estos sistemas fluviales proporcionan agua potable y nutren las áreas agrícolas; son considerados sagrados por los hindúes. En Bangladés, el río Brahmaputra se une al Ganges y juntos forman el fértil y bajo delta del Ganges. Un delta es un área donde un río deposita sedimento a medida que desemboca en una masa de agua.

Antes de continuar

Resumir ¿Cuáles son algunas de las características físicas de Asia del Sur?

EVALUACIÓN CONTINUA

LABORATORIO DE MAPAS GeoDiario

1. **Ubicación** ¿Dónde está ubicado el río Ganges?
2. **Identificar** ¿Cómo es el clima en el noreste de la India, cerca de Daca y Calcuta (*Kolkata*)?
3. **Sacar conclusiones** El noreste de Asia del Sur tiene una densidad de población muy alta. ¿Qué características físicas podrían explicar esto?

TECHTREK

Ve a **myNGconnect.com** para ver un mapa de la Travesía del Hombre de las Nieves y un video clip de Explorer en inglés.

Maps and Graphs | Digital Library

Explorando el Himalaya con Kira Salak

Idea principal Los sistemas montañosos de Asia del Sur presentan retos extraordinarios para los pueblos que los habitan.

myNGconnect.com

Para saber más sobre las actividades actuales de Kira Salak.

La Travesía del Hombre de las Nieves

La Travesía del Hombre de las Nieves exige recorrer a pie algunas de las montañas más altas y aisladas del mundo. La mayoría de los pasos entre las cimas de las montañas se encuentran a más de 16,000 pies de altura. Los primeros días de la travesía no me resultaron difíciles, y aproveché para admirar la belleza del paisaje. Al tercer día nos presentaron la **elevación** (la altura sobre el nivel del mar) extrema que experimentaríamos durante el resto de la escalada. Fueron nueve horas, todo cuesta arriba, hasta alcanzar los 11,800 pies.

Llegamos al primer paso montañoso en Nyile La (aproximadamente a 16,000 pies). 1 Esta fue la primera prueba para el mal de altura, una afección producida por el escaso nivel de oxígeno en el aire. A medida que subíamos, las nubes se disipaban y revelaban muchas cimas cubiertas de nieve, “el techo del mundo”.

La vida en las montañas

Más tarde llegamos a Thanza, 2 una de las aldeas más aisladas, a una elevación de 13,700 pies. Allí viven apenas 300 personas. Casi todos son **agricultores de subsistencia**. Cultivan alimentos sólo para sus familias, no para venderlos a otras personas. La comida se basa en un arroz que crece a grandes alturas, carne y queso de yak, que son unos bueyes tibetanos de pelo muy largo. Las casas se construyen con lo que haya disponible. Las paredes están hechas de piedras y los techos se cubren con tejas de madera. La arcilla se emplea como argamasa para unir techos y paredes.

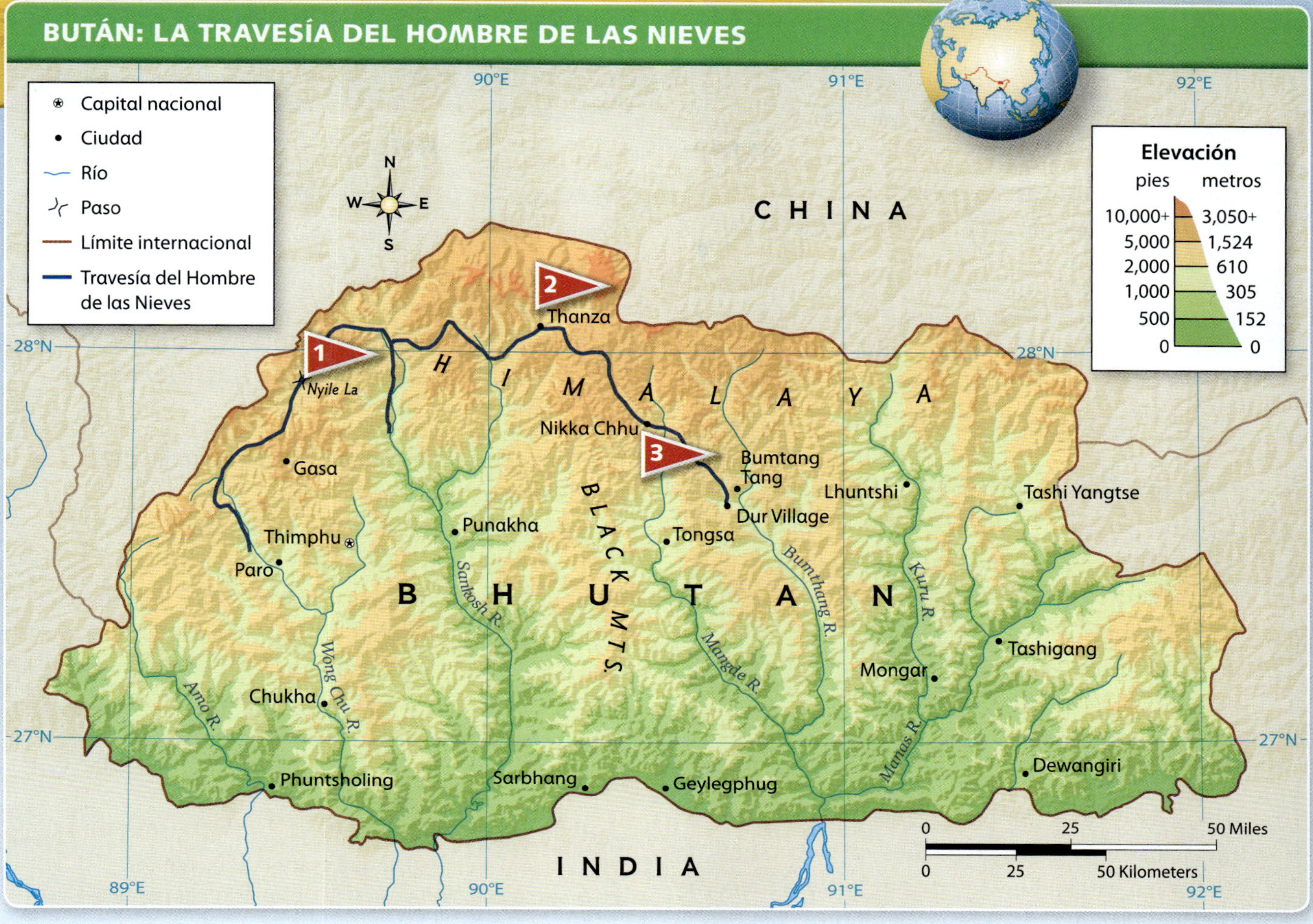

Al dejar Thanza se esfumaron todos los rastros de presencia humana. Incluso desapareció el sendero debajo de nuestros pies. Cuando llegamos al final de la travesía, en la aldea de Nikka Chhu 3, calculamos que cada uno de nosotros había dado medio millón de pasos y caminado al menos 216 millas.

Antes de continuar

Verificar la comprensión ¿Cuáles son los retos más importantes que deben enfrentar las personas que habitan en los sistemas montañosos de Asia del Sur?

EVALUACIÓN CONTINUA

LABORATORIO DE MAPAS

GeoDiario

1. **Lugar** Según el mapa y en la descripción de Bután (*Bhutan*), ¿por qué crees que las personas decidieron construir la mayoría de las ciudades en los sitios donde las construyeron?
2. **Crear tablas** Haz una tabla como la siguiente. ¿Qué factores geográficos explican las diferencias entre tu vida y la vida en Bután?

NECESIDADES	MI VIDA	BUTÁN
vivienda		
acceso al agua		
acceso a los alimentos		

SECCIÓN 1 GEOGRAFÍA

1.3 Vivir con los monzones

TECHTREK

Visita myNGconnect.com para ver mapas y fotos de los monzones.

Maps and Graphs | Digital Library

Idea principal Los monzones estacionales proporcionan agua para los cultivos y tierra nueva para las áreas agrícolas.

Los **monzones** son vientos estacionales que traen lluvias intensas durante parte del año. Estos fuertes patrones de lluvias son una característica importante del clima de Asia del Sur.

Verano: monzones lluviosos

Desde mayo hasta principios de octubre, los vientos soplan en dirección norte desde el océano Índico y traen fuertes lluvias. Algunas zonas reciben 100 pulgadas de lluvia al año. En años muy lluviosos, estas zonas pueden recibir más de 300 pulgadas de lluvia.

Las lluvias de los monzones de verano irrigan los cultivos y llenan los depósitos de agua. Las lluvias también pueden provocar inundaciones y deslizamientos de tierra, que pueden ser mortales. A pesar de estos aguaceros anuales, las personas siguen adelante con sus actividades cotidianas. Se adaptan buscando maneras de salvar los cultivos y navegar por las calles inundadas.

Verano: monzones secos

Desde noviembre hasta abril, los monzones de invierno **retroceden** e invierten su dirección, soplando en dirección sur. El aire que proviene de esta dirección normalmente es seco. Los monzones secos no traen tanta lluvia como los monzones lluviosos.

De hecho, una estación de monzones muy secos puede destruir los cultivos, lo cual amenaza el sustento de los agricultores y la prosperidad económica de la región. Debido a ello, las personas deben regular con cuidado el agua que almacenaron durante los monzones lluviosos. Usan esta agua para beber y para irrigar los cultivos. En junio del año siguiente, luego de varios meses secos y calurosos, las fuertes lluvias son bienvenidas.

Antes de continuar

Hacer inferencias ¿De qué manera influyen los monzones estacionales en el desarrollo económico de la región?

MONZÓN DE VERANO
Precipitación media de verano

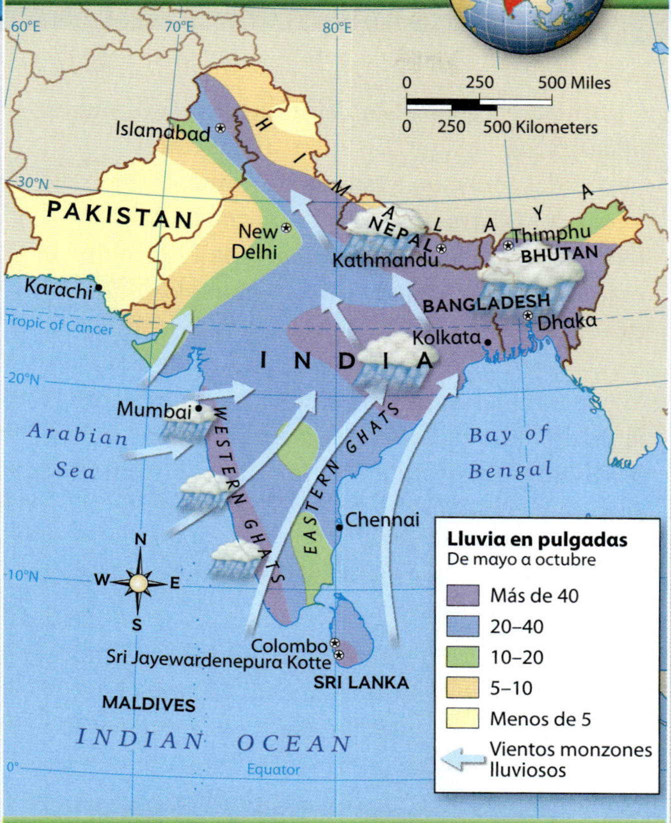

MONZONES LLUVIOSOS Los vientos monzones lluviosos recogen humedad del océano Índico a medida que fluyen hacia el noroeste. Esta humedad se convierte en fuertes lluvias al chocar contra las montañas del subcontinente indio. La lluvia satura la tierra y hace crecer los ríos. Esto nutre a los cultivos, a los animales y a las personas.

MONZÓN DE INVIERNO
Precipitación media de invierno

MONZONES SECOS Los monzones secos se originan en el noreste y recogen humedad de la tierra a medida que fluyen hacia el suroeste. Este proceso por el cual un líquido se convierte en gas se llama **evaporación**. Si los monzones lluviosos no producen suficientes lluvias, los monzones secos pueden provocar una **sequía**, o un período largo sin lluvias.

Visión crítica A estos niños no parece importarles que el patio de su escuela esté inundado. ¿Qué sugiere esta fotografía sobre la vida de los niños durante la estación de monzones?

EVALUACIÓN CONTINUA

LABORATORIO DE MAPAS

GeoDiario

1. **Ubicación** Ubica Calcuta (*Kolkata*) en el mapa del monzón de verano. ¿Por qué crees que llueve tanto sobre Calcuta en verano?
2. **Comparar** Busca Calcuta (*Kolkata*) en el mapa del monzón de invierno. ¿Llueve más o llueve menos sobre la ciudad en invierno? ¿Por qué hay una diferencia en la cantidad de lluvia de verano a invierno?
3. **Interacción entre los humanos y el medio ambiente** ¿Cómo será la vida para los habitantes de Calcuta durante el verano? ¿Y durante el invierno?

SECCIÓN 1 GEOGRAFÍA

1.4 Los recursos y el uso de la tierra

TECHTREK
Visita **myNGconnect.com** para ver un mapa y una tabla de recursos y el Vocabulario visual en inglés.

Maps and Graphs | Digital Library

Idea principal Los logros de la Revolución Verde tuvieron tanto efectos positivos como negativos.

Los recursos naturales de Asia del Sur abarcan desde los enormes depósitos de carbón de la India hasta las piedras preciosas y semipreciosas de Sri Lanka. El recurso más importante, sin embargo, es la tierra **cultivable** de Asia del Sur, es decir, la tierra apta para la agricultura que alimenta a casi 1,500 millones de personas.

La Revolución Verde

A pesar de sus enormes extensiones de tierra agrícola, la India a menudo ha sufrido terribles **hambrunas**, períodos donde las personas se mueren por la escasez de alimentos. Durante las décadas de 1950 y 1960, la India no progresó demasiado en la producción de mayores cantidades de alimentos.

De pronto, en 1966, los agricultores comenzaron a usar semillas nuevas para cultivar trigo. Estas semillas mejoraron notablemente el rendimiento de la cosecha, o la cantidad de alimento producido por unidad de tierra cultivada. La producción india de trigo se disparó de 10.3 millones de toneladas métricas en 1960 a 20 millones de toneladas métricas en 1970. Los agricultores también aumentaron la producción de arroz, frutas, caña de azúcar y verduras. Este aumento rápido y significativo en la producción de alimentos pasó a ser conocido como la Revolución Verde.

Sin embargo, las semillas de alto rendimiento necesitaron más fertilizantes, irrigación y pesticidas, que son sustancias químicas que matan a los insectos y a las enfermedades. Los fertilizantes, los pesticidas y la irrigación cuestan dinero. Como consecuencia, la Revolución Verde benefició en mayor medida a los agricultores adinerados. La Revolución Verde también produjo efectos negativos sobre el medio ambiente. La lluvia arrastró los fertilizantes y pesticidas a los ríos, causando su contaminación.

Agricultura sustentable

En la actualidad, los gobiernos y los agricultores de Asia del Sur se están adaptando al medio ambiente físico. Emplean nuevas tecnologías y métodos que son **sustentables**, o que pueden continuarse sin dañar el medio ambiente a largo plazo. Un mayor número de agricultores usa fertilizantes naturales, como el estiércol, para abonar el suelo. También ponen en práctica la rotación de cultivos, que consiste en variar estacionalmente el cultivo que se cosecha en cada parcela. Estos métodos sirven para producir más alimentos y también protegen el medio ambiente.

Antes de continuar

Resumir ¿Cuáles han sido los efectos positivos y negativos de los métodos agrícolas implementados durante la Revolución Verde?

Vocabulario visual **Cultivable** se refiere a las tierras apropiadas para la agricultura. Este campo está preparado para que el agua se filtre en el suelo. Más del 50 por ciento de las tierras de la India son cultivables.

USO DE LA TIERRA Y RECURSOS NATURALES

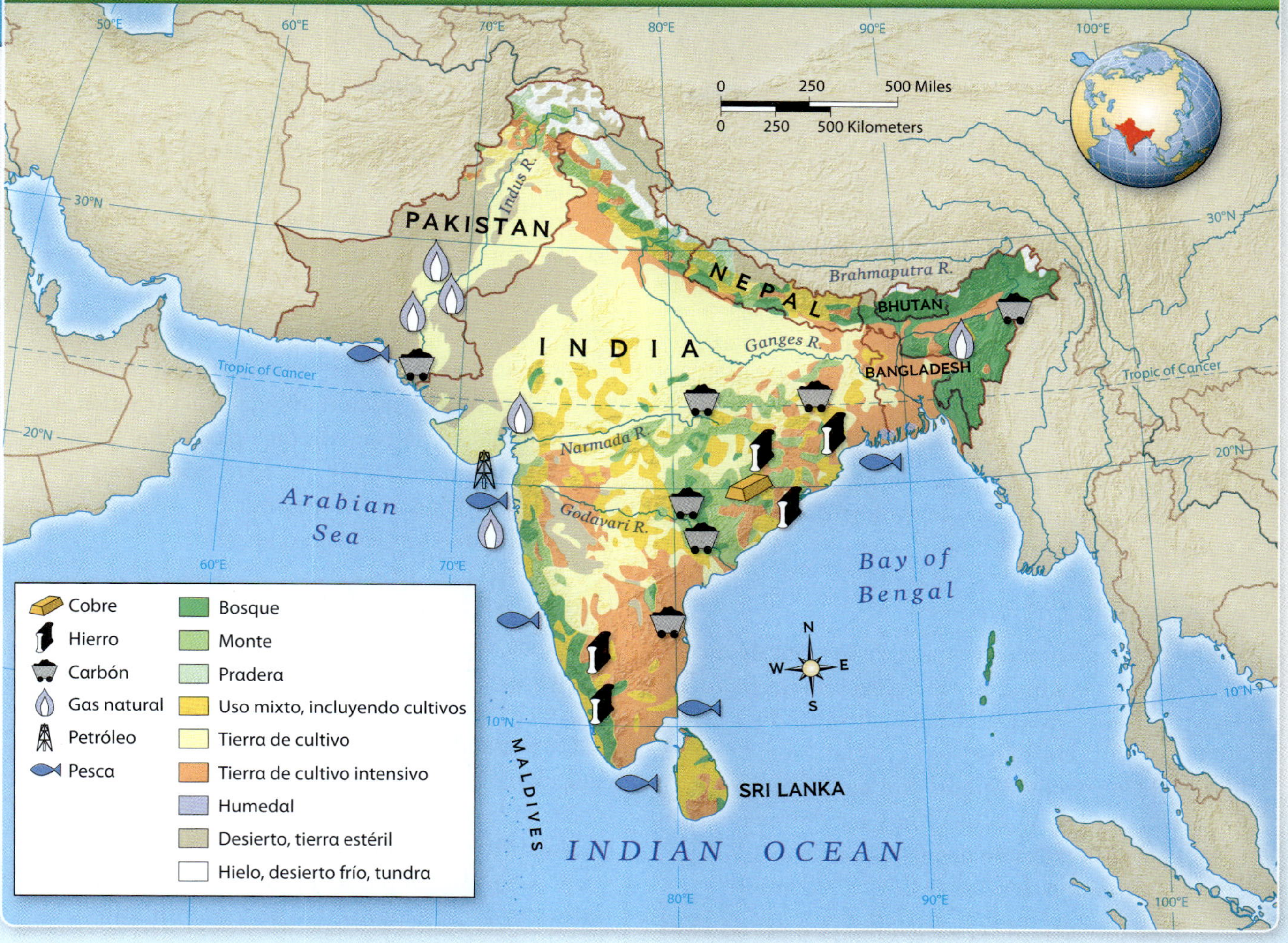

PRODUCCIÓN DE GRANOS Y POBLACIÓN (1950–2012)

	Granos para alimentación (millones de toneladas métricas)	Trigo (millones de toneladas métricas)	Población (millones)
1950	50.8	6.4	361
1960	82.0	10.3	439
1970	108.4	20.0	548
1980	129.6	31.8	683
1990	176.4	49.8	846
2000	201.6	76.3	1,000
2012	257.4	94.0	1,220

Fuentes: CIA Factbook; Academia Nacional de Ciencias de la India

EVALUACIÓN CONTINUA
LABORATORIO DE MAPAS

GeoDiario

1. **Ubicación** ¿Cuáles son los usos más comunes de las tierras cercanas a los principales ríos de Asia del Sur?
2. **Comparar** Observa el mapa físico de la Sección 1.1 y compáralo con el mapa del uso de la tierra de esta página. ¿Por qué crees que hay menos recursos naturales en el noreste?
3. **Interpretar tablas** ¿Qué cantidad de trigo por persona produjo la India en 1950? ¿Y en 2012? ¿Qué ocurrió con la cantidad de trigo cultivado?
4. **Interacción entre los humanos y el medio ambiente** ¿De qué manera las características físicas, el clima y el uso de la tierra del sur de la India influyen en los seres humanos que habitan la región?

1.5 La conservación

TECHTREK
Visita **myNGconnect.com** para ver un mapa de la población y un video clip de Explorer en inglés.

Maps and Graphs | Digital Library

Idea principal Las personas también son responsables por los problemas que afectan al río Ganges.

Los humanos ejercen un impacto importante sobre la tierra y la forma en que se usa. Una de las maneras en que pueden proteger la tierra es a través de la **conservación**, que es la protección del medio ambiente. En Asia del Sur, esto incluye la protección del tigre en la India y Bangladés y la preservación de ecosistemas marinos en las Maldivas. Un **ecosistema** es un grupo de organismos que interactúan y su medio ambiente natural.

Conservar el Ganges

En la India, la conservación de los ríos es un problema nacional. El río Ganges es un recurso natural muy valioso. Además, los hindúes, el mayor grupo religioso de la India, consideran que el Ganges es sagrado. Sin embargo, el crecimiento de la población y las deficiencias en la eliminación de desechos han llevado a la contaminación del Ganges.

Una de las fuentes de contaminación del Ganges son las aguas residuales, que incluyen desechos de los hogares. Benarés tiene tres plantas de tratamiento que procesan 100 millones de litros de aguas residuales por día. La ciudad, sin embargo, produce hasta 300 millones de litros diarios.

Otra fuente de contaminación proviene de las industrias. En los centros industriales como Kanpur, las grandes curtidoras que producen cueros vierten en el Ganges desechos que contienen arsénico, cromo y mercurio. El cromo puede producir cáncer y el mercurio puede dañar el sistema nervioso.

Estos contaminantes también pueden dañar el hábitat del río, lo cual amenaza a animales como el delfín de río. Algunas partes del Ganges están tan contaminadas que los científicos se refieren a ellas como "muertas": no permiten el desarrollo de vida vegetal o animal.

Limpiar la contaminación

Algunas organizaciones no gubernamentales (ONG) locales están ayudando a revertir el daño. Las ONG son grupos voluntarios sin fines de lucro fundadas por ciudadanos. Rakesh Jaiswal, por ejemplo, fundó EcoFriends para concientizar sobre la condición del Ganges en Kanpur. Jaiswal tiene la esperanza de que el Ganges vuelva a estar limpio en el futuro. El primer ministro Rajiv Gandhi y el primer ministro Narendra Modi implementaron programas estrictos para limpiar el río.

Antes de continuar

Verificar la comprensión ¿Cuáles son las principales fuentes de contaminación del río Ganges?

Visión crítica La contaminación atasca las aguas del río Ganges. ¿De qué manera la contaminación del Ganges puede afectar la vida humana que se desarrolla sobre sus márgenes?

POBLACIÓN DE LA CUENCA DEL RÍO GANGES

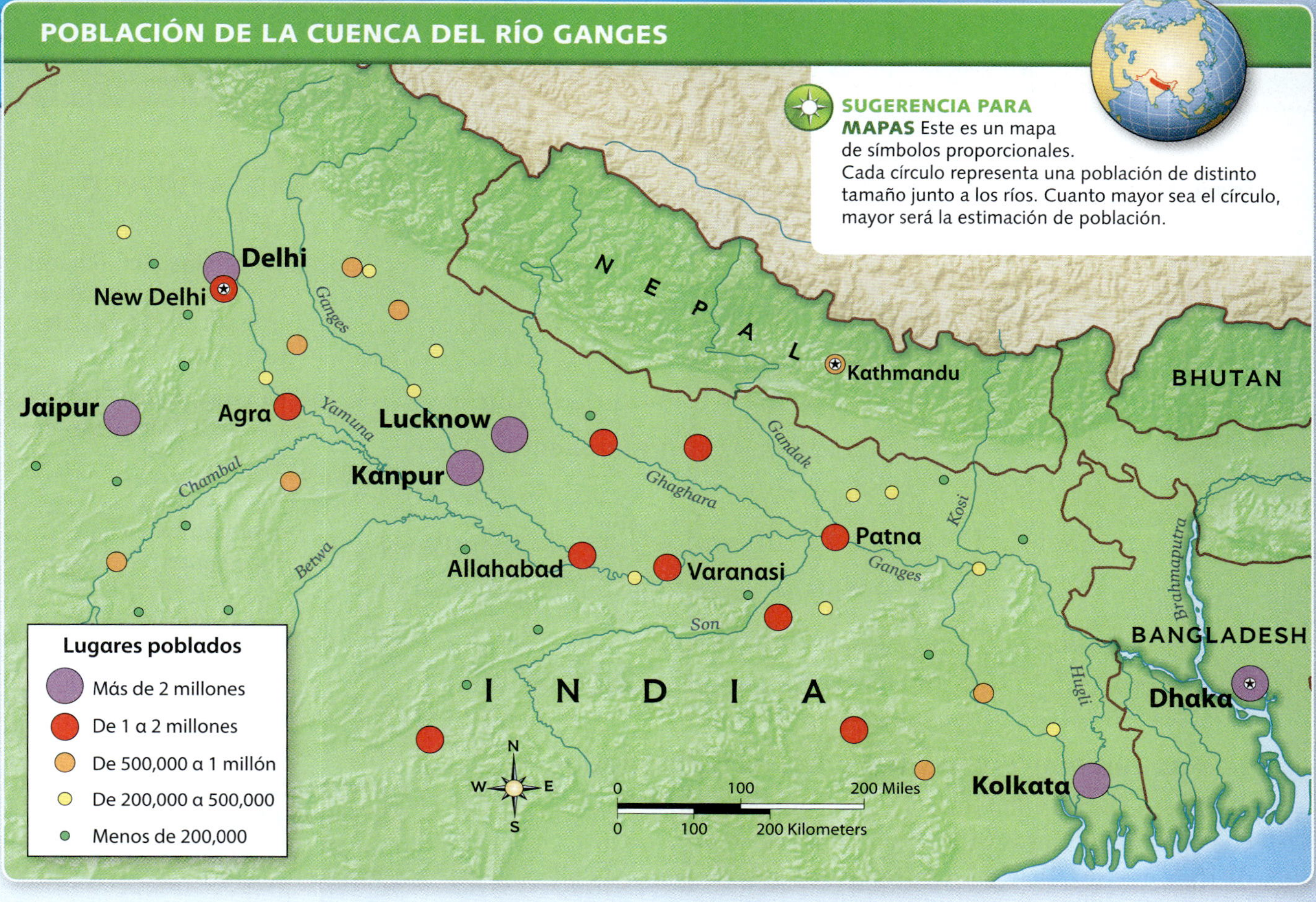

EVALUACIÓN CONTINUA

LABORATORIO VISUAL

GeoDiario

1. **Analizar elementos visuales** Mira el video clip en inglés sobre contaminación en **Digital Library**. ¿Qué te pareció lo más interesante?
2. **Hacer preguntas** Copia la siguiente tabla en tu propio cuaderno. Escribe tres cosas que hayas aprendido del video clip y haz tres preguntas que tengas después de haber mirado el video clip.

Alexandra Cousteau, la exploradora emergente de National Geographic, con Rakesh Jaiswal.

LO QUE APRENDÍ	PREGUNTAS QUE AÚN TENGO
1. Kanpur es la séptima ciudad más contaminada del mundo.	
2.	

3. **Hacer inferencias** ¿Qué conexiones puedes hacer entre la condición del Ganges y la población?

1.6 La crisis del agua en Asia del Sur

TECHTREK
Visita myNGconnect.com para ver datos en línea sobre la crisis del agua en Asia del Sur.
Global Issues

Idea principal Asia del Sur enfrenta una crisis del agua debido a la contaminación, la escasez de agua y las inundaciones.

Varias veces por semana, Somnath Dantoso, de 12 años de edad, lanza al río Yamuna un imán atado a un sedal. El río fluye a través de Nueva Delhi, la capital de la India. Saca monedas rupias (la moneda de la India) del agua, pero también saca desechos. El Yamuna se está ahogando por la **contaminación**. Está lleno de alimentos, llantas, sustancias químicas, aguas residuales y otros desechos. De hecho, más de la mitad de la basura de Nueva Delhi va a parar al río. Asia del Sur se enfrenta a una importantísima crisis de agua.

VOCABULARIO CLAVE

contaminación, f. hacer que el medio ambiente esté sucio, cargado de desechos.

sanidad, f. medidas tomadas para proteger la salud pública, como la red cloacal.

acuífero, m. lecho o capa subterránea que contiene agua.

Las aguas contaminadas y las enfermedades

Muchos otros ríos de la India están contaminados. La contaminación del agua es igual de grave en otras partes de Asia del Sur. En Pakistán, 38.5 millones de personas no tienen acceso a agua potable para beber. Más de 50 millones de personas no cuentan con instrumentos de **sanidad** adecuados, como una red cloacal para transportar el agua sucia. Los ríos de muchas ciudades de Nepal están tan contaminados que las personas no pueden beber su agua.

En Bangladés, millones de pozos de agua contienen un veneno llamado arsénico. Los expertos estiman que 20,000 habitantes de Bangladés mueren anualmente por beber agua envenenada. Un científico de las Naciones Unidas dijo que podría ser "el mayor envenenamiento en masa de una población en toda la historia".

La contaminación tiene graves consecuencias para la salud de los habitantes de Asia del Sur. Las aguas contaminadas matan 500,000 niños por año en Asia del Sur y en el Sureste Asiático. Pueden causar cáncer y otras enfermedades mortales.

Antes de continuar

Verificar la comprensión ¿Cómo afecta la contaminación del agua a Asia del Sur?

LA CONTAMINACIÓN EN NÚMEROS

55
Porcentaje de los habitantes de Nueva Delhi que están conectados a las redes cloacales de la ciudad

80
Porcentaje de la contaminación del río Yamuna debido a las aguas residuales

500
Millones de dólares que el gobierno indio ha gastado en intentos de limpiar el río Yamuna

855
Longitud en millas del río Yamuna desde el Himalaya hasta el Ganges

1,815
Crecimiento de la población de la India por hora, 2012

Fuentes: Daniel Pepper, "India's Rivers Are Drowning in Pollution," Fortune, 4 de junio de 2007; Rakesh Jaiswal, "India in Peril," *Smithsonian*, 31 de octubre de 2012

Escasez de agua y sequías

El agua se está haciendo escasa para los 1,500 millones de habitantes de Asia del Sur. Debido al aumento de la población y al cambio climático, la región ha sufrido recientemente terribles sequías. Elizabeth Kolbert escribió en la revista *National Geographic*:

> Como las temperaturas más elevadas producen una mayor evaporación, incluso aquellas zonas que siguen recibiendo la misma cantidad de precipitación serán más propensas a sufrir sequías. (abril de 2009)

Bangladés ya ha sufrido graves sequías. Una de las razones es que las represas construidas río arriba, en la India, han reducido el flujo de agua hacia los ríos de Bangladés. Además, debido al enorme aumento en la cantidad de habitantes del país, se han consumido millones de galones de agua de los **acuíferos**. Menos cantidad de agua significa menos alimentos, cuyo resultado es una generalización del hambre.

La escasez de agua también es consecuencia del retroceso de los glaciares del Himalaya, que abastecen de agua a varios ríos y lagos de Asia. Los glaciares solían aumentar de tamaño en invierno y derretirse en verano, proporcionando agua a ríos y lagos de Asia. De acuerdo con algunos científicos, el cambio climático está provocando que los glaciares se derritan más rápido y que disminuyan de tamaño. Estos científicos temen que los glaciares proporcionarán menos agua a los ríos. Las personas tendrán menos agua para beber, para la irrigación y para la sanidad.

Mientras ciertas zonas padecen sequías, otras áreas pueden sufrir más inundaciones. De acuerdo con Kolbert, el cambio climático está produciendo un aumento en la temperatura del aire, y el aire más caliente contiene más humedad. Como consecuencia, los monzones que cada año azotan Asia del Sur pueden hacerse más fuertes.

COMPARAR REGIONES

Las soluciones de China y la India

Los habitantes de Asia del Sur estudian las soluciones de otros países para mejorar la calidad del agua. En China, por ejemplo, el 70 por ciento de los ríos y lagos está contaminado. En la revista *National Geographic*, Brook Larmer explicó que los chinos han formado miles de organizaciones que exhortan a reducir la contaminación del agua (mayo de 2008).

El gobierno de la India también está intentando limpiar los ríos y los lagos. En 1986, se aprobó la Ley de Protección Ambiental, que permite al estado obligar a las empresas a dejar de contaminar.

Al adoptar medidas para limpiar los ríos y lagos de la región, los habitantes de Asia del Sur realizan aportes muy valiosos para la sociedad. Los ciudadanos exigen a las empresas que dejen de contaminar y presionan a los gobiernos para que intervengan.

Antes de continuar

Resumir ¿Qué está causando la escasez de agua en Asia del Sur?

EVALUACIÓN CONTINUA

LABORATORIO DE LECTURA GeoDiario

1. **Analizar datos** Analiza los datos de "La contaminación en números" y el mapa de la Sección 1.5. ¿Qué factores explican por qué el Ganges está más contaminado que el Brahmaputra?
2. **Hacer inferencias** Según en la tasa de crecimiento de la población de la India, ¿qué crees que podría suceder con lo demás datos que se muestran aquí?
3. **Escribir comparaciones** ¿Cómo están enfrentando China y la India la contaminación del agua? Escribe una oración que compare sus tácticas.

SECCIÓN 2 HISTORIA

2.1 Las primeras civilizaciones

TECHTREK
Ve a **myNGconnect.com** para ver un mapa en inglés de las civilizaciones.

Maps and Graphs

Idea principal Las primeras civilizaciones de Asia del Sur se desarrollaron alrededor de los sistemas fluviales de la región.

Por lo general la geografía física de un lugar influye en su historia. Las tierras aptas para la agricultura y el **aislamiento** (separación) de Asia del Sur convirtieron a los valles de los ríos Indo y Ganges en **centros culturales**, o centros de civilización, desde donde se expandieron las ideas. Las montañas y los océanos sirvieron de fronteras naturales que limitaron las invasiones. El suelo fértil a lo largo de los ríos proporcionó tierras cultivables. Los harappas y los arios fueron dos civilizaciones que prosperaron en esta región.

La civilización harappa

La primera civilización urbana de Asia del Sur fue la civilización **harappa**. Se desarrolló junto al río Indo, en lo que actualmente es Pakistán. La tierra era fértil y apta para la agricultura. Como consecuencia, las personas formaron aldeas agrícolas que se convirtieron en ciudades. Mohenjo-Daro y Harappa fueron dos de las ciudades más importantes de esta civilización. Estas ciudades fueron planificadas cuidadosamente y se trazaron siguiendo un patrón cuadriculado con calles rectas. Las ciudades también contaban con casas de ladrillos, cañerías internas y un sistema cloacal. Estas ciudades son uno de los primeros ejemplos de la planificación urbana organizada que contribuyó a fomentar el crecimiento cultural.

El pueblo harappa desarrolló tecnologías de avanzada y un sistema de medidas basado en pesos y ladrillos que se tomaban como tamaño patrón. Entre las ruinas de estas ciudades, los arqueólogos han hallado sellos de piedra con imágenes de animales y caracteres. Sobre la base de estas evidencias, los eruditos creen que los harappas pueden haber desarrollado un sistema de escritura, pero los caracteres aún no han sido traducidos.

Luego de un período de prosperidad, la civilización harappa comenzó a entrar en decadencia entre 2000 y 1700 a. C. Los historiadores creen que algunas de las posibles causas de esta decadencia incluyen un cambio en el curso del río Indo, inundaciones y terremotos.

Período védico

Según muchos historiadores, aproximadamente el año 1500 a. C., olas de nuevas personas comenzaron a cruzar el Hindu Kush hacia la India. Estos inmigrantes eran un conjunto de tribus llamadas **arianos**, que significa "los nobles". Algunos historiadores, sin embargo, creen que otros grupos en Asia del Sur comenzaron a mezclarse entre sí. El período que sigue al esplendor de la civilización harappa se conoce como el período védico, denominado así por los textos religiosos conocidos como los Vedas. Estos textos se escribieron en **sánscrito**, que es la base de muchos idiomas modernos en Asia del Sur. Los Vedas son el libro sagrado del hinduismo, la principal religión de la India en la actualidad.

2600–2500 a. C. Surgimiento de la civilización harappa o del valle del Indo

2000–1700 a. C. Decadencia de la civilización harappa

3000 a. C. — 2500 a. C. — 2000 a. C.

2000 a. C. Comienzo de la migración aria hacia el valle del Indo

2500 a. C. Fragmento de una escultura de un rey sacerdote hallada en el sitio donde se encontraba Mohenjo-Daro

CIVILIZACIONES ANTIGUAS DE VALLES FLUVIALES

Algunos historiadores creen que las personas migraron a Asia del Sur siguiendo las rutas que se muestran en el mapa.

La sociedad védica estaba organizada en cuatro categorías sociales, llamadas varnas, que se basaban en los intereses personales. Había cuatro grupos:

Brahmins: enseñar
Kshatriyas: luchar y gobernar
Vaisyas: poseer tierras y comerciar
Sudras: servir

Al final del periodo védico emergió otro grupo social, llamado jatis. Los jatis se basaban en su ocupación y más tarde llegaron a basarse en el nacimiento. Los jatis se hicieron más rígidos y más tarde los europeos llamarían a este un **sistema de castas**. Eventualmente, indios de todas las religiones se identificaban con una u otra de las castas. El sistema de castas ya no es tan prominente en la India moderna.

Antes de continuar

Verificar la comprensión ¿Dónde se desarrollaron las primeras civilizaciones de Asia del Sur?

EVALUACIÓN CONTINUA

LABORATORIO DE LENGUAJE GeoDiario

1. **Comparar** Lee en voz alta las palabras en sánscrito de la tabla. Compáralas con las palabras en español.

LENGUAS INDOEUROPEAS SELECCIONADAS

sánscrito	pitar	matar	dvi
inglés	father	mother	two
griego	patéras	matros	dyo
latín	pater	mater	duo
español	padre	madre	dos

2. **Sacar conclusiones** Una familia de lenguas es un grupo de lenguas que provienen de un mismo origen. Después de observar la tabla, ¿qué puedes concluir sobre las lenguas de una misma familia de lenguas?
3. **Interpretar líneas cronológicas** ¿Durante qué período se escribieron los Vedas?

1500–1200 a. C. Se escriben los Vedas

1500 a.C.

1500 a. C. Migración aria al norte de la India

1500 a. C. Páginas de los Vedas, el texto sagrado escrito en sánscrito

500 a. C.

SECCIÓN 2 HISTORIA

2.2 Imperios históricos

TECHTREK Ve a **myNGconnect.com** para ver un mapa en línea de los imperios y fotos de las reliquias y la arquitectura.

Maps and Graphs | Digital Library

Idea principal Tres imperios del Asia del Sur realizaron grandes contribuciones culturales en la religión, las ciencias y las artes.

Los imperios maurya, gupta y mogol (un **imperio** es un conjunto de tierras o pueblos gobernados por un único líder) dominaron la historia de Asia del Sur entre 321 a. C. y 1858 d. C. Al igual que los imperios harappa y ario, estos imperios posteriores contaron con las ventajas de tener la protección de las montañas y las tierras aptas para la agricultura. Los imperios maurya, gupta y mogol también contribuyeron a la expansión de las tres religiones principales de la región: el budismo, el hinduismo y el islamismo.

El Imperio maurya

El Imperio maurya fue fundado en el valle del río Ganges en 321 a. C. Los maurya establecieron un gobierno eficaz y organizado que les permitió administrar el imperio. También tenían un ejército estable, o permanente.

El líder **Asoka** gobernó durante casi 40 años y llevó al imperio a su máximo esplendor alrededor del año 250 a. C. A medida que el imperio crecía y prosperaba, Asoka dejó de lado las conquistas territoriales y se inclinó a favor de políticas más pacíficas. Estudió las enseñanzas budistas de la no violencia y levantó muchas *estupas*, que son construcciones religiosas budistas.

El budismo se inició en la India, pero ganó más adeptos en su expansión hacia el este y el sureste. Luego de la muerte de Asoka, el Imperio maurya entró en decadencia.

El Imperio gupta

El Imperio gupta se originó hacia el año 321 d. C. en el valle fértil del río Ganges. Los líderes del Imperio gupta practicaban el hinduismo, que se convirtió en la religión más importante del Asia del Sur.

Los artistas y científicos del Imperio gupta realizaron grandes contribuciones que perduraron en la historia; dejaron un legado de progresos en los campos de la metalurgia, la literatura, las matemáticas (incluyendo el desarrollo de los decimales) y la astronomía. Las invasiones debilitaron el Imperio gupta que finalmente cayó en 540 d. C.

El Imperio mogol

Mil años más tarde, en 1526, Babur estableció el Imperio mogol. Los líderes mogoles practicaban el islamismo y provenían del centro de Asia. El islamismo se convirtió en una fuerza unificadora en Asia del Sur y pasó a formar una extensa minoría religiosa.

Akbar el Grande llegó al poder en 1556 y gobernó durante 49 años. Expandió el imperio y estableció la **tolerancia** religiosa, o el respeto por las creencias ajenas.

321 a. C.–185 a. C.
Imperio maurya
El capitel de Asoka, circa 273 a. C., inscrito con sus leyes. El león es un símbolo de la India.

A.D. 321–d. C. 540
Imperio gupta
Moneda de oro del Imperio gupta, circa 321 d. C.

500 a. C. — d. C. 1 — d. C. 500

- **321 a. C.** Chandragupta Maurya funda el Imperio maurya
- **c. 250 a. C.** Esplendor del Imperio maurya
- **321** Chandra Gupta I funda el Imperio gupta
- **400** Esplendor del Imperio gupta

IMPERIOS DE ASIA DEL SUR

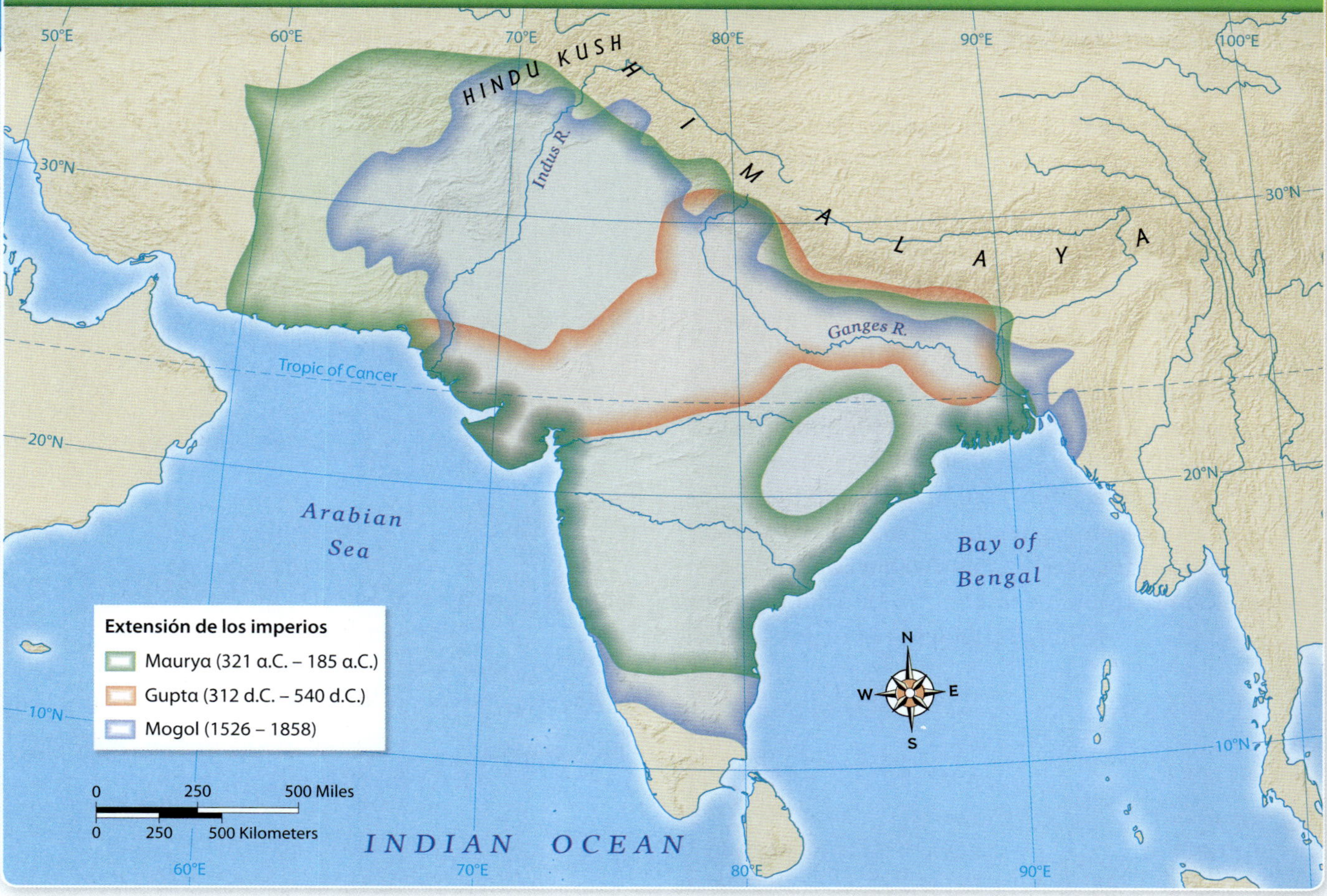

Los líderes mogoles desarrollaron un imperio extenso a través de las conquistas militares. Las contribuciones culturales de los artistas mogoles incluyeron la arquitectura del **Taj Mahal** y pinturas de gran detalle denominadas miniaturas. El imperio llegó a su fin en 1858, cuando los británicos se apoderaron del territorio.

Antes de continuar

Verificar la comprensión ¿Cuáles fueron las contribuciones culturales de los tres imperios?

EVALUACIÓN CONTINUA

LABORATORIO DE MAPAS GeoDiario

1. **Movimiento** ¿Qué característica física influyó sobre la capacidad de los imperios para controlar sus territorios?
2. **Hacer generalizaciones** Basándote en el mapa y en lo que sabes sobre las tierras cultivables, ¿qué características geográficas resultaron vitales para el éxito de estos imperios?

1526–1858
Imperio mogol

El Taj Mahal, construido en el siglo XVII como sepulcro para la esposa de Shah Jahan

1000 — 1500 — EL PRESENTE

1700 Esplendor del Imperio mogol

1526 Babur funda el Imperio mogol

2.3 La religión en Asia del Sur

TECHTREK Visita **myNGconnect.com** para ver un mapa en línea sobre las religiones de Asia del Sur.

Maps and Graphs

Idea principal La religión fue una parte importante de la historia de Asia del Sur. Sigue siendo importante en la cultura actual.

La religión es una parte importante de la historia de Asia del Sur porque definió las fronteras y las culturas. Dos de las principales religiones del mundo, el **hinduismo** y el **budismo**, fueron fundadas en la India junto con otras dos religiones, el **jainismo** y el **sijismo**. El budismo se extendió hacia Asia Oriental y el Sureste Asiático. En la actualidad, el budismo tiene más adeptos en esas regiones que en Asia del Sur. El **islamismo** fue fundado en Arabia Saudita, pero se extendió rápidamente hacia Asia del Sur. Hoy en día es la segunda religión de la región.

SIJISMO El sijismo se originó en la India hacia fines del siglo XV. Fue concebido para combinar aspectos de hinduismo y del islamismo. Los sijes creen en un único dios, en vivir de manera sincera y en la igualdad de la humanidad. En la actualidad, la mayoría de los sijes vive en el estado indio de Punjab.

Adeptos en Asia del Sur: aproximadamente 1 por ciento de la población.

JAINISMO El jainismo se desarrolló en el siglo VII a.C. Los jainas creen en la *ahimsa*, o la no violencia hacia todo ser vivo. La mayor parte de los jainas vive en el noroeste de la India.

Adeptos en Asia del Sur: aproximadamente 1 por ciento de la población.

BUDISMO El budismo fue fundado en la India alrededor del año 525 a. C. por un príncipe llamado Siddhartha Gautamá. Gautamá abandonó su vida en la realeza para buscar una solución a los sufrimientos humanos. Luego de seis años, descubrió y comenzó a predicar las cuatro nobles verdades: 1) El sufrimiento es parte de la vida; 2) El egoísmo es la causa del sufrimiento; 3) Es posible dejar atrás el sufrimiento; y 4) Hay un camino para lograrlo.

Los seguidores de las enseñanzas de Gautamá lo llamaron Buda, o "El Iluminado". Registraron sus enseñanzas en un conjunto de libros denominado *Tripitaka*, o "Las Tres Canastas". En el transcurso de los siglos siguientes, el budismo se expandió a través de Asia. En Asia del Sur, es la religión oficial de Bután y de Sri Lanka. Puedes aprender más sobre el budismo en los capítulos sobre Asia Oriental.

Adeptos en Asia del Sur: aproximadamente 2 por ciento de la población.

HINDUISMO El hinduismo es la tercera religión más grande del mundo y se desarrolló a lo largo de miles de años. Hoy en día es la religión principal en la India y Nepal, con significantes poblaciones hindúes en Bangladesh, Sri Lanka y Pakistán. Los hindúes rinden culto a varias **deidades**, como representación de un ser supremo, llamado Brahma.

Los hindúes también creen en la **reencarnación** o el renacimiento del alma. Después de la muerte, el alma de una persona vuelve a nacer en nueva vida física. El tipo de vida física está determinado por el *karma* del alma, o las acciones realizadas en una vida anterior. Si el alma ha llevado una vida de bondad, renace en una vida mejor. Si el alma ha llevado una vida de maldad, renace en una vida peor. Este proceso continúa hasta que el alma alcanza a llevar una vida de perfección.

Estas y otras creencias están registradas en varios textos diferentes. Los más importantes son los **Vedas**, los *Puranas*, el *Ramayana* y el *Majábharata*.

Adeptos en Asia del Sur: aproximadamente 63 por ciento de la población.

ISLAMISMO El islamismo llegó con los comerciantes musulmanes a principios del siglo VIII y es actualmente la religión principal en Pakistán y Bangladesh. Es también la primera minoría religiosa de la India. Puedes aprender más sobre el islamismo en los capítulos sobre Asia Suroccidental.

Adeptos en Asia del Sur: aproximadamente 30 por ciento de la población.

Antes de continuar

Resumir ¿Por qué es importante la religión en la historia de Asia del Sur?

EVALUACIÓN CONTINUA
LABORATORIO DE DATOS

GeoDiario

1. **Hacer gráficas** Usando el mapa y los datos de esta sección, haz una gráfica circular que muestre los porcentajes de los adeptos a las distintas religiones de Asia del Sur. ¿Cómo te ayuda la gráfica a comprender la distribución de las distintas religiones a través de Asia del Sur?
2. **Formular responder preguntas** Con un compañero, haz tres preguntas sobre las religiones de Asia del Sur y respóndelas.
3. **Ubicación** ¿En qué dos países de Asia del Sur el islamismo es la religión dominante? ¿Qué país de Asia del Sur separa a estos dos países islámicos?

SECCIÓN 2 HISTORIA

2.4 Del colonialismo a la Partición

TECHTREK

Visita **myNGconnect.com** para ver un mapa y fotos sobre Cachemira.

Maps and Graphs

Digital Library

Idea principal El colonialismo, la independencia y el conflicto fijaron las nuevas fronteras de las naciones de Asia del Sur.

En el siglo XVII, durante el Imperio mogol, los británicos establecieron la Compañía Británica de las Indias Orientales, dando inicio a una relación comercial de gran alcance con los países de Asia Oriental y de Asia del Sur. A medida que el Imperio mogol caía en decadencia, la Compañía Británica de las Indias Orientales logró apoderarse de partes de la India. Este poder finalmente se transformó en **colonialismo**, el control de una potencia sobre un pueblo o un territorio dependiente.

El colonialismo limita el crecimiento

Con el objetivo de beneficiarse de los ricos recursos naturales de la India, los británicos emplearon prácticas comerciales que favorecían a Gran Bretaña. Enviaban a Inglaterra la materia prima de la India y obligaban a la India a importar los bienes producidos en Gran Bretaña. Los británicos también intentaron evitar que los indios elaboraran productos que se elaboraban en Gran Bretaña, para que solo se vendieran productos británicos. Esto paralizó el crecimiento económico de la India durante más de 100 años.

En 1857, los indios se rebelaron sin éxito frente al dominio británico. La Compañía Británica de las Indias Orientales fue disuelta en 1858, pero los británicos impusieron un gobierno directo denominado *raj*. La colonización británica ejerció un impacto perdurable sobre las fronteras de la región.

En busca de la independencia

En 1885, los hindúes formaron el Congreso Nacional Indio (CNI). Los musulmanes formaron la Liga Musulmana en 1906. Ambos grupos se opusieron al dominio británico. El movimiento por la independencia de la India creció en la década de 1930 bajo el liderazgo del abogado **Mahatma Gandhi**. Gandhi fomentó la **desobediencia civil**, o la desobediencia no violenta de las leyes, contra los británicos.

La India también enfrentaba conflictos entre los hindúes y los musulmanes. Muchos musulmanes exigían un territorio propio. En julio de 1947, el Parlamento británico aprobó la Ley de Independencia de la India. La India británica sería dividida en dos países: la India, de mayoría hindú, y Pakistán Este y Oeste, de mayoría musulmana. La parte de Pakistán conocida como Pakistán del Este se convirtió en Bangladesh en 1971.

La Partición crea fronteras

Antes de la **Partición**, o división, muchas personas tuvieron que decidir apresuradamente dónde vivir. Muchos musulmanes de la India se trasladaron a Pakistán y muchos paquistaníes hindúes migraron a la India. Para cientos de miles de indios, el traslado no resulto pacífico: en agosto de 1947 fueron **desplazados** (obligados a abandonar sus hogares) e incluso asesinados durante los conflictos religiosos que se sucedieron.

Los **tejidos de seda** son una industria pujante de Asia del Sur.

1850 — 1900

1857 Primeros levantamientos indios por la independencia

1885 El partido del Congreso Nacional Indio encabeza el movimiento independentista indio.

1906 La Liga Musulmana dirige el movimiento de los indios musulmanes para obtener una nación propia.

En 1948, Gandhi es asesinado. Las fronteras establecidas por la Partición han hecho que las relaciones entre los países de Asia del Sur sean tensas hasta el presente.

El conflicto por Cachemira

La Partición estableció las fronteras actuales de Asia del Sur. Después de la Partición, estalló un violento enfrentamiento entre la India y Pakistán por la región conocida como Cachemira. Tanto India la como Pakistán reclamaban la región como propia.

En 1949 se llamó a un cese el fuego, y Cachemira fue dividida. India mantiene el control sobre el sector denominado Jammu y Cachemira; Pakistán controla la parte denominada Gilgit y Baltistán. Sin embargo, soldados indios y pakistaníes montan guardia a lo largo del disputado límite, y la tensiones continúan.

Parte del conflicto irresoluto se centra en el control del agua tanto para beber como para la irrigación. Muchos ríos, incluyendo el río Indo, nacen en Cachemira; tener el control del agua es importante para ambos países. De hecho, ambos países han amenazado con resolver la disputa usando armas nucleares.

Antes de continuar

Resumir ¿Qué impacto tuvo el dominio británico de la India sobre las fronteras de Asia del Sur?

EL CONFLICTO POR CACHEMIRA

EVALUACIÓN CONTINUA

LABORATORIO DE MAPAS GeoDiario

1. **Interpretar mapas y líneas cronológicas** Las áreas rayadas del mapa representan conflictos entre dos países. ¿Cuáles son los tres países que discrepan sobre sus límites? De acuerdo con la línea cronológica, ¿cuándo se dividió Cachemira (*Kashmir*)?
2. **Ubicación** ¿De qué manera la presencia de ríos es un factor a tener en cuenta en las causas del conflicto por Cachemira (*Kashmir*)?
3. **Consultar con un compañero** ¿Qué características físicas podrían dificultar el control de las fronteras de la región? Consulta con un compañero para identificar detalles del mapa, o de otros mapas físicos del capítulo, que podrían ayudar a responder la pregunta. Tomen notas para compartirlas con la clase.

1930 Gandhi prosigue con sus campañas de desobediencia civil.

1947 La India se independiza. Tiene lugar la Partición.

1949 Cachemira es dividida entre la India y Pakistán

1950 — EL PRESENTE

Mahatma Gandhi

SECCIÓN 2 PREGUNTA BASADA EN DOCUMENTOS

2.5 Gandhi y el Bhágavad-guitá

TECHTREK
Visita **myNGconnect.com** para ver en línea fotos de arte hindú y una guía para la escritura en inglés.
Digital Library · Student Resources

Todas las religiones tienen un texto sagrado; en el hinduismo, quizás el Bhágavad-guitá sea el más importante. Es un poema, parte del extenso *Majábharata*, que constituye la mayor parte de los relatos, tradiciones y creencias del hinduismo. Es un ejemplo de una literatura sobre temas religiosos que se ha expandido más allá de la sociedad india. El Bhágavad-guitá fue escrito alrededor del siglo I o II d. C. en sánscrito, una antigua lengua de Asia del Sur. Millones de hindúes continúan venerando el poema.

DOCUMENTO 1

Gandhi, acerca del Bhágavad-guitá

> Cuando la desilusión llama a mi puerta y cuando no veo siquiera un rayo de luz [...] recurro al Bhágavad-guitá, busco un verso que me consuele e inmediatamente esbozo una sonrisa en medio de un abrumador mar de penas. Mi vida ha estado plagada de tragedias externas, que si no han dejado ningún efecto indeleble [permanente] en mi persona, ha sido gracias a las enseñanzas del Bhágavad-guitá.

Gandhi junto a sus nietas

RESPUESTA DESARROLLADA

1. Piensa en lo que aprendiste en la Sección 2.4. ¿A qué "tragedias externas" es posible que se refiera Gandhi?

DOCUMENTO 2

extracto del Bhágavad-guitá

traducción de la versión en inglés por Ranchor Prime

En el Bhágavad-guitá hay un diálogo entre la deidad Krisná y Arjuna, un joven guerrero, a quien Krisná le explica sus responsabilidades como guerrero. A Gandhi le gustaba particularmente el siguiente pasaje:

> Quien no tiene control sobre sí mismo no puede pensar con claridad ni ser coherente en sus razonamientos. Una mente inestable no encuentra la paz, ¿y cómo se puede hallar el gozo cuando no hay paz? Así como un viento fuerte arrastra un bote en el agua, una mente que se estanca en tan siquiera uno de los sentidos, aleja de sí la inteligencia.

RESPUESTA DESARROLLADA

2. Según este pasaje, los seres humanos no deben permitir que las emociones primen sobre la lógica. Piensa en lo que has aprendido sobre cómo el hinduismo une a sus adeptos. Explica cómo esta obra de literatura trasciende (o traspasa) las fronteras de las sociedades para expresar un tema universal.

"CUANDO LA DESILUSIÓN LLAMA A MI PUERTA Y CUANDO SOLITARIO NO VEO SIQUIERA UN RAYO DE LUZ, RECURRO AL BHÁGAVAD-GUITÁ."

— GANDHI

DOCUMENTO 3

Visnú, Protector del Universo

Los hindúes creen que Krisná, el narrador del Bhágavad-guitá, es la representación en forma humana de Visnú, una deidad del hinduismo. Cada uno de los elementos de esta imagen de Visnú es un **símbolo** (un objeto que representa otro objeto) de las ideas del hinduismo. Por ejemplo, la corona simboliza la autoridad suprema de Visnú.

RESPUESTA DESARROLLADA

3. La flor de loto que Visnú sostiene en su mano izquierda muestra que es espiritualmente perfecto. ¿De qué manera este símbolo refleja las cualidades descritas en los Documentos 1 y 2?

EVALUACIÓN CONTINUA

LABORATORIO DE ESCRITURA GeoDiario

Práctica de las preguntas basadas en documentos Piensa en el Bhágavad-guitá y en la imagen de Visnú. ¿Por qué estas ideas y símbolos serían importantes para Gandhi y lo que deseaba para los hindúes?

Paso 1. Repasa la influencia de Gandhi en la historia en la Sección 2.4 y las ideas del hinduismo en la Sección 2.3

Paso 2. En tu propia hoja, apunta notas sobre las ideas principales expresadas en cada documento.

Documento 1: Cita de Gandhi
Idea(s) principal(es) ____________

Documento 2: Extracto del Bhágavad-guitá
Idea(s) principal(es) ____________

Documento 3: Imagen de Visnú
Idea(s) principal(es) ____________

Paso 3. Escribe una oración temática que responda esta pregunta: ¿Qué ideas y símbolos del Bhágavad-guitá y de la imagen de Visnú serían importantes para Gandhi?

Paso 4. Escribe un párrafo que explique en detalle por qué cada idea o símbolo de tu oración principal era importante para Gandhi y la historia de la India. Visita **Student Resources** para ver una guía en línea de escritura en inglés.

CAPÍTULO 17

Repaso

VOCABULARIO

Escribe una oración que explique la conexión entre las palabras de cada par de palabras de vocabulario.

1. subcontinente; placa

El subcontinente indio se encuentra en una placa distinta del resto de Asia.

2. evaporación; sequía
3. cultivable; sustentable
4. conservación; ecosistema
5. deidad; reencarnación
6. mitología; símbolo

IDEAS PRINCIPALES

7. ¿Cómo se formó la cordillera del Himalaya? (Sección 1.1)
8. ¿Cómo se alimentan las personas que viven en las grandes elevaciones de Bután? (Sección 1.2)
9. ¿Cuáles son las dos clases de monzones de la India y cuál es el efecto de cada uno de ellos? (Sección 1.3)
10. ¿Cuáles fueron dos de las consecuencias de la Revolución Verde que tuvo lugar en la India durante la década de 1960? (Sección 1.4)
11. ¿Qué factores contribuyeron a la contaminación del río Ganges? (Sección 1.5)
12. ¿Cuáles son las consecuencias de la contaminación del agua en Asia del Sur? (Sección 1.6)
13. ¿Cómo se desarrolló el hinduismo en la India? (Sección 2.1)
14. ¿Qué acontecimientos llevaron a la independencia de la India de Gran Bretaña? (Sección 2.2)
15. ¿Cómo se expandió el islamismo en la India? (Sección 2.3)

GEOGRAFÍA

ANALIZA LA PREGUNTA FUNDAMENTAL

¿Cómo influyen los sistemas de aguas de Asia del Sur en el modo de vida de los habitantes de la región?

Visión crítica: Analizar causa y efecto

16. ¿Qué conexión geográfica existe entre la nieve que se derrite en el Himalaya y los extensos sistemas fluviales de Asia del Sur?
17. ¿Cuáles son los efectos de los monzones lluviosos y secos sobre la agricultura de la India?
18. ¿Qué factores geográficos hacen del delta del Ganges una de las regiones agrícolas más importantes del subcontinente indio?

INTERPRETAR TABLAS

LA REVOLUCIÓN VERDE Y LAS ALDEAS INDIAS (1955–1986)

	1955	1965	1975	1986
Porcentaje de tierras agrícolas irrigadas	60	80	100	100
Uso de maquinarias agrícolas por aldea	ninguna	ninguna	4 tractores	9 tractores
Población por aldea	876	*N/D	N/D	1,076
Tamaño medio de las granjas	4.8 acres	N/D	5.7 acres	N/D

*NO DISPONIBLE

Fuente: Brace, Steve. *India*. Des Plaines, IL: Heinemann Library, 1999, pág. 29

19. **Hacer generalizaciones** ¿Qué sucedió con la cantidad de tierras irrigadas en el promedio de las aldeas indias entre 1955 y 1975?
20. **Resumir** ¿Cuál fue la tendencia en el uso de maquinarias agrícolas? ¿Qué crees que explica esta tendencia?

HISTORIA

ANALIZA LA PREGUNTA FUNDAMENTAL

¿De qué manera las características físicas, la religión y los imperios han definido las fronteras de Asia del Sur?

Visión crítica: Resumir

21. ¿De qué manera los imperios maurya y mogol introdujeron la diversidad religiosa en la India?
22. ¿Cómo contribuyeron las migraciones arias a la creación de una unidad cultural en el subcontinente indio?
23. ¿Qué diferencias religiosas llevaron al surgimiento de las fronteras en la India y Pakistán?

INTERPRETAR MAPAS

MIGRACIONES ARIAS
(1500–250 a.C.)

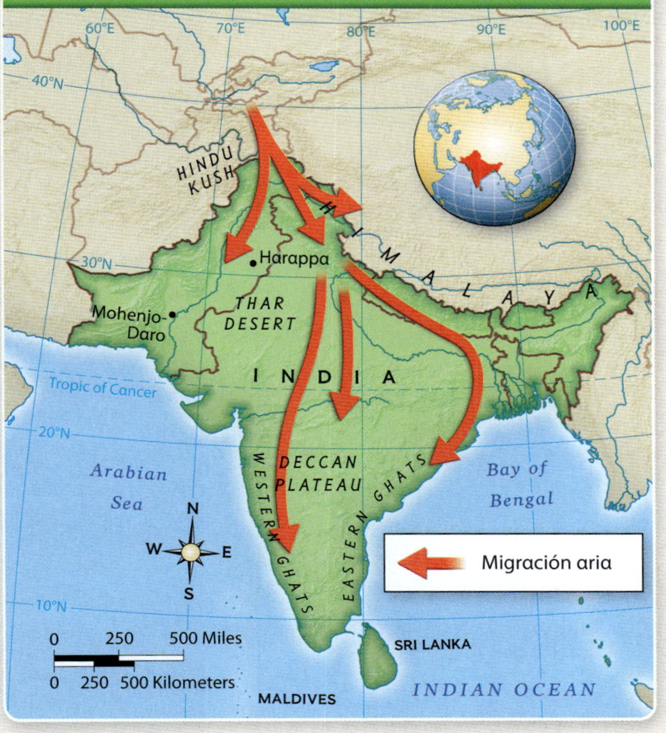

24. **Movimiento** ¿Qué barrera física debieron atravesar los arios para migrar hacia la India?
25. **Hacer inferencias** ¿Por qué la ruta migratoria de los arios habrá evitado la región oeste de la India?

OPCIONES ACTIVAS

Sintetiza las preguntas fundamentales completando las siguientes actividades.

Escribir un discurso Imagina que vives en una pequeña aldea de Asia del Sur en la actualidad. Debes convencer al gobierno de la aldea para que apoye la agricultura sustentable. Escribe un discurso de un minuto sobre los beneficios de la agricultura sustentable y léelo en voz alta a la aldea. **Comparte tu discurso con la clase.**

Sugerencias para la escritura
- Asegúrate de que la introducción sea los suficientemente amenar para captar la atención del lector.
- Presenta evidencias claras y sólidas que fundamenten tu opinión.
- Termina con una conclusión sólida que resuma tu postura.

26. **Crear tablas** Haz una tabla de tres columnas que muestre comparaciones entre la India, Pakistán y Bangladés. Usa otros recursos en línea para reunir datos. Luego, responde la siguiente pregunta: ¿Qué conclusiones puedes sacar de los datos registrados?

	India	Pakistán	Bangladés
Año de formación del país			
Población			
Millas cuadradas de territorio			
Cultivos principales			
Forma de gobierno			
Religión mayoritaria			

CAPÍTULO 18

Asia del Sur HOY

VISTAZO PREVIO AL CAPÍTULO

Pregunta fundamental ¿Cómo se refleja la diversidad cultural de Asia del Sur?

SECCIÓN 1 • CULTURA

VOCABULARIO CLAVE

- karma
- peregrinaje
- alheña
- sari
- alfabetismo
- shalwar-kameez
- cricket
- cultura popular

VOCABULARIO ACADÉMICO

discriminación

TÉRMINOS Y NOMBRES

- Krishna
- Bollywood

Pregunta fundamental ¿Por qué la India ha experimentado un auge económico?

SECCIÓN 2 • ENFOQUE EN LA INDIA

VOCABULARIO CLAVE

- democracia
- república federal
- infraestructura
- subcontratar
- naciones desarrolladas
- naciones en vías de desarrollo
- micropréstamo
- modernización

VOCABULARIO ACADÉMICO

albergar, establecer

TÉRMINOS Y NOMBRES

- Parlamento
- Cuadrilátero de Oro

Pregunta fundamental ¿Cuáles son algunos de los efectos de los cambios rápidos producidos en Asia del Sur?

SECCIÓN 3 • GOBIERNO Y ECONOMÍA

VOCABULARIO CLAVE

- barriada
- factores de atracción y repulsión
- dictadura militar
- superpoblación
- ciclón

VOCABULARIO ACADÉMICO

negar

TÉRMINOS Y NOMBRES

- Mohammed Ali Jinnah
- Benazir Bhutto

TECHTREK PARA ESTE CAPÍTULO

- Student eEdition
- Maps and Graphs
- Interactive Whiteboard GeoActivities
- Digital Library

Visita **myNGconnect.com** para obtener más información sobre Asia del Sur.

Una mujer habla por su teléfono móvil mientas viaja en un bicitaxi en Delhi, India.

SECCIÓN 1 CULTURA

1.1 El hinduismo hoy día

TECHTREK
Visita myNGconnect.com para ver imágenes de las deidades hindúes

Digital Library

Idea principal El hinduismo logra unir a sus adeptos a través de una variedad de creencias religiosas.

Aproximadamente el 63 por ciento de los habitantes de Asia del Sur se identifican como hindúes. En la India, el porcentaje es aún mayor: los hindúes son casi el 80 por ciento de la población del país, esto es, más de 930 millones de habitantes. En la India, el hinduismo es mucho más que una religión: es una forma de vida compartida por una población muy diversa.

Visión crítica Esta pintura del siglo X muestra a Krishna, el protector de las vacas. ¿Qué detalles de la pintura te indican el valor que tienen las vacas para los hindúes?

Creencias básicas

Los hindúes creen que todas las cosas del universo forman parte de una fuerza espiritual denominada Brahman. Para alcanzar la unidad con el Brahman, las almas deben experimentar la reencarnación, a través de la cual renacen en distintas formas de vida. El **karma** de un alma, es decir, los actos que realizó durante la vida, determinan la forma que el alma tendrá en la vida siguiente. Si un alma tiene un karma bueno, renacerá en un estado superior, como el del un ser humano. Si un alma tiene un karma malo, renacerá en un estado inferior, como el de una planta.

Estas creencias están registradas en los Vedas, cuyo origen se remonta a la civilización aria. Los textos hindúes, como el *Majábharata* y el *Ramayana*, enseñan las creencias hindúes en forma de poemas épicos. Como has aprendido, el Bhágavad-guitá forma parte del *Majábharata*.

Deidades hindúes y lugares sagrados

De acuerdo con el hinduismo, existen varios dioses y diosas, pero todos ellos tienen su origen en el Brahman. Las tres deidades más importantes son Brahmá, el creador del universo, Visnú, el preservador del universo, y Shiva, el destructor del universo. **Krishna**, un avatar de Visnú, es una deidad hindú popular. A menudo se lo representa tocando su flauta.

Los hindúes creen que el río Ganges es sagrado. Millones de hindúes realizan **peregrinajes**, o via jes religiosos, a la ciudad de Benarés para rendir culto en los *ghats*, que son escaleras y plataformas de piedra situadas en la orilla del río. Los hindúes también creen que bañarse en las aguas del Ganges mejora el karma.

El sistema de castas

Además del hinduismo, la migración aria también llevó a la India el sistema de castas. Este sistema dividía a la sociedad en grupos sociales diferentes, o varnas, según la ocupación de cada persona. Como has aprendido, existían cuatro varnas originales en el sistema de castas: los *brahmanes* (sacerdotes y eruditos), los *chatrias* (gobernantes y guerreros), los *vaisias* (comerciantes y profesionales) y los *sudras* (artesanos, trabajadores y siervos).

Finalmente se creó un quinto grupo no oficial para las personas que quedaban excluidas del sistema de varnas. Estos "intocables" realizaban los trabajos más ingratos de la sociedad india, como curtir las pieles de los animales y recoger la basura. En la actualidad, los miembros de este grupo prefieren denominarse a sí mismos como *dalit*.

Las reglas del sistema de castas eran muy estrictas. No estaban permitidos los matrimonios entre personas de distinta casta, e incluso estaba prohibido comer junto a personas de castas superiores. Era casi imposible cambiar de casta. Sin embargo, en los últimos 50 años, estas reglas se han flexibilizado. La constitución de la India actualmente prohíbe la discriminación, o trato injusto, contra miembros de cualquier casta y se han formado muchos grupos para luchar contra este tipo de discriminación.

Antes de continuar

Verificar la comprensión ¿Qué creencias religiosas unen a los hindúes?

EVALUACIÓN CONTINUA

LABORATORIO DE LECTURA GeoDiario

1. **Resumir** Nombra y describe las tres deidades hindúes más importantes.
2. **Comparar y contrastar** Piensa en otras religiones del mundo que hayas estudiado. ¿En qué se parecen y en qué se diferencian del hinduismo? Copia el organizador gráfico y úsalo para comparar y contrastar las religiones.

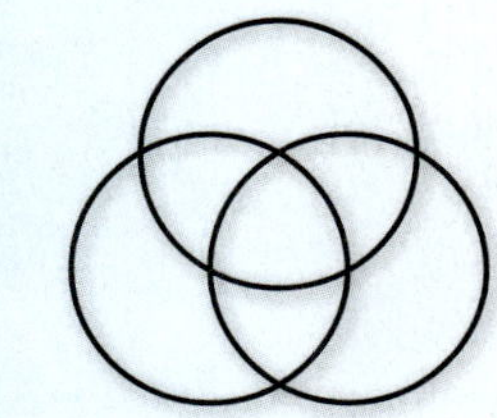

3. **Escribir una respuesta** ¿Por qué el hinduismo es tan importante para la India? Piensa en el tamaño de la población hindú y en el papel que desempeñó el hinduismo en la historia de la India. Escribe dos o tres oraciones que expliquen la importancia del hinduismo.

Visión crítica ¿En qué se parece este templo hindú a otros edificios religiosos que hayas visto?

1.2 Cambios en las tradiciones

TECHTREK Visita **myNGconnect.com** para ver imágenes de tradiciones de Asia del Sur.

Digital Library

Idea principal En Asia del Sur, las tradiciones se fusionan con las costumbres modernas.

Muchos grupos han contribuido a dar forma a la cultura de Asia del Sur, desde los arios hasta los británicos. Algunos aspectos de la cultura de la región son muy antiguos, mientras que otros son modernos. Estas fotografías muestran las antiguas tradiciones culturales de Asia de Sur que se siguen practicando en la actualidad.

La decoración tradicional

Desde tiempos remotos, para celebrar ocasiones especiales tales como matrimonios o festividades, las mujeres y las niñas indias decoran sus manos con patrones llamativos. Usan un polvo rojizo llamado **alheña** para crear estos diseños complejos (que se muestran a la derecha). Cada diseño tiene un significado especial: una flor puede representar la felicidad, un cuadrado puede simbolizar la honestidad y un triángulo puede representar la creatividad.

Antes de continuar

Hacer inferencias ¿De qué manera se mezclan las tradiciones y las costumbres modernas en Asia del Sur?

Visión crítica ¿Qué elementos tradicionales y modernos puedes ver en esta fotografía?

Tradiciones religiosas Un sacerdote hindú bendice un carro para que el conductor no corra peligro. Estas bendiciones, llamadas *pujas*, son comunes en la vida diaria.

Visión Crítica Apunta dos preguntas sobre esta foto y añade sus respuestas.

Vocabulario visual Un **sari** es una prenda femenina tradicional de la India. Se lleva enrollado alrededor del cuerpo. Muchos saris son de seda.

Vocabulario visual La **alheña** es un polvo rojizo usado para crear diseños sobre la piel. La alheña se usa en ocasiones especiales.

EVALUACIÓN CONTINUA

LABORATORIO FOTOGRÁFICO

GeoDiario

1. **Crear un ensayo fotográfico** Observa las dos fotografías de las tradiciones de Asia del Sur. Ahora ve al recurso en inglés **Digital Library** para buscar más fotos de tradiciones. Escoge varias e imprímelas. Luego pégalas en una hoja o usa el **Magazine Maker CD-ROM** para crear un ensayo fotográfico sobre las tradiciones de Asia del Sur. Al pie de cada foto, escribe leyenda que explique cada tradición y de qué manera forma parte de la vida moderna.
2. **Hacer inferencias** Muchos habitantes de Asia del Sur se visten con ropa de estilo occidental. ¿Por qué es probable que usar saris continúe siendo popular en la actualidad?

SECCIÓN 1 CULTURA

1.3 La vida cotidiana

TECHTREK
Visita **myNGconnect.com** para ver fotos de la vida diaria en Asia del Sur y el Vocabulario visual en inglés.

Digital Library

Idea principal Algunos aspectos de la cultura de Asia del Sur muestran la importancia de la tradición en la vida cotidiana.

Las costumbres modernas se han extendido por muchas partes de Asia del Sur. Sin embargo, las personas continúan respetando las tradiciones antiguas.

La escuela

La mayor parte de los países de Asia del Sur ofrecen un nivel de educación pública gratuita, como en las escuelas públicas de los Estados Unidos. En la India, la asistencia a la escuela es obligatoria hasta los 14 años de edad. En Bután, recién en 1950 se estableció un sistema educativo formal. Sin embargo, ningún país de la región pone en duda la importancia de la educación. Cualquier sitio disponible sirve para que funcione una escuela: las cabañas en las montañas, un barco sobre el río, las tiendas en el desierto e incluso las plataformas de las estaciones de tren.

El **alfabetismo** (el porcentaje de personas que saben leer y escribir) en el rango de jóvenes de 15 a 24 años de edad varía del 74 por ciento en Bangladés al 96 por ciento en las Maldivas. El aumento en los índices de alfabetismo es una señal de que la región se está desarrollando

La ropa

Los extremos climáticos de Asia del Sur determinan la ropa que usan las personas. Por ejemplo, los pastores de Bután usan abrigos y sombreros de piel de yak para protegerse del frío, mientras que los pescadores de Sri Lanka apenas llevan ropa debido al calor.

Muchos hombres y mujeres acostumbran usar **shalwar-kameez** (ver la foto en la página siguiente), una camisa larga con pantalones holgados. Pese a que se la consideraba una prenda típica de los musulmanes, actualmente tanto los musulmanes como los hindúes se visten con shalwar-kameez de manera indistinta. Algunas mujeres llevan sari, que es un único trozo de tela (a menudo de seda) que se enrolla hasta formar un vestido largo. La ropa occidental también goza de una popularidad en aumento.

Visión crítica Un niño enciende lámparas pequeñas de aceite para celebrar el festival de Diwali (el festival de las luces), que marca el triunfo del bien sobre el mal. Según esta imagen, ¿qué festividad celebras que parece tener cierta semejanza con el Diwali?

La comida

La cocina de Asia del Sur, es decir, la comida que habitualmente se sirve en la región, está fuertemente condimentada y a menudo es vegetariana. Las vacas son sagradas para los hindúes, por lo cual muchos indios no comen carne. En Pakistán y en la India se preparan platos de curry con papas, berenjenas y quingombó. En Bután, los yaks proporcionan una fuente de carne y también de leche, con la cual se elaboran quesos y mantequilla. Cada región prepara su propia mezcla de especias, o *masala*, para añadir a las salsas. El arroz es a menudo el plato principal de la comida, especialmente en Bangladés y en el sur y el este de la India. El *chapati*, un pan plano de trigo, es habitual en el norte de la India. El *dal* es un guiso de guisantes, frijoles o lentejas que se sirve comúnmente como guarnición.

El arroz, las papas y el trigo son alimentos básicos de la cocina de Asia del Sur

Los deportes

Los deportes tradicionales como el kabaddi (a menudo descrito como una combinación de lucha libre y rugby) han existido en la India desde hace casi 4,000 años. Deportes occidentales tales como el **cricket** (un juego de equipo similar al béisbol), el hockey sobre césped y el fútbol también son populares. La India cuenta con ligas profesionales de cricket y de fútbol que atraen a muchos aficionados en cada partido.

Antes de continuar

Resumir ¿De qué tres maneras la tradición forma parte de la vida cotidiana de Asia del Sur?

EVALUACIÓN CONTINUA

LABORATORIO DE ESCRITURA GeoDiario

1. **Describir una cultura** ¿Cómo es tu cultura? Crea un diagrama cultural para describirla.
   Paso 1 Recorta un círculo grande de papel. Escribe "Mi cultura" en el centro y divide el círculo en cuatro secciones rotuladas como Escuelas, Ropa, Comida y Deportes

   Paso 2 Busca en revistas o en línea fotos que sean representativas de la cultura de los EE. UU. para cada una de las cuatro categorías. Pega las fotos en las secciones correspondientes.
   Paso 3 Voltea el círculo y escribe en el reverso un párrafo detallado que describa tu cultura en cada una de las categorías
2. **Comparar** ¿En qué se diferencian la vida cotidiana de Asia del Sur y la vida cotidiana de los Estados Unidos? ¿En qué se parecen? Usa tu diagrama para compararlas. Comenta tus ideas con un compañero.

1.4 La cultura popular

TECHTREK
Visita myNGconnect.com para escuchar fragmentos de música india

Digital Library

Idea principal La música y el cine contribuyen a unir a los diversos pueblos y culturas de Asia del Sur.

En Asia del Sur, la música y el cine son una parte rica de la **cultura popular**, que se compone de las artes, la música y otros elementos de la vida cotidiana de una región.

Unificar una cultura

Asia del Sur tiene una extensa historia musical, que comprende desde la música religiosa hasta las bandas sonoras de películas taquilleras. La música tradicional resuena en las espectaculares películas modernas de Bollywood. Gracias a la amplia difusión y a su gran atractivo, la música y el cine fomentan el desarrollo de una cultura común.

La música

Los jóvenes de Asia del Sur escuchan música de Bollywood, rock indio y música pop occidental. A muchos de ellos también les gusta el bhangra, un tipo de música y danza folclórica de la región del Punyab, situada en India y Pakistán. Algunos músicos indios modernos están fusionando los estilos de la India con los occidentales para crear sonidos nuevos que mantengan vivas las tradiciones musicales de la India.

Visión crítica Los jóvenes de Nueva Delhi bailan una amplia variedad de géneros musicales. ¿Qué influencias de la cultura popular occidental notas en la imagen?

El músico de la izquierda interpreta música tradicional cerca del río Ganges, en Benarés. El *disc-jockey* de la derecha toca música en Bombay. La música clásica india está basada en temas religiosos y se puede oír tanto en la música tradicional como en la contemporánea.

El cine

La industria cinematográfica de la India nació en Bombay y se le llama "**Bollywood**" a partir de Hollywood, que es su equivalente en los EE. UU. Muchas películas de Bollywood presentan temas basados en relatos hindúes, cuentan con números musicales y están habladas en idioma hindi. La India produce más películas que ningún otro país en el mundo y el público internacional de estas películas está en aumento.

La ciudad de Chennai, al sur, cuenta con su propia industria cinematográfica que produce películas en idioma tamil. Este centro cinematográfico es conocido como "Kollywood" por Kodambakkam, el barrio de Chennai donde está ubicado.

El elenco de la exitosa película de 2008 *¿Quién quiere ser millonario?* (*Slumdog Millionaire*) posa en la entrega de los premios Oscar. Películas como *¿Quién quiere ser millonario?* demuestran que los filmes sobre la India a menudo gozan de popularidad en la cultura occidental.

Antes de continuar

Hacer inferencias ¿De qué manera la música y el cine unen a los habitantes de Asia del Sur?

Visión crítica Estos actores interpretan una escena de una película de Bollywood. De acuerdo con los detalles de la escena, ¿cómo se compara esta película con las películas que hayas visto

EVALUACIÓN CONTINUA

LABORATORIO ORAL GeoDiario

Consultar con un compañero ¿Unen la música y el cine a las personas en los Estados Unidos? Piensa en tu respuesta y luego trabaja en grupo para desarrollar una respuesta que se pueda presentar oralmente frente a la clase. La primera oración de la respuesta debe responder la pregunta. Cada integrante del grupo debe añadir una oración que respalde la respuesta. Prepárense para presentar la respuesta en la clase.

SECCIÓN 2 ENFOQUE EN LA INDIA

2.1 La democracia más grande

TECHTREK Visita **myNGconnect.com** para ver una tabla en inglés sobre la estructura del gobierno de la India.

Digital Library

Idea principal Gobernar a más de mil millones de ciudadanos plantea muchos desafíos al gobierno democrático de la India.

En 2009, Meira Kumar, de 64 años de edad, fue elegida presidente de la cámara baja del Parlamento de la India. Se convirtió en la primera mujer en ocupar este cargo, todo un hito en la historia de la mayor democracia del mundo. El Parlamento de la India es el poder legislativo del gobierno. Tiene dos cámaras, como el Congreso de los EE. UU.

Gobernar a mil millones de personas

Varios hitos han marcado la historia de la India desde su independencia. Uno de los primeros ocurrió en 1949, con la redacción de una nueva constitución para crear una **democracia**, o un gobierno en el que los ciudadanos toman decisiones, ya sea de manera directa o indirecta, a través de representantes elegidos por el voto. La constitución de la India estableció una **república federal**, que es una forma democrática de gobierno en la cual los votantes eligen representantes y el gobierno central comparte el poder con los estados. Los Estados Unidos también son una república federal.

El gobierno de la India tiene tres poderes: el legislativo, el ejecutivo y el judicial. El poder legislativo está formado por dos cámaras: Lok Sabha (similar a la Cámara de Representantes de los EE. UU.) y Rajya Sabha (similar al Senado de los EE. UU.). Los miembros de la cámara Lok Sabha se eligen cada cinco años y los de la cámara Rajya Sabha cumplen un mandato de seis años.

El Parlamento y las legislaturas de los estados eligen al presidente. El presidente designa a los magistrados de la Corte Suprema. Sin embargo, el líder con más poder es el primer ministro, quien encabeza el partido político con más miembros en la cámara Lok Sabha. El primer ministro dirige el Concejo de Ministros, que dirige el gobierno.

La política de la India, hoy

En 2009 hubo elecciones nacionales en la India. La votación se desarrolló en fases, durante un periodo de un mes, y puso a Meira Kumar en primera plana de los periódicos. Kumar prometió trabajar por una sociedad india "sin castas".

Visión crítica El palacio presidencial de Delhi fue diseñado por el arquitecto británico Edwin Lutyens, quien combinó la arquitectura clásica con rasgos decorativos de la India. ¿De qué manera la arquitectura refleja la importancia de este edificio?

ESTRUCTURA DEL GOBIERNO DE LA INDIA

LEGISLATIVO (Parlamento)
- **Rajya Sabha**: Cámara alta: representa a los estados (250 miembros)
- **Lok Sabha**: Cámara baja: representa al pueblo (545 miembros)

EJECUTIVO
- **Presidente**
- **Primer ministro**
- **Concejo de ministros**

JUDICIAL
- **Corte Suprema**
  - Presidente del tribunal
  - 25 Miembros del tribunal justices

El gobierno indio enfrenta grandes desafíos, como por ejemplo la población del país en rápido aumento. Hacia el año 2030, se espera que la India supere a China y se convierta en el país más poblado del mundo. El gobierno está trabajando en mejorar la infraestructura para poder **albergar**, o dar cabida, a semejante crecimiento en la población.
La **infraestructura** incluye los sistemas básicos que toda sociedad necesita, como caminos, puentes y cloacas. Más adelante en esta capítulo, leerás acerca de uno de los mayores proyectos viales de la India: el Cuadrilátero de Oro. Además, debido a la escasez de combustibles fósiles que padece la India, el gobierno está aumentando la inversión en energía nuclear para generar electricidad.

Otro desafío del gobierno es alcanzar un acuerdo con Pakistán sobre el control de la región de Cachemira, de mayoría musulmana. La mayor parte de los observadores sostiene que este objetivo es muy importante para el futuro de la región.

Antes de continuar

Hacer inferencias ¿Cuál es uno de los principales desafíos que enfrenta la India al gobernar a sus ciudadanos?

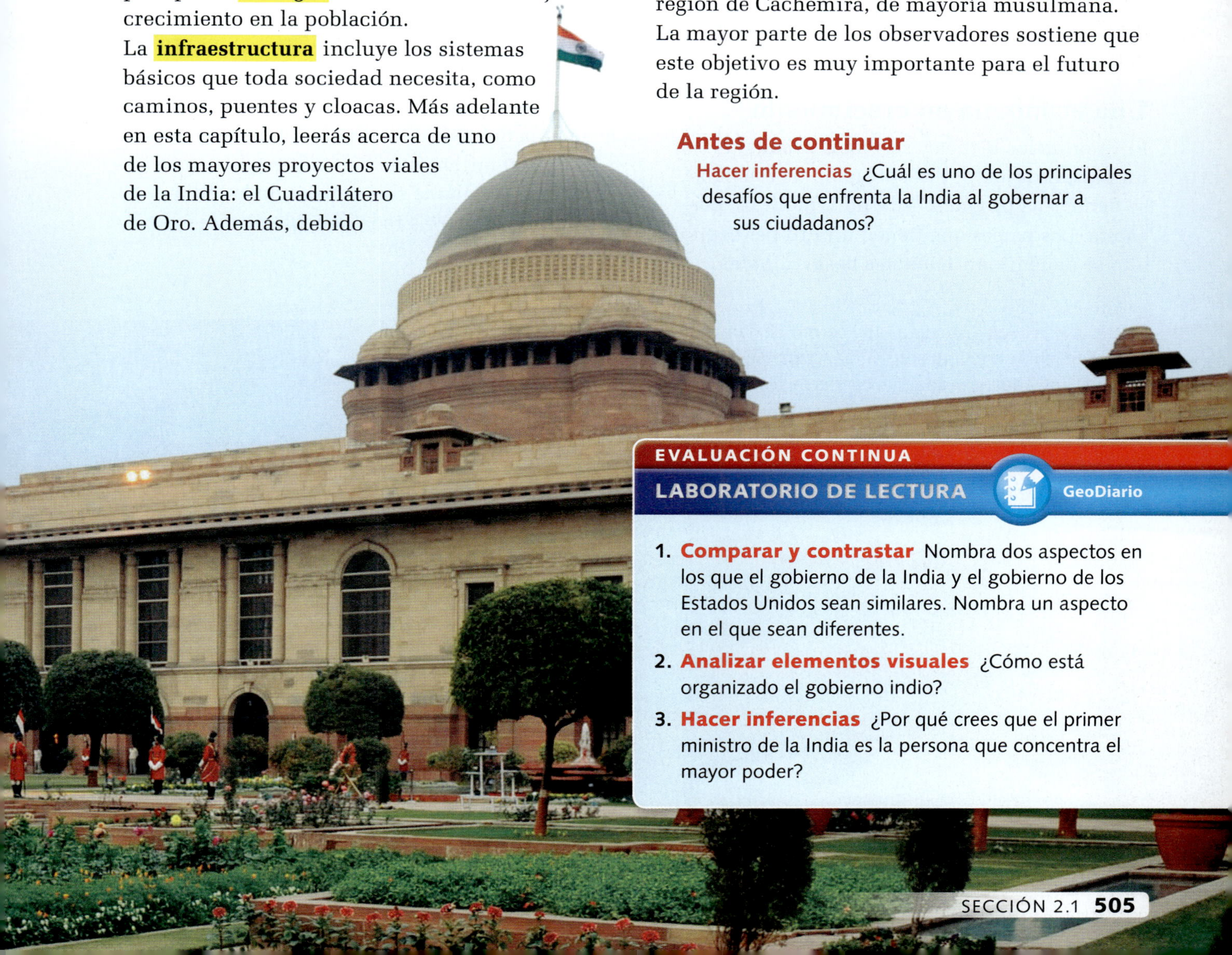

EVALUACIÓN CONTINUA
LABORATORIO DE LECTURA
GeoDiario

1. **Comparar y contrastar** Nombra dos aspectos en los que el gobierno de la India y el gobierno de los Estados Unidos sean similares. Nombra un aspecto en el que sean diferentes.
2. **Analizar elementos visuales** ¿Cómo está organizado el gobierno indio?
3. **Hacer inferencias** ¿Por qué crees que el primer ministro de la India es la persona que concentra el mayor poder?

SECCIÓN 2 ENFOQUE EN LA INDIA

2.2 El crecimiento económico

TECHTREK
Visita **myNGconnect.com** para ver fotos del crecimiento económico y sucesos actuales en inglés.

Digital Library

Idea principal Muchos factores han contribuido al rápido crecimiento económico de la India.

Si tienes un problema con tu computadora y llamas al servicio técnico, es probable que tu llamada sea atendida en Bangalore, una ciudad del sur de la India. Bangalore es el centro más importante de la industria de las telecomunicaciones de la India. Las empresas que operan en esa ciudad se ocupan de los servicios de asistencia telefónica de las compañías estadounidenses de software e informática. La práctica de **subcontratar**, es decir, transferir empleos a trabajadores que no pertenecen a la compañía, ha sido una parte fundamental del crecimiento económico de la India.

Una economía en crecimiento

El valor de los bienes y servicios producidos en un país dividido por la población de ese país se denomina producto interno bruto (PIB) per cápita. Los países que tienen un PIB per cápita alto se denominan **naciones desarrolladas** y los países que tienen un PIB per cápita bajo se denominan **naciones en vías de desarrollo**. En las naciones desarrolladas, los habitantes gozan mayor salud y educación, se consumen más bienes, servicios y energía, y se emplea a más personas en las industrias manufactureras y de servicios que en las naciones en vías de desarrollo. Las naciones en vías de desarrollo tienen un nivel de vida más bajo y una infraestructura menos desarrollada.

La mayor parte de los países de Asia del Sur son naciones en vías de desarrollo. Sin embargo, algunos economistas consideran a la India como un mercado emergente, con una alta tasa de crecimiento y con bienes y servicios capaces de competir en el comercio internacional. El PIB de la India estaba creciendo rápidamente hasta la crisis financiera mundial. Entre 2008 y 2013, la economía del país desaceleró. Sin embargo, los más de 300 millones de habitantes que, según se estima, forman la clase media de la India igualan en número a toda la población de los Estados Unidos.

Visión crítica Este ajetreado centro de llamadas se encuentra en Bangalore, India. ¿Cuál parece ser la actividad principal del centro de llamadas?

Factores que afectan el crecimiento

La enseñanza del inglés, la lengua del comercio internacional, es un legado del colonialismo británico que ha jugado a favor de la India. Un idioma común, un gobierno democrático estable y las mejoras realizadas en la infraestructura han fomentado la inversión extranjera.

¿Qué significa el crecimiento de la India para el ciudadano medio? Con casi el 70 por ciento de la población del país tratando de sobrevivir con apenas dos dólares al día, este crecimiento significa mayores oportunidades y una lenta mejora en el acceso a los bienes de consumo. Los **micropréstamos**, la práctica de otorgar préstamos de sumas pequeñas de dinero a las personas que inician sus propios negocios, son una de las maneras en que la creciente prosperidad del país alcanza incluso a los ciudadanos de menores recursos.

Antes de continuar

Verificar la comprensión ¿Qué factores económicos han contribuido al rápido crecimiento de la India?

COMPARACIÓN DE BIENES DE CONSUMO SELECCIONADOS — ASIA DEL SUR Y ESTADOS UNIDOS

	Televisores	Suscripciones de telefonía celular	Computadoras personales	Cantidad total de automóviles
	(por cada mil personas)			
Bangladés 	85	566	22	185,000
Bután 	33	656	16	29,189
La India 	83	720	33	13,673,611
Las Maldivas 	40	530	152	3,917
Nepal 	10	438	5	93,266
Pakistán 	56	616	5	2,331,900
Sri Lanka 	142	871	35	410,282
EE.UU. 	893	1059	755	134,880,000

Entre 2003 y 2011 **Fuente:** Encyclopedia Britannica

EVALUACIÓN CONTINUA

LABORATORIO DE DATOS GeoDiario

1. **Identificar** Según la tabla, ¿qué país de Asia del Sur tiene la mayor cantidad total de bienes de consumo?
2. **Ubicación** ¿Cómo se explica que las Maldivas tenga la mayor cantidad de abonos de telefonía celular de Asia del Sur?
3. **Evaluar** Según lo que ya sabes, ¿qué factores le permiten a los Estados Unidos tener semejante cantidad de bienes de consumo?

2.3 El Cuadrilátero de Oro

TECHTREK
Visita myNGconnect.com para ver mapas en inglés y fotos de la infraestructura de la India.
Maps and Graphs
Digital Library

Idea principal La India está modernizando su red vial para respaldar su crecimiento económico.

A mediados de la década de 1990, el primer ministro de la India se quejó diciendo que "nuestras carreteras no tienen algunos baches; nuestros baches tienen algunas carreteras". Desde entonces, la India ha invertido grandes sumas de dinero para mejorar sus carreteras.

Un carretera para el siglo XXI

En 1998, el primer ministro anunció que la India construiría una superautopista de 3,633 millas, denominada Cuadrilátero de Oro, que conectaría cuatro de las principales ciudades del país: Delhi, Bombay, Chennai y Calcuta. El Cuadrilátero de Oro es un ejemplo de los esfuerzos realizados por la India para mejorar su infraestructura. Esfuerzos de **modernización** como el Cuadrilátero de Oro permiten que los países se actualicen tecnológicamente y en otras áreas. El Cuadrilátero de Oro servirá para expandir el crecimiento de las bulliciosas ciudades indias a las miles de aldeas pobres del país.

Cuando la India obtuvo su independencia en 1947, los vehículos debían compartir los caminos sin pavimentar con el ganado y los lentos tractores. En 1998, el gobierno **estableció** (instituyó) la Agencia Nacional de Desarrollo de Autopistas, con el fin de construir miles de millas de carreteras nuevas, incluyendo el Cuadrilátero de Oro, a un costo superior a los $30 mil millones. Es el proyecto de obra pública más grande de la historia del país. Gracias a los adelantos tecnológicos, el Cuadrilátero de Oro contará con unos sensores que notificarán automáticamente a una cuadrilla cuando sea necesario hacer reparaciones. Proporcionar transporte más rápido y confiable es un paso hacia la modernización de la infraestructura de la India y la preparación para un futuro lucrativo.

Visión crítica El tránsito se congestiona en Bangalore debido a las obras de construcción del Cuadrilátero de Oro. Según los detalles de la fotografía, ¿qué dificultades crees que una compañía debe afrontar cuando construye una carretera en una zona densamente poblada?

El impacto del Cuadrilátero de Oro

La inversión de la India en el Cuadrilátero de Oro ya ha ejercido un impacto enorme en la economía del país, y también en la vida de sus habitantes. Por ejemplo, los campesinos que vendían sus cultivos solo en aldeas cercanas a su hogar ahora pueden usar el Cuadrilátero de Oro y vender sus productos a mayores precios en Chennai.

A medida que la India construya mejores carreteras, las personas compran más automóviles y camiones, una clara señal de crecimiento económico. De hecho, la economía de la India recientemente creció a una tasa anual del 9 por ciento, la segunda tasa más alta del mundo después de la tasa de crecimiento de China. Para mantener estos niveles de crecimiento, la India deberá seguir realizando inversiones en proyectos como el Cuadrilátero de Oro.

Antes de continuar

Verificar la comprensión ¿De qué manera las mejoras en la infraestructura han contribuido al crecimiento económico de la India?

AUTOPISTAS DE LA INDIA Y EL CUADRILÁTERO DE ORO

VENTA DE VEHÍCULOS DE PASAJEROS EN LA INDIA Y EN ESTADOS UNIDOS

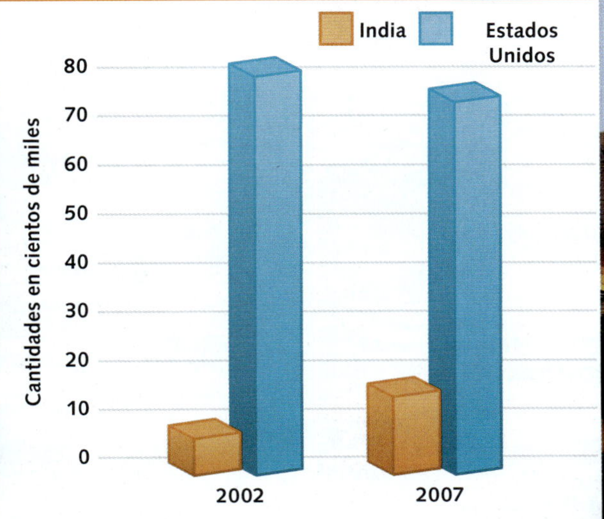

Fuente: U.S Bureau of Transportation; Asociación de la Industria Automotriz de la India

EVALUACIÓN CONTINUA

LABORATORIO DE DATOS GeoDiario

1. **Interpretar gráficas** Según la gráfica, ¿cómo cambió la venta de vehículos en la India en 2007 con respecto a las ventas registradas en 2002?
2. **Interpretar gráficas** ¿Cómo cambió la diferencia entre las ventas de vehículos en la India y en los Estados Unidos durante el período que muestra la gráfica? ¿Qué podría explicar este cambio?
3. **Movimiento** Basándote en el mapa y en lo que has aprendido leyendo, ¿cómo explicarías la ubicación de tres de las cuatro ciudades conectadas a través del Cuadrilátero de Oro?

3.1 El impacto de la urbanización

TECHTREK Visita **myNGconnect.com** para ver fotos de áreas urbanas.

Digital Library

Idea principal Las ciudades de Asia del Sur se enfrentan a las dificultades que genera el crecimiento rápido.

Dharavi es una barriada de Bombay, en la India. Una **barriada** es un área densamente poblada de una ciudad, con viviendas precarias y malas condiciones sanitarias y de vida. Los residentes de Dharavi a menudo tenían que caminar una milla para conseguir agua, pero ahora algunos de ellos tienen sus propios grifos. Es una pequeña señal de progreso en una zona donde las mejoras suceden con mucha lentitud.

Ciudades en crecimiento

Desde la independencia, la población de las ciudades indias ha aumentado explosivamente. En 1951, unos 62 millones de indios vivían en áreas urbanas, es decir, en las ciudades y sus alrededores. En 2001, casi 300 millones de personas vivían en las ciudades de la India. Treinta y cinco ciudades tienen más de un millón de habitantes. Las personas se trasladaron en masa a las ciudades indias debido a una cantidad de factores de atracción y repulsión. Los **factores de atracción y repulsión** son los motivos por los que las personas migran. Los factores de "repulsión" causan que las personas abandonen un lugar y los factores de "atracción" las atraen a otro lugar.

La pobreza es uno de los factores clave que obliga a las personas a abandonar las zonas rurales. Entre los factores que atraen a las personas a las ciudades están las oportunidades laborales y el acceso a una mejor educación.

Las ciudades indias se han dividido gradualmente en pequeños sectores donde viven las clases adineradas y enormes barriadas donde vive la población pobre. Las barriadas tienen una infraestructura muy deficiente y carecen de agua potable y electricidad. La educación y la atención médica son inadecuadas. Es difícil conseguir permisos para construir edificios nuevos. El centro de las ciudades también está atiborrado de una cantidad en aumento de automóviles; esto genera embotellamientos y aumenta la contaminación del aire, que causa miles de muertes al año. A pesar de estos problemas, las oportunidades laborales y educativas que brindan las ciudades permiten a algunas personas mejorar sus vidas.

Pakistán se enfrenta a los mismos problemas. En ese país, casi el 36 por ciento de la población vive en zonas urbanas. La ciudad de Karachi está por alcanzar los 24 millones de habitantes, aproximadamente el 13 por ciento de la población total de Pakistán.

Visión crítica Estas barriadas de Bombay se encuentran rodeadas de construcciones nuevas. ¿Qué sugiere esta imagen acerca de las diferencias entre la forma de vivir de los ricos y de los pobres?

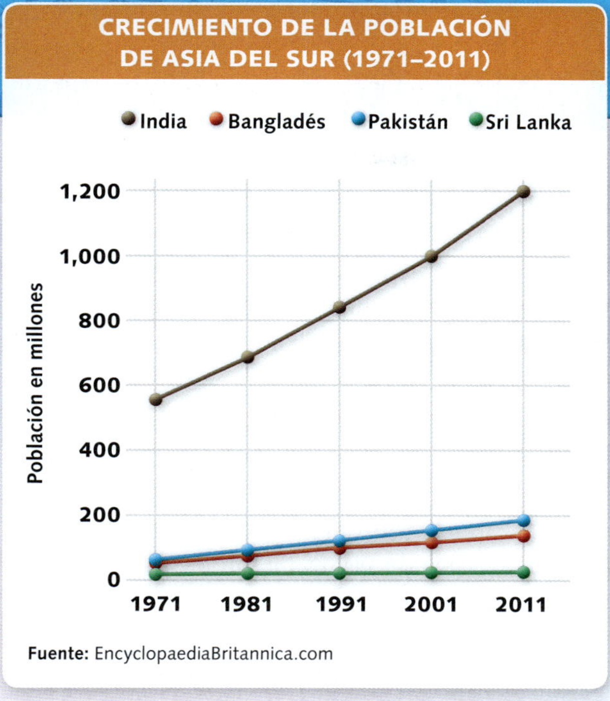

Visión crítica Esta concurrida calle se encuentra en la ciudad de Karachi, Pakistán. ¿Qué puedes inferir a partir de la foto acerca de la vida en una ciudad pakistaní?

Las soluciones de Pakistán

Al igual que en la India, los habitantes de las zonas rurales de Pakistán se están mudando a las ciudades. Como la población urbana de Pakistán crece a una tasa del 3 por ciento anual, la infraestructura del país no da abasto para acomodar a tantas personas. Esto genera una superpoblación de las barriadas.

Una solución a la superpoblación ha sido el desarrollo de ciudades "secundarias" en torno a los principales centros urbanos. Gujranwala, por ejemplo, es una ciudad secundaria de Lahore.

Emigrantes de las zonas rurales encuentran en las ciudades secundarias un sitio económico para instalarse y hallar empleo. Las ciudades secundarias también alivian la tensión sobre las grandes ciudades como Lahore, pues disminuyen el flujo de personas hacia la gran ciudad. Otras ciudades de Asia del Sur, particularmente en Bangladés y Sri Lanka, enfrentan estas mismas tensiones.

Antes de continuar

Hacer inferencias ¿Cuáles son algunas de las soluciones para los problemas del crecimiento rápido en las ciudades de Asia del Sur?

EVALUACIÓN CONTINUA

LABORATORIO DE DATOS GeoDiario

1. **Analizar datos** ¿Aproximadamente cuánto creció la población de Bangladés de 1971 a 2011? ¿Cuánto creció la población de Pakistán?
2. **Hacer inferencias** Piensa en la superficie total de la India, Pakistán y Sri Lanka, en la tierra cultivable de cada país y en las poblaciones que muestra la gráfica. Basándote en lo que sabes, explica las tasas del crecimiento poblacional de cada país.

3.2 Cambios en el gobierno de Pakistán

TECHTREK Visita myNGconnect.com para ver en línea un mapa político

Maps and Graphs

Idea principal El gobierno de Pakistán ha alternado entre períodos de democracia y dictaduras militares

Pakistán se creó en 1947 como una nación islámica. Desde entonces, el país ha alternado entre gobiernos civiles y **dictaduras militares**, en las que el ejército ejerce el control del gobierno y **niega**, o no reconoce, los derechos de los ciudadanos. Estos cambios en el gobierno del país han limitado el progreso social y económico de Pakistán.

La falta de unidad nacional

Una de las causas que explica los cambios en el gobierno de Pakistán ha sido la falta de unidad nacional. El país está dividido en cuatro provincias: Punyab, Sind, Baluchistán y la provincia de la Frontera del Noroeste. Cada provincia tiene sus propios idiomas y grupos tribales. Ningún líder ha logrado llevar a las provincias a formar una nación unida.

La falta de unidad fue un problema desde la misma creación del país. En 1947, el país tenía dos territorios separados. Pakistán Occidental estaba situado al oeste de la India. Pakistán Oriental estaba situado al este de la India, a más de 1,000 millas de Pakistán Occidental.

La mayor parte de los gobernantes eran originarios de Pakistán Occidental, lo que irritaba a las personas de Pakistán Oriental. En 1971, Pakistán Oriental se declaró independiente y se convirtió en Bangladés.

Las dictaduras militares

Otra razón que explica los cambios en el gobierno de Pakistán ha sido la inconsistencia de un liderazgo político. **Mohammed Ali Jinnah**, artífice de la fundación de Pakistán, era partidario de la democracia. A su muerte, en 1948, el país carecía de un líder fuerte. El lento desarrollo de la economía generó descontento entre la población y aumentaron los disturbios entre distintos grupos de pakistaníes. En 1958, los militares derrocaron al gobierno y establecieron una dictadura militar.

En 1971, después de una guerra civil, Zulfikar Bhutto fue elegido para gobernar el país. Prometió tomar medidas para erradicar la pobreza. Sin embargo, los militares volvieron a derrocar al gobierno en 1977 y Bhutto fue ejecutado en 1979.

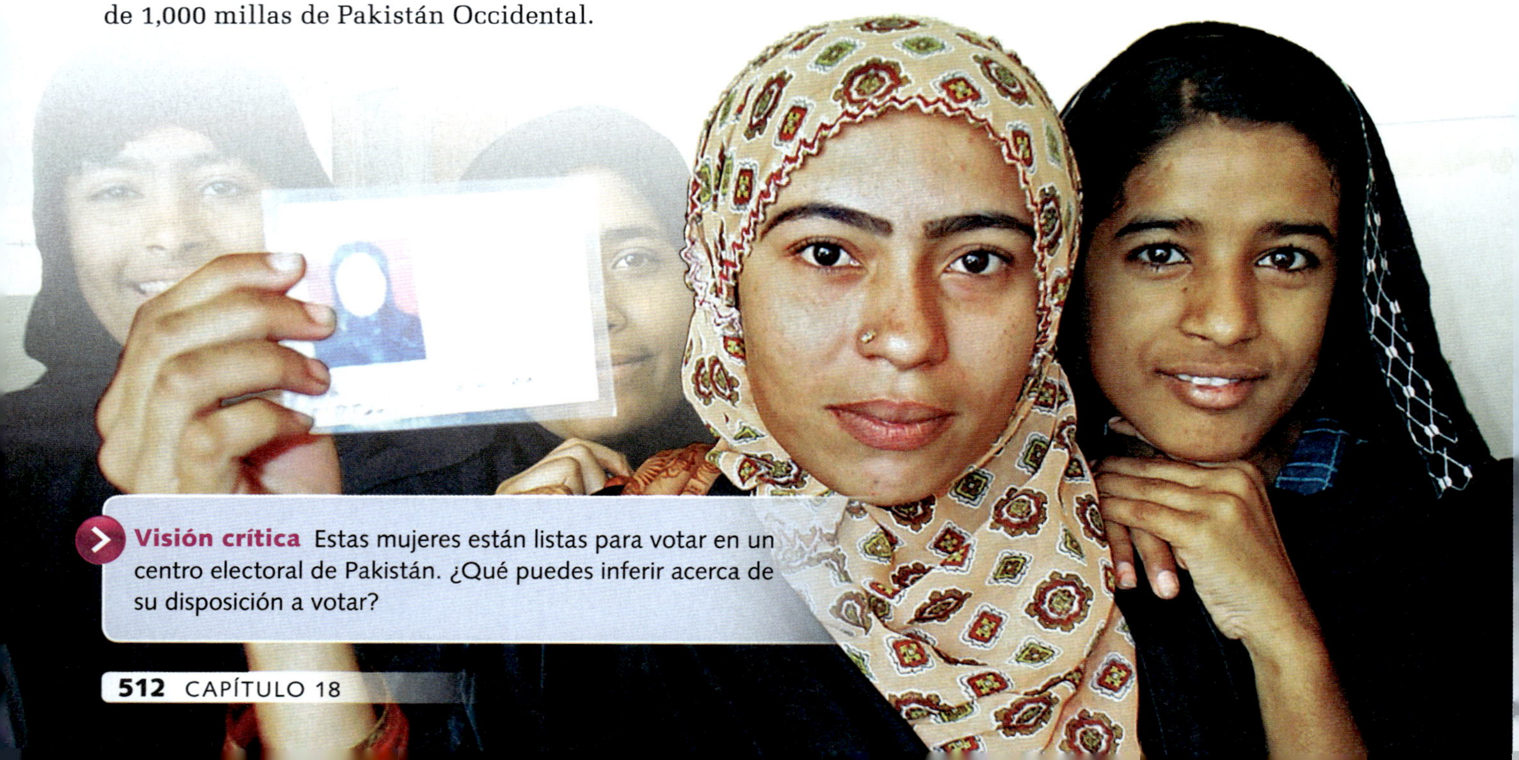

Visión crítica Estas mujeres están listas para votar en un centro electoral de Pakistán. ¿Qué puedes inferir acerca de su disposición a votar?

La elección de Benazir Bhutto

En 1988 se volvieron a realizar elecciones, luego de la muerte del líder militar. Los pakistaníes eligieron a Benazir Bhutto, la hija de Zulfikar Bhutto, como primera ministra. Sus opositores la acusaron de corrupción. Bhutto negó estas acusaciones, pero ante numerosas amenazas contra su vida abandonó Pakistán en 1999.

Con los militares nuevamente a cargo del gobierno, Pakistán experimentó algunos momentos de prosperidad. Sin embargo, se seguían negando los derechos de los ciudadanos. En 2007, los militares prometieron llamar a elecciones y Benazir Bhutto regresó a Pakistán. Sin embargo, Bhutto fue asesinada meses más tarde ese mismo año. Su marido, Asif Ali Zardari, fue elegido presidente en 2008.

Desafíos continuos

La relación de Pakistán con su vecino mayor, la India, sigue siendo tensa, particularmente en la región de Cachemira. Ambos países entran en desacuerdos frecuentes sobre la zona. A menudo se producen hechos violentos y la guerra es una amenaza real. La dificultad para controlar la frontera con Afganistán, su vecino en el oeste, también ejerce una gran presión sobre el gobierno de Pakistán.

Los problemas internos de Pakistán muestran que los países exitosos necesitan líderes fuertes, capaces de unir a diferentes grupos También demuestran la importancia de contar con un gobierno efectivo que asegure el respeto y la aplicación de la constitución nacional garantizando así los derechos de todos sus ciudadanos.

Antes de continuar

Hacer inferencias Explica por qué los militares han tomado el poder tantas veces en Pakistán.

PAKISTÁN: DIVISIÓN POLÍTICA

SUGERENCIA PARA MAPAS
Las áreas tribales bajo administración federal (*Federally Administered Tribal Areas*) son siete áreas en la frontera con Afganistán que están mayormente habitadas por tribus de la etnia pastún. Estas áreas son gobernadas de manera flexible mediante unas regulaciones instituidas por el *raj* británico.

EVALUACIÓN CONTINUA

LABORATORIO DE LECTURA GeoDiario

1. **Analizar causa y efecto** ¿Qué circunstancias han provocado la alternancia entre gobiernos democráticos y militares en Pakistán?
2. **Ubicación** Busca en el mapa las cinco ciudades más importantes de Pakistán. ¿De qué manera los factores geográficos podrían explicar su ubicación
3. **Hacer inferencias** ¿Por qué resultaría difícil gobernar las cuatro provincias de Pakistán?
4. **Evaluar** ¿Por qué Pakistán ha tenido dificultades para avanzar como país?

3.3 Combatir la pobreza en Bangladés

TECHTREK
Visita **myNGconnect.com** para ver un mapa en inglés de las industrias

Maps and Graphs

Idea principal Bangladés es uno de los países más pobres del mundo, pero está avanzando en mejorar su economía.

El mayor problema de Bangladés es la pobreza. En 2009, el producto interno bruto (PIB) per cápita fue de apenas $1,500. En contraste, ese mismo año, el PIB per cápita de los Estados Unidos fue de $46,000. Más de ocho de cada diez habitantes de Bangladés viven con menos de dos dólares al día.

La pobreza en Bangladés

Los economistas identifican tres problemas que sirven para explicar por qué Bangladés es tan pobre. Un problema es la **superpoblación**, es decir, cuando demasiadas personas viven en un mismo lugar. En 2010, los más de 156 millones de habitantes de Bangladés vivían en apenas 55,600 millas cuadradas de territorio. Esto sería aproximadamente equivalente a que casi la mitad de la población de Estados Unidos viviera en un área del tamaño del estado de Illinois.

El segundo problema al que se enfrenta Bangladés son los desastres naturales. Ríos tales como el Ganges desbordan sus márgenes durante los monzones de verano. Muchos **ciclones** (nombre de los huracanes en Asia del Sur) también azotan Bangladés. Las inundaciones y los ciclones destruyen las cosechas, agravando los problemas de la pobreza y la provisión dispar de alimentos.

La falta de educación es el tercer problema. Apenas el 48 por ciento de los habitantes de Bangladés sabe leer y escribir. Por el contrario, el 99 por ciento de los estadounidenses sabe leer y escribir. Además, unos 8 millones de niños bangladesíes trabajan en fábricas y tiene otros empleos. Al trabajar para ganar un salario, no pueden asistir a la escuela.

Hacia un futuro promisorio

Cuando Bangladés se convirtió en una nación independiente en 1971, el país tenía un gobierno militar, al igual que Pakistán. Sin embargo, desde 1991, Bangladés ha tenido gobiernos elegidos democráticamente. El gobierno ha mejorado la economía a través del fomento de las exportaciones y de la creación de industrias nuevas.

No es sencillo hallar productos para exportar. Los agricultores bangladesíes cultivan arroz, trigo y caña de azúcar, pero esos cultivos sirven para alimentar a la enorme población del país y normalmente no sobra nada que pueda exportarse. Pese a ello, el país exporta una enorme cantidad de yute. El yute es una fibra resistente que se usa para fabricar sogas, alfombras, ciertos tipos de papel y otros productos.

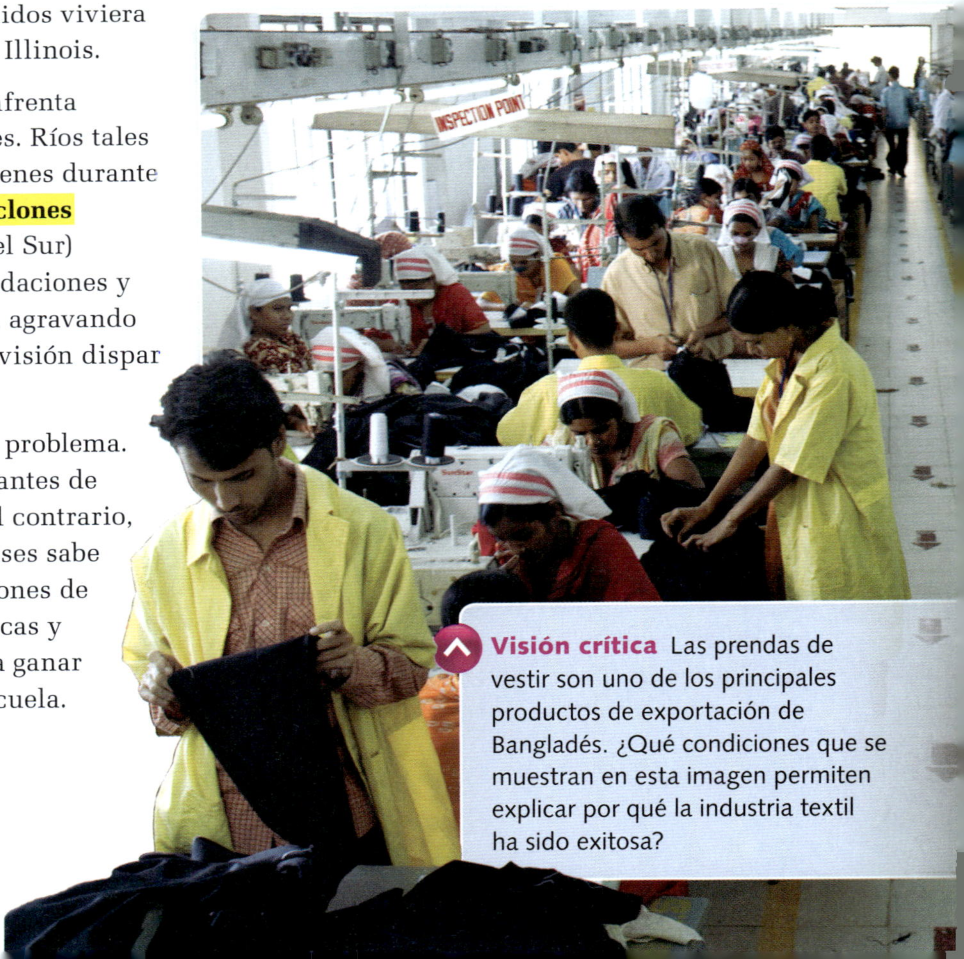

Visión crítica Las prendas de vestir son uno de los principales productos de exportación de Bangladés. ¿Qué condiciones que se muestran en esta imagen permiten explicar por qué la industria textil ha sido exitosa?

RECURSOS E INDUSTRIAS DE BANGLADÉS

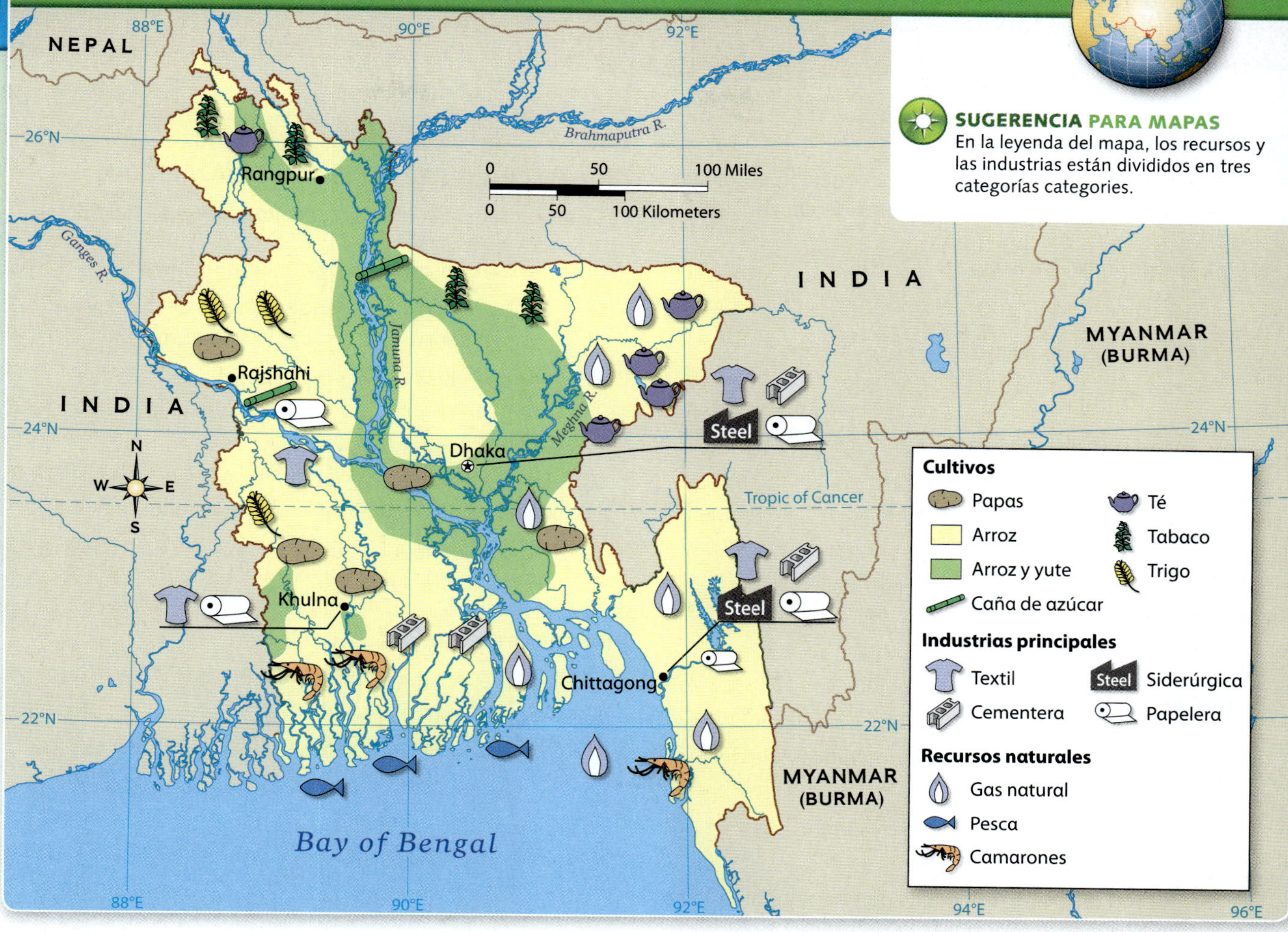

Bangladés también ha desarrollado varias industrias. Las nuevas fábricas elaboran papel, cemento y acero (búscalas en el mapa de recursos en la parte superior de la página).

La manufactura de prendas de vestir (que se muestra en la imagen de la izquierda) ha sido particularmente exitosa. De hecho, las prendas de vestir son la principal exportación del país. La mayor parte de las personas empleadas en la industria textil son mujeres y las prendas que confeccionan se venden en países de todo el planeta. Este progreso económico abre una luz de esperanza hacia un futuro promisorio para Bangladés.

Antes de continuar

Resumir ¿Qué dos estrategias ha usado Bangladés para desarrollar su economía?

EVALUACIÓN CONTINUA

LABORATORIO DE MAPAS

GeoDiario

1. **Interacción entre los humanos y el medio ambiente** ¿Qué recurso natural aparece con mayor frecuencia en el mapa? ¿Cómo podría servir este recurso natural para desarrollar industrias en Bangladés?
2. **Escribir un párrafo** Escoge un recurso del mapa. Escribe un párrafo que explique dónde está situado ese recurso en Bangladés y por qué podría ser importante para la economía del país. Comparte tu párrafo con tus compañeros.
3. **Hacer inferencias** ¿De qué manera la falta de educación ha afectado el desarrollo económico de Bangladés?
4. **Hacer generalizaciones** ¿Por qué crees que la industria textil ha crecido tan rápido en Bangladés?

CAPÍTULO 18

Repaso

VOCABULARIO

Escribe una oración que explique la conexión entre las dos palabras de cada par de palabras de vocabulario.

1. peregrinaje; karma

Los hindúes creen que un peregrinaje al río Ganges les dará un buen karma.

2. shalwar-kameez; sari
3. democracia; república federal
4. infraestructura; modernización
5. naciones desarrolladas; naciones en vías de desarrollo

IDEAS PRINCIPALES

6. ¿De qué manera el hinduismo unifica Asia del Sur? (Sección 1.1)
7. ¿Con qué propósito las mujeres indias usan alheña? (Sección 1.2)
8. ¿Cómo difieren las comidas de una región de Asia del Sur a otra? (Sección 1.3)
9. ¿De qué manera la música y el cine fomentan una cultura común en Asia del Sur? (Sección 1.4)
10. Nombra dos desafíos a los que el gobierno de la India se enfrente en la actualidad (Sección 2.1)
11. ¿De qué manera la política de subcontratar ha contribuido a la rapidez del crecimiento económico? (Sección 2.2)
12. ¿Qué es el Cuadrilátero de Oro y qué ciudades conectará? (Sección 2.3)
13. ¿Qué problemas genera el crecimiento rápido de las ciudades de Asia del Sur? (Sección 3.1)
14. ¿Cuáles son dos de las causas de los numerosos cambios de gobierno en Pakistán? (Sección 3.2)
15. ¿Qué tres factores han contribuido a la pobreza de Bangladés? (Sección 3.3)

CULTURA

ANALIZA LA PREGUNTA FUNDAMENTAL

¿Cómo se refleja la diversidad cultural de Asia del Sur?

Razonamiento crítico: Sacar conclusiones

16. ¿Cuál es una de las creencias básicas del hinduismo? ¿Qué influencia ejerce sobre la cultura india?
17. ¿Por qué crees que las tradiciones arraigadas se continúan respetando en la actualidad en Asia del Sur?
18. ¿En qué se parecen y en qué se diferencian la cocina de Asia del Sur y la cocina estadounidense?
19. ¿De qué manera la música de Asia del Sur refleja la diversidad de la región?

INTERPRETAR MAPAS

20. **Región** Según el mapa, ¿cuál es la principal familia de lenguas en Asia del Sur?
21. **Hacer inferencias** ¿Por qué es probable que haya tantas familias de lenguas distintas en Asia del Sur?

ENFOQUE EN LA INDIA

ANALIZA LA PREGUNTA FUNDAMENTAL

¿Por qué la India ha experimentado un auge económico?

Razonamiento crítico: Hacer generalizaciones

22. ¿En qué se parecen y en qué se diferencian el gobierno de la India y el gobierno de los EE. UU.?
23. Si la economía india continúa expandiéndose, ¿qué efecto podría tener sobre los demás países de Asia del Sur?
24. ¿De qué manera el Cuadrilátero de Oro va a contribuir con el desarrollo de la economía de la India?

GOBIERNO Y ECONOMÍA

ANALIZA LA PREGUNTA FUNDAMENTAL

¿Cuáles son algunos de los efectos de los cambios rápidos producidos en Asia del Sur?

Razonamiento crítico: Analizar causas y efectos

25. ¿De qué manera las ciudades secundarias de Pakistán ayudan a aliviar la tensión a la que están sometidas las ciudades principales?
26. ¿Cómo se han visto afectados los ciudadanos de Pakistán por la inestabilidad del gobierno del país?

INTERPRETAR TABLAS

ALFABETISMO Y PIB PER CÁPITA DE BANGLADÉS (1981-2011)

	1981	1991	2001	2011
Alfabetismo de los adultos (% de la población)	29%	35%	47%	57%
PIB per cápita ($)	$319	$514	$664	$747

Fuente: Banco Mundial

27. **Analizar datos** ¿Cuál es la relación entre el alfabetismo y el PIB per cápita de Bangladés?
28. **Evaluar** ¿Cómo explicarías la relación entre estos dos indicadores económicos? ¿Por qué el PIB per cápita podría afectar al alfabetismo?

OPCIONES ACTIVAS

Sintetiza las preguntas fundamentales completando las siguientes actividades.

29. **Escribir una carta** Escribe una carta a un amigo en la que describas las distintas cosas que unen a los habitantes de Asia del Sur. Describe también en tu carta qué crees que el futuro le depara a Asia del Sur como región y a algunos países de la región. Usa los siguientes consejos para escribir tu carta. **Lee la carta a un compañero.**

Sugerencias para la escritura

- Toma notas sobre tus ideas sobre las cosas que unen a Asia del Sur.
- Usa un tono y un estilo informal para describir esas ideas en tu carta.
- Asegúrate de añadir detalles pintorescos para que tu amigo lea la carta con interés.

TECHTREK Visita myNGconnect.com para ver fotos de Asia del Sur.

30. **Crear elementos visuales** Haz una presentación de diapositivas con fotos de Asia del Sur tomadas del recurso en inglés **Digital Library** o de otras fuentes en línea. Escoge una foto para cada sección del capítulo y ponle un título. Luego escribe un par de oraciones que expliquen de qué manera la imagen representa a Asia del Sur. Copia la siguiente tabla para ayudarte a organizar la información.

Foto	Cómo representa a Asia del Sur
Sección 1	
Sección 2	

Crecimiento económico

TECHTREK
Visita myNGconnect.com para ver infografías en inglés sobre el crecimiento económico.

Student Resources

Muchos factores, entre ellos la geografía y el clima, los recursos naturales, la libertad de los mercados para competir y las políticas del gobierno, tienen un complejo papel en determinar si la economía de un país puede crecer.

Un gobierno puede tener control absoluto o de gran parte de cómo se crean los bienes y servicios y luego de cómo esos servicios se venden o se hacen llegar a los ciudadanos. Algunas monarquías, regímenes totalitarios y sociedades con economías comunistas y socialistas tienen estas características. Por otro lado, un país podría tener una economía de libre mercado en la cual el gobierno tiene un papel menor, tal como proteger a los consumidores. Cuando la India y Hungría llegaron a tener economías más parecidas a un mercado libre en la década de 1990, su crecimiento económico aumentó.

Comparar

- India
- Hungría (*Hungary*)
- Vietnam
- Sudáfrica (*South Africa*)

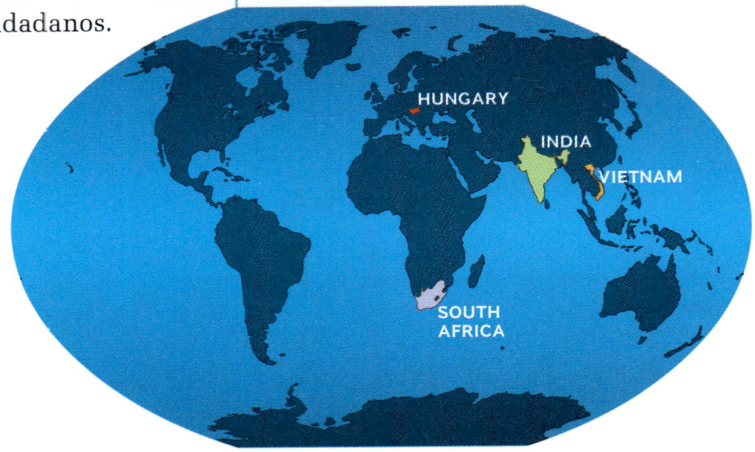

LA INDIA

Piensa en los factores de producción: 1) recursos naturales, 2) mano de obra o trabajadores, 3) capital (por ejemplo, fábricas, computadoras, tractores) y 4) las personas que inician nuevos negocios, tales como los empresarios. Los factores de producción son necesarios para producir bienes y servicios. También influencian los sistemas económicos.

Uno de esos factores, la mano de obra, significa tener suficientes trabajadores capacitados. El gran número de mano de obra de la India tuvo que capacitarse en la industria y la tecnología para que el país se convirtiera en un mercado mundial de crecimiento rápido.

La India también tuvo que aumentar su capital (los edificios, maquinaria y materiales necesarios para el crecimiento). En 2013, la India se encontraba entre los 10 países con el mayor PIB del mundo. Sin embargo, su PNB, Producto Nacional Bruto per cápita (por persona), seguía siendo bajo.

HUNGRÍA

Durante el comunismo, la economía de Hungría fue controlada por el gobierno. Los empresarios no podían iniciar sus propios negocios. Los nuevos negocios, que pueden competir libremente, son uno de los beneficios de un sistema de libre empresa. Otro beneficio es comprar y vender el capital libremente a precios justos. Ambos factores promueven el crecimiento.

Hoy en día, bajo un sistema de libre mercado, Hungría tiene una de las economías más prósperas de Europa Oriental. El país tiene una alta tasa de alfabetización y tiene un porcentaje más bajo de personas viviendo en la pobreza que los Estados Unidos. Pero al igual que la India y muchas otras naciones, Hungría vio desacelerar su economía a causa de la crisis económica mundial que comenzó entre 2007 y 2008.

INDICADORES ECONÓMICOS DE HUNGRÍA Y LA INDIA

(Comparación de datos)

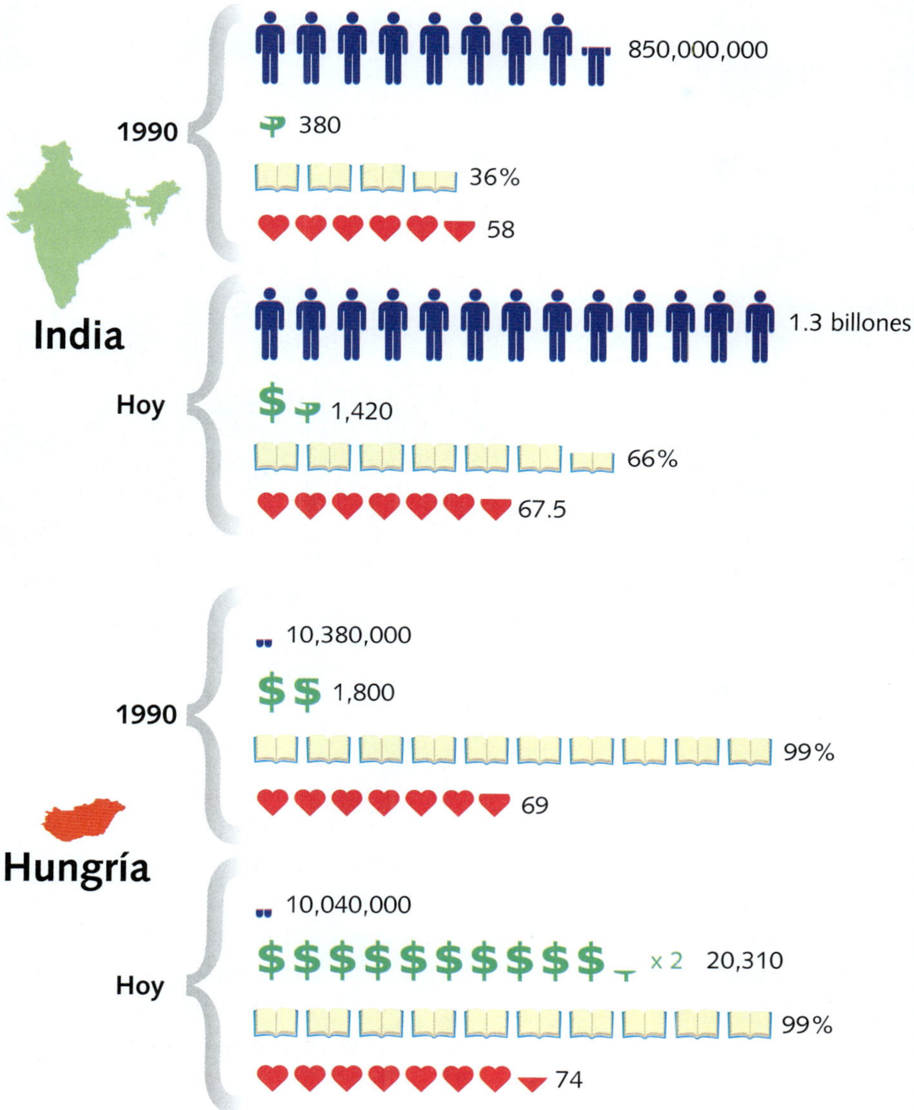

LEYENDA

Población
100,000,000 habitantes

INB
$1,000

Tasa de adultos alfabetizados
10%

Esperanza de vida
10 años

Punto de referencia de los EE.UU.
Población: 313,914,040
INB: $48,620
Tasa de adultos alfabetizados: 98%
Esperanza de vida: 79 años

Fuentes: Banco Mundial, Enciclopedia Británica, Almanaque mundial de la CIA

EVALUACIÓN CONTINUA

LABORATORIO DE INVESTIGACIÓN GeoDiario

1. **Comparar y contrastar** ¿Qué medida aumentó más en ambos países entre 1990 y hoy en día?
2. **Analizar datos** ¿De qué manera el crecimiento de la población podría influir en el crecimiento económico de Hungría y la India?

Investigar y hacer gráficas Investiga los mercados emergentes de Vietnam, en el Sureste Asiático, y de Sudáfrica, en el África Subsahariana. Haz una gráfica para cada país, donde se muestren sus medidas clave más recientes como mercado emergente. Luego compara los datos de los cuatro países, la India, Hungría, Vietnam y Sudáfrica. Según estas medidas clave, ¿la economía de qué país crees que emergerá como la más sólida?

Opciones activas

TECHTREK

Visita **myNGconnect.com** para ver fotos de la cultura de Asia del Sur y una guía en línea de escritura en inglés.

Digital Library

Student Resources

ACTIVIDAD 1

Propósito: Ampliar tu conocimiento sobre los animales en peligro de extinción.

Escribir sobre especies en peligro de extinción

Shafqat Hussain, explorador de National Geographic, creó el Proyecto Leopardo de las Nieves para proteger a los leopardos de las nieves de Asia del Sur, una especie en peligro de extinción. Investiga con un compañero uno de los siguientes animales en peligro de extinción en la región:

- Tigre de Bengala
- Rinoceronte de la India
- Delfín del río Ganges
- Delfín del río Indo
- Elefante de la India
- Macaco cola de león

Crea una presentación que hable sobre al animal, que explique por qué el animal está en peligro de extinción y por qué es importante protegerlo. Presenta tus descubrimientos a la clase. Visita **Student Resources** para ver una guía en línea de escritura en inglés.

Leopardo de las nieves

ACTIVIDAD 2

Propósito: Investigar la cultura de Asia del Sur.

Crear la revista *Actualidad de Asia del Sur*

Tus compañeros de clase y tú son los redactores de la revista *Actualidad de Asia del Sur*. Trabajen en grupo usando el recurso en inglés **Magazine Maker CD-ROM** para hacer el número del próximo mes. Visiten **Digital Library** para buscar imágenes e información sobre:

- vestimenta
- festivales
- comidas
- películas
- música
- escuelas
- deportes
- compras

ACTIVIDAD 3

Propósito: Repasar Asia del Sur con un juego.

Hacer una competencia de geografía

Escribe en una tarjeta una pregunta sobre Asia del Sur y su respuesta. Tu maestro recogerá las preguntas y se las formulará a la clase. Ponte de pie para responder la pregunta. ¡El último en continuar de pie gana!

NATIONAL GEOGRAPHIC

Culturas del mundo y geografía

GEO

Explora Asia Oriental con NATIONAL GEOGRAPHIC

CONOCE AL EXPLORADOR

NATIONAL GEOGRAPHIC

Utilizando instrumentos avanzados, como imágenes satelitales y sensores remotos, el explorador emergente Albert Yu-Min Lin busca la tumba de Gengis Kan. Su búsqueda no altera la tierra y respeta las creencias y tradiciones de los mongoles.

INVESTIGA LA GEOGRAFÍA

Los pisos más altos de este templo tienen vistas a la cima nevada del monte Fuji, situado en el centro de Japón. El monte Fuji es un volcán que ha estado inactivo durante más de 300 años. Un altar ubicado en su cima (12,388 pies) atrae a miles de montañistas cada verano.

CONECTA CON LA CULTURA

Con una población de más de 1.3 mil millones de habitantes, China es el país más poblado del mundo. Una población grande y creciente genera ciertas dificultades, como un tránsito vehicular contaminante y un transporte público atestado. El uso de bicicletas contribuye a paliar el problema.

ONLINE WORLD ATLAS

Visita **myNGconnect.com** para ver mapas de Asia Oriental.

ENTRA A LA HISTORIA

La construcción de la Gran Muralla China comenzó en el siglo VII. Se reconstruyó continuamente hasta el siglo XVI. Su extensión total cubre casi 4,500 millas.

CAPÍTULO 19

Asia Oriental
GEOGRAFÍA E HISTORIA

VISTAZO PREVIO AL CAPÍTULO

Pregunta fundamental ¿De qué manera los factores geográficos influyen en la distribución de la población?

SECCIÓN 1 • GEOGRAFÍA

VOCABULARIO CLAVE

- territorio continental
- aluvión
- loes
- archipiélago
- erupción
- tifón
- zona desmilitarizada
- estepa
- semiárido
- ger
- portado por animales
- caparazón

VOCABULARIO ACADÉMICO
erosionar, refugio

TÉRMINOS Y NOMBRES

- montañas de Kunlun
- meseta tibetana
- Chang Jiang
- Huang He
- llanura del Norte de China
- Anillo de Fuego
- llanura de Kanto
- desierto de Gobi

Pregunta fundamental ¿Qué influencias, creencias y encuentros contribuyeron a la formación de China?

SECCIÓN 2 • HISTORIA DE CHINA

VOCABULARIO CLAVE

- dinastía
- ciclo dinástico
- imperio
- terracota
- sistema ético
- moral
- caravana
- marítimo
- tributo
- expedición
- ocupar
- granja colectiva
- elite

VOCABULARIO ACADÉMICO
proscribir, canjear

TÉRMINOS Y NOMBRES

- Shang
- Zhou
- Qin
- Qin Shi Huang
- Gran Muralla China
- Han
- rutas de la seda
- confucianismo
- Zheng He
- Chiang Kai-shek
- Mao Zedong
- Revolución Cultural

Pregunta fundamental ¿Qué factores tuvieron un efecto sobre la historia del Japón y de Corea?

SECCIÓN 3 • HISTORIA DEL JAPÓN Y DE COREA

VOCABULARIO CLAVE

- samurái
- sogún
- competitivo
- zaibatsu
- rivalidad
- celadón
- retirarse
- armisticio

VOCABULARIO ACADÉMICO
disolver, incautar

TÉRMINOS Y NOMBRES

- Silla
- Goguryeo
- Baekje
- Goryeo
- Choson
- paralelo treinta y ocho
- Guerra Fría

TECHTREK PARA ESTE CAPÍTULO

- Student eEdition
- Maps and Graphs
- Interactive Whiteboard GeoActivities
- Digital Library

Panda chino

Visita **myNGconnect.com** para obtener más información en inglés sobre Asia Oriental.

SECCIÓN 1 GEOGRAFÍA

1.1 Geografía física

TECHTREK
Visita myNGconnect.com para obtener más información en inglés sobre Asia Oriental.
Maps and Graphs
Digital Library

ASIA ORIENTAL: FÍSICO

CLIMA

DENSIDAD DE POBLACIÓN

Idea principal Los accidentes geográficos, las masas de agua y el clima de Asia Oriental influyen sobre el lugar en el que habitan las personas.

Asia Oriental abarca a China y a Mongolia, que se extienden a través del **territorio continental**, o tierra unida al continente, de Asia. La región también comprende dos países insulares, el Japón y Taiwán, así como también Corea del Norte y Corea del Sur, en la península de Corea.

Los accidentes geográficos y el agua

Gran parte del territorio de Asia Oriental se encuentra cubierto por montañas altas y mesetas, como las **montañas de Kunlun** y la **meseta tibetana**. El desierto de Gobi abarca parte de Mongolia y de China.

A través de Asia Oriental fluyen ríos importantes, como el **Chang Jiang**, en China. Las **cuencas** fluviales, es decir las áreas bajas bañadas por estos ríos, sustentan grandes poblaciones. Muchos habitantes de Asia Oriental viven también junto a las áreas costeras y en las llanuras bajas cercanas al océano Pacífico. En toda la región, las personas dependen del Pacífico para la pesca, el comercio y el transporte.

El clima

El clima de Asia Oriental varía desde tropical, en algunas zonas de China, Corea del Sur y el Japón, hasta desértico, en gran parte de Mongolia. Los monzones ejercen una gran influencia en el clima de la región. Estos vientos estacionales traen veranos calurosos y lluviosos e inviernos fríos y secos a algunas partes de Asia Oriental.

Antes de continuar

Resumir ¿De qué manera los accidentes geográficos, las masas de agua y el clima ayudan a determinar el lugar donde habitan las personas en Asia Oriental?

EVALUACIÓN CONTINUA

LABORATORIO DE MAPAS GeoDiario

1. **Interpretar mapas** Usa el mapa físico para ubicar la meseta tibetana (*Tibetan Plateau*) en los mapas de densidad de la población y de clima. ¿Por qué crees que pocas personas habitan en la meseta?
2. **Comparar y contrastar** Compara el clima de Asia Oriental tierra adentro con el clima de sus zonas costeras. ¿Qué función podría cumplir el clima en la distribución de la población en estas áreas?

1.2 Los ríos y las llanuras de China

TECHTREK
Visita **myNGconnect.com** para ver un mapa en inglés y fotografías de los ríos y ciudades de China.

Maps and Graphs | Digital Library

Idea principal Los principales sistemas fluviales de China sustentan grandes poblaciones.

Los dos sistemas fluviales más extensos de China comienzan donde se derriten la nieve y el hielo de las montañas y mesetas del oeste del país. A medida que fluyen río abajo, las aguas **erosionan**, o desgastan, el terreno y forman depósitos aluvionales en las cuencas de los ríos. Un **aluvión** es suelo arrastrado por el agua que fluye, que es ideal para los cultivos.

Los sistemas fluviales

El río Chang Jiang, también llamado Yangtsé, es el más extenso de China. Este río pasa por la cuenca Sichuan y por la llanura Chang Jiang. El segundo río más largo de China es el **Huang He**, que fluye a través de la **llanura del Norte de China**. El Huang He suele llamarse río Amarillo porque fluye a través de una región árida que contiene **loes**, un sedimento de color amarillo. El viento arrastra el loes y lo deposita en el río.

Los valles fluviales y las llanuras fértiles de China proporcionan una tierra agrícola rica para el cultivo del arroz y el trigo. Además sustentan a muchas ciudades. La capital, Pekín (*Beijing*), se encuentra en la llanura del Norte de China. Shanghái, la ciudad más grande del país, se halla en la desembocadura del Chang Jiang, en el mar de China Oriental.

El control de los ríos

Los desbordes frecuentes de los ríos dejan depósitos de suelo fértil. Sin embargo, en el transcurso de cientos de años, las inundaciones también han causado millones de muertes. Los ingenieros chinos han construido barreras, tales como las presas y los diques, para contener el agua.

Para conectar los ríos principales de China, que fluyen de oeste a este, los antiguos chinos construyeron una estructura llamada el Gran Canal, que fluye de norte a sur.

Visión crítica Estos barcos navegan por un brazo del Chang Jiang, junto a los rascacielos de Shanghái. Basándote en la fotografía, ¿cómo usan el río los habitantes de la ciudad?

RÍOS Y CIUDADES DE CHINA

El canal, de una longitud aproximada de 1,100 millas, es el más largo del mundo y conecta Pekín, en la llanura del Norte de China, con Hangzhou, justo al sur de Shanghái. Las barcazas navegan por el canal transportando materiales a granel, como carbón y grava.

Antes de continuar

Resumir ¿De qué manera los ríos de China sustentan a grandes poblaciones?

EVALUACIÓN CONTINUA

LABORATORIO DE MAPAS GeoDiario

1. **Ubicación** Observa el mapa. ¿De qué manera el Gran Canal promueve el transporte de bienes en China?
2. **Evaluar** Usa el mapa de arriba y el mapa físico de la Sección 1.1 para identificar la característica geográfica donde están ubicadas muchas de las grandes ciudades de China. ¿Por qué razón crees que las ciudades se desarrollaron en ese lugar?

SECCIÓN 1 GEOGRAFÍA

1.3 El arco insular del Japón

TECHTREK
Visita **myNGconnect.com** para ver el mapa de un terremoto y fotografías del Japón.
Maps and Graphs
Digital Library

Idea principal El Japón es un país insular montañoso con recursos naturales limitados.

El Japón es un **archipiélago**, o grupo de islas estrechamente vinculadas. El país está compuesto por cuatro islas principales y miles de islas más pequeñas dispuestas en un arco que abarca unas 1,400 millas de longitud. De norte a sur, las cuatro islas principales son Hokkaido, Honshu, Shikoku y Kyushu.

Un país montañoso

Las montañas cubren casi tres cuartas partes del Japón y se extienden como una columna vertebral por el centro de las cuatro islas principales. Las islas japonesas fueron formadas por las cumbres de una cadena montañosa que se levantó desde el fondo del océano Pacífico.

El Japón se halla en el **Anillo de Fuego**, área que se extiende a lo largo del borde del océano Pacífico, donde suelen ocurrir con frecuencia terremotos y **erupciones**, o explosiones, volcánicas. Cada año hay unos 1,500 terremotos y miles de erupciones de los volcanes activos del país.

El 11 de marzo de 2011, el norte del Japón se estremeció con un terremoto de magnitud 9.0, el más fuerte que se haya registrado en la historia del país. El terremoto desató un tsunami con olas gigantescas que barrieron todo a su paso y devastaron ciudades enteras. El desastre destruyó un sinnúmero de viviendas y negocios, y más de 19,000 personas murieron o desaparecieron. La reconstrucción tomará años.

Visión crítica Una ola de tsunami inunda una calle de la ciudad de Miyako. ¿Qué detalles de la fotografía dan una idea del tamaño de la ola?

El tsunami dañó gravemente varias de las plantas de energía nuclear del país. Para el 2013, era claro que las acciones tomadas para proteger al público habían prevenido la exposición a la radiación. Pero todavía existe preocupación por las aguas contaminadas. Los datos sobre la contaminación fueron recolectados por robots, no por trabajadores humanos.

Un país populoso

Como una gran parte del Japón está cubierta de montañas y bosques, la población se concentra en sus llanuras. Alrededor del 80 por ciento de los casi 130 millones de japoneses viven en las llanuras de Honshu.

La **llanura de Kanto** se encuentra en el este de los Alpes Japoneses, que atraviesan la parte central de Honshú. Los suelos planos de la llanura de Kanto son propicios para la agricultura y la industria. Tokio, la capital del Japón y su ciudad más grande, está ubicada en esta región

Recursos naturales limitados

El recurso natural más importante del Japón son los peces del océano Pacífico y del mar del Japón. La industria pesquera japonesa es una de las más grandes del mundo. Los mares son fundamentales también para el comercio, que es vital para la economía del Japón.

Como el Japón tiene solamente pequeñas cantidades de recursos minerales, el país debe importar materias primas como hierro y plomo. El Japón también importa la mayor parte de sus recursos energéticos, incluidos el petróleo y el carbón. El Japón emplea estos materiales importados en sus industrias y luego exporta productos terminados, como automóviles y artículos electrónicos.

Antes de continuar

Resumir ¿Cómo afectan las montañas y los recursos naturales limitados del Japón a la vida en ese país?

TERREMOTO DE 2011

SUGERENCIA PARA MAPAS
El mapa muestra la ubicación, o el epicentro, del terremoto del Japón de 2011 y sus mayores réplicas (serie de temblores que ocurren después del terremoto principal).

EVALUACIÓN CONTINUA
LABORATORIO DE MAPAS

GeoDiario

1. **Ubicación** Ubica el área afectada por el terremoto en el recuadro del mapa. ¿Por qué razón esta zona sería propensa a la actividad sísmica?
2. **Hacer inferencias** Observa el mapa del terremoto del Japón de 2011. Según el mapa, ¿entre qué dos ciudades principales crees que tuvo lugar la mayor devastación?

1.4 La península de Corea

TECHTREK
Visita myNGconnect.com para ver un mapa en línea de Corea y una guía de escritura en inglés.
Maps and Graphs | Student Resources

Idea principal Corea del Norte y Corea del Sur tienen una geografía similar, pero estos dos países de la península de Corea permanecen divididos

La península de Corea fue dividida en dos países después de la Segunda Guerra Mundial. Los dos países son la República Popular Democrática de Corea, o Corea del Norte, y la República de Corea, o Corea del Sur. Corea del Norte tiene un gobierno comunista, mientras que Corea del Sur es democrática.

La geografía y el clima

Como el Japón, la península de Corea es en gran parte montañosa, con llanuras costeras y valles fluviales donde viven la mayoría de los habitantes. Con una población de unos 50 millones de personas, Corea del Sur tiene más del doble de habitantes que Corea del Norte y está mucho más densamente poblada.

En Corea del Sur, las llanuras del sur y del oeste son áreas importantes para la agricultura. El clima del país es apropiado para el cultivo, con veranos calurosos y húmedos y con inviernos fríos y secos. Las dos ciudades industriales principales de Corea del Sur (Seúl, su capital, y Busan) también están ubicadas en las llanuras.

El territorio de Corea del Norte es más montañoso que el de Corea del Sur. Como consecuencia, Corea del Norte tiene una extensión menor de tierras cultivables que su país vecino. En general, el clima de Corea del Norte es más frío y húmedo que el de Corea del Sur, pero los **tifones**, o huracanes, producen lluvias copiosas y provocan inundaciones en ambos países.

Recursos naturales e industrias

Entre los recursos naturales de Corea del Sur se incluyen el hierro, el cobre y el carbón. Sin embargo, como estos recursos son limitados, Corea del Sur importa gran parte de la materia prima que necesita para su producción industrial. Corea del Sur tiene una economía altamente industrializada. La construcción naval y el acero se encuentran entre las principales industrias del país, junto con la manufactura de artículos electrónicos y automóviles.

Los recursos naturales de Corea del Norte incluyen carbón, magnesita y hierro. A diferencia de Corea del Sur, muchas industrias de Corea del Norte producen equipos militares.

Visión Crítica El acero es una industria importante en Corea del Sur. ¿Qué detalles de la fotografía sugieren que esta central de Busan es una industria próspera?

Un territorio dividido

De 1950 a 1953, las dos Coreas se enfrentaron en un conflicto conocido como la Guerra de Corea. Corea del Norte inició la guerra al invadir Corea del Sur con el objetivo de apoderarse de la península. Una vez finalizada la guerra, los dos países permanecieron divididos. Aprenderás más acerca de la Guerra de Corea en la Sección 3

Después de la guerra se creó una zona desmilitarizada, o área neutral, entre Corea del Norte y Corea del Sur. La **zona desmilitarizada** abarca unas 150 millas de largo y 2.5 millas de ancho. Los soldados aún patrullan el territorio, que se ha convertido en un territorio silvestre.

Con el tiempo, el aislamiento de la zona desmilitarizada ha creado un **refugio**, o lugar seguro, para una gran cantidad de flora y fauna silvestres. Allí viven especies de animales poco comunes, como ciertas grullas, tigres y osos. Los científicos antes pensaban que estos animales se habían extinguido de la península de Corea.

Antes de continuar

Resumir ¿En qué aspectos se parecen Corea del Norte y Corea del Sur y en cuáles se diferencian?

USO DE LA TIERRA Y RECURSOS NATURALES

EVALUACIÓN CONTINUA

LABORATORIO DE ESCRITURA GeoDiario

Comparar y contrastar Escribe un párrafo en el que compares y contrastes Corea del Norte y Corea del Sur. Usa un diagrama de Venn como el siguiente para organizar la información sobre la geografía, el clima, los recursos naturales y las industrias de cada país. Una vez terminado el párrafo, intercambia tu trabajo con el de un compañero y comenta tus ideas. Visita **Student Resources** para ver una guía de escritura en inglés.

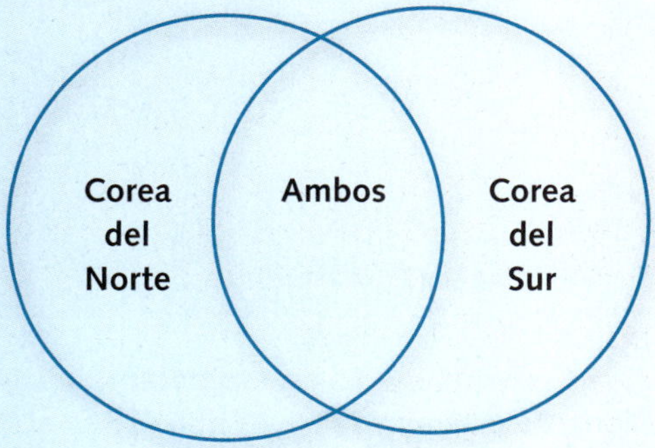

1.5 El paisaje desértico de Mongolia

TECHTREK
Visita **myNGconnect.com** para ver un mapa físico de Mongolia en inglés y fotografías de geres.
Maps and Graphs
Digital Library

Idea principal Los mongoles se han adaptado a la vida en un medio ambiente seco e inhóspito.

Mongolia es un país sin litoral ubicado entre el norte de China y el este de Rusia. El desierto de Gobi, el más grande de Asia, cubre gran parte del sur de Mongolia y se extiende hasta el interior de China.

Alto y seco

Las montañas, las mesetas, las **estepas**, o praderas secas, y el desierto conforman la geografía física de Mongolia. Todo el territorio del país se encuentra a 1,700 pies o más sobre el nivel del mar.

La mayor parte del territorio **semiárido**, o algo seco, recibe menos de 20 pulgadas de lluvia, que caen mayormente en julio y agosto. En el desierto de Gobi llueve tan solo unas siete pulgadas al año. En algunas partes del Gobi nunca llueve. Gobi significa "lugar sin agua". La aridez extrema y los vientos fuertes que soplan a veces en este desierto dan lugar a tormentas de polvo enceguecedoras.

En Mongolia, los veranos suelen ser cortos y calurosos, mientras que los inviernos son largos y fríos. En el desierto de Gobi, las temperaturas pueden alcanzar 113°F en verano y -40°F en invierno. Además, en el desierto las temperaturas pueden ascender y descender hasta 60 grados en un mismo día.

Las personas y el medio ambiente

En el medio ambiente inhóspito de Mongolia, hay escasos sitios habitables. Cerca de la mitad de los casi tres millones de habitantes del país viven en áreas urbanas. Alrededor de un tercio de la población vive en la ciudad capital, Ulán Bator.

En Mongolia, menos del uno por ciento de la tierra es cultivable. Por esta razón, la mayoría de los habitantes de las áreas rurales son pastores de ganado. Muchos de ellos llevan una vida nómada. Se trasladan de un sitio a otro con sus ovejas o cabras, en busca de buenas tierras de pastoreo. Algunos pastores viven en **geres**. En Asia Central, a estas tiendas se les llama yurtas.

Vocabulario visual En esta fotografía, una mujer nómada de Mongolia está parada frente a su ger en el desierto de Gobi. Un **ger** es una tienda portátil hecha de fieltro.

MONGOLIA: FÍSICO

Preservar el desierto

Tal como has visto, los mongoles han aprendido a adaptarse a su medio ambiente desértico. Pero también quieren preservarlo. El desierto de Gobi se está expandiendo debido a un proceso llamado desertificación, por el cual la tierra fértil se convierte en un desierto. Gran parte de esta expansión del desierto es una consecuencia de la actividad humana, incluido el pastoreo excesivo del ganado en las áreas de pastos. Los mongoles están intentando detener este proceso reduciendo la cantidad de ganado que pasta en el área y talando menos árboles.

Algunas zonas del desierto de Gobi también se han convertido en reservas naturales y parques nacionales. En uno de los parques de la parte sur del Gobi hay terrenos de gran interés para los paleontólogos, o científicos que estudian la vida prehistórica. Esta área es uno de los sitios más ricos en fósiles de dinosaurios del mundo. De hecho, los primeros huevos de dinosaurio se descubrieron aquí en la década de 1920. El clima riguroso del Gobi y su ubicación remota han ayudado a proteger y preservar a los fósiles durante millones de siglos.

Antes de continuar

Resumir ¿De qué manera los mongoles se han adaptado a su medio ambiente seco e inhóspito?

EVALUACIÓN CONTINUA

LABORATORIO DE MAPAS GeoDiario

1. **Región** Observa el mapa físico de Mongolia. ¿Qué te indica el mapa acerca de los recursos hídricos del país?
2. **Sintetizar** Compara el mapa que aparece en esta página con los mapas de clima y población de la Sección 1.1. ¿De qué manera el clima y las características geográficas explican la densidad de población de Mongolia?
3. **Sacar conclusiones** ¿Por qué razón crees que la mayoría de las ciudades de Mongolia están ubicadas en el norte?

TECHTREK
Visita myNGconnect.com para ver fotografías del trabajo de un explorador y un video clip en inglés de Explorer.
Digital Library

Siguiendo el rastro de la fauna acuática
con Katsufumi Sato

Idea principal Los grabadores de datos portados por animales permiten a los científicos observar las conductas de esos animales y aprender a protegerlos.

myNGconnect.com
Para saber más sobre el trabajo de campo de Katsufumi Sato hoy en día.

La tecnología de seguimiento

Desde la década de 1990, los científicos se han dedicado a colocar grabadores de datos electrónicos en los animales para reunir información acerca de todas sus conductas, desde la rapidez con que se mueven hasta cuánto comen. Estos grabadores son **portados por animales**, lo que significa que los dispositivos son transportados por los mismos animales. Muchos de los grabadores incluyen cámaras que toman fotografías y videos de lo que mira el animal en condiciones naturales.

El explorador emergente Katsufumi Sato busca continuamente la manera de mejorar la tecnología. “Siempre trabajamos para perfeccionar los instrumentos [...] y para hallar métodos mejores para colocarlos y recuperarlos”, señala Sato. Por ejemplo, la primera vez que estudió las tortugas marinas, utilizó un arnés para colocarles el grabador. Sin embargo, el arnés hacía que las tortugas nadaran más lento. Con el tiempo, Sato ideó un modo de pegar el instrumento al **caparazón**, o coraza, de modo que fuera una carga más liviana y menos incómoda para el animal.

Hallazgos inesperados

Sato realiza seguimientos de toda clase de criaturas marinas. Uno de sus sujetos de investigación es el cormorán, un ave marina grande que se zambulle debajo del agua para atrapar peces en su pico. Durante años, los pescadores japoneses han estado convencidos de que los cormoranes les roban algunos peces de sus redes. Por ello, los pescadores han cazado y matado a las aves. Colocando pequeños grabadores de tracción animal en estas aves, Sato espera conocer la cantidad exacta y el tipo de peces que comen realmente. Puede que los cormoranes no sean tan destructivos como creen los pescadores.

Sato también ha estudiado la tortuga marina caguama. Muchos científicos creían que estas tortugas estaban muriendo porque comían las bolsas plásticas que se arrojaban al océano, al confundirlas con medusas. Los científicos pensaban que, al tragar las bolsas, las tortugas morían por asfixia o de hambre. Sin embargo, las cámaras de tracción animal demostraron que las tortugas en realidad se alejan de las bolsas plásticas al reconocer que no son alimento. Este hallazgo les indicó a los científicos que necesitaban seguir investigando para aprender qué es lo que en realidad está causando la disminución del número de tortugas.

En otro estudio sorprendente, Sato descubrió que el pingüino rey regula la cantidad de aire que inhala antes de zambullirse. Los pingüinos inhalan más aire antes de una zambullida profunda y menos aire antes de una zambullida más superficial. Esta conducta sugiere que los pingüinos pueden ser capaces de planificar sus acciones.

Antes de continuar

Resumir ¿Cómo se podrían usar los grabadores portados por animales para salvar a otros animales?

EVALUACIÓN CONTINUA

LABORATORIO VISUAL GeoDiario

1. **Analizar elementos visuales** Visita el recurso en inglés Digital Library para ver un video clip sobre Katsufumi Sato. ¿Qué hallazgos descritos en el video te sorprendieron?
2. **Formular y responder preguntas** Comenta el video clip con un compañero. Después, cada uno escribirá una pregunta sobre el trabajo de Sato. Intercambia las preguntas con tu compañero y túrnense para responder las preguntas.
3. **Sacar conclusiones** ¿De qué manera el trabajo de Sato podría servir para proteger a las especies en peligro de extinción?

Visión crítica Los pingüinos rey, parecidos a los que estudió Sato, se reúnen en una bahía al norte de la Antártida. ¿Qué datos podría registrar uno de los dispositivos de Sato acerca de los pingüinos que viven en este medio ambiente?

SECCIÓN 2 HISTORIA DE CHINA

2.1 Las primeras dinastías

TECHTREK Visita **myNGconnect.com** para ver fotografías de artefactos de la antigua China.

Digital Library

Idea principal Poderosas familias gobernaron y definieron a la antigua China durante 2,000 años aproximadamente.

En el siglo XXII a. C. se desarrollaron asentamientos agrícolas a orillas del Huang He, en el este de China. Con el paso del tiempo, algunos de estos asentamientos crecieron hasta convertirse en ciudades, lo cual marcó el comienzo de una primera civilización. Como la cultura china se desarrolló a partir de esta primera sociedad, se dice que China tiene la civilización continua de mayor duración del mundo.

Las dinastías Shang y Zhou

Hacia 1766 a. C., los reyes de la familia **Shang** asumieron el control de algunas de las ciudades situadas a orillas del Huang He. Los Shang establecieron una **dinastía**, una serie de gobernantes de la misma familia. Con el paso del tiempo, los Shang gobernaron gran parte del área situada junto a la llanura del Norte de China.

La sociedad Shang era principalmente agrícola, pero los gobernantes también hicieron construir grandes ciudades amuralladas. La sociedad era estructurada, con los nobles en el nivel superior y los campesinos en el inferior. Los Shang empleaban carros tirados por caballos para defenderse de los invasores. Además, desarrollaron un sistema de escritura que contribuyó a unificar sus territorios.

Los **Zhou** combatían a menudo contra los Shang. Alrededor del año 1050 a. C., los Zhou derrotaron a los Shang y establecieron su propia dinastía. Durante la mayor parte de su largo gobierno (más largo que cualquier otra dinastía en la historia de China), los gobernantes Zhou declararon la guerra a los invasores que llegaban del norte y del oeste. Los Zhou también pelearon entre ellos. Los reyes Zhou habían designado señores a cargo de diversas partes de la región. Estos señores combatían entre ellos por la posesión de más territorios. Las guerras continuas provocaron un gran desorden en la sociedad china.

Los gobernantes chinos creían que la duración de su dinastía estaba determinada por los dioses venerados en la antigua China. El ciclo de ascenso y caída de las dinastías, tal como se muestra en la página siguiente, se denominó **ciclo dinástico**.

La dinastía Qin

La dinastía **Qin** obtuvo el control de China en 221 a. C. Se piensa que el término China tiene su origen en el nombre de esta dinastía. **Qin Shi Huang**, gobernante de esta dinastía, fortaleció el gobierno central y expandió el territorio bajo su dominio. Unió estos territorios y formó un imperio, un grupo de estados gobernados por un único gobernante fuerte, convirtiéndose así en el primer emperador de China. Qin Shi Huang unificó su **imperio** construyendo un sistema de caminos y uniformando la moneda china.

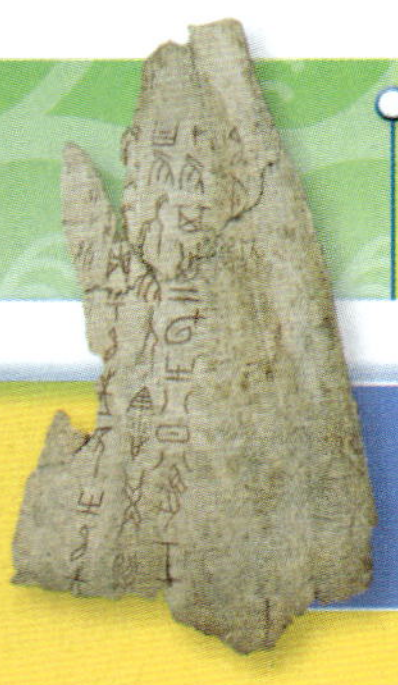

Oráculo de hueso de la dinastía Shang usado para formular preguntas a los dioses.

1766 a. C. Los Shang establecen una dinastía en la llanura del Norte de China.

1600 a. C.

900 a. C.

1050 a. C. La dinastía Zhou comienza su largo gobierno.

Vasija de bronce de la dinastía Zhou

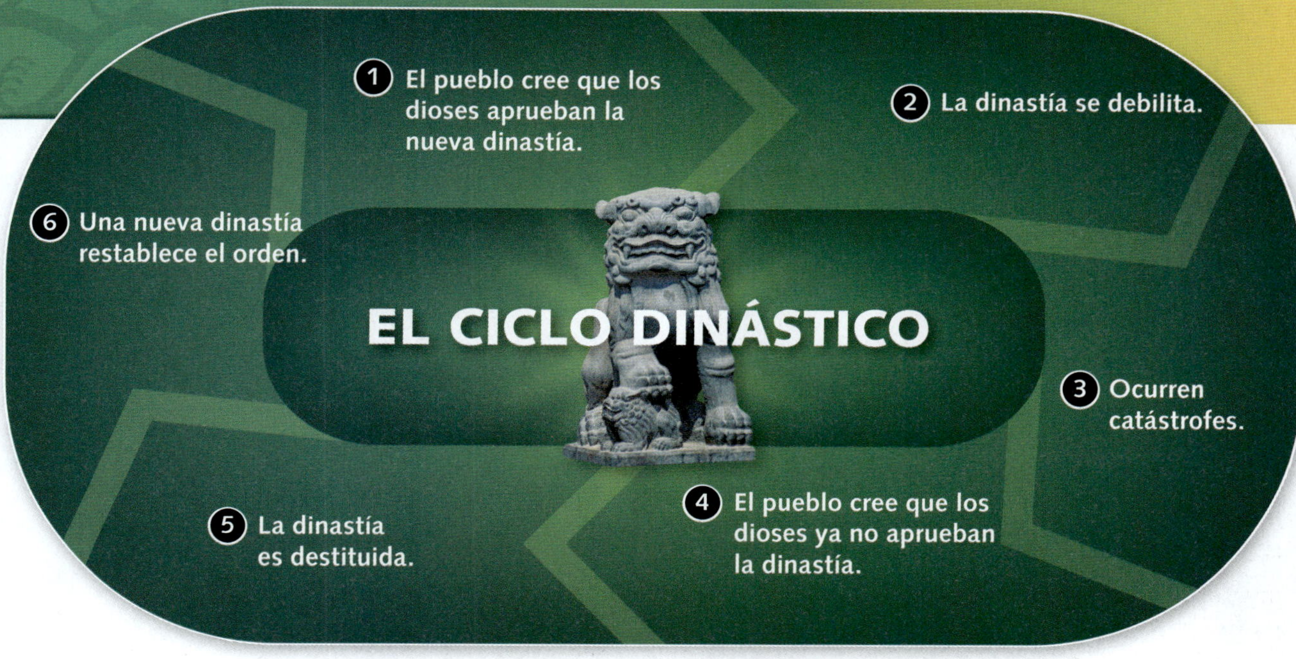

Qin Shi Huang también inició la construcción de la **Gran Muralla China** para protegerse de los invasores del norte. Miles de personas fueron obligadas a trabajar en el enorme proyecto. Los gobernantes siguientes continuaron su expansión hasta que la muralla alcanzó unas 4,500 millas de largo.

El gobierno de la dinastía Qin finalizó cuatro años después de la muerte de Qin Shi Huang, en 210 a. C. En 1974, los arqueólogos descubrieron miles de guerreros de **terracota**, o arcilla horneada, enterrados cerca de su tumba. Los expertos creen que estas estatuas de tamaño natural fueron creadas para custodiar su tumba.

La dinastía Han

La dinastía Han asumió el poder en China en 206 a. C. y se mantuvo hasta 220 d. C. Los líderes Han expandieron el imperio y establecieron un gobierno central fuerte. Durante esta época, China comenzó a comerciar con Europa y Asia Central a lo largo de las rutas llamadas rutas de la seda. El comercio de bienes e ideas permitió crear en China una civilización próspera y una cultura avanzada. Muchos chinos siguen refiriéndose a sí mismos como "el pueblo de los Han". Aprenderás más sobre las rutas de la seda en la Sección 2.3.

Un guerrero de terracota hallado en la tumba de Qin Shi Huang

221 a. C.
La dinastía Qin forma un imperio.

200 a. C.

206 a. C.
La dinastía Han expande el Imperio chino.

Antes de continuar

Verificar la comprensión ¿En qué aspectos se parecían las dinastías chinas y en cuáles se diferenciaban?

EVALUACIÓN CONTINUA

LABORATORIO DE LECTURA GeoDiario

1. **Hacer inferencias** La dinastía Qin finalizó poco después de la muerte de Qin Shi Huang. ¿Qué sugiere este hecho acerca del gobernante que lo sucedió?
2. **Formar y respaldar opiniones** ¿Qué dinastía crees que tuvo el mayor impacto sobre la sociedad china? Explica tu respuesta.
3. **Evaluar** ¿Por qué razón es probable que el pueblo chino aceptara la destitución de una dinastía antigua y el ascenso de una nueva?

NATIONAL GEOGRAPHIC

Galería de fotos • Ejército de terracota

Para ver más fotos de la galería de fotos de National Geographic, visita **Digital Library** en myNGconnect.com.

La Gran Muralla China

Cultivo de té, China

Paso de Zar Gama, Tibet

Visión crítica En 1974 se econtraron más de 8,000 soldados de arcilla cosida, o terracota, en Xi'an, China. Las estatuas habían sido enterradas junto a la tumba del emperador Qin Shi Huang alrededor del año 210 a. C.

Nómadas en Tibet

La Ciudad Prohibida, Pekín

El Templo Dorado de Kioto

Desierto de Gobi

2.2 El confucianismo

TECHTREK
Visita **myNGconnect.com** para ver fotografías de los templos confucianos.

Digital Library

Idea principal Las enseñanzas de Confucio han influido en la sociedad china durante más de 2,000 años.

Tal como has leído, el pueblo chino soportó largos períodos de conflictos y desórdenes durante la dinastía Zhou. Confucio, erudito y maestro chino nacido durante ese período, deseaba traer la paz a su país. Confucio desarrolló ideas sobre la conducta correcta de los gobernantes y los súbditos y enseñó estas ideas a otras personas. Sus enseñanzas forman la base de un **sistema ético** llamado **confucianismo**. Un sistema ético enseña conductas **morales**, o correctas. Durante más de 2,000 años, las enseñanzas de Confucio han guiado el pensamiento chino.

Las enseñanzas

Las enseñanzas de Confucio se basan en cinco relaciones: padre e hijo; hermano mayor y hermano menor; marido y mujer; amigo y amigo; y gobernante y súbdito. Confucio enseñó que si estas relaciones se mantenían con respeto, se restauraría la paz en la sociedad. Las enseñanzas siguientes ilustran el énfasis de Confucio en la importancia de las relaciones sociales y del estudio.

No te preocupes porque los demás no reconozcan tus meritos; preocúpate porque quizás tú no reconozcas los suyos. (Analectas 1.16)

Estudiar sin pensar es vano [inútil]. Pensar sin estudiar es peligroso. (Analectas 2.15)

Lo que no deseas para ti, no se lo hagas a otros. (Analectas 15.24)

Este templo confuciano de Qufu, China (lugar donde nació Confucio, en 551 a. C.), fue construido poco después de la muerte del maestro.

El legado

Confucio murió creyendo que había fracasado. Durante toda su vida, sus enseñanzas no modificaron a la sociedad china. Sin embargo, sus estudiantes tomaron nota de sus enseñanzas y las reunieron en un libro llamado Analectas para que las generaciones futuras las leyeran. Con el tiempo, los gobernantes de la dinastía Han adoptaron las enseñanzas de Confucio y las emplearon para elegir a los funcionarios del gobierno en base a sus logros más que a sus riquezas.

El confucianismo continuó influyendo en la sociedad china hasta que el Partido Comunista tomó el poder en 1949. Los comunistas **proscribieron**, o prohibieron, el confucianismo porque lo consideraban una religión. El gobierno puso fin a su proscripción en 1977. Desde entonces, el confucianismo ha recuperado gran parte de su influencia. Se enseña en las escuelas y muchos líderes han redescubierto la sabiduría de Confucio. Algunos funcionarios han comenzado a usar las enseñanzas de Confucio para guiar su trabajo y su conducta.

Antes de continuar

Resumir ¿Cuáles son las enseñanzas básicas del confucianismo?

EVALUACIÓN CONTINUA

LABORATORIO FOTOGRÁFICO

GeoDiario

1. **Analizar elementos visuales** ¿Qué estado de ánimo supones que inspira el templo de la fotografía?
2. **Hacer inferencias** ¿Por qué razón crees que tantas personas visitan el templo?
3. **Analizar fuentes primarias** Relee el tercer ejemplo de las enseñanzas de Confucio. ¿Qué valores confucianos se reflejan en esta enseñanza?

2.3 Las rutas de la seda y el comercio

TECHTREK Visita **myNGconnect.com** para ver un mapa de las rutas de la seda y fotos de los artículos que se comerciaban.

Maps and Graphs | Digital Library

Idea principal En las rutas de la seda que conectaban a China con gran parte del mundo se comerciaban bienes y se difundían ideas.

Has aprendido que las rutas de la seda eran una serie de rutas comerciales iniciadas durante la dinastía Han. Las rutas conectaban a China con Europa, la India, Asia Central y África del Norte. El nombre de las rutas de la seda tiene su origen en el comercio de las telas de seda, que se fabricaban únicamente en China en esa época

Las rutas de comercio

Las principal ruta terrestre comenzaba en la ciudad de Chang'an, la capital de la antigua China. La ruta se dividía en dos para rodear el desierto de Taklamakán. Más adelante, se dividía nuevamente para evitar las cumbres más altas del Hindu Kush. Las rutas de comercio se extendían hacia el oeste en dirección a Asia Central y África y hacia el sur en dirección a la India. La mayoría de los comerciantes que viajaban por tierra lo hacían en caravanas, o grupos, con camellos, que eran animales adecuados para el terreno difícil y el clima seco.

Las rutas de la seda también incluían rutas **marítimas**. Desde Nanjing, los mercaderes que transportaban bienes chinos viajaban al Japón. Desde las antiguas ciudades de Antioquía y Tiro, el comercio continuaba hasta Roma.

Bienes e ideas

Las rutas terrestres cubrían unas 4,000 millas, aunque pocos comerciantes las recorrían de un extremo al otro. La mayoría de los comerciantes chinos tenían prohibido viajar más allá de los límites de su país. Como resultado, principalmente intercambiaban su seda, jade y especias con nómadas de Asia Central y con comerciantes de la India. Estos, a su vez, comerciaban con mercaderes del Mediterráneo. A lo largo de las rutas surgieron pueblos con mercados. Algunos se convirtieron en ciudades importantes.

Visión crítica Los camellos pueden viajar durante períodos largos sin tomar agua. ¿Por qué esa capacidad podría haber sido útil en las rutas de la seda?

VÍAS COMERCIALES DE LAS RUTAS DE LA SEDA

Los mercaderes transportaban una variedad de bienes. Los mercaderes de la India vendían gemas y maderas perfumadas como el cedro. Los bienes europeos incluían vidrio, perlas y lana. Como no existía una única clase de moneda usada por todos, los mercaderes **canjeaban**, o intercambiaban, los bienes sin utilizar dinero. Por ejemplo, a cambio de su seda, los mercaderes chinos quizás recibían tinturas moradas de los mercaderes del Mediterráneo.

Los funcionarios del gobierno y los misioneros también viajaban por estas rutas. Sus ideas se difundían junto con los bienes de los mercaderes. Por ejemplo, las rutas de la seda sirvieron para la difusión del budismo proveniente de la India, su lugar de origen, a China y, con el paso del tiempo, a Corea y el Japón.

Antes de continuar

Verificar la comprensión ¿De qué manera las rutas de la seda promovieron el intercambio de bienes e ideas?

EVALUACIÓN CONTINUA

LABORATORIO DE MAPAS GeoDiario

1. **Movimiento** Según el mapa, ¿qué ruta habrán tomado los mercaderes desde Dunhuang, en China, hacia Delhi, en la India?
2. **Hacer inferencias** Observa el mapa. Explica por qué Kashgar se convirtió en una ciudad próspera.
3. **Crear bosquejos de mapas** Usa el mapa y la información del texto para crear un mapa temático que muestre la actividad en las rutas de la seda. Usa los símbolos para representar diferentes bienes e ideas.

2.4 Exploración y aislamiento

TECHTREK
Visita myNGconnect.com para ver un mapa en inglés y fotos que representan las travesías de Zheng He.
Maps and Graphs
Digital Library

Idea principal Zheng He realizó siete viajes de exploración con la intención de impresionar a los extranjeros con el poderío y las riquezas de China.

China dominó Asia Oriental durante la dinastía Ming, que se inició en 1368. Yongle, un emperador Ming, decidió que quería mostrar al mundo el poderío y las riquezas de China y asumir el control del comercio marítimo. También quería que otros países le pagaran un **tributo**, dinero pagado como muestra de reconocimiento a su poder.

Zheng He

Para llevar a cabo su misión, Yongle le ordenó al almirante Zheng He que condujera siete **expediciones**, o travesías, entre 1405 y 1433. La flota de Zheng He era mucho más grande que las de exploradores europeos como Cristóbal Colón, que zarparía casi 100 años después. Zheng He, al mando de miles de hombres, zarpó con cientos de barcos del tesoro diseñados para transportar cargas enormes de bienes comerciales.

Poco tiempo después de la última expedición de Zheng He, China se sumió en el aislamiento. Este aislamiento continuó hasta el siglo XIX, cuando las potencias europeas comenzaron a controlar la economía de China.

Antes de continuar

Resumir ¿De qué manera las expediciones de Zheng He demostraron la riqueza y el poderío de China?

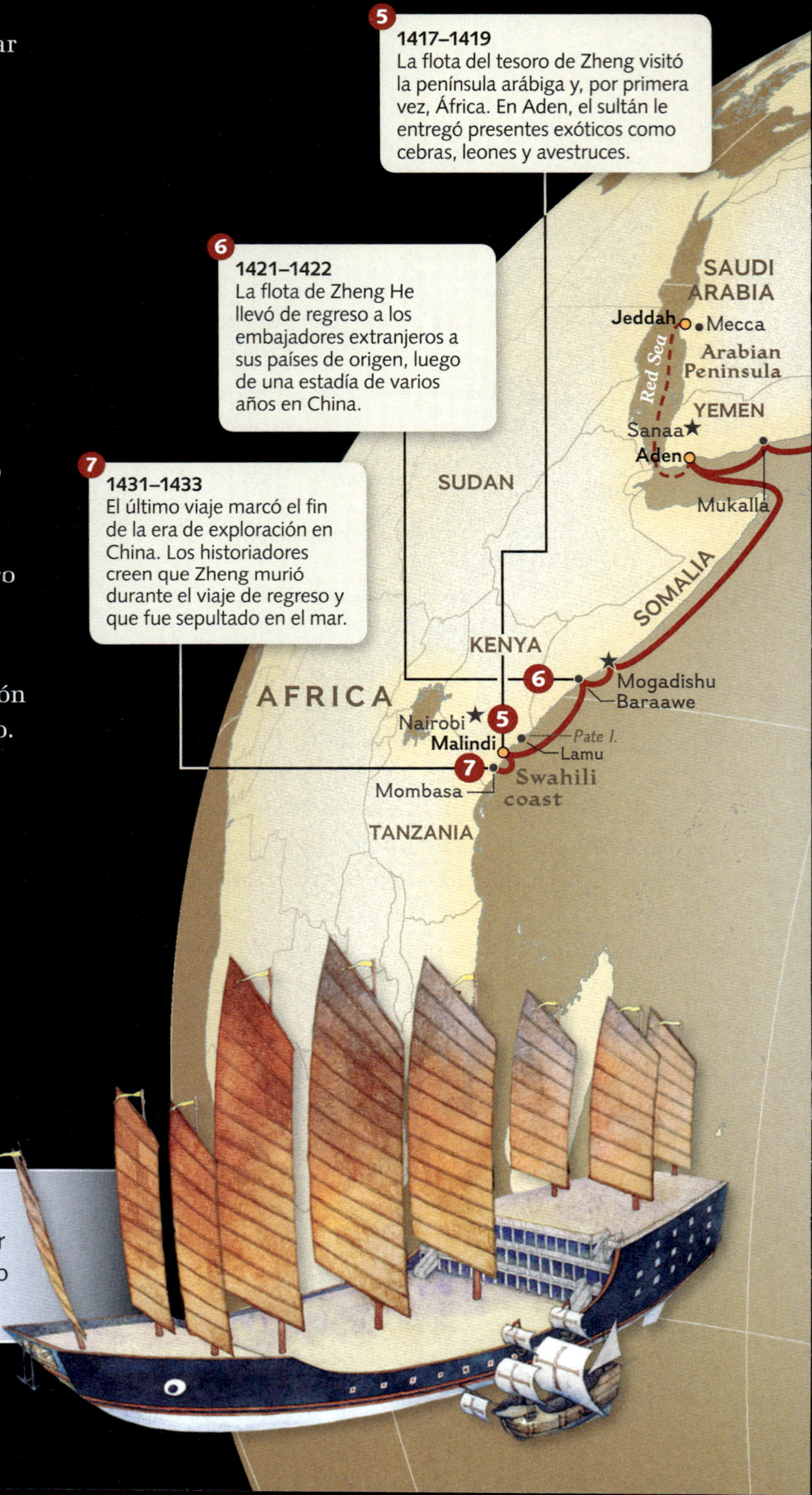

Visión crítica Esta ilustración compara el gran navío de Zheng He con un barco de un explorador europeo. ¿Qué impresión crees que habrá causado la nave de Zheng al llegar a un puerto extranjero?

4 **1413–1415**
A consecuencia de la travesía, se estima que 18 países enviaron su tributo y embajadores a China.

3 **1409–1411**
Durante esta travesía, Zheng He dirigió una batalla terrestre en Sri Lanka. El viaje estuvo marcado también por la ofrenda de presentes de Zheng a un templo budista.

2 **1407–1409**
La flota llevó de regreso a los embajadores extranjeros de Sumatra, la India, y de otros lugares, que habían viajado a China en la primera travesía.

1 **1405–1407**
La flota, con 315 navíos y 27,870 hombres, zarpó de Nanjing en julio con sedas, porcelana y especias para comerciar.

LAS TRAVESÍAS DE ZHENG HE
1405–1433

Este mapa muestra las rutas principales y subsidiarias (secundarias) de las siete travesías de Zheng He. Nota que los rótulos del mapa en inglés incluyen los nombres que los lugares tenían en el siglo XV y también sus nombres actuales.

EVALUACIÓN CONTINUA

LABORATORIO DE MAPAS GeoDiario

Comparar mapas Este mapa representa las expediciones de Zheng He tal como se verían en un globo terráqueo. Compara esta perspectiva con la de otros mapas que hayas visto en este libro. ¿En qué aspectos se parecen las dos perspectivas? ¿En qué se diferencian?

SECCIÓN 2 HISTORIA DE CHINA

2.5 La revolución comunista

TECHTREK

Visita **myNGconnect.com** para ver un mapa en inglés y fotografías de la China comunista.

Maps and Graphs

Digital Library

Idea principal El Partido Comunista Chino, liderado por Mao Zedong, cambió significativamente la vida en la República Popular China.

Como has leído, China cayó bajo el control de las potencias europeas en el siglo XIX. El Partido Nacionalista Chino quería acabar con el control extranjero y modernizar el país. El partido derrocó al gobierno en el poder y estableció la República de China en 1912. Con el tiempo, el pueblo chino comenzó a afiliarse al Partido Comunista que había surgido en Shanghái en 1921. Una gran cantidad de personas, en especial los jóvenes, creían que los comunistas serían más capaces de modernizar China. Los nacionalistas y los comunistas comenzaron una larga lucha por el poder. Hacia 1930, los dos grupos se enfrascaron en una guerra civil sangrienta.

El presidente Mao

En 1933, el líder nacionalista **Chiang Kai-shek** reunió un gran ejército y atacó a los comunistas en su base situada en el área montañosa de la provincia de Jiangxi. Sabiendo que los nacionalistas los superaban en número, los comunistas huyeron a su base en la provincia de Shaanxi. Entre 1934 y 1935, **Mao Zedong** guió a unos 100,000 comunistas a través de un terreno abrupto en una serie de marchas que se conocieron con el nombre de la Gran Marcha. Decenas de miles de comunistas perdieron la vida durante las marchas.

En 1937, los japoneses invadieron China y **ocuparon**, o tomaron posesión de, partes del país. Los nacionalistas y los comunistas dejaron a un lado sus diferencias para combatir a su enemigo en común. Los dos grupos permanecieron unidos contra el Japón durante la Segunda Guerra Mundial. Después de la guerra, los nacionalistas y los comunistas comenzaron a luchar nuevamente. El 1º de octubre de 1949, los comunistas se declararon victoriosos y establecieron la República Popular China en el continente. Los nacionalistas huyeron y establecieron su gobierno en Taiwán, una isla cercana a la costa de la masa territorial.

El presidente Mao

Como presidente del Partido Comunista, Mao se convirtió en el líder de China y estableció una dictadura totalitaria. El gobierno se apoderó de las tierras rurales y obligó a los campesinos a trabajar en **granjas colectivas**. Entre 200 a 300 familias vivían y trabajaban en cada granja colectiva, que era estrictamente supervisada por el gobierno. Además, el gobierno tomó el control de todas las empresas e industrias. Hacia 1957, la producción industrial había aumentado en gran medida.

Alentado por este éxito inicial, al año siguiente Mao puso en marcha un plan denominado Gran Salto Adelante para lograr que la economía de China creciera aún más rápido. El plan fracasó. La deficiente administración

1912 Los nacionalistas establecen la República de China.

1921 Se funda el Partido Comunista de China.

1920

1934–1935 Los comunistas emprenden la Gran Marcha.

1937–1945 Los comunistas y los nacionalistas se unen para luchar contra el Japón.

1940

Estatua en honor a los héroes de la revolución comunista

que el gobierno hacía de las industrias de China desaceleró el crecimiento económico, y las malas cosechas redujeron drásticamente el rendimiento agrícola. Después de que unos 20 millones de personas murieran de hambre, Mao canceló el plan en 1961.

Cinco años más tarde, Mao comenzó un nuevo plan llamado la Revolución Cultural, que pretendía eliminar de China todo lo que él consideraba elementos anticomunistas. Para ayudar a llevar a cabo el plan, los jóvenes pertenecientes a un grupo militar denominado Guardia Roja atacaban a cualquiera que consideraran de elite, o de clase superior. Su objetivo principal eran los maestros y los intelectuales. Miles de personas fueron asesinadas en este clima de violencia.

Luego de la muerte de Mao en 1976, la situación comenzó a cambiar lentamente en China. En la actualidad, el país aún es comunista, pero las reformas iniciadas en la década de 1980 han dado paso a un gran crecimiento económico y han mejorado la vida de muchos chinos.

Antes de continuar

Resumir ¿Qué ocurrió en China como resultado del control comunista bajo Mao Zedong?

LA GRAN MARCHA

EVALUACIÓN CONTINUA

LABORATORIO DE MAPAS GeoDiario

1. **Movimiento** En el mapa, traza la ruta desde la provincia de Jiangxi hasta la provincia de Shaanxi. ¿Qué direcciones seguía la ruta?
2. **Describir** Usa el mapa de esta página y el mapa físico de la Sección 1.1 para describir el terreno que debieron enfrentar aquellos que marcharon desde la provincia de Jiangxi a la de Shaanxi.
3. **Interpretar líneas cronológicas** ¿Durante cuántos años gobernó China Mao Zedong?

1949 Los comunistas establecen la República Popular de China con Mao Zedong como su líder.

1958–1961 Mao comienza el Gran Salto Adelante.

1960

1966 Comienza la Revolución Cultural.

Mao Zedong

1976 Muere Mao.

1980

1980s Comienzan las reformas que conducen finalmente a un gran crecimiento económico.

3.1 Los samuráis japoneses

TECHTREK Visita **myNGconnect.com** para ver fotografías y obras de arte de la cultura samurái.

Digital Library

Idea principal Los samuráis fueron parte de un sistema feudal que se mantuvo en el Japón durante unos 700 años

Los emperadores gobernaron el Japón durante cientos de años, pero en el siglo XI comenzaron a perder autoridad. Los señores terratenientes que pertenecían a las familias adineradas expandieron sus estados haciéndose cada vez más poderosos. Formaron ejércitos privados y contrataron guerreros conocidos como **samuráis** para proteger sus estados.

El código y la cultura samurái

Samurái significa "aquél que sirve". La relación entre los señores y los samuráis era parte del sistema feudal japonés, similar al que surgió en Europa durante la Edad Media. Al igual que los caballeros de la Edad Media, los samuráis se regían por un código de conducta basado en los valores del honor, la valentía y la lealtad a sus señores.

Los samuráis no solo eran guerreros adiestrados, también desarrollaron su propia cultura. Escribieron poesía y crearon delicadas pinturas en tinta. Los valores samuráis de lealtad y disciplina y los intereses artísticos de los guerreros influyeron en la sociedad, el arte y la literatura japonesas.

El gobierno sogún

Las familias poderosas combatieron entre sí por el control del Japón durante el siglo XII. En 1192, un señor de la poderosa familia Minamoto venció y el emperador le otorgó el título de sogún, o "gobernador militar". Los sogunes llegaron a detentar el verdadero poder en el Japón. Los Minamoto establecieron una dinastía de sogunes que gobernaron el Japón hasta el siglo XIV. Luego de que Minamoto perdiera su poder, las familias rivales combatieron para tomar el control. El Japón se dividió en varios estados en guerra, lo cual dio lugar a un largo período de desorden.

Finalmente, en 1603, un sogún llamado Tokugawa Ieyasu derrotó a sus rivales. Unió al Japón y trasladó la capital desde Kioto a Edo, la actual Tokio. Los sogunes Tokugawa restauraron la paz. Sin embargo, también aislaron al Japón del resto del mundo. En 1868, este aislamiento concluyó cuando el pueblo japonés convenció a los sogunes para que renunciaran. El gobierno imperial fue restaurado y el nuevo emperador puso fin a la clase samurái.

Antes de continuar

Verificar la compresión ¿Qué papel desempeñaba el samurái en el sistema feudal del Japón?

Armadura samurái

Visión crítica Esta pintura muestra a un samurái montado a caballo durante una batalla. ¿Qué detalles de la pintura ilustran la destreza y valentía del samurái?

EVALUACIÓN CONTINUA

LABORATORIO FOTOGRÁFICO

GeoDiario

1. **Analizar elementos visuales** Observa la fotografía de la armadura samurái. ¿Qué palabras usarías para describir el equipamiento del guerrero?
2. **Comparar y contrastar** Compara el samurái de la fotografía con el que aparece en la pintura. ¿En qué detalles se parecen? ¿En cuáles se diferencian?
3. **Escribir informes** Piensa en otro grupo de guerreros que conozcas de la historia, los cómics o las películas como *Star Wars* (La guerra de las galaxias). ¿Cómo se compara su código con el de los samuráis? Escribe un informe donde los compares.

3.2 El Japón se industrializa

TECHTREK
Visita **myNGconnect.com** para ver fotografías de los inicios de la industrialización del Japón.

Digital Library

Idea principal El Japón se transformó en una economía industrializada a partir de 1868.

Como has aprendido, en 1868 el poder del emperador fue restituido en el Japón. Esta restauración tuvo lugar debido a que muchos japoneses querían terminar con el aislamiento del Japón. Deseaban un país que fuera **competitivo**, o capaz de desafiar, a las naciones occidentales recientemente industrializadas. Tras la renuncia del último de los sogunes Tokugawa, comenzó una nueva era llamada Meiji, que significa "gobierno ilustrado".

Construir según los modelos occidentales

Durante cientos de años, la economía del Japón había estado basada en la agricultura y la pesca. El gobierno Meiji tomó como modelos a las naciones occidentales para una nueva economía industrial. Muchos expertos extranjeros llegaron al Japón para instruir a los japoneses en el idioma inglés, la ingeniería y la ciencia. Los consejeros británicos ayudaron al gobierno japonés a diseñar sistemas ferroviarios y de comunicaciones y a instalar nuevas industrias.

Al principio, el gobierno invirtió directamente en minas de carbón y zinc y en industrias a gran escala, especialmente las necesarias para construir una fuerza militar moderna. Estas industrias incluían astilleros y fábricas de armamento. El gobierno también desarrolló fábricas para producir textiles y seda. El gobierno planeaba exportar estos bienes de modo que el país pudiera adquirir materias primas. El Japón recurrió a China y a Corea como fuentes de esas materias primas y como mercados potenciales de los productos terminados. Hacia la década de 1880, sin embargo, el gobierno no pudo continuar sosteniendo este nivel de inversión en las industrias del país y las vendió a inversores privados.

Esta xilografía, o impresión con plancha de madera, hecha por un artista de la era Meiji conocido como Hiroshige III, ilustra una estación de ferrocarril y un tren en Tokio construido en 1872 con la ayuda de ingenieros y consultores occidentales.

El desarrollo de grandes industrias

Con el tiempo, en el Japón los negocios se concentraron en varias organizaciones dirigidas por familias llamadas zaibatsu. Cada **zaibatsu** era propietaria de una cantidad de negocios diferentes, como manufactura, transporte, bancos, seguros, comercio y bienes raíces.

Las raíces de algunos de los zaibatsu se remontan a la era sogún. Por ejemplo, los miembros de la familia Mitsui se habían desempeñado como mercaderes textiles de gran éxito durante el gobierno de los sogunes Tokugawa. Esta familia se expandió primero a la actividad bancaria y, con el tiempo, llegaron a ser propietarios de más de 270 empresas.

Otros zaibatsu comenzaron durante la era Meiji. La compañía Mitsubishi, por ejemplo, comenzó como una gran firma naviera. Con el tiempo, estableció servicios financieros, negocios de bienes raíces e industrias, como petróleo, acero y construcción naval.

Los zaibatsu fueron **disueltos**, o separados, en su mayoría después de la Segunda Guerra Mundial, que finalizó en 1945. Los negocios pertenecientes a los zaibatsu fueron **incautados**. Las industrias que ya no estaban bajo control de las familias fueron reorganizadas después en *holdings* más pequeños. Sin embargo, el valor que los zaibatsu le daban al trabajo diligente y al esmero sigue siendo una influencia en la industria japonesa hoy día.

EVALUACIÓN CONTINUA

LABORATORIO DE LECTURA GeoDiario

1. **Hacer inferencias** ¿Por qué razón crees que el Japón pidió ayuda a las naciones occidentales para convertirse en un país industrializado? ¿De qué manera esto representó un cambio completo de la política japonesa durante el período Tokugawa?
2. **Analizar causa y efecto** ¿Qué impacto supones que tuvo la industrialización en la economía y en los habitantes del Japón?
3. **Sintetizar** Algunos ex samuráis lograron adaptarse y hallar una función en la nueva sociedad industrializada. Según lo que has aprendido sobre estos guerreros, ¿cuáles de sus cualidades podrían convertirlos en buenos empleados?

Antes de continuar

Resumir ¿Por qué medios el Japón se convirtió en una economía industrializada a partir de 1868?

Visión crítica En esta fotografía de 1935, el emperador japonés Hirohito (al frente, a la izquierda) inspecciona una fábrica de armamentos. La fotografía en blanco y negro fue tomada antes de que se desarrollara la fotografía a color. Las fotografías en blanco y negro pueden expresar la atmósfera, la iluminación y la textura más intensamente que las fotos a color. ¿Qué otras ventajas podría tener la fotografía en blanco y negro sobre la fotografía a color? ¿Cuáles podrían ser las desventajas?

3.3 La historia antigua de Corea

TECHTREK
Visita myNGconnect.com para ver un mapa en inglés e imágenes de la historia antigua de Corea.
Maps and Graphs
Digital Library

Idea principal En Corea surgieron una serie de reinos y dinastías que desarrollaron una cultura bien diferenciada.

En la Sección 2, aprendiste sobre las antiguas dinastías que llegaron al poder en China. En 108 a. C., la dinastía Han de China se expandió hacia Corea y se apoderó de un área en el noroeste. En aquella época, el pueblo coreano estaba formado por tribus dispersas. Con el tiempo, los grupos de tribus se unieron y formaron tres reinos en la península: **Silla**, **Goguryeo** y **Baekje**.

Los tres reinos

El reino de Silla, el primero que se formó, surgió alrededor del año 57 a. C., en el sureste de la península. El reino de Goguryeo emergió una 20 años más tarde, cuando varias de las tribus se unieron en la parte norte de la península y en partes de Manchuria oriental, en China. El reino de Baekje se formó alrededor del año 18 a. C., en el suroeste. Al comienzo, el reino de Goguryeo era el más extenso y poderoso de los tres.

Los tres reinos eran rivales y a menudo invadían sus respectivos territorios. Pero a pesar de su **rivalidad**, u oposición, los reinos tenían culturas similares y sus habitantes hablaban la misma lengua. Los reinos producían artículos de cuero, herramientas y prendas de lana que exportaban a China. A cambio, los reinos recibían porcelana, papel, seda y armas. Los reinos absorbieron además algunas ideas de China, entre ellas su sistema de escritura, el confucianismo y el budismo. Con el paso del tiempo, el budismo se difundió desde los reinos coreanos hacia el Japón.

En el año 660 d. C., la dinastía Tang de China se unió al reino de Silla para derrotar a los otros dos reinos. Poco tiempo después, el reino de Silla logró desplazar a los chinos. Hacia el año 668, el reino de Silla gobernaba la península en su totalidad.

Las dinastías Goryeo y Choson

Hacia el año 935, el reino de Silla se había visto debilitado y había sido derrocado. La península de Corea quedó bajo el control de la dinastía **Goryeo**, que gobernó durante más de 450 años. La dinastía Goryeo tomó a China como modelo para su gobierno. Al igual que los antiguos reinos, Goryeo estaba fuertemente influenciado por el confucianismo.

Corona Silla

Escena de caza en una pintura rupestre de Goguryeo

100 a. C.
108 a. C. El Imperio chino se expande hasta Corea.
57 a. C. Surge el reino Silla en el sureste de la península.
37 a. C. El reino Goguryeo se desarrolla en el norte.
18 a. C. Se forma el reino Baekje en el suroeste.
1 a. C.

Durante el periodo Goryeo, se desarrolló una cultura específicamente coreana. Los artistas crearon cerámicas de **celadón**, con su barniz de color verde característico. Además, grabaron todos los manuscritos budistas en más de 80,000 bloques de madera para su impresión. Los bloques se conocen como la Tripitaka Coreana. Los invasores mongoles destruyeron los bloques en el año 1232 pero, transcurridos 20 años, se recreó una nueva colección. En la actualidad, el templo de Haeinsa, en Corea del Sur, alberga la colección que ha sido declarada Patrimonio de la Humanidad por la UNESCO.

En 1392, la dinastía Goryeo fue derrotada y reemplazada por la dinastía **Choson**, que gobernó por 518 años. Durante este tiempo, los coreanos continuaron adoptando elementos de la cultura china. En esta época, floreció también la cultura coreana con avances en la arquitectura, las ciencias y la tecnología. La dinastía Choson finalizó en 1910, cuando Corea cayó bajo el control del Japón. La ocupación japonesa continuó hasta 1945, año en que llegó a su fin la Segunda Guerra Mundial.

Antes de continuar

Resumir ¿En qué aspectos se parecían las dinastías coreanas y en cuáles se diferenciaban?

REINOS ANTIGUOS, siglo VI d. C.

EVALUACIÓN CONTINUA

LABORATORIO DE MAPAS GeoDiario

1. **Interpretar mapas** Sigue con el dedo el contorno del reino Goguryeo (*Koguryo*) en el mapa. ¿Qué partes de países actuales formaban el reino?
2. **Sacar conclusiones** Recuerda que Silla conquistó Goguryeo y Baekje en 668. Según se observa en el mapa, ¿cómo se compararía el tamaño del reino de Silla en el momento de su mayor apogeo con el tamaño del territorio de las dinastías Goryeo (*Koryo*) y Choson?

Un monje sostiene un bloque de la Tripitaka Coreana.

500 d. C.

668 d. C. Silla controla toda la península.

935 d. C. La dinastía Goryeo destrona a Silla.

Almohada de celadón

1392 d. C. Comienza la dinastía Choson.

1500

3.4 La Guerra de Corea

TECHTREK
Visita **myNGconnect.com** For an online map and photos of the Korean War
Maps and Graphs
Digital Library

Idea principal Luego de tres años de guerra, Corea del Norte y Corea del Sur permanecieron separados.

Cuando la ocupación japonesa llegó a su fin, en 1945, la península de Corea se encontraba dividida a lo largo del paralelo a 38° de latitud norte, generalmente denominado **paralelo treinta y ocho**. Los Estados Unidos ocuparon el territorio al sur de esa línea y la Unión Soviética, el territorio al norte del paralelo. Los Estados Unidos y la Unión Soviética entablaron una **Guerra Fría**. Esto significa que los dos países no combatían directamente en batalla, sino que apoyaban las guerras que estallaban entre grupos opuestos en otras partes del mundo. Una de esas guerras tuvo lugar en Corea.

Comienza la batalla

En 1947, la Organización de las Naciones Unidas llamó a elecciones libres para crear un gobierno único en Corea. Las elecciones se llevaron a cabo, pero la Unión Soviética se entrometió y estableció un gobierno comunista en el norte. Al año siguiente, se formaron Corea del Norte (comunista) y Corea del Sur (democrática), con el paralelo 38 como frontera.

El 25 de junio de 1950, Corea del Norte atacó a Corea del Sur. La Organización de las Naciones Unidas solicitó que una fuerza internacional acudiera en ayuda de Corea del Sur. Los Estados Unidos proporcionaron la mayoría de los soldados, al mando del General Douglas MacArthur, quien había sido un líder militar importante durante la Segunda Guerra Mundial.

La guerra siguió durante varios años más. En cierto momento, los norcoreanos entraron muy adentro en Corea del Sur y capturaron la mayor parte de la península. Entonces las fuerzas de la ONU aterrizaron por sorpresa en Inchon y recuperaron Seúl, la capital surcoreana. A medida que los norcoreanos se **retiraban**, o retrocedían, las fuerzas de la ONU avanzaban hacia el norte, donde capturaron Pionyang, capital de Corea del Norte. El curso de la guerra fluctuó de un lado a otro durante 1952, pero, al final, fue poco el territorio ganado o perdido.

El impacto de la guerra

Al menos cuatro millones de soldados y civiles murieron durante la guerra. Gran parte de la península de Corea se vio afectada por las bombas arrojadas por los jets.

El General MacArthur aterriza en Inchon.

JUNIO DE 1950
Corea del Norte invade Corea del Sur.

SEPTIEMBRE DE 1950
Corea del Norte captura la mayor parte de la península; las fuerzas de MacArthur aterrizan en Inchon y recuperan Seúl.

OCTUBRE DE 1950
Las fuerzas de la ONU capturan Pionyang.

1950

En Corea, los civiles sufrieron mucho durante la guerra. La mitad de todas las industrias y un tercio de los hogares fueron destruidos. Sumado a esto, un gran número de personas murió de hambre.

La guerra llega a su fin

En 1953, las fuerzas de la ONU y Corea del Norte firmaron un **armisticio**, que es un acuerdo para dejar de luchar, pero jamás se firmó un tratado. Un área cercana al paralelo 38, llamada zona desmilitarizada, aún hoy divide los dos países. Desde 1953, las tropas de Corea del Norte han vigilado un lado de la zona, mientras que Corea del Sur y las tropas estadounidenses han vigilado el otro lado.

En la actualidad, Corea del Norte, comunista, está aislada en gran medida del resto del mundo, mientras que Corea del Sur es una democracia con una economía global de mercado. A través de los años, los dos países han discutido la posibilidad de unificarse. Sin embargo, las diferencias políticas y la amenaza del programa de armas nucleares de Corea del Norte han hecho esta unificación cada vez menos probable.

Antes de continuar

Hacer inferencias ¿Qué cosas se lograron, si es que se logró algo, con la Guerra de Corea?

LA GUERRA DE COREA

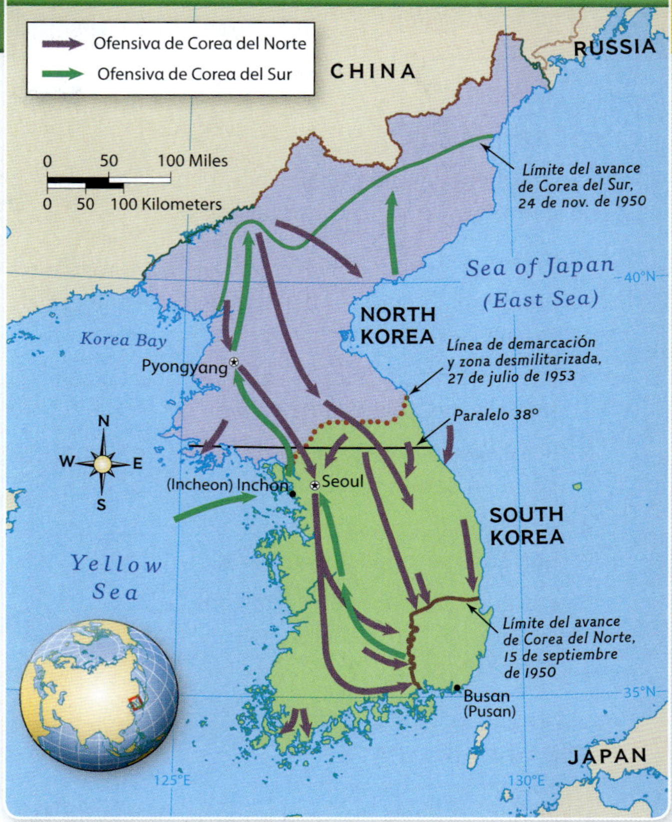

EVALUACIÓN CONTINUA

LABORATORIO DE MAPAS GeoDiario

1. **Movimiento** Observa el mapa. ¿Las fuerzas de qué país se adentraron más en territorio enemigo?
2. **Interpretar mapas** Según el mapa, ¿por qué razón crees que fue sencillo para las fuerzas chinas acudir en ayuda de Corea del Norte rápidamente?
3. **Analizar líneas cronológicas** Según las leyendas de la línea cronológica, ¿cómo caracterizarías el curso de la guerra?

Estatuas de soldados estadounidenses en el monumento conmemorativo a los veteranos de la Guerra de Corea, en Washington, D.C.

Julio de 1953
Se firma un armisticio, pero Corea del Norte y Corea del Sur siguen divididas.

1952

1954

Enero de 1951
Fuerzas chinas ocupan Seúl.

Marzo de 1951
La fuerzas de la ONU reocupan Seúl.

Soldados surcoreanos patrullan la zona desmilitarizada.

CAPÍTULO 19

Repaso

VOCABULARIO

En tu cuaderno, escribe las palabras de vocabulario que completan las siguientes oraciones.

1. El _________ es limo de color amarillo arrastrado por el viento desde el desierto de Gobi que cae al Huang He.
2. Las tormentas tropicales llamadas _________ traen lluvias abundantes a Corea del Norte.
3. El ascenso y la caída de las dinastías de China sigue un patrón denominado _________.
4. El confucianismo se considera un(a) _________, que enseña conductas morales.
5. Los guerreros japoneses llamados _________ se parecían a los caballeros de la Edad Media europea.

IDEAS PRINCIPALES

6. ¿Dónde viven la mayoría de los habitantes de Asia Oriental? ¿Por qué? (Sección 1.1)
7. ¿Para qué sirve el Gran Canal de China? (Sección 1.2)
8. ¿Cuáles son los recursos naturales principales de Corea del Norte y Corea del Sur? (Sección 1.4)
9. ¿Qué medidas ha tomado Mongolia para preservar el desierto de Gobi? (Sección 1.5)
10. ¿Quién fue Qin Shi Huang y cuáles fueron sus logros? (Sección 2.1)
11. ¿Por qué los chinos abrazaron el confucianismo? (Sección 2.2)
12. ¿Qué eran las rutas de la seda? (Sección 2.3)
13. ¿De qué manera Mao Zedong controló la vida en China? (Sección 2.5)
14. ¿Qué cualidades se valoraban bajo el código samurái de comportamiento? (Sección 3.1)
15. ¿Por qué el Japón comenzó a industrializarse a partir de 1868? (Sección 3.2)
16. ¿Qué sucedió al terminar la guerra de Corea? (Sección 3.4)

GEOGRAFÍA

ANALIZA LA PREGUNTA FUNDAMENTAL

¿De qué manera los factores geográficos influyen en la distribución de la población?

Razonamiento crítico: Analizar causa y efecto

17. ¿Por qué el este de China está más densamente poblado que el oeste de China?
18. ¿Por qué tantos habitantes del Japón viven y trabajan en la isla de Honshu?
19. ¿De qué manera el medio ambiente inhóspito de Mongolia ha influido en el modo en que sus habitantes viven y trabajan?

INTERPRETAR TABLAS

RÍOS DE CHINA

Río	Longitud (millas)
Chang Jiang	3,900
Huang He	3,395
Xi Jiang	1,250
Yalu	490

Fuente: CIA World Factbook

20. **Analizar datos** ¿Aproximadamente cuántas veces más grande es el Chang Jiang que el Yalu?
21. **Sacar conclusiones** En base a la tabla, ¿qué conclusiones se pueden sacar acerca de los ríos de China?

HISTORIA DE CHINA

ANALIZA LA PREGUNTA FUNDAMENTAL

¿Qué influencias, creencias y encuentros contribuyeron a la formación de China?

Razonamiento crítico: Hacer generalizaciones

22. ¿Qué impacto ha tenido el confucianismo sobre el gobierno y la sociedad de China?
23. ¿Qué beneficios obtuvo China de su comercio en las rutas de la seda y sus viajes de exploración?

INTERPRETAR MAPAS

LA DIFUSIÓN DEL BUDISMO

24. **Interpretar mapas** Observa el mapa. ¿Por qué crees que el budismo se difundió en China antes de llegar a Corea (*Korea*) y el Japón (*Japan*)?

25. **Hacer predicciones** ¿Qué otra región del mapa se vio probablemente influenciada por el budismo?

HISTORIA DEL JAPÓN Y DE COREA

ANALIZA LA PREGUNTA FUNDAMENTAL

¿Qué factores tuvieron un efecto sobre la historia del Japón y de Corea?

Razonamiento crítico: Hacer inferencias

26. ¿Por qué crees que los gobernantes del Japón optaron por aislar al país después de restaurar la paz a principios del siglo XVII?

27. ¿De qué manera China ha influido en Corea a lo largo de su historia?

OPCIONES ACTIVAS

Sintetiza las preguntas fundamentales completando las siguientes actividades.

28. **Escribir un discurso** Elige un personaje histórico del capítulo que te interese en particular y escribe un discurso desde el punto de vista del personaje. Para obtener información para tu discurso, investiga en línea sobre el personaje histórico. A continuación, utiliza las siguientes sugerencias como ayuda para escribir el discurso. Una vez que hayas terminado de escribir el discurso, pronúncialo ante la clase.

Sugerencias para la escritura

- Describe algunas de las creencias y logros del personaje histórico.
- Incluye relatos breves de su vida, para mantener el interés de tu público.
- Utiliza un tono que te ayude a transmitir su personalidad. Por ejemplo, para Qin Shi Huang, podrías utilizar un tono jactancioso. Para Confucio, quizás sea mejor un tono más modesto.

29. **Crea un cartel** Elige dos países de Asia Oriental y compara y contrasta su geografía, historia y situación actual. Usa recursos en línea como ayuda para reunir los datos. A continuación, organiza tus ideas en un diagrama de Venn como el de abajo. Finalmente, crea el cartel, con fotos para ilustrar tus ideas.

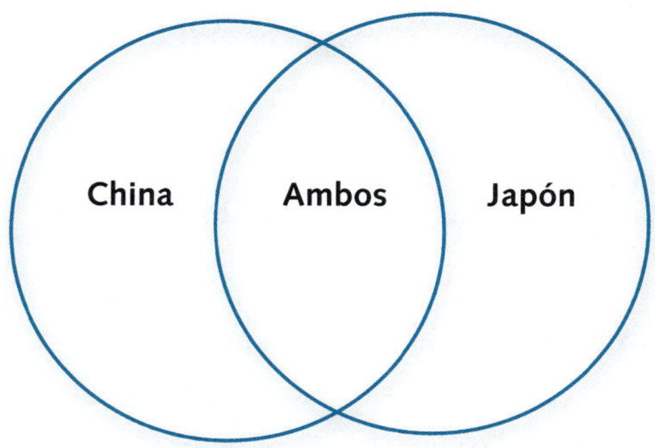

CAPÍTULO 20

Asia Oriental HOY

VISTAZO PREVIO AL CAPÍTULO

Pregunta fundamental **¿Cómo las tradiciones y la modernización crean un estilo de vida único en Asia Oriental?**

SECCIÓN 1 • CULTURA

VOCABULARIO CLAVE

- meditación
- animismo
- polyteísmo
- monoteísmo
- porcelana
- tipo móvil
- corporación multinacional
- globalización económica
- anime
- manga
- tren bala
- levitación magnética

VOCABULARIO ACADÉMICO

aerodinámico

TÉRMINOS Y NOMBRES

- taoísmo
- sintoísmo
- Zona Económica Especial

Pregunta fundamental **¿Qué problemas enfrenta actualmente Asia Oriental y cuáles son sus oportunidades?**

SECCIÓN 2 • GOBIERNO Y ECONOMÍA

VOCABULARIO CLAVE

- empresario
- producto interno bruto (PIB)
- política de hijo único
- tasa de fertilidad
- desfiladero
- embalse
- ley marcial
- pagoda
- capital
- libre comercio
- sequía
- hambruna

VOCABULARIO ACADÉMICO

acatar, controversia

TÉRMINOS Y NOMBRES

- presa de las Tres Gargantas
- Década Perdida

Estas jóvenes japonesas, vestidas con kimonos tradicionales, se encuentran en Nagano, Japón, un día de nieve.

TECHTREK PARA ESTE CAPÍTULO

Student eEdition

Maps and Graphs

Interactive Whiteboard GeoActivities

Digital Library

Visita **myNGconnect.com** para obtener más información sobre Asia Oriental.

SECCIÓN 1 CULTURA

1.1 Las tradiciones religiosas

TECHTREK

Visita **myNGconnect.com** para ver gráficas en inglés de las religiones de Asia Oriental y fotos sobre el budismo.

Maps and Graphs

Digital Library

Idea principal El budismo y otras religiones se difundieron por Asia Oriental.

Tal como has aprendido, el budismo se inició en la India, pero llegó a tener una influencia mucho mayor en Asia Oriental. Los misioneros que viajaban por las rutas de la seda durante la dinastía Han fueron los primeros en llevar las enseñanzas budistas a China. Con el tiempo, el budismo se mezcló con otras tradiciones religiosas por todo el territorio de Asia Oriental.

Fusión de creencias

Antes de que el budismo se difundiera a Asia Oriental, muchos habitantes de la región practicaban el confucianismo y el **taoísmo**. Como el confucianismo, el taoísmo es un sistema ético. El taoísmo enfatiza la armonía entre las personas y la naturaleza. Cuando el budismo ganó popularidad, muchos habitantes de Asia Oriental combinaron elementos de las tres tradiciones

El budismo se centra en ayudar a las personas a poner fin a su sufrimiento físico y mental enseñándoles a renunciar a las posesiones mundanas. Según las enseñanzas budistas, una forma de lograr este objetivo es a través de la meditación. La **meditación** es la práctica de usar la concentración para calmar y contrlar los pensamientos.

En Mongolia, el budismo se mezcló con el **animismo**, la creencia de que todas las cosas, incluidos los objetos naturales, tienen alma. La religión nativa del Japón, el **sintoísmo**, es similar al animismo. Los seguidores de esta religión adoran a los espíritus de sus antepasados. Creen que estos espíritus existen en las fuerzas naturales, incluidos los árboles, las rocas y los ríos.

Visión crítica En este templo budista de China, las banderas de oración flamean al viento. ¿Cómo podría el entorno de este templo ayudar a meditar?

Adopción de nuevas creencias

Las personas que practican el animismo y el sintoísmo adoran a muchos dioses diferentes. La creencia en más de un dios se llama **politeísmo**. Con el tiempo, llegaron a Asia Oriental las religiones que enseñan la creencia en un solo dios, como el cristianismo y el islamismo. La creencia en un solo dios se llama **monoteísmo**. En el noroeste de China, los comerciantes musulmanes contribuyeron a difundir el islamismo en el siglo VIII. Hoy en día, el islamismo es la religión dominante en esa parte de China. Los misioneros cristianos comenzaron a llegar a Asia Oriental en el siglo XVII para difundir su religión. En la actualidad, alrededor del 30 por ciento de los surcoreanos son cristianos.

A lo largo de la historia de Asia Oriental, los gobiernos apoyaron diferentes religiones y filosofías. Los gobernantes Han, por ejemplo, promovieron las ideas del confucianismo como un modelo para el gobierno y la sociedad. Cuando los líderes comunistas llegaron al poder en China y Corea del Norte, prohibieron las prácticas religiosas y, en cambio, hicieron hincapié en la filosofía comunista. Sin embargo, desde la década de 1970, en China ha habido más tolerancia religiosa.

Antes de continuar

Verificar la comprensión ¿Cómo se difundieron y adoptaron las religiones en Asia Oriental?

RELIGIONES DE ASIA ORIENTAL

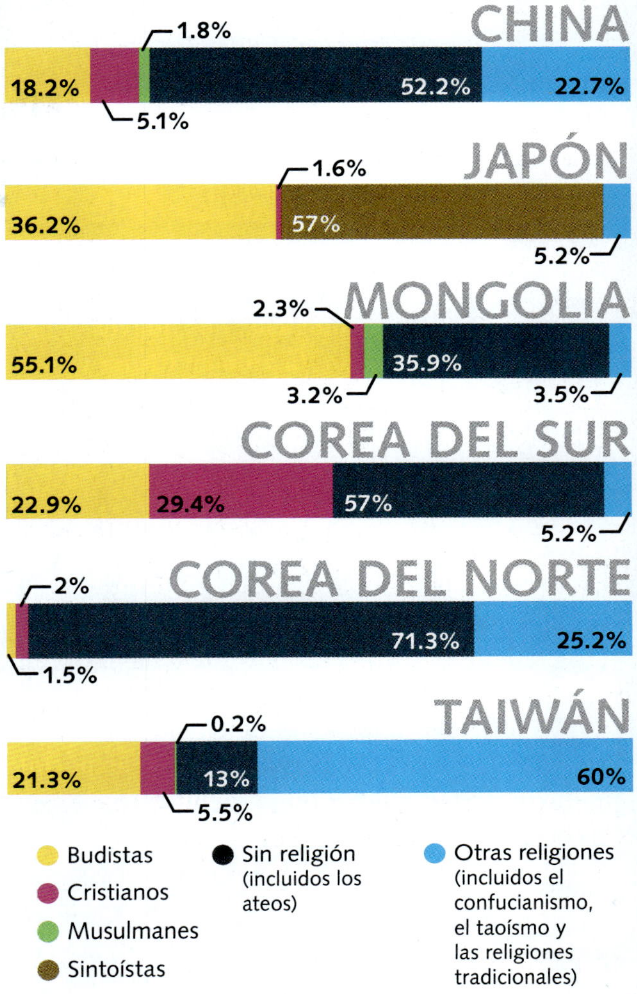

Fuente: PEW Forum on Religions and Public Life, 2012

EVALUACIÓN CONTINUA

LABORATORIO DE DATOS GeoDiario

1. **Interpretar gráficas** En la gráfica, observa los altos porcentajes de "Otras religiones" en Taiwán, China y Mongolia. ¿Qué religiones es probable que representen los números de esta categoría?
2. **Analizar datos** ¿Por qué tantos chinos se consideran sin religión?
3. **Sacar conclusiones** Tal como has aprendido, muchos habitantes de Asia Oriental combinan y practican más de una religión. ¿Qué sugiere este hecho acerca de los datos presentados en las gráficas?

1.2 Los inventos chinos

TECHTREK Visita **myNGconnect.com** para ver fotografías de los inventos chinos.

Digital Library

Idea principal Los inventos chinos generaron productos y tecnologías que se siguen utilizando en la actualidad.

En China, la dinastía Tang (618–907) y la dinastía Song (960–1279) fueron períodos de grandes avances tecnológicos. Los nuevos inventos transformaron la vida en China y se difundieron a gran parte del mundo. Muchos de estos inventos son parte de la vida moderna.

La porcelana y la pólvora

En el siglo VIII, los chinos inventaron la **porcelana**, un tipo de cerámica dura. La tecnología utilizada en la fabricación de la porcelana fue un secreto celosamente guardado por los chinos durante cientos de años. La porcelana se convirtió en un bien comercial valioso que se exportaba (y aún hoy se exporta) a muchas partes del mundo. Debido a su estrecha vinculación con la cultura China, es común que en inglés se le llame *china* a la porcelana.

Visión crítica Esta tetera de porcelana se fabricó durante la dinastía Song. ¿Por qué crees que la porcelana se volvió tan valiosa?

Durante el siglo IX, los chinos inventaron un producto muy diferente: la pólvora. Al principio, la pólvora se usaba para los fuegos artificiales. Sin embargo, 300 años después, los chinos ya la utilizaban para disparar armas. Mientras tanto, los fuegos artificiales se convirtieron en una característica típica de las celebraciones chinas, porque se creía que espantaban a los malos espíritus. Hoy día, China es el mayor fabricante y exportador de fuegos artificiales del mundo.

La imprenta y el papel moneda

Los chinos inventaron el papel alrededor del año 100 d. C. Hacia el siglo VIII, comenzaron a imprimir libros usando bloques de madera sobre los cuales se había tallado el texto. Antes de la impresión con bloques, los libros solo podían reproducirse copiando a mano cada uno.

En la década de 1040, los chinos modernizaron aún más la impresión gracias a la invención del tipo móvil. Mediante esta técnica, los caracteres individuales, tallados en bloques de arcilla o metal, se colocaban en un marco para formar una página de texto. Los bloques se podían mover para crear muchas páginas de texto distintas. Los chinos utilizaron sus libros impresos para difundir las enseñanzas de Confucio y Buda.

El primer papel moneda apareció en China en el siglo IX, pero no se usó ampliamente sino hasta la década de 1020. Durante la dinastía Song, el papel moneda reemplazó a las pesadas monedas de metal que los comerciantes y los compradores antes llevaban consigo. El papel moneda facilitó el comercio y expandió enormemente la economía de China. Sin embargo, al principio la gente no confiaba en la nueva moneda. Después de todo, a diferencia de las monedas utilizadas anteriormente en el comercio, el papel en sí no tenía ningún valor.

La brújula

Al igual que el papel, la brújula fue otro de los primeros inventos chinos, del siglo III a. C. La brújula de esta época se utilizaba para ubicar los edificios y los muebles de tal forma que, según la creencia, trajeran buena suerte a sus propietarios. Hacia el siglo XII, los chinos habían desarrollado una brújula para la navegación haciendo flotar una aguja magnetizada en un cuenco lleno de agua. Habían descubierto que la aguja siempre apuntaba en dirección norte-sur. Con esta brújula flotante, el explorador chino Zheng He viajó por Asia y África, demostrando el poderío de China y difundiendo sus inventos.

Antes de continuar

Hacer inferencias ¿Qué influencia han tenido los inventos chinos en la sociedad actual?

EVALUACIÓN CONTINUA

LABORATORIO ORAL GeoDiario

Consultar con un compañero En tu opinión, ¿cuál de los inventos descritos en esta lección ha tenido el mayor impacto en la sociedad? Con un compañero, comenta tu respuesta y da razones que fundamenten tu opinión. Considera los efectos positivos y negativos del invento. Organiza tus ideas en un párrafo y prepárate para leerlo en clase.

Visión crítica Estos fuegos artificiales marcan la inauguración de los Juegos Olímpicos de 2008, en Pekín (*Beijing*). ¿Qué aspectos de esta foto ayudan a explicar por qué los fuegos artificiales son tan populares hoy en día?

SECCIÓN 1 CULTURA

1.3 El rápido crecimiento de Shanghái

TECHTREK
Visita **myNGconnect.com** para ver fotografías que reflejan el crecimiento de Shanghái.

Digital Library

Visión crítica Las personas llenan las calles de Nanjing Road, un ajetreado distrito comercial de Shanghái. ¿Qué detalles de esta foto sugieren que Shanghái es un próspero centro de negocios?

Idea principal El crecimiento de Shanghái produjo un auge de construcción y población.

La ubicación de Shanghái cerca de la desembocadura del Chang Jiang ha atraído a pobladores desde la antigüedad. Durante siglos, se convirtió en una ciudad portuaria importante y un centro comercial con mucha actividad. Hoy en día, con una población de alrededor de 20 millones de habitantes, Shanghái se ha convertido en la ciudad más grande de China. También es el centro financiero y comercial del país.

Factores que impulsan el crecimiento

El rápido crecimiento de Shanghái comenzó en la década de 1990, cuando las reformas económicas produjeron nuevas inversiones en la ciudad. La economía de gran parte de China está controlada por el gobierno central. Sin embargo, en 1990, el gobierno permitió que un área de Shanghái llamada Pudong se convirtiera en una **Zona Económica Especial**. Se trata de un área en la que se permite el desarrollo de una economía de mercado, sin control de los negocios por parte del gobierno.

Como resultado, Shanghái comenzó a atraer a las **corporaciones multinacionales**. Una corporación multinacional es una empresa grande que tiene su base en un país, pero abre oficinas, sucursales o plantas en muchos otros países. Shanghái alberga ahora cientos de corporaciones multinacionales que han contribuido a producir la **globalización económica** en China. La globalización económica se produce cuando las actividades económicas se realizan a través de las fronteras nacionales.

Auge de construcción y población

Para dar cabida a estas corporaciones, la ciudad fue testigo de un auge de la construcción en la década de 2000. Se construyeron miles de rascacielos nuevos.

Uno de los más importantes es el World Financial Center de Shanghái, que abrió en Pudong en 2008. Es el edificio más alto de China y es la sede de la bolsa de valores de Shanghái.

Al igual que la economía de Shanghái, su población ha crecido. Desde la década de 1990, unos cuatro millones de personas de las zonas rurales de China han llegado a Shanghái en busca de empleo. Ahora representan aproximadamente el 25 por ciento de la fuerza laboral. El centro de la ciudad estaba tan atestado que alrededor de medio millón de hogares fueron reubicadas en los suburbios. El aumento explosivo de la población también produjo mayores niveles de contaminación.

Para resolver estos problemas, los urbanistas están construyendo varias ciudades nuevas en las afueras del centro urbano de Shanghái. Cada una de ellas albergará a unas 500.000 personas. Para proteger su medio ambiente, Shanghái también ha financiado proyectos para usar autobuses y taxis que funcionan con combustible más limpio y ha trasladado la mayor parte de sus fábricas fuera de la ciudad.

Antes de continuar

Verificar la comprensión ¿Qué factores impulsaron el crecimiento de Shanghái y qué sucedió en la ciudad como resultado de este crecimiento?

EVALUACIÓN CONTINUA

LABORATORIO DE LECTURA GeoDiario

1. **Hacer inferencias** ¿Qué razones económicas podrían haber llevado a los líderes chinos a permitir que Pudong se convirtiera en una Zona Económica Especial?
2. **Analizar causas y efectos** ¿Cuáles han sido algunos de los efectos del rápido crecimiento de la economía y de la población de Shanghái?
3. **Hacer predicciones** Describe cómo crees que podría ser Shanghái dentro de diez años.

NATIONAL GEOGRAPHIC

Galería de fotos • Rascacielos de Shanghai

Para ver más fotos de la galería de fotos de National Geographic, visita **Digital Library** en myNGconnect.com.

Tren bala cerca del monte Fuji

Fábrica de juguetes, China

Palacio Silla, Corea del Sur

Visión crítica La torre Perla del Oriente y otros rascacielo se levantan a orillas del río Chang Jiang, en Shanghai. La Perla del Oriente, que es una torre de televisión, alberga el restaurante giratorio que aparece en la foto.

Teatro kabuki, Japón

Monasterio budista, Tibet

Ceremonia del té

Celebración en Taiwan

SECCIÓN 1 CULTURA

1.4 El anime japonés

TECHTREK
Visita **myNGconnect.com** para ver imágenes de anime y manga japonés.

Digital Library

Idea principal El anime refleja influencias culturales occidentales y japonesas y se ha vuelto popular en todo el mundo.

El **anime** es un estilo de animación, o dibujo animado, desarrollado en el Japón. Los personajes y los ambientes de esta forma de arte se dibujan a mano o se generan por computadora. El anime está estrechamente relacionado con el **manga**, o libro de cómics japonés. Las historias del manga se relatan utilizando una serie de viñetas. Muchas películas de anime se basan en el arte y las historias del manga popular. De hecho, una película de anime incluso puede utilizar viñetas de manga para presentar una historia.

Visión crítica La artista que aparece en la foto de arriba está dibujando una viñeta, como la que se ve abajo, para una película de anime. ¿Qué destrezas es probable que se necesiten para crear anime?

Inicios

Aunque las películas de anime ya se producían a principios del siglo XX, el estilo y las técnicas utilizadas hoy en día no se desarrollaron hasta la década de 1960. En esa época, el artista de manga y animador Osamu Tezuka comenzó a adaptar para sus propias películas algunas de las técnicas utilizadas por Walt Disney. Por ejemplo, los dibujos animados de Disney como *Bambi* inspiraron a Tezuka a dibujar personajes con ojos grandes, lo cual se convirtió en una característica típica del anime.

El anime utiliza elementos de los dibujos animados de estilo occidental, pero también se basa en la cultura japonesa. Los antiguos mitos japoneses, el sintoísmo y el budismo influyeron en muchos de los dibujos animados. Por ejemplo, los espíritus sintoístas de la naturaleza pueblan el mundo representado en *El viaje de Chihiro* (*Spirited Away*), una película de anime realizada en 2001 por el director Hayao Miyazaki.

Popularidad

En el Japón, el anime fue una forma de arte popular desde el principio, pero el público occidental no lo adoptó hasta la década de 1980. Desde entonces, el anime ha seguido ganando aficionados —y respeto— en todo el mundo.

Una razón de la popularidad del anime es su gran variedad de temas. El anime sirve para contar historias de muchas formas diferentes, entre estas la ciencia ficción y los relatos fantásticos. Como resultado, atrae a todas las edades y a ambos sexos. El anime también es un gran negocio. En el Japón, esta forma de arte y los productos relacionados con el anime generan más de 5 mil millones de dólares al año.

Antes de continuar

Resumir ¿De qué manera el anime refleja influencias culturales occidentales y japonesas y por qué es tan popular?

Esta imagen muestra una escena de *El castillo en el cielo* (*Castle in the Sky*), de Miyazaki, donde un niño y una niña buscan un castillo que flota en al aire.

EVALUACIÓN CONTINUA

LABORATORIO FOTOGRÁFICO GeoDiario

1. **Analizar fuentes primarias** Examina la imagen de anime de arriba. ¿A qué público podría estar destinada la película? ¿Qué detalles de la imagen apoyan tus ideas?
2. **Analizar fuentes primarias** ¿Qué rasgos de personalidad detectas en los personajes que aparecen arriba?

SECCIÓN 1 CULTURA

1.5 Los trenes bala

TECHTREK
Visita myNGconnect.com For an online map and photos of high-speed trains in East Asia

Maps and Graphs Digital Library

Idea principal Los trenes bala y otros servicios ferroviarios de alta velocidad han transformado el transporte en gran parte de Asia Oriental.

El Japón es un país pionero en el uso de trenes de alta velocidad: ya en 1964 puso en marcha trenes que viajaban a velocidades de más de 125 millas por hora (mph). Estos trenes se ganaron el apodo de **trenes bala**, debido a su velocidad y a su forma, similar a una bala. Cada tren tiene un morro redondeado, como el de un avión, y un diseño elegante y **aerodinámico**. Esto significa que el tren se desplaza con poca resistencia del viento. La tecnología se ha extendido y ahora los trenes bala conectan ciudades en países de toda Asia Oriental.

Se extiende el ferrocarril de alta velocidad

Los primeros trenes bala unieron Tokio con Osaka y permitieron que los viajeros recorrieran la ruta de 320 millas en cuatro horas, en lugar de seis. Actualmente, el sistema conecta Tokio con todas las ciudades más importantes de la isla principal de Honshu. También se están construyendo vías adicionales en Kyushu. Los trenes de estas vías viajan a velocidades de hasta 186 mph. Los trenes más nuevos también son más silenciosos y más eficientes en cuanto a su uso de la energía.

Hacia el año 2000, los trenes bala recorrían gran parte de Asia Oriental. En 2004, Corea del Sur estableció una red ferroviaria de alta velocidad que conecta Seúl con las principales ciudades industriales y los puertos más importantes. En 2007, en Taiwán se inauguró un sistema de trenes de alta velocidad que conectó Taipéi con las ciudades de la parte suroeste del país.

Visión crítica Un tren bala japonés llega a una estación de Tokio. Según la foto, ¿cómo describirías la ubicación de la estación?

RUTAS DE LOS TRENES DE ALTA VELOCIDAD EN ASIA ORIENTAL, 2010

Los chinos comenzaron a desarrollar un sistema ferroviario de alta velocidad en la década de 1990. En 2009, China operaba los trenes más rápidos del mundo, con velocidades de hasta 245 mph. China también ha aprovechado otra tecnología para los trenes de alta velocidad: el tren de levitación magnética. Un tren de levitación magnética se desliza sobre un colchón de aire por encima de vías dotadas de muchos imanes potentes. Hoy, los trenes de levitación magnética unen el aeropuerto de Shanghái y Pudong, alcanzando una velocidad máxima de 268 mph.

Beneficios

El mayor beneficio de los trenes de alta velocidad puede ser el tiempo que ahorran los pasajeros al viajar en ellos. Aunque los trenes también han dado un impulso económico a zonas rurales que antes eran remotas y ahora están conectadas con ciudades y pueblos.

Además, los trenes bala producen menos contaminación que los trenes tradicionales. De hecho, la levitación magnética casi no produce contaminación.

Antes de continuar

Resumir ¿De qué manera los servicios ferroviarios de alta velocidad transformaron el transporte en Asia Oriental?

EVALUACIÓN CONTINUA

LABORATORIO DE MAPAS GeoDiario

1. **Movimiento** En el mapa, observa las vías ferroviarias del Japón (*Japan*). ¿Qué generalización puedes hacer acerca de las vías?
2. **Región** Según el mapa, ¿en qué parte del país están concentradas la mayoría de las rutas de China? ¿Por qué crees que es así?
3. **Hacer inferencias** ¿Por qué las personas preferirían viajar de una ciudad a otra en un tren bala en lugar de hacerlo en avión o en coche?

SECTION 2 GOBIERNO Y ECONOMÍA

2.1 La economía china en la actualidad

TECHTREK

Visito **myNGconnect.com** para ver gráficas en inglés del PIB de China y fotografías de la industria china.

Maps and Graphs | Digital Library

Idea principal Desde 1979, China se ha convertido en un líder de la economía mundial.

Como has aprendido, en 1990 el gobierno chino estableció una Zona Económica Especial en Shanghái. Recuerda que una Zona Económica Especial es un área en la que los negocios se desarrollan libremente sin el control del gobierno. China permitió la creación de Zonas Económicas Especiales desde principios de la década de 1980. Como resultado, China ha tenido una de las economías de más rápido crecimiento, y hoy en día, los chinos disfrutan de un mejor estándar de vida.

Nueva estrategia de crecimiento

China limitó sus Zonas Económicas Especiales a las ciudades y provincias a lo largo de la costa del Pacífico, porque sus líderes pensaban que esta ubicación fomentaría y facilitaría el comercio internacional. La primera Zona Económica Especial se estableció en el año 1980 en Shenzhén, que en esa época era una pequeña aldea de pescadores justo al norte de Hong Kong. Desde entonces, Shenzhén se ha convertido en una ciudad pujante, con una población de aproximadamente diez millones de habitantes. Otras Zonas importantes se encuentran en Xiamen y en la provincia de Hainan.

Los líderes chinos fomentaron el comercio y la inversión extranjera en estas Zonas Económicas Especiales ofreciendo impuestos más bajos y menos regulaciones sobre las importaciones y las exportaciones. Los costos más bajos también atrajeron a los **empresarios**, o personas que comienzan negocios nuevos. Sumado a esto, los salarios más bajos de los trabajadores chinos persuadieron a las compañías regionales y a las corporaciones multinacionales a abrir sucursales en el país.

Visión crítica Trabajadores chinos ensamblan motocicletas eléctricas para uso doméstico y para exportación. ¿Qué palabras usarías para describir las motocicletas de esta fotografía?

Las estrategias de China han funcionado. El 2013, China tuvo la economía más grande del mundo, después de los Estados Unidos y la Unión Europea. Los economistas miden el tamaño de la economía de un país según el producto interno bruto (PIB), el valor total de todos los bienes y servicios producidos en un país en un año dado. El PIB de China aumenta en un 10 por ciento al año, aproximadamente.

PIB DE CHINA POR SECTOR

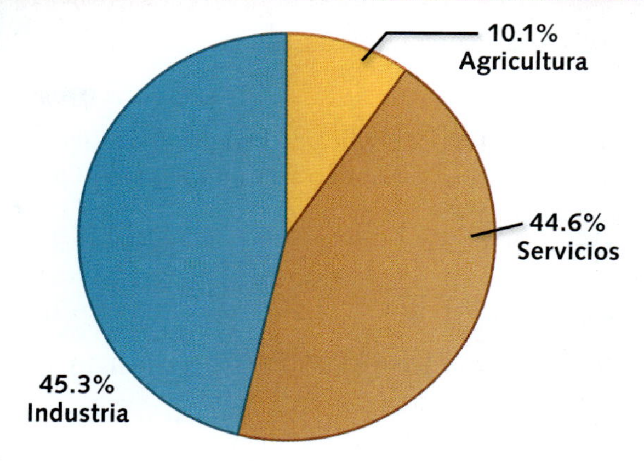

PIB DE PAÍSES SELECCIONADOS

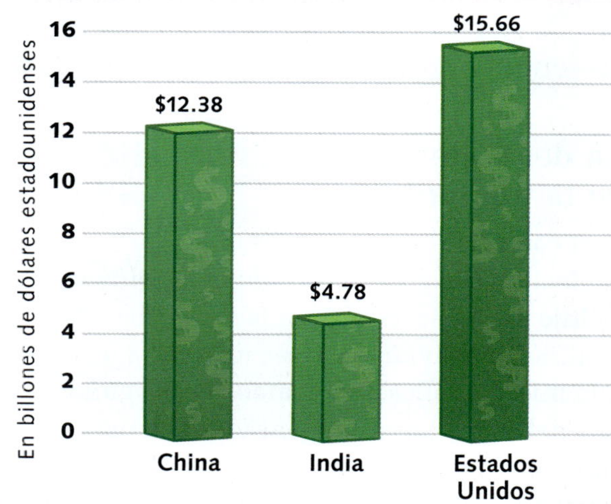

Fuente: CIA World Factbook, 2013

Una economía diversificada

La economía en crecimiento de China está impulsada por la industria, los servicios y la agricultura. Las principales industrias del país incluyen la minería y la producción de hierro y acero. China es más conocida mundialmente por sus exportaciones de ropa y textiles, artículos electrónicos y juguetes. China exporta más productos que cualquier otro país del mundo. Alrededor del 20 por ciento de sus exportaciones van a los Estados Unidos.

Dentro de las fronteras de China, las industrias de servicios proporcionan actividades tales como banca, seguros, comercio, comunicación, educación, asistencia médica, recreación y transporte. Como China recibe cada vez más visitantes, el turismo también está convirtiéndose en una parte importante de su economía.

La agricultura contribuye en menor medida al PIB de China, pero emplea el 35 por ciento de los trabajadores del país. Solo un 15 por ciento del territorio chino es cultivable, pero el país produce casi todo el alimento que necesita para su numerosa población.

Antes de continuar

Resumir ¿Qué pasos ha dado China para incrementar y diversificar su economía?

EVALUACIÓN CONTINUA

LABORATORIO DE DATOS GeoDiario

1. **Sacar conclusiones** Según la gráfica circular, ¿qué porcentaje del PIB de China es aportado por la agricultura? Dado que el 35 por ciento de los chinos trabajan en la agricultura, ¿qué conclusiones puedes sacar acerca de sus ganancias?
2. **Analizar datos** Observa la gráfica de barras y compara el PIB de China con el de la India. ¿Qué te sugieren estos números acerca de la tasa relativa de crecimiento del PIB de cada país?
3. **Hacer inferencias** Según lo que has leído, ¿por qué los bienes de consumo hechos en China se venden a precios bajos en países como los EE. UU.?

2.2 El control de la población en China

TECHTREK
Visito myNGconnect.com para ver una pirámide de la población de China en inglés.
Student Resources | Global Issues

Idea principal La política de hijo único de China ha desacelerado la tasa de crecimiento, pero al mismo tiempo está dando paso a un gran cambio en la sociedad china.

Con alrededor de 1.3 mil millones de habitantes, China tiene la población más grande del mundo. Durante muchos años, los líderes comunistas fomentaron el crecimiento de la población porque creían que con más habitantes (y, por lo tanto, más trabajadores), se fortalecería la economía de China. Sin embargo, con el tiempo se hizo más difícil proveer de alimento, vivienda, educación y empleos a los ciudadanos del país.

VOCABULARIO CLAVE

política de hijo único, f., ley que limita a las familias urbanas chinas a tener solamente un hijo

tasa de fertilidad, f., promedio de niños nacidos de cada mujer

VOCABULARIO ACADÉMICO

acatar, v., seguir una regla u obedecer

La desaceleración del crecimiento de la población

Para controlar el rápido aumento de la población, el gobierno introdujo la **política de hijo único** en 1979. Esta ley limitaba a las familias que vivían en áreas urbanas a tener un solo hijo. Aquellos que **acataban**, o seguían, esta política eran recompensados con más alimentos, mejores condiciones de vivienda, mejor educación y oportunidades de empleo para ese niño. Aquellos que no acataban debían pagar multas muy altas. Como resultado, la tasa de crecimiento de la población se redujo a aproximadamente 0.65 por ciento anual hacia 2010, la mitad de lo que era en 1979. Hay algunas excepciones a esta política. Por ejemplo, las poblaciones minoritarias y las familias rurales pueden tener dos o más hijos. El 2013, el gobierno comenzó a flexibilizar estas restricciones. El 2015, estas políticas comenzaron a entrar en retirada.

Antes de continuar

Verificar la comprensión ¿Qué políticas aplicó China para disminuir el aumento de la población?

POBLACIÓN DE CHINA

Fuente: U.S. Census Bureau, 2010

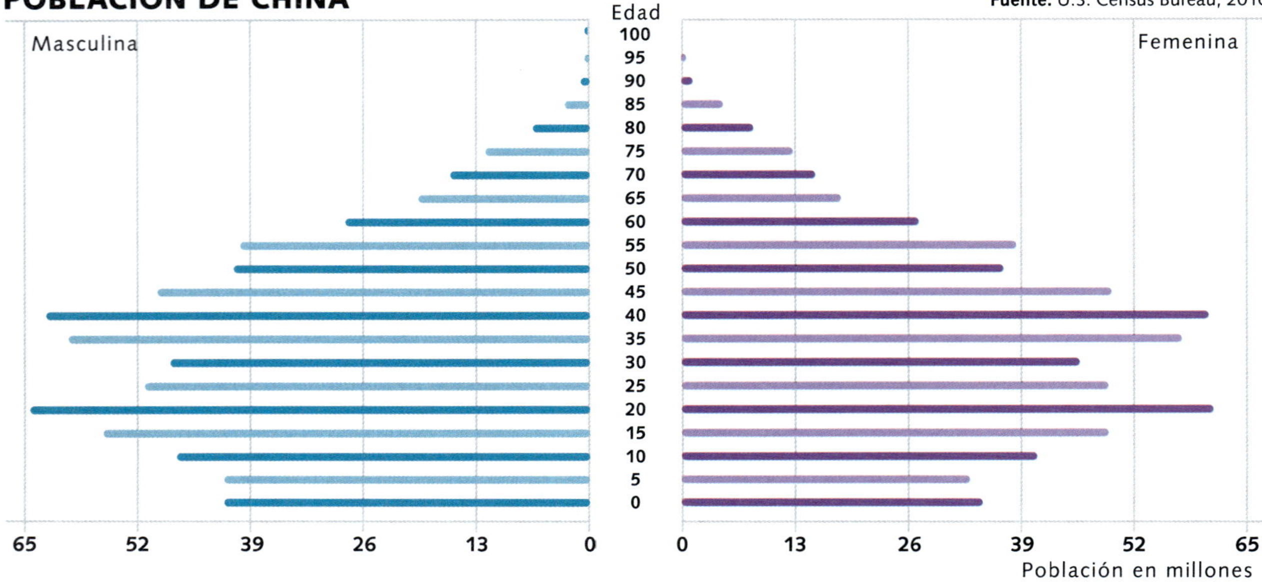

Efectos de la política de China

En general, la política de hijo único ha funcionado. La **taza de fertilidad**, o número promedio de niños nacidos de cada mujer, disminuyó de aproximadamente seis niños, en la década de 1950, a dos niños hacia 1995. El gobierno chino afirmó que, desde su puesta en vigencia, esta política ha ayudado a reducir en 400 millones el número de nacimientos en China. Según el gobierno, la política también mejoró el nivel de vida de muchos ciudadanos chinos.

El mayor impacto a largo plazo de esta política se verá reflejado en la distribución etaria (por edad) de la población de China. Con menos nacimientos, los ancianos pronto superarán el número de jóvenes. Tradicionalmente, las encargadas de cuidar de sus padres ancianos han sido principalmente las hijas y las nueras. Sin embargo, si un hijo único adulto no puede hacerse cargo de sus padres, los ancianos deberán depender de los fondos de retiro o de la caridad para su manutención. En respuesta, el gobierno chino ha comenzado a crear servicios comunitarios para ayudar a los ancianos que viven solos.

Tres generaciones de una familia caminan frente a un mural que promueve el control de la población.

COMPARAR REGIONES

El crecimiento de la población de la India

Al igual que China, la India tiene una población enorme. Con alrededor de 1.2 mil millones de habitantes, la población de la India está en segundo lugar, después de China, por ahora. Los científicos predicen que, hacia el año 2030, la población de la India superará a la de China. En contraste, alrededor del 50 por ciento de la población de la India tiene menos de 25 años. Mientras que esta estadística garantiza que la India tendrá una gran fuerza laboral, esta población joven también pondrá en aprietos a las escuelas y a otros recursos del país.

Pese a su crecimiento, la India no pone en vigencia políticas demográficas estrictas. En cambio, el país fomenta el avance y la educación de las mujeres. Los gobernantes de la India creen que las mujeres educadas tienden a tener familias más reducidas. El gobierno ofrece además bonificaciones en efectivo a las mujeres de áreas rurales que no forman una familia a temprana edad y acuerdan tener menor cantidad de hijos.

Antes de continuar

Resumir ¿Cuáles han sido los efectos de la política de hijo único en China?

EVALUACIÓN CONTINUA

LABORATORIO DE LECTURA GeoDiario

1. **Hacer generalizaciones** Con base en lo que leíste, ¿cuál es la conexión entre la sobrepoblación y el estándar de vida?
2. **Interpretar gráficas** Observa la pirámide de población. Si estas cifras se mantienen, ¿qué grupo será el más numeroso dentro de 20 años? ¿Qué impacto podría tener esta situación sobre la economía de China?
3. **Formar opiniones y respaldarlas** En tu opinión, ¿cuál de las dos políticas tiene mayores probabilidades de funcionar, la de China o la de la India? ¿Por qué?

2.3 La presa de las Tres Gargantas de China

TECHTREK
Visita **myNGconnect.com** para ver fotografías de la presa de las Tres Gargantas y una guía para la escritura en inglés.

Student Resources | Digital Library

Idea principal La presa de las Tres Gargantas de China es la presa más grande del mundo y presenta tanto beneficios como inconvenientes.

La **presa de las Tres Gargantas**, emplazada sobre el río Chang Jiang, en China, tiene aproximadamente 1.3 millas de ancho y 600 pies de alto. La presa fue construida para prevenir los desbordes a lo largo de la parte oriental del río, entre las ciudades de Chongqing y Wuhan. También fue diseñada para generar energía hidroeléctrica, promover el desarrollo económico de la región y facilitar la navegación por el río Chang Jiang.

La construcción de una presa gigante

Los factores geográficos determinaron el sitio donde se construiría la presa. Las Tres Gargantas es un área donde el río Chang Jiang es muy angosto, solo unos 350 pies de ancho donde el río fluye entre precipicios empinados. El área lleva el nombre del accidente geográfico. Una garganta, o **desfiladero**, es un paso profundo y angosto rodeado de precipicios empinados. Cuando la nieve se derrite en la primavera o caen lluvias abundantes durante los monzones de verano, el nivel del río puede subir muy rápidamente en esa área angosta. Con el paso de los años, esta subida estacional ha causado desbordes muy serios y millones de muertes.

Cuando comenzó la construcción de la presa, en 1994, se formó un lago artificial llamado **embalse** para almacenar el agua retenida. El embalse tiene unos 500 pies de profundidad y es más largo que el lago Superior, en los Estados Unidos, la masa de agua dulce natural más grande del mundo. Durante los períodos secos, la presa liberará lentamente el agua del embalse. Esto eleva el nivel del río corriente abajo para permitir que los barcos grandes puedan navegar hacia el interior de China.

La construcción de la presa se completó en 2006, pero no estuvo totalmente operativa sino hasta 2011. La presa es un importante logro de ingeniería. Sin embargo, ha sido objeto de **controversia**, o debate, tanto dentro de China como en el extranjero.

Visión crítica La presa de las Tres Gargantas ha sido llamada la Gran Muralla de China a través del Chang Jiang. Según esta fotografía, ¿qué sentimientos podría inspirar la presa en el pueblo chino?

Beneficios e inconvenientes

El gobierno chino espera cosechar grandes beneficios de la presa, la cual ya ha prevenido graves desbordes del río Chan Jiang. Las mejoras en las condiciones de la navegación comercial fluvial aumentará el desarrollo económico en la región. Sumado a esto, el gobierno predice que la energía hidroeléctrica generada por la presa aportará un 10 por ciento de la energía total de China.

Sin embargo, los críticos sostienen que los inconvenientes de la presa, cuyo coste estimado es de $25 mil millones, superan a los beneficios. Para crear el embalse hubo que despejar una gran extensión de tierra. Se desplazaron alrededor de 1.5 millones de habitantes de sus ciudades y aldeas, y más de 1,000 sitios históricos y culturales hoy se encuentran debajo del agua. Los críticos temen además que la presa pueda provocar deslizamientos de tierra y destruir el hábitat de animales en peligro de extinción. Muchos afirman que la construcción de varias presas más pequeñas y el uso de tecnología más moderna para producir energía hubiera sido una solución mejor.

Antes de continuar

Resumir ¿Por qué razón construyó China la presa de las Tres Gargantas?

PRESA DE LAS TRES GARGANTAS

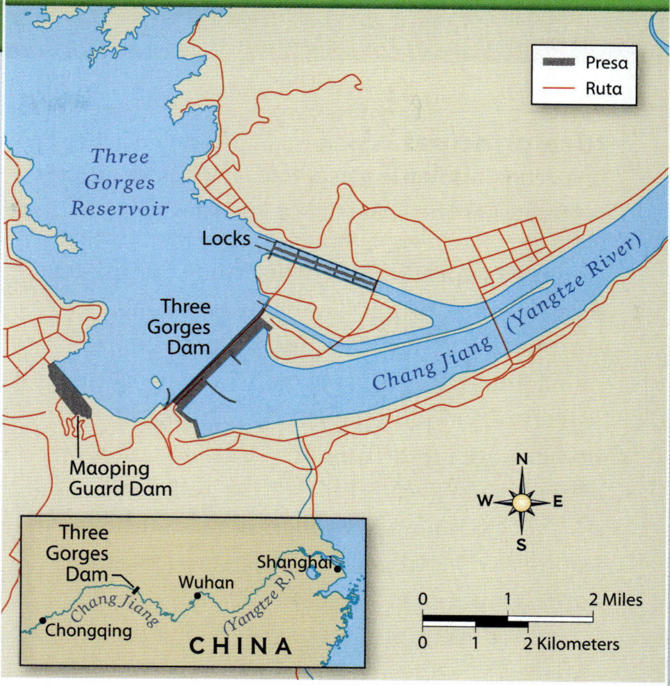

SUGERENCIA PARA MAPAS
El mapa más pequeño muestra dónde está ubicada la presa de las Tres Gargantas (*Three Gorges Dam*) sobre el río Chang Jiang. Fíjate que la presa se encuentra al oeste de Shanghái, en China oriental.

EVALUACIÓN CONTINUA

LABORATORIO DE ESCRITURA GeoDiario

Formar opiniones y respaldarlas ¿Crees que la construcción de la presa de las Tres Gargantas fue una buena idea? Usa una tabla como la siguiente para hacer una lista de los beneficios y los inconvenientes de la presa. Después escribe un párrafo breve en el que enuncies y respaldes tu opinión con pruebas. Puedes hacer una investigación adicional para aprender más acerca de la presa. Visita **Student Resources** para ver una guía de escritura en inglés.

BENEFICIOS	INCONVENIENTES
1.	
2.	

2.4 La República de China (Taiwán)

TECHTREK Visita **myNGconnect.com** para ver un mapa en inglés y fotografías de Taiwán.

Maps and Graphs | Digital Library

Idea principal Taiwán es un país democrático con una economía fuerte y está trabajando para mejorar las relaciones con la República Popular China.

Como has aprendido, en 1949 los comunistas derrotaron a los nacionalistas en China. Después de su derrota, unos dos millones de nacionalistas escaparon a Taiwán, donde establecieron la República de China, el nombre oficial de Taiwán. La isla de Taiwán está ubicada a unas 100 millas de la costa de China continental, cuyo nombre oficial es República Popular de China. Como la guerra entre comunistas y nacionalistas nunca fue formalmente concluida, aún existen tensiones entre estos dos países vecinos.

Un gobierno democrático

En 1949, los nacionalistas decretaron la ley marcial en Taiwán, es decir, un gobierno que se mantiene por el poder militar. La ley marcial continuó hasta la década de 1980. Durante su gobierno ininterrumpido y formado por un solo partido, los líderes nacionalistas afirmaron que tenían autoridad sobre todo el territorio de China, incluido el continente.

A partir de 1987, se permitió la participación de más partidos políticos en las elecciones y se levantó la ley marcial. En consecuencia, los habitantes de la isla experimentaron una mayor libertad democrática. Sin embargo, el estatus político, o posición legal, del país ha permanecido incierto.

Vocabulario visual Una gran pagoda se alza sobre una montaña de Taiwán. Una **pagoda** es una estructura de varios pisos muy común en Asia y que por lo general se utiliza con fines religiosos.

Visión crítica Estos motociclistas esperan en la intersección durante la hora pico en Taipei. Basándote en esta fotografía, ¿qué conclusiones puedes sacar acerca de la capital de Taiwán?

Durante la Guerra Fría, muchos países consideraban a Taiwán como el gobierno legítimo de China. Hoy en día, estos países reconocen al gobierno de la República Popular China con sede en Pekín (*Beijing*), pero de manera no oficial tratan a Taiwán como un estado independiente. China continental considera a Taiwán una de sus provincias. Sin embargo, ha elegido no desafiar a Taiwán, siempre y cuando este país insular no declare su independencia.

Una economía fuerte

Durante las décadas de 1960 y 1970, Taiwán comenzó a desarrollar una economía de mercado. Hoy en día, posee la 20° economía más grande del mundo con un producto interno bruto (PIB) de unos $900 mil millones.

Las exportaciones han alimentado el crecimiento del PIB taiwanés. Las exportaciones importantes incluyen equipos electrónicos y maquinaria. Como Taiwán depende en gran medida de sus exportaciones, su economía decae cuando disminuye la demanda mundial de sus productos. En Taiwán la agricultura es limitada porque alrededor de dos tercios del país están cubiertos por montañas.

A Taiwán le interesa fortalecer los lazos económicos con China continental, su principal socio en la exportación y la importación. Los inversionistas chinos han logrado invertir en forma directa en empresas taiwanesas y las compañías financieras de Taiwán han abierto filiales en China continental. Este avance en la cooperación económica puede conducir además a mejorar las relaciones diplomáticas entre ambos países.

Antes de continuar

Verificar la comprensión ¿Qué medidas ha adoptado Taiwán para mejorar su gobierno, su economía y sus relaciones con China?

TAIWÁN: FÍSICO

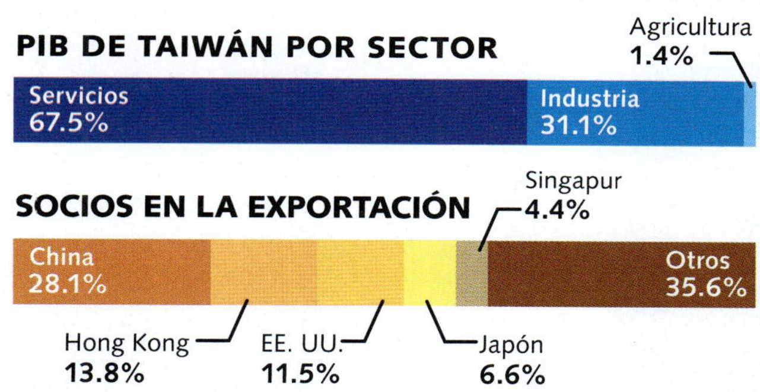

Fuente: CIA World Factbook, 2010

EVALUACIÓN CONTINUA

LABORATORIO DE DATOS GeoDiario

1. **Hacer inferencias** ¿Por qué la agricultura representa un porcentaje tan bajo del PIB de Taiwán?
2. **Interpretar gráficas** Según la gráfica Socios en la exportación, ¿dónde se encuentran la mayoría de los socios de Taiwán? ¿Por qué crees que es así?
3. **Sintetizar** Tal como has leído, gran parte de la economía de Taiwán depende de sus exportaciones. ¿Qué sector del PIB es probable que provea la mayoría de esas exportaciones?

2.5 El futuro económico del Japón

TECHTREK Visita myNGconnect.com para ver una gráfica de la población del Japón y fotografías de sus industrias.

Maps and Graphs · Digital Library

Idea principal La economía del Japón ha declinado notablemente desde la década de 1990 y el país enfrenta numerosos retos.

Desde la década de 1960 hasta fines de la década de 1980, Japón tuvo la economía más fuerte de Asia Oriental. Ocupaba el segundo lugar después de los Estados Unidos en el ranking del producto interno bruto (PIB) mundial. Sin embargo, hacia 1990, el crecimiento económico del país comenzó a desacelerarse. Muchas empresas habían pedido enormes cantidades de dinero en préstamo y estaban fuertemente endeudadas. Con poco **capital**, o dinero para inversiones, la producción disminuyó. La situación se mantuvo a lo largo de la década de 1990, un período llamado a veces la **Década Perdida** del Japón.

En el siglo XXI, la economía del Japón comenzó a recuperarse. Sin embargo, su progreso se detuvo en 2008 debido al declive económico mundial, que trajo como resultado una disminución en la demanda de exportaciones japonesas. Muchas industrias sufrieron además a consecuencia del terremoto y el tsunami de 2011.

La economía de hoy

En la actualidad, el PIB del Japón es el tercero más grande del mundo, después de los Estados Unidos y China. Alrededor del 77 por ciento de la economía del Japón se encuentra invertida en industrias de servicios y un 22 por ciento en la manufactura.

Como tiene pocos recursos naturales, el Japón debe importar la mayoría de las materias primas que necesita para sus muchas industrias. La economía del Japón depende en gran medida de la exportación de los bienes que se producen en esas industrias, como automóviles, computadoras y otros productos electrónicos.

Japón aún ocupa un lugar entre los cinco principales exportadores del mundo. Sin embargo, ha sido menos agresivo que muchos otros países asiáticos en la promoción del libre comercio con sus vecinos. El **libre comercio** es el comercio que no pone aranceles o impuestos a las importaciones. Estos impuestos pueden hacer que las exportaciones del Japón sean más costosas que las de otros países asiáticos con acuerdos de libre comercio.

Visión crítica Un técnico inspecciona los televisores de pantalla plana en una fábrica de Osaka. ¿Cómo se comparan los televisores de esta fotografía con los que se fabrican en los Estados Unidos?

Los retos futuros

Además de la competencia de otros países, el envejecimiento de la población japonesa podría tener un efecto dañino sobre la economía del país. En 2050, se espera que la población del Japón sea un 20 por ciento más pequeña que la de 2009. Más aún, se espera que en el año 2050 alrededor de un tercio de las personas tengan más de 65 años. Estas estadísticas sugieren que Japón tendrá una escasez de trabajadores y también de empresarios, pues, por lo general, quienes asumen riesgos empresariales suelen ser más jóvenes.

Actualmente, a los trabajadores japoneses se les exige que se jubilen a los 60 años. Sumado a esto, los hombres tienen los empleos mejor pagados en la mayoría de las industrias. El Japón podría aumentar su fuerza laboral si animara a sus trabajadores de mayor edad a seguir trabajando y ofreciera más oportunidades económicas a las mujeres. El país podría también flexibilizar los límites a las inversiones extranjeras en las empresas japonesas. Los inversores extranjeros podrían traer capitales e ideas nuevas que ayudarían a que el Japón se convirtiera en un país más competitivo.

POBLACIÓN DEL JAPÓN (2009)

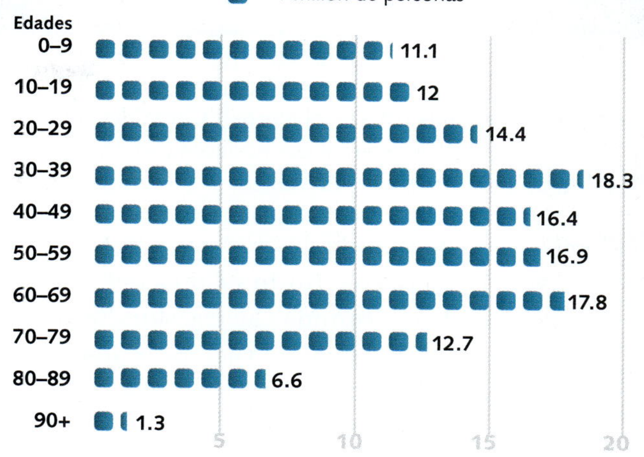

Fuente: Censo de la población, Oficina de estadísticas del Japón

La economía del Japón también debió enfrentar retos luego del terremoto y el tsunami de 2011. Después del desastre, la manufactura descendió abruptamente y el suministro eléctrico disminuyó cuando varias centrales de energía nuclear del Japón quedaron desactivadas en forma permanente. El costo de reparar los daños causados por el desastre natural se estimó en unos $330 mil millones. Algunos analistas temían que el desastre pudiera frenar la recuperación económica del Japón.

Antes de continuar

Resumir ¿Cuáles fueron las causas y los efectos del declive económico del Japón?

EVALUACIÓN CONTINUA

LABORATORIO DE DATOS GeoDiario

1. **Hacer predicciones** Según la gráfica, ¿cuántos japoneses estaban entre las edades de 0 a 9 en 2009? ¿Qué significará para Japón esta estadística dentro de 20 años?
2. **Interpretar gráficas** Observa la gráfica. ¿Cuáles eran los cuatro grupos etarios, o por edad, más grandes del Japón en 2009? ¿Por qué razón estas estadísticas podrían tener un impacto negativo sobre la economía del Japón dentro de 20 años?
3. **Sacar conclusiones** ¿Qué carga podría representar el envejecimiento de la población para los jóvenes trabajadores japoneses?

SECCIÓN 2 GOBIERNO Y ECONOMÍA

2.6 Comparar Corea del Norte y Corea del Sur

TECHTREK

Visito myNGconnect.com para ver fotografías de las dos Coreas.

Digital Library

Idea principal Corea del Norte y Corea del Sur tienen gobiernos y sistemas económicos distintos, así como modos de vida diferentes.

Como ya has aprendido, la península de Corea se dividió en Corea del Norte y Corea del Sur después de la Segunda Guerra Mundial. Desde entonces, estos países vecinos se han desarrollado de maneras muy diferentes.

Corea del Norte

Corea del Norte, cuyo nombre oficial es República Popular Democrática de Corea, tiene un gobierno comunista que sigue una política de autosuficiencia. Esto significa que el país depende mayormente de sus propios esfuerzos y capacidades. La política ha aislado a Corea del Norte de la mayoría de los demás países.

El gobierno norcoreano controla la mayor parte de la economía del país. La política de aislamiento del país ha restringido el comercio, pero ha mantenido una cantidad reducida de negocios, especialmente con China. La mayor parte de su industria está dedicada a la producción de equipamiento militar.

Solo un 18 por ciento del territorio de Corea del Norte es cultivable y el clima no permite temporadas de crecimiento largas. En la década de 1990, las inundaciones y la **sequía**, un largo período con un tiempo atmosférico extremadamente seco, disminuyeron la producción de alimentos en gran medida. Se cree que la **hambruna** resultante, o sea la escasez extrema de alimentos, causó casi tres millones de muertes.

Corea del Sur

Corea del Sur, cuyo nombre oficial es República de Corea, fue gobernada mayormente por líderes militares represivos hasta 1987. Desde entonces, el país ha evolucionado hacia una democracia exitosa, con elecciones libres y varios partidos políticos.

A diferencia de Corea del Norte, Corea del Sur no se aisló del resto del mundo. Aceptó subsidios y préstamos de países como los Estados Unidos y el Japón. Como resultado, la economía de mercado de Corea del Sur creció rápidamente a partir de la década de 1960. En la actualidad, es una de las economías más grandes del mundo.

La economía de Corea del Sur depende principalmente de la manufactura. La construcción naval o astillera ha sido una de sus industrias más importantes desde hace tiempo. De hecho, Corea del Sur es el principal constructor de barcos del mundo. El país también produce automóviles y artículos electrónicos. Al igual que el Japón, Corea del Sur tiene pocos recursos naturales y depende mayormente de los productos que exporta para impulsar su economía.

La reunificación

Corea del Norte y Corea del Sur han tenido una relación tensa desde fines de la Guerra de Corea, en 1953. A principios del siglo XXI, las reuniones entre los líderes de los países sugirieron que las relaciones estaban avanzando. Se intentó alentar la interacción entre los dos países. Sin embargo, el desarrollo de armas nucleares en Corea del Norte y su ataque militar a una isla de Corea del Sur en 2010 despertaron nuevamente las hostilidades. Desde entonces, son pocas las esperanzas de una pronta unión entre los dos países.

Antes de continuar

Hacer inferencias ¿Qué impacto han tenido los diferentes sistemas económicos y de gobierno de Corea del Norte y Corea del Sur sobre sus habitantes?

Visión crítica Esta fotografía muestra una calle de Seúl, la capital de Corea del Sur. ¿Qué sugiere la fotografía acerca de la ciudad?

Esta fotografía muestra una calle vacía de Kaesong, una ciudad de Corea del Norte. Por lo general, solo los funcionarios del gobierno tienen automóviles, que se consideran símbolos de estatus y poder.

EVALUACIÓN CONTINUA

LABORATORIO FOTOGRÁFICO

GeoDiario

Consultar con un compañero Observa las dos fotografías, una de Corea del Norte y la otra de Corea del Sur. ¿Qué te sugieren las fotografías acerca de cómo será la vida en cada país? Comenta lo que piensas con un compañero y usa los detalles de las fotografías para respaldar tus ideas. Prepárate para compartir sus pensamientos con la clase.

Galería de fotos • Budas en Corea del Sur

Para ver más fotos de la galería de fotos de National Geographic, visita **Digital Library** en myNGconnect.com.

Hotel cápsula, Japón

Pasteles de arroz japoneses

Mercado en Hong Kong

Visión crítica Filas de Budas dorados dan la bienvenida a un templo de Corea del Sur. El budismo llegó a China desde la India en el siglo II d. C. Finalmente, monjes chinos introdujeron la religión a la península de Corea.

Portal tori sintoista

Actor de teatro kabuki

Metro atestado en Japón

Zona del Bund, Shanghai

CAPÍTULO 20
Repaso

VOCABULARIO

Escribe una oración que explique la conexión entre las dos palabras de cada par de palabras de vocabulario

1. monoteísmo; politeísmo

La creencia en un solo dios se llama monoteísmo, mientras que la creencia en más de un dios se llama politeísmo.

2. anime; manga
3. desfiladero; embalse
4. libre comercio; capital
5. hambruna; sequía

IDEAS PRINCIPALES

6. ¿Cuáles son las tradiciones religiosas de Asia Oriental y cómo surgieron en la región? (Sección 1.1)
7. ¿Cómo utilizaron los chinos los inventos del tipo móvil y del papel moneda? (Sección 1.2)
8. ¿Qué factores contribuyeron a que Shanghái se convirtiera en la ciudad más grande de China? (Sección 1.3)
9. ¿Por qué el Japón desarrolló un sistema ferroviario de alta velocidad en la década de 1960? (Sección 1.5)
10. ¿En qué lugar China fomentó más el crecimiento económico después de 1979? (Sección 2.1)
11. ¿Qué espera lograr China con su política de población de un solo hijo? (Sección 2.2)
12. ¿Por qué algunas personas critican la presa de las Tres Gargantas? (Sección 2.3)
13. ¿Cuál es la relación entre Taiwán y China? (Sección 2.4)
14. ¿De qué manera la población del Japón está relacionada con su futuro económico? (Sección 2.5)
15. ¿En qué se diferencian los gobiernos y los sistemas económicos de Corea del Norte y Corea del Sur? (Sección 2.6)

CULTURA

ANALIZA LA PREGUNTA FUNDAMENTAL

¿De qué manera las tradiciones y la modernización crean un modo de vida único en Asia Oriental?

Razonamiento crítico: Sacar conclusiones

16. ¿Por qué muchos habitantes de Asia Oriental integraron nuevas ideas religiosas con las creencias tradicionales?
17. ¿Por qué China permitió que un área de Shanghái se convirtiera en una Zona Económica Especial?
18. ¿De qué manera los trenes de alta velocidad fomentan el desarrollo económico de Asia Oriental?

INTERPRETAR MAPAS

LENGUAS DE ASIA ORIENTAL

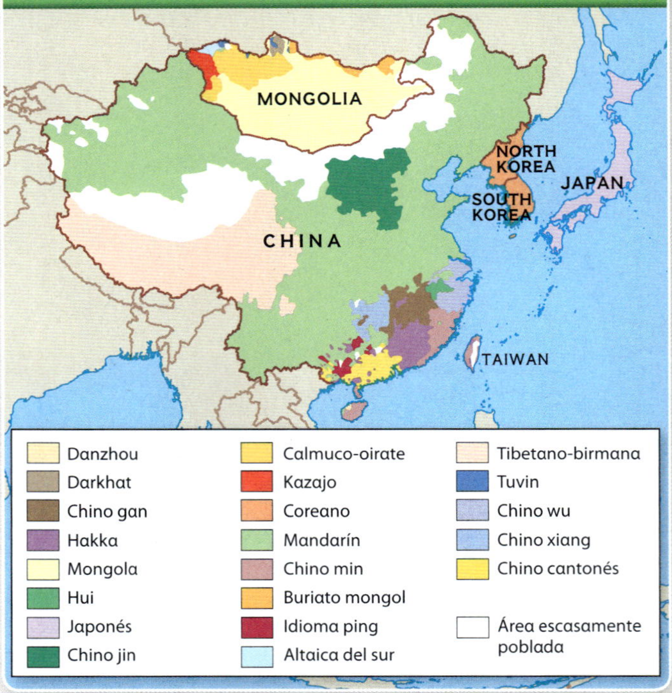

19. **Región** ¿Qué lengua se habla en gran parte de China? ¿Cuáles podrían ser las desventajas para los que no hablan esa lengua?
20. **Comparar y contrastar** ¿Qué países de Asia Oriental están más unidos por una lengua común? ¿Qué sugiere este hecho acerca de los habitantes de estos países?

GOBIERNO Y ECONOMÍA

ANALIZA LA PREGUNTA FUNDAMENTAL

¿Qué problemas enfrenta actualmente Asia Oriental y cuáles son sus oportunidades?

Razonamiento crítico: Comparar y contrastar

21. Compara las oportunidades económicas de las ciudades costeras y de las zonas rurales de China. ¿Qué área proporciona mayores oportunidades? ¿Por qué?
22. ¿En qué se parecen las economías del Japón, Corea del Sur y Taiwán?
23. ¿Qué tienen en común Corea del Norte y Corea del Sur? ¿Crees que estas similitudes podrían contribuir a unir a estos dos países algún día? Explica por qué sí o por qué no.

INTERPRETAR TABLAS

LA VIDA EN LAS DOS COREAS

	Corea del Norte	Corea del Sur
PIB (en dólares estadounidenses)	$40 mil millones	$1.611 trillones
agricultura	23%	3%
industria	48%	39%
servicios	29%	58%
PIB por persona	$1,800	$32,400
Expectativa de vida	69.5 años	79.5 años
Mortalidad infantil	25 muertes/ 1,000 nacidos vivos	4 muertes/ 1,000 nacidos vivos
Alfabetismo	99%	97.9%

Fuente: CIA World Factbook, 2010

24. **Sacar conclusiones** En base a las estadísticas presentadas en la tabla sobre el PIB por persona, ¿qué conclusiones puedes sacar acerca del nivel de vida en Corea del Norte y en Corea del Sur?
25. **Hacer inferencias** Estudia las estadísticas sobre la mortalidad infantil. ¿Qué sugieren estos números acerca del cuidado de la salud en cada país?

OPCIONES ACTIVAS

Sintetiza las preguntas fundamentales completando las siguientes actividades.

26. **Crear una página web** Haz la página de inicio de un sitio web sobre Asia Oriental hoy día. Escribe una breve introducción para presentar la región e incluye enlaces para cada país. Utiliza elementos visuales, como fotografías, mapas, tablas y gráficas, para ilustrar los esfuerzos de Asia Oriental por mejorar cultural y económicamente. Usa las sugerencias siguientes como ayuda para preparar tu página web. Exhibe tu página web e invita a tus compañeros de clase a hacer "clic" en los enlaces. Prepárate para resumir lo que los visitantes encontrarían en cada enlace.

Sugerencias para la escritura
- Utiliza viñetas para resumir los asuntos culturales y económicos de Asia Oriental en la actualidad.
- En los enlaces, coloca rótulos que capten la atención del público.
- Añade leyendas breves e informativas a las imágenes.

27. **Diseña el storyboard de un anime** Trabaja con un grupo pequeño para diseñar el *storyboard* de una escena de una película de anime. En primer lugar, generen ideas para inventar los personajes y la trama de la escena. Puedes utilizar otros recursos en línea para aprender más sobre el anime. A continuación, dibuja y escribe el diálogo para cada viñeta o cuadro de la escena. Usa una tabla como la siguiente para organizar tus ideas.

VIÑETA 1	VIÑETA 2	VIÑETA 3
Personajes:	Personajes:	Personajes:
Acción:	Acción:	Acción:
Diálogo:	Diálogo:	Diálogo:

Acceso móvil

TECHTREK
Visita myNGconnect.com para ver una gráfica en inglés sobre el uso de los teléfonos celulares.

Maps and Graphs

Quizá ningún otro producto manufacturado desde la invención de la computadora personal ha tenido un impacto global similar al del teléfono móvil y su primo el teléfono inteligente. Estos aparatos tienen un papel en la economía, política, participación civil y en la difusión de la cultura, mediante actividades que van más allá de tomar fotografías, enviar mensajes de texto o revisar el correo electrónico.

En los países en desarrollo, no hace mucho tiempo atrás, las personas tenían poco o nulo acceso a la información global. Hoy en día, quienes no pueden costear una computadora para tener una conexión a Internet, lo hacen mediante los teléfonos inteligentes, que son menos costosos.

Comparar

- Argentina
- Bangladés (*Bangladesh*)
- Brasil (*Brazil*)
- China
- India
- Mongolia
- Nepal
- Corea del Sur (*South Korea*)
- Estados Unidos (*United States*)
- Venezuela

CHINA Y LOS MEDIOS

China tiene la población más grande del mundo y tiene el mayor número de suscripciones a teléfonos móviles. La BBC reportó en el año 2013 que 464 millones de chinos, o el 44% de la población, usaba un teléfono inteligente o servicios inalámbricos para tener acceso a la Internet. (En el 2002, este porcentaje fue del 4.6%). Sin embargo, el gobierno comunista de China controla y censura los medios de comunicación. Requiere que los proveedores de medios de comunicación también sean censuradores. Una entrada de *blog* que critica al gobierno puede ser borrada en minutos.

El artista chino Ai Weiwei usó un *blog* para reunir los nombres de los niños que murieron en escuelas mal construidas durante el terremoto del año 2008 en la provincia de Sichuan. El gobierno había construido estas escuelas, por lo tanto bloqueó el acceso al Internet a la computadora de este artista. De manera que él y aquellos que lo ayudaban debieron usar teléfonos celulares para comunicarse. Los 9000 nombres que reunieron se hicieron parte de un proyecto de arte llamado "Recordatorio". En murallas largas a las afueras un museo alemán, se colgó una mochila escolar por cada víctima.

OTROS USOS Y BENEFICIOS

El uso de teléfonos celulares y de la Internet se triplicó en Brasil desde 2007 a 2012. El uso de teléfonos móviles y de teléfonos inteligentes está en aumento, no solo en Sudamérica, en Asia Oriental y en el sur de Asia, sino que también en países de regiones remotas. En 2013 se reportaba que había 4.5 billones de teléfonos móviles en el mundo en desarrollo. Los países en desarrollo están usando recursos para instalar redes móviles. Esto ayuda a los pequeños negocios a mantenerse informados sobre las noticias de negocios con sus teléfonos. Algunos estudios demuestran que el uso de teléfonos celulares pueden aumentar el Producto Interno Bruto de un país.

Mediante las aplicaciones móviles se han desarrollado miles de usos para los teléfonos móviles. Estas aplicaciones se bajan para hacer trámites bancarios, jugar, ver películas, usar las redes sociales, escuchar música, alquilar coches y hallar negocios, así como para acceder a la educación, información sobre la salud, el gobierno y alertas climatológicas.

NÚMERO DE USUARIOS DE TELEFONÍA CELULAR*

NÚMERO DE USUARIOS DE TELEFONÍA CELULAR

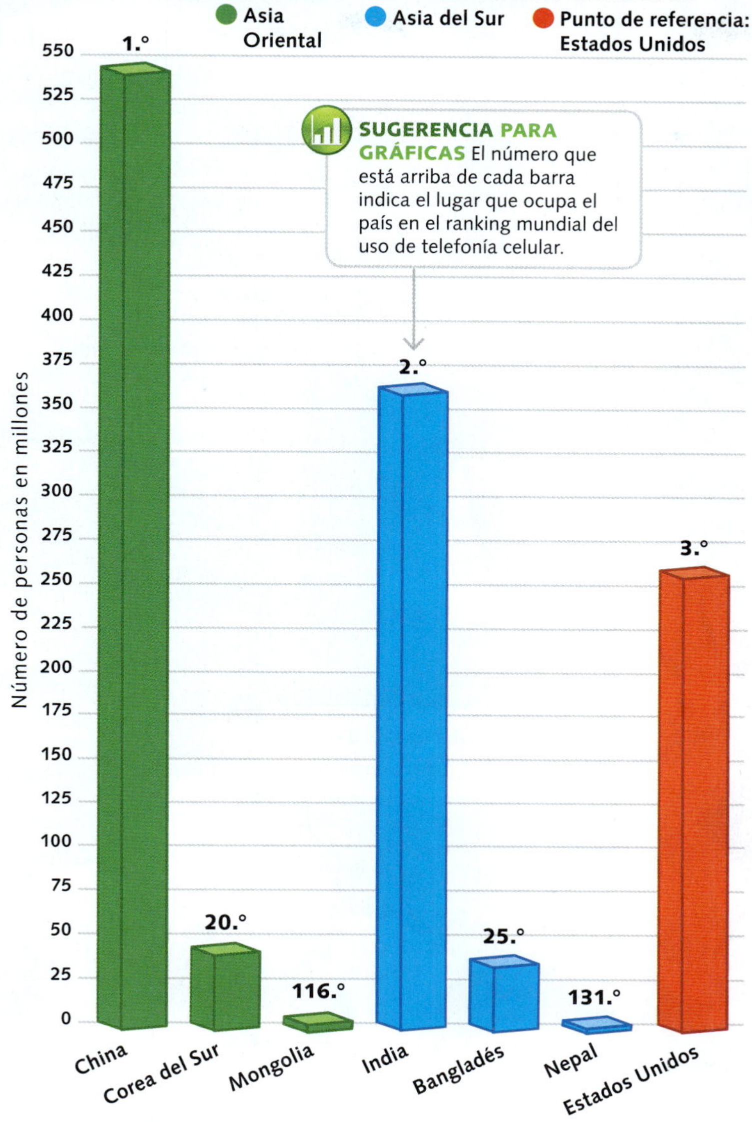

*Fuentes: Base de datos de la ONU, 2007

PORCENTAJE DE LA POBLACIÓN

Estas gráficas muestran el porcentaje de la población de cada país que usa teléfonos celulares.

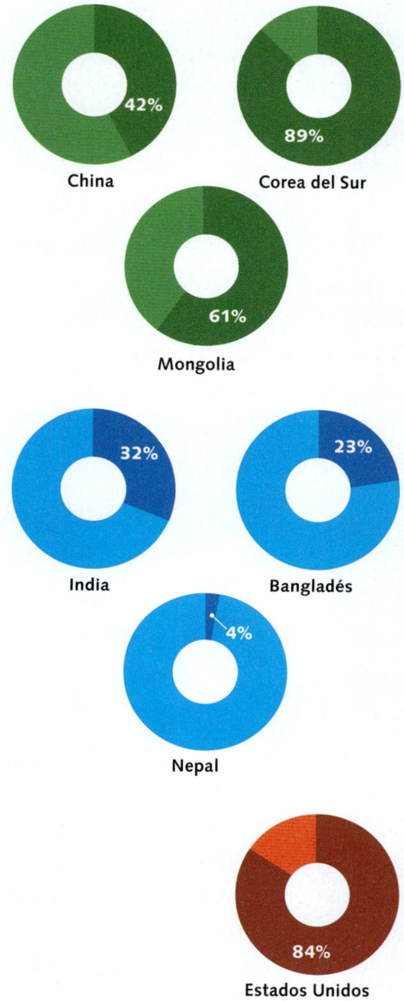

EVALUACIÓN CONTINUA

LABORATORIO DE INVESTIGACIÓN GeoDiario

1. **Analizar datos** Estudia las cifras de China y de la India. ¿Por qué crees que estos países tienen el mayor número de usuarios de telefonía celular?
2. **Sacar conclusiones** Date cuenta de que Mongolia tiene más de 2.5 millones de habitantes, mientras que Nepal tiene más de 29 millones. ¿Qué conclusiones puedes sacar sobre el desarrollo económico de Mongolia y Nepal en base al uso de teléfonos celulares en cada país?

Investigar y comparar Investiga sobre el uso de teléfonos celulares en los países suramericanos de Brasil, Argentina y Venezuela. Usa gráficas similares a las anteriores para comparar el número de usuarios de telefonía celular en esos países. Luego compara tus resultados con las estadísticas que se muestran aquí. ¿Qué país suramericano utiliza más telefonía celular? ¿Qué podría sugerir esta estadística sobre el desarrollo económico de ese país?

Opciones activas

TECHTREK

Visita **myNGconnect.com** para ver fotos de las flores del cerezo y del kimchi coreano

Digital Library

ACTIVIDAD 1

Propósito: Aprender sobre la importancia de las flores de cerezo en el Japón

Celebrar el florecimiento de los cerezos

Cada año, los japoneses realizan festivales para celebrar el florecimiento de los cerezos. En la cultura japonesa, la belleza de estas flores y la breve duración de su floración simbolizan la naturaleza efímera de la vida. Las flores se utilizan a menudo en el anime y el manga. Investiga para aprender más sobre la importancia de los cerezos en flor en el Japón. Luego elige una de las siguientes formas de celebrar la flor:

- Escribe un haiku en honor a la flor de cerezo. Un haiku es un poema de tres versos, con cinco sílabas en el primer verso, siete en el segundo verso y cinco en el tercer verso. El poema no tiene rima.
- Dibuja o pinta una flor de cerezo.
- Busca y exhibe ejemplos de cerezos en flor en el arte japonés.
- Investiga e informa sobre otros tres lugares fuera del Japón donde se realicen festivales por el florecimiento de los cerezos.

Ilustración de anime de cerezos en flor

ACTIVIDAD 2

Propósito: Ampliar tu conocimiento de la cultura china.

Crear una revista de cultura china

Aprende más acerca del rico legado cultural de China. Con un grupo pequeño, diseña una página de revista sobre un aspecto de la cultura china. Puedes enfocarte en el arte, la música, la comida o las artes marciales del país. Investiga sobre el tema y usa el recurso en inglés **Magazine Maker CD-ROM** para crear tu página. Combina las páginas creadas por diferentes grupos para hacer una revista.

ACTIVIDAD 3

Propósito: Hacer predicciones con base en conocimientos previos.

¡Yo lo predigo!

¿Qué nos depara el futuro para los trenes bala o para los teléfonos móviles? Predice los descubrimientos de las ciencias y tecnología que podrían afectar nuestra cultura o política. ¿Cómo podría la tecnología mejorar la salud? Explica las bases para tus predicciones.

NATIONAL GEOGRAPHIC

Culturas del mundo y geografía

GEO

explora el Sureste Asiático con NATIONAL GEOGRAPHIC

CONOCE A LA EXPLORADORA

NATIONAL GEOGRAPHIC

La exploradora emergente Jenny Daltry busca especies desconocidas de serpientes, ranas y cocodrilos en los rincones inexplorados de Asia del Sur y del Sureste Asiático. Su trabajo ayuda a conservar los hábitats de estos animales. En esta imagen se ve inspeccionando los colmillos de una serpiente.

INVESTIGA LA GEOGRAFÍA

El monte Merapi es un pico montañoso volcánico ubicado cerca del centro densamente poblado de la isla de Java, en Indonesia. Es el más activo de los volcanes del país. Sus cenizas generan un suelo fértil, que atrae a los agricultores a pesar de los peligros.

ENTRA A LA HISTORIA

Un monje budista reza ante una estatua en el complejo de templos de Angkor Wat, en Camboya. Angkor Wat se construyó originalmente como un centro de adoración hindú, en el siglo XII. Hasta el día de hoy es la estructura religiosa más grande del mundo.

ONLINE WORLD ATLAS

Visita **myNGconnect.com** para ver mapas del Sureste Asiático.

CONECTA CON LA CULTURA

El concurrido mercado flotante de Damnem Saduak, Tailandia, atrae compradores desde 1872. Allí se pueden comprar sombreros, como los que se muestran en esta fotografía, frutas, verduras, flores y otros alimentos.

CAPÍTULO 21

Sureste Asiático
GEOGRAFÍA E HISTORIA

VISTAZO PREVIO AL CAPÍTULO

Pregunta fundamental ¿Qué condiciones geográficas dividen al Sureste Asiático en muchas partes distintas?

SECCIÓN 1 • GEOGRAFÍA

VOCABULARIO CLAVE

- puente de tierra
- sin litoral
- tifón
- tsunami
- pesca de subsistencia
- ecologista
- bauxita
- biodiversidad
- dinámico
- inactivo
- zoólogo
- walabí

VOCABULARIO ACADÉMICO

realzar

TÉRMINOS Y NOMBRES

- Anillo de Fuego
- río Mekong
- río Chao Phraya
- río Irawadi
- península malaya
- montañas Foja

Pregunta fundamental ¿Qué influencia han ejercido las barreras físicas del Sureste Asiático en la historia de la región?

SECCIÓN 2 • HISTORIA

VOCABULARIO CLAVE

- complejo
- bajorrelieve
- monopolio
- colonialismo
- fósil
- comercio
- lanzamiento
- resistencia

VOCABULARIO ACADÉMICO

transformar

TÉRMINOS Y NOMBRES

- Imperio jemer
- Angkor Wat
- Borobudur
- Compañía Neerlandesa de las Indias Orientales
- Manila
- Emilio Aguinaldo
- Ho Chi Minh

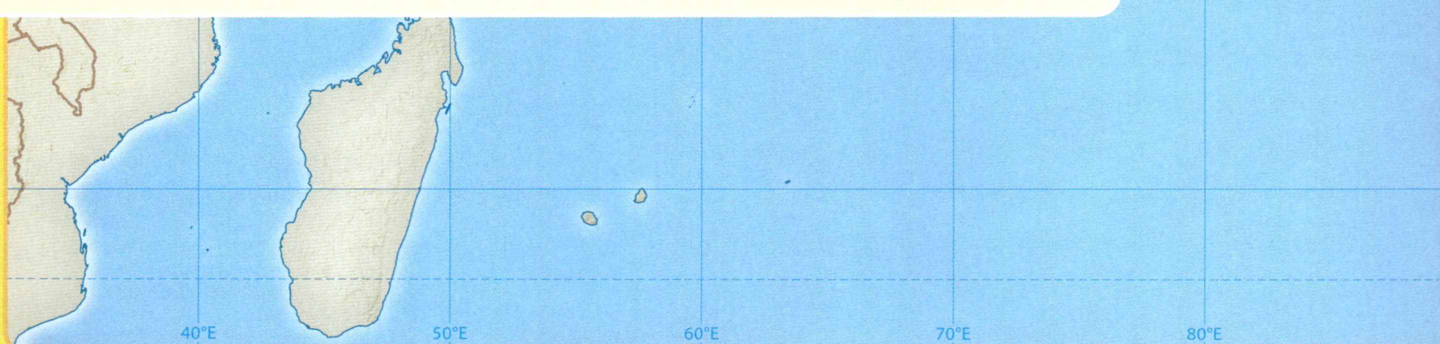

TECHTREK PARA ESTE CAPÍTULO

- Student eEdition
- Maps and Graphs
- Interactive Whiteboard GeoActivities
- Digital Library

Visita **myNGconnect.com** para obtener más información sobre el Sureste Asiático.

SECCIÓN 1 GEOGRAFÍA

1.1 Geografía física

TECHTREK

Visita **myNGconnect.com** para ver un mapa de la división política del Sureste Asiático y el Vocabulario visual en inglés.

Maps and Graphs

Digital Library

SURESTE ASIÁTICO: MAPA FÍSICO

Idea principal El Sureste Asiático es una región montañosa que tiene tanto países continentales como insulares.

El Sureste Asiático tiene dos tipos de países: los continentales y los insulares. Indonesia y las Filipinas son islas que alguna vez estuvieron conectadas por **puentes de tierra**, o franjas de tierra que conectan dos grandes masas de tierra. Los glaciares que se derritieron hace más de 6,000 años causaron que subiera el nivel del mar, lo cual separó a estas masas de tierra. Malasia es el único país que tiene territorio tanto en el continente asiático como en la isla de Borneo.

Los países continentales

Los países situados en el territorio continental de la región forman parte del continente asiático y son Birmania (o Myanmar), Tailandia, Camboya, Vietnam y Laos. Todos los países de este grupo están conectados por una extensa costa. Laos es el único país **sin litoral**, o que está rodeado de tierra por todos sus lados. Las elevaciones son normalmente más altas en las costas continentales del norte y del este del Sureste Asiático. En estas montañas nacen varios de los ríos más importantes de la región, que las personas aprovechan como medio de transporte y como fuente de alimentos, agua potable e irrigación.

Los habitantes de Birmania, Laos, Vietnam y Camboya viven mayormente en aldeas pequeñas situadas en las montañas o cerca de alguna vía fluvial. Sin embargo, varios de los deltas de la región están densamente poblados. Bangkok, la ciudad más desarrollada y densamente poblada de Tailandia, se encuentra en el delta del río Chao Phraya. Los sedimentos de este y de otros ríos formaron el suelo fértil de la llanura central de Tailandia, que resulta ideal para cultivar arroz.

En general, el Sureste Asiático goza de un clima tropical, aunque las temperaturas varían de acuerdo con la elevación y la distancia al océano. Los países continentales reciben lluvias de mayo a septiembre, la temporada lluviosa de los monzones. Los **tifones**, tormentas tropicales violentas que traen lluvias copiosas y vientos muy fuertes, se desatan a menudo durante esta época. El resto del año predomina la temporada seca de los monzones.

Los países insulares

Los países insulares del Sureste Asiático son Indonesia y las Filipinas. Están situados sobre el Anillo de Fuego, una zona volcánica del océano Pacífico donde chocan las placas tectónicas que forman la corteza terrestre. Ambos países tienen varios volcanes activos. Los terremotos submarinos pueden provocar **tsunamis**: olas gigantescas y muy potentes. En 2004, un tsunami provocado por un terremoto cerca de Sumatra mató por lo menos a 225,000 personas. Sus efectos se sintieron en sitios tan lejanos como África Oriental.

Antes de continuar

Verificar la comprensión ¿Cómo se formaron las islas de la región?

EVALUACIÓN CONTINUA

LABORATORIO DE MAPAS GeoDiario

1. **Categorizar** Usa el mapa y el texto para explicar las diferencias entre los dos tipos de países que forman el Sureste Asiático.
2. **Hacer inferencias** Busca Laos en el mapa. ¿Qué desventajas podría tener este estado por ser un país sin litoral? ¿Cuál podría ser ventaja?
3. **Interacción entre los humanos y el medio ambiente** ¿Por qué los deltas de la región están densamente poblados?

SECCIÓN 1 GEOGRAFÍA

1.2 Ríos paralelos

TECHTREK

Visita **myNGconnect.com** para ver un mapa en inglés y fotos de los ríos del Sureste Asiático.

Maps and Graphs | Digital Library

Idea principal Los sistemas fluviales, o ríos, del Sureste Asiático sustentan la vida de diversas maneras.

Tres ríos paralelos atraviesan el sector continental del Sureste Asiático: el Mekong, el Chao Phraya y el Irawady. Nacen en las tierras altas y fluyen por los valles en dirección sur, a través de las montañas. A medida que se acercan al mar, se dividen y forman un triángulo de ríos más pequeños. Estos deltas están compuestos de limo, un suelo fértil que los ríos han transportado desde sus cabeceras.

El río Mekong

Las 2,600 millas del **río Mekong** 1 lo convierten en el río más largo del Sureste Asiático. Fluye por el centro del continente y forma parte de los límites de Birmania, Laos y Tailandia. La desembocadura del río, en el mar de China Meridional, está en Vietnam, cerca de la ciudad de Ho Chi Minh.

El delta del Mekong cubre unas 25,000 millas cuadradas, aproximadamente la superficie de West Virginia. Este delta densamente poblado es una región rica en cultivos de arroz. Algunos países de la región están trabajando para aprovechar la fuerza del río y generar hidroelectricidad.

El río Chao Phraya

El **río Chao Phraya** 2 es el río más importante de Tailandia. Sus aguas se aprovechan para irrigar los arrozales y son una de las principales rutas de transporte del país. Bangkok, la capital de Tailandia, está situada sobre las márgenes de este río.

El río Irawady

La extensión del **río Irawady** 3 es casi la mitad de la del Mekong. Sus aguas también se aprovechan para cultivar arroz y se usan como una red de transporte. Debido al suelo que el río arrastra y deposita en su desembocadura, el delta crece unos 165 pies al año.

Durante la temporada de lluvias, el nivel del río Irawady puede subir más de 30 pies. Los puertos deben tener dos embarcaderos distintos, uno para cada temporada. Los agricultores

Vocabulario visual Un **ecologista** es un científico que estudia la relación entre los seres vivos y su medio ambiente. Zeb Hogan, miembro de National Geographic, es un ecologista acuático. En esta fotos aparece trabajando en las aguas del río Mekong.

RÍOS Y DENSIDAD DE POBLACIÓN

se han adaptado y almacenan agua durante la temporada de lluvias para liberarla en los campos durante la temporada seca.

Dificultades que enfrentan los ríos

Los ríos del Sureste Asiático son aprovechados por muchas personas que practican la **pesca de subsistencia**, es decir, que solo pescan lo suficiente para su sustento. Los países de la región deben trabajar en conjunto para controlar la amenaza de la sobreexplotación pesquera. El **ecologista** Zeb Hogan forma parte de un programa que compra a los pescadores locales peces vivos para estudiarlos. Esfuerzos como este pueden proteger a los peces en peligro de extinción sin impedir que los lugareños se ganen la vida con la pesca.

Las presas construidas a lo largo de los ríos permiten controlar los niveles del agua, pero en ocasiones también pueden interferir con el transporte y perturbar el medio ambiente de los ríos.

Antes de continuar

Resumir ¿De qué manera los sistemas fluviales sustentan la vida de la región?

EVALUACIÓN CONTINUA

LABORATORIO DE LECTURA GeoDiario

1. **Verificar la comprensión** ¿Por qué las presas son una amenaza para los ríos de la región?
2. **Hacer inferencias** ¿Por qué el nivel del agua es una dificultad para las personas que dependen de los ríos?
3. **Región** Recorre en el mapa el curso del río Mekong. ¿Qué países comparten este río?

SECCIÓN 1 GEOGRAFÍA

1.3 La península malaya

TECHTREK Visita **myNGconnect.com** para ver mapas en inglés y fotos de la península malaya.

Maps and Graphs | Digital Library

Idea principal Las montañas de la península malaya son ricas en recursos minerales y albergan un bosque tropical muy valioso.

La **península malaya** es larga y angosta: tiene apenas 200 millas de ancho en su punto más ancho. Abarca partes de Malasia, Tailandia y Birmania. Cadenas montañosas ricas en recursos minerales se extienden a lo largo de la península y un frondoso bosque tropical es el hábitat de miles de especies animales y vegetales

Las montañas y la minería

Las montañas de la cadena Bilaukataung, en Tailandia, y las montañas de la Cordillera Principal (*Main Range*), en el oeste de Malasia, han sido tradicionalmente explotadas para extraer estaño, un metal comúnmente utilizado en la fabricación de envases de alimentos. La **bauxita**, la materia prima que se utiliza para fabricar aluminio, se extrae en la zona sur de la Cordillera Principal. Desde de la década de 1970, se ha ido reduciendo la cantidad de yacimientos de estaño y de bauxita de fácil acceso y, como consecuencia, la actividad minera ha disminuido de manera constante.

El bosque tropical, el caucho y el aceite de palma

La península también cuenta con un amplio bosque tropical que cubre alrededor del 40 por ciento de la superficie continental. El bosque tropical es el hábitat ideal para cientos de especies distintas de árboles y otras plantas. A esta variedad de especies en un ecosistema se le llama **biodiversidad**. La fauna del bosque tropical abarca desde criaturas grandes, como el elefante, el rinocerontes y el tigre, hasta pequeñas, como el ciervo ratón.

Algunos de los árboles nativos del bosque tropical son muy valiosos. Como resultado, grandes áreas del bosque tropical han sido despejadas para plantar solo estas especies. En una época, la madera de teca tailandesa era una parte importante de la economía del país. Sin embargo, en 1989, después de un deslizamiento de tierras provocado por la deforestación excesiva, el gobierno prohibió la tala de tecas. En Malasia, el bosque tropical se tala para permitir la instalación de grandes fincas de árboles de caucho y palmas para elaborar aceite de palma. El aceite de palma se usa en maquinarias, en la fabricación jabón y en la cocina.

Visión crítica Este terreno de Malasia está siendo preparado para instalar una finca de aceite de palma. ¿Puedes inferir qué había allí antes de que se despejara el terreno?

Una aldea en la ladera de una montaña en Cameron Highlands, Malasia.

PENÍNSULA MALAYA: DIVISIÓN POLÍTICA

CLIMA

Críticos denuncian que, después de agotar sus recursos minerales, Malasia ahora destruye sus bosques. Para despejar los terrenos, los agricultores primero talan los árboles y luego queman todo lo que queda. Después aplican fertilizantes que modifican el suelo de manera permanente e impiden que el bosque tropical vuelva a creer rápidamente.

El daño medioambiental tiene un impacto económico. Al comenzar el siglo XXI, el turismo en el bosque tropical se convirtió en una parte importante de la economía de la península. Como consecuencia, los gobiernos ahora buscan lograr un equilibrio entre el desarrollo agrícola y la conservación del bosque tropical.

Antes de continuar

Resumir ¿De qué manera la preservación del medio ambiente entra en conflicto con la producción de aceite de palma?

EVALUACIÓN CONTINUA

LABORATORIO DE MAPAS GeoDiario

1. **Región** Según el mapa, ¿qué país tiene los cuatro climas que se muestran?
2. **Hacer generalizaciones** Observa el mapa físico. ¿Qué tipo de terreno forma la mayor parte de la península malaya?
3. **Hacer inferencias** ¿Qué efecto podría tener el turismo sobre las actividades de tala y despeje de tierras en el bosque tropical?

SECCIÓN 1 GEOGRAFÍA

1.4 Las naciones insulares

TECHTREK
Visita **myNGconnect.com** para ver mapas en inglés y fotos de las naciones insulares del Sureste Asiático.
Maps and Graphs
Digital Library

Idea principal Las condiciones geográficas de las islas influyen en cómo se ha poblado el Sureste Asiático.

Cinco países del Sureste Asiático son islas o grupos de islas: Indonesia, Singapur, Brunei, Timor Oriental y las Filipinas. Una parte de Malasia se encuentra en la isla de Borneo. Las montañas y las barreras de agua entre las islas han permitido el surgimiento de culturas aisladas con rasgos distintivos.

La actividad volcánica

Al estar situadas sobre el área donde confluyen las placas euroasiática, india, australiana y filipina, las islas del Sureste Asiático se encuentran en una zona geográfica **dinámica**, es decir, que cambia de manera continua. Lenta pero constantemente, las placas chocan y se deslizan unas sobre otras. Casi todas las islas de la región se formaron como resultado de choques entre estas placas. Los choques formaron gradualmente pequeñas masas de tierra con montañas volcánicas elevadas que descienden en declive hacia las llanuras costeras.

Aunque muchos de los volcanes en la superficie ya no presentan actividad, algunos de los que han estado **inactivos**, o latentes, durante largos períodos podrían entrar súbitamente en erupción. Por ejemplo, el monte Sinabung de la isla de Sumatra, en Indonesia, estuvo inactivo 400 años antes de entrar en erupción en 2010. Pese a que muchos agricultores permanecieron en sus tierras, decenas de miles de personas abandonaron la zona. Aunque las erupciones volcánicas pueden destruir aldeas, las cenizas también crean un suelo fértil y rico en nutrientes que permite una actividad agrícola próspera. El clima húmedo de las islas **realza**, o mejora, la calidad de la agricultura. Como consecuencia, se pueden plantar muchos cultivos durante todo el año.

Indonesia

Indonesia es el gigante de la región, tanto en superficie como en población. Tiene el triple de territorio que Birmania, que es el segundo país más grande de la región. Su población es tres veces más grande de la de las Filipinas, y tiene más volcanes que cualquier otro país en el mundo.

Visión crítica Esta aldea yace a menos de dos millas del monte Batur, un volcán activo de Indonesia. ¿Cuáles serían algunas de las ventajas y desventajas de vivir en este lugar?

PLACAS TECTÓNICAS Y VOLCANES

DENSIDAD DE POBLACIÓN

Indonesia está formada por miles de islas. Las cinco islas de mayor tamaño son Sumatra, Java, Borneo, Célebes y Nueva Guinea. Aunque es la más pequeña de las cinco islas, Java es la de mayor densidad de población, con más de la mitad de los 250 millones de habitantes de Indonesia. Cuatro de las cinco mayores ciudades de Indonesia se encuentran en la isla de Java, incluyendo Yakarta, la capital del país. Con la excepción de las ciudades principales, la mayor parte de las áreas urbanas de Indonesia son más bien pueblos grandes y cada uno de ellos posee una cultura local propia.

Las Filipinas

Los patrones de asentamiento poblacional en las Filipinas son similares a los de Indonesia. La mayor concentración humana se encuentra en las llanuras de las tierras bajas, donde el suelo es fértil debido a las erupciones volcánicas. Al igual que en Indonesia, la capital de las Filipinas es una ciudad enorme. Esta ciudad, llamada Manila, tiene más de 11 millones de habitantes.

En las Filipinas también existen numerosos asentamientos rurales que subsisten en base a la pesca o al cultivo del arroz. Las viviendas cercanas al océano están elevadas sobre columnas de madera, para permitir los cambios de marea y la navegación.

Antes de continuar

Resumir ¿De qué manera la geografía de las naciones insulares ha influido en la vida del Sureste Asiático?

EVALUACIÓN CONTINUA

LABORATORIO DE MAPAS GeoDiario

1. **Lugar** Según el mapa de las placas tectónicas, ¿qué isla de gran tamaño no parece afectada por los terremotos o los volcanes activos?
2. **Comparar** Según el mapa de densidad de población, ¿cómo se compara la densidad de población de Borneo con la de Java? ¿Cuál podría ser la causa de esta diferencia de población?

TECHTREK

Visita **myNGconnect.com** para ver un mapa en inglés de Nueva Guinea, fotos y un video clip de Explorer.

Maps and Graphs | Digital Library

Descubriendo especies nuevas con Kristofer Helgen

Idea principal Las inexploradas montañas Foja de Indonesia podrían albergar especies de plantas y animales que aún no han sido identificadas.

Especies desconocidas

El conocimiento actual de la flora y la fauna es vasto y está bien documentado. Sin embargo, el explorador emergente de National Geographic Kristofer Helgen es un **zoólogo**, es decir, un científico que estudia los animales, que sabe que existen cientos de especies que aún no han sido descubiertas.

myNGconnect.com

Para saber más sobre las actividades actuales de Kristofer Helgen

Las montañas Foja

Las **montañas Foja** de Indonesia albergan especies animales y vegetales que no se encuentran en ninguna otra región del mundo. Además, la mayor parte del área no ha sido explorada. Helgen describió a las montañas Foja como "uno de los pocos lugares del mundo donde no hay aldeas, ni caminos ni población humana". La presencia humana no forma parte de la vida de este bosque tropical. "Los animales que viven allí nunca han visto a un ser humano", dijo Helgen. "En estos tiempos, esto es algo muy, muy raro".

En 2005, Helgen formó parte de un viaje de investigación a esta zona remota. Además de Helgen, que estudia a los mamíferos, el equipo estaba compuesto por otros expertos en plantas, mariposas, reptiles y aves.

Los científicos descubrieron 20 especies nuevas de ranas, 5 tipos nuevos de mariposas y varias especies nuevas de plantas. El propio Helgen halló nuevas especies de ratas y murciélagos. También descubrió una clase única de **walabí**, un pariente pequeño del canguro, al cual espera poder declarar como especie nueva.

Especie nueva de murciélago que se alimenta del néctar de las flores

Enramada del bosque tropical de las montañas Foja

Rana "Pinocho", una especie nueva de rana arborícola

La especie nueva de walabí puede ser la más pequeña de todas

Una oportunidad científica

La investigación realizada en las montañas Foja es una oportunidad para que los científicos aprendan más sobre la diversidad de la flora y la fauna. Al no haber sido exploradas, las montañas también ofrecen a los científicos jóvenes la oportunidad de entrenarse en el descubrimiento de especies nuevas. En futuros viajes a la región, algunos estudiantes podrían sumarse a los científicos experimentados. Aprenderían así sobre el trabajo de campo mientras ayudan a realizar nuevos descubrimientos.

Antes de continuar

Hacer inferencias ¿Por qué es probable que haya numerosas especies desconocidas de plantas y animales en las montañas Foja?

EVALUACIÓN CONTINUA

LABORATORIO VISUAL GeoDiario

1. **Analizar elementos visuales** Visita el recurso en inglés **Digital Library** y mira el video clip de Explorer sobre Kristofer Helgen. ¿Cómo describirías el terreno?
2. **Lugar** ¿Qué parte del video explica por qué los científicos están tan entusiasmados con esta zona?
3. **Hacer inferencias** ¿Cómo crees que los animales que nunca han tenido contacto con seres humanos se comportarían al ver a una persona por primera vez? ¿Por qué?
4. **Crear tablas** Haz una tabla que enumere las clases de especies nuevas que podrían descubrirse en un lugar como las montañas Foja. Recuerda que el lugar alberga un bosque tropical.

PLANTAS	ANIMALES

TECHTREK

Visita myNGconnect.com para ver fotos de reinos antiguos del Sureste Asiático.

Digital Library

SECCIÓN 2 HISTORIA

2.1 Los antiguos reinos de los valles

Idea principal Debido a la importancia de su ubicación para el comercio, el Sureste Asiático recibió influencias de las potencias cercanas durante su desarrollo

Como consecuencia de su ubicación entre los océanos Pacífico e Índico, las vías marítimas que rodean al Sureste Asiático formaban parte de rutas comerciales importantes. Dos civilizaciones poderosas, la china hacia el norte y la india hacia el oeste, ejercieron una marcada influencia sobre el rumbo cultural de la región. El impacto se produjo tanto a través de la fuerza y las invasiones militares como mediante el comercio.

Imperios continentales

La cultura china llegó por primera vez al Sureste Asiático en el año 111 a. C., cuando los chinos invadieron y conquistaron una parte de lo que actualmente es Vietnam. La India ya había establecido vínculos comerciales antes de la llegada de los chinos. Estos vínculos comerciales ejercieron una influencia notable en las prácticas religiosas de la región.

Hacia el inicio del siglo VIII d. C., los imperios budista e hindú se disputaban el poder y la influencia en otras partes de la región. El imperio más grande y duradero fue el **Imperio jemer** de Camboya. Situado a lo largo del valle del río Mekong, el Imperio jemer cubrió gran parte del Sureste Asiático y se extendió desde inicios del siglo IX hasta la década de 1430.

En su máximo apogeo durante el siglo XII, el líder del imperio, el rey Suryavarman II, construyó el inmenso templo hindú de **Angkor Wat** en la ciudad capital. Este conjunto de edificios vinculados, o **complejo**,

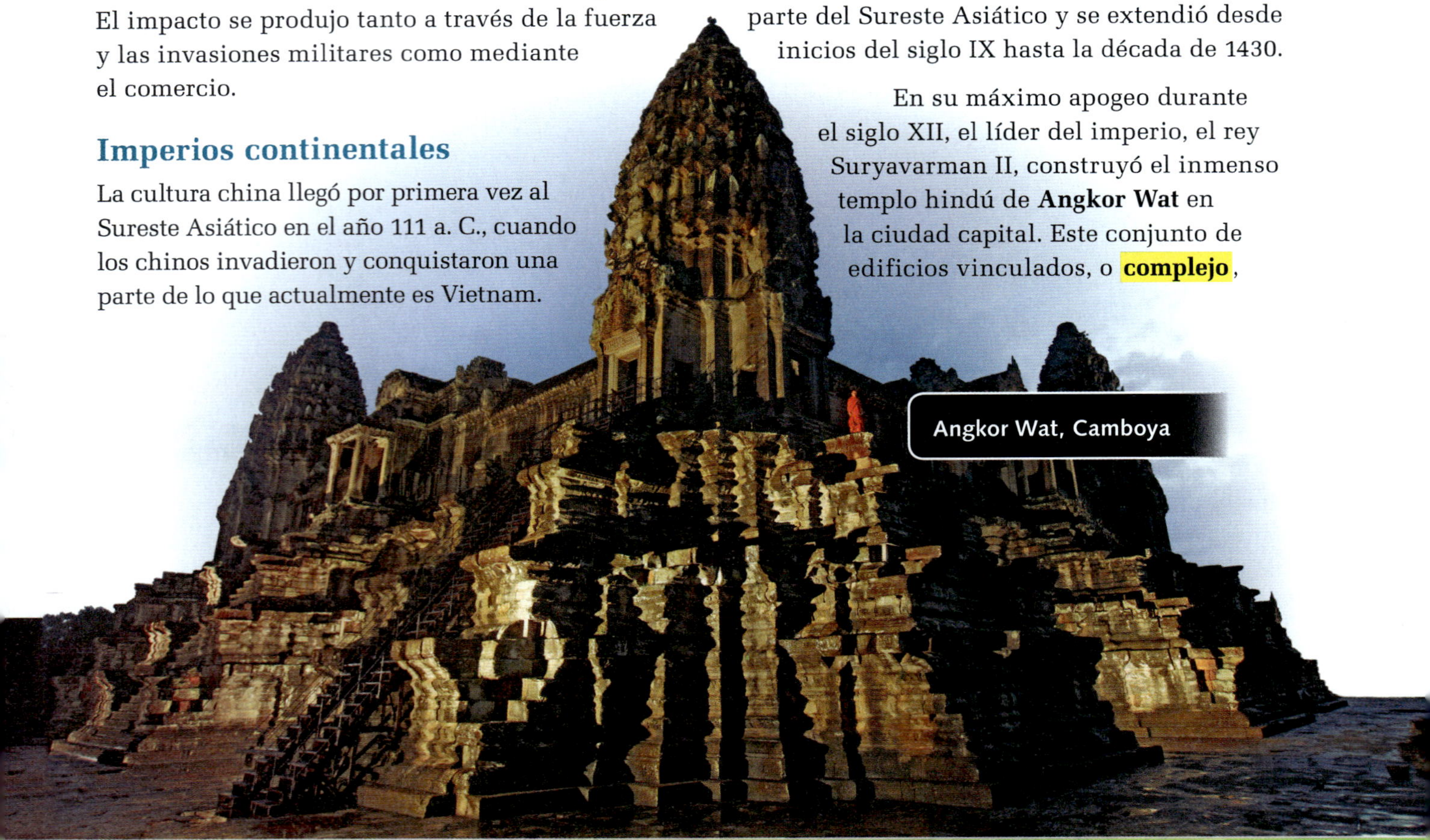

Angkor Wat, Camboya

111 a. C. China conquista Vietnam; el budismo llega al Sureste Asiático.

SIGLO VII – C. 1100 d. C. Imperio de Srivijaya en Sumatra

C. 780 – 850 d. C. Gobernantes de la dinastía de Saliendra construyen el templo Borobudur.

C. 890 d. C. El Imperio jemer establece su capital en Angkor.

100 a. C. — d. C. 600 — 800

Templo Borobudur, Java, Indonesia

tenían una función religiosa: fue dedicado al dios hindú Visnú y se utilizó como sepulcro del rey. Los hermosos **bajorrelieves**, o esculturas que sobresalen ligeramente sobre un fondo plano, cubren las paredes con representaciones de escenas de los relatos hindúes. Las fuerzas miltares de lo que actualmente es Tailandia finalmente conquistaron la ciudad y el complejo cayó en ruinas.

En 939 d. C., el pueblo de Vietnam se separó de China y estableció el reino independiente de Dai Viet. Aunque influenciado por la cultura china, Vietnam tenía sus propios rasgos culturales. En Vietnam, por ejemplo, las mujeres tenían un nivel social más alto que el que tenía en China. Con el transcurrir del tiempo, el reino de Dai Viet se debilitó y terminó siendo reconquistado por China en el año 1407.

Imperios insulares

La actual nación de Indonesia también albergó imperios poderosos. El primero de ellos fue el Imperio de Srivijaya, que surgió en la región sureña de Sumatra en el siglo VII d. C. Este reino controló el estrecho de Malaca, por lo que podía controlar el comercio entre Asia del Sur y China. El imperio llegó a ser famoso en toda Asia como centro de comercio e intercambio e incluso como centro de estudios budistas. El imperio entró en decadencia hacia el año 1100 d. C.

Una segunda potencia indonesa fue la dinastía Saliendra, que surgió en Java y tuvo su apogeo aproximadamente entre los años 780 y 850 d. C. Los gobernantes de la dinastía Saliendra construyeron otro famoso complejo de templos llamado **Borobudur**. Cada uno de los tres niveles del templo simboliza un paso hacia la iluminación, la máxima aspiración espiritual del budismo.

Otro reino que practicaba el comercio surgió en Java hacia el año 1300 d. C. Debe su nombre a su ciudad capital, Majapahit, que está situada en la zona oriental este de Java. Este imperio acumuló poder a través del control del comercio. Sin embargo, hacia el siglo XVI, ya había sido reemplazado por otras potencias.

Antes de continuar

Resumir ¿De qué manera los imperios de China y la India influyeron sobre la vida de la región

EVALUACIÓN CONTINUA

LABORATORIO VISUAL GeoDiario

1. **Interpretar líneas cronológicas** Según la línea cronológica, ¿durante cuánto tiempo logró Vietnam mantenerse independiente de China?
2. **Hacer generalizaciones** Mira la imagen de Angkor Wat. ¿Cómo describirías las técnicas de construcción del Imperio jemer? Respalda tu respuesta con detalles de la foto.
3. **Comparar y contrastar** Según las fotos, ¿en qué se parecen y en qué se diferencian los templos de Borobudur y Angkor Wat?

939 d. C. Vietnam se independiza de China; nace el reino de Dai Viet.

1113 – 1150 d. C. Reinado jemer de Suryavarman II. Se cons-truye Angkor Wat

1407 d. C. China reconquista Vietnam

1000 — 1200 — 1400

Escultura en bajorrelieve de Angkor Wat

1290 – C. 1500 d. C. Imperio Majapahit en Java

2.2 El comercio y el colonialismo

TECHTREK
Visita myNGconnect.com para ver mapas en inglés e imágenes del comercio.
Maps and Graphs
Digital Library

Idea principal El desarrollo del comercio de las especias en el Sureste Asiático condujo a la colonización de la región.

Como has aprendido, el comercio con China y la India trasladó al Sureste Asiático la influencia de estas culturas. La influencia europea llegó en el siglo XVI, con los mercaderes que buscaban establecer un **monopolio** del comercio de especias, es decir, un control total del mercado. Las especies de la región, tales como la canela, la nuez moscada y la pimienta negra, podían venderse en Europa con grandes márgenes de ganancia. En primer lugar arribaron mercaderes de España y Portugal, pero la **Compañía Neerlandesa de las Indias Orientales** dominó la región durante muchos años. Este éxito permitió establecer una fuerte influencia holandesa en Indonesia.

El control europeo

Desde el siglo XVII hasta el siglo XIX, los europeos intentaron apoderarse del control económico del Sureste Asiático. Hacia 1850, a través de una combinación de alianzas, acuerdos comerciales beneficiosos e incluso la fuerza militar, la mayor parte de la región estaba gobernada por potencias europeas. (Mira las líneas cronológica en la parte inferior). Únicamente Tailandia y parte de las Filipinas eran independientes. Gran Bretaña, Francia, España y Holanda controlaban el resto de la región.

Los motivos económicos que llevaron a las potencias europeas al Sureste Asiático modificaron la región. El aumento en la producción y la creciente demanda de los productos de la región fortalecieron la economía del Sureste Asiático. Sin embargo, el comercio y la riqueza, otrora en manos de los reinos indígenas, ahora eran administrados por lejanas potencias económicas. La práctica del **colonialismo** (un país que gobierna y desarrolla el comercio en un territorio extranjero para su propio beneficio) se extendió en el Sureste Asiático hasta bien entrado el siglo XX.

Antes de continuar

Verificar la comprensión ¿De qué manera el desarrollo del comercio de las especias condujo a la colonización?

ESPAÑA

1521
Fernando de Magallanes desembarca en las Filipinas y las reclama para España.

1565
Se establece el primer asentamiento español en las islas Filipinas.

1571
España conquista la ciudad de Manila.

Década de 1830
España abre Manila al comercio.

1892
Los filipinos inician un movimiento con el propósito de independizarse de España.

1898
Los Estados Unidos derrotan a España en la Guerra Hispano-Estadounidense y toman el control de las Filipinas.

PAÍSES BAJOS

1619
La Compañía Neerlandesa de las Indias Orientales se establece en Batavia (actual Yakarta).

1641
Los Países Bajos arrebatan a Portugal el control de Malaca y se convierten en una de las principales potencias del comercio de las especias.

1824
Los Países Bajos y Gran Bretaña llegan a un acuerdo y se reparten el control de Java y Sumatra (para los holandeses) y Singapur y Malaca (para los británicos).

1825–1839
Los Países Bajos reprimen revueltas en Java.

1860
Los Países Bajos y Portugal firman un tratado por el cual se dividen Timor entre ambos países.

GRAN BRETAÑA

1781
Gran Bretaña arrebata Sumatra a los holandeses.

1786–1809
Gran Bretaña obtiene el control del comercio malayo.

1819
Gran Bretaña funda Singapur, que se convierte en una importante ciudad portuaria.

1824–1826
Gran Bretaña controla la región occidental de Birmania.

1886
Gran Bretaña controla completamente Birmania luego de la Tercera Guerra Anglo-Birmana.

1888
Gran Bretaña se apodera el sur de Birmania.

1888
Gran Bretaña obtiene el control del norte de Borneo.

EL SURESTE ASIÁTICO BAJO EL DOMINIO COLONIAL, C. 1895

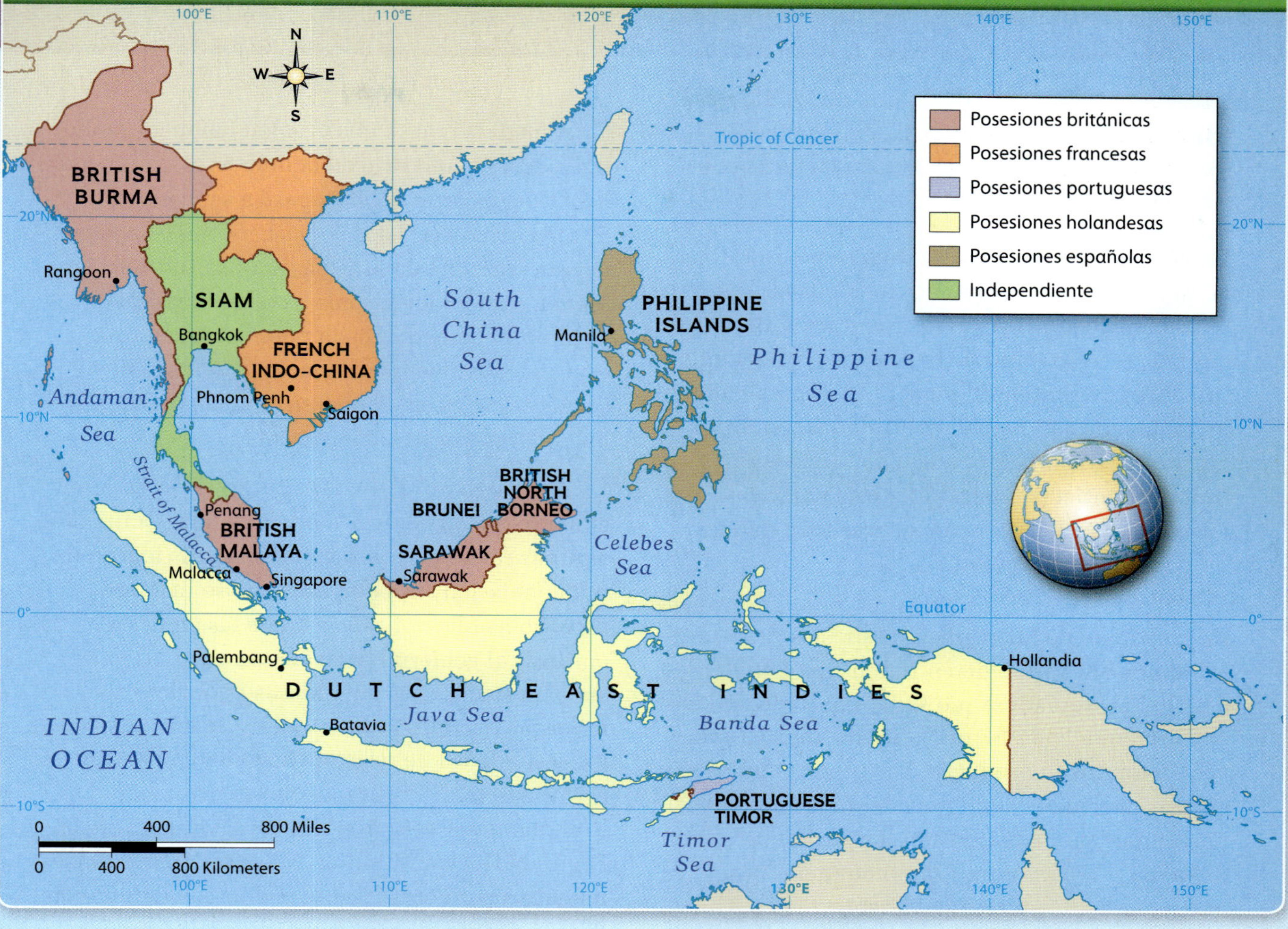

FRANCIA

1644
Francia crea la Compañía Francesa de las Indias Orientales.

1789
La Compañía Francesa de las Indias Orientales se disuelve durante la Revolución Francesa.

1858
Francia conquista Saigón, en Vietnam.

1863
Francia se apodera de Camboya.

1887
Francia crea la Unión Indochina Francesa (Camboya, Vietnam).

1896
Francia y Gran Bretaña acuerdan permitir que Siam siga siendo un estado independiente para que funcione como separación entre sus colonias.

EVALUACIÓN CONTINUA
LABORATORIO DE MAPAS GeoDiario

1. **Región** Según el mapa, ¿qué países europeos poseían la mayor cantidad de territorio en la región hacia 1895?
2. **Movimiento** Piensa en la importancia de las vías marítimas y su influencia sobre el comercio de la región. ¿Qué país europeo se encontraba en la mejor posición para controlar el comercio? Respalda tu respuesta con información extraída del mapa.
3. **Interpretar líneas cronológicas** Según las fechas y los sucesos, ¿cuál crees que fue la actitud de los pueblos del Sureste Asiático con respecto al dominio europeo? ¿Por qué lo crees?

SECCIÓN 2 HISTORIA

2.3 Indonesia y las Filipinas

TECHTREK
Visita **myNGconnect.com** para ver fotos de Indonesia y las Filipinas.
Digital Library

Idea principal Indonesia y las Filipinas son países insulares que han enfrentado dificultades similares para lograr su independencia.

Como sabes, el Sureste Asiático tiene una larga historia de diversidad debido a su ubicación geográfica y a los recursos únicos que posee. A lo largo de la historia, las naciones insulares de Indonesia y las Filipinas han sido influenciadas, e incluso controladas, por otras culturas. Sin embargo, luego de largas luchas independentistas, tanto Indonesia como las Filipinas han logrado convertirse en naciones.

Indonesia

Es probable que las primeras especies de humanos hayan vivido en Indonesia. Los **fósiles**, o restos preservados, que se han hallado en Java sugieren que hace 1.7 millones de años existía vida humana en ese lugar. Las pruebas muestran que las sociedades antiguas del lugar usaban herramientas manuales, fabricaban implementos de metal y tejían ropas. También muestran que, a partir de aproximadamente 2500 a. C., estas sociedades navegaron por los mares, posiblemente para comerciar con otras zonas de Asia e incluso más lejanas.

A medida que su civilización fue madurando, Indonesia se convirtió en la intersección comercial del Oriente. Parte del país pasó a ser conocido en Europa como las "Islas de las Especias", debido a la gran variedad de especias exóticas que atraían tanto a exploradores como a comerciantes. Por ejemplo, el comercio de la nuez moscada, una especie nativa de Indonesia, se convirtió en un negocio extremadamente rentable para los holandeses que se habían asentado en el área.

A lo largo del siglo XIX, los holandeses extendieron su control sobre la región. Ocurrieron algunas revueltas, pero los holandeses lograron mantenerse en el poder. En 1830, se instauró un sistema que obligaba a todas las aldeas a entregar al gobierno parte de sus cultivos para ser exportados. Los holandeses se enriquecían, mientras los indonesios sufrían. En el siglo XX, las actividades de resistencia de los indonesios se organizaron mejor. Los japoneses arrebataron a los holandeses el control de la región durante la Segunda Guerra Mundial. Mientras ambos países luchaban para controlar la región, los indonesios continuaban sus actividades de resistencia. Al mismo tiempo, comenzó a desarrollarse un fuerte sentimiento de identidad nacional. El país finalmente logró la independencia en 1949.

La macis (que se muestra en la foto) es una especia que cubre la nuez moscada cruda. Tanto la macis como la nuez moscada son muy apreciadas por su sabor característico.

Visión crítica Emilio Aguinaldo (primera fila, en el centro) y miembros de la asamblea de la Primera República Filipina, en 1899. En las fotografías antiguas, las personas retratadas debían quedarse quietas durante largos períodos para permitir que se capturara la imagen. ¿Cómo podría esto explicar las expresiones en los rostros de estas personas?

Las Filipinas

Cuando los españoles conquistaron Manila, en 1571, la convirtieron en la capital de la nueva colonia española. Manila fue, y continúa siendo, el centro económico, político y cultural de las Filipinas. El comercio con China llevó a muchos chinos a asentarse en las Filipinas. Estos chinos se convirtieron en la principal fuerza del **comercio**, o el negocio de comprar y vender bienes y servicios.

En el siglo XIX, el poderío económico de España comenzó a declinar y Manila se abrió al comercio con otros países. Esto permitió que algunos filipinos se enriquecieran y adquirieran una influencia hasta entonces desconocida.

Emilio Aguinaldo fue un líder clave en el movimiento independentista filipino. Creyendo que las Filipinas obtendría su independencia, Aguinaldo lucho juntó con los Estados Unidos en la Guerra Hispano-Estadounidense de 1898 que derrotó a los españoles. Sin embargo, después de la guerra, los EE. UU. ocuparon las islas y las convirtieron en su colonia.

A fines de 1941, durante la Segunda Guerra Mundial, el Japón atacó a los Estados Unidos en Pearl Harbor y luego atacó las Filipinas. Las fuerzas estadounidenses apostadas en las Filipinas, superadas en número por las tropas japonesas, fueron obligadas a abandonar el país. Durante el transcurso de la guerra, los Estados Unidos recuperaron las islas y se mantuvieron en el poder hasta 1946, cuando concedió la independencia a las Filipinas. En la actualidad, las Filipinas goza de una democracia estable.

Antes de continuar

Resumir ¿Qué desafíos enfrentaron Indonesia y las Filipinas para obtener su independencia?

EVALUACIÓN CONTINUA

LABORATORIO DE LECTURA GeoDiario

1. **Ubicación** ¿Por qué el Sureste Asiático era tan importante para los europeos?
2. **Hacer inferencias** ¿Por qué los indonesios lograron desarrollar una fuerte identidad nacional?
3. **Sacar conclusiones** ¿Qué resultó más importante en la formación de estos países, el comercio o la conquista? ¿Por qué?

2.4 La guerra de Vietnam

TECHTREK

Visita myNGconnect.com para ver fotos de la guerra de Vietnam y una guía en línea para la escritura en inglés

Digital Library

Student Resources

En 1954, Vietnam fue divida en dos partes: Vietnam del Norte y Vietnam del Sur. Ho Chi Minh, el presidente de Vietnam del Norte, estableció un gobierno comunista. La guerra estalló en 1959, cuando Ho Chi Minh envió ayuda para derrocar al gobierno de Vietnam del Sur y formar un solo país. Los Estados Unidos respaldaron a Vietnam del Sur, pues temía que una victoria de Vietnam del Norte propagaría el comunismo a otros países. Las tropas de los EE. UU. lucharon en la región de 1964 a 1973. En 1975, Vietnam del Sur se rindió. El país reunificado se convirtió en la República Socialista de Vietnam.

DOCUMENTO 1

Discurso del presidente Lyndon Johnson sobre la política de los EE. UU.

En 1965, Johnson explicó las razones que llevaron a los EE. UU. a involucrarse en los enfrentamientos de Vietnam:

Estamos allí [...] para fortalecer el orden mundial. En todo el planeta [...] hay personas cuyo bienestar depende, en parte, de la confianza de poder contar con nosotros si son atacados. Abandonar Vietnam [...] resentiría la confianza que todas esas personas tienen depositada en el compromiso de los EE. UU. [...]Que a nadie se le ocurra que retirarse de Vietnam supondría el fin del conflicto. La batalla se reanudaría en un nuevo país y luego en otro. La lección más importante de nuestra época es que la agresión nunca sacia su apetito.

RESPUESTA DESARROLLADA

1. ¿Cómo están relacionadas las dos razones que da Johnson para participar en la guerra de Vietnam?

DOCUMENTO 2

Carta de Ho Chi Minh

En 1967, Johnson envió a Ho Chi Minh una carta en la que le sugería que ambos bandos iniciaran negociaciones de paz. Esta es la respuesta de Ho Chi Minh:

El pueblo vietnamita jamás ha hecho daño alguno a los Estados Unidos. Sin embargo, [...] el gobierno de los Estados Unidos ha intervenido de forma continuada en Vietnam, ha lanzado [iniciado] e intensificado la agresión militar en Vietnam del Sur con el propósito de prolongar la división de Vietnam y transformar [convertir] a Vietnam del Sur en una neo-colonia y en una base militar estadounidense. El pueblo vietnamita [...] está decidido a continuar con la resistencia [oposición] hasta alcanzar la verdadera independencia.

RESPUESTA DESARROLLADA

2. ¿Qué responde Ho Chi Minh a la sugerencia de iniciar negociaciones de paz?

EL PUEBLO VIETNAMITA [...] ESTÁ DECIDIDO A CONTINUAR CON LA RESISTENCIA HASTA ALCANZAR LA VERDADERA INDEPENDENCIA.

— HO CHI MINH

DOCUMENTO 3

Foto de la guerra

La topografía y el clima de Vietnam presentaron dificultades para los soldados. Estas dificultades pueden haber resultado particularmente arduas para aquellos soldados que no eran nativos de la región y que no estaban acostumbrados a las fuertes lluvias ni a la densa vegetación de la selva.

RESPUESTA DESARROLLADA

3. ¿Qué sugiere la foto acerca de las condiciones a las que los soldados se debieron enfrentar en la guerra de Vietnam?

EVALUACIÓN CONTINUA

LABORATORIO DE ESCRITURA GeoDiario

Práctica de las preguntas basadas en documentos Piensa en el tamaño y el poder de Vietnam de Norte en comparación con los Estados Unidos. ¿Qué factores le pueden haber dado a Vietnam del Norte la posibilidad de ganar la guerra?

Paso 1. Piensa en la determinación de Johnson de participar en la guerra de Vietnam, en las afirmaciones de Ho Chi Minh y en lo que muestra la imagen sobre la guerra de Vietnam.

Paso 2. En tu propia hoja, apunta notas sobre las ideas principales expresadas en cada documento.

Documento 1: Extracto del discurso de Johnson

Idea(s) principal(es) ____________

Documento 2: Extracto de la carta de Ho Chi Minh

Idea(s) principal(es) ____________

Documento 3: Foto de la guerra

Idea(s) principal(es) ____________

Paso 3. Escribe una oración temática que responda esta pregunta: ¿Qué factores pueden haber influido sobre la capacidad de Vietnam del Norte de luchar una guerra contra Vietnam del Sur y los Estados Unidos y ganarla?

Paso 4. Escribe un párrafo que responda en detalle la pregunta anterior, usando elementos extraídos de los documentos. Visita **Student Resources** para ver una guía en línea de escritura en inglés.

CAPÍTULO 21
Repaso

VOCABULARIO

Con las siguientes palabras de vocabulario, forma una oración que demuestre la comprensión del significado de cada término.

1. sin litoral

Todos los países del Sureste Asiático tienen costa excepto Laos, que es el único país sin litoral de la región.

2. pesca de subsistencia
3. dinámico
4. inactivo
5. comercio
6. lanzamiento

IDEAS PRINCIPALES

7. ¿En qué se diferencia el clima de las dos partes del Sureste Asiático? (Sección 1.1)
8. ¿Por qué los tramos más elevados de los ríos de la región están menos poblados? (Sección 1.2)
9. ¿En qué parte del territorio continental de Malasia crees que vive la mayor parte de la población? ¿Por qué? (Sección 1.3)
10. ¿De qué manera Manila y Java demuestran que la población de las Filipinas e Indonesia tiende a agruparse? (Sección 1.4)
11. ¿Qué ha permitido que algunas especies de la región todavía no hayan sido descubiertas (Sección 1.4)
12. ¿Por qué el comercio tuvo un papel tan importante en el desarrollo de los reinos insulares? (Sección 2.1)
13. ¿Qué región del mundo practicó el colonialismo en el Sureste Asiático y por qué lo hizo? (Sección 2.2)
14. ¿A qué conflictos se enfrentaron tanto Indonesia como las Filipinas en el desarrollo de sus propias culturas? (Sección 2.3)
15. ¿Por qué motivo combatían Vietnam del Norte y Vietnam del Sur? (Sección 2.4)

GEOGRAFÍA

ANALIZA LA PREGUNTA FUNDAMENTAL

¿Qué condiciones geográficas dividen al Sureste Asiático en muchas partes distintas?

Enfoque en la destreza: Analizar causa y efecto

16. ¿Por qué los ríos y los mares son tan importantes en esta región?
17. ¿Por qué países insulares como Indonesia y las Filipinas son buenos para la agricultura?
18. ¿De qué manera la falta de litoral de Laos ha repercutido, o influido, en su capacidad de sumarse al comercio internacional?

INTERPRETAR MAPAS

MALASIA: DIVISIÓN POLÍTICA

19. **Resumir** ¿Cuál es la ventaja de la ubicación del territorio continental de Malasia?
20. **Hacer inferencias** Mira el mapa de localización. ¿De qué manera la ubicación de Malasia ha ayudado al país a establecer socios comerciales?

HISTORIA

ANALIZA LA PREGUNTA FUNDAMENTAL

¿Qué influencia han ejercido las barreras físicas del Sureste Asiático en la historia de la región?

Enfoque en la destreza: Sacar conclusiones

21. ¿Por qué crees que nunca surgió un gran imperio que unificara a todo el Sureste Asiático?
22. ¿Qué otras regiones culturales crees que ejercieron la mayor influencia sobre el Sureste Asiático? Explica tu respuesta.
23. ¿Qué complicó las pretensiones europeas de establecer un control total sobre los países de la región?

INTERPRETAR MAPAS

IMPERIO JEMER

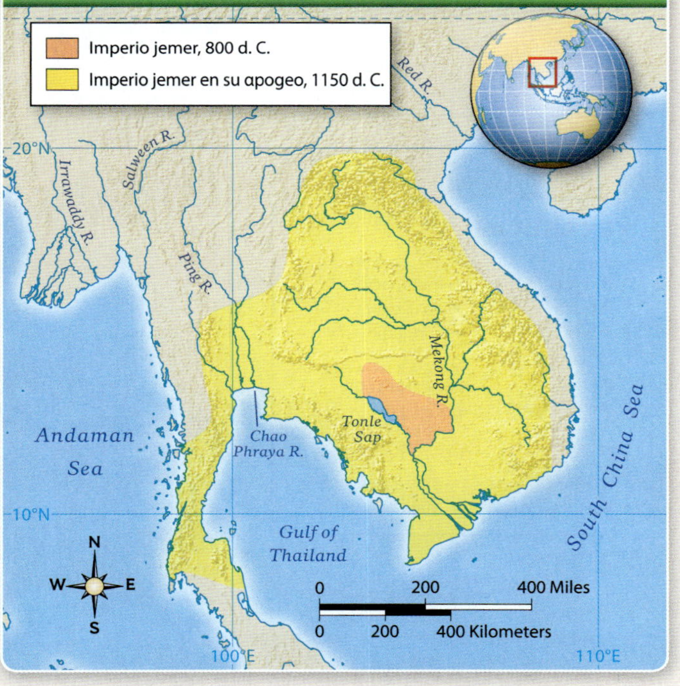

24. **Región** ¿Qué extensión del Sureste Asiático controló el Imperio jemer en su apogeo? ¿En qué año sucedió esto?
25. **Hacer inferencias** El reino de Dai Viet se desarrolló junto al mar de China Meridional (*South China Sea*). ¿Qué factores podrían haberle permitido mantenerse independiente del Imperio jemer?

OPCIONES ACTIVAS

Sintetiza las preguntas fundamentales completando las siguientes actividades.

26. **Escribir un comunicado de prensa** Trabajas en un museo que está por realizar una exposición de objetos y obras de arte en Angkor Wat. Escribe un comunicado de prensa de 3 o 4 párrafos para anunciar la exposición. Incluye información sobre la duración de la muestra y los horarios del museo. Asegúrate de redactar el comunicado de prensa de manera que logre atraer a visitantes a la exposición. Usa los siguientes consejos para preparar el comunicado de prensa. **Lee el comunicado de prensa en voz alta con un compañero para evaluarse mutuamente las ideas.**

Sugerencias de escritura

- Asegúrate de incluir detalles que atraigan a visitantes.
- Explica claramente qué tipo de objetos serán exhibidos en la muestra.
- Recuerda emplear términos efectivos e interesantes al describir los objetos.
- Asegúrate de informar de las fechas y los horarios de la exposición.

27. **Hacer una línea cronológica** Usa información de la lección e investiga en línea para recopilar datos sobre cinco fechas clave de la historia de dos países de la región. Luego arma una línea cronológica que muestre las fechas de ambos países y explique por qué son importantes. Ilustra la línea cronológica con fotos relacionadas con alguno de los hechos históricos.

	PAÍS 1	PAÍS 2
Hecho 1		
Hecho 2		
Hecho 3		
Hecho 4		
Hecho 5		

CAPÍTULO 22

Sureste Asiático HOY

VISTAZO PREVIO AL CAPÍTULO

Pregunta fundamental ¿De qué manera las tradiciones locales y las influencias externas le han dado forma a las culturas del Sureste Asiático?

SECCIÓN 1 • CULTURA

VOCABULARIO CLAVE

- prehistórico
- ritual
- atributo
- wat
- monje
- área metropolitana
- dialecto
- adaptar
- difusión de la lengua
- caza furtiva
- restaurar
- domesticar

VOCABULARIO ACADÉMICO

predominante

TÉRMINOS Y NOMBRES

- Java
- Sumatra
- Bali
- montañas Cardamomo

Pregunta fundamental ¿De qué manera los gobiernos del Sureste Asiático intentan unificar sus países?

SECCIÓN 2 • GOBIERNO Y ECONOMÍA

VOCABULARIO CLAVE

- país fragmentado
- remesa
- relocalizar
- tendencia
- puerto
- industrializar
- corporación multinacional
- aparición
- confiable

VOCABULARIO ACADÉMICO

potencial

TÉRMINOS Y NOMBRES

- Madura
- islas interiores
- islas exteriores
- Malasia

TECHTREK PARA ESTE CAPÍTULO

- Student eEdition
- Maps and Graphs
- Interactive Whiteboard GeoActivities
- Digital Library

Visita **myNGconnect.com** para obtener más información sobre el Sureste Asiático.

Turistas y lugareños viajan en *rickshaw* y en moto por Hanói, Vietnam.

SECCIÓN 1 CULTURE

1.1 Las tradiciones religiosas

TECHTREK

Visita **myNGconnect.com** para ver imágenes de las tradiciones religiosas del Sureste Asiático.

Digital Library

Idea principal Tanto las tradiciones locales como las influencias externas le han dado forma a las religiones del Sureste Asiático.

Las prácticas religiosas actuales del Sureste Asiático combinan numerosas influencias provenientes de distintos siglos. Los sistemas de creencias **predominantes**, o más comunes, han cambiado en varias partes de la región.

La religión tradicional

La religión tradicional del Sureste Asiático es el animismo, la creencia de que todos los animales, plantas, objetos y lugares tienen alma. Se supone que estas almas o espíritus influyen sobre la vida de las personas. Muchos historiadores creen que el animismo surgió en tiempos **prehistóricos**, anteriores a la historia escrita. Los animistas realizan **rituales** (actos formales que se repiten regularmente) para agradar a los espíritus, de manera que les concedan prosperidad a sus familias o a las aldeas. Muchos pequeños grupos tribales de la región continúan practicando alguna forma de animismo.

Influencias externas

Otras culturas que llegaron al Sureste Asiático a través del comercio o las conquistas trajeron sus propias tradiciones. Los chinos introdujeron el budismo al conquistar Vietnam en 111 a. C. También difundieron una filosofía, o sistema de pensamiento, llamado confucionismo, que pasó a ser a ocupar un papel importante en las religiones locales de Vietnam. A partir del siglo II d. C., los mercaderes indios difundieron el budismo y el hinduismo por la región. Hacia el siglo V, el budismo ya estaba arraigado en **Java** y luego se propagó a **Sumatra**. En el siglo XII, los camboyanos construyeron Angkor Wat para rendir culto a un dios hindú.

Los comerciantes árabes llevaron el islamismo al Sureste Asiático durante el siglo XIV, que desde Malasia se diseminó a partes de Indonesia. Posteriormente, los europeos difundieron el cristianismo. España introdujo el catolicismo en las Filipinas durante el siglo XVI. Los franceses lo difundieron por territorio continental en el siglo XVIII.

Visión crítica Mujeres musulmanas rezan en una mezquita de Yakarta, Indonesia. ¿Qué sugiere la cantidad de personas sobre la presencia del islamismo en Indonesia?

Estas niñas asisten a un servicio religioso en una escuela católica de Macasar, Indonesia.

Las raíces del bosque devoran las ruinas de Ta Prohm, un templo budista situado en Angkor, Camboya.

La religión, hoy

A lo largo de los siglos, a veces la religión predominante de un país cambia según las creencias del poder que lo gobierna. En la actualidad, el Sureste Asiático presenta una mezcla de religiones. El budismo es la religión más prominente en los países del territorio continental. Cerca del 95 por ciento de los habitantes de Tailandia son budistas y muchos días sagrados para el budismo son feriados nacionales. El budismo también es la religión dominante en Birmania (Myanmar). El islamismo es la religión principal de Indonesia, el país musulmán más populoso del mundo. En Malasia, aproximadamente tres de cada cinco personas son musulmanes. La mayor parte de los habitantes de las Filipinas y de Timor Oriental siguen practicando el catolicismo, que fue introducido por los europeos.

Si bien cada país tiene una religión dominante, la región en su conjunto tiene diversidad religiosa. La isla indonesia de Bali, por ejemplo, es mayoritariamente hindú. El islamismo tiene muchos adeptos en el sur de las Filipinas. También se puede apreciar la diversidad religiosa en muchas de las antiguas tradiciones locales que se continúan practicando hoy día en cada uno de los países de la región.

Antes de continuar

Verificar la comprensión ¿Qué religiones fueron introducidas en la región por culturas extranjeras?

EVALUACIÓN CONTINUA

LABORATORIO FOTOGRÁFICO GeoDiario

1. **Comparar y contrastar** ¿Qué semejanzas y qué diferencias puedes ver en las fotografías?
2. **Sintetizar** Tomadas en conjunto, ¿qué indican las fotografías acerca de la religión en el Sureste Asiático?
3. **Resumir** ¿De qué manera el contacto con otros países ha ejercido una influencia sobre la religión de la región.

SECCIÓN 1 CULTURA

1.2 Tailandia hoy

TECHTREK
Visita myNGconnect.com para ver fotos actuales de Tailandia.

Digital Library

Idea principal La cultura tailandesa actual refleja bases tradicionales e influencias modernas.

La cultura tailandesa moderna presenta una mezcla de radiciones regionales e influencias globales que forman la identidad tailandesa.

La arquitectura clásica

Un **atributo**, o cualidad específica, de la cultura tailandesa es su notable arquitectura. Los edificios tradicionales tienen techos muy inclinados para escurrir las fuertes lluvias de los monzones. Muchos están construidos sobre postes, que los mantienen alejados del suelo durante los inundaciones. Los edificios más importantes de la arquitectura tailandesa son los **wats**, o templos budistas, cuyo diseño tiene influencias de la India, el Imperio jemer y China

Los monjes budistas

Como has aprendido, el budismo es la religión predominante de Tailandia. Casi todas las aldeas cuentan con un **wat** y una comunidad de **monjes**, hombres que dedican su vida a tareas religiosas. Los monjes budistas se visten con túnicas anaranjadas o amarillas, viven de manera sencilla y se dedican a prácticas religiosas como la meditación y otros rituales.

Tradicionalmente, la mayor parte de los hombres jóvenes se convertían en monjes durante no menos de tres meses durante una temporada de lluvias. Sin embargo, como cada vez más jóvenes emigran de las comunidades rurales y asisten a escuelas no religiosas, el compromiso de los jóvenes con la vida religiosa es cada vez más corto o, en ocasiones, nulo.

Vocabulario visual Un wat es un templo budista. La construcción del Wat de Mármol (en la foto) comenzó en 1900, durante un período de crecimiento rápido de Bangkok, la capital del país.

El río Chao Phraya atraviesa el centro de Bangkok al anochecer

Las influencias modernas

Aproximadamente cuatro de cada cinco hombres y mujeres jóvenes ahora trabajan en las ciudades, especialmente en Bangkok y su gran **área metropolitana**, que es el sitio habitado en el que se incluyen los límites de la ciudad y el área que la rodea. Muchos continúan identificándose con sus aldeas, aunque viven y trabajan mayormente en las ciudades.

La vida urbana también ha cambiado la ropa, la alimentación y el entretenimiento de las personas. La mayoría de los tailandeses se viste actualmente con ropas de estilo occidental. En lugar de cocinar, muchas mujeres urbanas compran comida preparada cuando regresan del trabajo a su casa. En casi todos los hogares ahora hay televisores y otras comodidades modernas. Además, los jóvenes que viven en las zonas urbanas prefieren usar Internet como fuente de noticias, entretenimiento y comunicación.

Antes de continuar

Verificar la comprensión ¿Qué influencias tradicionales y modernas pueden observarse hoy día en la cultura de Tailandia?

Visión crítica El aeropuerto Suvarnabhumi de Bangkok se inauguró en 2006. Según la fotografía, ¿qué puedes decir acerca del diseño del aeropuerto?

EVALUACIÓN CONTINUA

LABORATORIO FOTOGRÁFICO GeoDiario

1. **Hacer inferencias** ¿Qué muestra la imagen más grande sobre la vida en la Tailandia moderna?
2. **Analizar elementos visuales** ¿Qué revela cada una de las fotos sobre la cultura tailandesa? Usa detalles de las fotografías para explicar tu respuesta.
3. **Interacción entre los humanos y el medio ambiente** ¿De qué manera la arquitectura tradicional tailandesa resultaba adecuada para su medio ambiente?

1.3 Las lenguas regionales

TECHTREK
Visita myNGconnect.com para ver una gráfica de los idiomas del Sureste Asiático.
Student Resources

Idea principal Las culturas aisladas geográficamente y las grandes migraciones históricas han generado una diversidad de idiomas en la región.

Como has aprendido, la lengua es una parte importante de toda cultura. Las personas usan el idioma para expresar sus ideas, valores e historia. Al igual que la religión, la lengua puede unir a las personas o puede dividirlas. Los habitantes del Sureste Asiático hablan cientos de idiomas diferentes.

Las lenguas nativas

Cada país de la región posee un idioma nativo dominante. Generalmente, el nombre del idioma refleja el nombre del país o de su grupo étnico más grande. El idioma dominante es la lengua oficial usada en el gobierno, los negocios, la educación y los medios de comunicación. En países como Indonesia y Malasia, la lengua común ha servido para unir áreas geográficamente fragmentadas. En Birmania, la diversidad de idiomas secundarios ha dificultado el proceso de unificación del país.

Muchas personas del Sureste Asiático hablan dialectos, que son variantes regionales de un idioma principal. Los hablantes de los distintos **dialectos** a menudo pertenecen a grupos pequeños que viven en comunidades aisladas. Algunos de estos dialectos existen únicamente en forma oral y muchos dialectos y lenguas étnicas corren el peligro de desaparecer. Las personas aprenden el idioma oficial de un país como una manera de **adaptarse**, o ajustarse a las prácticas comunes, especialmente a medida que las culturas se conectan más globalmente. La muerte de los hablantes ancianos de una lengua asilada podría llevar a la desaparición de ese idioma, con la consiguiente pérdida de una cultura tradicional.

Visión crítica Muchos habitantes de las aldeas rurales de Vietnam hablan una lengua nativa o un dialecto de un idioma principal. ¿De qué manera hablar un dialecto podría influir sobre el negocio de esta mujer?

La migración de las lenguas

Debido a su ubicación, diversos pueblos se han visto atraídos a lo largo de la historia a practicar el comercio en la región. Este movimiento condujo a una **difusión de la lengua**, o la expansión de idiomas desde su lugar de origen. Los comerciantes tuvieron de hallar un idioma común para poder comunicarse. El malayo cumplió esta función con los primeros mercaderes de los países árabes y de distintas partes de China. Hoy día, el inglés cumple a menudo la función de idioma común.

Los inmigrantes también llevaron sus idiomas nativos al Sureste Asiático. El chino, por ejemplo, es el idioma dominante en Singapur. Muchos hablantes de dialectos chinos viven en Malasia, en Brunei y en ciudades importantes de toda la región. Los inmigrantes de la India introdujeron varios idiomas indios en Malasia, Singapur y Birmania.

IDIOMAS HABLADOS EN PAÍSES SELECCIONADOS DEL SURESTE ASIÁTICO

CAMBOYA
Idioma oficial: jemer

TOTAL DE LENGUAS VIVAS: 23

Otros idiomas asiáticos
- Chino
- Vietnamita

Idiomas occidentales
- Inglés
- Francés

FILIPINAS
Idiomas oficiales: filipino e inglés

TOTAL DE LENGUAS VIVAS: 171

Otros idiomas asiáticos
- Chino
- Idiomas de la India y del Sureste Asiático

Idiomas occidentales
- Inglés

INDONESIA
Idioma oficial: indonesio

TOTAL DE LENGUAS VIVAS: 719

Otros idiomas asiáticos
- Chino
- Vietnamita

Idiomas occidentales
- Inglés
- Neerlandés

SINGAPUR
Idiomas oficiales: malayo, chino mandarín e inglés

TOTAL DE LENGUAS VIVAS: 21

Otros idiomas asiáticos
- Chino mandarín
- Tamil

Idiomas occidentales
- Inglés

LAOS
Idioma oficial: laosiano

TOTAL DE LENGUAS VIVAS: 84

Otros idiomas asiáticos
- Chino
- Vietnamita

Idiomas occidentales
- Inglés
- Francés

TAILANDIA
Idioma oficial: tailandés

TOTAL DE LENGUAS VIVAS: 74

Otros idiomas asiáticos
- Chino mandarín
- Tamil

Idiomas occidentales
- Inglés

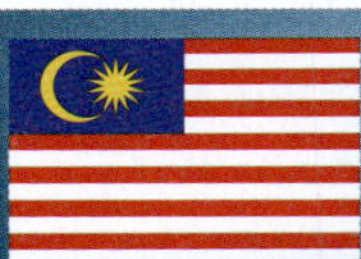

MALASIA
Idioma oficial: malayo

TOTAL DE LENGUAS VIVAS: 137

Otros idiomas asiáticos
- Chino
- Idiomas de la India y del Sureste Asiático

Idiomas occidentales
- Inglés

VIETNAM
Idioma oficial: vietnamita

TOTAL DE LENGUAS VIVAS: 106

Otros idiomas asiáticos
- Jemer
- Chino

Idiomas occidentales
- Inglés
- Francés

Fuentes: CIA World Factbook, www.ethnologue.com

Los países europeos comenzaron a establecer colonias en el Sureste Asiático en el siglo XVI. Cuando los británicos, holandeses, franceses y españoles se apoderaron de varios países de la región, impusieron sus idiomas para gobernar y hacer negocios. Los Estados Unidos ocuparon las Filipinas durante un tiempo después del dominio español sobre las islas, e impuso el inglés en ese país. A medida que los países del Sureste Asiático comenzaron a independizarse durante el siglo XX, los gobiernos escogieron las lenguas dominantes como idiomas oficiales. Sin embargo, muchas personas aún hablan un idioma occidental como segunda lengua.

Antes de continuar

Resumir ¿Cómo está cambiando el uso del idioma a medida que las culturas se van conectando?

EVALUACIÓN CONTINUA

LABORATORIO DE LENGUA

GeoDiario

1. **Movimiento** De acuerdo con la gráfica, ¿qué idioma de Asia Oriental es el más difundido en estos países del Sureste Asiático?
2. **Sacar conclusiones** De acuerdo con la gráfica, ¿qué idioma occidental es más probable que aprenda un empresario del Sureste Asiático? Explica tu respuesta.
3. **Identificar problemas y soluciones** ¿Qué podría hacer un país para proteger las lenguas habladas que corren el peligro de desaparecer?

1.4 Preservar al elefante

TECHTREK
Visita **myNGconnect.com** para ver fotos de elefantes del Sureste Asiático.

Student Resources
Digital Library

Idea principal Algunos países del Sureste Asiático están trabajando para proteger al elefante asiático que se encuentra en peligro de extinción.

Pese a ser más pequeños que sus primos africanos, los elefantes asiáticos son criaturas inmensas y asombrosas. Algunos han sido adiestrados para usar su enorme fuerza en beneficio de las personas. Sin embargo, la mayoría de los elefantes vive en estado salvaje. El crecimiento de la población humana en la región representa una amenaza en aumento para la población de elefantes asiáticos.

Los elefantes asiáticos

Se estima que poco tiempo atrás, en 1900, había unos 80,000 elefantes asiáticos viviendo en estado salvaje. En la actualidad, se cree que la población varía entre 30,000 y 50,000 elefantes.

Comportamientos humanos como la **caza furtiva**, o caza ilegal de animales salvajes, es una de las razones de esta perdida en la población. Las personas matan elefantes machos por sus colmillos de marfil. El marfil es un material muy apreciado por su belleza y la dureza de su textura. Un acuerdo internacional prohibió en 1989 el comercio de marfil, pero se sigue realizando ilegalmente.

Un problema aún mayor para los elefantes asiáticos es la pérdida de su hábitat. Estos enormes animales necesitan grandes extensiones de bosque tropical para alimentarse, pero los humanos han despejado gran parte del terreno para darle otros usos, como extración de madera y de hierro. También se despejan tierras para plantar cultivos como el café. Una vez que los cultivos crecen, algunos elefantes abandonan lo que ha quedado del bosque tropical para alimentarse de estas plantas. Los agricultores, al intentar proteger sus cultivos, en ocasiones matan a estos elefantes invasores.

Proteger a los elefantes

Muchos países del Sureste Asiático han intentado **restaurar**, o recuperar, la población de elefantes asiáticos salvajes. En las montañas Cardamomo de Camboya, por ejemplo, muchos ecologistas han comenzado a implementar tecnologías modernas, como cercas eléctricas que funcionan con energía solar, para mantener a los elefantes confinados en sitios protegidos. Otros métodos son más básicos: se cuelgan hamacas cerca de los cultivos para que los elefantes crean que hay humanos en los campos y no se acerquen.

Visión crítica Estos elefantes asiáticos buscan alimento en Sumatra. Según la fotografía, ¿cómo describirías el hábitat de los elefantes?

Vocabulario visual Muchos elefantes son domesticados, o adiestrados, para trabajar con humanos. Los elefantes domesticados se pueden usar en actividades laborales o de entretenimiento.

LOS ELEFANTES ASIÁTICOS EN NÚMEROS

11+
Altura en pies

12,000+
Peso en libras

300
Libras de alimento (plantas, granos) consumidos por día

80,000
Población estimada, en estado salvaje, a comienzos del siglo XX

30,000+
Población estimada, en estado salvaje

16,000
Población en cautiverio (protegidos)

Fuentes: World Wildlife Fund, Fauna & Flora International y U.S. Fish and Wildlife Service, 2013

Los resultados han sido impresionantes. La interacción entre humanos y elefantes (que produce la disminución en la población de estos animales) se redujo de tal manera que entre 2005 y 2010 no murió ningún elefante en Camboya. Estos esfuerzos pueden conducir a una protección a largo plazo de esta especie amenazada por la extinción.

Antes de continuar

Verificar la comprensión ¿Qué esfuerzos se han realizado para proteger al elefante asiático salvaje en el Sureste Asiático?

EVALUACIÓN CONTINUA
LABORATORIO DE LECTURA

GeoDiario

1. **Región** ¿Qué país logrado reducir con éxito la matanza de elefantes?
2. **Interpretar gráficas** ¿Cómo ha variado la población de elefantes con el paso del tiempo?
3. **Interacción entre los humanos y el medio ambiente** ¿Qué actividades humanas son una amenaza para los elefantes asiáticos? ¿Por qué están en peligro de extinción?

2.1 Gobernar países fragmentados

TECHTREK Visita myNGconnect.com para ver fotografías de países fragmentados. Digital Library

Idea principal Las divisiones étnicas y geográficas dificultan la unidad de algunos países del Sureste Asiático.

En el Sureste Asiático, Indonesia, Malasia y las Filipinas enfrentan dificultades para formar países unificados. Los tres son **países fragmentados**, o países que están físicamente divididos en partes separadas, como lo puede estar una cadena de islas. En estos tres países, además, conviven diversos grupos étnicos.

Indonesia

Las 17,000 islas de Indonesia se extienden a lo largo de unas 3,200 millas y tienen más diferencias que semejanzas. La isla de Java, por ejemplo, está densamente poblada y urbanizada. Sumatra, por el contrario, es rural y alberga grandes plantaciones. En el país conviven más de 300 grupos étnicos distintos y se hablan más de 700 idiomas.

Para enfrentar las complejas dificultades que presenta la fragmentación, el gobierno de Indonesia ha intentado crear un sentimiento de patria o nación. El lema, que es una frase que sirve como guía, del país es "Diversidad en la unidad". Sin embargo, no siempre resulta sencillo lograr la unidad. Por ejemplo, existe un conflicto entre la mayoría malaya y la minoría china y, además, grupos del norte de Sumatra y Borneo han intentado independizarse. El gobierno se ha centrado en mejorar los niveles de vida de los habitantes para que estos grupos perciban las ventajas de seguir formando parte de Indonesia.

Visión crítica Perdana Putra es el palacio del primer ministro de Malasia. ¿Qué otros edificios has visto que tengan cúpulas con forma de cebolla parecidas a las de la fotografía?

Malasia

Malasia tiene tanto territorio continental como insular. La parte continental se encuentra en la península malaya y la parte insular en la isla de Borneo. El desafío para el gobierno de Malasia es unificar dos partes del país, que están separadas por varios cientos de millas de mar. Casi la mitad de los habitantes del país son malayos, quienes son mayoría en la parte continental de Malasia. El país cuenta con minorías chinas e indias de tamaño considerable. Generalmente estos grupos han sido exitosos económicamente. Sin embargo, las políticas del gobierno han favorecido generalmente a los habitantes de origen malayo, lo cual ha generado tensiones entre los dos grupos.

El gobierno malayo ha intentado lograr la unidad de diversas maneras. En primer lugar, ha hecho hincapié en el crecimiento económico. El país ha progresado notablemente hacia el objetivo de convertirse en una nación desarrollada. Este crecimiento económico ha permitido aliviar parte de las tensiones entre los distintos grupos étnicos.

Las Filipinas

Al igual que Indonesia, las Filipinas están formadas por miles de islas, gran parte de las cuales tienen menos de una milla cuadrada de superficie. La diversidad de etnias del país incluye malayos, chinos, japoneses, árabes y españoles. Incluso muchos estadounidenses han emigrado a las Filipinas. El país ha fusionado estos grupos con su propia cultura filipina. El uso generalizado del filipino, uno de los idiomas oficiales, ayuda a forjar una identidad nacional. También es muy común el uso del inglés, el otro idioma oficial.

Leonora Jusay, una maestra filipina, da clases a los 59 estudiantes de su curso. Si bien los fondos que se destinan a la educación no son suficientes, la asistencia a clases es amplia.

A pesar del crecimiento económico de las Filipinas, casi un tercio de los filipinos son pobres. Debido a la falta de empleos, millones de filipinos han abandonado su patria para buscar trabajo en otros países. Estas personas envían parte de sus ingresos a las Filipinas mediante **remesas**, para ayudar a sus familiares que permanecieron en el país.

Antes de continuar

Hacer inferencias ¿Por qué las divisiones geográficas y étnicas pueden ser una dificultad para lograr la unidad de un país?

EVALUACIÓN CONTINUA

LABORATORIO DE LECTURA GeoDiario

1. **Analizar causa y efecto** ¿Cuáles son las causas y los efectos de la fragmentación en Indonesia, Malasia y las Filipinas?
2. **Identificar problemas y soluciones** ¿Qué podrían hacer los gobiernos de estos países para profundizar la unidad?
3. **Hacer inferencias** ¿De qué manera la asistencia masiva a clases en las Filipinas podría tener un impacto positivo sobre el país?

2.2 Las migraciones dentro de Indonesia

TECHTREK
Visita **myNGconnect.com** para ver fotos y una gráfica en inglés de la población de Indonesia.
Student Resources
Digital Library

Idea principal Los esfuerzos para lograr la unidad de las islas indonesias mediante la relocalización han arrojado resultados dispares.

Indonesia es el cuarto país más populoso del mundo. Sin embargo, la mayor parte de su población vive en apenas unas pocas de las numerosas islas del país. Los ciudadanos que viven en las islas remotas quedan aislados de la mayoría de la población indonesia, y el país permanece fragmentado.

La política de relocalización

Los holandeses, que colonizaron la zona, reconocieron el problema de unir la vasta cadena de islas. En el siglo XIX, comenzaron a **relocalizar**, o trasladar, a personas y familias de **Java**, **Madura** y **Bali** (las llamadas **islas interiores**) a las islas situadas a su alrededor que estaban menos pobladas, las llamadas **islas exteriores**. Una vez que Indonesia se independizó en 1949, el gobierno indonesio continuó relocalizando personas.

Hoy día, más de la mitad de los habitantes de Indonesia vive en la isla de Java, una isla que tiene un porcentaje pequeño del territorio total del país. A través de la relocalización de los habitantes de Java, el gobierno espera favorecer la unión del país. Los indonesios nativos de Java hablan el idioma oficial y su presencia en las islas exteriores puede servir para difundirlo en aquellos sitios donde no se escucha con poca frecuencia. Una lengua común puede ayudar a unir un país fragmentado.

Efectos de las migraciones internas

Por el momento, sin embargo, la política de relocalización de personas en las islas ha arrojado algunos resultados no planificados. La llegada de nuevos pobladores ha ocasionado inconvenientes con los lugareños, pues ha alterado su forma de vida. Las prácticas agrícolas modernas entraron en conflicto con el uso tradicional de las tierras y en ciertas ocasiones perjudicaron al medio ambiente. El gobierno esperaba que los nuevos colonos

Visión crítica Las islas exteriores, donde se encuentra el arrozal en el que trabaja este campesino, están menos pobladas que las islas interiores. ¿Qué puedes inferir a partir de la fotografía acerca de la vida en las islas exteriores?

Visión crítica Estos indonesios regresan a Yakarta después de visitar sus hogares situados en otras islas. ¿Qué sugiere la imagen acerca del movimiento desde las áreas rurales hacia las zonas urbanas como Yakarta?

pudieran establecer granjas exitosas, pero muchos tuvieron problemas para subsistir. Algunos terminaron abandonando sus nuevos hogares y regresaron a las islas interiores. Como consecuencia, Java y Bali siguen estando densamente pobladas, lo que hace ineficaz el programa de relocalización del gobierno. La superpoblación de Java y Bali empeoró debido a otras **tendencias**, o cambios que se producen con el paso del tiempo. Los indonesios que habitaban las islas exteriores emigraron a estos sitios densamente poblados para escapar de la pobreza de la vida rural y buscar empleo en las islas con mayor actividad económica. A décadas del inicio del programa de relocalización, Java y Bali están muchísimo más pobladas que el resto de las islas de Indonesia.

Antes de continuar

Resumir ¿De qué manera las políticas del gobierno y los factores económicos han determinado las migraciones dentro de Indonesia?

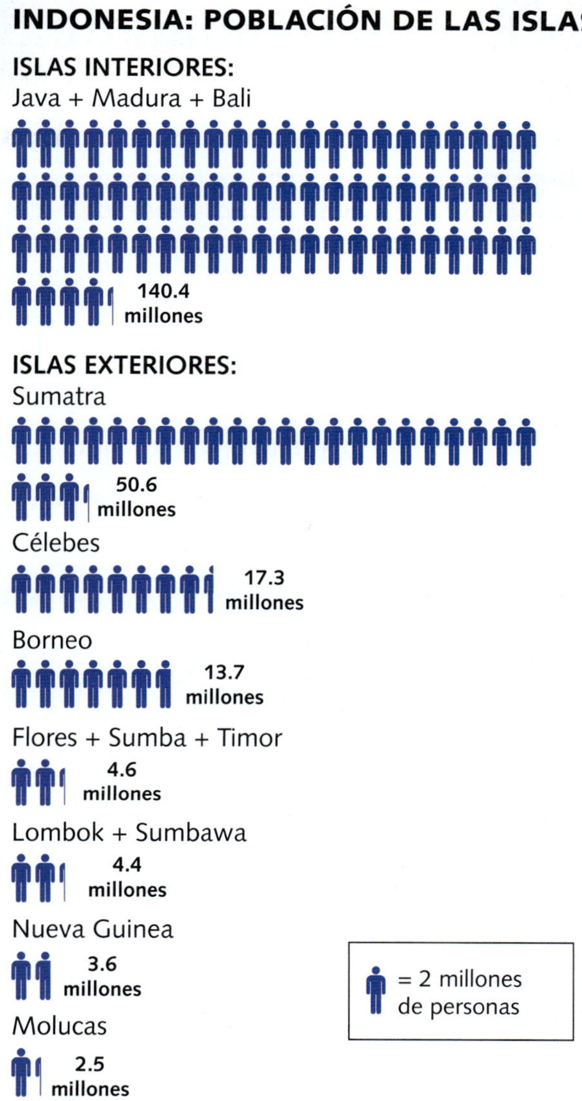

Fuente: *Europa World Year Book*, 2012; poblaciones para el 2010

EVALUACIÓN CONTINUA

LABORATORIO DE DATOS GeoDiario

1. **Interpretar gráficas** Según la gráfica, ¿cuál es la isla exterior más poblada? ¿Cuál es la menos poblada?
2. **Sintetizar** Cuando se mide la densidad de población, ¿qué indica una densidad de población mayor o menor?
3. **Lugar** Observa el mapa de Indonesia en la Sección 1.1 del capítulo anterior. Compara los tamaños de las islas con las cifras de la población de esta página. ¿Cuál de las islas exteriores crees que tendrá la mayor densidad de población? ¿Por qué?

2.3 El crecimiento de Singapur

TECHTREK
Visita myNGconnect.com para ver fotos de Singapur y una guía en línea para la escritura en inglés.
Digital Library
Student Resources

Idea principal Singapur ha crecido económicamente debido a su ubicación geográfica y a sus políticas económicas.

Con el propósito de competir comercialmente con los holandeses, los británicos crearon el moderno puerto de Singapur a comienzos del siglo XIX. Al estar situada justo frente al extremo sur de la península malaya, la isla goza de una ubicación ideal, en las rutas marítimas que unen los océanos Índico y Pacífico. Esta ubicación le dio el **potencial**, o la posibilidad, de convertirse en un gran **puerto**, es decir, un sitio donde los barcos intercambian mercancías. En la actualidad, este pequeño país insular es uno de los puertos más activos del mundo y una gran potencia económica.

VOCABULARIO CLAVE

puerto, m. sitio donde los barcos pueden intercambiar mercancías

industrializar, v. desarrollar la manufactura

corporación multinacional, f. empresa grande que opera en muchos países

VOCABULARIO ACADÉMICO

potencial, m. posibilidad o promesa

Construir el éxito

En 1963, Malasia obtuvo su independencia de Gran Bretaña y Singapur formó parte del nuevo país. Sin embargo, surgieron conflictos entre la población mayoritariamente china de Singapur y los malayos del resto del país. En 1965, para aliviar la tensión, el gobierno malayo le ofreció a Singapur convertirse en un estado independiente; Singapur aceptó.

Singapur prosperó gracias a su ubicación privilegiada. Pronto se convirtió en el principal punto de tránsito para enviar materias primas (tales como madera, caucho, arroz y petróleo) del Sureste Asiático a otras partes del mundo. Los productos manufacturados provenientes de EE. UU. y Europa entraban al puerto y desde allí eran enviados a otros puertos del Sureste Asiático. Desde occidente se enviaban a Singapur carros y maquinarias para ser distribuidos por toda la región.

El primer ministro Lee Kuan Yew, que gobernó Singapur de 1959 a 1990, profundizó el rol del país como centro portuario de gran importancia e impulsó la **industrialización**, o desarrollo de las manufacturas. Sin embargo, el gobierno ejerció un control estricto sobre la vida de sus habitantes. Las calles se mantenían limpias y casi no se cometían delitos.

PIB ANUAL DE SINGAPUR (1960–2010)

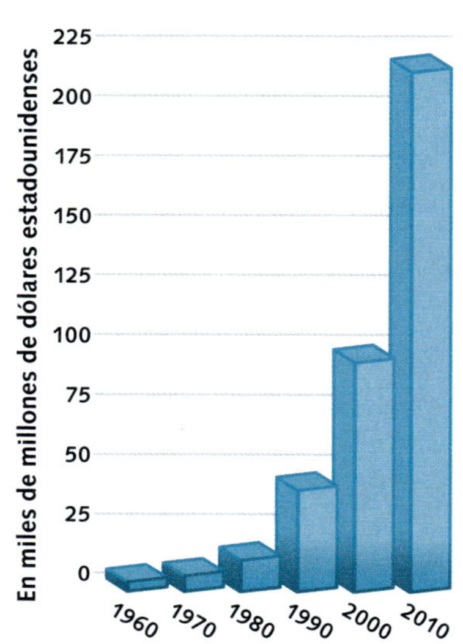

Fuente: CIA World Factbook

Antes de continuar

Verificar la comprensión ¿Qué ventajas geográficas le han permitido a Singapur formar parte de la economía global?

Mantener el ritmo

Hoy en día, Singapur tiene una economía estable de libre mercado que depende de las exportaciones de electrónicos y de los negocios que proporcionan servicios. Tiene uno de los PIB per cápita más altos del mundo y es hogar de muchas **corporaciones multinacionales.** La crisis financiera mundial solo afectó de manera leve su creciente economía.

Los líderes de Singapur se han fijado objetivos basados principalmente en el éxito económico. Invirtieron fuertemente en mejorar la infraestructura para que todo el país pudiese tener acceso a las últimas tecnologías disponibles. Con el propósito de atraer inversiones extranjeras, Singapur ofrece bajas tasas impositivas y otros incentivos económicos. La política económica fomenta el crecimiento de industrias clave, tales como las telecomunicaciones y otras tecnologías. Como estas industrias necesitan una mano de obra capacitada y altamente calificada, el país hace especial hincapié en mejorar el nivel educativo de la fuerza laboral.

COMPARAR REGIONES

Al igual que en Singapur, un gran sector de la fuerza laboral de la India cuenta con una gran formación académica y capacitación en las últimas tecnologías. La política económica india ofrece incentivos a los inversores extranjeros y numerosas corporaciones multinacionales han comenzado a operar en el país. Sin embargo, la India continúa enfrentando varias dificultades a medida que trabaja para administrar su crecimiento económico. El nivel de pobreza es más alto que el de Singapur y el nivel educativo es más bajo. La India también se está esforzando para mejorar su infraestructura, para mantenerse al ritmo con el progreso de la economía global.

Visión crítica Esta imagen nocturna muestra una calle de la zona comercial de Singapur. ¿Qué detalles de la foto son típicos de una ciudad próspera?

La gran estabilidad de Singapur le ha permitido aprovechar los cambios ocurridos en otras partes del mundo. Cuando los británicos devolvieron Hong Kong a China, en 1999, algunos empresarios se preocuparon porque temían que el gobierno chino les limitara la libertad y la prosperidad. Singapur recibió a los empresarios que decidieron mudar sus negocios a ese país, lo cual generó un gran crecimiento económico.

Antes de continuar

Resumir ¿En qué se ha diferenciado la participación de Singapur y de la India en la economía global?

EVALUACIÓN CONTINUA

LABORATORIO DE ESCRITURA GeoDiario

1. **Hacer inferencias** Describe cómo crees que la postura del gobierno sobre los impuestos ha afectado el desarrollo económico.
2. **Escribir análisis** ¿Qué efecto ha tenido la globalización sobre Singapur? ¿Qué repercusión han tenido otros países sobre su economía? Visita **Student Resources** para ver una guía en línea de escritura en inglés.

2.4 Malasia y los nuevos medios de comunicación

TECHTREK
Visita **myNGconnect.com** para ver gráficas en inglés y fotos de los medios de comunicación de Malasia.

Maps and Graphs | Digital Library

Idea principal El acceso a los nuevos medios de comunicación está modificando el estricto control sobre la información que antiguamente ejercía el gobierno de Malasia.

Desde su independencia en 1963, **Malasia** ha disfrutado de calma y prosperidad. El gobierno se ha concentrado en el desarrollo de la economía. Sin embargo, al igual que en la vecina Singapur, Malasia ha limitado las libertades de las que sus habitantes pueden gozar.

El control de la información

Uno de estos límites es el control que ejerce el gobierno sobre el acceso a la información. La libertad de prensa está restringida. Los periódicos deben poseer una licencia otorgada por el gobierno para funcionar y el gobierno puede cancelar esa licencia en cualquier momento. Leyes similares establecen restricciones sobre las compañías que manejan radios o canales de televisión. Además, el gobierno no revela toda la información a los medios.

Leyes severas castigan a los medios que critican al gobierno. Los miembros del partido gobernante son propietarios de varios de los principales periódicos del país. Ni siquiera los periódicos independientes suelen criticar al gobierno.

Los nuevos medios de comunicación

Las restricciones impuestas al flujo de información parecen estarse ablandando. Cerca de dos tercios de los malayos ahora pueden conectarse a Internet. Los nuevos medios de comunicación, como Internet, permiten que las personas tengan acceso a nuevas fuentes de información que son más difíciles de controlar por el gobierno.

Oficialmente, el gobierno promete un uso ilimitado de Internet. Sin embargo, la interferencia no es rara. Muchos administradores de sitios web dedicados a difundir noticias de Malasia han sido arrestados en varias oportunidades por criticar al gobierno. Otros periodistas también han sido objeto de persecuciones.

Visión crítica Una joven usa su computadora portátil en un lugar público de Malasia. ¿De qué manera la imagen muestra tanto la libertad como el control del gobierno?

SURESTE ASIÁTICO: ACCESO A INTERNET Y A TELEFONÍA CELULAR

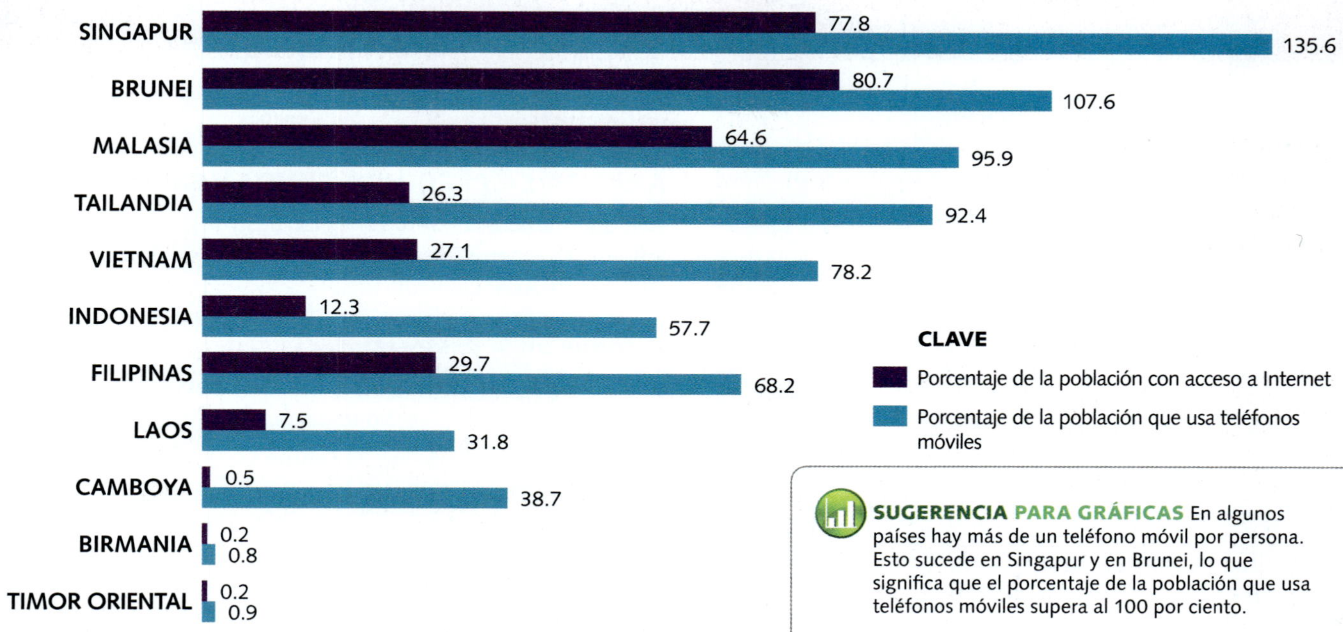

Fuente: CIA World Factbook; www.internetworldstats.com/stats3.htm

SUGERENCIA PARA GRÁFICAS En algunos países hay más de un teléfono móvil por persona. Esto sucede en Singapur y en Brunei, lo que significa que el porcentaje de la población que usa teléfonos móviles supera al 100 por ciento.

En otras ocasiones, la policía ha allanado oficinas de los sitios web y ha confiscado las computadoras para averiguar la identidad de personas que habían escrito artículos que criticaban al gobierno.

Muchos malayos creían que hasta la **aparición**, o llegada, de Internet el gobierno controlaba y manipulaba la información a la que los ciudadanos podían acceder. Durante las elecciones de 2008, los sitios web se convirtieron en la fuente de noticias más consultada por los habitantes del país.

Los sitios web no estaban sujetos al control del gobierno. También estaban abiertos a las opiniones e ideas de cualquiera en el país. Cualquier ciudadano podía escribir noticias o mostrar videos en los sitios web. Debido a esta apertura, los sitios web pueden haber influido sobre las elecciones de 2008. El resultado de la elección determinó la pérdida de 58 escaños del partido gobernante en la legislatura nacional. Fueron los peores comicios del partido en más de 40 años.

Las tecnologías de los nuevos medios de comunicación permiten a las personas acceder a información que difícilmente puede ser controlada por las personas que ejercen el poder. Las encuestas muestran que las personas mayores confían en las noticias de los periódicos y la televisión, y que son menos propensos a informarse a través de otras fuentes de información. Sin embargo, entre los votantes de veinte a cuarenta años de edad, solo una pequeña minoría confía en los medios tradicionales de comunicación, mientras que más del 60 por ciento de ellos opinó que los sitios de noticias en línea eran **confiables**, es decir, creíbles.

Antes de continuar

Resumir ¿De qué manera el acceso a los nuevos medios de comunicación ha cambiado el control estricto de la información ejercido por el gobierno de Malasia?

EVALUACIÓN CONTINUA

LABORATORIO DE DATOS

GeoDiario

1. **Analizar datos** ¿Cómo se comparan los porcentajes de acceso a Internet y del uso de teléfonos móviles de Malasia con los porcentajes de los otros países de la región?
2. **Hacer inferencias** ¿Por qué crees que el gobierno de Malasia intenta mantener este control estricto sobre las noticias?
3. **Hacer predicciones** ¿Qué sugieren los resultados de las encuestas sobre la aceptación que los medios tradicionales tendrán en el futuro? ¿Por qué?

CAPÍTULO 22
Repaso

VOCABULARIO

Con cada una de las siguientes palabras de vocabulario, escribe una oración que explique su significado y la relacione con el contenido del capítulo.

1. prehistórico

Muchas religiones del Sureste Asiático son prehistóricas, lo cual significa que existían antes de la historia escrita.

2. área metropolitana
3. dialecto
4. domesticar
5. relocalizar
6. corporación multinacional

IDEAS PRINCIPALES

7. ¿De qué manera la historia colonial le ha dado forma a las religiones de la región? (Sección 1.1)
8. ¿De qué manera la Tailandia moderna refleja tanto las tradiciones como las influencias externas? (Sección 1.2)
9. ¿De qué manera la globalización ha modificado el uso del idioma en el Sureste Asiático? (Sección 1.3)
10. ¿Qué métodos pueden ayudar a proteger a la población de elefantes asiáticos salvajes del Sureste Asiático? (Sección 1.4)
11. ¿De qué manera la fragmentación ha sido un problema para Indonesia, Malasia y las Filipinas? (Sección 2.1)
12. ¿Cuáles han sido los resultados de la política indonesia de trasladar a las personas a áreas nuevas? (Sección 2.2)
13. ¿Cómo fortaleció Singapur su economía? (Sección 2.3)
14. ¿De qué manera los nuevos medios de comunicación cambiaron la política en Malasia? (Sección 2.4)

CULTURA

ANALIZA LA PREGUNTA FUNDAMENTAL

¿De qué manera las tradiciones locales y las influencias externas le han dado forma a las culturas del Sureste Asiático?

Enfoque en la destreza: Hacer generalizaciones

15. ¿De qué manera las influencias externas aumentaron la diversidad del Sureste Asiático?
16. ¿A qué dificultades se enfrentan los países del Sureste Asiático al intentar preservar las tradiciones culturales en el mundo moderno?

INTERPRETAR TABLAS

PORCENTAJE DE GRUPOS ÉTNICOS EN PAÍSES SELECCIONADOS DEL SURESTE ASIÁTICO

País		
Indonesia	Javaneses: 41% Sondaneses: 15% Madureses: 3%	Minangkabau: 3% Other: 38.4%
Laos	Laosianos: 55% Khmu: 11%	Hmong: 8% Other: 26%
Malasia	Malayos: 50% Chinos: 24%	Indos: 7% Otros: 19%
Filipinas	Tagalos: 28% Cebuanos: 13% Ilocanos: 9%	Bisayos/Binisayos: 8% Hiligainos Ilongos: 8% Otros: 35%
Singapur	Chinos: 77% Malayos: 14%	Indios: 8% Otros: 1%
Tailandia	Tailandeses: 75% Chinos: 14%	Otros: 11%
Vietnam	Kinh (vietnamitas): 86%	Otros : 14%

Fuente: CIA World Factbook

17. **Analizar datos** ¿Qué tres países tienen un único grupo étnico dominante? ¿Cuál es el grupo en cada uno de los casos?
18. **Hacer generalizaciones** ¿Esperarías que los países con un único grupo étnico dominante tengan un único idioma oficial nacional? ¿Por qué?

GOBIERNO Y ECONOMÍA

ANALIZA LA PREGUNTA FUNDAMENTAL

¿De qué manera los gobiernos del Sureste Asiático intentan unificar sus países?

Enfoque en la destreza: Resumir

19. ¿Qué cuestiones políticas y económicas llevaron al gobierno de Indonesia a adoptar la política de trasladar personas de las islas interiores a las islas exteriores?
20. ¿Por qué Singapur se separó y se independizó de Malasia?
21. ¿Qué relación existe entre la política del gobierno malayo de restringir la libertad de prensa y el problema de la fragmentación?

INTERPRETAR MAPAS

LAS FILIPINAS: DIVISIÓN POLÍTICA

22. **Interpretar mapas** ¿Por qué es apropiado decir que las Filipinas (*Philippines*) es un país fragmentado?
23. **Sacar conclusiones** ¿En qué mejoras relacionadas con el transporte podría invertir el gobierno para ayudar a unir el país? Explica tu respuesta.

OPCIONES ACTIVAS

Sintesiza las preguntas fundamentales completando las siguientes actividades.

24. **Escribir un artículo cultural** Preséntale el Sudeste Asiático a un amigo hoy al escribir un artículo sobre uno de los países de la región. ¿De qué manera las prácticas religiosas y los idiomas regionales dan forma a la cultura del país? Describe el arte y la música tradicional o las expresiones creativas de las personas que viven allí hoy. **Comparte tu artículo con tu amigo.**

Sugerencias para la escritura
- Investiga y toma notas sobre la cultura del país.
- Asegúrate de que cada párrafo se enfoque en un tema.
- Incluye detalles sobre las religiones del país, arte, música u otros aspectos de la cultura.
- Asegúrate de escribir una introducción interesante, de que las transiciones entre los párrafos no sean abruptas y de incluir una conclusión que resuma tu artículo.

25. **Crear gráficas** Usa recursos de investigación en línea para hacer una gráfica de barras que muestre el producto interno bruto (PIB) per cápita de Camboya, Malasia y las Filipinas. Escribe un párrafo que explique cuáles de esas tres economías podrían verse afectadas por la fragmentación. Usa el siguiente ejemplo como guía para tu gráfica.

PIB PER CÁPITA

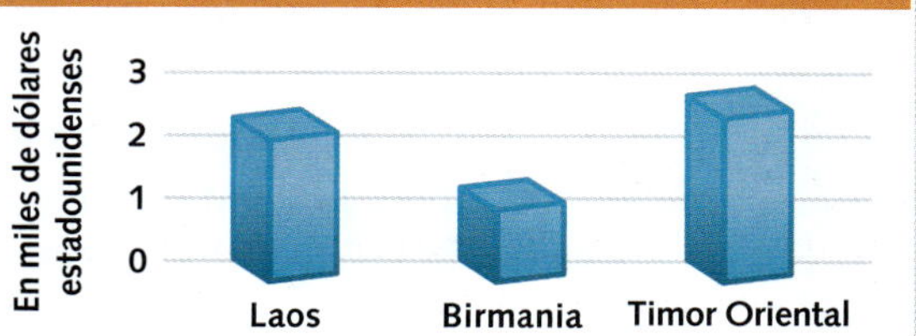

Especies amenazadas de extinción

TECHTREK
Visita myNGconnect.com para ver enlaces de investigación en inglés sobre especies en peligro de extinción.
Maps and Graphs

En todas las regiones del mundo pueden hallarse especies en peligro de extinción, ya sean plantas o animales. Una especie está amenazada de extinción cuando corre el riesgo de extinguirse, es decir, de desaparecer por completo del planeta. Varias especies no han sobrevivido el paso del tiempo. De hecho, historicamente ha habido cinco extinciones masivas en las que una gran cantidad de especies vivas se extinguieron.

Hoy día, la tasa de extinción de especies animales y vegetales ha pasado a ser cien veces más alta que la tasa observada por los científicos a través del registro fósil. Numerosos científicos creen que la Tierra se encuentra en este momento en medio de una sexta extinción masiva. Esos mismos científicos sostienen que la destrucción del hábitat es la causa principal de esta extinción masiva.

Comparar la distribución de los grandes felinos amenazados de extinción

- León asiático (*Asiatic lion*)
- Guepardo (*Cheetah*)
- Lince ibérico (*Iberian lynx*)
- Jaguar
- Tigre (*Tiger*)

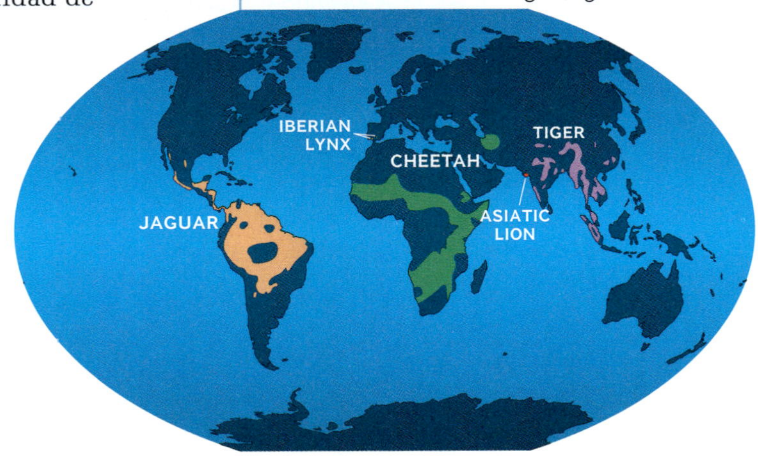

CAUSAS DE LA EXTINCIÓN

Tanto la minería, como la tala de los bosques para practicar la agricultura y la ganadería alteran el paisaje natural, o hábitat, del que dependen la mayoría de las especies. Otras actividades, como la construcción de presas, autopistas y viviendas, dividen cada vez más las poblaciones de animales en grupos más pequeños y menos diversos. Ciertos grupos, como los grandes felinos que se muestran a la derecha, deben también enfrentarse a los cazadores temerosos de la capacidad de estos animales de hacer daño a las personas y al ganado.

Los cambios climáticos también pueden reducir notablemente la población de una especie y llevarla a la extinción. Los cambios climáticos, por ejemplo, pueden modificar la cantidad de lluvia que recibe un lugar determinado, lo cual afecta el crecimiento de la vegetación y altera la disponibilidad de alimentc del hábitat. Cuando esto sucede rápidamente, las especies tienen dificultades para adaptarse.

CONSERVACIÓN

Las especies y sus ecosistemas contribuyen en gran medida a la salud y el bienestar de los humanos. La diversidad de plantas y animales, junto con los hábitats en los que viven, proporcionan suelos fértiles, medicinas, aire limpio, agua pura, fibras, materiales de construcción y alimentos.

La Unión Internacional para la Conservación de la Naturaleza (IUCN) es una organización que intenta ayudar a países de todo el mundo a buscar soluciones para hallar un equilibrio entre las necesidades humanas y los desafíos ambientales. Para identificar los hábitats y los animales que necesitan ayuda, la IUCN cuenta con una base de datos denominada "Lista Roja de Especies Amenazadas". Esta lista clasifica a las especies animales en las siguientes categorías (que se muestran en el diagrama situado a la derecha): casi amenazadas, vulnerable, en peligro de extinción y en peligro crítico de extinción.

GRANDES FELINOS AMENAZADOS

Fuente: Lista Roja de Especies Amenazadas de la IUCN

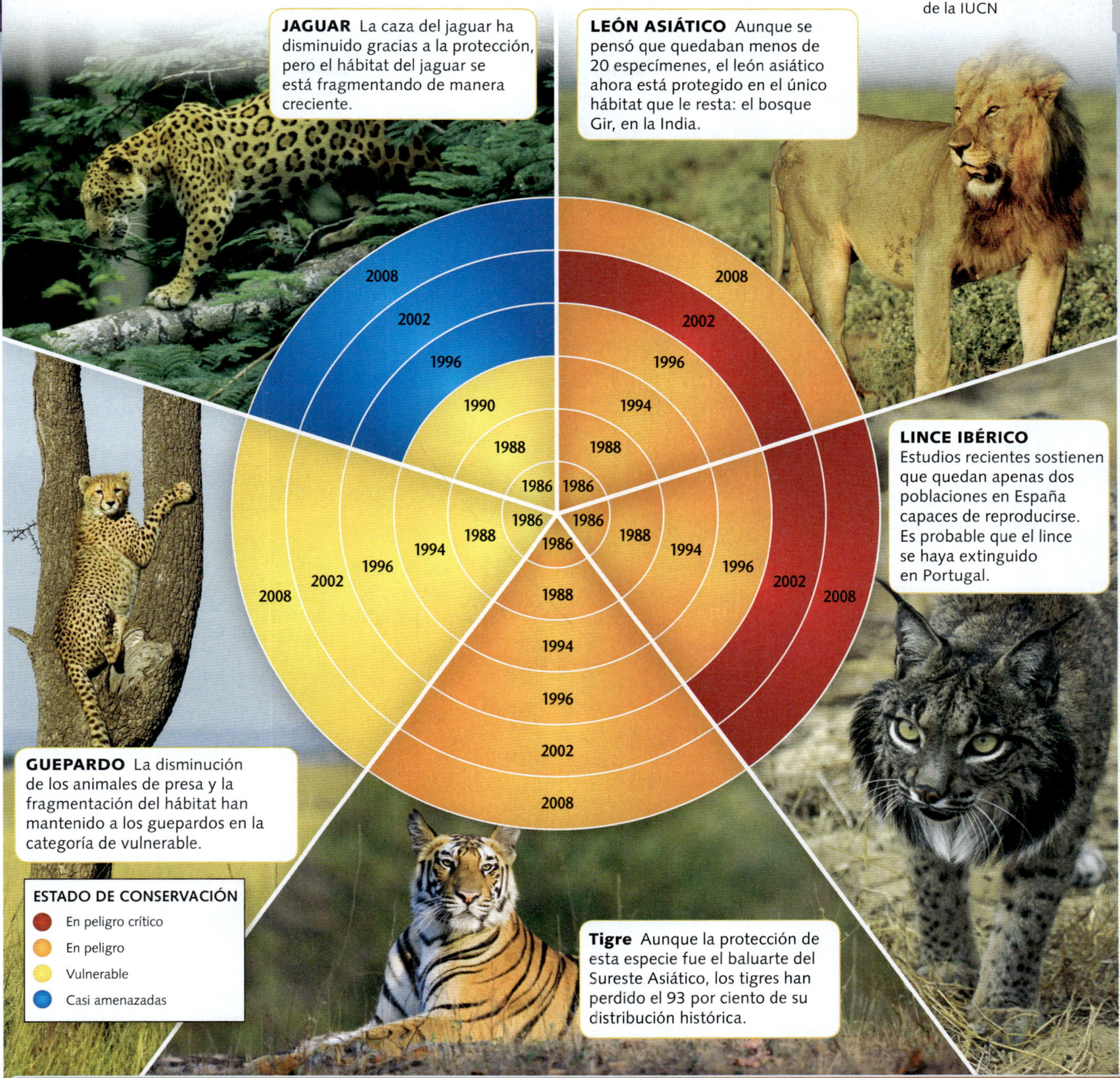

LABORATORIO DE INVESTIGACIÓN

GeoDiario

1. **Analizar datos** Observa el diagrama correspondiente al león asiático. ¿Qué ocurrió entre 2002 y 2008? ¿Cómo puedes explicar esto?
2. **Sacar conclusiones** Observa los diagramas correspondientes al jaguar y al lince ibérico. Piensa en los sitios donde viven estos felinos y en la densidad poblacional de esos hábitats. ¿De qué manera esto podría ayudar a explicar por qué han cambiado sus niveles de amenaza de extinción?

Investigar y comparar Usa la Lista Roja de Especies Amenazadas de la IUCN para investigar y comparar los niveles de amenaza de extinción dentro de un grupo animal como los antílopes, las focas, los murciélagos, los osos, los grandes simios, los delfines o las nutrias. Identifica la región y la manera en que los humanos afectan a las poblaciones. ¿Qué se está haciendo para conservar la especie? Crea una tabla para mostrar lo que descubras.

Opciones activas

TECHTREK

Visita myNGconnect.com para ver fotos de frutas.

Digital Library

ACTIVIDAD 1

Propósito: Aprender sobre alimentos saludables y poco comunes.

Hacer una recomendación

El Sureste Asiático alberga una gran variedad de plantas, entre las que se incluye una rica diversidad de frutas. Algunas de las frutas más exóticas se enumeran en la lista a continuación. Con un compañero, usa la lista de abajo y fuentes en línea para investigar las frutas de la región. Recomienda tres frutas que tus compañeros quizás quieran probar. Muestra el aspecto de la fruta y da las razones por las que recomiendas las tres frutas que escogiste.

- chicozapote
- fruta del dragón
- durio
- fruta de Jack o de la yaca
- lanzón
- longan
- mangostino
- rambután
- salacca
- sapodilla
- guanábana
- caimito

fruta del dragón

ACTIVIDAD 2

Propósito: Investigar una ciudad del Sureste Asiático.

Búsqueda cultural

En un mapa o globo terráqueo ubica cada una de las capitales de abajo y da sus coordenadas. Luego investiga una de esas ciudades para aprender qué aspectos de su vida cultural te interesan. Usa el recurso en inglés **Magazine Maker CD-ROM** para organizar e ilustrar tus hallazgos. Incluye lugares en la ciudad te gustaría visitar y hechos que sean de interés para tus lectores.

- Bangkok, Tailandia
- Kuala Lumpur, Malasia
- Phnom Penh, Camboya
- Singapur, Singapur

ACTIVIDAD 3

Propósito: Ampliar tu conocimiento sobre la fauna silvestre del Sureste Asiático a través de la investigación y el teatro.

Preparar el escenario

Algunos de los bosques tropicales más antiguos del planeta se encuentran en el Sureste Asiático. En grupo, organiza una obra teatral de un solo acto que esté ambientada en lo profundo del bosque tropical. La trama de la obra debe centrarse en los problemas del bosque tropical. Incluye en la obra a uno de los animales que viven en el bosque, como el dragón de Komodo, la serpiente voladora o el orangután. Representa la obra frente a toda la clase.

NATIONAL GEOGRAPHIC
Culturas del mundo y geografía

GEO

EXPLORA AUSTRALIA, LA CUENCA DEL PACÍFICO Y LA ANTÁRTIDA CON NATIONAL GEOGRAPHIC

CONOCE A LA EXPLORADORA

NATIONAL GEOGRAPHIC

Elizabeth Lindsey, miembro de National Geographic, ayuda a conservar los conocimientos y tradiciones de las culturas de la Polinesia. Su trabajo se enfoca en elementos tales como los cánticos de la Micronesia y los métodos tradicionales de navegación, en los que no se utiliza ningún instrumento.

ENTRA A LA HISTORIA

La Isla de Pascua, declarada patrimonio de la humanidad por la UNESCO, está ubicada a 2,200 millas al oeste de Chile. Es famosa por sus enormes estatuas de piedra, que tienen entre 10 y 40 pies de altura. En la isla quedan más de 600 estatuas.

CONECTA CON LA CULTURA

El teatro de la ópera de Sídney, en Nueva Gales del Sur, Australia, es uno de los edificios más famosos del mundo. Sídney, actualmente uno de los puertos más grandes del Pacífico Sur, nació como un asentamiento para convictos, en el siglo XVIII.

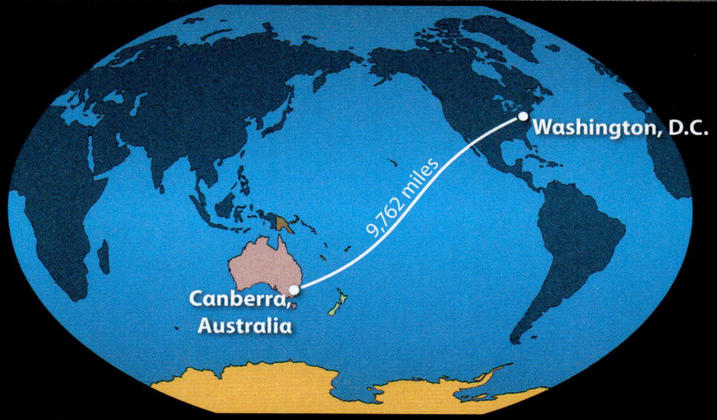

Visita **myNGconnect.com** para ver mapas de Australia, la Cuenca del Pacífico y la Antártida.

INVESTIGA LA GEOGRAFÍA

Los pingüinos de Adelia saltan de una roca en el arrecife Armstrong, al oeste de la Antártida. Se alimentarán hasta saciarse en el agua rica en alimentos del océano Pacífico sur.

CAPÍTULO 23

Australia, la Cuenca del Pacífico y la Antártida

GEOGRAFÍA E HISTORIA

VISTAZO PREVIO AL CAPÍTULO

Pregunta fundamental ¿Cómo influyó el aislamiento geográfico en el desarrollo de esta región?

SECCIÓN 1 • GEOGRAFÍA

VOCABULARIO CLAVE

- arrecife de coral
- atolón
- indígena
- marsupial
- especies invasoras
- extinto
- asilvestrado
- punto caliente
- isla de coral
- marino
- exoesqueleto

VOCABULARIO ACADÉMICO

preservar

TÉRMINOS Y NOMBRES

- Hemisferio Sur
- Alpes del Sur
- Polo Sur
- Nueva Guinea
- arrecife Kingman
- Gran Barrera de Coral

Pregunta fundamental ¿De qué manera el aislamiento geográfico definió la historia de Australia y de la Cuenca del Pacífico?

SECCIÓN 2 • HISTORIA

VOCABULARIO CLAVE

- puente de tierra
- clan
- pictograma
- navegante
- canoa hawaiana
- navegación
- convicto
- migración asistida
- generación
- lingüista

VOCABULARIO ACADÉMICO

transportar, transmitir

TÉRMINOS Y NOMBRES

- aborigen
- James Cook
- Nueva Gales del Sur
- Mancomunidad de Australia
- proyecto Voces Perdurables

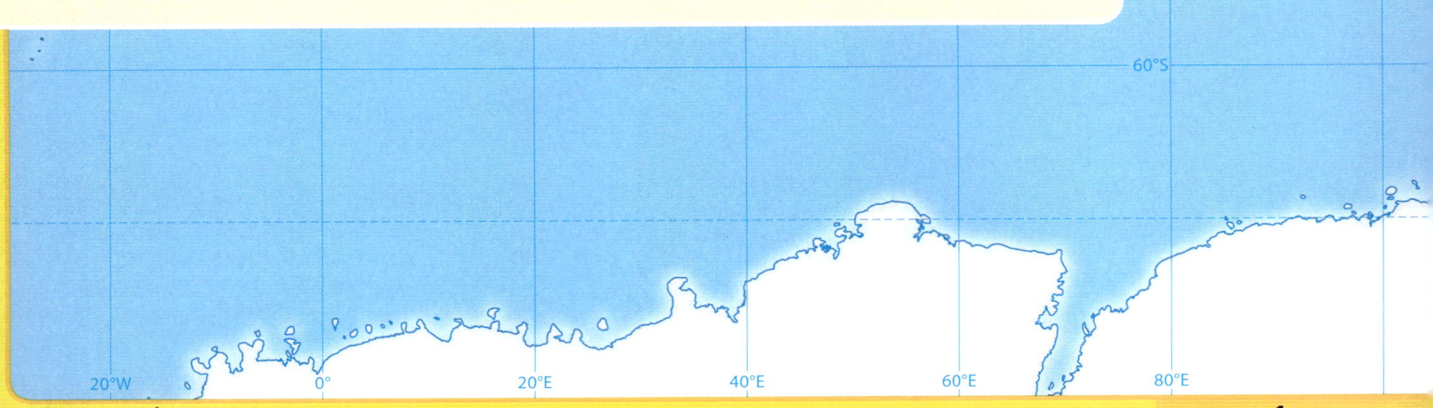

TECHTREK PARA ESTE CAPÍTULO

Student eEdition

Maps and Graphs

Interactive Whiteboard GeoActivities

Digital Library

Visita **myNGconnect.com** para obtener más información sobre Australia, la Cuenca del Pacífico y la Antártida.

SECCIÓN 1 GEOGRAFÍA

1.1 Geografía física

TECHTREK

Visita **myNGconnect.com** para ver el Vocabulario visual en inglés y mapas de Australia, la Cuenca del Pacífico y la Antártida.

Maps and Graphs

Digital Library

AUSTRALIA, LA CUENCA DEL PACÍFICO Y LA ANTÁRTIDA: MAPA FÍSICO

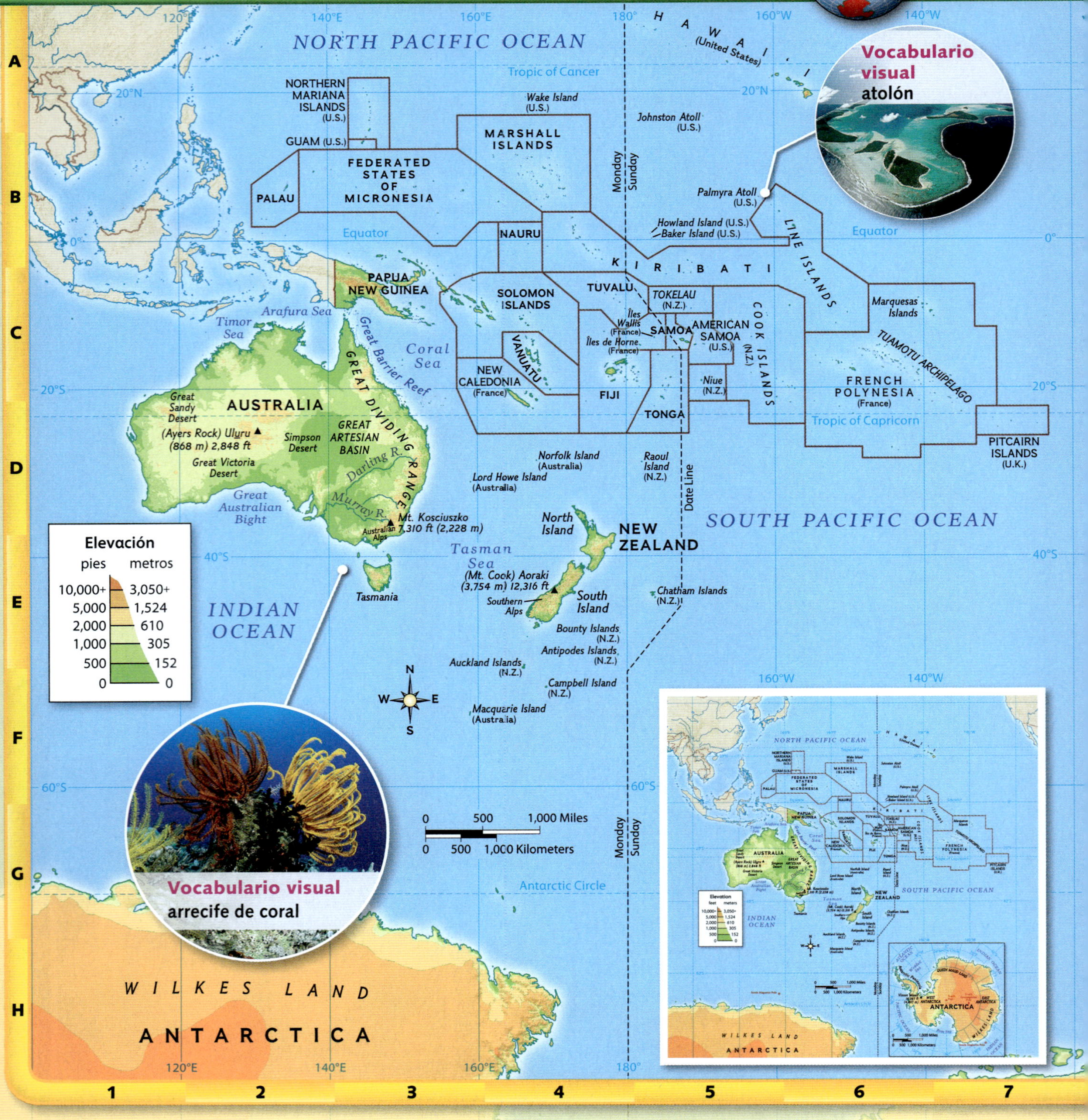

> **Idea principal** Esta región está en el océano Pacífico y está aislada geográficamente de otras partes del mundo.

Australia, gran parte de la Cuenca del Pacífico y la Antártida están situadas en el **Hemisferio Sur**. La región se extiende a través de una vasta zona del océano.

Australia

Australia es el único país del mundo que también es un continente. En ocasiones se dice que Australia es el "continente insular", porque está rodeado de agua. El clima de Australia, sin embargo, es mayormente seco. De hecho, casi el 20 por ciento de la superficie continental de Australia está clasificado como un desierto. Pocas personas viven tierra adentro en el territorio continental. En lugar de ello, la mayor parte de la población habita en las costas, donde las lluvias son abundantes.

La cuenca del Pacífico y la Antártida

La Cuenca del Pacífico es una área grande del océano Pacífico formada por miles de islas pequeñas y arrecifes de coral. Los **arrecifes de coral** son estructuras parecidas a rocas construidas por capas de organismos coralinos. Estos arrecifes se desarrollan en las aguas cálidas del océano, entre los 30° latitud N y los 30° latitud S. Los **atolones** (arrecifes, islas o cadenas de islas en forma de anillo formados por coral) también abundan en esta parte del Pacífico.

Nueva Zelanda, situada al sureste de Australia, está formada por dos islas principales, la isla Norte y la isla Sur. La cordillera de Nueva Zelanda, conocida como los Alpes del Sur, tiene montañas cuyas cimas superan los 12,000 pies.

El centro de la Antártida es el Polo Sur, el punto más austral del eje terrestre. Una gruesa capa de hielo cubre casi todas las montañas, valles e islas del continente. La Antártida tiene el clima más frío de la Tierra y es el continente con la mayor elevación media.

AUSTRALIA: MAPA DE PRECIPITACIONES

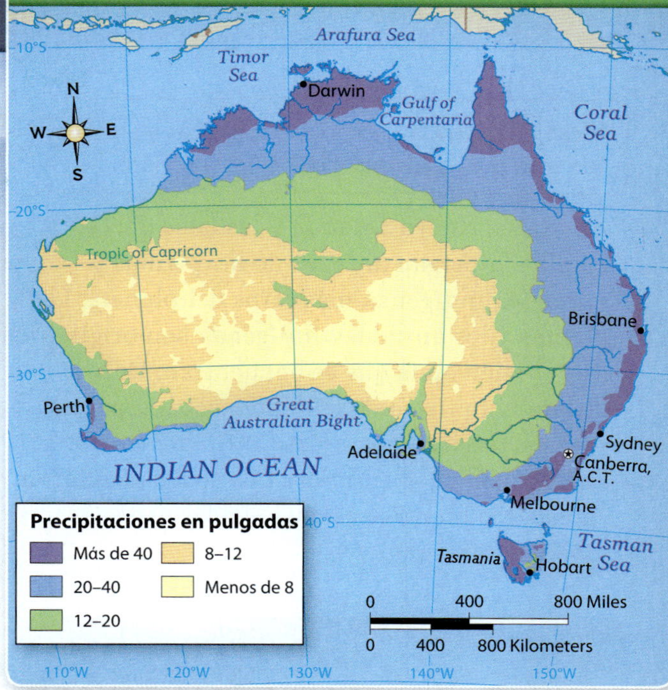

Antes de continuar

Verificar la comprensión ¿De qué manera esta región está aislada de otras partes del mundo?

EVALUACIÓN CONTINUA
LABORATORIO DE MAPAS

GeoDiario

1. **Interacción entre los humanos y el medio ambiente** Según con el mapa de precipitaciones, ¿qué parte de Australia no sería capaz de producir muchos cultivos? ¿Por qué?
2. **Interpretar mapas** ¿Entre qué latitudes se encuentran las islas del Pacífico? Explica por qué su ubicación resulta ideal para la formación de arrecifes de coral.
3. **Comparar y contrastar** Examina el mapa físico de la región. ¿En qué se asemejan y en qué se diferencian Australia y la Antártida (*Antarctica*)? Usa una tabla como la siguiente para responder la pregunta.

SEMEJANZAS	DIFERENCIAS

SECCIÓN 1 GEOGRAFÍA

1.2 Plantas y animales indígenas

TECHTREK
Visita myNGconnect.com para ver fotografías de plantas y animales indígenas de la región.
Digital Library

Idea principal Existen varias plantas y animales que solo se pueden encontrar en esta región.

Australia, Nueva Zelanda y las islas del Pacífico albergan algunas de las plantas y animales indígenas más raros del planeta. Las plantas y los animales **indígenas** son originarios de la región en la que se encuentran. Debido al aislamiento físico de la región, estas especies se desarrollaron con escasa influencia externa. Las plantas y los animales que se desarrollaron en esta región no se asemejan a las especies que viven en otras regiones.

Los casuarios alcanzan una altura de cinco pies y pueden ser agresivos.

Especies de plantas

Miles de flores silvestres, arbustos y árboles son originarios de la región. Entre ellos se encuentra el eucalipto, cuyas hojas producen un aceite aromático que tiene usos medicinales. Estas hojas son el único alimento de los koalas, unos animales muy queridos en Australia. Otra planta común es la acacia, de la que existen más de 700 variedades en Australia. La mayoría de las acacias tiene flores de colores brillantes.

Animales nativos

Entre los animales nativos de esta región se encuentran los **marsupiales**, que son mamíferos cuyas hembras transportan a sus crías en una bolsa abdominal. Cuatro tipos de marsupiales habitan en la región. Los canguros son los marsupiales de mayor tamaño. Otros marsupiales son los koalas, los walabíes, los wombats y los demonios de Tasmania.

Otros animales originarios de Australia y **Nueva Guinea** son los ornitorrincos y los equidnas. Estos mamíferos son los únicos mamíferos que ponen huevos. Tanto el ornitorrinco como el equidna tienen pico, otra característica de las aves que no es habitual en los mamíferos.

La región alberga una gran cantidad de aves, entre ellas el kiwi y el kakapo, que no vuelan y habitan en Nueva Zelanda. Los casuarios y los emúes, que tampoco vuelan, pueden medir de cinco a seis pies de alto. Las cucaburras australianas, un tipo de martín pescador grande, son famosas por su canto que suena como una carcajada.

Antes de continuar

Resumir ¿Qué especies de plantas y animales son indígenas de la región?

Visión crítica Los eucaliptos crecen rápido y algunos incluso alcanzan los 300 pies de altura. Según la fotografía, ¿cómo describirías el hábitat de los koalas?

EVALUACIÓN CONTINUA

LABORATORIO FOTOGRÁFICO

GeoDiario

1. **Analizar elementos visuales** Observa las fotografías. Escribe dos oraciones que describan los rasgos físicos de los casuarios y los koalas. ¿Qué otras aves y animales comparten los mismos rasgos físicos?
2. **Hacer inferencias** Según las fotografías y el texto, ¿por qué sería importante proteger la salud los eucaliptos y de otras especies de plantas únicas de la región?

1.3 Polizones biológicos

TECHTREK

Visita myNGconnect.com para ver mapas en inglés y fotos de las especies invasoras de la región.

Maps and Graphs | Digital Library

Idea principal La introducción de especies de plantas y animales no autóctonas ha modificado los hábitats naturales de Australia y Nueva Zelanda.

Las plantas y los animales, así como también sus hábitats, se desarrollaron de la manera en que lo hicieron debido al aislamiento físico de la región. La introducción de plantas y animales nuevos en Australia y Nueva Zelanda ha tenido consecuencias negativas.

Especies invasoras

Muchas especies no nativas fueron introducidas en estos países de manera deliberada, antes de que las personas comprendieran los problemas que podían ocurrir. Algunas especies nuevas también llegaron accidentalmente a la región. Los aviones y los barcos que transportaban productos alimenticios y paquetes traían animales y vegetales ocultos como "polizones" que posteriormente invadieron los hábitats naturales. A las plantas y los animales no nativos que alteran los hábitats de formas de vida nativas se les llama **especies invasoras**. Debido a la presencia de las especies invasoras, algunas plantas y animales indígenas se han **extinguido**, lo que significa que ya no existen miembros vivos de ese grupo. De hecho, 19 especies distintas de mamíferos pequeños se han extinguido en Australia desde la llegada de mamíferos no nativos tales como gatos, zorros y conejos.

Visual Vocabulary Las **especies invasoras** son plantas y animales no nativos que alteran los hábitats de las formas de vida autóctonas. Estos conejos de Australia son una especie invasora.

Dingos, conejos y otras pestes

Si bien los dingos han vivido en Australia durante muchos años, no son indígenas del continente insular. Navegantes asiáticos los llevaron a Australia hace unos 3,000 años.

Visión crítica Los dingos son cazadores. Según esta fotografía, ¿a qué animales se parecen los dingos?

CONEJOS EUROPEOS EN AUSTRALIA (1870–2000)

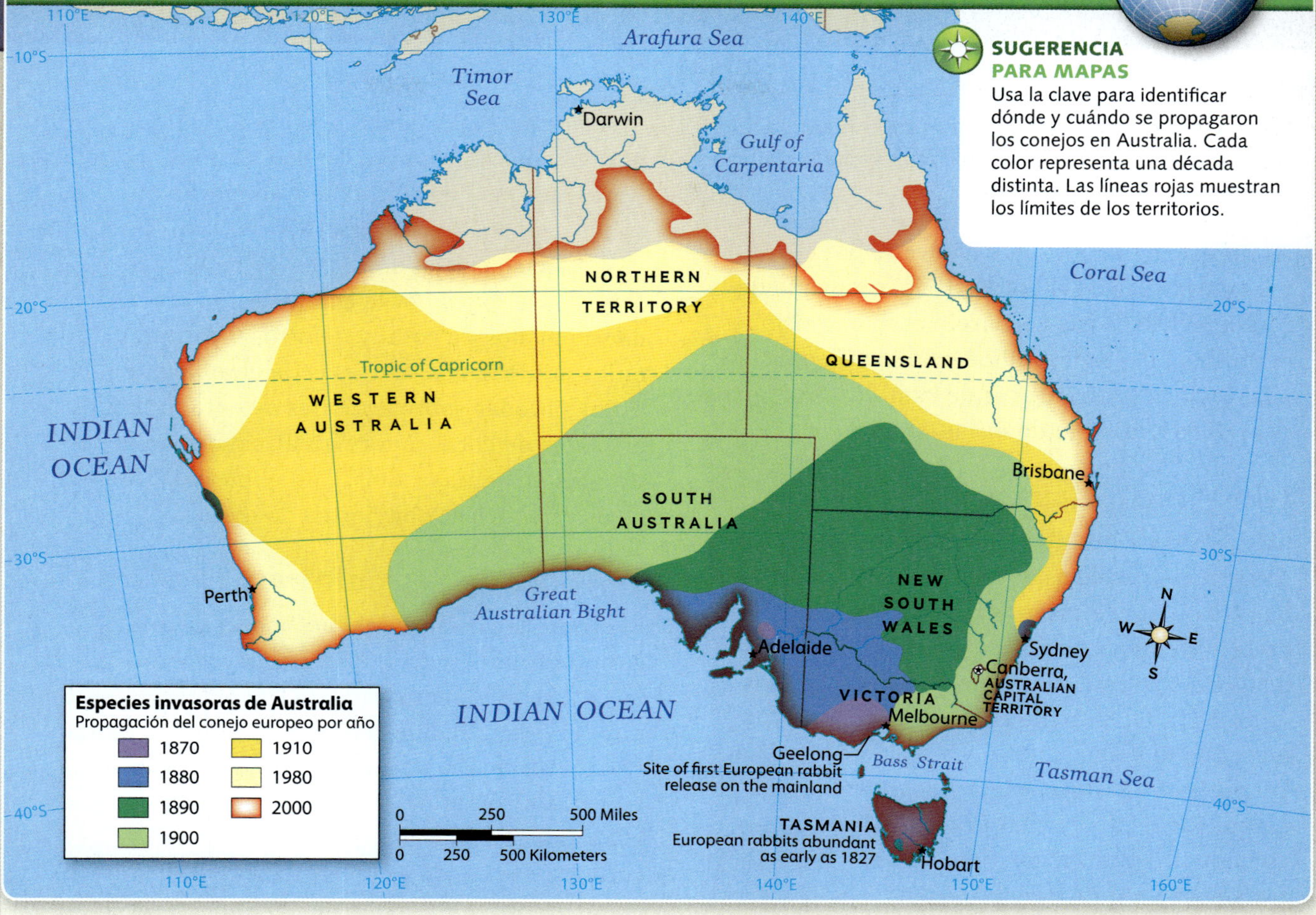

SUGERENCIA PARA MAPAS
Usa la clave para identificar dónde y cuándo se propagaron los conejos en Australia. Cada color representa una década distinta. Las líneas rojas muestran los límites de los territorios.

Algunos dingos escaparon, se volvieron salvajes y comenzaron a alimentarse de canguros y walabíes nativos. En la actualidad, los dingos continúan siendo una amenaza para los animales y el ganado autóctono.

Cuando los europeos comenzaron a colonizar Australia a comienzos del siglo XIX, llevaron conejos a la región. En poco tiempo se convirtieron en animales **asilvestrados**, o salvajes, y se esparcieron por todo el continente. Los conejos asilvestrados han causado grandes daños a los cultivos y a las tierras de pastoreo. Durante la década de 1950, el gobierno australiano intentó erradicar los conejos asilvestrados, pero no tuvo éxito.

Las plantas no autóctonas también han causado grandes daños. De hecho, en Nueva Zelanda crecen más plantas invasoras silvestres que plantas nativas. Una planta trepadora llamada "hierba de pordioseros" se ha esparcido notablemente desde la década de 1940. Este arbusto sofoca al follaje nativo e incluso puede derribar árboles de gran tamaño.

Antes de continuar

Resumir ¿Qué impacto han tenido las especies invasoras en Australia y Nueva Zelanda?

EVALUACIÓN CONTINUA
LABORATORIO DE MAPAS
GeoDiario

1. **Interpretar mapas** Observa el mapa. ¿En qué dirección se han desplazado los conejos en Australia?
2. **Interpretar mapas** Según el mapa, ¿en qué lugar de Australia se liberaron conejos por primera vez? Usando la escala del mapa, determina aproximadamente a qué distancia se propagaron los conejos entre los años 1870 y 2000.
3. **Movimiento** ¿Qué son las especies invasoras? ¿De qué manera las migraciones humanas fomentan su propagación?

SECCIÓN 1 GEOGRAFÍA

1.4 Las islas del Pacífico

TECHTREK
Visita **myNGconnect.com** para ver fotografías de las islas del Pacífico.

Digital Library

Idea principal Procesos físicos contribuyeron a la formación de las islas del Pacífico durante un largo periodo de tiempo.

Al noreste de Australia y Nueva Zelanda se encuentran las islas del Pacífico, un grupo de 20,000 a 30,000 islas esparcidas sobre millones de millas cuadradas del océano Pacífico. Estas islas se formaron a través de cambios geológicos ocurridos a lo largo de miles de años.

Islas altas, islas bajas

Los geógrafos dividen a las islas del Pacífico en dos grandes categorías: las islas altas y las islas bajas. Las islas altas se formaron como resultado de la actividad volcánica. Cuando las placas tectónicas se mueven sobre **puntos calientes**, o partes inusualmente calientes del manto terrestre, el magma surge y se eleva a través de las placas y produce una erupción volcánica. Al enfriarse, el material fundido forma conos volcánicos submarinos. Este proceso se repite y, con el paso del tiempo, estos conos volcánicos emergen a la superficie en forma de islas.

Las islas bajas también necesitan largos períodos para formarse. Suelen ser más pequeñas que las islas altas y su elevación apenas supera el nivel del mar por unos pocos pies. Las islas bajas son **islas de coral**, que son islas creadas por la acumulación gradual de esqueletos de coral y de otros diminutos animales marinos. Las islas de coral a menudo están situadas sobre arrecifes de coral. Muchos arrecifes de coral se forman alrededor de la base de islas volcánicas altas. Con el paso del tiempo, estos arrecifes se convierten en atolones.

El clima, la agricultura y la pesca

El clima de las islas del Pacífico es tropical y cálido durante todo el año. La mayoría de las islas tiene una temporada de lluvias y otra seca, pero la precipitación sobre las islas es variable. El aire cálido del océano se enfría en las alturas de las islas montañosas y genera lluvias. Las islas altas reciben lluvias abundantes. El rico suelo volcánico de estas islas resulta ideal para el cultivo de piñas, caña de azúcar y mangos. Las islas bajas, que no cuentan con accidentes

FORMACIÓN DE LAS ISLAS DEL PACÍFICO

FORMACIÓN DE LAS ISLAS ALTAS

1. El magma se eleva desde lo profundo del manto terrestre.
2. Al enfriarse, el material fundido forma conos volcánicos submarinos.
3. Los conos volcánicos emergen a la superficie en forma de islas altas.

FORMACIÓN DE LAS ISLAS BAJAS

1. Se forman arrecifes de coral sobre los bordes externos de las islas altas.
2. Las islas altas parecen hundirse a medida que la erosión las desgasta.
3. Con el paso del tiempo, solo queda el arrecife de coral circundante.

geográficos que les permitan "atrapar" la humedad, reciben menos lluvias que las islas altas. A pesar de estar rodeadas por el océano, la sequía es común en las islas bajas. Como consecuencia, los habitantes de las islas bajas dependen menos de la agricultura y más de la pesca.

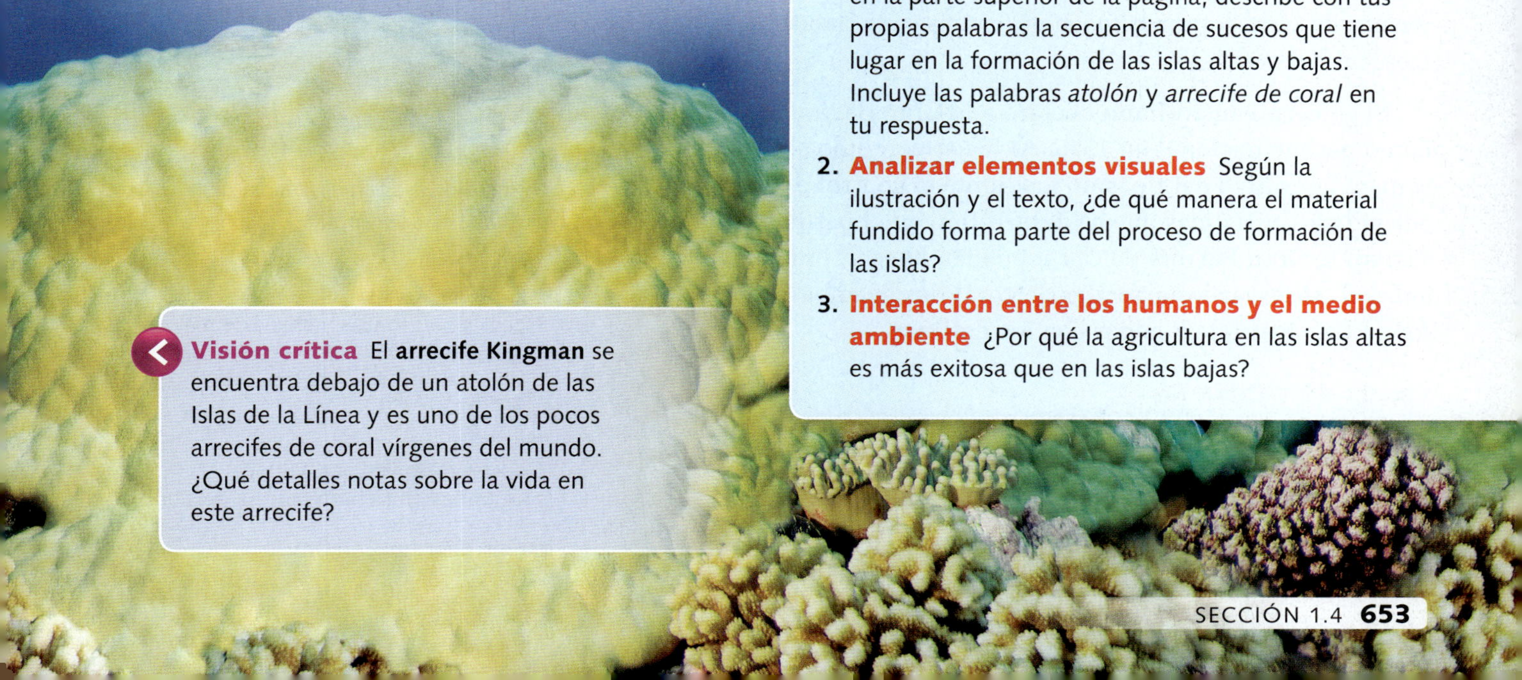

Visión crítica El **arrecife Kingman** se encuentra debajo de un atolón de las Islas de la Línea y es uno de los pocos arrecifes de coral vírgenes del mundo. ¿Qué detalles notas sobre la vida en este arrecife?

Antes de continuar

Verificar la comprensión ¿Cómo se formaron los dos tipos de islas del Pacífico?

EVALUACIÓN CONTINUA

LABORATORIO VISUAL

GeoDiario

1. **Secuencia de sucesos** En base a la ilustración en la parte superior de la página, describe con tus propias palabras la secuencia de sucesos que tiene lugar en la formación de las islas altas y bajas. Incluye las palabras *atolón* y *arrecife de coral* en tu respuesta.
2. **Analizar elementos visuales** Según la ilustración y el texto, ¿de qué manera el material fundido forma parte del proceso de formación de las islas?
3. **Interacción entre los humanos y el medio ambiente** ¿Por qué la agricultura en las islas altas es más exitosa que en las islas bajas?

1.5 Salvar los corales

TECHTREK
Visita **myNGconnect.com** para ver fotos de la Gran Barrera de Coral.
Digital Library
Global Issues

Idea principal La Gran Barrera de Coral es un ecosistema marino que está amenazado por las actividades humanas.

Cada año, muchísimas personas visitan en Australia la **Gran Barrera de Coral**. Con el propósito de proteger este ecosistema y otros como este alrededor del mundo, Australia y otros países buscan un equilibrio entre el turismo y la preservación.

VOCABULARIO CLAVE

marino, adj., perteneciente al mar

exoesqueleto, m., cubierta externa dura que brinda protección

VOCABULARIO ACADÉMICO

preservar, v., proteger

La Gran Barrera de Coral

La Gran Barrera de Coral es el arrecife de coral más grande del mundo. Encuéntrala en el mapa de la página 646. Como sabes, un arrecife de coral es un complejo ecosistema **marino**, o que se desarrolla en el mar. Unos pequeños animales llamados corales secretan, o producen y expulsan, carbonato de calcio, que se endurece y forma un **exoesqueleto**, una cubierta externa que sirve como protección. Con el tiempo, las colonias de estos corales forman arrecifes que dan sustento a la vida marina, desde peces pequeños hasta predadores como los tiburones.

La Gran Barrera de Coral tiene una extensión de 1,250 millas y está formada por unos 2,900 arrecifes separados unos de otros. La flora y fauna que alberga es una de las más diversas del planeta. Alli viven alrededor de 2,000 especies de peces, 350 corales y 4,000 moluscos, o animales marinos de cuerpo blando cubierto por una concha externa. En los últimos años, los científicos han descubierto cientos de especies animales nuevas en este lugar. Debido a la diversidad y la variedad de formas de vida del arrecife, en ocasiones se le llama “el bosque tropical del mar”.

El gobierno australiano declaró a la Gran Barrera de Coral como parque nacional en 1975. Al hacerlo, redujo el posible impacto negativo del turismo mediante el control de las actividades turísticas que se desarrollan en el parque. Quienes visitan la Gran Barrera de Coral pueden bucear, practicar snorkel, observar los arrecifes de coral desde embarcaciones de fondo transparente y nadar con los delfines.

Antes de continuar

Resumir ¿Qué clase de vida marina sustenta la Gran Barrera de Coral?

LA GRAN BARRERA DE CORAL EN NÚMEROS

1.99 millones
Cantidad de turistas por año, 2012

72°–84°F
Rango ideal de temperatura del agua para los corales

10,000
Edad media de los corales, en años

2,900
Cantidad de arrecifes de coral que forman el sistema de la Gran Barrera de Coral

900
Número de islas en el sistema de la Gran Barrera de Coral

600
Especies de estrellas y erizos de mar que habitan la Gran Barrera de Coral

30
Especies de ballenas y delfines observadas en la Gran Barrera de Coral

Fuentes: Great Barrier Reef Marine Park Authority, 2012

La ciencia en acción

Hoy día, la supervivencia de la Gran Barrera de Coral está amenazada. Para que los corales que construyen el arrecife puedan desarrollarse, el ecosistema del arrecife necesita que el agua se encuentre dentro de un rango específico de temperaturas. La fuente de alimentación de estos corales son algas, pequeños organismos que producen oxígeno. Una variación mínima (de apenas 1 a 2 ºF) en la temperatura del agua de los corales puede hacer que las algas abandonen los corales, provocando así su muerte. A este proceso se le llama "blanqueo de coral", porque modifica el color de los corales hasta dejarlos blancos.

Además del aumento en la temperatura del agua, la contaminación y la pesca excesiva también causan problemas a los corales y otras formas de vida marina del arrecife. De hecho, si no se toman medidas para fomentar la conservación, los científicos estiman que los corales de la Gran Barrera de Coral podrían extinguirse hacia el año 2050.

Los expertos trabajan para **preservar**, o proteger, el arrecife. Un grupo de científicos está intentando identificar la totalidad de las distintas especies que viven en el arrecife. Otro grupo estudia los efectos del aumento en la temperatura del agua sobre los corales y la vida del arrecife. Una mejor comprensión del arrecife podría conducir a métodos nuevos para salvarlo.

COMPARAR REGIONES

La preservación de los arrecifes

Al igual que la Gran Barrera de Coral, la barrera de coral de Belice (el segundo arrecife más grande del mundo) atrae a miles de turistas al año. Belice es un país pequeño de Centroamérica, junto al mar Caribe. Los mangles, unos árboles que forman una parte importante del hábitat del arrecife, han sido talados. La arena y los corales del fondo del mar también han sufrido perturbaciones, lo que ha provocado la pérdida de vida marina. El crecimiento del turismo también ha llevado a la pesca excesiva en el arrecife.

Visión crítica Los tiburones de arrecife de punta blanca como el de la imagen viven en la Gran Barrera de Coral. ¿De qué manera su supervivencia depende de la protección del arrecife?

Al igual que en Australia, las comunidades locales de Belice trabajan activamente para preservar el arrecife. Para salvarlo, el gobierno de Belice debe trabajar en conjunto con la industria turística, para controlar las actividades humanas en esta delicada región del planeta.

Antes de continuar

Verificar la comprensión ¿De qué manera el aumento en la temperatura del agua presenta una amenaza para los arrecifes de coral?

EVALUACIÓN CONTINUA

LABORATORIO DE LECTURA GeoDiario

1. **Resumir** ¿De qué manera los seres humanos son responsables por los problemas que enfrentan los arrecifes de coral?
2. **Hacer inferencias** ¿Qué podría aprender Belice de Australia acerca de la preservación de los arrecifes?
3. **Sacar conclusiones** En el parque de la Gran Barrera (*Great Barrier Reef Marine Park*) se lleva un registro de la cantidad de turistas que visitan el arrecife. ¿Por qué es probable que se haga esto?

SECCIÓN 2 HISTORIA

2.1 Las poblaciones indígenas

TECHTREK

Visita myNGconnect.com para ver fotografías de los pueblos indígenas y del arte rupestre australiano.

Digital Library

Idea principal Las lenguas y la cultura de los pueblos indígenas australianos se desarrollaron de manera aislada en el continente.

Hace aproximadamente unos 50,000 años, los seres humanos migraron desde Asia hacia el territorio que actualmente es Australia. Quizás hayan llegado por mar, o cruzando un **puente de tierra**, una franja estrecha de tierra que conecta de forma temporal dos grandes masas de tierra. Los **aborígenes** fueron la primera cultura humana desarrollada de Australia. La mayoría de los científicos creen que esta cultura data de 30,000 a. C.

Poblar el continente

Se consideran que los aborígenes australianos son la cultura humana continua más antigua del mundo. De hecho, la frase *ab origine* significa "desde el principio". Debido a la ubicación aislada de Australia, la cultura y las lenguas aborígenes se desarrollaron aisladas de otros grupos humanos. Con el paso del tiempo, se desarrollaron más de 200 lenguas diferentes. Estas lenguas eran distintas de cualquier otro idioma del mundo.

Al igual que otros pueblos prehistóricos, los aborígenes eran cazadores y recolectores nómadas. Para adaptarse al clima seco del continente, conservaban el agua y la llevaban consigo al desplazarse. Vivían en distintos grupos de **clanes**, o unidades familiares, grandes. Cada clan sentía un fuerte apego a la tierra en la que cazaba y recolectaba alimentos. Además de darles el sustento, la tierra tenía un significado espiritual para los aborígenes.

Durante miles de años, los aborígenes australianos han considerado que Uluru, la enorme formación rocosa de

Visión crítica Uluru se encuentra en el Territorio del Norte de Australia. Según lo que observas en la fotografía, ¿qué aspectos de Uluru podrían inspirar a los aborígenes a considerarlo un sitio sagrado?

Vocabulario visual Los **pictogramas** son imágenes pintadas que se usaban para comunicar. No todos los pictogramas son antiguos. Este pictograma del parque nacional Kakadu, en el Territorio del Norte, data de 1866.

color rojo que se muestra en la foto de la izquierda, es un lugar sagrado. Las pinturas de arte rupestre que se encuentran en las paredes de las cuevas de Uluru y en otros sitios revelan muchos datos acerca de las creencias de los aborígenes. Algunos **pictogramas** representan elementos del mundo natural, mientras que otros retratan ceremonias religiosas y sucesos históricos importantes.

Conflictos con los europeos

Hacia 1788, cuando los europeos llegaron a Australia, entre 500,000 y un millón de aborígenes vivían en el continente. Si bien los aborígenes habían establecido sociedades complejas, la mayoría de los colonos europeos consideraban que su estilo de vida no era civilizado.

Los conflictos surgieron cuando los europeos ocuparon los territorios de los aborígenes. Separados de sus tierras, los aborígenes no podían cazar y muchos cayeron en la pobreza. Las enfermedades acabaron con la vida de muchos de ellos, pues su organismo no tenía inmunidad o resistencia a las enfermedades europeas. Hacia 1921, la población aborigen apenas llegaba a 62,000 en total. Hoy representan menos del 3 por ciento de la población australiana, o sea 548,370 ciudadanos.

Antes de continuar

Resumir ¿De qué manera la ubicación de Australia determinó el modo en que se desarrollaron las lenguas y la cultura de los aborígenes?

EVALUACIÓN CONTINUA

LABORATORIO FOTOGRÁFICO GeoDiario

1. **Analizar elementos visuales** Según la fotografía del arte rupestre, ¿qué puedes inferir acerca de la manera en que los aborígenes usaban su entorno para registrar los acontecimientos?
2. **Hacer inferencias** Uluru es en sitio turístico popular de Australia. Según la fotografía y el texto, ¿qué podrías inferir acerca de cómo se sentirían los aborígenes con respecto a Uluru como un destino turístico?
3. **Movimiento** ¿De qué manera los conflictos territoriales causaron problemas a los aborígenes?

2.2 Sociedades marítimas

TECHTREK
Visita myNGconnect.com para ver un mapa en inglés y fotografías de las islas del Pacífico.
Maps and Graphs
Digital Library

Idea principal Los primeros pueblos que habitaron la Cuenca del Pacífico desarrollaron destrezas específicas para adaptarse a la vida en las islas.

Hace varios miles de años, antiguos **navegantes**, o viajeros que cruzaban los mares, zarparon desde el Sureste Asiático, el sur de China y Taiwán. Los viajeros surcaron grandes extensiones del océano y se establecieron en las islas del océano Pacífico.

Vivir en el océano

Los isleños construían canoas conocidas como **canoas hawaianas**, que tenían flotadores adosados. Estos primeros pobladores eran expertos en la **navegación**, o el proceso para determinar su posición y las rutas cuando viajaban entre las islas. Los navegantes usaban los patrones de las estrellas para trazar su curso. También estudiaban los patrones de vuelo de las aves, que les indicaban dónde estaba la tierra. Los navegantes crearon cartas de varillas, que eran una forma de mapas antiguos hechos con palitos, conchas marinas y cáñamo. En estas tablas, las conchas indicaban las islas y las diversas figuras hechas con varillas representaban las corrientes oceánicas.

Visión crítica Esta carta o tabla de varillas es un tipo de mapa usado por los navegantes del Pacífico. ¿En qué se diferencia este mapa de los que usas tú?

Con el paso del tiempo, se desarrollaron diferentes culturas. En las islas más grandes, los habitantes practicaban métodos de agricultura avanzados. En las islas más pequeñas, los isleños subsistían de la pesca. Los terrenos montañosos de algunas islas mantenían a los grupos aislados entre sí y cada cultura se desarrolló

Vocabulario visual Una **canoa hawaiana** es un bote con un flotador adosado para darle estabilidad. Estos niños usan remos para guiar su canoa hawaiana, en Papúa Nueva Guinea.

ISLAS DEL PACÍFICO

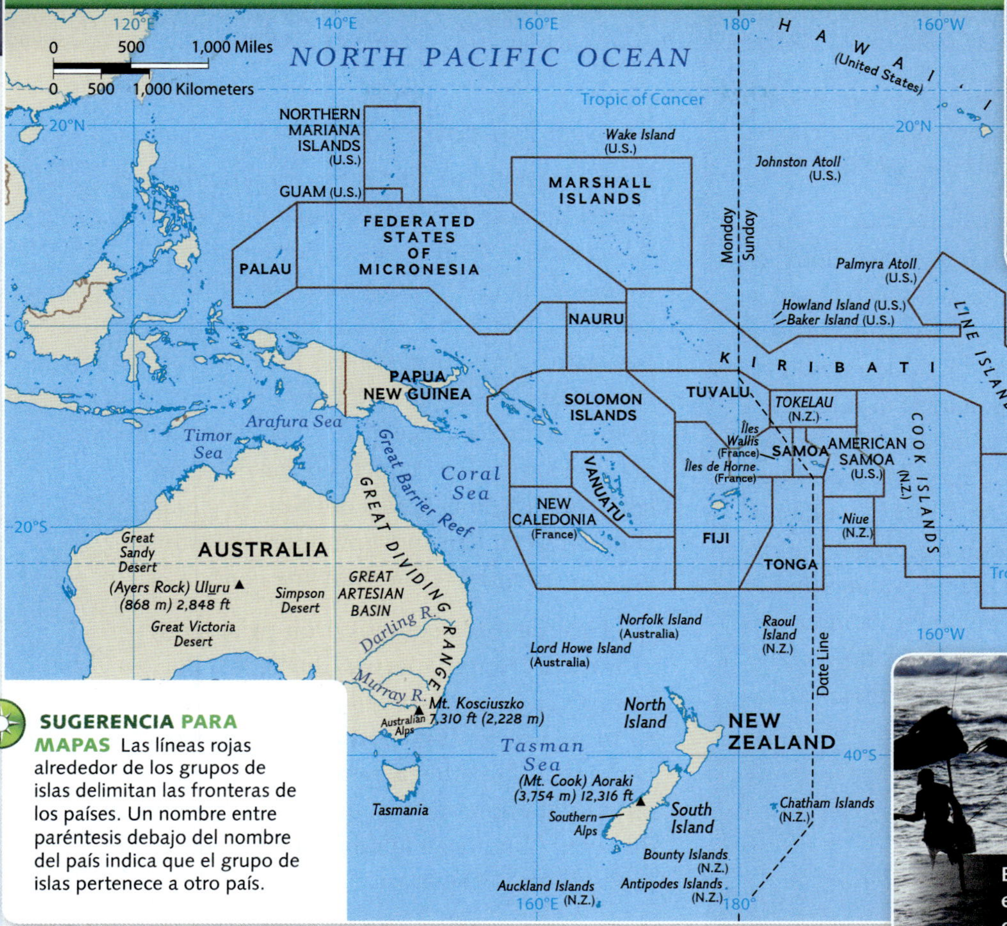

Nuku Hiva es la más grande de las islas Marquesas, en la Polinesia francesa.

Estos pescadores se sientan por encima del agua mientras pescan en la costa de Nueva Zelanda.

SUGERENCIA PARA MAPAS Las líneas rojas alrededor de los grupos de islas delimitan las fronteras de los países. Un nombre entre paréntesis debajo del nombre del país indica que el grupo de islas pertenece a otro país.

independientemente. Sin embargo, en las islas con escasas barreras terrestres, los pueblos compartían una lengua y una cultura similares. En ocasiones, algunos grupos de personas se trasladaban de una isla a otra. En el siglo XII, por ejemplo, el pueblo maorí migró desde las islas del Pacífico oriental hacia la Isla Norte de Nueva Zelanda.

La influencia occidental

En general, las sociedades marítimas se mantuvieron aisladas del contacto occidental. Unos pocos europeos exploraron las islas del Pacífico a principios del siglo XVI, pero la mayoría de los isleños no se encontró con los europeos hasta el siglo XVIII. Algunos europeos llegaron a la región en busca de riquezas o para difundir el cristianismo. Otros europeos, como el navegante británico James Cook, cartografiaron los nuevos territorios.

Durante numerosas travesías en la década de 1770, Cook cartografió las islas del Pacífico, entre ellas Nueva Zelanda. De hecho, las islas Cook, que se encuentran al noreste de Nueva Zelanda, llevan su nombre.

Antes de continuar

Resumir ¿Cómo se adaptaron a las islas los primeros pueblos de la Cuenca del Pacífico?

EVALUACIÓN CONTINUA

LABORATORIO DE MAPAS GeoDiario

1. **Interpretar mapas** Las islas del Pacífico cubren una amplia extensión del océano. ¿Cómo están representadas las islas del Pacífico en este mapa?
2. **Identificar** En el siglo XIX, la mayoría de las islas del Pacífico se convirtieron en colonias de países occidentales. Según el mapa, ¿qué islas permanecen en posesión de otros países? ¿Cómo lo sabes?

2.3 De convictos a colonos

TECHTREK
Visita myNGconnect.com para ver imágenes de la colonización de Australia.
Digital Library

Idea principal Los convictos y otros inmigrantes llegados a Australia iniciaron el desarrollo de un nuevo país.

Diecisiete años después de que James Cook explorara la costa australiana, algunos barcos británicos zarparon con destino a Australia. De 1788 a 1868, el gobierno británico envió a **convictos**, o prisioneros, a sus colonias de ultramar para disminuir el hacinamiento de las prisiones británicas. Cuando las colonias norteamericanas declararon su independencia en 1776, el gobierno necesitó otro lugar donde enviar a los convictos. En Australia, la colonización británica comenzó como una estrategia del gobierno de **transportar**, o enviar, a sus convictos a las prisiones de ultramar.

Fotografía de una réplica del barco *Endevour* de James Cook

Poblar las colonias

La mayoría de los convictos transportados a Australia eran jóvenes, saludables y solteros. Solamente el 20 por ciento eran mujeres. A veces, los prisioneros casados llevaban consigo a sus familias. La mayor parte de los convictos provenían de las clases trabajadoras de Inglaterra e Irlanda. El gobierno empleó las destrezas de los convictos y los utilizó como mano de obra para construir las colonias, entre ellas **Nueva Gales del Sur**. Los convictos construyeron caminos, puentes, edificios y granjas mientras cumplían sus condenas.

Aunque estos colonos eran prisioneros británicos, tenían ciertas libertades. Por ejemplo, a muchos se les permitía vivir en su propia casa y tener su propio negocio. Los convictos liberados a menudo permanecían en las colonias una vez cumplida su condena. Sus contribuciones ayudaron a que las colonias australianas crecieran.

En 1831, los británicos establecieron un programa de **migración asistida**. Este programa alentaba a las personas a mudarse a Australia ofreciéndoles ayuda financiera. Veinte años después, se descubrió oro en Australia. Este descubrimiento atrajo a muchos colonos al continente, por ejemplo, a inmigrantes de China y de las islas del Pacífico cercanas. El aumento de la población y una mayor cantidad de trabajadores disponibles llevó al crecimiento

1750

1770 James Cook explora la costa australiana.

1787 Zarpa la primera flota con destino a Australia.

1788 Comienza el transporte de convictos; los británicos establecen una colonia en Nueva Gales del Sur.

1800

1831 Comienza la política británica de migración asistida.

de las industrias, como la manufactura y la minería. Mientras se exploraban otras partes del continente, algunos colonos comenzaron a criar ovejas. La lana se convirtió en un producto importante y en un artículo de exportación.

La población de Australia creció rápidamente de 400,000 en 1850 a más de un millón hacia 1860. El crecimiento de la población y la colonización europea expulsaron a los aborígenes de las tierras que habían pertenecido a sus antepasados durante muchos años.

Convertirse en un país

En la década de 1890, muchos australianos comenzaron a pensar que sería beneficioso para las colonias convertirse en un único país. Los colonos redactaron una constitución y la presentaron al gobierno británico. En 1901, Gran Bretaña aprobó la constitución y se fundó la **Mancomunidad de Australia**. Si bien ahora los australianos tenían su propio gobierno, aún formaban parte del Imperio británico. Hoy día, Australia continúa siendo parte de la Mancomunidad Británica. Australia reconoce al monarca británico como su jefe de estado, pero es un país independiente.

Antes de continuar

Hacer inferencias ¿De qué manera los convictos encabezaron el desarrollo de Australia?

Visión crítica Thomas Gosse pintó el cuadro *Founding of the Settlement of Port Jackson at Botany Bay in New South Wales* (*Fundación del asentamiento de Port Jackson en la bahía Botany, en Nueva Gales del Sur*) en 1799. ¿Qué te lleva a pensar este cuadro acerca del asentamiento de Port Jackson?

EVALUACIÓN CONTINUA

LABORATORIO DE LECTURA GeoDiario

1. **Resumir** Según el texto que has leído, ¿por qué los británicos comenzaron a colonizar Australia? ¿Qué descubrimiento del siglo XIX atrajo a más inmigrantes al continente?
2. **Movimiento** ¿Qué patrones de migración hacia el continente y en el interior del continente definieron la historia de Australia?
3. **Interpretar líneas cronológicas** Examina la línea cronológica. ¿Durante cuántos años Gran Bretaña transportó a convictos a Australia? Según el texto, ¿de qué otras maneras los británicos impulsaron la migración al continente?

1850

1851 Se descubre oro en Australia.

1868 Es abolido el transporte de convictos.

Ilustración de un buscador de oro en Nueva Gales del Sur.

1900

1890s Las colonias australianas comienzan a trabajar para convertirse en una sola nación.

1901 Las colonias australianas forman la Mancomunidad de Australia.

La bandera australiana, diseñada en 1901

TECHTREK
Visita **myNGconnect.com** para ver fotografías del Proyecto Voces Perdurables y un video clip de Explorer.

Digital Library

Explorando lenguas en riesgo de desaparición

con David Harrison y Greg Anderson

Idea principal Muchas de las lenguas habladas por los pueblos indígenas se encuentran en peligro de desaparecer, pero los esfuerzos para revitalizarlas ya están en marcha.

La importancia de la lengua

En la actualidad, se hablan cerca de 7,000 lenguas en todo el mundo. La lengua es una parte vital de la identidad de un pueblo. Cada lengua expresa muchas cosas acerca de las personas que la hablan. La lengua **transmite**, o comunica, aquello que es importante para una cultura y ayuda a difundir la historia, los relatos y las canciones de una generación a la siguiente. Una **generación** es un grupo de individuos que nacen y viven aproximadamente en la misma época. Las generaciones mayores comparten el conocimiento, como la lengua, con las generaciones más jóvenes.

Hoy día, muchas lenguas están desapareciendo. Las lenguas habladas por los pueblos indígenas están particularmente en riesgo. Muchas lenguas no tienen una forma escrita y solo las conoce un grupo pequeño de hablantes. Cuando los hijos de estos hablantes aprenden otros idiomas, suelen dejar de hablar sus lenguas nativas. Los miembros más ancianos del grupo se entonces los únicos que quedan para recordar la lengua. Al no haber registros escritos, la lengua indígena desaparece.

myNGconnect.com
Para saber más sobre las actividades actuales de David Harrison y Greg Anderson.

David Harrison y Greg Anderson trabajan con Charlie Mangulda en Australia.

Tal vez hacia el año 2100 más de la mitad de las lenguas del mundo ya no existan. Algunos expertos creen que, en promedio, se pierde una lengua cada dos semanas. Cuando estas lenguas desaparecen, con ellas también desaparece una rica información sobre la historia y la cultura. Como los pueblos indígenas suelen usar la lengua para compartir el conocimiento sobre sus plantas y animales nativos, cuando sus lenguas desaparecen, también lo hace la información acerca de la naturaleza.

El proyecto Voces Perdurables

David Harrison y Greg Anderson, miembros de National Geographic, son lingüistas, o científicos de la lengua. Estos científicos fundaron el **proyecto Voces Perdurables** (*Enduring Voices Project*) de National Geographic para estudiar y conservar las lenguas que están en riesgo de desaparición. Harrison y Anderson trabajan en muchas regiones del mundo. En 2010, en las laderas de los montes Himalaya, en la India, documentaron una lengua anteriormente desconocida para los investigadores. Australia y Papúa Nueva Guinea también se encuentran entre los sitios que identifican como zonas lingüísticas conflictivas, por la cantidad de lenguas que están en peligro de desaparición. Solo en Papúa Nueva Guinea se hablan más de 800 lenguas.

En su trabajo, Harrison y Anderson usan una variedad de métodos. Uno de sus métodos es entrevistar a los hablantes que quedan de esas lenguas y realizar grabaciones de audio y video. Además de documentar el sonido y el significado de las palabras, Harrison y Anderson reúnen información valiosa acerca de la historia y la cultura de cada grupo. Al estudiar estas lenguas, también registran el conocimiento sobre las culturas.

Visión crítica Harrison y Anderson entrevistan a Felix Andi, en Papúa Nueva Guinea. Según lo que ves aquí, ¿qué tipos de tecnología ayudan a los lingüistas a documentar las lenguas en riesgo de desaparición?

Otro método que usan estos lingüistas es la revitalización de la lengua. Esto implica apoyar los esfuerzos que realiza la comunidad para volver a dar vida a las lenguas que están desapareciendo, enseñándolas a las generaciones más jóvenes. Harrison y Anderson creen que educar a los jóvenes es clave para la supervivencia de sus lenguas.

Antes de continuar

Resumir ¿Por qué muchas lenguas habladas por los pueblos indígenas están en riesgo de desaparición?

EVALUACIÓN CONTINUA

LABORATORIO DE LENGUA

GeoDiario

1. **Explicar** ¿Por qué es importante revitalizar las lenguas indígenas?
2. **Hacer inferencias** Algunas palabras provenientes de lenguas indígenas, como *dingo* y *canguro* (*kangaroo*), han sido adoptadas por el inglés y el español. ¿Por qué será? Antes de responder, piensa en las características especiales de estos animales.
3. **Analizar elementos visuales** Mira el video clip en inglés de Explorer. Nombra al menos dos cosas que hayas aprendido sobre el proyecto Voces Perdurables. Luego, formula dos preguntas que podrías hacer a David Harrison y Greg Anderson.

Repaso

VOCABULARIO

Escribe una oración que explique la conexión entre las dos palabras de cada par de palabras de vocabulario.

1. indígena; marsupial

El canguro, que es indígena de Australia, es un marsupial.

2. especie invasora; extinto
3. arrecife de coral; atolón
4. navegante; canoa hawaiana
5. convicto; migración asistida
6. lingüista; generación

IDEAS PRINCIPALES

7. ¿En qué se parecen Australia, la Cuenca del Pacífico y la Antártida? (Sección 1.1)
8. ¿Por qué la región tiene tantas plantas y animales que no se parecen a los de ninguna otra parte del mundo? (Sección 1.2)
9. ¿Cómo se introdujeron las especies invasoras en la región? (Sección 1.3)
10. ¿Qué dos procesos geológicos crearon las islas del Pacífico? (Sección 1.4)
11. ¿Por qué están en peligro de extinción los arrecifes de coral del mundo? (Sección 1.5)
12. ¿De qué manera la migración y la ubicación dieron forma a la historia de los aborígenes? (Sección 2.1)
13. ¿Por qué las influencias occidentales podrían verse limitadas en las islas del Pacífico? (Sección 2.2)
14. ¿Qué grupos ayudaron a desarrollar el continente de Australia? (Sección 2.3)
15. ¿Qué medidas están tomando los lingüistas para preservar las lenguas que se están perdiendo? (Sección 2.4)

GEOGRAFÍA

ANALIZA LA PREGUNTA FUNDAMENTAL

¿Cómo influyó el aislamiento geográfico en el desarrollo de esta región?

Razonamiento crítico: Resumir

16. ¿Por qué a Australia se le conoce como un "continente insular"?
17. ¿Cómo se desarrollaron en esta región los animales y plantas indígenas?
18. ¿De qué manera las especies invasoras amenazan a las plantas y animales originarios de la región?
19. ¿Qué características físicas hacen que algunas islas del Pacífico sean más adecuadas que otras para la agricultura?

INTERPRETAR MAPAS

20. **Identificar** ¿Cuáles son los nombres de los desiertos de Australia? ¿En qué parte del continente se encuentran?
21. **Ubicación** ¿En qué mar está ubicada la Gran Barrera de Coral (*Great Barrier Reef*)? ¿Cómo se relaciona el nombre del mar con el arrecife?

HISTORIA

ANALIZA LA PREGUNTA FUNDAMENTAL

¿De qué manera el aislamiento geográfico definió la historia de Australia y de la Cuenca del Pacífico?

Razonamiento crítico: Sacar conclusiones

22. ¿Qué impacto tuvieron los conflictos territoriales sobre los aborígenes de Australia?
23. ¿Qué métodos utilizaban los marineros antiguos para hacer frente a los desafíos de la vida en las islas aisladas del océano Pacífico?
24. ¿Por qué el gobierno británico habrá elegido Australia como el lugar donde llevar a los convictos?
25. En las islas montañosas del Pacífico, ¿de qué manera las características físicas desempeñaron un papel en el establecimiento de varias lenguas?

INTERPRETAR TABLAS

COMPARAR EL USO LINGÜÍSTICO EN AUSTRALIA Y PAPÚA NUEVA GUINEA

	Australia	Papúa Nueva Guinea
Porcentaje de habitantes que hablan inglés	78.5	2.0
Número de lenguas indígenas habladas	145	860

Fuentes: CIA World Factbook, 2010; Australian Government of Foreign Affairs and Trade, 2010; BBC, 2010

26. **Comparar y contrastar** Según esta tabla, ¿en qué país la mayoría de la población habla inglés?
27. **Hacer generalizaciones** Según esta tabla y lo que has leído, ¿en qué país los colonos europeos tuvieron mayor influencia sobre las poblaciones indígenas, Australia o Papúa Nueva Guinea?

OPCIONES ACTIVAS

Sintetiza las preguntas fundamentales completando las siguientes actividades.

28. **Escribir una carta** Imagina que corre el año 1851 y eres un colono que ha llegado a Australia para buscar oro. Escribe una carta a un miembro de tu familia en Inglaterra en la que describas lo que ves al llegar. Explica si crees que esta persona debería reunirse contigo. **Envía tu carta a un amigo y pregúntale si lograste dar un panorama claro de Australia.**

Sugerencias para la escritura
- Dirige tu carta a una persona en particular.
- Usa lo que has leído sobre Australia para describir cómo es el país.

Visita **Student Resources** para ver una guía en línea de escritura en inglés.

TECHTREK Visita **myNGconnect.com** para ver fotos de la región.

29. **Crear una presentación visual** Usa el recurso en inglés **Digital Library** u otras fuentes en línea para crear una presentación visual de esta región. Elige una foto que acompañe a cada uno de los enunciados siguientes. Investiga más para describir tus fotos.

- Australia alberga muchas plantas y animales poco comunes.
- Miles de seres vivos habitan en la Gran Barrera de Coral.
- Algunos isleños del Pacífico mantienen un estilo de vida tradicional.
- Los investigadores trabajan para revitalizar las lenguas indígenas que están en riesgo de desaparición.

CAPÍTULO 24

AUSTRALIA, LA CUENCA DEL PACÍFICO Y LA ANTÁRTIDA HOY

VISTAZO PREVIO AL CAPÍTULO

Pregunta fundamental ¿De qué manera Australia, la Cuenca del Pacífico y la Antártida se están conectando más con el resto del mundo?

SECCIÓN 1 • CULTURA

VOCABULARIO CLAVE

- urbano
- salinización
- inmigración
- fuerza laboral
- tradición oral
- emigrar
- plataforma de hielo
- estación científica

VOCABULARIO ACADÉMICO

agotar, mantener

TÉRMINOS Y NOMBRES

- Sídney
- triángulo polinésico
- islas Cook
- Charles Wilkes
- Richard Byrd
- Tratado Antártico

Pregunta fundamental ¿Qué nuevos patrones económicos están emergiendo en la región?

SECCIÓN 2 • GOBIERNO Y ECONOMÍA

VOCABULARIO CLAVE

- alianza
- acuerdo de libre comercio
- reserva
- asimilación
- turismo de aventura
- glaciar
- grieta
- energía renovable
- energía geotérmica

VOCABULARIO ACADÉMICO

reclamar, lucrativo

TÉRMINOS Y NOMBRES

- Papúa Nueva Guinea
- Samoa
- Fondo de Cooperación Económica Asia-Pacífico

TECHTREK PARA ESTE CAPÍTULO

Student eEdition

Maps and Graphs

Interactive Whiteboard GeoActivities

Digital Library

Visita **myNGconnect.com** para obtener más información sobre Australia, la Cuenca del Pacífico y la Antártida.

Estos surfistas observan las olas de Piha, en la costa occidental de la Isla Norte, Nueva Zelanda.

SECCIÓN 1 CULTURA

1.1 De rancho a ciudad

TECHTREK
Visita **myNGconnect.com** para ver un mapa y fotos de ciudades y ranchos australianos.

Maps and Graphs | Digital Library

Idea principal La mayoría de los australianos viven en ciudades costeras, y muchos han migrado allí desde las áreas rurales.

Hoy en día, Australia en uno de los países más **urbanos** del mundo: la mayoría de sus habitantes vive en las ciudades o en los suburbios cercanos. Últimamente, hasta los granjeros y ganaderos eligen mudarse a las ciudades, incluso aquellos cuyas familias han vivido en áreas rurales durante generaciones. Las presiones económicas presentes en las comunidades agrícolas y ganaderas los empujan hacia las ciudades.

Un clima cada vez más seco

En general, el clima de Australia es árido. Alrededor del 60 por ciento del continente recibe menos de 10 pulgadas de lluvia al año. El clima seco del interior de Australia dificulta la agricultura y la ganadería. Para regar sus cultivos, los agricultores han dependido principalmente de la irrigación más que de las precipitaciones. Los criadores de vacas y ovejas, cuyo ganado pasta en áreas secas, también dependen de la irrigación.

Sin embargo, la irrigación acarrea sus propios problemas. Los años de riego constante han ayudado a causar la **salinización** del suelo, un proceso que ocurre cuando la sal se acumula. El exceso de irrigación en terrenos normalmente secos eleva el nivel natural de las aguas subterráneas y hace emerger las sales a la superficie. Los cultivos no pueden crecer en este suelo salitroso. Las precipitaciones escasas y la tasa de evaporación alta hacen que el suelo del interior de Australia sea propenso a la salinización.

En 2002, comenzó la sequía más larga de la historia de Australia. La mayor demanda de agua **agotó**, o secó, las fuentes principales de irrigación, como los ríos Murray y Darling, en Nueva Gales del Sur. La sequía produjo una escasez de agua grave y la cantidad de agua permitida para la irrigación se redujo considerablemente. Los agricultores no podían regar sus cultivos y los rancheros tuvieron subastar rebaños enteros de ovejas y vacas.

Visión crítica Estos ganaderos de Nueva Gales del Sur llevan sus ovejas a una subasta. ¿Qué puedes inferir acerca de las condiciones laborales de estos rancheros?

La atracción hacia las ciudades

En el interior de Australia existen escasas alternativas para la agricultura y la ganadería. Ante la combinación de sequía y suelos pobres, los agricultores y ganaderos han tenido que tomar decisiones difíciles. Muchos de ellos se están mudando a las ciudades costeras.

Las familias se sienten atraídas hacia las áreas urbanas debido a la abundancia de bienes y servicios, entre los que se incluyen mejores escuelas para sus hijos. Hoy en día, cerca del 75 por ciento de la población vive en una de las cinco ciudades costeras: Sídney, Melbourne, Brisbane, Perth y Adelaide.

Antes de continuar

Resumir ¿Por qué razón la mayoría de los australianos vive en las ciudades o cerca de ellas?

DENSIDAD DE POBLACIÓN

EVALUACIÓN CONTINUA

LABORATORIO DE MAPAS GeoDiario

1. **Ubicación** Usa el mapa para identificar la ubicación de las cinco ciudades más grandes de Australia. ¿Cuál de esas ciudades está más aislada?
2. **Interpretar mapas** Busca Australia Meridional (*South Australia*) y Nueva Gales del Sur (*New South Wales*) en el mapa. ¿Qué estado tiene más habitantes? ¿Qué ventajas podría tener Nueva Gales del Sur sobre Australia Meridional en términos de acceso al agua dulce?

Visión crítica Sídney se encuentra en la costa sureste de Australia. Según lo que ves en esta fotografía, ¿qué podría ofrecer la ciudad de Sídney que tal vez no se consiga en el interior de Australia?

SECCIÓN 1 CULTURA

1.2 La inmigración a Australia

TECHTREK
Visita **myNGconnect.com** para ver fotografías de comunidades de inmigrantes en Australia.

Digital Library

Idea principal En Australia viven personas provenientes de una amplia variedad de países y culturas.

Desde el final de la Segunda Guerra Mundial, la población de Australia ha cambiado de manera drástica. Un aumento marcado en la **inmigración**, o en la mudanza permanente de un país a otro, ha diversificado a Australia.

La inmigración de posguerra

Después de la Segunda Guerra Mundial, refugiados provenientes de una Europa devastada por la guerra buscaron nuevas tierras donde establecer sus hogares. Simultáneamente, el gobierno australiano tenía la intención de aumentar su población y expandir su fuerza laboral, o la cantidad de personas disponibles para trabajar. El gobierno redujo las restricciones a la inmigración aumentando el número de admisión de inmigrantes. Tanto Australia como sus nuevos pobladores se beneficiaron con esta decisión.

Entre 1950 y 1960, la fuerza laboral de Australia se incrementó en un 60 por ciento gracias a la inmigración. Los recién llegados hallaron empleos en los proyectos de construcción de posguerra y en otras industrias. Los inmigrantes de Polonia, Alemania, Hungría, Grecia, Italia y otros países europeos cambiaron la conformación étnica de las ciudades australianas. Algunos inmigrantes no hablaban inglés e introujeron sus idiomas nativos en Australia. Muchos de ellos establecieron tiendas que vendían alimentos y productos de sus países de origen.

Visión crítica Estos jóvenes llevan un colorido dragón en este desfile tradicional del Año Nuevo Chino, en Sídney, Australia. A partir de lo que puedes ver en la fotografía, ¿de qué manera este desfile mantiene las tradiciones culturales?

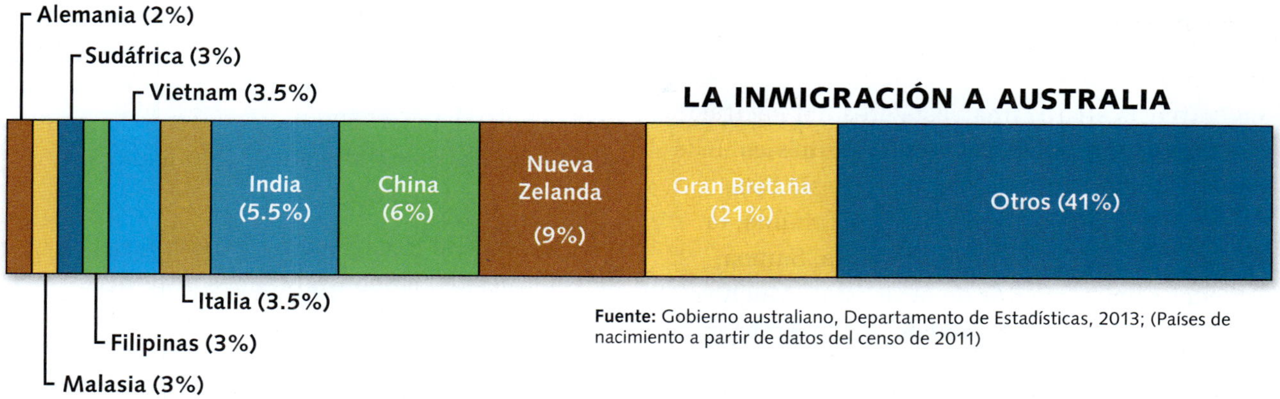

Fuente: Gobierno australiano, Departamento de Estadísticas, 2013; (Países de nacimiento a partir de datos del censo de 2011)

La diversidad de Australia

En la década de 1970, nuevos grupos comenzaron a inmigrar a Australia. Por ejemplo, muchos refugiados de la guerra en Vietnam huyeron en embarcaciones hacia el continente.

En las décadas siguientes, se mudaron a Australia inmigrantes de otros países asiáticos, entre ellos el Japón, China y la India, en busca de oportunidades laborales. En la actualidad, alrededor del 33 por ciento de la población de Australia es de ascendencia asiática.

Muchos inmigrantes procedentes de Nueva Zelanda, las islas del Pacífico, Canadá y los Estados Unidos también se han mudado a Australia desde la década de 1970. A diferencia de los primeros años de asentamiento, menos de quienes se reubican en Australia cada año provienen de Gran Bretaña. Hoy en día, cerca de un cuarto de los australianos han nacido en otros países. El inglés sigue siendo el idioma oficial, pero se hablan más de 100 idiomas distintos, incluidos el chino, el griego y el italiano.

Esta diversidad se nota especialmente en las ciudades de Australia. Cerca del 40 por ciento de los nuevos inmigrantes ahora se establecen en Sídney. Por ser la ciudad más poblada de Australia, Sídney es un punto atractivo de entrada al país. Melbourne, la segunda ciudad más grande de Australia, alberga la mayor población griega del mundo fuera de Grecia. Brisbane y Perth reciben grandes cantidades de inmigrantes provenientes de Asia y de los países de las islas del Pacífico.

Antes de continuar

Verificar la comprensión ¿Cómo ha cambiado la inmigración a Australia con el paso de los años?

EVALUACIÓN CONTINUA

LABORATORIO DE DATOS GeoDiario

1. **Movimento** ¿Qué porcentaje de inmigrantes llegaron a Australia procedentes de los países asiáticos que aparecen en la gráfica? ¿Qué dos países asiáticos representan el porcentaje más alto de personas que inmigraron a Australia y por qué?
2. **Hacer generalizaciones** Observa los datos presentados en la gráfica de arriba. ¿De qué manera el pasado colonial de Australia continúa reflejándose en el número de personas que inmigran al país?
3. **Explicar** ¿Qué acontecimientos mundiales del siglo XX produjeron diferentes olas de inmigración a Australia? ¿Qué deseaban encontrar los diferentes grupos de inmigrantes?

1.3 Las culturas de la Polinesia

TECHTREK
Visita **myNGconnect.com** para ver fotografías de la cultura polinesia en la actualidad.

Digital Library

Idea principal para ver fotografías de la cultura polinesia en la actualidad.

La Polinesia abarca una vasta área del Pacífico Sur conocida como el **triángulo polinésico**. Este triángulo abarca una cultura polinesia bien diferenciada que incluye a Nueva Zelanda, la Isla de Pascua, la Polinesia francesa, Samoa, las islas Cook y cientos de otras islas. Muchos polinesios intentan **mantener**, o conservar y continuar, sus culturas tradicionales.

La Polinesia tradicional

Históricamente, una de las funciones de la familia polinesia era la preservación de las prácticas culturales. Varias generaciones de una misma familia vivían juntas. Los miembros más ancianos de la familia enseñaban a los miembros más jóvenes el arte de la construcción de canoas, la pesca y la navegación.

Los polinesios han mantenido sus prácticas culturales tradicionales y sus creencias a través de la **tradición oral**, es decir, la transmisión verbal de historias o relatos de una generación a la siguiente. Los relatos polinesios explican cómo se creó el universo y celebran la conexión entre los seres humanos y la naturaleza.

En la narración de historias también se usan las lenguas polinesias tradicionales. En la década de 1970, en respuesta al temor de que algunas lenguas estuvieran desapareciendo, muchas escuelas polinesias establecieron programas en los que se enseñaban solamente las lenguas tradicionales. Actualmente está más difundido el conocimiento y el uso de lenguas tradicionales como el maorí, el samoano, el tongano y el tahitiano.

Además de la narración de historias, los polinesios tienen tradiciones muy ricas en los ámbitos de la danza, la música y las artes plásticas, con manifestaciones como la talla en madera y la cestería (elaboración de cestas). Estas formas de arte han brindado a los polinesios un vehículo para mantener y transmitir su cultura. La danza, la música y las artes plásticas son elementos importantes en los festivales polinesios tradicionales, como el Festival de las Artes del Pacífico, que tiene lugar cada cuatro años en un país polinesio diferente.

La Polinesia en la actualidad

Al igual que Australia, la Polinesia se ha vuelto cada vez más urbana desde la década de 1960. La falta de oportunidades económicas ha impulsado a algunos polinesios a migrar desde las aldeas rurales hacia las zonas urbanas. Entre las ciudades que han crecido debido a la migración rural están Apia, en Samoa, Pago Pago, en la Samoa Americana, y Nukualofa, en Tonga.

Muchos polinesios han **emigrado**, o dejado su país natal, para vivir en otros países, entre ellos Nueva Zelanda y los Estados Unidos. Entre 1970 y 2000, la emigración desde Samoa a Nueva Zelanda se duplicó. Los samoanos emigraron en busca de oportunidades de empleo y educación.

Las islas Cook proporcionan ejemplos tanto de la migración rural hacia los centros urbanos como de la emigración proveniente de la Polinesia. Debido a las presiones económicas, los habitantes de las islas Cook han migrado desde el campo a las ciudades. Hoy día, casi el 75 por ciento de los isleños vive en las ciudades. Muchos otros han emigrado a Nueva Zelanda en busca de un futuro económico mejor.

Antes de continuar

Resumir ¿De qué manera los polinesios han mantenido sus tradiciones culturales?

EVALUACIÓN CONTINUA

LABORATORIO FOTOGRÁFICO GeoDiario

1. **Analizar elementos visuales** ¿Cómo describirías la vegetación de la fotografía? ¿Cómo podrías describir el clima?
2. **Hacer inferencias** Infiriendo a partir de la foto, ¿qué características físicas observas en esta isla? ¿Por qué razón esas características dificultan este trabajo?
3. **Explicar** ¿Cuáles son las diferentes maneras en que migran los polinesios? ¿Cuáles son los diversos motivos para la migración? Usa una tabla como la siguiente para organizar tus ideas.

CULTURAS POLINESIAS

Forma de migración	Motivos para migrar

En la isla Olosega (Samoa Americana), estos hombres cosechan las hojas de la planta panandus, las cuales secarán para tejer esterillas.

1.4 Huellas humanas en la Antártida

TECHTREK
Visita myNGconnect.com para ver un mapa en inglés y fotografías de la Antártida.
Maps and Graphs
Digital Library

Idea principal Personas de todo el mundo se han interesado por la Antártida durante cientos de años.

La Antártida se encuentra en el Polo Sur y su clima es uno de los más extremos de la Tierra. En la Antártida no viven seres humanos en forma permanente, pero han dejado sus "huellas" mediante la exploración y la investigación.

Las primeras exploraciones

Ya a principios de 1773, James Cook, un capitán de la marina británica, comenzó la búsqueda de un continente austral. Pero el hielo obstaculizó su travesía hacia el sur. En 1820, algunos exploradores británicos y rusos fueron los primeros en informar el avistamiento de tierra firme. El estadounidense Charles Wilkes exploró una franja costera de 1,500 millas a fines de la década de 1830. Sus observaciones confirmaron que la Antártida era un continente. Exploradores posteriores investigaron las gruesas placas de hielo y los montes Transantárticos. También exploraron las **plataformas de hielo** de la costa continental, que son láminas flotantes de hielo adheridas a una masa de tierra.

Los exploradores del siglo XX realizaron aún más descubrimientos. Hubo un hecho dramático en esta carrera hacia el Polo Sur. En 1911, Robert Falcon Scott, de Gran Bretaña, y Roald Amundsen, de Noruega, encabezaron expediciones al Polo Sur. El equipo de Amundsen llegó al Polo Sur en primer lugar. Aunque la expedición de Scott también llegó al Polo Sur, ninguno de sus miembros sobrevivió a la travesía de meses de duración de regreso al campo base.

Visión crítica Estos investigadores regresan a su estación en el Polo Sur, en la Antártida. Según lo que puedes ver aquí, ¿qué preparativos hacen para trabajar en este medio ambiente extremo?

A partir de 1929 y hasta la década de 1940, National Geographic respaldó al oficial de la marina estadounidense Richard Byrd mientras exploraba el continente, tanto por tierra como por aire. El explorador estudió el hielo, las rocas y los minerales antárticos, y realizó observaciones sobre el magnetismo terrestre. El equipo de Byrd también tomó fotografías de la costa antártica y descubrió 26 islas nuevas.

Un tratado internacional

Hacia 1958, los científicos de varios países diferentes habían instalado más de 50 **estaciones científicas**, o sitios para desarrollar investigaciones. Siete de estos países se atribuyeron la propiedad de algunas secciones de la Antártida. Sin embargo, algunos países, entre ellos los Estados Unidos, no reconocieron la legalidad de esos reclamos. Tiempo después, en 1959, 12 países firmaron el **Tratado Antártico**. De acuerdo con el tratado, el continente solamente puede usarse con fines pacíficos. Todos los descubrimientos científicos deben compartirse entre los países.

Hoy en día, la Antártida sigue funcionando como un centro de investigación y de cooperación mundial. Un estudio, llamado Año Polar Internacional 2007–2008, incluyó la participación de científicos de más de 60 países.

HUELLAS HUMANAS EN LA ANTÁRTIDA

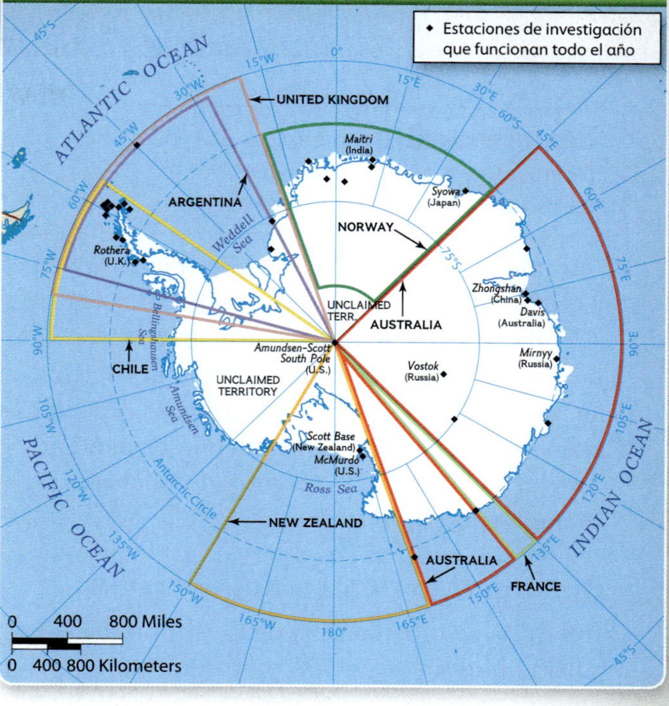

Trabajando juntos en más de 200 proyectos de investigación, los científicos reunieron datos sobre la reducción en el grosor de las capas de hielo para determinar su efecto sobre los niveles del agua oceánica mundial. El estudio de los cambios en la Antártida ayuda a los científicos a comprender los cambios en otras partes del mundo.

Antes de continuar

Hacer inferencias ¿De qué manera las personas han expresado su interés por la Antártida?

EVALUACIÓN CONTINUA

LABORATORIO DE MAPAS GeoDiario

1. **Ubicación** Según el mapa, ¿qué océanos rodean a la Antártida? ¿Desde qué punto central se originan los reclamos internacionales?
2. **Interpretar mapas** Según el mapa, ¿qué país se atribuye el área más extensa de la Antártida? ¿Cómo se podría explicar el tamaño de los territorios reclamados por Suramérica y Australia?
3. **Explicar** ¿Por qué razón ningún país puede atribuirse la propiedad de la Antártida?

SECCIÓN 2 GOBIERNO Y ECONOMÍA

2.1 Los nuevos patrones comerciales

TECHTREK

Visita **myNGconnect.com** para ver un mapa en inglés y fotografías de los bienes que exporta la región.

Maps and Graphs | Digital Library

Idea principal El comercio es una fuente de crecimiento económico para Australia, Nueva Zelanda y la Cuenca del Pacífico.

Durante muchos años, el aislamiento geográfico y otros factores hicieron que fuera difícil la exportación de bienes desde Australia, Nueva Zelanda y los países de la Cuenca del Pacífico hacia otras partes del mundo. Como la economía global se encuentra en expansión, los países de esta región están incorporando nuevos socios comerciales.

El comercio dentro de la región

Australia se independizó de Gran Bretaña a principios del siglo XX, pero continuó dependiendo de Gran Bretaña como su único socio comercial durante varias décadas. Sin embargo, a fines del siglo XX, Australia comenzó a incrementar el comercio con otros países.

Por ser el país más grande y más poblado de esta región, Australia cumple la función de centro o núcleo comercial para los países circundantes. Australia, Nueva Zelanda, Papúa Nueva Guinea y los otros países de la Cuenca del Pacífico han creado sociedades comerciales entre ellos.

Estas sociedades comerciales benefician económicamente a toda la región. Por ejemplo, **Papúa Nueva Guinea** exporta oro y café a Australia. **Samoa** exporta granos de cacao a Nueva Zelanda. El desarrollo económico regional ha fortalecido los vínculos entre los países y le ha dado una mayor presencia mundial a la región.

Nuevas sociedades globales

El aumento de la participación de esta región en la economía mundial se debe en parte a una organización llamada **Foro de Cooperación Económica Asia-Pacífico**. Fundado en 1989, el objetivo de este Foro es fortalecer los vínculos económicos y generar **alianzas**, o sociedades, comerciales entre sus miembros. En esta región se encuentran tres países miembros: Australia, Nueva Zelanda y Papúa Nueva Guinea. Otros países miembros del Foro limitan con el océano Pacífico, como China, Japón, México, los Estados Unidos, Chile y el Perú. Las alianzas del Foro ayudan a estos países a competir en la economía mundial.

Visión crítica En este depósito de Nueva Zelanda se guardan fardos de lana que serán exportados. En base a la fotografía, ¿qué puedes inferir que hace este hombre y por qué?

PAÍSES MIEMBROS DEL FORO DE COOPERACIÓN ECONÓMICA ASIA-PACÍFICO

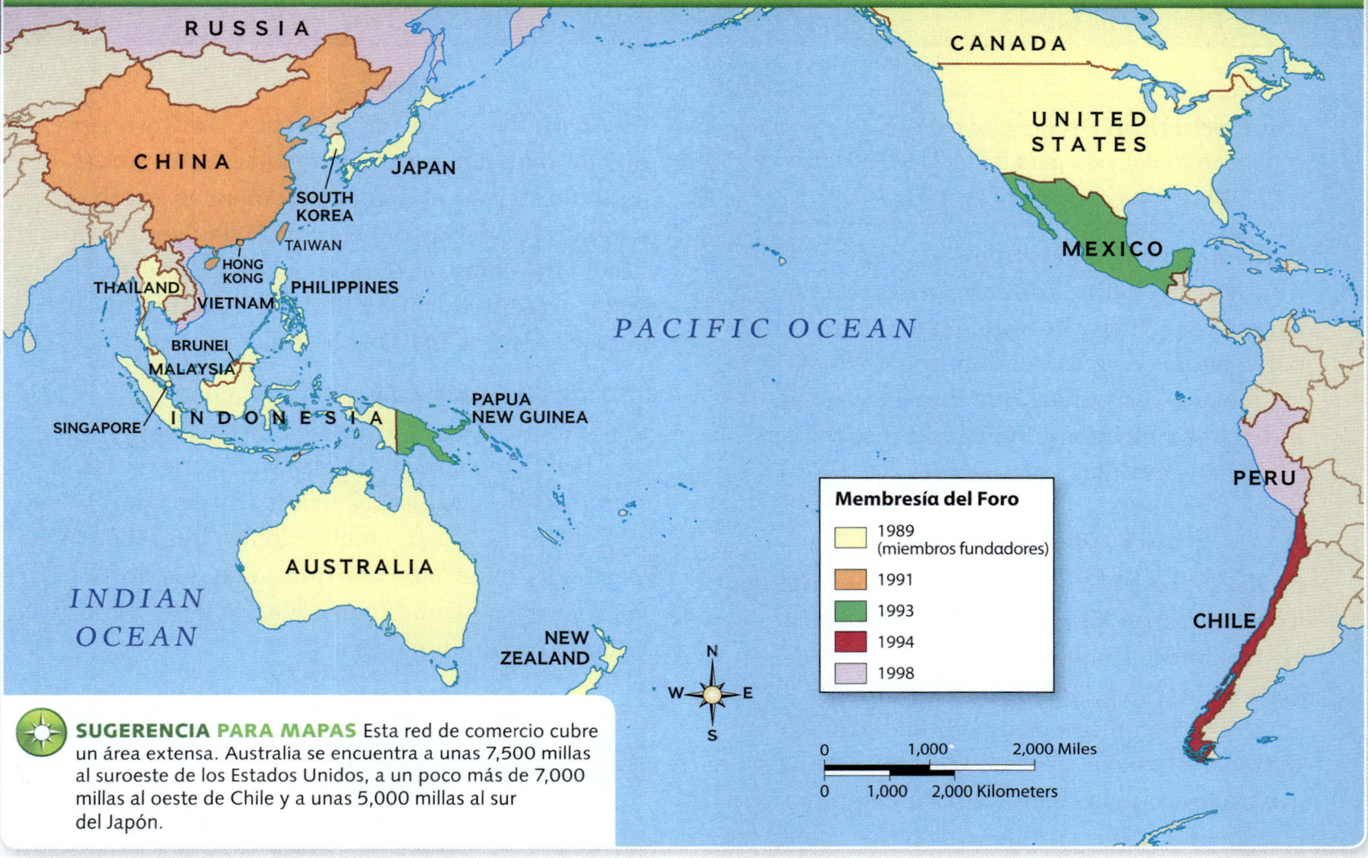

SUGERENCIA PARA MAPAS Esta red de comercio cubre un área extensa. Australia se encuentra a unas 7,500 millas al suroeste de los Estados Unidos, a un poco más de 7,000 millas al oeste de Chile y a unas 5,000 millas al sur del Japón.

Uno de los principales logros del Foro ha sido el establecimiento de **acuerdos de libre comercio** entre los países miembros. Los acuerdos de libre comercio son tratados entre dos o más países que fomentan el comercio limitando los aranceles, o impuestos, que gravan ese comercio. Desde 1989, el Foro ha contribuido a la creación de más de 30 acuerdos de libre comercio

Antes de continuar

Verificar la comprensión ¿De qué manera las alianzas comerciales han ayudado a la región a ser competitiva en la economía mundial?

EVALUACIÓN CONTINUA

LABORATORIO DE MAPAS

GeoDiario

1. **Interpretar mapas** De los países miembros fundadores del Foro de Cooperación Económica Asia-Pacífico representados en el mapa, ¿cuáles están ubicados en Norteamérica? ¿Qué países del Foro se encuentran en Asia?
2. **Hacer inferencias** Según el mapa, ¿cuándo se unieron Australia, Nueva Zelanda (*New Zealand*) y Papúa Nueva Guinea (*Papua New Guinea*) al Foro? Según lo que has leído, ¿por qué ser miembro del Foro podría ser beneficioso para sus economías?
3. **Evaluar** ¿De qué manera limitar los impuestos al comercio entre países ayuda a fortalecer las alianzas comerciales?

2.2 Derechos para los pueblos indígenas

TECHTREK
Visita myNGconnect.com para ver fotografías y arte del pueblo maorí.
Digital Library

Idea principal Los pueblos indígenas de la región continúan trabajando para lograr la igualdad social y política.

Como has leído, a principios del siglo XX finalizó el gobierno británico directo en Australia y Nueva Zelanda. Sin embargo, aún persisten los efectos del dominio colonial sobre los pueblos indígenas. Hoy día, los grupos indígenas continúan intentando resolver sus problemas sociales y políticos.

Aborígenes de Australia

En los siglos XVIII y XIX, los colonos británicos les arrebataron las tierras a los aborígenes australianos. Muchos murieron a causa de los conflictos violentos con los europeos. Otros fueron obligados a vivir en **reservas**, o tierras designadas a los pueblos nativos. Los gobernantes de la colonia británica promulgaron leyes y aplicaron políticas que promovían, y a menudo forzaban, la asimilación. La **asimilación** es un proceso por el cual un grupo minoritario es presionado para que renuncie a sus prácticas culturales y es absorbido por la cultura de otra sociedad.

Una de las maneras en que los británicos intentaron forzar a los aborígenes a asimilarse fue separando a los hijos de sus padres. Los niños fueron ubicados en escuelas y casas de las misiones. Esta práctica tuvo lugar desde principios del siglo XX hasta la década de 1960. Aproximadamente 100,000 niños fueron separados de sus familias, la mayoría de ellos de forma permanente. A esos niños se les conoce como la "Generación Robada".

En la década de 1960, la lucha de los aborígenes para obtener los derechos civiles básicos se intensificó. En 1962, los aborígenes pudieron votar en las elecciones nacionales por primera vez. Cinco años después, finalmente fueron incluidos como ciudadanos en el censo de Australia. La Ley de Derechos Territoriales de los Aborígenes, promulgada en 1976, otorgó a los aborígenes el derecho a reclamar, o volver a tomar, las tierras del Territorio del Norte que una vez pertenecieron a sus antepasados. En 2008, el gobierno australiano se disculpó por los años de trato injusto hacia los aborígenes.

Hoy día, los aborígenes aún luchan por mejorar sus vidas. Las tasas de desempleo y analfabetismo son altas. Especialmente en las comunidades rurales, el acceso a servicios adecuados de salud y educación es impredecible. Después de muchos años de penurias, los aborígenes continúan presionando para lograr la igualdad social y política.

Visión crítica Lowitja O'Donoghue, miembro de la Generación Robada, y el Primer Ministro de Australia Kevin Rudd se reúnen en 2008. ¿Qué te hace pensar la fotografía acerca de la reacción de los pueblos indígenas a las disculpas del gobierno?

Los maoríes de Nueva Zelanda

Los maoríes son el pueblo indígena de Nueva Zelanda. Llegaron desde la Polinesia en el siglo XIV y fueron los únicos habitantes de Nueva Zelanda hasta la llegada de los británicos a fines del siglo XVIII. Al igual que los aborígenes de Australia, los maoríes lucharon contra los británicos por el control de sus tierras. Aunque el Tratado de Waitangi de 1840 garantizaba sus derechos legales y territoriales, el acuerdo fue ignorado en gran parte durante más de 100 años. El pueblo maorí se ha organizado políticamente y, al igual que los aborígenes de Australia, ha alcanzado ciertos logros en el reconocimiento de sus derechos civiles y en el reclamo de tierras.

Antes de continuar

Hacer inferencias ¿De qué manera los pueblos indígenas de la región están recobrando la igualdad social y política?

EVALUACIÓN CONTINUA

LABORATORIO DE LECTURA GeoDiario

1. **Resumir** ¿Qué es la asimilación y cómo intentaron los británicos forzar este proceso en los aborígenes de Australia?
2. **Hacer inferencias** En 1967, el gobierno australiano incluyó a los aborígenes en el censo nacional por primera vez. ¿Qué puedes inferir acerca de cómo esta inclusión podría ayudar a los aborígenes a ganar la igualdad social y política?
3. **Comparar** ¿En qué se parecieron las experiencias de los maoríes y las de los aborígenes?

Visión crítica Estos manifestantes maoríes se reúnen en Nueva Zelanda para exigir que el Tratado de Waitangi sea respetado. ¿Qué puedes inferir acerca de la estrategia que están usando estos manifestantes?

SECCIÓN 2 GOBIERNO Y ECONOMÍA

2.3 Turismo de aventura

TECHTREK Visita **myNGconnect.com** para ver fotografías del turismo de aventura.

Digital Library

Idea principal El turismo que integra la actividad física y la aventura es una industria importante en la región.

Australia, la Cuenca del Pacífico y la Antártida son destinos frecuentes para el turismo de aventura. El **turismo de aventura** lleva a los viajeros a lugares remotos donde realizan actividades que les permiten disfrutar activamente del medio ambiente físico.

Actividades de aventura

Nueva Zelanda y Australia son destinos populares para los turistas aventureros. En Nueva Zelanda, la escalada en roca, el ciclismo de montaña y la exploración de cuevas son algunas de las actividades en las que el turista disfruta del terreno accidentado. Los aventureros exploran los ríos y lagos interiores de Nueva Zelanda practicando rafting, canotaje y piragüismo. Las expediciones de observación de ballenas ofrecen la oportunidad de ver las muchas especies diferentes que habitan en las aguas frente a la costa de Nueva Zelanda.

Las personas en búsqueda de un disfrute activo de ambientes físicos poco comunes también viajan a Australia, especialmente a la Gran Barrera de Coral, que atrae millones de turistas cada año. En 2009, más de dos millones de personas visitaron esta maravilla natural. Las actividades que se realizan en la Gran Barrera de Coral incluyen *snorkel*, buceo, pesca y exploración del arrecife submarino en botes con fondo de vidrio.

En la Antártida, los excursionistas recorren los **glaciares**, que son masas grandes de hielo y nieve compactada. Guías expertos ayudan a los excursionistas a atravesar peligrosas **grietas**, o aberturas profundas en los glaciares. En la Antártida, los turistas también pueden observar pingüinos emperador, leopardos marinos y otras aves y animales antárticos en su hábitat natural.

Beneficios económicos

En los últimos años, el turismo de aventura se ha convertido en una industria **lucrativa**, o que produce ganancias. Las personas trabajan como guías expertos del turismo de aventura y como conductores de los vehículos. Otros hallan empleo en los hoteles, tiendas, aeropuertos y restaurantes o en los cruceros que regularmente transportan a miles de personas a la región.

En las islas del Pacífico, incluso aquellos que no están directamente involucrados con el turismo de aventura suelen beneficiarse de la actividad. Algunos residentes locales se ganan la vida haciendo y vendiendo cestas, esterillas y máscaras tradicionales. Otros isleños obtienen ganancias entreteniendo a los visitantes con sus fiestas tradicionales. Algunos críticos temen que el turismo como industria llegue a devaluar, o trivializar, las culturas y las formas de vida de los isleños. Sin embargo, aquellos que defienden esta industria se centran en la oportunidad de aportar más ingresos a sus economías.

Antes de continuar

Verificar la comprensión ¿Por qué esta región es un destino ideal para el turismo de aventura?

EVALUACIÓN CONTINUA

LABORATORIO FOTOGRÁFICO GeoDiario

1. **Interacción entre los humanos y el medio ambiente** Repasa cada fotografía. ¿De qué manera los turistas deseosos de aventuras interactúan con el medio ambiente en esta región?
2. **Hacer generalizaciones** Según lo que puedes inferir de las fotografías, ¿qué tipo de rasgos personales es probable que compartan quienes realizan turismo aventura?

Vocabulario Visual Una **grieta** es una abertura profunda en un glaciar. Con la ayuda de un guía, este grupo cruza una grieta en el glaciar Franz Josef, en la Isla Sur, Nueva Zelanda.

Visión crítica El paramotor, una forma de vuelo motorizado, es otra actividad popular en la Isla Sur. ¿De qué tipos de paisajes podría disfrutar esta persona mientras vuela?

Los buzos usan una plataforma submarina para ejercitar sus destrezas de buceo en las aguas de la Gran Barrera de Coral, en Australia.

2.4 Nueva Zelanda hoy

TECHTREK
Visita **myNGconnect.com** para ver un mapa en inglés y fotografías de Nueva Zelanda en la actualidad.
Maps and Graphs
Digital Library

Idea principal Nueva Zelanda protege su cultura y su medio ambiente al desarrollar nuevos usos para sus recursos naturales.

Para algunos países, el deseo de mejorar sus economías a veces significa elegir entre los usos comerciales de la tierra y la protección de sus culturas y medio ambientes naturales. Nueva Zelanda ha logrado equilibrar ambas inquietudes.

Preservar la cultura maorí

Como has leído, los maoríes fueron los primeros habitantes de Nueva Zelanda. Durante el período colonial británico, muchos grupos de maoríes perdieron sus tierras ancestrales.

Visión crítica Esta escultura de la ciudad de Auckland es una representación moderna de un portal tradicional maorí. Según en la fotografía, ¿de qué manera Nueva Zelanda equilibra la tradición con la modernidad?

El reclamo de las tierras que una vez pertenecieron a sus antepasados continúa siendo un asunto clave para este pueblo. Además de proteger la tierra para las generaciones futuras, el pueblo maorí se apega a las costumbres tradicionales para preservar su cultura. Han renovado un enfoque en las artes y las ceremonias tradicionales, así como en su idioma nativo. Los ancianos y los padres que hablan la lengua maorí colaboraron con el gobierno neozelandés para establecer escuelas de inmersión lingüística para los niños maoríes. Estas escuelas usan exclusivamente el maorí durante toda la jornada escolar. En 1987, el gobierno declaró el maorí uno de los idiomas oficiales de Nueva Zelanda.

Energía para el futuro

Nueva Zelanda también ha realizado un esfuerzo especial para preservar su herencia natural. El gobierno ha establecido varios parques nacionales y reservas para la flora y la fauna. De hecho, casi el 30 por ciento de la tierra está protegida por el gobierno.

Otra de las manera en que Nueva Zelanda protege su medio ambiente es produciendo energía solar, hídrica y eólica. Este tipo de energía no se agota por el uso y se llama **energía renovable**. Un tercio de la energía que se consume en Nueva Zelanda proviene de fuentes renovables y se espera que ese porcentaje aumente.

Una fuente de energía renovable presente en Nueva Zelanda es la energía geotérmica. La **energía geotérmica** es la energía del calor, o energía térmica, que proviene del interior de la Tierra y que se puede convertir en electricidad. Las reservas geotérmicas de aguas termales y vapor son muy comunes en Nueva Zelanda, ya que el país se encuentra en una zona volcánica activa. La energía geotérmica es de bajo costo, no contamina y provee al menos el 13 por ciento de la electricidad que necesita Nueva Zelanda.

Nueva Zelanda se considera un país respetuoso del medio ambiente debido al desarrollo de avanzada de sus fuentes de energía renovable. Mediante el establecimiento de parques eólicos, centrales geotérmicas y estaciones de energía hidroeléctrica, Nueva Zelanda está forjando un nuevo camino para la producción de energía sostenible.

Antes de continuar

Resumir ¿De qué manera Nueva Zelanda preserva su cultura y su medio ambiente?

ENERGÍA GEOTÉRMICA

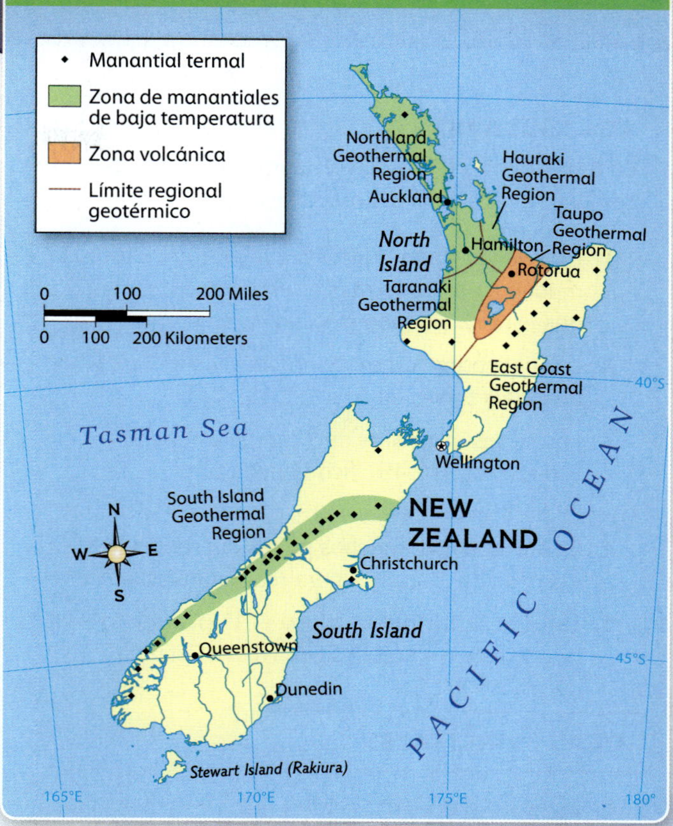

EVALUACIÓN CONTINUA

LABORATORIO FOTOGRÁFICO GeoDiario

1. **Interpretar mapas** Las zonas de energía geotérmica están categorizadas según su temperatura. ¿En qué zona se encuentra la región geotérmica Taupo? Basándote en el mapa, ¿cómo se podrían describir los sitios geotérmicos de la Isla Sur (*South Island*)?
2. **Hacer predicciones** La mayoría de las personas viven en la Isla Norte (*North Island*) de Nueva Zelanda. ¿Qué ciudades podrían verse beneficiadas con el desarrollo futuro de centrales de energía geotérmica?

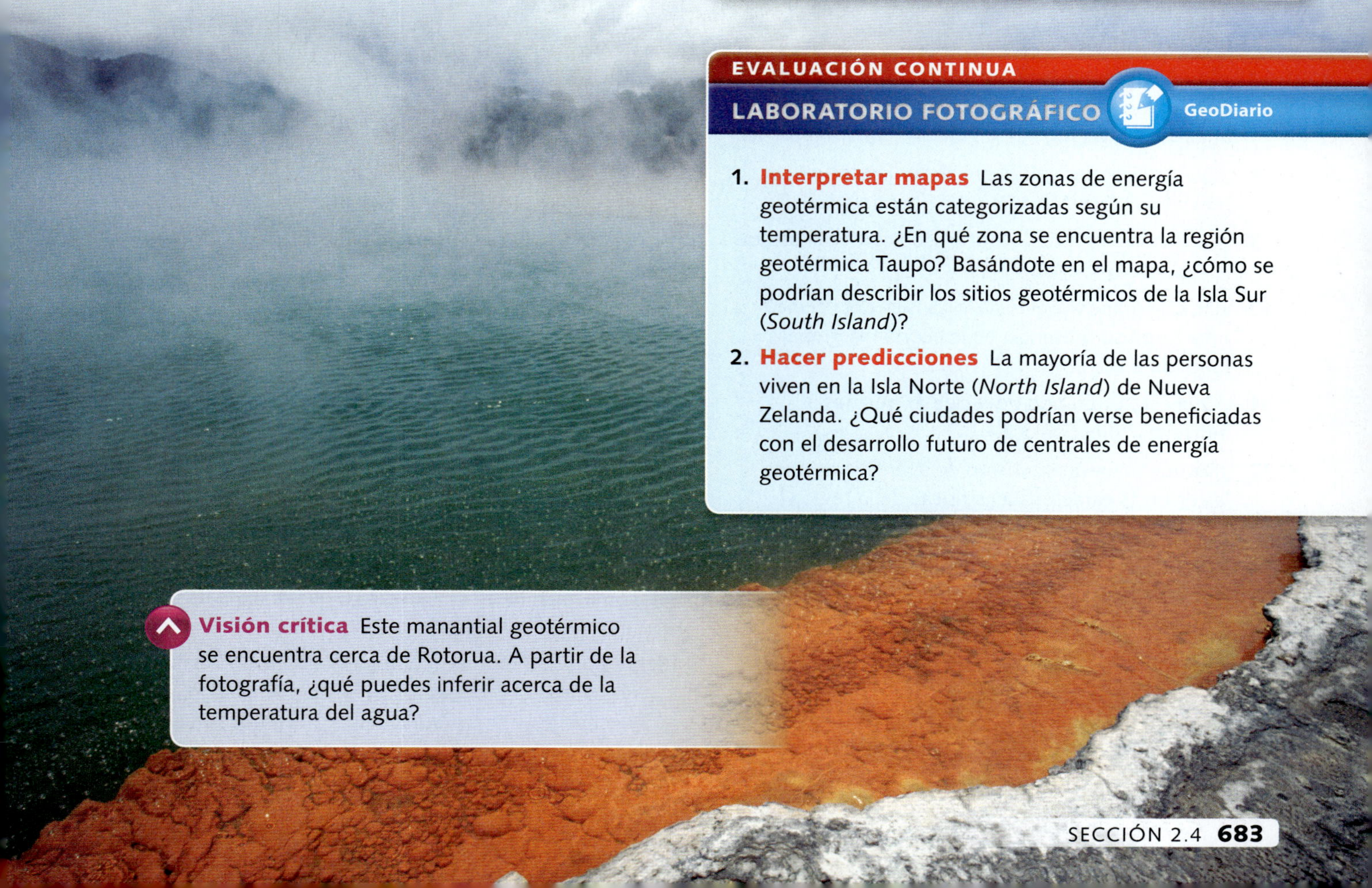

Visión crítica Este manantial geotérmico se encuentra cerca de Rotorua. A partir de la fotografía, ¿qué puedes inferir acerca de la temperatura del agua?

CAPÍTULO 24
Repaso

VOCABULARIO

En tu cuaderno, escribe las palabras de vocabulario que completan las siguientes oraciones.

1. Una de las razones por las que los agricultores se mudan a áreas urbanas es el proceso de ________ que está arruinando el suelo.
2. Los polinesios transmiten relatos y cuentan su historia a través de su ________.
3. Los países miembros del Foro de Cooperación Económica Asia-Pacífico tienen un(a) ________ con los otros países.
4. En la Antártida, muchos países diferentes han establecido ________ para realizar investigaciones.
5. La/El ________ proporciona el 13 por ciento de las necesidades energéticas de Nueva Zelanda.

IDEAS PRINCIPALES

6. ¿Qué factores han causado que los agricultores y ganaderos australianos se trasladen a zonas urbanas? (Sección 1.1)
7. ¿En qué aspectos las poblaciones de inmigrantes que llegaron a Australia han cambiado con los años? (Sección 1.2)
8. ¿Qué tradiciones culturales preservan los polinesios? (Sección 1.3)
9. ¿Qué indica el Tratado Antártico acerca del uso de la Antártida? (Sección 1.4)
10. ¿De qué manera Australia y las islas del Pacífico reforzaron su presencia en la economía global? (Sección 2.1)
11. ¿Qué están tratando de reclamar muchos indígenas? (Sección 2.2)
12. ¿De qué manera el turismo de aventura destaca las diversas características físicas de la región? (Sección 2.3)
13. Nombra tres medidas tomadas por el gobierno de Nueva Zelanda para proteger la cultura tradicional y preservar el medio ambiente. (Sección 2.4)

CULTURA

ANALIZA LA PREGUNTA FUNDAMENTAL

¿De qué manera Australia, la Cuenca del Pacífico y la Antártida se están conectando más con el resto del mundo?

Razonamiento crítico: Hacer inferencias

14. ¿De qué manera la larga sequía de Australia podría afectar el comercio con otros países?
15. ¿Qué características de Australia atraen inmigrantes de todo el mundo?
16. ¿Cómo podría cambiar la vida rural debido a los patrones de migración actual?

INTERPRETAR MAPAS

NUEVA ZELANDA: FÍSICO

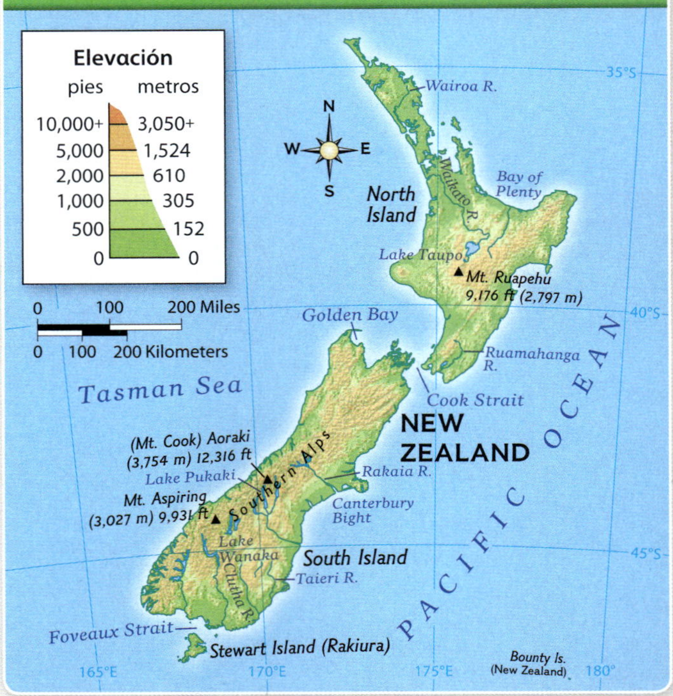

17. **Lugar** ¿Cuáles son las dos islas principales que conforman Nueva Zelanda? ¿Qué isla tiene las mayores elevaciones?
18. **Región** A diferencia de Australia, Nueva Zelanda no tiene desiertos extensos. En cambio, según la leyenda del mapa, ¿qué característica física puedes inferir que cubre gran parte de Nueva Zelanda?

GOBIERNO Y ECONOMÍA

ANALIZA LA PREGUNTA FUNDAMENTAL

¿Qué nuevos patrones económicos están emergiendo en la región?

Razonamiento crítico: Sacar conclusiones

19. ¿De qué manera las nuevas alianzas comerciales entre diferentes países podrían beneficiar a toda la región?
20. ¿Qué fuentes de energía de Nueva Zelanda podrían ser la energía del futuro?
21. ¿Cómo podría el turismo de aventura beneficiar económicamente a los países de la región?

INTERPRETAR TABLAS

SOCIOS DE NUEVA ZELANDA EN EXPORTACIONES

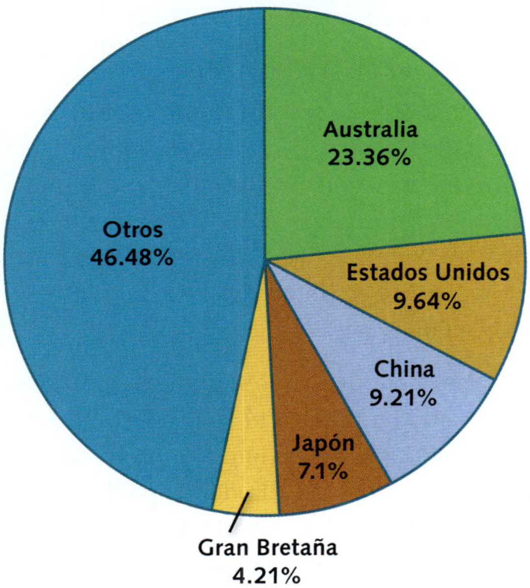

Fuente: CIA World Factbook, datos de 2009

22. **Analizar datos** ¿Qué porcentaje de las exportaciones de Nueva Zelanda van a Australia? ¿Cómo se compara ese número con el de Japón?
23. **Identificar** De los socios de exportación que se muestran en la gráfica circular, ¿cuáles son miembros del Foro de Cooperación Económica Asia-Pacífico? ¿Por qué será que Australia representa casi la cuarta parte de las exportaciones de Nueva Zelanda?

OPCIONES ACTIVAS

Sintetiza las preguntas fundamentales completando las siguientes actividades.

24. **Escribir un texto sobre viajes** Imagina que eres un escritor de artículos de revista que trata de persuadir a los lectores para que visiten uno de los lugares sobre los que has aprendido en este capítulo. Escribe dos párrafos que describan las características del lugar y expliquen por qué es una buena opción para unas vacaciones. Lee tus párrafos a un compañero o un amigo.

Sugerencias para la escritura
- Describe cómo los lectores pueden llegar al lugar y cuánto puede durar el viaje.
- Incluye detalles específicos acerca de los lugares importantes que los viajeros deberían visitar.
- Destaca al menos un punto de interés turístico poco conocido.

Visita **Student Resources** para una guía de escritura en inglés.

25. **Crear tablas** Haz una tabla como la siguiente para comparar la información acerca de tres islas del Pacífico. Usa fuentes en línea para reunir la información. Luego, con un compañero, formula tres preguntas para hacer a los demás estudiantes.

	PAPÚA NUEVA GUINEA	SAMOA	POLINESIA FRANCESA
Población			
Población urbana			
Millas cuadradas de territorio			
Exportaciones			
Importaciones			

Tierras de pastoreo y de cultivo

TECHTREK
Visita myNGconnect.com para ver cómo se usan las praderas en el planeta.

Maps and Graphs

Las praderas de Australia se han utilizado durante muchos años para sustentar la ganadería y la agricultura. Otros países que tienen praderas abiertas y amplias las utilizan con fines similares, como el pastoreo de ganado y el cultivo de una variedad de plantas.

Las decisiones sobre el uso de la tierra están influenciadas por muchos factores, tales como el clima, el rendimiento de las cosechas y la sostenibilidad. En la mayoría de los países, el uso mixto de las praderas es más común que dedicar la tierra exclusivamente a la ganadería o la agricultura. Al comparar dos países, Australia y Argentina, se revelan similitudes en cómo estos dos países utilizan las praderas.

Comparar

- Argentina
- Australia
- China
- India
- Nueva Zelanda (*New Zealand*)
- Ucrania (*Ukraine*)
- Estados Unidos (*United States*)

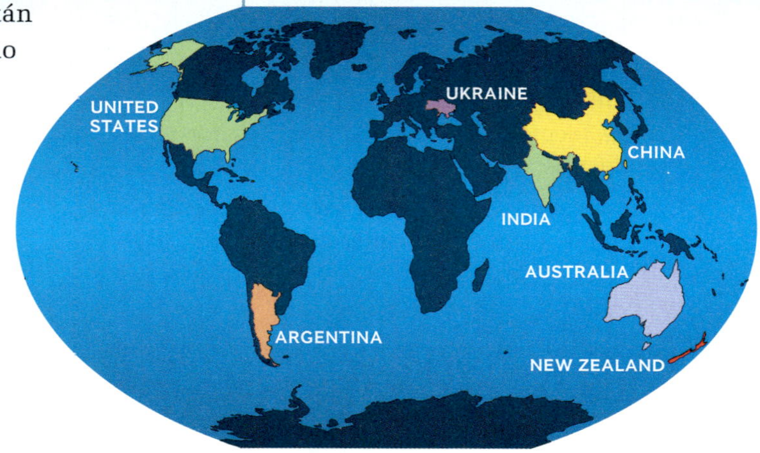

PASTOREO

Las praderas proporcionan tierra donde el ganado de los ranchos puede pastar, o alimentarse. Las vacas, los caballos y las ovejas son los animales más usados en la ganadería. En los ranchos de todo el mundo, hay otros animales como cabras, alpacas, emús, avestruces, bisontes, venados y alces.

Las industrias ganaderas han existido en Australia y Argentina desde la década de 1880. El ganado no era originario de ninguno de los dos continentes. Los colonos europeos importaron ganado en la época colonial.

En la actualidad, Australia y Argentina son los primeros productores de carne vacuna. La industria de la carne de Australia está orientada a la exportación, mientras que gran parte de la carne de la Argentina se consume en el mercado interno. Ambos países enfrentan dificultades relacionadas con su industria de la carne vacuna. En las praderas australianas, la sequía obligó a los ganaderos a reducir sus rebaños. En la Argentina, los productores de carne de vacuno luchan contra las políticas gubernamentales que limitan cuánta carne puede exportarse.

CULTIVOS

Aunque sus climas son diferentes, tanto Australia como la Argentina son los dos países que más trigo exportan. La mayor parte de la producción de trigo de Australia se encuentra en el sur y en el suroeste del país. La pampa fértil de la Argentina es un centro productivo de cultivo de trigo.

Tal como puedes ver en el mapa, ambos países se encuentran en el Hemisferio Sur. Su temporada de crecimiento se produce en la estación opuesta a la de los países del Hemisferio Norte. Esto les permite vender trigo en el mercado mundial cuando no es época de cosecha en el Hemisferio Norte.

En todo el mundo, a medida que la población aumenta, se incrementa la demanda de producción de alimentos. Con el fin de aumentar su producción de granos, Australia y la Argentina están empezando a utilizar tierras marginales, o menos apropiadas, para plantar más trigo y otros cultivos.

Uso de las praderas en el mundo

Ganado y cultivos principales de algunos países seleccionados

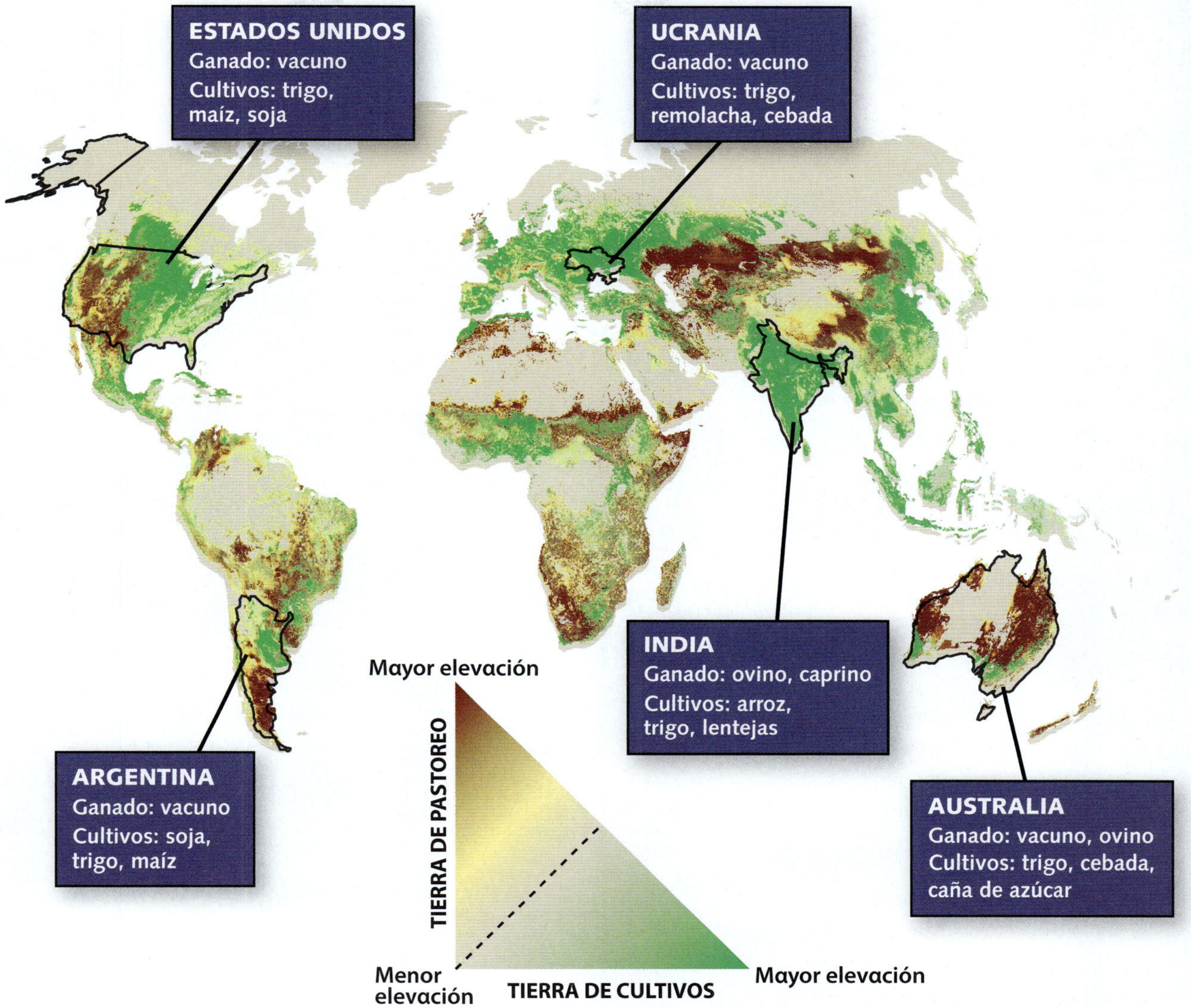

Fuente: Remankutty, N. et al, 2007

EVALUACIÓN CONTINUA

LABORATORIO DE INVESTIGACIÓN GeoDiario

1. **Identificar** Observa el mapa. ¿Qué cultivo es común a los cinco países que se muestran arriba?
2. **Comparar y contrastar** Busca la India y Australia en el mapa. ¿Qué país dedica más tierra a los cultivos y qué país dedica más al pastoreo? ¿Qué factores climáticos podrían explicar estas decisiones?
3. **Hacer inferencias** ¿Qué país crees que produce más carne de vaca, Australia o Ucrania? Fundamenta tu respuesta.

Investigar y escribir un informe Ten en cuenta las similitudes entre Australia y la Argentina en cuanto a su uso de las praderas. Investiga sobre otros países, como Nueva Zelanda y China, para comparar su uso de las praderas. Escribe un informe para presentar tus conclusiones. Considera estos temas como guía para tu investigación:

- clima
- ubicación de las praderas
- ganado típico
- cultivos para exportación

Opciones activas

TECHTREK

Visita **myNGconnect.com** para ver fotos de la fauna de la región.

Digital Library

ACTIVIDAD 1

Propósito: Ampliar tu conocimiento sobre la Antártida.

Preparar una guía turística

Eres el guía de un grupo que irá a la Antártida en un crucero de verano que dura siete días. Investiga y utiliza el recurso en inglés **Magazine Maker CD-ROM** para preparar una guía turística para el grupo, que proporcione información sobre el continente y describa qué podrían ver los turistas en el crucero. Incluye ejemplos de la vida marina y de las aves marinas que habitan en las aguas que rodean a la Antártida.

foca leopardo

ACTIVIDAD 2

Propósito: Investigar las especies animales originarias de Australia.

Escribir un informe

El demonio de Tasmania y el dingo australiano son animales que se encuentran solamente en Australia. Investiga sobre uno de estos animales en la Internet. Escribe un informe que describa detalladamente su hábitat, su alimentación y las amenazas qeu enfrenta. Busca fotos del animal que elegiste en el recurso **Digital Library** e inclúyelas en tu informe escrito.

ACTIVIDAD 3

Propósito: Aprender más sobre las constelaciones del Hemisferio Sur.

Identificar las estrellas

Elizabeth Kapu'uwailani Lindsey, miembro de National Geographic, estudia las tradiciones de los navegantes de las islas del Pacífico, quienes para guiarse dependían de su conocimiento de las estrellas, las olas y las aves. Muchas de las estrellas que observaban en el Hemisferio Sur no son visibles en el cielo nocturno de Norteamérica. Investiga e identifica cinco constelaciones de estrellas visibles solamente en el Hemisferio Sur. Explica qué figura forma cada constelación y cómo esa figura se relaciona con su nombre.

MANUAL DE REFERENCIA

GEO

Manual de destrezas

Buscar la idea principal y los detalles

Todo libro, párrafo o pasaje contiene una **idea principal**, que es la oración o las oraciones que enuncian el tema del texto. En ocasiones, la idea principal puede no estar expresada de manera directa, o estar *implícita*. En ese caso, los **detalles** del texto brindan pistas sobre la idea principal. Para hallar la idea principal y los detalles de un texto, sigue los pasos que se muestran a la derecha.

Paso 1 Busca una idea principal que esté expresada en la primera y en las últimas oraciones del párrafo. Si no resulta claro cuál es la idea principal, busca detalles que te den pistas sobre cuál es la idea principal implícita.

Paso 2 A continuación, busca detalles que respalden y aclaren la idea principal. Si la idea principal se encuentra en la primera oración, los detalles de apoyo aprecerán más adelante. Si la idea principal está en la última oración, los detalles apapecerán antes de la idea principal.

MODELO GUIADO

Pérdida y restauración del hábitat

Ⓐ La pérdida de los hábitats puede destruir un ecosistema completo. Un ecosistema es una comunidad de plantas y animales junto con su hábitat. Ⓑ La Tierra tiene numerosos y diversos ecosistemas que interactúan uno con el otro. Ⓑ La destrucción de un ecosistema afecta a todos los demás. Ⓑ Por ejemplo, muchos científicos creen que la destrucción de los hábitats del bosque tropical es una de las causas que han llevado al cambio climático global.

SUGERENCIA Cuando el autor no expresa la idea principal de un pasaje de manera directa, eres tú quien debe descubrir la **idea principal implícita**. Para hacerlo, pregúntate: "¿Qué tienen en común los detalles del pasaje?" Busca la relación entre los detalles y escríbela con tus propias palabras. Así obtendrás la idea principal implícita.

Paso 1 Busca una idea principal explícita

Lee la primera y las últimas oraciones del párrafo. ¿Expresan la idea principal? Si la idea principal no es evidente, busca detalles que proporcionen pistas sobre cuál es la idea principal. Algunos detalles explican la idea principal. Otros detalles dan ejemplos sobre la idea principal.

IDEA PRINCIPAL Ⓐ La pérdida de los hábitats puede destruir un ecosistema completo. En este ejemplo, la idea principal explícita es la primera oración del párrafo.

Paso 2 Una vez que hayas descubierto la idea principal, busca detalles que la respalden.

Si la idea principal se encuentra en la primera oración, a menudo estará seguida de detalles de apoyo que la expliquen. Si la idea principal se encuentra en la última oración, los detalles de apoyo estarán antes que ella. En el ejemplo del texto ubicado a la izquierda, los detalles están a continuación de la idea principal.

DETALLE Ⓑ La Tierra tiene numerosos y diversos ecosistemas que interactúan uno con el otro.

DETALLE Ⓑ La destrucción de un ecosistema afecta a todos los demás.

DETALLE Ⓑ Por ejemplo, muchos científicos creen que la destrucción de los hábitats del bosque tropical es una de las causas que han llevado al cambio climático global.

APLICAR LA DESTREZA

Ve a *Europa: Geografía e historia*, Sección 2.2, "La Grecia clásica". Lee el pasaje titulado "La edad dorada de Grecia". Identifica la idea principal y los detalles. Apúntalos en un diagrama como el que se muestra a la derecha.

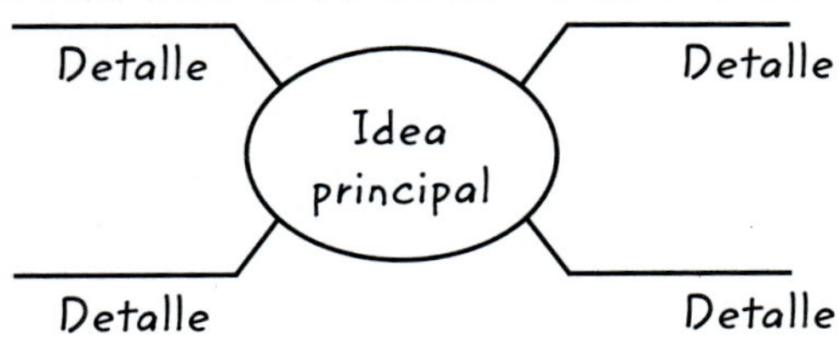

Tomar notas y hacer un esquema

Tomar notas mientras lees te ayuda a comprender y recordar la información importante, como los datos, las ideas y los detalles. Muchos escritores organizan sus notas en un esquema. Para tomar notas, sigue los pasos que se muestran a la derecha.

Paso 1 Lee el título para saber el tema del pasaje.

Paso 2 Apunta las ideas principales y los detalles importantes del pasaje.

Paso 3 Resume con tus propias palabras las ideas principales y los detalles.

Paso 4 Busca palabras clave y apúntalas junto a sus definiciones.

Paso 5 Para ahorrar tiempo y espacio, usa abreviaturas.

MODELO GUIADO

Ⓐ Indicadores económicos

Ⓑ La fortaleza de la economía de un país se puede medir a través de varios indicadores o índices. Ⓒ Uno de ellos es el **producto interno bruto** (PIB), que es el valor total de los bienes y servicios producidos por un país. Ⓒ Otros indicadores son el **PIB** per cápita (o por persona), el ingreso, la tasa de alfabetismo y la esperanza de vida.

Ⓑ Además, las economías se clasifican en tres categorías. Los países que tienen un PIB alto, como los Estados Unidos, son los Ⓒ **países más desarrollados**. Los países que tienen PIB bajos son Ⓒ **países en vías de desarrollo**.

SUGERENCIA Un esquema enumera las ideas principales y los detalles de apoyo en el orden que resulte más claro. Puedes usar un orden temporal, por importancia o el orden en el que aparecen en el texto. Una vez que el esquema está completo, puede servirte como guía para escribir.

Paso 1 Lee el título para saber el tema del pasaje.

TÍTULO Ⓐ Indicadores económicos

Paso 2 Apunta las ideas principales y los detalles importantes del pasaje.

IDEAS PRINCIPALES Ⓑ La fortaleza de la economía de un país se puede medir a través de varios indicadores o índices. Además, las economías se clasifican en tres categorías.

Paso 3 Resume con tus propias palabras las ideas principales y los detalles.

Se puede medir la fortaleza económica de un país usando indicadores tales como el PIB, el PIB per cápita, el ingreso, la tasa del alfabetismo y la esperanza de vida. Los países se pueden clasificar en tres categorías: más desarrollados, en vías de desarrollo y recientemente industrializados.

Paso 4 Busca palabras clave y apúntalas junto a sus definiciones.

MODELO DE PALABRA CLAVE: Ⓒ **Producto interno bruto:** es el valor total de los bienes y servicios producidos por un país.

Paso 5 Para ahorrar tiempo y espacio, usa abreviaturas. En este caso, usa "N" para abreviar *norte* y PIB para *producto interno bruto*.

APLICAR LA DESTREZA

Ve a *Europa hoy*, Sección 1.1, "Idiomas y culturas". Lee el pasaje titulado "Los idiomas europeos". Toma notas sobre lo que lees. Luego organiza tus notas usando un esquema como el del ejemplo que se muestra a la derecha.

I. Principales grupos de lenguas de Europa
   A. Romances
      1. Francés
      2. Español
      3.
   B. Germánicas

Resumir

Cuando **resumes**, reformulas un texto de manera más breve y con tus propias palabras. En un resumen solo se incluye la información y los detalles más importantes. Puedes resumir un párrafo, un capítulo o todo un libro. Para resumir, sigue los pasos que se muestran a la derecha.

Paso 1 Lee el texto y busca la información más importante. Busca oraciones temáticas que transmitan las ideas principales.

Paso 2 Reformula cada idea principal con tus propias palabras.

Paso 3 Escribe el resumen del texto usando tus propias palabras e incluyendo solo la información más importante.

MODELO GUIADO

La comida de Europa Oriental

A El clima frío limita la temporada de crecimiento de los cultivos de Europa Oriental, haciéndola más corta que la de Europa Occidental. En Rusia, los tubérculos como los nabos y las remolachas se adaptan bien al clima del país. En las frías noches de invierno, es tradición tomar una sopa llamada *borscht*, que se prepara a partir de remolacha.

B El suelo fértil de Hungría permite a los agricultores húngaros sembrar granos y papas. Estos cultivos se usan para preparar una variedad de panes. Un guiso de carne llamado *goulash* es el plato nacional de Hungría. Se prepara con carne vacuna, papas y verduras, y se sazona con una especia llamada páprika.

SUGERENCIA Intenta usar una tabla para apuntar y organizar la idea principal y los detalles que quieres resumir. Luego puedes usar tus notas para escribir el resumen.

Paso 1 Lee el texto y busca la información más importante. Busca oraciones temáticas que transmitan las ideas principales.

ORACIÓN TEMÁTICA A El clima frío limita la temporada de crecimiento de los cultivos de Europa Oriental, haciéndola más corta que la de Europa Occidental.

ORACIÓN TEMÁTICA B El suelo fértil de Hungría permite a los agricultores húngaros sembrar granos y papas.

Paso 2 Reformula cada idea principal con tus propias palabras.

ORACIÓN REFORMULADA A El clima Europa Oriental es frío, por lo tanto la temporada de crecimiento de los cultivos es más corta que la de Europa Occidental.

ORACIÓN REFORMULADA B Los agricultores húngaros cultivan granos y papas.

Paso 3 Escribe el resumen del texto usando tus propias palabras e incluyendo solo la información más importante.

RESUMEN: Europa Oriental tiene un clima frío, por lo tanto la temporada de crecimiento de los cultivos es más corta que la de Europa Occidental. Algunos cultivos se dan bien allí, como las papas y los granos en Hungría..

APLICAR LA DESTREZA

Ve a *Europa hoy*, Sección 1.1, "Idiomas y culturas". Lee el pasaje titulado "Tradiciones culturales". Identifica las ideas principales y la información importante y reformúlalas con tus propias palabras. Luego escribe un resumen del párrafo usando la oración temática que se muestra aquí..

Tradiciones culturales

Las tradiciones culturales de Europa reflejan la diversidad étnica de la región.

____

____

____

Hacer una secuencia de sucesos

Cuando haces una **secuencia de sucesos**, ordenas los sucesos según el orden en que ocurrieron en el tiempo. Pensar los sucesos de esta manera te ayuda a comprender cómo están relacionados unos con otros. Para hacer una secuencia de sucesos, sigue los pasos que se muestran a la derecha.

Paso 1 Busca palabras y frases que den pistas sobre el tiempo, tales como los nombres de los meses y los días, o palabras como *antes, luego, finalmente, un año más tarde* o *duró*, que te ayudan a hacer una secuencia de sucesos.

Paso 2 Busca fechas en el texto y emparéjalas con los sucesos.

MODELO GUIADO

La expansión de la cultura griega

La edad dorada griega llegó a su fin hacia (B) 431 a. C., cuando estalló la guerra entre Atenas y Esparta. El conflicto, conocido como la Guerra del Peloponeso, (A) duró 27 años y debilitó tanto a Atenas como a Esparta.

Alrededor del año (B) 340 a. C., el rey Filipo II de Macedonia aprovechó el debilitamiento de las ciudades y conquistó Grecia. En (B) 334 a. C., **Alejandro Magno**, hijo de Filipo, comenzó a expandir el Imperio macedónico. El amor de Alejandro por Grecia lo llevó a difundir la cultura griega por todo el imperio. Alejandro murió en (B) 323 a. C. a la edad de 33 años.

SUGERENCIA Una **línea cronológica** es una herramienta visual que puede resultar útil para hacer una secuencia de sucesos. Las líneas cronológicas a menudo van de izquierda a derecha, enumerando los sucesos del más antiguo al más reciente.

Paso 1 Busca palabras y frases que den pistas sobre el tiempo.

PISTAS CRONOLÓGICAS (A) duró 27 años

Paso 2 Busca fechas específicas en el texto.

Asegúrate de leer el texto detenidamente, ya que las fechas que aparecen en un párrafo no siempre están enumeradas en orden cronológico. Empareja siempre el suceso con su fecha. Una tabla como la que se muestra abajo puede ser útil para poner fechas y sucesos en secuencia.

FECHA DE MUESTRA (B) 431 a. C., cuando la edad dorada griega llega a su fin y comienza la Guerra del Peloponeso.

FECHA EN EL TEXTO	SUCESO
431 A. C.	La edad dorada de Grecia llega a su fin; estalla la Guerra del Peloponeso entre Atenas y Esparta.
340 A. C.	El rey Felipe de Macedonia conquista Grecia.
334 A. C.	Alejandro Magno comienza a extender el Imperio macedónico.
323 A. C.	Alejandro Magno muere.

APLICAR LA DESTREZA

Ve a *Europa: Geografía e historia*, Sección 2.3, "La República romana". Lee el pasaje titulado "Se forma una república". Identifica las fechas y los sucesos que ocurrieron en cada fecha. Usa una línea cronológica como la que se muestra a continuación para hacer una secuencia de sucesos.

600 A. C. Los etruscos conquistan Roma. → **509 A. C.** Suceso → **FECHA** Suceso → **FECHA** Suceso

Categorizar

Cuando **categorizas**, ordenas cosas en grupos o categorías. Casi todo se puede categorizar, incluso los objetos, las ideas, las personas y la información. Categorizar es importante porque te ayuda a reconocer patrones y tendencias en los datos. Para categorizar, sigue los pasos que se muestran a la derecha.

Paso 1 Lee el título y el texto y pregúntate sobre qué trata el pasaje para determinar cómo categorizar la información.

Paso 2 Busca palabras clave que te sirvan para categorizar la información.

Paso 3 Decide cuáles serán las categorías.

Paso 4 Ordena la información del pasaje en las categorías que escogiste.

MODELO GUIADO

Ⓐ Mapas políticos y físicos

Los cartógrafos, o personas que hacen mapas, crean Ⓑ diferentes tipos de mapas Ⓑ para distintos propósitos.

Ⓐ Un mapa político muestra elementos creados por los seres humanos, tales como países, provincias y ciudades. Estos elementos se encuentran rotulados y hay líneas que señalan límites, por ejemplo, entre países.

Ⓐ Un mapa físico muestra los elementos de la geografía física. Muestra accidentes geográficos, como montañas, llanuras, desiertos y masas de agua. Un mapa físico también muestra la elevación y el relieve. La elevación es la altura de un accidente geográfico sobre el nivel del mar. El relieve es el cambio en la elevación de un lugar a otro.

SUGERENCIA Cada día ordenamos información en categorías, como comida saludable versus comida chatarra o ficción versus no ficción. Saber cómo está categorizada la información te ayuda a entender las relaciones que hay entre las cosas y te permite organizar las ideas.

Paso 1 Lee el título y el texto y pregúntate sobre qué trata el pasaje para determinar cómo categorizar la información.

EL PASAJE TRATA SOBRE Ⓐ las características de dos tipos de mapas.

Paso 2 Busca palabras clave que te sirvan para categorizar la información.

PALABRAS CLAVE Ⓑ *diferentes tipos de mapas, distintos propósitos*

Paso 3 Decide cuáles serán las categorías.

LAS CATEGORÍAS mapas políticos y mapas físicos

Paso 4 Ordena la información del pasaje en las categorías que escogiste.

Usa una tabla como la que se muestra a continuación para organizar la información.

TIPO DE MAPA	UTILIDAD
Político	Muestra elementos creados por los seres humanos, tales como países, provincias, ciudades y límites.
Físico	Muestra elementos de la geografía física, como montañas, llanuras, desiertos y masas de agua; también muestra la elevación y el relieve.

APLICAR LA DESTREZA

Ve a *Europa hoy*, Sección 1.2, "El arte y la música". Lee la sección detenidamente. Determina de qué manera categorizar podría ayudarte a comprender y organizar la información sobre el arte europeo. Luego crea una tabla como la de la derecha y categoriza la información.

ARTE EUROPEO	
PERÍODO	**CARACTERÍSTICAS**
Edad Media	personajes religiosos; bidimensional
Romanticismo	paisajes, naturaleza, transmite emociones

Describir información geográfica

Cuando lees un texto o estudias una tabla o una gráfica sobre un tema geográfico, asimilas información. Una manera de mejorar tu comprensión de la **información geográfica** es describirla. Puedes describir la información geográfica siguiendo los pasos que se muestran a la derecha.

Paso 1 Lee el título del pasaje, la tabla o cualquier elemento visual para descubrir qué información geográfica contiene.

Paso 2 Lee el pasaje u observa el elemento visual e identifica la ideas o temas principales.

Paso 3 Describe la información resumiéndola o respondiendo preguntas.

MODELO GUIADO

Ⓐ La geografía de Europa

Ⓑ Europa forma la península occidental de Eurasia, la masa de tierra que comprende a Europa y Asia. Además, Europa tiene varias penínsulas e islas importantes.

Cuatro regiones topográficas conforman el territorio de Europa. Las Tierras Altas Occidentales son colinas, montañas y mesetas que se extienden desde la península escandinava hasta España y Portugal. La Llanura del Norte de Europa es una región de tierras bajas que se extienden a lo largo del norte de Europa. Las Tierras Altas Centrales están situadas en el centro de Europa. La región alpina comprende los Alpes y varias otras cadenas montañosas.

SUGERENCIA Puedes usar los pasos enunciados previamente para describir la información geográfica en una tabla. Imagina que los encabezamientos de las columnas son las ideas principales y la información de las filas son los detalles de apoyo.

Paso 1 Lee el título del pasaje, la tabla o cualquier otro elemento visual para descubrir qué información geográfica contiene.

Ⓐ *A partir del título, veo que este pasaje trata sobre la geografía de Europa.*

Paso 2 Lee el pasaje u observa el elemento visual e identifica las ideas o temas principales.

IDEAS PRINCIPALES Ⓑ *Europa es una península situada en Eurasia. Está formada por cuatro regiones topográficas.*

Paso 3 Describe la información resumiéndola o respondiendo preguntas.

RESUMEN *Europa es una península que tiene varias islas y penínsulas. Está formada por cuatro regiones topográficas: las Tierras Altas Occidentales, la Llanura del Norte de Europa, las Tierras Altas Centrales y la región alpina.*

PREGUNTAS

- *¿Qué accidentes geográficos se encuentran en Europa?*
- *¿Qué regiones topográficas conforman a Europa?*

APLICAR LA DESTREZA

Ve a *Europa: Geografía e historia*, Sección 1.3, "Montañas, ríos y llanuras". Usa la información de esta sección para describir la ubicación y los recursos naturales de las montañas de Europa. Podrías usar preguntas como las que se muestran a la derecha para ayudarte a describir la información.

- ¿Qué cadenas montañosas forman parte de la región alpina?
- ¿Qué recursos naturales proporcionan las cadenas montañosas europeas?

Expresar ideas oralmente

Cuando **expresas ideas oralmente**, dices lo que piensas empleando un lenguaje efectivo. El propósito de lo que dices puede ser narrar un suceso, explicar cierta información o convencer a tu audiencia de tu punto de vista. Puedes expresar ideas oralmente siguiendo los pasos que se muestran a la derecha.

Paso 1 Determina el tema que presentarás y el propósito de tu exposición oral. Reúne información investigando una amplia variedad de fuentes confiables.

Paso 2 Organiza tus ideas y prepara las notas y las ayudas visuales que puedas necesitar en tu exposición oral.

Paso 3 Practica hablar de manera franca, respetuosa, clara y apropiada.

MODELO GUIADO

Ⓐ Literatura europea

Ⓑ *Griegos y romanos antiguos (hincapié en viajes, héroes y aventuras)*

- *La Ilíada y La Odisea (Homero)*
- *La Eneida (Virgilio)*

Edad Media (hincapié en creencias religiosas y políticas de la época)

- *La Divina Comedia (Dante)*

El Renacimiento (hincapié en las experiencias humanas)

- *Hamlet (Shakespeare)*
- *Don Quijote (Cervantes)*

—primera novela moderna

SUGERENCIA Cuando expresas ideas oralmente, es importante mantener la atención del público. Varía el volumen de la voz, el ritmo del habla y la estructura de las oraciones para hacer la presentación más interesante y enfatizar su significado. El lenguaje corporal también es importante. Los gestos, la postura, las expresiones del rostro y el contacto visual captan el interés del público y enriquecen la exposición.

Paso 1 Determina el tema y el propósito de tu exposición oral e investiga la información que necesites.

Ⓐ El tema de la exposición oral de este estudiante es la historia de la literatura europea. El propósito es explicar los períodos más importantes de la literatura europea.

Paso 2 Organiza tus ideas y prepara las notas y las ayudas visuales que puedas necesitar en tu exposición oral.

Las notas y las ayudas visuales te ayudarán a no salirte del tema, a recordar los puntos principales y a enfatizar tu mensaje.

Ⓑ Las notas bien organizadas te servirán si pierdes el hilo mientras hablas o si olvidas mencionar algo que querías decir. Haz que las notas sean sencillas: enumera solo los encabezamientos, los puntos clave y las personas y sucesos importantes.

Paso 3 Practica hablar de manera franca, respetuosa, clara y apropiada.

Piensa en tu público y en el tema a presentar. Habla de manera franca, respetuosa y emplea un lenguaje que resulte adecuado para tu público.

APLICAR LA DESTREZA

Escoge un tema del libro, investígalo y prepara notas para presentarlo oralmente como en el ejemplo que se muestra a la derecha. Luego expresa tus ideas oralmente frente a un público.

Primera Guerra Mundial

Comenzó en 1914 (explicar causas)

- *nacionalismo*
- *alianzas*
- *archiduque Fernando*

Escribir esquemas para informes y comparaciones

Escribir un esquema es una manera útil de sintetizar, organizar y resumir la información antes de redactar un informe o una comparación. Un buen esquema enumera las ideas y los detalles de apoyo más importantes siguiendo un orden, ya sea cronológico o por nivel de importancia. Para escribir un esquema, sigue los pasos que se muestran a la derecha.

Paso 1 **Da un título al esquema.**

Paso 2 **Determina y apunta los temas en un orden lógico, usando números romanos.**

Paso 3 **Determina y apunta las ideas principales que respaldan y explican cada tema.**

Paso 4 **Determina y apunta detalles específicos debajo de las ideas principales correspondientes.**

MODELO GUIADO

A El agua de la Tierra

B I. Agua dulce

C A. Fuentes

D 1. Ríos, agua que fluye hacia abajo

2. Lagos, grandes masas interiores de agua

3. Arroyos y riachuelos

B. Usos

1. Beber y cocinar

2. Irrigar cultivos

II. Agua salada

A. Océanos

1. Grandes masas de agua salada

2. Atlántico, Pacífico, Índico, Ártico

3. Corrientes marinas y sus efectos

B. Mares

1. Pequeñas masas de agua salada rodeadas total o parcialmente por tierra

2. Rojo, Caspio, Arábigo

Paso 1 **Da un título al esquema.**

A Si estás escribiendo un esquema para organizar la información de un informe o una comparación, el título del esquema probablemente se convierta en el título de tu trabajo.

Paso 2 **Determina y apunta los temas en un orden lógico, usando números romanos.**

B Es probable que cada tema ocupe al menos un párrafo de tu trabajo.

Paso 3 **Determina y apunta las ideas principales que respaldan y explican cada tema.**

C Rotúlalas usando letras mayúsculas sangradas debajo de los temas. No todos los temas requieren la misma cantidad de ideas principales.

Paso 4 **Determina y apunta detalles específicos debajo de las ideas principales correspondientes.**

D Rotúlalos usando números arábigos con un sangrado mayor debajo de las ideas principales. No todas las ideas principales tendrán la misma la misma cantidad de detalles.

SUGERENCIA Cuando escribas un esquema para hacer una comparación, puedes enumerar todas las características de una de las cosas a comparar debajo de un tema y todas las características de la otra cosa a comparar debajo de otro tema. También puedes usar las características como temas y enumerar datos sobre ambas cosas a comparar debajo de cada una de ellas.

APLICAR LA DESTREZA

Ve a *Europa: Geografía e historia*, Sección 3.1, "Exploración y colonización". Luego organiza la información del pasaje en un esquema como el que se muestran a la derecha. Usa tu esquema para escribir un informe.

Exploración europea

I. Exploraciones portuguesas

A. Motivos

1. Hallar oro

2. Establecer el comercio

Escribir anotaciones en un diario

Cuando **escribes anotaciones en un diario** en respuesta a algo que has leído, apuntas tus reacciones, tomas notas, formulas y contestas preguntas y respondes a información nueva en un formato de escritura informal. Para escribir anotaciones en un diario en respuesta a una pregunta o a una idea para escribir, sigue estos pasos.

Paso 1 Usa lo que has aprendido y leído sobre el tema para responder la pregunta.

Paso 2 Responde la pregunta y añade tu opinión personal sobre el tema.

Paso 3 Apunta preguntas, comentarios o notas relacionadas.

MODELO GUIADO

PREGUNTA:

¿Qué desafíos podrían enfrentar los inmigrantes que actualmente se van a vivir a Europa?

ANOTACIÓN EN UN DIARIO:

A Algunos inmigrantes podrían sentirse presionados a asimilarse a la sociedad europea y sentir temor de perder su cultura e identidad. Los inmigrantes que profesan religiones no cristianas pueden sentirse discriminados por el mero hecho de tener creencias religiosas diferentes.

B Cuando mi familia se mudó, no me gustaba que los estudiantes de mi nueva escuela tuvieran que usar uniforme. Me negué a usar chaqueta durante la primera semana de clases y eso me causó problemas. Me enojaba el hecho de que no me permitieran vestirme como quisiera. Creo que ahora entiendo un poco cómo se sienten los inmigrantes viven en Europa.

C NOTA: Buscar países europeos que tengan una gran población de inmigrantes en la página web CIA World Factbook.

Paso 1 Usa lo que has aprendido y leído sobre el tema para responder la pregunta.

A Quien escribe el diario responde la pregunta usando datos del libro o sus conocimientos previos.

Paso 2 Responde la pregunta y añade tu opinión personal sobre el tema.

B Quien escribe el diario aborda el tema de manera personal, ofreciendo su perspectiva según su propia experiencia.

Paso 3 Apunta preguntas, comentarios o notas relacionadas.

C Quien escribe el diario añade una nota dirigida a sí mismo para buscar más información en línea sobre el tema.

SUGERENCIA Los diarios se pueden usar para registrar los pasos de un proyecto de investigación (tales como las observaciones realizadas durante un experimento). También puedes usar un diario para apuntar los comentarios y preguntas que te surjan a medida que lees un libro o llevas adelante un proyecto.

APLICAR LA DESTREZA

Ve a *Europa hoy*, Sección 1.1, "Idiomas y culturas". Luego escribe una anotación en un diario para responder la siguiente pregunta: ¿Cómo es la vida de los europeos que viven en las ciudades hoy día? A la derecha tienes el comienzo de una anotación de muestra.

Hoy día la mayoría de los europeos viven en ciudades que reflejan las culturas y los orígenes étnicos de las poblaciones de inmigrantes.

Formular y responder preguntas

Formula preguntas sobre lo que has leído para verificar tu comprensión, controlar los detalles e identificar puntos que quizás hayas pasado por alto. Para **responder preguntas**, repasa lo que has leído, busca respuestas en el texto y usa tus conocimientos previos. Para formular y responder preguntas, sigue estos pasos.

Paso 1 Lee el pasaje e identifica información que sea importante o confusa.

Paso 2 Formula preguntas sobre conceptos clave o información confusa usando palabras interrogativas como *quién, qué, cuándo, dónde, por qué* y *cómo*.

Paso 3 Responde las preguntas usando el texto y lo que ya sabes.

MODELO GUIADO

El establecimiento de colonias

A La exploración y la colonización europea tuvieron como resultado un intercambio de bienes e ideas conocido como Intercambio Colombino. Los europeos obtuvieron alimentos nuevos en América, tales como la papa, el maíz y los tomates. Los europeos llevaron a América el trigo y la cebada. También introdujeron enfermedades como la viruela. Estas enfermedades mataron a millones de indígenas.

SUGERENCIA Una tabla de dos columnas resulta útil para registrar tus preguntas y respuestas. Asegúrate de incluir el número de página de cada respuesta que halles en el texto, en caso de que necesites repasar o releer un pasaje o una sección.

Paso 1 Lee el pasaje y determina qué información es importante o confusa.

A El tema más importante parece ser las consecuencias de la exploración europea en las colonias. Me resulta confusa la definición del Intercambio Colombino.

Paso 2 Formula preguntas sobre conceptos clave o información confusa.

Mis preguntas

1. ¿Qué es el Intercambio Colombino?
2. ¿Quiénes murieron debido a las enfermedades europeas?
3. ¿Cuáles fueron los alimentos nuevos que los europeos obtuvieron en América? ¿Cuáles fueron los alimentos que los europeos llevaron a América?

Paso 3 Responde las preguntas usando el texto y lo que ya sabes.

No te olvides de examinar las tablas, las gráficas, los mapas y las fotografías mientras respondes.

Respuestas

1. El Intercambio Colombino es el intercambio de bienes e ideas entre los europeos y las áreas que exploraron y colonizaron.
2. Las enfermedades europeas mataron a los indígenas en el continente americano.
3. Los europeos obtuvieron papas, maíz y tomates; el continente americano obtuvo trigo y cebada.

APLICAR LA DESTREZA

Ve a *Geografía física y humana*, Sección 1.1, "Rotación y traslación de la Tierra". Lee el pasaje titulado "Rotación y traslación" y formula preguntas sobre la información que te resulte confusa. Apunta tus preguntas en una tabla como la que se muestra a la derecha. Usa el texto y un diagrama para responder tus preguntas.

MIS PREGUNTAS	RESPUESTAS
¿Qué procesos producen las cuatro estaciones?	la traslación y la inclinación de la Tierra

Hacer predicciones

Cuando **haces predicciones**, piensas en los sucesos descritos en un pasaje o una selección, usas tus conocimientos previos y conjeturas o predices lo que sucederá a continuación. Hacer predicciones mientras lees puede ayudarte a comprender y recordar lo que has leído. Para hacer predicciones, sigue estos pasos.

Paso 1 Da un vistazo previo al pasaje o a la selección para anticipar de qué se trata.

Paso 2 Usa tus propios conocimientos. Pregúntate qué sabes del tema.

Paso 3 Mientras lees, haz predicciones acerca de lo que sucederá a continuación.

Paso 4 Confirma o modifica tus predicciones a medida que sigues leyendo.

MODELO GUIADO

Ⓐ La música europea

La música europea nació en la antigua Grecia y la antigua Roma. Los músicos tocaban Ⓒ instrumentos simples. Durante la Ⓑ Edad Media, la música se usó en las ceremonias religiosas. Además, cantantes llamados trovadores interpretaban canciones sobre caballeros y el amor. Estas canciones influyeron sobre la música del Ⓑ Renacimiento durante el cual se introdujo el Ⓒ violín.

Los nuevos instrumentos sirvieron como inspiración para la música compleja del Ⓑ Barroco (1600–1750). La ópera, que cuenta una historia mediante música y palabras, nació en este período. El Ⓑ Clasicismo y el Romanticismo siguieron al Barroco y se extendieron hasta alrededor de 1910.

Paso 1 Da un vistazo previo al pasaje o a la selección para anticipar de qué se trata.

Ⓐ *El título me dice que el pasaje trata sobre la música europea. Al ojear el resto del texto, veo los nombres de distintos tipos de música,* Ⓑ *períodos musicales y* Ⓒ *palabras relacionadas con instrumentos musicales.*

Paso 2 Usa tus propios conocimientos.

Sé que el Romanticismo en el arte tuvo lugar a principios del siglo XIX. He escuchado música barroca alguna vez.

Paso 3 Mientras lees, haz predicciones acerca de lo que sucederá a continuación.

Predigo que este texto describirá cómo evolucionó la música en Europa.

Paso 4 Confirma o modifica tus predicciones a medida que sigues leyendo.

Mi predicción era correcta. El pasaje describe cómo evolucionó la música desde la Edad Media hasta el presente.

SUGERENCIA Usa una tabla de predicciones para tomar notas mientras lees. Una tabla de predicciones te permite apuntar las predicciones, confirmar si fueron correctas y explicar por qué lo fueron.

PREDICCIÓN	¿CORRECTA?	PRUEBAS
Este pasaje explicará la música que conozco.	Sí	Describe qué es la ópera y cómo se desarrolló.

APLICAR LA DESTREZA

Ve a *Geografía física y humana*, Sección 1.2, "La estructura compleja de la Tierra". Lee el texto "Las capas de la Tierra". Luego usa una tabla de predicción como la que se muestra a la derecha para apuntar y analizar tus predicciones.

PREDICCIÓN	¿CORRECTA?	PRUEBAS
Este pasaje describirá las altas temperaturas de las profundidades de la Tierra.		

Comparar y contrastar

Cuando **comparas** dos o más cosas, examinas las semejanzas y las diferencias entre ellas. Cuando **contrastas** cosas, analizas solamente las diferencias entre ellas. Para comparar y contrastar, sigue los pasos que se muestran a la derecha.

Paso 1 Determina cuál es el tema del pasaje o del párrafo.

Paso 2 Identifica dos o más ideas, ejemplos o características relacionadas con el tema que se puedan comparar y contrastar.

Paso 3 Busca palabras clave que indiquen semejanzas (comparar) y diferencias (contrastar).

MODELO GUIADO

(A) Una variedad de climas

La mayor parte de Europa se encuentra dentro de la región de clima templado húmedo. La corriente del Atlántico Norte, una corriente marina de aguas cálidas, mantiene las temperaturas relativamente moderadas. El viento también influye sobre el clima. A veces sopla el siroco en el Mediterráneo y genera condiciones meteorológicas húmedas sobre el sur de Europa, en cualquier estación del año. El mistral es un viento frío que sopla en ocasiones sobre Francia y produce tiempo frío y seco en ese país.

(C) En general, (B) un clima mediterráneo produce inviernos leves y lluviosos y veranos secos y calurosos, y da sustento a una larga temporada de cultivo. (C) Por el contrario, (B) Europa Oriental tiene inviernos largos y fríos. Groenlandia, el norte de Escandinavia e Islandia tienen un clima polar y una temporada de cultivo limitada.

Paso 1 Determina cuál es el tema del pasaje o del párrafo.

TEMA (A) los climas de Europa

Paso 2 Identifica características del tema que se puedan comparar y contrastar.

CARACTERÍSTICA (B) los climas de los países del sur y del este de Europa.

Paso 3 Busca palabras clave que indiquen semejanzas y diferencias.

Esas oraciones te servirán para comparar. Luego busca palabras clave que indiquen de qué manera dos aspectos son diferentes. Esas oraciones te servirán para contrastar.

PALABRAS CLAVE (C) en general (comparar); por el contrario (contrastar)

SUGERENCIA El diagrama de Venn y el diagrama en Y, que se muestran abajo, son organizadores gráficos que resultan útiles para comparar y contrastar dos temas. Un diagrama en forma de Y enumera la información única en cada una de las ramas y las características comunes en la parte recta. Un diagrama de Venn enumera las características individuales sobre los lados derecho e izquierdo y las características comunes en el área superpuesta.

APLICAR LA DESTREZA

Ve a *Geografía física y humana*, Sección 2.4, "Recursos naturales". Lee el pasaje "Categorías de recursos". Compara y contrasta los recursos renovable y los no renovables usando un diagrama de forma de Y o un diagrama de Venn.

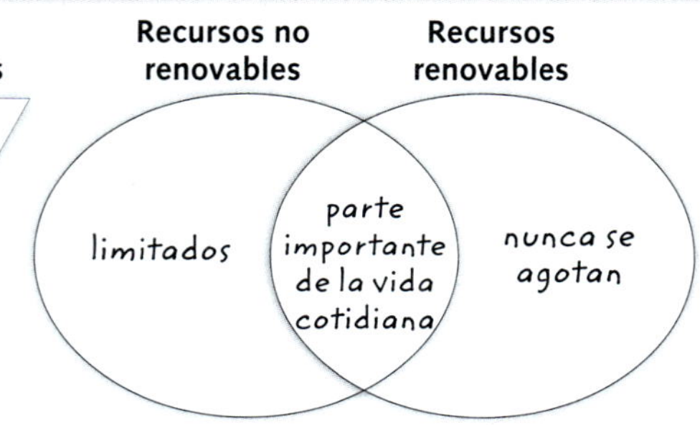

Analizar causa y efecto

Una **causa** es un suceso o una acción que hace que ocurra otra cosa. El **efecto** es el suceso que ocurre como consecuencia de una causa. Analizar las relaciones de causa y efecto te ayuda a comprender la relación entre los sucesos. Para analizar causa y efecto, sigue los pasos que se muestran a la derecha.

Paso 1 Determina la causa de un suceso. Busca palabras clave que denoten una causa, como *debido a, como, ya que* y *por lo tanto*.

Paso 2 Determina el efecto que es consecuencia de una causa. Busca palabras clave como *llevó a, por consiguiente* y *como consecuencia*.

Paso 3 Busca una cadena de causas y efectos. Un efecto puede ser la causa de otra acción o suceso.

MODELO GUIADO

La decadencia de Roma

Durante unos 500 años, el Imperio romano fue el imperio más poderoso del mundo y se extendió sobre tres continentes. (A) Sin embargo, a partir de aproximadamente el año 235 d. C., Roma padeció una serie de gobernantes débiles. (A) Además, las tribus germánicas comenzaron a invadir el imperio.

(B) Como consecuencia, en el año 312, el emperador Constantino mudó la capital del imperio de Roma a Bizancio, en la actual Turquía, y cambió el nombre de la ciudad, que pasó a llamarse Constantinopla. En el año 395, el imperio se dividió en el Imperio romano de Oriente y el Imperio romano de Occidente, con dos emperadores distintos. (C) Como Roma se había debilitado mucho, los invasores derrocaron al último emperador romano y pusieron fin al Imperio romano de Occidente en el año 476.

Paso 1 Determina la causa de un suceso.

Pregúntate por qué ocurrió el suceso. Considera que un suceso puede tener más de una causa.

CAUSA(S)

(A) A partir de aproximadamente el año 235 d. C., Roma padeció una serie de gobernantes débiles.

(A) Las tribus germánicas comenzaron a invadir el imperio.

Paso 2 Determina el efecto.

Pregúntate qué ocurrió como consecuencia del suceso o de los sucesos.

EFECTO (B) Como consecuencia, en el año 312, el emperador Constantino mudó la capital del imperio de Roma a Bizancio.

Paso 3 Busca una cadena de causas y efectos.

Un efecto puede producir otro suceso.

CAUSA/EFECTO (C) Como Roma se había debilitado mucho, los invasores derrocaron al último emperador romano y pusieron fin al Imperio romano de Occidente en el año 476.

SUGERENCIA Comprueba si los sucesos tienen una relación de causa y efecto usando la siguiente construcción: "Como [insertar causa], ocurrió que [insertar efecto]". Si la construcción no funciona, un suceso no condujo al otro.

APLICAR LA DESTREZA

Ve a *Geografía física y humana*, Sección 3.5, "Proteger los derechos humanos". Lee el pasaje "El impacto de los derechos humanos". Identifica en el pasaje una relación de causa y efecto. Apunta la causa o las causas y el efecto o los efectos en un organizador gráfico como el que se muestra a la derecha.

CAUSA	EFECTO
Se desarrolló la Declaración de los Derechos Humanos	El mundo presionó a Sudáfrica para que garantice los derechos humanos de las personas no blancas.

Hacer inferencias

Las **inferencias** son conclusiones o interpretaciones que el lector saca a partir de información que el autor no expresa de manera directa. Cuando haces inferencias, usas el sentido común y tus propias experiencias para descubrir qué quiso decir el autor. Para hacer inferencias, sigue los pasos que se muestran a la derecha.

Paso 1 Lee el texto para buscar datos o ideas.

Paso 2 Piensa en las cosas que el autor no dice pero quiere que entiendas.

Paso 3 Relee el texto y usa lo que sabes para hacer una inferencia.

MODELO GUIADO

La migración aria

Muchos historiadores sostienen que un grupo de pastores nómadas llamados arios migraron desde el centro de Asia al valle del Indo alrededor del año 2000 a. C. Desde allí, se trasladaron al norte de la India. **A** El sánscrito, el idioma ario, se convirtió en la base de varias lenguas modernas de Asia del Sur. Los arios registraron en sánscrito varias enseñanzas religiosas en unos textos sagrados llamados los Vedas. **B** Los arios establecieron las bases iniciales del hinduismo, actualmente la religión más importante de la India.

SUGERENCIA Usa una tabla de dos columnas para apuntar las inferencias. En la columna izquierda, escribe detalles, citas, ejemplos, estadísticas y otros datos. En la columna derecha, escribe la inferencia que haces a partir de cada dato. Ten en cuenta que una inferencia puede basarse en uno o en muchos datos.

Paso 1 Lee el texto para buscar datos o ideas.

Debes conocer los datos antes de hacer inferencias. Pregúntate: "¿Qué dato expresa el autor de manera directa en este texto?"

DATO A El sánscrito, el idioma ario, se convirtió en la base de varias lenguas modernas de Asia del Sur.

DATO B La antigua religión de los arios estableció las bases iniciales del hinduismo, actualmente la religión más importante de la India.

Paso 2 Piensa en las cosas que el autor no dice pero quiere que entiendas.

Pregúntate:

- *¿Cómo están relacionados estos datos con lo que ya sé?*
- *¿De qué manera esta información me sirve para comprender mejor el hinduismo?*

Paso 3 Relee el texto y usa lo que sabes para hacer una inferencia.

INFERENCIA A Muchos idiomas modernos tienen orígenes antiguos.

INFERENCIA B Las religiones modernas son influenciadas por las religiones antiguas.

APLICAR LA DESTREZA

Ve a *Europa: Geografía e historia*, Sección 1.2, "Una costa extensa". Lee el texto titulado "Exploraciones y asentamientos". Luego haz dos inferencias acerca de la forma en que la cercanía de Europa a las grandes masas de agua influyó sobre su población. Usa una tabla de dos columnas como la que se muestra a la derecha para apuntar los datos que encuentres y las inferencias que hagas.

DATOS	INFERENCIAS

Sacar conclusiones

Cuando **sacas conclusiones**, emites un juicio basado en lo que has leído. Analizas los datos, haces inferencias y aprovechas tus experiencias para formar un juicio propio. Para sacar una conclusión, sigue los pasos que se muestran a la derecha.

Paso 1 Lee el pasaje para identificar los datos.

Paso 2 Haz inferencias basadas en los datos.

Paso 3 Usa las inferencias que has hecho, el sentido común y tus propias experiencias para sacar una conclusión.

MODELO GUIADO

Ⓐ El euro se lanzó en 1999, pero los billetes y las monedas recién comenzaron a circular en 2002. Ⓐ Para el 2016, 19 de los 28 países que forman la Unión Europea (UE) habían adoptado el euro. Los países que usan el euro como moneda forman la eurozona. Ⓐ Algunos de los países que pertenecen a la UE, como Rumania, esperan poder ingresar pronto a la eurozona. Otros países, como Gran Bretaña y Dinamarca, no han adoptado el euro como moneda. Estas naciones sostienen que si abandonaran su moneda nacional podrían perder el control de sus economías.

SUGERENCIA Usa un diagrama para organizar los datos que hayas identificado, las inferencias que hayas hecho y la conclusión que hayas sacado. Un diagrama puede ayudarte a razonar con más claridad.

Paso 1 Lee el pasaje para identificar los datos.

DATOS Ⓐ El euro se lanzó en Europa en 1999. Hacia el 2016, 19 de las 28 naciones de la UE lo usaban como moneda. Algunos países esperan poder ingresar en la eurozona. Otros, como Gran Bretaña y Dinamarca, no han adoptado el euro como moneda porque creen que perderían el control sobre sus economías.

Paso 2 Haz inferencias basadas en los datos.

INFERENCIAS *Veo que la mayoría de los países de la UE ha adoptado el euro como moneda y que al menos un país más busca adoptarlo. Sin embargo, algunos países han decidido no adoptar el euro como moneda. Eso significa que adoptar el euro reporta tanto ventajas como desventajas.*

Paso 3 Usa las inferencias que has hecho, el sentido común y tus propias experiencias para sacar una conclusión.

CONCLUSIÓN: *En el futuro, es probable que más países adopten el euro y pasen a formar parte de la eurozona. Sin embargo, otros países no adoptarán el euro como moneda porque hacerlo reporta desventajas.*

APLICAR LA DESTREZA

Ve a *Geografía física y humana*, Sección 2.3, "Condiciones atmosféricas extremas". Lee el pasaje titulado "Soluciones científicas" y saca conclusiones sobre las soluciones de los científicos para combatir los peligros de las condiciones atmosféricas extremas. Escribe oraciones que resuman tu conclusión. A la derecha se muestra un modelo de oración.

Los científicos están logrando grandes avances en la predicción de las condiciones atmosféricas extremas ____________

____

Hacer generalizaciones

Las **generalizaciones** son afirmaciones amplias que se pueden aplicar a un conjunto de ideas, a un grupo de personas o a una serie de sucesos. Puedes hacer generalizaciones sobre la base de información que hayas leído o escuchado. También puedes aprovechar tus propias experiencias. Para hacer generalizaciones, sigue los pasos que se muestran a la derecha.

Paso 1 Busca el tema o mensaje global de la selección.

Paso 2 Busca información en el pasaje que respalde el tema.

Paso 3 Aprovecha tus propios conocimientos.

Paso 4 Haz una generalización sobre el tema y exprésala en forma de oración.

MODELO GUIADO

La vida en el océano

Sylvia Earle ha conducido más de 60 expediciones de buceo para explorar la vida marina. Durante estas expediciones de buceo, ha visto la increíble variedad de especies que habitan en el océano: **B** "Se conocen más de 30 categorías principales de animales, desde las esponjas y medusas hasta muchas clases de gusanos y moluscos hermosos".

A La Dra. Earle también ha visto cómo las personas han perjudicado los océanos. **B** "Sacar del mar demasiadas especies es una manera" dice. "Botar basura, sustancias químicas tóxicas y otros desechos es otra manera". La Dra. Earle ha sido testigo de una disminución enorme en la cantidad de peces del océano. También ha observado el impacto de la contaminación sobre los arrecifes de coral.

Paso 1 Busca el tema global.

TEMA COMÚN **A** Los seres humanos perjudican la diversa vida marina del océano.

Paso 2 Busca información que respalde el tema.

INFORMACIÓN DE APOYO **B** La Dra. Sylvia Earle, una experta en los océanos, sostiene que las personas perjudican la vida del océano pues sacan demasiados animales marinos y botan basura al mar, sustancias químicas tóxicas y otros desechos. La Dra. Earle ha sido testigo de una disminución enorme en la cantidad de peces que viven en el mar y de los efectos de la contaminación sobre los arrecifes de coral.

Paso 3 Aprovecha tus propios conocimientos.

Sé que vivir en aguas contaminadas es malo para los seres vivos. Vi un programa de televisión que mostraba cómo los desechos tóxicos vertidos en el océano provocaron la extinción de algunas especies.

Paso 4 Haz una generalización sobre el tema y exprésala en forma de oración.

GENERALIZACIÓN *Si no dejamos de contaminar y de sacar demasiados animales marinos del agua, muchas especies podrían extinguirse.*

SUGERENCIA También puedes hacer generalizaciones sobre información que provenga de múltiples fuentes. Determina qué información tienen en común las fuentes. Luego haz una generalización que sea respaldada por todas las fuentes.

APLICAR LA DESTREZA

Ve a *Europa: Geografía e historia*, Sección 2.5, "La Edad Media y el cristianismo". Vuelve a leer el pasaje titulado "El sistema feudal". Luego, usando la información del pasaje y lo que ya sepas, haz generalizaciones luego sobre el papel que desempeñó el sistema feudal en Europa. Mira el ejemplo a la derecha.

El sistema feudal proporcionó seguridad a los europeos durante la Edad Media.

Formar opiniones y respaldarlas

Cuando **formas una opinión**, determinas y evalúas la importancia y la relevancia de algo. Si bien una opinión es un juicio emitido por una persona y no un hecho, para ser sensata debe estar respaldada con ejemplos y datos.

Paso 1 Lee el pasaje. Busca información confiable sobre el tema, incluyendo datos, estadísticas y citas.

Paso 2 Forma tu propia opinión sobre el tema.

Paso 3 Busca datos que respalden tu opinión.

MODELO GUIADO

Alemania durante la Segunda Guerra Mundial

Ⓐ Hitler se convirtió en el líder del Partido Nacional Socialista Obrero Alemán, o los Nazis. Concretó alianzas con Italia y Japón.

Ⓐ La Segunda Guerra Mundial se inició en 1939, cuando Alemania invadió Polonia. Gran Bretaña y Francia, los Aliados, le declararon la guerra a Alemania poco después de la invasión, pero Alemania conquistó Polonia y derrotó rápidamente a la mayor parte de Europa. En 1941, los Estados Unidos se sumaron a la guerra en el bando de los Aliados.

Ⓐ Alemania se rindió finalmente en mayo de 1945. Cerca del fin de la guerra, las tropas aliadas quedaron pasmadas cuando descubrieron los campos de concentración nazis donde seis millones de judíos y otras personas habían sido asesinadas. Este asesinato masivo se conoció como el Holocausto.

SUGERENCIA Para distinguir hechos de opiniones, pregúntate: "¿Se puede comprobar este enunciado?". Si hay pruebas que comprueben el enunciado, entonces se trata de un hecho. Si el enunciado no se puede comprobar porque expresa un pensamiento o una emoción, entonces se trata de una opinión.

Paso 1 Lee el pasaje. Busca información confiable sobre el tema.

TEMA Alemania durante la Primera Guerra Mundial

INFORMACIÓN IMPORTANTE SOBRE EL TEMA Ⓐ Alemania, Italia y Japón formaron una alianza. La invasión de Alemania a Polonia en 1939 dio inicio a la Segunda Guerra Mundial. Alemania rápidamente derrotó a la mayor parte de Europa. En 1945, Alemania se rindió y las tropas aliadas descubrieron las pruebas del Holocausto.

Paso 2 Forma tu propia opinión sobre el tema.

Decide la importancia o el sentido amplio del tema. ¿Qué piensas sobre el tema?

MI OPINIÓN *Las acciones de Hitler y del partido Nazi durante las décadas de 1930 y 1940 fueron una terrible violación de los derechos humanos.*

Paso 3 Busca datos que respalden tu opinión.

Si no logras hallar datos que respalden tu opinión, debes modificarla.

DATOS QUE RESPALDAN MI OPINIÓN *Hitler fue un poderoso líder de los Nazis, quienes mataron a seis millones de judíos y otras víctimas durante el Holocausto.*

APLICAR LA DESTREZA

Ve a *Europa: Geografía e historia*, Sección 2.2, "La Grecia clásica". Lee el pasaje titulado "Los logros griegos". Da una opinión sobre lo que has leído y enumera datos que respalden tu opinión. Usa una tabla como la que se muestra a la derecha para organizar tus ideas.

OPINIÓN	RESPALDO
La edad dorada de Grecia fue un período de logros extraordinarios.	

Identificar problemas y soluciones

A través de la historia, las personas se han enfrentado a problemas y han aprendido a resolverlos. Cuando **identificas problemas**, descubress dificultades a las que las personas se han enfrentado. Cuando **identificas soluciones**, aprendes cómo las personas intentaron resolver sus problemas. Para identificar problemas y soluciones, sigue los pasos que se muestran a la derecha.

Paso 1 Lee el texto y determina a qué problema o problemas se enfrentaron las personas.

Paso 2 Determina la causa de los problemas. Puede haber múltiples causas.

Paso 3 Identifica las soluciones que las personas usaron para resolver los problemas.

Paso 4 Determina si las soluciones fueron exitosas. Pregúntate: "¿Se resolvió el problema?"

MODELO GUIADO

El impacto de la revolución

La Revolución Industrial ejerció un impacto enorme en la manera de vivir y trabajar de las personas. Las ciudades crecieron muy rápido porque las personas emigraron allí en busca de los empleos que ofrecían las fábricas. Mejoraron los niveles de vida y surgió una clase media próspera.

A Sin embargo, los trabajadores de las fábricas a menudo debieron lidiar con condiciones muy duras. **B** Los obreros trabajaban hasta 14 horas al día. El trabajo infantil era corriente. Era habitual que los niños y las niñas trabajaran en las minas y las fábricas a partir de los diez años de edad.

B Muchos trabajadores vivían en casas pequeñas repletas de personas, en barrios que habitualmente tenían cloacas a cielo abierto. Las enfermedades se propagaban rápidamente en estos edificios hacinados. **C** Con el paso del tiempo, el nivel de vida mejoró a medida que se promulgaron leyes de salud pública y se crearon sistemas cloacales y edificios más amplios.

Paso 1 Lee el texto y determina a qué problema se enfrentaron las personas.

PROBLEMA **A** Los obreros de las fábricas se enfrentaron a condiciones muy duras durante la Revolución Industrial.

Paso 2 Determina la causa del problema.

CAUSAS **B** largas jornadas laborales, trabajo infantil, viviendas hacinadas, cloacas a cielo abierto

Paso 3 Identifica las soluciones que las personas usaron para resolver el problema.

SOLUCIONES **C** Se construyeron viviendas más grandes para los obreros y se instalaron sistemas cloacales para mejorar la sanidad.

Paso 4 Determina si las soluciones fueron exitosas.

¿ÉXITO? Sí. Las leyes regularon las condiciones laborales y de vivienda, que pasaron a ser mucho más limpias y seguras. Los sistemas cloacales redujeron las enfermedades. Se prohibió a los niños trabajar en las fábricas.

SUGERENCIA Una tabla como la que se muestra a continuación es una herramienta útil para apuntar la información sobre un problema y sobre su solución. Organiza una tabla de manera que tenga filas separadas para la descripción del problema, sus causas, las soluciones y el éxito de la solución.

APLICAR LA DESTREZA

Ve a *Geografía física y humana*, Sección 2.5, "Preservación del hábitat". Lee los pasajes titulados "Los hábitats naturales" y "Pérdida y restauración del hábitat". Identifica los problemas y las soluciones usando una tabla como la que se muestra a la derecha.

¿Cuál era el problema?	
¿Cuáles eran las causas?	
¿Cuál fue la solución?	
¿Tuvo éxito la solución?	

Analizar datos

La información, o datos, se puede recopilar en tablas, bases de datos, gráficas, diagramas, modelos y mapas. Independientemente de su formato, puedes **analizar los datos** para sacar conclusiones, hacer comparaciones, identificar tendencias y mejorar tu comprensión de la información. Para analizar datos, sigue los pasos que se muestran a la derecha.

Paso 1 **Identifica la fuente de los datos, la cual puede ser una tabla, gráfica, base de datos, modelo, diagrama o mapa. Lee el título para determinar qué información contiene.**

Paso 2 **Lee los encabezamientos o subtítulos para ver cómo está organizada la información.**

Paso 3 **Estudia los datos para responder preguntas, sacar conclusiones, hacer comparaciones e identificar tendencias.**

MODELO GUIADO

A INDICADORES ECONÓMICOS DE PAÍSES SELECCIONADOS

B PAÍS	PIB PER CÁPITA ($ EE. UU.)	TASA DE ALFABETISMO (porcentaje)
B Afganistán	1,000	28.0
Brasil	12,000	88.6
China	9,100	92.2
Etiopía	1,200	42.7
Alemania	39,100	99.0
México	15,300	86.1
Estados Unidos	49,800	99.0

Fuente: Banco Mundial; Naciones Unidas

SUGERENCIA Además de las tablas y las gráficas, existen otras maneras de representar los datos. Cuando analices datos a partir de un modelo, diagrama o mapa, examina todas las leyendas, símbolos, ilustraciones y recuadros de texto. Puede haber información importante en el lugar menos pensado.

Paso 1 **Identifica la fuente de los datos y determina qué información contiene.**

A *La fuente de estos datos es una tabla. Su título es, "Indicadores económicos de países seleccionados" y me indica que incluye datos económicos de varios países.*

Paso 2 **Lee los encabezamientos o subtítulos para ver cómo está organizada la información.**

En la tabla, las columnas van hacia arriba y hacia abajo, y las filas van de izquierda a derecha. Otras fuentes de datos, como las gráficas, los modelos y los diagramas, organizan los datos de otra manera.

Esta tabla señala dos tipos de indicadores económicos registrados en cada país. B *Las columnas registran los datos de los indicadores económicos.* B *Las filas enumeran información de cada país.*

Paso 3 **Estudia los datos para responder preguntas, sacar conclusiones, hacer comparaciones e identificar tendencias.**

Usando esta tabla, puedo comparar los datos de la columna de la tasa de alfabetismo con los datos de la columna del PIB per cápita. Puedo llegar a la conclusión de que una tasa de alfabetismo alta está vinculada a un alto PIB per cápita.

APLICAR LA DESTREZA

Ve a *Geografía física y humana*, Sección 1.2, "La estructura compleja de la Tierra". Examina el diagrama llamado "Movimientos de las placas tectónicas". Luego analiza los datos del diagrama para responder las siguientes preguntas.

1. ¿Qué tipo de datos proporciona este diagrama?
2. ¿Qué tipo de placas se muestran?
3. ¿Cuáles son los cuatro tipos de movimientos de placas?
4. ¿Qué es la subducción?
5. Compara la divergencia y la convergencia.
6. Según tu análisis de los datos del diagrama, ¿qué conclusiones puedes sacar sobre el movimiento de las placas terrestres?

Distinguir entre hechos y opiniones

Es importante **distinguir entre hechos y opiniones** para diferenciar las creencias personales de un individuo de los conceptos o sucesos que se sabe que son verdaderos. Para distinguir entre hechos y opiniones, sigue los pasos que se muestran a la derecha.

Paso 1 Lee el pasaje e identifica los hechos: la información que se puede comprobar como verdadera.

Paso 2 Identifica las opiniones: un juicio o sentimiento sobre un tema o la enunciación de impresiones de carácter personal.

Paso 3 Pregúntate: "¿Se puede comprobar que este enunciado es verdadero?" Si la respuesta es afirmativa, debes decidir cómo o dónde comprobarlo.

MODELO GUIADO

Albergar los juegos

Los países que albergan los Juegos Olímpicos tienen beneficios. **A** Primero, la construcción de edificios como estadios y la Villa Olímpica (donde se quedan los atletas) crea trabajos. Idealmente estas estructuras seguirían siendo usadas ahora que los juegos han terminado. **A** Los negocios como hoteles y restaurantes también se benefician. Los atletas y turistas de todo el mundo llegan a la ciudad anfitriona y gastan dinero en alojamiento, alimento y otros bienes. Billones de personas miran los juegos por televisión. **B** Con esta exposición, Río de Janeiro ahora ganará la reputación de una ciudad próspera y de nivel mundial.

SUGERENCIA Cuando identifiques impresiones de carácter personal en un texto histórico, también debes comprobar si el punto de vista del autor es sesgado o prejuicioso. Busca palabras, frases o enunciados que reflejen opiniones positivas o negativas acerca de un grupo, una clase social o un partido político determinado.

Paso 1 Lee el pasaje e identifica información que se pueda comprobar como verdadera.

HECHOS **A** La construcción de edificios como estadios y la Villa Olímpica crea trabajos. Los negocios como hoteles y restaurantes también se benefician. Los atletas y turistas de todo el mundo llegan a la ciudad anfitriona y gastan dinero en alojamiento, alimento y otros bienes. Con esta exposición, Río de Janeiro ahora ganará la reputación de una ciudad próspera y de nivel mundial.

Paso 2 Identifica las opiniones.

Busca impresiones de carácter personal, juicios y sentimientos. Palabras clave como "idealmente" y "seguirían" son pistas de que un enunciado es una opinión.

OPINIONES **B** Con esta exposición, Río de Janeiro ahora ganará la reputación de una ciudad próspera y de nivel mundial.

Paso 3 Pregúntate: "¿Se puede comprobar que este enunciado es verdadero?" Si la respuesta es afirmativa, debes decidir cómo o dónde comprobarlo.

ENUNCIADO Billones de personas miran los juegos por televisión.

DÓNDE COMPROBARLO enciclopedias, libros de historia, fuentes en línea confiables

¿HECHO U OPINIÓN? hecho

APLICAR LA DESTREZA

Ve a *Europa: Geografía e historia*, Sección 1.4, "Protegiendo el Mediterráneo". Examina el pasaje titulado "Reservas marinas". Usa una tabla como la que se muestra a la derecha para registrar los hechos u opiniones y decidir dónde podrías comprobarlos. Una vez que hayas comprobado el enunciado, apunta si se trata de un hecho o de una opinión.

Enunciado: Scandola es una reserva marítima donde las personas tienen prohibido pescar, nadar o anclar sus embarcaciones.
Dónde comprobar:
Hecho u opinión:

Evaluar

Cuando lees un texto informativo, debes **evaluar** lo que has leído. En ocasiones evalúas un pasaje para determinar si sus afirmaciones son creíbles. También puedes evaluar las acciones de una persona para comprenderlas. Para evaluar una acción o un suceso, sigue los pasos que se muestran a la derecha.

Paso 1 Identifica la acción o el suceso que quieres evaluar.

Paso 2 Reúne pruebas sobre el impacto positivo de la acción o el suceso.

Paso 3 Reúne pruebas sobre el impacto negativo de la acción o el suceso.

Paso 4 Decide si las pruebas son adecuadas.

Paso 5 Haz tu propia evaluación de la acción.

MODELO GUIADO

A El paso a la economía de mercado de los países de Europa Oriental ha tenido diversos resultados. **B** Polonia ha tenido el mayor éxito. Su economía crece rápidamente y el país exporta bienes a toda Europa. **C** Otros países han sido más lentos en establecer negocios nuevos y volverse competitivos. También han sufrido aumentos de precios y de la tasa de desempleo.

B Los líderes de varios países de Europa Oriental quieren integrarse al resto de Europa. Buscan ingresar a la Unión Europea y a la OTAN, una alianza militar de estados democráticos de Europa y Norteamérica.

SUGERENCIA Hacer una lista de los resultados positivos y negativos de una decisión, suceso o acción puede ayudarte a evaluarlos. Lee el pasaje y enumera los puntos positivos y los negativos. Luego revisa la lista y haz tu propia evaluación.

Paso 1 Identifica la acción o el suceso.

A El impacto de la adaptación a la economía de mercado en los países de Europa Oriental.

Paso 2 Reúne pruebas sobre el impacto positivo de la acción o el suceso.

B La economía de Polonia ha crecido rápidamente. Polonia actualmente exporta bienes a toda Europa. Esto ha producido que muchos líderes de Europa Oriental intenten acercarse al resto de Europa.

Paso 3 Reúne pruebas sobre el impacto negativo de la acción o el suceso.

C Algunos países han sido más lentos en establecer negocios nuevos y volverse competitivos. También han sufrido aumentos de precios y de la tasa de desempleo.

Paso 4 Decide si las pruebas son adecuadas.

Hay evidencias para respaldar tanto los efectos positivos como los negativos de la acción. Las pruebas parecen fácticas, es decir, parecen ser hechos.

Paso 5 Haz tu propia evaluación de la acción.

El paso a la economía de mercado ha tenido efectos negativos en algunos países de Europa Oriental. Sin embargo, ha sido un éxito en otras naciones y ha fomentado la profundización de las relaciones de Europa Oriental con el resto del mundo.

APLICAR LA DESTREZA

Ve a *Europa: Geografía e historia*, Sección 2.5, "La Edad Media y el cristianismo". Lee el pasaje titulado "El crecimiento de las ciudades". Reúne pruebas del pasaje y determina si son positivas o negativas usando una tabla como la que se muestra a la derecha. Luego escribe una breve evaluación sobre el impacto del crecimiento de las ciudades en Europa.

PRUEBAS	POSITIVAS/NEGATIVAS
Se desarrollaron el comercio y los negocios.	

Sintetizar

Cuando lees, asimilas información, detalles, pistas y conceptos. Cuando **sintetizas**, combinas todos esos datos para lograr una comprensión global de lo que has leído. Para sintetizar, sigue los pasos que se muestran a la derecha.

Paso 1 Busca pruebas firmes y que sean hechos.

Paso 2 Busca explicaciones que relacionen los hechos.

Paso 3 Piensa en lo que has vivido o ya sabes sobre el tema.

Paso 4 Usa las pruebas, las explicaciones y tus conocimientos previos para alcanzar una comprensión global de lo que has leído.

MODELO GUIADO

Los inmigrantes en Australia

Ⓐ Al igual que Europa, Australia padece un envejecimiento de su población. Ⓑ El gobierno australiano cree que la inmigración puede ayudar a revertir esta tendencia. Como consecuencia, el gobierno identifica anualmente las carencias en la fuerza laboral del país y luego determina la cantidad de inmigrantes calificados que pueden emigrar a Australia. Entre 2010 y 2011, ingresaron a Australia más de 127,000 personas a través del programa de inmigración calificada. La mayoría de estos inmigrantes provenía de Gran Bretaña, la India y China.

SUGERENCIA Para sintetizar, debes ser capaz de determinar cuál es la información más importante. Una vez que hayas identificado los hechos más importantes, organízalos y busca información para explicarlos. Luego intégralos a tus conocimientos previos. Realizas una síntesis cuando extraes la información más importante de un pasaje y le das un significado propio.

Paso 1 Busca pruebas firmes y que sean hechos.

Identifica los datos que te servirán para basar tu síntesis en pruebas confiables.

DATO Ⓐ Al igual que Europa, Australia padece un envejecimiento de su población.

Paso 2 Busca explicaciones que relacionen los hechos.

En este pasaje, los datos tienen una relación de problema-solución.

EXPLICACIÓN Ⓑ Australia cree que la inmigración puede ayudar a revertir la tendencia al envejecimiento que padece su población.

Paso 3 Piensa en lo que ya sabes sobre el tema.

Sé que la inmigración hizo de los Estados Unidos una nación diversa. Supongo que la diversidad cultural de Australia ha crecido gracias al programa de inmigración calificada del país.

Paso 4 Usa las pruebas, las explicaciones y tus conocimientos previos para alcanzar una comprensión global de lo que has leído.

Debido al envejecimiento de su población, Australia aplica una política de inmigración regulada por el gobierno para atraer a trabajadores de otros países. A través de este programa, Australia está resolviendo el problema del envejecimiento de la población y, al mismo tiempo, está haciendo crecer la diversidad cultural del país.

APLICAR LA DESTREZA

Ve a *Europa: Geografía e historia*, Sección 2.3, "La República romana". Lee el pasaje titulado "El Espíritu Romano". Usa una tabla como la que se muestra a la derecha para organizar las pruebas. Luego escribe una breve síntesis sobre la importancia de los valores romanos en el desarrollo de Roma.

Pruebas: los romanos valoraban el autocontrol, el trabajo duro, el cumplimiento del deber y el juramento de lealtad a Roma.
Explicaciones de respaldo:
Síntesis:

Analizar fuentes primarias y secundarias

Las **fuentes primarias** son los materiales escritos o proporcionados por personas que han tenido una experiencia personal con un suceso. Las **fuentes secundarias** son los materiales escritos por personas que no presenciaron o experimentaron de manera directa un suceso. Para analizar fuentes primarias y secundarias, sigue los pasos que se muestran a la derecha.

Paso 1 Identifica si el material es una fuente primaria o secundaria.

Paso 2 Determina la calidad y credibilidad de la fuente primaria o secundaria.

Paso 3 Determina la idea principal de la fuente secundaria.

Paso 4 Identifica el autor de la fuente primaria y su idea principal.

MODELO GUIADO

La inspiración de Mandela

Ⓐ Los pensadores de la Ilustración sostenían que Ⓑ las personas tenían derechos naturales, tales como la vida, la libertad y la propiedad. Estos pensadores inspiraron a Nelson Mandela a luchar para poner fin al apartheid en Sudáfrica. Como recompensa a su labor, Mandela fue galardonado con el premio Nobel de la Paz en 1993. El siguiente fragmento pertenece al discurso pronunciado por Mandela al aceptar el premio.

Ⓒ *El valor de este premio compartido será y deberá ser medido por la jubilosa paz que prevalecerá. Entonces viviremos, pues habremos creado una sociedad que reconoce que todas las personas nacen [...] con el mismo derecho a la vida, a la libertad, a la prosperidad, a los derechos humanos y a un buen gobierno.*

Ⓓ—Nelson Mandela, 1993

SUGERENCIA Cuando analizas una fuente primaria o secundaria, distingues entre los hechos y las opiniones. Estas opiniones pueden reflejar el sesgo del autor y las creencias e ideas de su época.

Paso 1 Identifica si el material es una fuente primaria o secundaria.

La mayor parte de los pasajes de los libros de texto son fuentes secundarias. Una observación realizada por un experto o un testigo presencial probablemente sea una fuente primaria. En este libro de texto, el material de fuente secundaria está marcado con la Ⓐ.

Paso 2 Determina la calidad y credibilidad de la fuente primaria o secundaria.

La fuente primaria de este pasaje está marcada con una Ⓒ. Pregúntate: "¿Es el autor una fuente confiable de información?". *Nelson Mandela es un activista político ganador del premio Nobel de la Paz. Es una fuente confiable. La fuente secundaria es mi libro de texto, que también es una fuente confiable.*

Paso 3 Determina la idea principal de la fuente secundaria.

IDEA PRINCIPAL Ⓑ. Las personas tienen derechos naturales; todo ser humano debe gozar de estos derechos.

Paso 4 Identifica el autor de la fuente primaria y su idea principal.

AUTOR Ⓓ Nelson Mandela

IDEA PRINCIPAL Ⓑ Las personas tienen derechos naturales; todo ser humano debe gozar de estos derechos.

APLICAR LA DESTREZA

Ve a *Europa: Geografía e historia*, Sección 1.4, "Protegiendo el Mediterráneo". Lee el pasaje titulado "Bajo el mar". Determina qué partes del pasaje son fuentes primarias y secundarias. Luego usa una tabla como la que se muestra a la derecha para analizar el pasaje.

Calidad de la fuente:
Idea principal del material de fuente secundaria:
Autor de la información proporcionada por la fuente primaria:
Información proporcionada por la fuente primaria:

Analizar elementos visuales

Los elementos visuales, tales como las tablas, las gráficas, los mapas, las fotografías, las ilustraciones y los diagramas, ilustran las ideas de un texto. Cuando **analizas elementos visuales**, determinas qué información está siendo presentada y cómo se relaciona con otra información sobre ese mismo tema. Para analizar elementos visuales, sigue los pasos que se muestran a la derecha.

Paso 1 **Estudia el elemento visual y determina qué información proporciona.**

Paso 2 **Determina de qué manera la información del elemento visual está relacionada con la otra información provista por el texto.**

Paso 3 **Analiza la información presentada en el elemento visual para mejorar tu comprensión.**

MODELO GUIADO

Solsticios y equinoccios

El momento en el que se inician el verano y el invierno se denomina **B** **solsticio**. El 20 o el 21 de junio es el solsticio de verano en el Hemisferio Norte. El 21 o 22 de diciembre llega el solsticio de invierno al Hemisferio Norte.

El comienzo de la primavera o del otoño se denomina **B** **equinoccio**. En el Hemisferio Norte, el equinoccio de primavera tiene lugar el 21 de marzo y el equinoccio de otoño tiene lugar alrededor del 23 de septiembre.

A LAS CUATRO ESTACIONES DE LA TIERRA: HEMISFERIO NORTE

Paso 1 **Estudia el elemento visual y determina qué información proporciona.**

Busca pistas en los títulos, rótulos o leyendas.

A *Este diagrama se titula "Las cuatro estaciones de la Tierra: Hemisferio Norte". Las fechas del elemento visual me indican la posición de la Tierra con respecto al Sol durante todo el año.*

Paso 2 **Determina de qué manera la información del elemento visual está relacionada con otra información proporcionada en el texto.**

B *Los solsticios de verano e invierno y los equinoccios de otoño y primavera están descritos en el texto. El elemento visual ilustra la información del texto.*

Paso 3 **Analiza la información presentada en el elemento visual para mejorar tu comprensión.**

Pregúntate: ¿Qué información muestra el elemento visual? ¿Por qué se usó este elemento visual? ¿El elemento visual representa la información de manera exacta? ¿Qué muestra el elemento visual que no está explicado en el texto?

SUGERENCIA Busca patrones y relaciones entre los ítems y la información de un elemento visual y el texto a su alrededor. Estudia los colores y los símbolos para comprender qué representan.

APLICAR LA DESTREZA

Ve a *Geografía física y humana*, Sección 1.3, "Accidentes geográficos de la Tierra". Analiza el elemento visual y responde las siguientes preguntas.

1. ¿Qué tipo de información proporciona este elemento visual?
2. ¿Qué pasaje del texto es resaltado por este elemento visual?
3. Usa información del pasaje relacionado y del elemento visual para explicar qué es la plataforma continental y dónde está ubicada.
4. ¿Qué te muestra el elemento visual sobre la elevación continental que no esté explicado en el pasaje?

Interpretar mapas físicos

Los **mapas físicos** proporcionan información sobre las características físicas de la Tierra, tales como lagos, ríos y montañas. Al estudiar los mapas físicos puedes aprender acerca de la elevación, o relieve, y la ubicación absoluta y relativa. Para leer un mapa físico, sigue los pasos que se muestran a la derecha.

Paso 1 Lee el título del mapa.

Paso 2 Usa la clave, o leyenda, del mapa.

Paso 3 Usa la escala del mapa para medir las distancias.

Paso 4 Usa la rosa de los vientos o el indicador direccional para determinar la orientación.

Paso 5 Usa las líneas de latitud y longitud para determinar la ubicación de la región en la Tierra.

MODELO GUIADO

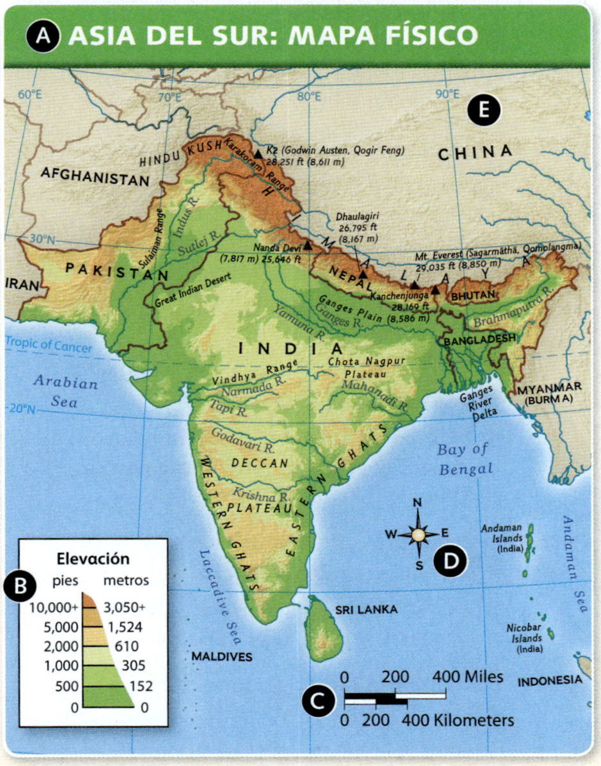

Paso 1 Lee el título del mapa.

A Lee el título del mapa para averiguar qué tipo de mapa es y qué clase de información presenta.

Paso 2 Usa la clave, o leyenda, del mapa.

B La clave explica los símbolos usados en el mapa. En un mapa físico, la clave habitualmente proporciona información acerca de las características físicas, como las montañas. El mapa también tiene una escala de elevación codificada por colores, para mostrar a qué altura sobre el nivel del mar se encuentra cada área.

Paso 3 Usa la escala del mapa.

C Usa la escala del mapa para determinar la distancia entre los puntos del mapa.

Paso 4 Determina la orientación.

D Usa la rosa de los vientos o el indicador direccional para determinar la orientación en el mapa.

Paso 5 Determina la latitud y longitud.

E Examina las líneas numeradas del mapa. Las líneas horizontales representan la latitud. Las líneas verticales representan la longitud.

SUGERENCIA Hacer una tabla es una buena manera de registrar la información importante de un mapa físico. Usa una tabla para apuntar el título del mapa, la información de la clave, o leyenda, del mapa e información de la escala, la latitud, la longitud y la ubicación.

APLICAR LA DESTREZA

Ve a *Europa: Geografía e historia*, Sección 1.1, "Geografía física". Interpreta el mapa para responder las siguientes preguntas.

1. ¿De qué se trata el mapa?
2. ¿Qué tipo de mapa es este y qué región representa?
3. ¿Cuál es la elevación máxima de Rumania (*Romania*)?
4. ¿Cuál es la distancia aproximada entre el punto más oriental de Francia (*France*) y el punto más occidental de Italia (*Italy*), tanto en millas (*miles*) como en kilómetros (*kilometers*)?

Interpretar mapas políticos

Los **mapas políticos** proporcionan información sobre los elementos creados por el hombre, como las ciudades, las capitales y los límites entre países. A diferencia de los mapas físicos, los mapas políticos no hacen hincapié en las características físicas de un país o región. Para leer un mapa político, sigue los pasos que se muestran a la derecha.

Paso 1 Lee el título del mapa.

Paso 2 Usa la clave, o leyenda, del mapa.

Paso 3 Usa la escala del mapa para medir las distancias.

Paso 4 Usa la rosa de los vientos o el indicador direccional para determinar la orientación.

Paso 5 Usa las líneas de latitud y longitud para determinar la ubicación de la región en la Tierra.

MODELO GUIADO

SUGERENCIA En muchos mapas políticos, los países o estados se muestran en distintos colores. Esto permite que sea más fácil distinguir los límites. Las ciudades normalmente están representadas por puntos de un tamaño variable, que depende de la población de la ciudad.

Paso 1 Lee el título del mapa.

Ⓐ Lee el título del mapa para averiguar qué tipo de mapa es y qué clase de información se representa en el mapa.

Paso 2 Usa la clave, o leyenda, del mapa.

Ⓑ La clave, o leyenda, del mapa explica los símbolos usados en el mapa. Los símbolos para las capitales y las ciudades importantes normalmente se encuentran en la clave del mapa político. En este mapa, Nueva Delhi, la capital de la India, está representada por una estrella.

Paso 3 Usa la escala del mapa.

Ⓒ Usa la escala del mapa para determinar la distancia entre las ciudades o países del mapa.

Paso 4 Determina la orientación.

Ⓓ Usa la rosa de los vientos o el indicador direccional para determinar la orientación en el mapa.

Paso 5 Determina la latitud y longitud.

Ⓔ Examina las líneas numeradas que se intersecan en el mapa. Las líneas horizontales representan la latitud y las líneas verticales representan la longitud. Las líneas de latitud y longitud te permiten establecer la ubicación de los países o de las ciudades que se muestran en el mapa.

APLICAR LA DESTREZA

Ve a la introducción del capítulo *Europa: Geografía e historia*. Busca el mapa político de Europa que se encuentra junto a la página del Vistazo previo al capítulo. Interpreta el mapa y responde las siguientes preguntas.

1. ¿Qué tipo de mapa es este y qué región representa?
2. ¿Cuál es la capital de España (*Spain*)?
3. ¿Cuál es la distancia aproximada entre los extremos oriental y occidental de Islandia (*Iceland*)?
4. ¿Dónde está situada Berlín (*Berlin*) con respecto a Varsovia (*Warsaw*)?

Crear bosquejos de mapas

En los libros de texto de estudios sociales, los mapas son una ayuda visual muy común. Sin embargo, en ocasiones resulta útil dibujar un mapa propio para mejorar la comprensión acerca de un lugar determinado o para visualizar características descritas en el texto. Para **crear bosquejos de mapas**, sigue los pasos que se muestran a la derecha.

Paso 1 Determina qué mapa dibujaras y ponle un título.

Paso 2 Dibuja el contorno del lugar.

Paso 3 Añade al mapa características físicas y políticas importantes.

Paso 4 Añade al mapa una rosa de los vientos.

Paso 5 Si corresponde, dibuja y rotula los países o regiones circundantes.

MODELO GUIADO

SUGERENCIA Dibuja el mapa en papel cuadriculado para poder trazar el lugar y las áreas circundantes a escala. Dibújalo con un lápiz para poder borrar fácilmente cualquier error.

Paso 1 Determina qué mapa dibujarás y ponle un título.

Ⓐ Estudia los mapas existentes y el texto que describa la ubicación geográfica del lugar.

Paso 2 Dibuja el contorno del lugar.

Pregúntate: "¿Qué forma tiene este lugar?" "¿Qué hay a su alrededor?". Recuerda que los dibujos de un mapa no tienen que ser perfectos. El dibujo de cada estudiante se verá diferente.

Paso 3 Añade al mapa características físicas y políticas importantes.

Ⓑ Este estudiante decidió dibujar y rotular el río Ebro en España.

Paso 4 Añade al mapa una rosa de los vientos. Ⓒ

Paso 5 Si corresponde, dibuja y rotula los países o regiones circundantes.

Ⓓ En el bosquejo de este mapa, se ha identificado al país de Portugal.

APLICAR LA DESTREZA

Examina el mapa político de Europa que se encuentra junto a la página del Vistazo previo al capítulo, en *Europa: Geografía e historia*. Luego examina el mapa físico de Europa y lee el pasaje titulado "Una península de penínsulas", en la Sección 1.1, "Geografía física". Usa una tabla como la que se muestra a la derecha para hacer un bosquejo del mapa de Irlanda.

Título del mapa:
Capital:
Ciudades principales:
Países circundantes:

Crear tablas y gráficas

Para organizar la información, resulta útil **crear tablas** y **gráficas**. Las tablas simplifican y resumen la información. Las gráficas presentan información numérica. Para crear tablas y gráficas, sigue los pasos que se muestran a la derecha.

Paso 1 Determina si debes usar una tabla o una gráfica para representar los datos.

Paso 2 Dale un título a la tabla o gráfica para indicar qué clase de información muestra.

Paso 3 Crea la tabla o gráfica usando rótulos que sean adecuados para los datos.

MODELO GUIADO

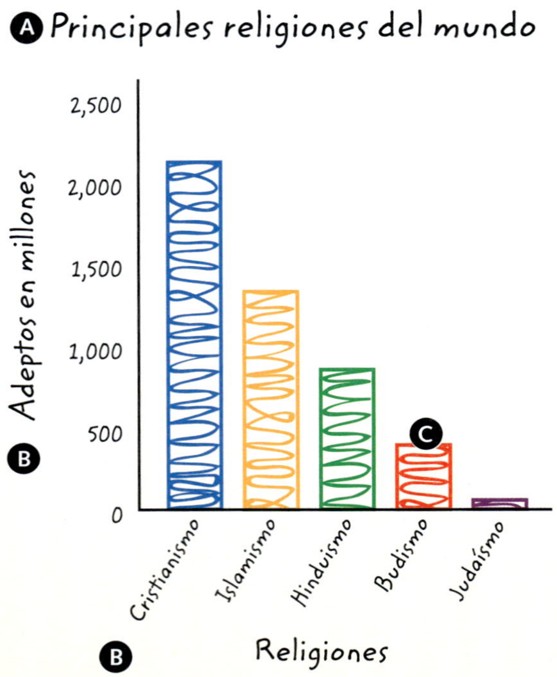

Paso 1 Determina si debes usar una tabla o una gráfica para representar los datos.

Quiero representar la cantidad de personas que practican las principales religiones del mundo: el cristianismo, el islamismo, el hinduismo, el budismo y el judaísmo. Los datos son numéricos, por lo tanto crearé una gráfica. Usaré una gráfica de barras para comparar los datos y mostrar cuál de las religiones tiene la mayor cantidad de adeptos y cuál la menor.

Paso 2 Dale un título a la tabla o gráfica para indicar qué clase de información muestra.

(A) *La gráfica llevará como título "Principales religiones del mundo".*

Paso 3 Crea la tabla o gráfica usando rótulos que sean adecuados para los datos.

(B) *El eje horizontal representará las cinco religiones principales. El eje vertical representará la cantidad de adeptos en millones. Rotularé los ejes según corresponda.*

(C) *Registraré los datos con distintos colores en la gráfica de barras, para representar a cada una de las religiones.*

SUGERENCIA Se usan distintos elementos visuales para representar distintos tipos de datos. Por ejemplo, las gráficas de línea son útiles para comparar cambios en el tiempo. Las gráficas de barra comparan cantidades. Las gráficas circulares muestran porcentajes de un todo. Las tablas se pueden estructurar de varias maneras diferentes, pero siempre simplifican y organizan la información.

APLICAR LA DESTREZA

Ve a *Europa: Geografía e historia* y busca el repaso del capítulo. Usa la gráfica titulada "Millas de vías de ferrocarril en países europeos seleccionados" para crear una gráfica lineal. Para simplificar la gráfica, incluye solo los cuatro países con mayor cantidad total de vías. A la derecha se muestra una gráfica que representa el año 1840.

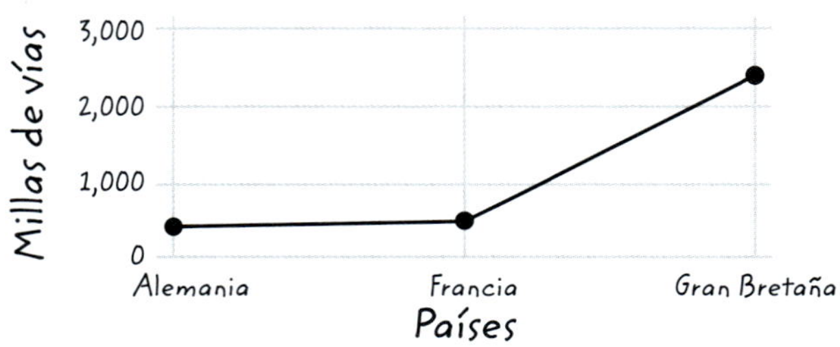

Interpretar tablas

Una tabla es una manera de representar visualmente información o datos. En una tabla, la información está organizada, simplificada y resumida. Para **interpretar tablas**, sigue los pasos que se muestran a la derecha.

Paso 1 Lee el título de la tabla para descubrir qué tipo de información se presenta en la tabla.

Paso 2 Comprueba la confiabilidad de la fuente de los datos de la tabla.

Paso 3 Lee los encabezamientos, subtítulos o rótulos para comprender cómo está organizada la tabla.

Paso 4 Examina los datos de la tabla.

Paso 5 Resume la información.

MODELO GUIADO

Ⓐ **POBLACIÓN DE CIUDADES MEDITERRÁNEAS** (EN MILLONES DE HABITANTES)

Ⓒ Ciudad	1960	2015
Ⓒ Atenas, Grecia	2.2	3.1
Barcelona, España	1.9	5.3
Estambul, Turquía	1.74	14.1
Marsella, Francia	0.8	1.6
Roma, Italia	2.33	3.7

Ⓑ **Fuentes:** ONU, 2013; CIA World Factbook, 2016

SUGERENCIA Cuando interpretes una tabla, compara los datos y saca conclusiones a partir de la información. Por ejemplo, en la tabla de esta página, podrías concluir que Estambul es la ciudad de crecimiento más rápido del Mediterráneo. También podrías concluir que, como consecuencia, la ciudad deberá enfrentar dificultades para dar vivienda y empleo a su gran población.

Paso 1 Lee el título de la tabla para descubrir qué tipo de información se presenta en la tabla.

TÍTULO Ⓐ Población de ciudades mediterráneas (en millones de habitantes).

Paso 2 Comprueba la confiabilidad de la fuente de los datos de la tabla.

FUENTE Ⓑ La ONU, o las Naciones Unidas y *CIA World Factbook* son fuentes conocidas y confiables.

Paso 3 Lee los encabezamientos, subtítulos o rótulos para comprender cómo está organizada la tabla.

Ⓒ La tabla está organizada en filas y columnas. Las filas enumeran las principales ciudades mediterráneas y las columnas proporcionan datos correspondientes a 1960 y 2015.

Paso 4 Examina los datos de la tabla.

Los datos indican cómo crecieron ciertas ciudades en un lapso de 55 años. El propósito es informar datos pasados y futuros.

Paso 5 Resume la información.

Los datos de esta tabla muestran que Estambul, Turquía, experimentó el mayor crecimiento y Atenas, Grecia, el menor.

APLICAR LA DESTREZA

Ve a *Geografía física y humana*, Sección 1.5, "Las aguas de la Tierra". Interpreta la tabla titulada "Los ríos más largos del mundo" para responder las siguientes preguntas.

1. ¿Qué información presenta la tabla?
2. ¿Cómo está organizada la información?
3. ¿Dónde está ubicado el río Amazonas?
4. ¿Cuál es la longitud del río Misisipi-Misuri?
5. ¿Cuál es el río más largo del mundo?
6. ¿Cuál de los dos ríos asiáticos de la tabla es más largo?

Interpretar gráficas

Una gráfica es otra manera de representar información o datos mediante un elemento visual en lugar de hacerlo a través de un texto escrito. En una gráfica, los datos se pueden representar usando números, símbolos o imágenes. Las gráficas más comunes son las gráficas circulares, las gráficas lineales y las gráficas de barras. Para **interpretar gráficas**, sigue los pasos que se muestran a la derecha.

Paso 1 Lee el título de la gráfica e identifica qué tipo de gráfica es.

Paso 2 Comprueba la confiabilidad de la fuente de los datos de la gráfica.

Paso 3 Lee los rótulos de la gráfica.

Paso 4 Examina los datos de la gráfica y busca patrones.

Paso 5 Resume la información de la gráfica.

MODELO GUIADO

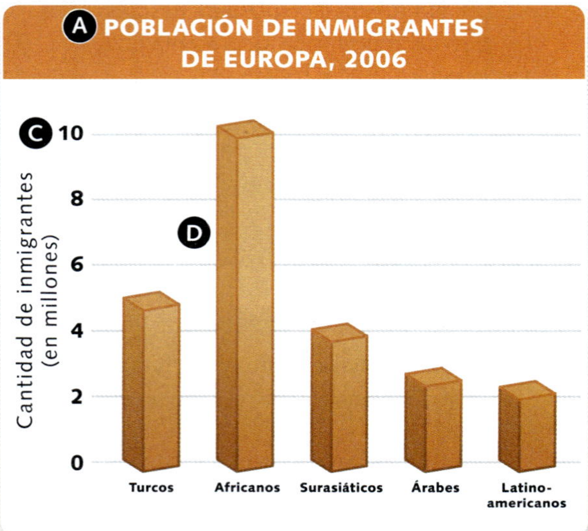

B **Fuente:** Consejo de Europa, 2006

SUGERENCIA Una gráfica circular se usa para comparar partes de un todo y cada "porción" representa un porcentaje. Recuerda que los porcentajes representados por las "porciones" de una gráfica circular siempre suman 100.

Paso 1 Lee el título de la gráfica e identifica qué tipo de gráfica es.

TÍTULO A Población de inmigrantes de Europa, 2006; Esta gráfica es una gráfica de barras, que normalmente se usa para comparar cantidades.

Paso 2 Comprueba la confiabilidad de la fuente de los datos de la gráfica.

FUENTE B El Consejo de Europa, que es una fuente confiable en lo que se refiere a Europa.

Paso 3 Lee los rótulos de la gráfica.

C El eje vertical está rotulado como "Cantidad de inmigrantes". Su escala llega a los diez millones. El eje horizontal está rotulado con cinco grupos de inmigrantes.

Paso 4 Examina los datos de la gráfica y busca patrones.

D La gráfica compara la cantidad de inmigrantes de distintas regiones que llegan a Europa en un año.

Paso 5 Resume la información de la gráfica.

La gráfica muestra que los africanos fueron el grupo más numeroso de inmigrantes que llegó a Europa en 2006. El grupo menos numeroso provino de Latinoamérica.

APLICAR LA DESTREZA

Ve a "Comparar regiones: los idiomas del mundo", al final de la unidad sobre Europa. Estudia la cantidad de idiomas hablados en cada continente para responder las siguientes preguntas.

1. ¿Qué representan los colores de las barras?
2. ¿Qué representan las palabras escritas en las barras?
3. ¿En qué continente se hablan más idiomas?
4. ¿En qué continente se hablan menos idiomas?

Hacer e interpretar líneas cronológicas

Otra manera de organizar, representar y repasar información es hacer una línea cronológica. Cuando **haces una línea cronológica**, registras cronológicamente los sucesos y las fechas sobre un eje, bien sea de izquierda a derecha o de arriba abajo. Para hacer una línea cronológica, sigue los pasos que se muestran a la derecha.

Paso 1 Decide qué mostrará tu línea cronológica y ponle un título.

Paso 2 Determina las fechas de la línea cronológica y ordénalas cronológicamente.

Paso 3 Pon los sucesos principales donde corresponda en la línea cronológica.

Paso 4 Observa los patrones que emerjan de la línea cronológica.

MODELO GUIADO

Ⓐ LA SEGUNDA GUERRA MUNDIAL

Ⓑ 1936

- 1936 — Alemania, Italia y Japón forman las Potencias del Eje.

Ⓒ 1938

- Ⓓ 1939 — Alemania invade a Polonia y derrota a la mayor parte de Europa.

1940

- 1941 — Japón ataca Pearl Harbor. Los Estados Unidos se suman a la guerra.

1942

1944

- 1945 — Alemania se rinde. Los Estados Unidos bombardean Japón. Japón se rinde.

1946

SUGERENCIA Cuando anotes en la línea cronológica fechas que sean anteriores a la era cristiana, asegúrate de ponerlas en el orden correcto. Cuanto mayor sea el número, más antigua será la fecha. Por ejemplo, el año 850 a. C. precede por 350 años al año 500 a. C. El año 1 d. C. viene justo después del año 1 a. C. No existe el año cero.

Paso 1 **Decide qué mostrará tu línea cronológica y ponle un título.**

Las líneas cronológicas a menudo presentan sucesos relacionados con un mismo tema.

Haré una línea cronológica para registrar los principales sucesos que condujeron a la Segunda Guerra Mundial y los que ocurrieron durante la guerra.

TÍTULO Ⓐ La Segunda Guerra Mundial.

Paso 2 **Determina las fechas de la línea cronológica y ordénalas cronológicamente.**

Determina la fecha inicial y la fecha final. Asegúrate de que los intervalos entre ambas fechas sean regulares.

Ⓑ *Los sucesos ocurrieron de 1936 a 1945. Mi fecha inicial será 1936 y mi fecha final será 1946.* Ⓒ *Pondré intervalos regulares de tiempo cada dos años.*

Paso 3 **Pon los sucesos principales donde corresponda en la línea cronológica.**

Ⓓ *En el caso de que un suceso haya ocurrido en un año que no esté rotulado, dibujaré una línea desde de la línea cronológica y rotularé el año.*

Paso 4 **Observa los patrones que emerjan de la línea cronológica.**

Observo en mi línea cronológica que Alemania era poderosa a fines de la década de 1930 y que los Estados Unidos tuvieron un papel importante en la guerra.

APLICAR LA DESTREZA

Ve a *Europa: Geografía e historia*, Sección 2.2, "La Grecia clásica". Estudia la línea cronológica y úsala para responder las siguientes preguntas.

1. ¿Qué título le pondrías a la línea cronológica?
2. ¿Entre qué fechas se extiende la línea cronológica?
3. ¿Cuáles son los intervalos entre las principales fechas de la línea cronológica?
4. ¿Cuándo derrotaron los griegos a los persas?
5. ¿Qué patrones notas en la línea cronológica?

Construir modelos

Puedes **construir modelos** para mostrar de una manera visual información acerca de un lugar, un suceso o un concepto. Los modelos son cualquier representación visual de la información, pero los ejemplos más comunes de modelos son los carteles, los diagramas, las maquetas y los dioramas. Para crear un cartel, sigue los pasos que se muestran a la derecha.

Paso 1 Determina qué mostrará tu cartel e investiga el tema.

Paso 2 Piensa en ideas para tu cartel y bosquéjalas.

Paso 3 Piensa en elementos visuales que te permitan representar la información en tu cartel.

Paso 4 Consigue los materiales que necesites.

Paso 5 Haz tu cartel.

MODELO GUIADO

SUGERENCIA Los dioramas son modelos que muestran en tres dimensiones un lugar, un suceso o una escena, como por ejemplo una batalla o condiciones meteorológicas extremas. Los dioramas se construyen dentro de una caja pequeña, tal como una caja de zapatos. En el interior de la caja se pinta un fondo y la escena se construye usando materiales para manualidades y objetos habituales de uso doméstico.

Paso 1 Determina qué mostrará tu cartel e investiga el tema.

Este cartel muestra la estructura de un feudo durante la Edad Media. Para crear este modelo, el autor investigó la Edad Media y el sistema feudal.

Paso 2 Piensa en ideas para tu cartel y bosquéjalas.

Siempre es bueno hacer un borrador o un bosquejo antes de comenzar a hacer el dibujo definitivo del cartel.

Paso 3 Piensa en elementos visuales que te permitan representar la información en tu cartel.

(A) *El autor usa imágenes y leyendas para mostrar cómo estaba estructurado un feudo de la Edad Media.*

Paso 4 Consigue los materiales que necesites.

Para hacer este modelo se necesitaron recursos sobre la Edad Media, papel de dibujo, un lápiz o un bolígrafo y pinturas.

Paso 5 Haz tu cartel.

Este modelo se dibujó desde una perspectiva aérea que permite ver cómo se relacionan las distintas partes del feudo.

APLICAR LA DESTREZA

Ve a *Geografía física y humana*, Sección 2.4, "Recursos naturales". Lee los pasajes titulados "Los recursos de la Tierra" y "Categorías de recursos". Crea un cartel u otro tipo de modelo para representar cómo se categorizan los recursos naturales de la Tierra. Muestra ejemplos de cada tipo de recursos. A la ...ha puedes ver un cartel de muestra.

El diagrama es otro tipo de modelo que permite visualizar algo que no se puede ver en la vida real. Además, los diagramas se usan a menudo para explicar cómo funcionan las cosas o para mostrar cómo algo está dividido en partes. Para crear un diagrama, sigue los pasos que se muestran a la derecha.

Paso 1 Determina qué mostrará tu diagrama e investiga el tema.

Paso 2 Piensa en ideas para tu diagrama y bosquéjalas.

Paso 3 Piensa en elementos visuales que te permitan representar la información en tu diagrama.

Paso 4 Consigue los materiales que vayas a necesitar.

Paso 5 Crea tu diagrama.

MODELO GUIADO

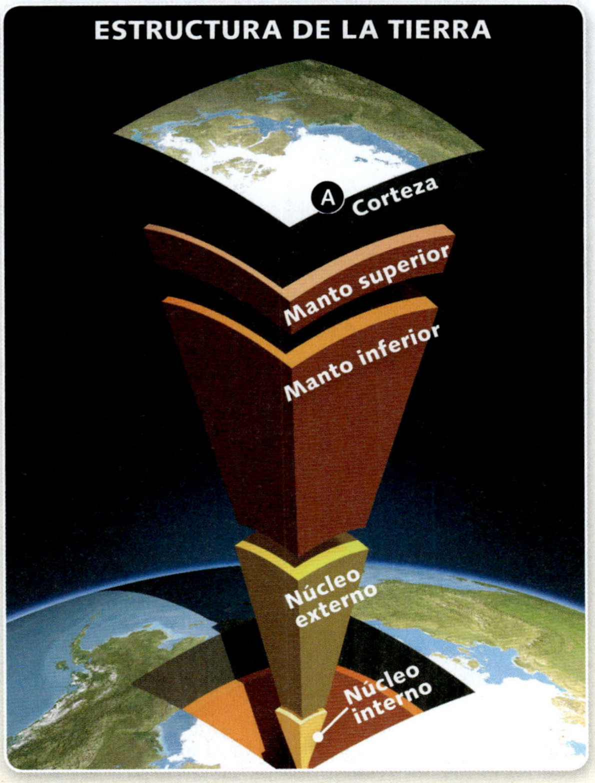

SUGERENCIA Un móvil es un modelo tridimensional. Los móviles son particularmente útiles para mostrar la relación espacial entre los objetos, por ejemplo, cómo giran los planetas alrededor del Sol. Se pueden armar móviles colgando objetos de una percha con hilo o cordel.

Paso 1 Determina qué mostrará tu diagrama e investiga el tema.

Este modelo muestra la estructura de las capas de la Tierra. Es útil porque normalmente no podemos verlas.

Paso 2 Piensa en ideas para tu diagrama y bosquéjalas.

Es una buena idea determinar previamente el ancho aproximado de cada una de las capas y bosquejarlas en un borrador.

Paso 3 Piensa en elementos visuales que te permitan representar la información en tu diagrama.

A *Este diagrama muestra las capas de la Tierra y usa colores diferentes para representar cada una de ellas. Los nombres de las capas están rotulados.*

Paso 4 Consigue los materiales que vayas a necesitar.

Para hacer este diagrama se necesitaron pinturas, marcadores o lápices de colores y también papel y un bolígrafo o un lápiz.

Paso 5 Crea tu diagrama.

Este modelo muestra con claridad las cinco capas de la Tierra, el ancho aproximado y el orden correcto de cada una de ellas.

APLICAR LA DESTREZA

Ve a *Europa: Geografía e historia*, Sección 1.2, "Una costa extensa". Lee el pasaje titulado "Exploración y asentamientos". Dibuja un diagrama como el que se muestra a la derecha para representar la estructura de una aldea pesquera de Europa. Usa elementos visuales en lugar de texto para representar la información.

Crear bases de datos

Una base de datos es una recopilación de información, o conjunto de datos, organizada en formato de tabla con el propósito de facilitar su visualización, uso y actualización. Puedes usar un programa informático para crear una base de datos que te permita buscar la información que necesites entre los datos disponibles. Para **crear una base de datos**, sigue estos pasos.

Paso 1 Determina la información que contendrá tu base de datos y dale un título.

Paso 2 Anota los encabezamientos para las filas y las columnas de la base de datos.

Paso 3 Introduce los datos en las filas y columnas que correspondan.

MODELO GUIADO

(A) EXPLORADORES EUROPEOS FAMOSOS

(B) Nombre del explorador	Nacionalidad del explorador	Fecha de la exploración	Sitio explorado
(C) Bartolomé Díaz	Portugués	1488	Extremo sur de África
Vasco da Gama	Portugués	1498	Extremo sur de África; también llegó a la India y estableció una ruta comercial con Asia
Cristóbal Colón	Italiano (pero trabajaba para España)	1492	Islas del Caribe; continentes de Norteamérica y Suramérica
Jacques Cartier	Francés	Década de 1530	Parte norte de Norteamérica
Sir Francis Drake	Inglés	1577	Navegó alrededor del mundo

SUGERENCIA Quizás quieras usar tarjetas de fichero para escribir y organizar la información que vayas a usar en tu base de datos. Una vez que hayas reunido toda la información, puedes ordenarla en un formato de tabla escrita o puedes usar un *software* de bases de datos para organizarla.

Paso 1 Determina la información que contendrá tu base de datos y dale un título.

(A) *Esta base de datos incluye datos de un pasaje sobre exploradores europeos. Registra información acerca de los exploradores y qué sitio exploró cada uno de ellos. Un título apropiado sería "Exploradores europeos famosos".*

Paso 2 Anota los encabezamientos para las filas y las columnas de la base de datos.

Recuerda que las columnas van hacia arriba y hacia abajo y las filas van de izquierda a derecha. Los encabezamientos de la base de datos normalmente aparecen encima o sobre el lado izquierdo de la base de datos, o en ambos lugares.

(B) *Tengo cuatro categorías de datos, por lo tanto usaré cuatro columnas, una por categoría. Rotularé cada columna con un encabezamiento que describa los datos que se encuentran debajo de él.*

Paso 3 Introduce los datos en las filas y columnas que correspondan.

(C) *Tomaré información del texto que he leído y la pondré en la columna que corresponda de la base de datos. En una fila separada daré información sobre cada explorador.*

APLICAR LA DESTREZA

Ve a *Geografía física y humana*, Sección 2.2, "Regiones climáticas del mundo". Lee el texto de esta sección sobre las cinco regiones climáticas del mundo. Luego crea una base de datos como la de la derecha con el nombre de cada región climática, una descripción de su tiempo atmosférico, su flora y una lista de los lugares que tienen ese clima.

REGIONES CLIMÁTICAS DEL MUNDO

REGIÓN CLIMÁTICA	TIEMPO ATMOSFÉRICO	FLORA	LUGARES

Crear organizadores gráficos

Mientras lees puedes **crear organizadores gráficos**, tales como tablas, diagramas y líneas cronológicas, para tomar notas y explorar cómo está relacionada la información. Para crear un organizador gráfico, sigue los pasos que se muestran a la derecha.

Paso 1 Determina qué necesitas.

Paso 2 Determina qué tipo de organizador gráfico necesitas.

Paso 3 Dibuja el organizador gráfico.

Paso 4 Para completar el organizador, usa información del pasaje junto con mapas u otros elementos que sean relevantes.

MODELO GUIADO

A PROBLEMA
Los terremotos pueden causar grandes daños y poner en riesgo la vida de las personas.

↓

B FACTORES QUE CONTRIBUYEN
En algunas zonas donde se producen terremotos, los edificios no resisten la intensidad del temblor.

↓

C SOLUCIÓN
Los científicos están trabajando para lograr predecir los terremotos. Los ingenieros intentan diseñar edificios que mantengan a las personas a salvo y que minimicen los daños.

SUGERENCIA Puedes usar una cadena de causa y efecto como ayuda para comprender las consecuencias de un suceso en particular. Ten en cuenta que la cadena puede contener una única causa y varios efectos, o puede tener varias causas y un único efecto.

Paso 1 Determina qué necesitas.

En primer lugar, piensa en el tipo de información que estás registrando. Luego determina qué harás con la información. ¿Estás reuniendo datos, comparando dos cosas o registrando una serie de sucesos?

Paso 2 Determina qué tipo de organizador gráfico necesitas.

Una tabla se puede usar para registrar sucesos. Un diagrama de Venn sirve para comparar y contrastar dos cosas. Una línea cronológica registra una serie de sucesos ocurridos durante un período. En este ejemplo, se creó una tabla de problema-solución para identificar el problema y comprender cómo se intenta resolverlo.

Paso 2 Dibuja el organizador gráfico.

Paso 4 Para completar el organizador, usa información del pasaje junto con mapas u otros elementos que sean relevantes.

Este estudiante identificó:

A el problema, en este caso, los peligros que plantean los terremotos;

B los factores que contribuyen, las situaciones que agravan el problema;

C una solución posible al problema.

APLICAR LA DESTREZA

Ve a *Europa: Geografía e historia*, Sección 3.2, "La Revolución Industrial". Lee el pasaje titulado "Comienza la revolución". Luego crea un organizador gráfico sobre la idea principal y los detalles (como el que se muestra a la derecha) y úsalo para registrar la información importante del texto.

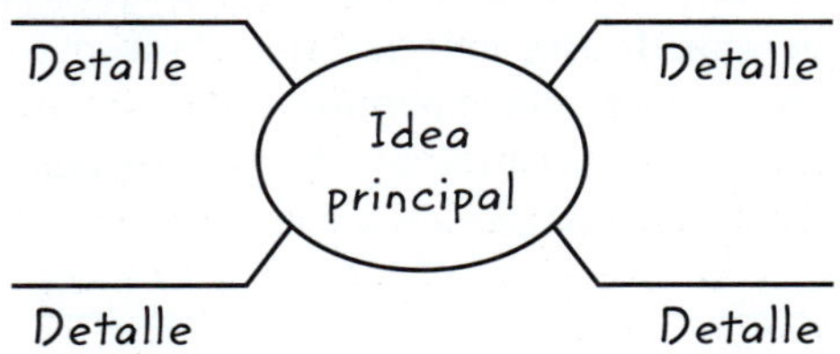

Hacer una investigación en Internet

Cuando **haces una investigación en Internet**, buscas y accedes a material de todas partes del mundo a través de Internet. Como probablemente sepas, la Red (en inglés, *World Wide Web* o "www") es la parte de Internet que te permite acceder a información y datos en línea. Para hacer una investigación en Internet, sigue los pasos que se muestran a la derecha.

Paso 1 Escoge y accede a un buscador en línea.

Paso 2 Escribe frases o palabras clave en el campo de búsqueda.

Paso 3 Examina los resultados de la búsqueda.

Paso 4 Visita los sitios web sugeridos y realiza búsquedas más específicas de información.

Paso 5 Usa otras fuentes confiables para verificar la información que consigas.

MODELO GUIADO

A hábitat de los elefantes | Search

B

ELEPHANTS- Habitat & Distribution
ELEPHANTS- Habitat & Distribution...Discover animal, environmental, and zoological career facts as you explore in-depth topic coverage via SeaWorld, ...
www.seaworld.org/.../elephants- habitat & distribution.htm -

Elephant Facts - Defenders of Wildlife
Get the facts on **elephant**. **Elephants** are the largest land-dwelling mammals on earth. ... of **elephants'** **habitat** will become significantly hotter and drier, ...
www.defenders.org › Wildlife and Habitat -

African **Elephants**, African **Elephant** Pic ...
African **elephants** are the largest of Earth's **land** mammals. Their enormous ears help them to keep cool in the hot African climate. ...
animals.nationalgeographic.com/animals/... /african-**elephant**/ -

Elephants Habitat | Animal Habitats
A quick look into the **elephant's habitat**. In studying an **elephant's habitat**, the first thing one encounters is the fact that there are several species of ...
www.animalhabitats.org/**elephants_habitat** /**elephants_habitat**.htm -

SUGERENCIA Cuando uses Internet para hacer una investigación sobre para un informe o un proyecto, imprime la fuentes que encuentres en línea. Esto te dará un registro de las página que has usado y te permitirá repasar las fuentes mientras escribes el informe sin tener que conectarte a Internet.

Paso 1 Escoge y accede a un buscador en línea.

Paso 2 Escribe frases o palabras clave en el campo de búsqueda.

Sé tan específico como puedas para restringir la búsqueda y obtener mejores resultados.

A *Escribí "hábitat de los elefantes"* (elephant habitat) *en el campo de búsqueda e hice clic en "buscar"*("Search").

Paso 3 Examina los resultados de la búsqueda.

Recuerda que las direcciones de Internet que terminan en ".edu", ".gov" y ".org" suelen ser más confiables que los sitios terminados en ".com". Examina las direcciones y los resúmenes de cada sitio web y decide cuáles usarás.

B *El dominio de esta página termina en ".org", que suele se una fuente confiable. La información es relevante con respecto a lo que busco así que entraré a este sitio web.*

Paso 4 Visita los sitios web sugeridos y realiza búsquedas más específicas de información.

Una vez que esté en el sitio, buscaré "preservación del hábitat de los elefantes" para conseguir información más específica.

Paso 5 Usa otras fuentes confiables para verificar la información que consigas.

Verifiqué la información en una enciclopedia y en el sitio web de National Geographic. Esto me indica que sí es confiable.

APLICAR LA DESTREZA

Escoge un tema de este libro que te gustaría investigar. Piensa en palabras clave para usar en un buscador. Luego, con el permiso de tu maestro, usa un navegador web para hacer una investigación en Internet sobre el tema. Si es posible, imprime copias de la información que encuentres. Escribe un párrafo breve para explicar el proceso de búsqueda y los resultados.

Grecia antigua | Search

Evaluar fuentes de Internet

Es importante usar como fuente solo la información más confiable y veraz. Para hacerlo, debes evaluar las fuentes de Internet para asegurarte de que sean serias y que tienen una buena reputación. Para **evaluar fuentes de Internet**, sigue los pasos que se muestran a la derecha.

Paso 1 Examina la dirección de Internet del sitio web.

Paso 2 Identifica al autor del sitio web.

Paso 3 Identifica la fecha de creación o de la actualización más reciente del sitio web.

Paso 4 Verifica la información del sitio web usando otras fuentes confiables.

Paso 5 Evalúa la fuente de Internet.

MODELO GUIADO

Paso 1 Examina la dirección de Internet del sitio web.

A *La dirección de este sitio web es* www.cia.gov. *El sitio fue creado por un organismo gubernamental, por lo tanto es confiable.*

Paso 2 Identifica al autor del sitio web.

Los sitios que nombran claramente el autor son más confiables que los sitios web anónimos.

B *El autor de este sitio web es la Agencia Central de Inteligencia (CIA, por sus siglas en inglés). La CIA se especializa en recolectar información.*

Paso 3 Identifica la fecha de creación o de la actualización más reciente del sitio web.

C *Este sitio web se actualiza semanalmente, por lo tanto la información es actual.*

Paso 4 Verifica la información del sitio web usando otras fuentes confiables.

Hallé la información en una enciclopedia y en el sitio web de National Geographic

Paso 5 Evalúa la fuente de Internet.

Creo que esta fuente es confiable porque fue creada por el gobierno, se actualiza frecuentemente y tiene la misma información que otras fuentes confiables.

SUGERENCIA Otra manera de evaluar una fuente de Internet es determinar el público al que está dirigida. Pregúntate a quién le escribe el autor y estudia el estilo de escritura, el vocabulario y el tono. Determina si el propósito del autor parece ser informar, explicar o persuadir y si proporciona una cantidad suficiente de pruebas.

APLICAR LA DESTREZA

Con el permiso de tu maestro, visita el siguiente sitio de Internet: www.nationalgeographic.com. Usa los pasos enunciados en esta página para evaluar si este sitio es una fuente confiable de información. Escribe un párrafo breve para explicar tu evaluación del sitio.

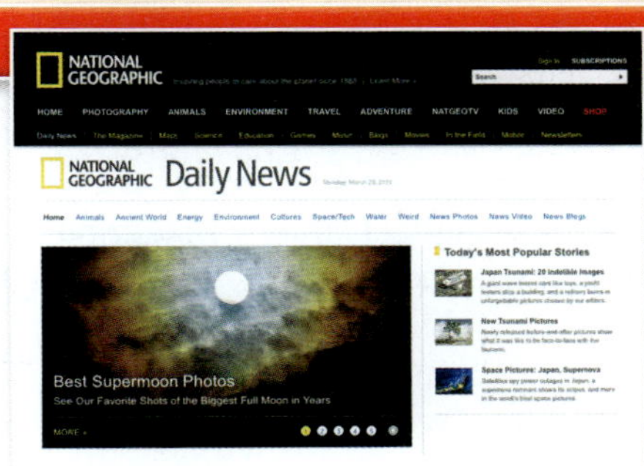

Crear presentaciones multimedia

Puedes **crear presentaciones multimedia** sobre cualquier tema usando distintos medios, como fotografías, clips de video y grabaciones de audio. Para crear una presentación multimedia, sigue los pasos que se muestran a la derecha.

Paso 1 Determina el tema que presentarás y los medios que usarás.

Paso 2 Investiga el tema que escogiste.

Paso 3 Monta tu presentación.

MODELO GUIADO

A diferencia de muchas especies de cangrejo, el que se muestra aquí puede nadar además de caminar.

SUGERENCIA Tu presentación puede basarse en tus experiencias. Haz investigaciones para brindar un contexto para la experiencia que quieres compartir. Para cualquier presentación, busca imágenes e información en el recurso en inglés **Magazine Maker CD-ROM**, que puedes importar. Asegúrate de ensayar tu presentación algunas veces para identificar y corregir cualquier problema.

Paso 1 Determina el tema que presentarás y los medios que usarás.

Ciertos medios resultan más efectivos que otros a la hora de enriquecer la presentación de un tema. Una vez que hayas determinado el tema, decide qué medio funciona mejor. ¿Quedará mejor la presentación del tema que escogiste usando imágenes? ¿Quizás resulte más apropiado usar un clip de audio o de música? ¿Ampliará un clip de video el significado de tu presentación? ¿Qué hay de un mapa o una gráfica? Tú decides.

A Este estudiante usó una foto de **Digital Library** y escribió su propio pie de ilustración.

Paso 2 Investiga el tema que escogiste.

Para investigar el tema que escogiste, usa fuentes que sean confiables tanto en línea como de la biblioteca. Escribe un breve guión que brinde información sobre el tema y sirva como conexión entre los medios que escogiste.

Paso 3 Monta tu presentación.

Combina el texto informativo escrito con los medios que escogiste. Asegúrate de que todo fluya de manera armoniosa. Puedes usar un *software* de presentaciones para exhibir la información. Ensaya la presentación un par de veces para identificar problemas y corregirlos.

APLICAR LA DESTREZA

Escoge un tema del texto y crea una presentación multimedia siguiendo los pasos enunciados en esta página. Usa los recursos **Digital Library** y **Magazine Maker** para crear tu presentación.

MANUAL DE ECONOMÍA Y GOBIERNO

PARTE I ECONOMÍA

agriculture [agricultura] *s., desarrollo de plantas y animales para proveer alimento.* Los productos agrícolas comprenden cultivos como el trigo, el maíz y la cebada. Junto con la agricultura suele realizarse la cría de animales domesticados, o domados. A estos animales generalmente se les conoce con el nombre de ganado, y el término abarca a las vacas, las ovejas, los cerdos y los caballos.

business cycle [ciclo económico] *s., período en el cual las actividades económicas de un país aumentan y después disminuyen siguiendo un patrón relativamente predecible.* Un ciclo económico tiene cuatro fases. Durante la expansión, a las empresas les va bien. En el auge del ciclo, la actividad económica se hace más lenta. Durante una contracción del ciclo, la actividad económica continúa disminuyendo. La contracción se conoce también como recesión. La depresión es el nivel más bajo de la actividad económica. Después la economía se reactiva y comienza un nuevo ciclo económico.

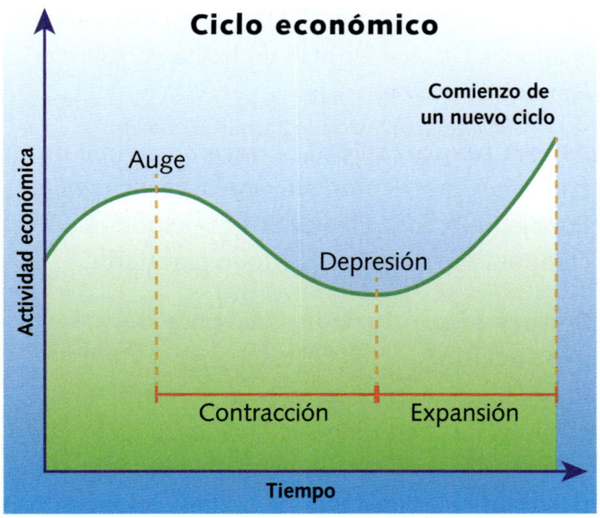

capitalism [capitalismo] *s., sistema económico en el que los individuos o los grupos son los propietarios de los recursos y producen bienes para obtener ganancias.* En el capitalismo, los individuos o los grupos deciden producir bienes u ofrecer servicios. Esos bienes y servicios se ofrecen a la venta en los mercados, que son lugares donde las personas compran y venden. Las empresas recaudan el capital, o el dinero, necesario para crear nuevos productos y contratar trabajadores. El capitalismo también se denomina libre empresa porque las personas son libres de emprender un negocio.

Librería, Los Ángeles, California

command economy [economía dirigida] *s., sistema económico en el cual el gobierno controla las actividades económicas de un país.* El gobierno posee y controla las fábricas, las granjas y las tiendas del país.

communism [comunismo] *s., sistema económico y político en el cual el gobierno es el propietario de las actividades económicas y las controla.* El comunismo es un tipo de economía dirigida. En un sistema comunista, el gobierno es dueño y administrador de las fábricas, las granjas y otros tipos de actividades económicas. Por ejemplo, en la industria del acero, los funcionarios del gobierno deciden qué clase y qué cantidad de acero se producirá. Corea del Norte, Vietnam y Cuba tienen sistemas comunistas. Las economías comunistas han sido mucho menos eficientes que las economías de libre empresa en la producción de bienes y servicios. En la **Parte II Gobierno** encontrarás la definición de comunismo como sistema político.

corporation [corporación] *s., empresa en la cual las personas son dueñas de las acciones, o partes de la empresa.* Una corporación vende acciones, o partes del capital de la empresa, para recaudar dinero y crear productos y servicios. Los accionistas suelen recibir un dividendo, que es una parte de las ganancias. Las corporaciones multinacionales son corporaciones que operan en varios países. Las acciones de una corporación se compran en la bolsa de valores.

depression [depresión] *s., contracción profunda y de larga duración de las actividades económicas.* Durante una depresión, la actividad comercial cae sustancialmente. Las empresas contratan pocos trabajadores. La tasa de desempleo, o porcentaje de personas sin trabajo, aumenta. En los Estados Unidos, la Gran Depresión duró desde 1929 hasta principios de la década de 1940. Una recesión es también una contracción de la economía. Es menos grave y más breve que una depresión.

Una iglesia de la ciudad de Nueva York distribuye alimentos en una fila de reparto gratuito durante la Gran Depresión.

developed nation [nación desarrollada] *s., país con industrias altamente desarrolladas, un nivel de vida alto y la propiedad privada de la mayoría de las empresas.* Las naciones desarrolladas tienen industrias que fabrican productos como automóviles y computadoras. Los países menos desarrollados tienen menor cantidad de industrias y dependen de la agricultura. También tienen un nivel de vida más bajo. Los Estados Unidos son una nación desarrollada. Muchos países de África, Asia y Latinoamérica son países menos desarrollados.

economy [economía] *s., sistema de un país para la producción e intercambio de bienes y servicios.* El desarrollo económico de un país se basa en su nivel de actividad económica. Si un país tiene una gran actividad industrial, entonces tiene un nivel alto de desarrollo económico.

Sistemas económicos

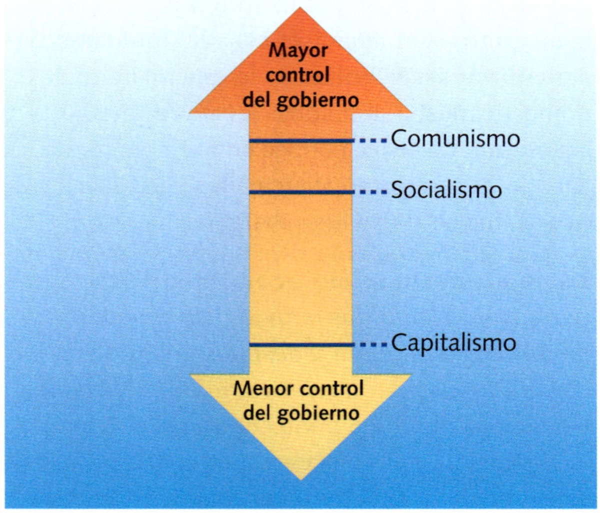

embargo [embargo] *s., prohibición del comercio con otro país decretada por un gobierno.* Los países imponen embargos para demostrar su desaprobación respecto de las actividades de otro país. Por ejemplo, después de que Corea del Norte realizara pruebas de armamento nuclear en 2006, la Organización de Naciones Unidas impuso un embargo sobre el comercio con ese país.

export [exportación] *s., mercancía que un país envía a otro para su venta o distribución.* Por ejemplo, los Estados Unidos exportan computadoras a países de todo el mundo.

factors of production [factores de producción] *s., las cosas que participan en la producción de un bien o un servicio.* Los economistas han identificado cuatro factores de producción: la tierra, la mano de obra, el capital y los empresarios. La tierra abarca todos los recursos naturales, como el petróleo y la plata. La mano de obra es el trabajo que realizan las personas. El capital es la maquinaria y otras herramientas que se usan para crear un bien o un servicio. Los empresarios son las personas que establecen negocios.

free enterprise [libre empresa] *s., sistema económico en el cual las empresas son de propiedad privada, las personas compran y venden bienes en los mercados libres y los individuos deciden libremente si comprar o vender.* Este sistema también se llama capitalismo. Los Estados Unidos tienen un sistema de libre empresa.

En un sistema de libre empresa, los productores están motivados por su interés personal. Para satisfacer la demanda de los consumidores, los productores deciden manufacturar un bien, como un automóvil, u ofrecer un servicio. A cambio de esto, esperan recibir una ganancia. Los consumidores también están motivados por el interés personal. Intentan comprar los mejores bienes y servicios al menor precio del mercado.

El gobierno se asegura de que la competencia sea justa entre las empresas. También garantiza que los alimentos, las medicinas y otros productos sean seguros. El gobierno brinda servicios importantes para el país, como la defensa. También construye la infraestructura, como los servicios de transporte y las carreteras.

Sistema de libre empresa

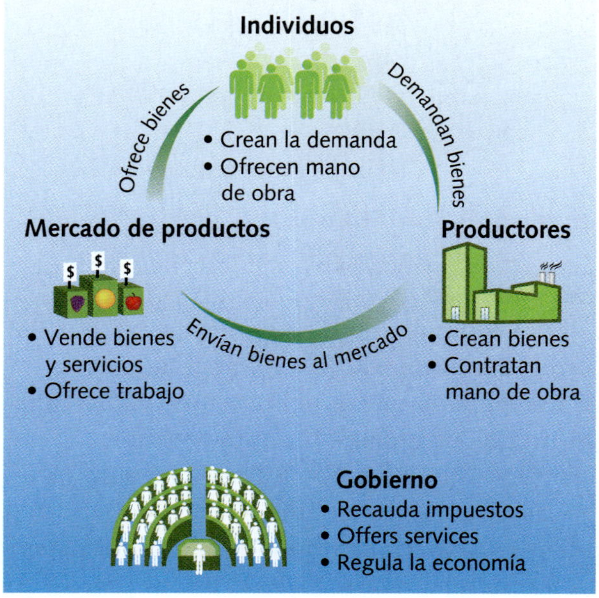

gross domestic product (GDP) [producto interno bruto (PIB] *s., valor total de todos los bienes y servicios producidos en un país en un período de tiempo específico, como por ejemplo un año.* El PIB es una medida importante que indica la fortaleza de una economía.

Los economistas miden el PIB sumando cuatro tipos de bienes y servicios. Uno son los bienes y servicios que compran los consumidores. Otro, las máquinas y demás artículos que compran las empresas para sus negocios. Tercero, los bienes y servicios que compra el gobierno. Cuarto, los bienes y servicios que un país exporta a otros países.

El PIB per cápita es el PIB de un país dividido por la población del país. El PIB muestra la producción del país por persona.

Producto interno bruto

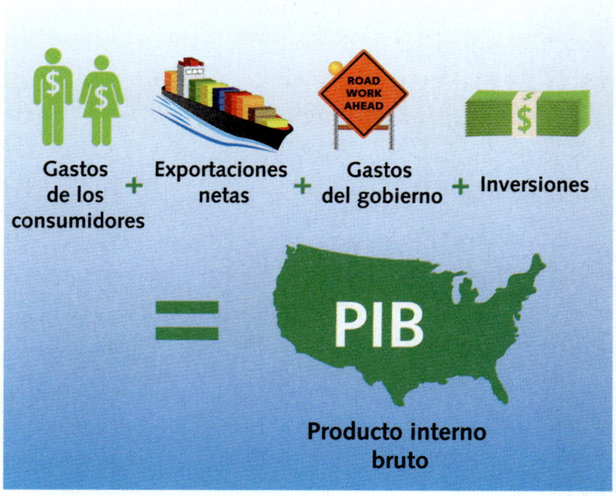

import [importación] *s., mercancía que un país recibe de otro para su venta o distribución.* Por ejemplo, los Estados Unidos importan muchos automóviles y camiones de los fabricantes de automóviles del Japón. El Japón, a su vez, importa petróleo de Arabia Saudita.

industry [industria] *s., grupo de empresas que producen un producto o servicio similar.* Por ejemplo, la industria cinematográfica produce películas. Las industrias estadounidenses más comunes incluyen la construcción, las computadoras, los fármacos y los electrónicos. En muchas industrias, las empresas toman una materia prima y la convierten en un producto terminado. Por ejemplo, en la industria de la vestido, las empresas convierten el algodón, la lana y otros materiales en vestimentas.

inflation [inflación] *s., aumento en el precio de los bienes y servicios de un país.* En un año dado, el precio medio de los bienes y servicios puede subir. Este fenómeno se llama aumento en el nivel de precios. La tasa de aumento se denomina tasa de inflación. En 1980, por ejemplo, los Estados Unidos tuvieron una tasa de inflación de aproximadamente 14 por ciento. Esto significa que ese año los precios medios fueron 14 por ciento más altos que en 1979.

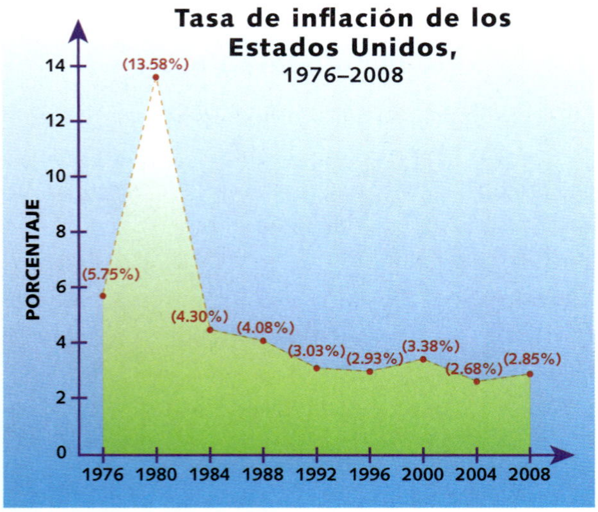

Fuente: U.S. Bureau of Labor Statistics

manufacturing [manufactura] *s., producción de productos físicos para su venta.* La manufactura crea una amplia variedad de productos, tales como automóviles, barcos de vapor, aviones, computadoras y muebles. El término hace referencia a la creación de artículos mediante máquinas y a mano. La manufactura liviana se refiere a la creación de cosas relativamente pequeñas, como los circuitos de las computadoras. La manufactura pesada se refiere a la creación de objetos grandes, como motores diesel para los trenes. En 2010, la manufactura empleó unos 17 millones de trabajadores en los Estados Unidos y Canadá.

market economy [economía de mercado] *s., sistema económico en el cual las personas y las empresas eligen comprar y vender en los mercados libremente.* Un mercado es un lugar donde las personas compran y venden bienes y servicios. En una economía de mercado, los individuos toman decisiones para comprar y vender. Por ejemplo, un individuo podría decidir obtener ganancias fabricando y vendiendo camisetas. Después de fabricarlas, esta persona intentaría despertar el interés de las tiendas para que vendan las camisetas. Una tienda es un tipo común de mercado. El gobierno establece las normas, como la que establece que las tiendas deben ser seguras y estar limpias.

mechanization [mecanización] *s., uso de máquinas en lugar de seres humanos o de animales para realizar las tareas.* Por ejemplo, en 1764, el inglés James Hargreaves inventó la hiladora mecánica conocida como spinning jenny. Era una máquina que servía para hilar lana. La máquina permitía a los operadores fabricar hilos en forma mecánica mucho más rápido que en forma manual.

Spinning jenny

monopoly [monopolio] *s., situación en la cual una empresa controla la producción o la venta de un producto o servicio.* Por ejemplo, supón que una persona es dueña del único supermercado de un pueblo aislado. Como el supermercado no tiene competencia, el propietario puede fijar precios altos para los alimentos. Si otra persona abre un supermercado en el pueblo, habrá competencia. Como los supermercados están compitiendo, tendrán que bajar los precios y mejorar la calidad.

national debt [deuda nacional] *s., el monto total del dinero que debe el gobierno federal.* Si un gobierno gasta más dinero que el recaudado con los impuestos, tiene un déficit presupuestario.

El gobierno debe pedir dinero prestado a particularesa las empresas o a otros gobiernos. Cuando el gobierno usa esta financiación deficitaria, su deuda nacional aumenta.

La deuda nacional de los Estados Unidos ha crecido rápidamente desde 1980. Los críticos dicen que el gobierno debería aumentar los impuestos, recortar el gasto público o implementar una combinación de ambas estrategias para equilibrar su presupuesto

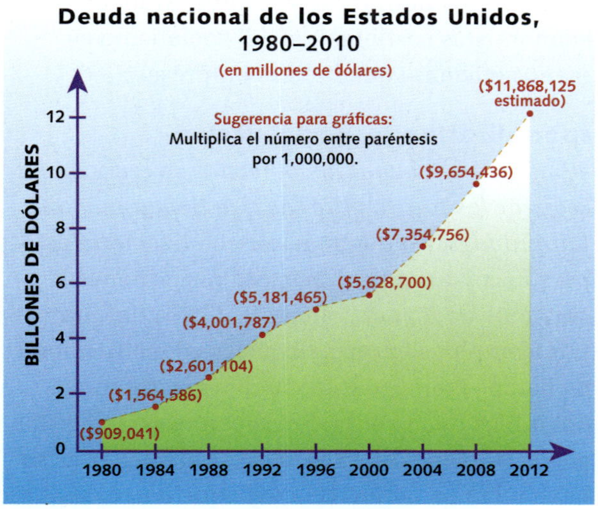

Fuente: U.S. Office of Management and Budget

natural resources [recursos naturales] *s., recursos que existen naturalmente en un lugar, como el petróleo, el carbón, la madera y el agua.* Contar con abundantes recursos naturales puede ayudar a un país a desarrollar su economía. Por ejemplo, los Estados Unidos tienes numerosos recursos naturales, como madera y agua dulce. Por otra parte, el Japón se ha enriquecido a pesar de que sus recursos energéticos, como el petróleo, son escasos. El Japón ha desarrollado su riqueza inventando nuevas tecnologías y construyendo productos de calidad.

Bomba de petróleo

opportunity cost [costo de oportunidad] *s., oportunidad a la que renuncia una persona al elegir comprar un artículo en lugar de otro.* Por ejemplo, supón que Benita debe decidirse entre comprar un televisor de pantalla plana o irse de vacaciones. Si elige el televisor, su costo de oportunidad son las vacaciones que no se tomó.

poverty [pobreza] *s., carencia del dinero suficiente para comprar artículos de primera necesidad, como alimentos, vestimenta o vivienda.* La pobreza es un problema mundial. Causa enfermedades y hambre. Los pobres con frecuencia no tienen un lugar adecuado donde vivir y sufren mucho durante los períodos muy fríos o muy calurosos. Los economistas dicen que más de mil millones de personas en el mundo son pobres. El gobierno de los Estados Unidos mide el porcentaje de su población que está en el nivel de pobreza. La gráfica siguiente muestra cómo ha variado la tasa de pobreza en los últimos años.

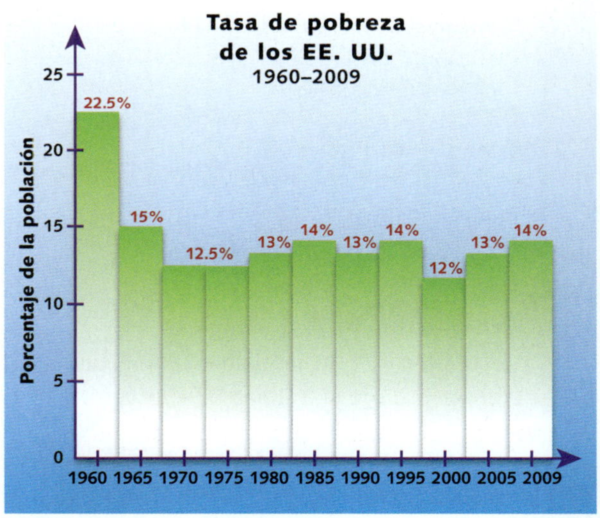

Source: U.S. Census Bureaus

raw materials [materia prima] *s., materiales que se usan en la manufacturación de un producto final.* Las materias primas provienen por lo general de los recursos naturales, como madera, petróleo y hierro. Por ejemplo, la materia prima básica para construir una mesa es la madera. El algodón y la lana son materias primas para hacer ropa.

retail goods [bienes al por menor] s., *bienes que se venden directamente a los consumidores*. Cuando vas a una tienda y compras un DVD estás comprando un bien al por menor. Hoy en día, los comerciantes venden bienes al por menor de diversas maneras. Los venden en las tiendas, en máquinas expendedoras, por teléfono o en Internet.

service industries [industrias de servicios] s., *empresas, organizaciones sin fines de lucro y organizaciones gubernamentales que brindan servicios en lugar de productos*. Los servicios abarcan muchas actividades, como asistencia médica, educación, operaciones financieras, venta al por menor y asesoramiento legal. En los Estados Unidos, más del 75 por ciento de las personas trabajan en industrias de servicios. Por otra parte, los países menos desarrollados tienen menos personas que trabajan en industrias de servicios.

Comparación de sectores industriales

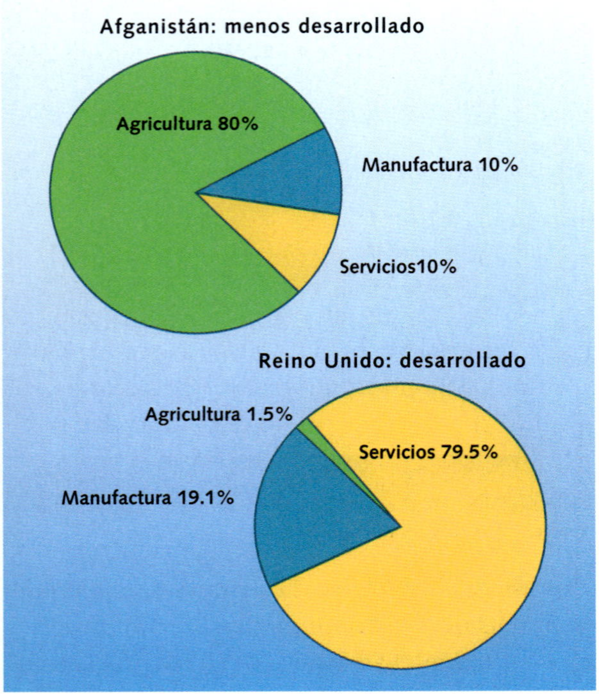

Fuente: www.NationMaster.com

socialism [socialismo] s., *sistema económico en el cual el gobierno es el dueño de la mayoría de las empresas y las administra*. El socialismo primero se desarrolló en Europa a principios del siglo XIX. Los socialistas querían erradicar la pobreza y mejorar las condiciones de trabajo. Durante la década de 1840, un socialista alemán llamado Karl Marx dijo que el gobierno debía tener la propiedad de todas las empresas. Sus ideas dieron origen al comunismo.

Hoy en día, Suecia y otros países europeos se suelen denominar países socialistas democráticos. Esto significa que el gobierno es el propietario de menor cantidad de empresas que en los países comunistas, pero brinda muchos servicios, como la asistencia médica. Además, los impuestos son altos. Muchos economistas sostienen que el socialismo es menos eficiente que la libre empresa.

specialization [especialización] s., *situación en la cual las personas se enfocan en realizar las tareas para las que tienen mayores habilidades*. Mediante la especialización, las personas y los países proporcionan bienes y servicios de manera eficiente. Corea del Sur, por ejemplo, se especializa en la construcción de barcos grandes. Intercambia las ganancias obtenidas de la venta de los barcos por petróleo producido en Arabia Saudita. Ambos países se benefician haciendo las cosas que hacen mejor.

standard of living [nivel de vida] s., *nivel del bienestar económico que tienen las personas en un país*. En un país con un nivel de vida alto, las personas tienen el ingreso suficiente para adquirir artículos como automóviles. En un país con un nivel de vida bajo, la mayor parte de la población debe esforzarse para tener suficiente alimento, vestimenta y vivienda.

stock market or stock exchange [mercado de valores o bolsa de valores] s., *mercado donde las personas compran y venden acciones y bonos*. Las empresas pueden recaudar dinero de una de estas dos maneras: pueden vender acciones, que son una participación en la propiedad de la empresa, o pueden emitir bonos. Un bono es un acuerdo escrito para pedir dinero prestado, y la empresa devuelve el dinero con intereses.

Las personas quizás quieran vender acciones o bonos para recaudar dinero o para obtener ganancias. La venta de acciones y bonos tiene lugar en el mercado de valores o en la bolsa de valores. Los corredores de bolsa manejan tanto la compra como la venta de acciones y bonos. El mercado de valores más grande de los Estados Unidos es la Bolsa de Valores de Nueva York, en Wall Street, Manhattan.

strike [huelga] s., *situación en la que los trabajadores dejan de trabajar con el fin de obtener mejores salarios o beneficios.* Por lo general, los sindicatos organizan las huelgas. Un sindicato es una organización que representa a los trabajadores en una industria determinada. Si un sindicato de trabajadores cree que los salarios no son suficientemente altos, pueden ir a la huelga. La huelga detiene el funcionamiento de la empresa. Una huelga salvaje, o huelga espontánea, tiene lugar cuando los trabajadores van a la huelga sin el apoyo del sindicato.

Trabajadores de la industria automotriz en huelga, Naperville, Illinois, 2007

supply and demand [oferta y demanda] s., *factores económicos que deciden el precio y la cantidad de un producto o servicio.* La oferta es la cantidad de un bien o servicio que una empresa está dispuesta a ofrecer a la venta. Si la empresa puede obtener un precio más alto, entonces creará una mayor cantidad del producto o servicio. La demanda es la cantidad de un bien o servicio que los consumidores están dispuestos a comprar a un precio determinado. Normalmente, la demanda de un bien o servicio baja cuando el precio sube. El precio al cual la oferta equivale a la demanda se llama precio de equilibrio.

La gráfica muestra cómo funcionan la oferta y la demanda. La línea gris representa la demanda. La línea verde representa la oferta. Las líneas se encuentran en el punto de equilibrio, cuando la oferta es igual a la demanda. Cuando los precios que están por encima del equilibrio, la demanda del producto baja. Cuando los precios que están por debajo del punto de equilibrio, la demanda de los consumidores sube.

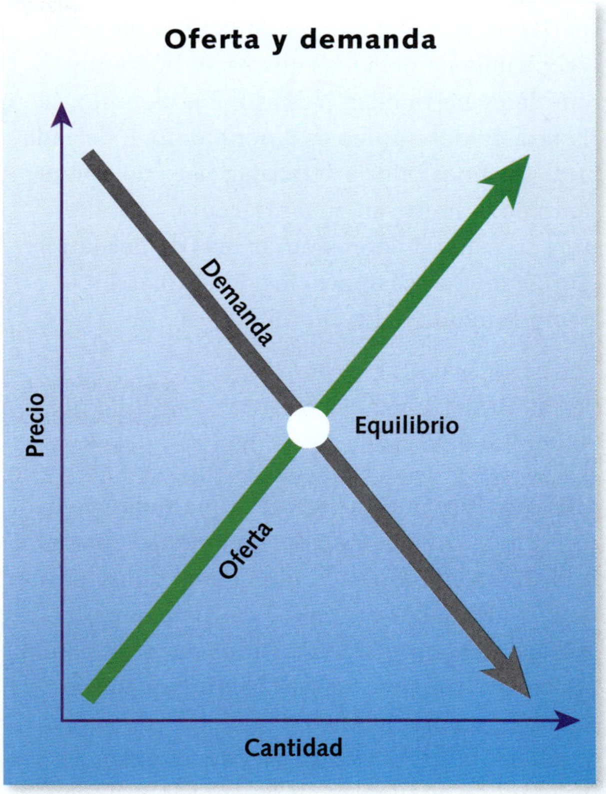

tariff [arancel] s., *impuesto que coloca un país sobre los bienes importados provenientes de otro país.* Los países usan aranceles para proteger a sus propias empresas de la competencia con otros países. Por ejemplo, un país puede poner aranceles sobre los automóviles de otros países para proteger su industria automotriz. Así los fabricantes del propio país podrían prosperar. Sin embargo, los consumidores quizás paguen más por sus automóviles porque hay menos competencia de precios.

trade [comercio] s., *intercambio de servicios y bienes.* El comercio tiene lugar cuando las personas no pueden fabricar las cosas por sí mismas, pero pueden obtenerlas de otros. Por ejemplo, Chile cultiva espárragos y los exporta a países de todo el mundo. Con el dinero que gana, importa automóviles de los Estados Unidos, petróleo de Arabia Saudita, etc. Este es un ejemplo de comercio internacional. El comercio dentro de un país se denomina comercio interno.

unemployment rate [tasa de desempleo] s., *el porcentaje de las personas de una sociedad que no pueden encontrar trabajo*. El desempleo ocurre cuando una persona quiere y puede trabajar pero no puede hallar un empleo. La tasa de desempleo es el porcentaje de personas que están buscando empleo y no pueden hallarlo. Por ejemplo, si la tasa de desempleo es 8 por ciento, 8 de cada 100 personas podrían trabajar, pero no tienen empleo y no logran encontrar uno. Durante una recesión o depresión, la tasa de desempleo aumenta. En ocasiones, los desempleados reciben ayuda del gobierno.

wholesale goods [bienes al por mayor] s., *bienes que los productores venden a otras empresas, como las tiendas*. Los mayoristas venden bienes en grandes cantidades. Luego venden esos bienes a los minoristas, que los venden a los clientes. Por ejemplo, una fábrica de China podría producir miles de juguetes para niños. Un mayorista compra los juguetes a la fábrica y los envía a tiendas minoristas de todo el mundo. Después, el minorista te lo vende a ti, el consumidor. Sin los mayoristas, la economía moderna no funcionaría de modo eficiente.

PARTE II GOBIERNO

citizenship [ciudadanía] s., *pertenencia a un estado o a una nación, con plenos derechos y responsabilidades*. El ciudadano de un país le debe lealtad a ese país. Se espera que un ciudadano cumpla con algunos deberes, como obedecer las leyes y pagar los impuestos. A cambio, un ciudadano tiene ciertos derechos, como el derecho a votar. La participación cívica es el modo en que los ciudadanos participan en su gobierno y en la sociedad. Los ciudadanos hacen saber a sus representantes lo que piensan acerca de temas importantes y participan de otras maneras.

Responsabilidades de los ciudadanos estadounidenses

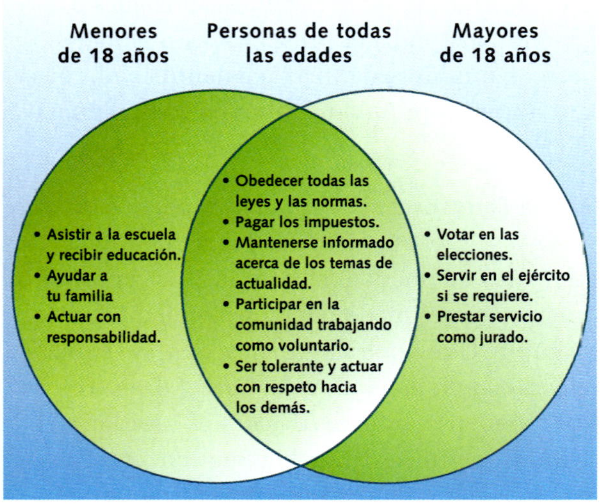

communism [comunismo] s., *sistema económico y político en el cual el gobierno posee y controla las actividades económicas*. Un gobierno comunista ejerce un gran poder sobre el pueblo. Este tipo de gobierno se denomina totalitario porque controla totalmente la vida de las personas. En la Unión Soviética (1917 – 1991), el partido comunista prohibió todos los demás partidos y la población no tenía libertad de expresión o religión, ni otros derechos.

constitution [constitución] s., *declaración que explica los principios y normas básicas de una organización*. La constitución de un gobierno explica el modo en que se eligen sus líderes, cómo se promulgan las leyes y cómo se las interpreta y pone en vigencia. La Constitución de los Estados Unidos fue ratificada, o acordada, por los estados en 1789. En 1791, los estados aprobaron las primeras 10 enmiendas, conocidas como la Declaración de Derechos. Estas enmiendas garantizan los derechos, como el derecho a expresarse libremente. La Constitución estadounidense puede modificarse, pero este cambio requiere que una mayoría significativa proponga las enmiendas y que una mayoría aún más amplia de los estados ratifique la modificación.

democracy [democracia] *s., forma de gobierno en la cual los ciudadanos de una nación o estado tienen el poder de promulgar las leyes y elegir a sus líderes.* Los Estados Unidos son una democracia representativa en la que el pueblo elige a los conciudadanos que sirven en la legislatura y promulgan las leyes. Además, eligen a sus líderes, como el Presidente de los Estados Unidos. Las democracias representativas también se denominan repúblicas democráticas o repúblicas federales (ver la definición en esta página). El origen de la democracia se remonta a las ciudades-estado griegas.

dictatorship [dictadura] *s., forma de gobierno en la cual el gobernante detenta el poder absoluto.* Un dictador llega al poder generalmente por la fuerza. Uno de los dictadores más brutales fue Adolf Hitler, que gobernó la Alemania nazi entre 1933 y 1945. Hitler creó la política que llevó al Holocausto, o la matanza de 6 millones de judíos y de otros grupos de personas durante la Segunda Guerra Mundial.

Adolf Hitler

executive branch [poder ejecutivo] *s., rama del gobierno federal que implementa y ejecuta las leyes.* En los Estados Unidos, el presidente es el líder del poder ejecutivo. Es además el comandante en jefe de las fuerzas armadas. El presidente aprueba con su firma los proyectos del Congreso que luego se convierten en ley. Después, el poder ejecutivo garantiza que las leyes se apliquen. El presidente tiene un gabinete que lo ayuda a hacer cumplir las leyes y cada miembro del gabinete es responsable de un área específica del gobierno federal.

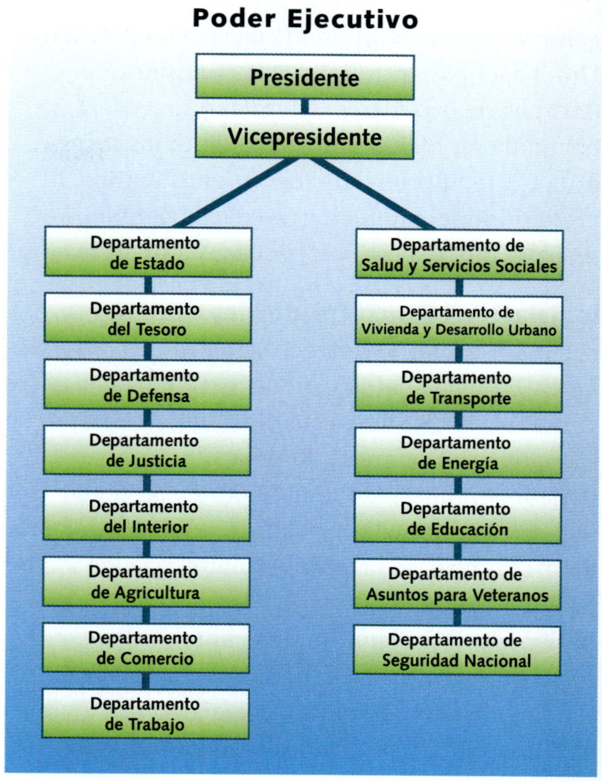

fascism [fascismo] *s., forma de gobierno que tiene un dictador y que controla las actividades políticas, económicas y otras.* En el siglo XX, los dos ejemplos más conocidos de fascismo fueron Italia, bajo el régimen de Benito Mussolini (1922–1943), y Alemania, bajo el régimen de Adolf Hitler (1933–1945). Mussolini asumió el poder en Italia en 1922. Prometió resolver la crisis económica que enfrentaba la nación después de la Primera Guerra Mundial. Al poco tiempo, se convirtió en el dictador del país. En Italia, el fascismo llegó a su fin en 1943, cuando el país se rindió durante la Segunda Guerra Mundial.

federal republic [república federal] *s., forma de gobierno en la cual la población elige a sus representantes para promulgar y hacer cumplir las leyes.* Muchos países occidentales, incluidos los Estados Unidos y Canadá, son repúblicas federales. En el federalismo, un gobierno nacional, o federal, comparte el poder con los estados o las provincias. El gobierno federal tiene ciertos poderes, como la defensa nacional. Los estados o provincias controlan otras actividades, como la educación.

judicial branch [poder judicial] *n., rama del gobierno que interpreta las leyes.* En los Estados Unidos, el poder judicial está compuesto por docenas de tribunales federales y jueces. El tribunal con mayor autoridad sobre las leyes es la Corte Suprema de los Estados Unidos. El poder judicial también abarca los tribunales de distrito, que supervisan los casos a nivel local.

legislative branch [poder legislativo] *s., rama del gobierno que crea, modifica o elimina leyes.* En los Estados Unidos, el Congreso es el poder legislativo y está dividido en dos Cámaras: la Cámara de Representantes y el Senado. Cada estado también tiene su poder legislativo, llamado legislatura estatal. Además de promulgar las leyes, el Congreso de los Estados Unidos tiene otras responsabilidades. El Senado, por ejemplo, debe aprobar los tratados con otros países. Las democracias de todo el mundo tienen ramas legislativas. En el Reino Unido, por ejemplo, el Parlamento promulga las leyes.

Parlamento, Reino Unido

limited government; unlimited government [gobierno limitado; gobierno ilimitado] *s., un gobierno limitado pone restricciones a las facultades gubernamentales.* Un gobierno ilimitado no pone restricciones a las facultades gubernamentales. Los Estados Unidos tienen un gobierno limitado. La Constitución pone restricciones a sus poderes. Por ejemplo, la Primera Enmienda establece que el gobierno no tiene la facultad de restringir la libertad de expresión de los ciudadanos. En un gobierno ilimitado, el poder del gobierno no está restringido por una constitución u otro documento. Las monarquías absolutas y las dictaduras son gobiernos ilimitados. Desde 1917 hasta 1991, la Unión Soviética tuvo un gobierno ilimitado.

monarchy [monarquía] *s., forma de gobierno en la cual un rey o una reina dirige el país.* Un monarca hereda el trono, o el puesto, de sus padres. Hasta el siglo XVIII, la monarquía era una forma común de gobierno. Gran Bretaña, Francia y Rusia tenían monarcas. En Rusia, los reyes se llamaban zares. Después, en 1789, la Revolución Francesa restringió los poderes del rey de Francia, Luis XVI. En 1793, el gobierno revolucionario ejecutó al rey y fundó una república. Durante el siglo XIX y principios del siglo XX, los gobiernos de todo el mundo se volvieron más democráticos. O bien se abolieron las monarquías por completo, o se limitó el poder de los reyes y las reinas.

oligarchy [oligarquía] *s., tipo de gobierno en el cual un grupo pequeño de personas detenta el poder.* En una oligarquía, los gobernantes son normalmente los militares o las clases adineradas. Usualmente, las oligarquías gobiernan según sus propios intereses y no en función de los intereses de las necesidades de las clases más bajas. Myanmar (también conocido como Birmania) es una oligarquía. Este país está gobernado por un pequeño grupo de oficiales militares.

totalitarian [totalitario] *adj., forma de gobierno en la que un dictador o un pequeño grupo detenta el control total sobre la vida del pueblo de un país.* En un país totalitario, el partido que está en el poder suele ser intolerante con otros puntos de vista e ideas. Por ejemplo, en la década de 1930, el partido nazi subió al poder en Alemania prometiendo restituir la prosperidad y la gloria a Alemania. El partido nazi suprimió a todos los otros partidos, alegando que eran obstáculos para cumplir esos objetivos.

Desde los inicios de la historia de la humanidad, las personas se han preguntado por el significado de la vida. ¿Qué me sucederá después de morir? ¿Cuál es la forma correcta de actuar? La religión ayuda a las personas a encontrar respuestas a este tipo de preguntas.

VISTAZO A LAS religiones del mundo

Una religión es un sistema organizado de prácticas y creencias. Existen miles de religiones en el mundo. La mayoría de ellas sostiene la existencia de uno o más dioses, o poderes supremos. Para que las personas logren entablar un vínculo con el poder divino, casi todas las religiones enseñan un conjunto de creencias y un código de ética o moral. Estos códigos de conducta también enseñan a las personas a cómo tratarse unos a otros. La formación de comunidades es otra manera en que las religiones influyen sobre las relaciones humanas. Los grupos de personas que comparten las mismas creencias a menudo se reúnen para practicar el culto y para celebrar acontecimientos importantes. En el capítulo 2 puedes ver un mapa que muestra la distribución de las religiones del mundo.

CREDOS RELIGIOSOS DE LA POBLACIÓN MUNDIAL

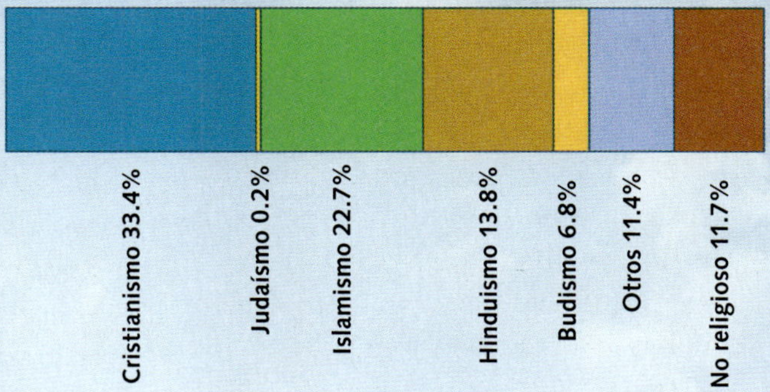

Fuente: CIA World Factbook, 2010

EL CRISTIANISMO

Orígenes históricos

El cristianismo se basa en la vida y las enseñanzas de Jesús de Nazaret, también llamado Jesucristo por los cristianos. Los cristianos creen que Jesús es el hijo de Dios y que murió para salvar a la humanidad del pecado. Jesús fue un judío que vivió en el siglo I cerca de Jerusalén, que en esa época formaba parte del Imperio romano. Los gobernantes romanos lo sentenciaron a muerte por temor a que encabezara una revuelta. La vida de Jesús se narra en el Nuevo Testamento de la Biblia cristiana, que también contiene relatos de sus seguidores y cartas que esbozan las creencias cristianas.

Detalle de Jesús en ***La última cena,*** **de Leonardo Da Vinci**

Creencias principales

La mayoría de los cristianos cree que hay un único Dios, que existe en tres formas: como Padre, Hijo y Espíritu Santo. El Nuevo Testamento enseña que, después ser ejecutado, Jesús resucitó de entre los muertos y ascendió a los cielos. Los cristianos creen que obtendrán la salvación si creen en Jesús y obedecen sus enseñanzas. Los cristianos se reúnen para practicar su culto en sitios llamados iglesias. Los líderes religiosos del cristianismo se denominan sacerdotes o ministros.

La expansión del cristianismo

Los seguidores de Jesús, denominados discípulos, difundieron su fe por todo el mundo mediterráneo. En el siglo IV, el cristianismo se convirtió en la religión oficial del Imperio romano. Posteriormente, durante el período de colonización, los europeos difundieron el cristianismo alrededor del planeta. Actualmente es la religión más extendida y con más adeptos del mundo.

Cristianos agitan hojas de palma en Managua, Nicaragua, para celebrar el Domingo de Ramos, el primer día de la Semana Santa.

EL ISLAMISMO

Orígenes históricos

El islamismo sostiene que, en el año 610, un comerciante árabe llamado Mahoma recibió la visita del ángel Gabriel. El ángel le explicó a Mahoma que era un mensajero de Dios. Los musulmanes creen que, a través de una serie estas visitas, Mahoma recibió las palabras que componen el Corán, o libro sagrado. De acuerdo con el islamismo, Mahoma fue el último profeta enviado a la Tierra por Alá, el nombre que los musulmanes dan a Dios. Los musulmanes creen que Mahoma es un descendiente directo de Abraham, que es el fundador del judaísmo.

Una baldosa de cerámica del siglo XVII de una mezquita turca

Creencias principales

Los musulmanes, o los adeptos al islamismo, creen que existe un único Dios, el mismo Dios venerado por los cristianos y judíos. La palabra Islam significa rendirse y el objetivo del islamismo es rendirse a la voluntad de Alá. Los musulmanes logran esto poniendo en práctica los cinco pilares del islamismo. Estos pilares son: profesar la fe, orar cinco veces al día, dar limosna, ayunar y peregrinar a La Meca para recrear el sacrificio de Abraham. Los musulmanes practican su culto en mezquitas.

La expansión del islamismo

Durante los siglos posteriores a la muerte de Mahoma, los musulmanes difundieron su religión a través de las conquistas. Los gobernantes islámicos se apoderaron de Asia Suroccidental, Asia Central, África del Norte y parte de la India y de España. En la actualidad, el islamismo continúa expandiéndose a través de las migraciones y la conversión. Es la segunda religión con más adeptos del mundo.

Musulmanes se disponen a orar en una mezquita de Delhi, en la India, durante Ramadán, el mes sagrado del ayuno.

EL JUDAÍSMO

Orígenes históricos

El judaísmo, la religión de los judíos, tiene más de 4,000 años de historia. Su fundador fue Abraham, que vivía en Mesopotamia. De acuerdo con la Biblia hebrea, Dios le dijo a Abraham que debía trasladarse a Canaán, situada en lo que actualmente es Israel y el Líbano. Dios hizo una alianza con Abraham para bendecir a sus descendientes, que posteriormente pasaron a ser llamados hebreos o israelitas. La Biblia hebrea contiene libros de leyes, de historia y de profecías. Otro libro importante es el Talmud, un conjunto de obras eruditas. El cuadro a la derecha, "Moisés rescatado del río por la hija del faraón", de Orazio Gentileschi, muestra una escena famosa de la Biblia.

Moisés, un descendiente de Abraham, es rescatado del Nilo.

Creencias principales

El judaísmo fue la primera gran religión en profesar el monoteísmo, es decir, la creencia en un único dios. Los judíos creen que Dios es el creador del universo. El judaísmo tradicional enfatiza los rituales y la ética, como respetar el Sabbath, la oración diaria, el estudio, dar a la caridad, tratar bien a otros y buscar la justicia. El día más sagrado de los judíos es Yom Kippur, un día de ayuno, oración y de reflexionar sobre el año. En la actualidad, los judíos practican su culto en las sinagogas y sus líderes religiosos se denominan rabinos.

La expansión del judaísmo

Durante siglos, el judaísmo se profesó mayormente en lo que actualmente es Israel. El territorio fue conquistado numerosas veces por distintos imperios, por lo cual muchos judíos tuvieron que abandonar el área. El último hecho importante tuvo lugar en el año 135 d. C., cuando Roma castigó a los judíos rebeldes que intentaban recuperar su independencia. A medida que los judíos se fueron dispersando por el mundo, el judaísmo se expandió con ellos.

Un devoto sostiene en alto un rollo de la Torá durante un cántico de la pascua judía en el Muro de los Lamentos situado en Jerusalén, Israel.

EL BUDISMO

Orígenes históricos

El budismo se basa en las enseñanzas de Siddhartha Gautamá, conocido como Buda o "El Iluminado". Gautamá fue un príncipe de la India nacido en el siglo V o VI a. C. Hasta los 29 años, Siddhartha vivió protegido y aislado, sn haber visto enfermedades, pobreza, la vejez o la muerte. Sin embargo, una vez que conoció el sufrimiento, abandonó el palacio para llevar una vida religiosa. Los budistas creen que varios años más tarde, mientras meditaba, Gautamá recibió una iluminación acerca del significado de la vida.

Una pintura de Buda del siglo XIV

Creencias principales

Los budistas creen que una ley de causa y efecto denominada karma controla el universo. Los budistas sostienen que el sufrimiento ocurre porque las personas desean lo que no poseen. Una persona que renuncia a los deseos y a otras emociones negativas alcanzará el estado de nirvana, es decir, el cese del sufrimiento. Las creencias básicas del budismo están resumidas en las cuatro nobles verdades. Las acciones que ayudan a las personas a lograr el nirvana se denominan noble camino óctuple.

La expansión del budismo

Durante su primer siglo de existencia, el budismo se expandió por el norte de la India. Con el paso del tiempo, los misioneros y los viajeros lo llevaron al Himalaya, a Asia Central y a China. Desde China el budismo se expandió al Japón y a Corea. En el siglo XIX, los inmigrantes introdujeron el budismo en los Estados Unidos. A fines del siglo XX, la religión sumó adeptos en los Estados Unidos y los países occidentales.

LAS CUATRO NOBLES VERDADES

- El sufrimiento es parte de la vida.
- El egoísmo es la causa del sufrimiento.
- Es posible dejar atrás el sufrimiento.
- Hay un camino que conduce al cese del sufrimiento.

Monjes budistas en Siem Reap, Camboya, celebran el cumpleaños de Buda.

EL HINDUISMO

Orígenes históricos

El hinduismo, una de las religiones más antiguas del mundo. Se originó en la India hacia el año 1500 a. C. Los eruditos creen que se desarrolló a partir de las creencias de un pueblo indoeuropeo que hablaba el sánscrito. Entre los libros sagrados de los hindúes se encuentran los Vedas, que contienen poemas e himnos religiosos, y los Puranas, que son relatos sagrados. Otros textos hindúes como el *Majábharata*, que contiene el Bhágavad-guitá, enseñan las creencias hindúes en forma de poemas épicos.

Escena del Bhágavad-guitá, un texto sagrado del hinduismo

Creencias principales

En general, los hindúes creen en un espíritu universal llamado Brahman. Este espíritu adopta la forma de diversos dioses y diosas. Las deidades más importantes son Brahmá, el creador; Visnú, el preservador; y Shiva, el destructor. Los hindúes creen que las almas renacen constantemente. El karma, el efecto positivo y negativo de los actos de una persona, determina si el alma renacerá en un ser superior o inferior. Las prácticas religiosas hindúes incluyen el culto, el estudio y rituales tales como bañarse en el río Ganges.

La expansión del hinduismo

El hinduismo se expandió desde la India a otras partes de Asia. Hoy es la principal religión de Nepal, y hay una gran población hindú en Bangladesh, Sri Lanka y Pakistán. Casi el 80 de los habitantes de la India son hindúes. Los inmigrantes indios han llevado el hinduismo a los Estados Unidos.

Una mujer enciende velas para celebrar Diwali, el festival hindú de las luces, en Jaipur, India.

EL SIJISMO

Orígenes históricos

Sij, que significa "discípulo o persona que aprende", es el nombre que se da a los seguidores del sijismo. El sijismo emergió en 1469 en Punjab, a partir de las experiencias religiosas y las enseñanzas del primer profeta del sijismo, Gurú Nanak, quien fue sucedido por nueve maestros, o gurúes. El décimo gurú, Gobind Singh, basó su autoridad en las escrituras de los sijes, Gurú Granth Sahib y en el Khalsa, la comunidad de sijes iniciados. Esto llevó a la creación de una comunidad religiosa altamente democrática que practicaba la justicia social.

Detalle de un fresco que muestra al sij Gurú Nanak, el primer profeta del sijismo

Creencias principales

Los sijes creen en un dios que no toma una forma física, es todopoderoso y los ama. Uno puede alcanzar la unidad con Dios a través del servicio a la humanidad, la meditación y el trabajo honesto. Los sijes no consumen tabaco ni alcohol y a menudo siguen un estricto código en la forma de vestirse que, además, les prohíbe cortarse el cabello. Vaisakhi es un día festivo en que los sijes celebran su historia, comunidad y valores.

La expansión del sijismo

El sijismo es practicado por alrededor de 27 millones de personas, la mayoría de las cuales vive en la región del Punyab, en el noroeste de la India. Sin embargo, los inmigrantes han llevado la religión a países occidentales tales como los Estados Unidos, Canadá y el Reino Unido.

Un peregrino sij visita el Templo Dorado, en Amritsar, India. Esta es una de las casas de oración más importantes de los sijes por su significado histórico.

El confucianismo

Orígenes históricos

El confucianismo es un sistema ético y una filosofía basada en las enseñanzas del maestro y funcionario público chino llamado Kong Fuzi, que en el mundo occidental es conocido como Confucio. Confucio vivió de 551 a 479 a. C. Su objetivo fue hacer resurgir los valores tradicionales y la educación con el fin de mejorar la sociedad. Las palabras y los escritos de Confucio fueron recopilados en un libro llamado *Las Analectas*.

Una pintura china del siglo XII retrata la piedad filial confuciana.

Creencias principales

Una de las cosas más importantes del confucianismo es el concepto de piedad filial, a través de la cual los hijos obedecen y honran a sus padres. Confucio aplicó esta idea a otras áreas. Por ejemplo, los súbditos deben obedecer a sus gobernantes. Confucio enseñó que la educación, las relaciones correctas y la conducta moral crearían una sociedad ordenada.

La expansión del confucianismo

En China, el confucianismo se convirtió en una forma de vida. Como China ejercía una gran influencia sobre Asia Oriental y el Sureste Asiático, el confucianismo se expandió a través de estas regiones. Continúa siendo una gran fuerza cultural en China y en otros países asiáticos como Corea del Sur, Japón y Singapur.

Estos celebrantes participan de un festival en la localidad de Qufu, provincia de Shandong, China. Esta es la ciudad natal de Confucio.

EVALUACIÓN CONTINUA

LABORATORIO DE INVESTIGACIÓN GeoDiario

Expresar ideas oralmente Forma un grupo y prepara un panel de debate para analizar qué tienen en común las principales religiones del mundo.

Paso 1 Cada integrante del grupo debe convertirse en experto en una de las distintas religiones. Cada uno debe repasar las páginas del texto que cubren la religión que les fue asignada.

Paso 2 Cada estudiante debe resumir la religión que le tocó estudiar. En grupo, identifiquen características que todas o la mayoría de las religiones y sistemas éticos tienen en común.

Paso 3 Monten un panel de debate frente a la clase y presenten sus conclusiones. Cuando hayan terminado, asignen unos minutos para responder preguntas.

A

abolition [abolicionismo] *s.*, movimiento para terminar con la esclavitud, antes y después de la Guerra Civil en los Estados Unidos

Aborigine [aborigen] *s.*, primera cultura desarrollada de Australia

absolute location [ubicación absoluta] *s.*, punto exacto donde está ubicado un lugar, identificado por medio de las coordenadas de latitud y longitud

abstract [abstracto] *adj.*, estilo artístico que enfatiza la forma y el color por sobre el realismo

accommodate [albergar] *v.*, alojar

acknowledge [reconocer] *v.*, admitir, agradecer

Acropolis [Acrópolis] *s.*, colina rocosa ubicada en Atenas, Grecia, que servía de fortaleza para los edificios más importantes de la ciudad antigua

adapt [adaptar] *v.*, ajustar o modificar para que sea apropiado

adherent [partidario] *s.*, seguidor de una religión, causa o persona

adventure tourism [turismo de aventura] *s.*, tipo de turismo en el cual los viajeros realizan actividades físicas, como montañismo, deportes acuáticos o senderismo

aerodynamic [aerodinámico] *adj.*, diseñado para moverse con poca resistencia del viento

African National Congress (ANC) [Congreso Nacional Africano (CNA)] *s.*, organización de sudafricanos negros (entre ellos, Nelson Mandela) que protestaron en contra del trato discriminatorio a principios del siglo XX

African Union [Unión Africana] *s.*, organización de países africanos que trabajan para lograr el progreso económico

aging population [envejecimiento de la población] *s.*, tendencia demográfica que ocurre cuando aumenta la edad media de una población

agricultural revolution [revolución agrícola] *n.*, período en el cual los seres humanos comenzaron a cultivar en lugar de recolectar plantas

Aguinaldo, Emilio [Aguinaldo, Emilio] *s.*, líder del movimiento por la independencia filipina en la década de 1890

Alamo [El Álamo] *s.*, fuerte ubicado en Texas donde 200 texanos perdieron una batalla durante la guerra entre Estados Unidos y México

Alexander the Great [Alejandro Magno] *s.*, conquistador que extendió el Imperio Macedónico y difundió la cultura griega por Eurasia desde 334–323 a. C.

alliance [alianza] *s.*, sociedad entre países

alluvial [aluvial] *adj.*, dicho del sedimento depositado por un río

alluvial plain [llanura aluvial] *s.*, área de tierra plana ubicada junto a un arroyo o río que se desborda

alluvium [aluvión] *s.*, suelo o cieno arrastrado por el agua que fluye, que es ideal para los cultivos

Alps [Alpes] *s.*, cadena montañosa europea

al-Qaeda [Al Qaeda] *s.*, grupo terrorista con sede en el suroeste de Asia

Amazon River Basin [cuenca del río Amazonas] *s.*, la cuenca fluvial más grande de la Tierra, ubicada en América del Sur

amendment [enmienda] *s.*, cambio formal que se hace a una ley

ancestry [ascendencia] *s.*, familia de la cual se desciende, remontándose al pasado; herencia

Andes Mountains [cordillera de los Andes] *s.*, cordillera que se extiende 5,500 millas a lo largo del costado occidental de América del Sur

Angel Falls [Salto Ángel] *s.*, el salto de agua más alto del mundo, ubicado en Venezuela

Angkor Wat [Angkor Wat] *s.*, templo grande construido en Camboya en el siglo XII, dedicado a la deidad hindú Vishnú

animal-borne [de tracción animal] *adj.*, transportado por animales

anime [anime] *s.*, estilo de animación o historieta desarrollado en Japón

animism [animismo] *s.*, creencia de que todas las cosas, incluidos los objetos naturales, tienen alma

annexation [anexión] *s.*, acción de añadir territorio a un país

Antarctic Treaty [Tratado Antártico] *s.*, acuerdo de 1959 entre 12 países para usar la Antártida con fines pacíficos y para compartir los descubrimientos científicos

apartheid [apartheid] *s.*, separación legal de las razas; sistema que privaba de sus derechos a los sudafricanos negros

aqueduct [acueducto] *s.*, sistema de transporte para llevar agua a grandes distancias, a veces elevado sobre un puente

aquifer [acuífero] *s.*, capa de roca subterránea que contiene agua

arable [cultivable] *adj.*, fértil; apropiado para la agricultura

Aral Sea [mar Aral] *s.*, lago de agua salada ubicado en el centro de Asia, cuyo tamaño se ha reducido mucho como consecuencia del desvío para irrigación de los ríos que desembocan en él

archipelago [archipiélago] *s.*, cadena de islas

arid [árido] *adj.*, muy seco, que casi no recibe lluvia

aristocrat [aristócrata] *s.*, miembro de la clase alta

armistice [armisticio] *s.*, acuerdo para dejar de luchar

artifact [artefacto] *s.*, objeto hecho por seres humanos de una cultura pasada

Aryans [arios] *s.*, nómades que migraron desde el centro de Asia al valle del Indo alrededor del año 2000 a. C.

Asia-Pacific Economic Cooperation (APEC) [Foro de Cooperación Económica Asia-Pacífico] *s.*, asociación global fundada en 1989 para fortalecer los vínculos económicos entre los países del Pacífico

Asoka [Asoka] *s.*, líder durante el apogeo del Imperio Maurya, alrededor del año 250 a. C.

assimilate [asimilarse] *v.*, incorporarse a la cultura de una sociedad

assimilation [asimilación] *s.*, proceso en el cual un grupo minoritario adopta la cultura de la mayoría

assisted migration [migración asistida] *s.*, programa establecido en 1831 en el cual los británicos ofrecían dinero a la gente para que se mudara a Australia

Aswan High Dam [Presa Alta de Asuán] *s.*, presa ubicada en el río Nilo, terminada en 1970

Atacama Desert [desierto de Atacama] *s.*, desierto ubicado en el lado occidental de la cordillera de los Andes

Atahualpa [Atahualpa] *s.*, el último emperador de los incas antes de ser conquistados por los españoles en 1533

atoll [atolón] *s.*, isla, arrecife o cadena de islas con forma de anillo hechas de coral

attribute [atributo] *s.*, cualidad específica

Augustus [Augusto] *s.*, primer emperador de Roma, en 27 a. C.

autonomy [autonomía] *s.*, auto-gobierno de un país o pueblo

Aymara [aimara] *s.*, cultura indígena que habita en la cordillera de los Andes de Perú y Bolivia

Aztec [aztecas] *s.*, pueblo que se estableció en el área de la actual ciudad de México, 1325–1525 d. C.

B

ban [proscribir] *v.*, declarar fuera de la ley o prohibir

Bantu [bantúes] *s.*, grupo africano que se trasladó desde el oeste de África central hacia el sur y hacia el este, a través del África subsahariana, entre 2000 y 1000 a. C.

barbarian [bárbaro] *s.*, soldado o guerrero considerado culturalmente menos desarrollado que aquellos contra los que luchaba; el término proviene originalmente de las tribus germanas que invadieron el Imperio Romano en el año 235 d. C.

Baroque period [Barroco] *s.*, período entre 1600 y 1750 en el cual la música presentaba esquemas y temas complicados

barter [canjear] *v.*, comerciar o intercambiar bienes sin utilizar dinero

basin [cuenca] *s.*, región bañada por un sistema fluvial

bas-relief [bajorrelieve] *s.*, escultura que sobresale ligeramente de un fondo plano

bauxite [bauxita] *s.*, materia prima que se utiliza para fabricar aluminio

bay [bahía] *s.*, masa de agua rodeada por tierra en tres de sus lados

Bedouin [beduinos] *s.*, pueblo nómade de habla árabe del suroeste de Asia

benefit [beneficiar] *v.*, hacer bien

Berlin Conference [Conferencia de Berlín] *s.*, encuentro de las naciones europeas en 1884 para resolver los conflictos sobre sus reclamos coloniales en África

Berlin Wall [Muro de Berlín] *n.*, muro que dividía Berlín Este communista de Berlín Oeste demucrático

Bhutto, Benazir [Bhutto, Benazir] *s.*, primera ministra mujer de Pakistán, 1988–1999

Biko, Stephen [Biko, Stephen] *s.*, presidente de una organización sudafricana de protesta estudiantil que fue arrestado y asesinado en 1977

Bill of Rights [Declaración de Derechos] *s.*, primeras diez enmiendas a la Constitución estadounidense

biodiversity [biodiversidad] *s.*, variedad de especies que viven en un ecosistema

biofuel [biocombustible] *s.*, combustible alternativo que es una mezcla de etanol y gasolina

Black Sea [mar Negro] *s.*, mar interior que limita con Europa, Rusia, Georgia y Turquía

Blue Mosque [Mezquita Azul] *s.*, mezquita histórica construida en Estambul por el Sultán Ahmed I, terminada en 1617

Bollywood [Bollywood] *s.*, industria cinematográfica de la India, ubicada en Bombay

Bolshevik [bolchevique] *s.*, partido político de Rusia liderado por Lenin que derrocó al zar en 1917

Borobudur [Borobudur] *s.*, complejo de templos budistas ubicado en el centro de Java

Bosporus Strait [estrecho de Bósforo] *s.*, paso que atraviesa Estambul y conecta el mar Negro y el mar de Mármara

breakwater [rompeolas] *s.*, barrera construida para proteger un puerto

Buddhism [budismo] *s.*, religión fundada por Siddhartha Gautama en 525 a. C. en India

bullet train [tren bala] *s.*, tren que viaja a más de 125 millas por hora y cuya forma es similar a una bala

butte [cerro testigo] *s.*, colina o montaña con laderas escarpadas y cima plana

Byrd, Richard [Byrd, Richard] *s.*, estadounidense que exploró la Antártida por cielo y tierra durante la década de 1940

Byzantine Empire [Imperio Bizantino] *s.*, parte oriental del Imperio Romano después de 395 d. C. que duró aproximadamente 1,000 años

C

Caesar, Julius [César, Julio] *s.*, general que se convirtió en gobernante de Roma, 46–44 a. C.

Calypso [calipso] *s.*, tipo de música folclórica que se inició en Trinidad

canal [canal] *s.*, vía fluvial construida por el hombre a través de la tierra para botes y barcos

Candomblé [candomblé] *s.*, religión brasileña que combina el espiritualismo africano y el catolicismo

canopy [enramada] *s.*, techo creado sobre un bosque tropical por las copas de los árboles

capital [capital] *s.*, riqueza e infraestructura de un país

carapace [caparazón] *s.*, cubierta dura de ciertos animales, como la tortuga

caravan [caravana] *s.*, grupo de mercaderes que viajan juntos por razones de seguridad

Cardamom Mountains [montañas Cardamomo] *s.*, cadena de montañas ubicada en Camboya

Caribbean Sea [mar Caribe] *s.*, mar tropical ubicado en el Hemisferio Occidental, que limita con México, América Central, las Antillas Mayores y las Antillas Menores

cartographer [cartógrafo] *s.*, persona que hace mapas

cash crop [cultivo comercial] *s.*, cultivo que se vende para obtener una ganancia

Caspian Sea [mar Caspio] *s.*, la masa de agua endorreica más grande de la Tierra, que limita con Rusia, Kazajistán, Turkmenistán, Azerbaiyán e Irán

caste system [sistema de castas] *s.*, en India, estructura social compuesta por cuatro niveles principales, que fue instaurada por los arios

categorize [categorizar] *v.*, agrupar información; clasificar

Catherine the Great [Catalina la Grande] *s.*, emperadora de Rusia desde 1762 hasta 1796

celadon [celadón] *adj.*, con barniz vítreo de color verde, referido a la cerámica realizada por los artistas coreanos

cenote [cenote] *s.*, un depósito de agua subterránea

Chang Jiang [Chang Jiang] *s.*, el río más largo de Asia, que fluye a través de China; también llamado Yangtsé

Chang Jiang Plain [llanura de Chang Jiang] *s.*, llanuras ubicadas junto al río Chang Jiang

Chao Phraya River [río Chao Phraya] *s.*, río que fluye a través de Tailandia

Chernobyl [Chernóbil] *s.*, ciudad ubicada en Ucrania, en la cual un reactor nuclear explotó en 1986

Choson [Choson] *s.*, dinastía coreana que duró desde 1392 hasta 1910

Christian Bible [Biblia cristiana] *s.*, libro sagrado del cristianismo

Christianity [cristianismo] *s.*, religión basada en la vida y en las enseñanzas de Jesús de Nazaret

citizen [ciudadano] *s.*, persona que vive dentro de un territorio y tiene derechos y responsabilidades garantizadas por el gobierno

city-state [ciudad-estado] *s.*, estado independiente compuesto por una ciudad y los territorios que dependen de ella

civil disobedience [desobediencia civil] *s.*, desobediencia no violenta de las leyes

civil war [guerra civil] *s.*, guerra entre grupos opuestos de ciudadanos del mismo país

civilization [civilización] *s.*, sociedad con cultura, política y tecnología altamente desarrolladas

clan [clan] *s.*, unidad grande basada en la familia con lealtad hacia el grupo

Classical period [Clasicismo] *s.*, período comprendido entre 1750 y 1900 en el cual la música seguía las reglas establecidas para la forma y la complejidad, como en el caso de las sonatas o las sinfonías

climate [clima] *s.*, el promedio de las condiciones de la atmósfera de un área durante un largo período de tiempo, incluidas la temperatura, la precipitación y los cambios estacionales

climograph [gráfica del clima] *s.*, gráfica que muestra el clima de una región a través de la precipitación y la temperatura medias

coalition [coalición] *s.*, alianza

coastal plains [llanuras costeras] *s.*, tierras bajas ubicadas junto a la orilla del mar

Cold War [Guerra Fría] *s.*, largo período de tensión política sin lucha armada entre los Estados Unidos y la Unión Soviética, desde aproximadamente 1948 hasta 1991

collective farm [granja colectiva] *s.*, en la Unión Soviética, una granja grande donde los trabajadores cultivaban alimentos para distribuirlos a toda la población

collide [colisionar] *v.*, chocar

colonialism [colonialismo] *s.*, práctica de un país que directamente gobierna y desarrolla el comercio en un territorio extranjero para su propio beneficio

colonize [colonizar] *v.*, construir asentamientos y desarrollar el comercio en tierras que controla un país

colony [colonia] *s.*, área controlada por un país lejano

Columbian Exchange [Intercambio Colombino] *s.*, intercambio de plantas, animales y enfermedades entre las Américas, Europa y África que comenzó en el siglo XVI

commerce [comercio] *s.*, negocio de comprar y vender bienes y servicios

commercial agriculture [agricultura comercial] *s.*, negocio de producir cultivos para vender

commodity [mercancía] *s.*, material u objeto que se puede comprar, vender o comerciar

Common Market [Mercado Común] *s.*, Comunidad Económica Europea formada en 1957

commonwealth [mancomunidad] *s.*, nación que se gobierna a sí misma pero es parte de un país mayor

Commonwealth of Australia [Mancomunidad de Australia] *s.*, la nación de Australia, que entró a formar parte de la Mancomunidad Británica de Naciones en 1901

communal [comunal] *adj.*, compartido

communism [comunismo] *s.*, sistema de gobierno en el cual un único partido político controla el gobierno y la economía

competitive [competitivo] *adj.*, capaz de intentar ganar un concurso o una carrera

complex [complejo] *s.*, conjunto de edificios vinculados

comply [acatar] *v.*, seguir una regla o una orden

concentrated [concentrado] *adj.*, reunido en un área central

concentration camp [campo de concentración] *s.*, área donde los judíos y otras personas fueron detenidos durante la Segunda Guerra Mundial y asesinados por los nazis

condensation [condensación] *s.*, proceso por el cual el vapor de agua se convierte en gotitas de líquido debido al enfriamiento durante el ciclo hidrológico

Confucianism [confucianismo] *s.*, sistema ético basado en las enseñanzas de Confucio

Congo River [río Congo] *s.*, río principal ubicado en África Central que desemboca en el océano Atlántico

conquistador [conquistador] *s.*, soldado y líder español que exploraba los territorios recientemente descubiertos de América del Norte, América del Sur, América Central y el Caribe a partir del siglo XVI, fundamentalmente en busca de oro y plata

conservation [conservación] *s.*, protección del medio ambiente

Constantine [Constantino] *s.*, emperador romano, 306–337 a. C., que hizo del cristianismo la religión oficial del imperio

constitution [constitución] *s.*, documento que organiza un gobierno y enuncia sus poderes

consumer [consumidor] *s.*, persona que compra bienes

contaminated [contaminado] *adj.*, infectado; inapropiado para el uso debido a la presencia de elementos peligrosos

contiguous [contiguo] *adj.*, conectado en un bloque

continent [continente] *s.*, gran masa de tierra sobre la superficie de la Tierra; la Tierra tiene siete continentes

continental drift [deriva continental] *s.*, movimiento lento de los continentes sobre las placas tectónicas

continental shelf [plataforma continental] *s.*, borde de un continente que se extiende bajo el agua y se adentra en el mar

controversy [controversia] *s.*, debate o disputa

convert [convertir] *v.*, persuadir a alguien para que cambie sus creencias religiosas

convey [transmitir] *v.*, comunicar

convict [convicto] *s.*, persona sentenciada a prisión por cometer un crimen

Cook Islands [islas Cook] *s.*, país ubicado cerca de Nueva Zelanda, en el Pacífico Sur, formado por 15 islas pequeñas

Cook, James [Cook, James] *s.*, navegante británico que exploró y cartografió las Islas del Pacífico en la década de 1770

coral island [isla de coral] *s.*, isla creada por la acumulación gradual de esqueletos de coral

coral reef [arrecife de coral] *s.*, estructura parecida a una roca construida por capas de organismos de coral

cordillera [cordillera] *s.*, sistema de varias cadenas de montañas paralelas

Cortés, Hernán [Cortés, Hernán] *s.*, conquistador español que derrotó a los aztecas en 1525

cosmopolitan [cosmopolita] *adj.*, que reúne muchas culturas e influencias diferentes

Counter-Reformation [Contrarreforma] *s.*, movimiento dentro de la Iglesia Católica Romana para reformar sus propias prácticas

coup [golpe de estado] *s.*, toma repentina e ilegal del gobierno por medio de la fuerza

Creole [criollo] *s.*, lengua que mezcla elementos de idiomas europeos y no europeos

crevasse [grieta] *s.*, abertura profunda en un glaciar

cricket [cricket] *s.*, juego de equipo similar al béisbol

critical [crítico] *adj.*, extremadamente importante, necesario para sobrevivir

Crusades [Cruzadas] *s.*, expediciones militares de la Iglesia Católica Romana para recuperar las tierras santas ubicadas en Medio Oriente que estaban bajo control musulmán, 1096–1291

cuisine [cocina] *s.*, alimentos y tradiciones culinarias comunes a cierta región

cultural hearth [centro cultural] *s.*, centro de civilización desde el cual se difunden las ideas y la tecnología

Cultural Revolution [Revolución Cultural] *s.*, en China, plan social que duró desde 1966 hasta 1969, en el cual el gobierno intentó eliminar todos los elementos capitalistas y anticomunistas de la sociedad

culture [cultura] *s.*, modo de vida de un grupo, que incluye el tipo de alimentación, vivienda, vestido, idioma, comportamiento e ideas

culture region [región cultural] *s.*, área que está unificada por rasgos culturales comunes

cuneiform [cuneiforme] *s.*, primera forma de escritura conocida, proveniente de Sumeria

currency [moneda] *s.*, forma de dinero

current [corriente] *s.*, movimiento continuo de aire o agua que fluye en la misma dirección

cyclone [ciclón] *s.*, tormenta con vientos giratorios, llamada tifón en el Hemisferio Oriental; denominada huracán en otras partes del mundo

czar [zar] *s.*, término utilizado en Rusia para designar al emperador

D

dam [presa] *s.*, barrera que controla el flujo de agua

Danube River [río Danubio] *s.*, río que nace en Alemania y desemboca en el mar Negro

Daoism [taoísmo] *s.*, sistema ético que enfatiza la armonía entre las personas y la naturaleza

Declaration of Independence [Declaración de Independencia] *s.*, documento que declara que los Estados Unidos son independientes del Imperio Británico, adoptado el 4 de julio de 1776

deforestation [deforestación] *s.*, práctica de talar bosques para despejar la tierra y utilizarla para cultivos o uso urbano

deity [deidad] *s.*, dios o diosa

delta [delta] *s.*, área donde un río deposita sedimentos cuando desemboca en una masa de agua más grande

demilitarized zone (DMZ) [zona desmilitarizada] *s.*, área neutral entre países enemigos, específicamente entre Corea del Norte y Corea del Sur

democracy [democracia] *s.*, forma de gobierno del pueblo, en la cual los ciudadanos suelen elegir representantes para que los gobiernen

democratization [democratización] *s.*, proceso de convertirse en una democracia

demographics [demografía] *s.*, características de una población humana, tales como la edad, el ingreso y la educación

deny [negar] *v.*, no reconocer

deplete [agotar] *v.*, extraer o disminuir un recurso hasta que no esté disponible o no sea capaz de funcionar como planeado

descendants [descendientes] *s.*, generaciones futuras; parientes de un miembro de la familia que vivió en el pasado

desertification [desertificación] *s.*, transición gradual de la tierra fértil a tierra menos productiva

developed nations [naciones desarrolladas] *s.*, países con un alto producto interno bruto per cápita

developing nations [naciones en vías de desarrollo] *s.*, países con un bajo producto interno bruto per cápita

dialect [dialecto] *s.*, variante regional de un idioma principal

Diaspora [Diáspora] *s.*, dispersión de los judíos por todo el mundo

dictator [dictador] *s.*, gobernante con control total

diffusion [difusión] *s.*, propagación

diplomacy [diplomacia] *s.*, discusión entre grupos o países para resolver disputas o desacuerdos

discrimination [discriminación] *s.*, trato injusto de un individuo o grupo en base a factores distintos de la habilidad

displace [desplazar] *v.*, obligar a un pueblo a dejar su hogar

disregard [desconocer] *v.*, ignorar

dissolve [disolver] *v.*, deshacer

distinct [definido] *adj.*, fácilmente reconocible

distort [distorsionar] *v.*, modificar la forma o apariencia usual; deformar

distribute [distribuir] *v.*, repartir un bien o recurso entre un grupo mayor

diversify [diversificar] *v.*, dar variedad a algo

diversity [diversidad] *s.*, variedad

domestic policy [política interna] *s.*, plan de un gobierno para manejar los asuntos dentro de sus propias fronteras

domesticate [domesticar] *v.*, criar y usar animales como fuente de mano de obra y alimento

dormant [inactivo] *adj.*, latente, referido a un volcán

drought [sequía] *s.*, largo período con escasa o ninguna precipitación

Dry Pampas [Pampa seca] *s.*, región árida ubicada en el oeste de Argentina

Dubai [Dubái] *s.*, ciudad y estado joven y rico de los Emiratos Árabes Unidos, en el golfo Pérsico

due process [debido proceso] *s.*, en los Estados Unidos, reglas que las autoridades deben seguir al tratar con los ciudadanos

Dutch East India Company [Compañía Neerlandesa de las Indias Orientales] *s.*, compañía de los Países Bajos que dominaba el comercio de especias en el sureste de Asia

dynamic [dinámico] *adj.*, que cambia continuamente

dynastic cycle [ciclo dinástico] *s.*, patrón de ascenso y caída de las dinastías en la historia china

dynasty [dinastía] *s.*, serie de gobernantes de la misma familia

E

earthquake [terremoto] *s.*, sacudida de la corteza de la Tierra generalmente causada por el choque o el deslizamiento de las placas tectónicas

Eastern Hemisphere [Hemisferio Oriental] *s.*, la mitad de la Tierra ubicada al este del primer meridiano

ecologist [ecologista] *s.*, científico que estudia las relaciones entre los seres vivos y su medio ambiente

economic globalization [globalización económica] *s.*, práctica de actividades económicas que se realizan a través de las fronteras nacionales

economic sector [sector económico] *s.*, subdivisión o parte más pequeña de una economía, tal como la industria y la agricultura

economy [economía] *s.*, sistema en el cual las personas producen, venden y compran cosas

ecosystem [ecosistema] *s.*, comunidad de organismos vivos y su medio ambiente o hábitat natural

ecoturism [ecoturismo] *s.*, manera de visitar las áreas naturales que conserva los recursos naturales de la región

El Niño [El Niño] *s.*, inversión del viento y las corrientes oceánicas usuales

elevation [elevación] *s.*, altura de un accidente geográfico sobre el nivel del mar

eliminate [eliminar] *v.*, deshacerse de

elite [elite] *s.*, clase superior

Emancipation Proclamation [Proclama de Emancipación] *s.*, documento de 1863 que liberó a todos los esclavos que vivían en el territorio en poder de los Confederados durante la Guerra Civil estadounidense

emergence [aparición] *s.*, desarrollo y uso extendido de algo nuevo

emigrate [emigrar] *v.*, dejar el país natal para vivir en otro país

emirate [emirato] *s.*, estado del país de los Emiratos Árabes Unidos

empire [imperio] *s.*, grupo de pueblos o estados gobernados por un único gobernante fuerte

Enduring Voices Project [Proyecto Voces Perdurables] *s.*, proyecto de National Geographic para estudiar y conservar las lenguas que están en riesgo de desaparición

enhance [realzar] *v.*, mejorar la calidad de algo

Enlightenment [Ilustración] *s.*, movimiento social del siglo XVIII que trabajó a favor de la educación y de los derechos del individuo

enlist [alistarse] *v.*, presentarse como voluntario para el servicio militar

entrepreneur [empresario] *s.*, persona que comienza un negocio nuevo

entrepreneurship [espíritu empresarial] *s.*, características de creatividad y riesgo que existen en una persona o sociedad

epic poem [poema épico] *s.*, poema largo que relata las aventuras de un héroe

epidemic [epidemia] *s.*, brote de una enfermedad que afecta a una gran parte de la población de una comunidad en particular

equator [ecuador] *s.*, círculo imaginario alrededor de la Tierra que está a la misma distancia del Polo Norte y del Polo Sur y divide la Tierra por la mitad; la línea central o de 0° de latitud

equinox [equinoccio] *s.*, momento en que el día y la noche tienen la misma duración; ocurre dos veces al año, el 21 o 22 de marzo y el 21 o 22 de septiembre

erode [erosionar] *v.*, desgastar

erosion [erosión] *s.*, proceso por el cual las rocas y el suelo se rompen lentamente y se desgastan

erratic [errático] *adj.*, inconsistente o irregular

eruption [erupción] *s.*, estallido o explosión

escarpment [escarpe] *s.*, pendiente pronunciada

essential [esencial] *adj.*, necesario

establish [establecer] *v.*, instituir

ethanol [etanol] *s.*, alcohol líquido extraído de la caña de azúcar o del maíz que se puede usar como combustible, solo o mezclado con gasolina

ethical system [sistema ético] *s.*, sistema de creencias que enseña conductas morales

ethnic group [grupo étnico] *s.*, grupo de personas que tienen una cultura y una lengua en común y a veces comparten la misma herencia racial

ethnobotanist [etnobotánico] *s.*, científico que estudia la relación entre las culturas y las plantas

euro [euro] *s.*, moneda común de la Unión Europea

European Union (EU) [Unión Europea (UE)] *s.*, organización económica compuesta por 27 países miembros europeos (2011)

eurozone [eurozona] *s.*, países que han adoptado el euro como moneda

evaporation [evaporación] *s.*, proceso por el cual el agua se convierte en vapor y sube a la atmósfera debido al calentamiento del Sol; una parte del ciclo hidrológico

evident [evidente] *adj.*, claramente presente u observable

excavate [excavar] *v.*, quitar la tierra cuidadosamente o hacer un hoyo

exchange [cambiar] *v.*, convertir el dinero en otra moneda

exile [exilar] *v.*, obligar a alguien a dejar un país

exile [exilio] *s.*, situación en la que se está ausente del propio país natal

exoskeleton [exoesqueleto] *s.*, cubierta externa dura que protege a los corales y a otros animales marinos

expand [ampliar] *v.*, hacer más grande

expedition [expedición] *s.*, travesía o viaje de cierta extensión, usualmente a otras tierras

exploit [explotar] *v.*, aprovecharse de algo; usar de manera egoísta o injusta para beneficio propio

export [exportar] *v.*, enviar a otro país para obtener ayuda o un beneficio

export revenue [ingresos por exportaciones] *s.*, dinero o ingresos recibidos por los bienes vendidos a otro país

extent [extensión] *s.*, distancia o grado hasta el cual se difunde algo

extinct [extinto] *adj.*, completamente desaparecido, tal como una especie animal o vegetal

extinction [extinción] *s.*, desaparición de una especie o de un tipo de ser vivo

extremist [extremista] *s.*, persona con opiniones religiosas o políticas que están fuera del rango de la opinión de la mayoría

F

factory system [sistema fabril] *s.*, modo de trabajar en el cual cada persona trabaja en solo una parte de un producto

failed state [estado fallido] *s.*, país en el cual el gobierno, las instituciones económicas y el orden han colapsado

fallout [lluvia radiactiva] *s.*, partículas radiactivas provenientes de una explosión nuclear que caen a través de la atmósfera

famine [hambruna] *s.*, largo período de escasez de alimentos

fault [falla] *s.*, fractura en la corteza de la Tierra

federal republic [república federal] *s.*, forma democrática de gobierno en la cual los votantes eligen representantes y el gobierno central comparte el poder con los estados

federal system [sistema federal] *s.*, sistema de gobierno con un gobierno central fuerte y unidades gubernamentales locales

feral [asilvestrado] *adj.*, salvaje, que se ha convertido en salvaje después de haber sido domesticado

fertile [fértil] *adj.*, capaz de producir una gran abundancia de frutos, cultivos o crías

Fertile Crescent [Creciente Fértil] *s.*, área alrededor de los ríos Tigris y Éufrates

fertility rate [tasa de fertilidad] *s.*, promedio de niños nacidos por cada mujer en un cierto período de tiempo

fertilizer [fertilizante] *s.*, sustancia añadida al suelo para enriquecerlo

feudal system [sistema feudal] *s.*, durante la Edad Media, estructura social que consistía en un rey, señores, vasallos y siervos

fiber optics [fibra óptica] *s.*, fibras de vidrio utilizadas para enviar un código digital rápidamente a través de grandes distancias

first language [lengua materna] *s.*, idioma que aprenden los niños de un pueblo

fjord [fiordo] *s.*, bahía angosta y profunda ubicada

floodplain [planicie aluvial] *s.*, terreno bajo a la orilla de los ríos, formado por el sedimento dejado por la inundación

Foja Mountains [montañas Foja] *s.*, cadena de montañas ubicada en la isla de Nueva Guinea, en el este de Indonesia

food security [seguridad alimentaria] *s.*, fácil acceso a alimentos suficientes

foremost [principal] *adj.*, primero en rango o importancia, que lidera

fortify [fortificar] *v.*, fortalecer

fossil [fósil] *s.*, restos conservados de plantas y animales antiguos

fragmented country [país fragmentado] *s.*, país que está físicamente dividido en partes separadas, tales como una cadena de islas, y/o política o culturalmente dividido

free enterprise economy [economía de libre empresa] *s.*, sistema en el cual las empresas de propiedad privada producen bienes y servicios, también llamada economía de mercado o capitalismo

free trade [libre comercio] *s.*, comercio que no grava las importaciones con impuestos

free trade agreement [acuerdo de libre comercio] *s.*, tratado entre países que mejora el comercio al limitar los impuestos a dicho comercio

French Indochina [Indochina Francesa] *s.*, grupo de colonias pertenecientes a Francia, formado por Vietnam, Camboya, Laos y otras, ubicadas en el sureste de Asia, desde 1887 hasta 1955

fuel cell [celda de combustible] *s.*, unidad pequeña que, al igual que una pila o batería, combina sustancias químicas para producir energía

fuse [fusionar] *v.*, mezclar

G

Gadsden Purchase [Compra de Gadsden] *s.*, venta de territorio realizada en 1853 por México a los Estados Unidos que estableció la frontera suroccidental estadounidense actual

Gandhi, Mohandas [Gandhi, Mahatma] *s.*, líder indio que impulsó la independencia de la India respecto del Reino Unido mediante la desobediencia civil, en la década de 1930; considerado el padre de la India moderna

Ganges Delta [delta del Ganges] *s.*, área fértil donde el río Ganges desemboca en la bahía de Bengala

gaucho [gaucho] *s.*, vaquero de América del Sur

gauge [trocha] *s.*, medida del ancho de las vías del ferrocarril

generation [generación] *s.*, grupo de individuos que nacen y viven aproximadamente en la misma época

Genghis Khan [Gengis Kan] *s.*, gobernante mongol que estableció un imperio en el centro de Asia, a principios del siglo XIII

genre [género] *s.*, forma literaria, como un poema, una obra de teatro o una novela

geoglyph [geoglifo] *s.*, figura geométrica grande o forma de animal dibujada sobre el suelo

Geographic Information Systems (GIS) [Sistemas de Información Geográfica (SIG)] *s.*, aparatos computarizados que presentan datos sobre lugares específicos

geographic pattern [patrón geográfico] *s.*, similitud entre lugares

geothermal energy [energía geotérmica] *s.*, energía térmica proveniente del interior de la Tierra que se puede convertir en electricidad

ger [ger] *s.*, tienda portátil hecha de fieltro

Gettysburg Address [Discurso de Gettysburg] *s.*, discurso que Abraham Lincoln pronunció en 1863 en honor a los soldados que murieron en la batalla de Gettysburg durante la Guerra Civil estadounidense

Giza [Giza] *s.*, ciudad ubicada junto al Nilo, donde se construyeron diez pirámides en el antiguo Egipto

Glacier [glaciar] *s.*, masa grande de hielo y nieve acumulada

glasnost [glásnost] *s.*, política de la Unión Soviética de apertura que animó al pueblo a hablar abiertamente acerca del gobierno, introducida por Mijaíl Gorbachov en la década de 1980

global [global] *adj.*, mundial

Global Positioning System (GPS) [Sistema de Posicionamiento Global (GPS)] *s.*, sistema de satélites con base en el espacio que encuentra la ubicación absoluta y la hora de cualquier lugar de la Tierra

global warming [calentamiento global] *s.*, aumento de la temperatura media de la Tierra desde mediados del siglo XX

globalization [globalización] *s.*, desarrollo de una economía mundial basada en el libre comercio y el uso de mano de obra extranjera

globe [globo terráqueo] *s.*, modelo tridimensional, o esférico, de la Tierra

Gobi desert [desierto de Gobi] *s.*, el desierto más grande de Asia, que cubre gran parte del sur de Mongolia y se extiende hasta el interior de China

golden age [edad dorada] *s.*, período de gran riqueza, cultura y democracia en Grecia

Golden Quadrilateral (GQ) [Cuadrilátero de Oro] *s.*, superautopista que conecta cuatro ciudades importantes de la India

Gorbachev, Mikhail [Gorbachov, Mijaíl] *s.*, líder de la Unión Soviética, 1985–1991; presidente desde 1990 hasta que fue disuelta en 1991

gorge [desfiladero] *s.*, paso profundo y angosto rodeado por acantilados empinados

government [gobierno] *s.*, organización que mantiene el orden, establece reglas y proporciona servicios para una sociedad

Grand Bazaar [Gran Bazar] *s.*, centro de tiendas y comercios en Estambul, Turquía

Grand Canyon [Gran Cañón] *s.*, formación rocosa ubicada en el suroeste de los Estados Unidos que el río Colorado ha excavado profundamente durante millones de años

grasslands [praderas] *s.*, áreas abiertas y amplias apropiadas para el pastoreo y los cultivos

Great Barrier Reef [Gran Barrera de Coral] *s.*, ecosistema inmenso, ubicado cerca de la costa de Australia, hecho de arrecifes de coral

Great Depression [Gran Depresión] *s.*, descenso económico mundial ocurrido en la década de 1930, marcado por la pobreza y una alta tasa de desempleo

Great Escarpment [Gran Escarpe] *s.*, pendiente pronunciada que se extiende desde la meseta del sur de África hasta las llanuras costeras

Great Lakes [Grandes Lagos] *s.*, cinco lagos grandes de agua dulce ubicados entre Canadá y los Estados Unidos

Great Leap Forward [Gran Salto Adelante] *s.*, plan de Mao Zedong para hacer que la economía de China creciera más rápidamente, 1958–1961

Great Plains [Grandes Llanuras] *s.*, área de tierra baja y llana ubicada al este de las montañas Rocosas

Great Pyramid of Khufu [Gran Pirámide de Keops] *s.*, la pirámide más antigua y más alta de Egipto, construida en Guiza alrededor de 2550 a. C.

Great Recession [Gran Recesión] *s.*, descenso de las economías de los Estados Unidos, Canadá y otros países, que comenzó en 2007

Great Rift Valley [Gran Valle del Rift] *s.*, valle ancho ubicado en África Oriental, parte de una cadena de valles formados cuando las placas tectónicas se separaron

Great Wall of China [Gran Muralla China] *s.*, muro de piedra ubicado en el norte de China de más de 4,500 millas de largo, construido para rechazar a los invasores provenientes del norte

Great Zimbabwe [Gran Zimbabue] *s.*, ciudad amurallada de piedra que el pueblo shona construyó en el sur de África entre 1200 y 1450

greenhouse gas [gas invernadero] *s.*, gas que atrapa el calor del Sol sobre la Tierra

griot [griot] *s.*, narrador africano tradicional

gross domestic product (GDP) [producto interno bruto (PIB)] *s.*, valor total de todos los bienes y servicios producidos en un país en un año dado

Guaraní [guaraníes] *s.*, pueblo indígena que vive en los valles de los ríos Paraguay y Paraná, en América del Sur

guest worker [trabajador huésped] *s.*, trabajador temporal que migra para trabajar en otro país

Guillotine [guillotina] *s.*, máquina utilizada para ejecutar a las personas durante la Revolución Francesa

Gutenberg, Johannes [Gutenberg, Johannes] *s.*, impresor alemán que inventó la imprenta en 1450

H

habitat [hábitat] *s.*, medio ambiente natural de una planta o animal vivo

Hagia Sophia [Santa Sofía] *s.*, museo ubicado en Estambul, Turquía, que se construyó originalmente como iglesia, durante el Imperio Romano, y luego sirvió de mezquita

half-life [vida media] *s.*, tiempo necesario para que la mitad de los átomos de una sustancia radiactiva se desintegren

Hammurabi [Hammurabi] *s.*, rey que desarrolló un código de leyes en Babilonia, en el siglo XVIII a. C.

Han [Han] *s.*, dinastía china que duró desde 206 a. C. hasta 220 d. C.

Harappan [Harappa] *s.*, primera civilización urbana del sur de Asia, desarrollada junto al río Indo alrededor de 2600 a. C.

harbor [embarcadero] *s.*, lugar donde los barcos pueden atracar protegidos del mar abierto

Hatshepsut [Hatshepsut] *s.*, mujer que fue faraón de Egipto alrededor de 1500 a. C.

Hebrew Bible [Biblia hebrea] *s.*, libro sagrado del judaísmo

hemisphere [hemisferio] *s.*, una mitad de la Tierra

henna [alheña] *s.*, polvo rojizo usado para crear diseños sobre la piel

hereditary [hereditario] *adj.*, que se transmite de padres a hijos

heritage [herencia] *s.*, tradición que se transmite de los ancestros a los descendientes

Hermitage Museum [museo Hermitage] *s.*, museo de arte y cultura ubicado en San Petersburgo, Rusia

Hidalgo, Miguel [Hidalgo, Miguel] *s.*, sacerdote católico que lideró una revuelta en México en 1810

hieroglyphics [jeroglíficos] *s.*, sistema antiguo de escritura que emplea imágenes y símbolos

highlands [tierras altas] *s.*, áreas de terreno montañoso alto

Himalaya Mountains [Himalaya] *s.*, la cordillera más alta del mundo, ubicada en el sur de Asia

Hinduism [hinduismo] *s.*, religión practicada por más del 60 por ciento de la población de Asia del Sur

Hitler, Adolf [Hitler, Adolf] *s.*, jefe de estado alemán desde 1933 hasta 1945

Ho Chi Minh [Ho Chi Minh] *s.*, líder de Vietnam del Norte que quería unificar Vietnam del Norte y Vietnam del Sur bajo el comunismo; estos intentos dieron comienzo a la Guerra de Vietnam

Holocaust [Holocausto] *s.*, asesinato masivo cometido por los nazis contra seis millones de judíos y otras personas durante la Segunda Guerra Mundial

homelands [terruños] *s.*, durante el apartheid, áreas separadas dentro de Sudáfrica donde se obligaba a vivir a los sudafricanos negros

hotspot [punto caliente] *s.*, parte inusualmente caliente del manto de la Tierra

Huang He [Huang He] *s.*, el segundo río más largo de China, también llamado río Amarillo

Human Development Index (HDI) [Índice de Desarrollo Humano (IDH)] *s.*, conjunto de datos utilizados por los geógrafos para comparar la calidad de vida en diferentes países, incluyendo salud, educación y estándar de vida

human rights [derechos humanos] *s.*, derechos políticos, económicos y culturales que todas las personas deben tener

hunter-gatherer [cazador-recolector] *s.*, persona que caza animales y recolecta plantas y frutos para alimentarse

hurricane [huracán] *s.*, tormenta fuerte con vientos giratorios y lluvia intensa

Hussein, Saddam [Hussein, Saddam] *s.*, presidente de Iraq desde 1979 hasta 2003

hybrid [híbrido] *s.*, vehículo que puede funcionar a electricidad o gasolina

hydroelectric power [energía hidroeléctrica] *s.*, fuente de energía que emplea agua en movimiento para producir electricidad

I

ice shelf [plataforma de hielo] *s.*, lámina flotante de hielo adherida a una masa de tierra

immigrate [inmigrar] *v.*, mudarse a otro país o región

immigration [inmigración] *s.*, mudanza permanente de una persona a otro país

impact [impacto] *s.*, efecto que produce un cambio

imperialism [imperialismo] *s.*, práctica de extender la influencia de una nación controlando otros territorios

Impressionism [Impresionismo] *s.*, estilo artístico en el cual los artistas usaban la luz y el color en pinceladas cortas para capturar un momento de tiempo

incentive [incentivo] *s.*, razón o motivo para hacer algo

incorporate [incorporar] *v.*, incluir; combinar con algo ya formado

indigenous [indígena] *adj.*, originario del área donde algo se encuentra

indulgence [indulgencia] *s.*, durante la Edad Media, tarifa pagada a la iglesia para disminuir el castigo por un pecado

Indus River [río Indo] *s.*, río ubicado en la parte occidental de Asia del Sur

Industrial Revolution [Revolución Industrial] *s.*, período de los siglos XVIII y XIX durante el cual los trabajadores de las fábricas comenzaron a usar máquinas y herramientas eléctricas para producir a gran escala

industrialization [industrialización] *s.*, paso a una producción a gran escala mediante el uso de máquinas

industrialize [industrializar] *v.*, desarrollar la manufactura

infectious [infeccioso] *adj.*, capaz de propagarse rápidamente a otros

infrastructure [infraestructura] *s.*, sistemas básicos de una sociedad, tales como las carreteras, los puentes, las cloacas y el tendido eléctrico

inner islands [islas interiores] *s.*, islas de Indonesia entre las que se incluyen Java, Madura y Bali

Institutional Revolutionary Party (PRI) [Partido Revolucionario Institucional (PRI)] *s.*, partido político que controló el gobierno de México desde 1929 hasta 2000

interact [interactuar] *v.*, afectar a otras personas y verse afectado por ellas

interior [interior] *s.*, tierra que está lejos de la costa del mar

Internet *n.*, una red de comunicación

intersection [encrucijada] *s.*, lugar donde se encuentran las personas o se cruzan los caminos

intifada [intifada] *s.*, levantamiento o rebelión, usualmente se utiliza para referirse a la revuelta palestina en contra de Israel

invader [invasor] *s.*, enemigo que entra a un país por la fuerza

invasive species [especies invasoras] *s.*, plantas o animales no nativos introducidos en un área nueva, intencionalmente o no, que alteran los hábitats de los seres vivos nativos

Iron Curtain [Cortina de Hierro] *s.*, en Europa, frontera imaginaria que separaba los países comunistas de los no comunistas durante la Guerra Fría

Irrawaddy River [río Irawadi] *s.*, río que fluye a través de Myanmar

irrigation [irrigación] *s.*, proceso de redirigir el agua hacia los cultivos a través de canales y zanjas

Isis [Isis] *s.*, diosa egipcia importante

Islam [islamismo] *s.*, religión fundada en Arabia Saudita a principios del siglo VII d. C.

isolated [aislado] *adj.*, separado de los demás

isolation [aislamiento] *s.*, separarse o ser colocado aparte de los demás

isthmus [istmo] *s.*, franja estrecha de tierra que une dos áreas grandes de tierra

J

Jainism [jainismo] *s.*, religión del noroeste de India que se inició a fines del siglo VI d. C.

Java [Java] *s.*, una de las islas interiores del Sureste Asiático

Jerusalem [Jerusalén] *s.*, ciudad capital de Israel

Jiang Jieshi [Chiang Kai-shek] *s.*, líder nacionalista chino que combatió contra los comunistas

Jinnah, Mohammed Ali [Jinnah, Mohammed Ali] *s.*, líder de la Liga Musulmana Pan India que ayudó a fundar Pakistán y fue el primer gobernador general de Pakistán desde 1947–1948

K

Kalahari [Kalahari] *s.*, desierto importante del sur de África

Kanto Plain [llanura de Kanto] *s.*, área llana y propicia para la agricultura e industria ubicada en el este de los Alpes japoneses

karma [karma] *s.*, en el hinduismo, efecto positivo o negativo que una persona recibe como consecuencia de sus actos

Kenyatta, Jomo [Kenyatta, Jomo] *s.*, líder africano que ayudó a obtener la independencia de Kenia y en 1963 se convirtió en su primer gobernante electo

Khmer Empire [Imperio jemer] *s.*, el imperio más vasto y duradero de Camboya, que se extendió desde inicios del siglo IX hasta 1430

Kievan Rus [Rus de Kiev] *s.*, estado fundado por los rusos varegos en 882, que pasó a formar parte de la Rusia moderna

Kilimanjaro [Kilimanyaro] *s.*, volcán inactivo de Tanzania, de 19,340 pies de altura

kimono [kimono] *s.*, vestimenta femenina tradicional del Japón

Kingman Reef [arrecife Kingman] *s.*, arrecife de coral impoluto que forma parte de las Islas de la Línea, ubicadas entre Hawái y Samoa Americana

kinship [parentesco] *s.*, vínculo por consanguinidad o relación familiar

Knesset [Knéset] *s.*, parlamento del Estado de Israel

Koguryo [Goguryeo] *s.*, reino ubicado en el norte de Corea, en el año 37 a. C.

Kongo [Congo] *s.*, estado del centro de África, fundado en 1390

Koryo [Goryeo] *s.*, dinastía que gobernó Corea de 935 a 1392

Kremlin [Kremlin] *s.*, complejo histórico de palacios, arsenales e iglesias ubicado en Moscú, sede del gobierno ruso

Krishna [Krishna] *s.*, en el hinduismo, deidad encarnada en Visnú

Kunlun Mountains [montañas de Kunlun] *s.*, cordillera del este de Asia

Kurd [kurdo] *s.*, miembro de un grupo étnico no árabe del sudoeste de Asia

L

L'Ouverture, Toussaint [L'Ouverture, Toussaint] *s.*, ex esclavo que lideró la exitosa revuelta haitiana para lograr independizarse de Francia

labor force [fuerza laboral] *s.*, cantidad de personas disponibles para trabajar

land bridge [puente de tierra] *s.*, franja de tierra que conecta dos grandes masas de tierra

land reform [reforma agraria] *s.*, división de las fincas de gran extensión para dar tierras a los pobres

landlocked [sin litoral] *adj.*, rodeado de tierras, sin acceso directo al mar

landmass [masa de tierra] *s.*, área muy extensa de tierra

language diffusion [difusión de la lengua] *s.*, la expansión de una lengua desde su lugar de origen

language family [familia de lenguas] *s.*, grupo de lenguas relacionadas

latitude [latitud] *s.*, línea imaginaria que se extiende de este a oeste alrededor de la Tierra y que indica la ubicación en relación con el ecuador

launch [lanzamiento] *v.*, para empezar

legume [legumbre] *s.*, arvejas o frijoles

Lenin, V.I. [Lenin, V.I.] *s.*, líder bolchevique que destituyó al zar en la Revolución Rusa de 1917 y tomó el mando del gobierno nuevo

liberate [liberar] *v.*, conceder la libertad a algo o a alguien

lingua franca [lengua franca] *s.*, lengua común a varios grupos de personas

linguist [lingüista] *s.*, científico del lenguaje

literacy rate [alfabetismo] *s.*, porcentaje de personas que saben leer y escribir

literate [alfabetizado] *adj.*, que puede leer y escribir

Llanos [llanos] *s.*, praderas del norte de Sudamérica

Locke, John [Locke, John] *s.*, filósofo inglés de fines del siglo XVII que contribuyó a inspirar la Revolución Norteamericana y la Ilustración

locks [esclusas] *s.*, compartimentos que se usan en los canales para subir o bajar los barcos entre vías fluviales conectadas

loess [loes] *s.*, sedimento o limo de color amarillo que forma depósitos de gran espesor

longitude [longitud] *s.*, línea imaginaria que corre del Polo Norte al Polo Sur y que indica la ubicación en relación con el primer meridiano

Lost Decade [Década Perdida] *s.*, en Japón, la década de 1990, en la que disminuyó la producción porque las empresas estaban fuertemente endeudadas

Lost Boys of Sudan [Niños Perdidos de Sudán] *s.*, grupo de jóvenes de Sudán que quedaron huérfanos como consecuencia de la guerra civil y se mantuvieron unidos para escapar de la violencia

Louisiana Purchase [Compra de la Luisiana] *s.*, tierras compradas por Thomas Jefferson en 1803 que duplicaron el tamaño de los Estados Unidos

lowland [tierras bajas] *s.*, área de poca altura

lucrative [lucrativo] *adj.*, que hace ganar dinero o produce ganancia

Luther, Martin [Lutero, Martín] *s.*, monje alemán cuyos actos condujeron, en 1517, a la Reforma para enfrentar la corrupción de la Iglesia Católica

M

Machu Picchu [Machu Picchu] *s.*, ciudad compleja construida por los Incas sobre una montaña en el siglo XV

Madura [Madura] *s.*, una de las islas interiores ubicadas en el sudeste de Asia

magnetic levitation (Maglev) [levitación magnética] *adj.*, tipo de tren que se desliza sobre un colchón de aire por encima de vías dotadas de muchos imanes potentes

mainland [territorio continental] *s.*, tierra unida a un continente; usualmente se utiliza en relación con los países que poseen tanto un sector continental como islas

maintain [mantener] *v.*, conservar y continuar

Malay Peninsula [península malaya] *s.*, península del Sureste Asiático que abarca partes de Tailandia, Myanmar y la parte continental de Malasia

Malaysia [Malasia] *s.*, país del Sureste Asiático, situado en el extremo inferior de la península malaya y en la isla de Borneo

malnutrition [desnutrición] *s.*, insuficiencia de alimentos o nutrientes

Mandela, Nelson [Mandela, Nelson] *s.*, líder del Congreso Nacional Africano, encarcelado por luchar contra el apartheid, elegido presidente de Sudáfrica en 1994

manga [manga] *s.*, tipo de libro de historietas japonés

Manifest Destiny [Destino Manifiesto] *s.*, idea de que Estados Unidos tiene el derecho de expandir su territorio hacia el océano Pacífico

Manila [Manila] *s.*, capital de las Filipinas

manufacturing [manufactura] *s.*, uso de máquinas para convertir las materias primas en productos útiles

Mao Zedong [Mao Zedong] *s.*, presidente del Partido Comunista que gobernó China de 1949 a 1976

Maori [maoríes] *s.*, pueblo nativo de Nueva Zelanda

map [mapa] *s.*, representación plana, bidimensional, de la Tierra

marine [marino] *adj.*, perteneciente al mar

marine life [vida marina] *s.*, plantas y animales que viven en el océano

marine reserve [reserva marina] *s.*, área del océano resguardada para proteger a los animales marinos de los seres humanos

maritime [marítimo] *adj.*, relacionado con el mar

marketing [marketing] *s.*, publicidad y promoción de un producto o negocio

marsupial [marsupial] *s.*, mamífero cuyas hembras transportan a las crías en una bolsa abdominal

martial law [ley marcial] *s.*, gobierno que se mantiene por el poder militar

mass media [medios masivos de comunicación] *s.*, comunicación proveniente de una única fuente, con el potencial de llegar a grandes audiencias

Maya [maya] *s.*, civilización que vivió en el Yucatán y en la parte norte de Centroamérica de 100 a. C. a 900 d. C.

medicinal plant [planta medicinal] *s.*, planta que se usa para tratar enfermedades

meditation [meditación] *s.*, práctica de usar la concentración para calmar los pensamientos y controlarlos

Mediterranean climate [clima mediterráneo] *s.*, clima de veranos calurosos y secos e inviernos templados y lluviosos

megacity [megalópolis] *s.*, ciudad grande, que tiene más de 10 millones de habitantes

Mekong River [río Mekong] *s.*, el río más largo del Sureste Asiático; fluye a través de Myanmar, Laos y Tailandia

Mesa Central [Mesa Central] *s.*, en México, la parte sur de la meseta mexicana

messiah [mesías] *s.*, líder o salvador

mestizo [mestizo] *s.*, persona que tiene una mezcla de ancestros europeos y americanos nativos

methane [metano] *s.*, gas natural incoloro que se libera a partir del carbono

metropolitan area [área metropolitana] *adj.*, sitio poblado alrededor de una ciudad que incluye los límites de la ciudad y las comunidades que la rodean

Mexican Cession [Cesión Mexicana] *s.*, tierras que abarcan desde Texas hasta California, entregadas por México a los Estados Unidos en 1848, de acuerdo con el tratado de Guadalupe Hidalgo

Mexican Plateau [Meseta Mexicana] *s.*, área de tierras llanas que se encuentran entre las dos cordilleras montañosas de Sierra Madre, en México

microcredit [microcrédito] *s.*, préstamo de una suma pequeña de dinero

microlending [micropréstamo] *s.*, práctica de otorgar préstamos de sumas pequeñas de dinero a las personas que inician sus propios negocios

Middle Ages [Edad Media] *s.*, período en Europa occidental posterior a la caída del Imperio Romano, desde aproximadamente 500 a 1500

Middle Passage [Pasaje del Medio] *s.*, viaje para cruzar el océano Atlántico, que tomaba meses, en el cual los africanos esclavizados eran llevados a las colonias europeas en América

migrate [emigrar] *v.*, trasladarse de un lugar a otro

migration [migración] *s.*, traslado de un lugar a otro

military dictatorship [dictadura militar] *s.*, forma de gobierno en la que el ejército ejerce el control del gobierno

mineral [mineral] *s.*, sustancia sólida y natural que se encuentra en las rocas y en la Tierra; es inorgánica y tiene un conjunto propio de propiedades

missionary [misionero] *s.*, persona enviada por una iglesia a convertir a otras personas a esa religión

mobile [móvil] *adj.*, que se puede mover

modernization [modernización] *s.*, políticas y acciones diseñadas para que un país se actualice tanto tecnológicamente como en otras áreas

modify [modificar] *v.*, cambiar o hacer menos extremo

Mongol Empire [Imperio mongol] *s.*, imperio establecido en Asia Central por Gengis Kan a comienzos del siglo XIII

monk [monje] *s.*, persona que dedica su vida a tareas religiosas

monopoly [monopolio] *s.*, control total del mercado para un servicio o producto

monotheism [monoteísmo] *s.*, creencia en un solo dios

monotheistic [monoteísta] *adj.*, relativo a la creencia religiosa en un solo dios

monotheistic religion [religión monoteísta] *s.*, sistema de creencias basadas en un solo dios o deidad

monsoon [monzón] *s.*, viento estacional que trae lluvias intensas durante parte del año

Montezuma [Moctezuma] *s.*, líder azteca asesinado por el conquistador español Hernán Cortés

moral [moral] *adj.*, correcto y bueno, referido al comportamiento humano

mosque [mezquita] *s.*, templo musulmán

mouth [desembocadura] *s.*, lugar donde un río desemboca en el mar

movable type [tipo móvil] *s.*, invento de aplicación en la imprenta, que permite mover los carácteres individuales para crear distintas páginas de texto

multinational corporation [corporación multinacional] *s.*, empresa grande que tiene su base en un país y que abre sucursales en muchos otros países

multi-party democracy [democracia multipartidaria] *s.*, sistema político en el cual las elecciones incluyen candidatos de más de un partido

multitudes [multitudes] *s.*, grandes cantidades

Mundurukú [mundurukú] *s.*, pueblo indígena de Brasil

mural [mural] *s.*, pintura de gran tamaño realizada sobre una pared

N

N'Dour, Youssou [N'Dour, Youssou] *s.*, famoso griot de África occidental que interpreta música Mbalax

Nairobi [Nairobi] *s.*, capital de Kenia

Napoleon [Napoleón] *s.*, emperador de Francia que conquistó otros países europeos y formó un imperio, 1804–1815

National Action Party (PAN) [Partido Acción Nacional (PAN)] *s.*, partido político mexicano que ganó las elecciones del año 2000

nationalism [nacionalismo] *s.*, profundo sentimiento de lealtad al propio país

nationalize [nacionalizar] *v.*, dar al gobierno el control de una empresa privada

natural rights [derechos naturales] *s.*, derechos como la vida, la libertad y la propiedad, que las personas poseen desde su nacimiento

naturalization [naturalización] *s.*, proceso que permite que una persona nacida en otro país se convierta en ciudadano

navigable [navegable] *adj.*, suficientemente ancho o profundo para que los barcos o botes puedan navegar sin inconvenientes

navigation [navegación] *s.*, ciencia de averiguar la posición y planear rutas marítimas

Nazi Germany [Alemania nazi] *s.*, Alemania bajo el régimen del partido nazi, de 1933 a 1945

Nebuchadnezzar [Nabucodonosor] *s.*, rey de Babilonia, 605–562 a. C.

neutrality [neutralidad] *s.*, negativa a tomar partido o a involucrarse

New Guinea [Nueva Guinea] *s.*, la segunda isla más grande del mundo, ubicada en el sudoeste del océano Pacífico

New South Wales [Nueva Gales del Sur] *s.*, colonia construida por convictos en Australia, en 1788

Nile River [río Nilo] *s.*, el río más largo del mundo; fluye 4,000 millas a través de Egipto y África

Nkrumah, Kwame [Nkrumah, Kwame] *s.*, líder africano de las décadas de 1950 y 1960, que contribuyó a lograr la independencia de Ghana

nocturnal [nocturno] *adj.*, activo de noche en lugar de durante el día

nomad [nómada] *s.*, persona que se desplaza de un lugar a otro

nonrenewable [no renovable] *adj.*, que no se puede reproducir con la misma rapidez con que se lo usa

nonrenewable fossil fuel [combustible fósil no renovable] *s.*, fuente de energía, como el petróleo, el gas natural o el carbón, cuya provisión es limitada

nonrenewable resource [recurso no renovable] *s.*, fuente de energía que es limitada, y no se puede reemplazar, como el petróleo

North American Free Trade Agreement (NAFTA) [Tratado de Libre Comercio de América del Norte (NAFTA)] *s.*, acuerdo firmado en 1994 que facilitó el comercio y la inversión entre Canadá, México y los Estados Unidos

North Anatolian Fault [Falla del Norte de Anatolia] *s.*, fractura de la corteza terrestre que se extiende al este y al oeste, justo al sur del mar Negro

North Atlantic Drift [Corriente del Atlántico Norte] *s.*, corriente marina cálida que calienta las aguas que bañan la parte noroeste de Rusia

North China Plain [Llanura del Norte de China] *s.*, llanura que se extiende a lo largo del río Huang He

North Pole [Polo Norte] *s.*, punto ubicado en el extremo norte de la Tierra, opuesto al Polo Sur, donde convergen todas las líneas de longitud

Northern European Plain [Llanura del Norte de Europa] *s.*, vastas tierras bajas que se extienden desde Francia hasta Rusia

Northern Hemisphere [Hemisferio Norte] *s.*, la mitad de la Tierra que se encuentra al norte del ecuador

novel [novela] *s.*, extensa obra de ficción, con trama y personajes complejos

O

oasis [oasis] *s.*, sitio fértil con agua ubicado en un área seca y desértica

occupy [ocupar] *v.*, apoderarse

Okavango Delta [delta del Okavango] *s.*, delta del interior de Botsuana, donde el río Okavango desemboca en un pantano

Olmec [olmecas] *s.*, sociedad organizada que vivió junto a la costa sur del golfo de México en 1000 a. C.

one-child policy [política de hijo único] *s.*, ley china de 1979 que limitaba a las familias que vivían en áreas urbanas a tener solamente un hijo

opera [ópera] *s.*, representación que cuenta una historia mediante música y palabras

oppose [oponerse] *v.*, objetar

oral tradition [tradición oral] *s.*, transmisión verbal de historias o relatos de una generación a la siguiente

Orange Revolution [Revolución Naranja] *s.*, destitución pacífica del primer ministro de Ucrania en 2004

Osman [Osmán] *s.*, primer líder de los turcos en el siglo XIV, por cuyo nombre pasaron a ser llamados otomanos

Ottoman Empire [Imperio Otomano] *s.*, vasto y rico imperio que existió desde 1453 hasta 1923, centrado en el territorio actual de Turquía

outer islands [islas exteriores] *s.*, islas de Indonesia que incluyen a Sumatra, Borneo, Nueva Guinea y otras

outrigger canoe [canoa hawaiana] *s.*, bote que tiene adosado un flotador que le da estabilidad

outsourcing [subcontratar] *s.*, transferir empleos a trabajadores que no pertenecen a la compañía, que a menudo se encuentran en un país extranjero

overpopulation [superpoblación] *s.*, situación en la que demasiadas personas viven en un mismo lugar

P

Paekche [Baekje] *s.*, reino del sudoeste de Corea, en el año 18 a. C.

pagoda [pagoda] *s.*, estructura religiosa de varios pisos que se encuentra en los países asiáticos, a menudo utilizada con fines religiosos

Palestine Liberation Organization (PLO) [Organización para la Liberación de Palestina (OLP)] *s.*, organización creada por líderes palestinos

Pampas [Pampa] *s.*, llanuras cubiertas de pasto de la Argentina

Pan-Africanism [Panafricanismo] *s.*, movimiento surgido en los inicios del siglo XX para unir a los pueblos africanos

Panama Canal Zone [Zona del Canal de Panamá] *s.*, área en la que se construyó el canal de Panamá

pandemic [pandemia] *s.*, brote de una enfermedad que se propaga por una vasta área geográfica

Papua New Guinea [Papúa Nueva Guinea] *s.*, país del Pacífico Sur que abarca la mitad oriental de la isla de Nueva Guinea y las islas cercanas

papyrus [papiro] *s.*, material similar al papel inventado en el antiguo Egipto

Parliament [Parlamento] *s.*, poder legislativo del gobierno de la India

parliamentary democracy [democracia parlamentaria] *s.*, sistema de gobierno en el cual el poder ejecutivo está presidido por el primer ministro, que es elegido por el partido que posee la mayoría de los escaños del Parlamento

Partition [Partición] *s.*, se refiere a la división del sur de Asia en los países independientes de India y Paquistán

patrician [patricio] *s.*, rico terrateniente de la antigua Roma

Pearl Harbor [Pearl Harbor] *s.*, base naval de los EE.UU. ubicada en Hawái, bombardeada por los japoneses en 1941, lo cual provocó el ingreso de EE.UU. en la Segunda Guerra Mundial

peat [turba] *s.*, material que se forma a partir de la descomposición de plantas muy antiguas y que arde como el carbón

peninsula [península] *s.*, masa de tierra rodeada por agua en tres de sus lados

perestroika [perestroika] *s.*, reformas en la estructura económica de la Unión Soviética introducidas por Mijaíl Gorbachov en 1985

permafrost [permafrost] *s.*, suelo que está permanentemente congelado

perspective [perspectiva] *s.*, modo artístico de mostrar los objetos de la manera en que son vistos por las personas, en términos de distancia o profundidad relativa, como si estuvieran en tres dimensiones

pesticide [pesticida] *s.*, sustancia química que mata insectos y malezas nocivas

Peter the Great [Pedro el Grande] *s.*, Pedro Romanov, zar que gobernó Rusia desde 1682 hasta 1725

petrochemicals [petroquímicos] *s.*, productos elaborados a partir del petróleo

petroleum [petróleo] *s.*, materia prima que se usa para producir combustibles

pharaoh [faraón] *s.*, rey en el antiguo Egipto

philosopher [filósofo] *s.*, persona que examina las preguntas sobre el universo y busca la verdad

pictograph [pictograma] *s.*, imagen pintada usada para comunicar

pilgrimage [peregrinaje] *s.*, viaje religioso

pioneer [pionero] *s.*, colono de tierras nuevas

pipeline [tubería] *s.*, serie de tubos o caños conectados para transportar líquidos o gases

Pizarro, Francisco [Pizarro, Francisco] *s.*, conquistador español que en 1533 derrocó al emperador y fundó la ciudad de Lima, Perú

plain [llanura] *s.*, área plana de la superficie terrestre

plantation [plantación] *s.*, granja de gran tamaño que produce cultivos para obtener ganancias

plate [placa] *s.*, sección rígida de la corteza terrestre que se puede mover de manera independiente

plateau [meseta] *s.*, llanura ubicada a gran altura sobre el nivel del mar que a menudo tiene un precipicio en todos sus lados

plebeian [plebeyo] *s.*, agricultor o persona de clase baja de la antigua Roma

poach [caza o pesca furtiva] *v.*, cazar o pescar ilegalmente

poacher [cazador o pescador furtivo] *s.*, persona que caza o pesca de manera ilegal

poaching [cazar o pescar furtivamente] *s.*, caza o pesca ilegal

polder [pólder] *s.*, tierras de los Países Bajos ganadas al mar que se destinan a la agricultura

policy [política] *s.*, pautas y procedimientos oficiales de una organización o gobierno

pollution [contaminación] *s.*, desechos químicos o físicos que generan un medio ambiente sucio o poco limpio

Polynesian Triangle [triángulo polinésico] *s.*, vasta área del Pacífico Sur que abarca muchas islas

polytheism [politeísmo] *s.*, creencia en más de un dios

polytheistic religion [religión politeísta] *s.*, sistema de creencias basadas en varios dioses o deidades

popular culture [cultura popular] *s.*, artes, música y otros elementos de la vida cotidiana de una región

porcelain [porcelana] *s.*, tipo de cerámica dura

port [puerto] *s.*, embarcadero para barcos donde se intercambian mercancías

Port-au-Prince [Puerto Príncipe] *s.*, capital de Haití

potential [potencial] *s.*, posibilidad

precipitation [precipitación] *s.*, proceso que hace caer agua sobre la Tierra, en forma de lluvia, nieve o granizo

predominant [predominante] *adj.*, principal, más común, superior a los demás

prehistoric [prehistórico] *adj.*, anterior a la historia escrita

preserve [preservar] *v.*, proteger

pride [manada de leones] *s.*, grupo de leones que viven en comunidad

prime meridian [primer meridiano] *s.*, línea de longitud de 0° que se extiende desde Polo Norte al Polo Sur y que pasa por Greenwich, Inglaterra

privatization [privatización] *s.*, proceso por el que las empresas que eran propiedad del gobierno pasan a manos privadas

profitable [rentable] *adj.*, que hace ganar dinero, financieramente exitoso

projection [proyección] *s.*, modo de mostrar la superficie curva de la Tierra sobre un mapa plano

promote [fomentar] *v.*, animar, estimular

propaganda [propaganda] *s.*, información que se difunde para influir sobre la opinión de las personas o para promover las ideas de un partido u organización

proportional representation [representación proporcional] *s.*, sistema en el cual un partido político consigue un porcentaje de escaños igual al porcentaje de votos que obtuvo

prosperous [próspero] *adj.*, económicamente fuerte

protest [protestar] *v.*, objetar

province [provincia] *s.*, parte más pequeña en que se divide un país, especialmente Canadá

push-pull factors [factores de atracción y repulsión] *s.*, motivos por los que las personas emigran; los factores de "repulsión" las hacen partir de un sitio, los factores de "atracción" las hacen ir hacia otro sitio

pyramid [pirámide] *s.*, monumento construido en roca que servía de tumba en el antiguo Egipto

Q

qanat [qanat] *s.*, túnel subterráneo construido por el hombre en la meseta de Irán, usado para transportar agua desde las montañas

Qin [Qin] *s.*, dinastía que gobernó China durante el período 221–206 a. C.

Quechua [quechuas] *s.*, pueblo que vive en la cordillera de los Andes de Perú, Ecuador y Bolivia

Qur'an [Corán] *s.*, libro sagrado del islamismo

R

radical [radical] *s.*, persona que busca un cambio extremo o sostiene una posición política extrema

radioactive [radiactivo] *adj.*, que emite energía producida por la ruptura de un átomo

rain forest [bosque tropical] *s.*, bosque de temperatura cálida, humedad elevada y vegetación espesa que recibe más de 100 pulgadas de lluvia al año

rain shadow [sombra orográfica] *s.*, región seca ubicada sobre uno de los lados de una cordillera

rainshadow effect [efecto de la sombra orográfica] *s.*, proceso en el cual el aire húmedo asciende por una ladera de la cordillera y luego se enfría y cae en forma de precipitación, dejando el otro lado de la cordillera mayormente seco

Ramses II [Ramsés II] *s.*, faraón egipcio que reinó alrededor del año 1185 a. C. y expandió los límites del imperio egipcio

raw materials [materias primas] *s.*, materiales naturales o sin terminar, como minerales, petróleo o carbón, que se usan para elaborar productos terminados

Re [Ra] *s.*, dios solar de los antiguos egipcios

rebellion [rebelión] *s.*, revuelta o resistencia a la autoridad

recession [recesión] *s.*, desaceleración del crecimiento económico

reclaim [reclamar] *v.*, volver a tomar

Reconstruction [Reconstrucción] *s.*, esfuerzo realizado para reconstruir y unificar a los Estados Unidos después de la guerra civil

reform [reforma] *s.*, cambio que apunta a corregir un problema

Reformation [Reforma] *s.*, movimiento que surgió en el siglo XVI para reformar el cristianismo

refuge [refugio] *s.*, lugar seguro

refugee [refugiado] *s.*, persona que huye de un lugar para estar a salvo

region [región] *s.*, conjunto de sitios con características comunes

regulate [regular] *v.*, controlar

reign [reinado] *s.*, período de mando de un rey, reina, emperador o emperadora

Reign of Terror [El Terror] *s.*, movimiento francés liderado por Maximilien Robespierre, en el cual fueron decapitadas 40,000 personas, durante el período 1793–94

reincarnation [reencarnación] *s.*, el nacimiento de un alma en otra vida

relative location [ubicación relativa] *s.*, la posición de un lugar en relación con otros

reliable [confiable] *adj.*, fiable o de confianza

relief [relieve] *s.*, cambio en la elevación de un lugar a otro

religious tolerance [tolerancia religiosa] *s.*, aceptación de distintas religiones para que sean profesadas al mismo tiempo, sin prejuicios

relocate [relocalizar] *v.*, trasladar

remittance [remesa] *s.*, dinero enviado a una persona que se encuentra en otro lugar

remote [remoto] *adj.*, difícil de llegar, aislado

Renaissance [Renacimiento] *s.*, período que se desarrolló entre los siglos XIV y XVI, donde florecieron el arte y la cultura

renewable energy [energía renovable] *s.*, energía obtenida a partir de fuentes que no se agotan, como el viento, el Sol y el agua

renewable resource [recurso renovable] *s.*, materia prima o fuente de energía que se reemplaza a sí misma con el paso del tiempo

reparation [reparación] *s.*, dinero que, después de una guerra, pagan como castigo normalmente los agresores que iniciaron el conflicto

republic [república] *s.*, forma de gobierno en la cual las personas eligen funcionarios para que gobiernen

reserve [reserva] *s.*, tierras destinadas a propósitos especiales, como la agricultura, la preservación de los hábitats o para ser usadas como vivienda por determinados grupos de personas; futuro suministro (de petróleo)

reservoir [embalse] *s.*, lago artificial de gran tamaño para almacenar agua

resistance [resistencia] *n.*, oposición

restore [restaurar] *v.*, recuperar

retreat [retirarse] *v.*, ir hacia atrás, no hacia adelante

revenue [rentas] *s.*, ingresos

reverse [retroceder] *v.*, ir en la dirección opuesta

Revolution [revolución] *s.*, acción de ciudadanos o colonos cuyo objetivo es derrocar un gobierno

Rhine River [río Rin] *s.*, río que nace en Suiza y desemboca en el mar del Norte

rift valley [valle de fisura] *s.*, valle profundo que se formó al separarse la corteza terrestre, como en África Oriental

Ring of Fire [Anillo de Fuego] *s.*, área que se extiende a lo largo de las riberas del océano Pacífico, donde chocan las placas tectónicas, lo que genera terremotos y una gran actividad volcánica

Rio de Janeiro [Río de Janeiro] *s.*, ciudad de Brasil que albergará los juegos olímpicos de 2016

ritual [ritual] *s.*, acto formal que se repite regularmente

rivalry [rivalidad] *s.*, competencia u oposición entre personas

river basin [cuenca de un río] *s.*, área baja por la que fluye un río

Romantic Period [Romanticismo] *s.*, período artístico de comienzos del siglo XIX, en el cual los artistas pintaban paisajes y escenas de la naturaleza para transmitir emociones

roots [raíces] *s.*, orígenes culturales

Rub al Khali [Rub al-Jali] *s.*, vasto desierto ubicado al sur de Arabia Saudita

Russian Revolution [Revolución Rusa] *s.*, revolución que tuvo lugar en Rusia en 1917, en la cual el zar fue depuesto y los bolcheviques tomaron el poder

Russification [rusificación] *s.*, política de designar ciudadanos rusos a cargo de las repúblicas soviéticas durante las décadas de 1970 y 1980

ruthless [despiadado] *adj.*, cruel

S

Sahara Desert [desierto del Sahara] *s.*, el desierto más grande del mundo, que cubre la mayor parte del norte de África

Sahel [Sahel] *s.*, pradera semiárida del África subsahariana, limitada al norte por el Sahara y al sur por las praderas tropicales

salinization [salinización] *s.*, acumulación de sal en el suelo

Samoa [Samoa] *s.*, país que comprende las islas occidentales de Samoa, ubicadas al sur del océano Pacífico

samurai [samurái] *s.*, diestro guerrero japonés

sanitation [sanidad] *s.*, medidas tomadas para proteger la salud pública, como la red cloacal

Sanskrit [sánscrito] *s.*, idioma de los arios, que se convirtió en la base de numerosas lenguas del sur de Asia

Santa Anna [Santa Anna] *s.*, presidente y general mexicano, que venció en la batalla de El Álamo, pero perdió la guerra entre los Estados Unidos y México

São Paolo [San Pablo] *s.*, la ciudad más grande de Brasil

sarcophagus [sarcófago] *s.*, ataúd

sari [sari] *s.*, vestido tradicional femenino de la India, que se enrolla alrededor del cuerpo

saturate [saturar] *v.*, remojar completamente

savanna [sabana] *s.*, pradera, como la del sur del África subsahariana

scale [escala] *s.*, parte de un mapa que indica el tamaño en el que se muestra un área de la Tierra

scarcity [escasez] *s.*, falta o carencia de algo

scientific station [estación científica] *s.*, sitio para desarrollar una investigación

scorched earth policy [táctica de tierra quemada] *s.*, práctica llevada adelante por las tropas rusas en 1812, quienes, a medida que retrocedían ante el avance del ejército de Napoleón, quemaban los cultivos y todos los recursos que pudieran servir al enemigo para abastecerse

seafarer [navegante] *s.*, persona que viaja por el mar

secede [separarse] *v.*, retirarse formalmente, dejar de ser parte

secular [secular] *adj.*, terrenal, sin vínculo con una religión

segregation [segregación] *s.*, separación por raza

seismic [sísmico] *adj.*, relacionado con la actividad o movimiento producidos por los terremotos

seize [incautar] *v.*, tomar el control

self-rule [autonomía] *s.*, gobierno ejercido por los propios habitantes de un país

semiarid [semiárido] *adj.*, algo seco, con muy poca lluvia

serf [siervo] *s.*, campesino ruso o europeo, pobre y con pocos derechos, que alquilaba tierras a un terrateniente entre los siglos XVI y XIX

shalwar-kameez [shalwar-kameez] *s.*, camisa larga con pantalones holgados que se usa en la India y en el suroeste de Asia

Shang [Shang] *s.*, familia cuya dinastía gobernó China desde 1766 hasta 1050 a. C.

sheikh [jeque] *s.*, líder árabe

Shi Huangdi [Qin Shi Huang] *s.*, líder de la dinastía Qin, que se convirtió en el primer emperador de la China en 221 a. C.

Shi'ite [chiita] *adj.*, rama de musulmanes que considera que los líderes religiosos deben ser descendientes de Mahoma

Shinto [sintoísmo] *s.*, religión nativa del Japón, similar al animismo

shogun [sogún] *s.*, gobernador militar japonés

Siberia [Siberia] *s.*, enorme región del centro y este de Rusia

significant [significativo] *adj.*, importante

Sikhism [sijismo] *s.*, religión que surgió a fines del siglo XV en la India

Silk Roads [rutas de la seda] *s.*, antiguas rutas comerciales que unían el sudoeste y el centro de Asia con China

Silla [Silla] *s.*, reino ubicado en el sudeste de Corea en el año 57 a. C.

silt [limo] *s.*, partículas finas de suelo que se depositan a lo largo de las márgenes de los ríos

slash-and-burn [tala y quema] *s.*, método agrícola que consiste en despejar las tierras talando y quemando el bosque y la vegetación

Slavs [eslavos] *s.*, pueblo originario de los alrededores del mar Negro o Polonia, que se instaló en Ucrania y el oeste de Rusia alrededor del año 800 d. C.

slum [barriada] *s.*, área densamente poblada de una ciudad, con viviendas precarias y malas condiciones de vida

smartphone [teléfono inteligente] *s.*, dispositivo portátil que combina la comunicación con aplicaciones de software

socialism [socialismo] *s.*, sistema de gobierno en el que el gobierno controla los recursos económicos

solstice [solsticio] *s.*, punto en que el Sol se encuentra a la distancia máxima, al sur o al norte, del ecuador; inicio del invierno y del verano

South Pole [Polo Sur] *s.*, punto más austral de la Tierra, opuesto al Polo Norte, donde convergen todas las líneas de longitud

Southern Alps [Alpes del Sur] *s.*, cordillera situada en Nueva Zelanda

Southern Hemisphere [Hemisferio Sur] *s.*, la mitad de la Tierra que se encuentra al sur del ecuador

sovereignty [soberanía] *s.*, control de un país sobre sus propios asuntos

Soviet Union [Unión Soviética] *s.*, Unión de las Repúblicas Socialistas Soviéticas, país formado por Rusia y otros estados euroasiáticos, que existió desde 1922 hasta 1991

soybean [soja] *s.*, tipo de frijol que se cultiva como alimento y para elaborar productos industriales

spatial thinking [razonamiento espacial] *s.*, manera de pensar en el espacio que está sobre la superficie de la Tierra, incluyendo la ubicación de los distintos lugares y por qué se encuentran allí

Special Economic Zone [Zona Económica Especial] *s.*, área de China en la que se permitió el desarrollo de una economía de mercado, con menor control de los negocios por parte del gobierno

sprawl [expandirse] *v.*, extenderse

standard of living [nivel de vida] *s.*, nivel de acceso de los habitantes de un país a bienes, servicios y comodidades materiales

staple [alimento básico] *s.*, constituyente básico de la dieta de las personas

state [estado] *s.*, territorio determinado que posee un gobierno propio

steel [acero] *s.*, metal de gran dureza elaborado a partir del hierro combinado con otros metales

steppe [estepa] *s.*, llanura muy extensa de praderas secas

strait [estrecho] *s.*, vía fluvial angosta que conecta dos masas de agua

strike [huelga] *s.*, interrupción del trabajo por parte de empleados que se niegan a trabajar

subcontinent [subcontinente] *s.*, región separada de un continente

subsistence farmers [agricultores de subsistencia] *s.*, agricultores que producen cultivos para alimentar a sus familias, no para vender

subsistence farming [agricultura de subsistencia] *s.*, agricultura que solamente produce cultivos para que las familias se alimenten, no para vender

subsistence fishing [pesca de subsistencia] *s.*, pescar para tener comida para poder vivir, no para obtener ganancias

suffrage [sufragio] *s.*, derecho al voto

Suleyman I [Solimán I] *s.*, emperador del Imperio Otomano a mediados del siglo XVI

sultan [sultán] *s.*, líder o gobernante del Imperio Otomano

Sumatra [Sumatra] *s.*, una de las islas exteriores del sudeste de Asia

Sunni [sunita] *adj.*, rama del islamismo que sostiene que los líderes religiosos deben ser escogidos entre los candidatos más capacitados, a diferencia de hacerlo entre los descendientes de Mahoma

surplus [excedente] *s.*, extra

suspension bridge [puente colgante] *n.*, colgados de un puente que se cuelga de dos o más cables

sustainable [sustentable] *adj.*, capaz de ser continuado sin dañar el medio ambiente o sin agotar los recursos de manera permanente

Swahili [suajili] *s.*, lengua bantú hablada mayormente en África Oriental, también llamada kiswahili

Sydney [Sídney] *s.*, la ciudad más grande de Australia, capital del estado de Nueva Gales del Sur

symbol [símbolo] *s.*, objeto o idea que se puede usar para representar otro objeto o idea

T

taiga [taiga] *s.*, extensa área de bosques que se extiende a través del norte de Rusia, Canadá y otros países del norte

Taino [taínos] *s.*, pueblo nativo del Caribe

Taj Mahal [Taj Mahal] *s.*, famoso edificio construido en la India en el siglo XVII, para servir como tumba de la esposa de Shah Jahan; actualmente reconocido por la UNESCO como patrimonio de la humanidad

Taliban [talibán] *s.*, grupo de pashtunes de Afganistán que comenzaron a gobernar el país en 1996

Taman Negara National Park [Parque Nacional Taman Negara] *s.*, parque nacional de Malasia situado dentro de uno de los bosques tropicales más antiguos del mundo

tariff [arancel] *s.*, impuesto sobre las importaciones y exportaciones

tax [impuesto] *s.*, suma que se paga al gobierno para contar con servicios públicos

tectonic plate [placa tectónica] *s.*, sección de la corteza terrestre que flota sobre el manto terrestre

temperate [templado] *adj.*, benigno, en términos del clima

terra cotta [terracota] *s.*, arcilla endurecida al horno

terrace [terraza] *s.*, superficie llana construida sobre la ladera de un monte

terraced [abancalado] *adj.*, campo llano excavado en la pendiente o ladera de una montaña

terrain [terreno] *s.*, características físicas de la tierra

terrorism [terrorismo] *s.*, tipo de guerra que se vale de la violencia para obtener resultados políticos; es normalmente empleada por grupos reducidos o individuos

terrorist [terrorista] *s.*, persona que emplea la violencia para obtener resultados políticos

textile [textil] *adj.*, relativo a la tela o ropa

theme [tema] *s.*, tópico

thirty-eighth parallel [paralelo treinta y ocho] *s.*, frontera que separa Corea del Norte y Corea del Sur, establecida en 1945 a lo largo del paralelo de 38° de latitud norte

Three Gorges Dam [presa de las Tres Gargantas] *s.*, la presa más grande del mundo, emplazada sobre el río Chang Jiang, en China

Tibetan Plateau [meseta tibetana] *s.*, meseta vasta y de gran elevación situada en Asia Central

Timbuktu [Tombuctú] *s.*, ciudad de África Occidental que fue un centro educativo en el siglo XIII

tolerance [tolerancia] *s.*, aceptación de las creencias de los demás

tomb [tumba] *s.*, lugar donde se realiza un entierro

topography [topografía] *s.*, características físicas de la tierra

tornado [tornado] *s.*, tormenta de vientos muy fuertes que sigue una trayectoria impredecible

totalitarian [totalitario] *adj.*, relacionado con un gobierno dirigido por un dictador que exige obediencia absoluta al estado

tourism [turismo] *s.*, industria o negocio de los viajes

Trail of Tears [Sendero de Lágrimas] *s.*, ruta que siguieron los cheroquis durante su forzada emigración desde el sudeste de los Estados Unidos hasta Oklahoma, en la década de 1830

trans-Atlantic slave trade [tráfico transatlántico de esclavos] *s.*, negocio de traficar a América, a través del océano Atlántico, esclavos originarios de África, que se inició en el siglo XVI

transcontinental [transcontinental] *adj.*, que atraviesa todo un continente

transform [transformar] *v.*, rehacer o cambiar

transition [transición] *s.*, cambio de una actividad o etapa a otra

transition zone [zona de transición] *s.*, área situada entre dos regiones geográficas y que posee características de ambas

transpiration [transpiración] *s.*, proceso mediante el cual las plantas y los árboles liberan vapor de agua en el aire

transport [transportar] *v.*, enviar de un lugar a otro

transportation corridor [corredor de transporte] *s.*, ruta terrestre o marítima para trasladar personas o mercancías de un lugar a otro con facilidad

trans-Saharan [transahariano] *adj.*, que atraviesa el desierto del Sahara

Trans-Siberian Railroad [ferrocarril transiberiano] *n.*, el ferrocarril de servicio continuo más largo del mundo, que une Moscú con el este de Rusia, atravesando Siberia

treaty [tratado] *s.*, acuerdo entre dos o más países

Treaty of Guadalupe Hidalgo [Tratado de Guadalupe Hidalgo] *s.*, acuerdo firmado en 1848, por el cual México cedió a los Estados Unidos el área que se extiende desde Texas hasta California

Treaty of Tordesillas [Tratado de Tordesillas] *s.*, tratado firmado entre españoles y portugueses en 1494, a través del cual se dividieron la posesión de las tierras de Sudamérica

Treaty of Versailles [Tratado de Versalles] *s.*, tratado de paz que puso fin, en 1919, a la Primera Guerra Mundial

trench [trinchera] *s.*, zanja extensa que protege a los soldados del fuego enemigo

trend [tendencia] *s.*, cambio que se produce en determinada dirección con el paso del tiempo

triangular trade [comercio triangular] *s.*, comercio entre tres continentes: América, Europa y África

tributary [tributario] *s.*, río pequeño que fluye hacia un río más grande

tribute [tributo] *s.*, sumas pagadas a otro país o gobernante a cambio de protección o como muestra de sumisión

troubadour [trovador] *s.*, cantante de la Edad Media que interpretaba canciones sobre caballeros y el amor

tsunami [tsunami] *s.*, ola enorme y muy potente que se forma en el océano

Tuareg [tuareg] *s.*, pueblo semi nómada que se desplaza en caravanas a través del Sahara, comerciando sal

tundra [tundra] *s.*, tierras llanas y sin árboles que se encuentran en las regiones árticas y subárticas

Tupinambá [tupinambás] *s.*, pueblo que vivió cerca de la desembocadura del río Amazonas y a lo largo de la costa atlántica hacia el año 3000 a. C.

typhoon [tifón] *s.*, tormenta tropical peligrosa, que trae lluvias copiosas y vientos muy fuertes, que en el Hemisferio Occidental se denomina huracán

tyranny [tiranía] *s.*, gobierno duro o severo

U

United Arab Emirates [Emiratos Árabes Unidos] *s.*, país situado en la península arábiga, en el golfo pérsico

United Nations (UN) [Naciones Unidas (ONU)] *s.*, organización de países formada en 1945, con el objetivo de mantener la paz entre los países y proteger los derechos humanos

Universal Declaration of Human Rights [Declaración Universal de los Derechos Humanos] *s.*, acuerdo aprobado por las Naciones Unidas que define los derechos que deben tener todas las personas del mundo

uplands [tierras altas] *s.*, colinas, montañas y mesetas

Ur [Ur] *s.*, importante ciudad-estado sumeria, 2800–1850 a. C.

Ural Mountains [montes Urales] *s.*, cordillera que separa la Llanura del Norte de Europa de la Llanura de Siberia Occidental, en Rusia

urban [urbano] *adj.*, que describe o está relacionado con la ciudad o los suburbios

utilize [utilizar] *v.*, hacer uso práctico de algo

V

vaccine [vacuna] *s.*, tratamiento para incrementar la inmunidad a una enfermedad determinada

vegetation [vegetación] *s.*, formas de vida vegetal

venue [sede] *s.*, ubicación donde tiene lugar un suceso programado

veto [veto] *v.*, rechazar una decisión tomada por otro órgano de gobierno

viceroy [virrey] *s.*, gobernador de las colonias españolas en América, en representación del rey y la reina de España

vocational [profesional] *adj.*, relacionado con las destrezas laborales

volcano [volcán] *s.*, montaña que, al entrar en erupción, explota y lanza roca derretida, gases y ceniza

vulnerable [vulnerable] *adj.*, abierto, que puede ser lastimado por fuerzas externas

W

wallaby [walabí]*s.*, marsupial más pequeño que un canguro

wat [wat] *s.*, templo budista del Sureste Asiático

waterway [vía fluvial] *s.*, ruta navegable que se usa para los viajes y el transporte

weapon of mass destruction (WMD) [arma de destrucción masiva] *s.*, arma que produce un daño inmenso a grandes cantidades de personas

weather [tiempo atmosférico] *s.*, condiciones de la atmósfera en un momento determinado, incluyendo la temperatura, precipitación y humedad de un día o una semana determinada

Western Hemisphere [Hemisferio Occidental] *s.*, la mitad de la Tierra que se encuentra al oeste del primer meridiano

Wet Pampas [Pampa húmeda] *s.*, región húmeda en el este de la Argentina

Wilkes, Charles [Wilkes, Charles] *s.*, estadounidense que exploró la costa de la Antártida a fines de la década de 1830

wind turbine [aerogenerador] *s.*, motor propulsado por el viento para generar electricidad

Y

Yanomami [yanomamis] *s.*, pueblo indígena cuyos habitantes son cazadores recolectores y continúan viviendo en la cuenca del río Amazonas

yurt [yurta] *s.*, carpa tradicional de fieltro de Asia Central

Z

zaibatsu [zaibatsu] *s.*, organizaciones dirigidas por familias japonesas, propietarias de numerosos negocios

Zambezi River [río Zambeze] *s.*, río del sur de África, que fluye hacia el océano Índico atravesando varios países situados en el sur del centro de África

Zheng He [Zheng He] *s.*, almirante de la marina china que lideró siete expediciones navales para explorar las tierras situadas más allá de China; su último viaje se inició en 1431 d. C.

Zhou [Zhou] *s.*, dinastía que gobernó China en el período 1050–221 a. C.

zoologist [zoólogo] *s.*, científico que estudia los animales

A

E

F

G

J

O

P

Q

R

S

T

U

V

W

Y

Z

ÍNDICE DE DESTREZAS

Textos

210: Excerpts from *El Libertador: Writings of Simón Bolivar* by Simón Bolívar, edited by David Bushness, translated by Fred Fornoff. Copyright © 2003 by Oxford University Press. Reprinted by permission of Oxford University Press. All rights reserved.

490: Excerpts from *The Illustrated Bhagavad Gita*, translated by Ranchor Prime. Copyright © 2003 by Godsfield Press, text © by Ranchor Prime. Reprinted by permission of Godsfield Press.

542: Excerpts from *The Analects of Confucius*, translated by Simon Leys. Copyright © 1997 by Pierre Ryckmans. Used by permission of W. W. Norton & Company, Inc.

639: Data from the International Union for Conservation of Nature (IUCN) Red List of Threatened Species by IUCN. Data copyright © 2008 by the IUCN Red List of Threatened Species. Reprinted by kind permission of IUCN.

National Geographic School Publishing

National Geographic School Publishing gratefully acknowledges the contributions of the following National Geographic Explorers to our program and to our planet:

Greg Anderson, National Geographic Fellow
Katey Walter Anthony, 2009 National Geographic Emerging Explorer
Ken Banks, 2010 National Geographic Emerging Explorer
Katy Croff Bell, 2006 National Geographic Emerging Explorer
Christina Conlee, National Geographic Grantee
Alexandra Cousteau, 2008 National Geographic Emerging Explorer
Thomas Taha Rassam (TH) Culhane, 2009 National Geographic Emerging Explorer
Jenny Daltry, 2005 National Geographic Emerging Explorer
Wade Davis, National Geographic Explorer-in-Residence
Sylvia Earle, National Geographic Explorer-in-Residence
Grace Gobbo, 2010 National Geographic Emerging Explorer
Beverly Goodman, 2009 National Geographic Emerging Explorer
David Harrison, National Geographic Fellow
Kristofer Helgen, 2009 National Geographic Emerging Explorer
Fredrik Hiebert, National Geographic Fellow
Zeb Hogan, National Geographic Fellow
Shafqat Hussain, 2009 National Geographic Emerging Explorer
Beverly and Dereck Joubert, National Geographic Explorers-in-Residence
Albert Lin, 2010 National Geographic Emerging Explorer
Elizabeth Kapu'uwailani Lindsey, National Geographic Fellow
Sam Meacham, National Geographic Grantee
Kakenya Ntaiya, 2010 National Geographic Emerging Explorer
Johan Reinhard, National Geographic Explorer-in-Residence
Enric Sala, National Geographic Explorer-in-Residence
Kira Salak, 2005 National Geographic Emerging Explorer
Katsufumi Sato, 2009 National Geographic Emerging Explorer
Cid Simoes and Paola Segura, 2008 National Geographic Emerging Explorers
Beth Shapiro, 2010 National Geographic Emerging Explorer
José Urteaga, 2010 National Geographic Emerging Explorer
Spencer Wells, National Geographic Explorer-in-Residence

Fotografía

iii (l) ©Innovative Images/National Geographic School Publishing (c) ©Mary Lynne Ashley/National Geographic School Publishing (r) ©Martin Photography/National Geographic School Publishing. iv (l) ©Aesthetic Life Studio/National Geographic School Publishing (c) ©Gary Donnelly/National Geographic School Publishing (r) ©Cliento Photography/National Geographic School Publishing. vi Top to Bottom Left Side: ©Chris Ranier ©Gemma Atwal ©Ken Banks ©Rebecca Hale/National Geographic Stock ©Christina Conlee ©The Ocean Foundation/National Geographic Stock. Top to Bottom Right Side: ©Sybille Frütel Culhane ©Kevin Krug ©Mark Theissen/National Geographic Stock ©Tyrone Turner/National Geographic Stock ©Adrian Jackson ©G. Anker ©Courtesy of the Jane Goodall Institute. vii Top to Bottom Left Side: ©Chris Ranier ©Rebecca Hale, National Geographic Stock ©Brant Allen ©Rolex Awards ©Beverly Joubert/National Geographic Stock. Top to Bottom Right Side: ©Beverly Joubert/National Geographic Stock ©Calit2, Erik Jepsen ©Ka'uila Barber ©National Geographic Society, Explorer Programs and Strategic Initiatives ©Sharon Farmer ©Mark Thiessen/National Geographic Stock. viii Top to Bottom Left Side: ©Rebecca Hale/National Geographic Stock ©Lana Eklund ©Katsufumi Sato ©Victor Sanchez de Fuentes. Top to Bottom Right Side: ©Beth Shapiro ©Victor Sanchez de Fuentes ©Rachel Etherington ©David Evans/National Geographic Society. ix ©Richard Barnes/National Geographic Stock. x ©John Burcham, National Geographic Stock. xi ©Raul Touzon, National Geographic Stock. xii ©Rod Smith/National Geographic My Shot/National Geographic Stock. xiii ©Richard List, Corbis. xiv ©Photolibrary. xv ©David Alan Harvey/National Geographic Stock. xvi ©Smar Jodha/National Geographic My Shot/National Geographic Stock. xvii ©Kenji Kondo/epa/Corbis. xvii ©Gavin Hellier/Alamy. xix ©Nigel Pavitt, Corbis. xx ©R. Wallace/Stock Photos/Corbis. A1 ©Michael Dunning/Photographer's Choice/Getty Images. A6 (bl) ©Mark Hamblin/Photolibrary (br) ©Thomas Marent/Minden Pictures/National Geographic Stock (c) ©Gerard Soury/Photolibrary (t) ©John Cancalosi/Photolibrary. A7 (bl) ©Adam Jones/Getty Images (br) ©Klaus Nigge/National Geographic Stock (c) ©DLILLC/Corbis (t) ©Thomas Marent/Minden Pictures/National Geographic Stock. 1 (bkg) ©Franck Guiziou/Hemis/Corbis (b, l, r) ©Mark Thiessen/National Geographic Society. 2 (bl) ©Sharon Farmer (br) ©Ka'uila Barber (cl) ©G. Anker (cr) ©Rolex Awards (tl) ©National Geographic Stock (tr) ©Calit2, Erik Jepsen. 3 (b) ©Mark Thiessen/National Geographic Stock (c) ©Ken Banks (tl)

©Gemma Atwal (tr) ©Tyrone Turner/National Geographic Stock. 4 (bkg) ©Suman Bajpeyi/National Geographic My Shot/National Geographic Stock (l) ©Jennifer Shaffer/National Geographic School Publishing (t) ©Fresco JLinga/National Geographic My Shot/National Geographic Stock. 5 ©Scott S. Warren/ National Geographic Stock. 6 (l) ©Susan Byrd/National Geographic My Shot/National Geographic Stock (r) ©Mitchell Funk/Photographer's Choice /Getty Images. 7 ©Nigel Pavitt, Corbis. 8 (bkg) ©Richard Barnes/National Geographic Stock (bl) ©Mitchell Funk/Photographer's Choice/Getty Images (cl) ©NASA Goddard Space Flight Center. (tl) ©David Evans/National Geographic Society. 10 ©Stephen Alvarez/National Geographic Stock. 11 ©Sunpix Travel/Alamy. 12 (bc) ©Mike Theiss/National Geographic Stock (cl) ©Blakeley/Alamy (cr) ©Michael S. Yamashita/National Geographic Stock 13 (tl) ©John Wark/Wark Photography, Inc. (tr) ©Mark Remaley/ Precision Aerial Photo. 15 (b) ©Michael S. Yamashita/ National Geographic Stock (t) ©Ma Wenxiao/ Sinopictures/Photolibrary. 16 ©Susan Byrd/National Geographic My Shot/National Geographic Stock. 20 ©Stephen Alvarez/National Geographic Stock. 23 ©PictureLake/Alamy. 26 ©Brooks Kraft/Corbis. 28 (bc) ©James Forte/National Geographic Stock (bl) ©Kenneth Garrett/National Geographic Stock (br) ©Michael Poliza/ National Geographic Stock (bkg) ©National Geographic Maps. 29 (bcl) ©N.C. Wyeth/National Geographic Stock (bcr) ©Justin Guarlglia/National Geographic Stock (bl) ©Kenneth Garrett/National Geographic Stock (br) ©Abraham Nowitz/National Geographic Stock 33 (b) ©David Trood/Getty Images (tr) ©Peter Carsten/National Geographic Stock. 34 ©Andrew Hasson/Alamy. 38 ©George H.H. Huey/Corbis. 41 (tc) ©Images & Volcans/ Photo Researchers, Inc. (tr) ©Chris Cheadle/Getty Images. 44 ©Bill Hatcher/National Geographic Stock. 46 (bc) ©Michael Doolittle/Alamy (cl) ©Daniel Dempster Photography/Alamy (tl) ©Tom Bean/Alamy. 47 (tl) ©Frank Krahmer/Corbis (tr) ©imagebroker/Alamy. 50 ©Panoramic Images/Getty Images. 52 ©Michael Nichols/ National Geographic Stock. 53 ©Russ Bishop/Alamy. 54 ©Kip Evans Photography. 55 ©NASA Goddard Space Flight Center. 56 (bc) ©Gordon Wiltsie/National Geographic Stock (bl) ©Ralph Lee Hopkins/National Geographic Stock (bkg) ©George Grall/National Geographic Stock (br) ©Paul Nicklen/National Geographic Stock 57 (bcl) ©Norbert Rosing/National Geographic Stock (bcr) ©William Albert Allard/National Geographic Stock (bl) ©Stuart Franklin/National Geographic Stock (br) ©Priit Vesilind/National Geographic Stock. 58 (b) ©David R. Frazier Photolibrary, Inc./Alamy (cl) ©Olivier Asselin/Alamy. 59 ©Greg Elms/ Lonely Planet Images. 63 ©John Stanmeyer/National Geographic Stock. 64 ©Nic Bothma/epa/Corbis. 65 ©Alain Nogues/Corbis. 67 ©Michael Dunning/ Photographer's Choice/Getty Images. 72 ©Romeo Gacad/ AFP/Getty Images. 74 (b) ©Tetra Images/Corbis (bkg) ©John Burcham, National Geographic Stock (c) ©Walter Meayers Edwards, National Geographic Stock (t) ©Beth Shapiro. 77 ©Petra Engle/National Geographic Stock. 78 (b) ©Phil Schermeister/National Geographic Stock (bkg) ©Menno Boermans/Aurora Photos/Corbis (t) ©SeBuKi/ Alamy. 80 ©Mike Grandmaison/Corbis. 82 ©Bill Hatcher/National Geographic Stock. 84 ©Daniel H. Bailey/Corbis. 86 (bkg) ©Jean-Pierre Lescourret/Corbis (cr) ©Mauricio Ramos. 88 ©Jon Arnold Images Ltd/ Alamy. 89 ©American School Private Collection/Peter Newark American Pictures/The Bridgeman Art Library Nationality. 90 ©Thomas Sbampato/Photolibrary. 91 ©The Granger Collection. 92 (l) ©The Granger Collection (r) ©photostock1/Alamy. 93 ©Visions LLC/Photolibrary. 95 ©William Manning/Corbis. 96 ©Bettmann/Corbis. 98 (l) ©Corbis (r) ©American School Private Collection/ Courtesy of Swann Auction Galleries/ The Bridgeman Art Library. 99 ©Corbis. 100 ©Bettmann/Corbis. 101 ©Lynn Johnson/National Geographic Stock. 102 ©The Art Archive/Museo Ciudad Mexico/Gianni Dagli Orti. 103 (l) ©Kenneth Garrett/National Geographic Stock (r) ©David R. Frazier Photolibrary, Inc./Alamy. 104 ©The Stapleton Collection/The Bridgeman Art Library. 105 ©The Stapleton Collection/The Bridgeman Art Library. 106 ©The Granger Collection. 107 (b) ©The Granger Collection (t) ©Look and Learn Magazine Ltd/The Bridgeman Art Library. 108 (l) ©North Wind Picture Archives/Alamy (r) ©Randy Faris/Corbis. 109 (l) ©Corbis (r) ©Charles & Josette Lenars/Corbis. 110 ©North Wind Picture Archives/Alamy. 111 ©Hulton Archive/Getty Images. 114 ©Joe McNally/National Geographic Stock. 116 ©Jennifer Shaffer/National Geographic School Publishing. 117 ©Mike Theiss/National Geographic Society Image Sales. 118 ©Jennifer Shaffer/National Geographic School Publishing/Art Institute of Chicago. 120 ©Car Culture/Corbis. 123 (c) ©James Forte/National Geographic Stock (tr) ©Michael Dunning/Photographer's Choice/Getty Images. 124 ©Marjorie Kamys Cotera/ Daemmrich Photography/The Image Works. 125 (b) ©Robb Kottmyer (t) ©Roger Meno. 126 ©Tono Labra/ Photolibrary. 127 ©Keith Dannemiller/Alamy. 128 ©STR/ Reuters/Corbis. 130 ©Alfredo Guerrero/epa/Corbis. 131 ©Blaine Harrington III/Alamy. 136 ©Corbis Premium RF/ Alamy. 138 (b) ©Georgios Kollidas/Alamy (bkg) ©Raul Touzon, National Geographic Stock (c) ©Stephen Alvarez, National Geographic Stock. 141 ©Konrad Wothe/Minden Pictures. 142 (b) ©Jon Arnold Images Ltd/ Alamy (bkg) ©Menno Boermans/Aurora Photos/Corbis (t) ©Danny Lehman/Corbis. 144 ©Dr. Richard Roscoe/ Visuals Unlimited, Inc. 147 ©Stuart Westmorland/ Corbis. 148 (b) ©Paul Hoekman (t) ©Bryan Wallace. 150 (bc) ©Roy Toft/National Geographic Stock (bl) ©Michael Nichols/National Geographic Stock (bkg) ©Paul Sutherland/National Geographic Stock (br) ©Steve Winter/National Geographic Society Image Sales. 151 (bcl) ©Michael Melford/National Geographic Stock (bcr) ©Bobby Haas/National Geographic Stock (bl) ©Christian Ziegler/National Geographic Stock (br) ©Roy Toft/ National Geographic Stock. 152 ©Steve Winter/National Geographic Stock. 155 ©The Bridgeman Art Library. 156 (br) ©Georgios Kollidas/Alamy (r) ©Hemis/Alamy. 157 ©Stuwdamdorp/Alamy. 158 (bl) ©Creativ Studio Heinemann/Westend61/Corbis (c) ©Interfoto/Alamy. 159 (br) ©Reuters/Corbis (tl) ©Bettmann/Corbis (tl) ©Creativ Studio Heinemann/Westend61/Corbis. 162 ©Walter Bibikow/JAI/Corbis. 164 ©Martin Gray/National Geographic Stock. 165 ©Danita Delimont/Alamy. 166 ©Nico Tondini/Photolibrary. 167 ©Rick Gerharter/Lonely Planet Images. 168 ©National Geographic Stock. 169 ©Frans Lanting/Corbis. 170 ©Photolibrary. 172 ©Yuan Man/Xinhua Press/Corbis. 173 ©Logan Abassi/UN Handout/Corbis. 174 ©JS Callahan/tropicalpix/Alamy. 175 ©Michael Dunning/Photographer's Choice/Getty Images. 176 ©Lonely Planet Images /Alamy. 178 (bkg) ©Christian Heeb/Aurora Photos (c) ©Roy Toft/National Geographic Stock (r) ©Micahel & Patricia Fogden/ Minden Pictures/National Geographic Stock. 179 ©Arterra Picture Library/Alamy. 183 (l) ©Jacques Marais/ Getty Images (r) ©Danny Lehman/Corbis. 184 ©Christian Zeigler/National Geographic Stock. 186 (b) ©Frans Lanting/Corbis (bkg) ©Rod Smith/National Geographic My Shot/National Geographic Stock (cl) ©David R. Frazier Photolibrary, Inc./Alamy (tl) ©Photograph by

Victor Sanchez de Fuentes. 189 ©Nick Gordon/Oxford Scientific (OSF)/Photolibrary. 190 (bkg) ©Menno Boermans/Aurora Photos/Corbis (bl) ©Colin Monteath/ Minden Pictures/National Geographic Stock (br) ©John Eastcott and Yva Momatiuk/National Geographic Stock. 192 ©Ivan Kashinsk/National Geographic Stock. 196 (bkg) ©Melissa Farlow/National Geographic Stock (br) ©Aldo Sessa/Tango Stock/Getty Images. 199 (br) ©Michael Nichols/National Geographic Stock (tr) ©Michael Dunning/Photographer's Choice/Getty Images. 200 ©Ethan Welty/Aurora Photos/Alamy. 201 ©Gnter Wamser/F1online digitale Bildagentur GmbH/Alamy. 202 ©Christina Conlee. 203 (b) ©Christina Conlee (t) ©Robert Clark/National Geographic Stock. 206 (bc) ©Maria Stenzel/National Geographic Stock (c) ©Peruvian School/Museo Arqueologia, Lima, Peru/Boltin Picture Library/The Bridgeman Art Library International (tr) ©McConnell, James Edwin/Private Collection /Look and Learn/The Bridgeman Art Library International. 207 ©Cro Magnon/Alamy. 208 (bc) ©The Art Archive/ Bibliothéque des Arts Décoratifs Paris/Gianni Dagli Orti (tr) ©The Art Archive/Bibliothéque des Arts Décoratifs Paris/Gianni Dagli Orti. 209 ©The Art Archive/ Kharbine-Tapabor. 211 ©Luis Marden/National Geographic Stock. 215 ©Florian Kopp/imagebroker/ Alamy. 216 ©Paolo Aguilar/epa/Corbis. 219 ©Corey Wise/Lonely Planet Images/Getty Images. 220 ©Mike Theiss/National Geographic Stock. 221 ©Richard Nowitz/National Geographic Stock. 223 ©Ivan Alvarado/ Reuters/Corbis. 224 ©Jeremy Hoare/Alamy. 225 (b) ©James P. Blair/National Geographic Stock (c) ©Nicolas Misculin/Reuters (t) ©Kit Houghton/Corbis. 226 ©Jennifer Shaffer/National Geographic School Publishing. 228 ©Keren Su/Corbis. 229 (t) ©Imaginechina/Corbis. 231 ©Robert Clark/National Geographic Stock. 232 ©Sebastiao Moreira/epa/Corbis. 234 (b) ©Mike Theiss/National Geographic Stock (bl) ©Charles Dharapak/Pool/Reuters. 240 ©Pete McBride/ National Geographic Stock. 242 (b) ©Bob Krist/National Geographic Stock (bkg) ©Richard List/Corbis (c) ©Anne Keiser/National Geographic Stock. 245 ©Atlantide Phototravel/Corbis. 246 (b) ©Yann Arthus-Bertrand/ Corbis (bkg) ©Menno Boermans/Aurora Photos/Corbis (t) ©Douglas Pearson/Corbis. 248 ©Owi-Diasign/ Photolibrary. 250 ©National Geographic Stock. 252 ©Octavio Aburto. 254 (bc) ©Anne Keiser/National Geographic Stock (bl) ©Agnieszka Pruszek/National Geographic My Shot/National Geographic Stock (bkg) ©Jim Richardson/National Geographic Stock (br) ©Steve Raymer/National Geographic Stock. 255 (bcl) ©Greg Dale/National Geographic Stock (bcr) ©James P. Blair/ National Geographic Stock (bl) ©Richard Nowitz/ National Geographic Stock (br) ©James L. Stanfield/ National Geographic Stock. 256 ©Panoramic Images/ National Geographic Stock. 258 (l) ©Richard Nowitz/ National Geographic Stock (r) ©The Art Gallery Collection/Alamy. 259 ©PoodlesRock/Corbis. 260 ©Jean-Pierre Lescourret/Corbis. 262 (l) ©Hoberman Collection/Corbis (r) ©The Bridgeman Art Library International. 263 ©North Wind Picture Archives/Alamy. 266 (bl) ©The Bridgeman Art Library (br) ©Underwood & Underwood/Corbis. 267 (bl) ©Doug Taylor/Alamy (br) ©The Bridgeman Art Library (t) ©The Bridgeman Art Library. 268 ©Richard Schlect/National Geographic Stock. 270 ©Paul Thompson/Corbis. 272 (l) ©The Bridgeman Art Library (r) ©The Gallery Collection/ Corbis. 273 (b) ©Peter Horree/Alamy (t) ©The Bridgeman Art Library. 274 ©The Bridgeman Art Library. 275 ©Scanfoto/X00729/Reuters/Corbis. 276 (l) ©Stefano Bianchetti/Corbis (r) ©Clynt Garnham/Alamy. 277 (l) ©Michael Nicholson/Corbis (r) ©Michael Nicholson/ Corbis. 279 ©DC Premiumstock/Alamy. 282 ©Rudy Sulgan/Corbis. 284 ©MARKA/Alamy. 286 (l) ©Leonardo da Vinci (1452-1519) Louvre, Paris, France/ Giraudon/ The Bridgeman Art Library (r) Claude Monet (1840-1926) Musee Marmottan, Paris, France/Giraudon/The Bridgeman Art Library Nationality. 287 ©Arnaud Chicurel/Hemis/Corbis. 288 ©The Gallery Collection/ Corbis. 289 ©Columbia/The Kobal Collection. 290 ©Jon Arnold/JAI/Corbis. 291 ©Sergiy Koshevarov/ StockPhotoPro. 292 ©Photolibrary. 294 ©Paul Seheult/ Eye Ubiquitous/Corbis. 295 ©Perutskyi Petro/ Shutterstock Photos. 296 ©Gregory Wrona/Alamy. 299 ©Michael Dunning/Photographer's Choice/Getty Images. 304 ©Grand Tour/Corbis. 306 (b) ©Gerd Ludwig/Corbis (bkg) ©Photolibrary (c) ©Gordon Wiltsie, National Geographic Stock (t) ©Rebecca Hale, National Geographic Stock. 309 ©Klaus Nigge/National Geographic Stock. 310 (bkg) ©Menno Boermans/Aurora Photos/Corbis (br) ©Bruno Morandi/Robert Harding World Imagery/Corbis (tl) ©Maxim Toporskiy/Alamy. 312 ©Denis Sinyakov/Reuters/Corbis. 314 ©Cary Wolinsky/ National Geographic Stock. 316 ©National Geographic Stock. 318 ©Gerd Ludwig/National Geographic Stock. 319 (tl) ©U.S. Geological Survey (tr) ©NASA. 320 (l) ©Sisse Brimberg/National Geographic Society (r) ©James L. Stanfield/National Geographic Society. 321 (l) ©Massimo Pizzotti/Getty (r) ©Dallas and John Heaton/ Photolibrary. 322 ©Richard Klune/Corbis. 323 ©imagebroker/Alamy. 324 ©The Bridgeman Art Library (r) ©Cary Wolinsky/National Geographic Society. 325 (l) ©The Bridgeman Art Library. 326 ©North Wind Picture Archives/Alamy. 328 (l) ©Bettmann/Corbis (r) ©The Art Archive. 329 (b) ©Bettmann/Corbis (t) ©Thomas Johnson/Sygma/Corbis. 332 ©Paul Harris/JAI/Corbis. 334 ©Arne Hodalic/Corbis. 335 (tc) ©Michael Runkel/Robert Harding World Imagery/Corbis (tr) ©Maria Stenzel/ National Geographic Stock (tr) ©Sean Sprague/ Photolibrary. 336 ©Olaf Meinhardt/Visum/Fotofinder. 339 ©Kristel Richard/Grand Tour/Corbis. 340 ©Shepard Sherbell/Corbis Saba. 342 ©Imagesource/Photolibrary. 344 ©Oleg Nikishin/Stringer/Getty Images. 347 (c) ©iStockphoto ©Michael Dunning/Photographer's Choice/Getty Images. 352 ©iStockphoto. 354 (b) ©Ingo Arndt/Minden Pictures/National Geographic Stock (bkg) ©David Alan Harvey/National Geographic Stock (c) ©Mitsuaki Iwago/Minden Pictures/National Geographic Stock (t) ©Kakenya Ntaiya. 357 ©Top-Pics TBK/Alamy. 358 (bkg) ©Menno Boermans/Aurora Photos/Corbis (bl) ©tbkmedia/Alamy (tr) ©Michael Poliza/National Geographic Stock. 360 ©Michael Nichols/National Geographic Stock. 362 ©Philippe Bourseiller/Getty Images. 364 ©Ian Nichols/National Geographic Stock. 366 ©Mike Hutchings/Reuters. 368 (bc) ©Beverly Joubert/National Geographic Stock (bl) ©Beverly Joubert/ National Geographic Stock. 370 ©Gerald Hoberman/ Hoberman Collection UK/Photolibrary. 372 (bl) ©The Trustees of the British Museum/Art Resource (br) ©ADB Travel/dbimages/Alamy. 373 ©HIP/Art Resource. 376 ©Private Collection/Look and Learn/The Bridgeman Art Library International. 377 (bl) ©Mary Evans Picture Library/The Image Works (br) ©Bruce Dale/National Geographic Stock. 378 (bc) ©James L. Stanfield/National Geographic Stock (bl) ©Tim Laman/National Geographic Stock (bkg) ©George Steinmetz/National Geographic Stock (br) ©Annie Griffiths/National Geographic Stock. 379 (bcl) ©Roy Toft/National Geographic Stock (bcr) ©Tino Soriano/National Geographic Stock (bl) ©Jodi Cobb/National Geographic Stock (br) ©Ed Kashi/ National Geographic Stock. 382 ©Ralph Lee Hopkins/

National Geographic Stock. 384 ©Vanessa Burger/Images of Africa Photobank Alamy. 386 ©Paul Gilham–FIFA/ FIFA via Getty Images. 387 ©David Alan Harvey/ National Geographic Stock. 388 (bc) ©Nigel Pavitt/John Warburton-Lee Photography/Alamy (bl) ©Sean Sprague/ Still Pictures/Photolibrary. 389 (cl) ©Michael Nichols/ National Geographic Stock (tr) ©Suzi Eszterhas/Minden Pictures/National Geographic Stock. 390 ©Jane Goodall Institute. 391 (bkg) ©Gerry Ellis/ Minden Pictures/ National Geographic Stock (br) ©Wade Davis/Ryan Hill. 392 ©Finbarr O'Reilly/Reuters. 394 ©George Steinmetz/ Corbis. 396 (b) ©Pascal Maitre/National Geographic Stock (tr) ©Joerg Boethling/Alamy. 398 ©Louise Gubb/ Corbis. 399 ©Michael Dunning/Photographer's Choice/ Getty Images. 400 ©Frederic Courbet/Still Pictures/ Photolibrary. 402 ©Ulrich Doering/Alamy. 403 ©Trinity Mirror/Mirrorpix/Alamy. 406 (bl) ©Chris Stenger/FN/ Minden Pictures/National Geographic Stock (br) ©Walker, Lewis W./National Geographic Stock. 407 (bkg) ©Clement Philippe/Arterra Picture Library/Alamy (bkg) ©Tim Fitzharris/Minden Pictures/National Geographic Stock (cf) ©Mattias Klum /National Geographic Stock (l) ©Tom Vezo/Minden Pictures/National Geographic Stock (rbkg) ©Ted Wood/Aurora Photos (rf) ©Thomas Lehne/ Alamy. 408 ©Anup Shah/Corbis. 410 (b) ©Martin Gray/ National Geographic Stock (bkg) ©Smar Jodha/National Geographic My Shot/National Geographic Stock (c) ©David Boyer/National Geographic Stock (t) ©Thomas Culhane. 413 ©Vanessa Lefort/National Geographic My Shot/National Geographic Stock. 414 (bkg) ©Menno Boermans/Aurora Photos/Corbis (cl) ©Gary Cook/Alamy (cr) ©Peter Adams/Getty Images. 416 ©Ed Kashi/National Geographic Stock. 418 ©Fischer Gunter/WoodyStock/ Alamy. 420 ©Chris Bradley/Axiom/photolibrary. 422 (bl) ©Victor R. Boswell, Jr/National Geographic Stock (br) ©Scala/Art Resource 423 (bl) ©Erich Lessing/Art Resource (br) ©Corbis. 424 ©Richard Nowitz/National Geographic Stock. 425 ©Oliver Weiken/epa/Corbis. 426 ©Bachmann Bachmann/F1 Online/photolibrary. 427 (bl) ©James Brunker/Alamy (tr) ©Kordcom Kordcom/age fotostock/photolibrary. 428 ©Yann Arthus-Bertrand/ Corbis. 429 ©The Art Archive/Topkapi Museum Istanbul/Dagli Orti. 430 ©Gwill Owen/Sylvia Cordaiy Photo Library Ltd /Alamy. 431 ©NASA/JSC/Gateway to Astronaut Photography of Earth. 432 (bl) ©Paul Sutcliffe/ Alamy. (br) ©Erich Lessing/Art Resource. 433 (bc) ©Mary Jelliffe/Ancient Art & Architecture Collection Ltd./ Alamy (tr) ©Kenneth Garrett/National Geographic Stock. 434 ©Kenneth Garrett/National Geographic Stock. 438 ©Keren Su/Corbis. 440 ©Alberto Arzoz/Axiom/Aurora Photos. 441 ©Walter Bibikow/Jon Arnold Images Ltd./ Alamy. 442 ©Gavin Hellier/Alamy. 443 ©David Bathgate/ Corbis. 444 (b) ©Radius Images/Corbis (bl) ©G. Anker. 445 ©Hanan Isachar/Corbis. 446 ©NASA/Science Faction/Corbis. 447 ©Matthias Seifert/Reuters/Corbis. 449 (tr) ©Umit Bektas/Reuters/Corbis ©Felipe Trueba/ epa european pressphoto agency. 450 ©Mohammad Berno/Document Iran/Corbis. 452 ©David Rubinger/ Time & Life Pictures/Getty Images. 454 ©Sabah Arar/ AFP/Getty Images. 457 ©Tim Gurney/Alamy. 459 ©Shehzad Noorani/Stillpictures/Aurora Photos. 463 ©Mark Thiessen/National Geographic Stock. 464 ©Bildarchiv Preussischer Kulturbesitz/Art Resource. 466 (b) ©Peter Adams/Corbis (bkg) ©Tibor Bognar/ agefotostock (c) ©Kenji Kondo/epa/Corbis (t) ©Hussain RAE photos. 469 ©Lynn M. Stone/Nature Picture Library. 470 (bkg) ©Menno Boermans/Aurora Photos/Corbis (bl) ©Tiziana and Gianni Baldizzone/Corbis (l) ©Dinodia Images/Alamy (tc) ©Stephen Sharnoff/National Geographic Stock. 472 (bkg) ©Bobby Model/National Geographic Stock (l) ©James L. Stanfield/National Geographic Stock. 474 ©Frederic Soltan/Sygma/Corbis. 476 ©Lynsey Addario/National Geographic Image Collection. 478 ©Prakash Singh/AFP/Getty Image. 479 ©Blue Legacy International. 481 ©Michael Dunning/ Photographer's Choice/Getty Images. 482 ©Luca Tettoni/ Corbis. 483 (b) ©The Schoyen Collection (t) ©The Schoyen Collection. 484 (l) ©Silvio Fiore/SuperStock (r) ©The Trustees of the British Museum. 485 ©Thomas Retterath/Getty Images. 488 ©Jeremy Horner/Corbis. 489 ©Lineair/Photolibrary. 490 ©Bettmann/Corbis. 491 ©Art Directors & TRIP/Alamy. 494 ©Harish Tyagi/epa/Corbis. 496 ©Louise Batalla Duran/Alamy. 497 ©Bruce Dale/ National Geographic Stock. 498 (bkg) ©Ed Kashi/ National Geographic Stock (l) ©Jodi Cobb/National Geographic Stock. 500 ©Ajay Verma/Reuters/Corbis. 501 (b) ©Foodfolio–StockFood Munich (t) ©Abraham Nowitz/National Geographic Stock. 502 (bkg) ©David Cumming/Eye Ubiquitous/Corbis (bl) ©Robert Wallis/ Corbis (bc) ©Stephen Romilly/Alamy. 503 (b) ©Dharma Productions/The Kobal Collection (t) ©Frazer Harrison/ Getty Images. 504 ©Eric Feferberg/Pool/Reuters. 506 ©Fredrik Renander/Alamy. 507 (t1) ©Ed Kashi/National Geographic Stock (t2) ©Ed Kashi/National Geographic Stock (t2) ©Fridmar Damm/Corbis (t3) ©Akhtar Soomro/ Deanpictures/The Image Works (t4) ©Akhtar Soomro/ Deanpictures/The Image Works (t5) ©Andrew Holbrooke/ Corbis (t7) ©National Geographic Maps (t8) ©National Geographic Maps. 508 ©Ed Kashi/National Geographic Image Collection. 510 ©Sajjad Hussain/AFP/Getty Images. 511 ©Dinodia Photo Library. 512 ©Akhtar Soomro/Deanpictures/The Image Works. 514 ©Andrew Holbrooke/Corbis. 522 (b) ©Michael Nichols/National Geographic Stock (bkg) ©George Steinmetz/National Geographic Stock (c) ©Gavin Hellier/Alamy (t) ©Albert Lin. 525 ©Mitsuaki Iwago/Minden Pictures/National Geographic Stock. 526 (b) ©Chun Ki Leung/National Geographic My Shot /National Geographic Stock (bkg) ©Menno Boermans/Aurora Photos/Corbis (t) ©Wang Jianjun/TAO Images Limited/Alamy. 528 ©Fritz Hoffmann/National Geographic Stock. 530 ©Reuters/ Mainichi Shimbun. 532 ©Toby Adamson/Axiom Photographic Agency/Getty Images. 534 ©Alison Wright/ National Geographic Stock. 536 (b) ©Unterthiner, Stefano/National Geographic Stock (cl) ©Katsufumi Sato/National Geographic Society. 538 (bl) ©Richard Swiecki/Royal Ontario Museum/Corbis (br) ©Ira Block/ National Geographic Stock. 539 (bc) ©O. Louis Mazzatenta/National Geographic Stock (tc) ©Atlantide Phototravel/Corbis. 540 (bc) ©Michael S. Yamashita/ National Geographic Stock (bl) ©Justin Guariglia/ National Geographic Stock (bkg) ©O. Louis Mazzatenta/ National Geographic Stock (br) ©Michael S. Yamashita/ National Geographic Stock. 541 (bcl) ©Kenneth Ginn/ National Geographic Stock (bcr) ©Kate Staszczak/ National Geographic My Shot/National Geographic Stock (bl) ©Michael S. Yamashita/National Geographic Stock (br) ©Ira Block/National Geographic Stock. 542 ©Shiwei/ Best View Stock/photolibrary. 544 ©Redlink/Corbis. 546 (bkg) ©Gregory A. Harlin/National Geographic Stock (b) ©National Geographic Maps. 548 ©Wendy Connett/ Alamy. 549 ©Rob Howard/Corbis. 550 ©Ira Block/ National Geographic Stock. 551 ©Ira Block/National Geographic Stock. 552 ©Asian Art & Archaeology, Inc./ Corbis. 553 (b) ©Private Collection/Peter Newark Military Pictures/The Bridgeman Art Library International. 554 (bl) ©H. Edward Kim/National Geographic Stock (br) ©Korea News Service/Reuters/ Corbis. 555 (bl) ©John Van Hasselt/Sygma/Corbis ©(br) ©The Trustees of The British Museum/Art Resource. 556

(bl) ©Bettmann/Corbis. 557 (l) ©Bruce Burkhardt/Corbis (r) ©Michael S. Yamashita/National Geographic Stock. 560 ©B.S.P.I./Corbis. 562 ©Buena Vista Images/Getty Images. 564 (bl) ©The Trustees of the British Museum/ Art Resource. 565 ©View Stock/Alamy. 566 ©Justin Guariglia/National Geographic Stock. 568 (bc) ©Mark Leong/National Geographic Stock (bl) ©Richard Nowitz/ National Geographic Stock (bkg) ©Scott S. Warren/ National Geographic Stock (br) ©Jason Teale/National Geographic My Shot/National Geographic Stock. 569 (bcl) ©Pete Ryan/National Geographic Stock (bl) ©Michael S. Yamashita/National Geographic Stock (bcr) ©Thomas J. Abercrombie/National Geographic Stock (br) ©Jodi Cobb/National Geographic Stock. 570 (bl) ©Everett Kennedy Brown/epa/Corbis (cl) ©Everett Kennedy Brown/epa/Corbis. 571 ©Studio Ghibli/Tokuma Shoten/ The Kobal Collection. 572 (b) ©Jose Fuste Raga/Corbis. 574 (b) ©Jianan Yu/Reuters/Corbis. 577 ©Michael Dunning/Photographer's Choice/Getty Images. 578 ©epa/ Corbis. 580 (bl) ©Nicky LohReuters/Corbis (bkg) ©Justin Guariglia/National Geographic Stock. 582 ©Asia File/ Alamy. 585 (bkg) ©SJ. Kim/Flickr/Getty Images (tr) ©Jane Sweeney/JAI/Corbis. 586 (bc) ©Phil Iossifidis/National Geographic My Shot/National Geographic Stock (bl) ©Paul Chesley/National Geographic Stock (bkg) ©Alicia Pudsey/National Geographic My Shot/National Geographic Stock (br) ©Arkadiusz Dudzinski/National Geographic My Shot/National Geographic Stock. 592 ©John Woodcock/iStock Vectors/Getty Images. 586 (bcl) ©Winfield Parks/National Geographic Stock (bcr) ©Paul Chesley/National Geographic Stock (bl) ©Martin Gray/ National Geographic Stock (br) ©Justin Guariglia/ National Geographic Stock 593 ©Natureworld/Alamy. 594 (b) ©Paul Chesley/National Geographic Stock (bkg) ©Nigel Pavitt/Corbis (c) ©John Stanmeyer LLC, National Geographic Stock (t) ©Kevin Krug. 597 ©Tui De Roy/ Minden Pictures/National Geographic Society Image Sales. 598 (bkg) ©Menno Boermans/Aurora Photos/ Corbis (bl) ©NASA (tr) ©Mary Plage/Photolibrary. 600 ©Brant Allen. 602 (bkg) ©Neil Rabinowitz/Corbis (bl) ©James P. Blair/National Geographic Society Image Sales. 604 ©John Stanmeyer/National Geographic Society Image Sales. 606 ©Tim Laman/National Geographic Society Image Sales. 607 (bkg) ©Tim Laman/ National Geographic Society Image Sales (cl) ©Tim Laman/National Geographic Society Image Sales (cr) ©Tim Laman/National Geographic Society Image Sales. 608 (c) ©Robert Clark/National Geographic Society Image Sales (cb) ©Robert Harding Picture Library Ltd/ Alamy. 609 (br) ©View Stock/Alamy. 612 (bl) ©Stringer/ Indonesia/Reuters/Corbis (r) ©Lindsay Hebberd/Corbis. 613 ©FPG/Hulton Archive/Getty Images. 615 ©W.E. Garrett/National Geographic Stock. 618 ©Jose Fuste Raga/Corbis. 620 (b) ©James Nachtwey VII/National Geographic Society Image Sales. 621 (tl) ©Friedrich Stark/Alamy (tr) ©Robert Clark/National Geographic Society Image Sales. 622 (bkg) ©Danita Delimont/Gallo Images/Getty Images (bl) ©Jon Arnold Images Ltd/ Alamy. 623 (cr) ©WoodyStock/Alamy. 624 ©Photolibrary. 625 ©National Geographic School Publishing. 626 (b) ©Ulet Ifansasti/Getty Images. 627 (tl) ©Buddy Mays/ Alamy. 628 ©Imagemore Co., Ltd./Corbis. ©AFP/Getty Images 629 ©AFP/Getty Images. 630 ©Peter Adams/JAI/ Corbis. 631 ©John Stanmeyer/National Geographic Society Image Sales. 633 (c)© Lauca Images/Alamy (t) ©Michael Dunning/Photographer's Choice/Getty Images. 634 ©Tengku Mohd Yusof/Alamy. 639 (b) ©Theo Aloffs/ Minden Pictures/National Geographic Stock (cl) ©Suzi Eszterhas/Minden Pictures/National Geographic Stock (cr) ©John Cancalosi/Photolibrary (tl) ©Tom Brakefield/ Photolibrary (tr) ©Top-Pics TBK/Alamy. 642 (b) ©R. Wallace/Stock Photos /Corbis (bkg) ©Yva Momatiuk & John Eastcott/Minden Pictures/National Geographic Stock (c) ©Pixtal Images/Photolibrary (t) ©Ka'uila Barber. 645 ©Mitsuaki Iwago/Minden Pictures/National Geographic Stock. 646 (bkg) ©Menno Boermans/Aurora Photos/Corbis (bl) ©Fred Bavendam/Minden Pictures/ National Geographic Stock (tr) ©Michel Renaudeau/ Photolibrary. 648 ©Kevin Schafer/Alamy. 649 ©Look Die Bildagentur der Fotografen GmbH/Alamy. 650 (b) ©Martin Harvey/Corbis (t) ©John Carnemolla/Corbis. 652 ©Brian Skerry/National Geographic Society Image Sales. 655 (t) ©Michael Dunning/Photographer's Choice/Getty Images (c) ©Jeff Hunter/Getty Images. 656 ©Catherine Karnow/Corbis. 657 ©Belinda Wright/National Geographic Society Image Sales. 658 (b) ©Rob Howard/ Corbis (t) ©Walter Meayers Edwards/National Geographic Society Image Sales. 659 (c) ©Jean Leo Dugast/Sygma/Corbis (t) ©Image Source/Corbis. 660 ©Patrick Eden/Alamy. 661 (bl) ©Corbis (l) ©Caro/Alamy (t) ©The Bridgeman Art Library. 662 ©Chris Ranier. 663 ©Chris Ranier. 666 ©Massimo Ripani/Grand Tour/ Corbis. 668 ©Amy Toensing/National Geographic Stock. 669 ©David Ball/Alamy. 670 ©Stringer/Australia/ X01245/Reuters/Corbis. 672 ©Randy Olson/National Geographic Stock. 674 ©George F. Mobley, National Geographic Stock. 676 ©Bates Littlehales/National Geographic Stock. 678 ©POOL/Reuters/Corbis. 679 ©Phil Walter/Getty Images. 681 (bkg) ©David Doubilet/National Geographic Stock (tl) ©David McLain/National Geographic Stock (tr) ©David Wall/Alamy. 682 ©David L. Moore/Alamy. 683 ©Tui De Roy/Minden Pictures/ National Geographic Stock. 688 ©Paul Nicklen/National Geographic Stock. R39 ©Fresco JLinga/National Geographic My Shot/National Geographic Stock. R40 ©George Grall/National Geographic Stock. R41 ©SERDAR/Alamy. R42 ©Bettmann/Corbis. R44 ©Hulton Archive/Getty Images. R45 ©Svabo/Alamy. R47 ©Scott Olson/Getty Images. R49 ©Lordprice Collection/Alamy. R50 ©Parbul TV via Reuters TV/Reuters/Corbis. R51 ©Markus Altmann/Corbis. R52 (b) ©Mario Lopez/epa/ Corbis (t) ©Alinari Archives/Corbis. R53 (b) ©Anindito Mukherjee/epa/Corbis (t) ©Werner Forman/Art Resource. R54 (b) ©Ronen Zvulun/Reuters/Corbis (t) ©The Art Archive/Museo del Prado Madrid. R55 (b) ©Mak Remissa/epa/Corbis (t) ©Rubin Museum of Art/Art Resource. R56 (b) ©Joe McNally/National Geographic Stock (t) ©Biju/Alamy. R57 (b) ©Robert Harding World Imagery/Corbis (t) ©Art Directors & TRIP/Alamy. R58 (b) ©Christian Kober/Photolibrary (t) ©National Palace Museum Taiwan/The Art Archive.

Mapas

Mapping Specialists, LTD., Madison, WI.
National Geographic Maps, National Geographic Society

Ilustración

Precision Graphics

AFRICA
Southeast Asia
AUSTRALIA,
THE PACIFIC REALM
& ANTARCTICA
East
Asia
SOUTH
AMERICA
SOUTHWEST ASIA
& NORTH AFRICA
EUROPE
EUROPE
SOUTHWEST ASIA
& NORTH AFRICA
Southeast Asia
Central America
& the Caribbean
SUB-SAHARAN
AFRICA
SOUTH
AMERICA
AUSTRALIA,
THE PACIFIC REALM
& ANTARCTICA
RUSSIA
& THE EURASIAN
REPUBLICS
East
Asia
AUSTRALIA,
THE PACIFIC REALM
& ANTARCTICA
South Asia
Southeast Asia
Central America
& the Caribbean
East
Asia
NORTH
AMERICA
South
Asia
SOUTHWEST ASIA
& NORTH AFRICA
NORTH AMERICA

Southeast Asia
North America
East Asia
South America
Southwest Asia & North Africa
Europe
Russia & the Eurasian Republics
Southeast Asia
Central America & the Caribbean
Sub-Saharan Africa
Australia, the Pacific Realm & Antarctica
South Asia
Europe
South Asia
Southeast Asia
Central America & the Caribbean
Australia, the Pacific Realm & Antarctica
East Asia
North America
Southwest Asia & North Africa
Sub-Saharan Africa
South America
North America